U0282180

国外名校最新教材精选

物理流体力学

Hydrodynamique Physique

艾蒂安·居永(Etienne Guyon)
〔法〕让-皮埃尔·于兰(Jean-Pierre Hulin) 著
吕克·珀蒂(Luc Petit)

(第3版)

贾 攀 张 洋 经光银 吕存景 译

西安交通大学出版社
XI'AN JIAOTONG UNIVERSITY PRESS

Originally published in French:
Hydrodynamique physique (3e edition) by Etienne Guyon, Jean-Pierre Hulin & Luc Petit
© EDP SCIENCES 2012
Current Chinese translation rights arranged through Divas International, Paris
巴黎迪法国际版权代理(www.divas-books.com).

本书中文简体字翻译版由法国 EDP Science 出版社授权西安交通大学出版社独家出版发行。此版本仅限在中华人民共和国大陆地区(不包括香港特别行政区、澳门特别行政区和台湾)销售。未经出版者预先书面许可,不得以任何方式复制或抄袭本书的任何部分。

陕西省版权局著作权合同登记号:25—2017—0006 号

图书在版编目(CIP)数据

物理流体力学:第 3 版/(法)艾蒂安·居永,(法)让-皮埃尔·于兰,(法)吕克·珀蒂著;贾攀等译. —3 版. —西安:西安交通大学出版社,2022.12
书名原文:Hydrodynamique physique, 3e edition
ISBN 978-7-5693-2484-6

Ⅰ.①物… Ⅱ.①艾… ②让… ③吕… ④贾… Ⅲ.①物理力学-流体力学-高等学校-教材 Ⅳ.①O35

中国版本图书馆 CIP 数据核字(2021)第 274572 号

WULI LIUTI LIXUE
书　　名 物理流体力学(第 3 版)
著　　者 (法)艾蒂安·居永,(法)让-皮埃尔·于兰,(法)吕克·珀蒂
译　　者 贾　攀　张　洋　经光银　吕存景
责任编辑 鲍　媛
责任校对 邓　瑞

出版发行 西安交通大学出版社
(西安市兴庆南路 1 号　邮政编码 710048)
网　　址 http://www.xjtupress.com
电　　话 (029)82668357　82667874(市场营销中心)
(029)82668315(总编办)
传　　真 (029)82668280
印　　刷 陕西思维印务有限公司

开　　本 787mm×1092mm　1/16　**印张** 35　**彩页** 16 页　**字数** 900 千字
版次印次 2022 年 12 月第 1 版　2022 年 12 月第 1 次印刷
书　　号 ISBN 978-7-5693-2484-6
定　　价 156.00 元

读者如发现印装质量问题,请与本社市场营销中心联系、调换。
订购热线:(029)82665248　(029)82667874
投稿热线:(029)82665397
读者信箱:banquan1809@126.com
版权所有　侵权必究

译者序言

物理学是探索并理解物质的时空运动规律及与之关联的力和能量的自然科学。目前，物理学通常被区分为经典物理学和现代物理学，前者主要植根于约四百年前伽利略、牛顿的力学体系以及百年前的安培、麦克斯韦等发展起来的电磁场理论；自 20 世纪初，相对论和量子力学的发展将物理学从经典带入现代物理学。从这个角度来看，流体力学可看作是经典物理学的重要分支。然而，在现代物理学范畴中，流体力学逐渐地与从原子分子尺度下的量子物理，以及近光速下的相对论体系中分离开来，并发展形成了独特的学科。尤其是近年来，流体力学得益于数值方法和计算机软硬件技术的高速进步，发展出了"计算流体力学"分支，并获得了广泛的工程应用。由此，流体力学与当前物理学区别也越来越显著，以至于物理学家和流体力学家各自形成特色鲜明的学派，交流日渐减少。这种差异性在物理与流体力学各自课程体系中也已显著体现。

流体力学和物理学之间的这种分离是一件令人遗憾的事情，尤其是物理系的学生不再系统地学习流体力学。回顾起来，早期多位物理学大师与流体力学渊源颇深，例如，索末菲，理论物理学家、量子力学与原子物理学开创人之一，以及洛伦兹，电子论与狭义相对论奠基人之一，都主要或曾以流体力学为研究主题。量子力学的主要创始人、哥本哈根学派的代表人物、20 世纪重要的理论物理和原子物理学家海森堡，更是以"流体流动的稳定性和湍流"为主题完成了博士论文，理论物理学家周培源先生早年曾与海森堡、泡利和爱因斯坦共事，进行量子力学和相对论方面的研究工作，随后为了科学救国而转向湍流理论的研究并做出了突出的贡献。这些渊源或许可使物理学领域的学者察觉到流体的重要性而重拾流体力学；或者，至少在物理系学生的知识体系中，不至于理所当然地将流体力学排除在外。

由于求学与研究工作的机缘，译者四人都曾在法国巴黎接受学术训练，得益于巴黎高等师范学院(ENS Paris)前校长、物理学家 E. Guyon 教授，以及物理学家、巴黎萨克雷大学 J-P. Hulin 教授的教诲与指导，有缘了解到法国流体物理学在软凝聚态物理交叉研究中的显著渗透。E. Guyon 教授是 1991 年度诺贝尔物理学奖获得者 Pierre-Gilles de Gennes 的学生和长期合作者，倡导软物质物理交叉学科教学和研究理念。E. Guyon 和 J-P. Hulin 两位教授主导撰写的 *Hydrodynamique Physique*(《物理流体力学》)一书在复杂流体、软物质物理领域十分有影响力，除了法文版，目前已有英文版和德文版发行。译者四人在学习和工作中，深受本书影响，甚为喜爱，从而开启了我们对此书的翻译之路。

翻译的另一个动机源于探寻以物理为视角、强调物理图像与思维的流体力学中文版教材。当前，物理学不断地延伸到化学、化工、生物、材料等物质学科，可以期待：物理学将在学科交叉研究中发挥更多作用，而流体力学作为重要的基础理论有其独特的作用。本书正是从这个角度出发，为物理流体力学教程提供了一个选择，全书行文风格秉承简约而适量的数学推导，植根物理内涵的叙述，将物理学的重要概念自然地与流体力学结合，尤其将流场的概念与经典物理的电磁场类比起来；同时，引了入界面现象、相变、超流等重要的物理学内容，对物理系的学生甚为友好。此外，本书也可作为一本参考书，提供给力学与机械工程学科以外的研究人员和学生，或许还可为流体力学领域的学者提供了一个不同的视角。

在翻译过程中，我们多次和 E. Guyon 和 J-P. Hulin 两位作者交流讨论，使得我们对成书背景，以及书籍内容的理解更加透彻，也为译文忠实于原书的“物理行文风格”提供了保证。本书封面图片由 Philippe Petitjeans 博士（PMMH 实验室，ESPCI-PSL，法国巴黎）提供，描述的是流动边界层内的涡量拉伸。图中所示为缠绕在涡丝周围的两条脉线，由两种荧光染料（荧光素和罗丹明）形成，脉线在靠近涡丝的过程中，平行于涡丝方向的拉伸越来越明显。西安交通大学出版社编辑鲍媛老师在本书出版过程中做了大量的工作，衷心感谢。所有章节由四位译者分工协作、交叉校对，全书由贾攀统稿。由于译者学术水平所限，译文中难免有所纰漏，敬请广大读者批评指正。

贾攀，张洋，经光银，吕存景

2022 年 10 月

致中文版读者

流体的流动现象在我们日常生活和自然环境中随处可见。在《物理流体力学》一书的中文译本中，我们向中文世界的学生、教师和相关领域的学者介绍我们理解这些流动问题的视角。我们在讨论中强调实验和观测，着重寻求基于标度律和数量级分析的直观解释。同时，在本书中，我们尽可能选用不同领域的示例，来反映自然界和实际应用中流体流动的多样性。

这本教科书的完成得益于作者三十余年的流体力学教学经验，以及相关领域的研究工作：复杂流体的流动（聚合物、悬浊液、颗粒流以及超流氦等），无序物质中的流动（比如，多孔介质中的流动和混合现象）以及流动稳定性。

我们希望这本书将有助于提升中文世界的读者对流体流动现象的兴趣，促进相关领域的学者从物理的视角去研究流体的流动过程。近年来，物理学家对流体流动问题的研究对促进流体力学发展越来越重要，我们希望这本书能为物理系的学生和教师学习和研究流动问题提供一个参考。

我们由衷地感谢贾攀、张洋、经光银和吕存景翻译了本书，感谢他们精益求精的工作态度，感谢他们针对全书所有内容指出的问题以及给出的中肯意见。

艾蒂安·居永

让-皮埃尔·于兰

吕克·珀蒂

Preface to the Chinese Edition

Fluid flows are present in all aspects of our life and environment. In this translation of *Physical Hydrodynamics*, we propose to Chinese students, teachers and scientists our approach of these flows. We have given a large place to experiments and observations as well as to intuitive explanations using scaling laws and orders of magnitude. We have also sought to reflect in the text the extreme diversity of flows and fluids found in nature and/or in applications.

This textbook benefits from the 30+ years experience of the authors in the teaching of this discipline as well as from their own research on flows of complex fluids (polymers, suspensions, granular flows, superfluid helium ...), flows indisordered matter (flow and mixing in porous media ...) and hydrodynamic instabilities.

We hope that this book will contribute to enhance the interest and contributions of the Chinese community to the numerous aspects of the physics of fluid flows; we particularly hope that it will help physics students and teachers to get acquainted with hydrodynamics to which the contribution of physicists has been essential in recent years.

We wish to thank Dr. Pan Jia and his collaborators (Dr. Yang Zhang, Dr. Guangyin Jing and Dr. Cunjing Lv) for the extreme care and precision with which they translated this book and for their constant interest and pertinent remarks and questions on all the chapters.

E. Guyon, J-P. Hulin and L. Petit

第 3 版绪论[1]

十年前[2]，我们在《物理流体力学》的第 1 版发行十年之后对其扩展推出了第 2 版。同样地，第 3 版也是第 2 版发行十年之后的再版。再版的过程中，我们始终注意保持本书的行文风格。“物理流体力学”这一标题简洁地给出了我们讨论流体力学问题的立足点：尽量避免复杂的数学推导，重点关注对流动现象的观察和物理分析。此外，本书对基于量纲分析和数量级的讨论也着墨颇多，这主要得益于我们多年来在大学、工程师学校和师范学校的教学经历。本书第 3 版进一步更新和丰富了相关图表，并添加了相应的彩图，以期更直观地展示所涉及到的流动现象。

为了确保本书可适用于本科层次的教学，我们在讨论相关流动问题时补充了相关的基本概念；从这个意义上讲，这类讨论可以视为针对解决实际问题的训练。此外，本书的目标读者并非仅针对从事物理学领域的学生和教学科研人员，也包括会涉及到流体力学的其他学科的学者和学生；故而书中的示例大多来源于自然科学领域和日常生活。

流体力学在科学界的地位并没有得到很好的界定。在美国，流体力学通常被看作是物理学的一个分支，美国物理学会的流体动力学分会（APS-DFD）每年都会举行该领域最大规模的学术会议。然而，在法国，流体力学始终与工程科学紧密联系，且与应用数学的关联历史悠久。这种传统可追溯到 19 世纪，柯西、泊松、纳维、达西等法国先驱数学家和工程师是这种学派的典型代表人物。长久以来，这种现象导致了流体力学和物理学之间的“双向忽视”；并且，相比之下，物理学家对流体力学领域的研究进展则更是关注甚少。导致这种双向忽视的另一个可能的原因是，20 世纪以来，物理学家越来越偏向于关注量子尺度以及相对论问题的研究。然而，该领域的科学先驱其实大都具备很好的力学背景。比如，爱因斯坦就悬浮颗粒的布朗运动问题开展研究；海森堡的博士论文（1923 年）的主题是湍流，他曾于 1945 年又重拾该问题开展研究。

20 世纪 80 年代，人们对流动稳定性以及从层流转捩到湍流的认识进一步加深：法国

---

① 经过译者（贾攀、经光银）和本书作者（E. Guyon、J-P. Hulin）讨论，绪论的中文版译文中增加了一些成书背景的细节。

② 本书第 3 版成书于 2012 年，因此这里的“十年前”指的是 2001 年，也就是本书第 2 版出版的时间；本书第 1 版出版于 1991 年。

物理学家 P. Bergé、S. Fauve、A. Libchaber、B. Perrin、Y. Pomeau 和 J. E. Wesfreid，美国（以及其他国家）的物理学家 G. Ahlers、J. Gollub 和 H. Swinney 等对该问题的理解做出了突出的贡献。

在随后的几十年中成长起来的年轻科学家大都接受过物理和力学两方面的训练。因此，他们的贡献使得流体力学和物理学之间的“双向忽视”逐渐减少。本书第 1 版在这种转变中可能发挥了一定的作用。

除了早期受到的物理学方面的训练之外，本书三位作者在通过实验研究超流体、流动稳定性、液晶、多孔介质和悬浊液等问题的过程中，“在职”学习了流体力学；同时，我们还通过搭建新的物理实验平台来重新研究了流体力学中的经典问题。总的来说，新的数据采集和处理方法、激光的使用使得流体力学的实验研究工作受益良多。此外，一些多用于处理基本物理问题（例如，临界现象）的理论方法也在流体力学领域得到了新的应用。

在本书的前几章中，我们首先讨论处理流动问题所需的基础知识：

第 1 章主要回顾流体的微观结构和特性，以及研究流体会涉及到的一些光谱学方法；此外，这一章也将介绍存在自由面的流动中需要考虑的界面现象。

第 2 章将引入流体黏性的概念，并介绍流体的不同流动状态；这些概念通常可关联于表征流动中对流和扩散特性的雷诺数。

第 3 章和第 4 章主要讨论流场以及流体质点的变形（运动学），以及与之相关的应力（动力学）。同时，我们将根据已经获得验证的应力-应变关系来讨论牛顿流体和非牛顿流体。最后，应用建立的流体运动方程分析一些具有简单几何特征的流动。

第 5 章将讨论流体运动过程中的守恒律。这些守恒律通常是第 4 章中已建立的平衡关系的积分形式；在无需了解速度场局部信息的情况下，应用守恒律可方便地处理许多流动问题。

第 6 章主要分析理想流体的流动，这部分内容可认为是对守恒律讨论（第 5 章）的自然扩展。在这类流动中，流场中旋度处处为零，故而可直接与静电场进行类比。

第 7 章是本书的枢纽，主要介绍有关涡量的重要概念（流体力学的最后一个基本组成部分），然后将其应用于涡量集中分布在“核心”位置的涡旋的分析。本章还将探讨与旋转流动密切相关的问题，这对大尺度的大气和海洋流动尤为重要。

本书其他章节主要针对更具体的流动问题展开讨论：

第 8 章关注黏性主导的准平行流动，本章主要通过“润滑”近似方法进行分析；该方法在具有（或不具有）自由面的薄膜流动，以及液体自由射流中应用非常广泛。

第 9 章关注的是黏性控制的流动。这类流动中雷诺数很小；但是，雷诺数小并非是因为流动的几何特征类似于准平行流动。这类流动多见于微生物运动、悬浊液动力学，以及多孔介质内的流动等问题。

第 10 章讨论涉及不同长度尺度的对流和扩散的耦合输运问题，同时引入边界层的概念。流动边界层描述了壁面零速度和外部势流之间的过渡区域，该理论已广泛地应用于空气动力学分析和设计中。最后，我们将类似的分析方法延展到了尾迹流、射流以及电化学反应和火焰的分析中。

在第 11 章中，我们将基于朗道模型的全局方法，以及基于近似解的局部速度场来讨论流动失稳问题。我们首先借助亚临界失稳等概念，讨论一些封闭空间的对流失稳现象，然后再分析几个无界流动中的失稳现象。

最后，第 12 章讨论湍流：流体的随机运动。在讨论完自由流动（喷射或尾迹流）之后，我们将分析（存在壁面的情况下）均匀湍流中的能量传递，最后讨论二维湍流。

如前文所述，本书的“物理视角”来源于我们对流体力学中各类课题的研究工作。此外，这种视角也从与国际同行（除了物理学家之外，还包括对这种物理视角认可的力学和化学工程等领域的科学家）的交流中受益良多。特别地，我们要致敬英国的流体力学学派：E. J. Hinch 和 K. H. Moffatt 将流体力学介绍给了我们很多人，不仅为我们的研究工作提供了精巧的手段，也为本书的教学初衷提供了很多实用的素材和工具。我们也很荣幸：E. J. Hinch 接受了为本书作序的邀请。此外，G. I. Taylor 的全部四册精品，和 G. K. Batchelor 的经典著作（以及与他的直接交流）也让我们受益匪浅。

通过与美国的同事 A. Acrivos、J. Brady、G. Homsy、J. Koplik、L. Mahadevan、H. Stone 等人的交流，让我们在该领域的眼界进一步开阔。我们也从 NCFMF（美国国家流体力学视频委员会）制作的流动视频中发现了很多有趣的流动现象。目前，通过 G. Homsy 负责的多媒体流体力学项目，该系列流动视频得到了进一步的扩充。

在法国，P. G. de Gennes 等资深科学家（包括本书作者 E. Guyon）作为学员参加了由 J. L. Peube、K. Moffatt、S. Orszag 和 P. Germain 在 1973 年组织的关于流体力学的莱苏什暑期学校（École des Houches）；随后 P. G. de Gennes 又在法兰西学院（Collège de France）开设了两年的原创课程，本书作者之一（E. Guyon）参加了整个学习过程，并补充讲述了相关内容。这些学术交流活动为本书早期的构思提供了最基本的素材。

最后我们想强调，除了教学之外，本书的构筑来源于本书作者和同事们日常的实验室研究内容。P. Bergé、B. Castaing、C. Clanet、Y. Couder、M. Farge、M. Fermigier、P. Gondret、E. Guazzelli、J. F. Joanny、F. Moisy、B. Perrin、Y. Pomeau、M. Rabaud、D. Salin、B. Semin、J. E. Wesfreid 和其他众多同事的教学及研究工作为本书提供了很多基本素材。我们感谢所有的同事。

最后，我们要特别感谢在我们撰写本书相关章节的过程中提供过慷慨帮助的同事：

J. L. Aider(应用空气动力学)、C. Allain(非牛顿流体)、A. Ambari(极谱法)、A. M. Cazabat(浸润动力学)、M. Champion(火焰)、C. Clanet(毛细现象)、F. Moisy(湍流和旋转流动)、C. Nore(磁流体动力学)、N. Ribe(液体自由射流)、H. Swinney(流动稳定性)和 J. Teixeira(流体光谱学)。

艾蒂安・居永

让-皮埃尔・于兰

吕克・珀蒂

前 言

流体力学是一门历史悠久的学科，然而层出不穷的新发现又使其不断涌现出新意，并在越来越多的方面影响着我们的日常生活。流体力学的发展史是科学伟人的检阅场：自18世纪的伯努利、欧拉和拉格朗日，到19世纪的柯西、纳维、斯托克斯、亥姆霍兹、瑞利、雷诺和兰姆，再到20世纪的库埃特、普朗特、泰勒和科尔莫戈罗夫等，可以说是大师云集，璀璨夺目。

流体力学是认识自然的重要手段。我们目前已经可以信赖5天内的天气预报和龙卷风警报；早期对潮汐的预测方法如今也已经成功应用于海啸的自动预警；对海洋及大气循环的深入理解可更好地应对大尺度污染、臭氧空洞和气候变化等问题；在地球内部，流体力学对地幔对流、火山喷发和尘埃云、油藏以及二氧化碳封存等问题的研究中也发挥着重要作用。

流体力学是众多工业过程的核心。以飞机设计为例，20世纪初诞生的简单想法如今已经发展到了带有翼尖小翼的低阻力机翼设计，机身的轮廓设计亦在上世纪末实现了重大改进；同时，通过引入宽口引流风扇来屏蔽快速射流，大大降低了喷气噪声。各种制造行业也都涉及到简单或复杂流体的处理，比如玻璃等材料的制造、化学工程和食品加工行业等。

流体力学历久弥新，应用广范，最新研究领域包括：微米尺度的微流体力学，可实现对微小生物样品的精细测试；小尺度下的喷墨打印及其流体润湿性的影响；结合空气对流的理念设计具有自然对流功效的节能建筑；对流动失稳和湍流的调控等。

流体力学拥有丰富内涵同时又应用广泛，因此如何教授这门学科是一项重大挑战。虽然有些专业指向性强的知识最好留给特定的硕士研究生课程，但我们还是必须找到一种方式：一方面面向核心基础知识的教授，另一方面又可以为学生以后学习进阶的内容做好准备。在我看来，本书作者采用了一种能够引起学生兴趣和求知欲的讲授方式和风格，这有助于他们为未来进一步学习和工作做好准备。一些传统的教授方法可能会有如下不足：一些工程课程过度依赖计算流体动力学，然而在一些问题中仅仅依赖计算可能会得到不可靠甚至错误的结果；一些偏重数学的课程则容易迷失在证明控制方程有解或无解的巨大困难中，从而变成一种对克雷奖问题①的讨论。本书的讲授思路以实验和实际流动为出发点，采用的陈述逻辑结构有助于学生深入了解相关问题。

依我所见，包括本书作者在内的法国物理学家们在过去30年对流体力学学科的发展做出了突出贡献，他们为该学科带来了全新的研究视角、新颖的实验技术和对实践的真知灼见。

约翰·欣奇(John Hinch)
剑桥大学

① 克雷奖，又称“千禧年大奖难题”，包括7个问题，由美国克雷数学研究所于2000年公布，其中包括流体力学中纳维一斯托克斯方程解的存在性与光滑性问题。——译者注

作者简介

艾蒂安·居永(Etienne Guyon)是法国物理学家,巴黎高等物理化学学院(ESPCI Paris)非均匀介质物理与力学实验室(PMMH)的荣休教授,1990—2000年曾任巴黎高等师范学院校长,现任巴黎高等师范学院荣誉校长。他主要关注无序介质中的流动问题,同时也致力于科普和科技大众传播方面的工作。

让-皮埃尔·于兰(Jean-Pierre Hulin)是奥赛热与流体系统自动化实验室(FAST Orsay)的荣休教授。他的研究兴趣是多孔和裂隙介质中的流动和输运问题,同时也关注颗粒物质的流动和混合现象。

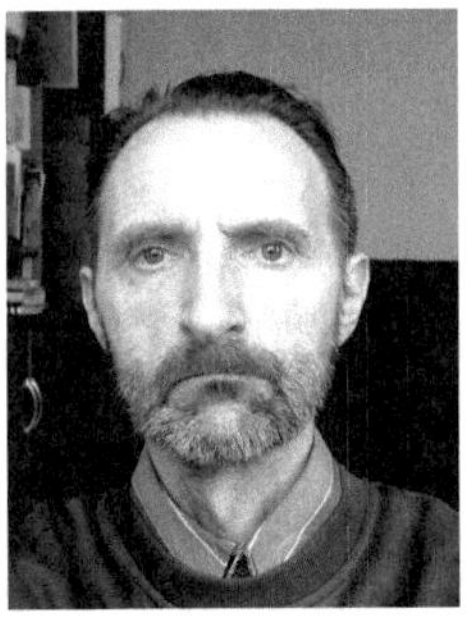

吕克·珀蒂(Luc Petit)教授供职于里昂第一大学凝聚态物理和纳米结构实验室。他重点关注复杂流体流动问题,同时他也致力于教师的培养工作。

目　录

流体的物理性质

1

从微观尺度出发对流体物理性质的研究可认为是热力学的一个分支。在经典热力学中，我们主要讨论纯净物的平衡态（固态、液态和气态）及各平衡态之间的转化。经典热力学的研究方法通常着眼于平衡态邻域内的扰动，这些扰动不仅是物质状态的特征，也是通向平衡态的途径。因此，对于大量粒子组成的系统，在其经历了热力学平衡态附近的"小扰动"后，输运通量与扰动的幅度存在简明的比例关系，在通量作用下扰动的幅度将逐渐降低；最终，系统将再次回归平衡态。

输运比例关系的建立以及相应输运系数的定义是本章的核心内容。我们将首先考虑流体的宏观特性（第 1.2 节），然后从微观角度出发展开分析（第 1.3 节）。在第 1.4 节，我们将讨论两种流体界面上的物理现象。本章最后，我们将在第 1.5 节对分光法、X 射线以及中子散射技术在液体研究中的应用进行简要评述，这些测试手段可用于平衡态附近扰动的研究以及输运系数的估计。在正式讨论流体的物理性质之前，我们将在第 1.1 节中首先对流体的微观本质作简要描述，并简单地讨论流体的微观特征对其宏观特性的影响。

1.1 液态

对于晶体，不论是通过 X 射线观察其微观结构，还是从外部直接观察，我们已经对其原子的周期性排列结构非常熟悉。在这种**固体**(solid)中，除了由热运动产生的小振幅振动外，原子的空间位置保持相对固定，这是原子分布的一个极限情况。低压环境下的**气体**(gas)对应另一个极限情况：我们可认为气体是一种粒子（气体分子或原子）相互作用的稀释系统，粒子之间的相互作用除了在相互碰撞的时刻之外都很微弱。若气体远离临界状态，我们可借助气体动理学理论从微观角度解释气体的温度或压力等平衡参数的变化。对于**液体**(liquid)而言，它兼具气体和固体的特征，对它的准确描述更显微妙。它是一种非常致密的气体，还是一种无序的固体？液体的微观模型通常结合了固体和气体这两个极限状态的特征。此外需要特别提及的是：以下将要讨论的二维模型系统（包括微观和宏观）是分析各种状态下物质的结构及静态特性的有力工具。

1.1.1 物质的不同状态：模型系统和实际介质

通过空气桌来直观表征物质的不同状态

空气桌主要由一块较大的水平板构成，板上钻有一系列大小相同、间隔均匀的孔，并且有高压空气通过这些孔向上吹出。如果我们在空气桌上放置一组半径均为 R 的圆盘，由于向上气流的作用，这些圆盘将会悬浮在空中，并且可做近似无摩擦的来回转动。圆盘的“热运动”可以通过水平底板或其侧壁振动来模拟。根据圆盘的平均“浓度”，我们可观察到物质在不同状态的特征。如图 1.1 所示，我们在每个圆盘上固定一个小光源，然后拍照记录光源的运动轨迹（相机曝光时间远大于两次碰撞之间的平均时间），于是可得圆盘轨迹如图中白色印记所示。圆盘的“浓度”通过它们所覆盖的面积与空气桌的总面积之比 C 来表征，该比值定义为**填充率**（packing fraction）。

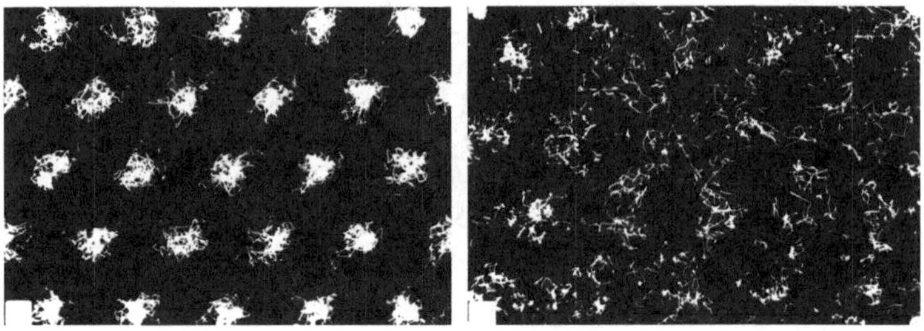

(a) (b)

图 1.1 填充率 C 不同时振动空气桌上圆盘的运动状态。(a) 固态物质模型，$C=0.815$；(b) 液态物质模拟，$C=0.741$（图片由 Piotr Pieranski 提供）

最大填充率：$C=C_M$ 二维圆盘系统的最大填充率 C_M 可通过图 1.2 所示的密排三角形填充得到；圆盘构成完美的二维**晶格**（crystal lattice），这种情形对应于没有热振动的理想晶体。

证明：这种配置下的基本图案（晶胞）是面积为 $S_0=(2R)(2R)\sqrt{3}/2$ 的菱形（L），它们周期性地排列成三角形晶格。晶胞中包含的圆盘面积恰好为一个完整圆盘的面积 $S_p=\pi R^2$，因此填充率为

$$C_M=\frac{S_p}{S_0}=\frac{\pi R^2}{2R^2\sqrt{3}}=0.901 \qquad (1.1)$$

也有人将这种配置称为六角晶格，然而并不准确，因为真正的六角晶格对应的元素位于六角形的顶点，中心处并无元素。

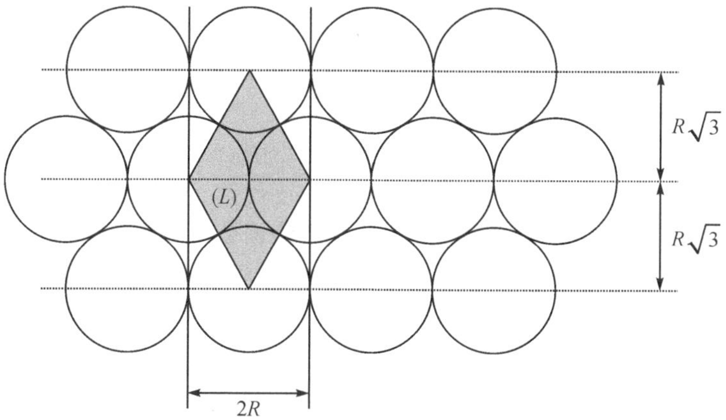

图 1.2　填充率最大时等直径圆盘的密排列方案：相邻圆盘的中心形成平面三角形晶格

高填充率　当填充率接近最大填充率 C_M 时，观察图 1.1(a)中发光点（即圆盘）的轨迹可知：圆盘仅在其平衡位置附近发生有限的位移。进一步分析可知圆盘的平均位置保持不变，且平均结构呈现出周期性特征：这种情况对应于固体中的原子振动。声音在固体中的传播与这种振动相关，施加在固体一端的扰动会通过粒子的位移传递到与之相邻的下一个邻居，这种传播方式被称为**声子**(phonons)传播。在这种高填充率的情况下，两行相邻的粒子不大可能发生大于自身半径 R 的相对位移，故而与每个粒子相邻的粒子始终保持不变。所以，粒子可发生的总的滑动幅度会非常有限，且表现出弹性恢复力。

中等填充率　当填充率小于 $C_0 \approx 0.8$ 时，我们会观察到：整个系统朝一个不同的状态转化。这种情况下，单个粒子可以从由其相邻的粒子包络形成的“笼子”中逃脱，每个粒子相对于其紧邻的粒子位置不再固定，这种系统可用于模拟二维“液体”（图 1.1(b)）。同时，系统不再具有晶体的周期性特征，并且会表现出流动性。当容器侧壁产生相对运动时，作为响应，圆盘系统会发生全局性的位移。

低填充率 $C \ll C_0$　这种情况对应于粒子“气体”，相邻粒子之间的相对距离会非常大（量级为 $R/\sqrt{C}$），对“液体”而言，该距离的量级为 $2R$。

基于硬盘模型的数值模拟

第 1.1.1 节中讨论的结果也可通过数值模拟得到，模拟中粒子之间的相互作用可通过硬盘模型描述。在该模型中，当一对粒子之间的距离 $r>2R$ 时，它们之间的相互作用势为零；当 $r\leqslant 2R$ 时，粒子对之间的相互作用势表现为无限排斥。数值模拟的结果证实并扩展了我们上文提出的类比模型（即空气桌-圆盘模型）的结果。模拟所得的结果也可通过引入更接近真实的相互作用势函数来改进，比如伦纳德-琼斯势函数，它在三维情况下的表达式为

$$V(r)=V_0\left[\left(\frac{2R}{r}\right)^{12}-\left(\frac{2R}{r}\right)^{6}\right] \tag{1.2}$$

当 $r\leqslant 2R$ 时，我们可通过上式所示的势函数来考虑，由泡利不相容原理强烈限制的、存在于粒子对之间非常轻微的相互穿透效应；该式考虑了粒子之间微弱的**范德瓦耳斯吸引力**（van der Waals interaction），当粒子之间距离较大时（$r\gg R$），吸引力将起主导作用。由方程（1.2）可知，势函数 $V(r)$ 在 $r_0\approx 2.2R$ 时存在最小值，这说明硬盘或硬球模型中不存在潜在稳定的平衡状态。这个势函数的引入会略微改变二维理想气体的状态方程，最终我们会得到一个类似于纯物质范德瓦耳斯方程的结果。具体地说，系统中可能会出现液气共存的区间。

三维模型

在第 1.1.1 节，我们通过扁平圆盘系统模拟了固体结构和固液之间的转化。那么，我们是否也可以通过堆叠直径均一的小球来构建类似的三维模型，利用晃动或**流态化**（fluidization）技术使其重新排列（通过从堆叠的底部向上流动的流体使其暂时分离）？进一步分析表明，我们的确可以借助周期性填充的小球来表征某些物质的结构，比如**面心立方**（face-centered cubic，FCC）晶格（图 1.3(a)），填充率为 0.74。

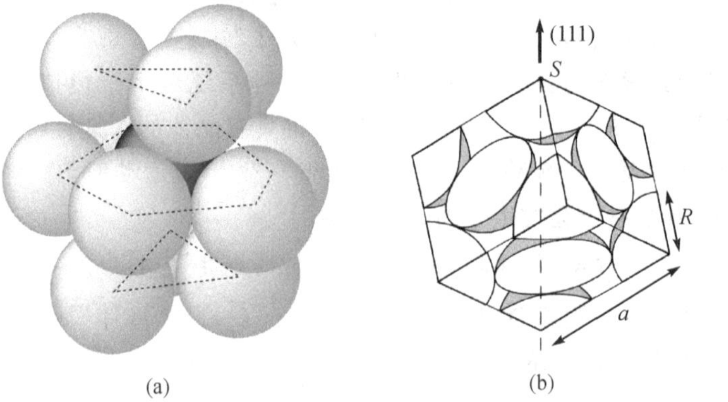

(a) (b)

图 1.3 (a)半径为 R 的均匀玻璃球系统形成的紧凑面心立方(FCC)填充。(b)FCC 晶格中相互接触的玻璃球被分割成的立方体结构，即晶格的晶胞；我们可等价地认为该立方体包含 4 个完整的玻璃球。如果我们从(111)轴的末端观察玻璃球 S，可以比较容易地理解立方体和图(a)的对应关系，立方体主对角线的作用等同于图(a)中填充中心的玻璃球(图中被部分覆盖的高亮玻璃球)

面心立方晶格的填充率

在这种周期性的填充结构中，基本构件是边长为 $a=(4R/\sqrt{2})$ 的立方体（图 1.3(b)），其对角线长度为 $4R$，该晶格相当于包含 4 个半径为 R 的完整玻璃珠。因此，填充率 C（玻璃珠占据的体积分数）为

$$C=\frac{4\times(4/3)\pi R^3}{a^3}=\frac{4\times(4/3)\pi R^3}{(4R/\sqrt{2})^3}=\frac{\pi}{3\sqrt{2}}\simeq 0.74 \tag{1.3}$$

对于任何均匀直径的球体填充，FCC 结构对应的填充率 0.74 是可以达到的最大值。一旦形成，这种填充方式就像二维情况下的三角形晶格一样，可确保长程有序的周期性排列。直到 1998 年，均匀球体的填充率不能超过该值才从数学上完成了证明，即开普勒猜想！

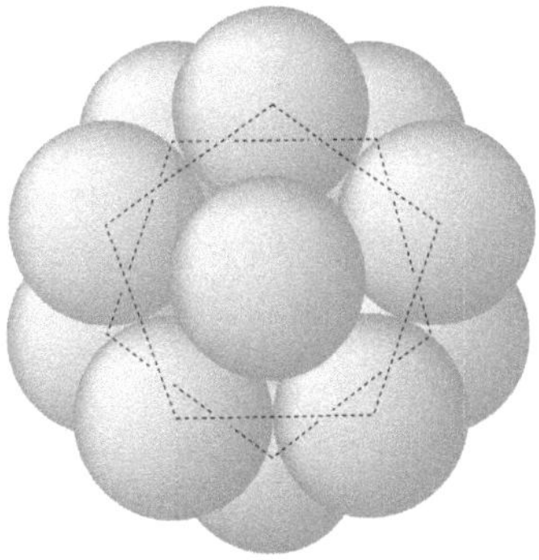

图 1.4　使用 12 个大小相同的球体均匀放置在一个中心球体周围，可以形成一个二十面体的填充形式，正如图 1.3(a) 所示。这种结构比 FFC 结构出现的概率更高。然而，因为这种结构具有五重对称性，所以不能无限重复以产生晶格

当一个三维容器被大小相同的球体填充时，上文这种周期性填充即使在摇晃之后也不会自发地形成，这一点不同于二维的情况。事实上，在一个球体周围排列 12 个相同球体的方法有无数种，图 1.4 所示的二十面体只是一个特例。因此，从任意的局部填充开始构造晶体是不可能的。这与二维情况完全不同，二维模型中 6 个圆盘与中心圆盘接触的图案是唯一的，它们的圆心一定位于正六边形的顶点并构成平面三角形晶体这一基本单元，如图 1.2 所示。

在现实生活中，当我们用大小均一的球体随机地填充容器时会得到无序填充，填充率一般在 0.59 到 0.64 之间。这种填充结果很好地描述了非晶体金属的结构，该结构可通过将金属液体或金属蒸气快速凝固于非常冷的基底上得到。这种填充也很好地表征了简单液体中原子（或分子）的瞬时位置（图 1.1(b)）。最后需要指出：这种填充方式也可以很好地展示第 9.7 节将要讨论的颗粒物质或多孔介质（砂，砂岩）。

注：我们也可通过在离子溶液中放置一些直径在微米量级的均匀球形乳胶微球来观察三维晶体模型。只要球体之间的库仑排斥力足够强，这种相互作用会促使一种周期性晶格（即**胶体晶体**，colloidal crystal）的形成。随着溶液中离子浓度的增加，这种排斥作用会不断被屏蔽，最终将导致周期性结构消失并形成粒子聚集。

1.1.2　固液转化：一种有时模糊的边界

固体和液体之间的界限并不总是像在静止状态下那样简单，它同时取决于所施加应力的幅度和持续时间。研究在应力作用下材料形变的学科分支称之为**流变学**（rheology）。我们将在第 4.4 节讨论在各种流体中观察到的形变对应力的不同响应，此处我们只讨论两个简单的例子。

二维塑性流动

对于金属条或弹簧等固体来说，当所受外力超过某一阈值应力（称为弹性极限）之后，发生的形变将不再是可逆的。因此，许多物质虽然外观上为固体，但在受到较大的应力作用时会发生流动或蠕变（例如，冰川、地壳、被冷压的金属板等）。这种性质被称为**塑性**（plasticity）。晶体填充中的缺陷在这类现象中的关键作用可通过二维模型来说明。比如，这种缺陷可能是从晶格中的某点开始出现新的一行粒子（**位错**，dislocation），也可能是两个不同取向的晶格之间的接触线（**晶界**，grain boundary）。这种缺陷可以很容易在放置了单层小球的平面上观察到。若平面略微倾斜，我们可观察到，小球在缺陷附近的运动会导致系统的全局变形。因此，缺陷的存在导致了固态物质的流动。这个观察结果是现代冶金学的基础。

应力变化率对变形的影响

应力的变化率和它们的大小对分析物质的形变特性是同等重要的。在第 4.4.4 节，我们将看到一些物质对变频扰动的响应会表现出从类似固体状态（在高频率下）到类似液体状态（在较低频率下）的转变。这两种响应特性之间的过渡发生在物质的时间特征常数 τ_{De} 附近，我们可观察到的响应特性类型取决于 τ_{De} 与外界激励特征时间（或周期）之比。τ_{De} 的定义见方程（4.44），该比值又称为**德博拉数**（Deborah number）。

1.2 宏观输运系数

本节我们主要讨论流体中相对于平衡态的小偏差导致的输运现象，同时认为偏差小到足以对系统响应进行线性近似处理。可分析的输运现象有以下三种：

- 由于温度的空间变化导致的**热量**（thermal energy）输运；
- 由于浓度的空间变化导致的**质量**（mass）输运；
- 由于流体运动引起的**动量**（momentum）输运。

动量输运将是本书后续章节深入讨论的内容，因而此处我们仅分析前两种输运现象。

实际情况下，上述几种输运现象往往共存于流体的物理过程中，比如以下两个示例：

- 如果我们将温度较高的物体（温度为 T_+）置入温度较低（T_-）的静止流体中，在流体上部区域通常会产生**对流**

(convection)循环,如图 1.5(a)所示。同时,流动也会加剧物体和流体之间的热交换;

- 如果我们在燃烧的木板上施加一定的气流,质量和热量(Q)输运将同时受到影响,相应地也加速了放热燃烧的动力学过程(图 1.5(b))。

我们可在上述两例中看到多种交换机制的叠加:不仅有**对流**(convection,由流体流动引起)、**辐射**(radiative)和**化学**(chemical)过程(与化学反应相关),也有**扩散**(diffusion)或**传导**(conductive)过程。这些过程仅依赖于流体的微观特性,我们可通过研究相对于平衡态的小偏差来分析。本章将主要讨论扩散效应。

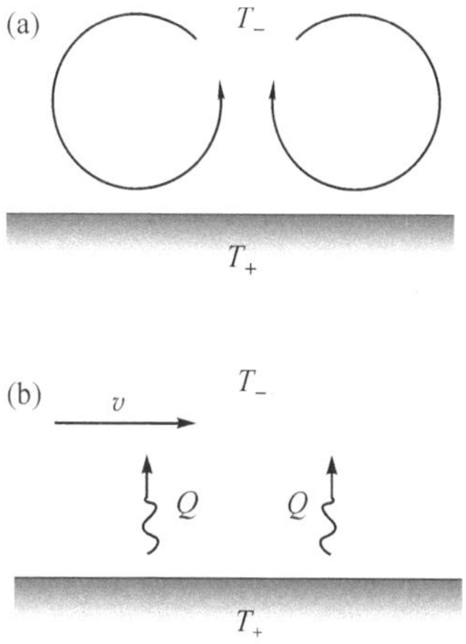

图 1.5　流体和被加热的平板之间的热交换。(a)由温差引起的自发性对流流体运动(详见第 11 章讨论);(b)气流和被加热的平板之间形成的边界层(详见第 10 章讨论)

接下来,我们首先从宏观角度讨论一个常见的扩散现象:热传导,然后分析质量扩散(第 1.2.2 节)。在第 1.3 节,我们将给出这两种扩散现象在气体和液体中的微观描述。我们将在第 2 章讨论流体的黏性如何以类似的方式引起动量的扩散。统一讨论这三个物理量(热量、质量和动量)扩散输运的原因是它们的过程特征和数学描述是一致的。所以,分析热扩散所得的结果可直接推广到质量和动量扩散(仅需改变相关的扩散系数,动量情况下还需要从标量转化为矢量)。

1.2.1　热传导

导热系数的定义:稳态导热方程

图 1.6 所示为一个位于 x 正半轴的半无限大均质物体(固体、液体或气体)。物体内的温度梯度为 $\mathrm{d}T/\mathrm{d}x$,相距 L 的两平面 P_1 和 P_2 处温度分别为 T_1 和 T_2,温差为 T_1-T_2。我们现在来考虑通过垂直于 x 轴、面积为 S 的横截面的热传导。

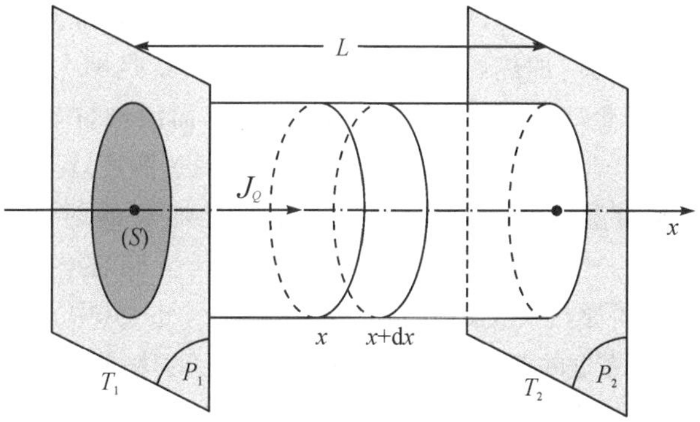

图 1.6　实心圆柱体中由温差 T_1-T_2 导致的轴向热量输运

单位时间内单位面积上的热通量 J_Q 正比于温差 T_1-T_2,可表示如下：

$$J_Q=\frac{\delta Q}{S\delta t}=k\,\frac{T_1-T_2}{L}=-k\,\frac{\mathrm{d}T}{\mathrm{d}x} \tag{1.4}$$

上式中的负号表明热通量的方向与温度梯度的方向相反。在定常条件下，温度在两个边界值 T_1 和 T_2 之间呈线性变化，如方程(1.4)最右侧的等式所示。k 为**导热系数**(thermal conductivity)，是材料的物性参数，它的量纲满足如下方程：

$$[\mathrm{k}]=\frac{[\mathrm{M}][\mathrm{L}]^2[\mathrm{T}]^{-3}}{[\mathrm{L}]^2[\Theta]/[\mathrm{L}]}=[\mathrm{M}][\mathrm{L}][\mathrm{T}]^{-3}[\Theta]^{-1} \tag{1.5}$$

其中[L]代表长度，[M]代表质量，[T]代表时间，[Θ]代表温度。该系数的典型取值可参见本章附录 1A 中的表 1.2。

若温度 T 在三维空间的三个坐标方向都有变化，方程(1.4)可推广到三维空间，矢量形式为

$$\boldsymbol{J}_Q(\boldsymbol{r})=-k\,\nabla T(\boldsymbol{r}) \tag{1.6}$$

上式在数学上与欧姆定律 $\boldsymbol{j}(\boldsymbol{r})=-\sigma\,\nabla V(\boldsymbol{r})$ 的形式一致。欧姆定律给出了电流密度 $\boldsymbol{j}(\boldsymbol{r})$ 和电势 $V(\boldsymbol{r})$ 之间的关系，其中 σ 为介质的电导率。我们现在可以理解为什么图 1.6 所示几何结构中的温度会随距离呈线性变化，因为它可类比于浸入导电流体中的两个(在不同电势下的)平行电极间电势的线性变化规律。方程(1.6)表明**热通量**(heat flux)与**热力学力**(thermodynamic force，此处为温度梯度)之间呈**线性**关系；在平衡态邻域内的其他输运过程中，我们也可得到类似的线性依赖关系。

导热定律在圆柱型结构中的应用

图 1.7 所示的空心圆柱体可用于测量固体材料的导热系数。圆柱体外径为 a，内径为 b；我们首先将其置于温度为 T_1 的等温浴中，使得 $T(r=a)=T_1$。圆柱的中空区域($r<b$)与外部浴槽完全绝缘，我们在其中放置一个温度计以测量内部温度 $T_i(t)$，同时放入一个功率恒定为 P 的电阻加热丝沿圆柱高度方向均匀加热。若圆柱的纵横比 H/a 足够大，我们即可假定热通量 $\boldsymbol{J}_Q(r)$ 仅沿径向有效传播，而沿圆柱轴向无分量。在 $t=0$ 时刻，我们将加热器打开，并通过温度计监测圆柱中空区域的温度 $T_i(t)$ 的变化。经过足够长的时间之后，$T_i(t)$ 达到一个定值 T_2。我们可通过测量圆柱内外温差 T_2-T_1 求得导热系数 k：计算半径为 r 和 $r+\mathrm{d}r$(其中 $b<r<a$)的两个无限靠近的两个圆柱面的单位面积上的热通量 $\boldsymbol{J}_Q(r)$，于是可得总的热流量如下：

$$P=2\pi rHJ_Q(r) \tag{1.7}$$

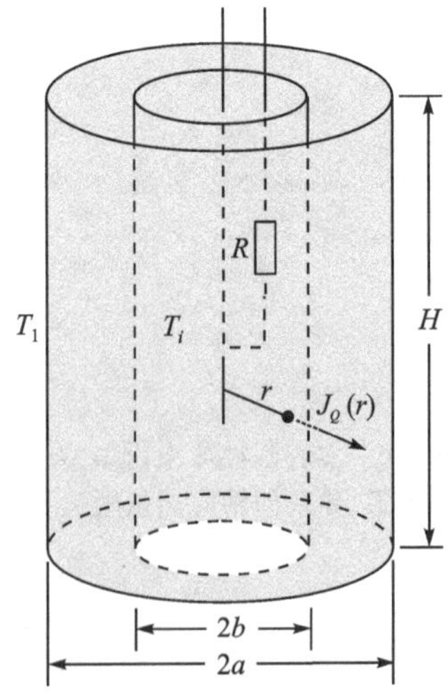

图 1.7 用于测量空心实壁圆柱体导热系数的实验装置示意图

其中

$$J_Q(r)=-k\frac{\mathrm{d}T}{\mathrm{d}r} \tag{1.8}$$

在稳态条件下，加热功率 P 为常数。由上述两式可得

$$\frac{\mathrm{d}r}{r}=-\frac{2\pi Hk}{P}\mathrm{d}T \tag{1.9}$$

结合温度边界条件对方程(1.9)积分可得

$$k=\frac{P}{2\pi H(T_2-T_1)}\log\frac{a}{b} \tag{1.10}$$

注： 上述计算仅在定常状态下有效。这种情况与计算电势差为 V_2-V_1（对应于温差 T_2-T_1）、电流为 I（对应于加热功率 P）的两个同心圆柱面形成的导体导电率的情况相同。

非稳态导热：傅里叶方程

在前文的例子中，我们假设系统已经达到稳定状态，即空间各点的温度与时间无关，故而讨论的是固定温度梯度下的热扩散现象。接下来，我们考虑更为一般的情况：温度 T 既是空间位置的函数，又是时间的函数。我们首先来讨论图 1.6 中的一维几何体中温度的变化规律；温度 $T(x,t)$ 的演化可由一维**傅里叶方程**（Fourier equation）描述，该方程建立了温度 T 对时间 t 和对 x 方向空间的偏导数之间的关系：

$$\rho C\frac{\partial T(x,t)}{\partial t}=k\frac{\partial^2 T(x,t)}{\partial x^2} \tag{1.11a}$$

或

$$\frac{\partial T(x,t)}{\partial t}=\kappa\frac{\partial^2 T(x,t)}{\partial x^2} \tag{1.11b}$$

此处我们引入

$$\kappa=\frac{k}{\rho C} \tag{1.12}$$

其中 ρ 为材料的密度，C 为比热，系数 κ 被称为**热扩散系数**（thermal diffusivity）。κ 越大，表明材料的导热系数 k 越大，热惯性 ρC 越小。由方程(1.11b)可知 κ 的量纲为长度的平方与时间之比，即$[\kappa]=[\mathrm{L}]^2[\mathrm{T}]^{-1}$，单位为 $\mathrm{m^2/s}$。常见流体的 k、ρ 和 C 值可参见本章附录表 1.2。

推导： 如图 1.6 所示，我们考虑位于 x 和 $x+\mathrm{d}x$ 处的两平板间截面积为 S 的无穷小微元体的能量平衡关系。由方程(1.6)可知，在 $\mathrm{d}t$ 时间内，通过截面 S 进入微元体的热量为

$$q_x(x)S\,\mathrm{d}t=-k\frac{\partial T(x,t)}{\partial x}S\,\mathrm{d}t \tag{1.13}$$

离开微元体的热量为

$$q_x(x+\mathrm{d}x)S\,\mathrm{d}t=-k\frac{\partial T(x+\mathrm{d}x,t)}{\partial x}S\,\mathrm{d}t \tag{1.14}$$

进出微元体的热量之差即为两平板间物质所含能量的净增加；对方程(1.14)右侧进行泰勒展开并化简，可得能量差值为

$$q_x(x)S\mathrm{d}t - q_x(x+\mathrm{d}x)S\mathrm{d}t = kS\mathrm{d}t\left[-\frac{\partial T(x,t)}{\partial x} + \frac{\partial T(x+\mathrm{d}x,\ t)}{\partial x}\right]$$
$$= kS\mathrm{d}t\ \frac{\partial^2 T(x,t)}{\partial x^2}\mathrm{d}x \tag{1.15}$$

进一步将上述结果与物质所含热能随时间的变化$\partial T(x,\ t)/\partial t$ 关联，可得

$$\rho CS\mathrm{d}x\ \frac{\partial T(x,t)}{\partial t}\mathrm{d}t = kS\mathrm{d}t\ \frac{\partial^2 T(x,t)}{\partial x^2}\mathrm{d}x \tag{1.16}$$

化简上式，最终可得方程(1.11)。

实际上，方程(1.11b)描述了所有扩散现象的共性特征。在热量、质量和动量的扩散问题中，我们接下来将发现控制方程的数学形式完全一致，仅有变量不同。利用这种对应关系，我们容易理解不同问题中的扩散系数的量纲相同，但取值会有不同。我们注意到，在一维稳态条件下，方程(1.11b)可简化为$\partial^2 T(x,t)/\partial x^2=0$；故而固定的温度梯度意味着温度随空间坐标的线性变化关系，这正是方程(1.4)的结果。

更一般地，若温度为空间坐标(x,y,z)的三元函数，方程(1.11)中的空间导数项$\partial^2 T(x,t)/\partial x^2$ 可通过拉普拉斯算子 $\nabla^2 T$ 代替，于是我们得到

$$\frac{\partial T(\boldsymbol{r},t)}{\partial t} = \frac{k}{\rho C}\ \nabla^2 T = \kappa\ \nabla^2 T \tag{1.17}$$

上式即为三维热扩散方程，又称**傅里叶方程**(Fourier's equation)。

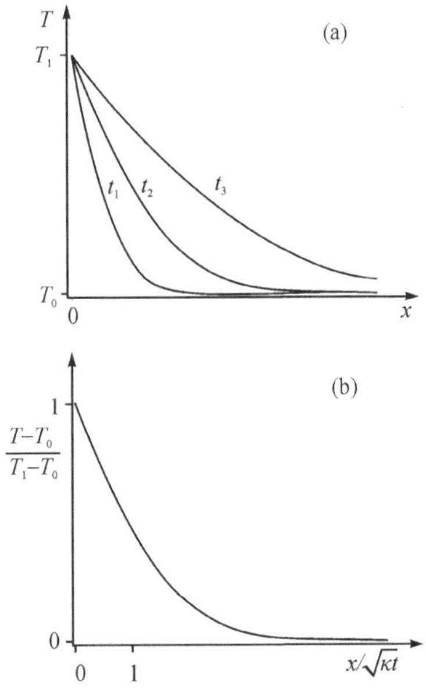

图 1.8 不同时刻半无限大物体内的温度变化曲线。(a)在 $x=0$ 处施加温度扰动(阶梯函数形式)后，不同时刻($t_1<t_2<t_3$)的温度分布曲线；(b)不同时刻的温度分布随归一化距离 $x/\sqrt{\kappa t}$ 的变化曲线，图示的归一化曲线由方程(1.18)给出

一维非稳态导热温度变化分析

我们考虑一个占据半无限大半空间 $x>0$ 的均质材料，初始时刻温度均匀为 $T=T_0$。在 $t=0$ 时刻，我们在边界 $x=0$ 处施加恒定温度 $T=T_1$。由如图 1.8(a)所示的温度分布可知，在 $t>0$ 的不同时刻，在 $x=0$ 处施加的温度扰动会通过热扩散逐渐向材料内部传播。

首先需要说明的是，该问题的分析方法也将为其他扩散问题的求解提供思路。我们注意到，利用热扩散系数 κ 和时间 t 可以构造一个新的变量$\sqrt{\kappa t}$，它具有长度量纲。因此，我们可使用该变量来归一化空间坐标 x，得到一个新的无量纲变量 $u=x/\sqrt{\kappa t}$。类似地，我们不直接求解 $T(x,t)$，而是引入无量纲温度$(T-T_0)/(T_1-T_0)$，当 $x=0$ 时，无量纲温度取值为 1；$x\to\infty$时，其取值为 0。求解归一化之后的系统，我们最终

可得

$$\frac{T-T_0}{T_1-T_0}=\left[1-\mathrm{erf}\left(\frac{u}{2}\right)\right] \tag{1.18}$$

其中 $\mathrm{erf}(u)$ 为误差函数，具体定义为 $\mathrm{erf}(u)=\frac{2}{\sqrt{\pi}}\int_0^u \mathrm{e}^{-\zeta^2}\mathrm{d}\zeta$。如果我们使用 $u/2$ 代替 u，当 $u=0$ 时，$\mathrm{erf}(u/2)=0$；u 趋近于无穷时，$\mathrm{erf}(u/2)$ 趋近于 1。因此，对于此处所考虑的边界条件，我们可得到一个不单独依赖于 x 或 t、而仅依赖于组合变量 $u=x/\sqrt{\kappa t}$ 的无量纲解。不同时刻温度的空间变化曲线归一化为无量纲温度曲线之后将互相重合，如图 1.8(b) 所示。对于复杂的边界条件，方程求解也将更复杂，并且解会依赖于 x 和 t。

定性地说，我们根据上文讨论可知温度扰动经过时间段 t 所传播的距离为 $\sqrt{\kappa t}$（比例因子的量级在 1 以内）。此处，我们也得到了扩散现象的本质特征：**平均扩散距离与时间平方根成正比**。这也解释了为什么扩散对于远距离的输运来说并非有效的机制。若温度扰动传播距离 L 所需时间为 t_L，那么传播 $10L$ 则需要 $100t_L$ 的时间！例如，在空气中，扩散距离为 $\sqrt{\kappa t}=1$ cm 时，需要时间 $t=10$ s；若 $\sqrt{\kappa t}=10$ cm，则需要时间 $t=10^3$ s≈16 min。

方程(1.18)的推导

我们来尝试寻求以下形式的解：

$$T(x,t)=f\left(\frac{x}{\sqrt{\kappa t}}\right)=f(u) \tag{1.19}$$

将方程(1.19)带入方程(1.11b)，那么温度 T 关于时间 t 和距离 x 的偏导数分别为

$$\left(\frac{\partial T(x,t)}{\partial t}\right)_x=-\frac{1}{2}t^{-3/2}\frac{x}{\sqrt{\kappa}}f'(u)$$

和

$$\left(\frac{\partial^2 T(x,t)}{\partial x^2}\right)_t=\frac{1}{\kappa t}f''(u)$$

于是我们得到

$$f''(u)+\frac{1}{2}uf'(u)=0 \tag{1.20}$$

引入定义 $F(u)=f'(u)$，我们可得到关于 $F(u)$ 的微分方程：

$$F'(u)+\frac{u\,F(u)}{2}=0 \tag{1.21}$$

求解可得

$$F = F_0 e^{-u^2/4} \tag{1.22}$$

借助误差函数可得

$$f(u) = A\,\mathrm{erf}\left(\frac{u}{2}\right) + B, \quad 其中\ u = \frac{x}{\sqrt{\kappa t}} \tag{1.23}$$

常数 A 和 B 可通过边界条件确定：当 $x=0$ 时，$T=T_1=B$；当 $x\to\infty$时，$T=T_0=A+B$。

圆柱体中的瞬态热扩散

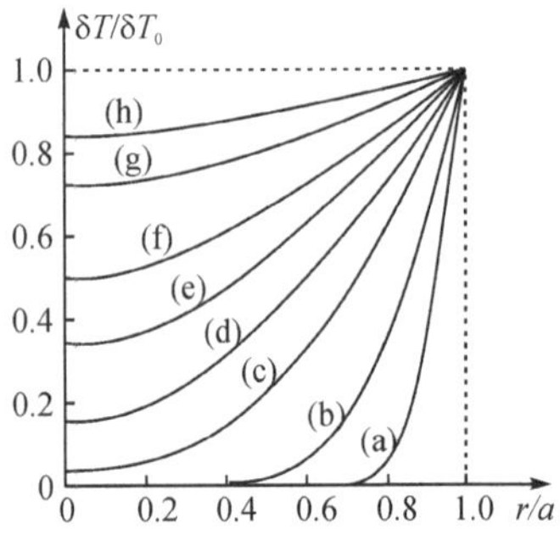

图 1.9 初始时刻温度为 T_0 的圆柱体在 $t=0$ 时刻突然浸入温度恒为 $T_0+\delta T_0$ 的热水浴中之后，柱体温度分布随时间的变化。图中所示为对比温度 $\delta T/\delta T_0$ 随归一化距离 r/a 的变化规律，不同的曲线对应于不同的归一化时间 $(t/\tau_D=\kappa t/a^2)$。t/τ_D 的值分别为：(a)0.005；(b)0.01；(c)0.04；(d)0.1；(e)0.15；(f)0.2；(g)0.3；(h)0.4

前文已经讨论了稳态条件下空心圆柱体内的径向热传导，此处我们来考虑一个实心圆柱体中温度的瞬态变化特性。假定圆柱半径为 a，温度为 T_0，我们现在来考察在 $t=0$ 时刻突然将圆柱没入温度为 $T_0+\delta T_0$ 的流体中之后圆柱内的温度如何演化。此处我们不做详细的数学计算，直接给出计算结果。

图 1.9 所示为不同时刻 t 对比温度 $\delta T(r/a)/\delta T_0$ 的分布特性；r 为到圆柱中轴线的距离，$\delta T(r/a)$ 为局部温度相对于初始温度 T_0 的变化量。曲线上所标注的字母对应于不同 t/τ_D 取值，其中 $\tau_D(=a^2/\kappa)$ 表示扩散距离为 a 时所需时间的数量级。我们观察到，在较短的演化时间内，温度变化仅发生在接近圆柱表面($r=a$)的部位，厚度的量级为$\sqrt{\kappa t}$。相应的温度曲线类似于图 1.8 中所示的半无限大物体的温度曲线(我们可认为图 1.8 所示温度分布对应于圆柱半径 a 无限大的情况)。对于较长的演化时间(量级为 $0.1\tau_D$)，圆柱轴线处的温度受到扰动，当演化时间的量级为 τ_D 时，整个圆柱的温度为 $T_0+\delta T_0$。我们将在第 2.1.1 节看到，静止的圆柱面突然开始运动时，其内部流体速度的演化特性也可由图 1.9 中的曲线描述。

扰动传播的比较：扩散与波动

为了对比不同过程中物质或能量传输的相对有效性，我们现在来比较扩散方程(1.17)和经典的波动方程(一维，沿 x 方向)：

$$\frac{\partial^2 A}{\partial t^2} = c^2 \frac{\partial^2 A}{\partial x^2} \tag{1.24}$$

其中 A 和 c 分别为波的振幅和传播速度。我们熟知方程(1.24)的通解形式为 $A(x,t)=f_1(x-ct)+f_2(x+ct)$。函数 $f_1(x-ct)$和 $f_2(x+ct)$分别表示沿 x 轴正负方向传播的波，其中波速 c 为常数，波传播的距离 d 与时间成正比。我们在前文已经求解了方程(1.17)，结果表明扩散传播的距离正比于扩散时间的平方根；因此"有效扩散速度"x/t 会随扩散距离的增加而降低。在物理上，这是因为扩散量(温度、浓度等)的通量与该变量的梯度成比例造成的，即扰动传播的波前越分散，传播速度越慢。

因此，时间导数阶数的简单变化导致了波传播和扩散完全不同的行为。扩散现象在短时间内或相对较小的距离下是有效的。然而，在其他情况下，波动传播和流体运动导致的对流则起主导作用(对流情况下，传播的距离也与时间成正比)。

1.2.2　质量扩散

扩散物质的质量守恒

在图 1.6 所示的一维扩散问题中，我们可以将温度 T 替换为溶解于流体的某种示踪物质的浓度，该示踪物质可以是另外一种气体、气体中的烟雾、离子、染色剂分子或放射性液体中的同位素等。在这种**梯度扩散**(gradient diffusion)实验中，我们关注的是如何确定由浓度梯度引起的示踪物质的流量。此外，我们也可以研究**自扩散**(self-diffusion)现象，即一些"被标记"分子(即使在没有梯度的情况下)在相同的未标记分子中的分布问题。在稀溶液中，梯度扩散系数和自扩散系数取值相同；然而，若扩散的粒子之间存在相互作用，这两个系数的取值可能有所不同。

扩散物质的浓度可通过单位体积混合物内示踪粒子 A 的数密度 $n(x,t)$，或单位体积混合物内示踪粒子 A 的质量密度 ρ_A 来度量。这种情况下，等价于方程(1.6)的表达式为

$$\boldsymbol{J}_m = -D_m \nabla \rho_A \tag{1.25}$$

上式又称为**菲克方程**(Fick's equation)，其中 $\boldsymbol{J}_m$ 为扩散流密度(单位时间内通过单位面积的质量)。D_m 为示踪粒子 A 的**分子扩散系数**(molecular diffusion coefficient)，是示踪粒子 A 本身和扩散的环境物质的函数。D_m 的量纲满足以下方程：

$$[D_m] = \frac{[M][L]^{-2}[T]^{-1}[L]}{[M][L]^{-3}} = [L]^2[T]^{-1}$$

显然，D_m 与热扩散系数(方程(1.16))的量纲相同。常见物质的分子扩散系数可参见本章附录表 1.2。

利用类似于推导热扩散方程的方法，我们通过考虑体积微元内示踪粒子的质量守恒，最终可得浓度随空间和时间变化的偏微分方程。一维情况下，微分方程类似于方程(1.11b)：

$$\frac{\partial \rho_{\mathrm{A}}}{\partial t}=D_{\mathrm{m}} \frac{\partial^{2} \rho_{\mathrm{A}}}{\partial x^{2}} \tag{1.26}$$

在第 1.2.1 节，我们讨论了物体壁面温度恒定的热扩散问题。在质量扩散中，这相当于某种物质的浓度在边界上恒定的问题。两类问题的数学处理完全一致，仅需要用 ρ_{A} 替代 T，用 D_{m} 替代 κ 即可。

在质量扩散问题中，比较简单的一种情况是给定示踪粒子的初始浓度，然后观察浓度分布随时间的演化行为。在热扩散中，等价的问题是在温度场的局部某个位置进行短时加热，然后观察温度分布随时间的变化。

初始分布为平面的染色剂的质量扩散

下面我们来讨论总质量为 M_{A} 的染色剂在流体内部的扩散情况。假定初始时刻，所有的染色剂都均匀分布在平面 $x=0$ 处非常窄的层中，这种分布在数学上可使用狄拉克 δ 函数来描述：$\rho_{\mathrm{A}}=M_{\mathrm{A}}\delta(x)$。若染色剂不与流体相互反应，那么其质量守恒可表示为

$$\int_{-\infty}^{+\infty} \rho_{\mathrm{A}}(x) \mathrm{d} x=M_{\mathrm{A}}=\text{常数} \tag{1.27}$$

为了满足上述条件，我们考虑前文 1.2.1 节热扩散问题的解（方程(1.23)）关于 x 的一阶导数：

$$g(x, t)=\frac{A}{2 \sqrt{\pi \kappa t}} \mathrm{e}^{-\frac{u^{2}}{4}} \tag{1.28}$$

注：方程(1.23)给出的变化规律是扩散系统对初始温度（或染色剂初始浓度）阶梯形变化的响应。与方程(1.23)不同，此处讨论的是局部分布的染色剂的扩散情况。因此，分布形式所对应的方程(1.28)明显不同于方程(1.23)，方程(1.23)其实是方程(1.28)的空间求导结果。

其中 $u=x / \sqrt{\kappa t}$。实际上，函数 $g(x, t)$ 是方程(1.11b)的解。通过对方程关于 x 求导可知，若一个函数是方程的解，那么它关于 x 的导数也是方程的一个解。用 D_{m} 取代 κ，我们可得：

$$\rho_{\mathrm{A}}(x, t)=\frac{M_{\mathrm{A}}}{2 \sqrt{\pi D_{\mathrm{m}} t}} \mathrm{e}^{-\frac{x^{2}}{4 D_{\mathrm{m}} t}} \tag{1.29}$$

如图 1.10(a)所示可知，该问题的解呈高斯分布。分布宽度的增长与时间的平方根成正比例关系，这正是扩散现象中传播距离的增长特征。此外，分布的幅度随时间以 $1/\sqrt{t}$ 的速率减小，从而保证了分布曲线下的面积保持不变，这表明注入流体中的染色剂的质量守恒。如图 1.10(b)所示，若以 $u=x / \sqrt{\kappa t}$ 为横坐标，$2 \sqrt{\pi D_{\mathrm{m}} t}\, \rho_{\mathrm{A}}(x, t) / M_{\mathrm{A}}$ 为纵坐标，我们可将不同时刻的浓度分布归一化到一条曲线，这正是如图 1.8(b)中所示的情况。

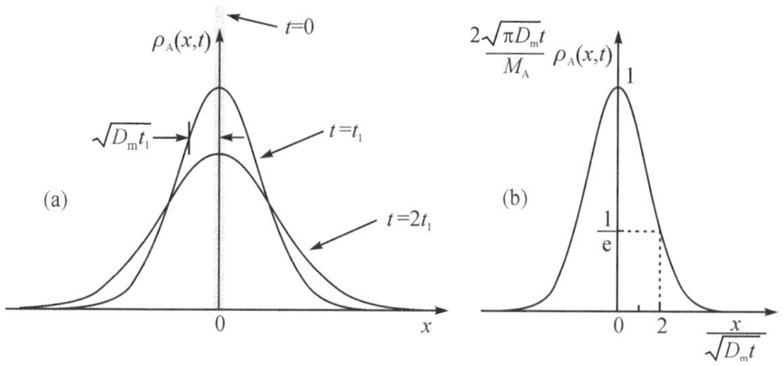

图 1.10　$t=0$ 时刻位于平面 $x=0$ 处的一滴薄层染色剂发生分子扩散的铺展情况。(a) $t=0$，$t=t_1$ 和 $t=2t_1$ 时刻染色剂的浓度分布曲线；(b) 使用归一化的纵坐标 $(2\sqrt{\pi D_m t}/M_A)\rho_A(x,t)$ 和横坐标 $x/\sqrt{D_m t}$ 重新绘制的浓度分布。图中曲线对应于方程(1.29)所示的高斯分布

1.3　输运现象的微观模型

我们在第 1.2 节中对质量及热量扩散进行了讨论，所得到的宏观定律在流体和固体中都有广泛的适用性。到目前为止，我们并没有讨论此类输运过程的微观本质，也没有考虑扩散系数与介质微观结构之间的关系。本节将简要讨论输运过程的微观机制。我们首先在随机行走模型的基础上讨论质量扩散，然后应用分子运动理论讨论气体中的输运过程，最后考虑液体中的扩散问题。

1.3.1　随机行走模型

接下来，我们再次以初始时刻位于流体中一点的一滴染色剂的扩散为例展开讨论。此处我们着眼于示踪颗粒运动的分析。这些示踪颗粒可能是分子或非常小的颗粒，其大小通常远低于一微米，有时也称之为布朗粒子。由于分子热运动，这些粒子并非静止，而是沿着相当复杂的轨迹运动，且运动方向随机变化，即为**布朗运动**(Brownian motion)。

我们借用**随机行走模型**(random walk mode，该模型有时也称为“醉汉荡步”问题！)来分析这个过程。我们假定在初始时间 $t=0$，行走者从原点 O 开始走动，每一步的长度为ℓ，所经历的时间为 τ，且后一步的方向完全与前一步无关。物理上，ℓ 对应于颗粒的**平均自由程**(mean free path)；τ 对应于两次碰撞之间时间的平均值；$\bar{u}$ 则对应于颗粒热运动的速度(如同随机行走模型的情况，两次碰撞之间颗粒的轨迹为直线)。我们希望估计在经历较大步数值 $N=t/\tau$ 之后，行走者(代表一个染色剂分子)所处的位置到原点 O 的平均距离。统计物理学中通常关注平均值，因此我们计算均方位移 $\langle R(t)^2\rangle$，其中 R 是行走者距离其起点的位移的大小。为了得到在统计意义上的有效值，我们对一系列独立随机行走的结果取平均值。

注：因为矢量位移 $\boldsymbol{R}(t)$ 在所有方向都是独立且等价的，因此其均值为零。

通过进一步计算，我们可得

$$\langle R(t)^2\rangle=\frac{t}{\tau}\ell^2=\frac{\ell^2}{\tau}t=D_{\mathrm{m}}t \tag{1.30}$$

其中

$$D_{\mathrm{m}}=\frac{\ell^2}{\tau}=\bar{u}\ell=\bar{u}^2\tau \tag{1.31}$$

可见，相对于初始位置的均方根位移$\sqrt{\langle R(t)^2\rangle}$随时间的平方根线性增长，该结果与扩散铺展的规律完全一致。

证明：在随机行走模型中，当第一步结束时，我们有$\langle R(\boldsymbol{\tau})^2\rangle=R(\tau)^2=\ell^2$。下面我们通过数学归纳来证明，经过 N 步之后下式成立：

$$\langle R^2(N\tau)\rangle=N\ell^2 \tag{1.32}$$

假定行走者经过$(N-1)$步之后，$\langle R^2((N-1)t)\rangle=(N-1)l^2$成立。对于一个给定的随机行走（比如图 1.11 中所示的例子），我们使用 $\boldsymbol{M}_{N-1}$ 表示 $N-1$ 步结束之后颗粒的位置，$\boldsymbol{M}_N$ 表示在下一步（第 N 步）之后颗粒的位置。因此，我们有如下矢量等式：

$$\begin{aligned}(\boldsymbol{OM}_N)^2&=(\boldsymbol{OM}_{N-1}+\boldsymbol{M}_{N-1}\boldsymbol{M}_N)^2\\&=(\boldsymbol{OM}_{N-1})^2+(\boldsymbol{M}_{N-1}\boldsymbol{M}_N)^2+2(\boldsymbol{OM}_{N-1})\cdot(\boldsymbol{M}_{N-1}\boldsymbol{M}_N)\end{aligned} \tag{1.33}$$

我们现在来考虑 $t=0$ 时刻大量从原点 O 出发的独立行走对应的方程(1.33)的平均值。由于每步行走都独立，因此数量积$(\boldsymbol{OM}_{N-1})\cdot(\boldsymbol{M}_{N-1}\boldsymbol{M}_N)$的平均值为零（该乘积具有相同概率的正值和负值）。于是我们得到了期待的结果：

$$(\boldsymbol{OM}_N)^2=(N-1)\ell^2+\ell^2+0=N\ell^2 \tag{1.34}$$

由于 $t=N\tau$，因此上式与方程(1.30)是等价的。

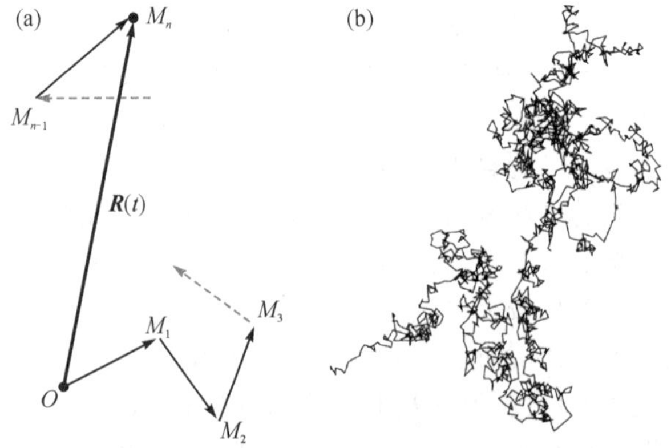

图 1.11 (a)一个示踪颗粒的布朗随机行走位移，我们假设每个步骤的位移大小相等；(b)一个实际的布朗轨迹，图中数据通过分析 2000 s 内聚苯乙烯微球的运动图像得到。每步位移平均持续 1 s，图上 1 cm 对应实际中的 3.5 μm（数据由 G. Bossis 提供）

需要说明的是，方程(1.30)的证明过程并不依赖于随机行走或扩散所在的空间维度。对于一维沿直线随机行走，我们可容易地证明直线上点的扩散概率呈高斯分布。因此，我们可使用该方法再次独立地证明方程(1.29)(该方程我们已经在前文通过宏观分析方法得到)。证明过程需要对一系列行走步骤应用二项式展开定理：

$$(p+q)^N = p^N + Np^{N-1}q + \cdots + C_r^N p^r q^{N-r} + \cdots + q^N \tag{1.35}$$

如果 p (或 q，取值满足 $p+q=1$)代表颗粒每一步向右(或向左)步进的概率，那么通项 $C_r^N p^r q^{N-r}$ 则表示颗粒经历向右行走 r 步且向左行走 $N-r$ 步的概率。当步数非常大时(N 趋于无穷大)，我们可证明二项式的分布将接近高斯形式；如果 $p=q=1/2$，那么分布的中心将位于原点。

注：在前面的分析中，我们考虑了随机行走的每一步位移长度均匀为ℓ的情况。分析可知，当随机行走的单步位移大小的分布不太大时(更准确地说，单步位移大小为ℓ的概率的降低比 $1/\ell^2$ 更快即可)，我们所得的高斯模型仍然成立。在这种情况之外，随机行走的均方根位移将随着时间的推移而增加，并且比$\sqrt{t}$更快，这是因为稀有的长位移主导了扩散行为。这种情况被称为**异常扩散**(abnormal diffusion)，**也称超扩散**(hyperdiffusion)。

若随机行走发生在略微倾斜的平面内，那么每一步的方向取向也会略微偏向于下坡方向。在经过多个行走步骤 N 之后，行走者的分布不再是前文中心位于原点的高斯分布，而会位于 O'点，且向量 $\boldsymbol{OO'}$指向下坡方向。这种情况下，我们观察到了一种叠加于随机行走扩散现象之上的对流效应。在时间较长的铺展过程中，该对流效应将占主导地位，位移 OO'将随时间线性变化(扩散输运的距离随时间的平方根$\sqrt{t}$线性增加)。在上文讨论的一维模型中，若在左右方向假定不同的概率 p 和 q，那么我们将会看到染色剂斑点的重心位移按照$|OO'| = N(p-q)\ell$变化，但扩散仍保持为高斯分布。该结果对应于染色剂在体积力的作用下在恒定场中的扩散现象，比如重力场中较重的微粒团沉降和电场中的离子团等。

1.3.2　理想气体的输运系数

特征单元体积

在讨论输运系数的微观机理之前，我们首先给出**特征单元体积**(representative elementary volume, $\mathcal{REV}$)的定义。在连续介质力学中，我们需要定义宏观量：压力、温度、速度和密度。这些量均为一个尺度上的微观量的平均值，该尺度即为特征单元体积($\mathcal{REV}$)，它大于微观变化特征长度(m)但小于宏观变化长度($\mathcal{M}$)，如图 1.12 所示。需要指出的是，特征单元体积并非在所有的情况下都存在，特别是在非常不均匀的介质中，即使在非常小的尺度上，物理量也可能会呈现出明显的宏观变化。

注：不同的系统所涉及的长度尺度变化很大。在简单液体中，微观尺度为纳米级，宏观运动发生的流道通常在毫米量级(或更大)，微流体装置中为微米量级，故而$\mathcal{REV}$的定义较为容易。我们将在第 9.7 节讨论多孔介质中的流动，其孔隙大小通常在几十微米的量级。因此，我们仍然可在均质岩石中定义$\mathcal{REV}$；然而，如果岩石显示出诸如裂缝等非均匀性质，那么$\mathcal{REV}$的定义将会变得困难得多。

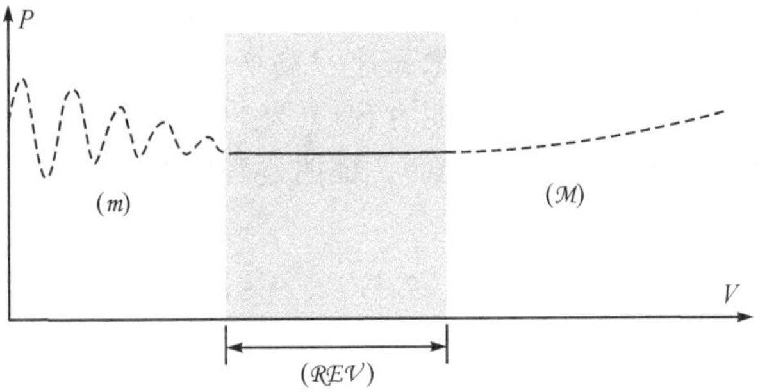

图 1.12 用于定义表征连续介质的宏观量的特征单元体积($\mathcal{REV}$)。V 表示求取物理量 P 平均值的体积

理想气体的分子扩散

这里我们依然以第 1.2.1 节(图 1.6)中的一维几何结构为例来讨论一种稀薄示踪剂气体的分子扩散现象,我们假定示踪剂的分子数密度 $n(x)$ 在 x 方向上均匀变化,如图 1.13 所示。示踪剂分子在扩散过程中始终与其他流体分子共存,且这些分子会重新分布以补偿数密度 $n(x)$ 变化引起的压力变化。由于热运动,分子运动的有效速度为 $\bar{u}$。通过进一步分析,可得到扩散系数的估计方法(详细推导见下文):

$$D_{\mathrm{m}}=\frac{1}{3}\bar{u}\,\ell \tag{1.36}$$

观察上式可知,如果我们使用分子的热速度为两次碰撞之间的速度,平均自由程为每一步的位移长度,那么方程(1.36)与第 1.3.1 节中通过随机行走模型所得的结果是一致的(仅有系数 1/3 的差别)。这种一致性表明了两个现象的等价性:染色剂的铺展和浓度梯度所诱导的扩散是等价的,故而随机行走模型和气体动理学理论这两种处理方法也是等效的。

证明:为了确定 D_{m},我们来估计位于 x_0 处横截面单位面积上通过的示踪颗粒的总通量(参见图 1.13)。从左向右(或从右向左)通过该平面的示踪颗粒的通量(单位时间内通过单位面积的颗粒数)由 J_+(或 J_-)表示。由于受颗粒浓度 $n(x)$ 梯度的影响,两个方向的通量并不相同。分子扩散系数可由通量之差(J_+-J_-)和梯度($-\partial n/\partial x$)的比值来估计。精确的计算需要考虑分子热运动速度大小和方向的分布。简单起见,我们做以下简化处理:

- 我们只考虑沿 $\pm x$ 方向运动的三分之一分子的运动,热速度为 $\bar{u}$;其余三分之二分子在 y 和 z 方向上运动,所以对 x 方向的输运通量并无贡献。
- 为了估计来自右/左两侧的通量,我们将空间划分成跨度

为示踪颗粒平均自由程ℓ的单元格。几乎所有的交换过程都发生在该微观尺度(远大于粒子尺寸)内。因此,我们在下面的分析中将平均自由程作为平均特性(浓度、温度和速度)变化的最小尺度。

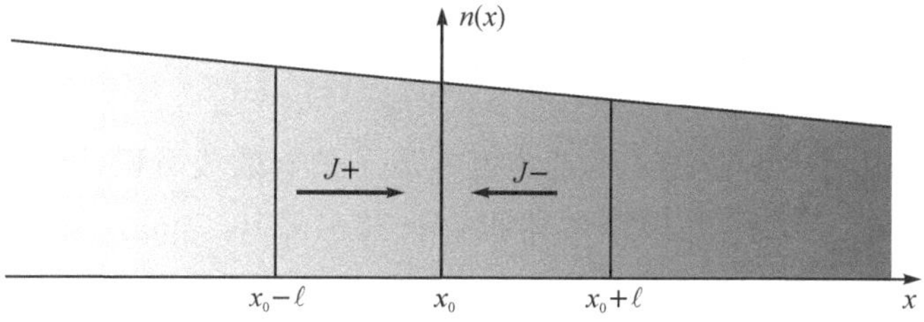

图 1.13　基于一维气体运动论的示踪粒子扩散模型

基于上述假设,通量 J_+ 可表示为

$$J_+ = \frac{1}{2} \times \frac{1}{3} n(x_0 - \ell)\bar{u} \tag{1.37a}$$

其中额外的因子 1/2 表示在 x 正方向上移动的颗粒百分数;$n(x_0-\ell)$是位于 $x_0-\ell$处平面上分子的数密度。方程(1.37a)实际上给出了通量的经典定义,因子 1/6 使得我们可以考虑分子速度方向的变化。此处的主要假设是引入了位置 $x_0-\ell$,这就相当于假设到达 x_0 处的粒子的运动步长均与ℓ完全相等。类似地,可得从右到左的颗粒通量 J_- 为

$$J_- = \frac{1}{6} n(x_0 + \ell)\bar{u} \tag{1.37b}$$

因此净通量为 $J = J_+ - J_-$,结合浓度梯度 $\mathrm{d}n/\mathrm{d}x$,最终可得

$$\begin{aligned} J &= \frac{1}{6}\bar{u}[n(x_0-\ell) - n(x_0+\ell)] \\ &= -\frac{1}{3}\bar{u}\,\ell\frac{\mathrm{d}n(x)}{\mathrm{d}x} = -D_{\mathrm{m}}\frac{\mathrm{d}n(x)}{\mathrm{d}x} \end{aligned} \tag{1.38}$$

化简上式即可得方程(1.36),该结果与基于理想气体模型的精确计算结果完全一致(包括系数 1/3)。

氦气分子扩散系数的估计

我们将氦气在标准温度和压力(STP)下的参数代入方程(1.36)以求得分子扩散系数。单个氦气原子的质量为 $m = \mathcal{M}/\mathcal{N}$,其中 $\mathcal{N} = 6.02 \times 10^{23}$ 为阿伏伽德罗常数(Avogadro's number),$\mathcal{M} = 4 \times 10^{-3}$ kg/mol 为相对分子质量。氦原子的均方根热速度可由下式给出:

$$\frac{1}{2}mu_{\mathrm{rms}}^2 = \frac{1}{2}m\overline{u^2} = \frac{3}{2}k_{\mathrm{B}}T \tag{1.39a}$$

即

注:我们来严格区分一下均方根热速度 $u_{\mathrm{rms}} = \sqrt{\overline{u^2}} = \sqrt{3k_{\mathrm{B}}T/m}$ 和平均速度 $\bar{u} = \overline{|u|} = \sqrt{8k_{\mathrm{B}}T/(\pi m)}$。前者($u_{\mathrm{rms}}$)来源于不存在分子间作用的理想气体的压力的微观推导;后者($\bar{u}$)可用于计算气体的输运特性。计算表明两种速度仅相差 8%,由于我们主要关心数量级,所以这点差异完全可以忽略。

$$u_{\mathrm{rms}}=\sqrt{\frac{3k_{\mathrm{B}}T}{m}} \tag{1.39b}$$

其中 $k_{\mathrm{B}}=1.38\times10^{-23}$ J/K 为玻尔兹曼常数。最终我们可得热速度 $u_{\mathrm{rms}}=1370$ m/s。

由气体动力学理论可得平均自由程 ℓ 为

$$\ell=\frac{1}{\sqrt{2}\,n\sigma_{\mathrm{c}}} \tag{1.40}$$

其中 $\sigma_{\mathrm{c}}=1.5\times10^{-19}$ m^2 为氦气原子的有效截面积，原子数密度 $n=\mathcal{N}/\mathcal{V}$，其中摩尔体积 $\mathcal{V}=22.4\times10^{-3}$ m^3。最终我们可得

$$\ell=1.8\times10^{-7}\ \mathrm{m}\quad 和\quad D_{\mathrm{m}}=\frac{1}{3}u_{\mathrm{rms}}\ell=8\times10^{-5}\ \mathrm{m}^2\cdot\mathrm{s}^{-1}$$

方程(1.40)的解释

该方程说明，在平均意义上，我们可在一个横截面为 σ_{c}、高度为 ℓ 的圆柱体中发现一个单个分子；圆柱体代表分子移动距离为 ℓ 时"扫过"的体积。该体积内必须至少存在另外一个颗粒才能发生碰撞。

由上述分析过程可知，该模型仅适用于理想气体(即气体分子不存在相互作用)的情况。若分子数密度 n 保持不变，那么扩散系数 D_{m} 则随温度的平方根 $\sqrt{T}$ 增加，这来源于热速度 $\bar{u}$ 对温度的依赖关系。

理想气体的热扩散系数

借用与分子扩散系数相似的推导思路，我们可得理想气体的导热系数和热扩散系数的计算式分别如下：

$$k=\frac{1}{2}\rho C_V\bar{u}\ell \tag{1.41a}$$

和

$$\kappa=\frac{k}{\rho C_V}=\frac{\bar{u}\ell}{2} \tag{1.41b}$$

其中热速度 $\bar{u}$ 由方程(1.39)给出，ρ 为密度，C_V 为定容比热。方程(1.41b)所示的热扩散系数 κ 与方程(1.36)所示的分子扩散系数 D_{m} 相似，这是因为这两种情况下的输运机制是一样的，均为分子热运动导致的扩散。

我们注意到理想气体的导热系数 k 与分子的数密度 n 无关。ρC_V 与数密度 n 成正比，故而方程(1.41a)实际上包含了 $\ell n=n/(\sqrt{2}n\sigma)$，且 ℓn 无关于 n。初见这个结果可能令人惊

讶，实则可以理解。这是因为数密度 n 的增加一方面会增加分子间的碰撞频率，另一方面分子的平均自由程也会发生相应程度的减小，故而降低了输运的有效性。

证明：此处，我们假定颗粒（分子）种类单一，且数密度 n 为常数；同时假定 x 方向上存在恒定的温度梯度。由方程（1.39b）可知，x 方向上也存在速度 $\bar{u}$ 的梯度。类比于计算颗粒质量的通量方式（方程（1.37）和（1.38）），热通量 J_Q 可计算如下：

$$J_{Q+}=\frac{1}{6}\rho C_V T(x_0-\ell)\bar{u}(x_0-\ell) \tag{1.42a}$$

和

$$J_{Q-}=\frac{1}{6}\rho C_V T(x_0+\ell)\bar{u}(x_0+\ell) \tag{1.42b}$$

其中 $\rho C_V T$ 是每单位体积分子的能量，与分子的热运动相关。

此处与前文讨论的质量扩散情况相反，温度 T 和速度 $\bar{u}$ 的变化都可引起热通量 J_{Q+} 和 J_{Q-} 变化（分子热运动的平均速度 $\bar{u}$ 也随温度 T 变化）；由于 $\bar{u}\propto\sqrt{T}$，我们可知 $\partial\bar{u}/\partial x=(\bar{u}/2T)\partial T/\partial x$。利用该关系，我们可得温度 T 和速度 $\bar{u}$ 的变化引起的净热通量为

$$J_Q=J_{Q+}-J_{Q-}=-\frac{1}{2}\rho C_V\bar{u}(x_0)\ell\frac{\mathrm{d}T(x)}{\mathrm{d}x}=-k\frac{\mathrm{d}T(x)}{\mathrm{d}x} \tag{1.43}$$

从该式出发，我们即可得方程（1.41a 和 b）。

理想气体模型的有效性

上文得到的结果不适用于压力非常低的气体，也不适用于性质接近于液体的稠密气体。

- 在第一种情况下，若平均自由程 ℓ 远大于容器的尺寸 L，那么大多数的碰撞将发生在气体分子与容器壁之间，而非气体分子之间。由气体运动理论可知，这些碰撞是达到统计平衡态的必要条件。这种状态称之为**克努森状态**（Knudsen regime），多见于压力非常低的容器中。气体压力在 0.1 Pa 的数量级时，分子的平均自由程可达几十厘米的量级。因此，在宏观尺寸的管道中也可能出现克努森状态。
- 第二种极限对应的是分子之间的平均距离（约为 $n^{-1/3}$ 的数量级）与平均自由程量级相当的情况。对应于接下来我们即将讨论这种液体的情形。

1.3.3 液体中的扩散现象

与气体相比，一个简单的模型（如气体动力学理论）并不足以解释液体中的各种输运系数。下面我们对液体中的质量扩散和热量扩散进行简要讨论。

液体中的分子扩散系数

在讨论气体中的输运特性时，我们假设在两次碰撞的时间间隔内分子间的相互作用可以忽略不计。然而在液体中，分子间的相互作用始终非常重要。因此，我们首先来考虑半径为 R 的球形示踪颗粒在液体中的扩散。在这种情况下，如果颗粒以速度 $\boldsymbol{v}$ 相对于液体运动，那么颗粒与液体相互作用的**斯托克斯力**(Stokes force)可由下式计算：

$$\boldsymbol{F}_1 = -6\pi\eta R\boldsymbol{v} \tag{1.44}$$

其中系数 η 称之为动力学黏性系数，是流体的物性参数，我们将在第 2 章中对其进行详细讨论。上述液体和颗粒间作用力的表达式将在第 9.4.2 节推导。如果颗粒足够小（通常指 R 小于 1 μm 的情况），分子热运动的效应已经足以让我们计算相应的分子扩散系数。为了估计示踪剂分子的扩散系数，我们可将上述结果外推到颗粒直径特别小的情况。首先，我们将方程(1.44)改写为以下形式：

$$\boldsymbol{F}_1 = -\frac{\boldsymbol{v}}{\mu} \tag{1.45}$$

其中

$$\mu = \frac{1}{6\pi\eta R} \tag{1.46}$$

这里，μ 称之为**迁移率**(mobility)。1905 年，爱因斯坦在他关于布朗运动的著名论文中推导了分子扩散系数 D_m 和迁移率 μ 之间的一般关系式：

$$D_m = \mu k_B T \tag{1.47}$$

结合方程(1.46)可得

$$D_m = \frac{k_B T}{6\pi\eta R} \tag{1.48}$$

我们注意到扩散系数 D_m 表示在没有外力但存在热运动情况下的铺展，然而迁移率 μ 却是在存在外力 $\boldsymbol{F}_1$ 情况下的定义。

方程(1.48)也适用于颗粒半径低至分子尺寸的情况，故而我们可通过该方程式来估算液体中扩散系数的数量级。对于直径为 1 nm 的分子，液体黏性为 $\eta = 10^{-3}$ Pa·s 时，我们可得 $D_m = 2.2\times10^{-10}$ m²/s，该值远小于同样参数下气体中扩散系数的取值。

爱因斯坦关系式的证明

为了证明**爱因斯坦关系式**(Einstein relation),我们来考虑一种特定情况下的热运动和外力平衡的情况。我们假定流体中的一组染色剂颗粒受到沿 x 方向的恒定外力 f 的作用,其迁移率为 μ,扩散系数为 D_m。实际情况下,这个假定对应于流体中一组布朗粒子在重力作用下沉降的情形。我们同时假定颗粒温度为 T 且处于热平衡状态。力场的势函数为 $U=-fx$。该函数会导致颗粒数密度 n 在 x 方向出现梯度 dn/dx。考虑到颗粒数密度 $n(x)$在局部满足玻尔兹曼分布律:

$$n(x)=n_0 e^{-\frac{U}{k_B T}}=n_0 e^{\frac{fx}{k_B T}} \tag{1.49}$$

进一步可得

$$\frac{1}{n}\frac{dn}{dx}=\frac{f}{k_B T} \tag{1.50}$$

于是,数密度梯度 dn/dx 引起的颗粒扩散通量 J_m 为

$$J_m=-D_m\frac{dn}{dx}=-D_m n\frac{f}{k_B T} \tag{1.51}$$

力 f 导致的颗粒平均迁移速度为 $v_d=\mu f$。观察可知 v_d 可作为一组颗粒的平均速度,该速度通常远小于单个颗粒的热运动速度(热运动速度在所有方向上取向随机)。因此,迁移速度 v_d 导致的颗粒输运通量 J_d 为

$$J_d=nv_d=n\mu f \tag{1.52}$$

在统计平衡状态下,这两种输运通量必须互相抵消,即 $J_m+J_d=0$。将方程(1.51)和(1.52)带入该式,即可得到爱因斯坦关系式(方程(1.47))。

液体中的热传导

液体中存在两种传热机制。第一种来源于液体中单个粒子的振动以及向紧邻的粒子传播(如图 1.1,我们可使用密集分布的振动盘组的模型实验大致说明原理)。第二种情况主要发生在液态金属(汞、钠等)中,涉及到电子运动,这也是导体导电的原因。这两种机制与固体晶体的导热特性非常相似,我们这里对此不具体展开讨论。目前,人们已注意到了电子迁移对高效传热的作用,发现液态金属是非常好的热导体,且具有高比热特性。例如,液态钠可用于增殖核反应堆热交换器中的导热液体。

扩散系数的取值

在表 1.2 中，我们列出了一些常见纯净物的扩散系数。除了本章所讨论的系数 D_m 和 κ 之外，我们也列出了**运动黏性**(kinematic viscosity)系数 ν 的取值。ν 表征了流体的动量扩散特性，其物理意义将在第 2 章详细讨论($\nu=\eta/\rho$，它与方程(1.44)中引入的动力黏性系数 η 成正比，与密度成反比)。系数 D_m、κ 和 ν 具有相同的量纲$[L]^2[T]^{-1}$。在许多过程中，可能同时发生不止一种扩散现象，此时它们的相对重要性将是一个非常重要的因素。我们可通过引入无量纲数来表征这一点，它们一般定义为物理量被输运量级为 L 的距离所需时间的比值，L 一般为流动的特征长度。我们将在第 2.3 节中讨论几个无量纲数的例子，它们在很多传热传质的现象中起着重要的作用。

1.4　表面效应和表面张力

液体与气体、固体或另外一种液体之间的界面在液膜或液体层的平衡和流动中起着非常重要的作用。本节我们将首先介绍表面张力系数的概念，然后讨论它与界面能量之间的关系。

1.4.1　表面张力

表面张力效应的证据

我们来考虑图 1.14 所示的实验：液体薄膜(例如肥皂水)附着在一侧可移动的矩形框架上，若允许可动侧自由移动，我们将观察到它总是朝着液膜表面积减小的一侧移动。若要使其保持不动，则必须施一定的力 F，且 F 与移动侧的长度 L 成正比。如果我们将薄膜的表面积增加 $\mathrm{d}S=L\mathrm{d}\ell$，则须提供能量 $\mathrm{d}W$，它对应于力 F 所做的功可表示为

$$\mathrm{d}W=F\mathrm{d}\ell=2\gamma L\mathrm{d}\ell=2\gamma\mathrm{d}S \tag{1.53}$$

其中 γ 是实验中液体与空气之间的**表面张力**(surface tension)系数，系数 2 的存在是因为实验中液膜具有上下两个气液界面。方程(1.53)表明 γ 对应于每个界面上单位面积的能量，也可理解为每侧界面作用在单位长度的框架侧上的力。因此，γ 的单位为 N/m。在室温下纯水的表面张力系数约为 70×10^{-3} N/m。表 1.1 中列举了几种常见液体的表面张力值及它们随温度的变化特性。需要说明的是，表格中的数值对

应于液体和空气之间的表面张力值，对于两种液体或液体和固体之间的界面，表面张力的取值会有显著变化，我们将在下文具体讨论。

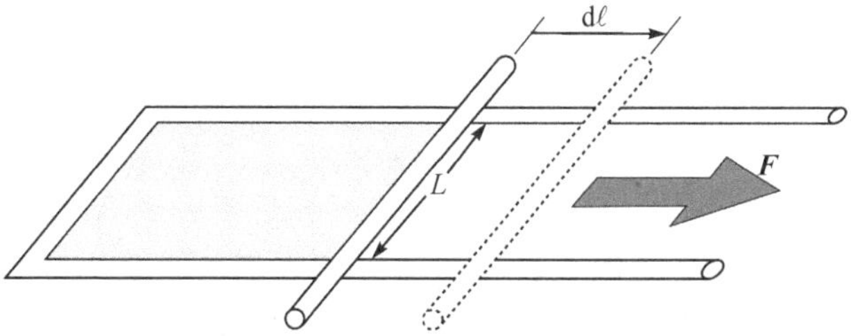

图 1.14　用于证明表面张力存在性的简单实验

液体的界面上一般会有多种力的作用，包括表面张力、重力、压力等，其中表面张力总是倾向于减小界面的表面积。若无重力等其他力的作用，液滴表面积将在表面张力的作用下变得最小，最终呈球形。

表 1.1　**表征常见液体界面特性的物理量的数量级**

	表面张力 γ/(N/m)	γ 对温度的依赖 $-\frac{d\gamma}{dT}$/(mN/(m·k))	毛细长度 $l_c=\sqrt{\frac{\gamma}{\rho g}}$/m
液态金属	$7\times10^{-2}\sim2.5$	$10^{-2}\sim10^{-1}$	$2\times10^{3}\sim5\times10^{-3}$
有机液体	50×10^{-3}	$10^{-2}\sim10^{-1}$	$1\times10^{-3}\sim3\times10^{-3}$
熔融盐	10^{-1}	10^{-2}	$2\times10^{-3}\sim3\times10^{-3}$
硅油	20×10^{-3}	10^{-2}	10^{-3}
水	70×10^{-3}	10^{-1}	3×10^{-3}
熔融态玻璃	10^{-1}	10^{-2}	5×10^{-3}

表面张力产生的物理机制

表面张力的产生与流体分子之间的内部吸引力相关，包括范德瓦耳斯力、氢键(例如在水中)、离子键或金属键(在诸如汞之类的金属中)。在液体内部，每个分子都受到四周分子的吸引力，这些作用力会相互抵消。在界面处(比如液体和真空之间)，每个分子仅受到液体侧分子的吸引力，故而受力并不平衡：这是表面张力产生的根源。表面张力的取值会因原子或分子之间吸引力性质的不同而出现很大变化。液态金属的表面张力很高(汞为 0.48 N/m，3000 K 时锇则高达 2.5 N/m)，这来源于金属键很高的键能。在很多分子物质中，范德瓦耳斯力是分子间的主要作用力，对应的表面张力值通常在 20×10^{-3} 到 25×10^{-3} N/m 之间。

以上讨论表面张力的物理机制时，我们考虑的是液体和真空之间的界面。若考虑两种不同介质之间的界面，每种介质的表面能都会因另外一种界面的存在而有所改变，那么这时讨论的则为**界面张力**(interficial tension)。界面张力依赖于两种介质的表面张力以及它们之间互相作用的能量。我们通常采用下标来表示两种介质之间的界面张力，比如 γ_{AB} 即为物质 A 和物质 B 形成的界面上单位面积的能量。

温度对表面张力的影响

温度的升高通常会导致液体分子之间的内聚力降低，表面张力也随之降低。对于温度变化不太大的情况，我们可使用以下线性依赖关系：

$$\gamma(T)=\gamma(T_0)\left[1-b\,(T-T_0)\right] \tag{1.54}$$

其中系数 b 为正，量级为 $10^{-2}\sim10^{-1}\ \mathrm{K}^{-1}$。上式表明表面张力随温度的升高而降低，且存在一个临界点对应表面零张力。我们将在第 8.2.4 节讨论温度引起表面张力变化所导致的流动问题，即**马兰戈尼效应**(Marangoni effect)。

表面活性剂对表面张力的影响

当两种流体的界面上存在第三种物质时(比如表面活性剂)，可能会导致表面张力的下降。此处，我们不对三种物质在界面上的相互作用进行详细讨论，仅对表面张力降低的原因进行定性分析。我们考虑一种脂肪酸表面活性剂(如硬脂酸，即蜡烛的主要成分)，它是一种由酸性的、部分电离的极性头部和由 CH_2 基团构成的长尾构成的化合物。在水和另外一种介质的界面上，表面活性剂的分子排列规律为：极性头部位于水侧，称之为**亲水性头部**(hydrophilic head)，脂肪族**疏水性尾部**(hydrophobic tail)朝向另一介质。因此，该表面活性剂为两性化合物。表面活性剂分子的存在削弱了界面上两种流体分子之间的直接作用，相应地也降低了界面张力，这源于表面活性剂分子对界面上的两种流体都具有亲和力。因此，表面活性剂在能量上更有利于增加两种流体之间的表面积。

表面活性剂在许多物理化学问题中起着关键作用，特别是在洗涤剂领域。洗涤剂的分子附着在富含脂肪物质的液滴上，疏水尾部在液滴内部，亲水头部朝向外部，这种排列方式促使脂肪溶解在水中。此外，表面活性剂也会影响界面附近液体的流动性。

1.4.2　表面张力引起的压力差

杨-拉普拉斯定律

如图 1.15(a)所示，我们考虑半径为 R 的球形液滴(1)浸没在另一种流体(2)中的情形。液滴若要处于平衡状态，其内部的压力必须大于外部压力，内外压力差可按下式计算：

$$p_1 - p_2 = 2\frac{\gamma}{R} \tag{1.55}$$

对于肥皂泡，气泡内部的压差将是液滴情况下压差的(方程(1.55))两倍，这是因为气泡内外存在两个气液界面，每个界面都会贡献 $2\gamma/R$(图 1.15(b))。

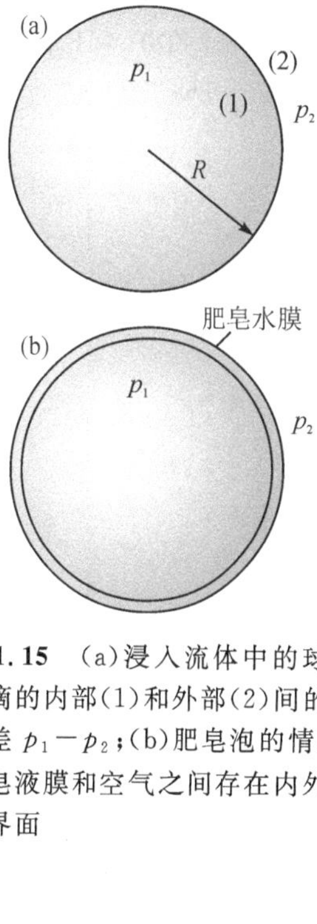

图 1.15　(a)浸入流体中的球形液滴的内部(1)和外部(2)间的压力差 $p_1 - p_2$；(b)肥皂泡的情况：肥皂液膜和空气之间存在内外两个界面

证明：液滴半径取决于表面张力效应(最小化界面面积)与液滴内外部的压差之间的平衡(这种压差可以通过将液滴内部连接到一个压力恒定为 p_1 的储液容器来维持)。

我们以下来推导方程(1.55)：假设液滴在恒定的压差 $\Delta p = p_1 - p_2$ 作用下，半径增加了 dR；根据虚功原理可知，Δp 的取值对应于系统总能量的变化 dW_1 为零的情况。dW_1 来源于两个贡献：

- 由于球形液滴表面能变化导致的 dW_s：

$$dW_s = d(4\pi\gamma R^2) = 8\pi\gamma R\,dR \tag{1.56}$$

- 压力所做的功 dW_p：

$$\begin{aligned} dW_p &= -\Delta p\,dV = -(p_1 - p_2)\,d[(4/3)\pi R^3] \\ &= -(p_1 - p_2)\,4\pi R^2\,dR \end{aligned} \tag{1.57}$$

根据 $dW_s + dW_p = 0$，我们可以得到方程(1.55)，该式也称之为**杨-拉普拉斯定律**(Young-Laplace's Law)。

若两种流体的界面具有任意的几何形状，那么界面两侧的压差则须由一般形式的杨-拉普拉斯定律确定：

$$p_1 - p_2 = \gamma\left(\frac{1}{R} + \frac{1}{R'}\right) = \gamma C \tag{1.58}$$

其中 R 和 R' 为曲面在计算点处的主曲率半径。如图 1.16(a)所示，曲面在计算点处的法向量为 $\boldsymbol{n}$，所有通过该向量的平面与曲面的交线在该点处的曲率半径的极值定义为主曲率半径。$C = (1/R) + (1/R')$ 称之为曲面的**局部平均曲率**(local mean curvature)。曲率半径 R 和 R' 具有代数符号，当曲率的中心位于流体(1)侧时，取正值。图 1.16(b)所示为附着在框架上的液膜，该膜上每一点的平均曲率都为零。R 和 R' 均非零，但符号相反。因此，杨-拉普拉斯定律依然是成立的，这种情况下液膜两侧的压力是相等的。

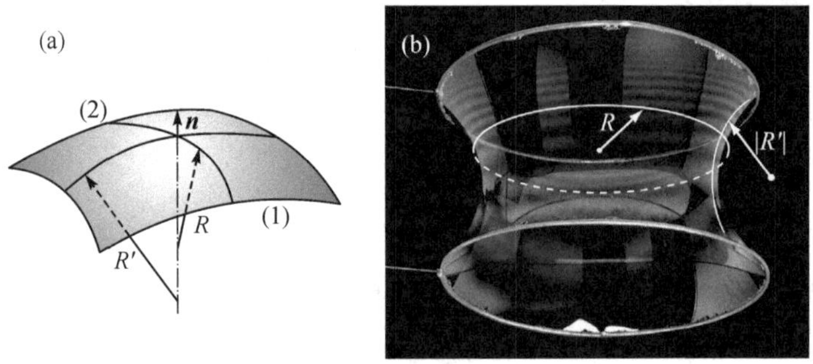

图 1.16(彩) (a)两种流体(1)和(2)之间任意界面的几何形状，用以阐明主曲率半径 R 和 R' 的定义；(b)两个圆形环之间拉伸的肥皂膜的表面并不封闭，因此薄膜两侧的压力相等。所以，局部平均曲率 $C=(1/R)+(1/R')$ 在各点均为零。以这种方式产生的表面(一个悬链)在考虑两个环施加的边界条件的情况下，薄膜的表面区域会达到最小值(图片由 S. Schwartzenberg 拍摄，© Exploratorium，www.exploratorium.edu)

许多物理过程都涉及到杨-拉普拉斯定律，其中最常见的之一是沸腾液体中气泡的成核现象。比如我们逐渐加热处于平衡态的液体时，微小气泡的出现温度并不对应液体的标准沸点，因为气泡形成时气泡内需要相应的高压($\Delta p \propto 1/R$)，因此沸腾会延迟。通常情况下，沸腾仅在已经存在的微观气泡开始生长时才发生。为了使沸腾的延迟最小化，我们可将气泡发生器(比如玻璃珠)放入液体中；这种情况下，气泡发生器将为蒸汽泡成核和生长提供了最小尺寸。该最小尺寸越大，沸腾时的过热度就越小。

1.4.3 液滴的铺展：润湿的概念

本节我们来讨论液滴浸润固体表面的条件，即液滴在固体表面的铺展情况。

铺展参数

为了观察液体(l)在固体(s)表面的铺展是否是能量上有利的，我们来考虑有无流体覆盖的两种情况下固体和真空的界面能，如图 1.17 所示。设 γ_{sl} 为有流体覆盖时单位面积的表面能，$\gamma=\gamma_{lo}$ 为流体和真空之间的**界面能**(interfacial energy)。这两种情况下的总表面能分别为 $F_{\sigma f}=\gamma_{lo}+\gamma_{sl}$ 和 $F_{\sigma}=\gamma_{so}$。同时，我们假定液膜的厚度与分子间作用力作用的尺度相比足够大，因此可以忽略两个界面之间的相互作用(这种情况称之为"宏观薄膜")。对于亚微米厚度的微观薄膜，该条件则不满足。

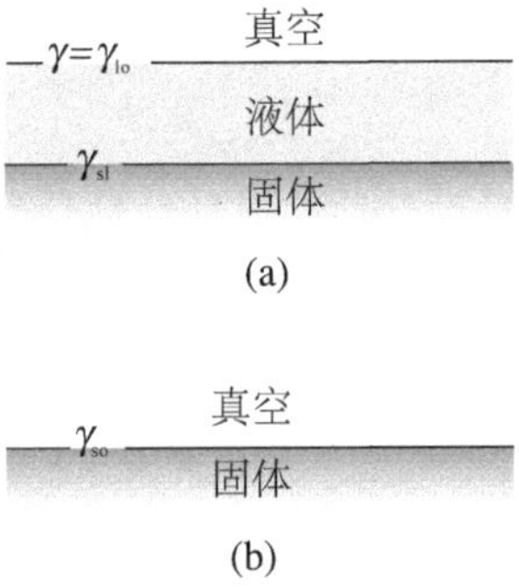

图 1.17 界面能的计算。(a)固体表面被液膜覆盖；(b)固体表面未被液膜覆盖

若以下能量差值为正，

$$S_0=F_{\sigma}-F_{\sigma f}=\gamma_{so}-\gamma_{sl}-\gamma \tag{1.59}$$

那么宏观液膜在固体表面的铺展则是能量上有利的。S_0 称为**铺展参数**(spreading parameter)。大多数的情况下，表面所处的环境并非真空，而是有气体存在，方程(1.59)中也需用表面

相对环境气体的表面能 γ_{lg} 和 γ_{sg} 代替表面相对真空的表面能 γ_{lo} 和 γ_{so}。这种改变带来的差异可能很大；由于存在吸收现象(即气相中含有液体蒸汽，这也是饱和蒸汽情况下的平衡条件)，这种差别在 γ_{sg} 和 γ_{so} 之间尤其明显。这种情况下，铺展参数的计算如下：

$$S = F_{\sigma} - F_{\sigma f} = \gamma_{sg} - \gamma_{sl} - \gamma \tag{1.60}$$

其中 γ 为液体和气体之间的界面张力 γ_{lg}。

部分润湿和完全润湿

铺展参数 S 为负时对应的情况是部分润湿。若 S 为正，界面则处于完全润湿状态，此时整个固体表面都可能存在液膜。从分子的角度来看，“坚硬的”固体一般具有键能很大的化学键(离子键、共价键或金属键)，故而会具有大的表面能(γ_{so}=0.5～1 N/m)。常见的玻璃、二氧化硅和金属氧化物等物质表面大多可被分子液体润湿。此外，它们也容易被环境中存在的杂质污染，受污染后表面的润湿行为会改变。

另一方面，若固体分子的化学结合能量较低(比如范德瓦耳斯力和氢键)，那么表面能也较低($\gamma_{sg}=5\times10^{-2}$ N/m)。常见的有高分子聚合物、特氟龙(聚四氟乙烯)和石蜡等，这类物质的表面不易被污染。表面被部分润湿还是被完全润湿，也取决于液体本身。

液滴在固体平板基底上的平衡态

图 1.18 所示为重力可忽略不计时小液滴在水平基底上的平衡状态。我们来考虑液滴、基底和空气的三相接触线处的受力平衡条件。垂直分量由固体基底的弹性响应平衡(对于液滴在液体基底或者软基底上的铺展，我们可观察到基底的变形)，水平方向的受力平衡方程为

$$\gamma_{sl} + \gamma\cos\theta = \gamma_{sg} \tag{1.61}$$

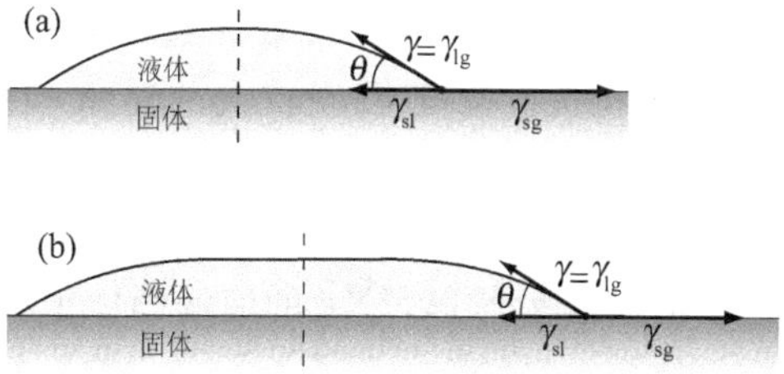

图 1.18　(a)当液滴足够小而重力作用可忽略时，液滴在固体平面的平衡状态；(b)重力的作用导致液滴变平

其中 θ 为**静态接触角**(static contact angle)。若进一步引入铺展参数(方程(1.60))，我们可得**杨-杜普雷定律**(Young-Dupré’s law)：

$$\gamma(\cos\theta - 1) = S \tag{1.62}$$

我们注意到 $S=0$ 对应于 $\cos\theta=1$。当液滴较大时，中间部分会出现如图 1.18(b)中变平的现象，但气液界面与基底表面的接触角保持不变。

界面的运动

接下来我们讨论接触线移动的情况。此处我们仅关注界面在准静态条件下以无限小的速度运动的特性，第 8.2.2 节将讨论界面以有限大速度运动的情况。其实，即使运动非常慢，我们也可观察到当接触线运动方向不同时，液滴与壁面的接触角会出现差异。这种现象可在水平基底上液滴铺展和收缩时观察到，如图 1.19(a)和(b)所示，也可见于倾斜基底上液滴的运动(图 1.19(c))，或悬挂管道内壁上液滴的运动(图 1.19(d))。

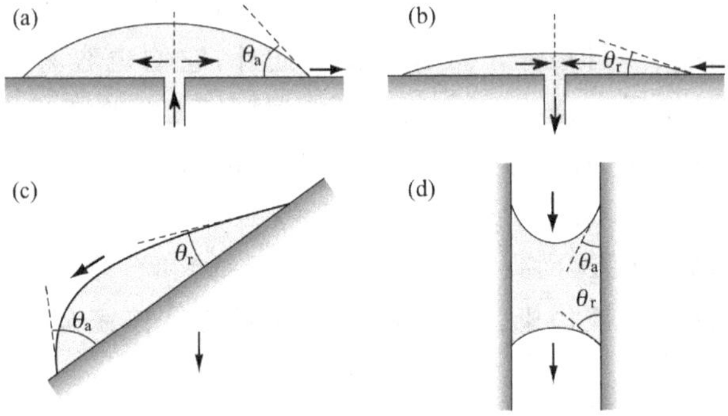

图 1.19 部分润湿情况下，当液滴的体积增加(a)或减小(b)时液滴的前进角(a)和后退角(b)之间的差异。(c)倾斜的平面基底上以非常低的速度向下移动的液滴的前进角和后退角。(d)毛细管中下降非常缓慢的小液泡的前进角和后退角

当接触线的运动速度非常低时(即此处考虑的情况)，接触线的速度趋近于零，接触角的差异由基底表面的粗糙度或者其化学特性的不均匀性引起。在这种情况下，我们通常使用前进接触角 θ_a 和后退接触角 θ_r 以作区别。

1.4.4 重力的影响

液滴的形状和邦德数

对于小尺度界面现象，表面张力效应通常很重要，该效应和界面的曲率直接相关。对于尺度较大的对象，毛细效应通常会被重力等体积力的影响所掩盖。我们下面以不同大小的水银液滴在水平基底上的形状为例，讨论重力的影响。如图 1.20 所示，最小的液滴为球形，较大的液滴则由于重力的影响而呈现扁平形状。

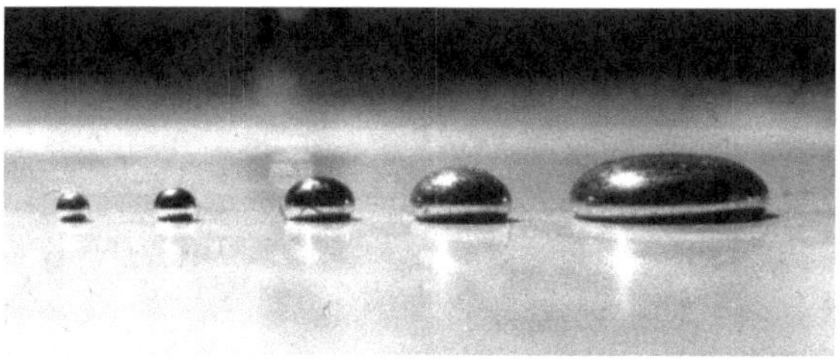

图 1.20　水平玻璃板上不同尺寸的水银液滴对重力效应的响应情况。最小的液滴直径约为 2 mm。我们注意到水银并不润湿玻璃表面，即靠近玻璃表面的水银液滴表面是凸起的。润湿的概念已在前一节讨论过(图片由本书作者拍摄)

图 1.21 所示为一个放置在水平基底上的球冠形小液滴，我们来比较这种情况下表面张力和重力量级的差别。

为使分析更具一般性，我们假定密度为 $\rho+\Delta\rho$ 的液体浸入在密度为 ρ 的流体中，表面张力导致的气液界面内外压差 Δp_{cap} 和液滴高度 h 对应的流体静力学压力 Δp_{grav} 分别为

$$\Delta p_{\text{cap}}=2\,\frac{\gamma}{R} \tag{1.63a}$$

和

$$\Delta p_{\text{grav}}=\Delta\rho g h \tag{1.63b}$$

此外，若液滴形状相对接近于球冠，接触线的半径可估计为 $r_g^2\simeq 2Rh$。因此，我们可通过上述压差(方程(1.63a 和 b))的比值来表征重力和表面张力的相对重要性：

$$Bo=\frac{\Delta\rho g h}{2\gamma/R}\approx\frac{\Delta\rho g r_{\text{g}}^2}{\gamma} \tag{1.64}$$

这个比值称为**邦德数**(Bond number)。邦德数取较大的值时意味着重力效应比表面张力效应重要。若令 $Bo=1$，我们可得一个临界尺度 l_{c}，称之为**毛细长度**(capillary length)，表达式为

$$l_{\text{c}}=\sqrt{\frac{\gamma}{\Delta\rho g}} \tag{1.65}$$

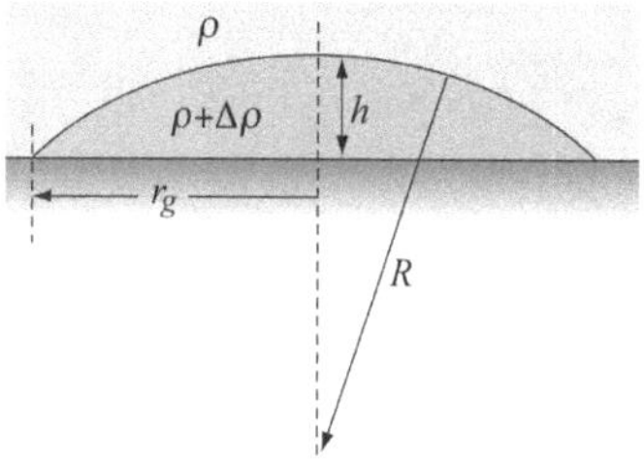

图 1.21　置于水平基底上的部分润湿液滴的几何形状

常见流体的毛细长度 l_{c} 见表 1.1 所示。水银的毛细长度 l_{c} 约为 2 mm，水的毛细长度 l_{c} 约为 3 mm。在微重力条件下，Bo 数一般取值较小，此时表面张力占主导地位。在密度接近且互不相溶的两种流体形成的界面上，由于 $\Delta\rho$ 很小，有效密度降低，故而对应的毛细长度也较大；这个效应称之为重力补偿(来源于阿基米德浮力效应)。对于给定的流动，我们可通过比较毛细长度 l_{c} 与流动特征长度的大小来衡量表面张力在流动中的相对重要性。

平直壁面上的毛细爬升

毛细长度 l_{c} 与许多现象都紧密关联。例如，在流体润湿壁面(即气液界面的曲率中心在液体外部)的情况下，液体沿垂直壁面的毛细爬升的数量级即为 l_{c}(图 1.22)。

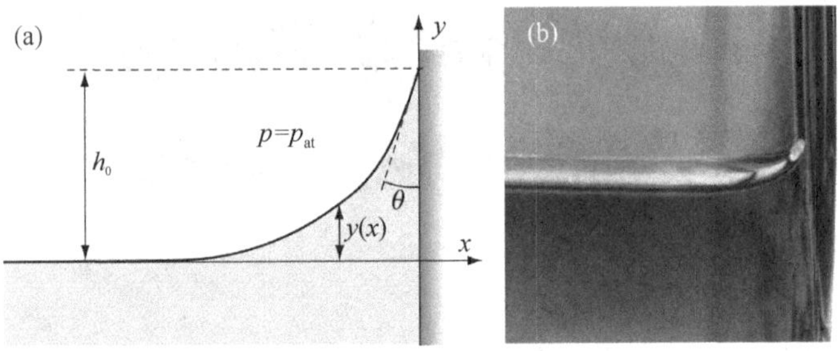

图 1.22 平直壁面上浸润液体的爬升现象。(a)分析示意图；(b)水在玻璃容器竖直壁面的爬升现象，爬升高度约为 1 mm(照片由 C. Rousselin 提供，Palais de la Découverte)

我们接下来具体讨论如何确定液体在壁面附近的爬升高度。需要说明的是在实际情况下，毛细弯月面与固体壁面的接触角之上还存在一层非常薄的微观薄膜(厚度仅为几百埃)，我们在接下来的讨论中会忽略这层薄膜。

由平衡关系可知，气液界面下纵坐标为 $y(x)$ 的液体侧的压力为 $p_s(x)=p_{at}+\rho g y(x)-\gamma/R(x)$，其中 $R(x)$ 为界面的曲率半径(位于图 1.22 所示的界面上，$R(x)$ 为正)，p_{at} 为界面上方的大气压。$\gamma/R(x)$ 项代表表面张力的影响，$\rho g y(x)$ 项为流体的静压力。此外，在界面下方的水平区域(即 x 轴上)处，液体的压力也为 p_{at}。于是可得以下方程：

$$\rho g y(x)=\frac{\gamma}{R(x)} \tag{1.66}$$

利用几何关系 $R(x)=[(1+y'(x)^2)^{3/2}]/y''(x)$，进一步可得以下微分方程：

$$\rho g y=\gamma\frac{y''}{(1+y'^2)^{3/2}} \tag{1.67}$$

即

$$\mathrm{d}(y^2)=-2\frac{\gamma}{\rho g}\mathrm{d}\left(\frac{1}{\sqrt{1+y'^2}}\right) \tag{1.68}$$

我们观察到上式中出现了问题的特征长度尺度，即毛细长度 $l_c=\sqrt{\gamma/\rho g}$。利用边界条件：(1)$x\to\infty$ 时，$y\to 0$ 且 $y'\to 0$；(2)$y'(x=0)=-\cot\theta_0$，积分可得壁面处的毛细爬升高度为

$$h_0^2=2l_c^2(1-\sin\theta_0) \tag{1.69}$$

由上式可知，毛细爬升高度与界面的毛细长度数量级相同，仅有一个与液体润湿壁面特性(接触角 θ_0)相关的修正。图 1.18 所示为液体润湿壁面的情况($\theta_0<90°$)；对于液体不润湿壁面(比如水银)的情况($\theta_0>90°$)，气液界面在壁面处会出现下降而非上升，此时方程(1.69)依然适用，h_0 则表示界面相对于远离壁面处的自由面下降的距离。

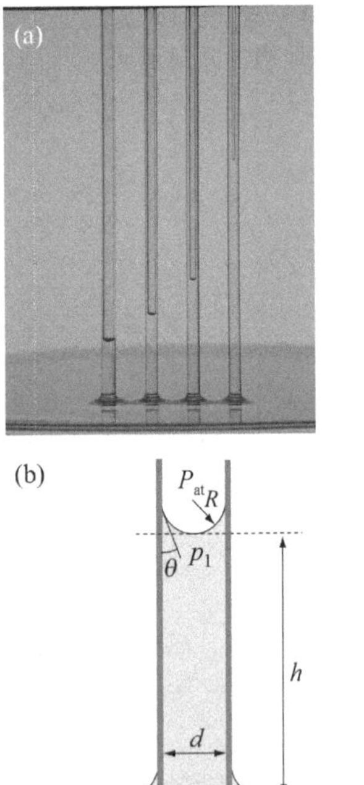

图 1.23 (a)直径从左到右逐渐减小的一组管中液体的毛细爬升(图片由 K. Piroird 提供)；(b)毛细上升高度的计算

圆管内的毛细爬升和朱林定律

如图 1.23(a)所示，当毛细管被置入液体中时，若管内径

较小且液体润湿管壁(液体与壁的接触角 θ 小于 90°),我们也会观察到壁面附近气液界面呈弯月面形状,且管内弯月面相对于外部流体水平面出现了上升,这种现象与前文讨论的毛细爬升类似;此外,若流体对管壁不润湿(比如水银),则会出现管内界面低于外部流体水平面的现象。

接下来计算毛细管内外液面的高度差。如图 1.23(b)所示,我们考虑管内液柱(直径为 d,高度为 h)的重力($\pi d^2 h\rho g/4$)与界面处压力差之间的平衡。假定管内气液界面为球冠形且曲率半径为 R,由杨-拉普拉斯定律可知,界面处液体侧的压力 $P_1 = 2P_{at}\gamma/R$。此外,由几何关系可知,曲率半径 R 与管径 d 和接触角 θ 相关联:$d = 2R\cos\theta$。于是,可得界面两侧的压差为

$$\Delta p = P_{at} - P_1 = \frac{4\gamma\cos\theta}{d} \tag{1.70a}$$

同时,将重力和压力的平衡关系 $P_1 = P_{at} - \rho g h$ 应用于方程(1.70a)可得

$$h = \frac{4\gamma\cos\theta}{\rho g d} = 4\,\frac{l_c^2}{d}\cos\theta \tag{1.70b}$$

上式即为**朱林定律**(Jurin's Law)。若气液界面在壁面的毛细上升 h_0(方程(1.69))相对于 h 可以忽略,朱林定律则更接近实验值。上式表明,管径 d 相对于毛细长度 l_c 越小,管内外液面高度变化越明显。若表面张力 $\gamma = 7\times10^{-2}$ N/m(对应于水),$\cos\theta = 0.6$ 且 $d = 1$ mm,计算可得 $h \approx 20$ mm,该值远大于 l_c(水的毛细长度约为 3 mm),也远大于 h_0。对于非润湿液体(接触角 $\theta > 90°$),方程(1.70b)仍然成立,但此时 h 为负,毛细管内气液界面将低于管外界面的水平高度。

1.4.5　表面张力的测量方法

基于前文讨论的内容,我们在此介绍几种常见的测量表面张力的方法。首先来看在无需测量液体和固体壁面接触角的情况下如何测量表面张力。

通过液滴的几何或其他特征测量

- **悬滴测量法**　由于重力的作用,在毛细管的末端可形成悬挂的液滴,通过相机记录其几何形状并做图像处理。然后将提取的轮廓线与理论曲线进行比较,调整表面张力值直到两者重合。该方法的准确度大约在 1% 的量级,理想情况下精度会更好些。
- **测量毛细管末端液滴的重量**　毛细管末端生成的液滴的

重量基本上正比于表面张力，同时与毛细管的管径相关。求取多次测量的均值并做相应的修正，该方法测量可以达到量级在 0.01 的测量精度。

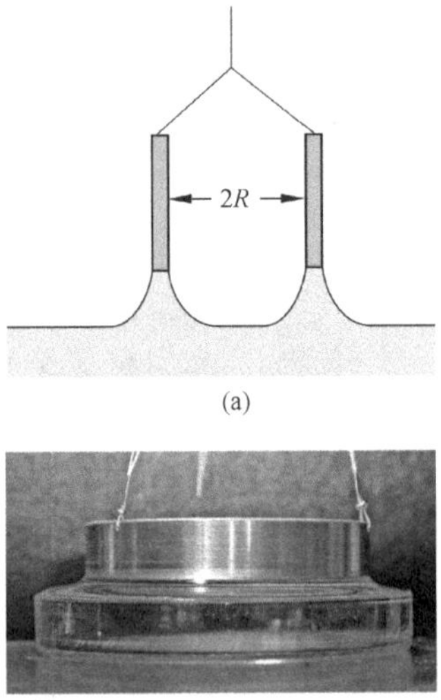

(a)　(b)

图 1.24　通过测量空心圆柱上的拉力来测量表面张力。(a)测量示意图；(b)实际测量所用的实验装置(图片由 P. Jenffer 提供)

接下来，我们介绍涉及液体与固体壁面接触角的测量方法。结合上文介绍的方法，我们可同时确定表面张力和接触角。

测量固体表面的受力

这类方法在表面制备工程中经常出现复现性方面的问题，同时，这种方法与表面和流体接触的方式有关。

- **测量毛细上升**　由朱林定律(方程(1.70b))可知，通过测量液体在毛细管内的爬升高度，可以确定表面张力。
- **测量拉力**　将浸入液体中内壁半径为 R 的空心圆柱体竖直拉出液体时，液体作用在圆柱上的力 F 满足以下方程：

$$F = P_{\text{Arch.}} + 2(2\pi R)\gamma\cos\theta$$

其中 $P_{\text{Arch.}}$ 为液体对圆柱的阿基米德浮力，系数等于 2 是因为在圆柱面上存在两条气液固接触线。在液体和圆柱的分离时刻(图 1.24)，浮力降低为零，气液界面与圆柱壁面的接触角趋近于零，即 $\cos\theta = 1$，于是可得

$$F = 4\pi R\gamma \tag{1.71}$$

我们需要注意：在测量时必须使用非常干净的表面才能保证测量的数据可靠有效。

注： 这种通过测量力来确定表面张力的方法也称为 Wilhelmy 方法。当被拉出液体的物体为一个圆环时，称之为 du Noüy 方法。在实际测量中，方程(1.71)中需引入一个修正系数。

接触角的测量

液体与壁面的接触角可通过同时测量表面张力和毛细上升的高度来确定。若情况允许，也可通过显微镜直接测量。以下我们介绍一些在特定情况下可快速精确测量接触角的方法。

- **干涉法**　在接触角非常小($\theta < 2°$)的情况下，我们可使用单色光，通过测量接触线附近干涉条纹的宽度来估计接触角。
- **反射法**　当接触角不超过 20°时，我们可从液滴上表面进行反射测量(图 1.25)。屏幕上照明区域的边界对应于接触线处反射的光线，相应的半径 R 由下式给出：

$$\tan 2\theta = \frac{R - r_g}{h} \tag{1.72}$$

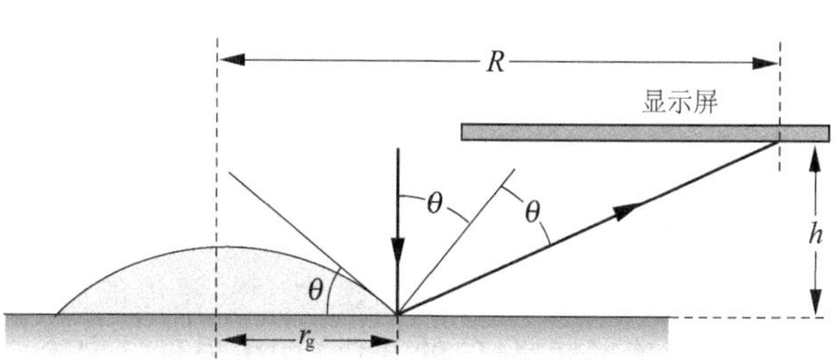

图 1.25　通过液滴上表面的反射来测量液滴和基底间的接触角

1.4.6　瑞利-泰勒失稳现象

瑞利-泰勒失稳现象是表面张力效应和重力效应竞争的一个典型例子。由前文讨论可知，表面张力总是倾向于最小化两种流体之间界面的表面积(一种可视化的方法是将界面想象为弹性膜)。下面我们来考虑密度不同的两种流体之间的水平界面的稳定性，其中较轻的流体位于较重的流体下方。在这种情况下，重力是系统的不稳定因素，初始水平界面上的任何扰动都会导致压力失去平衡，并会进一步将扰动放大。相比之下，表面张力效应总是倾向于使界面回到初始的水平状态，进而使系统恢复平衡，如图 1.26(a)所示。界面越小，表面张力的作用将越明显。我们接下来详细分析两种竞争的机制，并确定系统失稳的控制参数。

系统失稳的驱动力是重力，它关联于失稳界面两侧的流体静力学压差 δp_1：

$$\delta p_1 \approx (\rho' - \rho) g \varepsilon \tag{1.73}$$

其中 ε 是失稳界面在垂直方向上的无穷小位移，ρ 和 ρ' 分别为两种流体的密度(图 1.26(a))。由表面张力产生的、用于稳定界面的压力差可估计为

$$\delta p_2 \approx \frac{\gamma}{R} \tag{1.74}$$

其中 R 为界面的曲率半径。如果我们假定失稳界面的形状接近于球冠(关于 ε/R 的一阶近似)，那么半径 R 和垂直位移 ε 的几何关系为 $\varepsilon R \approx (L/4)^2$。于是，我们可通过比值来衡量两种效应的相对重要性：

$$\frac{\delta p_1}{\delta p_2} \approx \frac{\Delta \rho g \varepsilon}{\gamma / R} \approx \frac{\Delta \rho g L^2}{\gamma} \tag{1.75}$$

其中 $\Delta\rho = \rho - \rho'$。上式定义的比值决定了界面的稳定性，该比值中出现了邦德数 Bo(方程(1.64))，对此我们并不惊讶，因为此处考虑的也是重力和表面张力的相对重要性。

这种失稳多见于黏性比较大的流体中。在这种情况下，界面的变形缓慢，易于观察(图 1.26(b))。比如，若快速颠倒

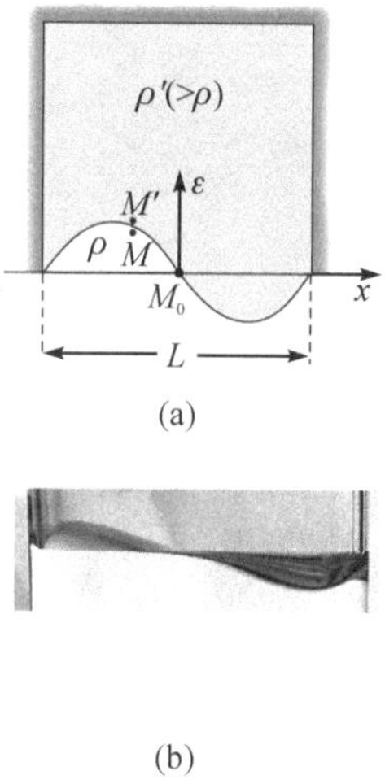

图 1.26　瑞利-泰勒失稳现象。(a)实验的几何结构；(b)装有非常黏稠的油(比水黏稠 5000 倍)的烧杯突然翻转后油和空气界面处的形状(图片由 C. Rousselin 提供，Palais de la Découverte)

一盆黏性蜂蜜，我们可观察到一侧界面膨胀和另一侧凹陷的气液界面。

瑞利-泰勒失稳的讨论

图 1.26(a)所示为一个装有密度为 ρ' 的流体的容器，其下端在 x 方向上具有长度为 L 的开口，且在垂直方向上(z 轴)长度很长；这种情况下，我们可忽略曲率对 z 方向的影响。将该容器置于一种密度为 ρ 的流体上方，并使容器与此流体直接接触。我们假定 $\rho<\rho'$，且两种流体界面的变形均发生在图示平面内，相对于初始水平界面的变形量为 $\varepsilon(x,t)$；M 和 M' 为两侧流体中无限接近界面的两点。使用 $R(x)$ 表示两点处界面的曲率半径(若曲率中心位于上侧流体内，则计数为正)，由拉普拉斯定律可知界面两侧的压力差为

$$p_{M'}-p_M=\frac{\gamma^*}{R(x)} \tag{1.76}$$

同时，考虑两侧流体中的静力学关系(因为流体处于稳定极限且速度极低，因此静力学关系依然适用)，可得

$$p_{M'}=p_{M_0}-\rho' g\varepsilon \tag{1.77a}$$

和

$$p_M=p_{M_0}-\rho g\varepsilon \tag{1.77b}$$

在点 M_0 处，界面的曲率半径为零，故而该点处界面两侧压力相同。从上述三个方程中消去 $p_{M'}$、p_M 和 p_{M_0}，又考虑到界面的变形接近平衡位置，属于小变形，因此 $R(x)\simeq 1/(\mathrm{d}^2\varepsilon/\mathrm{d}x^2)$，于是我们可得

$$\frac{\mathrm{d}^2\varepsilon}{\mathrm{d}x^2}=-\frac{\Delta\rho g}{\gamma}\varepsilon(x,t) \tag{1.78}$$

观察可知，该微分方程的通解具有如下形式：

$$\varepsilon(x,\ t)=A\cos kx+B\sin kx \tag{1.79}$$

其中

$$k=\sqrt{\frac{\Delta\rho g}{\gamma}} \tag{1.80}$$

如果我们进一步假设两侧流体的界面在容器侧壁处与之固定，那么系统的边界条件为 $\varepsilon(x=0)=\varepsilon(x=L)=0$。此外，由于容器中流体的体积守恒，界面的平均位移 $\int_0^L\varepsilon(x,\ t)$ 必须为零。将这些边界条件应用于方程(1.79)可得

$$\varepsilon(x,\ t)=B\sin kx \tag{1.81}$$

其中 $k=(2n\pi/L)$，n 为整数。k 取最小值($n=1$)时，我们可得

阈值条件 $2\pi/L=\sqrt{\Delta\rho g/\gamma}$，该条件也可改写为如下形式：

$$\frac{\Delta\rho g L^2}{\gamma}=4\pi^2 \tag{1.82}$$

上式左侧即为方程(1.75)得到的无量纲数。对于空气和水的界面($\Delta\rho=10^3\ \mathrm{kg/m^3}$，$\gamma\approx70\times10^{-3}\ \mathrm{N/m}$)，计算可得 L_c 的数量级为

$$L_c=\sqrt{\frac{4\pi^2\gamma}{\Delta\rho g}}\approx1.7\times10^{-2}\ \mathrm{m} \tag{1.83}$$

显然，对于空气和水的界面，失稳条件 $L>L_c$ 很容易满足，因此通过它可方便观察瑞利-泰勒失稳现象。

注：此处采用的方法在分析流动失稳中颇具一般性(详见第 11 章讨论)。我们首先在方程(1.79)中假设了变形的种类或称**失稳模态**(instability mode)，然后寻求达到稳定极限的条件(即运动方程与时间无关的解)。该条件对应于决定全局失稳出现的最小阈值。

1.5　流体中的电磁波散射和粒子散射

1.5.1　液体结构的表征方法

散射表征方法

由前文第 1.3 节的讨论可知，流体输运特性与其微观结构关系密切。液体的微观结构及小尺度运动特性可通过入射波的衍射来分析。这类研究方法中所涉及的波长必须与原子间距相当或高出几个数量级。我们可使用**电磁波**(electromagnetic waves，X 射线或可见光)，也可使用**电子**(electron)或**中子**(neutron)的粒子束。对于原子粒子，散射波长可由**德布罗意关系式**(de Broglie relation)给出：

$$\lambda=\frac{h}{p}=\frac{h}{mv} \tag{1.84}$$

其中 h 为普朗克常数，p、m 和 v 分别是粒子的动量、质量和速度。此处我们假定粒子是不具备相对论性质的。

这三种测量方法目前主要用于液体性质的研究。中子散射技术可使用核反应堆中铀裂变产生的中子，使用这种方法的机构包括劳厄-朗之万研究所(法国格勒)，莱昂布里渊实验室(法国萨克雷)和橡树岭国家实验室的高通量同位素反应堆(美国)等；该技术也可使用高能粒子轰击目标释放出的中子，橡树岭国家实验室的散裂中子源(美国)、卢瑟福实验室(英国)以及专门为此而建的欧洲散裂源(瑞典)等都采用该方法。这些中子源在过去几十年的科学研究中发挥了非常重要的作用。相比于 X 射线衍射，中子散射对有机液体中常见的轻元素 H、O、C 和 N 更敏感。这是因为中子不与原子周围的电子

云发生作用，只与原子核相互作用。此外，对于相同的元素，这种相互作用也会随不同的同位素而改变。另外，两种光谱表征方法可“看到”原子周围的电子，且灵敏度随原子序数增加而迅速提高；显然，这两种方法对重元素更为敏感。

一些有用的数量级

利用上述方法，我们可根据波长，并凭借相关仪器来分析液体的结构或其**元激发**(elementary excitation)特性。元激发可能是压力波，或者是热激发诱导的基本扩散波。以下我们列出目前常用方法中参数的数量级。

为了在原子间距尺度上讨论液体的结构，我们需要确保使用波长与原子间距数量级相当的表征方法：

- **X 射线**：生成 X 射线的经典方法是通过电子枪加速电子，使其轰击金属阳极。相应的射线波长约为几埃(例如，$K\alpha$-线的铜线生产的射线波长为 1.54Å)。现有的研究中，也有通过从**存储环**(storage ring)中加速电子从而获得非常强的**同步辐射**(synchrotron radiation)来得到射线的，比如美国伯克利的**先进光源**(advanced light source)、英国拉塞福-阿普顿实验室的**钻石光源**(diamond light source)、法国萨克雷的同步加速器SOLEIL、法国格勒的欧洲同步加速器 ESRF 等等。
- **电子**：通过 200 V 电势差加速的电子的德布罗意波长为 0.87Å。这类电子**速度慢、能量低，具有非相对论特性**。
- **中子**：中子可从核反应堆中得到，也可通过减慢室温(对应**热中子**)或低温(对应**冷中子**)氢环境中的高能中子，从而从散裂源中获得。当中子与液体介质的原子核的碰撞数量足够大时，其速度分布将会与液体接近热平衡。温度为 300 K 时对应的峰值波长为 1.78Å。
- **可见光散射**：可见光的波长较大，通常用以分析**大尺度上**流体的密度或组分的变化。当长度尺度大于 1 μm 时，可见光是分析液体中输运过程的有力工具。

在接下来的两个小节中，我们将首先讨论 X 射线和中子的弹性与非弹性散射及其应用，然后讨论瑞利及布里渊光散射的相关内容。

1.5.2 弹性与非弹性散射

本节中我们首先讨论如何在几个原子的尺度上(约为几

埃的长度）分析液体的结构特征，所需的方法通常涉及到光的散射。

原子液体中的对相关函数

液体中原子间距的分布信息包含在它的对相关函数 $g(r)$ 中，如图 1.27 所示。$g(r)$ 具体定义如下：我们假定某个原子的中心位于点 O，中心位于 r 到 $r+\mathrm{d}r$ 范围内所有原子总数为 $n(r)\mathrm{d}r$，O 点处原子的 $g(r)$ 与原子总数的关系满足下式：

$$4\pi r^2 g(r)\mathrm{d}r = n(r)\mathrm{d}r \tag{1.85}$$

在半径为 $r=2r_0$ 的球体内，$g(r)$ 的值几乎为零，其中 r_0 是原子半径，这是原子的不可穿透性导致的。第一个峰值出现在略大于 $2r_0$ 处，这对应于最近邻原子所在的位置（图 1.27）。随着 r 增加，函数 $g(r)$ 表现出阻尼振荡特性，分别对应于第二和第三相邻的原子的影响。当距离 r 超过几倍的原子半径时，函数 $g(r)$ 取值为常数且等于原子的平均密度，这表明液体中不存在长程的有序性。

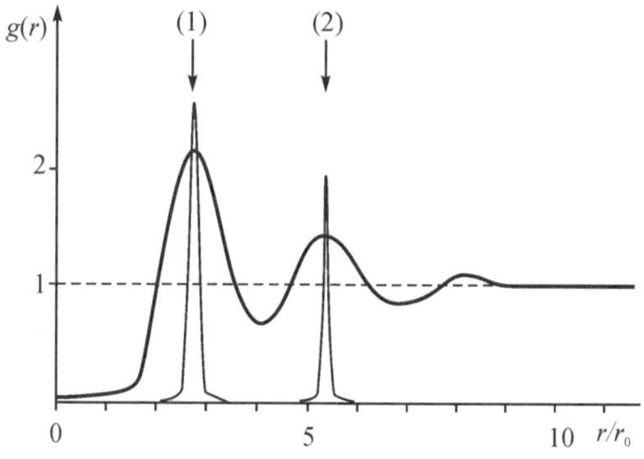

图 1.27　某种金属的对相关函数随到原子（设原子位于原点 O）的距离的变化曲线：实线对应于金属温度刚刚高于其熔点的情况，虚线对应于金属温度刚刚低于熔点的情况。标记 1 和 2 分别表示第一和第二相近邻居所在的位置

分布函数 $g(r)$ 对应于液体中所有可能的原子配置的平均值。我们将证明它可以从散射实验中推断出来，例如使用波长为几埃量级的 X 射线。

弹性散射

图 1.28 所示为一个散射实验的示意图，其中 $\boldsymbol{k}_\mathrm{i}$ 和 $\boldsymbol{k}_\mathrm{d}$ 分别是入射波和散射波的波矢量，传递波矢量 $\boldsymbol{q}$ 可计算如下：

$$\boldsymbol{q} = \boldsymbol{k}_\mathrm{d} - \boldsymbol{k}_\mathrm{i} \tag{1.86}$$

其中 $\boldsymbol{q}$ 代表了波与介质之间的动量传递。在**弹性散射**（elastic scattering）的假设下，没有能量变化，故而 $\boldsymbol{k}_\mathrm{d}$ 和 $\boldsymbol{k}_\mathrm{i}$ 的大小是相等的。

沿着 $\boldsymbol{k}_\mathrm{d}$ 方向上的散射幅度 $A(\boldsymbol{q})$ 可按下式计算：

$$A(q) = CD(\boldsymbol{q})\left(1+\iiint_{\mathcal{V}} g(r)\mathrm{e}^{\mathrm{i}\boldsymbol{q}\cdot\boldsymbol{r}}\mathrm{d}^3\boldsymbol{r}\right) \tag{1.87}$$

注：在这种情况下，我们假定波长量级为 1Å 的 X 射线光子近似满足弹性散射的假设。相应的能量量级约为 12 keV，该值远大于流体中产生的激发能量，因此在散射期间该能量基本保持不变。对于波长相同的热中子之类的表征方法而言，情况并非如此；因为这类方法的能量远低于 X 射线（温度为 300 K 时，$kT\approx 1/40$ eV）。

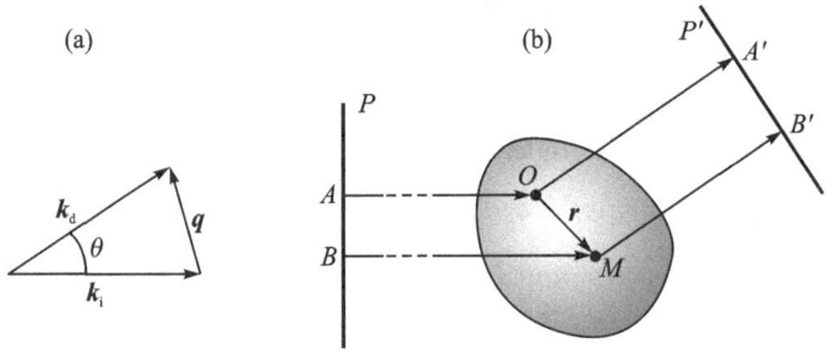

图 1.28 液体 X 射线弹性衍射示意图。(a)傅里叶变换空间中波矢量之间的关系;(b)物理空间中的衍射示意图(相对于样本的大小,平面 P 和 P'相隔非常远的距离)

证明:我们假设经过一个分子散射的波的复振幅为 $D(\boldsymbol{q})$,同时假设分子具有球对称性,故而分子的特征方向对波矢的角度没有特别的影响。如图 1.28 所示,我们以分子为坐标原点 O,并假设第二个分子位于 M 点处,于是 $\boldsymbol{OM}=\boldsymbol{r}$。以下我们根据光程差 AOA'和 BMB'来计算经 O 和 M 散射的波之间的相位差 $\Delta\varphi$($\boldsymbol{AB}$ 和 $\boldsymbol{A'B'}$分别垂直于入射和散射波矢量)。考虑到 $\boldsymbol{OM}$ 在 $\boldsymbol{OA}$ 和 $\boldsymbol{OA'}$上的投影,可得 $\Delta\varphi=(\boldsymbol{k}_i-\boldsymbol{k}_d)\cdot\boldsymbol{r}=-\boldsymbol{q}\cdot\boldsymbol{r}$。因此,两个波合成之后的振幅为

$$A_{O+M}=D(\boldsymbol{q})(1+e^{-i\Delta\varphi})=D(\boldsymbol{q})(1+e^{i\boldsymbol{q}\cdot\boldsymbol{r}}) \quad (1.88)$$

为了得到一个有效值,我们在散射体积内加权考虑第二个分子的存在概率 $g(r)$,并将上式对所有波矢量 $\boldsymbol{r}$ 积分,最终可得方程(1.87)。

注:因子 $S(\boldsymbol{q})$的表达式中使用了 $g(r)$的傅里叶变换,实现了从实空间到波矢量 $\boldsymbol{q}$ 的空间变换。通过实施逆变换,我们可从度量 $S(\boldsymbol{q})$回到关于 $g(r)$的结果,这一点使得该方法非常有趣。由于出现在积分中的是乘积 $\boldsymbol{q}\cdot\boldsymbol{r}$,所以大尺度结构的信息将从较小的波矢 $\boldsymbol{q}$ 获得(此处我们讨论小角度散射);对于给定的 $\boldsymbol{k}_i$ 值,这意味着测量所得的波矢量 $\boldsymbol{k}_d$ 的方向将与入射波形成一个小角度。当函数 $g(r)$具有周期性时,$S(\boldsymbol{q})$也是关于 $\boldsymbol{q}$ 的周期函数,这与结晶固体的情况一样,我们可在晶面反射角满足布拉格条件时观察到衍射峰。

由方程(1.87)可知,$\boldsymbol{k}_d=\boldsymbol{k}_i+\boldsymbol{q}$ 方向上的散射幅度取决于以下两个因素:

- $D(\boldsymbol{q})$,该项取值与单个分子的结构有关;
- $S(\boldsymbol{q})=\left(1+\iiint_{\mathcal{V}} g(r)e^{i\boldsymbol{q}\cdot\boldsymbol{r}}d^3\boldsymbol{r}\right)$ 称之为**结构因子**(structure factor),由分子的相对位置的分布决定。

波矢量从实空间到波矢量傅里叶空间的变换,以及此处所得的结果是所有散射技术的共性特征,我们也将在光的散射分析中使用这类特征。

因此,当液体分子都相同且具有球对称特性时,X 射线的弹性散射通常是一种分析分子间位置相关性的有效方法。X 射线的波长非常适合于分析原子距离尺度的现象。

非弹性散射

在前文的讨论中,我们认为散射是弹性的。然而在实际情况下,散射过程中总是存在动量和能量的转移:散射波矢量

的幅值 $|\boldsymbol{k}_d|$ 总是不同于入射波矢量的幅值 $|\boldsymbol{k}_i|$。这种变化在热中子的情况下尤为重要。由前文讨论可知，热中子的能量远小于相同波长的 X 射线的能量（波长为 1Å，温度为 300 K 时，$kT \approx 1/40$ eV）。故而，这种情况下能量的相对变化量会更加显著，我们会更容易地观察到**非弹性散射**（inelastic scattering）。这种散射可为分析流体的内部激发模式提供非常有价值的信息。

现在将前面的讨论进行更一般性的推广：考虑任何类型的粒子（中子等）或波（X 射线、可见光等）入射到粒子 A 上，或被 A 散射；粒子 A 可以是一个原子或虚构的粒子，用以代表波与流体相互作用的复杂效应。在使用方程（1.84）确定波矢量时，我们可按照以下表格写出各个对象的能量和动量：

	粒子或波 i	粒子 A	粒子或波 d
能量	$\hbar\omega_i$	$\hbar\Omega$	$\hbar\omega_d$
冲量	$\hbar\boldsymbol{k}_i$	$\hbar\boldsymbol{q}$	$\hbar\boldsymbol{k}_d$

从能量和动量守恒出发，我们可得以下关系式：

$$\Omega = w_d - \omega_i \quad 和 \quad \boldsymbol{q} = \boldsymbol{k}_d - \boldsymbol{k}_i \tag{1.89}$$

上述关系式适用于局部表征方法以及波长更大的可见光。我们将在接下来的两节中看到，借助可见光可研究特征尺度比其他方法大得多的现象。图 1.29 所示为用于液体结构分析的各种经典散射表征方法的能量和转移波矢量的分布。

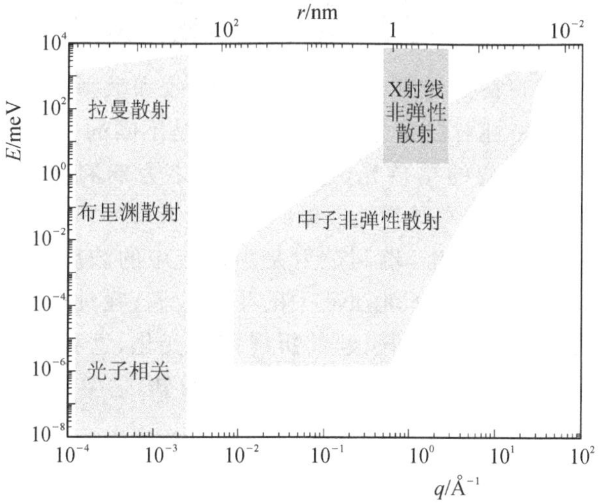

图 1.29　液体结构的光谱分析中各种实验表征方法的能量和波矢量转移区域

1.5.3 光的弹性和准弹性散射在液体结构和扩散输运研究中的应用

弹性散射示例：稀乳浊液的瑞利散射

如图 1.30 所示，我们来观察含有小尺度颗粒的稀溶液（比如在一定量的水中加入极少量的牛奶）。若在容器的一端照亮溶液，我们可从另一端看到泛红色的光；另外，在与光束垂直的方向，我们可观察到泛蓝色的散射光。这个实验类似于一种更常见的现象：天空的颜色。傍晚日落时刻，我们的观察沿着太阳光线的方向（吸收后透射的光），看到的天空呈红色；当我们的观察垂直于太阳光线（空气分子的散射光）时，看到的天空呈蓝色。在上述实验中，散射是由溶液密度的波动引起的折射率变化造成的，而密度的波动则由溶液中的牛奶液滴引起。散射光的计算类似于第 1.5.2 节中分析 X 射线的弹性散射的方法。如果溶液是稀溶液，$g(r)$则为常数，故而散射光强可由每个液滴散射光的强度简单求和得到。于是，散射强度随波矢量的变化对应于 $D(\boldsymbol{q})$的变化。

图 1.30（彩） 一束白光（自左侧）入射到装有水的透明容器上所发生的瑞利散射，水中混加了微量牛奶。我们可观察到与白光光束成直角的散射光略带蓝色，而平行传输到右侧屏幕的光呈微红色（图片由 B. Valeur 提供）

我们所观察到的颜色变化是由于吸收和散射引起的，且吸收和散射特性对白光光谱的不同成分是不同的。对于波长一定且保持不变的单色光，这种现象称之为**瑞利散射**（Rayleigh scattering），它是弹性散射的一种。

在上文的实验中，瑞利散射是由溶液中的浓度波动引起的，浓度波动则来源于乳浊液中的牛奶液滴；在纯液体中，散射来源于局部温度波动引起的折射率的变化，这种情况下的振幅将低得多。由本章第 1.2 节的讨论可知，这类波动会以扩散的形式，而非行波运动的形式传播。

注：如果我们使用相干单色激光照亮液体中悬浮的布朗粒子，光依赖于波动的时间可用以表征粒子的动力学特征。这种方法称之为**动态光散射**（dynamic scattering），或称光子相关，目前已有很多应用。

强制瑞利散射

下面我们来分析一个关于散射的模型实验：**强制瑞利散射**（forced Rayleigh scattering），实验中我们通过人为因素施加了大幅度的温度变化。

在静止的液体中，我们通过高功率但周期非常短的激光脉冲生成干涉条纹。如图1.31所示，单色光束被分成两个分量，它们汇聚在液体内同一点处发生干涉，所得的干涉条纹的空间周期Λ（即网格间距）与两束干涉光之间的夹角φ具有如下关系：

$$\Lambda=\frac{\lambda_0}{2n\sin\varphi/2} \tag{1.90}$$

其中λ_0为光在真空中的波长，n为液体的折射率。进一步分析可知：激光脉冲导致的液体温度的升高随时间t和距离y的变化可由以下方程描述：

$$\Delta T(y,t)=\Delta T_0 e^{-\kappa(2\pi/\Lambda)^2 t}\cos\frac{2\pi y}{\Lambda} \tag{1.91}$$

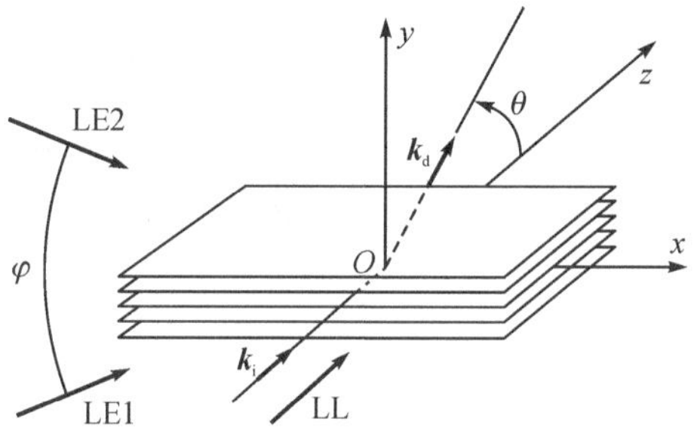

图1.31　强制瑞利散射实验原理图。通过从同一个脉冲激光器发出两个光束（LE1和LE2）产生干涉，在液体中“写入”一个折射率光栅，然后通过低功率连续激光器发出的光（LL）来“读取”该干涉光栅

证明：考虑到用于生成温度栅格（写入光束）的激光器LE的功率较高，故而温度的空间变化$\Delta T(y)$关联于干涉条纹的形式如下：

$$\Delta T(y,t)=\Delta T_0(t)\cos\frac{2\pi y}{\Lambda}$$

由于热扩散的存在，温度变化的幅度$\Delta T_0(t)$会随时间衰减；然而变化的波长Λ则在时间上几乎保持恒定。温度变化满足$\Delta T(y,t)$热扩散方程(1.17)。我们将该方程应用于上文关于$\Delta T(y,t)$的表达式，可得

$$\frac{\partial \Delta T_0(t)}{\partial t}=-\frac{4\pi^2\kappa}{\Lambda^2}\Delta T_0(t)\quad 即\quad \Delta T_0(t)=\Delta T_0 e^{-\kappa(2\pi/\Lambda)^2 t}$$

最后，将上式代入$\Delta T(y,t)$的表达式，可得方程(1.91)。

为了测量温度变化的幅度，我们使用另外一个波长为l的低功率的连续激光LL沿着垂直于干涉光束平面的方向（即z方向上）照亮干涉条纹。用于“读取”的光束会因为折射率的变化发生衍射，而折射率的变化则是来源于温度的变化。因

为网格(即干涉条纹)是周期性的,所以我们将在某些波矢量方向上观测到最大值。在可见光的情况下,这种现象等效于X射线的弹性散射,所涉及的动量传递如图1.28所示。传递波矢量 $\boldsymbol{q}=\boldsymbol{k}_{\mathrm{d}}-\boldsymbol{k}_{\mathrm{i}}$ 对应于光强度的最大值,最大幅度为 $q=2\pi/\Lambda$。实际上,入射波矢量 $\boldsymbol{k}_{\mathrm{i}}$ 和散射波矢量 $\boldsymbol{k}_{\mathrm{d}}$ 的幅值相同,均为 k(这是弹性散射的特性),且彼此形成的夹角为 θ。于是,我们最终可得如下关系:

$$\sin\frac{\theta}{2}=\frac{q}{2k}\approx\frac{\lambda}{2\Lambda} \tag{1.92}$$

由第1.5.2节讨论可知:散射光强的幅值与密度变化的幅值成正比。于是,衍射光的强度 $I_{\mathrm{d}}(t)$ 与温度变化幅值 $\Delta T_0(t)$ 的平方成正比。由方程(1.91)可知衍射光强随时间降低的规律为

$$I_{\mathrm{d}}(t)\propto \mathrm{e}^{-2\kappa q^2 t}=\mathrm{e}^{-2(t/\tau_Q)} \tag{1.93}$$

由于 q 已知($q=2\pi/\Lambda=(4\pi/\lambda)\sin(\theta/2)$),因此我们可通过上述关系测量 κ 的大小。此外,由第1.2.1节讨论可知,$\tau_Q=1/(\kappa q^2)$ 的大小应在热扩散传播距离为网格波长 $\Lambda=2\pi/q$ 时所需时间的量级。

自发瑞利散射

自发瑞利散射对应于由分子热运动引起的温度或浓度波动导致的光散射,这类现象天然地存在于液体中。上文讨论的强制瑞利散射为这类自发波动导致的散射问题提供了一个非常好的模型。后者可以分解为我们在前文已经讨论过的基本扰动,它们的波矢量在所有可能的方向上都有非零的幅值。散射光强的幅值为相应的基本扰动散射幅度的组合。通常情况下,我们能检测到的光强很弱:对于0.1 W的激光,强度从每秒几个光子到每秒 10^7 个光子之间变化。

注: 在选择观察散射光的方向时,我们同时也选择了用于散射光的网格的方向和波长。因此,我们实现了对所有波长自发波动的滤波,仅在所选方向上保留了最大光分量。

利用入射波在频率 ω_0 处的光谱扩展 $\Delta\omega$,我们可以确定流体中扩散过程的输运系数。这种扩展的变化范围很大:对于大颗粒的(非常慢的)散射,扩展可以小到几分之一赫兹;但对于快速散射过程,则可以达到几十兆赫兹。

1.5.4 光在液体中的非弹性散射

若以更高的分辨率分析流体的散射光谱,我们可在中心未偏移的瑞利散射线(R)的两侧发现一对伴线(B),如图1.32所示。两个侧峰称之为**布里渊散射**(Brillouin scattering),来源于自发的密度(或压力)波动所导致的光束衍射,这些波动在液体中以声波的形式传播。瑞利散射线(R)和布里渊散射

线(B)之间的频移约为几千兆赫兹。线宽则是分析质量和浓度波动以及弛豫时间常数的重要信息。为了理解该现象的物理本质，我们采用与分析瑞利散射相同的思路，即考虑一个从外部引入的密度波动的模型实验。

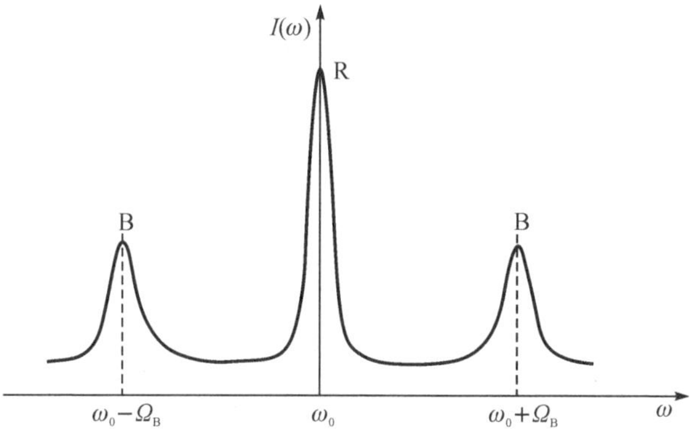

图 1.32 散射光谱尺度扩展示意图。其中两条布里渊散射线(B)位于 $\omega_0 \pm \Omega_B$ 处，关于中心未偏移的瑞利散射线(R)对称。每条谱线的展宽可为测量质量和浓度波动的弛豫时间常数提供信息。瑞利散射线和布里渊散射线之间的间隔约为几千兆赫兹

强制布里渊散射

图 1.33 所示的实验为基于多普勒效应的非弹性散射提供了一个模型。在实验室中，我们利用石英传感器生成一个频率为 f_s 的高频声波。该声波在液体中行进，其中包含波长为 Λ 的密度和压力调制信息。真空中波长为 λ、频率为 ω_0 的可见光以与声波平面成 $\theta/2$ 角度的方向入射，光束在声波平面发生等角反射，且每个平面处反射的光束都会发生干涉。由于从一个平面到下一个平面的光程差为 $2\Lambda\sin(\theta/2)$，因此只要以下等式成立，我们将得到相长干涉：

$$2\Lambda\sin\frac{\theta}{2}=p\,\frac{\lambda}{n} \tag{1.94}$$

其中 p 为任意整数(以下假设 $p=1$，对应于一级衍射峰)，n 为液体的折射率。我们注意到该表达式与用于描述 X 射线在晶体平面反射的**布拉格条件**(Bragg condition)完全相同。我们已在第 1.5.3 节详细推导了方程(1.92)，利用同样的思路也可得到方程(1.94)。此外，由于反射平面并非静止，所以衍射波

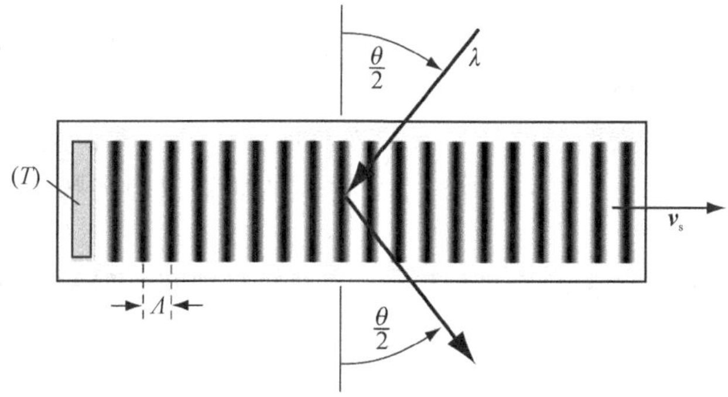

图 1.33 波长为 λ 的单色光与流体中(传感器 T 发出)波长为 Λ 的声波发生的强制布里渊散射的示意图

的频率 ω_d 中存在多普勒频移 Ω_B，满足以下关系式：

$$\frac{\Omega_B}{\omega_0}=\frac{\omega_d-\omega_0}{\omega_0}=2\frac{v_s}{c/n}\sin\frac{\theta}{2}=2n\frac{v_s}{c}\sin\frac{\theta}{2}=\frac{v_s}{c}\frac{\lambda}{\Lambda} \tag{1.95}$$

此处，v_s 是流体中声波的速度（$f_s=v_s/\Lambda$ 为其频率）。考虑到 $c=\omega_0\lambda/2\pi$，我们可知 ω_0 处的布里渊频移 Ω_B 等于声波的角频率 $\omega_s=2\pi f_s$。一方面，频移 ω_B 可从散射光谱（图 1.32）测得；另一方面，通过观察散射光强度的最大值，我们可以从实验测得散射角 θ。因此，通过关系式 $v_s=(\Omega_B/2\pi)(\lambda/[2n\sin(\theta/2)])$，我们可求得声波速度 v_s。多普勒频移的符号取决于行波相对于入射光束的传播方向。若以更容易生成的驻波（两个沿相反方向传播的行波的线性叠加）代替行波，我们观察到的将是两条发生平移的对称线。

数量级：我们考虑一个速度为 $v_s=1500$ m/s、频率为 $f_s=150$ MHz 的声波。因此声波波长为：$\Lambda=v_s/f_s=10^{-5}$ m。He-Ne 激光器发出的光在自由空间中的波长为 6328 Å，液体折射率为 $n=1.5$。应用方程（1.94），我们可得布拉格角 $\theta=6.3\times10^{-2}$ rad。进一步可得光的角频率为 $\omega_0=2\pi c/\lambda=3\times10^{15}$ s^{-1}。利用方程（1.95），我们可得 $\Omega_B=9.4\times10^8$ s^{-1}。即使使用非相干光，形成的频率劈裂也足够大，容易测量。

自发布里渊散射

与强制布里渊散射的情况相同，我们也可在液体的散射光谱中观察到布里渊散射线，它们对称地位于中心瑞利线的两侧。这里的布里渊线是由在液体中**自发**产生并传播的热力学压力波动引起的（与前文刚讨论的情况不同，那种情况下的压力波动是由外部激励生成的）。

在实际实验中，一般使用平行光束发射器和尺寸足够小的探测器，以便很好地确定入射光束和反射光束之间的角度 θ。这相当于选择满足布拉格反射条件（方程（1.94））的压力波动分量，以保证入射角和反射角相等。然后，我们即可通过方程（1.95）求得这些波动分量的传播速度 v_s。由方程（1.94）可知，固定的 θ 角意味着特定的扰动波矢量 $\boldsymbol{q}$；若改变 θ 角，我们可测量 v_s 对 $\boldsymbol{q}$ 的依赖关系，即声波的色散律。然而需要注意，这种测量所涉及的频率超出了传统超声技术的范围。

总结上述对布里渊散射的讨论可知，该方法可直接用于表征流体中的悬浮颗粒的速度分布。在这种情况下，因颗粒运动引起的散射波的频率变化量可作为测量对象。

注：在衍射光谱中，我们还可以看到比布里渊散射线更远离瑞利散射峰的其他散射线，这些谱线由分子的内部模式（旋转和振动）激发，它们对应于拉曼散射，在此不再详细讨论。

激光多普勒测速仪（laser Doppler anemometry）是一种非常类似于布里渊散射的测量技术，我们将在第 3.5.3 节详细讨论。该方法借助轻的悬浮颗粒来获取流体的运动信息，即通过激光束照亮颗粒，然后测量散射光的频移以确定颗粒的运动速度。

通过本节的讨论我们可知，布里渊和瑞利散射技术在分析液体中的输运现象时具有高度的互补性：

- 瑞利散射可用于扩散现象的分析以及相关输运系数的测量。
- 布里渊散射则可提供有关对流和波传输模式的信息，该方法可用于材料中高频声速的测量。

附录 1A：流体的输运系数

表 1.2　几种常见流体中的热量、质量及动量输运系数。对于分子扩散系数 D_m，此处我们给出自扩散系数的数量级，用以说明气体及液体的扩散系数间的巨大差异

	导热系数 k /(W/(m·K))	定容比热 C_V /(J/K)	密度 ρ /(kg/m³)	热扩散系数 $\kappa=k/\rho C_V$ /(m²/s)	分子扩散系数 D_m /(m²/s)	运动黏性系数 ν /(m²/s)	普朗特数 $Pr=\nu/\kappa$	动力学黏性系数 $\eta=\rho\nu$ /(Pa·s)
液态金属	$1\sim10^2$	$\approx10^3$	$2\times10^3\sim2\times10^4$	$10^{-6}\sim10^{-4}$	$10^{-9}\sim10^{-8}$	$10^{-8}\sim10^{-6}$	$10^{-3}\sim10^{-1}$	$10^{-4}\sim10^{-3}$
有机液体	≈0.15	$10^3\sim3\times10^3$	10^3	$10^{-8}\sim10^{-7}$	$10^{-10}\sim10^{-7}$	$10^{-7}\sim10^{-6}$	$1\sim10$	$10^{-4}\sim10^{-3}$
熔盐	$10^{-7}\sim10^{-6}$	$10^3\sim4\times10^3$	$\approx2\times10^3$	10^{-7}	$\approx10^{-10}$	10^{-6}	10	10^{-3}
硅油	0.1	2×10^3	$\approx10^3$	10^{-7}	$10^{-13}\sim10^{-9}$	$10^{-5}\sim10^{-1}$	$10\sim10^7$	$10^{-2}\sim10^3$
水	0.6	4×10^3	10^3	10^{-7}	$10^{-10}\sim10^{-8}$	10^{-6}	10	10^{-3}
熔融态玻璃 (800 K)	10^{-2}	$\approx10^3$	$\approx3\times10^3$	10^{-6}	$\approx10^{-12}$	10^{-2}	$10^3\sim10^4$	10
空气 (压力 $p=1$ atm①，温度 $T=300$ K)	2.6×10^{-2}	10^3	1.29	2.24×10^{-5}	$10^{-5}\sim10^{-4}$	1.43×10^{-5}	0.71	1.85×10^{-5}

① 1 atm＝101325 Pa。

2 运动流体中的动量输运

我们在第 1 章讨论了由分子扩散导致的热量和质量的输运。热流通量和质量流通量与被输运量(温度和浓度)的梯度成正比,且沿着梯度的方向,总是倾向于削弱被输运量的梯度。除了分子扩散之外,还存在另外一种热质输运的机制(而且通常更为有效):流体的对流。例如,如果在快速流动的流体中加入一滴染色剂,那么它将以流体的平均速度移动,同时也始终伴随着由于分子扩散以及横向速度梯度导致的扩散。

在第 2.1 节中我们将阐明,与热量和质量输运相同的是,运动流体中的动量输运也可同时通过扩散和对流发生。需要注意:动量为矢量,而温度和浓度仅为标量。在第 2.2 节中,我们将对与动量输运相关的系数(即黏性系数)的微观模型进行简要的讨论,这与第 1 章中对其他输运系数的讨论相对应。然后,在第 2.3 节中我们将比较动量输运中对流和扩散机制的相对重要性,并引出雷诺数的定义。最后在第 2.4 节中,我们将以圆管内流、圆柱绕流以及圆球绕流为例,讨论流动状态随雷诺数增加的变化情况。

2.1 运动流体中的动量扩散和对流

2.1.1 动量的扩散和对流:两个示例实验

流体流动引起的动量输运并不难理解。假设我们考虑均匀平行流动的流体,其速度恒定为 $\boldsymbol{U}$。通过对流输运,每个流体单元在以速度 $\boldsymbol{U}$ 运动的过程中相当于"携带"着本身的动量。这种情况下,在单位时间内,单位面积上的动量通量为流动速度 $\boldsymbol{U}$ 和被输运动量 $\rho\boldsymbol{U}$(ρ 为流体密度)的乘积,即 $\rho\boldsymbol{U}^2$,该通量具有压强量纲。流体力学中通常定义 $\rho\boldsymbol{U}^2/2$ 为流体的**动压**(dynamic pressure),我们将在有关能量守恒的讨论中说明如此定义动压的原因(参见第 5.3.2 节)。

虽然动量的扩散输运通常被对流所掩盖，但它依然是引起动量传递的有效机制。由于动量的对流输运发生在流动方向，因此扩散导致的动量输运更容易在垂直于流动的方向上被识别，例如图 2.1 所示的实验。一个半径为 R 的空心长圆柱竖直放置，其中充满某种液体，在液体表面添加示踪粒子用以显示流动。系统初始处于静止状态，某一时刻开始，圆柱以恒定的角速度 Ω_0 开始转动。起初只有紧邻圆柱壁面的流体层以圆柱的转速 Ω_0 开始运动(图 2.1(a))。该流动可用其角速度来表征 $\Omega(r,t)=v(r,t)/r$，流速 $\boldsymbol{v}$ 始终垂直于圆柱半径 $\boldsymbol{r}$。随着时间的推移，流动从外侧逐层向最内层传播，经过足够长的时间，圆柱内的所有流体均以相同于圆柱的速度作旋转运动(如图 2.1(b))。该现象与我们在第 1 章讨论的热扩散问题高度相似。在第 1.2.1 节中，我们考虑了一个热扩散率为 κ 的固体实心圆柱，初始时刻整体温度均匀为 T_0，在某一时刻圆柱体最外层温度被改变为 $T_0+\delta T_0$。该温度扰动会通过扩散向内层传播，且传播区域的厚度随时间变化的规律为 $(\kappa t)^{1/2}$，如图 2.1 所示的流动实验中，我们可以观测到完全一致的输运规律，即动量输运的距离关于 $t^{1/2}$ 线性变化的规律。此外，在旋转圆柱的流动实验中也可类似地定义一个动量扩散系数；如此，我们则可对不同时刻的角速度廓线 $\Omega(r)$ 和相对应的热扩散曲线 $\delta T(r)$(图 1.9)进行严格的比对分析。

注：图 2.1 描述的流动状态对于无限长的圆柱严格成立。实际情况下，由于容器底部的作用将影响并主导速度分布的长时演变行为，并最终导致**二次流**(secondary flow)产生(详细分析可见第 7.7.2 节)。

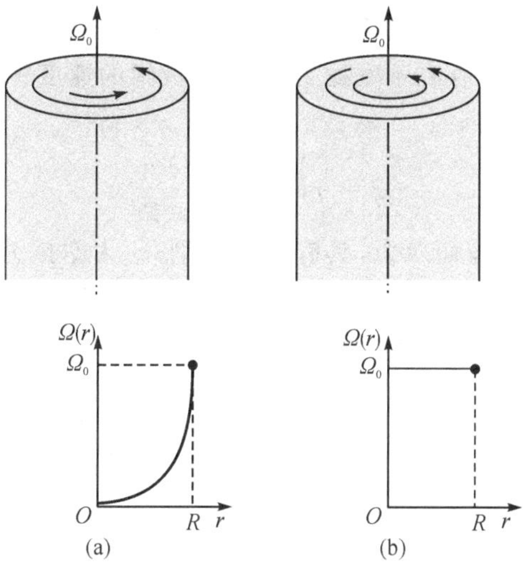

图 2.1　某种黏性流体置于圆柱形容器中，系统起初保持静止，然后圆柱面在某时刻突然以恒定的角速度 Ω_0 开始旋转，并诱导流体流动。(a)初始时刻附近流体的流动状态；(b)最终的稳态流动状态。每个图下方的曲线给出了流体上表面角速度随圆柱半径的变化关系

在上述实验中，我们观察到了一种由于径向扩散而导致的“动量传递”；由于流动始终为切向，垂直于半径方向，因此由流动导致的动量对流并没有对径向输运作出贡献。从实验中得到的另一重要信息是，固体壁面和与之直接接触的流体速度相等，这是所有黏性流体的特性。在流体层和与之紧邻

(接触)的固壁间存在摩擦力，由于该摩擦力的作用，紧邻壁面的流体和固壁以相同的速度运动。这种动量的扩散输运可通过流体的**黏性**(viscosity)来表征，以下我们首先从宏观角度对其进行讨论。

2.1.2 剪切流中的动量输运：黏性的引入

黏性的宏观定义

图 2.1 所示的实验对应于一个非稳态过程，流场中各点的速度依赖于时间。接下来我们讨论一个稳态过程：两个竖直方向间距为 a 的无限大平行平板间的流动(图 2.2)。其中一个平板固定，另外一个以恒定的速度 V_0 向 x 轴正方向运动。显然，流体的运动是由上板的运动诱导的。在稳态条件下(即从上板开始运动起，经过足够长的时间)，我们观察到流体的速度从下板到上板由 0 线性增加到 V_0，可由下式描述：

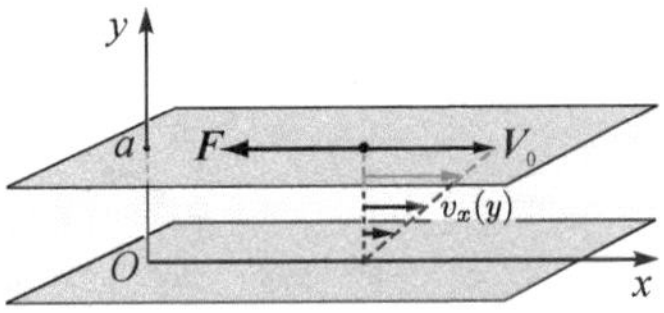

图 2.2 简单剪切流动

$$v_x(y) = V_0 \frac{y}{a} \tag{2.1}$$

该流动通常称之为**简单剪切流动**(simple shear flow)或**平板库埃特流动**(plane Couette flow)。这种流动可类比于两个温度不同的平行平板间的导热问题(第 1.2.1 节)：在稳态条件下，温度在两板的温度 T_1 和 T_2 之间线性变化。显然，此处的矢量速度场 $\boldsymbol{v}(y)$ 类比于导热问题中的标量温度场 $T(x)$。方程(1.6)建立了热通量和温度梯度的比例关系；上述剪切流动中，类似的关系存在于摩擦力 $\boldsymbol{F}$ 和两板间的速度梯度之间($\boldsymbol{F}$ 沿着 x 轴负方向)：

$$\frac{F_x}{S} = \eta \frac{V_0}{a} = -\eta \frac{\partial v_x}{\partial y} \tag{2.2}$$

F_x/S 称之为**剪切应力**，具有压强量纲；S 为摩擦力在平板上的作用面积。

通过分子尺度的机理研究，我们可以进一步阐明剪切应力和热流通量的特性及其联系。常量 η 称之为流体的**动力学黏性系数**(dynamic viscosity，因为其关联于力)，或简称**黏度**。通过方程(2.2)，我们可知 η 的量纲为

注：表示动力学黏性系数的另一个常见字母为 μ。文献中也可见到其他单位，比如 CGS 单位系统中的 Poise (Po)，1Po$=10^{-1}$ Pa•s。几种常见流体的动力学黏性系数已在第 1 章末的表 1.2 中给出。

$$[\eta] = \frac{[\mathrm{M}][\mathrm{L}][\mathrm{T}]^{-2}[\mathrm{L}]^{-2}}{[\mathrm{L}][\mathrm{T}]^{-1}[\mathrm{L}]^{-1}} = [\mathrm{M}][\mathrm{L}]^{-1}[\mathrm{T}]^{-1}$$

因此，在国际单位制中动力学黏性系数的量纲为帕斯卡•秒(Pa•s)(1 Pa•s$=$1 kg/(m•s))。

动量扩散方程

我们回到第 2.1.1 节中的非稳态问题，来讨论一种简单的

平板流动(图 2.3)。假定流动沿 x 方向,流场速度 $v_x(y,t)$ 仅为垂直方向坐标 y 的函数。描述速度 $v_x(y,t)$ 随时间 t 和空间位置 y 变化的偏微分方程为

$$\frac{\partial v_x}{\partial t}=\frac{\eta}{\rho}\frac{\partial^2 v_x}{\partial y^2}=\nu\frac{\partial^2 v_x}{\partial y^2} \tag{2.3}$$

该方程等价于描述热扩散的方程(1.11(b))和描述质量扩散的方程(1.26),区别仅在于方程中的温度(或浓度)由速度分量(此处为 v_x)或者单位体积流体的动量(ρv_x)代替。方程中的系数 ν 为流体的物性参数,称之为**运动黏性系数**(kinematic viscosity),它可通过流体密度与动力学黏性系数联系起来:

$$\nu=\frac{\eta}{\rho} \tag{2.4}$$

其量纲为$[L]^2/[T]$。运动黏性系数 ν 为流体的动量扩散系数,可完全类比于第 1 章引入的热扩散系数 κ 和质量扩散系数 D_m。这种对应关系也有助于更好地理解我们为何在本章初始将热扩散与速度扰动在圆柱径向的传播进行类比(第 2.1.1 节)。

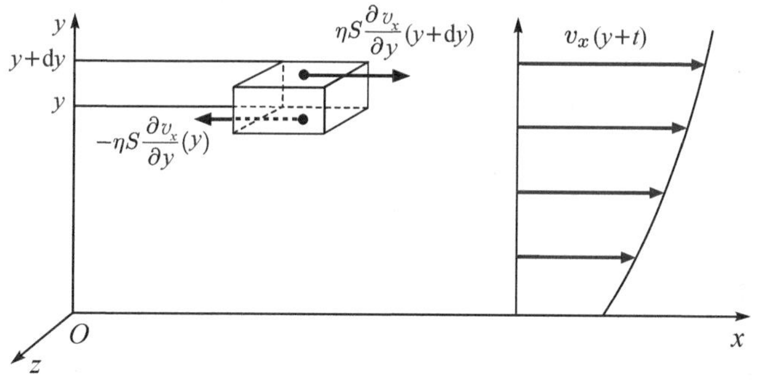

图 2.3　剪切流动中的流体微元上有关剪切力的平衡分析

证明: 我们来考虑两个平行板间流场中一个流体微元的受力平衡情况。设微元垂直于竖直方向的截面积为 S,分别位于 y 和 $y+dy$ 处。位于 y 处的截面受到其下方流体的剪切力,大小为$-\eta S[\partial v_x/\partial y](y)$,指向 x 轴负方向,如图 2.3 所示。类似可知,位于 $y+dy$ 处的截面受其上方流体作用的剪切力为$+\eta S[\partial v_x/\partial y](y+dy)$,指向 x 轴正方向。因此,作用在流体微元 $S dy$ 上的合力为

$$-\eta S\frac{\partial v_x}{\partial y}(y)+\eta S\frac{\partial v_x}{\partial y}(y+dy)=\eta S\frac{\partial^2 v_x}{\partial y^2}dy$$

由牛顿第二定律可知,流体微元将在该合力的作用下发生加速运动,于是可得

$$\rho S dy\frac{\partial v_x}{\partial t}=\eta S\frac{\partial^2 v_x}{\partial y^2}dy$$

上式两端同时除以 $\rho S\mathrm{d}y$ 即可得到方程(2.3)。

如果不考虑对流项(该项将在第 3.1.3 节详细讨论),方程(2.3)可推广到二维及三维形式。此外,我们也可将方程中对空间坐标的导数用拉普拉斯算子代替。所有速度分量都必须满足该方程,因此可进一步改写为如下向量形式:

$$\frac{\partial \boldsymbol{v}}{\partial t}=\nu\,\nabla^2\boldsymbol{v} \tag{2.5}$$

(拉普拉斯算子$\nabla^2\boldsymbol{v}$是一个矢量,x 方向分量为$\nabla^2 v_x$)。我们将在第 4 章推导并研究三维情况下的方程,并考虑压强项的作用。

平行于自身运动的平板附近的流场

方程(2.5)可用于分析第 2.1.1 节中运动圆柱面诱导的流动问题的平面形式:平行于自身运动的平板所诱导的流场。假定在 $t=0$ 时刻,位于 $y=0$ 处的无限大平板突然以平行于自身的形式沿 x 轴正方向以恒定速度 V_0 运动(图 2.4)。我们下面来讨论 $y=0$ 上方半无限大平面内流体速度 $v_x(y,t)$的变化特性。

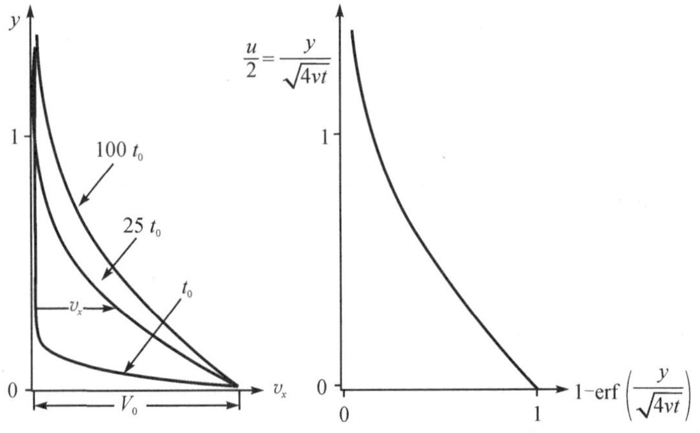

图 2.4 (a)平板突然沿平行于自身的方向运动所诱导的流场速度 $v_x(y,t)$随时间的变化关系(瑞利问题);(b)将图(a)中数据使用通用函数 $1-\mathrm{erf}(u/2)$归一化处理之后的曲线,其中 $u=y/(\nu t)^{1/2}$。此处的两幅图分别完全对应于第 1 章图 1.8(a)和(b)(注意:纵坐标和横坐标互换)

图 2.4(a)所示为速度廓线随时间的变化特性。该流动可由方程(2.3)描述,方程的解与恒温边界的半无限大空间内的热扩散问题的解(第 1.2.1 节)具有完全一致的形式,只需用 ν 代替 κ,并将归一化的温度用 $v_x(y,t)/V_0$ 代替。因此,$\nu=\eta/\rho$ 是表征动量扩散的系数。通过变量替换 $u=y/(\nu t)^{1/2}$,类比于热扩散方程(1.18)的解,我们可得方程(2.3)的解为

$$v_x\left(\frac{y}{2\sqrt{\nu t}}\right)=V_0\left(1-\frac{1}{\sqrt{\pi\nu t}}\int_0^y \mathrm{e}^{-\left(\frac{\xi^2}{4\nu t}\right)}\mathrm{d}\xi\right)=V_0\left(1-\mathrm{erf}\left(\frac{u}{2}\right)\right) \tag{2.6}$$

与第 1 章中的讨论一致，$\mathrm{erf}(u)=(2/\sqrt{\pi})\int_0^u \exp(-z^2)\mathrm{d}z$ 为误差函数。于是 v_x/V_0 仅为变量 u 的函数。不同时刻速度廓线均可通过将 y 方向的长度尺度扩展一个正比于$\sqrt{t}$ 的因子得到：这种性质称之为**自相似**（self-similarity）。方程（2.6）给出了 v_x/V_0 对 y 和t 的依赖关系，这与第 1 章讨论的热扩散问题中温度的时空演化结果一致。类比于图 1.8(b)，图 2.4(b)表示 v_x/V_0 随 u 的变化关系，由图可知扰动影响到的区域厚度的量级为 $\delta\approx\sqrt{\nu t}$（扩散长度），但速度 v_x 在厚度大于δ 的区域并不严格为零。

若流体的动力学黏性系数 η 较大且密度 ρ（即惯性）较小，那么黏性耦合则可以更有效地诱导流动。例如，在水中速度扰动的扩散长度在 $t=10$ s 时为 3 mm，在 $t=10^4$ s（约 3 h）时约为 10 cm，这说明长时间扩散的效果较差，这一点我们在第 1 章已经针对热扩散的情况指出过。

注：在 20℃ 时，空气的运动黏性系数大约是水的 15 倍，然而它的动力学黏性系数却大约是水的 1/55，这种差别来源于密度的补偿效应：空气的密度相对于水的密度小了一千倍。

同理于其他扩散过程，动量扩散长度对时间平方根$\sqrt{t}$ 的线性依赖使得黏性扩散在远距离动量输运情况下的有效性明显降低。因此，对于大区域的流动问题，对流输运往往是主导的机制；这种机制一般较为复杂，与波动运动一样，传播距离随时间线性增长。然而，“大区域”这个描述并不足够精确。在接下来的分析中，我们会发现基于无量纲数的分析会使推理更加定量化。

2.2 黏性的微观模型

与质量及热量输运的情况类似，从微观角度进行分析有助于我们更好地理解黏性的机理。在接下来的讨论中，我们将看到气体和液体的黏性微观机理完全不同。

2.2.1 气体的黏性

本节我们采用气体动理学理论（第 1.3 节）对剪切流动中的动量输运进行分析，并估计黏性系数的大小。如图 2.5 所示，我们考虑气体的定常剪切流动，流线平行于 x 轴，垂直于流动的方向（y 轴）上存在速度梯度。

我们首先来估计经由分子热运动在 y 方向的分量对 x 方向的平均动量 $mv_x(y)$ 的输运，m 为单个分子的质量。接下来的分析中将涉及两种尺度完全不同的速度：

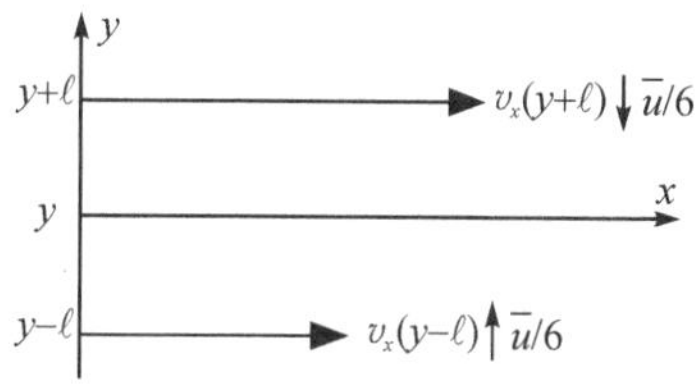

图 2.5 气体黏性系数的简化计算示意图

- $\bar{u}$，单个分子热运动速度的**均值**；
- 气体流动速度 v_x，表示分子热运动在 x 轴正方向的偏移，v_x 的存在是因为上下边界平板之间的相对运动。

在第 1 章，我们已经引出了**动力学黏性系数**的定义：

$$\eta=\frac{1}{3}mn\bar{u}\,\ell \tag{2.7}$$

其中ℓ为分子平均自由程，n 为数密度。根据方程(2.4)，**运动黏性系数** ν 有以下形式：

$$\nu=\frac{\eta}{\rho}=\frac{1}{3}\bar{u}\,\ell \tag{2.8}$$

因此，理想气体的运动黏性系数 ν、热扩散系数 κ 以及质量扩散系数 D_{m} 几乎具有相同的表达式(κ 和 D_{m} 的形式见第 1 章)。这说明黏性扩散与其他两种扩散的传输机理甚为相似，这一点也已经包含在对黏性的微观分析之中。结合第 1.3.2 节的结果和方程(2.7)，我们从分子运动理论出发可得理想气体的动力学黏性系数：

$$\eta\propto\frac{\sqrt{mT}}{\sigma_{\mathrm{c}}}$$

其中 σ_{c} 为分子的有效碰撞截面，T 为气体温度。

类似于导热系数 k，气体的黏性系数 η 与其密度(以及压强)也无关联，这是因为分子数密度和平均自由程的乘积 $n\ell\approx 1/\sigma_{\mathrm{c}}$ 不依赖于密度(和压强)。我们在第 1.3.2 节中已经指出，这个结论在压强太高或太低时并不成立。

气体黏性的证明

如图 2.5 所示，单位时间内“从上部”通过纵坐标为 y 的水平单位面积的动量流量为$-(1/6)mv_x(y+\ell)n\bar{u}$，其中几何因子 1/6 的存在是因为我们考虑了不同方向的分子速度(假设速度在空间均匀分布)。类似地，“从下部”通过纵坐标为 y 的水平单位面积的动量流量为$(1/6)mv_x(y-\ell)n\bar{u}$(如果流场温度均匀，$\bar{u}$ 不依赖于 y)。因此，若剪切速度梯度$\partial v_x/\partial y$ 非零，x 方向速度分量则会诱发穿过法线方向为 y 的水平面的动量输运。

若假设从平面 y 下方的动量来流为正，那么单位时间内通过单位面积的动量为

$$-\frac{1}{6}mn\bar{u}\left[v_x(y+\ell)-v_x(y-\ell)\right]$$

上述动量流量可理解为位于 y 处平板两侧的两层流体之间的摩擦力$\boldsymbol{F}$，它等同于沿 x 方向的高速流体层对低速流体层的拖

拽力，或低速流体层对高速流体层的阻力。

对单位面积上的作用力 F_x/S 使用动量守恒定律 $\boldsymbol{F}=\mathrm{d}\boldsymbol{p}/\mathrm{d}t$，并结合方程(2.2)，我们可得以下结果：

$$\frac{F_x}{S}=-\frac{1}{6}mn\bar{u}\left[v_x(y+\ell)-v_x(y-\ell)\right]=-\eta\frac{\partial v_x}{\partial y}$$

进一步将上式泰勒展开并忽略高阶量，可得方程(2.7)。

2.2.2　液体的黏性

我们在第 1 章讨论了颗粒在液体中的扩散问题，当时假定颗粒的扩散过程由液体作用在颗粒上的“黏性摩擦力”决定。

液体中的黏性力可通过扩展第 1 章中的模型进行分析，但是此处我们借助另外一个模型进行讨论。我们假定液体的所有分子大小相同，如同粉末颗粒般运动。在剪切流动中，液体分子“颗粒”的相对运动可理解为单个颗粒从与其紧邻的颗粒(假设与其中一个紧邻颗粒接触)包围形成的单元运动到下一个单元的过程。图 2.6 简要表达了这一过程，其中曲线 $g(x)$ 表示颗粒势能随运动方向上的距离 x 的变化。

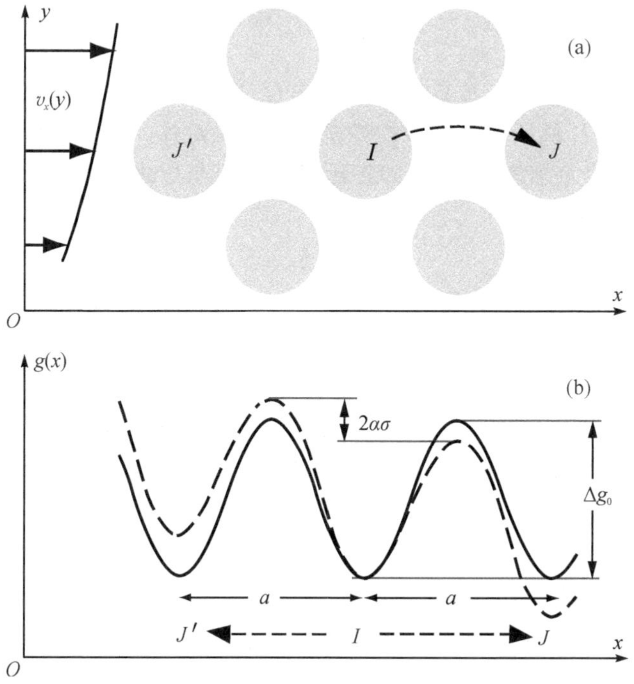

图 2.6　液体黏性系数的计算原理图。在没有流动的情况下，粒子 I 进入势阱 J 和 J' 所需克服的势垒是对称的(图(b)中实线)。若液体中有剪切应力存在，势垒不再对称(图(b)中虚线)，这种非对称特性会导致剪切流动发生

若无流动发生，颗粒从单元 I 运动到邻近的单元 J 时需要一定的活化能 Δg_0 以跨越两个单元之间的势垒。若对流体施加一定的黏性应力 σ，势能曲线 $g(x)$会出现非对称的行为

(图 2.6(b)虚线),因此颗粒更倾向于从单元 I 运动到它右边的单元 $J(\sigma>0)$,而非左边的单元 J'。因此,图 2.6 所示情形下会发生 $G=\partial v_x/\partial y>0$ 的剪切流动(每一层流体都在其下层流体上滑动,使得流动的绝对速度随 y 坐标的增加而增加)。在小应力的极限条件下,我们可从上述模型得到液体的动力学黏性系数如下:

$$\eta \approx \frac{h}{\alpha} e^{\frac{\Delta g_0}{k_B T}} \tag{2.9}$$

跨越势垒所需要的活化能可以通过**阿伦尼乌斯定律**(Arrhenius' law)来估算,方程(2.9)表明液体的黏性随温度的增加而降低。然而,气体的情况正好相反,它们的黏性随温度的上升而增加,正比于$\sqrt{T}$。

液体黏性方程(2.9)的证明

热活化能 $k_B T$ 是颗粒从一个势阱跳跃到另一个势阱的原因。因此,颗粒从势阱 I 跳跃到 J 的频率服从麦克斯韦-玻尔兹曼(Maxwell-Boltzmann)关系:

$$f \approx \frac{k_B T}{h} e^{-\frac{\Delta g_0}{k_B T}} \tag{2.10}$$

其中 h 是普朗克常数。当液体中存在切应力 σ 时,颗粒向势阱 J 和 J'跳跃所需克服的势垒高度不再对称。势垒高度最大值的变化正比于应力 σ,即正比于流体层与层之间单位面积上的摩擦力:

$$-\Delta g = -\Delta g_0 \pm \alpha\sigma \tag{2.11}$$

我们注意到势垒高度的变化与应力 σ 线性相关,$\alpha\sigma$ 是对剪切能量的一个度量,会导致势垒在流动方向(或相反于流动方向)降低(或升高),其中 α 为系数,具有体积量纲。

设从 I 到 J 和从 I 到 J'的跳跃频率分别为 f_+ 和 f_-,当颗粒沿单方向作全局迁移时,两个频率之间存在一个差值,具体关系如下:

$$I \to J: f_+ \approx \frac{k_B T}{h} e^{-\frac{\Delta g_0 - \alpha\sigma}{k_B T}} \quad \text{和} \quad I \to J': f_- \approx \frac{k_B T}{h} e^{-\frac{\Delta g_0 + \alpha\sigma}{k_B T}}$$

如果我们以下层的零速度颗粒层为参考,那么中间层中颗粒的平均速度 v_I 的数量级为每次跳跃的距离 a 与跳跃的净频率差$(f_+ - f_-)$的乘积:

$$v_I = a\ (f_+ - f_-) \approx a\ \frac{k_B T}{h} e^{-\frac{\Delta g_0}{k_B T}} (e^{\frac{\alpha\sigma}{k_B T}} - e^{-\frac{\alpha\sigma}{k_B T}})$$

于是，定常条件下相对于下层的速度梯度为

$$G=\frac{\partial v_x}{\partial y}\approx\frac{v_I}{a}\approx 2\,\frac{k_{\mathrm{B}}T}{h}\mathrm{e}^{-\frac{\Delta g_0}{k_{\mathrm{B}}T}}\sinh\left(\frac{\alpha\sigma}{k_{\mathrm{B}}T}\right) \tag{2.12}$$

在应力较小的极限下，$\sinh(\alpha\sigma/(k_{\mathrm{B}}T))\approx\alpha\sigma/(k_{\mathrm{B}}T)$。从方程(2.2)给出的关系($\eta=\sigma/G$)出发，我们可从方程(2.12)得到方程(2.9)。

注：方程(2.12)存在以下近似经验形式；由此，我们可以通过摩尔体积和沸点 T_{b} 来估计液体的黏性系数：

$$\eta=\frac{h}{\mathcal{V}/\mathcal{N}}\mathrm{e}^{3.8\frac{T_{\mathrm{b}}}{T}} \tag{2.13}$$

使用一个正比于 $k_{\mathrm{B}}T_{\mathrm{b}}$ 的能量项来代替 Δg_0 并不难理解。当温度足够高时，沸腾才可有效发生；此时，两个相邻的颗粒之间存在显著的分离概率。我们已经提出了一个类似的条件用以描述颗粒 I 跳跃到势阱 J 和 J' 所需的热活化能。为了得到方程(2.13)，我们假定体积系数 a 等于每个颗粒的平均体积 $\mathcal{V}/\mathcal{N}$，其中 $\mathcal{N}$ 为阿伏伽德罗常数。

例子：我们来估算室温下苯的动力学黏性系数。参数取值为 $V=89\times10^{-6}\ \mathrm{m^3/mol}$，$T_{\mathrm{b}}=353\ \mathrm{K}$，$\mathcal{N}=6.02\times10^{23}$，$h=6.62\times10^{-34}\ \mathrm{J\cdot s}$。应用方程(2.13)可得 $\eta=4.5\times10^{-4}\ \mathrm{Pa\cdot s}$，该值与实验值 $6.5\times10^{-4}\ \mathrm{Pa\cdot s}$ 数量级相当。

2.2.3　流场中流体分子轨迹的数值模拟

以下我们通过**分子动力学**(molecular dynamics)数值模拟的方法对黏性产生的微观机理进行进一步的讨论。在模拟中，我们的分析着眼于单个分子的运动轨迹(由于计算时长的限制，实际计算中往往需要减小分子的数量)，并考虑运动分子之间的相互作用以及边壁效应。此时，边壁本身被处理为颗粒的汇集，以及作用在流体上的力。我们考虑两个平行平板间的流体在类似于重力的力场作用下沿 x 方向的流动。图 2.7(a)所示为流场(众多流体分子)中一个流体分子的运动轨迹。该分子的运动是混乱无序的，运动方向的改变来源于和其他分子(图中未显示)的互相作用。模拟的结果显示：布朗扩散运动之上，轨迹呈现出一个沿着受力方向的偏移。在数值模拟中，颗粒的数量需要足够大才可以模拟液体的情况，这也意味着颗粒间会存在大量的碰撞。模拟的结果还表明，靠近壁面处颗粒的速度降低，且紧邻壁面的颗粒保持静止，这符合黏性流体的流动特性。通过在垂直壁面方向(z 方向)不同距离处计算大量颗粒在不同时刻的速度的均值，我们可得流道横截面上的速度分布，如图 2.7(b)所示。该分布廓线为抛物型，这是黏性流体流动的典型特征，这一点将在第 4 章详细讨论。

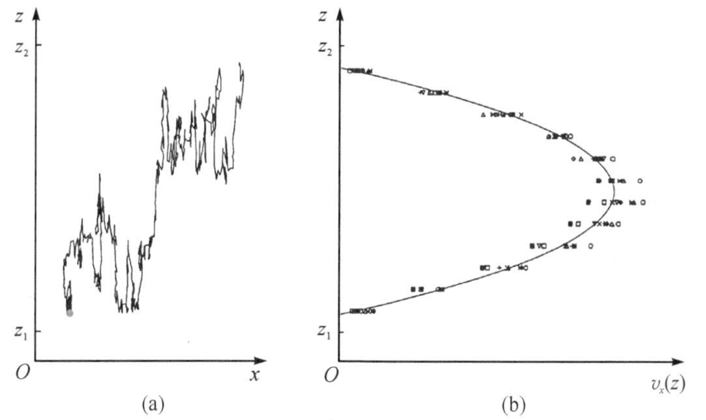

图 2.7　位于 $z=z_1$ 和 $z=z_2$ 处的两平行板间的二维流体在沿 x 轴正方向的恒定力(比如重力)作用下产生的流动。(a)模拟所得的初始时刻位于壁面附近的一个分子的轨迹；在数值模拟中，沿 x 和 z 轴方向的位移比例相差 7 倍，这也解释了轨迹上显著出现的斜率。(b)从相同的分子动力学模拟得到的泊肃叶抛物线型的平均速度剖面(数据由 J. Koplik 提供)

2.3 扩散和对流的比较

2.3.1 雷诺数

在实际流动中，动量输运的两种机制（对流和扩散）一般都是共存的。然而，由于流动的几何特征及速度的不同，两种方式的输运通量的数量级通常并不相同。现在我们以任意截面形状的管道内部流动为例，估计动量输运中对流及扩散通量的数量级。

- **对流**：对流输运的动量通量的量级为 ρU^2，其中 ρ 为流体的密度，U 为流动的特征速度（比如管道截面的平均速度）。动量通量的量级由单位体积流体的动量（量级为 ρU）和流动速度 U 的乘积得到。
- **扩散**：由前文讨论可知，平行流动中由于流体黏性导致的横向动量输运的通量为 $\eta \partial v_x / \partial y$。更一般地，扩散输运的动量通量可通过流体黏性 η 和速度的一阶导数的乘积估计，因此其量级为 $\eta U/L$。进一步，我们比较两种输运机制下的动量通量可得

$$\frac{\text{对流动量通量}}{\text{扩散动量通量}} \approx \frac{\rho U^2}{\eta U/L} = \frac{UL}{\nu} = Re \tag{2.14}$$

上述比值即为**雷诺数**（Reynolds number）的定义式，它表征了动量输运中对流和黏性扩散两种机制的相对重要性。

运动黏性系数 ν 亦称为流体的动量扩散系数。与其他扩散过程（比如热扩散和质量扩散——译者注）类似，动量通过黏性扩散传递量级为 L 的距离所需的特征时间的量级为 L^2/ν，通过对流传递相同的距离所需要的特征时间为 L/U（即以平均速度 U 流过距离 L 所需要的时间）。我们比较两个特征时间可得

$$\frac{\text{特征扩散时间}}{\text{特征对流时间}} \approx \frac{L^2/\nu}{L/U} = \frac{UL}{\nu} = Re \tag{2.15}$$

因此，雷诺数也可理解为两种机制作用下动量输运相同的距离所需要的特征时间之比。所以，相比之下，流动中可以快速传播速度扰动的机制将决定流场的本质。

- 在**小雷诺数流动**（low Reynolds number flows）中，黏性力及与其相关的动量扩散输运过程在流场中起主导作用。流场的速度分布由黏性力和压强梯度（或其他体积力）的平衡决定。由雷诺数的定义式可知，此类流动多见于速度很小和（或）小尺度的系统（比如细菌等微生物与

流体的作用)，也可见于黏性较大的流体流动；这种情况下，流体层与层之间存在较为显著的摩擦力。小雷诺数下的流动又称为**蠕变流**(creeping flows)，该类流动通常很稳定，具有清晰的速度分布。我们将在第 9 章中对这类流动进行详细讨论。

- 在**大雷诺数流动**(high Reynolds number flows)中，对流机制是动量输运的主要方式。对流在数学上的描述是非线性的，具体为速度和其一阶导数的乘积。此类流动通常对应于非定常流：特别是湍流，其对应于运动方程的无限个可能存在的解(这一点将在第 12 章详细讨论)。大雷诺数流动常见于速度较大、流体黏性较小或大尺度的流场中。这类流动一般表现为不同尺度的涡的随机叠加。然而需要说明的是，在流场中最小涡结构对应的尺度上，动量输运的主要方式依然是黏性扩散。
- 此外，我们需要注意：在一些雷诺数很大的情况下，流动可表现出小雷诺数流动的特性。此类流动最简单的例子即为**平行流动**(parallel flows，仅有一个方向的速度分量非零)，例如前文 2.1.1 节中旋转圆柱面诱导的流动。在这种情况下，黏性扩散导致的动量输运方向垂直于流线。只要流动保持平行，流动特性即由黏性决定，与雷诺数无关(参见第 8 章)。这类流动称为**层流**(laminar flows)，我们将在第 4.5 节讨论。

  然而，若平行流动中某时刻由于局部扰动诱导出了横向速度分量，那么通过对流引起的横向动量输运将不再为零，运动方程将出现新的解。此时，流动通常会发展为非定常湍流运动。这种情况我们将在第 11 和 12 章详细讨论。在此之前，本章第 2.4 节将讨论几种常见流动中雷诺数增加时不同流动状态之间的转化现象。

2.3.2　质量和热量的对流与扩散

与上文讨论的动量输运一样，对流和扩散也存在于热量输运以及污染物扩散等质量输运的问题中。这两类问题中，速度仅影响对流机制，又因为对流输运的物理量为标量(温度和浓度)，故而与动量的对流输运相比，此处的分析则更为简单。

质量输运和佩克莱数

以下我们分析流体中示踪物质 A 的输运过程，其质量浓

度为 $\rho_A(x,t)$，流动的特征速度为 U。我们进一步假定物质 A 的存在对流体密度的影响可忽略。物质 A 一方面以流体的速度发生对流输运，另一方面在浓度梯度的驱动下发生分子扩散输运。在特征长度为 L 的距离上，由于分子扩散引起的通量为

$$J_m = -D_m \nabla \rho_A \approx D_m \frac{\rho_A}{L}$$

其中 D_m 是物质 A 的分子扩散系数(定义见方程(1.25))。类似于上文有关动量对流通量的讨论，质量对流的通量为

$$J_{conv} \approx \rho_A U$$

上述两种输运机制对应的通量之比为

$$\frac{J_{conv}}{J_m} \approx \frac{\rho_A U}{D_m \rho_A / L} = \frac{UL}{D_m} = Pe \tag{2.16}$$

Pe 称之为**佩克莱数**(Péclet number)，Pe 之于质量输运的物理意义正如 Re 数之于动量输运的物理意义。类似于 Re 数的第二种定义(方程(2.15)——译者注)，Pe 数也可理解为对流与分子扩散作用下质量输运相同的距离 L 所需要的特征时间之比。

热量输运和普朗特数

类比于上文，热量输运中对流通量和扩散通量之比定义为**热佩克莱数**(thermal Péclet number)：

$$Pe_\theta = \frac{UL}{\kappa}$$

其中 κ 为热扩散系数(定义见第 1 章)。为了表征同一流动过程中动量扩散和热量扩散的相对有效性，我们引入运动黏性系数和热扩散系数之比为**普朗特数**(Prandtl number)：

$$Pr = \frac{\nu}{\kappa} = \frac{Pe_\theta}{Re} \tag{2.17}$$

普朗特数 Pr 可理解为热扰动和速度扰动通过分子扩散传播相同的距离 L 所需的特征时间 L^2/κ 和 L^2/ν 之比。流体普朗特数 Pr 的常见取值已在第 1 章表 1.2 给出。同样地，我们定义**刘易斯数**(Lewis number)$Le = D_m/\kappa$，用以表征热扩散时间和质量扩散时间之比。Le 数常见于涉及燃烧问题的分析，这类问题将在第 10.9 节进一步讨论。本节末尾总结了与扩散系数相关的无量纲数，见表 2.1。

雷诺数	$Re=\frac{UL}{\nu}$	$\frac{\text{动量扩散时间}}{\text{动量对流时间}}$
佩克莱数	$Pe=\frac{UL}{D_m}$	$\frac{\text{质量扩散时间}}{\text{质量对流时间}}$
热佩克莱数	$Pe_\theta=\frac{UL}{\kappa}$	$\frac{\text{热量扩散时间}}{\text{热量对流时间}}$
普朗特数	$Pr=\frac{\nu}{\kappa}$	$\frac{\text{热量扩散时间}}{\text{动量扩散时间}}$
施密特数	$Sc=\frac{\nu}{D_m}$	$\frac{\text{质量扩散时间}}{\text{动量扩散时间}}$
刘易斯数	$Le=\frac{D_m}{\kappa}$	$\frac{\text{热量扩散时间}}{\text{质量扩散时间}}$

表 2.1　表征不同对流和扩散过程相对大小的无量纲数

据第 2.2.1 节讨论可知，气体的热扩散系数 κ、质量扩散系数 D_m 以及运动黏性系数 ν 的数量级相同，因此气体的普朗特数 Pr 和刘易斯数 Le 的量级通常为 1。在气体动力学问题中，质量和动量的输运往往是共存的，可知雷诺数 Re 和佩克莱数 Pe 的量级也相同。在液体中，由于导热遵从的机理不同，普朗特数 Pr 的取值会发生较大的变化。在液态金属中，热量输运主要缘于自由电子传导，因此热扩散系数 κ 较大而普朗特数 Pr 较小。对于黏性较大的电绝缘液体（比如有机油类），不同种类的油之间的热扩散系数变化很小，然而黏性系数的变化却可以很大，因此普朗特数 Pr 的取值也发生较大变化。

同样地，我们可以定义质量普朗特数 $Sc=\nu/D_m$，称之为**施密特数**(Schmidt number)。据第 1.3.3 节的讨论可知，液体的扩散系数 D_m 随运动黏性系数 ν 的增加而减小。因此对于黏性较大的液体，Sc 数可以很大（比如，虽然水的运动黏性系数较小，但 Sc 数的量级可达 10^3）。这种情况下，即使在 Re 数较小的流动中，速度梯度对局部示踪物质（比如染色剂）浓度的铺展作用仍然远强于分子扩散。

示踪物质在多孔介质中的输运是对流弥散现象的一个典型例子。在这类介质中（第 9.7 节中有详细讨论），流道的尺度通常很小，故而流动雷诺数 Re 也很小。由于介质随机的几何特征导致流场中不同点的速度变化较大，因此，这类问题中扩散过程为由速度梯度导致的示踪物质输运。这个过程由弥散系数表征，该系数通常远大于分子扩散系数 D_m。更重要的是，在湍流中，同一空间点的速度是随时间变化的，大尺度的输运方式主要为对流；然而在很小的尺度下，分子扩散远快于对流混合过程。

注： 利用染色剂对非定常流动进行可视化时，染色剂的分布并不代表流动的瞬时结构，其分布与流动演化的历史信息有关（参见第 3.1.4 节）。

注： 我们在此处定义了表征流动的几个无量纲数（Re、Pr 和 Pe 等）。这类无量纲数的定义可通过流动参数的无量纲组合（参数幂的乘积形式）来实现。对于雷诺数 Re 而言，流动参数包括黏性系数 η、密度 ρ、速度 U 和长度尺度 L。我们注意到质量量纲仅存在于 η 和 ρ 中，因此我们可假设参数的无量纲形式为 $(\eta/\rho)^\alpha U^\beta L^\gamma$。仅有的对应一个无量纲参数的指数需要满足 $\beta=\gamma=-\alpha$（实际上，η/ρ 的量纲为 UL）。这种方法称之为**瓦希-白金汉法**(Vaschy-Buckingham method)，为确定系统参数的无量纲组合形式以及可得到的独立无量纲数的个数提供了一个系统性的方法。然而，这种方法无助于我们理解无量纲数的物理意义，也无助于理解其中哪个无量纲参数能最好地表征物理现象。

在本书后续章节讨论低雷诺数流动(第 9 章)和边界层流动(第 10 章)时,我们会具体分析一些对流弥散现象的典型例子。

2.4 流体流动状态的描述

由本章前文的讨论可知,根据流场速度和几何特征的不同,动量输运的主导机制可以是对流或者分子扩散,这两种机制的相对重要性可通过雷诺数 Re 来衡量。本节将基于实验观测的结果,讨论雷诺数 Re 的变化(即动量输运机制的变化)对流动状态的影响,以及不同流动状态之间的转化。

日常生活中,我们会观察到各种各样的流动现象,有跌宕起伏急速前进的河流("湍动"流),也有高黏度油类的平稳缓流("层状"流)。当然也有存在于持续湍动和平稳缓流之间的情形,比如一些表现出间歇性湍动特性的流动,或者随时间呈周期性变化的流动。气流吹过电话线等细长柱状结构的情形("歌唱的电线")即是一个常见的例子。此类现象中,物体的振动(比如烟囱、桥梁等)和流场中涡的生成和脱落互相耦合,可导致物体的变形加剧,并最终造成对结构的破坏。塔科马大桥(Tacoma bridge)的坍塌是这类现象的一个著名示例:大桥在中等风速(68 km/h)作用下,周期性的涡生成及脱落导致了甲板的高振幅扭转振荡。

注:气动弹性是流体力学研究的一个分支,主要分析气动力(黏性力和惯性力)与流场中结构变形之间的耦合效应。

2.4.1 圆管内流:雷诺实验

雷诺在 1883 年发表了他关于圆管内流动状态研究的开创性文章。这项工作中,他利用泊肃叶(Poiseuille)的圆管实验装置详细研究了在圆管内流动从层流("直线")到湍流("蜿蜒")的过渡现象。在文章开始,他引入了后来以他的名字命名的无量纲数,即雷诺数 Re。在实验中,雷诺通过系统地改变流体的黏性(通过控制温度)、圆管直径以及流动速度进行了完整的测试。通过实验观测,他发现不同实验工况下层流到湍流的转化都对应相同的雷诺数 Re_c,这个结果是对其理论分析的一个补充。他还发现这种转变总是伴随着圆管两端压力差随流动速度的变化关系的改变。此外,实验观测也表明圆管的长度必须大于一个"入口长度",只有如此流动才能达到稳态的速度分布(在圆管内为"泊肃叶速度廓线")。最后,雷诺讨论了实验中的扰动控制对流动状态的转化以及 Re_c 取值的影响。为了最大程度地减小扰动,他在圆管的入口处安装了一个漏斗状的引流装置,从而实现了流道截面积的连续渐变。这些流动特征将在第 11.4.3 节中进一步详细讨论。

在上文讨论的实验中，雷诺通过从圆管入口附近某点注入染色剂而实现对流动状态的可视化。图 2.8 所示为采用相似的方法对圆管内流动状态观测的实验结果。流速较低时($Re<Re_c$)，染色剂呈现出稳定的直线状且平行于管轴，正如流动速度一样；染色剂保持在局部，没有横向的混合，因此流动稳定，称之为**层流**(laminar flow)，如图 2.8(a)所示。若雷诺数大于临界值 Re_c，流场中会出现随时间和空间随机变化的横向速度分量，此时流动为湍流；这种情况下，染色剂会在圆管中心线和靠近壁面处出现明显的混合现象，如图 2.8(b)和(c)所示。最后，若雷诺数 Re 的取值在其临界值 Re_c 附近，雷诺提出了一个伴随有湍流触发的中间状态，这些触发会随流动向下游传播并被(层流相)分隔开来。

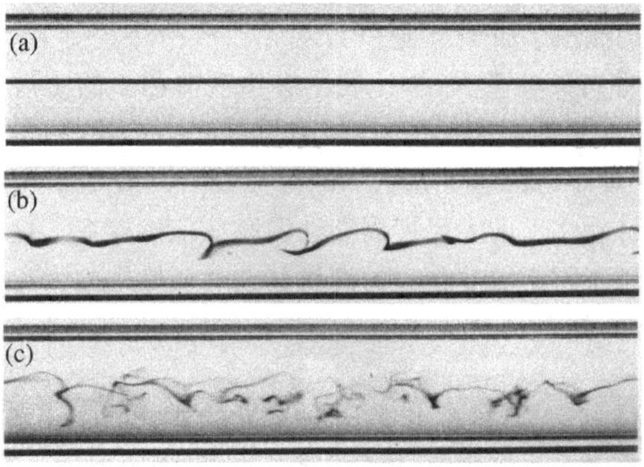

图 2.8　经典雷诺实验的再现：在圆管入口处注入染色剂。(a)层流状态；(b)和(c)湍流状态(图片由 N. H. Johannesen 和 C. Lowe 提供，来源于 *An Album of Fluid Motion*)

2.4.2　圆柱绕流的尾迹区的流动状态

以下我们讨论流体绕流圆柱时下游尾迹区内流动状态的变化，设圆柱直径为 d，上游来流速度为 U。图 2.9 所示为流速 U 增大的过程中尾迹区内流动向湍流转化的过程。图中流动沿 x 轴正方向，圆柱轴线平行于 z 轴。拍摄图片时，在圆柱上游添加荧光染色剂或小而轻的荧光颗粒，并使用片光源照亮图中所示的 $x-y$ 平面。表征流动的雷诺数定义为 $Re=Ud/\nu$。实验发现：存在临界雷诺数 $Re_c=47$，当 $Re>Re_c$ 时圆柱下游会出现回流涡。我们将在本书后续讨论流动失稳时(第 11.1 节)，借助朗道模型对临界雷诺数 Re_c 邻域内的流动作进一步分析。

注：同样的实验也可通过一个几厘米水深的容器来实现。实验开始前，我们先将一些非常微小的细长颗粒悬浮于水中，开始流动以后，我们发现颗粒会按照流动方向排列起来，并会对光进行各向异性反射。若在水中垂直放置一个直径为几毫米的圆柱形物体，我们即可观察到图 2.9 所示的不同流动状态。

- 当流动速度很小时($Re\approx1$)，流动为层流且圆柱上下游的流动对称，如图 2.9(a)所示。这是因为小雷诺数流动具有可逆性。换言之，若流动反向，流线并不会发生改变，这一点将在第 9 章具体讨论。

- 当 $Re>26$ 时，圆柱下游会开始出现回流，存在两个固定的回流涡，如图 2.9(a)所示。回流区域的长度 L 随 Re 的增加而增加。
- 当 $Re>$临界值 Re_c(约为 47)时，流动不再保持定常，流场速度分布将依赖于时间：圆柱下游将出现周期性的涡脱落，如图 2.9(c)所示为 $Re\approx 200$ 时的情形。周期性的涡脱落将在流场中形成两排向下游运动的涡，称之为**贝纳尔-冯卡门涡街**(Bénard-von Karman vortex street)。涡脱落的频率由**斯特劳哈尔数**(Strouhal number) Sr 表征①：

$$Sr=f\frac{d}{U} \tag{2.18}$$

Sr 数并不是十分依赖于速度 U，量级大约为 1，因此涡脱落的频率 f 正比于速度 U。
- 当雷诺数非常大时，流场中会出现非相干的小尺度湍流运动(图 2.9(d))，并且最小尺度随着雷诺数的增加而减小(具体的依赖关系为 $Re^{-1/2}$)。然而，叠加于这些小尺度脉动之上的大尺度周期性涡脱落依然存在。这类现象可见于雷诺数非常大的海洋及大气环境中的大尺度绕流运动，如图 2.10 所示。

注：目前对湍流的理解同时考虑了随流动特性变化的大尺度结构、无关于流动特性的小尺度无序运动以及流场中动能从较大尺度向较小尺度的传递过程。这些重要的**统计湍流**(statistical turbulence)概念将在第 7 章提及，然后在第 12 章中进行详细讨论。

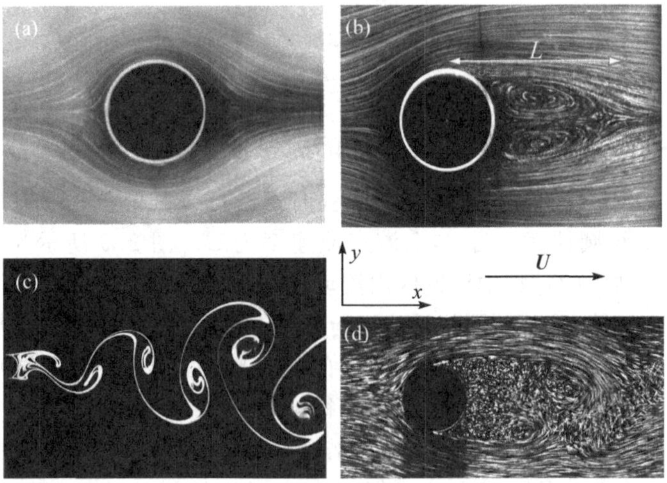

图 2.9 不同雷诺数下圆柱绕流的流动状态。(a)低雷诺数($Re=0.16$)下，圆柱上下游流动对称；(b)当 $Re=26$ 时，圆柱下游出现了两个固定的回流涡；(c)当 $Re=200$ 时，圆柱下游可观察到周期性的涡脱落，即贝纳尔-冯卡门涡街；(d)当 Re 约为 8000 时，圆柱下游出现湍流尾迹区(图(a)～(c)由 S. Taneda 提供，图(d)由 H. Werlé 提供)

① 此处使用 Sr 代表斯特劳哈尔数，以区别于后续章节将会遇到的斯托克斯数 St。——译者注

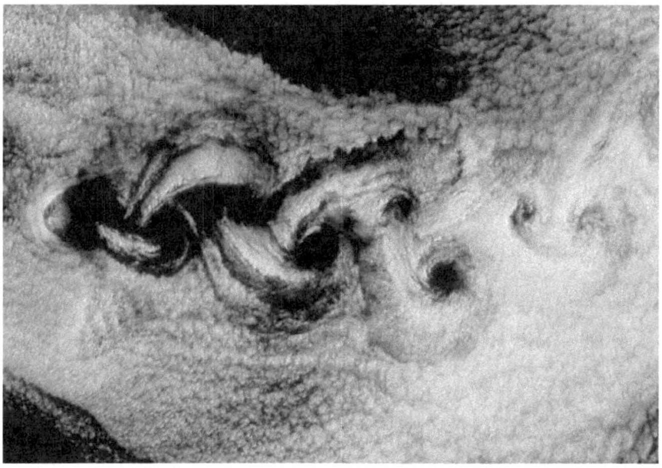

图 2.10(彩)　日本北海道北部火山岛附近云层中出现的涡街(卫星图片来源于 NASA 文件，第 STS100 卷)

2.4.3　绕球流动

图 2.11 所示为流体绕流圆球时球下游流场的特征，设球直径为 d，上游足够远处均匀来流速度为 U，流动雷诺数定义为 $Re=Ud/\nu$ 。比较可知，绕球流动下游流场在多个方面不同于圆柱绕流：

- 若 $Re<212$，球下游的流场中会出现一个稳定的轴对称的环状涡，其轴线平行于速度 U，如图 2.11(a)所示。此处出现的环状涡对应于在圆柱绕流中观察到的一组对称的回流涡。

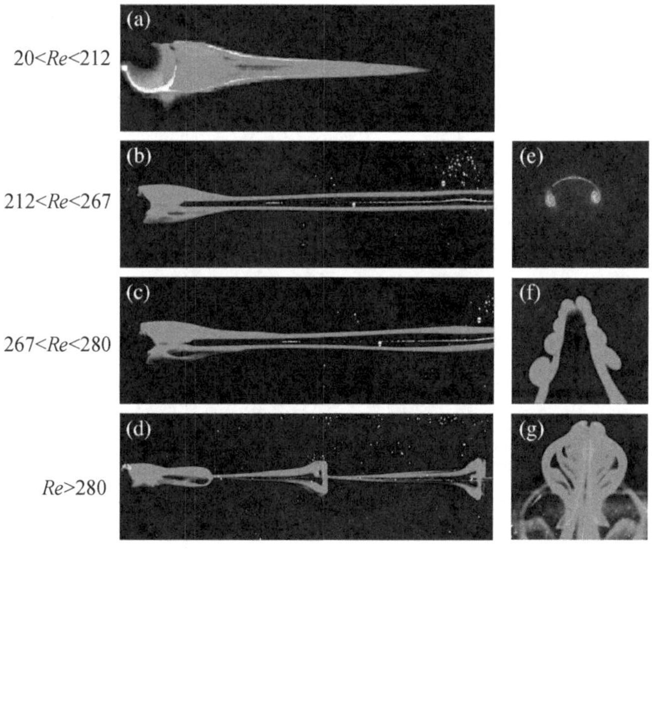

图 2.11(彩)　通过荧光染色剂实验绕球流动的可视化，其中图(a,b,c,d)为俯视图(球体位于左边)，图(e,f,g)为右视图。雷诺数 Re 通过上游来流速度和球直径估计。在 Re 增加的过程中，我们依次观察到：(a)$20<Re<212$，球下游出现环形涡；(b,e)$212<Re<267$，出现两个轴线平行于主流的稳定涡；(c,f)$267<Re<280$，两个振荡涡；(d,g)$Re>280$，观察到发簪状的流动结构(图片由来自 PMMH-ESPCI 实验室的 A. Przadka 和 S. Goujon Durand 提供)

- 若 $212<Re<280$，球下游流场中将出现两个轴线平行于流动轴线的涡，它们关于流动轴线对称且反向旋转。当 $Re<267$ 时，两个涡是稳定的，如图 2.11(b)和(e)所示；当 $Re>267$ 时开始出现振荡，如图 2.11(c)和(f)所示。
- 最后，若 $Re>280$，球下游流场中会周期性地生成形如"发簪"的涡：即会出现和上述情况相似的两个平行于流动轴线的涡。但是每隔一定的距离，它们的形状会发生改变，且通过小段相互连接。与圆柱绕流的情况一致，若雷诺数 Re 继续增大，流场中最终也会出现复杂的湍流运动。

我们通过第 2.4.2 和第 2.4.3 小节讨论的两个绕流物体的实验，可总结出一些具有一般性的结论：随着雷诺数的增加，流场中惯性效应的作用愈加明显，最初的层流中首先会出现稳定的回流涡结构，随后流场会呈现出随时间周期性变化的行为，最终惯性效应决定流场特性，流动发展为湍流。在其他一些几何结构中，比如泊肃叶流动，层流向湍流的转化则更为直接，只需流动雷诺数大于某一临界值即可。

流体运动学

3

本章主要讨论流体的运动特性，重点分析流场中发生的变形（或称应变），而变形产生的根源将在第 4 章讨论。首先，我们在第 3.1 节介绍描述流体运动的方法，包括流体质点及其速度的定义、欧拉及拉格朗日方法、流动加速度以及流动的路径特征。第 3.2 节将着重分析流场中的变形。在第 3.3 节我们将建立质量守恒定律的数学描述，并讨论不可压缩流动的质量守恒特性，而对该流动类型的讨论将贯穿全书。同时，在第 3.3 节我们将讨论速度场和电磁场的相似之处，这一点会在后续的章节进行详细讨论。然后，我们在第 3.4 节将针对二维流动和轴对称流动引入流函数的概念，并结合一些例子讨论二维流动的流函数及其流线。最后，我们在第 3.5 节介绍表征速度场（包括速度及其梯度）的实验方法。

3.1 流体运动的描述方法

3.1.1 线性特征尺度与连续介质假设

我们定义体积为 V 的流体微元为**流体质点**（fluid particle），其尺寸可估计为 $a\approx V^{1/3}$，且 a 须满足以下两点：

- 与流动的特征尺度 L（比如流道宽度、圆管直径和绕流物体尺寸等）相比，a 充分小；
- 与流体分子的平均自由程ℓ相比，a 充分大。若非如此，流体分子可在无动量和能量交换的情况下横跨单个流体质点；而在如此小的尺度下，我们无法对平均速度进行定义。

毛细血管中血液流动的宏观特征尺度 L 不足 1 mm，对**多孔介质**（porous medium）中的流动，L 的量级仅为 1 μm，在微流体系统中甚至更小。分子的平均自由程 ℓ 是流体质点尺寸 a 的

注：请勿将流体质点与构成流体的分子（或原子）混淆。如上所述，流体质点往往含有大量的分子。第 2.2.3 节的图 2.7 给出了 (a) 单个流体分子速度与 (b) 流体平均速度之间的差异。

下界，在标准大气压下气体分子的ℓ在微米量级，在多数情况下可满足$\ell \ll L$。然而，需要注意：若气体压强很低(低于约 10^{-4} Pa≈10^{-6} Torr)①或流动的特征尺寸 L 足够小，平均自由程即可能与气体流道尺寸的数量级相同。这种情况下的流动称为**克努森流**，需采用离散力学的方法来描述分子和流道壁面的碰撞过程。我们曾在第 1.3.2 节讨论气体的扩散系数时处理过相关的问题。

若流体质点模型适用于流动，流体则可作为**连续介质**(continuous medium)来处理。流体在流场中某处的局部速度 $\boldsymbol{v}$ 即为该处流体质点的速度，定义为流体质点内所有分子速度的均值。若流体质点的尺寸满足$\ell \ll a$，且与流动的宏观尺度 L 相比足够小，分子速度的平均值并不依赖于 a。

3.1.2 流体运动的欧拉和拉格朗日描述

在流体运动的**欧拉描述**(Eulerian description)中，我们关注的是流场空间点上流体质点的速度。假定 t 时刻位于流场中定点 M 处的流体质点的速度为 $\boldsymbol{v}(\boldsymbol{r},t)$，其中 $\boldsymbol{r}$ 为 M 点的位置矢量；在稍晚于 t 的时刻 t'，点 M 处的流体速度则改变为 $\boldsymbol{v}(\boldsymbol{r},t')$，且该速度对应于**另一个不同的**流体质点。在这种观点下，观察者相对于流动参考系静止，这对应于使用**探针**(probes)测量流场中某定点处参数的情况，我们将在第 3.5 节介绍相关的测量方法。例如，当我们俯视桥下的流水时，观察到的即为欧拉速度。在空间中的固定点处，我们在不同时刻所看到的流体质点也是不同的。它们的速度既是观察时刻的函数，也是观察的空间点所在位置(相对于桥固定)的函数。在第 3.1.3 节我们将看到：使用欧拉描述流场时，流体质点的加速度在数学上呈现出非线性特性，这一点会给分析带来不便。

在**拉格朗日描述**(Lagrangian description)中，我们需确定流体质点在空间位置随时间的变化。假定在参考时刻 t_0，某一流体质点位于点 M_0 处，位置矢量为 $\boldsymbol{r}_0$($\boldsymbol{r}_0=\boldsymbol{OM}_0$，其中 O 为坐标原点)。我们追踪该流体质点随时间的运动，速度矢量为 $\boldsymbol{r}_0$ 和 t 的函数 $\boldsymbol{V}(\boldsymbol{r}_0,t)$。在这种观点下，前文河水流动例子中的观察者则需在木筏上随河水前进，木筏的速度即为拉格朗日速度。在拉格朗日视角下，测量流动参数的仪器应该随流动同步前进，比如大气中的探测气球或流动示踪粒子(详见第 3.5 节讨论)等。

注：我们使用大写字母表示拉格朗日速度 $\boldsymbol{V}(\boldsymbol{r}_0,t)$，以区别于欧拉速度场 $\boldsymbol{v}(\boldsymbol{r},t)$。

① 1 Torr=133.322 Pa。

3.1.3　流体质点加速度

如图 3.1 所示，设某一流体质点在 t 时刻位于点 $M_1(\boldsymbol{r}_1)$处，速度为 $\boldsymbol{v}(\boldsymbol{r}_1,t)$。在稍后时刻 $t'=t+\delta t$，该流体质点运动到邻近点 $M_2(\boldsymbol{r}_2)$处，位置矢量为 $\boldsymbol{r}_2=\boldsymbol{r}_1+\boldsymbol{v}(\boldsymbol{r}_1,t)\delta t+O(\delta t^2)$，速度为 $\boldsymbol{v}(\boldsymbol{r}_2,t')$。在时间间隔 δt 内，流体质点速度的变化量为 $\delta \boldsymbol{v}=\boldsymbol{v}(\boldsymbol{r}_2,t')-\boldsymbol{v}(\boldsymbol{r}_1,t)$，$\delta \boldsymbol{v}$ 来源于以下两个方面的贡献：

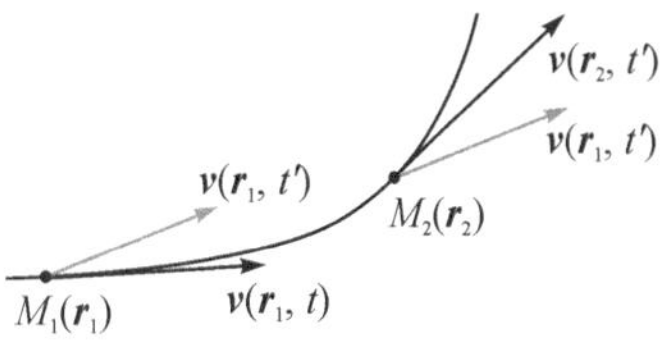

图 3.1　非定常流动中流体质点加速度的分量

- 一方面，若流动非定常，速度场 $\boldsymbol{v}(\boldsymbol{r},t)$随时间的变化将直接影响速度变化量 $\delta\boldsymbol{v}$，数学上可表示为 $\boldsymbol{v}(\boldsymbol{r}_1,t')-\boldsymbol{v}(\boldsymbol{r}_1,t)$；
- 另一方面，速度变化量 $\delta\boldsymbol{v}$ 也可来源于流体质点对速度场的“探测”。若速度场在空间上非均匀，探测的结果可导致流体质点加速或减速，数学上可表示为 $\boldsymbol{v}(\boldsymbol{r}_2,t')-\boldsymbol{v}(\boldsymbol{r}_1,t')$。

于是，速度的变化量 $\delta\boldsymbol{v}$ 可表示为上述两种来源对应的数学表达的一阶泰勒展开式：

$$\delta\boldsymbol{v}=\boldsymbol{v}(\boldsymbol{r}_2,t')-\boldsymbol{v}(\boldsymbol{r}_1,t)=\frac{\partial\boldsymbol{v}}{\partial t}\delta t+\frac{\partial\boldsymbol{v}}{\partial x}\delta x+\frac{\partial\boldsymbol{v}}{\partial y}\delta y+\frac{\partial\boldsymbol{v}}{\partial z}\delta z$$

其中 δx、δy 和 δz 是位移矢量 $\boldsymbol{r}_2-\boldsymbol{r}_1$ 的分量。因此，流体质点的加速度为

$$\begin{aligned}\frac{\mathrm{d}\boldsymbol{v}}{\mathrm{d}t}&=\lim_{\delta t\to 0}\frac{\delta\boldsymbol{v}}{\delta t}=\lim_{\delta t\to 0}\left(\frac{\partial\boldsymbol{v}}{\partial t}+\frac{\partial\boldsymbol{v}}{\partial x}\frac{\delta x}{\delta t}+\frac{\partial\boldsymbol{v}}{\partial y}\frac{\delta y}{\delta t}+\frac{\partial\boldsymbol{v}}{\partial z}\frac{\delta z}{\delta t}\right)\\&=\frac{\partial\boldsymbol{v}}{\partial t}+v_x\frac{\partial\boldsymbol{v}}{\partial x}+v_y\frac{\partial\boldsymbol{v}}{\partial y}+v_z\frac{\partial\boldsymbol{v}}{\partial z}\end{aligned}$$

也可表达为如下实体形式：

$$\frac{\mathrm{d}\boldsymbol{v}}{\mathrm{d}t}=\frac{\partial\boldsymbol{v}}{\partial t}+(\boldsymbol{v}\cdot\nabla)\boldsymbol{v}\tag{3.1}$$

上式右边第二项中含有速度矢量 $\boldsymbol{v}$ 和哈密顿算子∇的数量积，其中哈密顿算子∇在直角坐标系下具有$\partial/\partial x$、$\partial/\partial y$ 和$\partial/\partial z$ 三个分量。图 3.2(a)和 3.2(b)所示为**定常流动**(stationary flow)(即$\partial\boldsymbol{v}/\partial t=0$)中，方程(3.1)中的数量积影响加速度的两种情况。

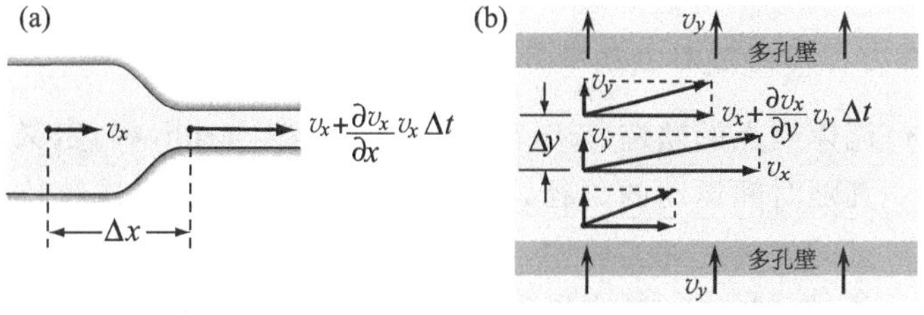

图 3.2　定常流动条件下对流加速的两种机制。(a)流体质点沿着具有流向速度梯度的路径运动导致的加速；(b)相对于平均流动的横向速度梯度(比如穿过多孔壁的流动)对流体质点的加速

如图 3.2(a)所示的流动中，流动方向(x 方向)的速度梯度具有非零分量$\partial v_x/\partial x$。因此，流体质点在流动方向会经历

一个加速过程，加速度为 $v_x \partial v_x / \partial x$。如图 3.2(b)所示的流动中，$x$ 方向速度分量具有非零的横向梯度$\partial v_x / \partial y$，我们同时假定 y 方向速度分量 v_y 亦非零。这种情况下，**沿着流体质点的轨迹**，速度分量 v_x 的变化量对时间的导数等于$v_y \partial v_x / \partial y$。两图中所示的加速度均包含于向量$(\boldsymbol{v}\cdot\nabla)\boldsymbol{v}$ 在 x 方向的分量$(\boldsymbol{v}\cdot\nabla)v_x$。

除速度以外，流体质点的其他物理量沿其轨迹的变化也遵循形如方程(3.1)所示的规律。比如，我们可使用类似的形式表示流体质点的温度 $T(\boldsymbol{r},t)$或化学浓度 $C(\boldsymbol{r},t)$的变化。流体质点的温度**沿轨迹**的变化满足下式：

注：从此处起，我们使用 d/dt 表示跟踪流体质点的运动所得的**拉格朗日导数**(Lagrangian derivative，又称**物质导数**或**对流导数**)，有时也使用 D/Dt 表示。

$$\frac{\mathrm{d}T}{\mathrm{d}t}=\frac{\partial T}{\partial t}+(\boldsymbol{v}\cdot\nabla)T \tag{3.2}$$

其中$\partial T/\partial t$ 是流场中某一点的温度对时间的导数。方程右边第二项表征流体在温度梯度方向的流动引起的温度变化。该方程可使用与推导方程(3.1)相同的方法得到。

3.1.4 流线和流管，迹线和脉线

- **流线**(streamline)是速度场 $\boldsymbol{v}(\boldsymbol{r},t)$的场线。在任一给定时刻 t_0，流线上每一点的速度矢量 $\boldsymbol{v}(x,y,z,t_0)$的方向都和该点的切线方向相同。**流管**(streamtube)指通过一条封闭的空间曲线的一组流线。在实际实验中，可通过对流体中的悬浮颗粒进行**短时曝光**(short-time-exposure)拍摄来实现流线的可视化。每个颗粒在照片上将成像为一条小线段，流线与这些小线段相切，速度的大小和线段的长度成正比。我们将在第 3.5.1 节详细介绍几种常见的流动可视化和测量的方法。

数学上，流线定义为在所有点处都与该点的速度矢量相切的曲线。因此，沿流线的小位移 d$\boldsymbol{M}$(dx，dy，dz)与速度矢量 $\boldsymbol{v}$ 共线，该条件可表示为

$$\mathrm{d}\boldsymbol{M}\times\boldsymbol{v}=0 \quad 即 \quad \frac{\mathrm{d}x}{v_x}=\frac{\mathrm{d}y}{v_y}=\frac{\mathrm{d}z}{v_z}$$

流线方程可通过对上述微分方程积分得到。

- 流体质点的**轨迹**(trajectory)或称**迹线**(pathline)，定义为其随时间运动的路径，即质点在运动时通过的连续位置点的集合。在实验中，可通过对流场中某点处的示踪粒子(例如染色剂、光散射颗粒、氢气泡等)**长时曝光**(long-time-exposure)拍摄来实现对迹线的可视化。迹线方程可通过对拉格朗日速度场 $\boldsymbol{V}(\boldsymbol{r}_0,t)$进行时间积分求得：

$$\frac{dx}{dt}=V_x(\boldsymbol{r}_0,t),\quad \frac{dy}{dt}=V_y(\boldsymbol{r}_0,t),\quad \frac{dz}{dt}=V_z(\boldsymbol{r}_0,t)$$

设流体质点在 t 时刻的位置为 $\boldsymbol{r}$，$t+dt$ 时刻的位置为 $\boldsymbol{r}+d\boldsymbol{r}$，由拉格朗日速度的定义可知

$$\boldsymbol{V}(\boldsymbol{r}_0,t)=\frac{d\boldsymbol{r}}{dt}\quad \text{直接积分可得}\ \boldsymbol{r}(t)=\boldsymbol{r}_0+\int_{t_0}^{t}\boldsymbol{V}(\boldsymbol{r}_0,t')dt'$$

- **脉线**(streakline)定义为某一时间间隔内所有相继经过流场中某一固定点 $M_0(x_0,y_0,z_0)$ 的流体质点的位置集合构成的曲线。在实验中，可通过在点 M_0 处连续投放示踪粒子(比如染色剂)形成很细的染色线，即为脉线。脉线可通过**瞬时**拍摄记录。

对于定常流动，速度场不依赖于时间，即 $\partial \boldsymbol{v}/\partial t=0$。这种情况下，流线、迹线和脉线三线重合。不同时刻在流场中同一点投放的所有示踪颗粒的轨迹都重合为同一条曲线，因此该曲线同时也是脉线。此外，流场的速度矢量(不依赖于时间)在各点处和流体质点的轨迹相切，故而重合的轨迹曲线亦为流线。

若流动非定常，比如静止的流体中运动物体诱导引发的流动，流线、迹线和脉线通常互不重合且区别明显，一般很难建立它们之间的关系。这种情况下，我们通常仅关注流线。

3.2　流场中的变形

本节我们将讨论流体质点的变形(或称应变)，这是第 4 章讨论流体质点受力分析必要的先修内容。本节采用的分析方法也可类比用于讨论固体的弹性变形，区别仅在于固体只能经历有限幅度的变形。因此，固体力学中应变和旋转的概念由流体力学中的应变率和旋转率所取代(“率”表示每单位时间物理量的变化量)。

3.2.1　速度梯度场的分量

我们假定 t 时刻流场中位于点 $\boldsymbol{r}$ 处的流体质点的速度为 $\boldsymbol{v}(\boldsymbol{r},t)$，同一时刻位于邻近点 $\boldsymbol{r}+\delta\boldsymbol{r}$ 处的另一流体质点的速度为 $\boldsymbol{v}+\delta\boldsymbol{v}$。速度变化量的分量 $\delta v_i(i=x,y,z)$ 可表示为速度对位移的一阶全微分：

$$\delta v_i=\sum_j\left(\frac{\partial v_i}{\partial x_j}\right)\delta x_j \tag{3.3}$$

请注意：此处我们仅考虑了两个邻近的流体质点的速度变化

量，并没有包括全体流体质点的整体平移。这种处理是合理的，因为流体的整体平移运动并不能导致流体质点发生变形。上式中括号内的项 $G_{ij}=(\partial v_i/\partial x_j)$ 是一个二阶张量，称之为**变形率张量**(tensor of deformation rate)，或**速度梯度张量**(velocity gradient tensor)。

G_{ij} 在二维和三维空间可分别表示为 2×2 和 3×3 的矩阵，且可进一步分解为一个对称分量和一个反对称分量之和：

$$G_{ij}=\frac{\partial v_i}{\partial x_j}=\frac{1}{2}\left(\frac{\partial v_i}{\partial x_j}+\frac{\partial v_j}{\partial x_i}\right)+\frac{1}{2}\left(\frac{\partial v_i}{\partial x_j}-\frac{\partial v_j}{\partial x_i}\right) \tag{3.4}$$

我们定义

$$e_{ij}=\frac{1}{2}\left(\frac{\partial v_i}{\partial x_j}+\frac{\partial v_j}{\partial x_i}\right) \tag{3.5a}$$

和

$$\omega_{ij}=\frac{1}{2}\left(\frac{\partial v_i}{\partial x_j}-\frac{\partial v_j}{\partial x_i}\right) \tag{3.5b}$$

即有

$$G_{ij}=e_{ij}+\omega_{ij} \tag{3.6}$$

由上述定义可知，e_{ij} 和 ω_{ij} 分别是二阶对称张量和反对称张量。我们将在第 3.2.2 节和第 3.2.3 节讨论它们的物理意义，简单起见，讨论将以二维情况为例。在实际实验中，e_{ij} 和 ω_{ij} 可通过在流体自由面添加大量的细小颗粒来观察。下文的讨论中，我们将以一个正方形 $ABCD$ 为测试对象(参见图 3.3(a))来进行变形和旋转的分析。

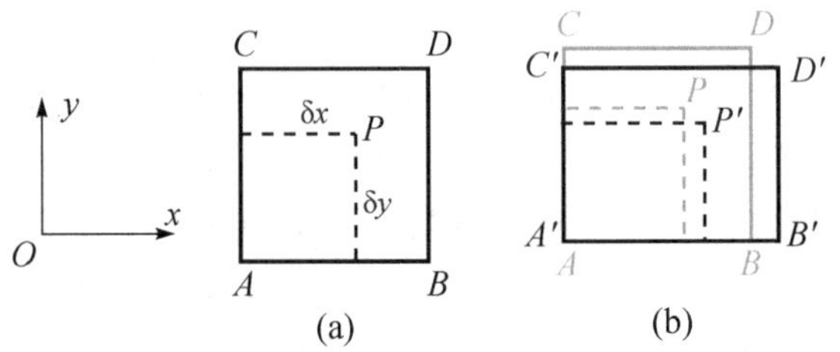

图 3.3 速度梯度张量仅存在对角线分量 $\partial v_i/\partial x_i$ 的流场中正方形单元的变形。(a)初始 t 时刻未变形单元；(b) $t+\delta t$ 时刻变形之后的单元

如图 3.3 所示，我们在正方形 $ABCD$ 内任取一点 P，计算经过时间 δt 之后向量 $\boldsymbol{AP}$ 的变化量。A' 和 P' 分别表示经过时间 δt 之后点 A 和 P 的位置。于是计算可得变化量为

$$\begin{aligned}\boldsymbol{A'P'}-\boldsymbol{AP}&=\boldsymbol{PP'}-\boldsymbol{AA'}\\&=\boldsymbol{v}(P)\delta t-\boldsymbol{v}(A)\delta t\\&\approx\left(\frac{\partial \boldsymbol{v}}{\partial x}\delta x+\frac{\partial \boldsymbol{v}}{\partial y}\delta y\right)\delta t\end{aligned} \tag{3.7a}$$

上式右端括号内的项为两点速度变化量 $\boldsymbol{v}(P)-\boldsymbol{v}(A)$ 的一阶展开式(参考方程(3.3))。上述近似只有当时间间隔 δt 和速度梯度 $\partial v_i/\partial x_j$ 充分小的时候才合理，此时它们的乘积 $(\partial v_i/\partial x_j)\delta t$ 与 1

相比较小，故而称之为**小变形**(small deformation)，**大变形**(large deformation)的情况将在第 3.2.5 节讨论。进一步，我们引入 x 和 y 方向的速度分量，上式可改写为

$$\boldsymbol{A'P'}-\boldsymbol{AP}\approx\left(\frac{\partial v_x}{\partial x}\delta x\boldsymbol{e}_x+\frac{\partial v_y}{\partial y}\delta y\boldsymbol{e}_y\right)\delta t+\left(\frac{\partial v_x}{\partial y}\delta y\boldsymbol{e}_x+\frac{\partial v_y}{\partial x}\delta x\boldsymbol{e}_y\right)\delta t \tag{3.7b}$$

其中 $\boldsymbol{e}_x$ 和 $\boldsymbol{e}_y$ 分别为 x 和 y 方向的单位向量。接下来，我们将借助该方程讨论速度梯度张量 G_{ij} 的不同分量对正方形的 $\boldsymbol{AB}$ 和 $\boldsymbol{AC}$ 边变化的影响。

3.2.2 变形率张量的对称分量：纯变形

变形率张量的对称分量 e_{ij} 已在方程(3.5a)中定义。一般情况下，e_{ij} 同时包括对角线($i=j$)和非对角线($i\neq j$)的非零元素。我们下面将依次考虑这两类元素对图 3.3(a)中所示的正方形测试单元的影响。

张量 e_{ij} 的对角线元素引起的变形

若作用在测试单元 $ABCD$ 的流场的速度梯度仅有对角线分量$\partial v_i/\partial x_i$，单元在时间 δt 内经历的变形如图 3.3(b)所示。取 P 点为顶点 $B(\delta y=0,\delta x=AB)$，并利用方程(3.7b)，我们可得一阶展开$(\partial v_x/\partial x)\delta t$ 情况下 $\boldsymbol{AB}$ 的变化量为

$$\boldsymbol{A'B'}-\boldsymbol{AB}\approx\left(\frac{\partial v_x}{\partial x}AB\delta t\right)\boldsymbol{e}_x$$

显然，$\boldsymbol{AB}$ 仅经历了拉伸，并无旋转(它依然平行于 x 轴)。我们进一步可得 $\boldsymbol{AB}$ 的相对拉伸量为

$$\frac{\delta(AB)}{AB}\approx\frac{(\partial v_x/\partial x)AB\delta t}{AB}=\frac{\partial v_x}{\partial x}\delta t$$

若$\partial v_x/\partial x$ 为正，相对拉伸量亦为正，此即图 3.3(b)所示的情形。类似地，我们可得 $\boldsymbol{AC}(\delta x=0,\ \delta y=AC)$的变化量为

$$\boldsymbol{A'C'}-\boldsymbol{AC}\approx\left(\frac{\partial v_y}{\partial y}AC\delta t\right)\boldsymbol{e}_y$$

在速度梯度的作用下，$\boldsymbol{AC}$ 也没有经历旋转，仅有相对拉伸：

$$\frac{\delta(AC)}{AC}\approx\frac{\partial v_y}{\partial y}\delta t$$

由上述分析可知，在速度梯度场的作用下单元 $ABCD$ 的边依然与它们的原来方向保持平行(图 3.3 所示情形)，仅发生了 x 方向和 y 方向的膨胀(或收缩)。这说明速度梯度张量 $\partial v_i/\partial x_j$ 的对角线元素表征了流体微元在相应方向上(比如，

AB 在 x 方向)的拉伸速度。现在我们来估计测试单元 $ABCD$ 面积的相对变化:

$$\frac{\delta S}{S}=\frac{\delta(AB)}{AB}+\frac{\delta(AC)}{AC}=\left(\frac{\partial v_x}{\partial x}+\frac{\partial v_y}{\partial y}\right)\delta t=(\nabla\cdot \boldsymbol{v})\delta t \tag{3.8a}$$

因此,张量[$\boldsymbol{e}$]的迹(等价于[$\boldsymbol{G}$]的迹),即所有对角线元素($\partial v_i/\partial x_i$)之和,等于速度场的散度,它表征了流体微元的膨胀率。在上文讨论的二维情况下,膨胀率对应于 $ABCD$ 面积的相对变化率。更一般地,在三维流动情况下,一个平行六面体的体积 V 的相对变化为

注:在前文和后续的方程中,我们使用了**爱因斯坦求和约定**(Einstein convention)对重复指标求和,即 $\partial v_i/\partial x_i=\Sigma_i(\partial v_i/\partial x_i)$。

$$\frac{\delta V}{V}=\left(\frac{\partial v_x}{\partial x}+\frac{\partial v_y}{\partial y}+\frac{\partial v_z}{\partial z}\right)\delta t=(\nabla\cdot \boldsymbol{v})\delta t \tag{3.8b}$$

所以,流体微元的**体积膨胀率**(volume expansion rate)可通过速度场的散度$\nabla\cdot\boldsymbol{v}$ 来计算。对于不可压缩流动($\delta V/V=0$),流体微元的体积保持不变,流场的散度须为零,即$\nabla\cdot\boldsymbol{v}=0$。

张量 e_{ij} 的非对角线元素引起的变形

以下我们考虑张量 $G_{ij}=\partial v_i/\partial x_j$ 的非对角线元素($i\neq j$)非零时,同样的测试单元 $ABCD$ 的变形情况(图 3.4(a))。矢量 **AB** 和 **AC** 分别平行于 x 轴和 y 轴,我们可利用与上文相同的分析方法得到这两条边的变形量。对于 **AB**($\delta x=AB$,$\delta y=0$):

$$\boldsymbol{A'B'}-\boldsymbol{AB}\approx\left(\frac{\partial v_y}{\partial x}\right)AB\,\delta t\,\boldsymbol{e}_y$$

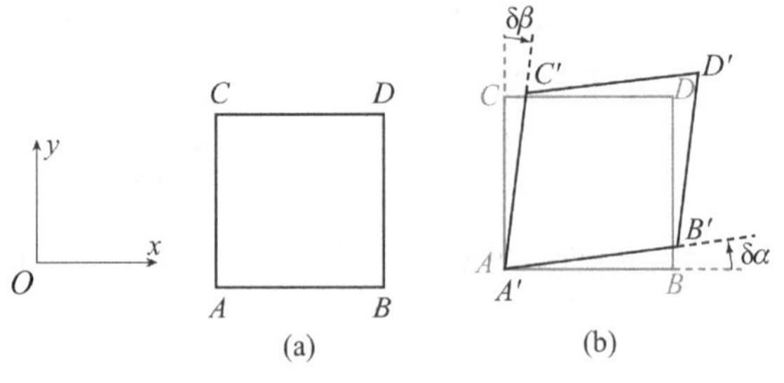

图 3.4 当 $e_{xx}=e_{yy}=0$ 且 $\omega_{xy}=0$ 时,流场中的正方形测试单元的变形情况。(a)初始 t 时刻未变形的单元;(b)$t+\delta t$ 时刻变形之后的单元

显然,变形之后的 **AB** 不再平行于 x 轴,而是旋转了一定的角度:

$$\delta\alpha=\frac{(\partial v_y/\partial x)AB\delta t}{AB}=\frac{\partial v_y}{\partial x}\delta t \quad 即 \quad \frac{\delta\alpha}{\delta t}=\frac{\partial v_y}{\partial x} \tag{3.9a}$$

在图 3.4(b)所示的情形下,旋转角 $\delta\alpha$ 为正,需要注意的是 **AB** 的长度并未改变。利用同样的方法,我们可得 **AC** 的变化量为

$$\boldsymbol{A'C'}-\boldsymbol{AC}=\left(\frac{\partial v_x}{\partial y}AC\delta t\right)\boldsymbol{e}_x \quad 即 \quad \frac{\delta\beta}{\delta t}=-\frac{\partial v_x}{\partial y} \tag{3.9b}$$

由于我们假定了$\partial v_x/\partial y>0$，因此在如图 3.4(b)所示的情形下旋转角 $\delta\beta$ 为负。如果速度梯度张量的分量$\partial v_x/\partial y$ 和$\partial v_y/\partial x$ 相等，反对称张量 ω_{ij} 的分量 $\omega_{xy}=0$，然而旋转角 $\delta\beta$ 和 $\delta\alpha$ 相反，那么 $\boldsymbol{A'B'}$ 和 $\boldsymbol{A'C'}$ 间夹角 γ 的时间变化率为

$$\frac{\delta\gamma}{\delta t}=-\frac{(\delta\alpha-\delta\beta)}{\delta t}=-\left(\frac{\partial v_y}{\partial x}+\frac{\partial v_x}{\partial y}\right)=-2e_{xy} \quad (3.10)$$

注：$\dot{\gamma}$ 通常用于表示角度 γ 对时间的导数，称之为**剪切率**(shear rate)。我们将在第 4 章对这个概念进一步讨论，特别是对于流动会影响流体物性的情况。

因此，我们可知 e_{ij} 的**非对角线元素**(off-diagonal term)，e_{xy} 可理解为流体微元的**局部角变形率**(rate of local angular deformation)。

张量 $\boldsymbol{e}_{ij}$ 的对角线和非对角线元素引起的变形之间的关系

若张量 e_{ij} 的迹为零(简单起见，我们同时假定 $\omega_{ij}=0$)，对角张量和非对角张量诱导的变形实际上是等价的。我们再来考虑 e_{ij} 仅有对角线非零元素时流体微元 $ABCD$ 的变形。$ABCD$ 初始为正方形，且对角线分别平行于 x 轴和 y 轴，另有四边平行于 x 轴和 y 轴的正方形 $EFGH$，其中内切 $ABCD$(图 3.5(a))。如图 3.5(b)所示：变形后的流体微元 $A'B'C'D'$ 的顶点为 $E'F'G'H'$ 各边中点，与变形前相比(至少在一阶近似范围内)各边长度不变，但夹角改变，最终呈现为菱形结构。这种变形特性，也可通过选择与 AB 和 AC 平行的坐标轴，在张量 e_{ij} 仅有非对角线元素不为零的情况下得到。

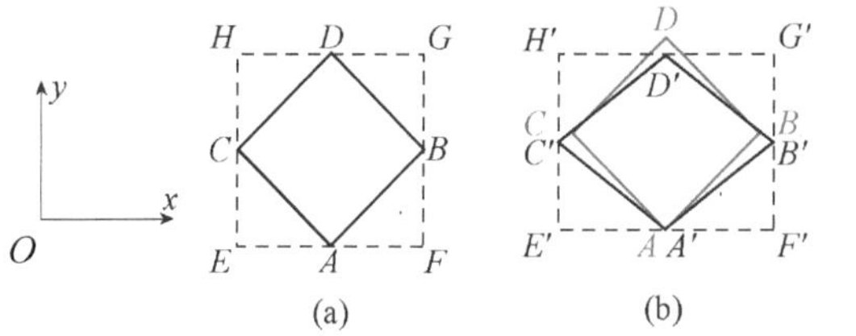

图 3.5 速度梯度张量仅存在于对角线分量的流场中，对角线平行于坐标轴的正方形单元的变形。(a)初始 t 时刻未变形的单元；(b)$t+\delta t$ 时刻变形之后的单元

事实上，对于非对角张量[$\boldsymbol{e}$]，我们可通过求解特征值和特征向量来进行坐标旋转。在旋转后的坐标系下，张量[$\boldsymbol{e}$]被对角化，仅有对角线元素 e_{ii} 不为零(此处无需求和约定)。

证明：我们首先来计算菱形的对角线矢量 $\boldsymbol{AD}$ 和 $\boldsymbol{CB}$ 的变化，变形前后它们分别满足以下关系式：

$$\boldsymbol{A'D'}-\boldsymbol{AD}=\frac{\partial v_y}{\partial y}AD\delta t\boldsymbol{e}_y \quad \text{和} \quad \boldsymbol{C'B'}-\boldsymbol{CB}=\frac{\partial v_x}{\partial x}CB\delta t\boldsymbol{e}_x$$

由几何关系可知，尽管各边夹角在变形过程中发生了变化，但对角线 $\boldsymbol{AD}$ 和 $\boldsymbol{CB}$ 依然分别与 y 轴和 x 轴保持平行。菱形的面积 S 为两条对角线长度乘积的一半，于是可知面积的相对

变化量为

$$\frac{\delta S}{S}=\frac{\delta(AD)}{AD}+\frac{\delta(CB)}{CB}$$
$$=\frac{(\partial v_y/\partial y)AD\delta t}{AD}+\frac{(\partial v_x/\partial x)CB\delta t}{CB}$$
$$=(\nabla\cdot\boldsymbol{v})\delta t$$

上式再次证实了方程(3.8a)的结果:面积变化率与速度矢量的散度成正比。

我们在上文分别讨论了变形率张量[$\boldsymbol{e}$]的对角线和非对角线元素对流体微元变形的影响。分析表明[$\boldsymbol{e}$]可进一步分解为一个对角张量[$\boldsymbol{t}$]和另一个张量[$\boldsymbol{d}$]之和,同时满足[$\boldsymbol{t}$]的对角元素都相等且[$\boldsymbol{d}$]的迹为零,具体分解形式如下:

$$e_{ij}=\frac{1}{3}\delta_{ij}e_{ll}+\left[e_{ij}-\frac{1}{3}\delta_{ij}e_{ll}\right]=t_{ij}+d_{ij} \quad (3.11)$$

对角张量 t_{ij} 表征了流体微元的体积膨胀率,张量 d_{ij} 则关联于流体微元体积保持恒定时的变形,称之为**偏转**(deviator)。

3.2.3 变形率张量的反对称分量:纯旋转

以下讨论反对称张量 $\omega_{ij}=(1/2)(\partial v_i/\partial x_j-\partial v_j/\partial x_i)$的物理意义,定义见第3.2.1节方程(3.5b)。我们假定速度梯度场满足 ω_{ij} 的(非对角线)元素非零,但 e_{ij} 的所有元素为零。此处我们依然以第3.2.1节中引入的正方形单元 $ABCD$(图3.6(a))为对象讨论 ω_{ij} 对其变形的影响。分析结果表明 ω_{ij} 并未引起正方形单元边长的变化。这一点是合理的,因为边长的变化取决于 e_{ij},而我们已在此处假设 $e_{ij}=0$。我们也可通过方程(3.9a)和(3.9b)得到 $e_{ij}=0$,这意味着每条边相对于坐标轴的旋转角 $\delta\alpha$ 和 $\delta\beta$ 相同,它们之间的夹角仍为 $\pi/2$。于是可知:在 ω_{ij} 的作用下流体微元的形状和大小并未变化,仅整体旋转了一个角度 $\delta\alpha=\delta\beta$,也即$(\delta\alpha+\delta\beta)/2$。再次利用方程(3.9a)和(3.9b)可得旋转角的变化率:

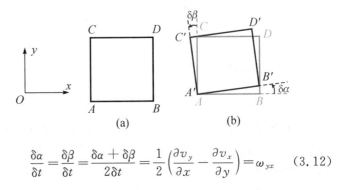

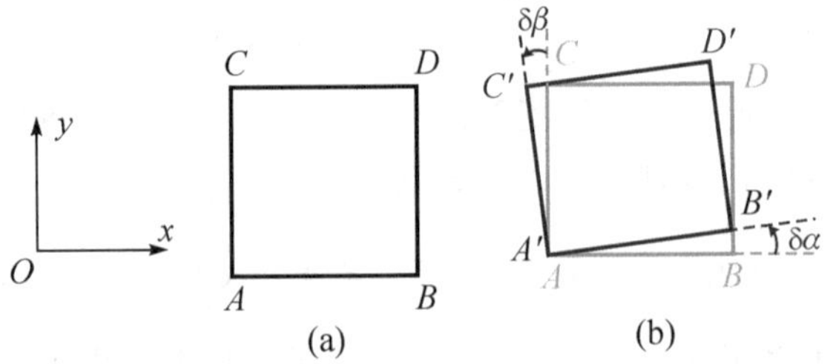

图3.6 速度梯度张量 G_{ij} 的反对称分量 ω_{ij} 引起的正方形单元的变形。(a)初始 t 时刻未变形的单元;(b)$t+\delta t$ 时刻变形之后的单元

$$\frac{\delta\alpha}{\delta t}=\frac{\delta\beta}{\delta t}=\frac{\delta\alpha+\delta\beta}{2\delta t}=\frac{1}{2}\left(\frac{\partial v_y}{\partial x}-\frac{\partial v_x}{\partial y}\right)=\omega_{yx} \quad (3.12)$$

因此，ω_{ij} 表征了流体微元不存在变形时的旋转角速度 $\mathrm{d}\alpha/\mathrm{d}t$。

如果我们使用一个伪矢量 $\boldsymbol{\omega}$ 来替代反对称张量 ω_{ij}，并借助置换符号 ε_{ijk}，可得如下关系式：

$$\omega_k = -\varepsilon_{ijk}\omega_{ij} \tag{3.13}$$

下标 i、j 和 k 为偶排列时 $\varepsilon_{ijk}=+1$，为奇排列时 $\varepsilon_{ijk}=-1$，其中任意两个相等时 $\varepsilon_{ijk}=0$。向量 $\boldsymbol{\omega}$ 称之为流体的**涡量**（vorticity），上式可改写为向量形式：

$$\boldsymbol{\omega} = \nabla\times\boldsymbol{v} \tag{3.14}$$

二维流动情况下，涡量 $\boldsymbol{\omega}$ 的方向垂直于流动所在平面。涡量的概念在流体力学中非常重要，我们将在第 7 章对其进行详尽的讨论。我们进一步引入第二个伪矢量 $\boldsymbol{\Omega}=(1/2)\nabla\times\boldsymbol{v}$，称之为**涡旋矢量**（vortex vector），它表示流体微元的旋转角速度。因此，在本小节开始讨论的例子中有 $\mathrm{d}\alpha/\mathrm{d}t=\Omega=w_{yx}=(1/2)\omega_z$。

我们可以通过类似的思路来考虑三维刚体绕 z 轴旋转的速度场，z 轴垂直于 $x-y$ 平面。设 $\boldsymbol{\Omega}$ 为角速度矢量，速度场为 $\boldsymbol{v}=\boldsymbol{\Omega}\times\boldsymbol{r}$，在圆柱坐标下的三个分量分别为 $v_r=0$，$v_\varphi=\Omega r$，$v_z=0$。计算可得速度的旋度为

$$\nabla\times\boldsymbol{v} = \left(\frac{\partial v_\varphi}{\partial r}+\frac{v_\varphi}{r}\right)\boldsymbol{e}_z = 2\Omega\boldsymbol{e}_z = 2\boldsymbol{\Omega} \tag{3.15}$$

在实验中，可通过在流体表面上交叉放置两根刚性浮子来观察流体的局部旋转（或者涡量）。第 3.5.4 节将讨论更实用和精确的测量方法。

现在我们来简要总结第 3.2.2 和 3.2.3 两个小节的结果。由方程(3.6)和(3.11)可知，速度梯度张量 $G_{ij}=\partial v_i/\partial x_j$ 可分解为三部分之和：

$$G_{ij} = t_{ij} + d_{ij} + \omega_{ij} \tag{3.16}$$

其中

- t_{ij} 是一个对角张量，表征流体微元的体积（二维情况下为面积）变化率，对于不可压缩流动，t_{ij} 始终为零；
- d_{ij} 是一个迹为零的对称张量，它对应流体微元体积保持不变时的变形；
- ω_{ij} 是一个反对称张量，表征流体微元的“刚体旋转”运动。

方程(3.16)中关于 G_{ij} 的分解对于我们理解流体流动引起的应力是必不可少的，这一点我们将在第 4 章具体讨论。我们将看到分解的三项中，只有对应于变形的部分（t_{ij} 和 d_{ij}）是应力相关的。

3.2.4 流场变形分析的应用

本节以二维流动为例进行流场变形分析。我们假定速度场 $\boldsymbol{v}(x,y)$ 是定常的，x 和 y 方向速度分量分别为 $v_x=\alpha x+2\beta y$ 和 $v_y=-\alpha y$，其中 α 和 β 均为常数。以下分析将表明该流场是第 3.2.2 和 3.2.3 节讨论的流体微元的不同形式的拉伸和变形的组合。该流动不存在平均流场，速度在原点 $O(0,0)$ 处为零，且速度场关于 O 对称。

速度梯度张量 $[\boldsymbol{G}]$ 表征了流场的变形特征，利用方程(3.4)计算可得

$$[\boldsymbol{G}]=\begin{bmatrix}\alpha & 2\beta\\ 0 & -\alpha\end{bmatrix} \tag{3.17a}$$

按照方程(3.16)所示，对 $[\boldsymbol{G}]$ 进行分解，我们可得

$$[\boldsymbol{G}]=\begin{bmatrix}\alpha & 2\beta\\ 0 & -\alpha\end{bmatrix}=\underset{\text{膨胀}}{\begin{bmatrix}0 & 0\\ 0 & 0\end{bmatrix}}+\underset{\text{变形}}{\begin{bmatrix}\alpha & \beta\\ \beta & -\alpha\end{bmatrix}}+\underset{\text{旋转}}{\begin{bmatrix}0 & \beta\\ -\beta & 0\end{bmatrix}} \tag{3.17b}$$

上式中对应于体积膨胀的分量为零，这正是不可压缩流动的特征($\nabla\cdot\boldsymbol{v}=0$)。旋转分量代表了流体微元的**刚体旋转**运动。对应于变形的分量会引起角位移，也会导致流体微元边长的变化，这些位移决定于边长矢量 $\delta\boldsymbol{r}$ 的方向。在流体微元中，存在两个特征方向仅有膨胀发生而无旋转，这两个方向在数学上可以通过对变形张量进行对角化来得到。我们令矩阵 $\begin{bmatrix}\alpha-\lambda & \beta\\ \beta & -\alpha-\lambda\end{bmatrix}$ 的行列式为零，$(\lambda^2-\alpha^2)-\beta^2=0$，即可得变形张量的特征值

$$\lambda=\pm\sqrt{\alpha^2+\beta^2} \tag{3.18a}$$

上述特征值所对应的特征向量即代表了流体微元不发生旋转的两个特征方向。两个方向互相垂直，且满足以下直线方程：

$$(\alpha-\lambda)x+\beta y=0 \tag{3.18b}$$

即

$$y=\frac{-\alpha\pm\sqrt{\alpha^2+\beta^2}}{\beta}x \tag{3.18c}$$

- 对于特殊情形 $\alpha\neq 0,\beta=0$，流体微元仅发生变形而无旋转，如图 3.3 所示。此时特征向量的方向分别沿着 x 轴和 y 轴。与 x 轴平齐的正方形变为平行于相同坐标轴的矩形，在不可压缩条件和一阶近似下，两边长度的变化量相同但方向相反。

- 若 $\alpha=0,\beta\neq 0$，流动对应于**简单剪切流动**(simple shear flow)或称**平板库埃特流动**(plane Couette flow)，如图 3.7 所示。该流动是由流体微元的变形(图 3.4)和旋转(图 3.6)叠加而成。速度仅有沿 x 方向的非零分量 $v_x=2\beta y$，且在 y 方向存在梯度。此类速度场可在两个具有相对运动的平行平板间的黏性流体中观察到。流场的变形率张量的特征向量分别与剪切流动方向成 $\pm 45°$，由方程(3.18)可知对应的直线方程分别为 $y=\pm x$。

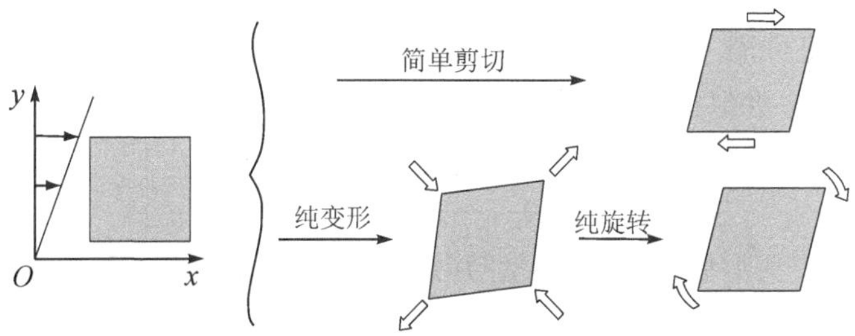

图 3.7　简单库埃特剪切流动中体积微元的变形可分解为纯旋转和不旋转的纯变形的叠加

为了更好地理解上述两种流动之间的区别，我们以下来分析一个液滴在流场中的行为。假定液滴与流动的流体互不相溶，液滴中心位于坐标原点 O。

- 对于纯变形的情况，液滴最大的拉伸(若 α 为正)发生在 x 轴上，x 轴也是流动(不发生旋转的)的特征方向之一。表面张力为了降低液滴的表面积而抵抗变形的发生。原点处流场速度为零，液滴保持静止；若确保液滴内聚的表面张力不够大，液滴将在流动作用下发生拉伸变形(并最终通过从尖端脱落出小液滴而导致破裂)。该流动可在第 3.4.2 节图 3.13 所示的几何结构中发生。
- 对于简单剪切流动，由上文讨论可知流场的最大拉伸方向与流动方向成 45°角，且该拉伸倾向于使液滴变形。然而，由于速度场存在旋转分量，液滴也有旋转的倾向；因此拉伸的效果在很大程度上被削弱，液滴只有在非常大的速度梯度下才会破裂。在高流速流动情况下，我们甚至可以观察到液滴形变至离心率为 0.25 的椭圆时依然保持静止状态。

3.2.5　大变形情况的讨论

以下我们来讨论流体微元发生大变形的情况。在这种情况下，流体微元发生变形时各点的速度保持不变的假设不再有效。大变形通常发生于液体的长周期的流动，或可发生极度变形的固体。例如，需要经历极长时间的地质构造的变形

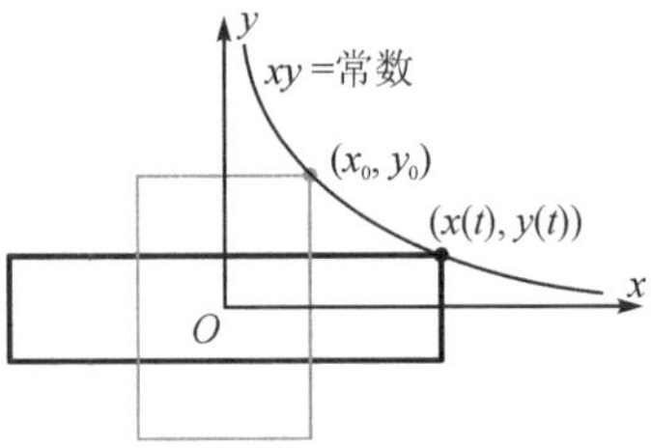

图 3.8 不可压缩流动中发生纯变形的流体微元的大变形分析

就属于大变形的情况。

如图 3.8 所示，我们考虑二维流场 $v_x=\alpha x$，$v_y=-\alpha y$，该速度场散度为零且速度梯度张量仅有对角线非零元素。因此，该流场中流体微元仅有拉伸变形且体积保持不变。

分析可知(详细证明见本小节末尾)，相对于初始位置的位移分量 $\delta x(t)$ 和 $\delta y(t)$ 的方程的矩阵形式为

$$\begin{bmatrix}\delta x(t)\\ \delta y(t)\end{bmatrix}=\begin{bmatrix}e^{\alpha t}-1 & 0\\ 0 & e^{-\alpha t}-1\end{bmatrix}\begin{bmatrix}x_0\\ y_0\end{bmatrix}=[\boldsymbol{D}]\begin{bmatrix}x_0\\ y_0\end{bmatrix} \tag{3.19}$$

由此可见：在大变形情况下，位移不再与时间或速度梯度张量 $[\boldsymbol{G}]$ 呈线性关系，但不可压缩的条件仍然满足。在小变形 ($\alpha t\ll 1$) 近似中，通过对指数项的一阶展开可得

$$\begin{bmatrix}\delta x(t)\\ \delta y(t)\end{bmatrix}=t\begin{bmatrix}\alpha & 0\\ 0 & -\alpha\end{bmatrix}\begin{bmatrix}x_0\\ y_0\end{bmatrix}=[\boldsymbol{G}]t\begin{bmatrix}x_0\\ y_0\end{bmatrix} \tag{3.20}$$

因此小变形假设下，变形量与时间和速度梯度张量 $[\boldsymbol{G}]$ 均呈线性关系。

证明：在这个问题中，我们必须考虑流体微元在变形过程中速度的变化。于是，流场中一个定点的速度可表示为

$$\frac{d\boldsymbol{r}}{dt}=\boldsymbol{v}(\boldsymbol{r}(t))$$

而非前文讨论的小变形情况下的关系：$\frac{d\boldsymbol{r}}{dt}=\boldsymbol{v}(\boldsymbol{r}_0)$。进一步表示为分量形式为

$$\frac{dx}{dt}=\alpha x \tag{3.21a}$$

和

$$\frac{dy}{dt}=-\alpha y \tag{3.21b}$$

进一步积分可得

$$x(t)=x_0 e^{\alpha t} \tag{3.22a}$$

和

$$y(t)=y_0 e^{-\alpha t} \tag{3.22b}$$

上述两式乘积为 $x(t)y(t)=x_0y_0$，因此流体质点的轨迹为双曲线的分支，如图 3.8 所示。我们注意到，对于对角线的初始位置为 $\boldsymbol{OM}_0(x_0,y_0)$ 的矩形(O 点固定)，t 时刻的面积 $x(t)y(t)$ 为常数。于是，位移分量 $\delta x(t)$ 和 $\delta y(t)$ 分别为 $\delta x(t)=x_0(e^{\alpha t}-1)$ 和 $\delta y(t)=y_0(e^{\alpha t}-1)$。通过这两个变形关系，我们可得方程(3.19)。

3.3　运动流体中的质量守恒

通过考虑流场中一个**固定**区域的质量守衡，我们可得到一个**局部的**质量守恒方程，也称之为连续方程。在本书第 5 章中，我们将采用类似的方法推导有关其他重要物理量（比如能量、动量）的**守恒律**（conservation laws）。

3.3.1　质量守恒方程

如图 3.9 所示，考虑流场内任意一个（在描述流动的参考系下）固定的区域，体积为$\mathcal{V}$，边界表面为$\mathcal{S}$。每个时刻都有流体流入和流出该区域，其中所包含流体质量 m 的变化率等于流出该区域边界表面$\mathcal{S}$的通量的相反数，于是可得

$$\frac{\mathrm{d}m}{\mathrm{d}t}=\frac{\mathrm{d}}{\mathrm{d}t}\left(\iiint_{\mathcal{V}}\rho\mathrm{d}\mathcal{V}\right)=\iiint_{\mathcal{V}}\frac{\partial\rho}{\partial t}\mathrm{d}V=-\iint_{\mathcal{S}}\rho\boldsymbol{v}\cdot\boldsymbol{n}\mathrm{d}S \tag{3.23}$$

其中 $\boldsymbol{n}$ 是表面$\mathcal{S}$的外法线单位矢量。由于$\mathcal{V}$相对于坐标系固定，我们交换积分和微分的顺序，进一步使用高斯散度定理改写最右边的通量项，最终可得

$$\iiint_{\mathcal{V}}\left(\frac{\partial\rho}{\partial t}+\nabla\cdot(\rho\boldsymbol{v})\right)\mathrm{d}V=0 \tag{3.24}$$

由于上述积分对任意积分域的体积$\mathcal{V}$都成立，因此被积函数恒为零。于是，我们可得连续方程如下：

$$\frac{\partial\rho}{\partial t}+\nabla\cdot(\rho\boldsymbol{v})=0 \tag{3.25}$$

如果我们将方程(3.25)中的散度项$\nabla\cdot(\rho\boldsymbol{v})$展开：

$$\nabla\cdot(\rho\boldsymbol{v})=\rho\nabla\cdot\boldsymbol{v}+\boldsymbol{v}\cdot\nabla\rho$$

那么连续方程可改写为以下形式：

$$\left(\frac{\partial\rho}{\partial t}+\boldsymbol{v}\cdot\nabla\rho\right)+\rho\nabla\cdot\boldsymbol{v}=0 \tag{3.26}$$

显然，上式左侧括号内的项恰好是流体微元的密度在流动中随时间的变化（$\mathrm{d}\rho/\mathrm{d}t$），即密度的对流导数（对应于拉格朗日描述）。因此，方程(3.26)可改写如下：

$$\frac{\mathrm{d}\rho}{\mathrm{d}t}+\rho\nabla\cdot\boldsymbol{v}=0 \tag{3.27}$$

这是质量守恒方程的另一种表示。

3.3.2　不可压缩流动的条件

对于不可压缩流动，流体质点的密度在流动过程中保持不变，即 $\mathrm{d}\rho/\mathrm{d}t=0$，质量守恒方程可进一步简化如下：

注：此处我们并没有考虑对应于物质生成或消灭的**源项**。若非化学计量的气体或固体中有化学反应发生，则可能需要考虑源项。

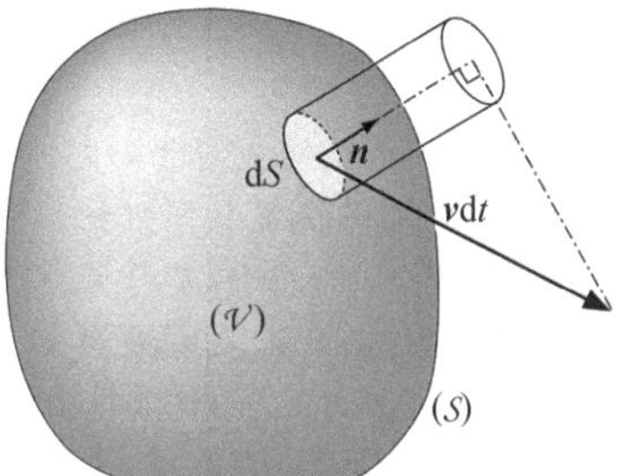

图 3.9　空间位置固定体积($\mathcal{V}$)内净质量的变化。单位矢量 $\boldsymbol{n}$ 垂直于面元 dS，且指向体积($\mathcal{V}$)外侧。因此，单位时间内从体积($\mathcal{V}$)流出的质量为 $\rho\boldsymbol{v}\cdot\boldsymbol{n}\mathrm{d}S$ 的面积分

注：此处得到的质量守恒方程完全对应于电磁学中的电荷守恒方程$\partial\rho/\partial t+\nabla\cdot\boldsymbol{j}=0$，其中 ρ 和 $\boldsymbol{j}$ 分别代表电荷和电流密度。

注：(i)这个结果并不令人惊讶。我们在第 3.2.2 节已经知道速度散度$\nabla\cdot\boldsymbol{v}$为速度梯度张量的迹，它表征了流体微元的体积变化率。(ii)若使用体积变化率$(1/V)(\delta V/\delta t)$代替$\nabla\cdot\boldsymbol{v}$（参见方程(3.8b)），代入方程(3.27)可知，体积膨胀率与密度变化率相反：因为$(1/\rho)(\delta\rho/\delta t)+(1/V)(\delta V/\delta t)=0$。

$$\nabla \cdot \boldsymbol{v}=0 \tag{3.28}$$

在大多数情况下，流动可做不可压缩流动处理的条件可由下边的不等式描述：

$$U \ll c \tag{3.29}$$

其中 U 为流动的特征速度，c 是流体中压力波的传播速度，即**音速**(speed of sound)。若流动由惯性力驱动，流场中压力变化的数量级可利用 $\delta p \approx \rho U^2$ 估计，这也是动量的对流通量的量级(参考第 2.1.1 节)。我们将在第 5 章讨论伯努利方程时对这一点进行详细的讨论。密度的相对变化为 $\delta\rho/\rho \approx \chi\delta p \approx \chi\rho U^2$，其中 χ 是流体的压缩系数。若 $\delta\rho/\rho \ll 1$，流体的可压缩性则可忽略，该条件可转化为 $U \ll 1/\sqrt{\chi\rho}$，不等式右边项 $1/\sqrt{\chi\rho}$ 正是音速 c。

我们定义**马赫数**(Mach number) $M=U/c$，于是方程(3.29)可表示为如下无量纲形式：

$$M \ll 1 \tag{3.30}$$

注：若流动由黏性效应主导(小雷诺数流动，将在第 9 章讨论)，方程(3.30)将被一个更严格的条件取代：$M \ll \sqrt{Re}$，其中 Re 为雷诺数。在这种情况下，流动中压力波动的量级为 $\delta p \approx \eta U/L = \rho U^2/Re$。

在气体的高速流动中(比如航空飞行、**激波**(shock wave)等情况下)，上述条件不再满足；在这类情况下忽略流体的可压缩性实际上等同于假设声速无穷大。

我们现在来看非定常流动的情况：假定流动的特征时间尺度为 T(比如声波的周期)。在这种情况下，流动中还存在另外一个特征时间 L/c，它表征一个典型的压力扰动通过对流输送一定距离 L 所需的时间。此时，方程(3.29)还必须有一个补充条件：

$$T \gg L/c \tag{3.31}$$

对于周期为 T 的周期性流动，方程(3.31)可改写为波长 $\lambda = cT$ 和空间尺度 L 的比较：

$$\lambda \gg L \tag{3.32}$$

最后，我们来讨论不可压缩性对滞止点附近三维流动的影响。我们以变形张量 e_{ij} 的主轴为坐标轴建立坐标系。由于坐标轴的旋转并不会影响张量的迹，因此满足不可压缩条件(张量的迹为零)则要求三个特征值中两个为负一个为正，或者两个为正一个为负。这两种情况下的特征值所对应的流体微元的变形特性对应着两种非常不同的流动。在第一种情况下(图 3.10(a))，流体倾向于在两个负特征值对应的平面上从各个方向朝原点“堆积”，从而导致了第三个方向(正交于平面)的“拉伸”。因此，放置在该流动中的细长颗粒将沿着第三轴排列。在第二种情况下(图 3.10(b))，我们可以预期：流场中的薄平圆盘状的粒子将在两个正特征值对应的平面上平行排列。除了利用颗粒的取向来显示流场特征，我们也可以通

注：在第 3.2.4 节讨论的二维流动中并不存在此处所讨论的两种不同类型的流动。因为在二维流动情况下，速度梯度张量只存在一对互为相反数的特征值。因此置于滞止点处的液滴只有一种可能的变形类型，即呈椭圆状，长轴在正特征值对应的方向上。

过在滞止点 O 处放置一滴染料或某种与当前流体不互溶的流体来观察其变形。液滴在第一种情况下将被拉伸，在第二种情况下则会被压扁，这表明两种情况下速度场的不同。

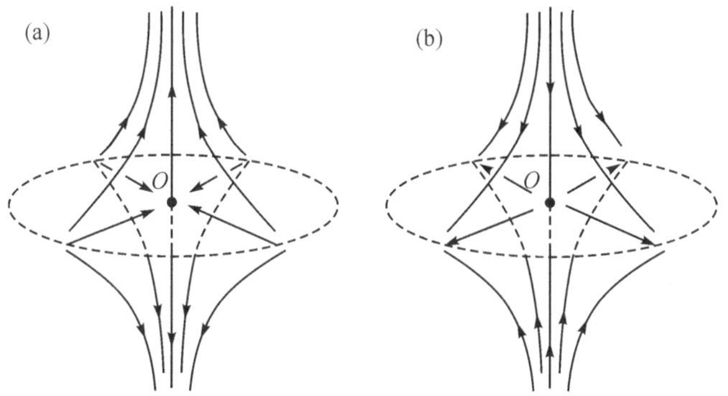

图 3.10　滞止点附近的三维流动。(a)速度梯度张量的两个特征值均为负；(b)速度梯度张量的两个特征值均为正

3.3.3　旋转流动和势流

一般情况下，任意一个矢量场 $\boldsymbol{v}(\boldsymbol{r})$ 可分解为三项之和：

$$\boldsymbol{v}(\boldsymbol{r})=\boldsymbol{v}_1(\boldsymbol{r})+\boldsymbol{v}_2(\boldsymbol{r})+\boldsymbol{v}_3(\boldsymbol{r}) \tag{3.33}$$

- 矢量场 $\boldsymbol{v}_1(\boldsymbol{r})$ 散度为零，旋度对应一个角速度为 $\boldsymbol{\Omega}=\boldsymbol{\omega}/2$ 的旋转运动，其中 $\boldsymbol{w}$ 为流场的涡量。显然，$\boldsymbol{v}_1(\boldsymbol{r})$ 满足以下条件：

$$\nabla\cdot\boldsymbol{v}_1(\boldsymbol{r})=0 \tag{3.34a}$$

和

$$\nabla\times\boldsymbol{v}_1(\boldsymbol{r})=\boldsymbol{\omega} \tag{3.34b}$$

　在第 7 章讨论涡量和**旋转流动**(rotational flow)时，我们将发现 $\boldsymbol{v}_1(\boldsymbol{r})$ 可近似类比于准稳态磁场。

- 矢量场 $\boldsymbol{v}_2(\boldsymbol{r})$ 的散度和旋度均为零，因此同时满足以下两式：

$$\nabla\cdot\boldsymbol{v}_2(\boldsymbol{r})=0 \tag{3.35a}$$

和

$$\nabla\times\boldsymbol{v}_2(\boldsymbol{r})=\boldsymbol{0} \tag{3.35b}$$

　方程(3.35b)意味着我们可以引入一个势函数 Φ，称之为**速度势**(velocity protential)，满足 $\boldsymbol{v}=\nabla\Phi$，相应的流动称之为**势流**(protential flow)。我们将在第 6 章详细讨论此类流动，并与静电场进行类比分析。

- 最后，在矢量场 $\boldsymbol{v}_3(\boldsymbol{r})$ 中，我们考虑 $\boldsymbol{v}(\boldsymbol{r})$ 的体积变化效应 $(1/V)(\delta V/\delta t)$。该效应仅在可压缩流动时不为零，$\boldsymbol{v}_3(\boldsymbol{r})$ 满足以下方程：

$$\nabla\cdot\boldsymbol{v}_3(\boldsymbol{r})=\nabla\cdot\boldsymbol{v}(\boldsymbol{r})=\frac{1}{V}\frac{\delta V}{\delta t} \tag{3.36a}$$

和

$$\nabla\times\boldsymbol{v}_3(\boldsymbol{r})=\boldsymbol{0} \tag{3.36b}$$

3.4 流函数

3.4.1 流函数的引入及其意义

若不可压缩流动的速度场仅在两个坐标方向有变化（比如二维流动或空间轴对称流动），我们可引入流函数将速度场（矢量场）的分析简化为处理一个标量场。

不可压缩流动的质量守恒方程如方程(3.28)给出：$\nabla\cdot\boldsymbol{v}=0$。于是，存在一个矢量函数 $\boldsymbol{A}$ 满足：

$$\boldsymbol{v}=\nabla\times\boldsymbol{A} \tag{3.37}$$

借助不可压缩流动的条件将速度关联于矢量势函数 $\boldsymbol{A}$ 可类比于磁场问题中由 $\nabla\cdot\boldsymbol{B}=0$ 得到的矢量势（我们将在 7.1.3 节中具体讨论这个问题）。实际上，仅仅引入矢量势并不能简化问题，只是将速度场 $\boldsymbol{v}$ 用另一个矢量场 $\boldsymbol{A}$ 代替而已。如果我们回到本节开始的假设：速度场仅在两个坐标方向有变化。在这种情况下，仅用矢量势 $\boldsymbol{A}$ 的一个分量就可描述速度场。二维流动和旋转轴对称流动即为这种情形。对于二维流动（旋转轴对称流动的情况见第 3.4.3 节），可认为速度场在 z 轴方向平移不变，故而该方向的速度分量为零：$\boldsymbol{v}=(v_x(x,y),v_y(x,y),0)$。由 $\nabla\cdot\boldsymbol{v}=0$ 可得

$$\frac{\partial v_x}{\partial x}+\frac{\partial v_y}{\partial y}=0$$

由上式出发，可定义标量函数 Ψ 满足以下条件：

$$v_x=\frac{\partial\Psi}{\partial y} \tag{3.38a}$$

$$v_y=-\frac{\partial\Psi}{\partial x} \tag{3.38b}$$

将上述结果代入方程(3.37)可得

$$\Psi\equiv A_z \tag{3.38c}$$

因此，标量函数 $\Psi(x,y)$ 是矢量势 $\boldsymbol{A}$ 在垂直于流动平面方向（此处为 z 轴）的分量，称之为**流函数**(stream function)。需要指出的是，对于任意二维不可压缩流动，无论黏性与否，我们都可定义流函数 Ψ。

在极坐标 (r,φ) 下，二维流动的速度分量和流函数 Ψ 之间的关联如下：

$$v_r=\frac{1}{r}\frac{\partial\Psi}{\partial\varphi} \tag{3.39a}$$

$$v_\varphi=-\frac{\partial\Psi}{\partial r} \tag{3.39b}$$

注：请读者注意我们对坐标系坐标名称的约定：二维情况下的 (r,φ) 表示极坐标系；三维情况下的 (r,φ,z) 表示柱坐标系(cylindrical coordinates)，球坐标系由 (r,θ,φ) 表示。这三个坐标系中，r 总是表示径向矢量，φ 通常表示二维和三维情况下的方位角（即 x-y 平面内偏离 x 轴正方向所成的角）。在球坐标系中，一般选取极轴与笛卡儿坐标系中的 z 轴重合，并使用 θ 表示相对于极轴的夹角。

以下我们来讨论流函数的性质，并理解其物理意义。

- Ψ = 常数的曲线是流场的流线。

证明：由方程(3.38a)和(3.38b)可知，数量积$(\boldsymbol{v}\cdot\nabla)\Psi$ 在二维流动情况下为零：

$$(\boldsymbol{v}\cdot\nabla)\boldsymbol{\Psi}=v_x\frac{\partial\Psi}{\partial x}+v_y\frac{\partial\Psi}{\partial y}=0 \tag{3.40}$$

由标量梯度场的性质可知，流函数 Ψ = 常数所对应的曲线矢量场$\nabla\Psi$ 正交。对于流线上一个小位移 d$\boldsymbol{M}$，流函数的变化量满足 $\mathrm{d}\Psi=\nabla\Psi\cdot\mathrm{d}\boldsymbol{M}$。因此，当 d$\boldsymbol{M}$ 垂直于$\nabla\Psi$ 时，$\mathrm{d}\Psi=0$（图 3.11）。因此，流函数为常数时对应的曲线为流线。

- 二维流动中两条流线的流函数的差值 $\Delta\Psi=\Psi_2-\Psi_1$ 表示两条流线 $\Psi=\Psi_1$ 和 $\Psi=\Psi_2$ 之间流体的流量（z 方向为单位长度）。

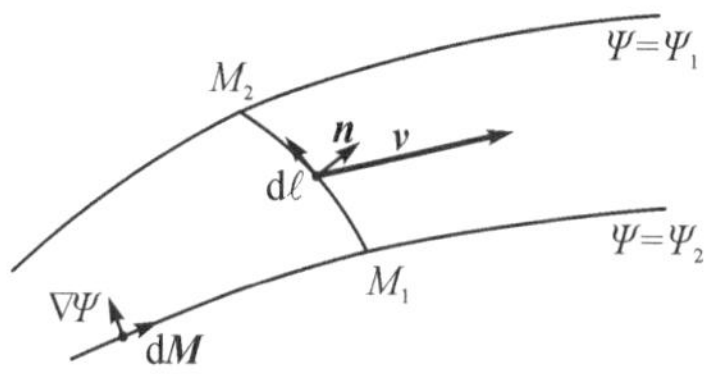

图 3.11　二维不可压缩流动的流线（曲线上各点处的速度矢量与其相切）与流函数为常数时对应的曲线重合

证明：为证明上述结果，我们来计算流量。假设 z 方向为单位长度，于是图 3.11 中两条流线之间的流量为

$$Q=\int_{M_1}^{M_2}\boldsymbol{v}\cdot(\boldsymbol{n}\,\mathrm{d}\ell)$$

考虑到 $\mathrm{d}\boldsymbol{\ell}=(\mathrm{d}x,\mathrm{d}y,0)$，且$(\boldsymbol{n}\,\mathrm{d}\ell)=(\mathrm{d}y,-\mathrm{d}x,0)$，我们可得

$$Q=\int_{M_1}^{M_2}\left[\frac{\partial\Psi}{\partial y}\mathrm{d}y+\left(-\frac{\partial\Psi}{\partial x}\right)(-\mathrm{d}x)\right]=\int_{M_1}^{M_2}\mathrm{d}\Psi=\Psi_2-\Psi_1 \tag{3.41}$$

由上式可知，对于不可压缩流动，流管中的流量处处相等。

3.4.2　二维流动的流函数

基本流动一般包括均匀流、点涡、点源以及它们的各种叠加流动。基本流动的流函数将在第 6 章讨论。此处我们考虑流函数形式如下的一组流动特性：

$$\Psi(x,y)=ax^2+by^2 \tag{3.42a}$$

其中 a 和 b 为实常数。计算可知速度场的分量方程如下：

$$v_x=\frac{\partial\Psi}{\partial y}=2by \tag{3.42b}$$

$$v_y=-\frac{\partial\Psi}{\partial x}=-2ax \tag{3.42c}$$

且流场流线由以下方程给出：

$$\Psi(x,y)=\text{常数} \tag{3.42d}$$

图 3.12 所示为比值 a/b 分别为 0、−1 和 1 时所对应的流动的速度廓线和流线。

• $\boldsymbol{a/b}=0$ 时，流场的速度分量为

$$v_x=2by \tag{3.43a}$$

和

$$v_y=0 \tag{3.43b}$$

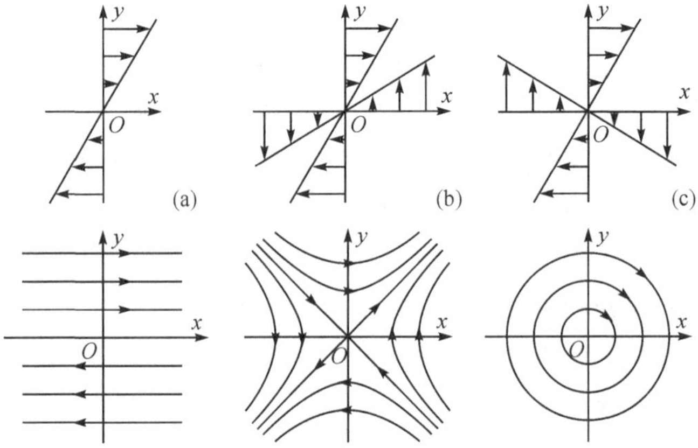

图 3.12 比值 a/b 取三个不同的值时，流函数 $\Psi(x,y)=ax^2+by^2$ 代表的二维流动的流线和速度廓线。(a)简单剪切流动：$a/b=0$；(b)纯剪切流动：$a/b=-1$；(c)纯旋转流动：$a/b=1$

该速度场对应于第 2.1.2 节和第 3.2.4 节讨论过的**简单剪切流动**。这种流动存在于相对运动的两个平行平板间的黏性流体中。设两板距离为 d，相对速度为 U，流场的速度梯度或剪切率 $\dot{\gamma}=(U/d)$(此处，取值为 $2b$)决定了流场的特性，量纲为时间的倒数。流场的流线为 $y=$ 常数并且平行于平板，如图 3.12(a)所示。

• $\boldsymbol{a/b}=-1$ 时，流场的流函数满足如下方程：

$$\Psi=a(x^2-y^2)=\text{常数} \tag{3.44a}$$

流线为等轴双曲线，其渐近线是每个象限的平分线 $y=\pm x$(图 3.12(b))；相应的速度分量为

$$v_x=-2ay \tag{3.44b}$$

和

$$v_y=-2ax \tag{3.44c}$$

计算速度场的旋度可知

$$\nabla\times\boldsymbol{v}=\left(\frac{\partial v_y}{\partial x}-\frac{\partial v_x}{\partial y}\right)\boldsymbol{e}_z=0 \tag{3.44d}$$

其中 $\boldsymbol{e}_z$ 为 z 轴方向的单位矢量。因此，该速度场无旋，对应于一个只有纯变形而无旋转的流动，这一点已在第 3.2 节讨论过。

注： 这种速度场由流场的**拉伸分量**(elongation)表征，该分量的存在导致流体质点在其流动方向上受到拉伸，比如通过狭缝的流动(图 3.13(a))以及四个反向旋转的圆柱之间的流动(图 3.13(b))。在图 3.13(b)所示流场的中心点 O 是一个滞止点：这种结构对于研究非刚性物体的变形很有意义，非刚性物体不会被流动带走。

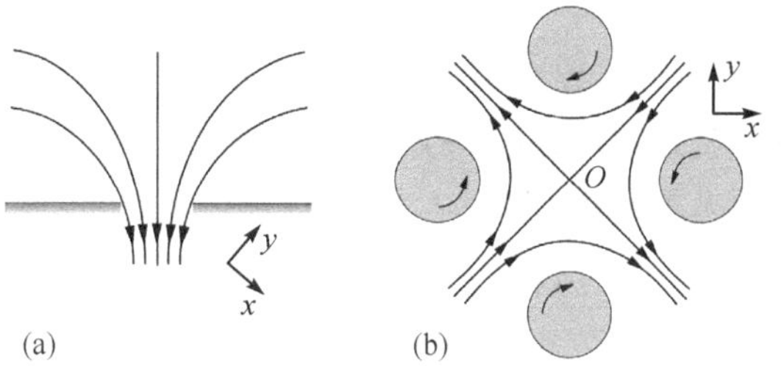

图 3.13　拉伸型流动的流线。(a)通过狭缝开口的流动；(b)四个反向旋转的圆柱之间的流动

- $\boldsymbol{a}/\boldsymbol{b}=1$ 时，流场的速度分量如下：

$$v_x=2ay \tag{3.45a}$$

和

$$v_y=2ax \tag{3.45b}$$

计算流场的旋度可得

$$\nabla\times\boldsymbol{v}=-4a\boldsymbol{e}_z \tag{3.45c}$$

因此该流场对应于一个绕 z 轴(垂直于流动平面)的纯旋转流动，旋转角速度的大小为 $\boldsymbol{\Omega}=|(\nabla\times\boldsymbol{v})/2|=2a$(这种情况已在第 3.2.3 节讨论过)。计算可得流线为一族同心圆(图 3.12(c))，方程如下：

$$\Psi=a(x^2+y^2)=\text{常数} \tag{3.45d}$$

一般情况下，若流函数 $\Psi(x,y)=ax^2+by^2$ 中系数 a 和 b 的绝对值不等，流函数 Ψ 可改写为以下形式：

$$\Psi(x,y)=\frac{b+a}{2}(x^2+y^2)+\frac{b-a}{2}(y^2-x^2)=\Psi_{\text{rot}}+\Psi_{\text{shear}} \tag{3.46}$$

其中

- 流函数 Ψ_{rot} 对应于**纯旋转**流动(x^2 和 y^2 的系数相等)，旋转角速度 Ω 的大小为 $b+a$。
- 流函数 Ψ_{shear} 对应于**纯剪切**流动(x^2 和 y^2 的系数互为相反数)。

由前文讨论可知，流函数 Ψ 和速度场线性相关。因此，速度场也可由纯旋转流动和纯剪切流动的速度场叠加得到，即

$$v_x=(b+a)y+(b-a)y \tag{3.47a}$$

和

$$v_y=-(b+a)x+(b-a)x \tag{3.47b}$$

显然，$b=a$ 和 $b=-a$ 对应于上述讨论的极限情况：纯剪切和纯旋转。

3.4.3　空间轴对称流动的流函数

空间轴对称流动的速度场关于流场的坐标轴之一具有旋转不变性。类似于二维流动的情形，我们也可以为这类流动引入一个标量函数 Ψ 使其自动满足质量守恒方程，Ψ 称之为

斯托克斯流函数(Stokes stream function)。

- 对于具有**圆柱对称**(cylindrical symmetry)性的不可压缩流动，质量守恒方程$\nabla\cdot\boldsymbol{v}=0$在柱坐标$(r,\varphi,z)$下的形式为(参见第4章附录4A.2)：

$$\frac{1}{r}\frac{\partial(rv_r)}{\partial r}+\frac{1}{r}\frac{\partial v_\varphi}{\partial\varphi}+\frac{\partial v_z}{\partial z}=0 \tag{3.48}$$

由于流动具有圆柱对称性，故而速度场和φ无关，上述方程可简化为

$$\frac{\partial(rv_r)}{\partial r}+r\frac{\partial v_z}{\partial z}=0 \tag{3.49}$$

如果我们引入标量函数Ψ，使其满足如下方程(3.50)，那么方程(3.49)将自动成立：

$$v_r=\frac{1}{r}\frac{\partial\Psi}{\partial z} \tag{3.50a}$$

$$v_z=-\frac{1}{r}\frac{\partial\Psi}{\partial r} \tag{3.50b}$$

- 对于**球对称**(spherical symmetry)型流动问题，我们可采用球坐标(r,θ,φ)描述(参见第4章附录4A.3)，对应的质量守恒方程如下：

$$\frac{1}{r^2}\frac{\partial(r^2v_r)}{\partial r}+\frac{1}{r\sin\theta}\frac{\partial(\sin\theta\, v_\theta)}{\partial\theta}+\frac{1}{r\sin\theta}\frac{\partial v_\varphi}{\partial\varphi}=0 \tag{3.51a}$$

由于流动关于极轴z对称，因此速度场和φ无关，于是连续方程可简化如下：

$$\frac{\partial(r^2v_r)}{\partial r}+\frac{1}{r\sin\theta}\frac{\partial(\sin\theta v_\theta)}{\partial\theta}=0 \tag{3.51b}$$

类似地，若流函数Ψ与速度分量关联如下(方程(3.52))，那么连续方程(3.51b)也是自动满足的：

$$v_r=\frac{1}{r^2\sin\theta}\frac{\partial\Psi}{\partial\theta} \tag{3.52a}$$

和

$$v_\theta=-\frac{1}{r\sin\theta}\frac{\partial\Psi}{\partial r} \tag{3.52b}$$

将上述方程和矢量势$\boldsymbol{A}$旋度的分量(方程(3.37))对比可知流函数$\Psi=r\sin\theta A_\varphi$。

在第6.2.3、6.2.4和9.4.1节中，我们将利用该流函数讨论相关问题。常见流动的流函数及其速度分量可参见第6章附录6A。

注：轴对称流动的流函数Ψ的量纲对应于一个速度和一个面积的乘积(m^3/s)，这不同于二维情况下的一个速度和一个长度的乘积(m^2/s)。然而我们应该始终注意，二维流动通常隐含着垂直于流动平面方向取单位长度的假定。

3.5 流场速度及其梯度的可视化和测量

本节我们首先介绍常见的流动可视化方法(第3.5.1节)，

随后将其扩展到对溶质或示踪粒子浓度的测量(第 3.5.2 节)。然后我们将讨论几种测量流场局部速度的方法(第 3.5.3 节),最后在第 3.5.4 节介绍速度场、速度梯度场以及涡量场的测量。

3.5.1　流动可视化

最常用的流动可视化方法是使用可跟踪流体运动的示踪剂,也有方法利用流体的温度或密度的变化引起折射率变化的原理实现流动可视化。

使用染色剂、气泡(对于液体)、烟雾(对于气体)和示踪粒子

对于液体的流动,我们通常可在流场上游不同位置处注入染色剂来实现流动可视化。一些情况下,我们也可以在物体壁面附近注入染色剂以观察邻近区域的流动。在图 3.14 所示的流动中,染色剂所示为流场的脉线,它们在层流情况下可延伸很长距离。由第 3.1.4 节讨论可知在定常流动下,脉线和流线重合,故而图 3.14 所示的染色线即为流线。

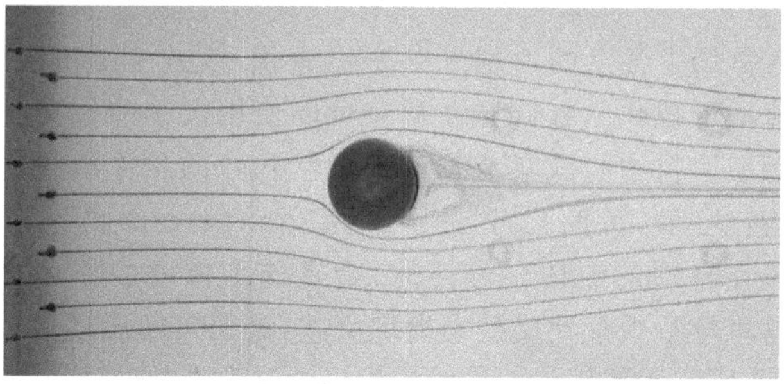

图 3.14(彩)　圆柱绕流流场的染色线(圆柱轴线垂直于图面)。流动从左到右,染色剂于圆柱上游的 11 个离散点处注入(图左侧)。我们可以在圆柱下游观察到回流区域(图片由巴黎第十一大学的 L. Auffray 和 P. Jenffer 提供)

利用直径很小的通电导线(10～100 μm)电解离子水溶液产生微小氢气泡是另一种常用的流动可视化方法。导线表面上的绝缘和导电部分交替排列,以决定气泡产生的位置(图 3.15);气泡大小与导线直径的数量级相同。流体流动时会将气泡向下游携带,故而可利用气泡来显示流场的脉线(定常流动情况下即为流线)。此外,我们也可通过调节生成气泡的速率在流场中形成长度可控的"染色段"(图 3.15),利用该方法可直接观察流体微元的变形特性(有关变形的讨论可参见第 3.2 节图 3.4 至图 3.7)。

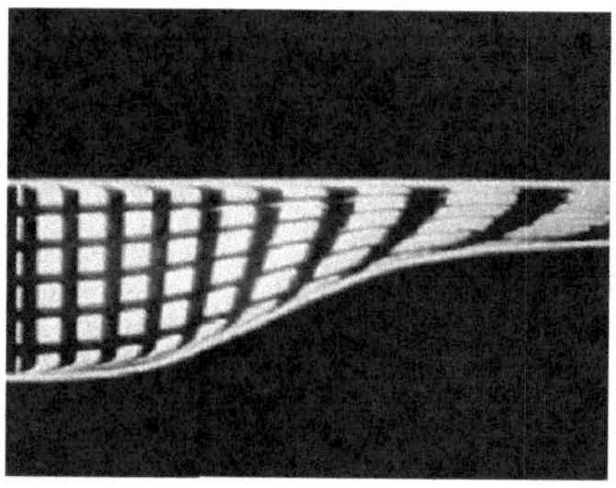

图 3.15　利用微氢气泡对收缩通道内的流动进行可视化。氢气泡可通过垂直置于流动中的通电导线(图左侧)电解水来产生(图片来源于 NCFMF 的流动可视化视频)。图中正方形单元的畸变代表了第 3.2 节中讨论的流动变形

我们也可通过使用跟随流体运动的悬浮小颗粒实现流动可视化。颗粒密度必须接近流体密度,以便最大限度地减少沉降效应。此外,为了避免位于不同深度的颗粒在图像上叠加,我们可利用垂直于观察方向非常薄的片光源照亮流场(图 3.16),该方法称之为**光学层析成像**(optical tomography)。为

了实现非常薄的片光源，实际实验中我们常使用激光束作为光源。首先通过一个焦距极短的柱面透镜将激光束在预照亮的平面方向上加宽，然后通过第二个长焦距透镜来减小片光的厚度以照亮流场，因此这种方法称为**激光平面**(laser plane)或**激光片**(laser sheet)可视化，原理如图 3.20 所示。

类似地，气体的流动也可通过气流中不同成分之间的化学反应来标记以实现可视化(比如通过氨气与气态氯化氢反应 $NH_3 + HCl \longrightarrow NH_4Cl$ 生成"烟"，即非常细微的氯化铵颗粒)。我们也可以使用香烟的烟雾或非常小的油滴进行流场示踪，然后利用片光源照亮流场进行光学层析成像，图 10.28 所示的火焰前沿处流场即使用了这种可视化方法。图中火焰前沿分隔开了新鲜气体(上游侧)和燃烧气体(下游侧)。光经过混合物中的耐火粉末向上游散射，产生了一个蓝色发光区域；在温度较低的下游处，我们可观察到一个橙色区域。圆锥形白色区域为火焰温度最高的区域(具体分析可参见 10.9.3 节)。

图 3.16 流体中球体(直径 12 mm)的小振幅(1.4 mm)垂直振荡诱导的流动。我们可通过对悬浮在流体中的玻璃微球进行拍照实现流动可视化，拍摄平面使用片光源照明。曝光时间(30 s)相对于球体的振荡周期(15 ms)应该足够长，以保证拍摄所得曲线为流场的流线

使用各向异性反射颗粒实现流动可视化

若流场中各点的速度方向变化显著，该方法则可有效地实现流动可视化。各向异性颗粒可以使用微小的铝薄片(可见于铝粉涂料中)，或具有长薄片形状颗粒的悬浮液(此类液体称为流变液，可商购，产品名称为"Kalliroscope™")。当这些粒子在流动的流体中悬浮时，会在速度梯度的作用下"对齐"，这将导致观察到反射光出现反差，进而实现流动可视化。图 3.17 所示为使用该方法对液体层中涡胞热对流流场的可视化结果。

图 3.17 从下方加热具有自由面的液体层所诱导的流动。我们可通过悬浮在液体中的铝薄片来实现流动可视化：液体从六边形单元的中心上升，沿边缘向下流动。该流动对应于表面张力随温度的变化而导致的贝纳尔-马兰戈尼失稳流动，将在第 11.3.1 节详细讨论(图片由 J. Salan 提供)

通过纹影法观察折射率的变化

由局部折射率的变化引起的光线折射特性变化已经被用于很多光学方法中。比如在热对流现象中，这种变化产生于温差所引起的流体密度梯度(以及由此导致的折射率变化)。气体高速流动的可压缩效应和流体化学成分的改变也会引起局部折射率的变化。

纹影法(Schlieren method)是基于折射率变化的一个典型例子。该方法的原理见图 3.18，其中包括一个用于记录流动区域图像的光学元件，该元件将遮挡原本向流动区域传播的未偏射光，故而图像上仅存在由于折射率变化而被折射的光线，因此我们得以实现折射率变化的可视化。此类装置中通常使用镜子代替透镜，因为镜子的直径可以很容易地调整到

所需要的尺寸，在一些情况下需要与研究区域的大小相当。同时，镜子也允许有效色差一定程度上的降低。图 3.19 显示使用纹影法观察由温度变化引起的空气折射率的变化。

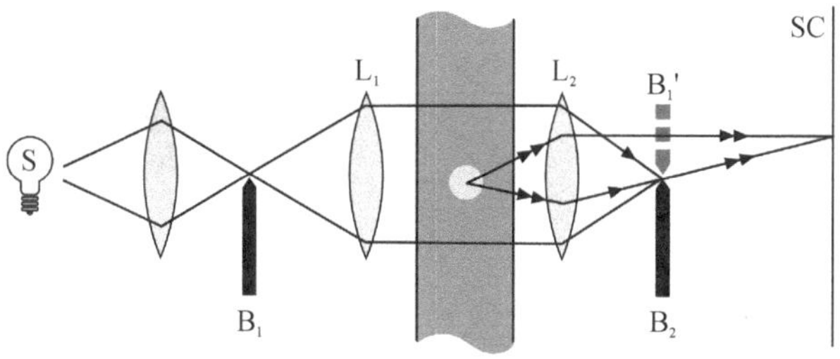

图 3.18　用于显示流体折射率变化的纹影法的原理图。来自光源 S 的光束被聚焦成准点光源，并通过透镜 L_1 转换为平行光束。然后，光束穿过介质并通过第二个透镜 L_2 重新聚焦到一个锐利边缘上，同时直射光束被阻挡。这种情况下，屏幕 SC（或记录相机）上只能接收到由于介质中折射率变化形成的光

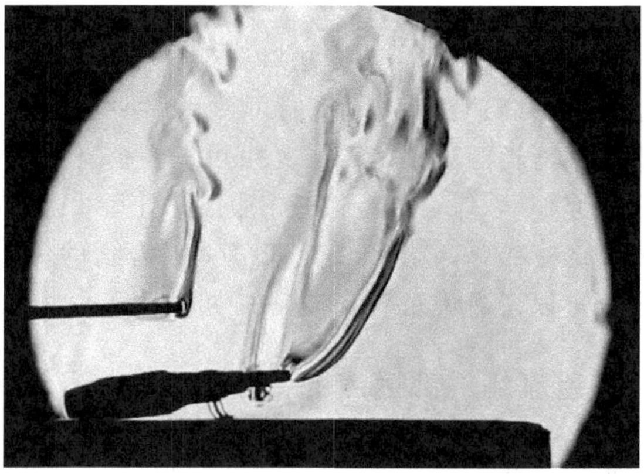

图 3.19（彩）　通过纹影法显示由丁烷火炬（下部羽流）和加热玻璃棒（上部羽流）附近的空气温度变化引起的折射率的变化（图片由 I. Smith 提供）

3.5.2　浓度测量

工业及环境工程应用中经常涉及到流体混合物。各组分起初被分别注入，然后在流动过程中被搅拌混合，其中一些还会伴随化学反应。在这类问题中，我们通常需要确定混合物中每种组分的相对浓度，一般会在流场局部区域布置探头进行测量（例如在液体中，可通过电阻探头测量某种离子的浓度）。

激光诱导荧光法（laser-induced fluorescence）是一种特别有效的浓度测量手段（图 3.20）。该方法的基本原理是首先在流动混合物的一种组分中溶解一定浓度的荧光染色剂，然后使用波长对应于染色剂最大吸收波长 λ_0 的激光光源照亮流场。经染色剂再次发射的光沿着各个方向散布，对应的波长 $\lambda_f>\lambda_0$，且强度与染色剂的浓度 C 成比例，只要发射光的强度不是太高，就可使用该方法测量浓度。实际应用中，我们通常使用 3.5.1 节介绍的**薄片激光**（thin sheet of laser light）照亮流场，如此就可以分析流场局部各组分混合特性（图 3.20）。此外，由于激光的波长是明确定义的，因此我们可以通过干涉

滤光器消除原始波长 λ_0 反射或透射的杂散光，仅显示荧光染色剂再次发射的光。

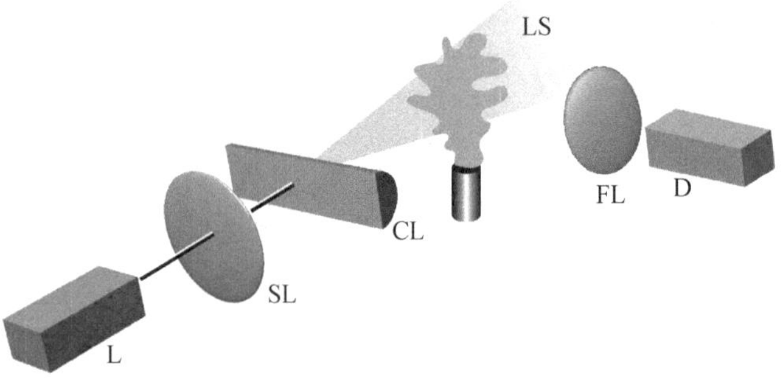

图 3.20 激光诱导荧光技术的原理。为了在感兴趣的流场区域(此处垂直于射流)得到尽可能薄的片光，来自激光器 L 的光束在被球面透镜 SL 聚焦之后通过柱面透镜 CL 扩展为片光 LS。通过调节聚焦透镜 FL，我们可利用相机 D 记录荧光染色剂在片光 LS 平面内的运动

图 3.21 显示激光诱导荧光法对湍流射流中的混合问题的可视化结果。在高速流动下，我们可使用周期非常短的激光脉冲实现非常清晰的观察。若激光束可以在垂直于流动平面的方向上快速移动，那么结合高速相机，我们就可以利用该方法观察流场的三维浓度分布。对于气体混合物的流动，若其中一种组分可以充当荧光剂，该方法亦可适用。

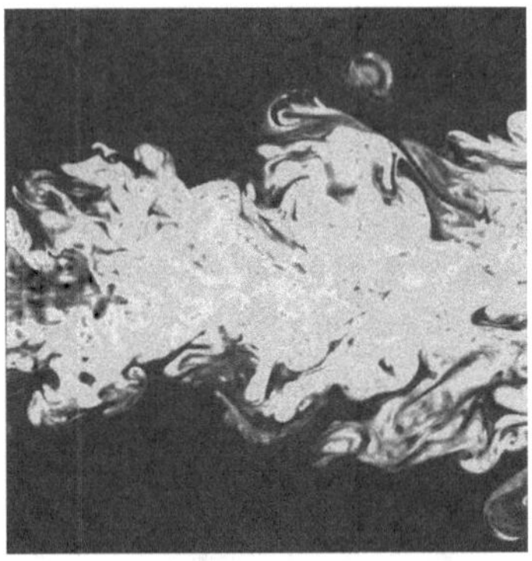

图 3.21(彩) 从左侧注入处于静止状态的相同液体的湍流射流。实验之前，先将荧光染色剂添加于射流液体中，图中片光照亮平面与射流轴线重合。图中的颜色对应于图像所在平面上染色剂的浓度分布(图片由 C. Fukushima 和 J. Westerweel 提供)

3.5.3 测量流场局部速度的常用方法

激光多普勒测速仪

当流体携带的颗粒经过空间上被周期性照亮的区域时，颗粒散射光强产生变化，这就是激光多普勒测速仪的原理。在实际实验中，我们令从同一束激光分开的两条光束以角度 φ 相交于一个小的测量区域，如图 3.22 所示。两条光束会在测量区域内发生干涉，形成明暗相间的干涉条纹(条纹所在平面垂直于两条光束所在平面)。当投放在流体中的散射颗粒穿过干涉条纹时，它们会交替性地变亮和变暗。若将干涉条纹的图像聚焦在光电倍增管上，我们即可检测到每个粒子的散射光强随时间的振荡，如图 3.22 左上角插图所示。振荡频率 f 可通过计数器或频谱分析仪测量，该频率与粒子沿垂直于条纹方向的速度分量 U_0 相关：

$$f=\frac{2U_0}{\lambda_0}n\sin\frac{\varphi}{2} \tag{3.53}$$

其中 φ 是两个光束的夹角，n 是流体的折射率，λ_0 是自由空间中的波长。若颗粒对流体有很好的跟随性，即颗粒速度和流体速度一致，那么我们可认为干涉条纹区域内的颗粒速度均值即为此处流体的速度。激光多普勒测速仪的测速范围小到几个 μm/s，大到 100 m/s。

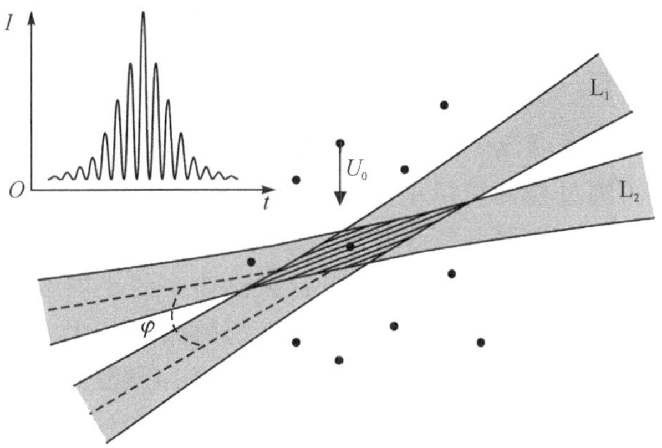

图 3.22　激光多普勒测速的原理示意图。两束相干激光束在流场中某处重叠并发生干涉，形成干涉条纹。当携带微小颗粒的流体流经干涉区域时，光束强度会因颗粒的经过而发生变化，如图中左上角插图中的曲线所示

证明：由第 1.5.3 节方程(1.90)可知干涉条纹的波长(图 3.22 中的几何结构)满足：

$$\Lambda = \lambda_0 / [2n\sin(\varphi/2)] \tag{3.54}$$

如果颗粒在 y 方向(垂直于条纹平面)的速度分量为 U_0，那么由方程(3.23)可得颗粒被照亮的频率，即粒子散射光的强度变化的频率为 $f = U_0/\Lambda$。若 $U_0 = 20\ \text{mm/s}$，$\varphi = 30°$，$n = 1.33$，$\lambda_0 = 0.5\ \mu\text{m}$，我们可得 $f \approx 22.5\ \text{kHz}$。$f$ 的取值与移动粒子散射的光的频移相同，这也是该系统被称为**激光多普勒测速仪**(LDA)的原因。

激光多普勒测速仪的优点　该方法的主要优点是不需要在流场中放入侵入式探头。在液体中，天然存在的灰尘颗粒通常足以提供易于检测的信号。然而在气流中，我们通常需要添加非常微小的示踪颗粒。

- 测量值是速度的绝对值，与流场温度波动及其流体成分的变化无关(无需校准)。
- 若采用三色激光，可同时测量流场三个方向的速度分量。
- 我们也可利用一个可变光学延迟装置使干涉条纹连续移动来检测流动方向(由于频移与粒子相对于条纹的速度有关，故而两个速度相反的粒子频移特性也不同)。
- 测量也可在火焰和有化学反应的环境中进行。

缺点和局限性　我们只能测量散射颗粒的速度而不是流体本身的速度(直径不超过 0.25 μm 的颗粒跟随速度的变化频率大约为 10 kHz；粒径在 4 μm 左右的粒子则仅有 1 kHz～2 kHz)；此外，我们必须使用与流体相容的小颗粒进行示踪。

- 由于颗粒聚集和杂散光反射，测量难以在壁面附近进行。

- 该方法不适用于不透明的流体中的测量。

超声测速仪

对于不透明流体,我们可使用超声测速仪进行速度测量。该方法可通过检测流场中声速的变化来测量流体的速度,声速的变化取决于超声是沿着流动方向传播还是沿着与流动方向相反的方向传播。此外,当声音被流体中的小颗粒或气泡反向散射时,也可通过多普勒效应引起的频率变化来测量流体的速度。实际测量中我们经常使用短脉冲声波而非一个连续的声波:通过选择声音的发射和接收窗口之间的时间间隔,我们可以选定一个进行局部速度测量的空间范围。利用具有若干时间窗的电子测量,可获得速度的瞬时分布。超声测速技术常用于医学中测量心脏(速度测量与回波心动描记术的组合)或血管中的血流速度。近年来,该技术也已扩展到工业应用中。

热线风速仪

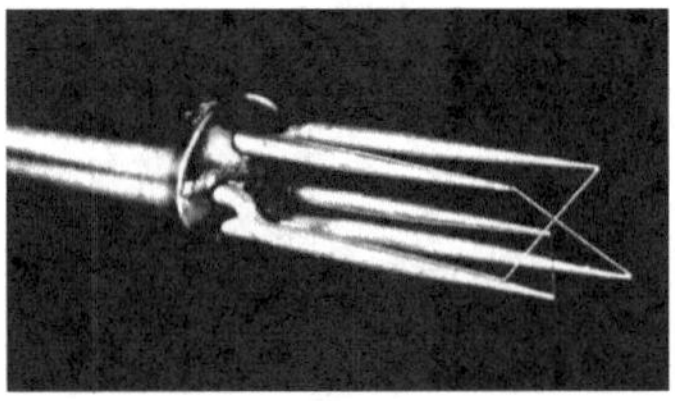

图 3.23 三线热线风速仪的传感器端(图片来源于 TSI 公司)

热线风速仪(hot wire anemometry)利用气流对电加热导线的冷却实现速度的测量(图 3.23)。它是一种侵入式的测量技术(探头会干扰流动),测量所得电信号与气流速度的关系是非线性的,且必须进行校准(见第 10.8.1 节)。此外,测量所用热线的直径可以非常小(比如几微米),相应的响应时间也非常短(微秒时间尺度),这一点是相对于其他方法的显著优点。因此,该方法常用于湍流速度波动的精细测量。

测量原理

测量原理主要基于薄膜或电线的电阻随温度变化的特性。通过反馈回路在导线上施加可以调节的加热电流,以保持导线的温度恒定,因此我们可通过测量电流来确定流动速度。相对于恒定电流加热电阻的测量方案,恒温加热技术具有抑制与电线加热或冷却相关的时间常数的优点,并可达到几百 kHz 的高响应频率。热线仅可检测垂直于其长度方向的速度分量,因此我们可通过使用彼此垂直的三条线,综合分析它们的输出来确定速度的三个分量。在液体环境下,考虑到鲁棒性等因素,我们一般在探针尖端表面镀膜,并用一个薄的绝缘层加以保护。

微型皮托管

皮托管(Pitot tube)利用流动过程中的压力变化来实现对流速的测量,我们将在第 5.3.3 节将这种测速方法作为伯努利方程的一个应用,详细介绍其测量原理。

3.5.4　速度场和速度梯度场的测量

粒子图像测速仪(PIV)

测量原理　图像处理工具的进步为通过流场的粒子图像获得速度场提供了可能性。粒子图像测速仪(particle image velocimetry,PIV)可实现在单一步骤内测量所观察区域内的速度场,而非第 3.5.3 小节中的单点速度测量。

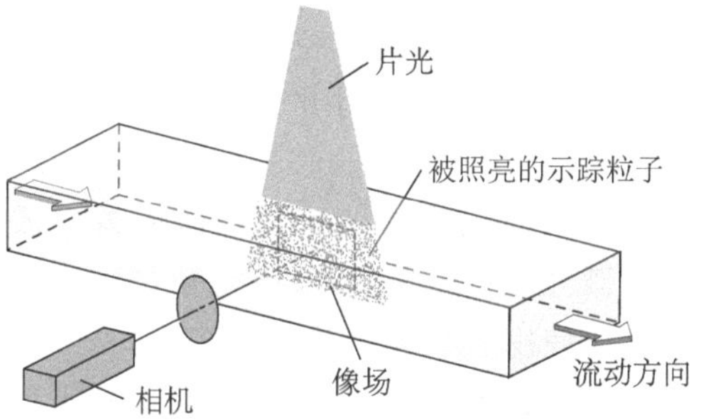

图 3.24　PIV 技术测速原理

在实际测量中,我们首先在流体中添加荧光示踪粒子(有时仅需要反射粒子),使用激光片光源照亮准备测量的流场区域(图 3.24),这两点与光学层析成像法相同。然后利用高分辨率的相机记录时间间隔为 δt 的连续两帧粒子图像。最后我们对两帧图像进行相关分析(下文将介绍)以求得图像上粒子的位移 $\delta \boldsymbol{r}$,并求取速度 $\boldsymbol{v}=\delta \boldsymbol{r}/\delta t$。这即是利用 PIV 测量速度场的基本步骤。如图 3.25 所示为 PIV 测量得到的一个运动的小鱿鱼附近的速度场,图 3.26 所示为一个微通道壁面滞止点附近的流动。

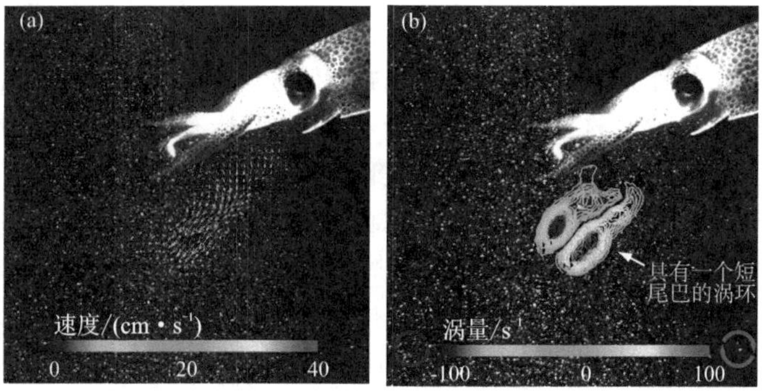

图 3.25(彩)　通过 PIV 测量鱿鱼(Lolliguncula Brevis)前进过程中发出的一系列脉冲射流产生的速度场(a)以及涡环的涡量场(b)(图片由 I. K. Bartol、P. S. Krueger、W. J. Stewart 和 J. T. Thompson 提供)

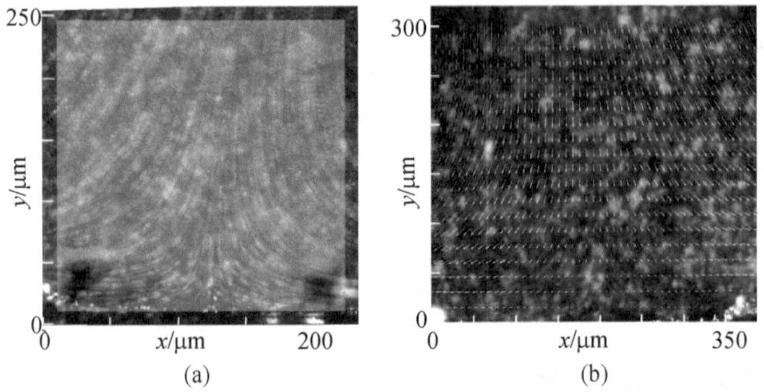

图 3.26(彩) 流向平板(图中底部)的流动,在平板底部中点处存在速度为零的滞止点。(a)基本图像:通过对流体携带的颗粒进行长时间曝光拍摄得到流线;图中颜色对应于涡量场(根据图(b)所示的速度场计算得到)。(b)通过 Micro-PIV 测量得到的速度场(与图(a)中使用的示踪颗粒相同)(图片由 LPMCN-Lyon 的 C. Pirat、G. Bolognesi 和 C. Cottin-Bizonne 提供)

测量的具体实施方法

在液体的情况下,我们一般使用尺寸在几微米量级的示踪颗粒,其密度应该尽可能接近于液体的密度,以避免发生沉降(例如,直径约 10 μm、密度为 1.1 g/cm^3 的中空心玻璃珠)。然而在气体流动的情况下,我们经常会遇到密度不匹配的问题,为了减缓沉淀,必须使用更小的颗粒,例如尺寸约为 1 μm 的油滴或球形的二氧化硅颗粒。

在实际测量中,我们通常使用脉冲激光器生成时间间隔为 δt 的短脉冲激光(几个纳秒)来照亮拍摄平面。这种情况下,我们可得到比使用连续波激光器更亮的图像;由于脉冲持续时间短,所以图像也更加清晰。此外,被照亮平面的厚度也必须足够大,以保证在两个脉冲之间的时间间隔内颗粒依然保留在被照亮区域内。

实验所得的数字图像可作为矩阵 $I(x_i, y_j)$ 处理,其中 x_i 和 y_j 为像素的坐标,I 为相对应的光强度;处理之前首先将图像分为不同的查问域。对于第一帧图像 I_1 上的每个查问域,我们都可在其和第二帧图像 I_2 的每个查问域之间计算一个相关函数 $C(\delta \boldsymbol{r}) = \Sigma_{i,j} I_1(x_i, y_j) I_2(x_i + \delta x, y_j + \delta y)$,其中 δx 和 δy 为相隔距离 $\delta \boldsymbol{r}$ 的分量。相关函数的最大值对应的距离 $\delta \boldsymbol{r}$ 即为当前查问域中流体在时间间隔内 δt 的位移。使用比相邻像素之间距离更高的分辨率,我们可以确定 $\delta \boldsymbol{r}$,条件是示踪颗粒的尺寸仅略大于该间隔。然后,我们对所有查问域重复相同的计算,以便确定完整的速度场。示踪颗粒浓度和测量窗口尺寸的选择必须保证每个窗口中具有足够数量的颗粒,同时也需要避免重叠。在实际实验中,我们通常使用 16×16～64×64 像素的窗口尺寸,具体取决于测点的数量或精度的要求。因此,测量的空间分辨率都在窗口大小的量级。截至 2014 年,PIV 实验的图像具有的像素数在 $10^6 \sim 4\times10^6$ 之间,对应速度场通常包含 $10^3 \sim 10^4$ 个测点。

Micro-PIV 目前，PIV 技术已被应用于尺度非常小的流动测量中，比如微流元件中的微通道等。在这类测量中，我们通常选择荧光颗粒作为示踪粒子。在实际测量中，由微小器件本身引起的(相对于激光波长)杂散光的反射是一个主要问题。为避免这个问题，我们可使用干涉滤光器消除杂散光(见第 3.5.2 节讨论)，只保留荧光粒子的发射光。在图 3.26 中，我们对比了使用这种方法得到的流场(图 3.26(b))和通过相机长时间曝光所得到的流线(图 3.26(a))。

注：在 Micro-PIV 测量中，通常很难获得非常薄的发光平面；因此，在实际测量中通常利用景深非常小的显微镜，通过焦距确定测量平面。

PIV 技术的局限性和近期发展 PIV 技术的一个重要的局限性是仅能测量激光片光照亮平面内的流体速度分量。这个缺点可通过使用两个相对于片光平面倾斜放置的相机来解决，这种方法已在前文提到，称之为**立体 PIV**(stereo-PIV)。

立体 PIV 的原理

我们需用两个相机记录流场中相同的测量区域，两个相机的视线相对于被照亮平面的法线对称，并与法线成 $\pm a$ 角(我们选择相机两条视线形成的平面为 x-y 平面，其中 x 轴垂直于被照亮的 y-z 平面)。两个相机都可测量扩散粒子垂直于视线方向的速度分量，所以它们测得的速度分量 v_z 是相同的。至于 x-y 平面中的速度分量，一个相机测量的速度为 $v_y \cos a + v_x \sin a$，另一个相机为 $v_y \cos a - v_x \sin a$，因此我们可联立不同测量结果来获得每个速度分量。然而，这种方法依然不能给出垂直于测量平面的速度分量。

为测量三维速度场，每次测量前可将片光源在其垂直于自身方向移动一定距离(流场中每次被照亮的平面都互相平行)，实现 **PIV 层析成像**(PIV tomography)。在这种情况下，流场需要体照明，粒子的三维坐标可通过同时分析多个相机(通常为 4 个)的粒子图像来重构。

早期限制该方法的是速度场的保持率(每秒仅有几帧)，而非空间分辨率。这个问题主要来源于相机的采样频率和激光脉冲的频率。高频脉冲激光器和高速相机存储芯片的发展解决了这个问题，截至 2014 年，速度场的重复率可达几千 Hz。

速度梯度的确定

如何确定流场的速度梯度及其旋转分量(参见 3.2.3 节)是一个重要的问题，对湍流分析尤为如此。

利用 PIV 技术测量流场时，垂直于测量平面的涡量可以很容易地通过速度分布计算得到。在图 3.25(b)中，我们可以明显地观察到两个高涡量区域(参见第 7.4.3 节讨论可知这两个高涡量区对应于涡环)。涡量在其他两个方向的确定则需采用上文所述的三维速度测量方法。

我们将在第 10.8.2 节讨论**极谱法**(polarography),通过该方法可以测量壁面附近的速度梯度。

此外,在流场中添加球形示踪颗粒可实现对涡流的直接测量。所添加球形颗粒表面只有部分可以反光,而非全部。在流场中旋转分量的作用下,这些球形颗粒也会以一定的角速度 $\boldsymbol{\Omega}$ 旋转起来,由第 3.2.3 节讨论可知角速度为涡量的一半:$\boldsymbol{\Omega}=(1/2)\nabla\times\boldsymbol{v}$。在实际应用中需要注意:球形颗粒必须足够轻以保证对流体的跟随性。这些颗粒被光束照射发生反射,通过检测闪光的频率可得粒子的旋转角速度,从而进一步得到流体的涡量。

最后简要提一下在第 1.5.3 节讨论过的**强制瑞利散射法**(forced Rayleigh scattering)。结合该方法,我们可利用流场中干涉光栅的衍射图案的旋转来确定涡量。

黏性流体动力学:流变特性和平行流动

4

第 3 章已经引入了运动流体"应变率"的概念,我们在本章将具体讨论应力(外力、压力等)如何引起运动流体发生变形。在固体力学中,当应力不大时,应力与应变(或相对形变)可通过一个比例系数关联,即胡克定律(Hooke's law)。该定律("as the strain,so is the force")由罗伯特·胡克(Robert Hooke)于三个世纪前在《应变生应力》一书中首先提出。相应地,牛顿是第一位发现黏性流体中应力与应变率存在线性关系的科学家,这种关系在小雷诺数下具有很好的适用性,同样也适用于所谓的"牛顿流体"。

本章内容安排如下:首先,我们在第 4.1 节中给出作用于一个流体微元上的表面力(压力、黏性力)的表达式。随后在第 4.2 节中讨论黏性效应不能忽略时的(实际流体)流体运动方程,即纳维-斯托克斯方程。然后,在第 4.3 节中讨论流动在壁面处的边界条件。在第 4.4 节中,我们将分析非牛顿流体的特性,这种流体中应力和应变不再是线性关系,且应变不再即时响应应力的变化。最后,在第 4.5 和 4.6 节,我们将分别讨论牛顿流体和非牛顿流体平行流动的几个例子;在这类流动中,对流加速度项 $(\boldsymbol{v}\cdot\nabla)\boldsymbol{v}$ 为零。

4.1 表面力

4.1.1 表面力的一般表达式:流体中的应力

我们考虑流体中一个面元 dS,并分析该面元一侧的流体对其另一侧流体的作用力。我们定义:**单位面积上的受力为应力**。若流体处于静止状态,应力的方向沿着面元的法线方向,但大小并不依赖于面元的方向取向。这种情况下,应力是各向同性的,只需一个数值即可表征一个点上该物理量的大小,即为**流体静压力**(hydrostatic pressure)。

若流体处于运动状态,除了法线方向之外,面元 dS 的**切线**(tangential)方向也存在应力,该应力源于相邻流体层之间的相对运动引起的摩擦力，本质上是由流体的黏性导致的。我们在第 2 章已经了解到，黏性是表征流场中动量从高速区向低速区传递的输运系数。为了确定此类应力，我们需要知道：

- 面元 dS 在空间中的方向取向，由面元的单位法向矢量 $\boldsymbol{n}$ 表征(其中 dS 为矢量 d$\boldsymbol{S}$ 的大小，$\boldsymbol{n}$ 为方向)；
- 与 x、y 和 z 轴垂直的单位面积上(即，面的法向方向与坐标轴平行)的受力沿 x、y 和 z 轴上的分量。

由此，我们可以得到一个 3×3 的矩阵，也可看作是共 9 个分量的**应力张量**(stress tensor)[$\boldsymbol{\sigma}$]，分量形式为 σ_{ij} ($i=1,2,3$；$j=1,2,3$)，σ_{ij} 表示法向方向为 j 的面元上沿着 i 方向的应力。相应地，我们可知

- σ_{yx} 表示作用在以 x 轴为法线方向的单位面元上，指向 y 轴正方向的应力分量(图 4.1)。该力称之为**切应力**(shear stress)或**剪应力**(tangential stress)。
- σ_{xx} 表示作用在以 x 轴为法线方向的单位面元上，指向 x 轴正方向的应力分量。该力垂直作用于面元，称之为**正应力**(normal stress)。

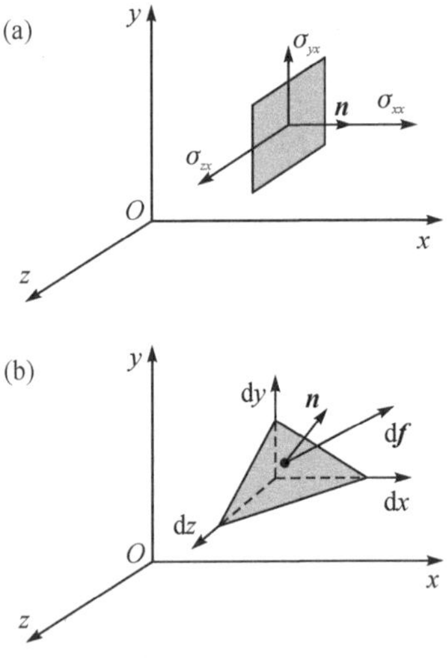

图 4.1 作用于面元 dS 的应力分量 σ_{xx}、σ_{yx} 和 σ_{zx}。(a) 法线方向平行于 x 轴的面元上的应力分布；(b) 法线方向为 $\boldsymbol{n}$ 的面元上的应力分布。由于存在剪切力，因此作用于该面上的合力 d$\boldsymbol{f}$ 通常情况下并不沿着面元的法线方向 $\boldsymbol{n}$

对于法线向量为 $\boldsymbol{n}$ 的任意面元 dS，可通过以下的方法来确定作用于面元上的正应力 $\boldsymbol{\sigma}_n$。我们来考虑面元与其在三个坐标平面的投影围绕成的四面体(图 4.1(b))，三条互相垂直的边的长度分别记为 dx、dy、dz；面元的外法线方向的单位矢量为 $\boldsymbol{n}$，分量为 n_x、n_y、n_z。

按前文约定可知：σ_{xn}dS、σ_{yn}dS 与 σ_{zn}dS 分别表示作用于外法线方向为 $\boldsymbol{n}$ 的面元 dS 上的力 d$\boldsymbol{f}$ 在 x、y 和 z 方向上的分量。进一步，我们通过考虑四面体上的受力平衡来确定 σ_{xn}。垂直于 x、y、z 轴的面上所受的力在 x 方向的分量分别为

$$(-\sigma_{xx})n_x\mathrm{d}S,\quad (-\sigma_{xy})n_y\mathrm{d}S,\quad (-\sigma_{xz})n_z\mathrm{d}S$$

此处，我们使用了正应力与切应力的定义，面元 dS 在三个坐标平面上的投影 dS_x、dS_y 与 dS_z 为应力分量的作用面，它们可通过 dS 面分别与其法向量 $\boldsymbol{n}$ 的分量 n_x、n_y 与 n_z 乘积得到。三个分力表达式中的负号是因为作用面外法线方向与坐标轴正方向相反。因此，所有作用于四面体上力在 x 方向上的分量为

$$\begin{aligned}&\sigma_{xn}\mathrm{d}S-\sigma_{xx}n_x\mathrm{d}S-\sigma_{xy}n_y\mathrm{d}S-\sigma_{xz}n_z\mathrm{d}S\\&=(\sigma_{xn}-\sigma_{xx}n_x-\sigma_{xy}n_y-\sigma_{xz}n_z)\mathrm{d}S\end{aligned}\tag{4.1}$$

我们进一步假设流体微元的体积为 dV，密度为 ρ，x 方向上的加速度为 $\mathrm{d}^2x/\mathrm{d}t^2$，作用在 x 方向的合外力为 f_x(如重力)，由牛顿第二定律可知

$$(\sigma_{xn}-\sigma_{xx}n_x-\sigma_{xy}n_y-\sigma_{xz}n_z)\mathrm{d}S+f_x\mathrm{d}V=\rho\mathrm{d}V\frac{\mathrm{d}^2x}{\mathrm{d}t^2} \tag{4.2}$$

如果我们以相同的比例缩小这个小体积元的每条边,使得其体积趋近 0,并保证在收缩过程中面元 dS 的法向单位矢量 $\boldsymbol{n}$ 保持不变。显然,体积按 $\mathrm{d}S^{3/2}$ 趋向于 0。因此,方程(4.2)中含有 $\mathrm{d}V$ 的两项比包含 $\mathrm{d}S$ 的项更快地趋向于 0,于是我们最终可得

$$\sigma_{xn}=\sigma_{xx}n_x+\sigma_{xy}n_y+\sigma_{xz}n_z \tag{4.3}$$

采用相同的分析方法,我们可得到另外两个分量 σ_{yn} 和 σ_{zn} 的表达式。三个分量最终可通过矩阵形式的方程表达为

$$\begin{bmatrix}\sigma_{xn}\\ \sigma_{yn}\\ \sigma_{zn}\end{bmatrix}=\begin{bmatrix}\sigma_{xx} & \sigma_{xy} & \sigma_{xz}\\ \sigma_{yx} & \sigma_{yy} & \sigma_{yz}\\ \sigma_{zx} & \sigma_{zy} & \sigma_{zz}\end{bmatrix}\begin{bmatrix}n_x\\ n_y\\ n_z\end{bmatrix} \tag{4.4}$$

也可以简约地表示为

$$\frac{\mathrm{d}\boldsymbol{f}}{\mathrm{d}S}=\boldsymbol{\sigma}_n=[\boldsymbol{\sigma}]\cdot\boldsymbol{n} \tag{4.5}$$

其中$[\boldsymbol{\sigma}]\cdot\boldsymbol{n}$ 表示二阶张量$[\boldsymbol{\sigma}]$与其作用面法向单位矢量 $\boldsymbol{n}$ 的内积。为简化起见,我们通常采用下面的分量表达式:

$$\sigma_{in}=\sigma_{ij}n_j \tag{4.6}$$

此处使用了爱因斯坦求和约定,即对哑指标 j 进行加和。

注: 应力张量$[\boldsymbol{\sigma}]$的对角线分量与静压力和张量$[\boldsymbol{\sigma}']$都有关,这三个分量称之为**正应力**,它们由流体的流动导致,若流体静止,那么三个分量会相互抵消。法向应力可见于牛顿流体中(第 4.1.3 节),但它在黏弹流体中则尤为重要(第 4.4.5 节)。

压力与切应力张量

我们可从应力张量$[\boldsymbol{\sigma}]$中将对应于压力的分量分离出来,它代表速度梯度为零时流体所受的应力,对应于流体静止或者整体平移的情况。该分量是一个各向同性的二阶对角张量,即该应力分量总是沿着作用面的法线方向,且三个对角线元素相同。因此,应力张量分解为以下形式:

$$\sigma_{ij}=\sigma'_{ij}-p\delta_{ij} \tag{4.7}$$

其中 p 为静压力,δ_{ij} 为克罗内克符号(当 $i=j$ 时,$\delta_{ij}=1$;$i\neq j$ 时,$\delta_{ij}=0$)。负号是因为静止流体总是受压的,故而所承受的应力总是与作用面的外法线方向 $\boldsymbol{n}$ 相反。σ'_{ij} 是由流体黏性引起的分量,会导致流体发生剪切变形。

注: 在方程(4.7)中的压力项 p 须理解为机械压力,它源于作用在流体单元上的机械应力。我们并不能从热力学角度出发来定义运动流体中的压力,因为运动流体并不处于热力学平衡态。

4.1.2　黏性切应力张量的性质

我们首先来讨论$[\boldsymbol{\sigma}']$的对称性问题。图 4.2 所示为一个无穷小立方体单元力矩平衡情况,单元的边长为 $\mathrm{d}x$、$\mathrm{d}y$ 和 $\mathrm{d}z$,分别平行于三个坐标轴。

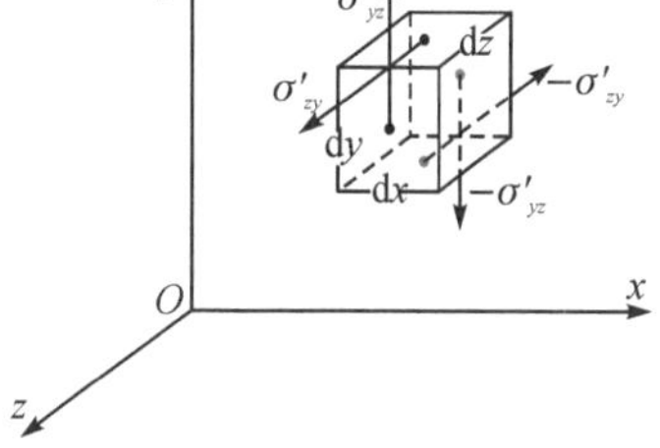

图 4.2　作用在立方体流体单元上黏性力的力矩

以下分析中,我们只考虑转动轴平行于 x 轴且通过立方

体中心的力矩。显然，只有应力分量 σ'_{yz} 和 σ'_{zy} 对力矩 Γ_x 有贡献(图 4.2)，该分析方法同样适用于其他的分量。其他分量要么平行于转轴，要么通过转动轴。于是可得

$$\Gamma_x = \sigma'_{zy}(\mathrm{d}x\mathrm{d}z)\frac{\mathrm{d}y}{2} - \sigma'_{yz}(\mathrm{d}x\mathrm{d}y)\frac{\mathrm{d}z}{2} = (\sigma'_{zy} - \sigma'_{yz})\frac{\mathrm{d}V}{2} \tag{4.8}$$

注：在计算力矩时，我们没有考虑由于表面力在不同面上的差别引起的贡献。事实上，在方程(4.8)中，这些差别贡献项是高阶无穷小，例如 $(\partial\sigma'_{xy}/\partial y)\mathrm{d}y\mathrm{d}V$，它们在体积微元收缩趋近于 0 时可以忽略。

其中 $\mathrm{d}V = \mathrm{d}x\mathrm{d}y\mathrm{d}z$ 为单元体积。若微元的旋转加速度为 $\mathrm{d}^2\Omega_x/\mathrm{d}t^2$，且该转轴的转动惯量用 $\mathrm{d}I$ 表示，那么力矩 $\Gamma_x = \mathrm{d}I(\mathrm{d}^2\Omega_x/\mathrm{d}t^2)$。使用类似于推导方程(4.3)的方法：当微元体积 $\mathrm{d}V$ 趋近 0 时，$\mathrm{d}I \sim \mathrm{d}V(\mathrm{d}y^2 + \mathrm{d}z^2)$ 以 $\mathrm{d}V^{5/3}$ 的速度更快地趋近于 0。因为角加速度总是有限的，故而可得 $\sigma'_{zy} = \sigma'_{yz}$(即便存在一种机制，可以拆分 $\mathrm{d}V$ 来构建一个对偶体积元，作用于单元体体积上的总力矩仍然与 $\mathrm{d}V$ 成比例，上述结论仍然成立)。使用同样的方法考虑转轴平行于 y 和 z 轴的力矩，我们最终可得到普适的结果：

$$\sigma'_{ij} = \sigma'_{ji} \tag{4.9}$$

该方程表明流体微元始终处于力矩平衡状态。

现在我们来明确作用在流体上的黏性应力[$\boldsymbol{\sigma}'$]与应变之间的关系。如果流体流动过程中不发生形变(比如，整体平动)，那么这些应力分量将相互抵消，它们既不依赖流动速度也不依赖于流场的局部旋转。流场的局部旋转由反对称的张量 ω_{ij} 表征(方程(3.5b))。此外，黏性应力张量[$\boldsymbol{\sigma}'$]是一个对称张量，且仅依赖于速度梯度张量[$\boldsymbol{e}$]的对称分量，其分量形式为

$$e_{ij} = \frac{1}{2}\left(\frac{\partial v_i}{\partial x_j} + \frac{\partial v_j}{\partial x_i}\right) \tag{4.10}$$

4.1.3 牛顿流体的黏性切应力张量

在本书中大部分章节中，我们只讨论**牛顿流体**(Newtonian fluid)，这种流体的黏性应力张量 σ'_{ij} 正比于流体的瞬时形变。同时，我们假设流体是各向同性的，于是有

$$\sigma'_{ij} = 2Ae_{ij} + B\delta_{ij}e_{ll} \tag{4.11}$$

其中系数 A 和 B 均是实数，取值与流体的性质相关(注意：重复下标按爱因斯坦约定求和)。

$\boldsymbol{\sigma}'_{ij}$ 与 e_{ij} 关系式的证明

在一阶近似下，应力张量[$\boldsymbol{\sigma}'$]的分量正比于应变率 e_{ij}。显然，如果应变率分量改变符号，那么对应的应力分量符号也

会改变。于是 σ'_{ij} 可以表示为

$$\sigma'_{ij}=A_{ijkl}e_{kl} \tag{4.12}$$

其中 A_{ijkl} 是一个四阶张量,对于各向同性的介质,其普适表达式为

$$A_{ijkl}=A\delta_{ik}\delta_{jl}+A'\delta_{il}\delta_{jk}+B\delta_{ij}\delta_{kl}$$

由于张量[$\boldsymbol{\sigma}'$]是对称的($\sigma'_{ij}=\sigma'_{ji}$),因此 A_{ijkl} 也必须关于 i 和 j 对称(调换 i 与 j 不改变其值,即 $A=A'$)。于是可得

$$\begin{aligned}\sigma'_{ij}&=A(\delta_{ik}\delta_{jl}e_{kl}+\delta_{il}\delta_{jk}e_{kl})+B\delta_{ij}\delta_{kl}e_{kl}\\&=A(e_{ij}+e_{ji})+B\delta_{ij}e_{ll}\end{aligned} \tag{4.13}$$

即

$$\sigma'_{ij}=2A\,e_{ij}+B\delta_{ij}e_{ll}$$

方程(4.11)也可等价地表示为

$$\sigma'_{ij}=\eta\left(2e_{ij}-\frac{2}{3}\delta_{ij}e_{ll}\right)+\zeta(\delta_{ij}e_{ll}) \tag{4.14}$$

注: 声波在流体中传播时,总是伴随着流体的压缩效应,否则声速将无穷大。因此,在考虑声波的衰减时,系数 ζ 也会在“不可压缩”流体中出现;对于普通流体,ζ 的实验测得值很小。

上式中使用了第 3.2.2 节方程(3.11)中应变张量的分解形式。上式右边第一项对应于流体微元总体积保持不变时的形变,第二项代表各向同性体积膨胀(或压缩)。显然,流动不可压缩时,第二项为 0。

方程(4.14)中的第一个系数 η 称之为**剪切黏性系数**(shear viscosity)。首先,我们来验证 η 是否为第 2.1.2 节中针对简单剪切流动引入的黏性系数(图 4.3)。若流场仅存在沿 x 方向的非零速度分量 v_x,且 v_x 在 y 方向上有变化,那么根据方程(4.14)可知应力张量[$\boldsymbol{\sigma}'$]中非零项为

$$\sigma'_{xy}=\sigma'_{yx}=\eta\frac{\partial v_x}{\partial y} \tag{4.15}$$

上式与方程(2.2)一致,因此 σ'_{xy} 代表不同层间的流体相对运动引起的切向应力。

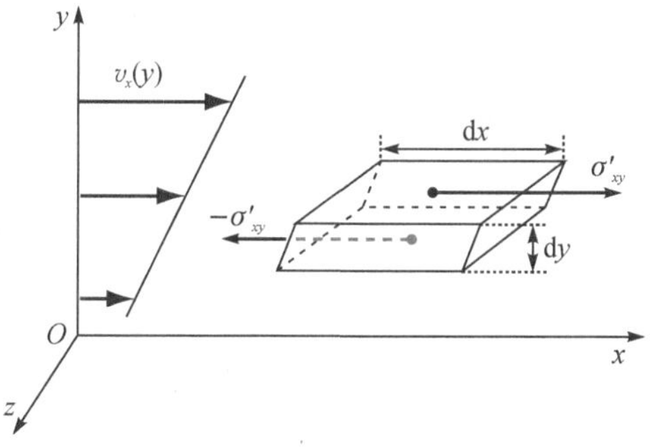

图 4.3　简单剪切流动中的切应力

在方程(4.14)中的系数 ζ 称之为**第二黏性系数**(second visousity)或者**体积黏性系数**(bulk viscosity)。对应的应力为[$\boldsymbol{\sigma}'$]的对角线元素,可表示为 $\zeta\,\nabla\cdot\boldsymbol{v}$,来源于流体的可压缩效

应。对不可压缩流体，$\nabla\cdot\boldsymbol{v}=0$，方程(4.14)进一步简化为

$$\sigma'_{ij}=2\eta e_{ij} \tag{4.16}$$

上述定义的两个黏性系数 η 与 ζ 均为正，我们将在第 5.3.1 节中对 η 为正进行证明。本章附录 4A 中给出了应力张量 $[\boldsymbol{\sigma}']$在笛卡儿坐标、柱坐标以及球坐标中的表达形式。

4.2 流体的运动方程

4.2.1 流体动力学的通用方程

基于牛顿第二定律，我们来建立一定体积($\mathcal{V}$)的流体的动量随时间的变化率对作用于该体积($\mathcal{V}$)的合外力(体积力和表面力的合力)依赖关系。需要指出：体积($\mathcal{V}$)内的流体在流动过程中始终保持在该体积($\mathcal{V}$)内①。于是，由动量定理可知

$$\frac{\mathrm{d}}{\mathrm{d}t}\left[\iiint_{\mathcal{V}}\rho\boldsymbol{v}\,\mathrm{d}\tau\right]=\iiint_{\mathcal{V}}\rho\boldsymbol{f}\,\mathrm{d}\tau+\iint_{\mathcal{S}}[\boldsymbol{\sigma}]\cdot\boldsymbol{n}\,\mathrm{d}\Sigma \tag{4.17}$$

其中，$\mathrm{d}\tau$ 为体积微元，$\mathrm{d}\Sigma$ 为体积($\mathcal{V}$)的包络面($\mathcal{S}$)上面积微元，$[\boldsymbol{\sigma}]$为作用于 $\mathrm{d}\Sigma$ 上所有力(包括压力和黏性力)的应力张量。单位质量流体的体积力 $\boldsymbol{f}$ 可能来源于重力、带电流体的静电力、旋转参考系下的科里奥利力、磁场力(例如包含磁性颗粒的悬浊液，即磁流体)等。

由第 3.1.2 节讨论可知($\mathrm{d}/\mathrm{d}t$)表示拉格朗日导数，对应的参考系跟随流体一起运动。在这种参考系中，$\rho\mathrm{d}\tau$ 为常数，表示体积微元 $\mathrm{d}\tau$ 内流体的质量。由定义可知，流体微元在运动过程中包含的总是相同的流体分子。因此，方程(4.17)中第一项对时间的求导仅作用于速度，即

$$\frac{\mathrm{d}}{\mathrm{d}t}\left[\iiint_{\mathcal{V}}\rho\boldsymbol{v}\,\mathrm{d}\tau\right]=\iiint_{\mathcal{V}}\rho\,\frac{\mathrm{d}\boldsymbol{v}}{\mathrm{d}t}\mathrm{d}\tau \tag{4.18}$$

严格来说，我们必须在体积($\mathcal{V}$)内进行一个详细的动量守恒分析，但上述简单的推导已足以揭示问题的物理本质。

同时，表面力在 i 方向上的所有分量可以表达为

$$\left[\iint_{\mathcal{S}}[\boldsymbol{\sigma}]\cdot\boldsymbol{n}\,\mathrm{d}\Sigma\right]_i=\iint_{\mathcal{S}}\sigma_{ij}n_j\,\mathrm{d}\Sigma \tag{4.19}$$

上式给出了应力分量($\sigma_{ix},\sigma_{iy},\sigma_{iz}$)在包络面($\mathcal{S}$)上的通量。利用高斯散度定理，方程(4.19)可改写为体积分：

① 此处体积($\mathcal{V}$)其实是一个封闭系统，与外界没有质量交换，因此可使用基于系统的守恒律。——译者注

$$\iint_{\mathcal{S}} \sigma_{ij} n_j \, \mathrm{d}\Sigma = \iiint_{\mathcal{V}} \frac{\partial \sigma_{ij}}{\partial x_j} \mathrm{d}\tau \tag{4.20}$$

需要注意：方程(4.19)和(4.20)的积分中，我们使用了爱因斯坦求和约定。于是，方程(4.17)可改写为

$$\iiint_{\mathcal{V}} \rho \frac{\mathrm{d}\boldsymbol{v}}{\mathrm{d}t} \mathrm{d}\tau = \iiint_{\mathcal{V}} \rho \boldsymbol{f} \, \mathrm{d}\tau + \iiint_{\mathcal{V}} \nabla \cdot [\boldsymbol{\sigma}] \mathrm{d}\tau \tag{4.21}$$

其中$\nabla \cdot [\boldsymbol{\sigma}]$为应力张量的散度，是一个矢量，其分量形式为$\partial \sigma_{ij} / \partial x_j$。在上述分析过程中，方程(4.21)中的积分域($\mathcal{V}$)是随流体运动的。若体积($\mathcal{V}$)不断缩小趋近于零，且对方程(4.21)两边除以该体积，我们最终可得流体质点的运动方程：

$$\rho \frac{\mathrm{d}\boldsymbol{v}}{\mathrm{d}t} = \rho \boldsymbol{f} + \nabla \cdot [\boldsymbol{\sigma}] \tag{4.22}$$

严格来说，方程(4.21)中最小的积分体积必须是满足连续介质假设的最小体积，即流体质点体积(见第 3.1.1 节中讨论)。这个假设通常只在非常特殊的情形下不成立，比如压力极低的气体。

按照方程(4.7)的思路($\sigma_{ij} = \sigma'_{ij} - p\delta_{ij}$)，我们将应力张量$[\boldsymbol{\sigma}]$分解为压力和黏性分量两部分。同时，考虑到压力仅对应力张量的法向分量有贡献，因此应力张量的散度在 i 方向的分量形式为

$$(\nabla \cdot [\boldsymbol{\sigma}])_i = (\nabla \cdot [\boldsymbol{\sigma}'])_i - \frac{\partial (p \delta_{ij})}{\partial x_j} = (\nabla \cdot [\boldsymbol{\sigma}'])_i - \frac{\partial p}{\partial x_i} \tag{4.23}$$

于是方程(4.22)可改写为

$$\rho \frac{\mathrm{d}\boldsymbol{v}}{\mathrm{d}t} = \rho \boldsymbol{f} - \nabla p + \nabla \cdot [\boldsymbol{\sigma}'] \tag{4.24}$$

该方程适用于任意流体，因为我们并没有假定应力张量$[\boldsymbol{\sigma}']$的具体形式。通常情况下，我们借用方程(3.1)，将上述方程中关于时间的全微分 $\mathrm{d}\boldsymbol{v}/\mathrm{d}t$ 替换为$\partial \boldsymbol{v}/\partial t + (\boldsymbol{v} \cdot \nabla)\boldsymbol{v}$，于是可得

$$\rho \frac{\partial \boldsymbol{v}}{\partial t} + \rho (\boldsymbol{v} \cdot \nabla) \boldsymbol{v} = \rho \boldsymbol{f} - \nabla p + \nabla \cdot [\boldsymbol{\sigma}'] \tag{4.25}$$

- 方程(4.25)左边第一项表示在固定的欧拉参考系下，流体质点加速度对时间依赖导致的加速度(均匀但非定常速度场 $\boldsymbol{v}(\boldsymbol{r}, t)$引起的加速度)。
- 左边第二项对应于流场对流引起的流体质点速度变化。这种情况下，即使速度场是定常的，也存在一个加速度项。
- 方程右侧，$\rho \boldsymbol{f}$ 代表作用在流体上的体积力的合力。
- 右边第二项$-\nabla p$ 代表压力效应，对应于正应力。注意：正应力即使在流体静止时也存在(即为流体静水压)。若流体静止($\boldsymbol{v} = 0$)，方程(4.25)退化为流体静力学基本

方程：

$$\rho \boldsymbol{f} - \nabla p = 0 \tag{4.26}$$

- 最后，$\nabla \cdot [\boldsymbol{\sigma}']$代表由流体微元的变形引起的黏性力，既包含剪切应力，也包含流动中可能出现的可压缩或黏弹性效应引起的法向应力。

4.2.2 牛顿流体的纳维-斯托克斯方程

注：这里我们假定 η 和 ζ 不随空间位置变化，即$\partial\eta/\partial x_j$ 与$\partial\zeta/\partial x_j$ 可以忽略。对于均匀流体，实验上已经验证该假设是成立的。需要注意：上述假设并不总是成立的，如在悬浮液（第 9.6 节）中，悬浮液浓度的空间变化可以显著改变溶液的局部黏性。

如果我们将牛顿流体应力张量$[\boldsymbol{\sigma}']$的具体形式代入方程(4.14)，即可得到黏性力第 i 个分量的表达式：

$$(\nabla \cdot [\boldsymbol{\sigma}'])_i = \frac{\partial \sigma'_{ij}}{\partial x_j} = \eta \frac{\partial^2 v_i}{\partial x_j \partial x_j} + \left(\zeta + \frac{\eta}{3}\right) \frac{\partial}{\partial x_i}\left(\frac{\partial v_k}{\partial x_k}\right) \tag{4.27}$$

方程(4.27)的矢量形式为

$$\nabla \cdot [\boldsymbol{\sigma}'] = \eta \nabla^2 \boldsymbol{v} + \left(\zeta + \frac{\eta}{3}\right) \nabla(\nabla \cdot \boldsymbol{v}) \tag{4.28}$$

进一步将其代入方程(4.25)，我们可以得到压缩及不可压缩牛顿流体的运动方程：

$$\rho \frac{\partial \boldsymbol{v}}{\partial t} + \rho(\boldsymbol{v} \cdot \nabla)\boldsymbol{v} = \rho \boldsymbol{f} - \nabla p + \eta \nabla^2 \boldsymbol{v} + \left(\zeta + \frac{\eta}{3}\right) \nabla(\nabla \cdot \boldsymbol{v}) \tag{4.29}$$

如果流体的可压缩性可以忽略，那么$\nabla \cdot \boldsymbol{v} = 0$，上式中的第二黏性系数 ζ 也将消失。最终可得贯穿本书的**纳维-斯托克斯方程**(Navier-Stokes equation)：

注：在方程(4.30)中，体积力和压力梯度 $\rho \boldsymbol{f} - \nabla p$ 一起构成了流体流动的驱动力。如果我们取 $\boldsymbol{f} = \boldsymbol{g}$，并将这两项之和取零，即可得到静水压方程。显然，只要 $\rho \boldsymbol{f} \neq 0$，没有压强梯度情况下也会发生流动。液膜在重力作用下沿垂直或倾斜面流动就是一个典型的例子。此外，在表面张力可以忽略的情况下，充满流体且两端开口的直管倾斜放置时发生的流动也属于这类流动。

$$\rho \frac{\partial \boldsymbol{v}}{\partial t} + \rho(\boldsymbol{v} \cdot \nabla)\boldsymbol{v} = \rho \boldsymbol{f} - \nabla p + \eta \nabla^2 \boldsymbol{v} \tag{4.30}$$

本章后面附录列出了该方程在常用的几种坐标系下的表达式。

4.2.3 理想流体的欧拉方程

欧拉方程(Euler equation)用于描述理想流体的不可压缩流动，此时流场中不存在黏性效应。该方程仅为纳维-斯托克斯方程(4.30)在黏性系数 $\eta = 0$ 时的特例：

$$\rho \frac{\partial \boldsymbol{v}}{\partial t} + \rho(\boldsymbol{v} \cdot \nabla)\boldsymbol{v} = \rho \boldsymbol{f} - \nabla p \tag{4.31}$$

注：严格来说，仅有的理想流体是超流态下的液氦，同位素^{4}He 在温度低于 2.172 K 时黏性消失。在第 7 章的附录 7A 中，我们将讨论这类特殊流体的性质。同位素^{3}He 也可以成为超流体，但需要的温度要低得多，接近 2 mK，甚至更低。

该方程只适用于**理想流体**(ideal fluid)，即**无黏流体**(inviscid fluid)。理想流体的流动通常(但不是所有)是**势流**(速度场可以通过势函数获得)，这类流动问题将在第 6 章讨论。一些黏性流体的流动也可以用欧拉方程来描述，至少在很大一部分流场体积内适用(我们将在第 6.1 节中讨论这类流动出现的条件)。

4.2.4 纳维-斯托克斯方程的无量纲形式

方程(4.30)可改写为不同变量的无量纲参数形式（通常我们在变量上增加"′"符号来代表无量纲变量）。假定 L 和 U 分别为流动问题的特征长度与特征速度，于是我们可得以下无量纲量：

$$\boldsymbol{r}'=\frac{\boldsymbol{r}}{L},\quad \boldsymbol{v}'=\frac{\boldsymbol{v}}{U},\quad t'=\frac{t}{L/U},\quad p'=\frac{p-p_0}{\rho U^2}$$

无量纲压强 p' 的定义中，我们已经减去了流体静止时的压力 p_0（静水压）。在纳维-斯托克斯方程两边同时除以 $\rho U^2/L$ 可得

$$\frac{\partial \boldsymbol{v}'}{\partial t'}+(\boldsymbol{v}'\cdot\nabla')\boldsymbol{v}'=-\nabla'p'+\frac{\eta}{\rho UL}\nabla'^2\boldsymbol{v}'$$

上式右边第二项的系数因子为流动雷诺数 $Re=(UL/\nu)$ 的倒数，表示非线性对流项 $(\boldsymbol{v}\cdot\nabla)\boldsymbol{v}$ 与黏性项 $\nu\nabla^2\boldsymbol{v}$ 的比值，这一点我们已经在第 2.3.1 节中讨论过。

注：若流动方程中的非线性项起主导作用，那么选择 L/U 作为无量纲时间，ρU^2 作为无量纲压力是非常合适的。但是对于黏性项主导的流动，纳维-斯托克斯方程的无量纲化需采用另一种形式，我们将在第 9.2.4 节具体讨论。

为求取上述方程的解，即速度场 $\boldsymbol{v}'$ 与压力场 p'，我们必须给定问题的边界条件，其一般形式如下：

$$\boldsymbol{v}=\boldsymbol{F}(x',y',z',t',Re)$$
$$p'=G\,(x',y',z',t',Re)$$

其中 $\boldsymbol{F}$ 和 G 依赖于特定的流动问题。

4.3 流动边界条件

完全求解速度场 $\boldsymbol{v}(\boldsymbol{r},t)$ 需要对流体质点的运动方程积分，同时需给出边界条件：明确所有流动边界上的变量（速度、应力等）取值。根据边界介质是流体还是固体，存在两类不同的边界条件。

4.3.1 固壁边界条件

由于流体在固壁上不能穿透，因此在固壁上要求流体和固壁的法向速度分量相等，即

$$\boldsymbol{v}_{固体}\cdot\boldsymbol{n}=\boldsymbol{v}_{流体}\cdot\boldsymbol{n}$$

该边界条件可以由第 3.3.2 节中导出的连续方程 $\nabla\cdot\boldsymbol{v}=0$（方程(3.28)）直接得到。如图 4.4 所示，位于界面两侧且与之平行的两个面元围成了一个体积微元 $\mathrm{d}V$，我们将连续方程对 $\mathrm{d}V$ 积分即可以得到上述边界条件。该边界条件表明：如果固体是静止的，那么流体在固壁处的速度通量为零。

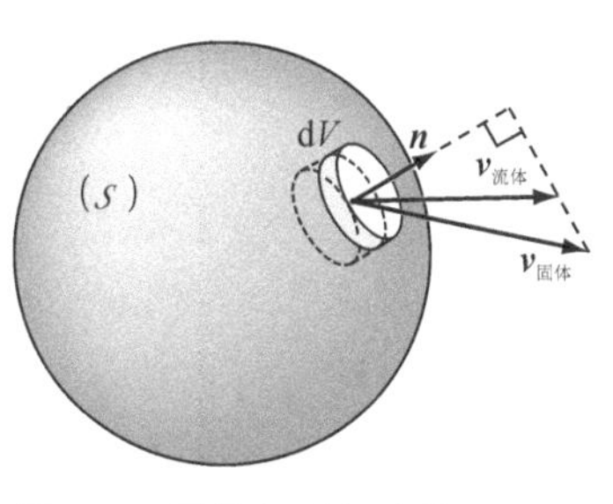

图 4.4　固体与理想流体界面处速度分量的边界条件

对于**理想流体**（无黏性效应），速度在壁面处的切向分量

不受约束。这意味着流体在固壁界面上可以**滑移**(图 4.5)。

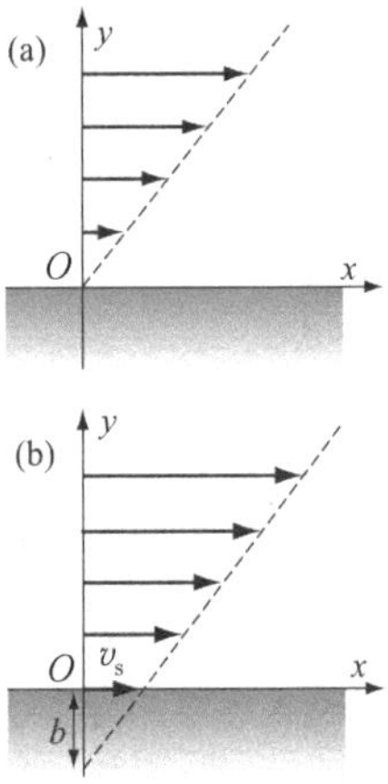

图 4.5 在静止的固壁界面上黏性流体的速度分布。(a)无滑移;(b)有限滑移速度 v_s

对于**实际流体**,黏性应力的存在阻止了界面上流体与固体壁面的相对滑动。如果切向速度在界面处不连续,那将意味着黏性导致的能量损耗将会无穷大。无限大的能量损耗显然在物理上是不合理的,因此界面处流体和固壁的切向速度分量必须相等。考虑到法向速度分量连续的条件,我们最终可得:

$$\boldsymbol{v}_{流体}=\boldsymbol{v}_{固体} \tag{4.32}$$

显然,当壁面是静止时,$\boldsymbol{v}_{流体}=0$ (图 4.5(a))。虽然这个边界条件无法从理论上严格证明,但对于简单流体,以及本书讨论的实际情况,该条件均成立。然而,对于复杂流体的(甚至一些简单流体)小尺度(特征长度小于 1 μm)流动,我们可在边界处观察到明显的滑移现象。这种滑移在微纳尺度的流动中十分显著,也是当前重要的研究方向之一。

滑移长度

通常情况下,我们使用**滑移长度**(slip length)b 来表征滑移现象,b 也称为**纳维长度**(Navier length),该长度定义为把速度往固体侧外延到 0 时到壁面的距离 (图 4.5(b))。假定壁面处滑移速度为 v_s,方向沿 x 轴(假定高度方向,即垂直方向为 y 轴),那么滑移长度 b 可通过速度梯度来表征:

$$b=\frac{v_s}{\partial v_x/\partial y}$$

滑移长度 b 可通过滑移发生时伴随的摩擦力 $F_f=kv_s$ 来理解,F_f 与黏性力 $\eta\partial v_x/\partial y$ 平衡,进而我们可得 $b\sim\eta/k$;显然,该参数不依赖于滑移速度 v_s。通常情况下,该假设与实验观测的结果一致,这也证实了使用滑移长度 b 而非滑移速度 v_s 来表征滑移现象是合理的。

截至目前,我们已经熟知高分子溶液的流动中滑移长度不为零,并提出了一种可能的解释:紧邻壁面处存在一个厚度为 δ、黏性系数为 η_s 的溶剂层,于是可知 $F_f\approx\eta_s v_s/\delta$,即 $b\approx\delta\eta/\eta_s$;由于溶液的黏性系数 η 远大于界面上溶剂层黏性系数 η_s(见第 4.4.3 节),从而有 $b\gg\delta$。此外,高分子流体在壁面上形成的一层"地毯",也扮演着重要的角色。对于此类复杂液体,滑移长度可接近微米量级。对于普通流体,实验观测已经证实滑移长度很小(尤其是在流体非浸润壁面情形下),但并非为零(在纳米量级)。在接下来的章节中,我们将忽略滑移效应并假定滑移长度为零。

4.3.2 两种流体界面的边界条件:表面张力效应

方程(4.32)给出了速度在界面上的连续性条件。对于两种流体形成的界面,我们需要给出应力在界面上的连续条件。这种情况下,我们既需要建立界面两侧流体各自内部的应力平衡,也需要建立界面上局部的应力平衡。

注:界面处应力相等的条件同样适用于固-液界面。尤其当界面可形变时(比如凝胶、橡胶等),通过建立与固体变形相关的弹性应力和流体施加的黏性应力之间的平衡关系,我们可以来估计固体的变形量。

- 两种理想流体的界面上,法向应力只与压力关联,它们的平衡关系可通过杨-拉普拉斯方程(1.58)给出。因此,界面两侧流体的压力 p_1 与 p_2 有如下关系式:

$$p_1 - p_2 = \gamma\left(\frac{1}{R} + \frac{1}{R'}\right) \tag{4.33a}$$

其中 γ 是流体 1 与流体 2 之间的界面张力,R 与 R' 是界面的主曲率半径。内凹侧流体(即凹面处)对应的压力大。对于一般黏性流体的情况,上式所示的压力平衡关系中必须包含黏性应力的贡献:

$$([\boldsymbol{\sigma}]^{(2)} \cdot \boldsymbol{n})\boldsymbol{n} - ([\boldsymbol{\sigma}]^{(1)} \cdot \boldsymbol{n})\boldsymbol{n} = \gamma\left(\frac{1}{R} + \frac{1}{R'}\right) \tag{4.33b}$$

其中 $[\boldsymbol{\sigma}]^{(1)}\cdot\boldsymbol{n}$ 与 $[\boldsymbol{\sigma}]^{(2)}\cdot\boldsymbol{n}$ 表示作用在法线方向为 $\boldsymbol{n}$ 的界面上的应力矢量,我们将该应力矢量与 $\boldsymbol{n}$ 进一步点积可得到应力矢量在作用面法线方向的分量。上式中上标(1)和(2)分别表示界面两侧的流体。

注:通常情况下,液-液界面或固壁上的法向黏性应力可以忽略;然而,在一些特殊的情形下该应力分量可能会变得非常重要,比如驻点问题(第 3.3.2 节与第 10.5.3 节),具有自由面的黏性射流(第 8.3 节)或者黏性非常大的流体流动中。

- 此外,界面上切应力平衡关系由以下方程给出:

$$([\boldsymbol{\sigma}]^{(1)} \cdot \boldsymbol{n}) \cdot \boldsymbol{t} = ([\boldsymbol{\sigma}]^{(2)} \cdot \boldsymbol{n}) \cdot \boldsymbol{t} \tag{4.34}$$

上述方程中,应力矢量与界面切向单位矢量的点积给出了应力的切向分量。方程(4.33)和(4.34)表明了界面上作用力和反作用力相等的特性。

注:方程(4.34)和(4.35)成立的条件是表面张力系数 γ 在界面上为常数。我们将在第 8.2.4 节中讨论 γ 不为常数时出现的马兰戈尼效应。

对于不可压缩牛顿流体,方程(4.16)给出了应力与速度梯度之间的关系式 $\sigma'_{ij} = \eta(\partial v_i/\partial x_j + \partial v_j/\partial x_i)$,将其代入平衡方程(4.34)可得

$$\eta_1\left(\left(\frac{\partial v_i^{(1)}}{\partial x_j} + \frac{\partial v_j^{(1)}}{\partial x_i}\right)n_i\right)t_j = \eta_2\left(\left(\frac{\partial v_i^{(2)}}{\partial x_j} + \frac{\partial v_j^{(2)}}{\partial x_i}\right)n_i\right)t_j \tag{4.35}$$

其中 t_i(或 n_i)代表界面的切向(或法向)单位矢量 $\boldsymbol{t}$(或 $\boldsymbol{n}$)在坐标轴方向上的分量(方程(4.33b)也可根据相同的方法改写)。如图 4.6 所示,我们假设原点 O 附近的流体界面可使用 $z-x$ 平面代替,且该处两侧流体的速度只有 x 方向的非零分量 v_x 为 y 的函数。对于这种简单的情形,界面处切应力简化为 $\sigma_{xy} = \eta\partial v_x/\partial y$,切向应力

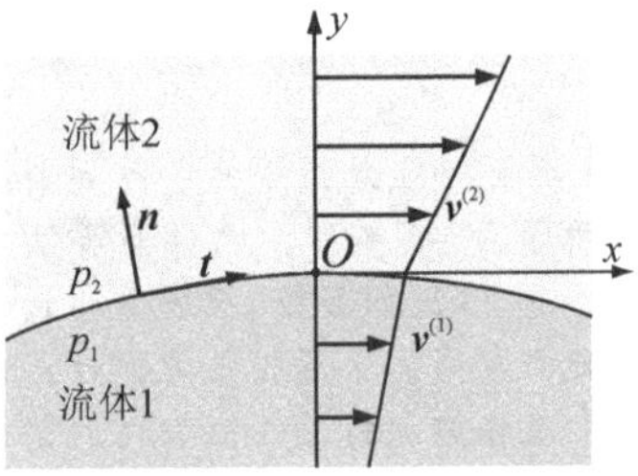

图 4.6 两种流体界面处的速度分布与方向矢量示意图

的平衡条件简化为

$$\eta_1 \frac{\partial v_x^{(1)}}{\partial y} = \eta_2 \frac{\partial v_x^{(2)}}{\partial y} \tag{4.36}$$

上式清楚地表明:界面两侧的速度梯度大小与各自对应的流体黏性系数成反比。若一侧的流体为气体,此时界面称之为**自由面**(free surface)。这种情况下,由于气体的黏性系数相对于液体而言非常低,因此气体在界面上的切应力接近于零。于是,自由面上切应力的平衡关系可以表达为(正如理想流体的情况):

$$([\boldsymbol{\sigma}']^{(液)} \cdot \boldsymbol{n}) \cdot \boldsymbol{t} = 0 \tag{4.37}$$

在上述讨论的例子中,自由面液体侧的速度梯度为零:$\partial v_x / \partial y = 0$。

4.4 非牛顿流体

到目前为止,我们的讨论仅限于**牛顿流体**(Newtonian fluid),这种流体的应力和应变率之间存在简单的线性比例关系。接下来,我们将讨论**非牛顿流体**(non-Newtonian fluid)的情形,此时应力不再与速度梯度呈线性关系,且与流体的历史状态有关。这些特性源于流体中引入的大于原子尺度的微观客体(但仍小于流动的宏观尺度):例如,高分子溶液中的大分子、悬浮液中的颗粒物,以及乳液和一些生物流体的液滴或囊泡(由膜包围的液体)。在流体内部,这些客体可进一步形成一些更大的结构,并显著地影响流体的性质(比如血浆中形成的大块聚集血小板、颗粒聚集物或者相互交缠的大分子)。非牛顿流体普遍存在于自然界中,如雪花、泥浆、血液、软膏等;也多见于工业与日常生活中,如涂料、剃须膏、蛋黄酱、酸奶、化妆品等,建筑工业中也会见到(如混凝土等)。

为了理解这类流体的性质,我们需要明确流体如何响应应力的作用,这就是**流变学**(rheology)的研究主题。“流变学”一词最早可追溯到 20 世纪 20 年代,由 E. C. Bingham 建议使用(他与 M. Reiner 一起创立了流变学)。关于“流变”一词,我们再往前可追溯到古希腊哲学家赫拉克利特的表述:Panta rhei(一切都在流动)。

4.4.1 流变性质的测量

对于性质不随时间改变的牛顿流体或非牛顿流体,我们只需测量流体的形变率和引起这个形变的应力之间的关系就可了解其性质。对于牛顿流体,我们只需测量单个数据点即可；然而对于非牛顿流体，则需要测量完整的曲线。对于响应随时间变化的流体以及黏弹性流体，我们则需进一步分析在随时间变化的激励下流体的响应特性。

测量流变性质所用的实验方法很简单：比如，在给定的压力下测量一个管道内流体流量的变化率；或者测量小圆球在流体中的沉降速度；或者测量一定体积的流体流过一个漏斗所需的时间，最后一种方法已在很多测量中广泛采用。然而，在这些情况下流体所受的切应力并非常数。此外，这些测量方法只对牛顿流体有效（即便对于牛顿流体，这些方法也需要利用流变性质已知的流体仔细校准）。

实验室所用的黏度仪一般采用简单、剪切率易于获得并在被测量的流体体积内接近常数的几何结构。图 4.7 中给出了两种最常用的几何结构。

在图 4.7(a)所示的**库埃特黏度仪**（Couette viscometer）中，内外两个圆柱面共转轴，流体置于两个柱面之间，其中一个柱面转动。在最简单的情况下（剪切恒定），我们使其中一个圆柱面以固定转速运动，然后测量另一个圆柱面受到的扭矩。相反地，我们也可以固定扭矩来测量转速，这种方法称之为**扭矩恒定**（applied stress），更适用于存在阈值应力的流体（第 4.4.2 节）。若两个圆柱面的间距小于其自身半径，那么间距内的剪切率基本为常数。在高转速下，柱面之间的流体可能会出现**流动失稳**（hydrodynamic instabilities）（第 11.3.2 节），这一点制约了这种方法测量高转速下的切应力。此外，在沿圆柱水平基底方向上还会出现二次流，因而人们通常选择具有锥状的内圆柱体。这种库埃特黏度仪的灵敏度高，适用于黏性很小的流体。高灵敏度特性允许我们在流体中切应力很小的区域进行测量，从而可以避免扰动流体的内部结构。

通常，圆柱面的半径在 1 厘米到几厘米之间，间距约在0.1 毫米到几毫米之间（当然，大颗粒的悬浮液需使用大尺寸装置）。假设内柱面半径为 R_1，外柱面半径 $R_2=R_1+\Delta R$，其中 ΔR 为间隙距离（$\Delta R \ll R_1$），柱体高度为 h，剪切率为 $\dot{\gamma}$，那么应力可近似估计为

$$\sigma = \frac{M}{2\pi R^2 h} \tag{4.38a}$$

$$\dot{\gamma} = \frac{R}{\Delta R}\omega_0 \tag{4.38b}$$

其中 M 为施加在柱面上的扭矩，ω_0 为转动角速度，R 为平均半径$(R_2+R_1)/2$。

图 4.7(b)所示为**锥-板黏度仪**（cone-plate viscometer），它对

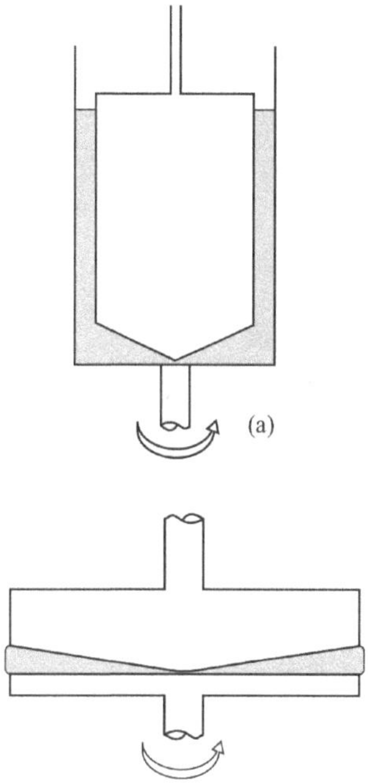

(a)

(b)

图 4.7　(a)圆柱形库埃特黏度仪；(b)锥-板黏度仪。通过在固体转子上施加恒定角速度，来测量流体作用在另外一个表面上的转矩

样品量需求少且操作方便。锥角 α 一般较小($\alpha \leqslant 4°$)。通过固定下平面,转动上面的锥体(或者反过来);当锥体尖端与下平面重合,剪切率在整个锥体间距内为常数(除了接近尖端点处有轻微截角的部分)。间隙内厚度、切向速度都与到转轴距离成正比,采用与方程(4.38a)和(4.38b)相同的符号,我们可得

$$\sigma = \frac{3M}{2\pi R^3} \tag{4.39a}$$

$$\dot{\gamma} = \frac{\omega_0}{\alpha} \tag{4.39b}$$

对于椎-板黏度仪,高转速下同样存在流体失稳的缺陷,并且在边缘处会有流体的蒸发出现。相对于库埃特黏度仪,锥-板黏度仪的灵敏度更低一些,通常用于速度或者剪切率较大的情况。此外,也存在一些黏度仪可测量运动表面的法向应力,用以表征一些流体的弹性性质(第 4.4.5 节)。

4.4.2 非时变非牛顿流体

通常情况下,我们使用剪切应力 σ 随剪切率 $\dot{\gamma}$ 的变化关系来表征流体的流变性质(对于简单剪切流动,$\dot{\gamma}=\partial v_x/\partial y$)。图 4.8 给出了线性坐标下几种不同的非牛顿流体的流变特性曲线。此处,我们假设图中 σ 对 $\dot{\gamma}$ 依赖关系与时间无关,然而在很多流体中该假设其实并不成立(见第 4.4.3 节)。

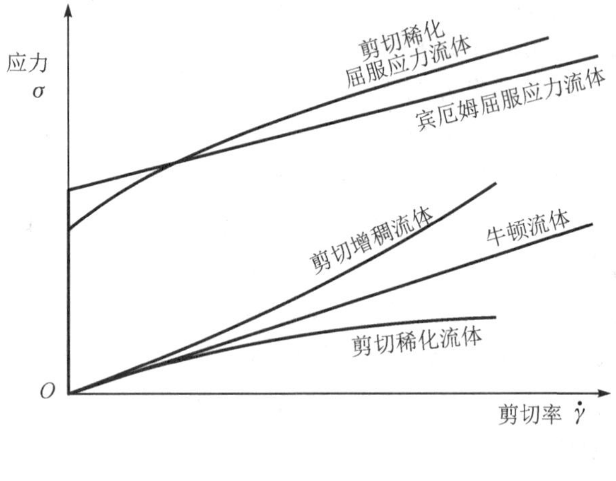

图 4.8 不同流体的应力-剪切率关系曲线

剪切稀化流体

有一类流体即使在很弱的应力作用下也能发生流动,且有效黏度 $\eta_{\text{eff}}=\sigma/\dot{\gamma}$ 随剪切率的增加而降低(以下书写中省略下标,将 η_{eff} 简写为 η),这类流体称之为**剪切稀化流体**(shear thinning fluid),有时也被称为**拟塑性流体**(pseudoplastic fluid)。很多分子量很大的高分子稀溶液属于剪切稀化流体。

在这些溶液中,缠结的分子链在剪切作用下不断分离与重新排列,导致了剪切稀化现象。

很多固体颗粒的悬浮液也会表现出剪切稀化特性,这源于粒子间吸引力形成的内部结构在剪切流动作用下遭到了破坏。同样地,洗发水、果汁浓溶液以及由悬浮的色素构成的打印机墨水等复杂流体也具有类似的性质。

工业上细菌(多糖类硬葡聚糖)发酵形成的高分子溶液在很多化工与农产品中用途广泛,图 4.9 给出了不同浓度下对其进行测定得到的典型流变曲线。不同于图 4.8 中所展示的应力与剪切率关系的形式,此处我们在双对数坐标下给出了黏性$\eta=\sigma/\dot{\gamma}$ 随剪切率 $\dot{\gamma}$ 变化的关系曲线,更清晰地展示了高分子溶液相对于牛顿流体线性变化行为的偏离。对于水而言,应力随剪切率的变化应为一条水平线,即常数(在 1 mPa·s 的量级)。

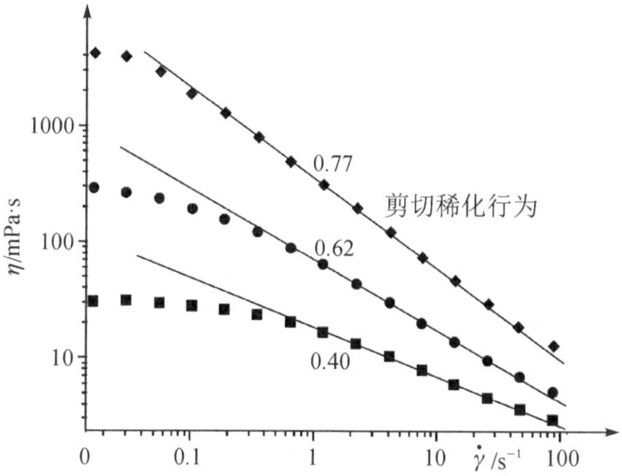

图 4.9　库埃特流变仪(rheometer)测量得到的高分子水溶液在稳态情况下的有效黏度 $\eta=\sigma/\dot{\gamma}$ 与剪切率的关系曲线。图中从下往上,溶液浓度增加(体积分数从 5×10^{-4} 到 3×10^{-3})。在双对数坐标下,有效黏度与剪切率呈指数关系(指数的大小已在曲线上直接标出,数据来源于 C. Allain、A. Paterson 和 A. d'Onofrio)

当剪切率 $\dot{\gamma}$ 较小时,黏性系数趋近于常数 η_0,通常称之为**牛顿平台**(Newtonian plateau):η_0 一般随溶液浓度的增加而增加,有时可高达溶剂(如水)黏性的几千倍。有效黏性系数 η 随剪切率 $\dot{\gamma}$ 的增加而呈幂律关系下降:

$$\eta=D\dot{\gamma}^{-\alpha} \tag{4.40}$$

(在双对数坐标下表示为一条直线,斜率为 $-\alpha$),其中 $\alpha(>0)$ 随溶液浓度增加而增加。并且,溶液浓度越大,满足方程(4.40)的剪切率区间也变得越宽(区间的左极限对应的小剪切率会变低)。图中剪切率达到最大时,溶液依旧表现出黏性,并且不同浓度的溶液都表现出高于溶剂的黏性。

基本上对于所有的非牛顿流体,黏性的变化都反映了流体内部结构的演化(此处为大分子的重新排布)。图 4.9 中所示的溶液在经过周期性循环地增加和减小剪切率之后,流变性质并未发生太大改变。然而，通常情况并非如此，在周期性循环应力的作用下，很多复杂流体的流变特性也是不断演化的。

剪切增稠流体

对于一些流体来说，并不存在一个发生流动的应力阈值，并且当剪切应力增加时黏性也随之增加，这类流体称之为**剪切增稠流体**(shear thickening fluid)，有时也被称为**胀流型流体**(dilatant fluid)。这种流变行为可见于一些高分子溶液中：如果高分子链初始缠绕为球状，在流体的剪切作用下，分子链会从球状逐渐解开为长链状，从而导致了有效黏度增加。也存在一些流体，在剪切变稀后若继续增加剪切率，会表现出剪切增稠的特性。一般认为，这种现象源于被解开来的分子链不断发生取向排列时导致有效黏性降低，直到不同的分子链间开始发生相互作用时，黏性系数 η 又开始增加。

宾厄姆流体

屈服应力流体(yield stress fluid)在施加的剪应力达到阈值 σ_c 之前不会发生流动，这类流体有时也称为**塑性流体**(plastic fluid)。很多高浓度的颗粒悬浮液和一些高分子溶液会表现出这样的特性：存在一个流动阈值(通常称之为**屈服应力**)，当作用于流体的应力大于该值后，剪切率非零且随应力增加。在**宾厄姆流体**(Bingham fluid)的理论模型中，通常假设高于阈值后应力与剪切率呈线性关系。然而，我们经常会发现实际流体中应力大于阈值后，剪切率的变化更加接近于幂律形式。

如果在充满宾厄姆流体的圆柱形管道一端施加一个持续增加的压力，我们会观察到，当压力略高于流动阈值时，几乎管内所有的流体都会表现出一种类似于固体运动的整体流动，且流动速度不依赖于到管壁的距离。速度梯度仅局限在紧邻管壁的区域，因为只有这个区域才存在驱动剪切流动所需的应力，这类流动称为**活塞流**(plug flow)。如果此应力进一步增加，管壁附近的速度梯度区将逐渐扩展到整个流动中，我们将在第 4.6.3 节定量计算这个流场分布。

出现这种现象的原因是，流体在静止状态下内部形成的三维结构遭到破坏，血小板构成的血浆就是一个很好的例子。当血浆不流动时，血小板之间会通过弱的相互作用形成硬结构，在作用于血浆的应力超过阈值应力之前，这种结构会一直保持。当应力高于阈值之后，这些结构会部分遭到破坏而产生流动的可能性；流动速度越大，更多的结构也会被破坏，血小板也将沿流动方向取向排列。因此，相对于线性关系，作用于流体的应力增加的速度会随剪切率的变大而放缓，这种流体称之为**剪切稀化阈值流体**（shear thinning threshold fluid，也常被称为**赫歇尔-巴尔克莱流体**（Herschel-Bulkley fluid），或**卡森流体**（Casson fluid））。一些胶体悬浮液会呈现出与此类似的性质。相同的道理：当刷子在刷油漆过程中做剪切运动时，涂料更容易铺展开来，但刷子施加的剪切力并不会使涂料自发滴落。

注：这类流体中最具代表性的例子是钻井泥浆：泥浆从井口（wellhead）通过一组空管注入钻井（borehole）的底部，使得钻头（drill bit）总是保持在表面转动，然后让泥浆能够在钻井工作时流回表面。这些泥浆在压力泵施加压力下必须很容易流动，但它们也需要有足够的阻力来抵抗剪切，从而才能够将岩石碎片（drill cuttings）带到地表，并且无论泥浆何时停止流动，都可以防止碎片回流。

实际生活中还有很多屈服应力流体，它们大多具有很好的应用价值，比如化妆品工业中的乳霜、乳液和牙膏，刚制备出的混凝土（屈服应力在几十帕斯卡的量级），以及很多食品工业中的产品。

我们可通过分析这类流体的**蠕动**（creep）来精确测量它们的屈服应力：阶梯式地增加应力，并记录流动状态稳定时非零剪切率对应的应力。

图 4.10 给出了高岭土与水的混合溶液的应力随剪切率的变化曲线，图中采用了半对数坐标。观察可知，在这种泥浆悬浮液中，应力从零开始不断增加时，最初并不会有流动发生，只有当应力达到某个阈值后才有流动发生（该例中阈值大约为 10 帕斯卡量级）。

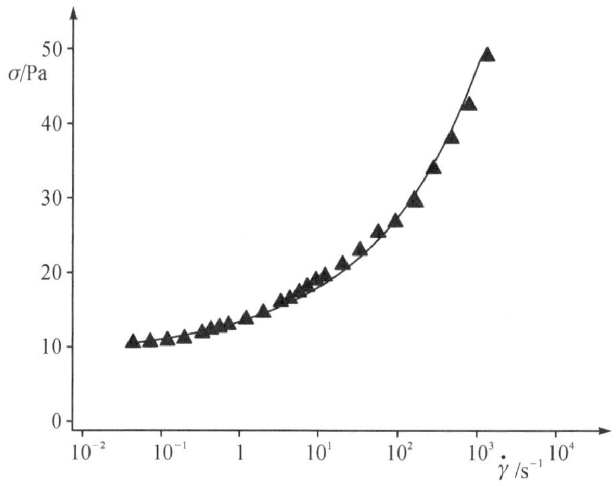

图 4.10　高岭土与水的悬浮液样品的剪切率与应力的依赖关系（半对数坐标）。实心三角形代表实验数据，实线对应方程（4.43），其中取值 $\sigma_c = 9$ Pa，$n = 0.32$ 与 $K = 4.2\ \mathrm{Pa \cdot s^{-0.32}}$（数据来源于 P. Coussot）

近似流变行为

在很多应用中，我们需要一个应力-剪切率的近似解析表达式。Ostwald 最早提出，很多情形下，方程（4.40）的变换形式可作为近似的表达式。指数因子 $\alpha > 0$ 对应剪切稀化流体，$\alpha < 0$ 对应剪切增稠流体。显然，当 $\alpha > 0$ 时，方程（4.40）预测的黏性会在剪切率趋于 0 时发散。然而，实验观测则发现剪切率极低时黏性系数趋近于常数，该值通常被称之为**零剪切率黏性系数**（zero shear rate viscosity）或**牛顿平台**（Newtonian plateau），见图 4.9。因此，为完整地表达应力-剪切率的曲线关系，特别是 $\dot{\gamma}$ 很高和很低的两个极限情形，我们采用以下略微复杂的方程：

$$\frac{\eta(\dot{\gamma})-\eta_\infty}{\eta_0-\eta_\infty}=f(\dot{\gamma}) \tag{4.41}$$

其中，作为示例，方程中的 $f(\dot{\gamma})$ 可采用 $f(\dot{\gamma})=(1+\beta^2\dot{\gamma}^2)^{-p}$ (Carreau 关系式)。

这类表达式可以给出零剪切率 $\dot{\gamma}=0$ 下的有限黏性系数，但无法表述屈服应力流体的行为。我们只能采用其他形式的方程：宾厄姆流体对应的形式是其中最简单的，即假定大于阈值 σ_c 时，剪切率与应力差值$(\sigma-\sigma_c)$成正比。然而，少有流体具有如此简单的流变行为，很多情况下应力-剪切率关系曲线会向下弯曲，这类流体称之为应力稀化阈值流体。结合阈值效应，人们通常采用幂律形式(如 Herschel-Bulkley 关系)：

$$\sigma\leqslant\sigma_c:\ \dot{\gamma}=0 \tag{4.42}$$

与

$$\sigma>\sigma_c:\ \sigma=\sigma_c+K\dot{\gamma}^n \tag{4.43}$$

上述方程可以很好地描述图 4.10 中高岭土与水的混合物的流变特性。

4.4.3 时变非牛顿流体

触变流体及特征时间尺度

触变流体(thixotropic fluid)是指在恒定应力作用下有效黏度随时间不断减小的流体。当停止施加应力一段时间后，黏性又会恢复到原值。高浓度的高分子溶液、颗粒悬浮液等是这类流体的典型例子。

事实上，触变行为和剪切稀化行为都体现了流体流动时内部结构的改变(很多流体既有**剪切稀化**(shear thinning)也呈现出**触变性**(thixotropic))，但这两种行为也有区别，我们可通过流体内部结构改变所需要的特征时间 τ_{De} 与应力施加时间 T 的比值来表征它们之间的差异，该比值称之为**德博拉数**(Deborah number)：

$$De=\frac{\tau_{De}}{T} \tag{4.44}$$

对于 $De<1$ 的情况，当作用在流体上的应力(或剪切率 $\dot{\gamma}$)改变时，它有足够的时间来重构内部结构。对于剪切稀化流体，有效黏性随着剪切率的增大而减小，且测量值不依赖于测量本身，具有复现性；并且，在经历了剪切率周期性地增加与减小的循环测试后，流变关系依然保持不变。图 4.8 所示即为这种典型的依赖关系。然而，在实际情况下，这种描述仅限于某些特定的流体，以及稳态或者流速变化不大的流动情形。

注：Marcus Reiner(他与 E. C. Bingham 一起创建了流变学)引用圣经故事中先知德博拉(Deborah)在战胜非利士人后唱到“主见证了山的流动”的故事，定义了德博拉数。从人寿命的时间尺度来看人是无法目睹山的结构变化的，但山从来没停止过改变，在足够长时间尺度里山甚至会消失。也就是说，这只不过是一个时间尺度的选取方式而已。

如果 $De \gg 1$,当流体内部结构变化时,流变特性的改变所需时间的量级为 τ_{De}。因此,当作用于流体的剪切率发生一系列的增加与减小时,我们得到的流变曲线会出现迟滞现象;并且,从同一个瞬间状态开始做有限次周期性测量,流变曲线不再重叠。这种行为正反映了流体的触变特性。

对于高分子流体,触变行为体现了大分子团簇解开缠绕的微观过程。对于悬浮液,该行为则体现了因静电力或范德瓦耳斯力吸附形成的团簇结构的破坏过程,例如上述提到的几种泥浆(膨润土)。流变测试中,在转速一定情况下,实验所测得的扭矩会随时间减小(时间尺度为几分钟量级)。如果转速持续减小到零,我们会发现流体的应力-应变关系与初始测量得到的曲线完全不同;这是缘于流体内部结构已经遭到改变,若要恢复到初始的流变关系曲线,则需将悬浮液静置几个小时。流动的速度梯度越大,流体的内部结构演化也就越显著。

注:在文献中我们也常遇到用**魏森贝格数**(Weissenberg number) We 来描述这类流体的情况,该无量纲数定义为 $We=\dot{\gamma}\tau_{De}$,用以表征恒定剪切率 $\dot{\gamma}$ 下流体随时间的演化过程。

触变流体具有很多实用价值:上文提到的涂料和钻井泥浆等均具有显著的触变特性,并且触变特性会强化剪切稀化效应。很多食品(比如番茄酱)在使用前需要足够的摇晃后才会更容易流动,这同样也是基于触变性原理。

此外,也存在一些流体表现出与上述描述相反的性质:在剪切作用下,它们随时间变得越来越黏稠(例如石膏),这类流体称之为**反触变流体**(anti-thixotropic fluid)。有些情况下,我们还会碰到**流凝性流体**(rheopexy fluid),即流体在被搅拌过程中会不断发生固化。

黏弹性

黏弹性(viscoelasticity)是指介于弹性固体(应力和应变成比例关系,比例系数为弹性模量)与流体(应变率随应力增加而增加)之间的一种行为。**硅胶膏小球**(silly putty ball)是一个典型的例子(图 4.11),它可以从基底上弹起来(图 4.11(a′),(b′),(c′),(d′));但是,如果将其置于水平面上足够长时间,它也能像流体一样铺展开来(图 4.11(a),(b),(c))。当应力变化率很高时(比如,撞击等情形),短时间内物质内部结构来不及重排,从而表现出与弹性固体一样的行为。这种情况下,物质一般通过形变来存储能量。例如,高分子聚合物中通过分子重新取向来存储能量。

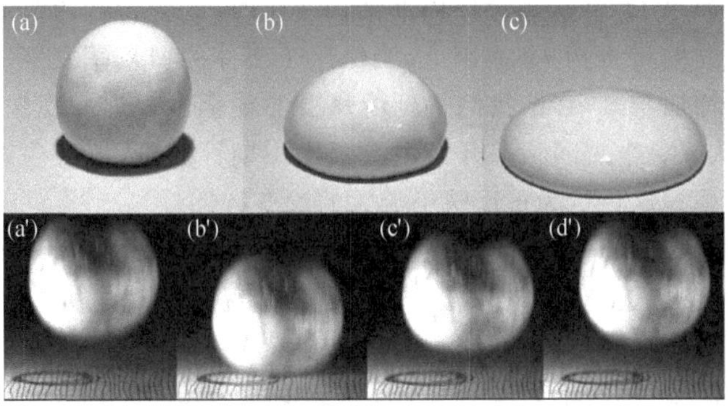

图 4.11 硅胶膏(橡皮泥)小球在不同时间尺度下对应力的响应具有显著的差异。(a,b,c):平放在基底上的硅胶球,经历很长时间后会像流体一样铺展开来;(a′,b′,c′,d′):硅胶小球从一定高度上快速剧烈撞击基底时将像弹性球一样反弹(图片来源于 R. Lehoucq 和本书作者)

然而,如果橡皮泥小球被置于一个平基底上,此时应力为常数;在时间尺度 τ_{De} 内,由于物质内部结构的重排,小球会像液体一样铺展开。这种行为与触变特性不同,在较短的时间尺度内,没有像触变流体那样在短时间内表现出高黏性现象。

高浓度的高分子水溶液(比如,质量分数为千分之几的聚氧乙烯)、面团、人造纹理纤维(如尼龙、凯夫拉)等都属于黏弹流体。有时,黏弹性流体(比如,果冻或某些泡沫)会表现出与其对应的固体形态物质的特性。

最后需要说明,黏弹性流体对于垂直和平行于剪切平面的应力分量的响应通常是不同的,该性质也可见于其他的流体,我们将在第 4.4.5 节具体讨论。

影响时变应力的其他因素

除了黏弹性物质以外,对于其他不同流变特性的物质,我们也会观察到依赖于时间尺度的行为。例如,高浓度的玉米淀粉水溶液,当我们用勺子快速撞击它时,溶液的响应像坚硬的固体一样,但是同样的勺子却可以慢慢地浸入溶液(即使将勺子简单地放置在溶液表面,它也会自己没入)。在这个例子中,淀粉溶液的内部结构具有较短的弛豫时间。然而,对于像地球内部的地幔层这样的结构体系,该弛豫时间则非常大。在地壳对流运动中,地幔会表现出类似于黏性流体一样的行为,但是在常规的时间尺度里,人们仍然认为地球内部是固态的。

4.4.4 黏弹性流体的复黏性和弹性

黏弹性流体时变特性的测量

时变特性最常见的测量方案是对流体施加一个台阶式变化的应力(或剪切率),然后测量响应剪切率(或应力)的改变。

如图 4.12(a)所示，在库埃特黏度仪中的一个圆柱面上，施加一个突变的扭矩 Γ。对于典型的牛顿流体，当扭矩改变时，转速 ω 基本上会瞬间稳定到一个新的常数值。然而，对于黏弹性流体，圆柱体转动角速度首先会显著增加，然后再随时间慢慢变小，弛豫变化至一个较小的常数(图 4.12(b))，或降到一个随时间变化非常慢的值。如果突然停止施加扭矩，我们会观察到圆柱在停止转动前会轻微地反向转动，就像圆柱被一个橡胶纽线牵引着一样，这一点体现了流体的弹性，称之为**恢复现象**(recovery phenomenon)。在这类测量中，我们可以通过测量给定激励下的流体的响应时间来估算流体内部结构调整所需的时间尺度 τ_{De}。

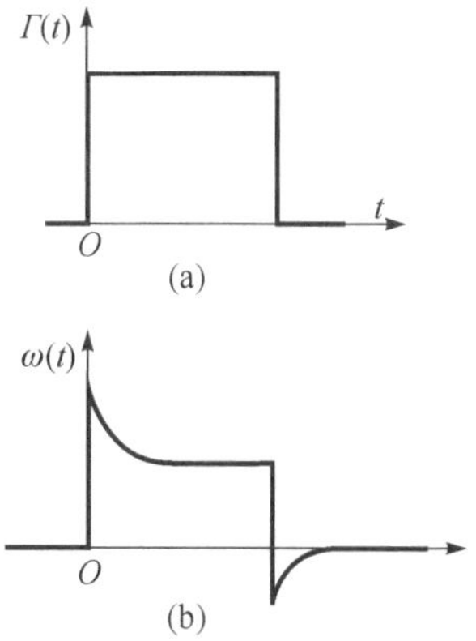

图 4.12　库埃特黏度仪中，施加于黏弹性流体的应力突然改变之后，流体响应曲线的简化示意图。(a)作用于黏度仪的扭矩 Γ 突然改变；(b)相应的角速度 $\omega(t)$ 发生变化

上述实验中观察到的响应过程一共涉及到以下几个特征时间尺度：流体内部结构的响应时间、应力(或剪切率)改变所需的时间、剪切率的倒数。根据它们数值的相对大小(以及流体内在的非线性特性)，我们可以观察到流体几种不同的行为。

最后，另外一种考察黏弹性流体时变特性的方法是对流体施加一个正弦变化的应力(或剪切率)，然后测量对应的互相制约的变量随时间的变化。在小形变情况下，响应量的幅值也按正弦规律变化，只是相对于激发量存在一些相位偏移。因此，在给定激励下，我们必须同时测量响应量的幅值和相位。接下来，我们将详细讨论在正弦信号的激励下，响应量是如何关联于激励信号的周期以及流体结构重排所需的时间(即德博拉数)。此外，响应量也依赖于激励引起的形变量的大小。

特征系数的定义

对于通过施加正弦激励信号流变测量和分析，我们可以引入一个复模量 $\overline{G}(\omega)$ 来关联复应力 $\bar{\sigma}(t)=\sigma_0(\omega)\mathrm{e}^{\mathrm{i}(\omega t+\varphi)}$ 和复应变 $\bar{\gamma}(t)=\gamma_0(\omega)\mathrm{e}^{\mathrm{i}\omega t}$：

$$\bar{\sigma}(t)=\overline{G}(\omega)\bar{\gamma}(t)=(G'(\omega)+\mathrm{i}G''(\omega))\bar{\gamma}(t) \quad (4.45)$$

(请注意 $\bar{\gamma}(t)$ 为应变，而非应变对时间微分所得的剪切率)。$\overline{G}(\omega)$ 称之为**复刚性模量**(complex modulus of rigidity)，它的实部关联于介质的弹性(**储能模量**，storage modulus)，虚部关联于介质的黏性(**损耗模量**，loss modulus)。对于弹性固体：

$$G'(\omega)=G \quad (4.46a)$$

$$G''(\omega)=0 \quad (4.46b)$$

其中 G 是材料的剪切模量。对于牛顿黏性流体，我们有 $\dot{\bar{\gamma}}(t)=\mathrm{i}\omega\,\bar{\gamma}(t)$。结合方程 $\bar{\sigma}=\eta\dot{\bar{\gamma}}(t)$，可得

$$G'(\omega)=0 \tag{4.47a}$$

$$G''(\omega)=\eta\omega \tag{4.47b}$$

对于黏弹分量较小的黏性流体，我们可以引入一个更有意义的复黏度：

$$\bar{\eta}(\omega)=\eta'(\omega)-\mathrm{i}\eta''(\omega)=\frac{\bar{\sigma}(t)}{\dot{\bar{\gamma}}(t)}=\frac{\bar{\sigma}(t)}{\mathrm{i}\omega\bar{\gamma}(t)}$$

$$=\frac{\bar{G}(\omega)}{\omega}=\frac{G''(\omega)}{\omega}-\mathrm{i}\frac{G'(\omega)}{\omega} \tag{4.48}$$

结合上述定义，我们可得以下方程：

$$\eta'(\omega)=\frac{G''(\omega)}{\omega} \tag{4.49a}$$

$$\eta''(\omega)=\frac{G'(\omega)}{\omega} \tag{4.49b}$$

对于纯黏性流体(没有任何弹性)，我们有 $\eta'(\omega)=\eta$ 和 $\eta''(\omega)=0$。

通常来说，$G'(\omega)$、$G''(\omega)$、$\eta'(\omega)$ 和 $\eta''(\omega)$ 是相互关联的，同时也都依赖于激励信号的幅值。研究这类流体，我们需要分析这两类参数。因此，估算从低频黏性区($De\ll 1$)向高频弹性区的转化频率提供了一种估计德博拉数的方法，进一步可以估计流体内部结构的特征响应时间。

黏弹性流体的力学模型

为理解时变流体的应力-应变关系，我们有必要给出黏弹流体时变特性的近似解析式。通过线性力学模型，我们可以描述 G' 与 G'' 对激励信号频率 ω 的依赖关系，例如，**麦克斯韦流体**(Maxwell liquid)模型(该模型并未考虑流体的内部结构)。

麦克斯韦模型是针对线性黏弹流体的近似模型。这种流体在角频率较小时会表现出黏性为 η 的流体的行为，在角频率较大时会表现出弹性模量为 G 的固体的行为(定性来说，上文讨论的橡皮泥是一个很好的例子)。从应力-应变关系角度看，该物质可看作弹簧(应力 $\bar{\sigma}$ 正比剪切率 $\bar{\gamma}(t)$，比例系数为弹性模量 G)和阻尼器(应力 $\bar{\sigma}=G\bar{\gamma}$，满足 $\bar{\sigma}=\dot{\bar{\gamma}}=\mathrm{i}\omega\eta\bar{\gamma}$)的串联系统，如图 4.13(a)所示。

系统输入高频激励时，阻尼器来不及响应，因此整个系统表现出弹簧的特性；当激励为低频时，弹簧几乎不形变，系统只有阻尼器效应。需要注意：这个模型仅是一个力学类比，并不能描述流体内部结构的改变，仅是模仿系统的整体行为。在模型中，施加的应力 $\bar{\sigma}$ 同时作用在弹簧与阻尼器上，变形量

$\bar{\gamma}_{弹簧}$与$\bar{\gamma}_{阻尼器}$之和为系统的总应变，即

$$\bar{\gamma}_{麦克斯韦}=\bar{\gamma}_{弹簧}+\bar{\gamma}_{阻尼器}=\frac{\bar{\sigma}}{G}+\frac{1}{\mathrm{i}\omega}\frac{\bar{\sigma}}{\eta}=\frac{\bar{\sigma}}{G'+\mathrm{i}G''} \tag{4.50}$$

$$\bar{G}(\omega)=G'(\omega)+\mathrm{i}G''=\frac{\mathrm{i}\omega\eta}{1+\mathrm{i}\omega(\eta/G)}=\frac{\mathrm{i}\omega\eta}{1+\mathrm{i}\omega\tau} \tag{4.51a}$$

其中 $\tau=\eta/G$ 为流体的特征弛豫时间，用以确定系统从类流体（$\omega\ll1/\tau$，即 $De\ll1$）到类弹性体（$\omega\gg1/\tau$，即 $De\gg1$）转变的特征频率。结合方程(4.49a)、(4.49b)和(4.51a)，复黏性可表示为

$$\eta(\omega)=\eta'(\omega)-\mathrm{i}\eta''(\omega)=\frac{\eta}{1+\mathrm{i}\omega\tau} \tag{4.51b}$$

另一个常见的是**开尔文-沃伊特模型**（Kelvin-Voigt model）。当外加激励变化比较慢时，该模型的响应会表现出类弹性体的特性（弹性模量为 G），在快速激励下也会表现出类似于黏性为 η 的流体的特性。该模型也可用弹簧与阻尼器来描述，但此时它们是并联关系，见图 4.13(b)。通过与上文类似的分析，我们可得复弹性模量 $\bar{G}$ 为

$$G'+\mathrm{i}G''=G+\mathrm{i}\omega\eta=G(1+\mathrm{i}\omega\tau) \tag{4.52}$$

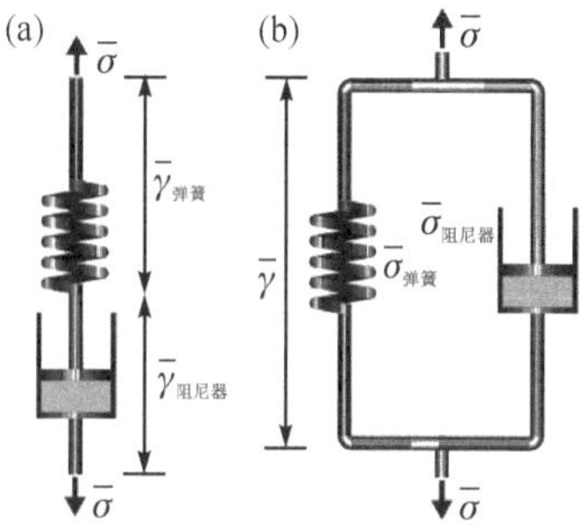

图 4.13　(a)麦克斯韦流体的力学模型，其中弹簧与阻尼器串联；(b)开尔文-沃伊特固体（Kelvin-Voigt solid）的力学模型

实际流体很少呈现出上述两种极限情形对应的行为，并且常涉及到几个和流体内部结构重排相关的特征时间。目前，已有更复杂的模型被提出用以描述实际流体的流变行为，它们特别考虑了变形幅值的效应。

示例：一种黏弹性流体的流变特性

图 4.14 给出了大分子胶束溶液的流变特性：这种溶液体系中，分子多为可以活跃表面张力的化合物，它们会聚集形成很细（两个分子宽度）但很长的蠕虫状结构。由于这种结构总在动态地分开与聚集，因此也称为“活结构”。根据图中所示的流变关系，我们可以界定两种行为。当频率低于 0.2 Hz 时，溶液表现出类黏性流体的行为，损耗模量为 G''，该模量随频率线性增加（对应方程(4.51a)中的虚部）；此时，损耗模量起主导作用，储能模量 G' 与频率成平方关系。当频率大于 2 Hz 后，储能模量 G' 基本为常数，损耗模量 G'' 随频率以 f^{-1} 下降，此时，溶液呈现出类弹性流体的行为。如果频率进一步增加至大于 10 Hz 后，其他新的能量损耗机制将会出现，G'' 相比于方程(4.51a)的预测值偏大。

图 4.14 双对数坐标下，大分子胶束溶液的流变特性：G'与G''对频率的依赖关系。实线对应麦克斯韦模型（方程（4.51a）），相应参数为$\tau=0.38$ s，$G=249$ Pa（数据来源于 J. -F. Berret、G. Porte 和 J. -P. Decruppe）

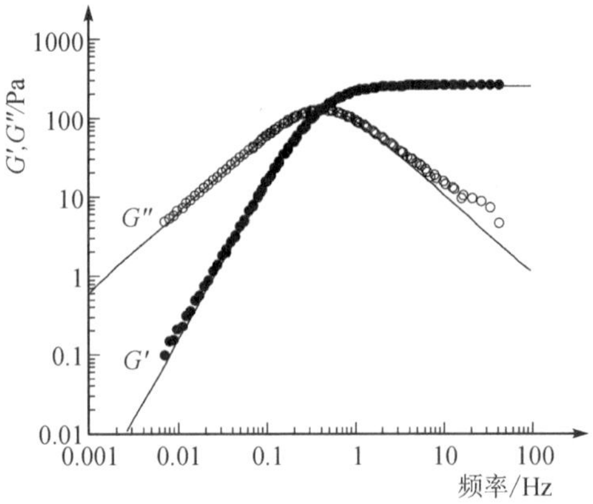

4.4.5 各向异性的正应力

截至目前，通过分析黏性剪切性质，我们讨论了几种非牛顿流体应力-应变关系，它们有的依赖于时间，有的则不依赖。接下来，我们将探讨一些关联于各向异性的正应力，或拉伸黏性的现象，这些现象会涉及到应力张量的其他分量，也关联于不同的流动类型。

对于牛顿流体来说，平行流动中不存在正应力。然而，在黏弹性流体的流动中，我们经常会在管道出口处观察到沿流动方向的**拉伸正应力**（extensional normal stress），以及垂直于流动方向的向外**压力**。这些正应力差值解释了一些高分子溶液射流和熔融态高分子流体流出管道出口时发生的膨胀现象。实验观测表明：射流最终的直径随流量的增加而增加（图4.15(a)和(b)），甚至可能达到初始直径的好几倍。当流量高于一定值后，我们甚至可以观察到阻滞效应：射流传播一段距离后才开始膨胀（图 4.15(c)）。通常来说，模具注塑成型过程中必须考虑膨胀和阻滞效应。

图 4.15 将水溶性高分子溶液通过毛细管注入具有相同密度的盐水溶液中时，出口处出现膨胀射流。流量分别为(a)5 ml/h；(b)80 ml/h；(c)120 ml/h（资料来源于 C. Allain、P. Perrot 和 D. Senis，FAST）

魏森贝格效应（Weissenberg effect）是正应力差的另一个例子。黏弹性流体（比如，鸡蛋清或面团）沿转动的搅拌轴往

上爬的现象就是由正应力引起的(图 4.16)。然而,牛顿流体的情况正好相反:由于离心力作用,旋转的牛顿流体受离心力作用会向外流,因此自由表面会降低。

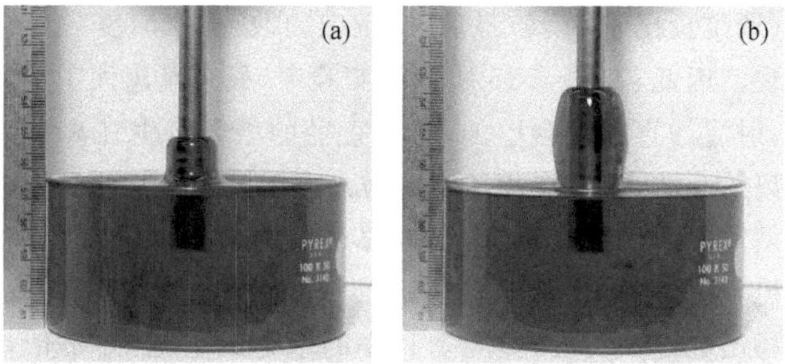

图 4.16(彩) 黏弹性流体(溶于有机溶剂的聚苯乙烯溶液)的魏森贝格效应。图中显示了两个连续时刻流体沿转轴的爬升(图片来源于 J. Bico 和 G. McKinley, MIT)

魏森贝格效应的定性分析

蛋清溶液的主要成分是一种长链蛋白质,这种长链大分子会使蛋白表现出弹性行为。在应力作用下,长链会被拉伸和(或)卷曲,再次恢复到原平衡态构像需要一定的时间。当蛋清被搅拌转起来后,内部大分子会沿着转轴向外拉伸,就像绕转轴绑着的橡胶带一样。溶液感受到的张力合力倾向把流体推向转轴,该现象充分体现了法向应力的各向异性。如果流体的弹性行为足够显著,在转轴附近,该现象会补偿甚至克服由离心力引起的过压,从而抑制液面下压,额外的指向转轴的压力则会迫使流体沿轴爬升。类似的解释也适用于图 4.15 中高分子溶液射流的膨胀。这种情况下紧绷的“橡胶带”从管口射出时会被拉伸,通过增大出口处的尺寸并维持体积不变,橡胶带的长度与形状就可恢复。

一般来说,正应力的各向异性对黏弹性高分子溶液非常重要。类似的效应也可在其他流体中观察到,比如,各向同性的非布朗粒子的悬浮液(尺寸大于 1 μm 的短棒)和大分子胶束溶液(流变特性曲线见图 4.14)。

在定量分析中,我们通常会考虑一个二维的剪切流 $v_x(y)$。对于各向同性的牛顿流体来说,正应力 σ_{xx}、σ_{yy} 和 σ_{zz} 是相等的。然而,对于非牛顿流体,正应力存在非零差值:

$$N_1=\sigma_{xx}-\sigma_{yy} \tag{4.53a}$$

称为**第一正应力差**(first normal stress difference),该值通常较大且为正(在一些情形下可以是剪切应力的 10 倍)。**第二正应力差**(second normal stress difference)定义为

$$N_2=\sigma_{yy}-\sigma_{zz} \tag{4.53b}$$

该值通常较小($<0.1\ N_1$)且为负，N_2 在很多经典模型中常取为 0(比如魏森贝格效应模型)。当剪切应力为 0 时，N_1 和 N_2 均为 0；当剪切应力不为 0 时，它们通常与剪切率 $\dot{\gamma}$ 成幂律关系(通常正比于 $\dot{\gamma}^2$)。最后，当正应力改变时，时变效应也可能出现。因此，在图 4.15 所示的实验中，只有流速大于流动阈值后，射流的直径才会增加，并且直径的增大发生在离出口一段距离的下游，该距离随速度的增大而增大。

使用经典的锥-板结构黏度仪可以测量 N_1。有时也可通过射流膨胀、流体绕转轴爬升等效应等来间接估算正应力差。需要指出的是，正应力差与剪切率的平方成正比，并不依赖于应变的方向；故而流体的爬升也不依赖于转轴的旋转方向。

4.4.6 拉伸黏性

流体流经一个很小开口时会表现出拉伸黏性效应，这种情况下必须考虑流动方向上的速度梯度。我们来考虑两块共轴放置、大小相同、中间充满流体的平行圆盘在被拉开的过程中形成的**拉伸流**(elongational flow)，图 3.10(a)给出了这种流动的简化示意图。两圆盘中轴线中点上流动速度为零(O 点)。在中轴面($z=0$)之外，速度的轴向分量指向最近的圆盘，径向速度分量沿着 z 方向，因此以下形式的速度场可作为这类流动的近似描述(满足$\nabla\cdot\boldsymbol{v}=0$)：

$$v_x=-\dot{\varepsilon}\ \frac{x}{2} \tag{4.54a}$$

$$v_y=-\dot{\varepsilon}\ \frac{y}{2} \tag{4.54b}$$

$$v_z=\dot{\varepsilon}z \tag{4.54c}$$

该速度场关于 z 轴对称，我们可定义一个拉伸黏性系数：

$$\eta_{\mathrm{el}}=\frac{\sigma_{zz}-(\sigma_{xx}/2)-(\sigma_{yy}/2)}{\dot{\varepsilon}} \tag{4.55}$$

η_{el} 又称**特鲁顿黏性系数**(Trouton viscosity)。

对于牛顿流体，通过简单的关系式 $\sigma_{zz}=2\eta\dot{\varepsilon}$，$\sigma_{xx}=-\eta\dot{\varepsilon}$，$\sigma_{yy}=-\eta\dot{\varepsilon}$，我们可得 $\eta_{\mathrm{el}}=3\eta$。然而对于很多非牛顿流体，尤其是黏弹性流体，法向应力差异非常显著。这种**强化**(strengthening)现象源于流体的应变：从微观角度来看，高分子流体中的法向应力差来源于大分子的排列取向，以及分子链被强烈拉开时的一些典型行为。不同于前文讨论的流动情况，在实际实验中很难形成稳定的拉伸流，因而拉伸黏度 η_{el} 难以测量。

拉伸黏性效应在合成纤维纺织工业中具有重要的应用价值。普通流体形成射流时，毛细力对射流直径的不均匀性具有放大作用，会加剧射流液柱的不稳定性，射流最终会断裂为一系列液滴（参见第 8.3.2 节的瑞利-普拉托失稳）。然而，制备合成纤维的高分子黏弹性流体多具有显著的拉伸黏性效应，这种效应会减缓射流失稳的发展；如果这种减缓发生在最细的区域，会有利于获得均匀的纤维。如图 4.17 所示：在不需要固体支撑物的情况下，黏弹性流体的自由表面上被拉出一条“线状”流体，并可将其缠绕在一个转轴上。

图 4.17（彩） 黏弹性流体表现出的拉伸黏度。利用此特性，我们可将图 4.16 中的黏弹性流体缠绕在一个旋转轴（图片来源于 J. Bico 和 G. McKinley，MIT）

最后，需要说明的是，一些流体的流动会同时表现出本节讨论的多种效应。例如，挤压流中不仅存在显著的正应力各向异性，同时也具有一个拉伸分量。

4.4.7 常见非牛顿流体的总结

表 4.1 总结了前文讨论的复杂流体的流变特性，包括胶体流体、悬浮液与高分子溶液等。在这些流体中，屈服应力流体与黏弹性流体在较小的应力或短暂的应力作用下会表现出类固体的行为。此外，一些容易变形的固体（比如凝胶）在较大或长时的应力作用下可以发生“流动”，并表现出黏性流体的特性（比如，第 4.4.4 节讨论的开尔文-沃伊特模型），甚至在一些情形下还会表现出表面张力主导的毛细效应。

表 4.1 不同类型的非牛顿流体

类型	名称	特性
牛顿流体	牛顿流体	$\eta_{\text{eff}}=\sigma/\dot{\gamma}$ 为常数，不随 $\dot{\gamma}$ 改变
非线性应力-剪切率流体	剪切稀化流体	η_{eff} 随 $\dot{\gamma}$ 增加而减小
	屈服应力流体	当应力小于阈值 σ_c 时 $\dot{\gamma}=0$
	剪切增稠流体	η_{eff} 随 $\dot{\gamma}$ 增加而增加
应力作用下的时变流体	触变性流体	η_{eff}随时间减小（恒定应力模式）
	震凝性流体	η_{eff}随时间增加（恒定应力模式）
流体-固体混合行为流体	黏弹性流体	弹性/黏性响应（依据激励时间特性），高的正应力

注：我们经常用**软物质**（soft matter）一词来统称这类物质，这个表述是由法国物理学家皮埃尔-吉勒·德热纳（Pierre-Gilles de Gennes）引入，他在该领域做出了具有深远影响的工作。要理解这类物质的力学与流动特性，就绕不开它们的内部微观结构与其物理化学特性。

4.5 黏性牛顿流体的一维流动

4.5.1 一维流动的纳维-斯托克斯方程

在第 4.2.2 节中，我们已经经过一些简化假设，得到了描述黏性不可压缩牛顿流体运动的纳维-斯托克斯方程(4.30)。该方程通常很难解析求解，主要困难来源于方程中的非线性项 $\rho(\boldsymbol{v}\cdot\nabla)\boldsymbol{v}$，这一项表征了流体对速度场空间变化的响应。

对于一维流动(或称平行流动)，上述求解困难不再存在。在下面的讨论中，我们假定速度只有 x 方向的非零分量，即

$$v_y(x,y,z,t)=v_z(x,y,z,t)=0 \tag{4.56}$$

结合上式，不可压缩条件$\nabla\cdot\boldsymbol{v}=0$ 可简化为

$$\frac{\partial v_x}{\partial x}=0 \tag{4.57}$$

进一步可得

$$(\boldsymbol{v}\cdot\nabla)\boldsymbol{v}=\left(v_x\frac{\partial}{\partial x}+v_y\frac{\partial}{\partial y}+v_z\frac{\partial}{\partial z}\right)\boldsymbol{v}\equiv 0 \tag{4.58}$$

由于速度 $\boldsymbol{v}$ 只有一个非零分量 $(v_x(y,z,t),0,0)$，因此纳维-斯托克斯方程可简化如下：

$$\rho\frac{\partial v_x}{\partial t}=\rho f_x-\frac{\partial p}{\partial x}+\eta\left(\frac{\partial^2 v_x}{\partial y^2}+\frac{\partial^2 v_x}{\partial z^2}\right) \tag{4.59a}$$

和

$$\rho f_y-\frac{\partial p}{\partial y}=\rho f_z-\frac{\partial p}{\partial z}=0 \tag{4.59b}$$

方程(4.59b)是(4.30)退化后所得的流体静力学平衡方程(多数情况下，f_x、f_y 和 f_z是重力加速度 $\boldsymbol{g}$ 的分量)。这种情况下，$\boldsymbol{f}=\boldsymbol{g}$ 在整个流场中为常数，进一步对方程(4.59b)关于 x 求导可得

$$\frac{\partial}{\partial x}\frac{\partial p}{\partial y}=\frac{\partial}{\partial x}\frac{\partial p}{\partial z}=0 \quad 即 \quad \frac{\partial}{\partial y}\frac{\partial p}{\partial x}=\frac{\partial}{\partial z}\frac{\partial p}{\partial x}=0$$

因此，流场中压力梯度$\partial p/\partial x$ 不依赖 y 和 z。此外，由于 v_x 不依赖 x，对方程(4.59a)两侧关于 x 求导可知$\partial p/\partial x$ 也不依赖于 x，于是可知

$$\frac{\partial p}{\partial x}=常数 \tag{4.60}$$

对于一维流动，方程(4.60)在整个流场内都成立(但对于非定常流动，$\partial p/\partial x$ 可能会随时间变化)。

对于一维定常流动，方程(4.22)左侧为零。由第 4.2.1 节讨论可知，这意味着作用在流体微元上的合力(重力＋压力＋

黏性应力)对于一维定常流动始终为零:也就是说,流体微元的动量在时间(对应定常条件)和空间(对应一维特性)上均保持不变。

以下我们即将讨论的四个流动就属于上面情形。随后,我们以圆柱面库埃特流动为例,讨论流动方程中保留非线性项时如何求解速度场。然而,即使我们能够找到这类流动的一个解,也并不意味着实验中就能观察到该解对应的流动;因为当雷诺数足够大时,平行流动会发生失稳,最终发展为复杂且不稳定的湍流。

对流项$(\boldsymbol{v}\cdot\nabla)\boldsymbol{v}$为零并非只在平行流动时才成立,在小雷诺数($Re\ll1$)流动情况下,对流项也可忽略,这一点我们将在第 9 章中讨论。这种流动中,黏性摩擦力项$\eta\nabla^2\boldsymbol{v}$起主导作用,即使在任意几何结构下也都可忽略非线性项;因此流动可通过一个线性方程来描述,称之为**斯托克斯方程**(Stokes equation)。此外,对于接近一维的流动,若雷诺数不是太大(最小值可大于 1,最大极限值取决于流动的几何特征),运动方程也可线性化;这是将在第 8 章讨论的**润滑近似**(lubrication approximation)理论。

4.5.2　平板库埃特流动

我们在第 2.1.2 节讨论动量扩散问题时,分析了两个间距固定且存在相对运动的平行平板间的流动。

如图 4.18(a)所示,我们来考察两个平行平板间的流动,下板(位于$y=0$)静止,上板(位于$y=a$)以恒定的速度$\mathbf{V}_0$沿着平行于自身的方向移动。我们假定沿流动方向没有压力梯度(由方程(4.60)可知$\partial p/\partial x=0$),同时假定流动定常($\partial v_x/\partial t=0$),且流场不依赖坐标$z$。此外,平板水平放置,因此重力只在$y$方向上有非零分量$g_y=-g$。于是,方程(4.59)可简化为

$$\eta\frac{\partial^2 v_x}{\partial y^2}=\frac{\partial p}{\partial x}\tag{4.61}$$

和

$$\frac{\partial p}{\partial y}=-\rho g\tag{4.62}$$

其中g为重力加速度的绝对值(方程(4.62)右边出现负号是因为重力方向与y轴正方向相反)。考虑到$\partial p/\partial x=0$,方程(4.61)可进一步简化为

$$\frac{\partial^2 v_x}{\partial y^2}=0\tag{4.63}$$

积分可得

$$v_x=V_0\frac{y}{a}\tag{4.64}$$

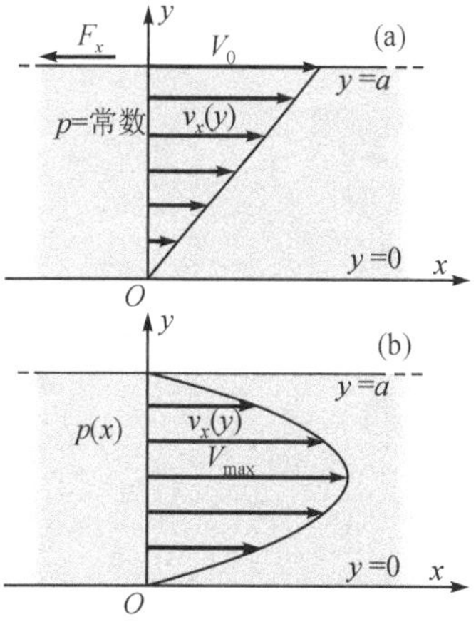

图 4.18　平板间的流动。(a)库埃特流动:底板静止,上板在x方向以恒定速度V_0运动;(b)泊肃叶流动:两板静止,流动由压力梯度驱动(与图 2.7(b)对比)

注：我们注意到，F_x 与 y 无关，并且单位体积流体的黏性力的合力 $\eta(\partial^2 v_x/\partial y^2)$ 为零，这是 x 方向上的合力为零的必要条件(因为压力与重力在 x 方向的分量为零)。

积分时已经考虑了流动的边界条件：两板壁面处流体相对于板的速度必须为零。重力仅作用在流动的垂直方向，产生静压梯度，但该梯度并不影响流动。平板单位面积上的黏性摩擦力为

$$|F_x| = |\sigma_{xy}| = \eta \frac{\partial v_x}{\partial y} = \frac{\eta V_0}{a} \tag{4.65}$$

4.5.3 泊肃叶流动

我们接下来首先分析两固定平行板间的不可压缩定常流动，接着讨论圆管内的流动，这类流动都是通过平板或圆管两端的压差来驱动的。我们假定流动已经远离通道入口，且速度廓线不再随流动方向上的距离增加而改变；管道入口处流动的详细分析会涉及到速度廓线向稳态发展的过程，以及边界层厚度变化，这一点我们将在第 10.2 节中展开讨论。

两个固定平行板间的流动

图 4.18(b)所示为两块水平放置的固定平行板间黏性流体的定常流动示意图，其中底板位于 $y=0$，顶板位于 $y=a$。流动由 x 方向的压力梯度 $\partial p/\partial x = -K = -(\Delta p/L)$ 驱动。对于沿 x 正方向的流动，K 取正值；由方程(4.60)可知 K 在整个流场中均为常数。于是，方程(4.59a)可简化为

$$\eta \frac{d^2 v_x}{dy^2} + K = 0$$

将上式关于 y 积分并考虑壁面的边界条件($y=0$ 和 $y=a$ 时，$v_x=0$)，我们可得

$$v_x = \frac{K}{\eta}\frac{y(a-y)}{2} = -\frac{\partial p}{\partial x}\frac{1}{2\eta}y(a-y) = V_{\max}\frac{4y\ (a-y)}{a^2} \tag{4.66}$$

上述流动称之为**泊肃叶平行流动**(Poiseuille parallel flow)，速度廓线为抛物线分布，最大速度 $V_{\max}$ 在流道的对称中心面上(即 $y=a/2$ 处)，取值为

$$V_{\max} = K\frac{a^2}{8\eta} = -\left(\frac{\partial p}{\partial x}\right)\frac{a^2}{8\eta} \tag{4.67}$$

若取 z 方向深度为单位长度，我们可计算板间流量为

$$Q = \int_0^a v_x(y)dy = K\frac{a^3}{12\eta} = \frac{\Delta p}{L}\frac{a^3}{12\eta} \tag{4.68}$$

其中 $\Delta p = p(x) - p(x+L)$ 是经过长度 L 后的压降。流量 Q 在给定压降 Δp 下与 a^3 成正比，因此增加高度引起的流量增加远快于增加流道横截面尺寸的变化(如果 z 方向上取单位

深度，那么横截面积大小即为 a）。通过流量 Q，我们可以定义流动的平均速度 $U=Q/a$，即

$$U=K\frac{a^2}{12\eta}=\frac{2V_{\max}}{3} \tag{4.69}$$

两块平行板间库埃特流动和泊肃叶流动的叠加

如图 4.19 所示，我们再次来考虑两块平行于 x 轴、间距为 a 的水平板间的定常流动：下板固定于 $y=0$ 处，上板位于 $y=a$ 处并以速度 $v_x=V_0$ 沿 x 轴正方向运动。然而，不同于第4.5.2节中讨论的流动，此处我们在平行于平板的方向施加一定的压力梯度$\partial p/\partial x$，且该梯度不随时间与空间位置改变。这种情况下，我们对方程(4.59a)积分可得

$$v_x(y)=\frac{\partial p}{\partial x}\frac{y^2}{2\eta}+Cy+D \tag{4.70}$$

由于在底板上($y=0$)速度处处为零，所以系数 D 为零；C 可通过上顶板速度 V_0 来确定。于是，我们最终可得

$$v_x(y)=-\frac{\partial p}{\partial x}\frac{y(a-y)}{2\eta}+V_0\frac{y}{a} \tag{4.71}$$

显然，最终的速度廓线为泊肃叶流动与库埃特流动的叠加，分别对应方程(4.71)右边第一项与第二项。图 4.19 定性地给出了不同情况下的速度廓线。根据特定的情况，我们可以确定两板间速度的最大值(当然，某些特定边界条件下也许无法确定最大流速)。直接对方程(4.71)关于 y 积分可得两板间的流量(z 方向取单位深度)：

$$Q=-\frac{\partial p}{\partial x}\frac{a^3}{12\eta}+\frac{V_0 a}{2} \tag{4.72}$$

观察上式可知，流量也是相应的泊肃叶流动和库埃特流动流量的叠加。我们之所以可以对这两种流动的速度场和流量进行叠加，是因为方程(4.59a)是线性的。

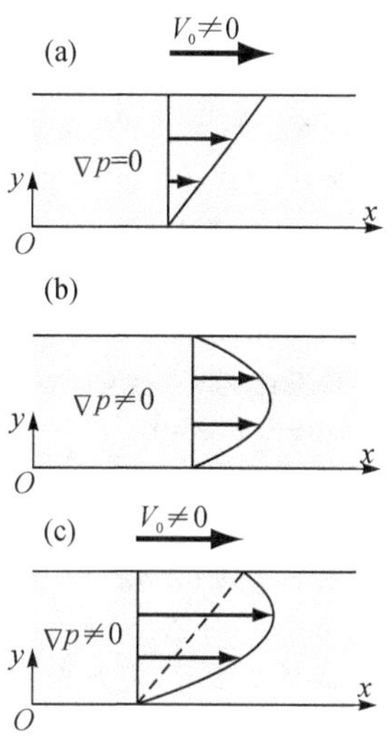

图 4.19　两种流动的叠加。(a)剪切流动；(b)泊肃叶流动；(c)剪切与压强降驱动下两种流动的叠加

注：类似的流动在第 8 章的讨论中还将遇到，比如两块存在小夹角的不平行平板具有相对运动引起的流动，或者自由面的温度梯度诱导的流动(马兰戈尼效应)。

圆管内的流动

如图 4.20 所示，我们考虑半径为 R 的水平圆管内由压差驱动形成的流动，距离 L 上的压差为 $\Delta p=p_1-p_2$。我们假定速度只有流动方向(沿 z 轴)的非零分量 v_z，且仅为径向距离 r 的函数。与前文讨论的情况一致，压损系数 $K=(\Delta p/L)=-(\partial p/\partial z)=$常数。这种情况下，我们可以很容易地求解纳维-斯托克斯方程。

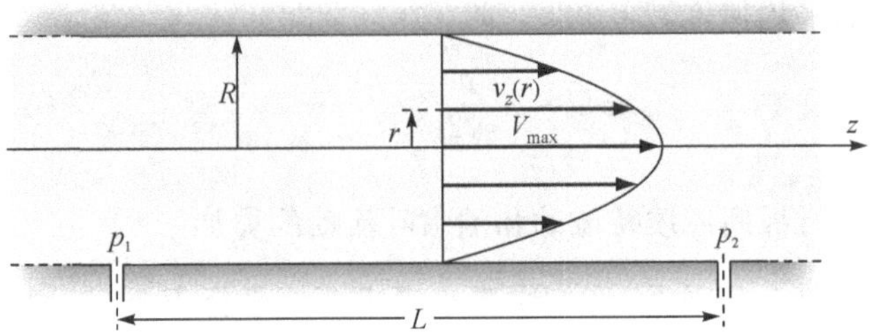

图 4.20 圆管内的泊肃叶流动，管内径为 R，距离 L 上的压差为 $\Delta p = p_1 - p_2$

(i)流动速度场

根据流动的几何特征，我们选择在柱坐标系(r,φ,z)下进行分析，其中 r 为到圆管中心轴线的距离，$\varphi=0$ 对应于指向向上的半径矢量。于是，纳维-斯托克斯方程(4.59a)和(4.59b)可转化为

$$0 = -\frac{\partial p}{\partial r} - \rho g \cos\varphi \tag{4.73a}$$

$$0 = -\frac{1}{r}\frac{\partial p}{\partial \varphi} + \rho g \sin\varphi \tag{4.73b}$$

$$0 = -\frac{\partial p}{\partial z} + \nabla^2 v_z = -\frac{\partial p}{\partial z} + \frac{\eta}{r}\left[\frac{\partial}{\partial r}\left(r\frac{\partial v_z}{\partial r}\right)\right]$$
$$= K + \frac{\eta}{r}\left[\frac{\partial}{\partial r}\left(r\frac{\partial v_z}{\partial r}\right)\right] \tag{4.73c}$$

方程(4.73a)和(4.73b)表明重力效应仅会在流动的横截面上诱导一个静压梯度，不会影响流动。这种情况与平板泊肃叶流动相同，梯度$\partial p/\partial z = -K$ 在整个流场为常数，于是我们可得

$$\frac{1}{r}\frac{\mathrm{d}}{\mathrm{d}r}\left(r\frac{\mathrm{d}v_z}{\mathrm{d}r}\right) = -\frac{K}{\eta} \tag{4.75}$$

结合壁面 $r=R$ 处的边界条件 $v_z=0$(同时考虑到 $r=0$ 时速度为有限值，可消去对数项)，我们对上式关于 r 积分可得

$$v_z = \frac{K}{4\eta}(R^2 - r^2) = V_{max}\left(1 - \frac{r^2}{R^2}\right) \tag{4.76}$$

其中 $$V_{max} = \frac{KR^2}{4\eta}$$

此处，V_{max} 是管内最大流动速度，出现在圆管轴线 $r=0$ 处。

进一步，积分可得圆管中的流量为

$$Q = \int_0^R v_z(r) 2\pi r \mathrm{d}r = \frac{\pi K R^4}{8\eta} = -\frac{\pi R^4}{8\eta}\frac{\partial p}{\partial z} \tag{4.77}$$

设圆管直径为 d，长度为 L，压降为 Δp，上式可重新表述为

$$Q = \frac{\pi}{128\,\eta}\frac{\Delta p}{L}d^4 \tag{4.78}$$

注：我们假定 v_z 只是 r 的函数，对于定常流动，这意味着 v_r 为零。速度分量 v_φ 对应绕管轴旋转的速度分量，对于定常流动，该分量为零(第 2.1.1 节)。考虑到 $v_\varphi=0$，我们根据不可压缩流体条件$\nabla\cdot\boldsymbol{v}=0$ 可知$(1/r)\mathrm{d}(rv_r)/\mathrm{d}r=0$。进一步由壁面边界条件 $v_r=0$ 可知管内处处 $v_r=0$ 成立。

为推导方程(4.73)，我们考虑半径为 r 与 $r+\mathrm{d}r$ 的同心圆柱面围起的体积微元，压降作用在间距为 $\mathrm{d}z$ 的两个端面上，考虑微元内黏性力与压力的平衡可得：

$$2\pi(r+\mathrm{d}r)\mathrm{d}z\,(\sigma'_{zr})_{r+\mathrm{d}r} - 2\pi r\mathrm{d}z(\sigma'_{zr})_r = 2\pi r\mathrm{d}r\mathrm{d}z\frac{\partial p}{\partial z} \tag{4.74}$$

进一步将上式泰勒展开一阶近似之后，两边再除以 $2\pi\mathrm{d}r\mathrm{d}z$ 便可得到方程(4.73c)。

方程(4.78)称之为**泊肃叶定律**(Poiseuille's law)，它表明流量与圆管直径的四次方成正比，即与截面积的平方成正比。基于该定律，我们可以做一个对比来说明流量与圆管几何尺寸之间的关系：第一种情形为一个半径为 R 的圆管，第二种情形是将 100 个直径为 $R/10$ 的圆管平行并联，从而保证与第一种情形下的圆管具有相同的截面积；然而，在保证施加相同的压强梯度的前提下，第二种情形对应的流量仅为第一种流量的 1/100。这个结果与两块垂直于管道的平行电极板之间的导电问题很不一样：在导电问题中，如果上述两种情形下导管的导电率相等，那么两种情形下对应的电阻也相等。这里的主要差别在于边界条件：圆管内的黏性流体的流动在管壁上的速度为零(即无滑移条件)，而这个条件并不适用于电流传输。壁面的无滑移条件会引起横向(径向)速度梯度；同时，黏性摩擦力会随管径减小而显著增加。

注：到此为止，我们假设重力在 z 轴方向上没有分量(比如，水平流动)。如果流动非水平，则需要考虑重力的影响。这种情况下，方程(4.73c)可改写如下：

$$0=-\frac{\partial p}{\partial z}+\rho g_z+\frac{1}{r}\frac{\mathrm{d}}{\mathrm{d}r}(r\sigma'_{zr})$$

$$=-\frac{\partial p}{\partial z}+\rho g_z+\eta\frac{1}{r}\frac{\mathrm{d}}{\mathrm{d}r}\left(r\frac{\mathrm{d}v_z}{\mathrm{d}r}\right)$$

上式与方程(4.73)不同：重力与压力梯度共同驱动流动($-\partial p/\partial z+\rho g_z$)，而非仅有压力梯度项。例如，当管道 z 轴与水平方向存在一个夹角 θ，且两端分别与两个开放的容器相连，此时圆管两端均为大气压，圆管内不存在压力梯度。因此，流动仅由重力分量 $\rho g_z=\rho g\sin\theta$ 驱动，相应地，方程(4.78)应改写为

$$Q=\frac{\pi}{128}\frac{\rho}{\eta}g_z d^4$$

(ii)圆管壁上的黏性摩擦力

流体作用在管壁上的黏性摩擦阻力可以通过对应力在其作用面上积分得到

$$F=\iint_{(壁面)}[\boldsymbol{\sigma}]\cdot\boldsymbol{n}\,\mathrm{d}S \tag{4.79}$$

其中 $\boldsymbol{n}$ 为壁面法向单位矢量。于是可知，黏性阻力在流动方向(即 z 方向)上的分量为

$$F_z=\iint_{(壁面)}[\sigma'_{zr}r]_{r=R}\,\mathrm{d}\varphi\mathrm{d}z=\int_0^L\mathrm{d}z\int_0^{2\pi}[\sigma'_{zr}r]_{r=R}\,\mathrm{d}\varphi \tag{4.80}$$

我们进一步将应力的表达式(见附录 4A.2)$\sigma'_{zr}=\eta(\partial v_z/\partial r)$ 代入上式，可得单位长度壁面上的摩擦力为

$$f_z=4\pi\eta V_{\max} \tag{4.81}$$

注：由于作用在流体的合力为零，因此，我们也可以通过对间隔为单位长度的截面上建立压差 $-\pi R^2\mathrm{d}p/\mathrm{d}z$ 与黏性阻力 f_z 的平衡来求得上述表达式。

在实际应用中，我们通常将 f_z 除以 $(1/2)\rho V_{\max}^2 R$ 来定义一个无量纲的黏性**阻力系数**(drag coefficient)C_d。在第 5.3.1 节中，我们将看到 $(1/2)\rho V_{\max}^2$ 对应于动压，或者对流动量通量(无需因子 1/2)。因此，我们可得

$$C_\mathrm{d}=\frac{f_z}{(1/2)\rho V_{\max}^2 R}=8\pi\left(\frac{\eta}{\rho V_{\max}R}\right)=\frac{8\pi}{Re} \tag{4.82}$$

其中流动雷诺数 $Re=\rho V_{\max}R/\eta$。显然，阻力系数与雷诺数成反比($C_\mathrm{d}\sim 1/Re$)，这表明关联于 $(\boldsymbol{v}\cdot\nabla)\boldsymbol{v}$ 的对流效应为零或者可忽略。另一方面，当雷诺数很大时(特别对于湍流)，我们会发现阻力系数随雷诺数变化很小(图 12.9 和 12.14)。此时，阻力系数 C_d 可以很好地表征高雷诺数下的流动，对于低雷诺

数下的层流则并不合适。

4.5.4 黏性流体中的振荡流动

振荡平板附近的剪切流动

如图 4.21 所示，我们来考虑一个无限大的水平板附近的不可压缩黏性流动，平板在 x 方向做平行于自身的正弦振荡运动。平板的瞬时位移量 $\Delta x(t)$ 随时间 t 的变化规律为 $A\sin\omega t$，其中 A 为振幅，ω 为角频率。在第 2.1.2 节，我们已经讨论了无限大平板突然以恒定的速度运动时诱导的流动，此处为该问题的**正弦**(sinusoidal)版本。

结合问题的对称性，以及板壁和无穷远处的边界条件（假定垂直方向上足够远处的流体静止），我们来寻找运动方程最简单的解。相应地，我们假定流动是一维的，并且 $v_x(y,t)$ 与 x 和 z 无关。于是，y 方向的运动方程(4.59b)可简化为

$$0=-\frac{1}{\rho}\frac{\partial p}{\partial y}-g \tag{4.83a}$$

另外，$\partial p/\partial z=0$ 成立。另一方面，由方程(4.60)可知，$\partial p/\partial z$ 在整个流场中必须为常数；除非从较远处存在水平方向（流动方向）施加的压力梯度，否则该常数取值为零。于是可知，我们此处讨论的流场中压力不依赖 x 和 z，方程(4.59a)可简化为

$$\frac{\partial v_x}{\partial t}=\frac{\eta}{\rho}\frac{\partial^2 v_x}{\partial y^2}=\nu\frac{\partial^2 v_x}{\partial y^2} \tag{4.83b}$$

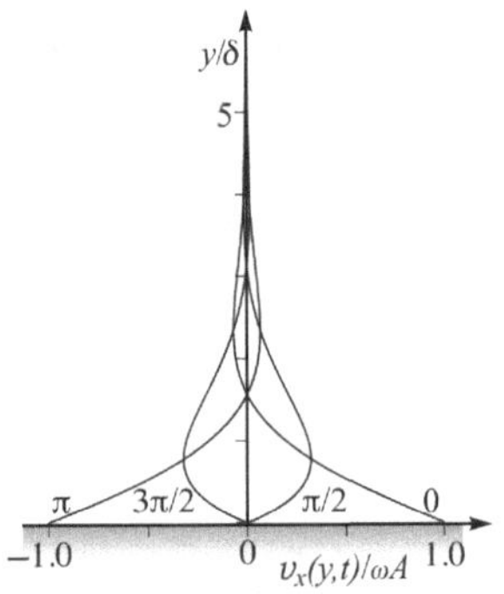

图 4.21 平板位于 $y=0$ 平面内，在 x 方向上做振荡运动。流体瞬时速度分布为 $v_x(y,t)$，其中振幅为 A，图中给出了几个不同相位(0、π/2、3π/2、π)下的速度分布

其中 $\nu=\eta/\rho$。显然，我们回到了在第 2.1.2 节中推导的动量扩散方程。以下，我们为方程(4.83b)寻找一个具有如下形式的周期解 $v_x(y,t)$：

$$v_x(y,t)=|f(y)|\cos(\omega t+\varphi)=\Re e(f(y)\mathrm{e}^{\mathrm{i}\omega t}) \tag{4.84}$$

其中 $f(y)$ 是复变函数（符号 $\Re e$ 表示取变量的实部）。将上述表达式代入方程(4.83b)可得

$$\mathrm{i}\omega f(y)=\nu\frac{\partial^2 f}{\partial y^2} \tag{4.85}$$

该方程的通解为

$$f(y)=C_1\,\mathrm{e}^{-(1+\mathrm{i})ky}+C_2\mathrm{e}^{(1+\mathrm{i})ky}\quad \text{其中}\quad k=\sqrt{\frac{\omega}{2\nu}} \tag{4.86}$$

于是我们得到

$$v_x(y,t)=\Re e\{C_1\mathrm{e}^{-ky}\,\mathrm{e}^{\mathrm{i}(\omega t-ky)}+C_2\mathrm{e}^{ky}\,\mathrm{e}^{\mathrm{i}(\omega t+ky)}\} \tag{4.87}$$

当 y 趋向无穷时速度为 0，于是 $C_2=0$。另一方面，由振荡板面处的边界条件 $v_x(y=0,t)=\omega A\cos\omega t$ 可得 $C_1=\omega A$。因此，我们最终得到速度场如下：

$$v_x(y,t)=\omega A\mathrm{e}^{-ky}\cos(\omega t-ky) \tag{4.88}$$

上式表明，平板振荡运动的速度沿着垂直该板面的方向传播进入流体内部，即 $\cos(\omega t-ky)$ 项的含义，但以指数形式 e^{-ky} 衰减。因此，我们观察到的是一种在黏性流体中衰减传播的横波。

进一步，我们定义**穿透深度**（penetration depth）δ 为从振荡平板（$y=0$）到速度振幅衰减到 $1/\mathrm{e}$ 倍时所对应的距离，计算可得

$$\delta=\sqrt{\frac{2\nu}{\omega}} \tag{4.89}$$

例：对于振动频率为 2 Hz 的振动，若流体的黏性为 $\nu=10^{-3}\ \mathrm{m^2/s}$（1000 倍于水），我们有 $\delta\approx10^{-2}$ m。

根据上述分析，我们可以得到一个基本结论，即剪切波在黏性流体中不会传播较长的距离。相应的声波在流体的传播是**严重衰减**的。这里我们可以看到固体与液体的显著差别：在固体中，除了压缩波（常规声波）之外，在垂直波传播方向的横向方向上存在彼此正交的极化振动模态的传播，即**剪切波**（shear waves）。对于剪切波，也存在一些可以远距离传播的中间情况，这类现象可在黏弹性流体中观察到。我们将在第 4.6.4 节具体讨论。

注：该问题类似于导电问题中的皮肤效应，以及温度在地表的渗透深度随季节的变化现象。皮肤效应中，导体的电阻率（乘以 μ_0）与黏性阻力系数是等效的；在地表季节性温度问题中，热扩散系数与黏性系数等效。这些问题中都存在一个穿透深度 δ，随模为 $1/\delta$ 的复波矢 $\boldsymbol{k}$ 和 $1/\sqrt{\omega}$ 变化。这两种变化规律是所有扩散输运现象的特征。

流体作用在振荡平板上的黏性摩擦力 F_x 可按下式计算：

$$F_x=\iint_{\text{平板}}\sigma_{xy}\,\mathrm{d}x\,\mathrm{d}z=\iint_{\text{平板}}\eta\left(\frac{\partial v_x}{\partial y}\right)_{y=0}\mathrm{d}x\,\mathrm{d}z \tag{4.90}$$

结合方程(4.86)、(4.88)和(4.90)，我们可得单位面积上的摩擦力 f_x：

$$f_x=(A\sqrt{2}\,\omega k\eta)\cos\left(\omega t-\frac{3\pi}{4}\right)=A\omega^{3/2}\sqrt{\rho\eta}\cos\left(\omega t-\frac{3\pi}{4}\right) \tag{4.91}$$

由上式可知，摩擦力 f_x 比平板速度 $\boldsymbol{v}(0,t)$ 的相位延后 3/8 个周期。类比于圆管中流动的例子，我们可将力 f_x 的振幅除以 $(1/2)\rho A^2\omega^2$ 进行归一化，并定义速度峰值 $U=\omega A$，最终可得摩擦阻力系数为

$$C_\mathrm{d}=\frac{A\omega^{3/2}\sqrt{\rho\eta}}{(\rho A^2\omega^2/2)}=2\sqrt{\frac{\nu}{\omega A^2}}=\frac{2}{\sqrt{Re}} \tag{4.92}$$

其中 $Re=(\omega A^2)/\nu$ 为流动的雷诺数，特征速度为 U，特征长度为 A。此处，阻力系数 C_d 正比于雷诺数倒数的平方根，比第 4.5.3 节中一维定常流动的依赖关系 $1/Re$ 要慢一些（方程(4.82)）。我们在第 10 章讨论边界层流动时将会遇到的同类

地球物理中的应用：如果我们在地震发生不远处放置地震仪，通常会检测到三个信号，对应于三种波：两个剪切波(S)和一个压力波(P)，这些波都能够在固态土壤中传播。然而，如果震源与探测器的距离很远，位于地球直径正对的两端，那么地震仪只能探测到压力波，因为剪切波不能通过地核传播（距地核大约 2800～5100 km 的外层是流体态）。

型的变化规律，此处的流动可以看作是一个振荡的边界层。

平行板间压力振荡引起的流动

当流量变化时，流体的惯性效应会随流量变化频率的增加愈加显著；同时伴随有振荡边界层的出现，这种现象可见于毛细管壁面附近的流动，与我们在本小节前文讨论的例子类似。此处，我们讨论另一种情况：壁面保持不动，但压力梯度在流动方向不再为零。简单起见，我们考虑两块水平放置的固定平板间的一维流动，两板分别位于 $y=a/2$ 和 $y=-a/2$；x 方向速度分量为 $v_x(y,t)$，与 z 无关(图 4.22)。

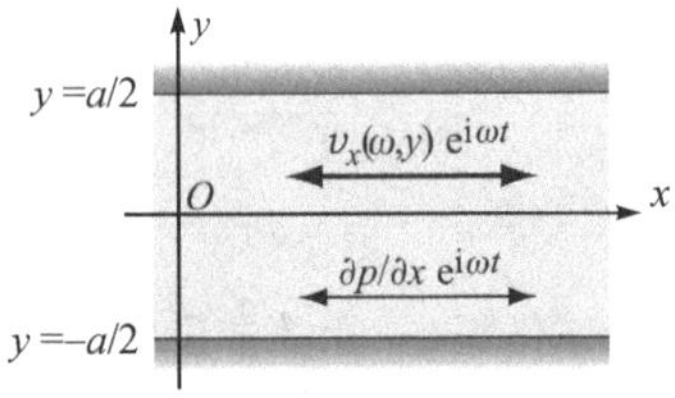

图 4.22 两块固定的平行平板间的振动流动，施加于两板间的正弦压力梯度方向与板面平行

我们假定流动方向的压力梯度 $(\partial p/\partial x)(t)$ 按正弦规律变化，角频率为 ω，在复数表示法下可表述为 $(\partial p/\partial x)(t)=(\partial p/\partial x)(\omega)\mathrm{e}^{\mathrm{i}\omega t}$。因此，对于角频率为 ω 的正弦解 $v_x(\omega,y)\mathrm{e}^{\mathrm{i}\omega t}$ 而言，包括加速度 $\partial v_x/\partial t$ 和压力梯度的运动方程(4.59a)的复数形式如下：

$$\frac{\partial v_x}{\partial t}=\mathrm{i}\omega v_x=-\frac{1}{\rho}\frac{\partial p}{\partial x}(\omega)\mathrm{e}^{\mathrm{i}\omega t}+\nu\frac{\partial^2 v_x}{\partial y^2}$$

上式为线性微分方程，结合边界条件($y=\pm a/2$ 时，$v_x=0$)求解可得

$$v_x(\omega,y)=\frac{\mathrm{i}}{\rho\omega}\frac{\partial p}{\partial x}(\omega)\left[1-\frac{\cosh(k(\omega)y)}{\cosh(k(\omega)a/2)}\right] \tag{4.93a}$$

其中
$$k(\omega)=\sqrt{\frac{\mathrm{i}\omega}{\nu}}=(1+\mathrm{i})\sqrt{\frac{\omega}{2\nu}} \tag{4.93b}$$

进一步，我们将方程(4.93a)关于 y 积分可得平均速度的复振幅：

$$U(\omega)=\frac{1}{a}\int_{-a/2}^{a/2}v_x(\omega,y)\,\mathrm{d}y=\frac{\mathrm{i}}{\rho\omega}\frac{\partial p}{\partial x}(\omega)\left[1-\frac{\tanh(k(\omega)a/2)}{k(\omega)a/2}\right] \tag{4.94}$$

其中，$k(\omega)$ 为从振荡边界向流体内部传播的衰减剪切波的复波矢(见方程(4.86))。$1/|k(\omega)|=\delta(\omega)=\sqrt{\nu/\omega}$ 给出了角频率为 ω 的波的穿透深度 $\delta(\omega)$ 的数量级。基于穿透深度 $\delta(\omega)$ 和流道宽度 a 的相对大小，系统表现出非常不同的响应行为：

- 如果 $|k(\omega)|\,a\ll 1$(即 $\delta(\omega)\gg a$)：低频区域→黏性力主导。

  我们将 $\tanh(ka/2)$ 在 ka 较小时做幂级数展开可得：

$$U(\omega)=-\frac{a^2}{12\eta}\frac{\partial p}{\partial x}(\omega)\left(1-\mathrm{i}\frac{a^2\omega}{10\nu}\right) \tag{4.95}$$

上式中第一项起主导作用，对应于稳态流动下的速度(方程(4.70))。第二项表征惯性效应，贡献相对较小(系数 i 意味着两项之间的相位差为 90°)。

惯性修正项中包含了无量纲数 $Nt_\nu = a^2\omega/\nu$，它表示距离 a 上黏性扩散时间 a^2/ν 与振动周期 $2\pi/\omega$ 的比值，Nt_ν(第 8.1.3 节)也可理解为流动方程中的非定常项 $\rho(\partial \boldsymbol{v}/\partial t)$ 与黏性扩散项 $\eta\nabla^2\boldsymbol{v}$ 的比值。若流动的几何结构更为复杂，我们还需引入对流项 $(\boldsymbol{v}\cdot\nabla)\boldsymbol{v}$；这种情况下，流动也依赖于**斯特劳哈尔数**(Strouhal number)$Sr = \omega L/U$，其中 U 为流动速度，L 为特征长度，该数已在第 2.4.1 节定义，表示非定常项与对流项的比值。

注：若 $L = a$，比值 Nt_ν/Sr 对应于雷诺数 $Re = UL/\nu$。

- 如果 $|k(\omega)|\ a \gg 1$(即 $\delta(\omega) \ll a$)：高频区域→惯性效应主导。

定义 $\alpha = (1/2)\sqrt{\omega a^2/2\nu}$，并利用等式 $\tanh(\mathrm{i}x) = \mathrm{i}\tan(x)$(适用所有实数 x)，我们可将关于复数$(ka)/2$ 的双曲正切函数展开：

$$\tanh\frac{k(\omega)a}{2} = \tanh[\alpha(1+\mathrm{i})] = \frac{\tanh\alpha + \mathrm{i}\tan\alpha}{1 + \mathrm{i}\tanh\alpha\tan\alpha}$$

若 $\alpha \gg 1$，$\tanh(\alpha)$ 则非常接近 1，故而 $\tanh(k(\omega)a/2) \approx 1$，于是我们可得

$$U(\omega) \approx \frac{\mathrm{i}}{\rho\omega}\frac{\partial p}{\partial x}(\omega)\left(1 - (1-\mathrm{i})\sqrt{\frac{2\nu}{\omega a^2}}\right) \tag{4.96}$$

上式中主导项 $(\mathrm{i}/\rho\omega)(\partial p/\partial x)$ 对应于一个(与流体质量相等的)固体的振动，振幅完全取决于流体对压力振荡的惯性响应，且振动与压力振荡的相位差为 90°。黏性效应仅在厚度为 $\delta(\omega)$ 量级的流体层内较为显著，会导致能量损耗，对应于修正项的实部。方程(4.96)中的 $\sqrt{2\nu/(\omega a^2)}$ 项也给出了边界层厚度与流道宽度比值的数量级。

4.5.5　水平方向密度变化引起的平行流动

如图 4.23 所示，我们考虑两块无穷大竖直板间由 x 方向密度梯度驱动的定常流动，两板分别位于 $x = \pm a/2$。此处我们以两板间温差诱导的密度梯度为例进行讨论。假定两板温度分别恒定在 T_1 和 T_2，且不依赖 y 与 z 坐标，仅在 x 方向呈线性变化。于是我们有

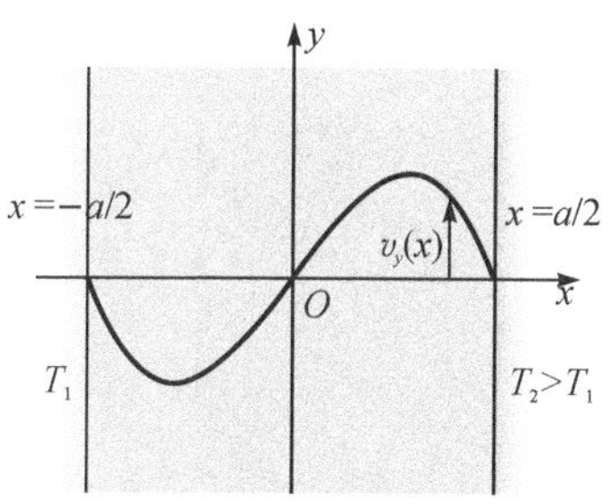

图 4.23　两块竖直放置的平板间由温度梯度引起的流动速度分布

$$T(x) = T_0 + \Delta T\frac{x}{a} \tag{4.97}$$

其中　$$T_0 = \frac{T_1 + T_2}{2} \quad 和 \quad \Delta T = T_2 - T_1$$

注意：我们假定速度只有 y 方向分量 v_y 非零；因此，系统中没有任何由流动引起的热量从一块板到另一块板沿 x 方向输运，热输运只与两板间流体的导热系数 k 有关。如果我们假

定导热系数与温度和压力无关，单位面积上的热量通量为 $J_Q = -k\partial T/\partial x$，因此梯度 $\partial T/\partial x$ 为常数且不随 x 改变。此外，方程(4.97)也意味着温度 $T(x)$ 不随 y 和 z 变化。因此，流动和等温面均与壁面平行，对热量输运没有贡献。

接下来的分析中，我们假定密度随温度的变化关系如下：

$$\rho(T) = \rho_0[1 - \alpha(T - T_0)] \tag{4.98}$$

其中，T_0 为 $x=0$ 处的温度；α 为热膨胀系数，通常为正。考虑到密度与压力无关，于是可得密度 ρ 随空间的变化关系为

$$\begin{aligned}\rho(x) &= \rho_0 + \delta\rho(x) = \rho_0[1 - \alpha(T(x) - T_0)] \\ &= \rho_0\left[1 - \alpha\Delta T\,\frac{x}{a}\right]\end{aligned} \tag{4.99}$$

由上式可知，等密度面(或**等容面**(isochores))对应 x 为常数的垂直面。这种情况下，若流体静止 $\boldsymbol{v}=0$，系统是无法达到静力平衡的；因为如果平衡，那么压力就必须满足静力学方程：

$$\nabla p = \rho\boldsymbol{g} \tag{4.100}$$

因而等压线 $p=p(y)$ 沿水平方向，垂直于重力加速度 $\boldsymbol{g}$。于是，方程(4.100)中的压力是 y 的函数，但密度仅是 x 的函数，该方程显然无法成立。因此，流体不可能保持静止，会有流动发生。

假定流动定常且只有垂直方向的非零速度 $v_y(x)$，于是运动方程形式如下(见下文推导)：

$$[\rho(x) - \rho_0]g = \eta\frac{\partial^2 v_y}{\partial x^2} \tag{4.101a}$$

即

$$-\alpha\,\rho_0 g\Delta T\,\frac{x}{a} = \eta\frac{\partial^2 v_y}{\partial x^2} \tag{4.101b}$$

方程(4.101a)表明在 x 方向上变化的体积力是流动的驱动力，该力正比于局部密度和平均密度的差值。对方程(4.101b)积分可得

$$v_y(x) = -\frac{\alpha\rho_0 g}{\eta}\,\frac{\Delta T}{a}\,\frac{x}{6}\left(x^2 - \frac{a^2}{4}\right) \tag{4.102}$$

上式所示的速度廓线关于 $x=0$ 反对称，且流动的净流量为零(图 4.23)。于是，流动方向压力梯度 $\partial p/\partial y$ 的选择对应于两端封闭的系统中的情况(事实上，在邻近边界区域会有横向回流出现)。

注意：从系统对称性来看，我们可直接假定 v_y 不依赖 z。此外，如果 $v_x = v_z = 0$，那么方程 $\nabla\cdot\boldsymbol{v}=0$ 退化为 $\partial v_y/\partial y=0$，所以

速度只有 y 方向上的分量 v_y,且仅依赖 x;因此,方程(4.59a)和(4.59b)可改写为

$$\rho(x)g+\frac{\partial p}{\partial y}=\eta\frac{\partial^2 v_y}{\partial x^2}\tag{4.103a}$$

$$\frac{\partial p}{\partial x}=\frac{\partial p}{\partial z}=0\tag{4.103b}$$

由上述方程可知压力梯度 $\partial p/\partial y$ 不依赖 x 与 z,进一步对方程(4.103b)关于 y 求导可得

$$\frac{\partial}{\partial y}\left(\frac{\partial p}{\partial x}\right)=\frac{\partial}{\partial y}\left(\frac{\partial p}{\partial z}\right)=0$$

$$\frac{\partial}{\partial x}\left(\frac{\partial p}{\partial y}\right)=\frac{\partial}{\partial z}\left(\frac{\partial p}{\partial y}\right)=0$$

此外,从方程(4.103a)可知 $\partial p/\partial y$ 也不可能与 y 有关,这是因为该方程中的其他项都不依赖 y;因此,压力梯度在整个流场内为常数。如果我们假定该常数为静水压 $-\rho_0 g$(其中 ρ_0 为流体的平均密度),由前文分析可知这种情况对应于两端封闭的管道情形,即可得到方程(4.101a)。若 $\partial p/\partial y$ 取静水压之外的其他值,这将等效于在系统中叠加了一个泊肃叶流动,相应的梯度为 $\partial p/\partial y+\rho_0 g$。

在上文的讨论中,流动是由水平方向的温度梯度引起的。密度的改变除了可由温度差引起之外,也可由其他的因素引起,例如溶质的浓度梯度(比如,盐水溶液)。此外,虽然我们所得的速度廓线(方程(4.102))满足任意温度差下的流体运动,但其实当温差不断增加时我们会在实验中观察到更加复杂的速度场。例如,小于平板高度的回流结构,速度在 x 方向的分量也不再为零。

4.5.6　圆柱库埃特流动

如图 4.24 所示,我们考虑两个同心圆柱间黏度为 η 的不可压缩定常流动,圆柱面半径分别为 R_1 和 R_2,旋转角速度为 Ω_1 与 Ω_2,同时假定流场没有外加的压力梯度。我们选取柱坐标系(r,φ,z)进行分析,z 轴与圆柱的轴线重合,求解流场的速度分量 v_r、v_φ 和 v_z。

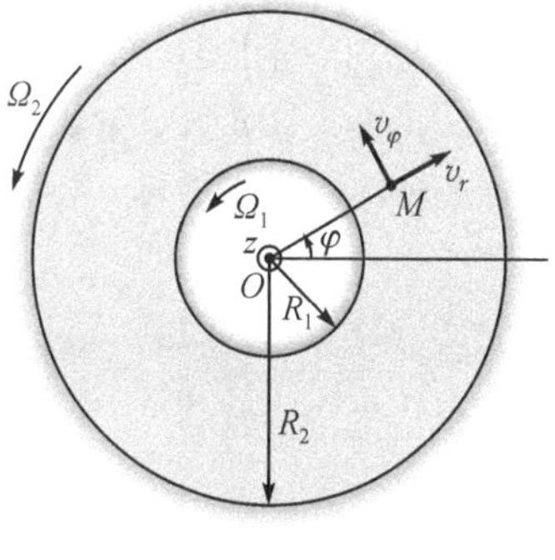

图 4.24　两个同心旋转圆柱间的库埃特流动,该图所示为垂直于转轴的剖面

虽然这是个非常简单的几何系统,但也有可能出现很复杂的流动(依赖于圆柱面的旋转速度),这一点将在第 11 章中具体讨论。此处,我们仅关注压力和速度都不依赖 z 和 φ 的简单流动,这是常见的低速情形。这种情况下,系统关于 z 轴平移不变,故而该方向上没有压力梯度,所以 $v_z=0$。此外,由

于流动关于 z 轴旋转对称，因此速度分量 v_φ 不依赖角度 φ。因此，不可压缩流动在柱坐标下的质量守恒方程 $\nabla\cdot\boldsymbol{v}=0$ 可简化为(附录 4A.2)：

$$\frac{\partial v_r}{\partial r}+\frac{v_r}{r}=\frac{1}{r}\frac{\partial}{\partial r}(rv_r)=0 \tag{4.104}$$

求解上述方程可知 v_r 的形式只可能为 $v_r=C/r$，其中 C 为积分常数。考虑到流动边界条件 $v_r(r=R_1)=v_r(r=R_2)=0$，可知 v_r 在整个流场中为零。于是，柱坐标下纳维-斯托克斯方程(附录 4A.2)可简化如下：

$$\frac{v_\varphi^2}{r}=\frac{1}{r}\frac{\partial p}{\partial r} \tag{4.105a}$$

$$\nu\left(\frac{\partial^2 v_\varphi}{\partial r^2}+\frac{1}{r}\frac{\partial v_\varphi}{\partial r}-\frac{v_\varphi}{r^2}\right)=0 \tag{4.105b}$$

方程(4.105a)中 v_φ^2/r 项对应于流体质点轨迹弯曲引起的惯性离心力。该项虽然含有速度的平方，但会被径向方向的压力梯度抵消，因而并不影响流动；因此，这一项的作用等同于一般的静压力，类似于前文讨论的一维水平流动中的重力效应。方程(4.105b)对应于柱坐标下作用于速度上的拉普拉斯算符在 φ 方向的分量。

注：方程(4.105b)也可通过动量矩守恒得到。现考虑两个圆柱面包围起来的流体体积元，轴向取单位长度，径向变化区间为 r 与 $r+\mathrm{d}r$，由动量矩守恒可得：

$$2\pi(r^2\sigma_{r\varphi})(r+\mathrm{d}r)-2\pi(r^2\sigma_{r\varphi})(r)=0 \tag{4.106a}$$

当 $\mathrm{d}r\to 0$ 时：

$$\frac{\partial}{\partial r}(r^2\sigma_{r\varphi})=0 \tag{4.106b}$$

考虑到速度 $\boldsymbol{v}(0,v_\varphi(r),0)$ 的对称性，所以应力张量中只有分量 $\sigma_{r\varphi}$ 非零，在柱坐标下该应力分量的表达形式为(附录 4A.2)：

$$\sigma_{r\varphi}=\eta\left(\frac{1}{r}\frac{\partial v_r}{\partial\varphi}+\frac{\partial v_\varphi}{\partial r}-\frac{v_\varphi}{r}\right)=\eta\left(\frac{\partial v_\varphi}{\partial r}-\frac{v_\varphi}{r}\right)=\eta r\frac{\partial}{\partial r}\left(\frac{v_\varphi}{r}\right) \tag{4.107}$$

将上式代入方程(4.106b)，根据该体积元内扭矩为零，我们可得方程(4.105b)的等价形式：

$$\frac{\partial}{\partial r}\left(r^3\frac{\partial}{\partial r}\left(\frac{v_\varphi}{r}\right)\right)=0 \tag{4.108}$$

需要注意：对于流体的刚体旋转运动来说，$\sigma_{r\varphi}$ 并不为零，其中 $v_\varphi=\omega r$。

对方程(4.105b)或(4.108)积分可得

$$v_\varphi=ar+\frac{b}{r} \tag{4.109}$$

结合以下边界条件确定积分常数 a 与 b：

$$v_\varphi(r=R_1)=\Omega_1R_1 \quad 与 \quad v_\varphi(r=R_2)=\Omega_2R_2$$

最终可得：

$$v_\varphi=\frac{\Omega_2R_2^2-\Omega_1R_1^2}{R_2^2-R_1^2}r+\frac{(\Omega_1-\Omega_2)R_2^2R_1^2}{R_2^2-R_1^2}\frac{1}{r} \tag{4.110}$$

对方程(4.105a)积分可以得到流场的压力分布。以下我们讨论圆柱面的角速度与半径不同取值下的特殊情况：

- 当两个圆柱面半径趋向无穷大，但间距 $d=R_2-R_1$ 保持不变时，流动会退化到平板库埃特流动；
- 若 $\Omega_1=\Omega_2$，则 $v_\varphi=\Omega r$，此时流体做刚体旋转运动；
- 若 $\Omega_2=0$ 且 $R_2\to\infty$(相当于去掉外圆柱面)，可得 $v_\varphi=(\Omega_1R_1^2)/r$。这个结果相当于二维无旋涡流的速度场，我们将在第 6.2.3 节讨论；
- 如果只有内圆柱旋转($\Omega_1\neq 0,\Omega_2=0$)，当转速 Ω_1 大于某一临界值 Ω_c 后，上面讨论所得的初始解会出现失稳，流场中会出现环状结构的二次流，这是我们将在第 11.3.1 节讨论的**泰勒-库埃特失稳**(Taylor-Couette instability)现象。

接下来,我们来计算流体作用在圆柱面上的剪切黏性力矩。利用方程(4.107)计算可得

$$\sigma_{r\varphi}=-\frac{2b\eta}{r^2} \tag{4.111}$$

其中 b 是方程(4.109)所示速度场中 $1/r$ 项的系数。作用在半径为 R_1 的圆柱面上总的黏性力矩 $\boldsymbol{\Gamma}_{R1}$(z 方向取单位长度)为黏性应力 $\sigma_{r\varphi}(R_1)$与面积 $2\pi R_1$ 的乘积,再与到作用点距离 R_1 相乘,最终得到

$$\boldsymbol{\Gamma}_{R_1}=2\pi R_1^2\frac{2b\eta}{R_1^2}\boldsymbol{e}_z=-4\pi\eta b\boldsymbol{e}_z=4\pi\eta\frac{(\Omega_2-\Omega_1)R_2^2R_1^2}{R_2^2-R_1^2}\boldsymbol{e}_z \tag{4.112}$$

其中 $\boldsymbol{e}_z$ 是 z 方向上的单位矢量。上式表明两个以相同速度旋转的圆柱面不会导致力矩的产生,只有存在相对旋转时($\Omega_2\neq\Omega_1$)才产生扭矩。

注:在定常情况下,我们根据方程(4.111)可知切应力随 $1/r^2$ 变化,其中 r 为离转轴的距离。这是方程(4.106a)与(4.106b)的结果,反映了不同流体层之间的扭矩平衡,这一点也适用于非牛顿流体。对于非牛顿流体,只有应力在测量范围内的流场中为常数时才能直接确定应力与应变关系,例如圆柱体间距相对两个圆柱体的平均半径足够小。

方程(4.112)确认了我们在第 4.4.1 节讨论过的一个概念,即通过测量流体作用在两个转速不同的同心圆柱面上的力矩来确定流体的黏性,这就是库埃特黏度仪的原理。实际应用中,人们通过在其中一个圆柱面施加一定的力矩,然后测量流体的速度来确定流体的黏性。

4.6　非牛顿流体的一维定常流动

对于非牛顿流体,纳维-斯托克斯方程不再适用,因此我们必须使用广义形式的流体运动方程(4.25),此时黏性力分量不再为 $\eta\nabla^2\boldsymbol{v}$,我们必须从黏性应力的通用形式$\nabla\cdot[\boldsymbol{\sigma}']$出发。

首先,我们假定流体的性质是不依赖时间、各向同性的,且剪切率与黏性应力具有明确的函数关系。这意味着我们只考虑剪切稀化或增稠流体,不讨论触变和黏弹性流体。因此,如图 4.8 所示,剪切率 $\dot{\gamma}_{xy}=\partial v_x/\partial y$ 不再正比于黏性应力,而是遵循一个更复杂的关系函数 $f(\sigma'_{xy})$。对于具有径向对称性系统,使用极坐标系(r,φ,z)下剪切率与应力关系会更方便:$\partial v_z/\partial r=f(\sigma'_{zr})$。

此外,对于 x 方向上两块平行板间的流动,当流动稳定后,我们仍然可以假定 x 方向上压力梯度$\partial p/\partial x$ 为常数。事实上,即便法向应力引起了横向的压力梯度,也不会影响流向梯度$\partial p/\partial x$,因为法向应力与 x 无关(第 4.5.1 节的讨论结果依然成立)。

4.6.1　稳态库埃特平面流

我们来考虑与图 4.18(a)所示几何结构相同的定常平行

流动：位于平面 y 与 $y+\delta y$ 之间的流体层必须处于力学平衡状态；由于仅在 x 方向的应力分量不为零，因此 $\sigma'_{xy}(y+\delta y)=\sigma'_{xy}(y)$ 对于所有的 y 和 δy 都成立。所以，黏性应力 σ'_{xy} 在整个流场内为常数，剪切率 $\partial v_x/\partial y=f(\sigma'_{xy})$ 也为常数。与牛顿流体的情况相同，简单剪切流动的速度廓线为 $v_x=V_0 y/a$。由于剪切率与黏性应力都是确定的，因此从理论上来说，这种几何结构对直接测量流变特性 $f(\sigma'_{xy})$ 是很理想的。然而，这个条件只能在前面讨论过的实际几何结构（锥-板黏度仪和圆柱库埃特黏度仪）中近似满足。

4.6.2 固定平行壁面间的一维流动

我们再次回到前文讨论过的两个水平壁面间的平行流动（见第 4.5.3 节针对牛顿流体的讨论）。两平行壁面分别位于 $y=0$ 和 $y=a$，运动方程(4.25)在 x 方向上分量为

$$\frac{\partial\sigma'_{xy}}{\partial y}=\frac{\partial p}{\partial x} \tag{4.113}$$

在两板中间对称面 $y=a/2$ 上，应力满足 $\sigma'_{xy}=0$，这是因为对称面处动量不存在向任一方向传递的倾向。对方程(4.113)积分可得：

$$\sigma'_{xy}=\left[y-\frac{a}{2}\right]\frac{\partial p}{\partial x} \tag{4.114}$$

在壁面 $y=0$ 和 $y=a$ 处，应力分别为

$$\sigma'_{壁面}(y=0)=-\frac{a}{2}\frac{\partial p}{\partial x} \tag{4.115a}$$

$$\sigma'_{壁面}(y=a)=\frac{a}{2}\frac{\partial p}{\partial x} \tag{4.115b}$$

注：我们注意到两板单位面积上所受的力具有相同的绝对值。这与第 4.5.1 节针对牛顿流体的讨论结果一致：方程(4.114)表明 x 方向上黏性应力与压力在流体微元上相互平衡。同时，速度梯度与黏性应力在对称平面 $y=a/2$ 处为零，在两个壁面处绝对值最大（这缘于函数 f 单调递增的特性和方程(4.114)）。

如果定义 $\dot{\gamma}_{xy}=\partial v_x/\partial y=f(\sigma'_{xy})$，并对方程(4.114)从 y 到 a 积分求得 σ'_{xy}，那么速度在 y 方向的分布 $v_x(y)$ 为

$$v_x(y)=-\int_y^a f\left(u\frac{\partial p}{\partial x}\right)\mathrm{d}u \tag{4.116}$$

再对 y 积分一次，我们可得板间流体流量 Q 为（z 方向取单位深度）

$$Q=-2\int_{a/2}^a\left[\int_y^a f\left(u\frac{\partial p}{\partial x}\right)\mathrm{d}u\right]\mathrm{d}y \tag{4.117}$$

（积分区间为一半距离，因此需乘以 2）。然后进行分部积分，上式可简化为

$$Q=-2\int_{a/2}^a y\, f\left(y\frac{\partial p}{\partial x}\right)\mathrm{d}y \tag{4.118}$$

注：对于牛顿流体而言，$f(u)$ 会退化为 $f(u)=u/\eta$，因此我们可以重新得到方程(4.68)的结果 $Q=-(a^3/12\eta)(\partial p/\partial x)$。注意：使用上述方程时，要求函数 f 是单调可积的。特别地，即使函数 f 在应力阈值的两边取值不同，也不妨碍我们来处理这个问题。

进一步，我们可直接通过流量随压力梯度的变化关系来计算壁面上的剪切率 $\dot{\gamma}_{壁面}=\partial v_x/\partial y(y=a)$，而无需使用函数 f。

联立方程(4.114)和(4.115)计算可得

$$y=\frac{a}{2}\frac{\sigma'_{xy}}{\sigma'_{壁面}} \tag{4.119}$$

将 y 使用方程(4.119)右侧项替代，并将 f 用 $\dot{\gamma}_{xy}$ 代替，方程(4.118)可改写为

$$Q\sigma'^2_{壁面}=-\frac{a^2}{2}\int_0^{\sigma'_{壁面}}\sigma'_{xy}\dot{\gamma}_{xy}\mathrm{d}\sigma'_{xy} \tag{4.120}$$

由于 Q 是 $\partial p/\partial x$ 的函数，因而也是 $\sigma'_{壁面}$ 的函数。进一步，将上式对 $\sigma'_{壁面}$ 求导可得

$$2Q+\sigma'_{壁面}\frac{\mathrm{d}Q}{\mathrm{d}\sigma'_{壁面}}=-\frac{a^2}{2}\dot{\gamma}_{壁面} \tag{4.121}$$

即

$$\dot{\gamma}_{壁面}=-\frac{2Q}{a^2}\left(2+\frac{\mathrm{dlog}Q}{\mathrm{dlog}\Delta p}\right) \tag{4.122}$$

方程(4.122)称之为 Mooney-Rabinovitch 方程，该式仅涉及实际可观测的宏观量(如流量、压差等)。并且，壁面上应力 $\sigma'_{壁面}$ 可直接从 $\sigma'_{壁面}=(a/2)(\partial p/\partial x)$ 得到。若函数 f 不随时间变化，流场的局部流变关系 $\dot{\gamma}_{xy}=f(\sigma'_{xy})$ 也可从流量与流动方向压力梯度的全局关系得到。

相应的圆柱型毛细管内流动

从方程(4.25)出发，同时考虑到 $\partial p/\partial r=0$ 仍然成立，我们可得运动方程：

$$\frac{\partial}{\partial r}(\sigma'_{zr}r)=r\frac{\partial p}{\partial z} \tag{4.123}$$

其中

$$\sigma'_{zr}=\frac{r}{2}\frac{\partial p}{\partial z} \tag{4.124}$$

同时，我们再次假定在从方程(4.123)到(4.124)的计算中，流场轴线 $r=0$ 上应力为 $\sigma'_{zr}=0$。结合方程(4.124)和应力与应变关系 $\partial v_z/\partial r=f(\sigma'_{zr})$，我们可得

$$v_z(r)=-\int_r^R f\left(\frac{u}{2}\frac{\partial p}{\partial z}\right)\mathrm{d}u \tag{4.125}$$

然后，我们将 $2\pi r v_z(r)$ 沿 r 积分得到流量 Q。通过分部积分，我们可得到与方程(4.118)等价的形式：

$$Q=-\pi\int_0^R r^2 f\left(\frac{r}{2}\frac{\partial p}{\partial z}\right)\mathrm{d}r \tag{4.126}$$

与讨论两平行壁面间的流动类似，我们可将 r 和 $(\partial p/\partial z)$ 分别使用 σ'_{zr} 和壁面应力 $\sigma'_{壁面}$ 代换，于是可得

$$Q\sigma'^3_{壁面}=-\pi R^3\int_0^{\sigma'_{壁面}}\sigma'^2_{zr}\dot{\gamma}_{zr}\mathrm{d}\sigma'_{zr} \tag{4.127}$$

进一步，对上式关于 $\sigma'_{壁面}$ 求导并除以 $\sigma'^2_{壁面}$，最终我们可得

$$\dot{\gamma}_{\text{壁面}}=-\frac{Q}{\pi R^{3}}\left(3+\frac{\mathrm{dlog}Q}{\mathrm{dlog}p}\right) \tag{4.128}$$

上式再次说明：结合$\partial p/\partial z$、$\sigma'_{\text{壁面}}$及流道半径，我们可以通过测量流量和压力梯度来确定流体的流变性质。在实际中，我们需要对直径相同、长度不一的管道进行多次测量，以评估并修正流道的端口效应。此外，通过对比不同半径管道的测量结果，我们也可以测定管壁上可能存在的滑移效应。

4.6.3 简单流变行为下的流动速度廓线

幂律流体(power law fluid)

借鉴方程(4.40)的形式，我们假定应力和应变之间的关系满足$\sigma'_{xy}=D(\partial v_x/\partial y)^{(1-\alpha)}$。当$\alpha=0$时，该式简化为牛顿流体的关系式$D=\eta$。当$\alpha<0$时，表观黏性$\sigma'_{xy}/(\partial v_x/\partial y)$随剪切率的增加而变大(剪切增稠流体)；当$\alpha>0$时，表观黏度随剪切率的增加而变小(剪切稀化流体)。因此，我们可得关系式：$f(u)=D^{-1/(1-\alpha)}u^{1/(1-\alpha)}$。将该式代入方程(4.116)和(4.125)，我们可得间距为a、对称面位于$y=a/2$处的两个平行平板间流动的速度廓线为

$$v_x(y)=\frac{1-\alpha}{2-\alpha}\left[\frac{1}{D}\left|\frac{\partial p}{\partial x}\right|\right]^{\frac{1}{1-\alpha}}\left(\left(\frac{a}{2}\right)^{\frac{2-\alpha}{1-\alpha}}-\left(\left|y-\frac{a}{2}\right|\right)^{\frac{2-\alpha}{1-\alpha}}\right) \tag{4.129a}$$

相应地，对于圆柱流道可得

$$v_z(r)=\frac{1-\alpha}{2-\alpha}\left[\frac{1}{2D}\left|\frac{\partial p}{\partial z}\right|\right]^{\frac{1}{1-\alpha}}\left(R^{\frac{2-\alpha}{1-\alpha}}-r^{\frac{2-\alpha}{1-\alpha}}\right) \tag{4.129b}$$

其中，如果平壁流动中$\partial p/\partial x>0$(或圆管流动中$\partial p/\partial z>0$)，那么上述表达式均需乘以-1。两种几何结构下相应的流量分别为

$$Q=\frac{2-2\alpha}{3-2\alpha}\left[\frac{1}{D}\left|\frac{\partial p}{\partial x}\right|\right]^{\frac{1}{1-\alpha}}\left(\frac{a}{2}\right)^{\frac{3-2\alpha}{1-\alpha}} \tag{4.130a}$$

和

$$Q=\frac{\pi(1-\alpha)}{4-3\alpha}\left[\frac{1}{2D}\left|\frac{\partial p}{\partial z}\right|\right]^{\frac{1}{1-\alpha}}R^{\frac{4-3\alpha}{1-\alpha}} \tag{4.130b}$$

我们注意到，当$\alpha>0$时，在给定的压力梯度下，流量与流道尺寸(a或R)关联的幂指数(分别为3和4)比相同情形下牛顿流体的泊肃叶流动对应的幂指数大；更一般地，我们可将流量关于尺寸a的指数表示为$3+\alpha/(1-\alpha)$，关于尺寸R的指数表示为$4+\alpha/(1-\alpha)$。因此，在给定压力梯度下，对于两个横截

面大小不同的流道,若流体为剪切稀化流体,那么它们中流量的比值会增大。相反,对于剪切增稠流体来说比值则变小。

假定两种情形下平均速度分别为 $U=Q/a$ 与 $U=Q/(\pi R^2)$,那么速度廓线可表示为

$$\frac{v_x}{U}=\frac{3-2\alpha}{2-\alpha}\left[1-\left(2\left|\frac{y}{a}-\frac{1}{2}\right|\right)^{\frac{2-\alpha}{1-\alpha}}\right] \tag{4.131a}$$

与

$$\frac{v_z}{U}=\frac{4-3\alpha}{2-\alpha}\left[1-\left(\frac{r}{R}\right)^{\frac{2-\alpha}{1-\alpha}}\right] \tag{4.131b}$$

如图 4.25 所示,相比于牛顿流体($\alpha=0$),剪切增稠流体($\alpha<0$)的速度廓线更为陡峭,且在 $y=a/2$ 或 $r=0$ 处曲率为无穷大。剪切稀化流体($\alpha>0$)的速度分布出现了平台,且随着 α 的增加,平台也会越趋向壁面。

注: 定性来说,剪切稀化流体的速度廓线显示速度梯度在越接近壁面处越大,这得益于壁面处较低的有效黏性;对于剪切增稠流体该效应则完全相反。

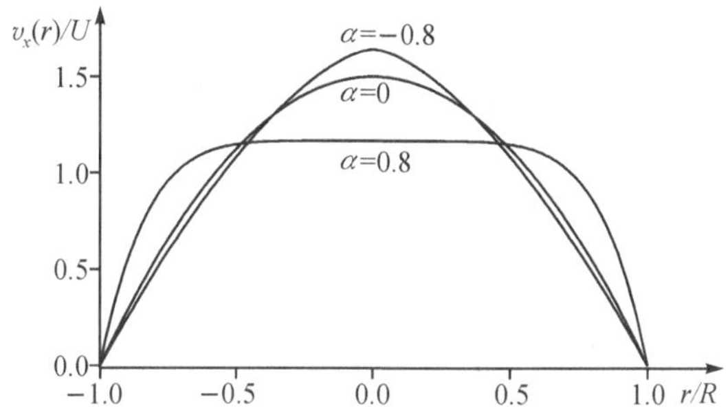

图 4.25 圆管内流体局部速度与平均速度比值的径向分布廓线,相应流体的流变特性为幂律关系 $\sigma'_{xy}=D(\partial v_x/\partial y)^{(1-\alpha)}$。最上面的曲线对应 $\alpha=-0.8$(剪切增稠流体);中间的曲线对应 $\alpha=0$(牛顿流体);最平缓的曲线对应 $\alpha=0.8$(剪切稀化流体)

平行板间宾厄姆流体的流动

由前文讨论可知,作用与宾厄姆流体的应力大于临界应力 σ_c 时,应力与应变之间存在线性关系。我们假定:

$$\frac{\partial v_x}{\partial y}=\frac{1}{D}(\sigma'_{xy}-\operatorname{sign}(\sigma'_{xy})\sigma_c)\quad 如果\quad |\sigma'_{xy}|>\sigma_c>0 \tag{4.132a}$$

与

$$\frac{\partial v_x}{\partial y}=0\quad 如果\quad |\sigma'_{xy}|\leqslant\sigma_c \tag{4.132b}$$

这种情况下,当 $|u|>\sigma_c$ 时,函数 $f(u)=(1/D)(u-\operatorname{sign}(u)\sigma_c)$;当 $|u|\leqslant\sigma_c$ 时,$f(u)=0$。以下讨论中,我们假定 $\partial p/\partial x<0$ 且 $v_x\geqslant 0$。方程 $\sigma'_{xy}=(y-a/2)(\partial p/\partial x)$ 仍然成立,且 $y=0$ 时 $\sigma'_{xy}=0$。因此,在邻近对称平面处的区域有 $\sigma'_{xy}<\sigma_c$,且 $\partial v_x/\partial y=0$,故而速度在此处达到最大值 V_{max}。位于平面 $y=a/2$ 上下对称处的 y_1 与 y_2 分别满足:

$$y_1-\frac{a}{2}=-\left[y_2-\frac{a}{2}\right]=\sigma_c/\left|\frac{\partial p}{\partial x}\right| \tag{4.133}$$

如果 $y_1>a$,速度处处为 0。如果 $y_1<a$,在 $y=a$ 壁面附近,对方程(4.132a)积分可得速度:

$$v_x(y)=\frac{1}{D}\int_y^a\left[u\left|\frac{\partial p}{\partial x}\right|-\sigma_c\right]\mathrm{d}u \tag{4.134}$$

并且，在壁面 $y=0$ 处，速度具有对称性，结合方程(4.132a)与(4.132b)，我们可得

$$v_x(y)=\frac{1}{2D}\left|\frac{\partial p}{\partial x}\right|[a-y][a+y-2y_1] \tag{4.135}$$

与
$$v_x(y)=V_{\max}=\frac{1}{2D}\left|\frac{\partial p}{\partial x}\right|[a-y_1]^2 \tag{4.136}$$

上面两式分别对应 $y>y_1$ 与 $0<y\leqslant y_1$ 情形下的速度分布。速度廓线具有对称性，定性的廓线见图 4.26。

当所有的应力 σ'_{xy} 都小于应力阈值时，流体静止(图 4.26(a))。当压力梯度增加时，我们观察到速度廓线在中间区域出现平台(活塞流区)，该平台区域会随着压力梯度的增加而缩减(图 4.26(b)和(c))。更一般地，由图 4.25 和4.26 所示可知：存在一个非零屈服应力(或随切应力增加而减小的黏性)导致速度分布出现了平台。

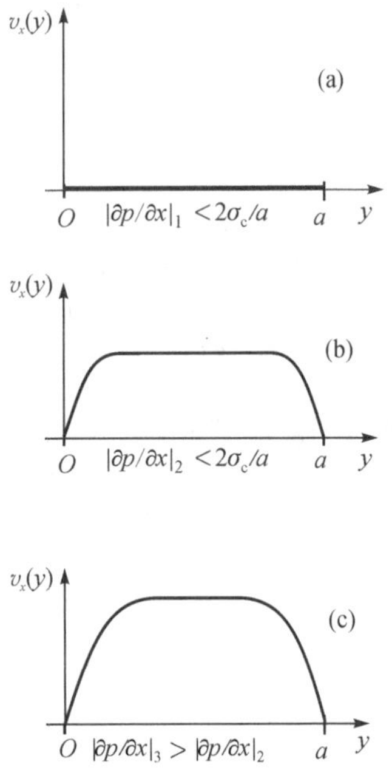

图 4.26 轴向压力梯度不同时，宾厄姆流体在不同长度方向上的速度廓线示意图(注意：曲线的斜率在平台上与两侧边斜线是连续的)

圆管内宾厄姆流体的流动

该问题与求解两平行板间宾厄姆流体的方法类似：可通过方程(4.124)$\sigma'_{zr}=(r/2)(\partial p/\partial z)$来求解。从圆管中心到半径 $r_0=2\sigma_c/|\partial p/\partial x|$ 的区域内，速度梯度$\partial v_z/\partial r=0$。在该区域内，存在流场的最大速度 $V_{\max}$；在 $r_0>R$ 的区域，速度为零。如果 $r_0<R$，邻近管壁的速度分布满足：

$$v_z(r)=\frac{1}{D}\int_r^R\left[\frac{u}{2}\left|\frac{\partial p}{\partial z}\right|-\sigma_c\right]\mathrm{d}u \tag{4.137}$$

因此，我们可知在 $r>r_0$ 和 $r<r_0$ 处，速度廓线分别为

$$v_z(r)=\frac{1}{4D}\left|\frac{\partial p}{\partial z}\right|[R-r][R+r-2r_0] \tag{4.138a}$$

$$v_z(r)=V_{\max}=\frac{1}{4D}\left|\frac{\partial p}{\partial z}\right|[R-r_0]^2 \tag{4.138b}$$

上述速度廓线与图 4.26 所示的情况基本类似。

4.6.4 振动平面附近的黏弹性流体流动

在第 4.5.4 节中，我们讨论了平板以一定的频率 ω 在自身平面内平行振荡时平板附近牛顿流体的流动特性。接下来，我们假定流体是黏弹性麦克斯韦流体，其流变特性由方程(4.51b)表征。与上文讨论的情形类似，我们假定平行于平板所在平面的流体的速度分量 v_x 满足 $v_x(y,t)=f(y)\cos(\omega t+\varphi)$

$=\Re e(f(y)e^{i\omega t})$（图 4.22）。在方程（4.85）中，我们使用复黏性系数 $\bar{\nu}=\bar{\eta}/\rho$ 替代 ν，于是可得（见方程（4.51b））：

$$\bar{\nu}=\frac{\nu}{1+i\omega\tau} \tag{4.139}$$

流体的特征响应时间 τ 通过 $\tau=\gamma/G$ 关联于弹性模量和动力学黏度 $\eta=\nu\rho$。结合方程（4.139），我们求解方程（4.85）可得

$$f(y)=C_1e^{-(\beta+ik)y}+C_2e^{(\beta+ik)y} \tag{4.140}$$

此处与牛顿流体（方程（4.86））对应的情形不一样，因为 $\beta=k$ 不一定成立，它们满足以下关系：

$$i\omega=\nu\frac{1-i\omega\tau}{1+\omega^2\tau^2}(\beta^2-k^2+2i\beta k) \tag{4.141}$$

如果仅考虑半无穷空间 $y>0$，我们可取 $C_2=0$ 且 $\beta>0$（与处理牛顿流体一样）。方程（4.141）的实部和虚部可分别给出以下两个关系：

$$(\beta^2-k^2)+2\beta k\omega\tau=0 \tag{4.142a}$$

$$\omega(1+\omega^2\tau^2)=2\beta\nu k-\nu\omega\tau(\beta^2-k^2) \tag{4.142b}$$

将 β^2-k^2 从一个方程代入另一个方程可得

$$\beta k=\frac{\omega}{2\nu} \tag{4.143}$$

如果 $\beta>0$，上式要求 $k>0$。进一步代入方程（4.142a），取正根可得

$$\frac{k^2}{\omega^2}=\frac{1}{2}\left[\frac{\tau}{\nu}+\frac{\tau}{\nu}\sqrt{1+\frac{1}{\omega^2\tau^2}}\right] \tag{4.144}$$

结合上式，我们可通过方程（4.141）来确定 β 的取值。对于低频的情况（$\omega\tau\ll1$），方程（4.144）会退化到 $k^2=\omega/2\nu$，进一步由方程（4.143）可知 β 和 k 取值相同，该变化关系与牛顿流体的情形是相同的（方程（4.86））。这种情况下复黏度 $\bar{\nu}$ 退化为 ν（根据方程（4.139）），因此这个结果正是我们预期的。在相反的极限下（$\omega\tau\gg1$），正弦激励的周期相对黏弹性流体的响应时间很小，因此方程（4.144）转化为

$$\frac{k^2}{\omega^2}=\frac{\tau}{\nu}=\frac{\rho}{G}=\frac{1}{c_s^2} \tag{4.145}$$

比例系数 ω/k 为剪切波在固体（剪切模量为 G、密度为 ρ）中传播的速度 c_s。对于高频激发，流体介质表现出可以承载剪切波传播的弹性固体的行为（方程（4.51）中的复模量 $\bar{G}$ 退化为实部 G）；在牛顿流体中，剪切波的传播会非常迅速地衰减。

注：平板振荡时，距离 $1/\beta$ 表示振荡在流体中衰减的特征长度，比值 k/β 表示波衰减的波数大小。根据方程（4.89）定义

的振荡传播在牛顿流体中的穿透深度，同时结合方程(4.143)和(4.145)，我们可得

$$2k^2\delta^2(\omega)=4\omega\tau \tag{4.146}$$

$$\frac{k}{\beta}=\frac{k^2}{\omega/2\nu}=k^2\delta^2(\omega) \tag{4.147}$$

当 $\omega\tau\gg1$ 时(弹性行为)，$k\delta(\omega)\gg1$(波长远小于黏性穿透深度)，同时有 $k/\beta\gg1$(相对于振荡衰减距离，波数取值较大)。由于方程(4.143)可以改写成 $\beta\delta(\omega)=\frac{1}{k\delta(\omega)}\ll1$，因此可以推测：在弹性机制下，衰减距离 $1/\beta$ 比穿透深度 $\delta(\omega)$ 大得多，该结果仅缘于黏性效应。另外需要指出：由图 4.14 给出的信息可知，实际流体在高频激励下将偏离麦克斯韦关系，从而导致波的传播距离下降。

附录 4A　不同坐标系下流体力学方程的表达式

4A.1　笛卡儿坐标系 (x,y,z) 下应力张量、质量守恒方程以及纳维-斯托克斯方程的表达式

应力张量：

$$\sigma_{xx}=-p+2\eta\frac{\partial v_x}{\partial x}\qquad \sigma_{yz}=\eta\left(\frac{\partial v_y}{\partial z}+\frac{\partial v_z}{\partial y}\right)$$

$$\sigma_{yy}=-p+2\eta\frac{\partial v_y}{\partial y}\qquad \sigma_{zx}=\eta\left(\frac{\partial v_z}{\partial x}+\frac{\partial v_x}{\partial z}\right)$$

$$\sigma_{zz}=-p+2\eta\frac{\partial v_z}{\partial z}\qquad \sigma_{xy}=\eta\left(\frac{\partial v_x}{\partial y}+\frac{\partial v_y}{\partial x}\right)$$

不可压缩流动质量守恒方程($\nabla\cdot\boldsymbol{v}=0$)：

$$\frac{\partial v_x}{\partial x}+\frac{\partial v_y}{\partial y}+\frac{\partial v_z}{\partial z}=0$$

纳维-斯托克斯方程：

$$\frac{\partial v_x}{\partial t}+v_x\frac{\partial v_x}{\partial x}+v_y\frac{\partial v_x}{\partial y}+v_z\frac{\partial v_x}{\partial z}=-\frac{1}{\rho}\frac{\partial p}{\partial x}+\nu\left(\frac{\partial^2 v_x}{\partial x^2}+\frac{\partial^2 v_x}{\partial y^2}+\frac{\partial^2 v_x}{\partial z^2}\right)+f_x$$

$$\frac{\partial v_y}{\partial t}+v_x\frac{\partial v_y}{\partial x}+v_y\frac{\partial v_y}{\partial y}+v_z\frac{\partial v_y}{\partial z}=-\frac{1}{\rho}\frac{\partial p}{\partial y}+\nu\left(\frac{\partial^2 v_y}{\partial x^2}+\frac{\partial^2 v_y}{\partial y^2}+\frac{\partial^2 v_y}{\partial z^2}\right)+f_y$$

$$\frac{\partial v_z}{\partial t}+v_x\frac{\partial v_z}{\partial x}+v_y\frac{\partial v_z}{\partial y}+v_z\frac{\partial v_z}{\partial z}=-\frac{1}{\rho}\frac{\partial p}{\partial z}+\nu\left(\frac{\partial^2 v_z}{\partial x^2}+\frac{\partial^2 v_z}{\partial y^2}+\frac{\partial^2 v_z}{\partial z^2}\right)+f_z$$

4A.2　柱坐标系(r,φ,z)下应力张量、质量守恒方程以及纳维-斯托克斯方程的表达式

（参见图 4A.1 中柱坐标的定义与轴的方向）

应力张量：

$$\sigma_{rr}=-p+2\eta\frac{\partial v_r}{\partial r}$$

$$\sigma_{\varphi\varphi}=-p+2\eta\left(\frac{1}{r}\frac{\partial v_\varphi}{\partial\varphi}+\frac{v_r}{r}\right)$$

$$\sigma_{zz}=-p+2\eta\frac{\partial v_z}{\partial z}$$

$$\sigma_{\varphi z}=\eta\left(\frac{\partial v_\varphi}{\partial z}+\frac{1}{r}\frac{\partial v_z}{\partial\varphi}\right)$$

$$\sigma_{zr}=\eta\left(\frac{\partial v_z}{\partial r}+\frac{\partial v_r}{\partial z}\right)$$

$$\sigma_{r\varphi}=\eta\left(\frac{1}{r}\frac{\partial v_r}{\partial\varphi}+\frac{\partial v_\varphi}{\partial r}-\frac{v_\varphi}{r}\right)$$

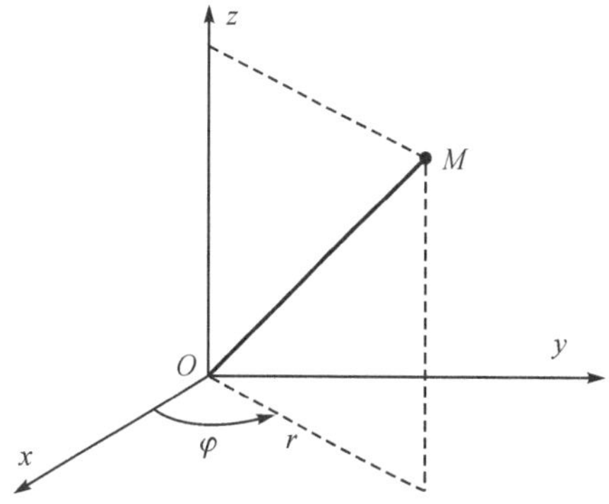

图 4A.1　柱坐标定义和坐标轴的方向取向

不可压缩流动质量守恒方程($\nabla\cdot\boldsymbol{v}=0$)：

$$\frac{1}{r}\frac{\partial(rv_r)}{\partial r}+\frac{1}{r}\frac{\partial v_\varphi}{\partial\varphi}+\frac{\partial v_z}{\partial z}=0$$

纳维-斯托克斯方程：

***r* 方向分量：**

$$\frac{\partial v_r}{\partial t}+v_r\frac{\partial v_r}{\partial r}+\frac{v_\varphi}{r}\frac{\partial v_r}{\partial\varphi}+v_z\frac{\partial v_r}{\partial z}-\frac{v_\varphi^2}{r}$$
$$=-\frac{1}{\rho}\frac{\partial p}{\partial r}+\nu\left(\frac{\partial^2 v_r}{\partial r^2}+\frac{1}{r^2}\frac{\partial^2 v_r}{\partial\varphi^2}+\frac{\partial^2 v_r}{\partial z^2}+\frac{1}{r}\frac{\partial v_r}{\partial r}-\frac{2}{r^2}\frac{\partial v_\varphi}{\partial\varphi}-\frac{v_r}{r^2}\right)+f_r$$

***φ* 方向分量：**

$$\frac{\partial v_\varphi}{\partial t}+v_r\frac{\partial v_\varphi}{\partial r}+\frac{v_\varphi}{r}\frac{\partial v_\varphi}{\partial\varphi}+v_z\frac{\partial v_\varphi}{\partial z}+\frac{v_r v_\varphi}{r}$$
$$=-\frac{1}{\rho}\left(\frac{1}{r}\frac{\partial p}{\partial\varphi}\right)+\nu\left(\frac{\partial^2 v_\varphi}{\partial r^2}+\frac{1}{r^2}\frac{\partial^2 v_\varphi}{\partial\varphi^2}+\frac{\partial^2 v_\varphi}{\partial z^2}+\frac{1}{r}\frac{\partial v_\varphi}{\partial r}+\frac{2}{r^2}\frac{\partial v_r}{\partial\varphi}-\frac{v_\varphi}{r^2}\right)+f_\varphi$$

***z* 方向分量：**

$$\frac{\partial v_z}{\partial t}+v_r\frac{\partial v_z}{\partial r}+\frac{\partial_f}{r}\frac{\partial v_z}{\partial\varphi}+v_z\frac{\partial v_z}{\partial z}$$
$$=-\frac{1}{\rho}\frac{\partial p}{\partial z}+\nu\left(\frac{\partial^2 v_z}{\partial r^2}+\frac{1}{r^2}\frac{\partial^2 v_z}{\partial\varphi^2}+\frac{\partial^2 v_z}{\partial z^2}+\frac{1}{r}\frac{\partial v_z}{\partial r}\right)+f_z$$

4A.3 球坐标系(r,θ,φ)下应力张量、质量守恒方程以及纳维-斯托克斯方程的表达式

（参见图 4A.2 中柱坐标的定义与轴的方向）

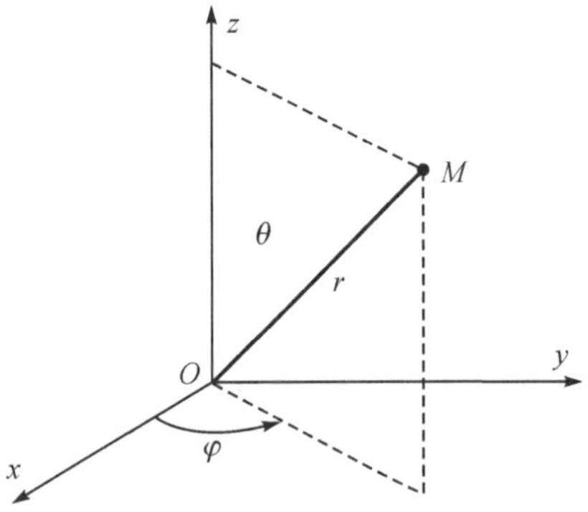

图 4A.2 球坐标定义和坐标轴的方向取向

应力张量：

$$\sigma_{rr}=-p+2\eta\frac{\partial v_r}{\partial r}$$

$$\sigma_{\theta\theta}=-p+2\eta\left(\frac{1}{r}\frac{\partial v_\theta}{\partial\theta}+\frac{v_r}{r}\right)$$

$$\sigma_{\varphi\varphi}=-p+2\eta\left(\frac{1}{r\sin\theta}\frac{\partial v_\varphi}{\partial\varphi}+\frac{v_r}{r}+\frac{v_\theta\cot\theta}{r}\right)$$

$$\sigma_{\theta\varphi}=\eta\left(\frac{1}{r\sin\theta}\frac{\partial v_\theta}{\partial\varphi}+\frac{1}{r}\frac{\partial v_\varphi}{\partial\theta}-\frac{v_\varphi\cot\theta}{r}\right)$$

$$\sigma_{\varphi r}=\eta\left(\frac{\partial v_\varphi}{\partial r}-\frac{v_\varphi}{r}+\frac{1}{r\sin\theta}\frac{\partial v_r}{\partial\varphi}\right)$$

$$\sigma_{r\theta}=\eta\left(\frac{1}{r}\frac{\partial v_r}{\partial\theta}+\frac{\partial v_\theta}{\partial r}-\frac{v_\theta}{r}\right)$$

不可压缩流动质量守恒方程($\nabla\cdot\boldsymbol{v}=0$)：

$$\frac{1}{r^2}\frac{\partial(r^2v_r)}{\partial r}+\frac{1}{r\sin\theta}\frac{\partial(\sin\theta\, v_\theta)}{\partial\theta}+\frac{1}{r\sin\theta}\frac{\partial v_\varphi}{\partial\varphi}$$
$$=\frac{\partial v_r}{\partial r}+2\frac{v_r}{r}+\frac{1}{r}\frac{\partial v_\theta}{\partial\theta}+\frac{\cot\theta v_\theta}{r}+\frac{1}{r\sin\theta}\frac{\partial v_\varphi}{\partial\varphi}=0$$

纳维-斯托克斯方程：

r 方向分量：

$$\frac{\partial v_r}{\partial t}+v_r\frac{\partial v_r}{\partial r}+\frac{v_\theta}{r}\frac{\partial v_r}{\partial\theta}+\frac{v_\varphi}{r\sin\theta}\frac{\partial v_r}{\partial\varphi}-\frac{v_\theta^2+v_\varphi^2}{r}$$
$$=-\frac{1}{\rho}\frac{\partial p}{\partial r}+\nu\left(\frac{1}{r}\frac{\partial^2(rv_r)}{\partial r^2}+\frac{1}{r^2}\frac{\partial^2v_r}{\partial\theta^2}+\frac{1}{r^2\sin^2\theta}\frac{\partial^2v_r}{\partial\varphi^2}+\frac{\cot\theta}{r^2}\frac{\partial v_r}{\partial\theta}-\right.$$
$$\left.\frac{2}{r^2}\frac{\partial v_\theta}{\partial\theta}-\frac{2}{r^2\sin\theta}\frac{\partial v_\varphi}{\partial\varphi}-\frac{2v_r}{r^2}-\frac{2\cot\theta}{r^2}v_\theta\right)+f_r$$

θ 方向分量：

$$\frac{\partial v_\theta}{\partial t}+v_r\frac{\partial v_\theta}{\partial r}+\frac{v_\theta}{r}\frac{\partial v_r}{\partial\theta}+\frac{v_\varphi}{r\sin\theta}\frac{\partial v_\theta}{\partial\varphi}+\frac{v_rv_\theta}{r}-\frac{v_\varphi^2\cot\theta}{r}$$
$$=-\frac{1}{\rho}\left(\frac{1}{r}\frac{\partial p}{\partial\theta}\right)+\nu\left(\frac{1}{r}\frac{\partial^2(rv_\theta)}{\partial r^2}+\frac{1}{r^2}\frac{\partial^2v_\theta}{\partial\theta^2}+\frac{1}{r^2\sin^2\theta}\frac{\partial^2v_\theta}{\partial\varphi^2}+\right.$$
$$\left.\frac{\cot\theta}{r^2}\frac{\partial v_\theta}{\partial\theta}-\frac{2}{r^2}\frac{\cos\theta}{\sin^2\theta}\frac{\partial v_\varphi}{\partial\varphi}+\frac{2}{r^2}\frac{\partial v_r}{\partial\theta}-\frac{v_\theta}{r^2\sin^2\theta}\right)+f_\theta$$

φ 方向分量:

$$\frac{\partial v_\varphi}{\partial t}+v_r\frac{\partial v_\varphi}{\partial r}+\frac{v_\theta}{r}\frac{\partial v_\varphi}{\partial \theta}+\frac{v_\varphi}{r\sin^2\theta}\frac{\partial v_\varphi}{\partial \varphi}+\frac{v_r v_\varphi}{r}+\frac{v_\theta v_\varphi \cot\theta}{r}$$

$$=-\frac{1}{\rho}\left(\frac{1}{r\sin\theta}\frac{\partial p}{\partial \varphi}\right)+\nu\left(\frac{1}{r}\frac{\partial^2(rv_\varphi)}{\partial r^2}+\frac{1}{r^2}\frac{\partial^2 v_\varphi}{\partial \theta^2}+\frac{1}{r^2\sin^2\theta}\frac{\partial^2 v_\varphi}{\partial \varphi^2}+\right.$$

$$\left.\frac{\cot\theta}{r^2}\frac{\partial v_\varphi}{\partial \theta}+\frac{2}{r^2\sin\theta}\frac{\partial v_r}{\partial \varphi}+\frac{2\cos\theta}{r^2\sin^2\theta}\frac{\partial v_\theta}{\partial \varphi}-\frac{v_\varphi}{r^2\sin^2\theta}\right)+f_\varphi$$

5 守恒律

本章讨论运动流体中的守恒律，包括质量守恒、动量守恒以及能量守恒。有关速度环量（角动量）的守恒特性我们将在第7章具体讨论。有关质量守恒的问题我们已经在第3章中讨论过，因此本章只做简要回顾（第5.1节）。前面章节中已经推导了实际流体的运动方程，进一步结合质量守恒，我们可得到动量守恒方程（第5.2节）。通过将动量守恒方程应用于一个适当选取的流体体积单元（称之为控制体），我们可以分析一些简单流动中的动量交换。随后，我们将在第5.3节以伯努利方程的形式讨论能量守恒方程，并给出一些经典的应用示例（皮托管、文丘里流量计等）。最后，我们在第5.4节处理一些较复杂的问题，用以说明在无需确定速度场的情况下，如何借助守恒定律去定量分析一类流动问题。

5.1 质量守恒

我们已经在第3.3.1节推导了质量守恒方程。以下简单回顾一下欧拉和拉格朗日参考系下质量守恒方程的两种等价表达方式，即

欧拉参考系下方程(3.25)：

$$\frac{\partial \rho}{\partial t}+\nabla \cdot(\rho \boldsymbol{v})=\frac{\partial \rho}{\partial t}+\frac{\partial(\rho v_j)}{\partial x_j}=0 \tag{5.1}$$

拉格朗日参考系下方程(3.27)：

$$\frac{\mathrm{d}\rho}{\mathrm{d}t}+\rho\,\nabla \cdot \boldsymbol{v}=\frac{\mathrm{d}\rho}{\mathrm{d}t}+\rho\,\frac{\partial v_j}{\partial x_j}=0 \tag{5.2}$$

拉格朗日（或对流）导数 $\mathrm{d}\rho/\mathrm{d}t$ 表示流体质点的密度在运动过程中（跟踪流体质点）随时间的改变（相同的下标采用爱因斯坦求和约定进行运算）。

对于有源流场，比如存在化学反应的流动中生成了某种化学物质A组分（密度为 ρ_A），方程(5.1)可改写如下：

$$\frac{\partial \rho_A}{\partial t} = -\nabla \cdot (\rho_A \boldsymbol{v}) + q_A \qquad (5.3)$$

其中 q_A 为单位时间内物质 A 的产量。方程(5.3)表明密度变化率$\partial \rho_A/\partial t$ 取决于 $\rho_A \boldsymbol{v}$ 的散度的负值以及体积源项 q_A。

注： 物质 A 分布的空间梯度会引起扩散流量 $\boldsymbol{J}_{DA} = -D_A \nabla C_A$。若将 $\boldsymbol{J}_{DA}$ 与上式右侧第一项中括号内的 $\rho_A \boldsymbol{v}$ 相加，我们即可得到对流方程更为一般的形式。

5.2　动量守恒

5.2.1　局部方程[①]

假设单位体积流体的动量为 $\rho \boldsymbol{v}$，那么动量的第 i 个分量($i=x, y, z$)对时间的导数可表示为

$$\frac{\partial (\rho v_i)}{\partial t} = v_i \frac{\partial \rho}{\partial t} + \rho \frac{\partial v_i}{\partial t} \qquad (5.4)$$

前文方程(4.25)给出了流体运动方程的一般形式，它在 x_i 方向的分量方程为

$$\rho \frac{\partial v_i}{\partial t} = -\rho v_j \frac{\partial v_i}{\partial x_j} - \frac{\partial p}{\partial x_i} + \frac{\partial \sigma'_{ij}}{\partial x_j} + \rho f_i \qquad (5.5)$$

其中 ρf_i 为作用于单位体积流体的体积力，σ'_{ij} 为黏性应力张量。通过方程(5.1)和(5.4)(对前者两边同时乘以 v_i)，并结合方程(5.5)，我们最终可得

$$\frac{\partial}{\partial t}(\rho v_i) = -v_i \frac{\partial (\rho v_j)}{\partial x_j} - \rho v_j \frac{\partial v_i}{\partial x_j} - \frac{\partial p}{\partial x_i} + \frac{\partial \sigma'_{ij}}{\partial x_j} + \rho f_i$$

即

$$\frac{\partial}{\partial t}(\rho v_i) = -\frac{\partial}{\partial x_j}(\rho v_i v_j + p\delta_{ij} - \sigma'_{ij}) + \rho f_i \qquad (5.6)$$

需要指出：上式中压力梯度项$\partial p/\partial x_i$ 以$\partial(p\delta_{ij})/\partial x_j$ 的形式包含于括号中。方程(5.6)是动量守恒方程最为一般的形式，适用于所有流体，包括牛顿或非牛顿流体，可压缩或不可压缩流体。同时方程(5.6)也表达了动量变化率$\partial(\rho v_i)/\partial t$，动量通量($\rho v_i v_j + p\delta_{ij} - \sigma'_{ij}$)的散度和体积力 ρf_i 三项之间的平衡关系。为了更好地理解各项的物理含义，我们接下来通过将其在宏观的流场体积内积分，为方程(5.6)寻求一种全局方程[②]。

5.2.2　动量方程的积分形式

对动量方程的积分

回到方程(5.6)，我们将其在固定的空间体积$\mathcal{V}$内积分(流

---

① 在中文文献中“局部方程”多称之为“动量方程的微分形式”。——译者注

② 在中文文献中“全局方程”多称之为“动量方程的积分形式”。——译者注

体质点可以穿越体积边界)可得

$$\iiint_{\mathcal{V}} \frac{\partial(\rho v_i)}{\partial t}\mathrm{d}V = -\iiint_{\mathcal{V}} \frac{\partial}{\partial x_j}(\rho v_i v_j + p\delta_{ij} - \sigma'_{ij})\,\mathrm{d}V + \iiint_{\mathcal{V}} \rho f_i \,\mathrm{d}V \tag{5.7}$$

通过散度定理,方程右边第一项积分可作如下变换:

$$\iiint_{\mathcal{V}} \frac{\partial(\rho v_i)}{\partial t}\mathrm{d}V = -\iint_{\mathcal{S}} (\rho v_i v_j + p\delta_{ij} - \sigma'_{ij})\,n_j\,\mathrm{d}S + \iiint_{\mathcal{V}} \rho f_i \,\mathrm{d}V \tag{5.8}$$

其中$\mathcal{S}$为体积$\mathcal{V}$的包络面。由于$\mathcal{V}$在空间上是固定的,因此其内部的总动量在 i 方向的分量对时间的导数可表示为

$$\frac{\mathrm{d}}{\mathrm{d}t}\left(\iiint_{\mathcal{V}} \rho v_i \,\mathrm{d}V\right) = -\iint_{\mathcal{S}} (\rho v_i v_j + p\delta_{ij} - \sigma'_{ij})\,n_j\,\mathrm{d}S + \iiint_{\mathcal{V}} \rho f_i \,\mathrm{d}V \tag{5.9}$$

上式也可表示为如下矢量形式:

$$\frac{\mathrm{d}}{\mathrm{d}t}\left(\iiint_{\mathcal{V}} \rho \boldsymbol{v} \,\mathrm{d}V\right) = -\iint_{\mathcal{S}} (\rho \boldsymbol{v}(\boldsymbol{v}\cdot\boldsymbol{n}) + p\boldsymbol{n} - [\boldsymbol{\sigma}']\cdot\boldsymbol{n})\,\mathrm{d}S + \iiint_{\mathcal{V}} \rho \boldsymbol{f} \,\mathrm{d}V \tag{5.10}$$

其中 $\boldsymbol{n}$ 为边界面$\mathcal{S}$的外法向单位矢量。上式右边第一项积分表示穿过表面$\mathcal{S}$的动量通量对体积$\mathcal{V}$内动量变化率的贡献。动量是矢量,故而动量通量为二阶张量,一般形式如下:

$$\Pi_{ij} = \rho v_i v_j + p\delta_{ij} - \sigma'_{ij} \tag{5.11}$$

Π_{ij} 为单位面积上的**动量通量张量**(momentum flux tensor),表示动量的第 i 个分量在 j 方向上的通量,包含以下三项:

- $\rho v_i v_j$ 表示流体质点在 j 方向上运动对动量的第 i 个分量 ρv_i 的输运;
- $p\delta_{ij}$ 表示与压力相关的动量输运;
- $-\sigma'_{ij}$ 表示与黏性摩擦力相关的动量输运。

积分 $-\iint_{\mathcal{S}} p\boldsymbol{n}\,\mathrm{d}S$ 表示作用在$\mathcal{S}$面法线方向上压力的合力。积分 $\iint_{\mathcal{S}} [\boldsymbol{\sigma}']\cdot\boldsymbol{n}\,\mathrm{d}S$ 表示作用在$\mathcal{S}$面上黏性摩擦力的切向分量。

方程(5.10)右边第二项表示积分体积内外力场 $\boldsymbol{f}$ 引起的动量产生率。

若使用$[\boldsymbol{\Pi}]$表示动量通量张量,方程(5.10)可改写为如下紧凑形式:

$$\frac{\mathrm{d}}{\mathrm{d}t}\left(\iiint_{\mathcal{V}} \rho \boldsymbol{v} \,\mathrm{d}V\right) = -\iint_{\mathcal{S}} [\boldsymbol{\Pi}]\cdot\boldsymbol{n}\,\mathrm{d}S + \iiint_{\mathcal{V}} \rho \boldsymbol{f} \,\mathrm{d}V \tag{5.12}$$

方程(5.10)和(5.12)基本上可见于所有的守恒律中:某物理量对时间的导数(此处为积分体积内流体的动量 $\rho\boldsymbol{v}$)等于一个**通量项**和一个**源项**之和。该方程的重要性在于,我们在无需

注:方程(5.10)也可改写为以下等价形式:

$$\frac{\mathrm{d}}{\mathrm{d}t}\left(\iiint_{\mathcal{V}} \rho \boldsymbol{v} \,\mathrm{d}V\right) = -\iint_{\mathcal{S}} (\rho \boldsymbol{v}(\boldsymbol{v}\cdot\boldsymbol{n}) - [\boldsymbol{\sigma}']\cdot\boldsymbol{n})\,\mathrm{d}S + \iiint_{\mathcal{V}} (\rho \boldsymbol{g} - \nabla p)\,\mathrm{d}V \tag{5.14}$$

其中 $\boldsymbol{f}=\boldsymbol{g}$。从这个等价形式我们可以更加清晰地看到:压力梯度和静水压强梯度(即 $-\rho\boldsymbol{g}$)之差产生了动量,而非压力本身。于是可知:积分体积内的动量变化来源于该贡献和来源于黏性扩散以及穿过边界的对流的通量之差。因此,在一些数值计算中,通常会使用体积力而非压强梯度来构建流动。

知晓体积$\mathcal{V}$内流场细节的前提下就可得到一些流动参数，并且已经足以确定体积边界上的流动情况。对于定常流动(速度与压力不随时间变化)，唯一涉及到流动速度场的体积分的项(即方程(5.10)左侧项)为零。于是，方程(5.10)可简化为

$$\iint_S \rho \boldsymbol{v}(\boldsymbol{v}\cdot\boldsymbol{n})\,\mathrm{d}S+\iint_S p\boldsymbol{n}\,\mathrm{d}S-\iint_S[\boldsymbol{\sigma}']\cdot\boldsymbol{n}\,\mathrm{d}S-\iiint_{\mathcal{V}}\rho\boldsymbol{f}\,\mathrm{d}V=0 \tag{5.13}$$

通过选取合适的积分体积，通常称之为**控制体**(control volume，比如流道壁面所围的体积，或者与流动管道重合或垂直流场的面包围的体积等)，我们可以很容易地确定流体作用在控制体边界上的力。第5.4节将通过几个具体的例子来讲解这种分析方法。

不可压缩牛顿流体的情况

在本节接下来的内容中，我们仅针对不可压缩牛顿流体展开讨论。这种情况下，应力张量$[\boldsymbol{\sigma}']$与应变率张量$[\boldsymbol{e}]$之间存在简单的关系式$[\boldsymbol{\sigma}']=2\eta[\boldsymbol{e}]$(方程(4.16))。于是，方程(5.10)可转化如下：

$$\frac{\mathrm{d}}{\mathrm{d}t}\left(\iiint_{\mathcal{V}}\rho\boldsymbol{v}\mathrm{d}V\right)=-\iint_S(\rho\boldsymbol{v}(\boldsymbol{v}\cdot\boldsymbol{n})+p\boldsymbol{n}-2\eta[\boldsymbol{e}]\cdot\boldsymbol{n})\,\mathrm{d}S+\iiint_{\mathcal{V}}\rho\boldsymbol{f}\mathrm{d}V \tag{5.15}$$

以下，我们将在一些简单流动中运用局部和积分形式的动量守恒方程展开分析。

动量方程在简单流动中的应用

在第4.5节中，我们通过黏性流体的运动方程讨论了两块平行板间的简单流动，比如泊肃叶流动和库埃特流动。此处，我们从动量守恒(而非受力平衡)的角度来分析这类流动。

如图5.1(a)所示，我们首先考虑位于$y=0$和$y=a$处的两块平板间不可压缩牛顿流体的简单剪切(库埃特)流动。流动定常，底板固定，上板以恒定速度V_0在x方向上运动。由第4章讨论可知，速度场$\boldsymbol{v}$的分量形式为$(V_0y/a, 0, 0)$。接下来，我们在忽略重力的情况下考虑流场中体积微元$\delta\mathcal{V}$的动量守恒情况。微元在x和y方向的长度分别为δx和δy，在z方向上取单位长度。整个流场仅在x方向上有非零速度分量，故而动量也只在该方向上有非零分量ρv_x。由方程(5.11)可知，该方向上通过位于x和$x+\delta x$处两个面的动量通量为

$$\Pi_{xx}n_x\delta y=-(\rho v_x{}^2+p)n_x\,\delta y$$

其中，$\boldsymbol{n}$为由体积微元边界面的外法向单位矢量。由于v_x仅依

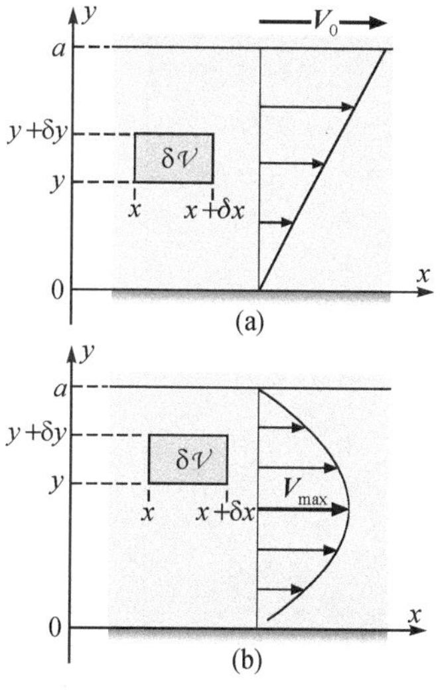

图5.1 计算动量守恒时定义的体积微元$\delta\mathcal{V}$。(a)两平行板间无外加压力梯度下的简单剪切流动；(b)两平行平板间由水平压强梯度$\partial p/\partial x$驱动的泊肃叶流动

赖坐标 y，且压力 p 在整个流场内为常数。因此，通过 $x+\delta x$ 处截面($n_x=1$)的动量通量与通过 x 处截面($n_x=-1$)的通量的代数值相反。因此在 x 方向上，仅有穿过体积元 $\delta\mathcal{V}$ 的被动动量传输。

在 y 方向上，穿过 y 和 $y+\delta y$ 处截面的动量通量的代数值为

$$\Pi_{xy}n_y\ \delta x = -\sigma'_{xy}n_y\ \delta x = -\eta(\partial v_x/\partial y)n_y\delta x \quad (5.16)$$

对于图 5.1(a)所示的速度梯度，由于靠近上板(运动速度为 V_0)的流体层拖着下方的流体层向前运动，因此动量输运的方向向下。同样，由于速度梯度 $\partial v_x/\partial y$ 不随 y 变化，所以通过 y 与 $y+\delta y$ 处截面的动量通量的代数值相反(截面 y 上 $n_y=-1$，截面 $y+\delta y$ 上 $n_y=+1$)。因此，在 y 方向上也仅仅是动量被动输运(这是库埃特流动的特例)。

对于两个平板间由恒定压力梯度 $\partial p/\partial x$ 驱动的定常泊肃叶流动，我们会看到非常不一样的结果。我们依然忽略重力效应，假定两平板分别位于 $y=0$ 和 $y=a$(图 5.1(b))。这种情况下，y 方向速度分量 v_y 为零，x 方向速度分量 v_x 呈抛物线分布，由方程(4.66)与(4.67)可知

$$v_x(y) = -\frac{a^2}{2\eta}\frac{\partial p}{\partial x}\frac{y(a-y)}{a^2} \quad (5.17)$$

与上边的情况一样，y 方向压强梯度仍然为零，即 $p=p(x)$；并且动量只有 x 方向分量 ρv_x 不为零。于是可知：穿过体积微元 $\delta\mathcal{V}$ 垂直于 x 方向截面的动量通量为

$$\Pi_{xx}\,n_x\ \delta y = -(\rho v_x^2(y) + p(x))n_x\delta y$$

这种情况下，该通量既在 x 方向变化(缘于压力梯度 $\partial p/\partial x$)，也在 y 方向改变(缘于 $\rho v_x^2(y)$ 的变化)。同样地，穿过位于 y 和 $y+\delta y$ 处截面的动量通量可由方程(5.16)给出，但此时通量仅随 y 变化。然而，由于流动是定常的，因此体积微元 $\delta\mathcal{V}$ 内动量 P_x 随时间变化率仍然为零。利用方程(5.12)并将该结果对小量 δx 和 δy 做级数展开，最终可得

$$\frac{\partial P_x}{\partial t} = \frac{\partial}{\partial t}(\rho v_x)\,\delta x\delta y = -\left[\frac{\partial \Pi_{xx}}{\partial x} + \frac{\partial \Pi_{xy}}{\partial y}\right]\delta x\delta y = 0 \quad (5.18)$$

进一步，上式可改写为如下形式：

$$\left[-\eta\frac{\partial^2 v_x(y)}{\partial y^2} + \frac{\partial p}{\partial x}\right]\delta x\delta y = 0$$

显然，上式与描述平行流动的纳维-斯托克斯方程(4.59)一致。

动量方程为我们理解流体的运动方程提供了一个不同的视角。方程(5.18)表明压力梯度($\partial\Pi_{xx}/\partial x$ 项)对动量的贡献

被黏性动量通量 $\Pi_{xy}=-\eta\partial v_x/\partial y$ 在 y 方向的变化$\partial\Pi_{xy}/\partial y$ 抵消。对于泊肃叶流动，由方程(5.17)可知动量通量 $\Pi_{xy}=[(a/2)-y]\partial p/\partial x$ 在两板中间位置 $y=a/2$ 处为 0，在两板壁面处绝对值最大。当$\partial p/\partial x<0$ 时，黏性通量 Π_{xy} 向最近的壁面输运；在给定的横向位置 y 处，Π_{xy} 表示单位时间内压强梯度在平面 $a/2$ 和 y 之间引起的动量增加。

5.3 动能守恒方程和伯努利方程

本节我们首先计算单位体积运动流体的动能变化率。对于理想流体的特殊情况，我们可得到**伯努利方程**(Bernoulli's equation)，该方程是能量守恒的一种表述方式。随后，我们将讨论伯努利方程在一些黏性可以忽略的实际流动中的应用。

5.3.1 不可压缩流动中的能量守恒

守恒方程的推导

在不可压缩流动中，单位体积流体的动能可表示为

$$e_c=\frac{\mathrm{d}E_c}{\mathrm{d}V}=\frac{\rho v^2}{2}$$

在欧拉坐标系下，空间固定点上的动能 e_c 对时间的导数可表示为

$$\frac{\partial}{\partial t}\left(\frac{\rho v^2}{2}\right)=-\nabla\cdot\left[\boldsymbol{v}\left(\frac{\rho v^2}{2}+p\right)-([\boldsymbol{\sigma}']\cdot\boldsymbol{v})\right]+\rho\boldsymbol{v}\cdot\boldsymbol{f}-\sigma'_{ij}\frac{\partial v_i}{\partial x_j} \tag{5.19}$$

方程(5.19)的推导

方程(5.19)中左侧项为单位体积流体的动能对时间的导数，可改写为

$$\frac{\partial}{\partial t}\left(\frac{\rho v^2}{2}\right)=\rho\boldsymbol{v}\cdot\frac{\partial\boldsymbol{v}}{\partial t}=\rho v_i\frac{\partial v_i}{\partial t} \tag{5.20}$$

根据前面流体的运动方程(4.25)，我们可得

$$\rho\left(\frac{\partial v_i}{\partial t}+v_j\frac{\partial v_i}{\partial x_j}\right)=-\frac{\partial p}{\partial x_i}+\frac{\partial\sigma'_{ij}}{\partial x_j}+\rho f_i \tag{5.21}$$

将方程(4.25)中的$\partial\boldsymbol{v}/\partial t$ 代入上式(5.20)可得

$$\begin{aligned}\frac{\partial}{\partial t}\left(\frac{\rho v^2}{2}\right)&=-\rho v_i v_j\frac{\partial v_i}{\partial x_j}-v_i\frac{\partial p}{\partial x_i}+v_i\frac{\partial\sigma'_{ij}}{\partial x_j}+\rho v_i f_i\\&=-v_j\frac{\partial}{\partial x_j}\left(\frac{\rho v^2}{2}\right)-v_i\frac{\partial p}{\partial x_i}+\frac{\partial}{\partial x_j}(v_i\sigma'_{ij})-\end{aligned}$$

$$\sigma'_{ij}\frac{\partial v_i}{\partial x_j}+\rho v_i f_i \tag{5.22}$$

即

$$\frac{\partial}{\partial t}\left(\frac{\rho v^2}{2}\right)=(-\boldsymbol{v}\cdot\nabla)\left(\rho\frac{v^2}{2}+p\right)+\nabla\cdot([\boldsymbol{\sigma}']\cdot\boldsymbol{v})-$$

$$\sigma'_{ij}\frac{\partial v_i}{\partial x_j}+\rho\boldsymbol{v}\cdot\boldsymbol{f} \tag{5.23}$$

进一步利用矢量恒等式$\nabla\cdot(\alpha\boldsymbol{A})=\boldsymbol{A}\cdot\nabla\alpha+\alpha\ \nabla\cdot\boldsymbol{A}$，我们可得

$$\nabla\cdot\left[\boldsymbol{v}\left(\frac{\rho v^2}{2}+p\right)\right]=\left(\frac{\rho v^2}{2}+p\right)(\nabla\cdot\boldsymbol{v})+(\boldsymbol{v}\cdot\nabla)\left(\frac{\rho v^2}{2}+p\right) \tag{5.24}$$

结合不可压缩条件$\nabla\cdot\boldsymbol{v}=0$，以及方程(5.23)和(5.24)，我们即可很直观地得到方程(5.19)。

为了更好地理解方程(5.19)中各项的物理意义，我们可以通过积分得到该方程的**积分形式**(integral form)，其中积分体为空间中的固定体积$\mathcal{V}$，其边界为$\mathcal{S}$。结合高斯积分定理，并引入相应的通量矢量，我们最终可得

$$\frac{\mathrm{d}}{\mathrm{d}t}\left(\iiint_{\mathcal{V}}\rho\frac{v^2}{2}\mathrm{d}V\right)=-\iint_{\mathcal{S}}\rho\frac{v^2}{2}\boldsymbol{v}\cdot\boldsymbol{n}\mathrm{d}S-$$

$$\iint_{\mathcal{S}}p\boldsymbol{v}\cdot\boldsymbol{n}\mathrm{d}S+\iint_{\mathcal{S}}([\boldsymbol{\sigma}']\cdot\boldsymbol{n})\cdot\boldsymbol{v}\mathrm{d}S+$$

$$\iiint_{\mathcal{V}}\rho\boldsymbol{f}\cdot\boldsymbol{v}\mathrm{d}V-\iiint_{\mathcal{V}}\sigma'_{ij}\frac{\partial v_i}{\partial x_j}\mathrm{d}V \tag{5.25}$$

- 方程(5.25)右边第一项代表总动能($\rho v^2/2$)以对流的形式穿过积分区域表面$\mathcal{S}$的通量。
- 接下来的三项代表体积$\mathcal{V}$上的作用力所做的功：前两项分别指压力，以及黏性应力作用在$\mathcal{S}$面法线方向上分量所做的功。第三项代表作用在单位体积流体上的外力$\rho\boldsymbol{f}$所做的功引起的动能变化。如果外力$\rho\boldsymbol{f}$与速度$\boldsymbol{v}$方向相同，做功为正(类似于重力$\boldsymbol{f}=\boldsymbol{g}$作用下流体往低处流，同时流体动能增加的现象)。如果外力$\boldsymbol{f}$有势(即$\boldsymbol{f}$可表示为一个势函数的导数)，那么外力$\boldsymbol{f}$做功则意味着动能与势能之间的转换。
- 最后一项$\iiint_{\mathcal{V}}\sigma'_{ij}(\partial v_i/\partial x_j)\mathrm{d}V$代表黏性耗散会将动能不可逆地转换为流体的内能(以热量的形式存在)。

接下来，我们来详细讨论方程(5.25)中涉及到黏性切应

力[$\boldsymbol{\sigma}'$]的两个贡献项。

平行流动中动能的黏性耗散

如图 5.1 所示,我们考虑定常平行流动中的一个体积微元 $\delta\mathcal{V}$,它在 x 和 y 方向上边长分别为 δx 与 δy,在 z 方向上取单位长度,速度为 $v_x(y)$。我们假定黏性应力只有两个分量 $\sigma'_{xy}=\sigma'_{yx}$ 不为零(牛顿流体对应的情形),并且 x 方向上体积力分量为零。于是,单位时间内作用在体积微元 $\delta\mathcal{V}$上下表面的力所做的功(即方程(5.25)中右边第三项)为

$$(\sigma'_{xy}(y+\delta y)v_x(y+\delta y)-\sigma'_{xy}(y)v_x(y))\delta x$$
$$=\frac{\partial}{\partial y}(\sigma'_{xy}(y)v_x(y))\delta x\delta y$$

上式左边括号内两项符号不同,这是因为微元上表面外法线方向与 y 轴正方向相同,而下表面外法线方向指向 y 轴负方向。方程右边的导数可展开为以下两项:

- 第一项为 $v_x(\partial\sigma'_{xy}(y)/\partial y)\delta x\delta y$,代表单位时间内作用在体积微元上下表面的黏性应力的合力 $\sigma'_{xy}(y+\delta y)-\sigma'_{xy}(y)$所做的功。这个功会引起整个流体微元动能的改变。然而,根据方程(4.113)可知:在此处讨论的流动中,黏性应力所做的功与压强在相距 δy 的两个面上所做的功$(p(x)-p(x+\delta x))v_x\delta y=-(\partial p/\partial x)v_x\delta x\delta y$ 符号相反。因此,流体微元的动能始终保持为常数,这与定常流动的前提是相符的。
- 第二项为$\sigma'_{xy}(\partial v_x(y)/\partial y)\delta x\delta y$,仅代表流体微元的形变引起的做功。事实上,在以平均速度 $v_x(y)$的运动参考系下,此项代表单位时间内作用在体积微元上表面的力 $\sigma'_{xy}\delta x$ 所做的功。在这个力的作用下,力的作用点以速度$(\partial v_x(y)/\partial y)\delta y$ 相对下表面运动。如果体积微元为固体,那么这部分做功将以弹性势能的形式储存在固体里;然而对于流体而言,则会转换为内能耗散掉。

具有任意几何形状的流动的动能黏性耗散

方程(5.25)简洁地给出了具有任意几何特征的流动的普适分解形式。该方程表明:作用在体积微元上的力所做的功,一方面会导致流体的动能增加,另一方面会转化为热能。体积微元 V 中流体能量的黏性耗散率为

$$\delta E_c/\delta t=\iiint_{\mathcal{V}}\sigma'_{ij}(\partial v_i/\partial x_j)\,\mathrm{d}V=\iiint_{\mathcal{V}}\sigma'_{ij}e_{ij}\,\mathrm{d}V$$

证明：我们来考虑积分 $\delta E_c/\delta t=\iiint_{\mathcal{V}}\sigma'_{ij}(\partial v_i/\partial x_j)\,\mathrm{d}V$。由张量$[\boldsymbol{\sigma}']$的对称性 $\sigma'_{ij}=\sigma'_{ji}$ 可知

$$\sigma'_{ij}\frac{\partial v_i}{\partial x_j}=\frac{1}{2}\sigma'_{ij}\frac{\partial v_i}{\partial x_j}+\frac{1}{2}\sigma'_{ji}\frac{\partial v_i}{\partial x_j}$$

上式各项中的下标 i 与 j 需通过爱因斯坦求和约定运算。为了计算 $\delta E_c/\delta t$，我们在右边第二项中交换下标 i 与 j，并提出 σ'_{ij} 项，最终可得

$$\frac{\delta E_c}{\delta t}=\iiint_{\mathcal{V}}\left[\frac{1}{2}\sigma'_{ij}\frac{\partial v_i}{\partial x_j}+\frac{1}{2}\sigma'_{ji}\frac{\partial v_i}{\partial x_j}\right]\mathrm{d}V$$

$$=\iiint_{\mathcal{V}}\sigma'_{ij}\frac{1}{2}\left[\frac{\partial v_i}{\partial x_j}+\frac{\partial v_j}{\partial x_i}\right]\mathrm{d}V$$

我们注意到应力 σ'_{ij} 的系数为形变率张量 e_{ij}。

牛顿流体中动能耗散

对于不可压缩牛顿流体的特例，结合方程(4.16)，上述黏性耗散方程式可转化为

$$\frac{\delta E_c}{\delta t}=\frac{\eta}{2}\iiint_{\mathcal{V}}\left(\frac{\partial v_i}{\partial x_j}+\frac{\partial v_j}{\partial x_i}\right)^2\mathrm{d}V=2\eta\iiint_{\mathcal{V}}e_{ij}^2\,\mathrm{d}V \qquad (5.26)$$

其中 e_{ij} 为应变率张量。由于 $\delta E_c/\delta t$ 对应于不可逆的能量耗散，故而积分函数是总为正的平方项；这与黏性系数必须为正是兼容的(见第 4.1.3 节)。

5.3.2 伯努利方程

如果流场的**体积力**(the volume force) $\boldsymbol{f}$ 有势(即 $\boldsymbol{f}$ 可表示为一个势函数的导数 $\boldsymbol{f}=\nabla\varphi$，比如 $\varphi=gy$ 对应于体积力为重力，且 y 轴竖直向上为正方向时的情况)，那么**伯努利方程**(Bernoulli's equation)可用来描述**理想不可压缩**(ideal, incompressible)流动中的能量守恒。接下来，我们先讨论定常流动的情况，然后考虑非稳定流场，最后通过伯努利方程讨论一些实际流动并探讨其背后的物理机制。

定常流动的伯努利方程

对于理想流体的定常流动，方程(5.19)在忽略黏性耗散项之后简化如下：

$$\nabla\cdot\left[\boldsymbol{v}\left(\frac{\rho v^2}{2}+p\right)\right]-\rho\boldsymbol{v}\cdot\boldsymbol{f}=\nabla\cdot\left[\boldsymbol{v}\left(\frac{\rho v^2}{2}+p\right)\right]+\rho(\boldsymbol{v}\cdot\nabla)\varphi=0 \qquad (5.27)$$

由矢量恒等式$\nabla\cdot(\alpha\boldsymbol{A})=\boldsymbol{A}\cdot\nabla\alpha+\alpha\nabla\cdot\boldsymbol{A}$ 和不可压缩流动的条件$\nabla\cdot\boldsymbol{v}=0$ 出发可知：流体的密度为常数。于是，方程(5.27)可进一步改写为

$$(\boldsymbol{v}\cdot\nabla)\left(\frac{\rho v^2}{2}+p+\rho\varphi\right)=0 \tag{5.28}$$

上式中的数量积代表流体质点在沿流线(流线上各点的切线方向为该点的速度方向)运动过程中，变量$\mathcal{P}=\rho(v^2/2)+p+\rho\varphi$ 的时间变化率 $\mathrm{d}\mathcal{P}/\mathrm{d}t$。由于流动是定常的，因此欧拉导数 $\partial\mathcal{P}/\partial t$ 为 0，于是可知

$$\frac{\mathrm{d}\mathcal{P}}{\mathrm{d}t}=(\boldsymbol{v}\cdot\nabla)\mathcal{P}=0 \tag{5.29}$$

因此，我们得到了伯努利方程的第一个形式：

$$\rho\frac{v^2}{2}+p+\rho\varphi=\textbf{沿流线}\text{为常数} \tag{5.30}$$

物理量 $\rho v^2/2$ 与压强的量纲相同，称之为**动压**(dynamic pressure)，$p+(\rho v^2)/2$ 代表**总压**(total pressure)，或称**滞止压**(stagnation pressure)。

如图 5.2 所示，我们考虑以均匀速度 $\boldsymbol{U}$ 沿水平方向垂直绕流一个障碍物的流动。障碍物表面存在一个驻点 S，此处速度的切向与法向分量都为零，对于理想流体亦是如此。

我们假设远离障碍物的 O 点处的压强记为 p_O，该点处流速大小为 U，并且 O 点和驻点 S 在同一水平流线上(于是 φ 为常数)。由方程(5.30)可知，这两个压强的关系满足下式：

$$p_S=p_O+\rho U^2/2 \tag{5.31}$$

驻点 S 处速度为零，压强 p_S 为滞止压，$p_S=p+\rho U^2/2$ 亦称为总压。

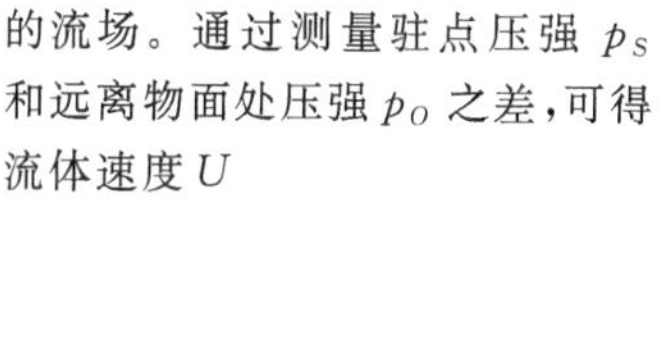

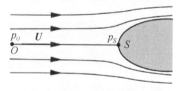

图 5.2　障碍物表面驻点 S 附近的流场。通过测量驻点压强 p_S 和远离物面处压强 p_O 之差，可得流体速度 U

方程(5.30)表明：同一条流线上速度的增加意味着压强的降低。我们可据此效应来解释**空化**(cavitation)现象：如果流动速度足够大，使得压强下降到相应温度下流体的饱和蒸气压，那么流体会出现局部沸腾。这种情况下，流体内部会出现气泡，并集中到固壁表面(如涡轮叶片、螺旋桨等)，这些气泡会导致固壁表面出现有危害的凹坑。气泡的产生通常伴随着噪声，这一点在军事上对潜艇的探测很重要。此外，一些特殊的虾类能够以很高的速度(约 20 m/s)闭合虾爪，以此发射出空化气泡来使一些猎物瘫痪；许多带壳的鱼类动物也会通过此效应产生噪声，严重时足以干扰声纳探测。

势流伯努利方程

我们现在来考虑势流的情形(详细讨论见第 6 章)。势流

的速度场可通过势函数 Φ 的导数求得

$$\boldsymbol{v}=\nabla\boldsymbol{\Phi} \tag{5.32}$$

我们依然假设流动是不可压缩的，流体密度为常数 ρ，体积力 $\boldsymbol{f}$ 有势，可通过对势函数 φ 求导得到。不过，此处我们无需再假定定常流动。这种情况下，伯努利方程可直接从欧拉方程(4.31)得到。当然，该方法同样适用于推导伯努利方程的普适形式：

$$\rho\frac{\partial\nabla\Phi}{\partial t}=\rho\nabla\left(\frac{\partial\Phi}{\partial t}\right)=-\rho(\boldsymbol{v}\cdot\nabla)\boldsymbol{v}-\nabla p-\nabla(\rho\varphi) \tag{5.33}$$

进一步，利用以下矢量恒等式：

$$(\boldsymbol{v}\cdot\nabla)\boldsymbol{v}=\nabla\frac{v^2}{2}-\boldsymbol{v}\times(\nabla\times\boldsymbol{v}) \tag{5.34}$$

同时考虑到流场是无旋的(流场速度是通过势函数求导得到的，因而满足$\nabla\times\boldsymbol{v}=0$)，于是方程(5.33)可改写为

$$\nabla\left(\rho\frac{\partial\Phi}{\partial t}\right)=-\nabla\left(\rho\frac{v^2}{2}\right)-\nabla p-\nabla(\rho\varphi) \tag{5.35}$$

对上式积分后可得

$$\rho\frac{\partial\Phi}{\partial t}+\rho\frac{v^2}{2}+p+\rho\varphi=\text{常数} \tag{5.36}$$

上式是伯努利方程的另一种表示形式。如果流动定常，那么$\rho(\partial\Phi/\partial t)=0$，该方程则退化到方程(5.30)。此处的关键区别是 $\rho v^2/2+p+\rho\varphi$ 在所考虑的**整个流场内均为常数**，而不仅仅是前文讨论的沿流线保持为常数。但是，这种更普适的结果仅从能量守恒是不能得到的。

5.3.3 伯努利方程的应用

借助伯努利方程，我们可以理解很多因为速度变化进而引起压力变化导致的流动效应(比如，流道变窄)。接下来，我们将讨论与这类流动效应相关的一些应用。此外还会看到：将伯努利方程应用于真实流体也可得到很好的近似结果。

一维流动的重要性质

在展开具体的讨论之前，我们首先来回顾第 4 章已讨论过的黏性库埃特流动和泊肃叶流动。对于沿 x 方向的流动，垂直于流动方向的横截面上的压强会退化为静水压的梯度，并不存在因流动引起的其他项。此外，由于不可压缩条件$\nabla\cdot\boldsymbol{v}=0$，以及 y 和 z 方向的速度分量 $v_y=v_z=0$，因此可知$\partial v_x/\partial x=0$，进而有$(\boldsymbol{v}\cdot\nabla)\boldsymbol{v}=0$。此外，黏性摩擦力也沿着 x 方向。于是，运动方程可简化为

$$\frac{\partial p}{\partial y}+\rho g=0 \quad 竖直方向(垂直于流动方向) \tag{5.37a}$$

与
$$\frac{\partial p}{\partial z}=0 \quad 垂直于流动的另一个方向 \tag{5.37b}$$

如果不考虑重力，那么流动横截面上的压强为常数。这是许多实际流体流动问题中的一个重要结果。

此外，在高流速下，除了固体壁面附近的一个非常薄的流体层之外，实际流体通常会表现出理想流体的行为。在这个薄层(称之为**边界层**，见第 10 章)内，流场会发生从壁面处的零剪切速度到流体的总体流动速度的过渡；总体流动速度接近于相同条件下理想流体的流动速度。由于边界层内的流动与壁面平行，从方程(5.37b)可知：从壁面到紧邻边界层的外部区域的压强是连续的。

皮托管

皮托管(Pitot tube)是一个直接应用伯努利方程的例子，它是通过压强测量来确定流动速度的有效方法。下面讨论中，假定皮托管静止在运动的流体中。然而，在很多应用中，我们是将皮托管固定在运动的物体上(如飞机、船等)，用以测量运动物体相对于流体的速度。如图 5.3 所示，皮托管由两个同心管组成，内管的顶端处有一个正对来流的开口 S，外管的圆周方向开有一系列均匀分布的小孔 A。利用差压计连接两个管来测量点 S 与点 A 的压差 Δp。

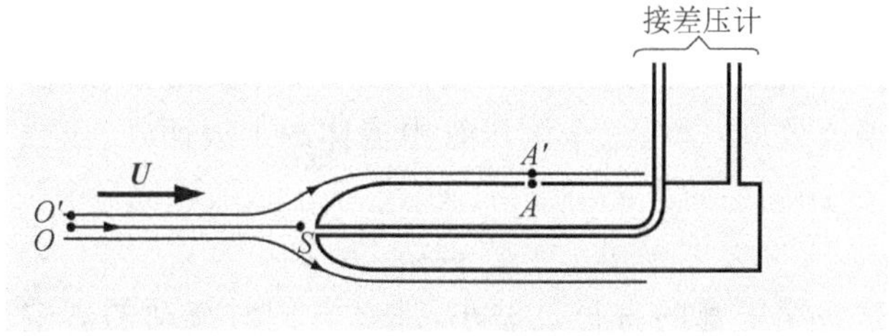

图 5.3　皮托管的原理图，将伯努利方程应用于同一流线上的点：从 O 到 S，以及从 O' 到 A'

如果忽略黏性效应(该效应仅在管壁面附近很薄的边界层中有显著的影响)，通过对与皮托管轴线重合的流线 OS 运用方程(5.30)可得

$$p_O+\rho\frac{U^2}{2}=p_S \tag{5.38}$$

进一步，若将方程(5.30)应用于流线 $O'A'$ 上(A' 位于边界层外侧，与压力入口 A 点处于相同的竖直轴线上)，我们可得

$$p_{O'}+\rho\frac{U^2}{2}=p_{A'}+\rho\frac{v_{A'}^2}{2}=p_A+\rho\frac{v_{A'}^2}{2}=p_A+\rho\frac{U^2}{2} \tag{5.39}$$

由前文讨论可知，边界层内的流动为准一维流动，垂直于流动方向的压强为常数，于是可知：$p_A = p_{A'}$。此外，如果 A'点位于 S 点下游足够远处，且皮托管的横截面相对流道直径足够小，那么 A'点处流体速度基本上等于 U。最后，皮托管上游足够远处无限接近的点 O 和点 O'处的压强相等。于是，联立方程(5.38)和(5.39)可得

$$\Delta p = p_S - p_A = \rho \frac{U^2}{2} \tag{5.40}$$

通过上式，流体的速度可直接从测量压差 Δp 得到。

文丘里管

基于伯努利方程，**文丘里管**(Venturi gauge)可用于测量流道截面收缩之后的压降(图 5.4)。该装置在实际应用中很常用(比如，用于吸入空气-汽油混合物的车辆化油器、真空喷嘴、流量计等)。

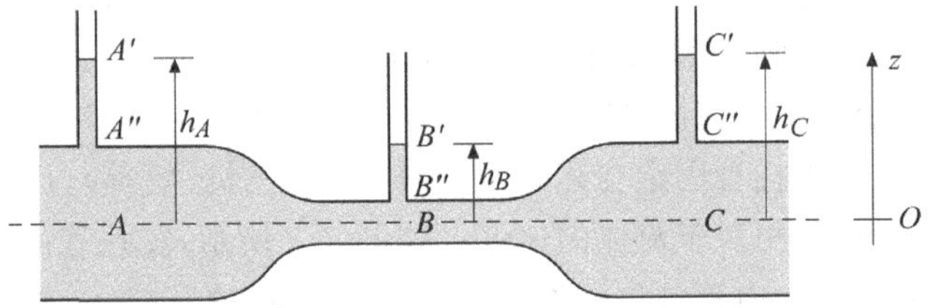

图 5.4 文丘里管中高流速区对应的压降

当流体流经文丘里管时，位于 A 与 B 两处测压管中液柱的高度 h_A 和 h_B 存在差值，该高度差与流量的平方成正比。此外，h_A 和 h_C 基本相等(实际情况下，若流动从 A 到 C，那么 h_C 比 h_A 稍低一点；这是由于流体黏性带来的能量损耗，此处已忽略该效应)。在三个测压管中流体的上表面处，压强为大气压 p_0：

$$p_{A'} = p_{B'} = p_{C'} = p_0 \tag{5.41}$$

如果这些测压管的直径足够小，那么它们对流动的影响会非常小。因此，A、B 与 C 处管内流动依然与管轴平行(假定测压管的位置 A、B 与 C 均远离文丘里管道截面变化的部位，因此这些测点处截面上的流速分布是均匀的)，方程(5.37)依然成立。于是，A 和 A''，B 和 B''，C 和 C''之间的压强梯度会退化为静水压梯度。流动几乎不会穿透进入测压管内，因此测压管内的压强梯度仅为静水压。因此，我们有

$$p_A = p_{A'} + \rho g h_A = p_0 + \rho g h_A \tag{5.42}$$

同理可知

$$p_B = p_0 + \rho g h_B \tag{5.43}$$

与

$$p_C = p_0 + \rho g h_C \tag{5.44}$$

注：在整个关于文丘里管的讨论中，我们都忽略了黏性力；这意味着该模型对应于理想流体近似。然而，在理想流体的势流流动中并不会出现文丘里管现象，这是因为壁面处速度为零的边界条件会起到关键作用。出现这种“自相矛盾”的原因是我们的关键性假设(横向的压强梯度退化为静水压梯度)不再成立。如果体积力仅有重力，且流动在整个流场都为势流，由伯努利方程(5.36)可知

$$\frac{v^2}{2} + \frac{p}{\rho} + gz = 常数 \tag{5.47}$$

如果测压管足够长，主流的影响会随着高度上升而显著减小，于是可知

$$v_{A'} = v_{B'} = v_{C'} = 0 \tag{5.48}$$

进一步，我们假定除了固壁附近之外，各个测点对应的横截面上的流速均匀，分别为 v_A、v_B 和 v_C。由前文讨论可知，从主流速度到壁面的无滑移零速度的过渡仅发生在一个很薄的边界层内，且垂直于流动方向不存在压强梯度。如果流体因黏性摩擦造成的能量损失相比于动能很小，那么我们可在水平流线 ABC 上应用伯努利方程(5.30)得到

$$p_A+\frac{1}{2}\rho v_A^2=p_B+\frac{1}{2}\rho v_B^2=p_C+\frac{1}{2}\rho v_C^2 \qquad (5.45)$$

进一步，将方程(5.42)—(5.44)中给定的压强 p_A、p_B 与 p_C 代入上式，同时两边除以 ρg，我们可得

$$h_A+\frac{1}{2}\frac{v_A^2}{g}=h_B+\frac{1}{2}\frac{v_B^2}{g}=h_C+\frac{1}{2}\frac{v_C^2}{g} \qquad (5.46)$$

显然，该方程说明液柱高度最小的测压管 B 处速度最大，且 A 和 B 处测压管内液柱的高度差正比于 $(v_B^2-v_A^2)$。建立方程(5.45)时，我们假定了流动速度在 A、B 和 C 处的截面上是均匀的。然而，在实际实验中，该假设并不严格成立，这主要缘于壁面速度为零的边界条件。因此，我们需在实验中引入一个依赖于速度分布的修正因子。

因此，若将方程(5.47)应用于 A'、B' 与 C' 处(各点处压强 p 为 p_0)，我们会发现

$$gh_A=gh_B=gh_C \qquad (5.49)$$

则

$$h_A=h_B=h_C \qquad (5.50)$$

显然，三个测压管中的液柱没有高度差。然而，A 点和 B 点处仍然存在压强差，但流体从点 A'' 和 B'' 进入测压管时产生的速度变化会完全补偿该压强差。由于管壁上切向速度为零的边界条件不再成立，因此会有一定量的流体进入测压管中，并爬升一个有限高度。测压点 A'' 和 B'' 处的速度平行于管壁的假设不再成立。在黏性流动中，壁面和测压管内的速度为零或者很小。因此，我们可以假定在远离壁很小的距离之外，流动基本平行。

伯努利方程在沿曲面的流动中的应用

图5.5所示为一个流线的曲率半径为 R 的流动。我们假设黏性摩擦力和体积力可以忽略，因此不可压缩流动中流体质点的压强梯度和加速度的平衡关系为

$$\rho\frac{\mathrm{d}\boldsymbol{v}}{\mathrm{d}t}=\left(\rho\frac{\mathrm{d}v}{\mathrm{d}t}\right)\boldsymbol{t}+\left(\rho\frac{v^2}{R}\right)\boldsymbol{n}=-\nabla p \qquad (5.51)$$

其中 $\boldsymbol{t}$ 与 $\boldsymbol{n}$ 分别为流线的切向与法向单位矢量，$\mathrm{d}\boldsymbol{v}/\mathrm{d}t$ 为拉格朗日加速度。求取矢量方程(5.51)和切向单位矢量 $\boldsymbol{t}$ 的数量积可得

$$\rho\,\boldsymbol{v}\cdot\frac{\partial\boldsymbol{v}}{\partial s}=-\frac{\partial p}{\partial s} \qquad (5.52)$$

其中 s 为沿流线的弧长坐标。上式是运动方程的微分形式($v=\mathrm{d}s/\mathrm{d}t$)。类似地，求取方程(5.51)和法向单位矢量 $\boldsymbol{n}$ 的数量积，我们可得

$$\rho\frac{v^2}{R}=-\boldsymbol{n}\cdot\nabla p=-\boldsymbol{n}\cdot\frac{\partial p}{\partial r}\boldsymbol{e}_r=\frac{\partial p}{\partial r} \qquad (5.53)$$

其中 $\boldsymbol{e}_r$ 为径向单位矢量，方向与 $\boldsymbol{n}$ 相反。显然，在远离流线曲率中心 C 的方向，压强随距离的增加而增加。

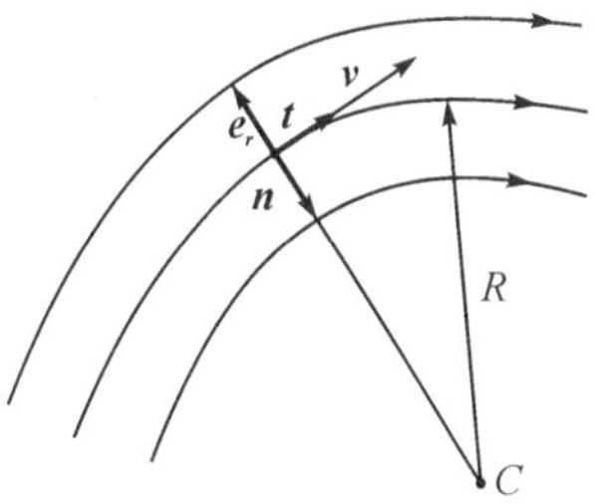

图5.5 具有弯曲流线的流动中的压强变化

康达效应

上文的分析可用以解释**康达效应**(Coanda effect)。如图

5.6(a)所示，这种现象可通过在射流下方放置一个圆柱体观察到(圆柱体轴线应该垂直于射流，且稍微偏离射流轴线)。观察可知：射流趋向于跟随圆柱体的表面流动，流动方向会发生偏转。同时，悬挂圆柱体的丝线会偏离竖直方向，这也说明圆柱体会被射流吸引。据方程(5.53)可知，流线的弯曲导致了压强梯度$\partial p/\partial r>0$，这说明圆柱表面处的压强低于射流外的大气压，所以导致了射流与圆柱之间的相互吸引。

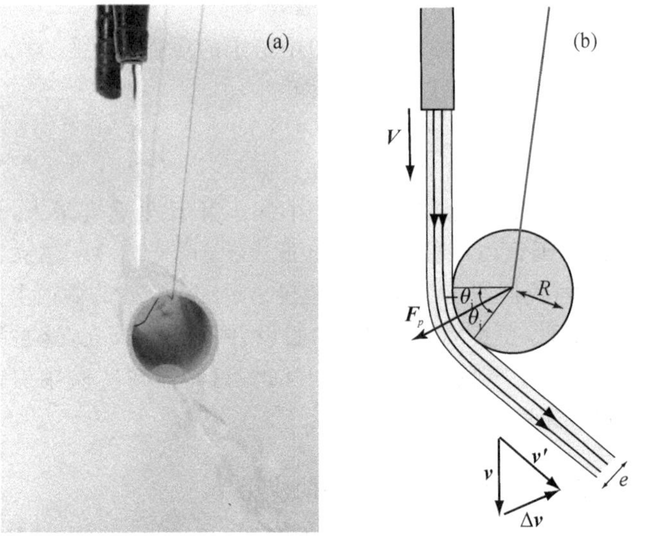

图 5.6(彩) 绕圆柱表面射流的偏转。(a)射流方向的偏转以及作用在圆柱上的吸引力；(b)射流在圆柱面上的受力示意图(图片来源于 Belin 出版社)

证明：为了计算相应的吸引力，我们将射流简化为厚度为 e 的流面，且圆柱的轴线平行于流面(图 5.6(b))。假设大气压 p_{at} 作用在流面的外表面，据方程(5.53)可知，p_{at} 与作用在内表面的压强 $p_{at}-\rho v^2 e/R$ 相平衡(此处假设 $e\ll R$)。如果我们在圆柱轴向取单位长度，那么射流作用在圆柱体上的力 $\boldsymbol{F}_p$ 可表示为

$$\boldsymbol{F}_p=\rho\frac{v^2}{R}e\int_{-\theta_i}^{\theta_i}R\cos\theta\,\mathrm{d}\theta=2\rho e v^2\sin\theta_i$$

$\boldsymbol{F}_p$ 沿着射流和圆柱面上下游接触点夹角的角平分线，且指向远离圆柱轴线的方向，如图 5.6(b)所示。

我们也可以通过分析射流在入射和离开圆柱面的两个接触点之间的动量交换来求解吸引力，毋庸置疑会得到相同的结果。我们考虑方程(5.13)沿 y 方向分量①：射流方向的偏离引起的速度改变为 $\Delta\boldsymbol{v}=(\boldsymbol{v}'-\boldsymbol{v})$；同时，在 y 方向上输入和离开的动量通量之差为 $2\rho e v^2\sin\theta_i$。如果忽略黏性力，由动量守恒可知动量的差值须由合压力来补偿，也就是我们上文计算

① y 为初始射流方向。——译者注

的力 $\boldsymbol{F}_p$。

同样的机制可以用来解释这样的现象：气流从上方以偏离垂直方向很小的角度入射到一个很轻的小球一侧时会托起小球。正如射流和圆柱面互相吸引的情况，由于流线的弯曲降低了压强进而导致一个补偿力，这并非由气流的冲击引起。另一个可对比的现象是**茶壶效应**(teapot effect)，从壶嘴流出的流体首先会被壶口表面(一般为曲面)吸住，并沿着该表面流动，而非直接流入茶杯。

注：康达效应并不是引起茶壶效应的唯一机制。近期的研究表明：如果壶嘴是非浸润的(如涂覆特氟龙)，那么液膜跟壶嘴表面的接触程度要轻很多。

5.4　能量和动量守恒的应用

这一节，我们将通过动量、质量和能量守恒来分析一些流动问题。通过这种方法，可避免求解完整的速度场(在实际流动中，这通常很难做到)。此外，我们将在接下来的分析中继续忽略流体的黏性效应，在理想流体的假设下展开讨论。

5.4.1　冲击到平面的射流

冲击到平面的射流与一个常见现象紧密相关：水流冲击不同形状的障碍物。如图5.7所示，我们考虑一个冲击到平面的矩形液体射流，宽度为 h，在 z 方向(垂直于图所在平面)为单位长度，平面与竖直方向的夹角为 α。假定射流截面上速度 U 均匀。入射冲击平面时，射流会分裂为厚度为 h_1 与 h_2 的两个流面，速度分别为 U_1 与 U_2。由下文分析可知

$$h_1 = (h/2)(1+\sin\alpha) \qquad (5.54a)$$

$$h_2 = (h/2)(1-\sin\alpha) \qquad (5.54b)$$

此外，单位深度上平面的法向受力大小为

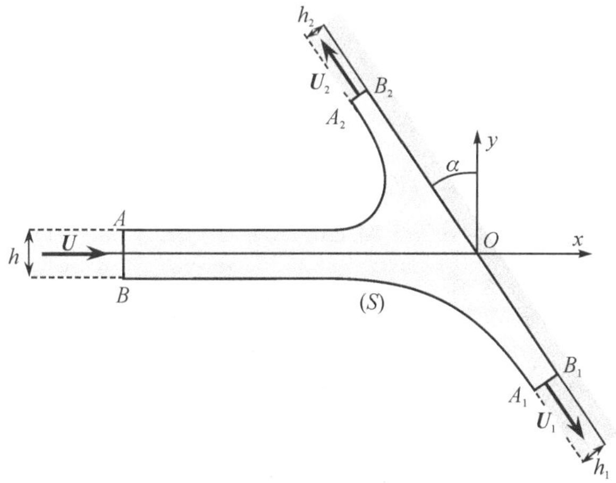

图5.7　二维射流入射到平面上的流动示意图

$$F_{\perp}=F_x\cos\alpha+F_y\sin\alpha=\rho U^2 h\cos\alpha \qquad (5.55)$$

该方程给出了无黏假设下惯性阻力的表达式。显然，该力与速度平方和流体密度成正比。

证明：按照上文的假设，我们忽略流体的黏性，考虑理想流体的势流流动。实验上可以验证，如果流面很薄，我们也可以进一步忽略重力。由质量守恒可知，流量满足以下关系式（z 方向取单位长度）：

$$hU=h_1U_1+h_2U_2 \qquad (5.56)$$

由于流动为势流，因此伯努利方程(5.36)在整个流场都适用，于是我们可得

$$p+\frac{1}{2}\rho U^2=p_1+\frac{1}{2}\rho U_1^2=p_2+\frac{1}{2}\rho U_2^2 \qquad (5.57)$$

由于在三个截面 AB、A_1B_1 和 A_2B_2 上流场的流线都是平行的，因此各截面上的压强为常数：

$$p=p_1=p_2=p_0\text{（大气压）} \qquad (5.58)$$

结合方程(5.57)和(5.58)可知：流体的速度在三个流面内是相等的，即

$$U=U_1=U_2 \qquad (5.59)$$

将上式代入质量守恒方程(5.56)可知三个流面的厚度之间满足以下关系式：

$$h=h_1+h_2 \qquad (5.60)$$

接下来，我们通过动量守恒方程(5.13)来计算射流作用在平板上的力。控制体如图 5.7 中加粗黑线所示，z 方向取单位长度。在忽略重力与黏性剪切力的情况下，x 和 y 方向的分量方程分别为

$$\rho(U_1^2h_1\sin\alpha-U_2^2h_2\sin\alpha-U^2h)+\iint_{\text{平面}}(\delta p n_x)\,\mathrm{d}S=0 \qquad (5.61a)$$

和

$$\rho(-U_1^2h_1\cos\alpha+U_2^2h_2\cos\alpha)+\iint_{\text{平面}}(\delta p n_y)\,\mathrm{d}S=0 \qquad (5.61b)$$

其中两个面积分的积分域为截面 A_1B_1 和 A_2B_2 之间的固体平面。它们分别代表流体作用在平面上的总压力 $\boldsymbol{F}$ 在 x 和 y 方向上的分力 F_x 和 F_y。大气压 p_0 的效应通过积分 $\iint_S(p_0 n_i)\mathrm{d}S$ 进入了问题（其中 $i=x$ 或 y，S 为整个控制体的边界面），该积分在此处为零。由于 U、U_1 和 U_2 相等，因此方程(5.61a)与(5.61b)可简化为

$$F_x=\rho U^2(h-(h_1-h_2)\sin) \qquad (5.62a)$$

与
$$F_y=\rho U^2(h_1-h_2)\cos\alpha \tag{5.62b}$$
考虑到合力 $\boldsymbol{F}$ 在平行于平面方向的分量为零(在理想流体的假设下,系统只存在平面法线方向的压力):
$$F_{\parallel}=F_x\sin\alpha-F_y\cos\alpha=0 \tag{5.63}$$
同时,联立方程(5.62a)和(5.62b),我们可知流面的厚度之间满足以下关系:
$$\rho U^2(h-(h_1-h_2)\sin\alpha)\sin\alpha-\rho U^2(h_1-h_2)\cos^2\alpha=0$$
即
$$h_1-h_2=h\sin\alpha \tag{5.64}$$
进一步,将上式与方程(5.60)联立,我们可得关于 h_1 和 h_2 的方程(5.54a)和(5.54b)。从方程(5.62a)、(5.62b)和(5.64)出发,我们可进一步得到 F_x 与 F_y,并且可以从方程(5.55)左边的等量关系得到 $F_{\perp}$。

5.4.2 孔口出流

如图 5.8(a)所示,我们考虑一个容器从其底部的圆形小孔排空其内流体的过程。如果小孔的面积不是特别小,那么黏性效应仍然可以忽略。大气压 p_0 作用在容器内流体的自由表面,以及孔口的射流外部。

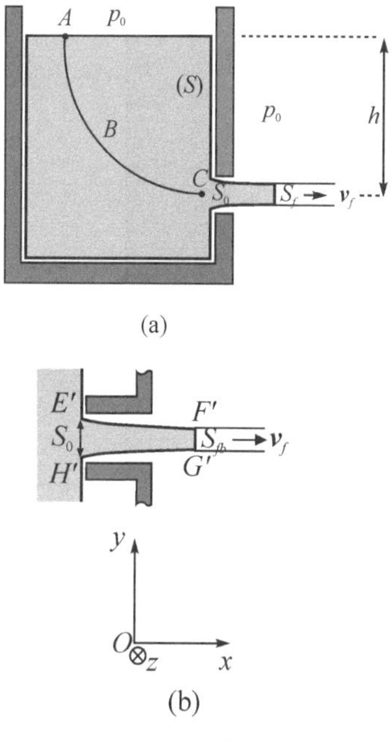

图 5.8　(a)容器下部的孔口出流示意图;(b)凹角管,即博尔达管嘴;对于这种管嘴,孔口出流的最终横截面积 S_{fb} 为容器孔开口面积 S_0 的一半

孔口出流的速度

实验观测表明:射流从孔口流出后截面会不断收缩,直到最小的截面 S_f,该过程称之为**射流缩聚**(vena contracta)。射流的截面减小到最小值之后,流动会保持平行。由方程(5.37a)和(5.37b)可知,射流内外的压强均为 p_0(此处我们忽略静水压在射流横截面上引起的压强梯度)。此外,如果容器开口的表面积远大于射流的截面积 S_f,那么容器内液面的下降速度相对于射流的速度可以忽略(因为流量是守恒的)。假设容器内液面的纵坐标为 y_0,液面和孔口的高度差为 h,应用沿流线的伯努利方程(图 5.8(a)中的弧线 ABC)我们可得
$$p_0+\rho g y_0=p_0+\frac{1}{2}\rho v_f^2+\rho g(y_0-h) \tag{5.65}$$
于是可得射流最小截面处的速度 v_f 为
$$v_f=\sqrt{2gh} \tag{5.66}$$
我们注意到 v_f 与高度为 h 的物体在重力作用下自由落体的速度相同(忽略空气阻力)。

射流缩聚的计算

只有对于凸角进入容器内部的**博尔达管嘴**(Borda's

mouthpiece)的特殊情况(图 5.8(b)),我们才可以准确地计算射流的最小面积 S_f。经过计算可得

$$S_{fb}=S_0/2 \tag{5.67}$$

实验测量表明:对于直接钻在容器壁上的圆形小孔,$S_{fb}/S_0 \approx 0.6$。该值大于方程(5.67)的预测值,这是因为 C 点附近的压强相比于博尔达管的情况会有所下降(图 5.8(a));因此,如果要在相同的流速下保证动量守恒,射流就必须有较大的截面积。一般来说,对于不同类型的管嘴,实验表明截面积的收缩系数 S_f/S_0 在 0.5 到 1 之间。

证明:我们考虑面$\mathcal{S}$围成的控制体内流动的动量守恒。面$\mathcal{S}$包括容器内液体的自由面、容器被液体浸润的内表面、从管嘴到最小横截面 S_{fb} 的射流表面,以及射流最小截面 S_{fb} 自身。因此,动量守恒方程(5.13)在 x 方向分量方程为

$$\iint_{\mathcal{S}} \rho\, v_x (v_j n_j)\mathrm{d}S+\iint_{\mathcal{S}} p n_x \mathrm{d}S=0 \tag{5.68}$$

第一个积分可简化为 $\rho S_{fb} v_{fb}^2$。第二项可以通过博尔达管嘴的基本假设来计算。除了射流表面以及横截面 S_f 上压强为 p_0 之外,其余各处的压强 p 均为静水压:

$$p_{静水压}=p_0+\rho g(y_0-y)$$

由于积分项$\iint_{\mathcal{S}} p_{静水压}\, \boldsymbol{n}\mathrm{d}S$ 等于面$\mathcal{S}$包围流体的重量 $\boldsymbol{W}$,因此该积分的 x 方向分量为零:

$$\iint_{\mathcal{S}} p_{静水压}\, n_x \mathrm{d}S=0 \tag{5.69}$$

由于只有在积分面 $E'F'G'H$ 上压强不同于 $p_{静水压}$,而为 $p=p_0$,因此我们可得

$$\iint_{\mathcal{S}} p n_x \mathrm{d}S=\iint_{\mathcal{S}} p_{静水压}\, n_x \mathrm{d}S+\iint_{(E'F'G'H')} (p_0-p_{静水压}) n_x \mathrm{d}S$$

或者,利用静水压 $p_{静水压}$方程可得到

$$\begin{aligned}\iint_{\mathcal{S}} p n_x \mathrm{d}S&=p_0 S_0-(p_0+\rho g(y_0-y))S_0\\&=p_0 S_0-(p_0+\rho g h)S_0\\&=-\rho g h\, S_0\end{aligned} \tag{5.70}$$

事实上,孔口的截面 S_0 与表面 $E'F'G'H'$ 在垂直于 x 轴的平面上的投影面积相等。同时,我们还假定在截面 S_0 上 $\rho g(y_0-y)$ 的变化可以忽略。进一步,将方程(5.70)代入(5.68)可得

$$\rho S_f v_{fb}^2=\rho g h S_0 \tag{5.71}$$

如果我们将方程(5.66)中的速度值代入上述方程,即可得到方程(5.67)。

流体作用在容器上的力

流体作用在整个容器上的力 $\boldsymbol{F}$，可通过对流体浸润容器壁面区域上的压强进行积分得到。为了计算 x 方向的分量 F_x，我们将方程(5.70)中作用在 $E'F'G'H'$ 区域上(射流部分)的压强在水平方向上的分量去除，最终可得

$$F_x=\iint_{\text{壁面}} p n_x \mathrm{d}S=\iint_{\mathcal{S}} p n_x \mathrm{d}S-\iint_{(E'F'G'H')} p_0 n_x \mathrm{d}S \tag{5.72}$$

即

$$F_x=-(\rho S_{fb} v_{fb}^2+p_0 S_0)=-(\rho g h+p_0) S_0 \tag{5.73}$$

大气压 p_0 出现在表达式中并不奇怪，因为作用在液体自由面上的压强肯定有影响。然而，这个外加压强并不出现在作用于容器壁上所有力的合力中，这则是由于容器之外的流体(此处，外部流体为空气)也会在其外表面施加一个相对应的反压 p_0。

5.4.3　流体在轴对称、截面渐变的管道壁面上的作用力

如图 5.9 所示，我们来考虑一个截面积在 x 方向上逐渐(光滑地)扩张的管道内的流动。扩张段前后管道的截面积恒定，分别为 S_1 和 S_2，相应的流速分别为 $\boldsymbol{U}_1$ 与 $\boldsymbol{U}_2$，且与 x 轴平行。计算可得，流体在管壁上的作用力在 x 方向的分量为

$$\begin{aligned}F_x&=p_1(S_1-S_2)+\frac{1}{2}\rho U_1^2 S_1\left(2-\frac{S_2}{S_1}-\frac{S_1}{S_2}\right)\\&=p_1(S_1-S_2)-\frac{1}{2}\rho U_1^2 S_1\left(\sqrt{\frac{S_1}{S_2}}-\sqrt{\frac{S_2}{S_1}}\right)^2\end{aligned} \tag{5.74}$$

其中 p_1 为管道入口处压强。利用该方程，我们可以简单地使用 p_1 和 U_1 来计算力 F_x，而无需求解整个速度场。与前文的讨论一样，该方程也忽略了流体的黏性效应；因此，它只是黏性流体的一个近似结果。

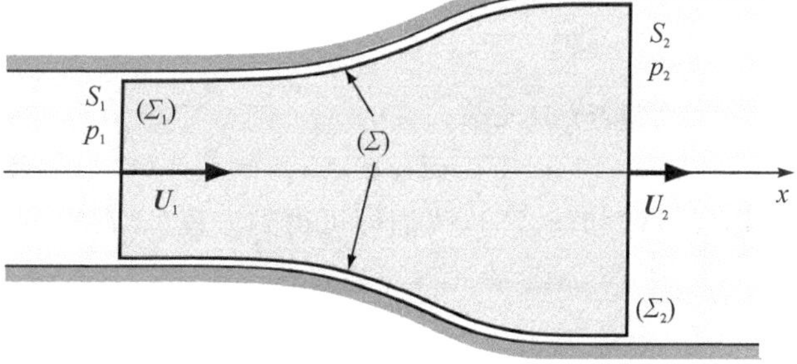

图 5.9　通过动量和质量守恒来确定流体在截面变化的管道壁面上的作用力，相应的控制体由面 Σ、Σ_1 和 Σ_2 围成

证明：如图 5.9 所示，我们选取一个固定的控制体，其表面积包括与 x 轴垂直的两个端面 Σ_1 和 Σ_2，以及两端面之间的管道壁面 Σ。假设流动定常，于是我们可通过方程(5.13)来描述流动中的动量守恒，沿 x 方向的分量为

$$\iint_S \rho v_x (v_j n_j)\,\mathrm{d}S + \iint_S p n_x \,\mathrm{d}S - \iint_S \sigma'_{xj} n_j \,\mathrm{d}S = 0 \qquad (5.75)$$

重力在 x 方向没有分量，因此不在表达式中出现。包含 σ'_{xj} 的积分项仅在管道侧壁 Σ 上有贡献；如果我们忽略流体黏性，那么该项也为零。在积分项 $\iint_S p n_x \,\mathrm{d}S$ 中，我们可将管道侧壁 Σ 与端面 Σ_1 和 Σ_2 上的贡献分离；此外，我们还注意到管道侧壁 Σ 在方程(5.75) 的第一项积分中的贡献为零。如果作用在侧壁 Σ 上的压力在 x 方向的分量记为 $F_{px\Sigma}$，同时将对端面 Σ_1 与 Σ_2 中对 p 和 $\rho v_x{}^2$ 的积分项组合在一起，最终可得

$$F_{px\Sigma} = \iint_{\Sigma_1} (p + \rho v_x^2)\,\mathrm{d}S - \iint_{\Sigma_2} (p + \rho v_x^2)\,\mathrm{d}S \quad (5.76)$$

我们注意到上式除了压强 p 项之外，还包括 ρv_x^2 项(对应于流动引起的正应力)。实际上，ρv_x^2 代表了动量通量在 x 方向的分量，即 $v_x(\rho v_x)$。于是可知，我们只需要知道端面 Σ_1 和 Σ_2 上的压强与速度分布，即可求得 $F_{px\Sigma}$。

在图 5.9 所示的管道中，截面从 S_1 到 S_2 逐渐增加。因此，我们可将方程(5.37a)、(5.37b)和(5.38)应用于截面 Σ_1 与 Σ_2 的面积为常数 S_1 和 S_2 的管道区域。于是可知这两个截面(Σ_1 和 Σ_2)内的压强梯度会退化为静水压梯度，由于该梯度不会影响流动，因此可在方程(5.76)中忽略。同时，我们也假定在每个截面上速度均匀分布，分别为 U_1 和 U_2(这个假定在忽略黏性时成立)。于是，方程(5.76)可改写为

$$F_{px\Sigma} = [p_1 S_1 + \rho U_1^2 S_1] - [p_2 S_2 + \rho U_2^2 S_2] \qquad (5.77)$$

正如上文提到的：除了压力项，该方程还包括一个是由流动引起的动量对流项。从能量守恒的角度，我们利用沿流线的伯努利方程可得

$$p_2 - p_1 = \frac{1}{2}\rho(U_1^2 - U_2^2) \qquad (5.78)$$

进一步，结合质量守恒关系：

$$U_2 = U_1 S_1 / S_2 \qquad (5.79)$$

联立方程(5.77)和(5.78)，我们即可得到方程(5.74)。

5.4.4　厚度变化的液膜：水跃

水跃的定性讨论

当水从水龙头流入下方的水池时，我们会在水流（射流）冲击的壁面上观察到一个圆形的、以射流为中心的流体凸起（图 5.10）。观察可知：该凸起出现在流体层较薄的中心区域和流体层很厚的外部流体层的交界处，称之为**水跃**（hydraulic jump）。两个区域的边界对应于流速 $U(x)$ 从大于当地表面波速度 $c(h)$ 的值向亚临界值（向外远离两区域边界处）的过渡。在第 6.4 节我们将看到，厚度为 h 的流体层中**重力波**（gravity waves）的速度为 $c=\sqrt{gh}$。于是可知：当流体层增厚时，流体的速度减小，但波速增加；因此会出现一个突然的速度转变。

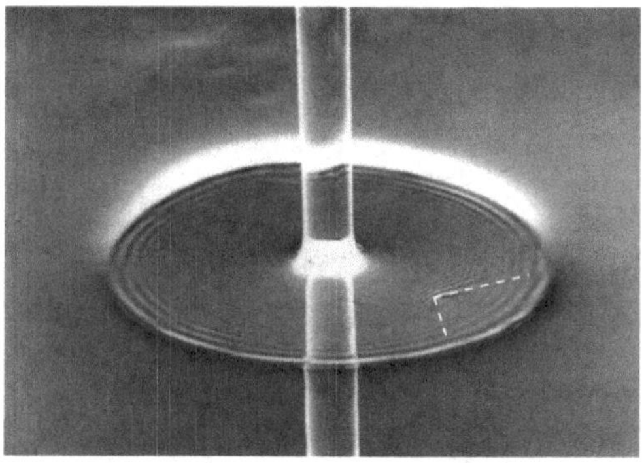

图 5.10　当射流冲击到水平固体壁面时，会形成一个凸起，称之为“水跃”；中心区域的流体速度大于当地的表面波速度；凸起之外的区域内流体速度小于当地的表面波速度。在中心偏右的区域，我们可观察到一个向外传播的 V 形波（如图中虚线所示）；这是壁面的缺陷导致的，对应于一种激波，有点类似于飞机突破音障时出现的超音速“巨响”（图片来源于 S. Middleman）

破碎波是运动版本的水跃现象，水跃以破碎波波峰处的速度运动。这种情况下，如果我们希望将下文讨论的理论应用于破碎波，则需要建立相对于运动流体静止的参考系。另外一个非常壮观的运动水跃的例子是**涌潮**（tidal bore），通常发生在河流与增长的潮汐相遇的地方（图 5.11）。

注：涌潮只在世界上少数区域能观测到。这主要是因为此现象的发生需要同时满足以下几个条件：大幅度的潮汐，开口很大的漏斗形河口，河床坡度较缓，以及河水较浅。

图 5.11（彩）　涌潮（朝右）流向 Petitcodiac 河，此现象发生在加拿大 New Brunswick 省东南部的 Fundy 海湾附近（图片来源于 C. L. Gresley）

水跃可通过**弗劳德数**（Froude number）Fr 来定量表征，

具体定义为流体的速度和表面波速度之比：

$$Fr=\frac{U(x)}{\sqrt{gh(x)}} \tag{5.80}$$

图 5.10 所示的实验表明，弗劳德数 Fr 会从大于 1（中心区域）向小于 1（外边区域）转化。

水跃可类比于激波。激波一般会在飞行中的超音速飞机附近形成，对应于空气速度从大于音速到小于音速的变化。相应地，马赫数 $M=v/c$（c 为音速）可类比于弗劳德数 Fr。另外，我们通常会在流场中的障碍物后观察到一个 V 形区域（图 5.10），区域的夹角依赖于流体速度和表面波速度的比值，这同样与可压缩流体的情况类似。

堰流（水下障碍物）

当水流下游存在一个障碍物时流场中可能会出现水跃，如图 5.12 所示。假定流体层的初始高度为 h，且高度 $h(x)$ 会随 x 方向上的距离变化，$e_0(x)$ 为流场底部障碍物高度，同时我们假定每个横截面上速度 $U(x)$ 均匀分布；经过计算可知，定常流动 $U(x)$ 和 $e_0(x)$ 的关系式如下：

$$\frac{1}{U(x)}\frac{\mathrm{d}U(x)}{\mathrm{d}x}(-gh(x)+U^2(x))+g\frac{\mathrm{d}e_0(x)}{\mathrm{d}x}=0 \tag{5.81}$$

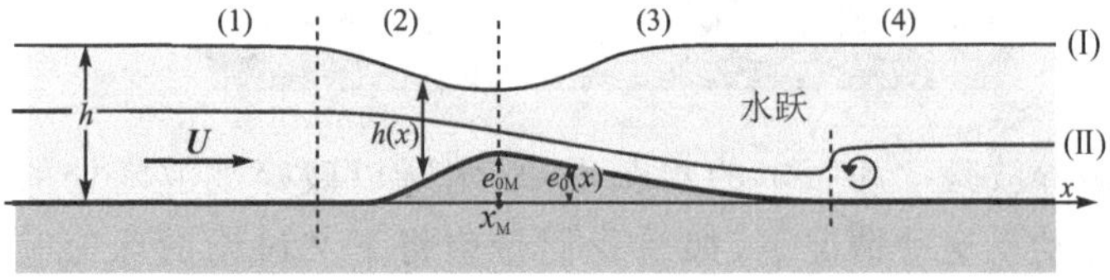

图 5.12 堰流（水流过水下障碍物）的两种情况。情况 I：$Fr<1$；情况 II：$Fr>1$。对于第 II 种情况，在水跃的上游，低流区（1）之后存在一个加速区（2），以及一个高速区（3），然后是水跃下游的低速区（4）

证明：以下两个方程分别表示流场自由面处的质量守恒和流线上的伯努利方程，自由面处压强恒定为大气压 p_0：

$$Uh=U(x)h(x)$$

和 $$p_0+\frac{1}{2}\rho U^2+\rho gh=p_0+\frac{1}{2}\rho U^2(x)+\rho g(h(x)+e_0(x))$$

对上述两个方程关于 x 求导可得

$$U(x)\frac{\mathrm{d}h(x)}{\partial x}+h(x)\frac{\mathrm{d}U(x)}{\partial x}=0$$

和 $$\rho U(x)\frac{\mathrm{d}U(x)}{\mathrm{d}x}+\rho g\frac{\mathrm{d}h(x)}{\mathrm{d}x}+\rho g\frac{\mathrm{d}e_0(x)}{\mathrm{d}x}=0$$

联立上述两个方程消去 $\mathrm{d}h/\mathrm{d}x$ 即可得到方程（5.81）。

我们假定初始流动足够慢，且流体的深度足够大，以保证下式成立：

$$U^2 - gh < 0 \quad (\text{即 } Fr < 1)$$

假定最大堰高为 e_{0M}，位于 x_M 处($\mathrm{d}e_0/\mathrm{d}x = 0$)；当流体流经最大堰高时，我们会观察到两种流动行为。相应地，方程(5.81)对应于以下两种情形：

(i) $\mathrm{d}U(x)/\mathrm{d}x = 0$。这种情况下，从质量守恒出发我们可得 $\mathrm{d}h(x)/\mathrm{d}x = 0$(图 5.12 中的情况(I)和图 5.13(a)中的情况)。流体流经最大堰高后，流体层的厚度会再次增加，速度也会回到原来的值 U。

(ii) $U^2(x) = gh(x)$。此时，$\mathrm{d}U(x)/\mathrm{d}x$ 不再变号。因此，速度会持续增加，流经最大堰高之后流体层的厚度会持续减小。流动经过点 $x = x_M$ 后，$U^2(x) - gh(x)$ 为正，并且($\mathrm{d}e_0/\mathrm{d}x$)也改变符号，因此方程(5.82)依然成立(图 5.12 中的情况(II)和图 5.13(b)中情况)。

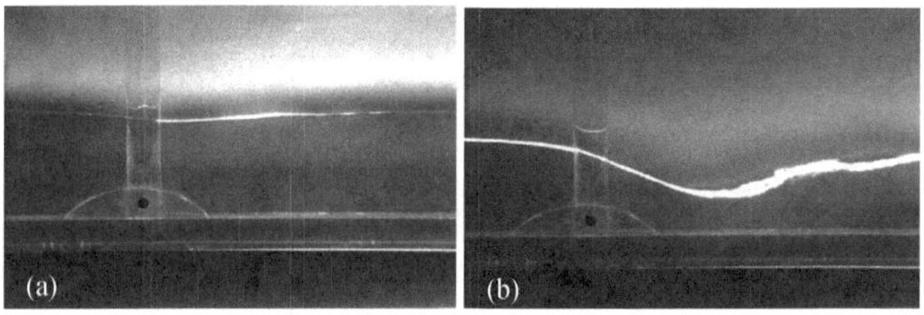

图 5.13　长方形管道内的堰流(流体流过水下障碍物)。(a)弗劳德数小于 1 的情形；(b)最大堰高上游的流动处于超临界状态(图片来源于 M. Devillers, ENSTA)

我们注意到，弗劳德数的大小在水跃现象中起着关键的作用。在情形(i)中，弗劳德数处处小于 1。在情形(ii)中，弗劳德数会逐渐增加，并在点 x_M 处准确为 1，随后会继续增加到大于 1(对应于超临界流)。然后，流动会经过一个厚度突变(即发生水跃)之后，再次回归到一个厚度较大的平稳流动状态，如图 5.12 与 5.13(b)所示(后面将进一步讨论这种情形)。在流体的厚度保持不变的情况下，我们可以通过逐渐增加流体速度直到点 $x = x_M$处的 $Fr = 1$，来观察从情形(i)到情形(ii)的过渡。图 5.13(b)所示的水跃现象可见于水坝下游的泄洪道。

根据以上讨论可知：对于相同高度 $e_0(x)$堰，当流量固定时，可以出现两个不同的速度值，以及两个相应的流体层厚度。一组对于弗劳德数 $Fr > 1$ 的情形，另一组对应于弗劳德数 $Fr' < 1$ 的情形。对于 $e_0 = 0$ 的特殊情况(障碍物下游区域，流速为 U'，流体层厚度为 h')，我们可以通过下式找到第二个解 $Fr' \neq Fr$：

$$Fr^{2/3}\, Fr'^{2/3}(Fr^{2/3} + Fr'^{2/3}) = 2 \qquad (5.82)$$

如果 Fr 小于 1，该方程只有在 Fr' 大于 1 时才能成立。事实上，若非如此，方程(5.82)中的加和项将小于 2，同时乘积项中的每个因子也都将小于 1。

证明：通过流量关系 $Q=U(x)h(x)$ 消去流体层厚度 $h(x)$，我们可将方程(5.81)改写为

$$gQ\frac{\partial}{\partial x}\left(\frac{1}{U(x)}\right)+\frac{1}{2}\frac{\partial[U(x)]^2}{\partial x}+g\frac{\partial e_0(x)}{\partial x}=0$$

通过在障碍物的上、下游远处两点间积分(两点处速度分别为 U 和 U')，我们可得

$$gQ\left(\frac{1}{U}-\frac{1}{U'}\right)+\frac{1}{2}(U^2-U'^2)=0$$

如果上述方程满足，要么 $U=U'$ 成立，要么下式成立：

$$gQ=UU'\frac{U+U'}{2} \tag{5.83}$$

引入弗劳德数的定义，改写上述方程可得

$$Fr=\frac{U}{\sqrt{gh}}=\frac{U^{3/2}}{\sqrt{gUh}} \quad 和 \quad Fr'=\frac{u'}{\sqrt{gh'}}=\frac{U'^{3/2}}{\sqrt{gU'h'}}$$

通过质量守恒条件 $Q=Uh=U'h'$ 消去 gQ，我们即可从方程(5.83)得到方程(5.82)。

与可压缩流和激波的类比

在第 5.4.4 节初始，我们已经强调了水跃与可压缩流动问题的类似性。上文讨论的系统可类比于缩放喷嘴，又称**拉瓦尔喷嘴**(de Laval nozzle)，如图 5.14 所示。弗劳德数则类比于马赫数。

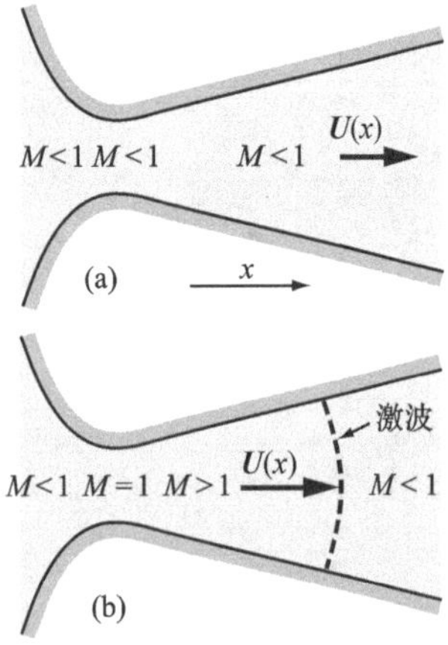

图 5.14 可压缩流体在缩放喷嘴中的流动。(a)整个喷嘴中流速小于音速；(b)流速在喷嘴喉部达到音速，并导致了激波的产生(如图中虚线所示)

当流量较低时，整个喷嘴内的流速均小于音速，流速会在喷嘴最窄的"喉部"达到最大值(图 5.13(a))。但是，当速度在喷嘴喉部达到音速时($M=1$)，流速会在喉部下游随距离继续增加，喉部下游会出现超音速流动。这种情况下，为了维持质量守恒，气体压强会不断减小，因此速度会持续增加。在下游更远一处，流场中会出现激波，以实现向喷嘴出口外高压区的过渡；激波下游的马赫数小于 1。激波的波前可类比于图 5.12 和 5.13 中所示的水跃，我们接下来进一步讨论水跃的性质。

水跃：守恒方程

上文的讨论已经指出，水跃的发生对应着弗劳德数 Fr 从大于 1 到小于 1 的突变。与前文讨论流体层厚度 $h(x)$ 变化的

情况不同，此处我们不能再使用伯努利方程了，因为在水跃发生的区域存在显著的能量耗散。因此，我们只能从质量守恒和动量守恒出发展开讨论。

如图 5.15 所示，我们示意性地给出了水跃上游与下游的两个区域，其中流动平行且均匀，速度分别为 U 和 U'。利用动量守恒方程，我们可得到水跃上游与下游速度 U、U' 和高度 h、h' 之间满足下列方程：

$$U' = \sqrt{g \frac{h}{h'} \frac{(h+h')}{2}} \tag{5.84a}$$

$$U = \sqrt{g \frac{h}{h} \frac{(h+h')}{2}} \tag{5.84b}$$

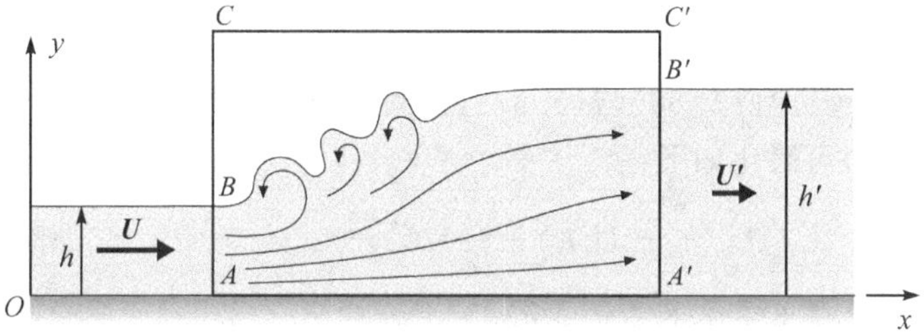

图 5.15　水跃上游的速度远大于表面波速 $\sqrt{gh}$，下游速度小于 $\sqrt{gh}$。$ABCC'B'A'A$ 为进行动量和质量守恒分析的控制体积

考虑到 h 小于 h'，我们将上述两式平方后再相减可得 U 与 U' 分别满足：

$$U' < \sqrt{gh'} \tag{5.85a}$$

和

$$U > \sqrt{gh} \tag{5.85b}$$

于是可知，水跃发生之前的流动是超临界的（流动速度大于表面波的传播速度），其他区域的流动则是亚临界的。从物理上来说，该结果说明水跃具有稳定的结构：一方面，可能离开超临界流动区域的水波（包括水波带走的一部分能量）会被比水波运动更快的流动再次带回水跃发生的区域（方程(5.85b)）；另一方面，那些被流动带向水跃下游的水波速度很快（方程(5.85a)），它们会抵抗流动的携带，并再次回到水跃发生的区域。

证明：与前文讨论的情况类似，我们通过方程(5.13)来考虑流场的动量守恒；同时假定流动定常，且在控制体的边界上黏性可以忽略。如图 5.15 所示，控制体由边界 $ABCC'B'A'A$ 限定的表面 $\mathcal{S}$ 围成，垂直于纸面方向取单位长度。需要注意的是：有一部分控制体积延伸到空气里，因此有大气压 p_0 作用。我们假定截面 AB 与 $A'B'$ 上速度均匀，分别为 U 与 U'。由于控制体中只有这两个截面上有非零的质量输运，于是我们

可得

$$\iint_S \rho v_x (v_j n_j) \mathrm{d}S = \rho U'^2 h' - \rho U^2 h \tag{5.86}$$

类似地，我们可通过方程(5.37)来确定截面 AB 和 $A'B'$ 上的压强 p：

$$p = p_0 + \rho g (h - y) \quad 和 \quad p' = p_0 + \rho g (h' - y)$$

考虑到 p_0 沿截面 BC 的积分，我们需添加一个 $p_0(h'-h)$项，于是可得

$$\begin{aligned}\iint_S p n_x \mathrm{d}S &= p_0 (h - h') - \int_0^h (p_0 + \rho g (h - y)) \mathrm{d}y + \\ &\quad \int_0^{h'} (p_0 + \rho g (h' - y)) \mathrm{d}y \\ &= \frac{\rho g}{2} (h'^2 - h^2)\end{aligned} \tag{5.87}$$

此外，结合方程(5.86)与(5.87)，同时忽略流体黏性，因此方程(5.13)可简化如下：

$$(U'^2 h' - U^2 h) + \frac{g}{2} (h'^2 - h^2) = 0 \tag{5.88}$$

为保证水跃上下游的质量守恒，下式需成立：

$$U' h' = Uh \tag{5.89}$$

利用方程(5.89)消去方程(5.88)中的 U'(或 U)，即可得到方程(5.84a)和(5.84b)。

水跃两侧的高度比和速度比

为了计算比值 h'/h，我们将方程(5.84b)改写为以下形式：

$$g h'^2 + g h h' - 2U^2 h = 0 \tag{5.90}$$

求取关于 h'的二次方程的正根，我们可得

$$\frac{h'}{h} = \frac{U}{U'} = \frac{-gh + \sqrt{(gh)^2 + 8U^2 gh}}{-gh} = \frac{-1 + \sqrt{1 + 8\,Fr^2}}{2} \tag{5.91}$$

其中 Fr 是水跃上游流动的弗劳德数。观察上式同样可知：如果 $h'/h>1$，则 $Fr>1$，水跃上游为超临界流动。当 $Fr=1$ 时，$h'=h$，这对应于水跃幅度无穷小的极限情形；此时两侧速度都非常接近于$\sqrt{gh}$ 。

势流

6

理想流体是流体力学研究内容的重要组成部分，理查德·费曼(Richard P. Feynman)在其《费曼物理学讲义》中称之为"干水"。在固体力学中，物体在无摩擦情况下的运动规律可用守恒律来表达。通过类似的思路，如果我们在第 5 章中假设流体黏性系数为零，则可导出更为简单的能量和动量守恒律；这种情况下，即使不知道流体运动的局部细节，我们也可以解决一些流动问题。理想流体的无黏特性间接导致速度场始终处于无旋状态，我们将在本章前言第 6.1 节中讨论该结果，同时列举一些可以应用势流理论处理的流动。然后，我们将在第 6.2 节通过图示引入速度势并介绍其性质。在第 6.3 节，我们将从更加一般的角度出发，讨论绕流任意形状物体的势流。然后，作为势流流动的一个实例，我们将在第 6.4 节讨论流体表面的线性波。接下来，在第 6.5 节，我们将讨论势流与电磁理论的相似性。在第 6.6 节，我们将引入复位势的概念，并给出多个示例加以说明。最后，我们将结合具体示例，简要介绍保角映射及其在流体力学中的应用。

6.1 前言

首先需要指出：**势流**(potential flow)均对应于理想(即无黏)流体的流动。据第 4.2.3 节讨论可知，理想流体的运动可由欧拉方程描述：

$$\rho \frac{\partial \boldsymbol{v}(\boldsymbol{r},t)}{\partial t}+\rho(\boldsymbol{v}\cdot\nabla)\boldsymbol{v}(\boldsymbol{r},t)=\rho\boldsymbol{f}-\nabla p \tag{6.1}$$

理想流体势流运动的速度场 $\boldsymbol{v}(\boldsymbol{r},t)$ 可通过**速度势**(velocity potential)$\Phi(\boldsymbol{r},t)$来描述：

$$\boldsymbol{v}(\boldsymbol{r},t)=\nabla\Phi(\boldsymbol{r},t) \tag{6.2}$$

因此，流速场 $\boldsymbol{v}(\boldsymbol{r},t)$必须满足欧拉方程以及无旋条件$\nabla\times\boldsymbol{v}=0$，以保证方程(6.2)成立。从欧拉方程出发，我们将在第 7.2.1 节证明：如果理想流体的流动在任一给定时刻无旋(例如，如果流场最初处于静止状态 $\boldsymbol{v}(\boldsymbol{r})\equiv 0$)，且任何给定的体积力均为势函数的导数，同时流体的密度恒定或仅为压强的函数，那么在随后任何时间内流动都将保持无旋。对于此类情形，理想流体的势流流动可无限期地持续下去，且适用于第 5.3.2 节导出的伯努利方程(5.36)：

$$\rho\frac{\partial\Phi}{\partial t}+\rho\frac{v^2}{2}+p+\rho\varphi=\text{常数}\quad(\text{在流场内部恒为常数})$$

其中 φ 为流体的势能，故而单位流体的体积力为 $-\rho\,\nabla\varphi$。若已知 φ 在某一特定时刻的取值，我们可通过对上述方程积分得到任意时刻的势函数 Φ：这与流场始终保持无旋(有势)相吻合。需要注意，在数学上，速度场 $\boldsymbol{v}(\boldsymbol{r})$ 的确定与静电场 $\boldsymbol{E}(\boldsymbol{r})$ 的性质极其类似，甚至也与低频情况下时变电场的性质类似，即 $\nabla\times\boldsymbol{E}(\boldsymbol{r})=0$。所以，方程(6.2)类似于静电场 $\boldsymbol{E}(\boldsymbol{r})$ 和对应电势 $\boldsymbol{V}(\boldsymbol{r})$ 之间的关系，差别仅在一个负号。

从实验的角度来看，我们在第 4.2.3 节提到的超流体(液氦)是唯一具有接近理想流体性质的流体。在第 7 章附录中，我们将讨论满足无旋条件的超流体的特征，但不包括涡量集中于奇异线(量子涡旋)的情况。

黏性流体的流场中也可能有大部分区域存在近似势流。这种情况对应于黏性流体的流体质点在很短的时间内绕流固体：固体壁面处的零速度边界条件带来的扰动只能通过黏性扩散在很小的横向距离上传播。因此，大雷诺数下的**非湍流流动**(non-turbulent flow)经常呈现出势流的特性，除了靠近壁面的薄边界层以及绕流物体下游的狭窄尾迹区。我们将在第 10 章讨论此类流动。

对于绕流特征长度为 L 的物体的高频正弦流动($\omega=2\pi/T$)，我们可得到类似的结果。在这种情况下，若固体壁面处零速度边界条件诱导的速度梯度的扩散距离与 L 相比很小(据第 2.1.2 节讨论可知，扩散长度正比于 $\sqrt{vT}$)，流动即可近似为势流。此外，对于持续时间为 T 的瞬时情况，我们也可观察到相同的效应，比如流体中静止物体被突然移动时所诱导的流动。

自由面的存在也可能导致近似势流出现。由第 4.3.2 节中讨论的理想流体边界条件可知，自由面处的切向速度并不一定为零。因此，即使壁面附近不存在速度梯度，也可诱导流动(然而，速度的旋度非零)。这种流动的一个例子是**泰勒气泡**(Taylor bubble)问题(即大气泡在管径与其大小相当的直管内上升的现象，我们将在第 6.4.4 节中具体讨论)。

6.2　势流的定义、性质和实例

6.2.1　速度势的特征和实例

对于不可压缩流动(质量守恒如方程(3.28)所示)，方程(6.2)可改写如下：

$$\nabla\cdot \boldsymbol{v}=\nabla\cdot [\nabla\Phi(\boldsymbol{r})]=\nabla^2\Phi(\boldsymbol{r})=0 \tag{6.3}$$

在静电场中,这种情况对应于无自由电荷时诱导的电场。这种情况下,速度矢量场退化为关于势函数的**拉普拉斯方程**(Laplace equation)的标量解。此处,势流问题的求解可得益于静电场问题的处理思路(我们已经在在第 3.3.3 节中提及这种等价性)。

关于流动**边界条件**(boundary condition),由于流体不能穿过固壁$\mathcal{S}$,因此速度 v_n 在垂直于固壁方向的分量为零：

$$[v_n]_{\mathcal{S}}=\left[\frac{\partial\Phi}{\partial n}\right]_{\mathcal{S}}=0 \tag{6.4}$$

其中$[v_n]_{\mathcal{S}}$为垂直于固壁的速度分量。对于两种理想流体 1 和 2 之间的界面($\mathcal{S}$)处,边界条件 $v_{n1}=v_{n2}$ 可由下式表示：

$$\left[\frac{\partial\Phi_1}{\partial n}\right]_{\mathcal{S}}=\left[\frac{\partial\Phi_2}{\partial n}\right]_{\mathcal{S}} \tag{6.5}$$

由于流场中不存在黏性力,所以边界条件中没有对切向速度分量的限制。在实际流动中,黏性的存在要求界面处速度的切向分量相等(见第 4.3.1 节)。

6.2.2　速度势的唯一性

此处,我们再次来回顾有关静电场问题的经典证明。在**单连通**(simply connected)流体域中(图 6.1(a)),存在一个唯一的不可压缩且有势的速度场,这对应于固壁法向速度分量以及无穷远处给定的速度。

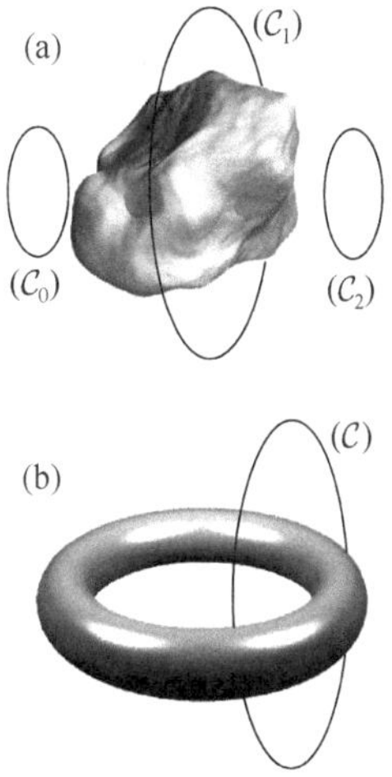

图 6.1　(a)单联通流体域示意图;曲线($\mathcal{C}$)包围的面积可以通过连续收缩减小为零,且在收缩的过程中不与物体表面相交;(b)双连通流体域示意图;曲线($\mathcal{C}$)包围的面积不可能通过连续变形收缩减小为零,且同时不与物体相交

证明：我们假设在相同的边界条件下存在两个速度场 $\boldsymbol{v}_1=\nabla\Phi_1$ 和 $\boldsymbol{v}_2=\nabla\Phi_2$。显然,只需证明$\iiint(\boldsymbol{v}_1-\boldsymbol{v}_2)^2\mathrm{d}\tau$ 在整个流体域上的积分为零,即表明速度场 $\boldsymbol{v}_1$ 和 $\boldsymbol{v}_2$是相同的。令 $\boldsymbol{v}=\boldsymbol{v}_1-\boldsymbol{v}_2$ 和 $\Phi=\Phi_1-\Phi_2$,积分可改写为

$$\iiint_{\mathcal{V}}(\boldsymbol{v}_1-\boldsymbol{v}_2)^2\mathrm{d}\tau=\iiint_{\mathcal{V}}\boldsymbol{v}\cdot(\nabla\Phi)\,\mathrm{d}\tau$$
$$=\iiint_{\mathcal{V}}\nabla\cdot(\boldsymbol{v}\Phi)\,\mathrm{d}\tau-\iiint_{\mathcal{V}}\Phi(\nabla\cdot\boldsymbol{v})\,\mathrm{d}\tau$$

考虑到不可压缩性条件$\nabla\cdot\boldsymbol{v}=0$,因而上述方程最右端项的积

分值为零，与其相邻的积分项可以通过高斯定律转换为从固壁到无穷远处的面积分：

$$\iiint_{\mathcal{V}} \nabla\cdot(\boldsymbol{v}\Phi)\,\mathrm{d}\tau = \iint_{\mathcal{S}} \Phi\,\boldsymbol{v}\cdot\boldsymbol{n}\,\mathrm{d}S$$

由边界条件可知固壁处速度法向分量为零，即 $\boldsymbol{v}\cdot\boldsymbol{n}=0$，故而固壁上的积分值也为零。此外，面积分在无穷远处也将消失。这是因为任何物体对速度场的影响都会以 $1/r^3$ 的趋势随距离 r 的增大而减小；所以，在面积与 r^2 成比例的球形表面上，此项的积分值在无穷远处趋近于零(我们将在第 6.2.4 节具体讨论)。

注：采用与上述证明唯一性类似的方法，我们也可以证明这种流场的总动能总是最小的，对于同时满足 $\nabla\cdot\boldsymbol{v}=0$ 以及固壁和无穷远处边界条件的速度场来说都是如此。

若流场中存在至少在一个维度上为无限大的实心固壁(例如，无限长圆柱)，或存在具有圆环面结构的固壁(图6.1(b)和 6.2 所示)，那么流场是**多连通**(multiply connected)的。这两种情况下，流场中至少存在一条闭合曲线$(\mathcal{C})$，它所包围的面积不能随着$(\mathcal{C})$在流场中持续收缩而减小为零。这种情况下，由于速度沿闭合曲线$\mathcal{C}$的积分，即环量$\int_{\mathcal{C}} \boldsymbol{v}\cdot\mathrm{d}\boldsymbol{l} = \int_{\mathcal{C}} (\nabla\Phi)\cdot\mathrm{d}\boldsymbol{l}$，可取任意的有限值 Γ，所以我们并不能明确给定速度势 Φ 的取值。

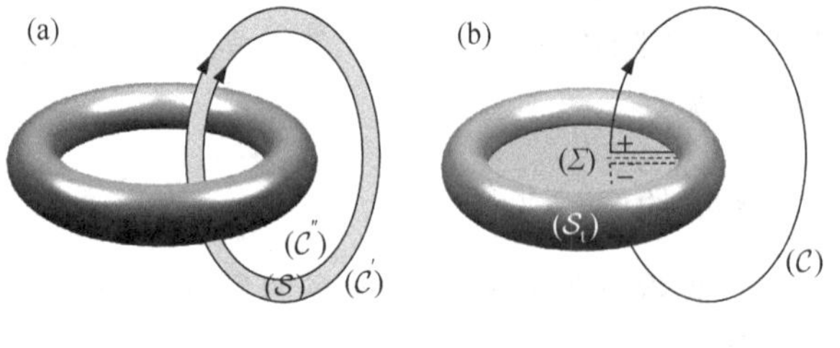

图 6.2 用于证明拉普拉斯方程解的唯一性的流体域，此处选用双连通流体域。(a)面$(\mathcal{S})$的边界为曲线$(\mathcal{C}')$和$(\mathcal{C}'')$，且二者环量相等；(b)在流体域上对$(\boldsymbol{v}_1-\boldsymbol{v}_2)^2$作体积分，两个无限靠近的表面 Σ^+ 和 Σ^- 之间的无穷小体积可忽略不计。为表述清楚，图中仅显示了轮廓线$(\mathcal{C})$的包络面与 Σ^+ 和 Σ^- 面之间的交线"+"和"−"

证明： 如图 6.2 所示的流场几何结构，其中存在一个圆环面 $\mathcal{S}_t$。我们来考虑沿闭合曲线$\mathcal{C}$的速度线积分(如图 6.2(b)所示)以确定速度势 Φ。

首先，虽然流场是有势的，且流场中每一点的流体速度 $\boldsymbol{v}$ 具有唯一解，但是沿着曲线$\mathcal{C}$的环量 $\boldsymbol{\Gamma}=\int_{\mathcal{C}} \boldsymbol{v}\cdot\mathrm{d}\boldsymbol{l}$ 不一定为零。应用斯托克斯定理，我们可得

$$\boldsymbol{\Gamma} = \int_{\mathcal{C}} \boldsymbol{v}\cdot\mathrm{d}\boldsymbol{l} = \iint_{\mathcal{S}} (\nabla\times\boldsymbol{v})\cdot\boldsymbol{n}\,\mathrm{d}S$$

该方程给出了沿曲线$(\mathcal{C})$的速度环量与该曲线所绕表面$(\mathcal{S})$上的通量$\nabla\times\boldsymbol{v}$之间的关系。为了保证面$(\mathcal{S})$完全位于流体中，面$(\mathcal{S})$的包围曲线$(\mathcal{C})$不能环绕环形面$(\mathcal{S}_t)$；还有一种情况是

面$(\mathcal{S})$由两条曲线$(\mathcal{C}')$和$(\mathcal{C}'')$围成，且这两条曲线都环绕面$(\mathcal{S}_t)$（曲线$(\mathcal{C}')$和$(\mathcal{C}'')$构成轮廓$(\mathcal{C})$）。后一种情况在图 6.2(a)中用面$(\mathcal{S})$来表示。于是我们可得

$$\iint_{\mathcal{S}} (\nabla\times \boldsymbol{v}) \cdot \boldsymbol{n}\mathrm{d}S = \int_{\mathcal{C}''} \boldsymbol{v} \cdot \mathrm{d}\boldsymbol{l} - \int_{\mathcal{C}'} \boldsymbol{v} \cdot \mathrm{d}\boldsymbol{l} = 0$$

因此环量 $\Gamma=\int_{\mathcal{C}} \boldsymbol{v}\cdot \mathrm{d}\boldsymbol{l}$ 的定义并不唯一。我们仅仅证明了对于任何给定的空间曲线，如$(\mathcal{C}')$ 和$(\mathcal{C}'')$，Γ 的取值都相同。此处需要注意的是，对于绕圆环面$(\mathcal{S}_t)$ 的任意空间曲线，我们仅做绕一周的积分，且积分方向相同。

如果 Γ 不等于零，则单值势函数 Φ 无法定义。事实上，积分 $\Gamma=\int_{\mathcal{C}} \boldsymbol{v} \cdot \mathrm{d}\boldsymbol{l}$ 满足下式：

$$\int_{\mathcal{C}} \boldsymbol{v} \cdot \mathrm{d}\boldsymbol{l} = \int_{\mathcal{C}} (\nabla\Phi) \cdot \mathrm{d}\boldsymbol{l} = \Delta\Phi = \Gamma$$

其中 $\Delta\Phi$ 是速度 $\boldsymbol{v}$ 沿曲线$(\mathcal{C}')$积分一周所得到的 Φ 的增量。如果 $\Delta\Phi$ 不等于零，那么函数 Φ 也相应存在多值，且是 Γ 的整数倍。对于该问题的理解，我们可以假设对于曲线$(\mathcal{C})$上的一点，函数 Φ 的取值非连续，函数 Φ 的改变量（根据积分方向的不同）为$+\Gamma$ 或者$-\Gamma$。由于该点的位置是任意的，我们可假定在环面$(\mathcal{S}_t)$上切出一个面(Σ)，这个面包含了所有这些不连续的点（切面(Σ)上点的轨迹在图 6.2(b)中以浅灰色虚线显示）。这种方法非常类似于在极坐标系中定义角度。

我们接下来证明，对于给定值 Γ，流场的确存在一个唯一的速度势 Φ。为此，我们首先来计算$\iiint_{\mathcal{V}} (\boldsymbol{v}_1 - \boldsymbol{v}_2)^2 \mathrm{d}\tau$ 在流体域$\mathcal{V}$内的积分值。流体域由环形面$\mathcal{S}_t$ 以及两个表面 Σ^+ 和 Σ^- 围绕而成（如图 6.2(b) 所示），同时我们假设面 Σ^+ 和 Σ^- 在面 Σ 的两侧，且无限靠近面 Σ。流体域$\mathcal{V}$是单连通的，于是我们得到

$$\iiint_{\mathcal{V}} (\boldsymbol{v}_1 - \boldsymbol{v}_2)^2 \mathrm{d}\tau = \iint_{\mathcal{S}} (\Phi_1 - \Phi_2)(\boldsymbol{v}_1 - \boldsymbol{v}_2) \cdot \boldsymbol{n}\mathrm{d}S$$

上式中的面积分由包围流体域$\mathcal{V}$的面$\mathcal{S}_t$、Σ^+、Σ^-组成。由于 $\boldsymbol{v}_1$ 和 $\boldsymbol{v}_2$ 在面$\mathcal{S}_t$ 上的垂直分量为零，因此积分值仅在面 Σ^+ 和 Σ^-上不为零。$\boldsymbol{v}_1$ 和 $\boldsymbol{v}_2$ 在面 Σ 上是连续的，因此在 Σ、Σ^+、Σ^- 这三个表面上，$\boldsymbol{v}_1$ 和 $\boldsymbol{v}_2$ 具有相同的值。从而有

$$\iiint_{\mathcal{V}} (\boldsymbol{v}_1 - \boldsymbol{v}_2)^2 \mathrm{d}\tau = \iint_{\Sigma} (\Phi_{1+} - \Phi_{1-} - \Phi_{2+} + \Phi_{2-})(\boldsymbol{v}_1 - \boldsymbol{v}_2) \cdot \boldsymbol{n}\mathrm{d}S$$

此外，Φ 在表面 Σ^+ 和 Σ^- 上对应的两点的差值$(\Phi_+ - \Phi_-)$为 Γ。于是我们可得

$$\iiint_{\mathcal{V}} (\boldsymbol{v}_1 - \boldsymbol{v}_2)^2 \mathrm{d}\tau = \iint_{\Sigma} (\Gamma_1 - \Gamma_2)(\boldsymbol{v}_1 - \boldsymbol{v}_2) \cdot \boldsymbol{n}\mathrm{d}S$$

$$= (\Gamma_1 - \Gamma_2)(Q_1 - Q_2)$$

其中 Q_1 和 Q_2 为两个速度场通过表面 Σ 的流量。对于解唯一存在的情况，除了满足速度 $\boldsymbol{v}_1$ 和 $\boldsymbol{v}_2$ 在壁面处的垂直分量相等这一条件之外，环量也应具有固定值 Γ。也就是说，如果 $\Gamma_1 = \Gamma_2$，那么可得 $\iiint_{\mathcal{V}} (\boldsymbol{v}_1 - \boldsymbol{v}_2)^2 \mathrm{d}\tau = 0$，最终得到 $\boldsymbol{v}_1 = \boldsymbol{v}_2$。

注： 在与电流相关的磁场中也存在多连通域的问题。根据安培定律，通电的无限长导线（或线圈）周围磁场中的一条闭合磁感线的环量与这条磁感线的形状无关。该论断适用于沿导线（或线圈）的环绕次数相同且方向一致的情况。

6.2.3 基本流动的速度势及其叠加

本节我们首先讨论四种基本流动：均匀流、源流（点源和点汇）、涡流以及偶极流，然后分析如何通过叠加基本流动来解决复杂流动问题。最后，我们将在 6.2.4 节中以形状简单的物体的绕流为例来进一步阐明流场叠加的原理。由于此处我们讨论的是不可压缩流动，所以也会确定基本流动的流函数（参见第 3.4 节）。为了便于查询，本章末尾以表格形式总结了常见流动的流函数和势函数。

均匀流

我们来考虑在 x 方向上速度为 $\boldsymbol{U}$ 的匀速流动，其速度分量为

$$v_x = U = 常数;\qquad v_y = 0\qquad（二维流动）$$

$$v_x = U = 常数;\qquad v_y = v_z = 0\qquad（三维流动）$$

对于二维流动的情况，我们由方程(3.38)可得到：

$$\frac{\partial \Phi}{\partial x} = \frac{\partial \Psi}{\partial y} = v_x = U$$

$$\frac{\partial \Phi}{\partial y} = -\frac{\partial \Psi}{\partial x} = v_y = 0$$

于是可得

$$\Phi = Ux \tag{6.6a}$$

$$\Psi = Uy \tag{6.6b}$$

显然，**流线**(streamline)（Ψ = 常数）为沿着 x 方向的直线，平行于速度矢量 $\boldsymbol{U}$。**等势线**(equipotential)（Φ = 常数）为平行于 y 方向的直线，与流线处处垂直。

对于三维情况，流动是轴对称的；因此，结合 3.4 节定义的斯托克斯流函数 Ψ，我们可得到类似的结果。此处，我们假设流动方向沿 z 轴正方向。

- 在圆柱坐标系 (r, φ, z) 下，由方程(3.50)可得

$$\frac{\partial \Phi}{\partial z} = -\frac{1}{r}\frac{\partial \Psi}{\partial r} = v_z = U$$

$$\frac{\partial \Phi}{\partial r}=\frac{1}{r}\frac{\partial \Psi}{\partial z}=v_r=0$$

于是可得

$$\Phi=Uz \tag{6.7a}$$

$$\Psi=-(Ur^2)/2 \tag{6.7b}$$

- 在球坐标系中(r,θ,φ)下，由方程(3.52)可得

$$\frac{\partial \Phi}{\partial r}=\frac{1}{r^2\sin\theta}\frac{\partial \Psi}{\partial \theta}=v_r=U\cos\theta$$

$$\frac{1}{r}\frac{\partial \Phi}{\partial \theta}=-\frac{1}{r\sin\theta}\frac{\partial \Psi}{\partial r}=v_\theta=-U\sin\theta$$

于是可得

$$\Phi=Ur\cos\theta \tag{6.8a}$$

$$\Psi=(Ur^2\sin^2\theta)/2 \tag{6.8b}$$

需要注意的是：$\Psi=$**常数**对应的线（或面）为流场的流线（或流面）。在柱坐标系或球坐标系下，它们分别遵循方程 $r=$**常数**或者 $r\sin\theta=$**常数**，且流线平行于速度 U 的方向。等势线或（二维流动）等势面（三维流动）与流动方向垂直。

涡流

在二维情况下，涡流是围绕垂直于 $x-y$ 平面的轴线的流动，且轴线穿过原点 O。流动速度沿着以 O 点为圆心的圆周方向（即垂直于半径矢量和轴线形成的平面），速度分量 v_r 和 v_φ 在极坐标下分别满足：

$$v_r=0,\qquad v_\varphi=\frac{\Gamma}{2\pi r}$$

其中 Γ 为常数。同样地，利用方程(3.39a)和(3.39b)可得

$$\frac{1}{r}\frac{\partial \Phi}{\partial \varphi}=-\frac{\partial \Psi}{\partial r}=v_\varphi=\frac{\Gamma}{2\pi r},\qquad \frac{\partial \Phi}{\partial r}=\frac{1}{r}\frac{\partial \Psi}{\partial \varphi}=v_r=0$$

通过计算沿着以 O 为中心、半径为 r 的圆($\mathcal{C}$)的速度环量，可得

$$\int_{\mathcal{C}}\boldsymbol{v}\cdot \mathrm{d}\boldsymbol{l}=\int_0^{2\pi}\frac{\Gamma}{2\pi r}r\,\mathrm{d}\varphi=\Gamma$$

因此，Γ 为沿着围绕原点一圈的任意曲线的环量。进一步有

$$\Phi=\frac{\Gamma\varphi}{2\pi} \tag{6.9a}$$

$$\Psi=-\frac{\Gamma}{2\pi}\log\frac{r}{r_0} \tag{6.9b}$$

其中 r_0 是一个任意常数，引入该常数用以保证对数自变量的无量纲特征（Ψ 和 Φ 的定义中经常会包括一个任意常数，但是并不影响结果，因为最终只考虑其导数的物理意义）。

需要注意的是，这是一个双连通流动的情况。奇异线 $r=0$（沿 z 轴无限延伸）对应于图 6.2 中所示的固体表面 $\mathcal{S}_t$，我们也计算了绕 $\mathcal{S}_t$ 的速度环量（在这种情况下，圆环面的曲率半径为无穷大）。速度势 Φ 的定义并不唯一，因为其包含角度 φ。因此，以 $r=0$ 为轴沿流线正方向环绕 n 圈得到的速度环量为 $n\Gamma$，这种情况类似于由直径非常小的无限长直导线内的电流诱导的磁场。

源流（点源和点汇）

以流量 Q 流出某一点的势流为点源（$Q>0$）。反之，以流量 Q 流入某一点的势流为点汇（$Q<0$）。二维情况下，点源的流场在圆柱坐标系下为（图 6.3(b)）：

$$v_r(r)=\frac{Q}{2\pi r},\qquad v_\varphi=0$$

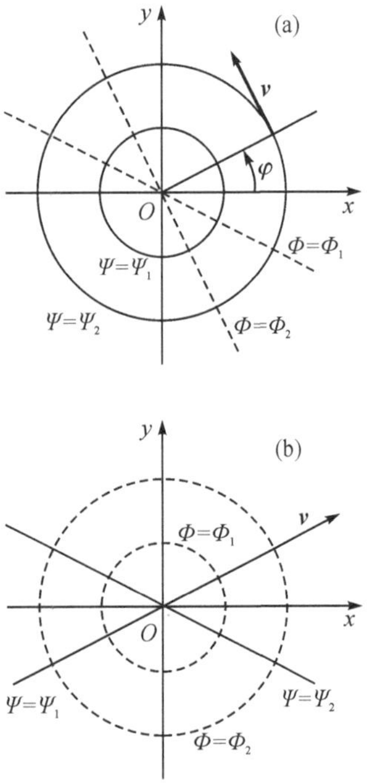

图 6.3 （a）围绕 z 轴的平面点涡的流线和等势线；（b）位于坐标原点的点源诱导的流动

通过以原点为中心、r 为半径的圆周的速度通量（即流量 Q）为

$$\int_C \boldsymbol{v}\cdot\boldsymbol{n}\,\mathrm{d}l=\int_0^{2\pi} r v_r\,\mathrm{d}\varphi=Q$$

根据方程（3.19a）和（3.19b），我们可得

$$\frac{\partial\Phi}{\partial r}=\frac{1}{r}\frac{\partial\Psi}{\partial\varphi}=\frac{Q}{2\pi r},\qquad \frac{1}{r}\frac{\partial\Phi}{\partial\varphi}=-\frac{\partial\Psi}{\partial r}=0$$

于是有

$$\Phi=\frac{Q}{2\pi}\log\left(\frac{r}{r_0}\right)\tag{6.10a}$$

$$\Psi=\frac{Q}{2\pi}\varphi\tag{6.10b}$$

同样地，Φ 和 Ψ 的定义中包括一个任意常数。对于二维问题，我们注意到，点源和点涡的解之间存在紧密的对应关系，它们的函数 Φ 和 Ψ 只是在二者间互换，它们的数学形式是相同的。对于点源来说，其径向流线与点涡的等势线相同。点涡的流线是围绕原点的同心圆，对应于点源情况下的等势线。我们将在第 6.6 节进一步讨论这种对应关系，并引入速度复势的概念。

三维情况下，流量为 Q 的点源产生的速度场可以在球坐标系下表示：

$$v_r=\frac{Q}{4\pi r^2},\qquad v_\theta=v_\varphi=0$$

流动是径向的，且穿过任意半径为 r 的球面的流量均为 Q。进一步利用方程（3.52a）和（3.52b），我们得到

$$\frac{\partial\Phi}{\partial r}=\frac{1}{r^2\sin\theta}\frac{\partial\Psi}{\partial\theta}=v_r=\frac{Q}{4\pi r^2},\qquad \frac{1}{r}\frac{\partial\Phi}{\partial\theta}=-\frac{1}{r\sin\theta}\frac{\partial\Psi}{\partial r}=v_\theta=0$$

于是，速度势和流函数分别为

$$\Phi=-\frac{Q}{4\pi r} \tag{6.11a}$$

$$\Psi=-\frac{Q}{4\pi}\cos\theta \tag{6.11b}$$

偶极流

我们来考虑位于 S_1 的点汇和位于 S_2 的点源，假设间距为 d 且流量 Q 的绝对值相等。若令 $d\to 0$，且同时保持乘积 $p=Q\,|d|$ 为常数，我们即可得到**偶极流**（dipole flow）。如图 6.4 所示，从点汇到点源的矩矢为 $\boldsymbol{p}=Q(\boldsymbol{S}_1\boldsymbol{S}_2)=Q\boldsymbol{d}$。

在二维情况下，位于 $\boldsymbol{OS}_2=\boldsymbol{r}_2$ 处的点源 S_2 和位于 $\boldsymbol{OS}_1=\boldsymbol{r}_1$ 处的点汇 S_1 在 P 点（$\boldsymbol{OP}=\boldsymbol{r}$）诱导的速度势在柱坐标下可分别表示为

$$\Phi_2=\frac{Q}{2\pi}\log\frac{|\boldsymbol{r}-\boldsymbol{r}_2|}{r_0},\qquad \Phi_1=-\frac{Q}{2\pi}\log\frac{|\boldsymbol{r}-\boldsymbol{r}_1|}{r_0}$$

因此，点源 S_2 和点汇 S_1 诱导的综合速度势为

$$\Phi=\Phi_1+\Phi_2=\frac{Q}{2\pi}(\log|\boldsymbol{r}-\boldsymbol{r}_2|-\log|\boldsymbol{r}-\boldsymbol{r}_1|)$$

接下来，我们在 $|\boldsymbol{r}|=|\boldsymbol{OP}|$ 附近对 $\log|\boldsymbol{r}-\boldsymbol{r}_2|$ 进行泰勒级数展开，仅保留最低阶非零项。在上述考虑的极限情况下（即 $d\to 0$，且 $p=Qd$ 保持不变），$|\boldsymbol{r}|$ 远大于 $|\boldsymbol{r}_1|=|\boldsymbol{OS}_1|$ 和 $|\boldsymbol{r}_2|=|\boldsymbol{OS}_2|$（也远大于 d），于是可得

$$\Phi_1=-\frac{Q}{2\pi}\left(\frac{\partial(\log r)}{\partial r}(|\boldsymbol{r}-\boldsymbol{r}_1|-|\boldsymbol{r}|)+\cdots\right)$$

$$\Phi_2=\frac{Q}{2\pi}\left(\frac{\partial(\log r)}{\partial r}(|\boldsymbol{r}-\boldsymbol{r}_2|-|\boldsymbol{r}|)+\cdots\right)$$

因此，对于 $d\to 0$ 的极限情况，可得

$$\Phi=\frac{Q}{2\pi}\frac{1}{r}(|\boldsymbol{r}-\boldsymbol{r}_2|-|\boldsymbol{r}-\boldsymbol{r}_1|)=-\frac{Qd}{2\pi}\frac{\cos\varphi}{r}=-\frac{p}{2\pi}\frac{\cos\varphi}{r} \tag{6.12}$$

即

$$\Phi=-\frac{\boldsymbol{p}\cdot\boldsymbol{r}}{2\pi r^2} \tag{6.13}$$

上式中 $\boldsymbol{p}=Q(\boldsymbol{S}_1\boldsymbol{S}_2)$（$p=|\boldsymbol{p}|=Qd$），$\varphi$ 是 $\boldsymbol{S}_1\boldsymbol{S}_2$ 和矢径 $\boldsymbol{r}$ 之间的夹角。

通过计算速度势 Φ 的梯度，可得速度场的分量如下：

$$v_r=\frac{\partial\Phi}{\partial r}=\frac{p}{2\pi}\frac{\cos\varphi}{r^2} \tag{6.14a}$$

$$v_\varphi=\frac{1}{r}\frac{\partial\Phi}{\partial\varphi}=\frac{p}{2\pi}\frac{\sin\varphi}{r^2} \tag{6.14b}$$

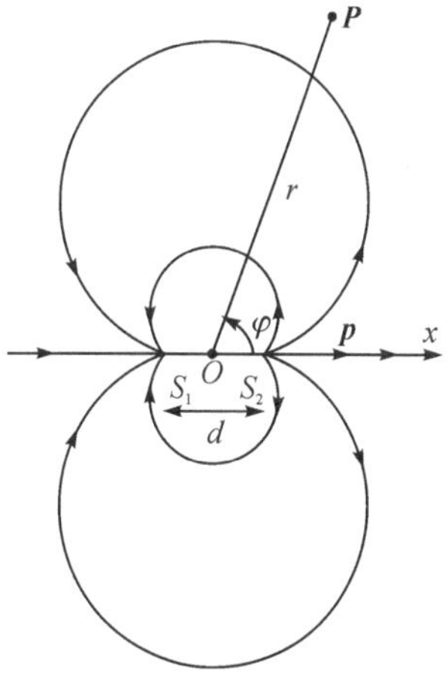

图 6.4　由点汇 S_1 和点源 S_2 叠加的二维流动，其中点源和点汇的流量绝对值 Q 相同

当 r 与 d 相比取值较大时，偶极流诱导的速度势和流场与偶极矩为 $\boldsymbol{p}$ 的电偶极子诱导的电势和电场之间具有相同的数学依赖关系。同样地，流函数 Φ 可通过对速度分量积分得到

$$\Psi = \frac{p}{2\pi}\frac{\sin\varphi}{r} = \frac{\boldsymbol{p}\times\boldsymbol{r}}{2\pi r^2} \tag{6.14c}$$

在三维情况下，当矩矢 $\boldsymbol{p}$ 平行于 z 轴($\theta=0$)时，通过类似的计算，我们可得到球坐标系下偶极流的速度势为

$$\Phi = -\frac{p\cos\theta}{4\pi r^2} = -\frac{\boldsymbol{p}\cdot\boldsymbol{r}}{4\pi r^3} \tag{6.15a}$$

相应的速度分量 v_r 和 v_θ 分别为

$$v_r = \frac{p\cos\theta}{2\pi r^3} \tag{6.15b}$$

$$v_\theta = \frac{p\sin\theta}{4\pi r^3} \tag{6.15c}$$

进一步，根据方程(3.52)，我们可得流函数为

$$\Psi = \frac{p\sin^2\theta}{4\pi r} \tag{6.15d}$$

拉普拉斯方程的求解：解的叠加与分离变量法

拉普拉斯方程是线性微分方程，解的线性组合亦是方程的解。因此，对于势流问题，我们可通过叠加简单流动来构建满足一定边界条件的流场。同样地，参照电荷分布诱导的电势问题，我们也可以将流场的速度势写成**多极展开**(multipole expansion)的形式。这对应于一些基本速度势的叠加，而这种叠加能够和更加复杂的流动类型(简单的点源、偶极子、四极子等)联系起来。在接下来的讨论中，我们将看到偶极流的速度势可用于描述简单的速度场，例如绕球体或圆柱的流动。

另一种思路是使用分离变量法直接求解拉普拉斯方程：将方程的解写成一系列单变量函数的乘积。这种情况下，我们需要借助能够反映问题对称性的坐标系。旋转轴对称问题的求解会涉及到贝塞尔函数。具有球对称性问题的求解则会涉及到勒让德多项式。在量子力学中，描述原子运动轨道的薛定谔方程的解就是以这种多项式来表达的。

6.2.4 几个简单势流的例子

以下将要讨论的例子均涉及到上文所述的基本流动。我们将依次讨论绕圆柱的均匀流动、绕圆球的三维均匀流动以及绕**兰金固体**(Rankine solid)的流动，最后讨论点汇和点涡叠加的流动。

圆柱绕流

我们首先来考虑半径为 R 的圆柱对速度为 $\boldsymbol{U}$ 的均匀流扰动所诱导的流动，其中圆柱轴线垂直于流动方向。由于沿圆柱轴线方向的流动沿横向平移后不变，所以该问题可作为二维流动问题来处理。我们下面将着重讨论两种情况：无环量的圆柱绕流，以及有环量的圆柱绕流及其升力效应。在 6.3.1 节，我们将分析具有任意截面的二维物体的绕流问题，并从更一般的角度出发对升力效应作进一步讨论。

(i) 无环量的圆柱绕流

我们来考虑在极坐标下沿 $\varphi=0$ 方向、速度为 $\boldsymbol{U}$ 的均匀来流和同方向矩矢为 $\boldsymbol{p}$ 的偶极流叠加所得的流场。根据方程(6.6a)和(6.12)，我们可得流场的速度势 Φ 为

$$\Phi=\Phi_{\text{均匀流}}+\Phi_{\text{偶极流}}=Ur\cos\varphi-\frac{p\cos\varphi}{2\pi r}=\left(Ur-\frac{p}{2\pi r}\right)\cos\varphi \tag{6.16}$$

利用该方程，通过如下思路便可进行求解：在圆柱体内没有点源的前提下，假设偶极流的速度势是方程多极展开所得多项式的第一非零项，在给定环量时，方程的解唯一。若方程(6.16)满足壁面边界条件，它则是问题的解。如果不满足壁面边界条件，则需考虑展开式中的高阶项。由方程(6.16)给出的势函数，可得速度分量：

$$v_r=\frac{\partial\Phi}{\partial r}=\left(U+\frac{p}{2\pi r^2}\right)\cos\varphi$$

$$v_\varphi=\frac{1}{r}\frac{\partial\Phi}{\partial\varphi}=-\left(U-\frac{p}{2\pi r^2}\right)\sin\varphi$$

接下来需要确定 p 值以满足速度场的边界条件。在无穷远处 $\boldsymbol{v}=\boldsymbol{U}$，在 $r=R$ 处，$v_r=0$（圆柱表面处($r=R$)的法向速度分量等于零）。

由于偶极流对流场的作用在远离原点处以 $1/r^2$ 的速度趋近于 0，因此无穷远处的边界条件自动满足。由壁面处边界条件可得：

$$\frac{p}{2\pi R^2}=-U$$

于是可得势函数：

$$\Phi=Ur\cos\varphi\left(1+\frac{R^2}{r^2}\right)$$

因此，偶极矩 p 的值为速度 U 的函数。进一步可得速度场：

$$v_r=U\left(1-\frac{R^2}{r^2}\right)\cos\varphi \tag{6.17a}$$

$$v_\varphi = -U\left(1+\frac{R^2}{r^2}\right)\sin\varphi \tag{6.17b}$$

上述速度场同时满足无穷远处和沿圆柱壁面的边界条件。考虑到拉普拉斯方程的解的唯一性，该速度场必为无环量圆柱绕流问题的正确解。

同样地，该流动的流函数 Ψ 也可由均匀流和偶极流的流函数构建。然而，在柱坐标下直接对方程(6.17a)和(6.17b)积分，可以更容易地得到流函数：

$$\Psi = Ur\sin\varphi\left(1-\frac{R^2}{r^2}\right)$$

流线如图 6.5 所示。我们注意到 $\Psi=0$ 对应一条特殊的流线，它包括两条半无限长的直线，分别起始于位于 $r=R$、$\varphi=0$ 或 π 的**滞止点**(stagnation point，圆柱体周线上流动速度为零的点)，也包括圆柱体自身的周线。

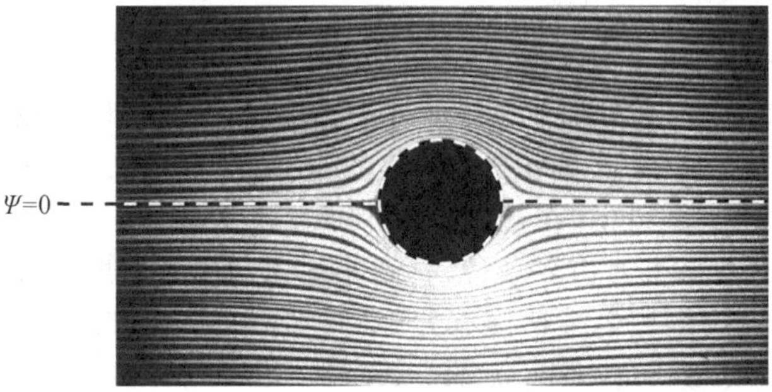

图 6.5 均匀来流无环量绕流圆柱时的流线分布。图示实验结果来源于**赫尔-肖单元**(Hele-Shaw cell)。该装置由两个非常靠近的平板组成，可以用来模拟二维势流绕物体的流动。我们将在9.24节中具体讨论这种方法，可参见图 9.23(图片由 H. Peregrine 提供，来自"*An Album of fluid motion*")

(ii)有环量的圆柱绕流

我们可通过对方程(6.16)叠加环量为 Γ 的点涡流动的势函数(方程(6.9a))来得到有环量的绕流问题的速度势。点涡流动的速度场与 $r=$常数的圆相切，且在无穷远处减小为零。因此，点涡流动自动满足圆柱壁面和无穷远处的边界条件。对于给定速度环量 Γ，势流是唯一存在的，因此这两个速度势的和必定是问题的正确解。若平行于 x 轴的速度的大小为 U，可得有环量的圆柱绕流的势函数为

$$\Phi = \left(Ur - \frac{p}{2\pi r}\right)\cos\varphi + \frac{\Gamma}{2\pi}\varphi$$

同样地，速度分量也可通过解的叠加得到

$$\boldsymbol{v} = \boldsymbol{v}_{圆柱} + \boldsymbol{v}_{点涡}$$

由于两个速度场 $\boldsymbol{v}_{圆柱}$ 和 $\boldsymbol{v}_{点涡}$ 分别独立地满足边界条件，因此我们可得

$$v_r = U\left(1-\frac{R^2}{r^2}\right)\cos\varphi \tag{6.18a}$$

$$v_\varphi = -U\left(1+\frac{R^2}{r^2}\right)\sin\varphi + \frac{\Gamma}{2\pi r} \qquad (6.18\text{b})$$

通过以下方程可判定圆柱表面是否仍旧存在滞止点：

$$v_\varphi(r=R) = -U\left(1+\frac{R^2}{R^2}\right)\sin\varphi + \frac{\Gamma}{2\pi R} = 0$$

即

$$\sin\varphi = \frac{\Gamma}{4\pi RU} \qquad (6.19)$$

根据方程(6.19)中环量$|\Gamma|$和速度$|U|$的不同取值，可得到两种不同流态的流场：

- 若$0<|\Gamma|<4\pi R|U|$，圆柱表面存在两个滞止点P_1和P_2，且关于y轴对称(如图6.6(a)所示)，其位置由角度φ决定，φ为方程(6.19)的解。随着环量值$|\Gamma|$的增加，P_1和P_2由完全相反的位置(无环量圆柱绕流时，$|\Gamma|=0$，$\varphi=0$)彼此逐步靠近，并最终在$|\Gamma|=4\pi R|U|$时合并为一个滞止点P(如图6.6(b)所示)。
- 若$|\Gamma|>4\pi R|U|$，圆柱表面不存在滞止点，但我们可在紧邻圆柱表面处的流场中观察到封闭的流线，远离壁面处的流线则为开曲线(图6.6(c))。此外，圆柱外部的流场中存在一个滞止点P，其坐标φ满足$\sin\varphi=\pm1$(正负号取决于Γ和U是否具有相同的符号)，坐标r则由以下方程给出：

$$-|U|\left(1+\frac{R^2}{r^2}\right)+\frac{|\Gamma|}{2\pi r}=0 \qquad (6.20\text{a})$$

求解可得

$$r = R\left(\frac{|\Gamma|}{4\pi R|U|}+\sqrt{\left(\frac{|\Gamma|}{4\pi R|U|}\right)^2-1}\right) \qquad (6.20\text{b})$$

实际上，方程(6.20a)存在双解，但另一个解对应的r值小于R，所以为非物理解。

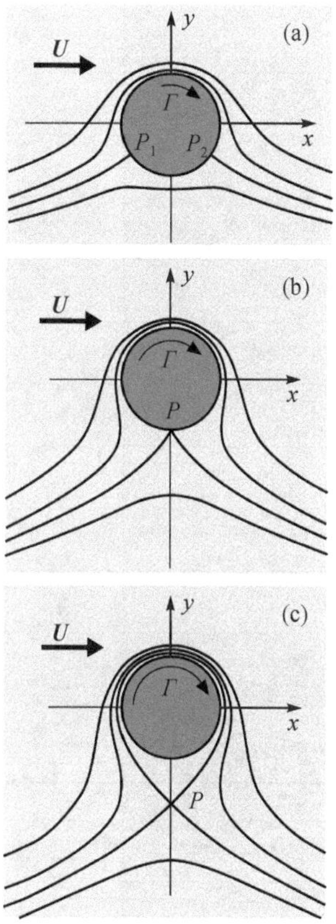

图6.6　有环量的圆柱绕流的流场中流线的形状，无穷远处流场速度均匀。图中环量定义为负。(a)$0<|\Gamma|<4\pi R|U|$；(b)$|\Gamma|=4\pi R|U|$；(c)$|\Gamma|>4\pi R|U|$

流体作用在圆柱上的力垂直于轴线，它有两个分量：沿速度$\boldsymbol{U}$方向的分量为**阻力**(drag force)；垂直于$\boldsymbol{U}$方向的分量为**升力**(lift force)。阻力和升力可通过圆柱表面的压强场$p(r=R,\varphi)$计算。由于此处为势流问题，压强可通过在全场适用的伯努利方程(5.36)计算。若以无穷远处的点为参考点(压强为p_0、速度为$\boldsymbol{U}$)，则有

$$p(r=R,\varphi)+\frac{1}{2}\rho v_\varphi^2(r=R,\varphi) = p_0+\frac{1}{2}\rho U^2$$

求解可得

$$p = p_0 + \frac{1}{2}\rho U^2\left(1-\left[-2\sin\varphi+\frac{\Gamma}{2\pi RU}\right]^2\right)$$

进一步通过积分可得到作用于圆柱体单位长度的升力，即总压力在 y 方向的分量 F_L：

$$F_L = -\int_{圆柱表面} p\sin\varphi\, R\,\mathrm{d}\varphi$$

引入 p 的表达式，可知积分中唯一的非零项为包含 $\sin\varphi$ 的项，于是有

$$F_L = -\int_0^{2\pi} \frac{\rho U\Gamma}{\pi}\sin^2\varphi\,\mathrm{d}\varphi = -\rho U\Gamma \tag{6.21}$$

对于图 6.6 所示的情况，F_L 指向 y 轴正方向。升力也称**马格努斯力**(Magnus force)，我们将在 6.3.1 节中(方程(6.43)和(6.44))进行更一般性的推导。

此外，总压力在 x 方向的分量为零，即阻力 $F_D=0$。这是因为流场关于 y 轴对称，于是压强场也对称。由于这种对称性，总压力在 x 方向的分量整体抵消。我们可以证明，该结果对理想流体绕流物体的定常流动都成立。在这类流动中得到零阻力效应是因为没有考虑流动黏性耗散机制的影响。

均匀来流的绕球流动

我们接下来讨论速度为 $\boldsymbol{U}$ 的均匀流的绕球流动，球心位于坐标原点，半径为 R(图 6.7)。同样地，我们可类比于静电场，按照上文处理圆柱绕流的思路来求取绕球流动的速度场。通过叠加均匀流的速度势(方程(6.8a))和偶极子速度势(方程(6.15a))，我们可得圆球绕流问题在极坐标系下的速度势：

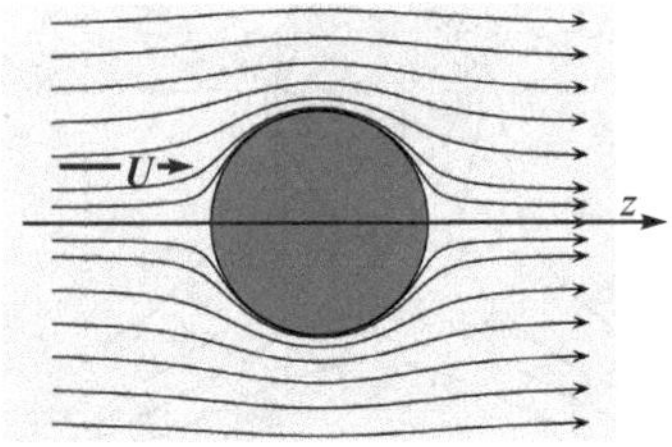

图 6.7 均匀势流中圆球绕流的流线

$$\Phi = Ur\cos\theta - \frac{p\cos\theta}{4\pi r^2} = \left(Ur - \frac{p}{4\pi r^2}\right)\cos\theta \tag{6.22}$$

进一步可求得三个速度分量为

$$v_r = \frac{\partial\Phi}{\partial r} = \left(U + \frac{p}{2\pi r^3}\right)\cos\theta \tag{6.23a}$$

$$v_\theta = \frac{1}{r}\frac{\partial\Phi}{\partial\theta} = -\left(U - \frac{p}{4\pi r^3}\right)\sin\theta \tag{6.23b}$$

$$v_\varphi = 0 \tag{6.23c}$$

如前所述，偶极矩 p 可以由球面处的边界条件确定：

$$v_r(r=R) = \left(U + \frac{p}{2\pi R^3}\right)\cos\theta = 0$$

求解可得

$$\boldsymbol{p} = -2\pi \boldsymbol{U} R^3 \tag{6.24a}$$

$$\Phi = Ur\cos\theta\left(1 + \frac{R^3}{2r^3}\right) \tag{6.24b}$$

由速度势函数 Φ 的形式可知，无限远处流场速度为 $\boldsymbol{U}$ 的边界条件得以满足(偶极子的贡献在无限远处将消失)。于是可得

速度场：

$$v_r = U\left(1-\frac{R^3}{r^3}\right)\cos\theta \tag{6.25a}$$

$$v_\theta = -U\left(1+\frac{R^3}{2r^3}\right)\sin\theta \tag{6.25b}$$

$$v_\varphi = 0 \tag{6.25c}$$

对以下速度势积分可得流场的流函数和流线（参见方程(3.52)）：

$$\frac{\partial\Psi}{\partial\theta} = (r^2\sin\theta)v_r = U\left(r^2-\frac{R^3}{r}\right)\sin\theta\cos\theta \tag{6.26a}$$

$$\frac{\partial\Psi}{\partial r} = -(r\sin\theta)v_\theta = U\left(r+\frac{R^3}{2r^2}\right)\sin^2\theta \tag{6.26b}$$

积分结果为

$$\Psi = \frac{U}{2}\left(r^2-\frac{R^3}{r}\right)\sin^2\theta \tag{6.27}$$

图 6.7 所示为流场的流线分布。流函数 $\Psi=0$ 代表球体表面($r=R$)以及其对称轴($\theta=0$ 和 $\theta=\pi$)的组合。我们注意到：在距离球心较远处，速度 $\boldsymbol{U}$ 随着 r 的增加以 $1/r^3$ 的速率衰减。

在第 9.4.1 节，我们将讨论黏性力占主导时（与本例相反）绕圆球的低雷诺数流动问题；在那种情况下，速度衰减的速率为 $1/r$，比此处讨论的势流要慢得多。

兰金固体

流体绕流**兰金固体**(Rankine solid)的流场可通过均匀流和点源叠加得到（图 6.8）。兰金固体具有轴对称特性，对称轴沿着未被扰动的均匀来流方向。

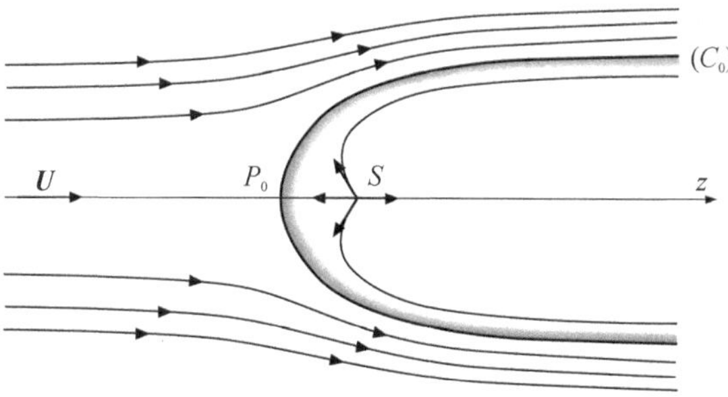

图 6.8　轴对称形状固体的绕流流动可通过均匀流和位于 S 处的点源叠加得到，这种流场中的固体称为兰金固体

流场的速度势 Φ 和流函数 Ψ 均可由均匀流（方程(6.8)）以及位于原点的点源（方程(6.11)）叠加得到

$$\Phi = \Phi_{均匀流} + \Phi_{点源}$$

$$\Psi = \Psi_{均匀流} + \Psi_{点源}$$

在球坐标下，Φ 和 Ψ 的形式分别如下：

$$\Phi = Ur\cos\theta - \frac{Q}{4\pi r} \tag{6.28a}$$

$$\Psi = U\frac{r^2}{2}\sin^2\theta - \frac{Q}{4\pi}\cos\theta \tag{6.28b}$$

由势函数可求得速度分量：

$$v_r = \frac{\partial\Phi}{\partial r} = U\cos\theta + \frac{Q}{4\pi r^2} \tag{6.29a}$$

$$v_\theta = \frac{1}{r}\frac{\partial\Phi}{\partial\theta} = -U\sin\theta \tag{6.29b}$$

$$v_\varphi = 0 \tag{6.29c}$$

在 x 轴上存在一个滞止点 P_0（位于 $\theta=0$ 或 π 处，具体取决于 Q 相对于 $\boldsymbol{U}$ 的取值的正负号），其径向位置为

$$r = r_0 = \sqrt{\frac{|Q|}{4\pi|U|}} \tag{6.30}$$

流线是围绕 z 轴旋转的回转曲面。更准确来讲，每条流线都是其中的一个回转曲面与过 z 轴的平面的交线（平面由 z 轴和给定的方位角 φ 确定），其数学表达如下：

$$U\frac{r^2}{2}\sin^2\theta - \frac{Q}{4\pi}\cos\theta = \Psi = 常数 \tag{6.31}$$

在图 6.8 所示的平面上，过滞止点 P_0 的流线（$\mathcal{C}_0$）的流函数值 Ψ_0 为

$$\Psi_0 = \Psi(r=r_0, \theta=\pi) = \frac{Q}{4\pi}$$

其中点 P_0 由 $r=r_0$ 和 $\theta=\pi$ 所确定。将上述取值代入方程(6.31)，即可得到流线（$\mathcal{C}_0$）的方程：

$$r^2 = \frac{Q}{2\pi U}\frac{1+\cos\theta}{\sin^2\theta} \tag{6.32}$$

该流线由两部分组成：一部分位于 z 轴（$\theta=0$ 或 π），另一部分的流线将流场分成两个区域，它们中的流线分别隶属于两个基本流动（均匀流动和点源诱导的流动）。我们可使用固体障碍物来替代流线（$\mathcal{C}_0$）任一侧的流场，而不改变另一侧保留下的流动。

注：方程(6.32)描述的物体是兰金固体的一个特例。更一般的情况可通过均匀流动与流量相等的点源和点汇叠加而得到。固体的形状会随点源与点汇间距的变化而改变。源与汇的距离趋近为零的情况对应上文讨论的圆球绕流流动。当源与汇的距离趋近无穷大时（例如，点汇位于无穷远处），我们会回到此处讨论的半无限大固体的特殊情况。因此，我们可认为点汇是对均匀流动的一个附加效应

点汇和点涡

以下我们来讨论流量为 $-Q(Q>0)$ 的点汇和环量为 Γ 的点涡叠加形成的二维流动，且点汇和点涡均位于坐标原点。叠加所得的流场近似于通过中心孔（点汇）排空的圆柱形容器内流体的情况，同时，外围流体会从周边流入使得流体保持涡流运动。我们在此处的讨论仅限于二维模型，所以并不能描述上述排空流动的特征，仅相当于三维容器排空流动退化到

二维的情况。一般来说，这种情况可见于容器的中心位置。类似地，流场的速度势和流函数可通过叠加得到

$$\Phi = \Phi_{点汇} + \Phi_{点涡} \quad 和 \quad \Psi = \Psi_{点汇} + \Psi_{点涡}$$

在柱坐标下，速度势和流函数分别为(参见方程(6.9)和(6.10))：

$$\Phi = -\frac{Q}{2\pi}\log\frac{r}{r_0} + \frac{\Gamma}{2\pi}\varphi \tag{6.33}$$

$$\Psi = -\frac{Q}{2\pi}\varphi - \frac{\Gamma}{2\pi}\log\frac{r}{r_0} \tag{6.34}$$

我们可进一步求得速度分量：

$$v_r = \frac{\partial\Phi}{\partial r} = -\frac{Q}{2\pi r} \tag{6.35a}$$

$$v_\varphi = \frac{1}{r}\frac{\partial\Phi}{\partial\varphi} = -\frac{\Gamma}{2\pi r} \tag{6.35b}$$

对速度场积分，可得到柱坐标下的流线方程：

$$\Psi = 常数 = K - \frac{Q}{2\pi}\varphi - \frac{\Gamma}{2\pi}\log\frac{r}{r_0} \tag{6.36a}$$

$$r = r_1\,\mathrm{e}^{-\left(\frac{Q}{\Gamma}\right)\varphi} \tag{6.36b}$$

显然，流线为对数螺旋线(图 6.9)，系数 r_1 为特定流线的系数。这种对数螺旋变化特征对应于逐渐靠近点汇的流体质点的轨迹。速度矢量 $\boldsymbol{v}$ 与半径矢量 $\boldsymbol{r}$ 的夹角 ψ 始终保持恒定，可由下式给出：

$$\tan\psi = \frac{v_\varphi}{v_r} = -\frac{\Gamma}{Q}$$

若 $\Gamma=0$(仅存在点汇)，该角度为零(速度沿着径向的流线)；若 $Q=0$，该角度为 $\pi/2$(仅存在点涡)。

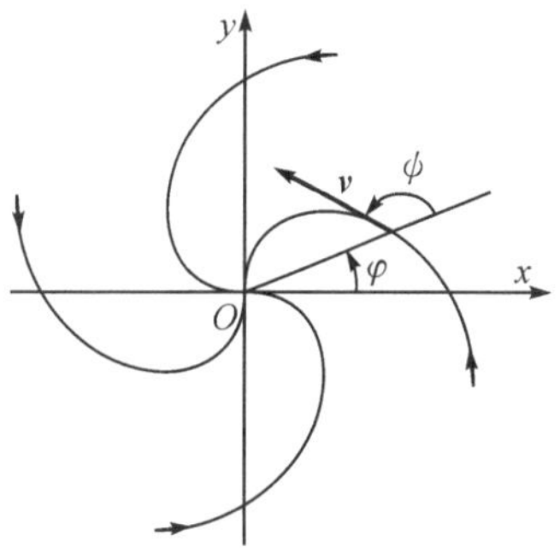

图 6.9　位于原点的点汇和点涡叠加形成流场的流线。我们定义图中点涡环量方向为正

6.3　势流中物体的受力

我们接下来讨论势流绕流任意形状的物体时流体对物体的作用力。本节采用的分析方法已在第 6.2.3 节有所提及：对速度势进行多极展开(展开项也须为拉普拉斯方程的解)。同时，必须保证物体表面法向速度分量与物体壁面速度相等(对于静止物体，法向速度分量为零)。在远离物体处，我们仅考虑展开式中首个非零项的贡献，直到最低阶项 $1/r$；也就是说，计算速度场时，我们仅考虑以最慢的速度趋近于零的项的贡献。

在满足偶极近似的前提下，从动量方程出发，我们可借助远离物体的速度场来确定流体在物体上的作用力。对于二维情况，我们还要考虑存在非零环量的可能性，这与第 6.2.2 节中讨论的速度势不唯一的情况有关。

6.3.1 二维流动

速度势

圆柱和无限长翼型横截面是二维物体的典型例子。我们假定物体的空间位置固定(例如在风速为 $\boldsymbol{U}$ 的风洞中的情况),远离物体处流场均匀且垂直于圆柱体的 z 轴。我们同时“先验地”假定物体周围存在大小有限的环量 $|\Gamma|$,此处我们不考虑环量可能的来源(这一点将在 7.5.2 节中讨论)。

在远离物体的距离 r 处(即 r 远大于物体在 $x-y$ 平面的特征尺寸),速度场可表示为如下形式:

$$\boldsymbol{v}(\boldsymbol{r})=\boldsymbol{U}+\nabla\Phi_1(\boldsymbol{r})+\nabla\Phi_2(\boldsymbol{r})=\boldsymbol{U}+\boldsymbol{v}_1+\boldsymbol{v}_2 \quad (6.37)$$

- $\nabla\Phi_1(\boldsymbol{r})$表征绕物体周围环量对速度场的影响,其中 $\Phi_1(\boldsymbol{r})=(\Gamma/2\pi)\varphi+$常数(参见方程(6.9a))。前两项的和表示速度为 $\boldsymbol{U}$ 的均匀流和点涡叠加所得的速度场。
- $\Phi_2(\boldsymbol{r})$表征物体的形状和横向尺寸(在 $x-y$ 平面内)对速度势的影响。我们可将 $\Phi_2(\boldsymbol{r})$写为多极展开的形式(包括简单的点源、偶极子、四极子等)。通常情况下,流动中不包含点源,所以多级展开式中首个非零项为偶极子,由方程(6.13)可知

$$\Phi_2=\frac{\boldsymbol{A}\cdot\boldsymbol{r}}{r^2} \quad (6.38)$$

其中 $\boldsymbol{A}$ 为偶极子的偶极矩矢量。若绕流物体为圆柱,方程(6.38)即为问题的精确解(见 6.2.4 节,例(i))。若绕流任意形状的物体,该方程仅代表距物体较远处起主导作用的校正项。显然,该项对速度势的校正随着距离 r 的增大以 $1/r$ 的趋势减小。那么,对速度的校正则以 $1/r^2$ 的趋势减小。以下我们将证明,上述的展开式足以准确分析流体对物体的作用力。

二维物体的阻力和升力

现在我们计算流体作用于物体上的升力($\boldsymbol{F}_{\mathrm{L}}$)和阻力($\boldsymbol{F}_{\mathrm{D}}$),它们分别正交和平行于流动方向。为此,我们首先在流场中选取一个包围物体的圆柱面,其轴线为单位长度且沿 z 轴方向,在 $x-y$ 平面内的半径为 r,并且 r 相对于物体的尺寸来说足够大(图 6.10(a)),然后通过考虑 x 和 y 方向的动量守恒(方程(5.10))来计算受力。如此处理可避免在求解压力场时沿物体表面进行积分。接下来的分析将表明:升力 $\boldsymbol{F}_{\mathrm{L}}$的计算并不直接关联于物体在图示平面内的横截面的准确形状。

这是因为升力 $\boldsymbol{F}_{\mathrm{L}}$ 的计算只需要速度势多极展开中的主导项 Φ_1。

根据方程(5.10)的动量守恒定律，我们来计算半径为 r、表面积为$\mathcal{S}$的圆柱形单元所受的升力和阻力。圆柱的轴线垂直于图 6.10(a)所在平面，且在该方向取单位长度。考虑到理想流体的势流流动，我们可忽略黏性应力张量 σ'_{ij} 的影响。于是可得

$$-\iint_{\mathcal{S}}(\rho v_x(\boldsymbol{v}\cdot\boldsymbol{n})+p n_x)\,\mathrm{d}S+(-F_{\mathrm{D}})=0 \tag{6.39a}$$

$$-\iint_{\mathcal{S}}(\rho v_y(\boldsymbol{v}\cdot\boldsymbol{n})+p n_y)\,\mathrm{d}S+(-F_{\mathrm{L}})=0 \tag{6.39b}$$

以上方程中，$\boldsymbol{n}=[\cos\varphi,\sin\varphi,0]$ 为圆柱面微元 $\mathrm{d}S=r\mathrm{d}\varphi$ 的法向单位向量。F_{D} 和 F_{L}分别为沿 z 轴的单位长度圆柱面上的阻力和升力，它们被认为是一种特殊的虚拟体积力：必须由观察者或外部机制施加，用来平衡流体对物体施加的提升和拖拽效应以保证物体处于固定的位置。将压力项和惯性项进一步分离，可得

$$F_{\mathrm{D}}=-\int_0^{2\pi}\rho(v_x^2\cos\varphi+v_xv_y\sin\varphi)r\mathrm{d}\varphi-\int_0^{2\pi}(p\cos\varphi)r\mathrm{d}\varphi \tag{6.40a}$$

$$F_{\mathrm{L}}=-\int_0^{2\pi}\rho(v_xv_y\cos\varphi+v_y^2\sin\varphi)r\mathrm{d}\varphi-\int_0^{2\pi}(p\sin\varphi)r\mathrm{d}\varphi \tag{6.40b}$$

利用方程(6.37)速度 $\boldsymbol{v}(\boldsymbol{r})$ 的展开式，并在计算压强之后舍弃可被忽略的项，方程(6.40a)和(6.40b)最终可被改写如下：

$$F_{\mathrm{D}}=\int_0^{2\pi}\rho[-Uv_{1x}\cos\varphi-Uv_{1y}\sin\varphi]r\mathrm{d}\varphi \tag{6.41a}$$

$$F_{\mathrm{L}}=\int_0^{2\pi}\rho[-Uv_{1y}\cos\varphi+Uv_{1x}\sin\varphi]r\mathrm{d}\varphi \tag{6.41b}$$

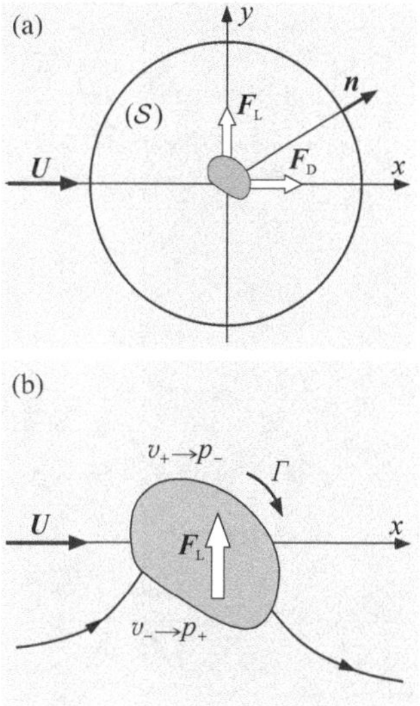

图 6.10　当围绕柱形物体的速度环量大小有限时，升力 $\boldsymbol{F}_{\mathrm{L}}$ 和阻力 $\boldsymbol{F}_{\mathrm{D}}$的计算示意图。柱形物体的轴线方向与均匀来流方向垂直。(a)($\mathcal{S}$)是考虑动量守恒的圆柱面；(b)根据环量 Γ 的方向和伯努利方程判断升力 $\boldsymbol{F}_{\mathrm{L}}$的方向

证明：我们首先使用$\boldsymbol{U}+\boldsymbol{v}_1+\boldsymbol{v}_2$ 替换方程(6.40a)和(6.40b)中的 $\boldsymbol{v}$。包含 $\boldsymbol{v}_2$ 的项以 $1/r^2$ 的趋势减小(如果这些项含有 $\boldsymbol{v}_2$ 的乘积或者平方，则减小趋势更快)。乘以 r 之后，积分项内仍然含有 $1/r$，它们的取值会在距离物体较远处趋近于零。压力场可由伯努利方程给出。由于流动为势流，所以伯努利方程对全流场适用：

$$p+\frac{1}{2}\rho v^2=p_0+\frac{1}{2}\rho U^2$$

其中 p_0 是距离物体较远处的压强，且距离足够大以保证$|\boldsymbol{v}|=|U|$成立。利用速度场 $\boldsymbol{v}(\boldsymbol{r})$的展开式，并忽略 $\boldsymbol{v}_2$ 带来的影响，可得：

$$p = p_0 + \frac{1}{2}\rho U^2 - \frac{1}{2}\rho(\boldsymbol{U} + \boldsymbol{v}_1 + \boldsymbol{v}_2)^2 = p_0 - \rho U v_{1x} - \frac{1}{2}\rho v_1^2$$

因此方程(6.40a)和(6.40b)可改写为

$$F_D = -\int_0^{2\pi} \rho[(U + v_{1x})^2 \cos\varphi + (U + v_{1x}) v_{1y} \sin\varphi] r\mathrm{d}\varphi + \int_0^{2\pi} \rho\left[U v_{1x} + \frac{1}{2} v_1^2\right] r\cos\varphi \mathrm{d}\varphi$$

$$F_L = -\int_0^{2\pi} \rho[(U + v_{1x}) v_{1y} \cos\varphi + v_{1y}^2 \sin\varphi] r\mathrm{d}\varphi + \int_0^{2\pi} \rho\left[U v_{1x} + \frac{1}{2} v_1^2\right] r\sin\varphi \mathrm{d}\varphi$$

由于 $\cos\varphi$ 和 $\sin\varphi$ 在 $[0,2\pi]$ 上的积分等于零，因此与常数 p_0 相关的项的积分为零。由于 $\boldsymbol{v}_1$ 以 $1/r$ 的形式变化，诸如 $v_{1x}v_{1y}$，v_{1y}^2 或 v_{1x}^2 这些项都可以忽略，这是因为它们都以 $1/r$ 的形式或是更快的速率减小。只有 $-\rho U v_{1x}$ 和 $-\rho U v_{1y}$ 这些项在距离比较远时对积分有贡献。由此可得方程(6.41a)和(6.41b)。

阻力的表达式(6.41a)可进一步改写如下：

$$F_D = -\rho U \int_0^{2\pi} (\boldsymbol{v}_1 \cdot \boldsymbol{n}) r\mathrm{d}\varphi = -\rho U \int_0^{2\pi} (\boldsymbol{v}_1 \cdot \boldsymbol{n}) \mathrm{d}S = 0 \tag{6.42}$$

其中 $\boldsymbol{n}$ 为积分面的单位法向向量，分量为 $\cos\varphi$ 和 $\sin\varphi$。于是，阻力 F_D 与速度场 $\boldsymbol{v}_1$ 通过表面$(\mathcal{S})$的通量成比例，且 F_D 为零(即，流场为涡流型速度场，而并非点源型)。

在第 6.3.2 节中，我们将会看到作用在三维物体上的阻力依然为零。这是理想流体定常势流条件下缺乏能量耗散所导致的。

升力 $\boldsymbol{F}_L$ 的表达式可进一步改写为

$$F_L = -\rho U \int_{\mathcal{C}} (v_{1x}\mathrm{d}x + v_{1y}\mathrm{d}y) = -\rho U \int_{\mathcal{C}} \boldsymbol{v} \cdot \mathrm{d}\boldsymbol{l} = -\rho U \Gamma \tag{6.43}$$

其中积分曲线$(\mathcal{C})$为圆柱面$(\mathcal{S})$与图 6.10(a)所在平面的交线。显然，仅有围绕物体的速度环量诱导的速度势 $\Phi_1 = \Gamma\varphi/2\pi$ 对升力 $\boldsymbol{F}_L$ 有贡献，升力 $\boldsymbol{F}_L$ 亦称为**马格努斯力**(Magnus force)。通过引入平行于 z 轴的环量矢量 $\boldsymbol{\Gamma}$，马格努斯力可通过矢量的形式表示。若环量 $\boldsymbol{\Gamma}$ 旋转方向如图 6.10(b)所示，那么环量的方向平行于 z 轴，同时垂直于图 6.10(b)所在平面并指向内，否则环量方向垂直于平面并指向外(待下一章我们讨论环量和涡量的联系之后，这种表示方法的含义会更加清晰)。于

注：此处对图 6.11 的解释对实际流动来说并不是很严格。首先，我们讨论的对象并不是二维的，与假设相反，实际流场中的物体都具有三个维度。其次，我们发现无论如何选择做积分的曲线$(\mathcal{C})$，都存在一个锚定在$(\mathcal{C})$上的面$(\mathcal{S})$完全包含于流体中。速度 $\boldsymbol{v}$ 沿着曲线$(\mathcal{C})$的环量等于面$(\mathcal{S})$上速度 $\boldsymbol{v}$ 的通量 $\nabla\times\boldsymbol{v}$。对势流而言，这一项消失(正如马格努斯力等于零)。若球体在实际的黏性流体中做旋转运动，靠近壁面处流体的黏性阻力会导致环量和非零马格努斯升力的出现。同样地，理想流体势流中的有限长机翼周围的环量 Γ 也为零：我们将在第 7.5.2 节中看到(图 7.27 至 7.29)，为了保证环量 Γ 不为零，流场中必须存在一个环量为 Γ 的点涡，该点涡产生于翼尖。

是，升力可表示为

$$\boldsymbol{F}_{\mathrm{L}} = \rho \boldsymbol{U} \times \boldsymbol{\Gamma} \tag{6.44}$$

如图 6.10(b)所示，在物体顶端和底端取两个点，我们可利用伯努利方程来确定力 $\boldsymbol{F}_{\mathrm{L}}$ 的方向。对于图 6.10(b)所示的环量方向，物体上方点的速度 v_+ 的绝对值高于物体下方点的速度 v_- 的绝对值。因此，物体上方压强 p_- 小于其下方压强 p_+，从而诱导了方向向上的升力。

实际流动中的马格努斯力

飞机可以在空中飞行就是由于马格努斯力的作用。飞行中的飞机机翼表面都有围绕其横截面的速度环量(详见第 6.6.3 节讨论)。马格努斯力也是螺旋桨(在船舶、飞机、直升机等中)推进和获得升力的基本机制。此外，棒球(或板球)运动中投球者投出球的运动轨迹也可通过马格努斯力来解释。同样地，马格努斯力也可以解释乒乓球和网球运动中的"**上旋**(topspin)"和"**切球**(slice)"(图 6.11)，以及足球中的"香蕉球"等现象。

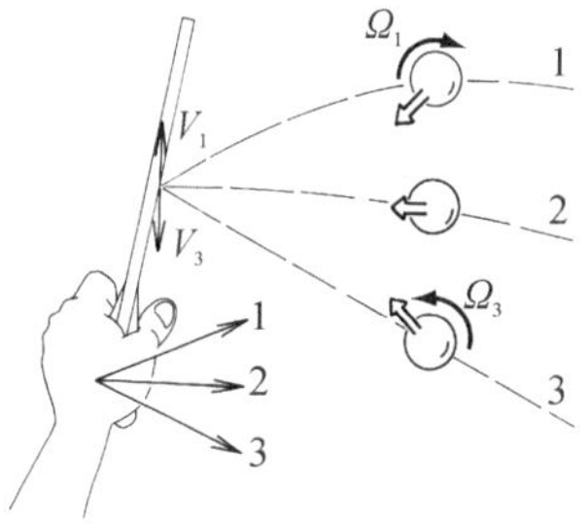

图 6.11　乒乓球运动中的空气动力学原理。当球被击中时，控球者可通过三种不同的方式控制其运动轨迹：(1)上旋球：在击球瞬间手向上移动，由于球对球拍没有相对滑动，球的边缘垂直于来球方向且以速度 V_1 向上运动，于是就会产生一个 $\Omega_1 \approx V_1/R$ 的旋转角速度(其中 R 为乒乓球半径)，进而在球上产生一个正比于 Ω_1 的升力。所以，球运动的轨迹将向下弯曲，并使得乒乓球产生更高的初始运动速度，但落球却不会超过乒乓球桌的边界。(2)直拍：这是初学者推球的正常方式。控球者不会对乒乓球运动路径的弧度产生影响。(3)切球：这是上旋球的反动作，球的旋转会产生一个向下的切向速度 V_3，并导致一个向上的升力，使球的运动轨迹更加平坦，趋于水平运动

6.3.2　附加质量效应

若尺寸有限的三维物体在无界的理想流体中相对于流体以恒定的速度运动，那么物体所受的阻力为零，这与我们在上一节讨论的二维物体的结果一样(方程(6.42))，同样反映了流场中黏性能量耗散的缺失。此外，由上节讨论可知，若流场中不存在围绕物体的速度环量，物体所受的升力也为零。

然而，当物体加速运动时，我们必须考虑不可压缩流体中由于物体位置变化排开的流体的惯性效应所引起的阻力：当物体加速运动时，其位置变化过程中排开的流体也存在加速过程。这种物体被周围流体包裹造成了惯性效应的增加，诱导了一种"假想的"质量，称之为**附加质量**(added mass)。

注：了解量子电动力学的物理学家会注意到，这种附加质量的概念可类比于裸粒子的质量或电荷与相互作用产生的质量或电荷之间的差异。

以下我们将首先计算物体运动所排开的流体的动能，然后考虑由于物体的加速运动对周围流体产生的推动力，最后讨论流体作用在物体上的力。

三维物体周围流场的速度势和压力场

如图 6.12 所示，我们考虑一个体积为 V_0、表面积为 $\mathcal{S}_0$ 的具有任意形状的物体，它以速度 $\boldsymbol{U}$ 在流体中运动，并且距离物体足够远处的流体处于静止状态。

与二维问题的处理思路类似，我们可在距离物体为 r 的点 M 处对速度势以 $1/r$ 幂级数进行展开，其中，r 的取值与物体的最大尺寸相比较大。此处，我们再次将问题类比于静电

场中电荷分布的多极展开：$1/r$ 对应于自由电荷，$1/r^2$ 对应于偶极子等。

$$\Phi(r)=\frac{A_1}{r}+\frac{\boldsymbol{p}}{4\pi}\cdot\nabla\frac{1}{r}+O\left(\frac{1}{r^3}\right) \tag{6.45}$$

上式中第一项对应于点源。因此，物体周围半径为 R 的球面 $(\mathcal{S}_1)$ 的速度场的通量为

$$\iint_{\mathcal{S}_1}\boldsymbol{v}\cdot\boldsymbol{n}\,\mathrm{d}S=\frac{A_1}{R^2}4\pi R^2=4\pi A_1$$

由于本例讨论的是无源流场，因此 $A_1=0$。方程(6.45)中的第二项为偶极子的势函数(方程(6.15))。由叠加原理可知，偶极矩 $\boldsymbol{p}$ 和速度 $\boldsymbol{U}$ 的分量遵循线性关系，可表示为

$$p_i=\alpha_{ij}U_j \tag{6.46}$$

其中 j 为哑指标，表示加和；α_{ij} 是物体的形状张量 $[\boldsymbol{\alpha}]$ 的分量。对于球面，方程(6.46)具有如下形式：

$$\boldsymbol{p}=2\pi\boldsymbol{U}R^3 \tag{6.47a}$$

即

$$\alpha_{ij}=2\pi R\,\delta_{ij} \tag{6.47b}$$

证明：该关系可由方程(6.24a)推导而来，具体可通过改变偶极矩 $\boldsymbol{p}$ 的正负号得到；球体以速度 $\boldsymbol{U}$ 在流体中运动所诱导的流场可等价于球体静止而流体以速度 $-\boldsymbol{U}$ 相对于球体运动的流场。

流体的动能

以下我们来计算物体周围半径为 R 的球面 $(\mathcal{S}_1)$ 所包围流体的动能 E_k（图 6.12），球面内流体体积为 $(\mathcal{V}_1)$。为计算流体的动能，我们可做如下形式的展开：

$$\begin{aligned}E_k&=\frac{\rho}{2}\iiint_{\mathcal{V}_1}\boldsymbol{v}^2\,\mathrm{d}V\\&=\frac{\rho}{2}\iiint_{\mathcal{V}_1}\boldsymbol{U}^2\,\mathrm{d}V+\frac{\rho}{2}\iiint_{\mathcal{V}_1}(\boldsymbol{v}-\boldsymbol{U})(\boldsymbol{v}+\boldsymbol{U})\,\mathrm{d}V\\&=\frac{\rho}{2}(I_1+I_2)\end{aligned} \tag{6.48}$$

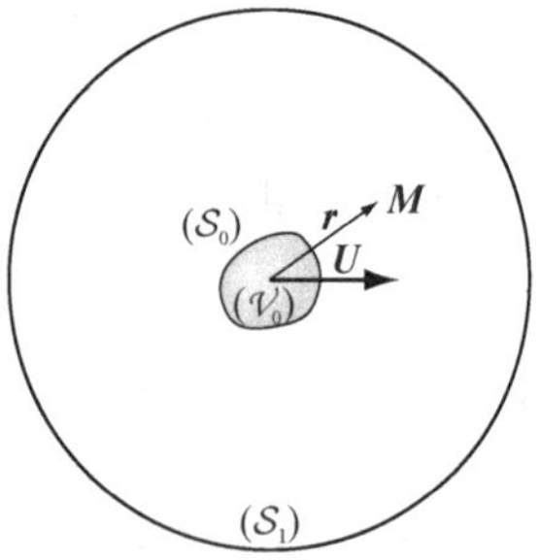

图 6.12 大小有限形状任意的物体以速度 U 在静止流体中运动，离物体足够远的流动处于静止状态。我们取围绕物体且半径 R 足够大的虚拟球面 $(\mathcal{S}_1)$ 来计算流体的动能

由此可得（见下文证明）

$$E_k=\frac{\rho}{2}(I_1+I_2)=\frac{\rho}{2}[\boldsymbol{p}\cdot\boldsymbol{U}-V_0U^2] \tag{6.49}$$

根据方程(6.46)，$\boldsymbol{p}$ 随 U 为线性变化关系，因此流体的总动能 E_k 依赖于速度 U 的平方。于是我们可得

$$E_k=\frac{\rho}{2}(\alpha_{ij}U_iU_j-V_0U_iU_i) \tag{6.50}$$

证明:首先,我们有

$$I_1 = U^2\left[\frac{4}{3}\pi R^3 - V_0\right] \tag{6.51}$$

为估算 I_2,从下边的矢量关系出发

$$\nabla\cdot(f\boldsymbol{v}) = (\boldsymbol{v}\cdot\nabla)f + f\,\nabla\cdot\boldsymbol{v}$$

令 $f=\Phi+\boldsymbol{U}\cdot\boldsymbol{r}$,并结合不可压条件$\nabla\cdot\boldsymbol{v}=0$,可得

$$(\boldsymbol{v}-\boldsymbol{U})(\boldsymbol{v}+\boldsymbol{U}) = \nabla\cdot[(\boldsymbol{v}-\boldsymbol{U})(\Phi+\boldsymbol{U}\cdot\boldsymbol{r})]$$

因此,体积分 I_2 可转化为两个面积分之和,一个在物体表面($\mathcal{S}_0$)上,另一个在半径为 R 的球面($\mathcal{S}_1$)上,其中 R 远大于物体的尺寸。于是有

$$I_2 = \iint_{\mathcal{S}_0}[(\boldsymbol{v}-\boldsymbol{U})(\boldsymbol{\Phi}+\boldsymbol{U}\cdot\boldsymbol{r})]\cdot\boldsymbol{n}\,\mathrm{d}S + \iint_{\mathcal{S}_1}[(\boldsymbol{v}-\boldsymbol{U})(\boldsymbol{\Phi}+\boldsymbol{U}\cdot\boldsymbol{r})]\cdot\boldsymbol{n}\,\mathrm{d}S$$

由于在物体的表面有$(\boldsymbol{v}-\boldsymbol{U})\cdot\boldsymbol{n}=0$,因此上述方程右端第一项积分为零。若将方程右端第二项积分展开,可得

$$I_2 = \iint_{\mathcal{S}_1}[\Phi\boldsymbol{v} - \Phi\boldsymbol{U} + (\boldsymbol{U}\cdot\boldsymbol{r})\boldsymbol{v} - (\boldsymbol{U}\cdot\boldsymbol{r})\boldsymbol{U}]\cdot\boldsymbol{n}\,\mathrm{d}S \tag{6.52}$$

上式积分中第一项的阶数为$(1/R^5)$,于是该项的面积分在 R 趋于无穷大时为零。偶极流的势函数 $\Phi=-(\boldsymbol{p}\cdot\boldsymbol{n})/(4\pi r^2)$(方程(6.15a))诱导的速度场为

$$\boldsymbol{v} = -\frac{\boldsymbol{p}}{4\pi r^3} + 3\left(\frac{\boldsymbol{p}\cdot\boldsymbol{n}}{4\pi r^3}\right)\boldsymbol{n}$$

其中 $\boldsymbol{n}=\boldsymbol{r}/r$。我们将上述有关 $\boldsymbol{v}$ 和 $\boldsymbol{r}$ 的表达代入方程(6.52),即可估算出最后三项的值,进一步可将 I_2 改写为如下形式:

$$I_2 = \iint_{\mathcal{S}_1}[(\boldsymbol{U}\cdot\boldsymbol{n})(3\boldsymbol{p}\cdot\boldsymbol{n}) - 4\pi(\boldsymbol{U}\cdot\boldsymbol{n})^2R^3]\frac{\mathrm{d}\Omega}{4\pi}$$

其中 $\mathrm{d}\Omega$ 是半径为 R 的球面($\mathcal{S}_1$)上的面元 $\mathrm{d}S$ 对应的立体角($\mathrm{d}S=R^2\mathrm{d}\Omega$)。为了计算 I_2,我们可借助以下对任意常矢量 $\boldsymbol{A}$ 和 $\boldsymbol{B}$ 都适用的运算关系:

$$\int(\boldsymbol{A}\cdot\boldsymbol{n})(\boldsymbol{B}\cdot\boldsymbol{n})\mathrm{d}\Omega = A_iB_j\int n_in_j\,\mathrm{d}\Omega = \frac{4\pi}{3}A_iB_j\delta_{ij} = \frac{4\pi}{3}\boldsymbol{A}\cdot\boldsymbol{B}$$

于是可得

$$I_2 = \boldsymbol{p}\cdot\boldsymbol{U} - \frac{4\pi}{3}U^2R^3 \tag{6.53}$$

进一步,将方程(6.51)和(6.53)代入方程(6.48),可得方程(6.49)。

冲量

以下我们使用 $\boldsymbol{P}$ 来表示物体运动排开的流体的动量(注意勿将动量 $\boldsymbol{P}$ 与偶极矩 $\boldsymbol{p}$ 混淆)。若物体速度 $\boldsymbol{U}$ 的变化量为 $\delta\boldsymbol{U}$,那么我们可建立流体运动过程中动能的变化量与 $\boldsymbol{P}$ 的关系:

$$\delta E_k = \boldsymbol{P} \cdot \delta\boldsymbol{U} \tag{6.54}$$

如果我们使用方程(6.50)来计算物体的动能,并假设 $\alpha_{ij} = \alpha_{ji}$(对表达式进行对称性处理来实现),最终可得

$$\delta E_k = \frac{\rho}{2}(\alpha_{ij} 2U_j \delta U_i - 2V_0 U_i \delta U_i) = \rho [\alpha_{ij} U_j - V_0 U_i] \delta U_i$$

若将上式与方程(6.54)和方程(6.46)对比,可得

$$\boldsymbol{P} = \rho\boldsymbol{p} - \rho V_0 \boldsymbol{U} \tag{6.55}$$

这两项的物理意义如下:设想移除流场中的物体并采用偶极矩 $\boldsymbol{p}$ 的偶极子来替代,那么在界面($\mathcal{S}_1$)处所形成的速度场将是相同的。显然,动量 $\rho\boldsymbol{p}$ 与偶极子本身相关,而 $\rho V_0 \boldsymbol{U}$ 则是由于物体运动而导致的附加动量。

作用在物体上的力

从冲量的表达式(方程(6.55))出发,可得流体作用在物体上的力:

$$\boldsymbol{F} = -\frac{\mathrm{d}\boldsymbol{P}}{\mathrm{d}t} = -\rho \frac{\mathrm{d}\boldsymbol{p}}{\mathrm{d}t} + \rho V_0 \frac{\mathrm{d}\boldsymbol{U}}{\mathrm{d}t} \tag{6.56}$$

显然,若物体以恒定速度 $\boldsymbol{U}$ 运动,$\boldsymbol{p}$ 也是常数,那么合力 $\boldsymbol{F}$(升力+阻力)将为零,与前文讨论的结果一致。

球形物体的特殊情况

若运动物体是半径为 R 的球体,那么偶极矩 $\boldsymbol{p}$ 可表示为 $\boldsymbol{U}$ 的函数(方程(6.47a))。利用方程(6.49),可得流体的动能如下:

$$E_k = \frac{\pi}{3}\rho R^3 U^2 \tag{6.57a}$$

同样地,从方程(6.47)和(6.56)出发,可得合力 $\boldsymbol{F}$:

$$\boldsymbol{F} = -\frac{\rho V_0}{2}\frac{\mathrm{d}\boldsymbol{U}}{\mathrm{d}t} \tag{6.57b}$$

因此,球体若要获得加速度 $\mathrm{d}\boldsymbol{U}/\mathrm{d}t$,施加在其上的力必须增加 $-\boldsymbol{F}$,如同将球体排开的流体质量的一半添加到球体上一样(被添加的流体质量为**附加质量**)。

6.4　理想流体上的线性表面波

如果我们忽略由流体黏性引起的衰减效应，就可基于理想流体的性质来描述一类重要的问题：表面波。这类问题中会涉及到流体表面变形与其诱导的流动之间的耦合。问题的基本机理为：在波传播的过程中，一方面，重力总是倾向于将自由表面恢复到水平位置，以抵消表面与水平面的偏差；另一方面，表面张力总是倾向于削弱表面任何弯曲，使其表面积最小化。

6.4.1　涌浪、波纹和破碎波

我们首先来罗列流体表面上可能出现的各种波态。图 6.13 所示为波的传播速度 c 对波数 $k=2\pi/\lambda$ 的依赖关系。显然，该依赖关系并非单调变化，曲线上存在一个最小值 $c_{\min}$（对于水来言，$c_{\min}$ 取值为 0.23 m/s ），对应波数 k 的某个值 k_c。在下面的分析中，我们将看到 k_c 为毛细数$\ell_c=\sqrt{\gamma/\rho g}$ 的倒数（ℓ_c 的定义见第 1.4.4 节方程(1.65)）。若一列波数为 k 的波（角频率为 ω）沿着厚度为 h 的流体层传播，流体的密度为 ρ，表面张力系数为 γ，那么波的传播速度 c 可由以下方程给出：

$$c^2=\frac{g}{k}\tanh(kh)\left(1+\frac{\gamma k^2}{\rho g}\right)\tag{6.58}$$

该式将在本节末尾推导。我们可以很容易地将这个关系式推广到两种互不相溶的液体界面。在第 11.4.1 节，我们将在界面失稳的理论框架下讨论这个问题。

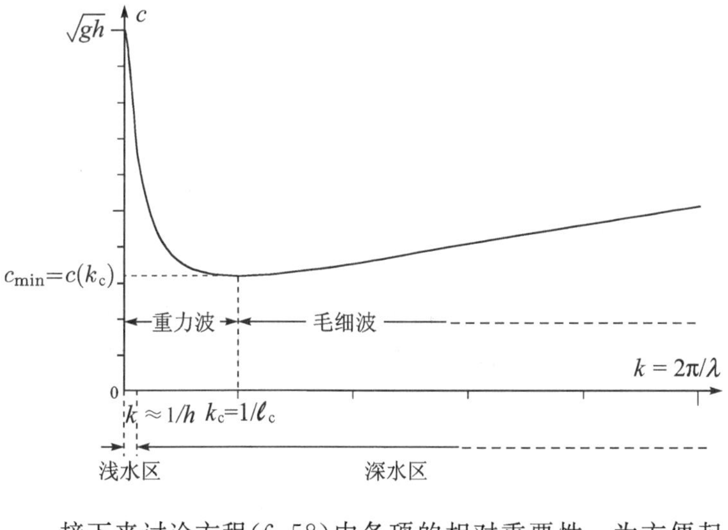

图 6.13　表面波速度随波矢 k 的变化关系，厚度为 h 的流体层大于毛细长度 ℓ_c。随着 k 值的增加，表面波从浅水波向深水波转变（对应的波矢为 $k\approx 1/h$），然后从由重力主导的重力波转变为由表面张力主导的毛细波（对应的波矢为 $k\approx k_c=1/\ell_c$）

接下来讨论方程(6.58)中各项的相对重要性。为方便起见，引入毛细长度 ℓ_c 的定义式并将方程改写如下：

$$c^2 = \frac{g}{k}\tanh(kh)(1 + k^2 \ell_c^2) \tag{6.59}$$

下面的讨论中，假设流体层厚度 h 远大于毛细长度ℓ_c(水的毛细长度约为 3 mm，足以说明这一假设的有效性)。

在方程(6.59)中，若 h 相对于波长 $\lambda = 2\pi/k$ 较大，那么 $\tanh(kh)$趋近于 1。这种情况下的表面波称之为**深水波**(deep water waves)，方程(6.59)可简化为

$$c^2 \approx \frac{g}{k}(1 + k^2 \ell_c^2) \tag{6.60}$$

- 方程(6.60)右侧第一项对应于**重力波**(gravity waves)，相较于毛细管长度ℓ_c($k\ell_c \ll 1$)其波长较大，这种情况下波的**相速度**(phase velocity)为

$$c = \sqrt{\frac{g}{k}} \tag{6.61}$$

  显然，相速度 c 随波矢 k 的增加而减小，这种波通常对应于海洋**涌浪**(swell)。

- 方程(6.60)右侧第二项则对应于波长相对于毛细长度较短($k\ell_c \ll 1$)的**毛细波**(capillary waves)，此时相速度为

$$c \approx \sqrt{gk}\,\ell_c \approx \sqrt{\frac{\gamma k}{\rho}} \tag{6.62}$$

若方程(6.60)中重力和表面张力的贡献处于同等量级，波速将出现最小值，此时对应的波长 λ_c 也与毛细长度 ℓ_c 的量级相当。因此，毛细长度是重力效应占优区域和表面张力效应占优区域的分界。

$$\lambda_c = 2\pi\,\ell_c = 2\pi\sqrt{\frac{\gamma}{\rho g}} \tag{6.63}$$

若波长 λ 与流体的深度 h 和毛细长度ℓ_c 相比较大(即 $kh \ll 1$ 且 $k\ell_c \ll 1$)，方程(6.59)可近似如下：

$$c = \sqrt{gh} \tag{6.64}$$

这种情况下的表面波称为**浅水重力波**(shallow water gravity waves)，此时波速取决于流体层的厚度。方程(6.64)为水深急剧变化时(比如在陡峭的海滩上)出现的**破碎波**(breaking waves)现象给出了解释：由于波浪的波峰处水深比其前方波谷处水深要大，因此波峰传播得更快，最终会赶上并超越前方波谷。

昆虫和表面波 生活在水面上的昆虫和其他小动物通常以不同的方式利用表面波。首先，这种波的生成以及与之相关联的动量和其他机制(涡流发射、液体界面摩擦等)具有相似的作用，昆虫可以利用这些机制在流体表面上运动。然而，波的产生都需要能量，也伴随着耗散：一些小昆虫通过产生等效的摩擦阻力来避免产生这种波，即以小于最小值 $c_m = 0.23$ m/s 的速度移动。一些昆虫还可以进一步利用波，比如豉豆虫通过自身旋转生成螺旋波，而障碍物对这些波的反射可避免它们与障碍物碰撞。

表面波频散特性(方程(6.58))的推导

我们来考虑平均深度为 h 的流体层(图 6.14),其底部界面的边界为 $y=0$。接下来从速度势 $\Phi(x,y,t)$ 出发来寻求二维波传播问题的解。一方面,假设波幅足够小,从而 $(\boldsymbol{v}\cdot\nabla)\boldsymbol{v}$ 可以被忽略;另一方面,假设界面变形后具有很小的曲率。

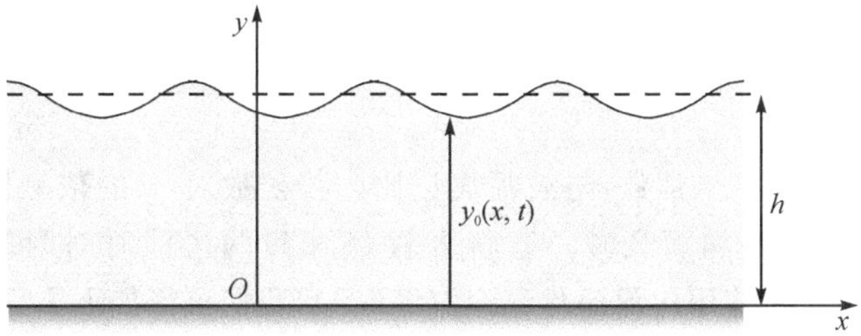

图 6.14　表面波传播的流体层的几何模型

这相当于假设 $\partial y_0(x,t)/\partial x \ll 1$,其中 $y_0(x,t)$ 表示流体表面的瞬时位置。对于这种非静止问题,伯努利方程(5.36)形式如下(记 $\varphi=gy$,忽略 $v^2/2$ 的影响):

$$\frac{\partial \Phi}{\partial t}+\frac{p}{\rho}+gy=\text{常数} \tag{6.65}$$

流体表面的压强由杨-拉普拉斯方程给出(方程(1.58),二维情况下 $R'\to\infty$):

$$p=p_0-\frac{\gamma}{R} \tag{6.66}$$

其中 p_0 是流面外部的大气压强,γ 为表面张力系数,$R\simeq(\partial^2 y/\partial x^2)^{-1}$ 是流体表面的局部曲率半径。在流体底部($y=0$ 处),垂直于壁面的速度为零,于是有

$$\left(\frac{\partial \Phi}{\partial y}\right)_{y=0}=0 \tag{6.67}$$

在界面处,流体速度的垂直分量应等于液面速度,于是可得

$$v_y(y=y_0)=\left(\frac{\partial \Phi}{\partial y}\right)_{y=y_0}=\frac{\partial y_0}{\partial t} \tag{6.68}$$

注:这个表达式的右端仅精确到一阶项,实际上存在更高阶的项,我们将在第 11.4.1 节中进一步讨论当液面非水平时,水平对流运动对液面垂直位移的影响。

我们寻求的势函数是满足上述边界条件的拉普拉斯方程 $\nabla^2\Phi=0$ 的解。通过分离变量法,我们可以求得 Φ。因此,我们假设势函数的解具有函数 $f(u)$ 和函数 $q(y)$ 相乘的形式,其中 $u=x-ct$ 表示在 x 正方向以速度 c 传播的波。因而 f 是 u 的函数,g 是垂直方向坐标 y 的函数,于是可得

$$\Phi(x,y,t)=f(u)q(y) \tag{6.69}$$

将该表达式代入拉普拉斯方程可得

$$\frac{\partial^2 f}{\partial u^2}q+f\frac{\partial^2 q}{\partial y^2}=0 \quad \text{或} \quad \frac{1}{f}\frac{\partial^2 f}{\partial u^2}=-\frac{1}{q}\frac{\partial^2 q}{\partial y^2}$$

由于方程两侧分别是独立变量 u 和 y 的函数,所以两侧必须

是常数，于是可得

$$\frac{1}{f}\frac{\partial^2 f}{\partial u^2}=-\frac{1}{q}\frac{\partial^2 q}{\partial y^2}=\text{常数}=-k^2 \qquad (6.70)$$

我们令方程(6.70)右端项的常数具有负数形式的原因是希望得到在 x 方向传播的波具有正弦函数形式的解 $e^{i(kx-\omega t)}$。结合边界条件(方程(6.67)和(6.68))，我们可得具有下述形式的势函数：

$$\Phi(x,y,t)=f(x-ct)q(y)=Ae^{i(kx-\omega t)}\cosh(ky) \qquad (6.71)$$

其中 A 是一个常数，与波幅成正比。势函数对 y 的依赖性随着深度的增加而衰减。若将方程(6.65)两边同时对时间求导，并再次使用边界条件(方程(6.68))，我们可得如下方程：

$$\left[\frac{\partial^2\Phi}{\partial t^2}+g\frac{\partial\Phi}{\partial y}-\frac{\gamma}{\rho}\frac{\partial^3\Phi}{\partial x^2\partial y}\right]_{y=y_0}=0 \qquad (6.72)$$

进一步，我们将方程(6.71)的解代入方程(6.72)，并用平均值 h 来代替 $y_0(x,t)$，最终可得

$$\omega^2=(gk+\frac{\gamma k^3}{\rho})\tanh(kh) \qquad (6.73)$$

由于相速度 $c=\omega/k$，因此上述方程可改写为方程(6.58)，即为本节初始时给出的结果。

6.4.2 行波运动中流体质点的轨迹分析

在上一节的讨论中，我们已经得到表面波的速度势(方程(6.71))：

$$\Phi(x,y,t)=Ae^{i(kx-\omega t)}\cosh(ky)$$

相应的速度场可由方程 $\boldsymbol{v}(x,y,t)=\nabla\Phi$ 求得

$$v_x(t)=\frac{\partial\Phi}{\partial x}=Aike^{i(kx-\omega t)}\cosh(ky)$$

$$v_y(t)=\frac{\partial\Phi}{\partial y}=Ake^{i(kx-\omega t)}\sinh(ky)$$

为求得位移方程，我们可将上述速度场对时间 t 积分。由于 t 仅在指数中出现，因此对其积分相当于给被积函数除以 $-i\omega$，或者乘以 i/ω。此外，我们将积分常数设为零，这相当于仅仅在相应的坐标系下研究其振荡分量。于是可得

$$\Delta x(t)=-A\frac{k}{\omega}e^{i(kx-\omega t)}\cosh(ky)$$

$$\Delta y(t)=iA\frac{k}{\omega}e^{i(kx-\omega t)}\sinh(ky)$$

为在实空间讨论位移变化，借助欧拉公式 $e^{iu}=\cos u+i\sin u$ 分离上述表达式的实部，最终得到(x,y)平面内流体质点的运动轨迹方程(时间 t 为参数)：

$$\Delta x(t)=-A\ \frac{k}{\omega}\cos(kx-\omega t)\cosh(ky)$$

$$\Delta y(t)=-A\ \frac{k}{\omega}\sin(kx-\omega t)\sinh(ky)$$

上式中，x 和 y 是每个流体质点的位置坐标，$\Delta x(t)$和 $\Delta y(t)$是 t 时刻流体质点相对于该位置的位移分量。若消去位移方程中的时间，可得关联位移分量的椭圆方程：

$$\frac{(\Delta x)^2}{\cosh^2(ky)}+\frac{(\Delta y)^2}{\sinh^2(ky)}=\frac{A^2k^2}{\omega^2} \tag{6.74}$$

- 在**深水**(deep water)中，表面波远离流场底部，$k|y|\gg 1$，可得：

  $$\cosh^2(ky)=\sinh^2(ky)=\frac{e^{2ky}}{4}$$

  因此，轨迹为圆形，其半径为 $R_t(y)=R_t(h)e^{k(y-h)}$ ($R_t(h)$是半径在流体表面的取值)。位移的幅度随深度呈指数形式减小，当深度超过几个波长时位移就可忽略不计，如图 6.15(a)所示。
- 在**浅水**(shallow water)中，整个流场都满足 $k|y|\ll 1$。因此，流体质点轨迹为长轴 $2A(k/\omega)$在 x 方向、短轴 $2A(k/\omega)ky$ 在 y 方向的椭圆。在靠近液面处，椭圆被高度拉伸；逐渐接近底部时，椭圆逐渐变为一段直线，椭圆短轴和长轴之比为 ky 的量级。如图 6.15 所示，流体质点在(水平)x 方向上的位移幅度基本保持恒定，垂直方向的幅度较小，需乘以因子 ky。因此，浅水波实际上近似等效于在整个流场中忽略 y 方向速度分量 v_y，并且认为 x 方向速度分量 v_x 不依赖于 y。

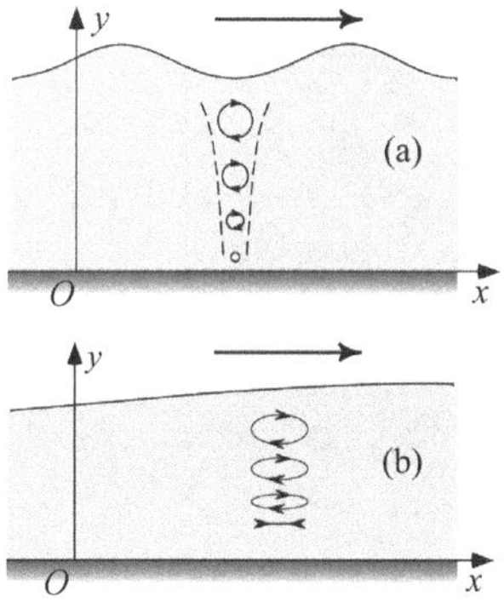

图 6.15　流体质点的轨迹。(a)深水波；(b)浅水波。水平箭头表示波的传播方向

6.4.3　孤立波

我们现在来简要讨论一下非线性波，它们的特性丰富且复杂，表面波是非线性波中最简单的例子。以下我们对表面非线性波的性质做一些半定量分析。

如图 6.16 所示，厚度为 h 的流体层的自由面上存在一个扰动的传播，其振幅为 A，且 A 的大小与 h 相比不可忽略，扰动的宽度记为 Δ。我们下面将看到：由于补偿效应的存在，这种扰动可以不变形地传播，形成所谓的**孤子**(soliton)或**孤立波**(solitary wave)。

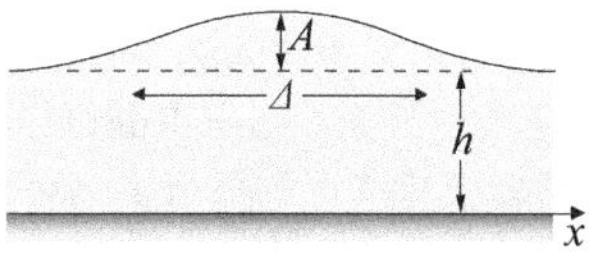

图 6.16　振幅为 A 的孤立波沿液体表面传播示意图，其振幅相对于流体层厚度 h 不可忽略。在孤立波传播的过程中其波形不会发生任何变化

现在我们来讨论对其轮廓产生影响的两种效应的竞争：

- 由于频散造成的铺展：宽度为 Δ 的扰动可当作一个波包，或者认为是频率相近的正弦波的叠加。若 kh 的取值不是很大，我们可将方程(6.58)的级数展开，利用最低阶来预测重力波的速度。如若同时忽略毛细现象的影响，我们可得

$$c(k) \approx \sqrt{gh}\left(1-\frac{k^2h^2}{6}\right) \tag{6.75}$$

由上式可知波包中波长较短的分量(k 的值较大)传播得较慢。如果波包的横向尺度为 Δ，那么其波矢数的范围大约在 $0<k<k_{\max}\approx 1/\Delta$。波数的最大值和最小值之间的速度差 δc 的数量级为

$$|\delta c| \approx \sqrt{gh}\,\frac{h^2}{\Delta^2} \tag{6.76}$$

波谱各分量之间的速度差总是会导致波包的铺展，即为经典的频散现象。

- 非线性效应会导致波前的陡峭；由于波速随着深度 h 的增加而增加，所以扰动的波峰和波谷会以其各自相应的速度传播：

$$c'=\sqrt{g(h+A)} \quad 和 \quad c=\sqrt{gh}$$

显然，波峰比波谷传播更快，从而导致波变得更加陡峭，且经常会破裂。相应的速度差的量级为

$$c'-c \approx \sqrt{\frac{g}{h}}\,\frac{A}{2} \tag{6.77}$$

当方程(6.76)和(6.77)两个速度差数量级相同时，频散和非线性效应会互相抵消。相应地，我们可得

$$\sqrt{gh}\,\frac{h^2}{\Delta^2} \approx \sqrt{\frac{g}{h}}A$$

进一步化简可得

$$A \approx \frac{h^3}{\Delta^2} \tag{6.78}$$

若频散和非线性效应可在波包的轮廓线上处处完全抵消，那么波在传播的过程中将不发生任何变形。此时，轮廓形状的数学形式可通过详细的计算得到

$$y=h+\frac{A}{\cosh^2\left(\frac{x}{\Delta}\right)} \tag{6.79a}$$

其中

$$A\Delta^2=4h^3/3 \tag{6.79b}$$

相应的传播速度为

注：孤立波的故事可追溯到 1838 年，斯科特·罗素(Scott Russell)观察到由于运河中轮船的突然停止而产生的孤立波之后，他驱马追赶，发现孤立波可在运河中传播几英里长的距离。另外，我们在第 5.4.4 节中讨论的潮汐波(传播速度较慢)也是由打头的冲击波和紧随其后的孤立波组成。

$$c=\sqrt{g(h+A)} \tag{6.79c}$$

6.4.4 自由面势流的另一个实例:泰勒气泡

图 6.17(a)所示为一个在充满水的管道(直径为 8 cm)中上升的大气泡,我们可在气泡前缘观察到稳定的准球形结构。另外,在尾迹区一般情况下会出现湍流。1950 年,泰勒通过一个简单的模型预测了气泡的上升速度 U_b,该模型假设在靠近气泡顶端的区域内的流动为势流,并且忽略了壁面效应。这也是我们选择在此讨论这个现象的原因,虽然该过程涉及的是水-空气界面的整体运动,而非波的传播。

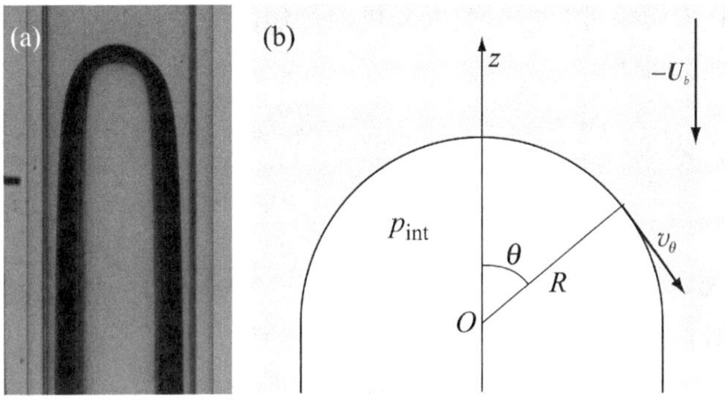

图 6.17 (a)充满水的竖直圆管中($d=8$ cm)上升的泰勒气泡的实验图;(b)泰勒气泡球形前缘周围流动的示意图(我们假设球面坐标系相对于气泡是静止的)(图片由 S. Madani、O. Caballina 和 M. Souhar 提供)

气泡的直径 $2R$ 通常与管径大小相当,且远大于毛细长度 ℓ_c。在势流的假设下,气泡的上升速度可由下式给出:

$$U_b\approx\left(\frac{2}{3}\right)\sqrt{gR}\approx 0.47\sqrt{2gR} \tag{6.80a}$$

通过实验测量直径为 d(略大于 $2R$)的管道中气泡的上升速度发现,当管径 d 较大且流体黏度较小时,上升速度由下式给出:

$$U_b\approx 0.35\sqrt{gd} \tag{6.80b}$$

对于管径较小或黏性较大的流体,由于表面张力和黏性的效应,气泡的上升速度将会有所降低。

证明:在固定于气泡上的静止参考系下,该问题等同于速度 $-U_b$ 的均匀流动绕流一个静止的气泡的运动。根据方程(6.25)可知,气泡表面处的切向速度为 $v_\theta=-(3/2)U\sin\theta$。毛细作用可忽略不计,所以气泡表面处液体中的压强与气泡中气体的压强 p_{int} 相等(p_{int} 近似为常数)。若将伯努利方程应用于在气泡前端的滞止点($\theta=0, z=R$)和气泡前端迎风面上的点($\theta<\pi/2, z=R\cos\theta$),可得

$$p_{int}+\frac{9}{8}\rho U_b^2\sin^2\theta+\rho gR\cos\theta=p_{int}+\rho gR \tag{6.81}$$

注:泰勒在他的论文指出这个结果是有效的。因为空气黏度很小,因此气泡表面黏性应力的影响可以忽略。对于与气泡具有相同几何形状的物体,其表面会出现边界层以满足壁面的无滑移边界条件。

在气泡前端的点的领域内，$\theta \ll 1$ 成立。这种情况下，可利用数学关系式 $(1-\cos\theta)=2\sin^2(\theta/2)\cong\theta^2/2$ 和 $\sin^2\theta\cong\theta^2$ 从方程(6.81)出发得到方程(6.80a)中的结果。对于直径接近管径为 $2R=0.1$ m 的运动气泡，其运动速度约为 0.35 m/s，相应的雷诺数 $Re=2RU_b/\nu\approx35000$。

6.5 二维势流的电场类比

对于二维不可压缩势流，我们由方程(3.38)和(6.2)(即柯西-黎曼条件)可知，速度场可通过速度势 $\Phi(x,y)$ 或流函数 $\Psi(x,y)$ 求得

$$v_x=\frac{\partial\Phi}{\partial x}=\frac{\partial\Psi}{\partial y} \tag{6.82a}$$

$$v_y=\frac{\partial\Phi}{\partial y}=-\frac{\partial\Psi}{\partial x} \tag{6.82b}$$

由于 $\nabla\cdot\boldsymbol{v}=0$ 和 $\nabla\times\boldsymbol{v}=0$，因此 $\Phi(x,y)$ 和 $\Psi(x,y)$ 皆为调和函数，即它们数学上都为拉普拉斯方程的解：

$$\nabla^2\Phi=0 \tag{6.83a}$$

$$\nabla^2\Psi=0 \tag{6.83b}$$

类似地，真空中静电场或准静电场中电势 V 的分布也可由拉普拉斯方程描述：

$$\nabla^2 V=0 \tag{6.84}$$

比较方程(6.83a)和(6.84)可知，若添加适当的边界条件，我们可以建立电势 V 与速度势 Φ(**直接类比**，direct analog)或流函数 Ψ(**反类比**，inverse analog)之间的类比关系。在反类比关系中，我们将看到仅通过固体的几何特征就可得到电场等势线的分布，等势线则可描述流线。这种对应关系可用于描述理想流体的二维流动问题。模型的建立可类比于穿过电解槽的电流，或者两面覆盖有弱导电层(如石墨)的薄纸或者塑料。

6.5.1 直接类比

在直接类比中，速度势 $\Phi(x,y)$ 对应于电势 $V(x,y)$，速度场 $\boldsymbol{v}=\nabla\Phi$ 对应于电流密度 $\boldsymbol{j}=\sigma\boldsymbol{E}=-\sigma\nabla V$，$\sigma$ 为介质的电导率。流场的流线与物体表面相切，因此我们需用具有相同几何形状的绝缘体来代替该物体。电场的等势线(可通过实验容易地确定)对应于速度势。流场的流线则可通过绘制与这些等势线正交的曲线簇得到(如图 6.5 所示：采用具有圆孔的电阻片达到圆柱绕流流动的可视化)。这种方法不易应用，因

此实际中大多采用反类比方法。

6.5.2 反类比

在反类比中，电场的等势线直接对应于流场的流线。这种情况下，流场中的物体可用表面为等势面的**理想导体**（perfect conductor）替换：流场中物体表面的特定流线对应于电场中相同物体的等电势边界。

实际应用中，我们可以在一张电导率较低的纸片上使用电导率较高的颜料绘制出与流场中物体形状相同的二维物体，然后在物体两侧添加一对位置和间距合适的电极 e_1 和 e_2 来模拟远离物体的流动情况，如图 6.18 所示。流线可以使用跟随等电势线的方法来逐点获得。具体方法为：使用一个沿纸面移动的电极，同时观测电极所在位置和某参考电势之间的电势差，该差值须保持不变。

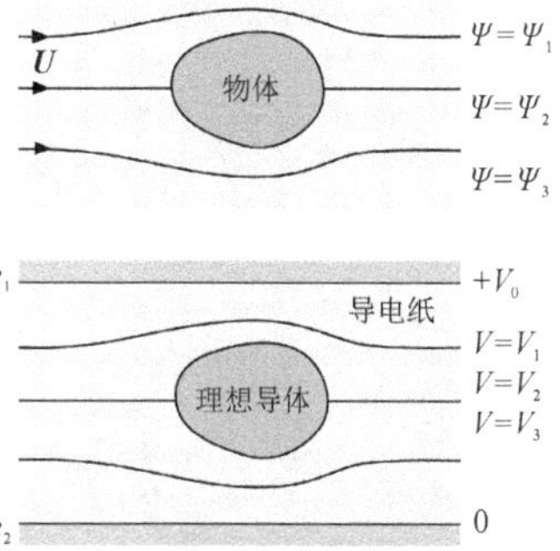

图 6.18 （a）两个平行板间速度 U 的均匀流动绕流物体的示意图；（b）使用反类比法来类比图（a）中的流动。我们使用两个横向电极 e_1 和 e_2、夹在电极之间的低电导率纸张（透明阴影所示）以及具有优良电导率的物体（灰色）来构建本模型

注：我们也可使用很薄的电解液层来代替导电纸。

在反类比中，我们也可以对流场中绕流物体的非零环量（$\Gamma=\int_{(\mathcal{C})}\boldsymbol{v}\cdot\mathrm{d}\boldsymbol{l}$）进行模拟。根据 Γ 的正负号，我们可通过从高电导率的物体注入或抽取大小为 I 的电流来模拟（电流方向由高电导率的物体指向导电纸）。电流的大小 I 满足：

$$I \propto \Gamma \tag{6.85}$$

证明：电流强度 I 可表示为

$$I=\int \boldsymbol{j}\cdot\boldsymbol{n}(h\,\mathrm{d}\ell)=\sigma h\int \boldsymbol{E}\cdot\boldsymbol{n}\,\mathrm{d}\ell \tag{6.86}$$

其中 h 为导电片的厚度，σ 为电导率，$\boldsymbol{j}$ 为电流密度；$\boldsymbol{n}$ 为垂直于轮廓（$\mathcal{C}$）的单位矢量，我们沿着该方向计算环量（图 6.19），$\mathrm{d}\ell$是沿着轮廓线的线元。在反类比中，电场线对应于等速度势线（正交于流场中的流线）。因此可得

$$\boldsymbol{E}=\alpha\nabla\Psi \tag{6.87}$$

其中 α 代表电场和流体两种情况中所涉及的单位的比值。于是结合方程（6.82a）和（6.82b），可从方程（6.86）得到方程（6.85）。此外，考虑到 $\boldsymbol{n}\,\mathrm{d}\ell=(-\mathrm{d}y,\mathrm{d}x,0)$，因此进一步可得：

$$\begin{aligned}I&=\sigma h\int_{(\mathcal{C})}(\nabla\Psi\cdot\boldsymbol{n})\,\mathrm{d}\ell\\&=\alpha\sigma h\left[\int_{(\mathcal{C})}(-v_y)(-\mathrm{d}y)+(v_x)(\mathrm{d}x)\right]\\&=\alpha\sigma h\int_{(\mathcal{C})}\boldsymbol{v}\cdot\mathrm{d}\boldsymbol{l}=\alpha\sigma h\Gamma\end{aligned}$$

比例因子为 σ 和 h 之积，对应于电势和速度势的比值。

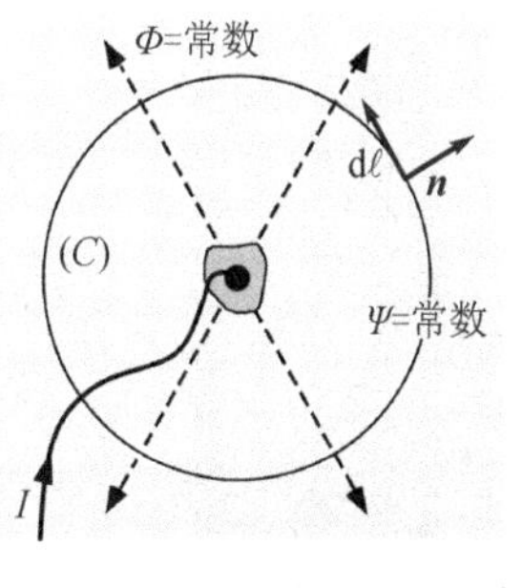

图 6.19 通过导电电极将电流引入电阻电路来类比物体周围的速度环量。等电位线与障碍物周围的流线具有相同的几何形状

6.6 复位势

本节我们将讨论复位势和保角变换，并建立前文讨论的二维流场和具有复杂几何特征的物体的绕流问题（例如，机翼绕流）之间的对应关系。

6.6.1 复位势的定义

方程(6.82)表明势函数 Φ 和流函数 Ψ 均满足柯西-黎曼条件，因此它们是一对共轭调和函数。根据复变函数理论可以构建一个解析函数：

$$f(z)=\Phi(x,y)+\mathrm{i}\Psi(x,y) \tag{6.88}$$

称之为**复位势**(complex potential function)，其中复变量 $z=x+\mathrm{i}y$。$f(z)$的一阶导数为**复速度**(complex velocity)：

$$\frac{\mathrm{d}f(z)}{\mathrm{d}z}=w(z)=v_x-\mathrm{i}v_y \tag{6.89}$$

证明：我们选择沿实轴(即 $\mathrm{d}z=\mathrm{d}x+\mathrm{i}0$)的增量为 $\mathrm{d}z$，于是可得：

$$w(z)=\frac{\partial(\Phi+\mathrm{i}\Psi)}{\partial x}=\frac{\partial\Phi}{\partial x}+\mathrm{i}\frac{\partial\Psi}{\partial x}=v_x-\mathrm{i}v_y \tag{6.90a}$$

此外，若位移增量在虚轴方向上(即 $\mathrm{d}z=0+\mathrm{i}\mathrm{d}y$)，我们也可得到相同的结论：

$$\frac{\partial(\Phi+\mathrm{i}\Psi)}{\mathrm{i}\partial y}=-\mathrm{i}\frac{\partial\Phi}{\partial y}+\frac{\partial\Psi}{\partial y}=-\mathrm{i}v_y+v_x=w(z) \tag{6.90b}$$

因此，该结论具有一般性，对于任意的位移增量 $\mathrm{d}z=\mathrm{d}x+\mathrm{i}\mathrm{d}y$ 都成立。

以下我们通过在流场中引入一个封闭曲线(C)上的复环量，来讨论复位势和复速度的物理意义。复环量 $\overline{\Gamma}(z)$的计算如下：

$$\begin{aligned}\overline{\Gamma}(z)&=\int_{(C)}w(z)\mathrm{d}z=\int_{(C)}(v_x-\mathrm{i}v_y)(\mathrm{d}x+\mathrm{i}\mathrm{d}y)\\&=\int_{(C)}(v_x\mathrm{d}x+v_y\mathrm{d}y)+\mathrm{i}\int_{(C)}(v_x\mathrm{d}y-v_y\mathrm{d}x)\end{aligned}$$

于是可得

$$\overline{\Gamma}(z)=\int_{(C)}\boldsymbol{v}\cdot\mathrm{d}\boldsymbol{l}+i\int_{(C)}\boldsymbol{v}\cdot\boldsymbol{n}\mathrm{d}\boldsymbol{l}=\Gamma+\mathrm{i}Q \tag{6.91}$$

其中 $\boldsymbol{n}$ 为线元 $\mathrm{d}\boldsymbol{l}$ 的单位法向矢量。$\overline{\Gamma}(z)$的实部 Γ 为绕封闭

曲线($\mathcal{C}$)的环量;虚部 Q 为流进流出封闭曲线($\mathcal{C}$)的净流量,由曲线($\mathcal{C}$)内部的点源产生。对于单连通区域内的无源流动,$\overline{\Gamma}(z)=0$。此外需要指出:函数 $f(z)$沿着封闭曲线($\mathcal{C}$)上每一点的取值都是唯一的。

6.6.2　几种基本流动的复位势

我们以下讨论的复位势对应于 6.2.3 节和 6.2.4 节中讨论的流动。

(i)均匀平行流

$$f(z)=Uz$$

其中 $\overline{U}=U_x-\mathrm{i}U_y$ 为复常数,$f(z)$可描述 $x-y$ 平面上沿任意方向的均匀流动。

(ii)点源和点涡

由前文 6.2.3 节的讨论可知,点源的流线(或等势线)对应于点涡的等势线(或流线)。因此,我们可以通过一个复位势函数来同时描述这两种流动:

$$f(z)=a_0\log z \tag{6.92}$$

其中系数 a_0 为复数。

如前文方程(6.89)所述,复速度为复位势的导数。由 $f(z)=a_0\log z$ 出发可得

$$w(z)=v_x-\mathrm{i}v_y=\frac{a_0}{z}=\frac{a_0}{r}\mathrm{e}^{-\mathrm{i}\varphi}$$

进一步通过坐标变换和欧拉公式($\mathrm{e}^{\mathrm{i}\varphi}=\cos\varphi+\mathrm{i}\sin\varphi$),可得:

$$v_r-\mathrm{i}v_\varphi=(v_x-\mathrm{i}v_y)\mathrm{e}^{i\varphi}$$

因此极坐标的复速度为

$$v_r-\mathrm{i}v_\varphi=a_0/r$$

- 若 a_0 为实数($a_0=Q/2\pi$),则速度场为

  $$v_r=Q/(2\pi r),\qquad v_\varphi=0$$

  此时得到的是流量为 Q 的点源流动的速度场。
- 若 a_0 为纯虚数($a_0=-\mathrm{i}\Gamma/2\pi$),则速度场为

  $$v_r=0,\qquad v_\varphi=\Gamma/(2\pi r)$$

  此时则得到环量为 Γ 的点涡流动的速度场。

(iii)偶极流

二维偶极子流动的复位势及其相应的复速度分别为

$$f(z)=-p/2\pi z \tag{6.93a}$$

$$w(z)=p/2\pi z^2 \tag{6.93b}$$

进一步求导可得速度场：

$$v_r = p\cos\varphi/2\pi r^2$$
$$v_\varphi = p\sin\varphi/2\pi r^2$$

所得速度场与方程(6.14a)和(6.14b)所示一致。

(iv)绕角流动或滞止点附近的流动

我们来讨论绕角流动作为复位势方法的最后一个示例。这类流动具有重要的实际应用背景，其复位势形式如下：

$$f(z) = Cz^{m+1} \tag{6.94}$$

上式可用来描述从原点出发的两条射线形成的楔形拐角内的二维流动，称之为**绕角流动**(flow around a corner)。在极坐标下，该流动的速度势函数和流函数分别为

$$\Phi = Cr^{m+1}\cos(m+1)\varphi$$
$$\Psi = Cr^{m+1}\sin(m+1)\varphi$$

进一步对势函数 Φ 求导可得速度场：

$$v_r = \frac{\partial\Phi}{\partial r} = (m+1)Cr^m\cos(m+1)\varphi \tag{6.95a}$$

$$v_\varphi = \frac{1}{r}\frac{\partial\Phi}{\partial\varphi} = -(m+1)Cr^m\sin(m+1)\varphi \tag{6.95b}$$

显然，$\varphi=0$ 和 $\varphi=n\pi/(m+1)$代表的直线是满足 $\Psi=0$ 的流线，其中 r 为任意值，n 为整数。我们可以认为这两条直线是固体壁面与流动所在平面的交线。参数 m 的取值决定了流动区域的形状(图 6.20 所示)，以下我们来讨论不同 m 取值下绕角流动的特征。

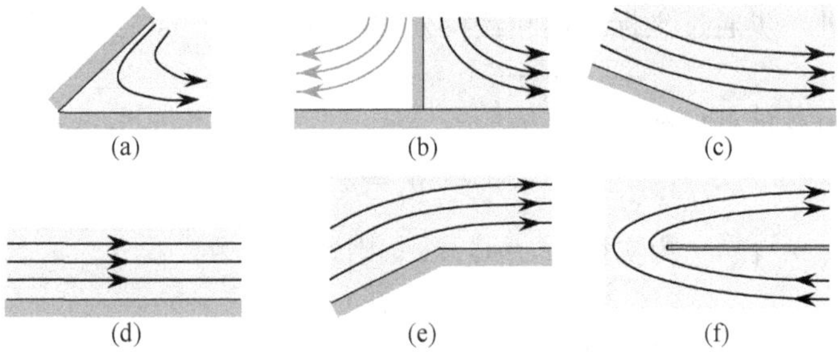

图 6.20 具有速度势形式为 $f(z)=Cz^{m+1}$ 的势流流动。(a) $m>1$；(b) $m=1$；(c) $0<m<1$；(d) $m=0$；(e) $-1/2<m<0$；(f) $m=-1/2$

- 若 $m>1$，流动入侵锐角内部(图 6.20(a))。在这种情况下，原点处的速度以 r^m 的速度趋近于零。
- 若 $m=1$，复位势为 $f(z)=Cz^2$，流动入侵直角内部，这种情况也可认为是平壁上滞止点附近的流动(第二种情况下，流动关于 y 轴对称)(图 6.20(b))。此时，流场中存在一条垂直于壁面的流线终止于壁面上的滞止点，滞止点处速度为零。
- 若 $0<m<1$，复位势 $f(z)$描述由 $\varphi=0$ 和 $\varphi=\pi/(m+1)$两

条直线所形成的钝角内的流动，钝角角度 $\alpha=\pi/(m+1)$，两条直线分别对应于 $n=0$ 和 $n=1$（图 6.20(c)）。

- 若 $m=0$，我们将得到平行于平面的简单流动（图 6.20(d)）。
- 若 $-1/2<m<0$，固体壁面方程仍对应于 $n=0$ 和 $n=1$，但流动位于角的外侧，固体壁面的夹角可以是钝角（$m>-1/3$），也可以是锐角（$m<-1/3$），如图（6.20(e)）所示。
- 最后，若 $m=-1/2$，复位势 $f(z)$ 描述绕半无限平板尖沿的流动（图 6.20(f)）。

通过上述讨论可知，若 m 取为负，绕流发生在角的外侧，且原点处的速度以 r^m 发散到无穷大，这与 m 为正值时的情况恰好相反。显然，原点处速度的发散并非物理事实。在 10.5.2 节中，我们将在考虑流体黏性的情况下重新审视这一特殊的结果。黏性流体的速度在靠近静止壁面时会连续地趋近于零。上述基于势流假设讨论的结果仅适用于远离壁面处的流动。静止壁面的零速度和远离壁面的流动之间存在一个过渡区域，称之为边界层。

6.6.3 保角映射

保角映射

我们考虑一对复变量 $z=x+\mathrm{i}y$ 和 $Z=X+\mathrm{i}Y$，它们分别表示各自所在复平面中的点，且 Z 是 z 的**解析**(analytic)函数：

$$Z=g(z) \tag{6.96}$$

方程(6.96)被称为**保角映射**(conformal transformation)，它可将 z 平面中的给定点(x,y)**映射**(mapping)到 Z 平面中的特定点(X,Y)。因此，$\Psi(x,y)=$常数的流线簇（以及相应的等势面 $\Phi(x,y)=$常数）也可被映射为 Z 平面上相应的曲线簇（图 6.21）。

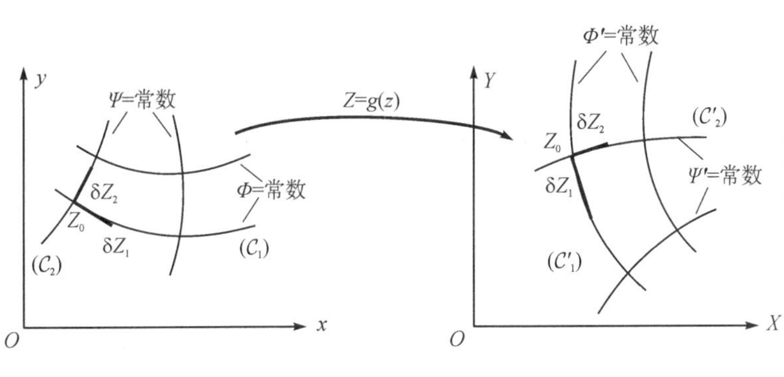

图 6.21 通过保角映射 $Z=g(z)$ 变换之后得到的流线簇和相应的等势线簇。当 $g(z)$ 在交点 z_0 处为解析函数，且导数 $g'(z_0)\neq 0$ 时，曲线之间的夹角保持正交不变

保角映射的基本属性之一是经过映射之后，相交曲线之间的角度不会发生变化。两条相交于 z_0 的曲线($\mathcal{C}_1$)和($\mathcal{C}_2$)被映射到 Z 平面后相交于 Z_0，虽然经过映射之后两条曲线发生了变形和旋转，但是它们的夹角仍保持不变(图 6.21)。更具体地说，在 $x-y$ 平面上相互正交的流线和等势线在被映射到 $X-Y$ 平面之后仍保持正交。对应函数的增量为

$$\delta Z_1 = g'(z_0)\delta z_1$$

$$\delta Z_2 = g'(z_0)\delta z_2$$

考虑到 $g'(z_0)$取有限值，于是我们可得

$$\frac{|\delta Z_2|}{|\delta Z_1|}e^{i(\arg\delta Z_2-\arg\delta Z_1)} = \frac{|\delta z_2|}{|\delta z_1|}e^{i(\arg\delta z_2-\arg\delta z_1)}$$

即

$$\frac{|\delta Z_2|}{|\delta Z_1|} = \frac{|\delta z_2|}{|\delta z_1|}$$

$$\arg(\delta Z_2) - \arg(\delta Z_1) = \arg(\delta z_2) - \arg(\delta z_1)$$

因此，由保角映射造成的线段的缩放不依赖于它们的方向性。此外，除了在 $g'(z_0)$等于零或无限大的情况之外，曲线($\mathcal{C}_1$)和($\mathcal{C}_2$)之间的夹角在保角映射前后保持不变。

注：保角映射的奇异点对应 $g(z_0)$ 等于零或者无穷大的点。在这些点上，角度会发生变化。我们将看到，最初的角度和保角映射之后的角度之比为 z_0 点函数 $g(z)$ 首次出现非零导数的阶数，我们称这个阶数为 n。如果将函数 $g(z)$ 在 z_0 处做 n 阶展开，我们可得

$$\delta Z \approx \frac{(\delta z)^n}{n!}\left(\frac{\partial^n g(z)}{\partial z^n}\right)_{z=z_0}$$

两个增量 δz_1 和 δz_2 及其相应的变换 δZ_1 和 δZ_2 的比值满足：

$$\frac{\delta Z_2}{\delta Z_1} = \frac{|\delta Z_2|}{|\delta Z_1|}e^{i(\arg\delta Z_2-\arg\delta Z_1)} = \left(\frac{\delta Z_2}{\delta Z_1}\right)^n = \frac{|\delta z_2|^n}{|\delta z_1|^n}e^{in(\arg\delta z_2-\arg\delta z_1)}$$

于是我们得到：$\arg\delta Z_2 - \arg\delta Z_1 = n(\arg\delta z_2 - \arg\delta z_1)$。

基于角度不变的属性可知：在保角映射之后，曲线簇 $\Phi(x,y)$=常数和 $\Psi(x,y)$=常数仍然彼此正交，如同它们在原始坐标系中的正交关系一样。

第二个重要特性是：如果函数 $f(x,y)$是调和函数(即在 x-y 平面中为满足拉普拉斯方程)，那么在保角映射之后得到的函数 $F(X,Y)$关于变量 X-Y 也是调和函数。因此，流线和等势线不仅在映射前后保持了正交性，并且依旧是映射之后流动的流线和等势线。所以，如果可以确定流动在某种特定几何特征下的流线和等势线，一般来说，我们即可推导出与原始几何形貌具有保角映射的解！

我们假设复势 $f(z)$表征(x,y)平面上的流动，且 $h(Z)$表示由方程(6.96)中定义的保角映射 $Z=g(z)$的逆变换。函数：

$$f(h(Z)) = F(Z) \tag{6.97}$$

描述(X,Y)平面上的流动，流场的等势线和流线可通过对(x,y)平面上的等势线和流线做保角映射得到。具体来说，保角映射将物体从**物平面**(object plane)映射到了**像平面**(image plane)。因此，我们可通过映射函数 $g(z)$来获得速度和复位势。

将平面变换为角

在第 6.6.2(iv)节中，我们利用速度复位势研究了楔形角

内部和外部的流动。这种流动也可使用另外一种等效方法来分析，即通过做以下的保角映射来研究平行于平板的流动：

$$z = h(Z) = Z^{m+1} \tag{6.98}$$

在使用该变换时，速度复位势 $f(z) = Uz$ 可转换为以下势函数：

$$F(Z) = UZ^{m+1} \tag{6.99}$$

由第 6.6.2(iv)节讨论可知，上述方程可准确地描述我们要研究的流动。需要注意的是，平面之所以被转换为一个楔形夹角的原因是 $h(Z)$的反函数在坐标原点处具有奇异性，在这一点上变换并不保角度。因此，物平面上的零角度可根据参数 m 取值的不同被变换为锐角或钝角。

茹科夫斯基变换——机翼的势流绕流运动

茹科夫斯基变换(Joukovski transformation)可将二维圆柱绕流转化为绕机翼的二维流动。通过该变化，我们可确定绕平板流动的速度场，流动在无穷远处均匀且相对于平板呈一定的角度。

(i)定义

茹科夫斯基变换由以下方程定义：

$$Z = g(z) = z + \frac{R^2}{z} \tag{6.100}$$

其中 R 是实数。该变换可将(x, y)平面上半径为 r、圆心位于坐标原点的圆变换为(X, Y)平面上的椭圆。等效地，对于 $z = re^{i\varphi}$(极坐标下圆的方程)，我们有

$$Z = X + iY = re^{i\varphi} + \frac{R^2}{r}e^{-i\varphi} = \left(r + \frac{R^2}{r}\right)\cos\varphi + i\left(r - \frac{R^2}{r}\right)\sin\varphi$$

如果消去上述方程中的角度 φ，可得

$$\frac{X^2}{\left(r + \frac{R^2}{r}\right)^2} + \frac{Y^2}{\left(r - \frac{R^2}{r}\right)^2} = 1$$

上式为长轴位于 X 轴、焦点 P_1 和 P_2分别位于 $X = \pm 2R$ 的椭圆方程(图 6.22)。

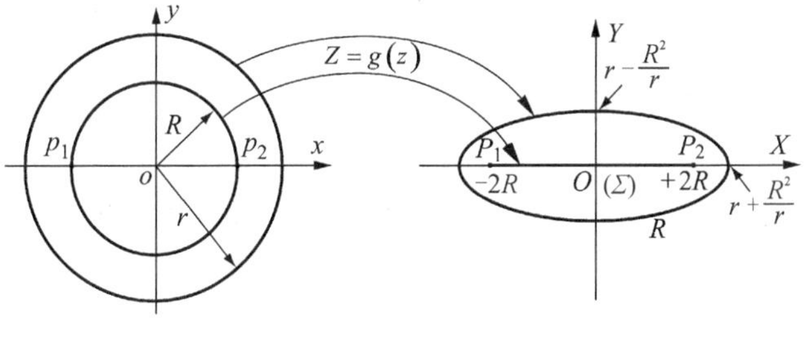

图 6.22　通过茹科夫斯基变换将左边的圆变换为右边的椭圆。当圆的半径与变换中的参数 R 相等时，所得椭圆将退化为一条直线段$(\Sigma)[-2R, +2R]$

当 $r=R$ 时(即圆的半径等于茹科夫斯基变换参数),我们有

$$Z=2R\cos\varphi$$

变化后的椭圆将退化为由坐标轴 $Y=0$ 和点 $X=\pm 2R$ 界定的线段(Σ)。这种情况下,当物平面中的一点围绕圆转一圈时,它在像空间中相当于对线段进行两次“覆盖”。首先,它覆盖线段的“上部”(θ 在 0 和 π 之间变化),然后覆盖线段的“下部”(θ 在 π 和 2π 之间变化)。我们注意到,$z=\pm R$ 处的点 p_1 和 p_2 变换到 P_1 和 P_2 的过程中并不保角。这是因为保角映射的函数 $g(z)$ 的导数 $g'(z)=1-R^2/z^2$ 在点 p_1 和 p_2 处取值为零。

(ii)平行于有限大平板的流动的逆变换

如图 6.23 所示,我们来考虑像平面(X,Y)上平行于平板(II)的均匀流动,在上述讨论中我们已经准确地确定了平板与图 6.23 所在平面相交形成的线段(Σ)。流动的速度复位势为

$$F(Z)=UZ$$

物平面(x,y)上是绕流圆($\mathcal{C}$)的均匀流动,($\mathcal{C}$)的半径为 R,圆心位于坐标原点,远离圆处的速度为 U(图 6.23(b))。物平面上相应的速度复位势可直接得到

$$f(z)=F[g(z)]=U(z+R^2/z) \tag{6.101}$$

如果我们仅考虑 $f(z)$ 的实部,即可得到在第 6.2.4 节中已经求得的速度势 Φ。

在圆($\mathcal{C}$)的滞止点 p_1 附近,存在一个与垂直于平面流动相同的流动(图 6.20(b))。在变换中,该流动对应于平板(Σ)前缘处的流动,流动与板平行(图 6.20(f))。

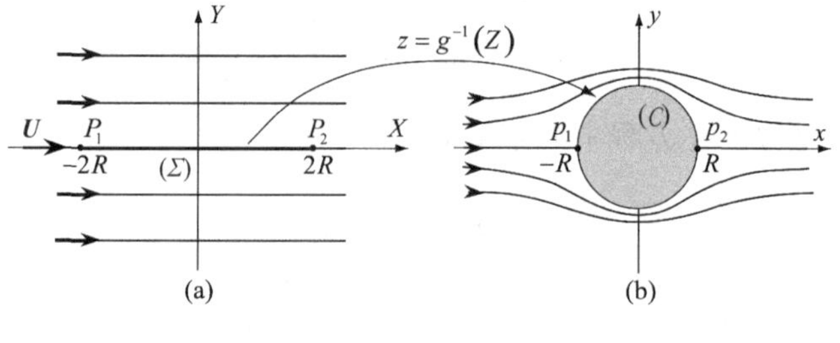

图 6.23 (a)零攻角平板绕流流动;(b)茹科夫斯基变换下像平面内的流动(方程(6.100))

(iii)非零攻角绕流有限大平板的速度复位势

我们现在来考虑(X,Y)平面上绕平板(Σ)的流动。来流速度大小为 U,且相对于(Σ)的倾角为 α,绕流的速度环量为 Γ。这个问题是机翼绕流的简化模型。我们首先推导在(x,y)平面上的速度复位势。利用坐标变换,我们可将坐标轴旋转角度 α(图 6.24(a)),于是方程(6.101)所示的速度复位势中的点 z 被映射到点 $z_1=z\mathrm{e}^{-\mathrm{i}\alpha}$;进一步我们将其代入环量为 Γ 的绕圆柱流动的速度复位势中(方程(6.92)),最终可得:

$$f_2(z)=U\left(z\mathrm{e}^{-\mathrm{i}\alpha}+\frac{R^2}{z\mathrm{e}^{-\mathrm{i}\alpha}}\right)-\mathrm{i}\frac{\Gamma}{2\pi}\log\left(\frac{z\mathrm{e}^{-\mathrm{i}\alpha}}{R}\right) \qquad (6.102)$$

保角映射中所有导数不为零的点对应的角度保持不变。因此，(X,Y)平面上来流的攻角也为 α。此外，保角映射同时也保留了环量。对 $g(z)$做逆变换，我们可由方程(6.102)出发得到平板(Σ)绕流(图 6.24(b))的速度复位势：

$$F_2(Z)=f_2(g^{-1}(z))$$

事实上，$g(z)$的逆变换结果不再是解析函数。因此，相应的速度势 F_2 并不能直接给出。此处我们仅讨论相对容易确定的速度复位势。

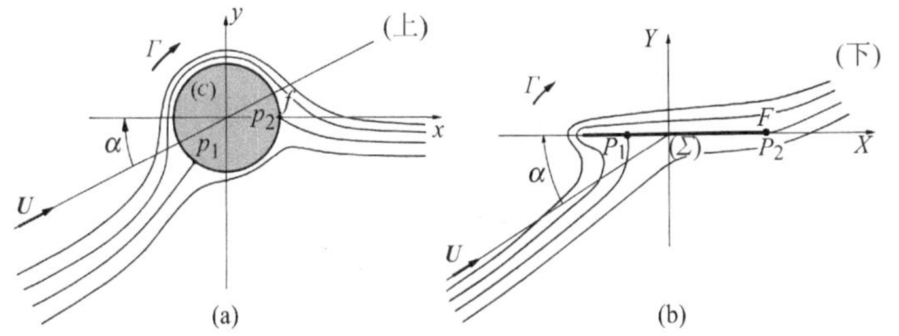

图 6.24 (a)攻角为 α 和环量为 Γ 的圆柱绕流；(b)茹科夫斯基变换后所得的平板绕流

(iv)平面附近流动的复速度

根据方程(6.89)，我们有复速度：

$$W(z)=\frac{\mathrm{d}F_2}{\mathrm{d}Z}=\frac{\mathrm{d}f_2}{\mathrm{d}z}\frac{\mathrm{d}z}{\mathrm{d}Z}=\frac{\mathrm{d}f_2}{\mathrm{d}z}\frac{1}{g'(z)} \qquad (6.103\mathrm{a})$$

进一步将方程(6.102)代入上式，可得

$$W(z)=\frac{z^2}{z^2-R^2}\left(U(\mathrm{e}^{-\mathrm{i}\alpha}-\frac{R^2}{z^2\mathrm{e}^{-\mathrm{i}\alpha}})-\mathrm{i}\frac{\Gamma}{2\pi z}\right) \qquad (6.103\mathrm{b})$$

我们将分析限定在计算平板(线段 Σ)表面附近的复速度。考虑到线段(Σ)是圆($\mathcal{C}$)的映射图像，我们只需在上述方程中代入 $z=R\mathrm{e}^{\mathrm{i}\varphi}$ 即可得到

$$W(z)=\frac{1}{1-\mathrm{e}^{-2\mathrm{i}\varphi}}\left(U(\mathrm{e}^{-\mathrm{i}\alpha}-\mathrm{e}^{-\mathrm{i}(\alpha-2\varphi)})-\mathrm{i}\frac{\Gamma}{2\pi R}\mathrm{e}^{-\mathrm{i}\varphi}\right)$$

我们看到，**像平面**(image plane)上 P_1 处的速度 W 被表示为**原始平面**(original plane)中圆的半径 R 和极角 φ 的函数，如图 6.24(a)所示。此处需要注意，$Z=X+\mathrm{i}Y$ 和 z 通过方程(6.100)相关联。对于半径是 $r=R$ 的圆，具体的变换关系为 $X=2R\cos\varphi$ 和 $Y=0$。若在上式的分子和分母上同时乘以 $\mathrm{e}^{\mathrm{i}\varphi/2}$，我们可得 W 沿(Σ)表面随 φ 的变化关系：

$$W(\varphi)=\frac{U\sin(\varphi-\alpha)-\dfrac{\Gamma}{4\pi R}}{\sin\varphi} \qquad (6.104)$$

正如已经预测到的那样，我们获得的表达式仅有实部，因为垂直于平板(Σ)的速度分量为零。图 6.24(a)和 6.24(b)分别表示物平面(x,y)和像平面(X,Y)上的流线分布。我们特别需要注意(Σ)上的两个滞止点 P_1 和 P_2 的位置，它们对应的角度 φ 满足：

$$\sin(\varphi-\alpha)=\frac{\Gamma}{4\pi RU}$$

由于环量的存在，P_1 和 P_2 的位置并不对称。这两点位于 $W=0$ 处，只有当环量 Γ 的取值小于 $4\pi RU$ 时才存在。

(v)库塔条件

我们现在来确定保证 P_2 点准确地位于平板的下游端点 F 处所需的速度环量，P_2 是滞止点 p_2 在像平面的映射(图 6.24b)。由接下来的讨论可知，这种情况对应于以有限入射角(攻角)绕流机翼横截面流动的稳定构型，即：绕流机翼的环量值通过自我调节来满足这一条件(自相矛盾的一点是，这是机翼绕流在黏性流体中的流动条件，但流体却可以当作无黏来处理)。于是，点 p_2 的映射与圆$(\mathcal{C})$上映射到 X-Y 平面上的平板后缘点 F 重合。该点对应于 $\varphi=0$，因此必须满足以下条件：

$$W(\varphi=0)=0$$

即

$$0=-U\sin\alpha-\Gamma/4\pi R$$

于是可得

$$\Gamma=-4\pi RU\sin\alpha \tag{6.105}$$

上述方程即为**库塔条件**(Kutta condition)。然而，P_2 点(滞止点 p_2 的图像)处的速度并不为零，因为复速度 W 的分母项为零(图 6.25(a))。事实上，平板后缘是保角映射的一个奇点。结合方程(6.105)，我们将方程(6.104)在 $\varphi=0$ 处展开，最终可得 P_2点的速度：

$$W(\varphi=0)=U\cos\alpha=V_{p_2}=V_F$$

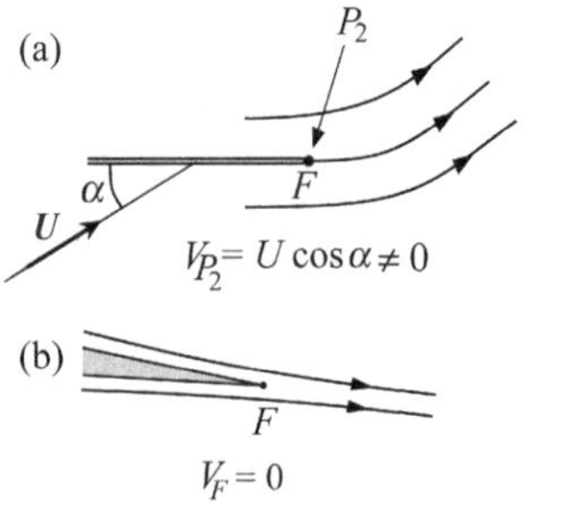

图 6.25 两平板相交点后缘处速度的比较。(a)两板夹角为零；(b)两板呈有限夹角

如图 6.24 和 6.25(a)所示，仅当上、下平板之间的夹角为零时，上式结果才成立。而在实际流动中，该角度并不为零(图 6.25(b))。这种情况下，点 F 处的速度为零。根据第 6.6.2(iv)节的讨论可知：在二面角附近，若夹角小于 180°，那么角的顶点处速度为零(如图 6.20(a)、(b)和(c)所示的情况)。

(vi)机翼升力的估计

基于上述讨论得到的环量表达式，我们可以估算飞机机翼上的升力。实际上，根据方程(6.44)，我们可得升力的表达

式为

$$\boldsymbol{F}_{\mathrm{L}}=\rho \boldsymbol{U}\times \boldsymbol{\Gamma}$$

进一步将方程(6.105)代入上式，我们可得在垂直于流动平面方向的单位长度上，升力的数量级为

$$F_{\mathrm{L}}=\pi\rho U^2(4R)\sin\alpha$$

我们引入 L 为翼展，翼宽$\ell=4R$(称之为**翼弦**(chord))，最终可得整个机翼上的升力为

$$F_{\mathrm{L}}=\pi\rho U^2(L\ell)\sin\alpha \tag{6.106}$$

三种不同类型飞机的机翼升力的数量级如下表所示：

机型	起飞速度 U	翼弦ℓ	翼展	攻角	升力 F_{L}	总起飞重量
波音 747 客机	300 km/h	9 m	60 m	10°	3×10^7 N(6.7×10^6 lbf)	300000 kg(660000 lb)
塞斯纳私人飞机	100 km/h	1.70 m	9 m	13°	10^4 N(2200 lbf)	900 kg(2000 lb)
幻影 F1 战斗机	350 km/h	5 m	9 m	20°	6×10^5 N(130000 lbf)	16000 kg(35000 lb)

我们注意到，为了起飞容易，客机的机翼面积都较大，但是起飞的攻角都比较小，这主要是出于对乘客舒适性的考虑。对于轻重量的小型私人飞机，由于重量很轻，因而仅需要很小的升力。战斗机的起飞攻角非常大，以补偿其较小机翼面积对升力的影响。我们将在第 7.5.2 节从更一般的角度来讨论升力的产生原理。

我们在上文讨论的有限大小平板是对真实机翼横截面的粗略近似。即便如此，结合攻角以及绕机翼流动的速度环量，依旧可以解释机翼产生升力的主要物理机制。另外，如果我们令圆心(图 6.23)逐渐移动偏离原点，应用茹科夫斯基变换即可获得所谓的**茹科夫斯基翼型**(Joukowski airfoil)，这与真实机翼横截面更为接近。

最后需要指出的是，机翼绕流的二维模型忽略了一些与三维流动特性相关的重要效应。具体来说，真实流场中存在着从机翼尖端脱落的涡流(具体见第 7.5.2 节讨论)。

① 1 磅(1b)=0.453592 千克(kg)。

② 1 磅力(1bf)=4.44822 牛顿(N)。

附录 6A 速度势和流函数

6A.1 二维流动的势函数和流函数

流动类型	速度势	流函数
二维均匀流动	$\Phi=Ux$	$\Psi=Uy$
速度为 U 的三维均匀流动(柱坐标)	$\Phi=Uz$	$\Psi=(-Ur^2)/2$
速度为 U 的三维均匀流动(球坐标)	$\Phi=Ur\cos\theta$	$\Psi=(Ur^2\sin^2\theta)/2$
点涡(柱坐标)	$\Phi=\dfrac{\Gamma\varphi}{2\pi}$	$\Psi=-\dfrac{\Gamma}{2\pi}\log\dfrac{r}{r_0}$
二维点源(柱坐标)	$\Phi=\dfrac{Q}{2\pi}\log\left(\dfrac{r}{r_0}\right)$	$\Psi=\dfrac{Q}{2\pi}\varphi$
三维点源(球坐标)	$\Phi=-\dfrac{Q}{4\pi r}$	$\Psi=-\dfrac{Q}{4\pi}\cos\theta$
二维偶极子流动(柱坐标)	$\Phi=-\dfrac{\boldsymbol{p}\cdot\boldsymbol{r}}{2\pi r^2}$	$\Psi=-\dfrac{p}{2\pi}\dfrac{\sin\varphi}{r}$
三维偶极子流动(球坐标)	$\Phi=-\dfrac{\boldsymbol{p}\cdot\boldsymbol{r}}{4\pi r^3}$	$\Psi=\dfrac{p\sin^2\theta}{4\pi r}$
圆柱绕流(柱坐标)	$\Phi=Ur\cos\varphi\left(1+\dfrac{R^2}{r^2}\right)$	$\Psi=Ur\sin\varphi\left(1-\dfrac{R^2}{r^2}\right)$
圆球绕流(球坐标)	$\Phi=Ur\left(1+\dfrac{R^3}{2r^3}\right)\cos\theta$	$\Psi=\dfrac{U}{2}\left(r^2-\dfrac{R^3}{r}\right)\sin^2\theta$
绕角流动 $\alpha=\pi/(m+1)$ (柱坐标)	$\Phi=Cr^{m+1}\cos(m+1)\varphi$	$\Psi=Cr^{m+1}\sin(m+1)\varphi$

6A.2 通过流函数求解速度场

二维流动(笛卡儿坐标)	$v_x=\dfrac{\partial \Psi}{\partial y}$	$v_y=-\dfrac{\partial \Psi}{\partial x}$
二维流动(极坐标)	$v_r=\dfrac{1}{r}\dfrac{\partial \Psi}{\partial \varphi}$	$v_\varphi=-\dfrac{\partial \Psi}{\partial r}$
轴对称流动(柱坐标)	$v_r=\dfrac{1}{r}\dfrac{\partial \Psi}{\partial z}$	$v_z=-\dfrac{1}{r}\dfrac{\partial \Psi}{\partial r}$
轴对称流动(球坐标)	$v_r=\dfrac{1}{r^2\sin\theta}\dfrac{\partial \Psi}{\partial \theta}$	$v_\theta=-\dfrac{1}{r\sin\theta}\dfrac{\partial \Psi}{\partial r}$

6A.3 通过势函数求解速度场

二维流动(笛卡儿坐标)	$v_x=\dfrac{\partial \Phi}{\partial x}$	$v_y=\dfrac{\partial \Phi}{\partial y}$	
二维流动(极坐标)	$v_r=\dfrac{\partial \Phi}{\partial r}$	$v_\varphi=\dfrac{1}{r}\dfrac{\partial \Phi}{\partial \varphi}$	
三维流动(笛卡儿坐标)	$v_x=\dfrac{\partial \Phi}{\partial x}$	$v_y=\dfrac{\partial \Phi}{\partial y}$	$v_z=\dfrac{\partial \Phi}{\partial z}$
三维流动(柱坐标)	$v_r=\dfrac{\partial \Phi}{\partial r}$	$v_\varphi=\dfrac{1}{r}\dfrac{\partial \Phi}{\partial \varphi}$	$v_z=\dfrac{\partial \Phi}{\partial z}$
三维流动(球坐标)	$v_r=\dfrac{\partial \Phi}{\partial r}$	$v_\theta=\dfrac{1}{r}\dfrac{\partial \Phi}{\partial \theta}$	$v_\varphi=\dfrac{1}{r\sin\theta}\dfrac{\partial \Phi}{\partial \varphi}$

7 涡量、涡动力学以及旋转流动

在第3.2节中讨论流体微元的变形时，我们已经引入了表征流体局部旋转的数学描述，即速度梯度张量的反对称部分。相应的局部旋转矢量为涡量(定义为速度场的旋度)的一半。因此，涡量可用来表征流体的局部旋转。在一些情形下，涡量在空间呈局部化分布，比如涡流；在其他情形下，涡量在流体中连续分布，比如均匀旋转流动。

本章中，我们首先以涡线为例来引入涡量的定义，然后详细地通过数学上的平行类比来阐明速度场和磁场、涡量与产生磁场的电流之间的相似性(第7.1节)。接着我们讨论涡量在理想流体中的输运问题：一方面从环量动力学的角度(第7.2节的开尔文定理)展开讨论，另一方面直接推导涡量的演化方程(第7.3节)。我们也通过开尔文定理"后验地"证明了第6章中一些有关势流的讨论。我们会发现：在一些特定条件下，理想流体的初始势流状态将始终保持。第7.4节将以所有涡量都集中在奇点线上的流动为对象，介绍涡集合动力学。在第7.5节中，我们将研究水和空气中因涡量的存在而导致的推进机制。在第7.6节中，我们将考察一种由固体旋转和旋转参考系下的涡旋叠加形成的旋转流动，这部分内容对理解大气和海洋中的相关现象非常重要。最后，在第7.7节中，我们将讨论有无离心力存在时近壁处形成的二次流。

7.1 涡量定义及示例：直线涡丝

7.1.1 涡量的概念

涡量与速度场

在第3.2.3节中，我们定义了 $\boldsymbol{r}$ 点处涡量的赝矢量形式：

$$\boldsymbol{\omega}(\boldsymbol{r}) = \nabla \times \boldsymbol{v}(\boldsymbol{r}) \tag{7.1}$$

其中 $\boldsymbol{v}(\boldsymbol{r})$ 为流动的速度场，我们已经知道 $\boldsymbol{\omega}$ 为流体局部旋转矢量 $\boldsymbol{\Omega}$ 的两倍（在一些早期的参考书中，$\boldsymbol{\Omega}$ 被称作**涡量矢量**(vorticity vector)，而非旋转矢量）。

注：涡量 $\boldsymbol{\omega}(\boldsymbol{r})$ 的分量 $\omega_k = -\varepsilon_{ijk}\,\omega_{ij}$，关联于速度梯度张量 $G_{ij} = \partial v_i/\partial x_j$ 的反对称部分 $\omega_{ij} = 1/2(\partial v_i/\partial x_j - \partial v_j/\partial x_i)$。任意两个下标相等时，$\varepsilon_{ijk}$ 取值为 0，如果下标按 $i \to j \to k$ 循环排列，其值为 1，相反则为 −1。

类似于流线，我们可引入**涡线**(vorticity line)的概念，即该曲线上各点的切线方向与涡量赝矢量方向重合。同样地，过流场中一条封闭曲线上各点的涡线围起来的管状曲面称之为**涡管**(vorticity tube)。

不同类型流动中的涡量

我们总会在非理想流体的非势流流动（即黏性流体的流动）中发现涡。涡在湍流中非常重要，通常被看作是多尺度条件下时均平动与局部旋转运动的叠加。在这类流动中，涡量会分布在整个流场中。

然而，在一些情形下，除了在一个与流场尺寸相比较小、自身半径为 ξ 的线（或核）区域内，流场其他部分均为势流。也就是说，所有的涡量都局限于核区域内，周边流体绕其旋转。当龙卷风、飓风（图 7.1(a)）或大气水龙卷（图 7.1(b)）出现时，或者当浴缸和水盆排水时，我们可观察到此类涡；此外，还存在一个尺度非常不同的例子：超流氦中的涡流（$\xi \approx 10^{-10}$ m），我们将在本章附录中介绍该内容。

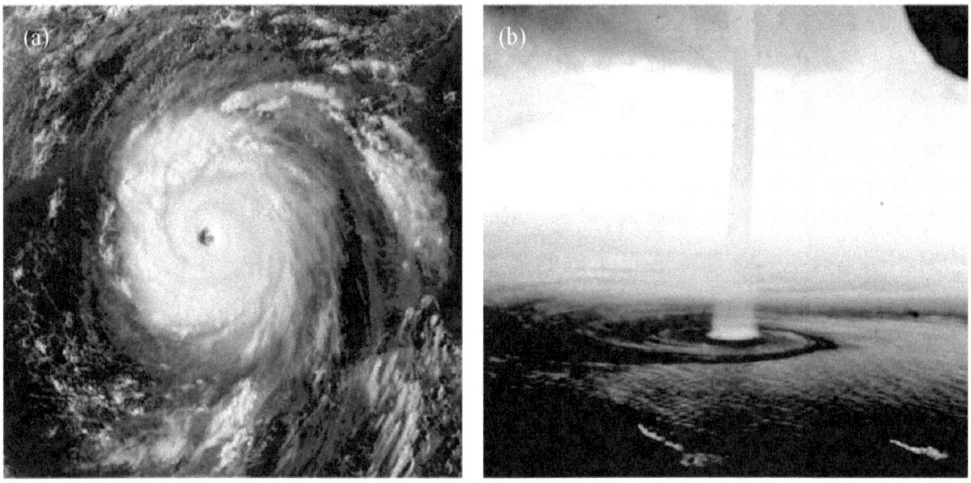

图 7.1(彩)　(a)卫星拍摄到的墨西哥湾的卡特里娜飓风，此飓风让新奥尔良变得满目疮痍（图片来自 NOAA，2005 年 8 月）；(b)美国南佛罗里达岛附近海域出现的水龙卷，我们还可观察到水面上出现螺旋型二次流（图片来自 V. Golden，NOAA）

还存在一些其他的流动情况，涡量的局域化特征相对模糊一些，但旋转流动结构仍然可以很容易地辨别。在这类流动中，流体中的剪切层以不同的速度运动（第 7.4.2 节）。这类结构在数百公里尺度的飓风或旋风卫星图片上清晰可见，在数千公里尺度的木星大气层上也可见到。此外，在第 2.4.2 与 2.4.3 节中，我们也已经涉及到障碍物下游尾迹流中的周期性涡结构。

7.1.2 线型涡丝的简单模型：兰金涡

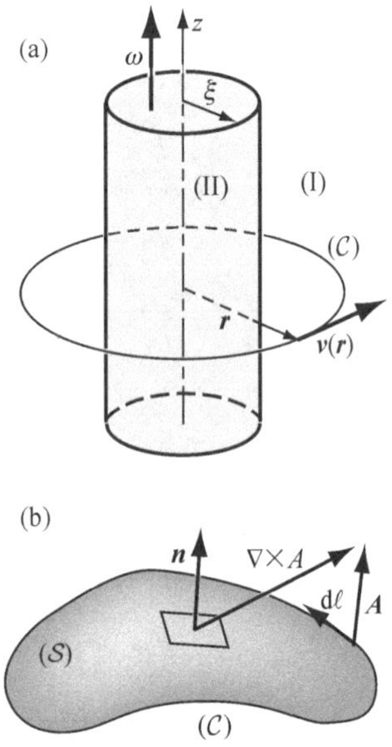

图 7.2 (a)线型涡管诱导的速度场；(b)通过曲线$\mathcal{C}$包围的曲面$\mathcal{S}$上的旋度，来计算矢量场 $\boldsymbol{A}$ 沿曲线$\mathcal{C}$的环量

兰金涡(Rankine vortex)是线型涡丝的代表性模型。这种情况下，涡量集中在直径较小的范围内，即**涡核**区(图 7.2(a))。在该模型中，我们假定涡量均匀分布在半径为 ξ、z 方向无穷长的圆柱体内(图中 II 区)：$\omega_z=\omega_z^0$。我们同时假定，涡量的其他分量在各处都为零：$\omega_x=\omega_y=0$；流场关于 z 轴对称，且沿 z 轴平移不变。在 $r>\xi$ 的区域(图中 I 区)，$w_z=0$。

兰金涡的速度场

我们通过**斯托克斯定理**(Stokes' theorem)来计算相应的速度场，即矢量场 $\boldsymbol{A}$ 沿闭合曲线$\mathcal{C}$的环量等于矢量场 $\boldsymbol{A}$ 的旋度在该曲线围成的面积$\mathcal{S}$上的通量(图 7.2(b))：

$$\int_{\mathcal{C}} \boldsymbol{A}\cdot \mathrm{d}\boldsymbol{l}=\iint_{\mathcal{S}}(\nabla\times \boldsymbol{A})\cdot \boldsymbol{n}\,\mathrm{d}S \qquad (7.2)$$

区域 I($r>\xi$) 为计算与径向矢量 $\boldsymbol{r}$ 正交的速度分量 v_φ，我们首先考虑一个半径为 $r>\xi$、位于与 z 轴垂直的平面上的圆环，并且涡管轴线穿过其圆环中心；然后，通过方程(7.2)进行计算。假设流体绕 z 轴流动，且如上所述不依赖 z，那么根据上述对 ω_z 的假设，我们可得绕圆环周线的速度矢量的环量 Γ 为

$$\Gamma=2\pi r v_\varphi(r)=\int_0^\xi 2\pi\omega_z(r)r\,\mathrm{d}r=\omega_z^0\pi\xi^2 \qquad (7.3)$$

显然，只要 r 大于 ξ，环量 Γ 就不依赖 r，且取值为 $\omega_z^0\pi\xi^2$，该值表征了涡的强度。速度分量 v_φ 随 $1/r$ 变化：

$$v_\varphi(r)=\frac{\Gamma}{2\pi r} \qquad (7.4)$$

注：对于旋度为 0 的方位角矢量场都有：v_φ 随 $1/r$ 变化。简要证明：假定只有分量 v_φ 存在，且只依赖于 r，那么 $\nabla\times\boldsymbol{v}=0$ 可转换为

$$(\nabla\times\boldsymbol{v})_z=\frac{1}{r}\frac{\partial}{\partial r}(rv_\varphi)=0$$

所以 v_φ 正比于 $1/r$。

更一般地，对于围绕涡管的任意闭合曲线来说，其环量均保持不变，这一点可以通过斯托克斯定理来证明。即便在涡管收缩为一条线、线涡量密度无穷大的极限下，该结论仍然适用：只要奇异性分布的积分仍为有限值，我们还是可以给出速度绕涡线的环量值。

区域 II($r<\xi$) 速度环量取值为

$$2\pi r\, v_\varphi(r)=\int_0^r 2\pi\omega_z r\,\mathrm{d}r=\omega_z^0\,\pi r^2$$

$$v_\varphi(r)=\frac{\omega_z^0 r}{2}=\frac{\Gamma r}{2\pi\xi^2} \qquad (7.5)$$

显然，涡管内的流体如同刚体一样旋转，速度 $v_\varphi(r)\propto r$。于是可知，旋转角速度为 $\omega_z^0/2$。

从物理上来说，区域 I 中的流动表现出多连通几何区域中势流的特性，这一点我们已经在第 6.2 节中讨论过；若将该势流叠加在一个绕涡轴线旋转的刚体（区域 II）上，那么该刚体则扮演着绕流障碍物的角色，它周围会出现速度环量。

在黏性流体的流场中，黏性效应随 r 减小，同时随速度梯度 $\partial v_\varphi/\partial r$ 的增大而增大。在兰金涡模型中，我们假定：在小于涡管边界半径 ξ 内不存在黏性效应，只存在类似于以 Ω 为角速度的刚体旋转运动，即 $v_\varphi=\Omega r$。

兰金涡内压力场

区域 I($r>\xi$)　涡量场中，在速度无旋的区域，压力 p 可通过伯努利方程(5.36)计算。在忽略重力的情况下，随着到涡核距离的减小，压力 p 下降：

$$p(r)+\frac{1}{2}\rho v_\varphi^2=p(r)+\frac{1}{2}\rho\frac{\Gamma^2}{4\pi^2 r^2}=p_\infty \qquad (7.6)$$

其中 p_∞ 为压强 $p(r)$ 在 $r\to\infty$ 处的取值。当 r 持续减小，压力降低到足够小时，旋转的流体会发生沸腾，这即为第 5.3.2 节中讨论过的**空化**(cavitation)现象。涡中心压力的降低还将带来另外一个后果：若一个有限尺寸的固体被放置在离涡轴线不远的位置处，那么它将承受一个指向涡核的压力；事实上，由方程(7.6)可知，远离涡心的物体表面所受的压力更大。因此，被涡线收集的固体颗粒或气泡将被“扫进”其中心区域（该现象可用来对涡结构作可视化成像）。类似地，涡线能被粗糙固壁“囚禁”住。

区域 II($r<\xi$)　在涡心附近的类刚体旋转区域，在以角速度 $\omega_z^0/2$ 旋转的参考系下，流体保持静止。在第 7.6.1 节，我们将推导流体在旋转参考系下的运动方程。在同样忽略重力的情况下，我们假定径向压力梯度与旋转离心力互相平衡，于是可得

$$\frac{\partial p}{\partial r}=\rho\left(\frac{\omega_z^0}{2}\right)^2 r=\rho\left(\frac{\Gamma}{2\pi\xi^2}\right)^2 r \qquad (7.7)$$

积分可知，压力随 r 平方增长，在 $r<\xi$ 区域：

$$p(r)=p(0)+\rho\left(\frac{\omega_z^0}{2}\right)^2\frac{r^2}{2}=p(0)+\rho\left(\frac{\Gamma}{2\pi\xi^2}\right)^2\frac{r^2}{2} \qquad (7.8)$$

方程(7.6)和(7.8)必须同时在 $r=\xi$ 时成立，我们可将 $p(0)$ 表示为无穷远处压强 p_∞ 的函数。

单位长度兰金涡的动能

单位长度轴线上，兰金涡的动能 e_k 为

$$e_k = \rho \frac{\Gamma^2}{4\pi}\left(\log \frac{L}{\xi} + \frac{1}{4}\right) \tag{7.9}$$

证明：我们首先考虑涡核半径为 0 的情形，于是可得

$$e_k = \frac{1}{2}\iint \rho v_\varphi^2 \mathrm{d}S = \frac{\rho}{2}\int\left(\frac{\Gamma}{2\pi r}\right)^2 2\pi r\,\mathrm{d}r \tag{7.10}$$

当 r 趋近于无穷大和 0 时，积分 $\int \mathrm{d}r/r = \int \mathrm{d}(\log r)$ 均发散。当我们将 r 限定为尺寸 L 时，第一种发散消失（下文例子中 $L = R$）；当涡核半径有限时，第二种发散也将消失。此外，涡核对动能还有额外的贡献 $J_\xi \Omega_\xi^2/2$，这一项是有限的，其中 $J_\xi = \pi\rho\xi^4/2$ 为惯性矩，$\Omega_\xi = |\boldsymbol{\omega}(\xi)|/2 = \Gamma/(2\pi\xi^2)$ 为旋转角速度。将该项叠加到外部动能后，即得到方程(7.9) 所表示的动能。

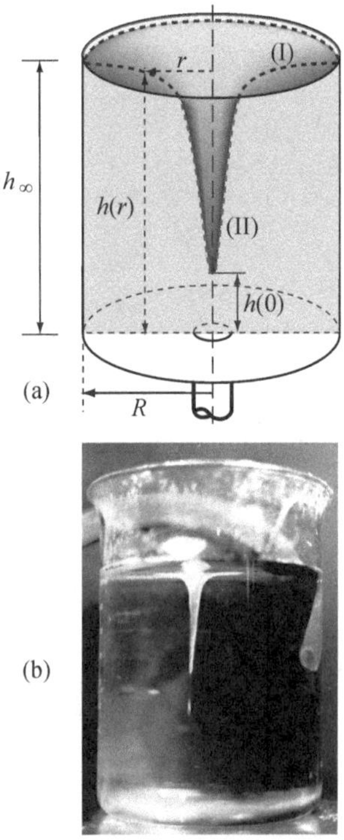

图 7.3 (a)通过容器下方圆形小孔排水生成的涡；(b)实验装置：通过管子向容器中连续注入流体，在稳定情况下观测到的涡

线涡示例：流体自由面处的兰金涡

为实现兰金涡的实验模型，我们选用一个装有一定量水的圆柱容器。水持续通过容器底部中心的小圆孔排出，同时我们在容器壁面附近以流量 Q 切向注入流体使得容器内部水面保持固定高度。如图 7.3 所示，涡到自由面可分为两个区：外部的凸起区域(I)，以及不断向内汇聚的抛物线型区域(II)。为理解观察到的结果，我们可使用兰金涡来描述该流场：区域(I)对应无旋流动，区域(II)对应刚体旋转。前文讨论所得的结果依然成立，但是我们忽略了重力；接下来的推导中包括静水压梯度效应。静水压梯度与离心力的平衡最终给出了自由面的形状。

区域(I)($r \geqslant x$) 自由面是典型的双曲面，方程为

$$h(r) = -\frac{\Gamma^2}{8\pi^2 g r^2} + h_\infty \tag{7.11}$$

证明：类似于第 5.3.2 节的情形，我们在方程(7.6)中增加静水压项 $\rho g z$；并且当距转轴的距离 r 取值较大时，$1/r^2$ 项可以忽略，流体面达到恒定高度 $z = h_\infty$。由于自由面上压强为 p_0，于是由方程(7.6)可得

$$p(r,z) + \rho g z + \frac{1}{2}\rho \frac{\Gamma^2}{4\pi^2 r^2} = p_0 + \rho g h_\infty \tag{7.12}$$

进一步，如果我们忽略自由面弯曲引起的毛细力，在 $r>\xi$ 区，又考虑到自由面高度 $z=h(r)$ 处，$p(r,h(r))=p_0$，那么只要将方程(7.12)中的 p 与 z 用各自的取值代替，我们即可得到方程(7.11)。

区域(II)($r\leqslant\xi$)　在该区域内，界面的形状为抛物线形：

$$h(r)=h(0)+\left(\frac{\Gamma}{2\pi\xi^2}\right)^2\frac{r^2}{2g} \tag{7.13}$$

我们只需在 $r=\xi$ 处联立求解方程(7.11)与(7.13)，即可得到转轴处自由面高度 $h(0)$ 随 h_∞ 的变化关系。

证明：方程(7.7)中的径向压强梯度仍然成立，但此处我们必须同时考虑静水压梯度 $\partial p/\partial z=-\rho g$。当 $z=h(0)$ 与 $r=0$ 时，$p=p_0$，通过分别对 r 和 z 积分，我们可得

$$p(r,z)=p_0+\rho\left(\frac{\Gamma}{2\pi\xi^2}\right)^2\frac{r^2}{2}+\rho g(h(0)-z)$$

在自由表面上，通过 $p=p_0$ 即可得到方程(7.13)。

下面更多关于涡量分布的讨论，都可以通过上述简单的兰金涡例子开展。很多时候，涡量都是以涡丝形式分布在局部空间中。在第 7.3.2 节，我们将看到这种涡量的集中分布如何在纵向旋转流动中维持(以一种简化的方式来描述排空容器时出现的速度场)。

7.1.3　电磁类比

亥姆霍兹类比

类比原理　方程(7.1)建立了速度场 $\boldsymbol{v}(\boldsymbol{r})$ 和涡量 $\boldsymbol{\omega}(\boldsymbol{r})$ 的联系，该方程从形式上来讲与电磁场方程 $\boldsymbol{j}(\boldsymbol{r})=(\nabla\times\boldsymbol{B}(\boldsymbol{r}))/\mu_0$ 是等价的。电磁场方程给出了静态或准静态条件下，电流密度 $\boldsymbol{j}(\boldsymbol{r})$ 对真空磁感应强度 $\boldsymbol{B}(\boldsymbol{r})$ 的依赖性。

注：该电磁场方程对应于准静态的麦克斯韦方程，其中忽略了 $\varepsilon_0\partial A/\partial t$，即我们通常称为**静磁学**(magnetostatics)的情形。

类似于磁感应强度 $\boldsymbol{B}$①，不可压缩流动的速度场 $\boldsymbol{v}$ 是无源的，因为它们分别满足：

$$\nabla\cdot\boldsymbol{H}=\nabla\cdot(\boldsymbol{B}/\mu_0)=0 \tag{7.14a}$$

① 磁场强度 $\boldsymbol{H}$ 与磁感应强度 $\boldsymbol{B}$ 的关系为：$\boldsymbol{B}=\mu_0\boldsymbol{H}$，这里使用 $\boldsymbol{H}$ 是较陈旧的一种表述，仅考虑导致磁场的电荷是自由电荷运动，不考虑约束电荷，如磁化电荷与极化电荷。在电磁学专著中都用 $\boldsymbol{B}$ 来描述安培环路定理以及毕奥-萨伐尔定理(Biot-Savart law)。——译者注

与 $$\nabla\cdot\boldsymbol{v}=0 \tag{7.14b}$$

类似地，我们回顾安培定理可知

$$I=\int_{\mathcal{C}}\boldsymbol{H}\cdot\mathrm{d}\boldsymbol{l}=\iint_{\mathcal{S}}\boldsymbol{j}\cdot\mathrm{d}\boldsymbol{S} \tag{7.15}$$

该方程建立了磁场强度 $\boldsymbol{H}(\boldsymbol{r})$沿一条空间曲线$\mathcal{C}$的环量（曲线$\mathcal{C}$围绕一个通电的导体），以及电流密度 $\boldsymbol{j}(\boldsymbol{r})$通过曲线$\mathcal{C}$围成的曲面$\mathcal{S}$的通量 I 之间的联系。该方程可类比于给出绕涡线速度环量 Γ 的方程(7.2)。

因此，涡丝诱导的速度场可对应于通电导线诱导的磁场强度 $\boldsymbol{H}$。于是，速度矢量的环量 Γ 类比于磁场强度 $\boldsymbol{H}$ 的环量，也就是类比于电流强度 I。

为进一步理解这种类比关系，接下来我们详细讨论直涡管和无限长直导线之间的对应关系。

涡丝和通电直导线诱导的矢量场　上文讨论的直线涡丝可类比于通电直导线。直线涡丝（假设无限长）诱导的速度场可由方程(7.4)给出，如图 7.4(a)所示；对于导线（图 7.4(b)）而言，相应的表达式为

$$H_{\varphi}(r)=\frac{I}{2\pi r} \tag{7.16}$$

其中 $H_{\varphi}(r)$为磁场强度 $\boldsymbol{H}$ 在距离导线 r 处的切向分量。这两种情况下，只有速度（或磁场强度）的切向分量是非零的。

从涡量场计算速度场　在实际应用中，亥姆霍兹类比为我们提供了一种从涡量场计算速度场的方法。由电磁学原理可知：真空中点 M 处的线元导体 $\mathrm{d}\boldsymbol{l}$，在原点 O 点处诱导的磁场 $\mathrm{d}\boldsymbol{H}$ 遵循**毕奥-萨伐尔定律**(Biot-Savat law)：

$$\mathrm{d}\boldsymbol{H}=-\frac{1}{4\pi}I\frac{\mathrm{d}\boldsymbol{l}\times\boldsymbol{r}}{r^{3}} \tag{7.17}$$

其中 I 是导体中电流，$\boldsymbol{r}$ 为模长为 r 的矢量 $\boldsymbol{OM}$。类似地，空间体积$\mathcal{V}$内的电流密度分布 $\boldsymbol{j}(\boldsymbol{r})$诱导的磁场满足

$$\boldsymbol{H}=\iiint_{\mathcal{V}}\frac{1}{4\pi}\frac{\boldsymbol{j}(\boldsymbol{r})\times\boldsymbol{r}}{r^{3}}\mathrm{d}V \tag{7.18}$$

我们发现，环量为 Γ 的涡丝上的线元 $\mathrm{d}\boldsymbol{l}$、或者由空间体积$\mathcal{V}$内的涡量分布 $\boldsymbol{\omega}(\boldsymbol{r})$（图 7.5）诱导的速度场 $\boldsymbol{v}$，满足与上述两式形式完全相同的方程。这种情况下的对应关系为 $\boldsymbol{B}/\mu_0\leftrightarrow\boldsymbol{v}$ 与 $I\leftrightarrow\Gamma$。于是，类比于方程(7.17)和(7.18)，我们可得原点 $\boldsymbol{r}=0$ 处的速度为

$$\mathrm{d}\boldsymbol{v}=-\frac{1}{4\pi}\Gamma\frac{\mathrm{d}\boldsymbol{l}\times\boldsymbol{r}}{r^{3}} \tag{7.19a}$$

注：从数学上来看，**在相同边界条件下**，磁场强度 $\boldsymbol{H}$ 与速度场 $\boldsymbol{v}$ 应存在相对应的形式。在流体动力学中，静止固壁上的边界条件要求速度的法向分量为零，即 $v_{\perp}=0$；由第 4.3.1 节讨论可知：壁面附近的流线应平行于固壁。相应地，在电磁学问题中，我们仅可在一类特殊情形下观察到类似的边界条件，即超导体内部出现的排磁迈斯纳效应。因此，在下面的讨论中，我们仅考虑自由空间中通电导线系统诱导的磁场和流场的类比问题，这对应于无限大容器中流体的流动情况，此时我们不再需要考虑壁面边界条件。

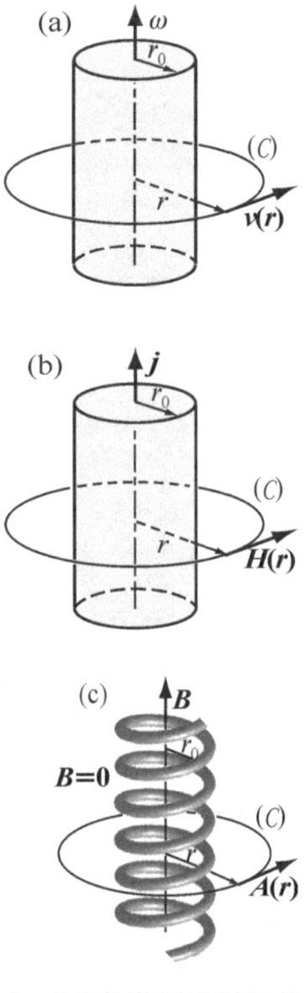

图 7.4　(a)直线涡丝诱导的速度场；(b)具有一定电流密度的导管所诱导的磁场（亥姆霍兹类比）；(c)螺线管产生的磁场强度和矢势（麦克斯韦类比）

和

$$v = \iiint_{\mathcal{V}} \frac{1}{4\pi} \frac{\boldsymbol{\omega}(\boldsymbol{r}) \times \boldsymbol{r}}{\boldsymbol{r}^3} \mathrm{d}V \tag{7.19b}$$

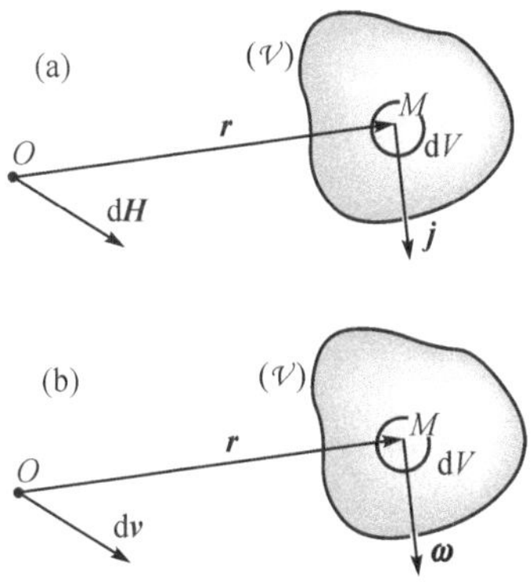

图 7.5　(a)电流密度 $\boldsymbol{j}(\boldsymbol{r})$诱导的磁场；(b)涡量分布 $\boldsymbol{\omega}(\boldsymbol{r})$诱导的速度场

应用举例：曲线涡丝上的自感应速度场　如图 7.6 所示，我们以下来证明曲线涡丝在 O 点处诱导的速度 $\boldsymbol{u}_l$ 的大小为

$$|\boldsymbol{u}_l| = -\frac{|\Gamma|}{4\pi R} \log\left(\frac{R}{\xi}\right) \tag{7.20}$$

其中 R 为涡丝的曲率半径，Γ 为环量，ξ 为涡丝的半径。速度矢量 $\boldsymbol{u}_l$ 垂直于涡丝所在平面，O 点的感应速度主要由其邻域内的涡丝单元产生。速度分量 $\boldsymbol{u}_l$ 驱动着曲线涡丝的运动，即使在没有外部流动参与的情况下仍然存在。在第 7.2.1 节中，我们将看到理想流体中涡丝单元以流体局部速度运动(即开尔文定理)。该运动速度是外加速度与涡丝邻域部分自感应速度的总和。

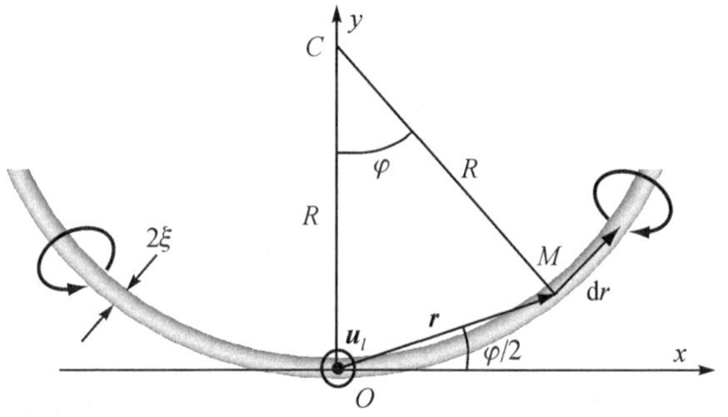

图 7.6　曲线涡丝上的自感应速度场：O 点处的感应速度矢量 $\boldsymbol{u}_l$ 沿图所在平面向外，此方向作为环量方向

证明：我们来计算曲线涡上 O 点处的自感应速度场，假设此处涡线的曲率半径 R 远大于涡核的半径 ξ。我们仅需考虑邻域点 M 对 O 点处的贡献 $\boldsymbol{u}_l$；记 M 点的镜面($y-z$ 平面，图 7.6)对称点为 M'，进一步从 M' 到 M 做线积分，由方程(7.19a)可知，所得速度 $\boldsymbol{u}_l$ 沿 z 轴方向，表达式为

$$\boldsymbol{u}_l = -\frac{\Gamma}{4\pi} \int \frac{\mathrm{d}\boldsymbol{r} \times \boldsymbol{r}}{r^3}$$

在以 O 为原点的参考系里，$\boldsymbol{r}$ 的分量形式为$[R\sin\varphi, R(1-\cos\varphi), 0]$，因此有

$$\mathrm{d}\boldsymbol{r} = [R\cos\varphi\mathrm{d}\varphi, R\sin\varphi\mathrm{d}\varphi, 0]$$

由于系统关于 $y-z$ 平面对称，于是可得

$$|\boldsymbol{u}_l| = \frac{\Gamma}{4\pi}\left|\int \frac{\mathrm{d}\boldsymbol{r} \times \boldsymbol{r}}{r^3}\right| = 2\left(\frac{\Gamma}{4\pi}\right)\int_{\varphi_{\min}}^{\varphi_{\max}} \frac{2R^2\sin^2(\varphi/2)\mathrm{d}\varphi}{8R^3\sin^3(\varphi/2)}$$

$$= \frac{\Gamma}{8\pi R}\int_{\varphi_{\min}}^{\varphi_{\max}} \frac{\mathrm{d}\varphi}{\sin(\varphi/2)}$$

涡线上每点的感应速度与该点处的曲率半径 R 的倒数成正

比。特别地，对于直涡丝($R\to\infty$)该速度趋近于0，这也是我们通过对称性分析所预期的结果。

当φ取值较小时，该积分以$\int 2d\varphi/\varphi$(即$2\log\varphi$)的形式发散。由前文讨论可知，这是因为我们认为涡线无穷细而忽略了涡核的径向尺度；因此，在低于某个值φ_{min}时，距离r与ξ相当，上式不再适用。这种发散的存在也说明：O点处的诱导速度场主要来源于该点在涡线上邻域单元的贡献。如果要准确地处理该问题，我们需引入涡核内涡量密度分布；或者考虑一种较为精确的近似，取ξ作为r取值的下限。当前的处理中，我们取$\varphi_{min}\approx\xi/R$作为积分下限来估计诱导速度的数量级。在该近似下，积分可得到方程(7.20)。上限φ_{max}引起的效应只是增加一个常数，且该常数对上限值φ_{max}依赖性很弱，所以我们可以将其取值为$\pi/2$。

麦克斯韦类比(Maxwell analogy)

在上面的讨论中，我们看到亥姆霍兹类比为我们提供了从涡量分布估算速度场的手段。然而，在该类比中，我们需要将一个**轴向赝矢量**(axial pseudovector，其方向取决于参照系的选择，此处为涡量)关联于一个**极矢量**(polar vector，此处为电流密度)。类似地，该类比也给出了速度场(极矢量)和磁场(轴矢量)之间的对应关系。直接从麦克斯韦方程出发，我们可得到另一个类比关系：该类比一方面直接将涡量$\boldsymbol{\omega}$对应于磁场$\boldsymbol{B}$，另一方面将流动速度场$\boldsymbol{v}$对应于磁矢势$\boldsymbol{A}$。这个类比将一个极矢量与另一个极矢量关联，并将一个轴矢量与另一个轴矢量关联，具体的类比方程如下：

$$\boldsymbol{B}=\nabla\times\boldsymbol{A} \quad (7.21a) \quad 和 \quad \boldsymbol{\omega}=\nabla\times\boldsymbol{v} \quad (7.21b)$$

$$\nabla\cdot\boldsymbol{A}=0 \quad (7.22a) \quad 和 \quad \nabla\cdot\boldsymbol{v}=0 \quad (7.22b)$$

在该类比中，直线涡丝等价于一个半径为涡核半径的无穷长螺线管(图7.4(c))：只有在螺线管内磁场$\boldsymbol{B}$不为零，正如涡量只在涡核中为非零一样。与由涡线诱导的速度一样，在螺线管外，磁矢势$\boldsymbol{A}$也遵循$1/r$衰减关系；$\boldsymbol{A}$仅有周向分量A_φ非零，并且它与螺线管内磁场B_i及ξ满足关系：$A_\varphi=B_i\xi^2/2r$。

注：在经典电磁场理论中，矢势$\boldsymbol{A}(\boldsymbol{r})$通常仅被看作是方便磁场计算的中间量，正如电场的标量势一样。麦克斯韦赋予磁矢势的物理意义备受争议。困难之处在于，如果矢势$\boldsymbol{A}$是从其与磁场关系$\boldsymbol{B}=\nabla\times\boldsymbol{A}$来定义的，那么它仅由对任意标量函数的梯度来确定[①]。

通过使用磁矢势$\boldsymbol{A}$，流体力学的方程可表述为与麦克斯韦方程完全一致的形式：这一点对于两种场(磁场与流场)共存的问题的处理非常有用。在本章附录中(第7A.4节)我们将看到，在量子现象中矢势具有清晰的物理意义。

① 由静电荷产生的电场$\boldsymbol{E}$是无旋的，即$\nabla\times\boldsymbol{E}=0$，根据标量的梯度再取旋度后等于零，则电场$\boldsymbol{E}$可以写成一个标量电势$\phi$的负梯度$E=-\nabla\phi$；类似于电场$\boldsymbol{E}$，由于麦克斯韦方程中静电荷产生的磁场散度为零，即$\nabla\cdot\boldsymbol{B}=0$，我们自然而然可通过引入矢量势的旋度即$\boldsymbol{B}=\nabla\times\boldsymbol{A}$给出磁场，而矢量势的选取不唯一，甚至可以是任意的。——译者注

7.2　速度环量动力学

前文引入了涡线以及涡量分布连续性等概念，本节我们将通过考虑流场中任意闭曲线上的速度环量的变化来讨论涡量动力学特性。在接下来的 7.3 节，我们将直接从纳维-斯托克斯方程出发推导涡量随时间的演化方程。这两节讨论得到的结果既适用于涡量连续分布的情形，也适用于涡量局限在奇点处的情形。

7.2.1　开尔文定理：环量守恒

开尔文定理的推导

开尔文定理(Kelvin's theorem)指出，在满足下列条件的情况下，流场中相同的流体质点组成的闭合曲线上的速度环量保持不变：

- 无黏流体（例如理想流体，$\eta=0$）；
- 外力可通过势函数 φ 表达：$\boldsymbol{f}=-\nabla\varphi$；
- 流体密度为常数，或者更一般地，密度仅是压力的函数：$\rho=f(p)$。

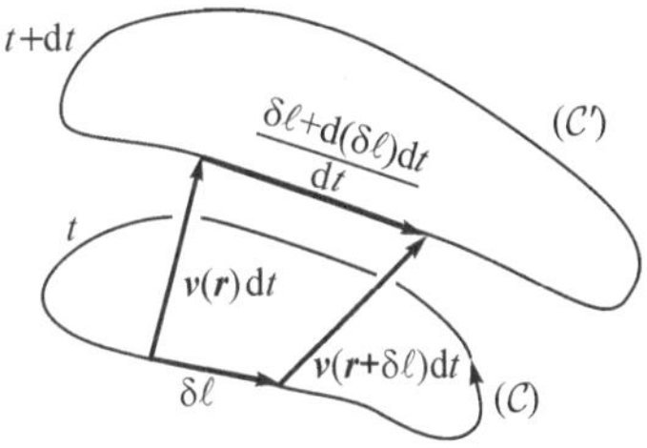

图 7.7　流场中闭合曲线($\mathcal{C}$)上的线元变化，该曲线跟随流体运动

上述假设与第 5.3.2 节中推导伯努利方程时所做的假设是等价的。开尔文定理可由以下方程表示：

$$\frac{\mathrm{d}}{\mathrm{d}t}\left[\int_{\mathcal{C}} \boldsymbol{v}\cdot\delta\boldsymbol{\ell}\right]=0 \tag{7.23}$$

其中，与前文定义一样，$\mathrm{d}/\mathrm{d}t$ 是随体对流导数（拉格朗日表述）。积分路径为封闭曲线$\mathcal{C}$；这里我们使用 $\delta\boldsymbol{\ell}$，以免与$\boldsymbol{\ell}$随时间的变化量混淆。如图 7.7 所示，实施积分的空间曲线是跟随流体运动的。

证明：环量变化来源于两部分贡献，其一是积分曲线上各点速度随时间的变化，其二是曲线$\mathcal{C}$自身经历一定位移后产生的变形，这两项可以通过对方程(7.23)拆分来得到：

$$\frac{\mathrm{d}}{\mathrm{d}t}\left[\int_{\mathcal{C}} \boldsymbol{v}\cdot\delta\boldsymbol{\ell}\right]=\int_{\mathcal{C}}\frac{\mathrm{d}\boldsymbol{v}}{\mathrm{d}t}\cdot\delta\boldsymbol{\ell}+\int_{\mathcal{C}}\boldsymbol{v}\cdot\frac{\mathrm{d}(\delta\boldsymbol{\ell})}{\mathrm{d}t} \tag{7.24}$$

通过欧拉方程，第一项积分的被积函数可改写为

$$\frac{\mathrm{d}\boldsymbol{v}}{\mathrm{d}t}=-\nabla\varphi-\frac{1}{\rho}\nabla p \tag{7.25}$$

如果流体密度仅依赖压力 $\rho=f(p)$，那么方程(7.25) 中右侧第二项也可以表示为一个函数的梯度 $g(p)=\int\mathrm{d}p/f(p)$，根

据梯度的基本特性可知，方程(7.25)中右侧两项的环量为零，因此矢量 $\mathrm{d}\boldsymbol{v}/\mathrm{d}t$ 沿周线$\mathcal{C}$的积分也为零。方程(7.24)中右侧第二项遵循下列等式：

$$\int_{\mathcal{C}} \boldsymbol{v} \cdot \frac{\mathrm{d}(\delta \boldsymbol{\ell})}{\mathrm{d}t} = \int_{\mathcal{C}} v_i \cdot \mathrm{d}\frac{\delta \ell_i}{\mathrm{d}t} = \int_{\mathcal{C}} v_i \left(\frac{\partial v_i}{\partial x_j}\delta \ell_j\right) = \int_{\mathcal{C}} \frac{\partial}{\partial x_j}\left(\frac{\boldsymbol{v}^2}{2}\right) \cdot \delta \ell_j$$

$$= \int_{\mathcal{C}} \nabla\left(\frac{\boldsymbol{v}^2}{2}\right) \cdot \delta \boldsymbol{\ell} = 0$$

曲线$\mathcal{C}$上线元 $\delta\mathrm{d}\boldsymbol{\ell}$随时间的变化源于该线元两端点的速度差 $\delta \boldsymbol{v}$(图 7.7)，所以每个分量 $\mathrm{d}(\delta \ell_i)/\mathrm{d}t$ 等于 $(\partial v_i/\partial x_j)\delta \ell_j$。联立上述两个结果，我们即可得到方程(7.23)。

利用方程(7.2)，开尔文定理可改写为

$$\frac{\mathrm{d}}{\mathrm{d}t}\left(\iint_{\mathcal{S}} \nabla \times \boldsymbol{v} \cdot \delta \boldsymbol{S}\right) = \frac{\mathrm{d}}{\mathrm{d}t}\left(\iint_{\mathcal{S}} \boldsymbol{\omega} \cdot \delta \boldsymbol{S}\right) = 0 \qquad (7.26)$$

因此，在封闭曲线$\mathcal{C}$围成的任意截面上，涡量矢量 $\boldsymbol{\omega}$ 的通量，即总涡量，在流动过程中始终保持为常数。

开尔文定理的物理意义和推论

上文有关开尔文定理的推导说明，理想流体中**角动量**(angular momentum)是守恒的，这也完善了我们在第 5 章中有关守恒律的讨论。

理想流体中角动量守恒的证明

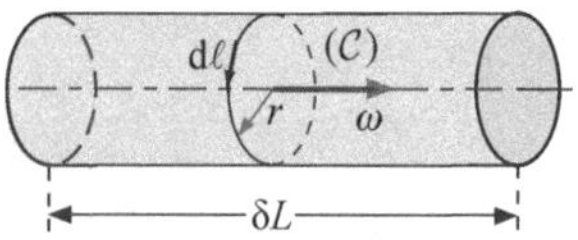

图 7.8 涡管元角动量的计算

如图 7.8 所示，我们考虑长度为 δL 的圆形涡管元，穿过半径为 r 且所在平面与 $\boldsymbol{\omega}$ 方向垂直的圆环。由前文讨论可知，单元微元的当地角速度矢量 $\boldsymbol{\Omega}$ 等于 $\boldsymbol{\omega}/2$。考虑到沿半径为 r 的环线$\mathcal{C}$的速度环量 Γ 等于通过该环线的涡通量，因此，环量 Γ 与涡量大小 ω 满足：

$$\Gamma = \int \boldsymbol{v} \cdot \mathrm{d}\boldsymbol{\ell} = \pi r^2 \omega \qquad (7.27)$$

乘积 $\pi r^2 \omega$ 可以转换为关于局部旋转速度 $\Omega(=\omega/2)$ 以及长度为 δL 的圆柱的转动惯量 J 的表达式：

$$\pi r^2 \omega = \frac{\delta m r^2}{2} \frac{\omega}{2} \frac{4\pi}{\delta m} = KJ\Omega \qquad (7.28)$$

其中圆柱微元流体质量为 $\delta m = \rho \pi r^2 \delta L$，$\rho$ 为密度，$J = \delta m r^2/2$ 为转动惯量，$K = 4\pi/\delta m$。因此，在涡管微元上流体质量 δm 为常数的情况下，由方程(7.27)和(7.28)可知，环量 Γ 的守恒等价于涡管单元上流体的角动量 $J\Omega$ 守恒。

根据环量定理，我们可以得到一些富含物理意义的结论：

(i) 初始时刻，如果绕任意封闭曲线的环量为零，那么环量将维持为零。具体来说，对于无黏性流体($\eta=0$)，从静止开始运动后将会在接下来的时间里始终维持无旋流动，即任何位置上涡量矢量 $\boldsymbol{\omega}(\boldsymbol{r})$ 恒为 0。事实上，对于流场内的任意封闭物质曲线，如果沿着该曲线的环量在初始时刻为零，那么它在后续的时间里始终保持为零。既然该物质曲线可以任意小，那么由斯托克斯定理可知，流场中所有点上 $\boldsymbol{\omega}(\boldsymbol{r})$ 为零。我们已经在第 6.1 节提及这种维持性的特性，用以关联势流与理想流体的流动。

注：该性质的一个具体实例是：当飞机机翼是从静止开始运动后，机翼后缘下游会出现所谓的起动涡(图 7.27(b))。

(ii) 在涡量矢量 $\boldsymbol{\omega}(\boldsymbol{r})$ 不为零的流动中，涡线(管)完全沿着由流体质点组成的曲线(面)运动，这类曲线(面)称之为**物质线**(material lines)。接下来，我们考虑涡管 $\mathcal{T}$ 面上的封闭物质线 $\mathcal{C}$。如图 7.9 所示，物质线 $\mathcal{C}$ 并没有绕管一圈形成闭环：因此，我们可以取一个面 $\mathcal{S}$，让此面完全位于涡管壁上，且面 $\mathcal{S}$ 由物质线 $\mathcal{C}$ 围成。因为涡量 $\boldsymbol{\omega}$ 与壁面相切，所以通过面 $\mathcal{S}$ 的涡通量为零。因此，在接下来的时间里，虽然物质线 $\mathcal{C}$ 不断随体运动，但该涡通量一直为零。由于此结论在所有类似的物质线 $\mathcal{C}$ 上都成立，那么由最初属于涡管 $\mathcal{T}$、并通过对流输运的流体质点所组成的结构也可以看作是涡管。

(iii) 如图 7.9 所示，现在我们来考虑一个涡管壁上的物质面 $\mathcal{C}_1$，它由绕涡管的两条闭环 $\mathcal{C}_{1a}$ 与 $\mathcal{C}_{1b}$，以及连接二者的平行路径 $\mathcal{C}_{1c}$ 和 $\mathcal{C}_{1d}$ 围成。与上文讨论的物质线类似，沿 $\mathcal{C}_1$ 速度环量保持为零，这是因为在 $\mathcal{C}_1$ 围成的面 $\mathcal{S}_1$ 完全属于涡管壁；然而，$\mathcal{C}_{1a}$ 或 $\mathcal{C}_{1b}$ 上的环量并不为零，因为这两条物质线之一围成的任意面必将贯穿涡管的截面。路径 $\mathcal{C}_{1c}$ 与 $\mathcal{C}_{1d}$ 可无限靠近，由于二者方向相反，因此贡献会相互抵消：这是由于沿 $\mathcal{C}_{1a}$ 与 $\mathcal{C}_{1b}$ 的环量绝对值相等但方向相反，两者之和与沿 $\mathcal{C}_1$ 的环量一样，也为零。因此，如果物质线绕涡管成封闭曲线，穿过此封闭曲线的涡通量(与环量相等)保持不变，这类似于无源管道流中速度通量的特性。

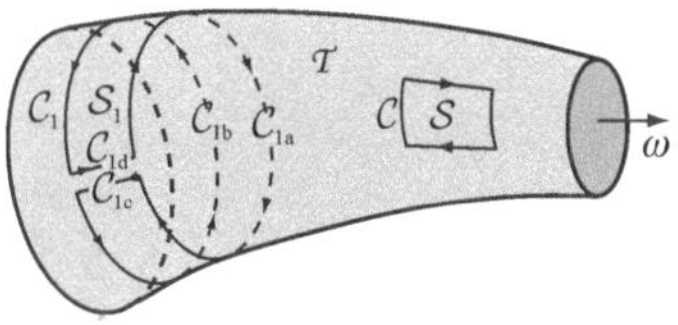

图 7.9　通过涡管面上封闭的物质线说明涡通量变化的示意图

(iv) 第 7.4 节中我们将讨论涡丝的运动，在这种情况下，涡量集中在奇异线(涡核)处。届时我们将发现涡核总是以流体的局部速度运动(该速度由外部流动与涡核处邻域部分涡丝诱导的流动叠加而成，见第 7.1.3 节)。在某个瞬时，如果物质线小到涡核尺寸，那么它将始终绕该涡心形成闭环，在流体发生运动后，沿该物质线的速度环量仍保持为常数，即等于涡核的涡通量。

此外，涡丝要么绕其自身闭合(比如涡环)，要么终止在固壁或液体界面上。涡丝不可能悬空、疏松地终结在理想流体中。由前文讨论可知，围绕涡的物质线$\mathcal{C}$的速度环量Γ等于穿过$\mathcal{C}$围成的面$\mathcal{S}$的涡通量$\boldsymbol{\omega}$。如果涡丝存在一个自由的终结端，那么依赖于面$\mathcal{S}$相对于自由末端的位置，$\mathcal{S}$可能与涡心相交或不相交，涡量积分值也将随着$\mathcal{S}$的位置变化。该结果与具有明确定义的、沿$\mathcal{C}$的速度环量值相矛盾。

7.2.2 环量的来源

我们首先来回顾一下第 7.2.1 节中从方程(7.24)出发的关于环量定理的证明。当第 7.2.1 节开篇所列的三个条件不满足时，绕某个特定物质线的速度环量将不再是常数。方程(7.24)中第二项仍为零，但我们需要利用纳维-斯托克斯方程(4.30)中的 $\mathrm{d}\boldsymbol{v}/\mathrm{d}t$ 来估算第一项，而非第 7.2.1 节中使用的欧拉方程(4.31)，于是有

$$\frac{\mathrm{d}\boldsymbol{v}}{\mathrm{d}t}=\boldsymbol{f}-\frac{1}{\rho}\nabla p+\nu\nabla^2\boldsymbol{v}\qquad(7.29)$$

方程(7.24)可改写为

$$\begin{aligned}\frac{\mathrm{d}}{\mathrm{d}t}\left[\int_{\mathcal{C}}\boldsymbol{v}\cdot\delta\boldsymbol{l}\right]&=\int_{\mathcal{C}}\frac{\mathrm{d}\boldsymbol{v}}{\mathrm{d}t}\cdot\delta\boldsymbol{l}\\&=\underset{\text{I}}{\int_{\mathcal{C}}\boldsymbol{f}\cdot\delta\boldsymbol{l}}-\underset{\text{II}}{\int_{\mathcal{C}}\frac{1}{\rho}(\nabla p)\cdot\delta\boldsymbol{l}}+\underset{\text{III}}{\int_{\mathcal{C}}\nu\nabla^2\boldsymbol{v}\cdot\delta\boldsymbol{l}}\end{aligned}\qquad(7.30)$$

现在我们需要阐明上式中Ⅰ、Ⅱ和Ⅲ这三项的物理含义。

注：在实验室条件下，我们可通过从一个大圆柱型容器(直径约 2 m)底部中心的开孔排出流体来观察科里奥利力效应。流体从小孔排出时会产生向心的径向速度，该速度会诱导科里奥利力的产生，并导致流体发生旋转，力的大小依赖于流体的局部旋转速度$\boldsymbol{\Omega}$。该现象非常类似于绕低气压区的大气流动。需要注意的是：实验中必须严格控制条件；更准确地说，实验前流体必须在较长的时间内保持静止，以保证所有残留的涡量都完全耗散掉。在排空浴缸中的盛水时我们能观察到残余涡量效应(见第 7.3.2 节)，该效应在盛水容器排空的过程中会被加强，并最终导致排水漩涡；该漩涡的方向经常是随机的，与$\boldsymbol{\Omega}$的方向无关。

非守恒体积力(方程(7.30)中的第Ⅰ项)

如果作用于单位体积流体的体积力 $\boldsymbol{f}$ 不能表达为某一势函数的导数，那么由它诱导产生的速度绕封闭物质线的环量将不再为零：即这个力可诱导非零环量。在流体力学中，我们可以举出两个重要的例子：

科里奥利力 在旋转参考系下，流体运动方程中出现的 $-2\boldsymbol{\Omega}\times\boldsymbol{v}$ 项即为科里奥利力的数学形式，其中，$\boldsymbol{\Omega}$ 为参考系的角速度矢量($-2\boldsymbol{\Omega}\times\boldsymbol{v}$ 并非真正的物理上的力，仅是由于坐标变换而在旋转参考系下测定速度导致的，因此该力又称**假想力**(fictitious force))。例如，大气和海洋环流就发生在旋转参考系下，旋转速度 $\boldsymbol{\Omega}$ 为地球的转动角速度，$\boldsymbol{v}$ 为地球的局部旋转速度矢量，其方向依赖于测点处于地球的哪个半球(见第 7.6.1 节)。

更一般地，科里奥利力通常对尺度很大的大气流动有重

要影响，我们将在第 7.6 节中详细讨论。

磁流体力 对导电流体施加磁场 $\boldsymbol{B}$ 可以诱导磁流体力。没有净余电荷的导电流体，在电场 $\boldsymbol{E}$ 和磁场 $\boldsymbol{B}$ 的共同作用下（$\boldsymbol{E}$ 与 $\boldsymbol{B}$ 均在实验室参考系下定义），导电流体中的电流密度为 $\boldsymbol{j}(\boldsymbol{r},t)$，由此诱导的单位体积流体内的**拉普拉斯力**（Laplace force）为 $\boldsymbol{F}_{\text{Laplace}}=\boldsymbol{j}\times\boldsymbol{B}$。

证明：在实验室参考系下，电荷为 q_i、速度为 $\boldsymbol{v}_{pi}$ 的粒子（电子、离子等）受到的洛伦兹力为 $q_i(\boldsymbol{E}+\boldsymbol{v}_{pi}\times\boldsymbol{B})$。粒子的合速度 $\boldsymbol{v}_{pi}$ 为粒子相对流体的速度与流体自身速度 $\boldsymbol{v}$ 之和。分析可知：单位体积 $\mathcal{V}_1$ 内合力为 $\Sigma_{i\in\mathcal{V}_1}q_i(\boldsymbol{E}+\boldsymbol{v}_{pi}\times\boldsymbol{B})$。因为流体是电中性的，所以电场引起的合力为零：$\Sigma_{i\in\mathcal{V}_1}q_i=0$。此外，考虑到流体中的电流密度 $\boldsymbol{j}=\Sigma_{i\in V_1}q_i\boldsymbol{v}_{pi}$，于是可知单位体积流体受到的拉普拉斯力为 $\boldsymbol{F}=\Sigma_{i\in\mathcal{V}_1}q_i\boldsymbol{v}_i\times\boldsymbol{B}=\boldsymbol{j}\times\boldsymbol{B}$。对于电中性流体，电流密度 $\boldsymbol{j}$ 仅由电荷相对流体的运动决定（电荷符号相反时电流方向也相反）。事实上，流动速度 $\boldsymbol{v}$ 的贡献项 $\Sigma_{i\in\mathcal{V}_1}q_i\boldsymbol{v}$ 也为零（原因相同，即电流密度 $\boldsymbol{j}$ 不依赖参考系的选取）。

在考虑拉普拉斯力的情况下，流体的运动方程可改写为

$$\frac{\mathrm{d}\boldsymbol{v}}{\mathrm{d}t}=\boldsymbol{f}-\frac{1}{\rho}\nabla p+\frac{\boldsymbol{j}\times\boldsymbol{B}}{\rho}+\nu\nabla^2\boldsymbol{v} \tag{7.31}$$

类似于第 7.1.3 节，我们在准静态的假设下进行讨论，这意味着系统变化足够缓慢，且相应的速度很小。这种情况下，我们可以忽略位移电流 $\partial\boldsymbol{D}/\partial t$，麦克斯韦方程可表述为 $\nabla\times\boldsymbol{H}=\nabla\times\boldsymbol{B}/\mu=\boldsymbol{j}$。我们进一步假设 $\boldsymbol{B}$ 与 $\boldsymbol{H}$ 成正比，磁化率为 $\mu=\boldsymbol{B}/\boldsymbol{H}$，其在空间中分布可能不均匀。考虑拉普拉斯力，并使用矢量关系式 $(\boldsymbol{B}\cdot\nabla)\boldsymbol{B}/\mu=\nabla(\boldsymbol{B}^2/2\mu)+\{\nabla\times(\boldsymbol{B}/\mu)\}\times\boldsymbol{B}$，方程 (7.31) 可改写为

$$\frac{\mathrm{d}\boldsymbol{v}}{\mathrm{d}t}=\boldsymbol{f}-\frac{1}{\rho}\nabla\left(p+\frac{\boldsymbol{B}^2}{2\mu}\right)+\frac{1}{\rho}(\boldsymbol{B}\cdot\nabla)\frac{\boldsymbol{B}}{\mu}+\nu\nabla^2\boldsymbol{v} \tag{7.32}$$

压强梯度表达式中的 $\boldsymbol{B}^2/2\mu$ 项并不能诱导涡量的产生（假定密度 ρ 为常数），此项称为**磁压**（magnetic pressure）。相比之下，$(\boldsymbol{B}\cdot\nabla)(\boldsymbol{B}/\mu)$ 不能表达为势函数的梯度，因此可能成为诱导涡量的原因。

如果磁场在流体中能诱导涡量，那么导电流体的流动反过来也能够诱导磁场。该磁场 $\boldsymbol{B}$ 满足：

$$\frac{\partial\boldsymbol{B}}{\partial t}=\nabla\times(\boldsymbol{v}\times\boldsymbol{B})+\nu_m\nabla^2\boldsymbol{B} \tag{7.33a}$$

其中 $\nu_m=(\mu\sigma_{el})^{-1}$ 为磁扩散率(σ_{el}为导电流体的电导率,μ 为磁化率)。利用矢量关系式$\nabla\times(\boldsymbol{v}\times\boldsymbol{B})=-(\boldsymbol{v}\cdot\nabla)\boldsymbol{B}+(\boldsymbol{B}\cdot\nabla)\boldsymbol{v}$,方程(7.33a)可改写为

$$\frac{\mathrm{d}\boldsymbol{B}}{\mathrm{d}t}=\frac{\partial\boldsymbol{B}}{\partial t}+(\boldsymbol{v}\cdot\nabla)\boldsymbol{B}=(\boldsymbol{B}\cdot\nabla)\boldsymbol{v}+\nu_m\nabla^2\boldsymbol{B} \qquad (7.33\text{b})$$

观察可知:第一个等式右侧是非定常项与对流项的贡献之和,第二个等式右侧第一项对应磁管的拉伸效应与尖端效应。在第 7.3.1 节中,我们将讨论这些效应与描述涡量演化的方程(7.41)之间的关系:我们会发现方程(7.41)与(7.33b)有等价的数学形式。我们注意到,在拉伸的情形下(比如,在 z 方向上 $v_z\partial B_z/\partial z>0$)磁场会增强。相比之下,第二个等式右边第二项表示磁场 $\boldsymbol{B}$ 的扩散,该项总是倾向于削弱磁场。

证明:在实验室参考系下,如果流体静止,电流与电场强度 $\boldsymbol{E}$ 有关,由欧姆定律给出:$\boldsymbol{j}=\sigma_{el}\boldsymbol{E}$。当流体以速度 $\boldsymbol{v}$ 运动时,如果我们将 $\boldsymbol{E}$ 用 $\boldsymbol{E}'$替代,并以运动流体为参考系,欧姆定律仍然成立。$\boldsymbol{E}'$关联于 $\boldsymbol{E}$ 和 $\boldsymbol{B}$:$\boldsymbol{E}'=\boldsymbol{E}+\boldsymbol{v}\times\boldsymbol{B}$。因此,在实验室参考系下,欧姆定律 $\boldsymbol{j}=\sigma_{el}\boldsymbol{E}'$可改写为 $\boldsymbol{E}$ 与 $\boldsymbol{B}$ 的函数:$\boldsymbol{j}=\sigma_{el}(\boldsymbol{E}+\boldsymbol{v}\times\boldsymbol{B})$。

对麦克斯韦方程$\nabla\times(\boldsymbol{B}/\mu)=\boldsymbol{j}$ 取旋度,利用上述方程,我们可得

$$\nabla\times(\nabla\times(\boldsymbol{B}/\mu))=\sigma_{el}(\nabla\times\boldsymbol{E}+\nabla\times(\boldsymbol{v}\times\boldsymbol{B})) \qquad (7.34)$$

使用矢量恒等式(7.45)来计算 $\nabla\times(\nabla\times\boldsymbol{B})$项,以及其他麦克斯韦方程式:$\nabla\cdot\boldsymbol{B}=0$ 和$\nabla\times\boldsymbol{E}=\partial\boldsymbol{B}/\partial t$;在流体的磁化率 m 与电导率 σ_{el} 都是常数的情况下,我们引入 $\nu_m=(\mu\sigma_{el})^{-1}$,最终可得方程(7.33)。类似于其他输运现象,我们引入一个无量纲数 Re_m 来表征方程(7.33a)与(7.33b)中对流与扩散的相对贡献。

注:无量纲数 $Re_m=UL/\nu_m$ 称为**磁雷诺数**(magnetic Reynolds number),其中 U 与 L 分别是流动的特征速度和特征长度。

在地球物理学中,方程(7.32)、(7.33a)和(7.33b)的一个重要应用为**发电机效应**(dynamo effect),该效应是地球磁场形成的根源。在这种情况下,导电流体为地核内部的流体,地核内部流体对流运动产生了磁场。这是一个复杂的耦合系统:磁场的初始扰动导致了力的产生,从而导致了流体中的电流;反过来,流体中的电流会引起磁场,进而将初始扰动加强。

在实验室条件下,我们可以在充满钠离子流体的圆柱形容器中复现发电机效应:在圆柱的两端通过同轴、反向转动的叶片在圆柱内部形成湍流。当叶片的旋转速度大于某个阈值角速度时,圆柱内会自发产生磁场;同时我们可观察到磁极的随机反转,这与地球磁场情况类似。前文引入的磁雷诺数 Re_m

是判断是否出现发电机效应的关键参数。

磁流体动力学具有广泛的应用：比如，热核聚变中使用的环磁机（**托克马克**（Tokamak）装置），该装置中导电等离子体（电离气体）会受到强磁场的作用；卫星的推进系统；一些加工制造系统中的液体金属推进剂。等离子体受强磁场作用的情形经常在天体（比如，恒星）或地球的大气中出现，在高海拔区域尤其明显。

非正压流体（方程(7.30)的第Ⅱ项）

正压流体（barotropic fluid）的密度仅是压力的函数 $\rho=f(p)$，即**等压面**（isobars）（压力 p 为常数）与**等密度面**（isostress）（等密度线）重合。若非如此，$(-\nabla p)/\rho$ 则不可能被表达为一个标量函数的梯度，那么方程(7.30)中相应的积分项也无法消失。如图 7.10 所示，我们考虑流体微元$\mathcal{V}'$，其重心 G 与浮力 P 的中心不再一定重合（依据阿基米德原理浮力中心，通过外部流体的等压面确定）。因此，存在一个扭矩迫使流体发生局部旋转，从而产生速度环量。

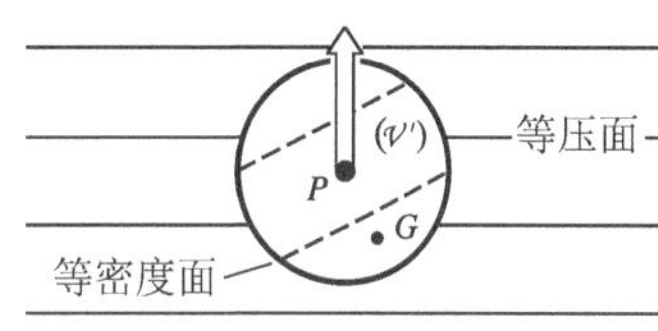

图 7.10　非正压流体中压力与重力作用失衡的示意图

证明：通过势函数的梯度可以得到$(\nabla p)/\rho$ 的充要条件是 $\nabla\times((\nabla p)/\rho)=0$，利用矢量关系：

$$\nabla\times(\alpha \boldsymbol{A})=\alpha\nabla\times\boldsymbol{A}+(\nabla\alpha)\times\boldsymbol{A} \tag{7.35}$$

则有

$$\nabla\times\left(\frac{\nabla p}{\rho}\right)=\frac{1}{\rho}\nabla\times\nabla p-\frac{1}{\rho^2}\nabla\rho\times\nabla p=-\frac{1}{\rho^2}\nabla\rho\times\nabla p=0 \tag{7.36}$$

因此，当且仅当矢量∇p 与$\nabla\rho$ 处处平行时（例如，等压面与等密度面垂直于各自梯度方向且两者重合），$(\nabla p)/\rho$ 的势函数才可能存在。

定量地，我们可通过斯托克斯定理将方程(7.30)中第Ⅱ项重新改写，将其关联于通量：

$$-\int_{\mathcal{C}}\frac{1}{\rho}\nabla p\cdot\mathrm{d}\boldsymbol{l}=-\iint_{\mathcal{S}}\nabla\times\left(\frac{1}{\rho}\nabla p\right)\cdot\mathrm{d}S \tag{7.37}$$

上式右边项中的积分面积为流场中封闭物质曲线$\mathcal{C}$所包围的面$\mathcal{S}$，矢量 d$\boldsymbol{S}$ 为面$\mathcal{S}$的法向量。结合方程(7.37)和(7.36)，我们可得非正压效应对环量改变的贡献为

$$\frac{\mathrm{d}}{\mathrm{d}t}\left[\int_{\mathcal{C}}\boldsymbol{v}\cdot\mathrm{d}\boldsymbol{l}\right]=\int_{\mathcal{C}}\frac{1}{\rho}\nabla p\cdot\mathrm{d}\boldsymbol{l}=-\iint_{\mathcal{S}}\frac{1}{\rho^2}\nabla\rho\times\nabla p\cdot\mathrm{d}S \tag{7.38}$$

非正压流体的例子 第一个非正压流体的例子是两块温度不同的平板间的流体。两板竖直放置，板间流体在水平方向上存在温度梯度。我们已经在第 4.5.5 节中讨论过该情形，在该装置内，流体密度 ρ 随温度变化，导致水平方向上存在密度梯度。平衡态下流体的静水压梯度沿竖直方向；因此，密度梯度方向与静水压梯度方向垂直。因此，该系统中会出现涡旋，从而引起热对流运动。

第二个例子是溶液浓度变化引起的密度变化。例如，容器中溶液浓度随高度变化情况。如图 7.11 所示，容器中盛有一定体积的糖溶液，浓度 C 随高度变化，底部浓度最高，远离底部时浓度不断下降。在平衡态下，溶液的密度随高度的增加而降低。同一水平面上浓度 C 为常数。由于流体静止，因此唯一可能的传质途径为分子扩散，这种情况下竖直方向上的扩散通量为 $\boldsymbol{j}=-D_{\mathrm{m}}\nabla C$。

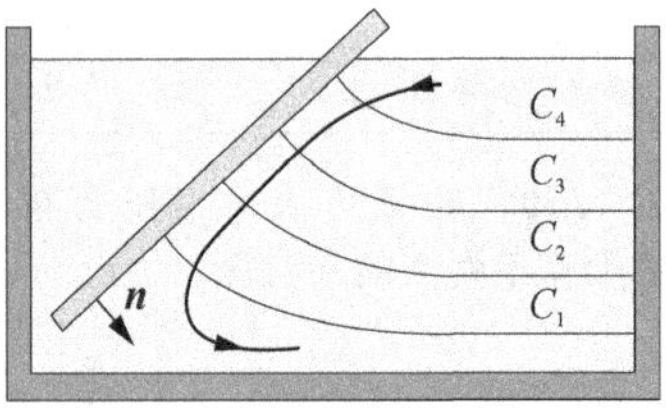

图 7.11 浓度梯度引起对流的示意图。流体中倾斜没入一个平板，且垂直方向上存在浓度梯度（$C_1>C_2>C_3>C_4$）

如果一块平板以一定角度倾斜浸入溶液（图 7.11），同时假设物质扩散无法穿透平板，那么由第 4.3.1 节中讨论的边界条件可知：固壁面处必须满足$(\nabla C)_{\boldsymbol{n}}=0$，其中 $\boldsymbol{n}$ 为板的外法线方向的单位矢量。此时，等密度线无法再保持水平方向，而是与板呈直角相交。因此，浓度梯度在水平方向存在非零分量，这与上文讨论的密度梯度情形是类似的。沿着水平方向，越靠近倾斜板密度越高。因此，静水压不再保持平衡，会引起对流运动。静水压梯度驱动流体运动以便降低浓度梯度，这也诱导了一定的速度环量。

黏性效应（方程(7.30)中的第Ⅲ项）

在壁面附近，黏性会导致速度梯度的出现，从而在壁面附近诱导速度环量。流体从静止开始流动，往往有涡旋伴随出现，环量随之产生。在这个由静到动的过程中，由于黏性耗散力的存在，方程(7.30)中的第Ⅲ项沿封闭物质线积分不再为零。这一效果我们在第 2.1.1 节中讨论充满流体的圆柱面旋转运动时已经遇到过。初始时刻流体静止，最终会演化为与时间无关的、刚体转动的定常流，相应的涡量密度均匀分布。也就是说，黏性力对涡量的扩散输运构建了均匀的涡量密度分布。

如图 7.12 所示，我们以**布拉休斯流动**(Blasius flow)为例进行分析（见第 10.2 和 10.4.1 节）。假定一块半无穷平板与平均来流平行，流体接触平板后有环量在板前缘处形成。在板前缘的上游区，速度 $\boldsymbol{U}$ 均匀，沿物质线 $C_{上游}$ 速度环量为零（图 7.12）。而在前缘下游，壁面处流体速度为零，远离平板壁面处速度与来流速度 $\boldsymbol{U}$ 相同，因此靠近壁面处存在速度梯度。前缘下游壁面附近的封闭物质线 $C_{下游}$ 上的速度环量不再为零。壁面附近会有**边界层**(boundary layer)的形成和增长，该区域存在速度梯度，我们将在第 10 章对此详细讨论。黏性导致涡量生成的另一个显著的例子是圆柱绕流下游的涡脱落现象(图 2.9 和 2.10)。

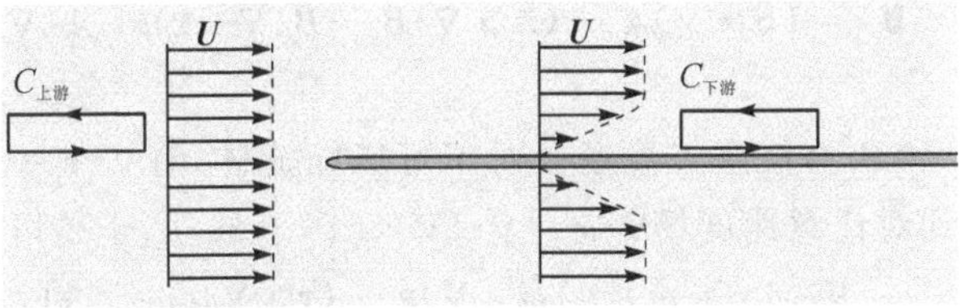

图 7.12　平板表面来流流体黏性引起的涡旋

7.3　涡动力学

7.3.1　涡量输运方程及其推论

不可压缩流体的亥姆霍兹方程(Helmholtz equation)

为使上一节讨论得到的结果更加一般化，我们从纳维-斯托克斯方程出发直接考虑涡量场 $\boldsymbol{\omega}$ 的演化特性。在方程(5.34)中将对流项 $(\boldsymbol{v}\cdot\nabla)\boldsymbol{v}$ 通过其等价表达式 $-\boldsymbol{v}\times\boldsymbol{\omega}+\nabla(\boldsymbol{v}^2/2)$ 代换可得

$$\frac{\partial \boldsymbol{v}}{\partial t}-\boldsymbol{v}\times\boldsymbol{\omega}+\nabla\left(\frac{\boldsymbol{v}^2}{2}\right)=\boldsymbol{f}-\frac{1}{\rho}\nabla p+\nu\nabla^2\boldsymbol{v} \tag{7.39}$$

对上述方程两边做旋度运算可得

$$\frac{\partial}{\partial t}(\nabla\times\boldsymbol{v})-\nabla\times(\boldsymbol{v}\times\boldsymbol{\omega})=\nabla\times\left(\boldsymbol{f}-\frac{1}{\rho}\nabla p\right)+\nu\nabla\times(\nabla^2\boldsymbol{v}) \tag{7.40}$$

进一步，我们假定体积力 $\boldsymbol{f}$ 是守恒的，即可通过势函数梯度表达，密度 ρ 为常数，运动黏性系数取值有限(这与忽略涡量演化方程(7.30)中第Ⅰ和Ⅱ项的假定是等价的)。于是，方程(7.40)转化为

$$\frac{\partial \boldsymbol{\omega}}{\partial t}+(\boldsymbol{v}\cdot\nabla)\boldsymbol{\omega}=(\boldsymbol{\omega}\cdot\nabla)\boldsymbol{v}+\nu\nabla^2\boldsymbol{\omega} \tag{7.41}$$

上述方程与关于速度 $\boldsymbol{v}(\boldsymbol{r},t)$ 的纳维-斯托克斯方程的数学形式相同，是关于 $\boldsymbol{\omega}(\boldsymbol{r},t)$ 的类似形式。将方程左边改写为拉格朗日导数，可得等价形式如下：

$$\frac{\mathrm{d}\boldsymbol{\omega}}{\mathrm{d}t}=(\boldsymbol{\omega}\cdot\nabla)\boldsymbol{v}+\nu\nabla^2\boldsymbol{\omega} \tag{7.42}$$

上述输运方程适用于所有流动，无论是层流还是湍流。因此，与速度场类似，我们也可通过涡量场来描述流动；至于选择哪一种描述，需要考虑具体流动的结构。

方程(7.41)的证明：在方程(7.40)中，$\nabla\times(\boldsymbol{v}\times\boldsymbol{\omega})$项可通过以下矢量恒等式进行分解为

$$\nabla\times(\boldsymbol{A}\times\boldsymbol{B})=(\boldsymbol{B}\cdot\nabla)\boldsymbol{A}-(\boldsymbol{A}\cdot\nabla)\boldsymbol{B}-\boldsymbol{B}(\nabla\cdot\boldsymbol{A})+\boldsymbol{A}(\nabla\cdot\boldsymbol{B}) \tag{7.43}$$

其中，$\boldsymbol{A}$ 和 $\boldsymbol{B}$ 为任意矢量场。对不可压缩流体，有$\nabla\cdot\boldsymbol{v}=0$；同时考虑到对任意速度场$\nabla\cdot\boldsymbol{\omega}=\nabla\cdot(\nabla\times\boldsymbol{v})\equiv0$ 成立，于是可得

$$\nabla\times(\boldsymbol{v}\times\boldsymbol{\omega})=(\boldsymbol{\omega}\cdot\nabla)\boldsymbol{v}-(\boldsymbol{v}\cdot\nabla)\boldsymbol{\omega} \tag{7.44}$$

同时，我们使用以下矢量恒等式计算 $\nu\nabla^2\boldsymbol{\omega}$：

$$\nabla\times(\nabla\times\boldsymbol{A})=\nabla(\nabla\cdot\boldsymbol{A})-\nabla^2\boldsymbol{A} \tag{7.45}$$

令 $\boldsymbol{A}=\boldsymbol{v}$，可得

$$\nabla^2\boldsymbol{v}=\nabla(\nabla\cdot\boldsymbol{v})-\nabla\times(\nabla\times\boldsymbol{v})=-\nabla\times\boldsymbol{\omega} \tag{7.46}$$

上式两边做旋度运算后可得

$$\nabla\times(\nabla^2\boldsymbol{v})=-\nabla\times(\nabla\times\boldsymbol{\omega})$$

再次使用方程(7.45)，我们有

$$\nabla\times(\nabla^2\boldsymbol{v})=\nabla^2\boldsymbol{\omega}-\nabla(\nabla\cdot\boldsymbol{\omega})=\nabla^2\boldsymbol{\omega} \tag{7.47}$$

因此，方程(7.40)和(7.41)中的最后一项是等价的。

在方程(7.41)中，左侧两项分别代表非定常效应与涡量的对流效应，右侧第二项表示黏性效应引起的涡量衰减。如果不是$(\boldsymbol{\omega}\cdot\nabla)\boldsymbol{v}$ 项的存在，该方程与传热传质方程(方程(1.17)和(1.26))非常类似。此处，我们注意到运动黏性系数 ν 充当了涡量矢量 $\boldsymbol{\omega}$ 的扩散系数。

方程(7.41)的一个重要结论是初始时刻静止的理想流体($\eta=0$)在流动中始终保持无旋状态：如果初始时刻 $\boldsymbol{\omega}(\boldsymbol{r},t=0)$ 为零，则有

$$\frac{\mathrm{d}\boldsymbol{\omega}}{\mathrm{d}t}=(\boldsymbol{\omega}\cdot\nabla)\boldsymbol{v}=0 \tag{7.48}$$

因此，在后续所有时间里，$\boldsymbol{\omega}(\boldsymbol{r},t)$将一直保持为零。在第 6 章的初始，我们讨论势流时已经提及了这个基本特性；在本章中，从开尔文方程出发也可推导得到该性质(见第 7.2.1 节推论(i))。

涡管的拉伸与扭转

方程(7.41)中的$(\boldsymbol{\omega}\cdot\nabla)\boldsymbol{v}$ 项涉及到流体在涡量矢量 $\boldsymbol{\omega}$ 方

向产生位移时速度矢量 $\boldsymbol{v}$ 的空间变化。即使在理想流体中，该项仍然存在(初始时刻存在非零涡量 $\boldsymbol{\omega}$ 的情形)。在本节的讨论中，我们忽略黏性，黏性效应的影响将在后续的章节中讨论。

如图 7.13 所示，我们来考虑长度为 $\delta\ell$，平行于涡矢量 $\boldsymbol{\omega}$、横截面积为 S 的涡管微元。我们已经在第 7.2.1 节看到，涡管与一系列物质线一样，会随流体发生对流运动。我们可将 $(\boldsymbol{\omega}\cdot\nabla)\boldsymbol{v}$ 拆分成两个分量：一个与 $\boldsymbol{\omega}$ 平行(假设与 z 轴平行，下标为 z)，另一个与 $\boldsymbol{\omega}$ 垂直(下标为"⊥")。于是，方程(7.41)可以改写为

$$\frac{\mathrm{d}\boldsymbol{\omega}}{\mathrm{d}t}=\omega_z\frac{\partial v_z}{\partial z}\boldsymbol{e}_z+\omega_z\frac{\partial v_\perp}{\partial z}\boldsymbol{e}_\perp \tag{7.49}$$

其中 $\boldsymbol{e}_z$ 与 $\boldsymbol{e}_\perp$ 分别为平行和垂直于 z 轴方向的单位矢量。

- $\omega_z\partial v_z/\partial z$ 代表涡管微元的拉伸效应，当 $\delta\ell$ 增加时(图 7.13(a))，截面 S 减小，旋度 $\boldsymbol{\omega}$ 的大小增加。
- $\omega_z\partial v_\perp/\partial z$ 对应于涡管的倾斜，沿 z 轴垂直方向的速度 $v_\perp$ 不会引起涡管长度的变化，也不会引起 $\boldsymbol{\omega}$ 大小的改变(图 7.13(b))。

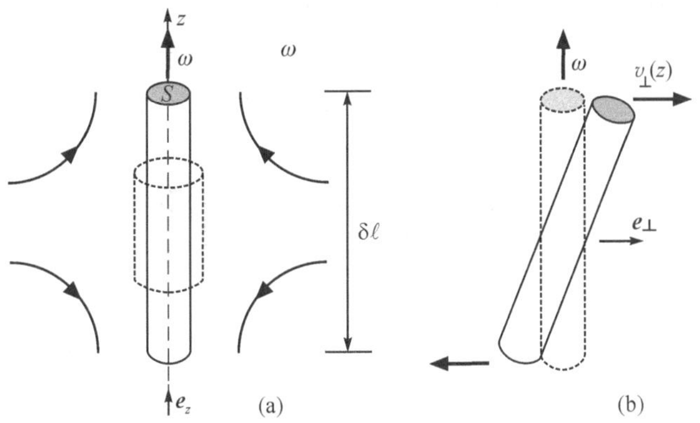

图 7.13　涡量 $\boldsymbol{\omega}$ 的变化的示意图。(a)因涡管拉伸变形导致的涡量变化；(b)因涡管倾斜导致的涡量变化

从物理上来说，拉伸项是角动量守恒所引起的直接结果，这一点已经在第 7.2.1 节中提及，关联于绕涡管的速度环量守恒。由于涡管微元的质量 $\rho S\delta\ell$ 为常数，因此任何涡管微元在拉伸的同时总是伴随横截面的收缩。当横截面减小时，涡管转动惯量 J(与 $S^2\delta\ell$ 成比例)也会相应地减小；因此，为了保持角动量 $J\Omega$ 守恒，角速度 Ω 必须增加，涡量也相应地增加。除了角动量守恒外，我们也可根据环量守恒，给出 $\Gamma=\omega S$ 为常数(由斯托克斯定理可知，Γ 为绕涡管的速度环量)。既然 $S\delta\ell$ 是常数，我们可得 ω(以及 Ω)正比于 $\delta\ell$，且比例系数 $\omega/\delta\ell$ 保持不变。

通过在沿水平方向流动的流体层中构建垂直的涡线，我们可以很好地观察到涡管单拉伸效应。如图 7.14 所示，通过观察液体表面上漂浮小球的旋转情况，我们可以将涡量的变

化可视化。流场下垫面的凸起会导致涡管长度的降低,因此我们会观察到小球旋转速度变慢(为保持 ω 与 $\delta\ell$比值不变,小球角速度与涡管长度会等比例地减小)。

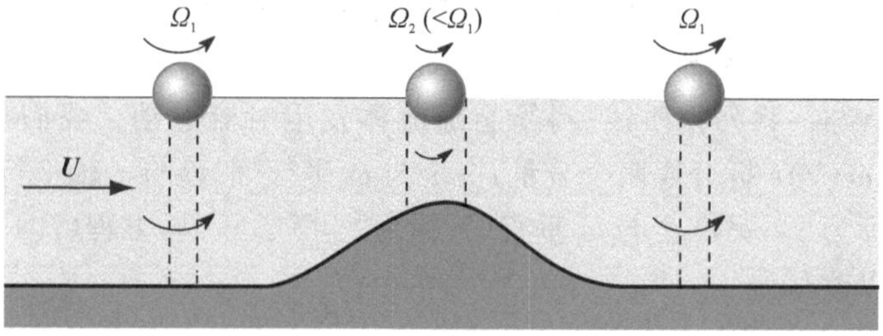

图 7.14 流体深度引起的涡量变化示意图。在速度为 $\boldsymbol{U}$ 的流体表面放置旋转的小球,小球旋转速度的变化代表着涡量的变化(图片来源于 NCFMF 的视频"涡旋")

在第 7.6 节中我们将看到,随着地面海拔变化,旋转流动中的拉伸效应在大气环流中发挥着重要作用。

涡量守恒的应用示例:希尔球涡

我们在前文讨论过一个涡旋的极限例子,即涡量集中在一条线上的涡丝。此处,我们讨论另一个极限例子:**希尔球涡**(Hill's vortex)。在这种情况下,涡量分布在半径为 R 的球内,在柱坐标系下涡量 $\boldsymbol{\omega}(\boldsymbol{r})$的分量可表示为

$$\omega_\varphi = Ar, \quad \omega_r = \omega_z = 0(\text{球内}) \tag{7.50a}$$

$$\boldsymbol{\omega} = 0(\text{球外}) \tag{7.50b}$$

因此,涡线是以 z 轴为中心对称轴且所在平面与之正交的圆环(图 7.15(a))。我们假定流体是理想的、不可压缩的,且涡量在一定初始条件下已经形成。

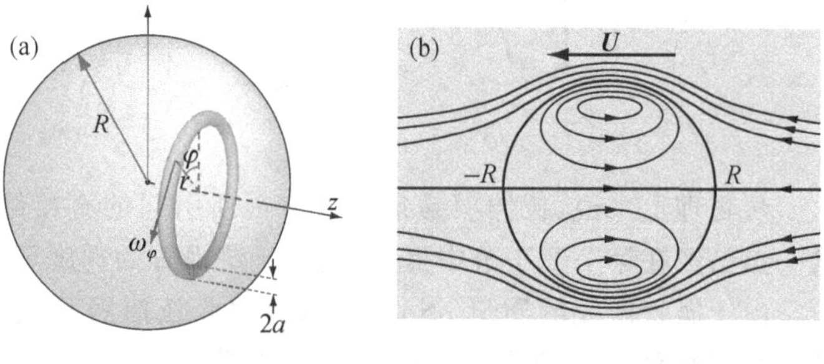

图 7.15 希尔球涡的示意图。(a)涡内的环形涡管;(b)以运动的涡为参考系时,涡内以及绕涡的流线形状

我们通过分析涡管的演化来理解涡量的分布形状。如图 7.15(a)所示,涡管对应平均半径为 r、截面半径为 a 的圆环,绕该圆环的速度环量大小为 $\pi a^2\omega_\varphi(r)$。如果涡管在随流体运动过程中发生变形,由流动的不可压缩特性可知,涡管体积 $2\pi^2 r(t)a^2(t)$保持不变。在涡管随流体运动过程中(拉格朗日的观点),由速度环量守恒可知,物理量 $a^2\omega_\varphi(r)\propto\omega_\varphi(r)/r(t)$ 为常数。因此,我们可以选择形如 $\omega_\varphi = Ar$ 的涡量分布来始终满足上述相应的条件。

定量证明：考虑涡量演化方程(7.42)在周向的分量方程，令 $\boldsymbol{e}_r$ 与 $\boldsymbol{e}_\varphi$ 分别代表径向与周向的单位矢量。在柱坐标下，该方程只存在 φ 方向上一个非零分量。在柱坐标系中展开$(\boldsymbol{\omega}\cdot\nabla)\boldsymbol{v}$，同时考虑关系式$\partial \boldsymbol{e}_r/\partial\varphi=\boldsymbol{e}_\varphi$ 以及系统关于 z 轴的对称性条件$(\partial v_r/\partial\varphi=0)$，我们可得

$$\frac{\mathrm{d}\omega_\varphi}{\mathrm{d}t}\boldsymbol{e}_\varphi=\omega_\varphi\ \frac{1}{r}\frac{\partial}{\partial\varphi}(v_r\boldsymbol{e}_r)=\frac{\omega_\varphi v_r}{r}\boldsymbol{e}_\varphi$$

进而有

$$\frac{\mathrm{d}}{\mathrm{d}t}\left(\frac{\omega_\varphi}{r}\right)=\frac{1}{r}\ \frac{\mathrm{d}\omega_\varphi}{\mathrm{d}t}+\omega_\varphi\ \frac{\mathrm{d}}{\mathrm{d}t}\left(\frac{1}{r}\right)=\frac{1}{r}\ \frac{\omega_\varphi v_r}{r}-\frac{\omega_\varphi}{r^2}v_r=0 \tag{7.51}$$

因此，由上式可知：为了满足演化方程，希尔球涡内部 ω_φ/r 始终保持为常数。此外，我们也可证明：**在随涡运动、且速度为涡平均位移速度的参考系下**，涡量和速度的分布是定常的；球内的流体质点沿图 7.15(b)所示的闭合轨迹运动。对于这样的涡量分布，我们可以通过毕奥-萨伐尔定理(方程 7.19(b))来计算其对应速度场。

希尔球涡的流线方程

在以涡平均速度 $\boldsymbol{U}$ 运动的柱坐标参考系下，我们可以证明，涡内的流函数 Ψ 方程可通过方程(3.52)给出：

$$\Psi=-\frac{A}{10}r^2(R^2-z^2-r^2) \tag{7.52a}$$

因此，$z^2+r^2=R^2$ 球面和 $r=0$ 轴均是希尔球涡的流线。在涡外，涡量为零；因此，流动为势流，且等价于绕半径为 R 的球的流动。以无穷远处静止的流体为参考系时，涡的宏观运动速度与常数 A 的关系为

$$U=\frac{2}{15}AR^2 \tag{7.52b}$$

最后，我们可得，在涡表面 $r=R$ 处速度的切向分量为 $-(1/5)ArR$。

7.3.2　涡量动力学中拉伸与扩散的平衡

涡量输运方程(7.42)式的一个重要特点是黏性扩散项与拉伸项共存；黏性扩散项总是倾向于使得涡量不断衰减，而拉伸项则相反，它倾向于使涡量汇聚并使其大小增加。这两项如何平衡是湍流中涡量演化的基本问题，这一点将在第 12 章

讨论。

轴对称拉伸流中的涡量演化

我们考虑圆柱形容器从底部中心位置的开孔排空流体时开孔附近流动中的涡量交换，并建立一个近似模型。我们在第 7.1.2 节中讨论了兰金涡模型，该模型可以描述开孔附近漩涡流动的速度场。现在我们需要理解为什么涡量始终保持在直径很小的涡核内，而不向整个流体域扩散开来。

如图 7.16 所示，我们考虑一个轴对称不可压缩无旋流动，速度分量为

$$v_r = -(a/2)r \quad 和 \quad v_z = az(其中\ a > 0) \tag{7.53}$$

该流动在 z 轴方向被拉伸，同时径向的流动会补偿 z 方向的拉伸流动以确保质量守恒；因此，方程(7.53)可以合理地描述开孔附近的速度场。

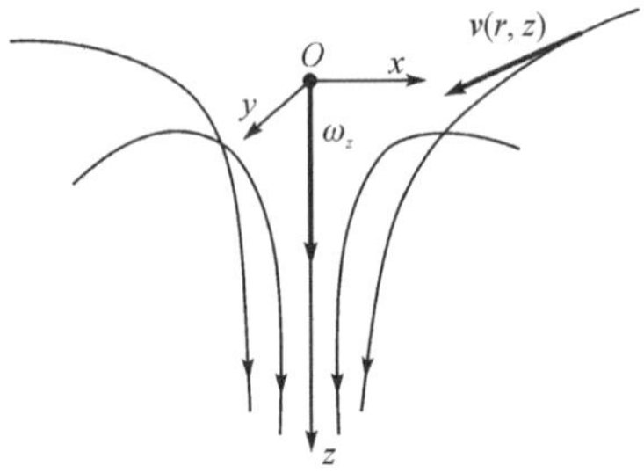

图 7.16 轴对称拉伸流动模型(见图 7.3 对应的拉伸流)

我们现在假定该流动被一个小幅度涡旋 $\omega_z(\boldsymbol{r},t)$ 扰动(比如，排空漩涡)。在柱坐标系下，扰动涡量的输运方程(7.41)为

$$\frac{\partial \omega_z}{\partial t} = \frac{a}{2r}\frac{\partial}{\partial r}(\omega_z r^2) + \frac{\nu}{r}\frac{\partial}{\partial r}\left(r\frac{\partial \omega_z}{\partial r}\right) \tag{7.54}$$

上式右侧第一项对应于方程(7.41)中拉伸项及对流项之和。在定常条件下，上式左侧为零，对 r 积分可得

$$\frac{a}{2}\omega_z r^2 + \nu r\frac{\partial \omega_z}{\partial r} = 常数 \tag{7.55}$$

上式中的积分常数必须为零，否则对方程(7.55)进一步积分会发现涡量 ω_z 在 r 较小的区域发散；此外，当 r 取值较大时，ω_z 随 $1/r^2$ 降低，从而在径向截面积分后，总涡量(即环量)将发散。这在物理上是不允许的，因为在没有涡量产生机制时涡量必须有限且只能为常数。因此，涡量的分布遵循：

$$\omega_z = \omega_1 \mathrm{e}^{-ar^2/4\nu} \tag{7.56}$$

该结果对应了一种平衡关系，在特征距离 $\delta_{\mathrm{D}} \approx \sqrt{\nu/a}$ 上，拉伸场 $\boldsymbol{v}$ 作用下的涡量拉伸效应与扩散导致的铺展效应相互平衡。令开孔直径为 d、流动特征速度为 U，我们可得

$$a \approx \frac{U}{d} \quad 和 \quad \frac{\delta_{\mathrm{D}}}{d} \approx \sqrt{\frac{\nu}{Ud}} \approx \sqrt{\frac{1}{Re}} \tag{7.57}$$

其中 $Re = Ud/\nu$ 为雷诺数。因此，流动的特征参数雷诺数越大，涡量也就越集中在一个小直径的涡核内。虽然兰金涡(第 7.1.2 节)仅仅是这个涡的近似模型(对涡核的边界没有明确定义)，但该模型准确地描述了一个事实：大部分涡量集中在半径很小的涡核区域。涡核半径随 $1/\sqrt{Re}$ 变化，反映了对流

与扩散之间的平衡。在第 10 章中，我们将看到边界层中存在同样的依赖关系，用以描述类似的平衡过程。

湍流中涡量的产生与湮灭

上述结果可类比于将要在第 12.6 节讨论的空间分布的湍流。在该模型中，我们假定能量通过对流、非耗散的机制，从大尺度的湍流结构传递到涡量更为集中的小尺度涡上（**科尔莫戈罗夫能量级串**（Kolmogorov energy cascade））。涡管拉伸与弯曲在该过程中十分重要。与我们在前文讨论的问题一致，黏性效应只作用于最小尺度涡，通常只在涡核尺度上作用显著。

相比之下，在二维流动中，速度 $\boldsymbol{v}$ 不依赖垂直方向分量，$(\boldsymbol{\omega}\cdot\nabla)\boldsymbol{v}$ 恒为零。该特性在大尺度的大气和海洋湍流中很典型，这是因为流动在垂直方向的范围（相对于海洋的深度或大气层的厚度）很有限，并且受到地球自转角速度 $\boldsymbol{\Omega}$ 的影响：该转动倾向于将平行和垂直于地表的流动去耦合，我们将在第 7.6 节讨论旋转流动时对这一点展开讨论。基于同样的原因，二维湍流中不存在涡拉伸，从而表现出与三维情形完全不同的性质。

在前文讨论涡线动力学行为时，我们假定它们是彼此独立的，并且只受到外部流场的影响。然而，在二维和三维流动中，我们还需要考虑不同涡管间的相互作用。最后，对于弯曲的涡管来说，我们还必须考虑涡管自身速度场的相互作用（第 7.1.3 节）。接下来的章节中，我们将在讨论线型涡动力学的过程中具体分析这些相互作用的效应。

7.4　涡量集中在奇异点上的几个例子

7.4.1　沿特定线集中的涡量

在本章初始（第 7.1.1 节），我们已经提到了一些涡量沿涡丝集中的流动。我们还提到了流体绕流垂直放置在流场中的圆柱时，圆柱下游处出现的两排直线涡街（贝纳尔-冯卡门涡街，见第 2.4.2 节）；在这种情况下，它们交替地形成。另外，我们可在两个速度不同的（同种或不同）流体的界面上观察到一种类似的但是单排的涡街（见第 11.4.1 节）。在这种情况下，涡核相对于整体结构的尺寸的比值要远大于涡丝相对于整体结构的比值，但中心区域附近的旋转运动仍清晰可见。

图 7.17(彩) 埃特纳火山上观察到的涡环，该火山位于意大利那不勒斯市的小镇“Torre del Filosofo”。当涡环移动时，涡环阴影向外围扩散(图片由 J. Alean 记录)

在一些情形下，涡线会形成闭合圈(涡环)。例如，从管道口或其他圆形开口处排出的烟雾形成烟环；从吸烟者口中吐出的烟环；或者更大尺度上，活火山坑上出现的烟环(图 7.17)。此外，在微尺度上，我们可在超流液氦中观测到小于1 μm 的涡环，实验上已经对此有广泛的研究(见本章附录 7A.5)。

在本节接下来的部分，我们将采用涡核半径很小的涡丝对不同流动进行建模。我们首先分析直线涡，然后讨论涡环。

7.4.2 平行线涡系统的动力学

对应于上文提及的一些例子，我们接下来讨论轴线互相平行的直线涡丝。在忽略黏性效应时，所有涡核微元都以其所在空间点处的局部流动速度运动。考虑到直线涡不影响自身，因此，涡核微元的运动速度是外部速度场与所有其他涡丝引起速度的叠加。由第 7.2.1 节讨论可知，该结论是开尔文定理在理想流体中应用的直接结果。

轴线平行的直线涡对

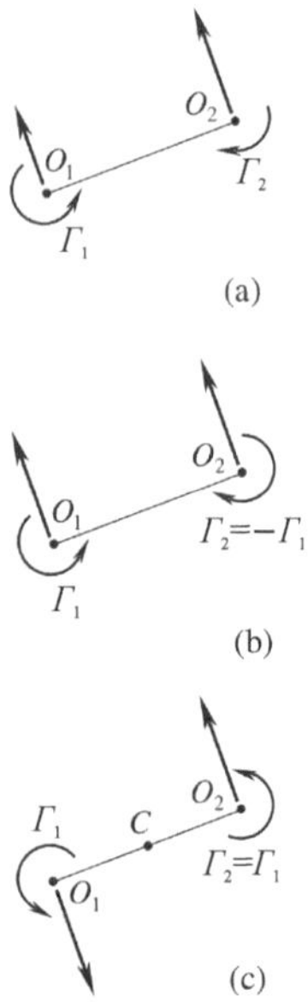

图 7.18 环量分别为 Γ_1 和 Γ_2 的两个轴线平行的涡丝的速度场。(a)最一般的情形；(b)$\Gamma_1+\Gamma_2=0$，线段 $\boldsymbol{O}_1\boldsymbol{O}_2$ 沿着平行于自身的方向运动；(c)$\Gamma_1=\Gamma_2$，线段 $\boldsymbol{O}_1\boldsymbol{O}_2$ 绕中心点 C 旋转

如图 7.18(a)所示，我们首先考虑最简单情形：两个轴线平行的涡丝，环量分别为 Γ_1 与 Γ_2。两个涡丝的涡核位置 O_1 和 O_2 处的流体速度，分别是另一个涡在该处所诱导的速度，垂直于线段 $\boldsymbol{O}_1\boldsymbol{O}_2$，大小分别为 $v_1=\Gamma_2/(2\pi d)$ 与 $\Gamma_1/2\pi d$，其中 d 为涡核间距。

两个重要的情形：

- $\Gamma_1+\Gamma_2=0$(图 7.18(b))。在这种情况下，该涡对以恒定速度沿垂直于连线的方向运动，线速度为 $V_p=\Gamma/(2\pi d)$，其中 Γ 为环量大小。我们可在涡环中观察到类似的结果；这种情况下，涡环同一直径两端处流体速度绕核的环量相反。

- $\Gamma_1=\Gamma_2$（图 7.18(c)）。在这种情况下，涡核连线 $\boldsymbol{O}_1\boldsymbol{O}_2$ 绕其中点 C 旋转，角速度为 $\Gamma/\pi d^2$，其中 Γ 为环量大小。

更一般地，对于比值任意的 Γ_1/Γ_2，涡核连线 $\boldsymbol{O}_1\boldsymbol{O}_2$ 绕其"重心"以角速度 $(\Gamma_1+\Gamma_2)/(2\pi d^2)$ 旋转，对于涡量相反的涡对而言，重心在无穷远处。

上面讨论的涡对例子是涡线在理想流体中运动时动量和角动量守恒的间接结果。因此，对于任意多个涡线并存的情形，我们有以下结论：

- 运动中总环量 $\sum\Gamma_i$ 不变。
- 涡系统的重心 G 保持不变，重心可通过 $\sum\Gamma_i\boldsymbol{GO}_i=\boldsymbol{0}$ 定义。

接下来，我们将继续讨论涡量具有特定分布的几种流动，它们很好地近似为对应的实际流动。

连续和离散的涡面

如图 7.19 所示，初始时刻，两个（同种或不同种的）流体层被一个非常薄的壁面分开，各自以不同的速度沿着 x 轴正方向运动，两个流体层内的速度为常数；在某时刻拿开薄壁之后，两个流体层的界面上会发生剪切接触，并出现**剪切速度的不连续**（tangential-velocity discontinuity），形成**自由剪切层**（free shear layer），速度分布为

$$v_x=U_1(y>0),\qquad v_x=U_2(y<0)$$

对应于该流动，在平面 $y=0$ 上存在一个无限薄的、连续分布的涡面，并且该涡面具有均匀的涡密度 γ_1（z 轴方向取单位长度）：

$$\gamma_1=\lim_{\varepsilon\to 0}\left[\int_{-\varepsilon}^{\varepsilon}\omega_z\,\mathrm{d}y\right]\tag{7.58}$$

如图 7.19 所示，在闭合曲线C上应用安培定理可得 γ_1：

$$(U_1-U_2)d=\gamma_1 d\tag{7.59}$$

其中

$$\gamma_1=(U_1-U_2)$$

需要注意的是，γ_1 为单位长度上的环量，具有速度量纲。在实际实验中，该涡面是不稳定的，涡核会沿着流动方向周期性地分布在与 x 轴平行的直线上。我们将在第 11.4.1 节详细讨论这种失稳现象。

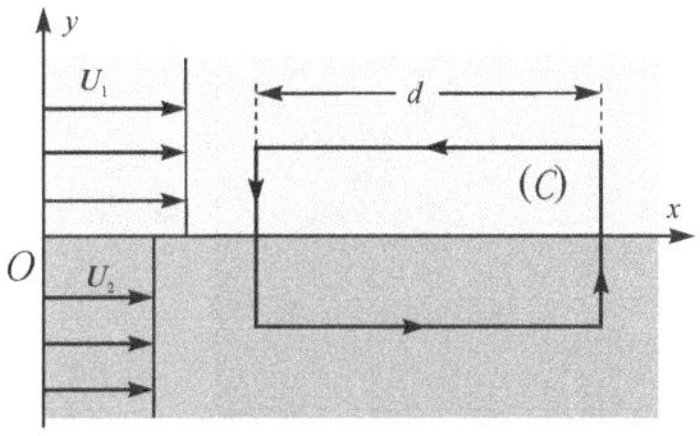

图 7.19　沿闭合曲线C的环量，其中切向速度不连续

简单涡街

我们现在来考虑一系列等间隔分布在一条直线上的、轴线互相平行的直线涡丝，即简单涡街。流场中任意点上的速度

可通过每个独立涡诱导的速度场叠加得到。由第 6.6.2(ii)节讨论可知,对于位于坐标位置为 x_i 和 y_i(即 $z_i=x_i+\mathrm{i}y_i$)的独立涡来说,若其环量为 Γ,那么复位势 $w(z)=v_x-\mathrm{i}v_y$ 可表示为

$$f(z)=-\frac{\mathrm{i}\Gamma}{2\pi}\log(z-z_i) \tag{7.60}$$

上述复位势函数对应的剪切速度场为 $v_\varphi=\Gamma/(2\pi|z-z_i|)$,由位于 z_i 处的涡诱导。

对于在实轴上从 $-\infty$ 到 $+\infty$ 周期性分布的轴线平行的直线涡丝构成的无限大系统,假设涡丝的位置坐标为 $z_m=ma$(m 为任意整数),那么我们可得系统的复速度为

$$w(z)=\frac{\mathrm{d}F}{\mathrm{d}z}=-\frac{\mathrm{i}\Gamma}{2a}\cot\left(\frac{\pi z}{a}\right) \tag{7.61}$$

为了得到位于 $z_m=ma$ 处每个涡的复速度 $w_m(z)$,我们必须从 $w(z)$ 减去该特定涡的贡献,于是可得

$$w_m(z)=-\frac{\mathrm{i}\Gamma}{2a}\left[\cot\left(\frac{\pi z}{a}\right)-\frac{a}{\pi(z-ma)}\right] \tag{7.62}$$

在每个点 $z_m=ma$ 的邻域内,通过对余切函数作级数展开可得:$z=ma$ 时 $w_m(z)$ 为零,因此该速度在每个涡心处为零。也就是说涡列保持不动,这一点可能从对称性角度更容易得到。

证明:我们从单个涡的复位势(方程(7.60))出发,计算涡街的速度势:

$$F(z)=-\frac{\mathrm{i}\Gamma}{2\pi}\left(\sum_{m=-\infty}^{m=\infty}\log[z-z_m]\right)=-\frac{\mathrm{i}\Gamma}{2\pi}\log\left(\prod_{m=-\infty}^{m=\infty}[z-ma]\right) \tag{7.63}$$

在上式中,我们将与 m 的绝对值相同的项进行重排:

$$\log(z-ma)+\log(z+ma)=\log[z^2-ma^2]$$

$$=\log(ma)^2+\log\left[\frac{z^2}{m^2a^2}-1\right]$$

于是可得

$$F(z)=-\frac{\mathrm{i}\Gamma}{2\pi}\log\left(z\prod_{m=1}^{\infty}\left(1-\frac{z^2}{m^2a^2}\right)\right)-\frac{\mathrm{i}\Gamma}{2\pi}\log\left(\prod_{m=1}^{\infty}(-1)^n(ma)^2\right)$$

用 F_0 表示方程右侧第二项(该项与 z 无关),并使用以下三角函数关系:

$$\sin x=x\prod_{m=1}^{\infty}\left(1-\frac{x^2}{m^2\pi^2}\right)$$

我们可得

$$F(z)=-\frac{\mathrm{i}\Gamma}{2\pi}\log\left[\sin\left(\frac{\pi z}{a}\right)\right]-\frac{\mathrm{i}\Gamma}{2\pi}\log\frac{a}{\pi}+F_0$$

进一步，将 $F(z)$ 对 z 求导即可得到复速度 $w(z)$。

贝纳尔-冯卡门涡街

上述计算过程也适用于交替出现的双排涡街。由第 2.4.2 节讨论可知，当雷诺数大于 50 之后，在圆柱下游会出现周期性的交替发生的涡脱落，称之为**贝纳尔-冯卡门涡街**（Bénard-von karman vortex street）（图 2.9）。接下来，我们来计算涡街的速度场。如图 7.20 所示，我们将这种涡街当作两个平行的单排涡街处理（上文刚刚讨论过），两排涡街相对平移错开半个相邻涡间距。位于同一排的涡的环量符号相同，不同排的涡的速度环量符号相反。

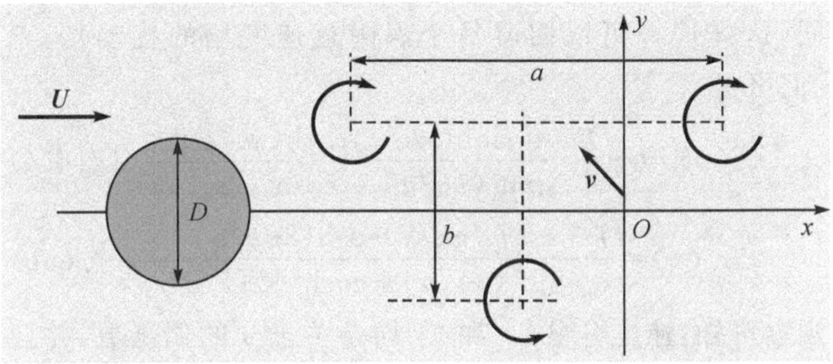

图 7.20　绕圆柱体均匀流产生的贝纳尔-冯卡门双涡街示意图，也可参见图 2.9(c)

在流场的总体速度 $\boldsymbol{U}$，以及非同一排的涡对**被考察涡**（vortex of interest）的诱导速度（我们可以通过对称关系证明：同一排涡诱导的速度会彼此抵消）的共同作用下，双排涡街沿 x 轴纵向运动，且平行于自身所在的直线。此外，考虑到非同一排的**涡对**（vortex pair），相对于考察涡的对称效应，诱导速度仅有 x 方向的非零分量；又由于每个涡上的诱导速度都是等同的，因此涡街系统在运动过程中不发生变形。速度场的具体计算细节将在下文讨论。事实上，我们可以通过线性稳定性分析证明：对于无限长涡街，当涡交替排列为两排，且同排涡间距 a 与涡街间距 b 的比值 $b/a \approx 0.3$ 时，系统才有位移的一阶稳定解，且与速度无关。

双排涡街的速度场计算　我们考虑双排涡街的情形，每排都无限长，类似于简单涡街；我们假定下排涡街中的所有涡在上排涡街中坐标为 $(0, b/2)$ 的涡处诱导的复速度为 W。同时，考虑到上排涡街在这个涡处诱导的合速度为零，并利用针对简单涡街得到的方程(7.61)和(7.62)，以及三角函数关系 $\tan(\mathrm{i}x) = \mathrm{i}\tanh(x)$，我们可得

$$w(z) = -\frac{\mathrm{i}\Gamma}{2a}\cot\left[\frac{\pi}{a}\left(z + \frac{a}{2} + \mathrm{i}\,\frac{b}{2}\right)\right]$$

即

$$W=w(\mathrm{i}\frac{b}{2})=\frac{\mathrm{i}\Gamma}{2a}\tan\left(\frac{\mathrm{i}\pi b}{a}\right)=-\frac{\Gamma}{2a}\tanh\left(\frac{\pi b}{a}\right) \quad (7.64)$$

类似地，我们可以证明：上排涡街在下排涡街中某个涡处诱导的速度具有相同的值。因此，整个双排涡街以由方程(7.64)决定的速度 W 做整体运动。

两排涡街间的速度廓线 截至目前，我们主要计算了涡街中的其他涡在被考察涡处诱导的速度。同样重要的是，我们还需要确定流场其他部分的速度场，尤其是两排涡街之间的速度分布。此外，通过考虑涡街对速度场的扰动，我们可以估计涡街携带的动量以及作用在流场中物体上的力。为此，如图 7.20 所示，我们需要计算沿 y 轴的速度廓线 $w(y)$，y 轴与两排涡街轴线(设为 x 方向)垂直并且距离两个紧邻涡的距离相同(这样选择可以回避每个涡附近速度场的扰动)。于是，我们可得

$$v_x(y)=-\frac{\Gamma}{a}\frac{\sinh(\pi b/a)\cosh(\pi b/a)}{\sinh^2(\pi b/a)+\cosh^2(2\pi y/a)} \quad (7.65a)$$

与

$$v_y(y)=\frac{\Gamma}{a}\frac{\cosh(\pi b/a)\cosh(2\pi y/a)}{\sinh^2(\pi b/a)+\cosh^2(2\pi y/a)} \quad (7.65b)$$

观察可知：速度分量 v_x 和 v_y 均是关于 y 的偶函数，并且都会随 Γ 而改变符号。在图 7.20 所示的几何结构中，v_y 为正，v_x 为负。它们绝对值的最大值均在 $y=0$ 处取得，分别为 $v_x(0)=-(\Gamma/a)\tanh(pb/a)$ 与 $v_y(0)=\Gamma/(a\cosh(pb/a))$。当 y 较大时，v_x 和 v_y 分别以 $\mathrm{e}^{-4\pi y/a}$ 与 $\mathrm{e}^{-2\pi y/a}$ 的指数形式减小。

证明：为计算速度廓线 $w(y)$，我们利用针对单排涡街得到的方程(7.61)。同时，对于上排涡街(环量为 $-\Gamma$)，用 $z-z_0$ 代替 z；对于下排涡街(环量为 $+\Gamma$)，用 $z+z_0$ 代替 z。最近邻涡的涡核坐标分别为 $z_0=\mathrm{i}b/2+a/4$ 和 $-z_0$，测量速度的位置为 $\mathrm{i}y$。叠加两排涡街对速度的贡献，我们可得复速度：

$$w(z)=-\frac{\mathrm{i}\Gamma}{2a}\left[\cot\left(\frac{\pi(\mathrm{i}y+z_0)}{a}\right)-\cot\left(\frac{\pi(\mathrm{i}y-z_0)}{a}\right)\right]$$

利用三角函数关系 $\cot(p)-\cot(q)=\sin(q-p)/(\sin p\sin q)$ 和 $\sin(p)\sin(q)=(\cos(p-q)-\cos(p+q))/2$，我们可得

$$\begin{aligned}w(y)&=\frac{\mathrm{i}\Gamma}{2a}\frac{\sin(2\pi z_0/a)}{\sin\{\pi(\mathrm{i}y+z_0)/a\}\sin\{\pi(\mathrm{i}y-z_0)/a\}}\\&=\frac{\mathrm{i}\Gamma}{a}\frac{\sin(2\pi z_0/a)}{\cos(2\pi z_0/a)-\cos(2\pi\mathrm{i}y/a)}\end{aligned}$$

进一步代入 z_0 值，利用 $\cos(\mathrm{i}x)=\cosh(x)$ 和 $\sin(\mathrm{i}x)=\mathrm{i}\sinh(x)$，那么上文关于 z_0 的方程转化为关于 y 的表达式：

$$w(y)=(v_x(y)-\mathrm{i}v_y(y))=\frac{\Gamma}{a}\frac{\cosh(\pi b/a)}{-\sinh(\pi b/a)+\mathrm{i}\cosh(2\pi y/a)}$$

从上式出发，分离实部和虚部即可得到方程(7.65)。

双排涡街的涡脱落频率　我们现在来估算图 7.20 所示双排涡街中的涡脱落频率 f。无穷远处均匀来流的速度为 U，涡街相对于圆柱的速度正比于 U。事实上，上文刚刚得到的速度 W 也正比于外部流动速度。此外，我们假定同排涡的横向间隔 a 与圆柱直径 D 成正比。于是，可得涡脱落频率 f 满足：

$$f\approx\frac{U+W}{a}\approx\alpha\frac{U}{D} \tag{7.66}$$

其中

$$Sr=\frac{f}{(U/D)}\approx\alpha \tag{7.67}$$

无量纲数 Sr 是已在第 2.4.2 节定义的**斯特劳哈尔数**(Strouhal number)。在我们的假设下，对于流场中给定的障碍物(圆柱)来说，该数不依赖于速度以及流体自身的性质，因此可作为表征涡脱落频率的无量纲参数。

如图 7.20 所示的情况，由于 $a>D$，根据方程(7.66)和(7.67)可知，Sr 应小于 1；此外，由于速度 U 和 W 方向相反，所以 $U+W$ 比 U 小。实验观察发现，对于圆柱体而言，Sr 约为 0.2，当雷诺数足够大时(如果选取物体的尺寸作为雷诺数的特征尺寸，则对应的雷诺数约为几千)，Sr 对流体自身特性以及雷诺数的依赖性很弱。

注：上述得到的涡脱落特性可用来设计流量计：我们可以通过测量涡脱落的频率来确定流动速度。这种设计中人们通常使用锐缘物体，因为在这种情况下涡脱落更加稳定，且 Sr 对雷诺数的依赖较弱。通过测量物体两侧，以及与流动方向平行的壁面间的压差振荡来监测涡的形成。

绕流中物体下游形成的涡街也可能带来一些不好的后果，比如前文第 2.4 节中提到的塔科马大桥坍塌的例子。一般来说，流体与固体结构的相互作用是一个应用广泛的交叉学科，我们在此处不作进一步的深入讨论。

轴系平行的直线涡丝的动量

我们首先考虑两个轴线平行、反方向旋转的涡，速度环量矢量分别为 $\boldsymbol{\Gamma}_1$ 与 $\boldsymbol{\Gamma}_2=-\boldsymbol{\Gamma}_1$(图 7.18(b))。如前所述，我们考虑一个与两个涡轴线垂直的平面，相交于 O_1 和 O_2 两点。为了计算动量，我们首先从一个特殊情况出发：假定两个涡核在原点 O 处重合(因此速度完全相互抵消)，作用在每个涡核单位长度上的外力为 $\boldsymbol{f}_i(i=1,2)$；在该力的作用下，每个涡会获得一个垂直于该力以及涡心($\boldsymbol{r}_i=\boldsymbol{OO}_i$)的速度分量 $\mathrm{d}\boldsymbol{r}_i/\mathrm{d}t$。该速度诱导的单位长度涡线上的马格努斯力为 $\boldsymbol{F}_{Mi}=\rho(\mathrm{d}\boldsymbol{r}_i/\mathrm{d}t)\times\boldsymbol{\Gamma}_i$(大小为 $-\boldsymbol{f}_i$)(参见第 6.3.1 节)，从而使得每个涡丝的全局受力为零。取 $\boldsymbol{f}_1=\boldsymbol{f}_2$，又考虑到 $\boldsymbol{\Gamma}_2=-\boldsymbol{\Gamma}_1$，所以力在两个涡上诱导的速度 $\mathrm{d}\boldsymbol{r}_i/\mathrm{d}t$ 方向相反，且沿相互远离的方向运动($\boldsymbol{f}_1$ 和 $\boldsymbol{f}_2$ 必须选取垂直于 $\boldsymbol{O}_1\boldsymbol{O}_2$ 的方向)；同时，合力 $\boldsymbol{f}_1+\boldsymbol{f}_2$ 所做的

功对应于涡对能量的增加。设两涡丝到达$|\boldsymbol{r}_2-\boldsymbol{r}_1|=d$的时刻为$t$，在从0到$t$时刻内，对合力积分可得单位长度涡对的动量为

$$\boldsymbol{P}=\int_0^t(\boldsymbol{f}_1+\boldsymbol{f}_2)\,\mathrm{d}t=\int_0^t\rho\left(\frac{\mathrm{d}\boldsymbol{r}_1}{\mathrm{d}t}\times\boldsymbol{\Gamma}_1+\frac{\mathrm{d}\boldsymbol{r}_2}{\mathrm{d}t}\times\boldsymbol{\Gamma}_2\right)\mathrm{d}t$$

即
$$\boldsymbol{P}=\rho(\boldsymbol{r}_1\times\boldsymbol{\Gamma}_1+\boldsymbol{r}_2\times\boldsymbol{\Gamma}_2)=-\rho(\boldsymbol{O}_1\boldsymbol{O}_2\times\boldsymbol{\Gamma}_1)$$

当$|\boldsymbol{O}_1\boldsymbol{O}_2|=d$时，$\boldsymbol{P}$的模为$P=\rho d\Gamma$，其中$\Gamma$为环量大小。注意：该结果与原点$O$的选取无关，也与力$\boldsymbol{f}_i$的大小无关。

我们可以把该结果推广到更多个平行涡的情形。类似地，我们先假定它们位于相同的原点O，单位长度上的受力为$\boldsymbol{f}_i$，该力诱导的速度为$\mathrm{d}\boldsymbol{r}_i/\mathrm{d}t$，使得马格努斯力为$\boldsymbol{F}_{Mi}=-\rho(\mathrm{d}\boldsymbol{r}_i/\mathrm{d}t)\times\boldsymbol{\Gamma}_i=-\boldsymbol{f}_i$（于是合力为零）；然后，选取合适的力$\boldsymbol{f}_i$使得速度$\mathrm{d}\boldsymbol{r}_i/\mathrm{d}t$沿$\boldsymbol{OO}_i$方向。与前文所得方程相同，我们通过叠加所有贡献可得

注：为保证结果不依赖原点O的选取，所有涡的速度环量之和必须为零，这也意味着无穷远处速度环量为零。

$$\boldsymbol{P}=\rho\sum_i(\boldsymbol{r}_i\times\boldsymbol{\Gamma}_i) \tag{7.68a}$$

对于二维连续分布的涡，我们通过考虑将垂直于涡轴线的截面$\mathrm{d}S$上的涡单元在这平面上做积分，最终可得

注：P. G. Saffman已经对该结果做了严格、优雅的证明，并推广到三维情形。

$$\boldsymbol{P}=\rho\iint(\boldsymbol{r}\times\boldsymbol{\omega}(\boldsymbol{r}))\mathrm{d}S \tag{7.68b}$$

7.4.3 涡环

涡环（vorticity ring）可想象为一个直径很小的涡管自身封闭所形成的结构，类似于无穷薄的甜甜圈（图7.21）。绕涡核一圈的任意闭曲线上的速度环量Γ均为常数。涡环是一种比较稳定的涡结构，在流体力学中，流体流经具有圆对称性的物体或小孔时，通常可观测到涡环（图7.17）。

注：在实验室中，将圆柱体易拉罐的一个端面替换为一张可被拉伸的弹性薄膜，另一端面开一个圆孔。然后，往罐内导入烟雾，通过轻弹另一端面上的薄膜，我们可在小圆孔处观察到烟环；我们可进一步研究该环的轨迹，以及该环如何绕过一个障碍物。

涡环的速度

接下来，我们考虑一个半径为R、在理想流体中运动的平面涡环；环上每点M处的速度由该点邻域内的涡核微元$\mathrm{d}\boldsymbol{l}$诱导（外部流场速度为零）。由第7.1.3节讨论可知，M处相应的速度分量$\mathrm{d}\boldsymbol{v}$垂直于该线微元，也垂直于连接M和$\mathrm{d}\boldsymbol{l}$的矢量；因此，$\mathrm{d}\boldsymbol{v}$垂直于涡环所在平面。于是可知，在涡环上一点处，涡核微元诱导的总速度也与涡环所在平面垂直；考虑到问题的对称性，我们可知涡核上任意点的速度都相同。因此，涡环以速度$\boldsymbol{V}$沿着平行于自身轴向的方向运动，且不会发生变形。

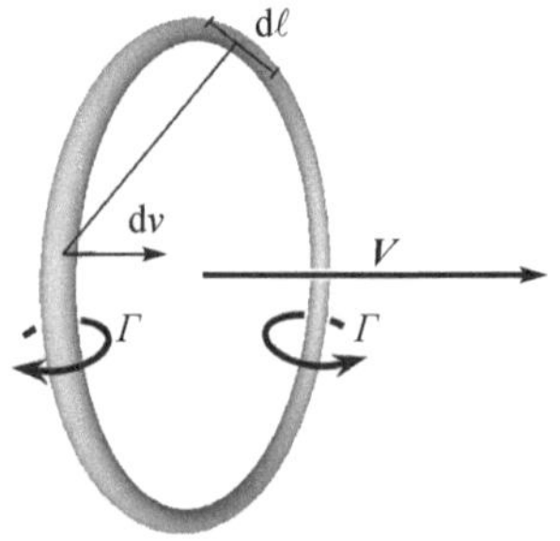

图7.21 涡环示意图，速度环量为Γ，以均匀速度$\boldsymbol{V}$运动

我们可根据方程（7.20）来计算$\boldsymbol{V}$的大小，涡核上到一段弧长在各点处诱导的速度为

$$V \approx \frac{\Gamma}{4\pi R}\log\left(\frac{R}{\xi}\right)$$

其中 ξ 是一个长度尺度，数量级为涡核直径。当 $\xi \ll R$ 时，涡环上一点处的运动速度主要由该点最邻近的涡线微元贡献，此贡献比直径方向上远端涡线微元所诱导的速度要大得多，二者比值约为 $\log(R/\xi)$。如果涡环的涡核为均匀绕转而成的圆柱体，通过精确的计算可得涡环运动速度的值接近：

$$V = \frac{\Gamma}{4\pi R}\left(\log\frac{8R}{\xi} - \frac{1}{2}\right) \tag{7.69}$$

注：如果环量 Γ 差不多大，那么涡环半径越大，其运动越慢。该结果很容易使我们联想到两个环量相反、间距为 d 的直线涡丝互相作用时得到的结果，其移动速度为 $\Gamma/2\pi d$，同样随 $1/d$ 变化。

此外，涡环也具有动能与动量，它们分别对应于该结构诱导的运动流体的动能与动量：这就是为什么一个烟环撞击固体表面能产生一个可探测的冲量。接下来，我们估计这些物理量的大小。

涡环的动能

我们从单位长度直线涡丝的动能表达式(方程(7.9))出发进行分析。如果涡环的曲率半径为 R，并且相对于涡心半径 ξ 足够大，那么涡环的总动能 E_k 约为 $2\pi R e_k$；忽略由涡核引起的叠加项后，我们可得

$$E_k \approx \rho\Gamma^2\,\frac{R}{2}\ln\frac{R}{\xi}$$

上述方程中，我们忽略了所有由远处涡线微元诱导的速度，同时假定 $L=R$ 为积分中 r 的上限。事实上，当距离很大时，速度下降很快(约为 $1/r^3$，类似磁偶极子)，因此对动能 E_k 的贡献可以忽略。通过一个完整的积分，我们可得到动能 E_k 的准确值：

$$E_k = \frac{\rho\Gamma^2 R}{2}\left(\log\frac{8R}{\xi} - \frac{3}{2}\right) \tag{7.70}$$

该值与我们的估计非常接近。观察上式可知：虽然涡环的移动速度随半径变大而**下降**，然而总动能却是**增加**的。

涡环的动量

使用与处理直线涡丝相同的方法，我们可以计算涡环的动量。假定涡核受到沿速度 $\mathbf{V}$ 方向的恒力为 $\boldsymbol{f}$，涡通过改变其半径来响应力的作用，从而以额外动能的形式存储力 $\boldsymbol{f}$ 所做的功。这个半径的改变需要单位长度上的马格努斯力来平衡力 $\boldsymbol{f}$，即：$\boldsymbol{f}_M = \rho(\mathrm{d}\boldsymbol{r}/\mathrm{d}t)\times\boldsymbol{\Gamma} = -\boldsymbol{f}$。于是可得，作用在环上总力大小 $F=2\pi r f$，即

$$F = 2\pi\rho\Gamma r\,\frac{\mathrm{d}r}{\mathrm{d}t}$$

半径为 R 的涡环动量 P 为 $\int F\mathrm{d}t=\int 2\pi\rho\Gamma r\mathrm{d}r$，积分区间为 $[0,R]$。于是，我们可得

$$P=\pi\rho\Gamma R^2 \tag{7.71}$$

根据涡环的动能、动量方程(7.70)与(7.71)，我们可计算涡环的**群速度**(group velocity)$V_g(R)$：

$$V_g(R)=\frac{\mathrm{d}E_k}{\mathrm{d}P}=\frac{\mathrm{d}E_k/\mathrm{d}R}{\mathrm{dP}/\mathrm{d}R}=\frac{\rho\Gamma^2}{2}\left(\frac{\log(8R/\xi)-3/2+1}{2\pi\rho\Gamma R}\right)$$
$$=\frac{\Gamma}{4\pi R}(\log(8R/\xi)-1/2)=V \tag{7.72}$$

计算结果发现 $V_g=V$，这说明涡环的运动速度同样是能量输运的速度。

这种行为与常规材料系统很不一样。常规情况下，动能和动量的增加伴随着速度的增大；然而，对于涡环而言，随着半径的增加，动能和动量虽然都增加，但速度却在减小。此处分析得出的涡环动力学规律，可通过超流液氦实验来验证(见本章附录)。

涡环间的相互作用，涡环与固壁间的相互作用

类似于轴线平行的直线涡丝，我们通过研究其他所有涡在其中一个涡处诱导的速度场来分析涡环系统的动力学行为。

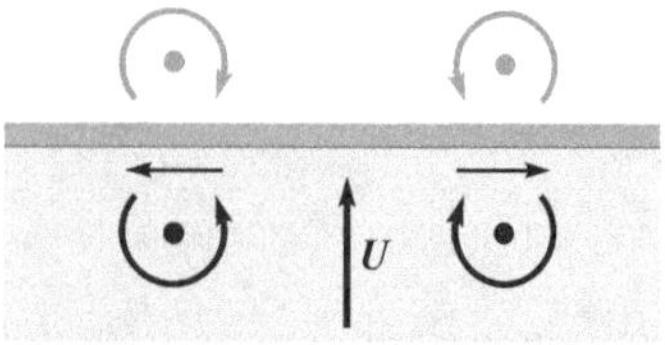

图 7.22 涡环撞向固体平面的示意图

涡环在固体壁面的撞击 如图 7.22 所示，研究涡环接近固壁平面问题时，我们可以假想一个镜像涡环位于以此平面为镜像对称面的另一侧，涡环与平面的作用可通过与该镜像环的相互作用来描述。由于此处我们考虑的是非黏性流体，镜像涡环可确保速度法向分量在平面处为零，而切向分量则不一定为零。受镜像涡环作用，涡环向平面趋近且不断变慢(但也不会弹开！)，并且半径持续增大。镜像环在原涡环上诱导一个沿径向指向外的速度分量，该速度分量随原环不断靠近平面而变大。此外，涡环上某处由自身其他部分诱导产生的法向速度分量基本会被镜像环诱导产生的速度抵消。

环量相同的同轴涡环 我们在圆形截面射流的出口处可以观察到两个相互作用的涡环会出现一种类似于“蛙跳”的运动现象(图 7.23)。每个环都会从前面环的内部穿过，并且半径不断减小，然后其自身又被后面的环所穿过，如此这般循环进行。处于前方的环 A_2 在 A_1 上诱导的速度包括一个向内的径向速度分量 V_{r1}，此速度分量会迫使 A_1 的半径变小，从而导致运动速度 U_1 变大。同时，环 A_1 会在 A_2 上产生一个向外的径向速度分量 V_{r2}，反过来增加环 A_2 的半径而使其速度变慢，

直到 A_1 跟上 A_2 并穿过去。该过程会不断循环进行下去。

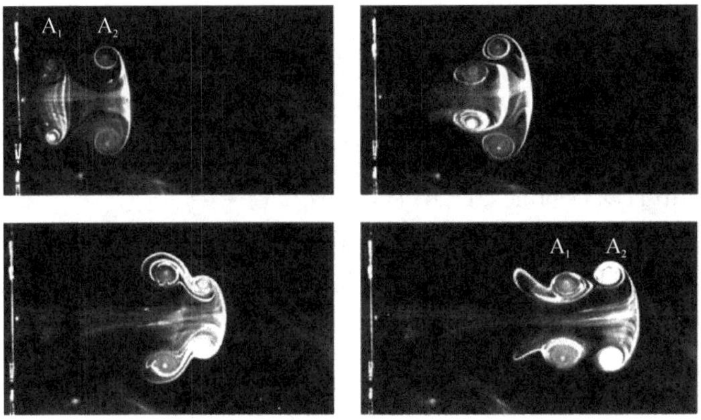

图 7.23　两个同轴涡环的"蛙跳"型相对运动，按时间顺序排列的四张抓图（图片来源于 *An Album of Fluid Motion*，作者：M. Van Dyke）

7.5　涡、涡量以及空气和水中的运动

涡，或者更广义地说是速度环量，在流体运动中非常重要，它们可以诱导推力（或阻力）从而促进（或阻碍）运动，同时也可以引起升力。当舟车或动物以可观的速度在空气或水中运动时，足够大的雷诺数将保证流场中出现的涡发挥显著的作用。相反的情况是由流体黏性主导的运动，例如微生物的运动，这一点将在第 9 章讨论。

7.5.1　涡脱落诱导的推力

包括鱼、鸟在内的很多动物都通过摇动尾巴或翼来释放涡街，从而获得推力并运动起来。如图 7.24 所示，当简单模型翼以恒定频率 f 且不断增加的振幅 A 运动时下游观测到的流场。该翼厚度为 d，流场速度恒定为 $\boldsymbol{U}$，雷诺数 $Re=Ud/\nu$。

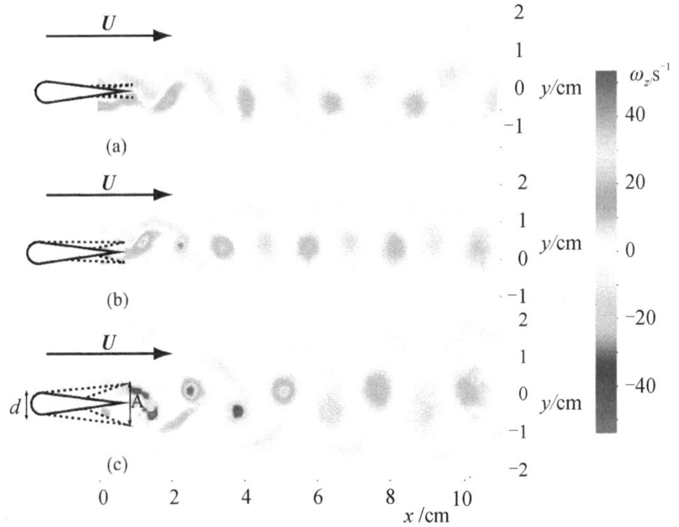

图 7.24（彩）　宽度 $d=0.5$ cm 的振动翼在流场中诱导的涡，雷诺数 $Re=255$，相对振幅分别为 $A_d=A/d$：(a) 0.36；(b) 0.71；(c) 1.07。对应的斯特劳哈尔数分别为 $Sr_A=fA/U$：(a) 0.08；(b) 0.16；(c) 0.24，颜色条对应局部涡量（单位为 s^{-1}）（图片来源于 R. Godoy-Diana、J. L. Aider 和 J. E. Wesfreid）

在小振幅下(图 7.24(a)),我们观察到了贝纳尔-冯卡门涡街,这与流场中固定物体下游所观察到的涡街性质相同(见第 2.4.2 节和第 7.4.2 节)。随着振幅的增加,流场中出现了不同类型的涡街:涡的旋转方向与前面情形相反(图 7.24(c))。介于这两种情形之间我们可以观察到一种过渡状态,比如沿直线排列的交替涡(7.24(b))。

涡的转向会导致与流体平均流动方向相反的推力,对卡门涡街形成阻力。单位涡街长度上,沿速度 $\boldsymbol{U}$ 方向的力分量 $\boldsymbol{F}_{\mathrm{D}}$ 为

$$\boldsymbol{F}_{\mathrm{D}}=\varepsilon\rho\Gamma\frac{b}{a}(\boldsymbol{U}+\boldsymbol{W}) \tag{7.73}$$

其中 $\varepsilon=1$ 对应贝纳尔-冯卡门涡街,$\varepsilon=-1$ 对应反转涡街。在第一种情况下,方程(7.64)给出的诱导速度 $\boldsymbol{W}$ 与 $\boldsymbol{U}$ 方向相反,第二种情形下 $\boldsymbol{W}$ 与 $\boldsymbol{U}$ 方向相同,但都满足 $|W|<|U|$。

证明:由方程(7.68)可知,涡街的总动量为 $\boldsymbol{P}=\boldsymbol{\rho}\Sigma_i(\boldsymbol{r}_i\times\boldsymbol{\Gamma}_i)$。在平均流动速度 $\boldsymbol{U}$ 的方向上,额外产生的涡对引起的动量分量变化为

$$\Delta P_U=\rho(\boldsymbol{OO}_+\times\boldsymbol{\Gamma}+\boldsymbol{OO}_-\times(-\boldsymbol{\Gamma}))\cdot\boldsymbol{e}_U=\rho(\boldsymbol{O}_-\boldsymbol{O}_+\times\boldsymbol{\Gamma})\cdot\boldsymbol{e}_U \tag{7.74}$$

$\boldsymbol{e}_U$ 是 $\boldsymbol{U}$ 方向的单位矢量,$\boldsymbol{O}_-\boldsymbol{O}_+$ 是涡心与法向平面两个交点的连线矢量。我们注意到:变量 ΔP_U 不依赖我们选择哪一个涡对(甚至所选择涡对的相邻涡)。混合积 $\rho(\boldsymbol{O}_-\boldsymbol{O}_+\wedge\boldsymbol{\Gamma})\cdot\boldsymbol{e}_U$ 总是等于 Γb(图 7.20):于是通过对 $\Delta P_U\boldsymbol{e}_U$ 乘以单位时间里产生的涡对数目(对应方程(7.66)中的频率 f),我们即可得到阻力。最后,ΔP_U 的正负取决于与 $\boldsymbol{U}$ 垂直的矢量 $\boldsymbol{O}_-\boldsymbol{O}_+$ 的分量的方向,从而可以证明方程(7.73)。

方程(7.74)仅仅是一个近似表达式,精确解需要如同方程(7.65)中给出的那样考虑势流区的速度变化。因此需要引入一个修正项,但同时保留正比于 $\rho\boldsymbol{\Gamma}bU/a$ 的主导项。

图 7.25 给出了不同振幅和频率下实验观察到的推力机制。这些观测所显示出的不同机制主要依赖于斯特劳哈尔数 $Sr_A=fA/U$。大约在 $Sr_A=0.15$ 处,我们会观察到从卡门涡街到反涡街的转化。Sr_A 大于 0.4 之后,涡街将失去周期性,其平均方向偏离速度 $\boldsymbol{U}$。

注:此处以振动幅度为特征长度定义 Sr_A 数。

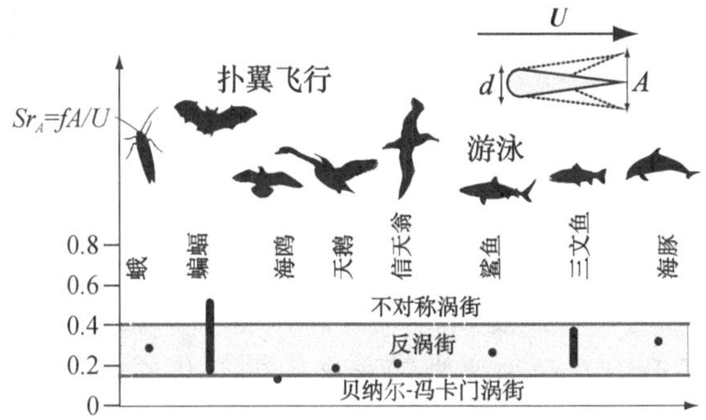

图7.25 振动翼下游的流动机制随斯特劳哈尔数 $Sr_A=fA/U$ 的变化。图中数据点(•)对应于不同动物的推力机制(图片来源于R. Godoy-Diana、J. L. Aider和J. E. Wesfreid)

反涡街流动区域的推力最为显著,对应的斯特劳哈尔数满足:$0.15 \leqslant Sr_A \leqslant 0.4$。如图7.25所示,该范围对应了大部分鸟、昆虫以及鱼类所利用的推力区间。

除了上述讨论的涡街发射导致的推力效应,飞行与游动也经常依赖翼或鳍的形变实现,相应的拍打频率可以通过合理的设计或者翼的弹性来实现。

7.5.2 升力效应

与第6.3.1和第6.6.3节中定义的一样,在垂直于物体与流体的相对速度方向上产生的力的分量称为升力。显然,作用在机翼上的升力对飞机飞行起到了决定性的作用,对于鸟的飞行同样重要。鱼(以及潜艇等)也会利用升力效应(除了阿基米德浮力之外)在一个恒定深度上前行。接下来,我们首先讨论机翼的升力。

机翼的升力与阻力

如图7.26(a)所示,我们首先回忆二维机翼上升力和阻力的定义(在这种情况下,我们忽略垂直于纸面方向上的力的变化)。

升力(lift force)$\boldsymbol{F}_L$ 与速度 $\boldsymbol{U}$ 垂直,与飞机的重力平衡:显然,人们通常希望尽可能大地提高该升力。**阻力**(drag force)$\boldsymbol{F}_D$ 与速度反向平行,人们当然通常期望尽可能地减小它。实际中,我们经常使用两个无量纲数 C_z 和 C_x 来表征升力与阻力,它们只依赖于翼型和来流**攻角**(angle of attack)α。C_z 和 C_x 可通过升力、阻力、翼表面积 S 和空气密度 ρ 来定义:

$$F_L = \frac{1}{2}\rho U^2 S C_z(\alpha) \tag{7.75a}$$

和

$$F_D = \frac{1}{2}\rho U^2 S C_x(\alpha) \tag{7.75b}$$

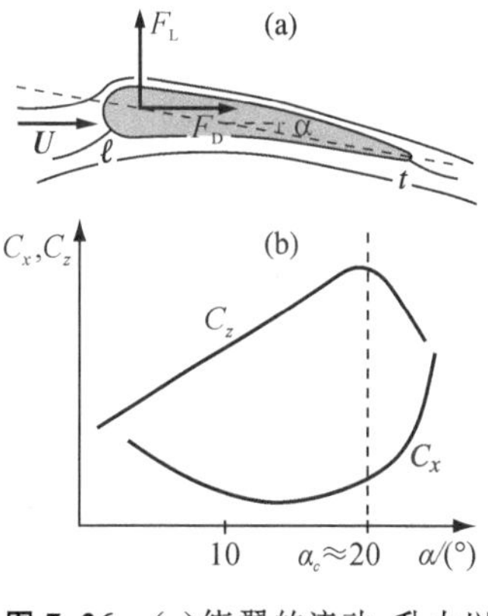

图7.26 (a)绕翼的流动、升力以及阻力的示意图。ℓ与 t 标识机翼前缘与后缘(参见图6.22讨论)。(b)升力及阻力系数 C_z、C_x 对攻角 α 的依赖性

升力是由绕由机翼的速度环量引起的,这实际上是第

6.3.1 节方程(6.44)中讨论的马格努斯力的一种表现。该环量由机翼的横截面形状诱导，这种情况下机翼上表面的流动滞止点位于机翼后缘 t：这即为所谓的**库塔条件**(Kutta condition)，见第 6.6.3 节方程(6.105)。环量 Γ 与升力 $\boldsymbol{F}_L$ 随着机翼相对于流体的速度 $\boldsymbol{U}$ 增加而增大(方程(6.106))，当 $\boldsymbol{U}$ 足够大以至升力 $\boldsymbol{F}_L$ 大于重力时飞机就可以起飞。

翼型中轴与平均速度 $\boldsymbol{U}$ 的夹角为 α(图 7.26(a))，图 7.26(b)中给出了升力及阻力系数随角度 α 的变化曲线。观察可知：C_z 随 α 线性增加直至临界值 α_c；当 α 小于 α_c 时，C_z 随 α 增加，克服飞机重力所需的升力对应的飞机速度会相应减小。当 α 高于临界角 α_c 时，升力系数迅速下降，出现**失速现象**(stalling phenomenon)，该过程与**边界层分离**(boundary-layer separation)有关，这一点将在第 10.6.1 节中讨论。

机翼的升力

由本章第 7.2.1 节讨论可知：对于理想流体来说，如果流场中的闭合曲线 C 的初始速度 $\boldsymbol{v}$ 的环量等于零，那么在接下来的时间里闭合曲线 $C'(t)$ 的速度环量都保持为零，C' 是初始物质线 C 上的流体质点在被流体携带运动过程中围成的闭合曲线(开尔文定理)。相比之下，在边界层内，非常靠近壁面处存在一个涡量层，这会导致绕机翼横截面环量的形成，并随之导致升力的产生。其实在远离机翼表面边界层的区域(图 7.27(a))，我们依然可以使用开尔文定理(只要闭合曲线 C 距离机翼壁面足够远，沿曲线 C 的流体即可认为是理想流体)。如图 7.27(b)所示，初始时刻之后机翼开始运动，此时我们可在机翼尾缘处观察到一个涡的出现，称之为**启动涡**(start-up vortex)。绕该涡的速度环量 $-\Gamma$ 必须与绕机翼环量 Γ 互为相反数，以维持绕曲线 $C'(t)$ 的环量为零(因为初始时刻流体是静止的，所以绕 C 的初始环量为零)。当我们用勺子搅动咖啡(并与自身方位保持平行)时，在勺子后缘处也可以观察到类似的现象。一旦运动开始，启动涡就会脱落；在实际流体中，涡量的分布会以黏性扩散的方式铺展开来。

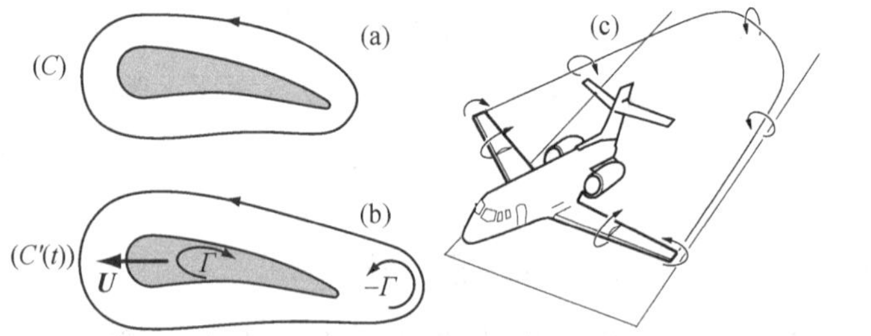

图 7.27 (a,b)为飞机加速时出现绕机翼环量的示意图：(a)初始时刻，绕闭合曲线 C 绕静止机翼的速度环量为零；(b)当飞机开始运动时机翼上产生速度环量，该环量会被机翼下游脱落涡的环量抵消。(c)飞机飞行时周围涡量的三维分布结构：包括绕机翼涡和启动涡的涡线与翼尖的脱落涡的涡线形成了闭合曲线

由第 7.2.1 节讨论可知：在理想流体中，涡线必须自身闭合，或者其两端终止在固壁或液面上；考虑到机翼长度是有限的，包括飞机机翼和启动涡的涡线必须与翼尖的两个脱落涡（二者的轴与速度 $\boldsymbol{U}$ 平行）的涡线形成闭合回路（图 7.27(c)、7.28(a)和 7.28(b)）。

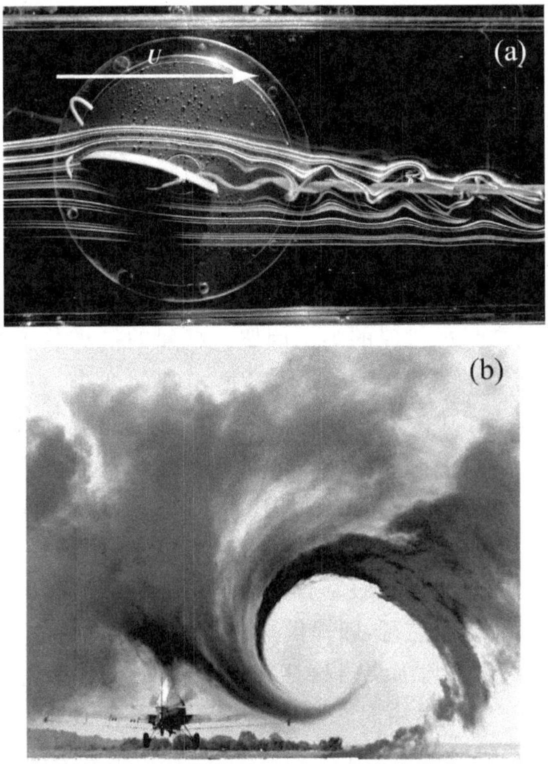

图 7.28(彩)　(a)机翼尖端出现的涡旋可视化（图片来源于 O. Cadot 和 T. Pichon，ENSTA）；(b)近地面处，喷洒农药的飞机机翼尾部的脱落涡，通过烟雾喷射实现了涡流的可视化（图片来源于 NASA 文档）

大型飞机飞过后，空气中这类**后缘涡**（trailing edge vortices）的尺度会很大，以至于会导致后面距离较近的飞机失去平衡；尤其是在前面飞机速度较低，相应的攻角 α、升力系数 C_z 和速度环量 Γ 以提高升力来克服重力的情况下，后缘涡的影响更显著（方程(6.106)）。

其实这些涡都会带来不必要的能量耗散，在现代飞机中，通常使用安置在机翼尾端的副翼来限制该效应。也可使用其他策略来减小尾迹，比如将二次涡叠加在尾迹上，从而破坏其涡旋结构（Crow 失稳）。

7.5.3　升力和推进力

旋转螺旋桨的推进力

轮船与飞机的螺旋桨可以产生升力。螺旋桨叶片与旋转面有一个小的夹角，产生的升力与旋转轴平行，即推进力。而且正如机翼一样，阻力通常较小(位于叶片的旋转面上)，从而可以保持能量耗散的最小化。

这与水车的情况完全不同，水车叶片的运动速度垂直于叶片所在平面：在这种情况下，只有阻力起作用，升力不起任何作用。被水推动时，叶片的运动会给水作用一个向后的动量。然而，叶片与水存在相对速度，这会导致阻力做功带来显著的能量耗散，因此水车的效率非常低。此外，划艇的桨则是利用阻力来产生推进的另外一个典型例子。

直升机的螺旋桨除了更长之外，与一般推进桨片的工作原理本质相同，但其旋转轴沿竖直方向，所以螺旋桨直接拉升直升机的机体，这种情况我们通常称之为旋转升力。

帆船的推进力

现在我们来考虑帆船的推进问题。帆船的推进装置类似于一个竖直安装的机翼，且宽度随高度增加而变小。在**逆风而行**(sails upward)时，风向与帆面的夹角很小，造成了气流填充帆的效果。因此，作用在帆上的力实际上是一个与帆垂直的升力。此力与船轴垂直的分量由船的**龙骨**(keel)或**中板**(centerboard)抵消，这些安装在船下的垂直板与船轴线平行，用于产生很大的阻力来克服垂直于航向的漂移。沿船轴方向的力分量会推动帆船前行，即提供推进力。

与飞机机翼类似，围绕船帆存在一个总的环量，环量矢量沿竖直方向：飞机的翼尖涡在帆船情形下表现为桅杆尖端的脱落涡，以及在帆底部与船甲板之间的脱落涡(图 7.29)。

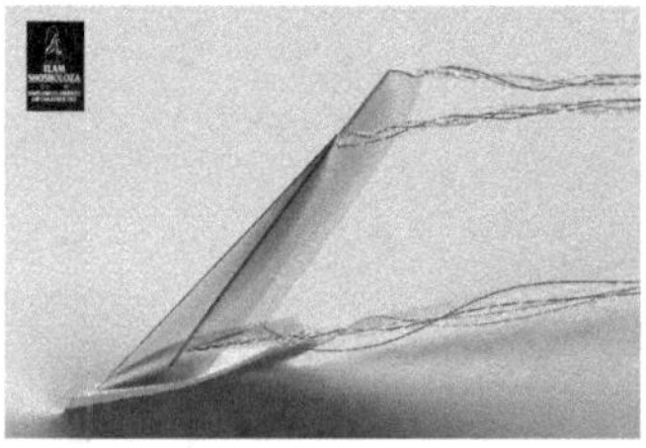

图 7.29(彩) 绕艇帆的流动可视化，该帆船为参加美洲杯帆船挑战赛而设计。涡(交缠的彩色流线)在三处产生：桅杆顶部、艇杆上端系紧处，以及毗邻主帆下部的帆桁处。图中所示帆船为逆风行驶，船的轴线与桅杆顶部的风向夹角为 22°(图片由 C. Pashias 提供，南非美洲杯帆船挑战赛)

动物(包括人类)的升力、阻力及推进力

游动时，鱼或游泳者必须调整鳍或手相对周围流体流动的攻角以获得最大效率。攻角太大时，在尾迹处会出现类似于风车叶片行为的显著能量损耗。如果鳍或手与流体流动平行，阻力是很小，但用来推动前行的升力又不够大：因此游动时需要足够大的入射角。游泳者(或鱼)正是凭借这种对周围流动的敏感性来找到最佳的动向。

7.6 旋转流动

开展旋转流动的研究对理解大气与海洋流动很重要。图 7.30 所示为地球的旋转效应，旋转角速度为 $\Omega_0 \simeq 10^{-4}\ \mathrm{s}^{-1}$。从地球表面观察到的大气与海洋流动均发生在角速度 $\Omega = \Omega_0 \sin\alpha$ 的旋转参考系中(α 为纬度角)，这正是**傅科摆**

(Foucault's pendulum)实验中观测到的速度。在该实验中，摆的旋转周期相对于地球上的观察者为 $T=2\pi/(\Omega_0\sin\alpha)$。地球物理学家通常称 2Ω 为**行星涡量**(planetary vorticity)。

实验室的研究人员通常使用旋转平板来模拟大气或海洋中的地球旋转效应，该效应常常导致意想不到的结果。

工业过程中也经常遇到旋转流动。旋转容器中的流动结构，特别是边界层的行为，会显著地受到旋转的影响。

在旋转流动中，我们在此主要感兴趣的是地球物理学中的相关问题；此问题中，流体速度相对于整体旋转的偏移较小。

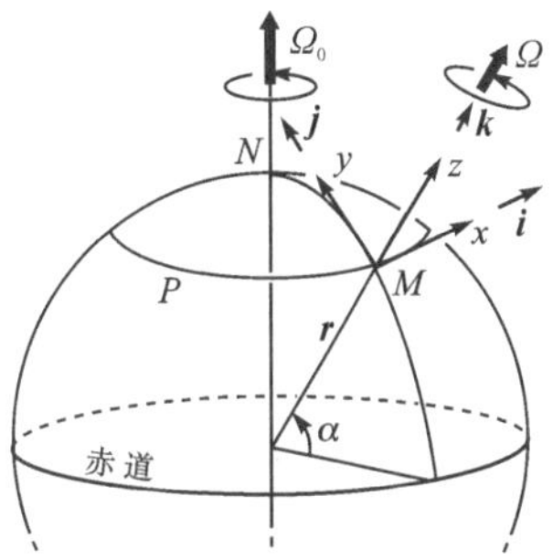

图 7.30　旋转参考系中流动的局部坐标系统示意图

7.6.1　旋转参考系下流体的运动

旋转参考系下的流体运动方程

我们首先从固定参考系下的运动方程(纳维-斯托克斯方程)出发，推导角速度为 $\boldsymbol{\Omega}$ 的旋转参考系下的流体运动方程(角速度 $\boldsymbol{\Omega}$ 平行于旋转轴方向)。在"绝对"静止参考系下，我们记流体速度为 $\boldsymbol{v}_a$，"相对"旋转参考系下记流体速度为 $\boldsymbol{v}_r$。速度测量点 M 处的矢径为 $\boldsymbol{OM}=\boldsymbol{r}$($O$ 为坐标原点，假定位于旋转轴上)。

任意矢量 $\boldsymbol{A}(\boldsymbol{r})$ 在绝对参考系和旋转参考系关于时间的导数可以通过下式关联：

$$\left(\frac{\mathrm{d}\boldsymbol{A}}{\mathrm{d}t}\right)_a=\left(\frac{\mathrm{d}\boldsymbol{A}}{\mathrm{d}t}\right)_r+\boldsymbol{\Omega}\times\boldsymbol{A} \tag{7.76}$$

其中 $\mathrm{d}\boldsymbol{A}/\mathrm{d}t$ 代表拉格朗日导数。例如，旋转流场中的某一常矢量 $\boldsymbol{A}$，在绝对参考系下的时间变化率为 $\mathrm{d}\boldsymbol{A}/\mathrm{d}t=\boldsymbol{\Omega}\times\boldsymbol{A}$。通过方程(7.76)，我们在旋转参考系下改写流体运动方程中的各项可得

$$\begin{aligned}\left(\frac{\mathrm{d}\boldsymbol{v}_r}{\mathrm{d}t}\right)_r&=\frac{\partial\boldsymbol{v}_r}{\partial t}+(\boldsymbol{v}_r\cdot\nabla)\boldsymbol{v}_r\\&=-\nabla\left(\frac{p}{\rho}+\varphi-\frac{1}{2}(\boldsymbol{\Omega}\times\boldsymbol{r})^2\right)+\nu\,\nabla^2 v_r-2\boldsymbol{\Omega}\times\boldsymbol{v}_r\end{aligned} \tag{7.77}$$

其中 $(1/2)\nabla(\boldsymbol{\Omega}\times\boldsymbol{r})^2$ 项与**离心力**(centrifugal force)相关，以体积力的形式出现。$-2\boldsymbol{\Omega}\times\boldsymbol{v}_r$ 为**科里奥利力**(Coriolis force)，与流体质点速度垂直：该力可以解释傅科摆的旋转问题以及自由落体运动向东偏移的现象。我们还将看到，科里奥利力也是很多大气环流现象产生的重要原因。

证明：我们首先对径向矢量 $\boldsymbol{r}$ 应用方程(7.76)，该矢量对时间

的导数为绝对速度 $\boldsymbol{v}_a$ 和旋转参考系下的速度 $\boldsymbol{v}_r$：

$$\boldsymbol{v}_a = \boldsymbol{v}_r + \boldsymbol{\Omega} \times \boldsymbol{r} \tag{7.78}$$

对 $\boldsymbol{v}_a$ 继续应用方程(7.76)，可得

$$\left(\frac{\mathrm{d}\boldsymbol{v}_a}{\mathrm{d}t}\right)_a = \left(\frac{\mathrm{d}\boldsymbol{v}_a}{\mathrm{d}t}\right)_r + \boldsymbol{\Omega} \times \boldsymbol{v}_a = \frac{\mathrm{d}\boldsymbol{v}_r}{\mathrm{d}t} + 2\boldsymbol{\Omega} \times \boldsymbol{v}_r + \boldsymbol{\Omega} \times (\boldsymbol{\Omega} \times r) \tag{7.79}$$

由于 $\boldsymbol{r}$ 只有垂直于 $\boldsymbol{\Omega}$ 的分量 $\boldsymbol{r}_\perp$，所以 $\boldsymbol{\Omega}\times(\boldsymbol{\Omega}\times\boldsymbol{r})$ 等于 $-\nabla(\boldsymbol{\Omega}\times\boldsymbol{r})^2/2$；并且，两个表达式均等于 $-\boldsymbol{\Omega}^2\boldsymbol{r}_\perp$。绝对参考系下纳维-斯托克斯方程的形式为

$$\left(\frac{\mathrm{d}\boldsymbol{v}_a}{\mathrm{d}t}\right)_a = \frac{\partial \boldsymbol{v}_a}{\partial t} + (\boldsymbol{v}_a \cdot \nabla)\boldsymbol{v}_a = -\frac{1}{\rho}\nabla p + \nu\, \nabla^2 \boldsymbol{v}_a - \nabla\varphi \tag{7.80}$$

(φ 为单位质量流体的体积力的势函数，对重力有 $\varphi = gz$)，利用方程(7.78)和(7.79)，将绝对速度 $\boldsymbol{v}_a$ 用 $\boldsymbol{v}_r$ 表示，于是方程(7.80)可转化为

$$\begin{aligned}\left(\frac{\mathrm{d}\boldsymbol{v}_r}{\mathrm{d}t}\right)_r &= \frac{\partial \boldsymbol{v}_r}{\partial t} + (\boldsymbol{v}_r \cdot \nabla)\, \boldsymbol{v}_r \\ &= -\frac{1}{\rho}\nabla p + \nu\, \nabla^2 \boldsymbol{v}_r - \nabla\varphi - 2\boldsymbol{\Omega} \times \boldsymbol{v}_r + \frac{1}{2}\nabla(\boldsymbol{\Omega} \times \boldsymbol{r})^2\end{aligned} \tag{7.81}$$

上式中，$\nabla^2\boldsymbol{v}_a$ 被 $\nabla^2\boldsymbol{v}_r$ 取代，具体的表达式可通过方程(7.78)得到；由于 $\boldsymbol{\Omega}\times\boldsymbol{r}$ 与 $\boldsymbol{r}$ 的分量成线性关系，所以 $\nabla^2\boldsymbol{v}_a$ 和 $\nabla^2\boldsymbol{v}_r$ 唯一的区别项 $\nabla^2(\boldsymbol{\Omega}\times\boldsymbol{r})$ 为零；我们进一步把梯度项合并，如果流体密度为常数，那么方程(7.81)回归到方程(7.77)。

在本章后续的内容中，我们将下标 r 省略，直接使用旋转坐标系下的速度进行讨论。

旋转流动的离心力效应

离心力能够产生流动，一个重要的应用就是离心泵：流体沿着泵的轴线注入，在叶片的推动下开始旋转，最后在旋转产生的压力梯度下将流体排出。另外一个应用是液滴在旋转盘片上铺展形成厚度均匀的薄液膜，即**旋涂镀膜**(spin coating)。离心力在龙卷风和水龙卷的形成中同样扮演重要角色。在第7.7节中，我们将看到该力也可能引起二次流，在一些具有特定几何结构的流动(如具有弯曲壁的管道)中，二次流会叠加到主流上。

在本章接下来的讨论中我们主要关注相反的情形：离心力不产生流动。例如，我们考虑一个均匀旋转的容器，经过足

够长时间后容器中的流体不再有相对于壁面的流动，即所有的流体均以与壁面相同的角速度运动(第 2.1.1 节)。这种情况下，通过在方程(7.77)取 $\boldsymbol{v}_r \equiv 0$，我们可得：

$$\left(\frac{p}{\rho}+\varphi-\frac{1}{2}(\boldsymbol{\Omega}\times\boldsymbol{r})^2\right)=\frac{p}{\rho}+gz-\frac{1}{2}(\boldsymbol{\Omega}\times\boldsymbol{r})^2$$
$$=\frac{p}{\rho}+gz-\frac{\boldsymbol{\Omega}^2\boldsymbol{r}_\perp^2}{2}=常数 \qquad (7.82)$$

其中 $r_\perp = r\sin\theta$ 为流体质点到旋转轴的距离，Ω 为角速度矢量 $\boldsymbol{\Omega}$ 的模。由上式可知，离心力产生了一个额外的压力梯度，该梯度仅依赖于距离 $r_\perp$：在本章接下来的讨论中，我们不考虑该效应，而仅是通过增加一项 $-\rho\,\Omega^2(r_\perp)^2/2$ 来修正压力。

此外，离心力对自由液面的形状有显著影响。自由液面上的压强总是等于大气压且为常数(由第 1.4.4 节讨论可知，如果容器尺寸大于几个毫米，那么我们可忽略表面张力效应)。于是，液面高度 $z(r_\perp)$ 满足 $gz(r_\perp)-\Omega^2(r_\perp)^2=常数$。此处，我们再次得到自由液面呈抛物线形状的结论，且液面高度在轴 $r_\perp=0$ 处取得最小值。旋转导致的相应离心压力项被液面变形引起的额外静水压所抵消。

旋转参考系下的涡量运动方程

类似于绝对参考系下涡运动方程的推导(第 7.3 节)，我们直接对方程(7.77)两侧做旋度运算，并消去梯度项即可得到涡量在旋转坐标系下的输运方程：

$$\frac{\mathrm{d}\boldsymbol{\omega}}{\mathrm{d}t}=\frac{\partial\boldsymbol{\omega}}{\partial t}+(\boldsymbol{v}\cdot\nabla)\boldsymbol{\omega}=((\boldsymbol{\omega}+2\boldsymbol{\Omega})\cdot\nabla)\boldsymbol{v}+\nu\,\nabla^2\boldsymbol{\omega} \qquad (7.83)$$

其中 $\boldsymbol{\omega}=\nabla\times\boldsymbol{v}_r$。相对于没有旋转的情形，该方程唯一不同的是在旋度 $\boldsymbol{\omega}$ 基础上增加一项行星涡量 $2\boldsymbol{\Omega}$。$\boldsymbol{\omega}+2\boldsymbol{\Omega}$ 称为**绝对涡量**(absolute vorticity)。$(\boldsymbol{\omega}\cdot\nabla)\boldsymbol{v}$ 代表涡量随着涡管长度的变化发生的演化(第 7.3.1 节)。在高速旋转时，由旋转引起的额外贡献将起主导作用。

运动方程中各项的数量级，罗斯贝数和埃克曼数

我们取流动特征尺寸为 L(比如，流道尺寸)，特征速度为 U(最大速度或平均速度)。为构造无量纲数，在方程(7.77)两侧同时乘以 L/U^2 可得

$$\frac{\partial\boldsymbol{v}'}{\partial t'}+(\boldsymbol{v}'\cdot\nabla')\boldsymbol{v}'=-\nabla'p'+\frac{\nu}{UL}\nabla'^2\boldsymbol{v}'-2\,\frac{|\boldsymbol{\Omega}|L}{U}\,\frac{\boldsymbol{\Omega}}{|\boldsymbol{\Omega}|}\times\boldsymbol{v}' \qquad (7.84)$$

其中 $\boldsymbol{v}'=\boldsymbol{v}/U$；$p'=(p-p_0)/(\rho U^2)$；$p_0$ 是不存在流动但存在旋转和体积力时的静压力项：$\nabla(p_0/\rho)=-\nabla(\varphi-(\boldsymbol{\Omega}\times\boldsymbol{r})^2/2)$。$\nabla'$为关于无量纲半径矢量 $\boldsymbol{r}'=\boldsymbol{r}/L$ 的算符；$\boldsymbol{\Omega}/|\Omega|$ 为旋转轴方向上的单位矢量。

除了无量纲变量 $\boldsymbol{r}'$、$\boldsymbol{v}'$ 与 p'，方程(7.84)中仅引入了雷诺数的倒数 $\nu/(UL)$ 和**罗斯贝数** Ro（Rossby number）的倒数 $1/Ro=|\Omega|L/U$。因此，方程(7.84)的解具有以下形式：

$$\frac{\boldsymbol{v}}{U}=\boldsymbol{v}'=\boldsymbol{f}\left(\frac{x}{L},\frac{y}{L},\frac{z}{L},Re,Ro\right) \tag{7.85a}$$

$$\frac{p-p_0}{\rho U^2}=p'=g\left(\frac{x}{L},\frac{y}{L},\frac{z}{L},Re,Ro\right) \tag{7.85b}$$

在几何结构全同的流动中，如果罗斯贝数与雷诺数相同，即使在不同的特征尺寸 L 与特征速度 U 下，流动所对应的速度场与压强也是相似的。

在物理上，罗斯贝数 Ro 对应于运动方程中对流输运项和科里奥利力项之间的比值。我们有

$$|(\boldsymbol{v}\cdot\nabla)\boldsymbol{v}|\approx\frac{U^2}{L}\quad 和 \quad 2|(\boldsymbol{\Omega}\times\boldsymbol{v})|\approx|\Omega|U$$

因此
$$Ro=\frac{U}{|\Omega|L}\approx\frac{对流项}{科里奥利力项}$$

在罗斯贝数较小的流动中，旋转和科里奥利力的效应起主导作用。常规流速下，小罗斯贝数仅可见于流动特征尺寸非常大的情形。因此，对于大气流动，当我们取 $|\Omega|=10^{-4}\ \mathrm{s}^{-1}$，$U\approx 10\ \mathrm{m/s}$ 和 $L\approx 10^3\ \mathrm{km}$ 时，罗斯贝数 $Ro=10^{-1}$。这解释了为什么地球旋转会影响气旋的运动方向：其在南北半球旋转方向相反。相比之下，对于速度达到 100 m/s 的龙卷风来说，此时 $Ro=10^3$，该解释不成立（对浴缸排水时出现的涡旋现象也不适用!）。

类似地，在运动方程中我们可以定义黏性力与科里奥利力间的比值：

$$\nu\nabla^2\nu\approx\frac{\nu U}{L^2}\quad 和 \quad 2|(\boldsymbol{\Omega}\times\boldsymbol{v})|\approx|\Omega|U$$

这两项的比值称之为**埃克曼数**（Ekman number），满足下式：

$$Ek=\frac{\nu}{|\Omega|L^2}\approx\frac{黏性力}{科里奥利力}$$

我们将在第 7.6.4 和第 7.7.2 节中通过埃克曼数来讨论容器底部或旋转壁面附近的流动。

位涡

为理解位涡的概念，我们考虑这样一个情形：在无黏流场

中，流动的横向方向上存在一个可以简化成二维结构的物体，以下来考察一个涡管越过该物体的过程。

我们考虑一个与该问题有关的情形：风吹过一个横向（图 7.31 中的 y 方向）很长、高度相对不变的山脉时，主风向会发生变化。这种情形部分类似于垂直涡管上的速度变化效应（图 7.14）；然而，此处起作用的不是流动本身涡量 $\boldsymbol{\omega}$，而是绝对涡量 $\boldsymbol{\omega}+2\boldsymbol{\Omega}$。

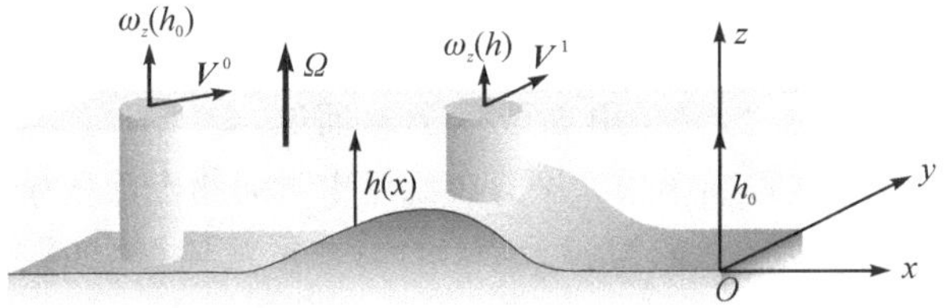

图 7.31　厚度为 $h(x)$ 的流体层流过一个在 y 方向上无穷长的物体（该系统的整体旋转角速度为 $\boldsymbol{\Omega}$）。物体上游流体速度为 $\boldsymbol{V}^0$，下游速度为 $\boldsymbol{V}^1$，当流体绕过物体时，y 方向的速度分量经历一个负的改变量 $v_y^1-v_y^0$，表示一个（北半球的）反气旋的偏移。局部涡量 $\omega_z(h)$ 随流层厚度 h 减小而减弱，这与方程（7.90）一致

如图 7.31 所示，我们假定流体薄层初始时刻的速度均为常数 $\boldsymbol{V}^0(v_x^0,v_y^0)$，垂直于系统的旋转角速度为矢量 $\boldsymbol{\Omega}$（转轴沿 z 方向）。该流层初始厚度为 h_0，流经一个 y 方向上无穷长、高度为 $h_0-h(x)$ 的物体；流体上表面始终保持水平。此处，我们感兴趣的是涡量的分量 ω_z，因此我们仅保留所有包含 ω_z 的项（除了与黏性项相关的，因为考虑的是无黏流场）。此外，我们假定整个流层内水平速度均匀，即 $\partial v_x/\partial z=\partial v_y/\partial z=0$。对不可压缩条件 $\nabla\cdot\boldsymbol{v}=0$ 在 z 方向求导，我们可得 $\partial^2 v_z/\partial z^2=0$，因此 $\partial v_z/\partial z$ 不随 z 变化，于是有

$$\frac{\partial v_z}{\partial z}=\frac{1}{h}\frac{\mathrm{d}h}{\mathrm{d}t} \tag{7.86}$$

此处，我们利用了边界条件：当 $z=h_0$ 时 $v_z=0$，以及当 $z=h_0-h$ 时 $v_z=-\mathrm{d}h/\mathrm{d}t$。

在这些近似下，涡量输运方程（7.83）具有以下简化形式：

$$\frac{\mathrm{d}\boldsymbol{\omega}}{\mathrm{d}t}=((\boldsymbol{\omega}+2\boldsymbol{\Omega})\cdot\nabla)\boldsymbol{v} \tag{7.87}$$

即

$$\frac{\mathrm{d}\omega_z}{\mathrm{d}t}=(\omega_z+2\Omega)\frac{\partial v_z}{\partial z} \tag{7.88}$$

其中 $\mathrm{d}\omega_z/\mathrm{d}t$ 为拉格朗日导数，代表随体运动时流体质点的涡量变化；Ω 为 $\boldsymbol{\Omega}$ 在 z 轴方向的分量。我们注意到：如果流场底部起伏度的斜率较小，即 $|\partial h/\partial x|$ 与 $|\partial h/\partial y|\ll 1$，那么流体竖直方向的速度分量 v_z 相对于 v_x 和 v_y 也较小。相比之下，前有 $1/h$ 因子的导数 $\partial v_z/\partial z$，与 v_x 和 v_y 分别关于 x 和 y 的导数数量级相同；这解释了它们在此特定问题中的重要性。联立方程（7.86）和（7.88），我们可得

$$\frac{1}{\omega_z+2\Omega}\frac{\mathrm{d}\omega_z}{\mathrm{d}t}=\frac{1}{h}\frac{\mathrm{d}h}{\mathrm{d}t} \tag{7.89a}$$

即
$$\frac{\mathrm{d}}{\mathrm{d}t}\log\left(\frac{\omega_z+2\Omega}{h}\right)=0 \tag{7.89b}$$

最终，我们有
$$\frac{\omega_z+2\Omega}{h}=\text{常数} \tag{7.90}$$

该守恒量称之为**位涡**(potential vorticity)。方程(7.90)在地球物理研究中扮演着重要角色，是物质单元角动量守衡方程的广义形式，对应于无旋参考系($\Omega=0$)下的开尔文定理。无旋参考系下，方程(7.90)退化为 $\omega_z/h=$常数，这一点已经在第7.3.1节中讨论过，只是用 $\delta\ell$取代了 h 而已。

现在，如图7.31所示，我们在流场中障碍物上流区域选取一个初始高度为 h_0、截面积为 S_0 的圆柱形流体(比如液柱)。当液柱到达障碍物处时，高度演化为 h，横截面为 $S(h)$；由不可压缩条件可知液柱体积守恒，即 $S(h)h=S_0h_0$。于是，方程(7.90)可转化为
$$(\omega_z(h_0)+2\Omega)S_0=(\omega_z(h)+2\Omega)S(h) \tag{7.91}$$
由斯托克斯定理可知：$\omega_z(h_0)S_0$ 和 $\omega_z(h)S(h)$ 分别代表障碍物上游区域和障碍物处绕液柱的速度环量。因此，方程(7.91)是开尔文定理的广义形式，通过 2Ω 项考虑旋转引起的额外贡献。

我们也可通过方程(7.90)来确定流体越过障碍物时水平速度的变化。为此，我们来计算流体在障碍物下游的速度分量。由障碍物的对称性可知：速度场与 y 坐标无关，即$\partial v_x/\partial y=\partial v_y/\partial y=0$。因此，涡量分量仅有 $\omega_z=\partial v_y/\partial x$；在 $h=h_0$ 的区域内 ω_z 初始值为0，于是方程(7.90)可改写为
$$\frac{\partial v_y}{\partial x}=-\frac{2\Omega(h_0-h)}{h_0} \tag{7.92}$$
对 x 积分可得
$$v_y^1=v_y^0-\frac{2\Omega}{h_0}A \tag{7.93}$$

其中 $A(>0)$ 等于$\int(h_0-h)\mathrm{d}x$，为障碍物流向纵剖面面积(图7.31)。此外，在 $x=$ 常数 的平面，流量守恒，故而 $v_x^1=v_x^0$。因此，风在北半球向顺时针方向偏转(反气旋)。在自然界中，只有在山脉很长的情形下才能观察到此效应；否则，风将以下文第7.6.2节将要讨论的形式越过山脉(尤其对于 $Ro\ll 1$ 的情形)。

7.6.2 小罗斯贝数下的流动

地转流

与前文讨论类似，我们假定离心力和体积力仅会诱导静水压梯，并且将该梯度直接从总压梯度里剔除。此外，我们假定罗斯贝数很小：$Ro \ll 1$，这种情况下我们可以忽略流体运动方程(7.77)中的对流项$(\boldsymbol{v}\cdot\nabla)\boldsymbol{v}$，以及涡量守恒方程(7.83)中的$(\boldsymbol{v}\cdot\nabla)\boldsymbol{\omega}$及$(\boldsymbol{\omega}\cdot\nabla)\boldsymbol{v}$项（因为$\boldsymbol{\omega} \ll \boldsymbol{\Omega}$）。最后，我们继续假定在考虑的流动尺度上，可以忽略黏性（$Ek \ll 1$）。于是，方程(7.77)和(7.83)可最终简化为

$$\frac{\partial \boldsymbol{v}}{\partial t} = -\nabla\left(\frac{p}{\rho}\right) - (2\boldsymbol{\Omega} \times \boldsymbol{v}) \tag{7.94}$$

和

$$\frac{\partial \boldsymbol{\omega}}{\partial t} = 2(\boldsymbol{\Omega} \cdot \nabla)\boldsymbol{v} \tag{7.95}$$

如果我们进一步假定流动是准定常的，那么可以忽略$\partial \boldsymbol{v}/\partial t$和$\partial \boldsymbol{\omega}/\partial t$。如果流动变化的特征时间为$\tau$，准定常假设意味着$\Omega\tau \gg 1$，所有满足上述所有条件的流动称为**地转流**(geostrophic flow)。

我们再次选取参考系的z轴为旋转轴，于是方程(7.94)可改写为

$$\frac{\partial p}{\partial x} = 2\rho\Omega v_y \tag{7.96a}$$

$$\frac{\partial p}{\partial y} = -2\rho\Omega v_x \tag{7.96b}$$

和

$$\frac{\partial p}{\partial z} = 0 \tag{7.96c}$$

前两个方程分别对z取求导可得

$$\frac{\partial v_x}{\partial z} = \frac{\partial v_y}{\partial z} = 0 \tag{7.97}$$

同样条件下，方程(7.95)可简化为

$$\Omega \frac{\partial v_z}{\partial z} = 0 \tag{7.98}$$

将方程(7.98)与不可压缩条件$\nabla\cdot\boldsymbol{v}=0$联立，可得

$$-\frac{\partial v_z}{\partial z} = \frac{\partial v_x}{\partial x} + \frac{\partial v_y}{\partial y} = 0 \tag{7.99}$$

结合上述分析，我们可知地转流具有以下特点：

- 流动是二维流动$\boldsymbol{v}(x,y)$和沿着与旋转轴平行向的平移

流动（平移速度与 z 无关）的叠加。如果边界条件（壁面或自由面处）要求平行旋转轴线上的一点速度 $v_z=0$（这也是实际中通常遇到的情况），那么流场中各处都有 $v_z=0$。于是，流动退化为二维，速度分量为 $v_x(x,y)$ 和 $v_y(x,y)$。

- 流动与压力梯度方向垂直，因此流线与等压线重合。流动垂直于压力梯度方向（因此也垂直于作用在流体微元上的力）的性质让我们想起了马格努斯力（该力垂直于涡的相对速度、流动的相对速度及其涡量）。该结果可以帮助我们读懂气象表中的等压线，这些曲线的切线方向代表该区域里风的平均方向。当海拔足够高时，地表附近的边界层的影响不再显著。
- 对于不可压缩流动，$\partial v_x/\partial x+\partial v_y/\partial y=0$ 成立。平面曲线围成的面积（垂直于 $\boldsymbol{\Omega}$）在跟随流动运动的过程中保持恒定。此外，由开尔文定理可知，涡管的横截面也保持稳定。

方程(7.97)到(7.99)的联立代表了**泰勒-普劳德曼定理**(Taylor-Proudman theorem)，我们将在下面的内容中讨论该定理的应用。

垂直于旋转轴的固体移动

如图 7.32(a)所示，假定流体的自由表面基本水平，我们在流场中以平行于该自由面的速度 $\boldsymbol{U}$ 移动一个有限尺寸的物体（例如，圆球）。如果速度 $\boldsymbol{U}$ 很小且为常数，那么流动满足泰勒-普劳德曼定理所要求的条件。考虑到固壁处的边界条件，物体表面上各点处流体的速度也应为 $\boldsymbol{U}$。由方程(7.97)和(7.98)可知：从物体上表面向上，直到流体自由面所包围的柱形液柱区域中，流体的速度也都为 $\boldsymbol{U}$。在固体下方，由于容器底部的作用，边界条件 $\partial \boldsymbol{v}/\partial z=0$ 不再满足，因而流动更为复杂。

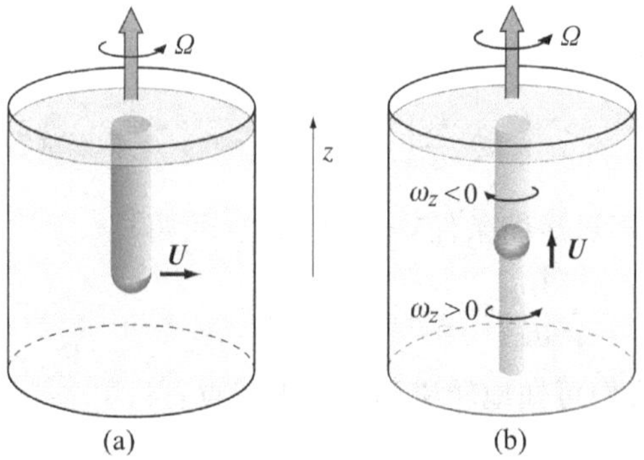

图 7.32 旋转流场中的固体移动。(a)移动速度 $\boldsymbol{U}$ 垂直于旋转轴，染料被注入到运动物体上方的流体中；(b)物体平行于旋转轴运动所引起的涡量的变化

在一级近似下，我们可认为物体上方的液柱在以均匀速度 $\boldsymbol{U}$ 运动时，其内却发生的所有现象均与其外部流动是隔离的。液柱之外的流动类似于绕固体圆柱的理想流体流动。该液柱称之为**泰勒液柱**(Taylor column)。实验观察发现：在流动的过程中，注入液柱内的染料会保持在柱内很长时间；相比之下，注入液柱外染料的运动则会绕开液柱(图 7.32(a))。

注：在该实验中，流动只是近似的地转流。在假想的液柱的内外边界处，泰勒-普劳德曼定理的条件并没有完全满足；该边界上存在少量的流体交换。

注：我们可通过在转盘上固定一个玻璃容器来开展该实验：容器中心应与转盘旋转轴重合，其中充满水。如图 7.32(a)所示，我们可在容器底部偏离转轴的地方固定一个障碍物(例如，一个很矮的圆柱物体)，慢速转动容器时，由于流体的惯性作用将产生绕障碍物的流动。正如图 7.32(a)所示，流动会延伸到液面，然后从上方在泰勒柱内注入颜料；颜料将保持在液柱内，因为泰勒柱内的流体相对于障碍物是静止的。

$Ro \ll 1$ 时二维流动的可视化

在一个装满清水、可做旋转运动的容器表面注入彩色水，若容器的旋转角速度足够高，我们可获得较小的罗斯贝数 Ro。如果容器静止，彩色水在容器中扩散，然后在容器底部以不定的形态铺展(图 7.33(a))。如果容器快速旋转，那么容器中会出现平行于旋转轴的垂直彩色线条，这说明流动在平行于转轴方向上保持不变(图 7.33(b))。

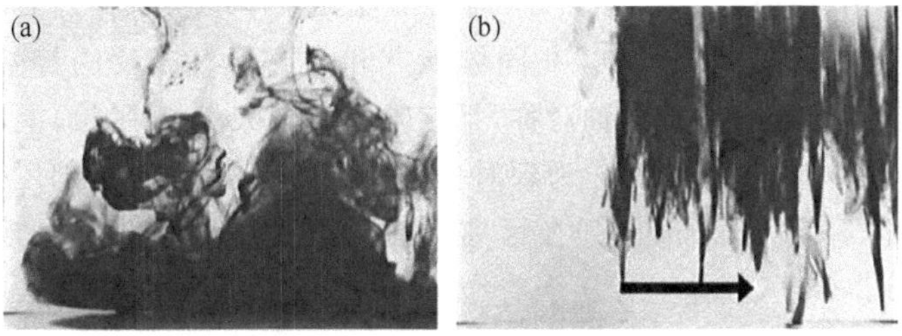

图 7.33　在装满清水的容器表面注入彩色水。(a)静止态；(b)旋转态。静止态中各向同性的混合物结构被转动态中的条状结构取代(图片来源于 *Illustrated Fluid Mechanics*，NCFMF，MIT Press)

平行于旋转轴的固体运动

如图 7.32(b)所示，我们现在来考虑固体在旋转流场中以速度 $\boldsymbol{U}$ 竖直上升的问题(速度 $\boldsymbol{U}$ 平行于 $\boldsymbol{\Omega}$)。此处，泰勒-普劳德曼定理的条件也不能严格满足，因此我们无法得到完全的地转流：在从固体表面竖直上升直线上，流体速度的垂直分量并不完全为零。首先，我们观察到反抗固体运动的力比无旋转时要大得多。同时，我们还注意到，固体垂直运动带来的影响在其上方和下方流体中都有较大距离的传播(在固体下方和上方流体区域的边界处各存在一个过渡区)。如果没有转动，固体运动对流体扰动会在自身尺寸的范围内快速衰减。此外，我们还观察到：固体的运动在其上方和下方处会引起方向相反的流体转动，通过注入染色剂，我们可以可视化该转动。

为了定量估算这些不同的效应，我们首先对方程(7.94)两边作散度运算，并借助下面的矢量恒等式：

$$\nabla \cdot (\boldsymbol{A} \times \boldsymbol{B}) = -\boldsymbol{A} \cdot (\nabla \times \boldsymbol{B}) + \boldsymbol{B} \cdot (\nabla \times \boldsymbol{A})$$

于是得到

$$2\boldsymbol{\Omega}\cdot\boldsymbol{\omega}=\frac{\nabla^2 p}{\rho} \tag{7.100a}$$

或

$$2\Omega\omega_z=\frac{\nabla^2 p}{\rho} \tag{7.100b}$$

结合涡量在 z 方向上的分量方程(7.95),我们可得

$$\frac{\partial\omega_z}{\partial t}=2\Omega\frac{\partial v_z}{\partial z} \tag{7.101}$$

即

$$4\rho\boldsymbol{\Omega}^2\frac{\partial v_z}{\partial z}=\frac{\partial}{\partial t}(\nabla^2 p) \tag{7.102}$$

如果固体在平行旋转轴方向上移动,那么自由液面和容器底部的零速度边界条件要求$\partial v_z/\partial z$ 非零(当 $U>0$,固体上方$\partial v_z/\partial z<0$,下方$\partial v_z/\partial z>0$)。因此,初始时刻的流场中存在幅值正比于时间和 Ω 的涡量 ω_z,且在固体上方和下方具有相反的符号,这一点与方程(7.101)一致。

由方程(7.102)可知,压强的拉普拉斯作用项$\nabla^2 p$ 随时间以及 Ω^2 按正比例增加,在固体上方和下方具有相反的符号。假定固体形状关于某轴对称,且该轴与旋转矢量 $\boldsymbol{\Omega}$ 平行,同时有 $r=0$ 时$\partial p/\partial r=0$(r 为到对称轴的距离)。为了与外部压强匹配(事实上,外部压强在远离轴时不会被扰动),我们发现:当 $U>0$ 时,固体上方压强将增大,固体下方压强将减弱,二者均与 $\boldsymbol{\Omega}^2$ 成正比。此外,对于较小的移动位移,固体上下方的额外压强与位移量成正比。也就是说,如果我们沿平行于 $\boldsymbol{\Omega}$ 的方向移动一个物体后迅速释放,那么该物体将稍微往回运动甚至出现来回振荡。

这些现象似乎表明旋转流体具有一定的弹性:然而该弹性并不是流体可压缩,而是由准二维流动中的科里奥利力效应引起的(方程(7.99))。如图 7.34 所示,我们假定流场中存在径向速度 v_r 的扰动,该扰动导致圆环 C 面积在垂直于 $\boldsymbol{\Omega}$ 的平面内变大。与 v_r 相关的科里奥利力会引起一个切向方向上的速度分量 v_t;反过来,该分量会诱导一个与 v_r 方向相反的径向速度分量 v_{r2},使得圆环被拉回到原来的面积。

7.6.3 旋转流动中的波

我们在此处介绍几种在旋转流动中传播的波,它们都关联于基础地转流(或静止流体);此外,这类波与流体的可压缩性无关,而与科里奥利力相关。这些波动运动依然可以使用包含非定常项的方程(7.94)与(7.95)来描述;其中,有关 $\boldsymbol{v}$ 和 $\boldsymbol{\omega}$ 的二阶项以及离心力都已被忽略,黏性力与重力也被忽略。

注:旋转参考系下,在初始静止的流体中没有压力梯度时,如果对一个流体质点施加一个很小的初始速度 $\boldsymbol{v}$,那么根据方程(7.94)的简化版(压力梯度为零),我们可知速度的变化满足下式:

$$\frac{\partial\boldsymbol{v}}{\partial t}=-2(\boldsymbol{\Omega}\times\boldsymbol{v}) \tag{7.103}$$

因此,可得速度分量为

$$v_x=A\cos(-2\Omega t+\varphi) \tag{7.104a}$$

$$v_y=A\sin(-2\Omega t+\varphi) \tag{7.104b}$$

$$v_z=\text{常数} \tag{7.104c}$$

显然,流体质点不再做无旋转参考系下的直线运动,而是在垂直于 $\boldsymbol{\Omega}$ 的平面内沿着圆形路径做以角速度为$-2\boldsymbol{\Omega}$ 的旋转运动(傅科摆角速度的两倍);所以,它会周期性地经过其初始位置。因此,2Ω 代表着旋转流体的特征频率,可在海洋学流动系统中观测得到。在大气层中,这种运动可叠加于地转流。我们注意到,该现象类似于带电量为 q、质量为 m 的电荷在磁场 $\boldsymbol{B}$ 中的运动,该带电粒子在垂直于 $\boldsymbol{B}$ 的平面内也做圆周运动,角频率为拉莫尔频率 qB/m。在这种情况下,科里奥利力$-2(\boldsymbol{\Omega}\times\boldsymbol{v})$可类比于拉普拉斯力 $q(\boldsymbol{v}\times\boldsymbol{B})$。

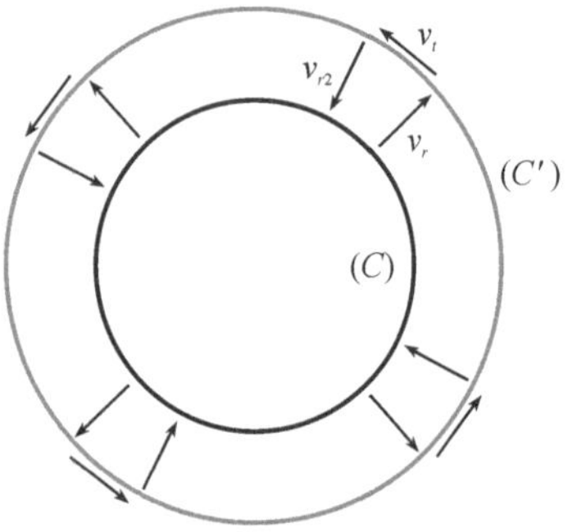

图 7.34 速度 v_r 的扰动示意图。该扰动倾向于增大圆环包围的面积(从 C 变到 C');科里奥利力效应诱导的切向速度 v_t,会反过来诱导一个反向的扰动 v_{r2},将圆环拉回到初始半径

在小罗斯贝数的假设下，运动方程是线性的，从而简化了有关这类波的研究，它们在大气与海洋流动中扮演着重要角色。

惯性波

我们已经在第 7.6.2 节中提及了旋转流体的“弹性”，这种弹性效应足以引起一类称为**惯性波**(inertial waves)的传播。

注：一个振荡周期 $2\pi/\sigma$ 内，流体质点在流柱平面内作圆周运动：如图 7.35(b)所示，给定时刻，在与流柱平面平行的方向上，流动速度方向不变，然而在垂直该平面方向上速度方向会发生变化。由于流体质点速度的方向由圆周运动的相位决定，所以平行于流柱面的平面对应的相位为常数：因此，波矢 $\boldsymbol{k}$、相速度 c_φ 均与该面垂直。相比之下，群速度 c_g 必须沿流柱方向，群速度对应于能量的传输，因而必须与相速度 c_φ 垂直，意味着这类波是一种不常见的、各向异性传播的波。

我们可通过在旋转流动中的固体(比如图 7.35(a)中的圆柱体)上引入一个平行于旋转轴方向、振幅较小的振荡 $z_0(t)=A\exp(\mathrm{i}\sigma t)$来诱导惯性波。振荡频率 σ 必须足够大，以确保非定常项$\partial \boldsymbol{v}/\partial t$ 和$\partial \boldsymbol{\omega}/\partial t$ 不可忽略。为此，频率 σ 和旋转角速度 Ω 的比值 σ/Ω 不能比 1 小很多(否则，流动又会退化到地转流的情况，具体见下面的讨论)。

实验观察发现，由此振荡引起的流动集中在两片薄平面梁之间。它们在圆柱处交汇，与水平方向夹角为 θ(图 7.35)。

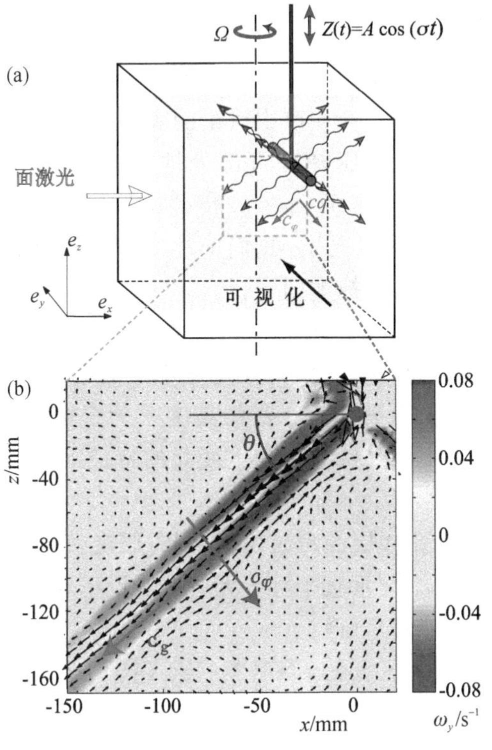

图 7.35(彩)　(a)绕竖直轴旋转流动中，通过水平圆柱体在竖直方向振荡诱导的惯性波；(b)振荡圆柱体发射出流柱的下半部分。速度场由粒子图像测速(PIV)系统获得，激光平面与固体圆柱垂直并过圆柱体几何中心点，色阶代表相速度 c_φ 方向上流体速度梯度的大小(图片由 P. P. Cortet、C. Lamriben 和 F. Moisy 提供)

假定此波为平面波，波矢 $\boldsymbol{k}$ 角速度矢量 $\boldsymbol{\Omega}$ 的夹角为 θ。分析可知：角频率 σ 与波矢 $\boldsymbol{k}$ 间的色散关系为

$$\sigma = 2\Omega\cos\theta \tag{7.105}$$

频率 σ 不依赖于波矢的大小，而只与其取向有关。这类惯性波的频率在 $\theta=0$ 时取得最大值 2Ω，该值是流体质点的特征频率(上节已经讨论过)，此时波矢 $\boldsymbol{k}$ 与旋转轴同向。

注：在垂直于 $\boldsymbol{\Omega}$ 的平面内(方程(7.104))，我们的确观测到了流体质点的圆周运动特性。

相比之下，在低频极限下，即 $\sigma\rightarrow 0$(准定常情况)，我们会

得到 $\theta=\pi/2$ 的地转流，对应于波相位在 z 方向上的不变性，这与地转流的二维流动本质是一致的。

注：波的相速度 $c_\varphi=\sigma/k$ 的值为 $(2\Omega\cos\theta)/k$，该值非零，且沿波矢 $\boldsymbol{k}$ 方向。对于群速度 c_g 来说，我们须使用矢量定义：沿着波矢 $\boldsymbol{k}$ 方向的群速度分量 $c_{g//}$，可通过常规定义 $c_g=\mathrm{d}\sigma/\mathrm{d}k$，通过方程(7.105)计算可所得 $c_{g//}$ 为零；垂直于波矢方向的群速度分量不为零，计算可得 $c_{g\perp}=(1/k)\,\mathrm{d}\sigma/\mathrm{d}\theta=-(2\Omega\sin\theta)/k$。

证明：我们考虑方程(7.94)的 z 方向分量方程，同时考虑非定常项，于是可得

$$\frac{\partial v_z}{\partial t}=-\frac{1}{\rho}\frac{\partial p}{\partial z} \tag{7.106}$$

结合方程(7.102)，我们可得压力扰动的传播方程如下：

$$4\Omega^2\frac{\partial^2 p}{\partial z^2}=-\frac{\partial^2}{\partial t^2}(\nabla^2 p) \tag{7.107}$$

在平面波的情况下，假设压力变化形式为 $p=p_0\mathrm{e}^{\mathrm{i}(\sigma t-\boldsymbol{k}\cdot\boldsymbol{r})}$，并将其代入方程(7.107)，化简后可得方程(7.105)。

开尔文波(Kelvin waves)

不同于前文考虑的情况，我们以下主要考虑受科里奥利力效应影响的表面波(与第 6.4 节中讨论的表面波本质相同)，这类波的传播引起的静水压梯度可部分地被科里奥利力平衡。我们考虑一个沿竖直壁面($x=0$)传播的波，例如沿海岸线传播的波；只有在这种情况下，我们才能观测到平面波，此时，流体速度处处与波的传播方向平行。

我们采用图 7.36(a)中所示的几何结构展开讨论，假定我们考虑的是黏性可忽略的流体的**浅水波**(shallow water waves)。同时，我们假设流体静止时的高度 h 为常数(水平基底)；并且，相比于水面在 x 和 y 方向上变化的特征距离来说 h 很小。

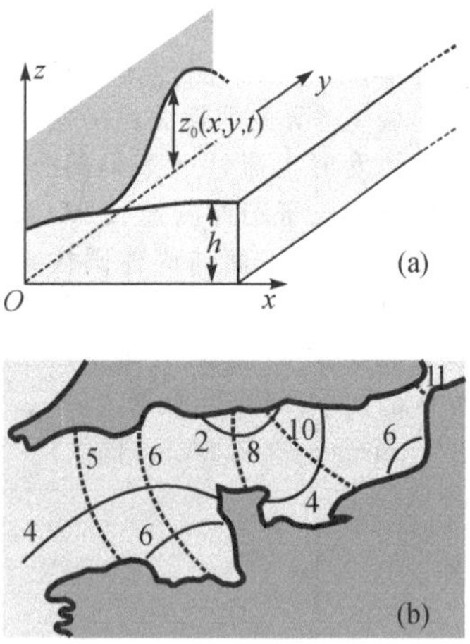

图 7.36 (a)沿垂直壁面($x=0$)传播的开尔文波示意图；(b)英吉利海峡潮汐传播。图中虚线给出不同小时下的传播情况，实线给出等高度的潮汐(单位：m)，在靠近法国海岸线附近达到最大值(图像来源于 J. Proudman(1953)和 A. E. Gill(1982))

记 $z_0(x,y,t)$为流体层的瞬时厚度，同时假定表面波的振幅较小；在速度分量 v_y 与垂直坐标 z 无关的假设下，我们通过进一步分析(见下文证明)可得：

$$v_y(x,y,z,t)=v_{y1}(y+ct)\mathrm{e}^{-x/R}+v_{y2}(y-ct)\mathrm{e}^{x/R} \tag{7.108a}$$

其中

$$R=\frac{\sqrt{gh}}{2\Omega}=\frac{c}{2\Omega} \tag{7.108b}$$

同时可得流体层的厚度 z_0 具有如下形式：

$$z_0(x,y,t)=h-\sqrt{\frac{h}{g}}\left(v_{y1}(x,y+ct)-v_{y2}(x,y-ct)\right) \tag{7.108c}$$

分量 v_{y1} 和 v_{y2} 都随 x 指数变化，且指数互为相反数。然

而，在图 7.36(a)所示的几何结构中($\Omega>0$)，只有随指数 $e^{-x/R}$ 变化的解才有物理含义：即远离壁面时，其他解对应于变形的指数型增长。因此，波会被限定在 $x=0$ 面内，并且 z_0-h 在距离 R 内呈指数衰减，R 称之为**形变距离**(deformation distance)。R 取值越小，旋转角速度越大：对于 100 m 深的海洋而言，当 $\Omega=10^4\ \mathrm{s}^{-1}$ 时，R 大约在 150 km 的量级。距离 R 也经常出现在其他涉及流体竖直运动的地球物理学问题中。最后需要指出：波随指数衰减，而且只有一个可能的传播方向；由方程(7.108(b))可知，波的传播方向会随流体的旋转方向改变。

这类波与潮汐或者与海岸线平行的风有关。对于两条彼此靠近的海岸线，这类波会引起振幅显著不同的潮汐。如图 7.36(b)所示，英吉利海峡靠近英国与法国的两侧，会出现不同幅度的潮汐。当潮汐从西往东运动时，可看作是沿法国海岸线传播的开尔文波，该海岸线可以看作是 $x=0$ 的壁面，因此，该侧潮汐会相应的高一些。这与涨潮和退潮的情形类似，海平面的高低情况相反，但波的传播方向相同(当然二者的洋流运动方向相反)。

注：与开尔文波类似的波可以沿着赤道传播，依然是从西向东，并不需要海岸线存在。实际上，由于跨越赤道时地球的局部旋转矢量会改向，因此边界条件要求方程中向北和向南的分量都呈指数衰减，但仍沿同一方向传播。类似于下文即将讨论的罗斯贝波，这类波会在“厄尔尼诺”现象期间出现，届时美洲太平洋沿岸的气象条件将遭到显著扰动。在这种情况下，我们需要同时研究美洲海岸线附近以及赤道附近的波的传播特性。这类波已经被卫星观测到(Topex-Poseidon 号，以及 Jason 1 号与 2 号)。观测结果表明，海洋平均高度发生厘米量级的变化。

证明：我们假定流体层较浅，且表面波的振幅不大，这种情况下我们可利用第 6 章中通用方程的简化形式。在不考虑黏性的情况下，x 和 y 方向的压力梯度与表面高度关系为

$$\frac{\partial p}{\partial x}=\rho g\frac{\partial z_0}{\partial x} \tag{7.109a}$$

和

$$\frac{\partial p}{\partial y}=\rho g\frac{\partial z_0}{\partial y} \tag{7.109b}$$

(表面附近的压强等于大气压，垂直方向的压力梯度仅由静水压引起)。根据方程(7.94)，我们可得

$$\frac{\partial v_x}{\partial t}-2\Omega v_y=-g\frac{\partial z_0}{\partial x} \tag{7.110a}$$

和

$$\frac{\partial v_y}{\partial t}+2\Omega v_x=-g\frac{\partial z_0}{\partial y} \tag{7.110b}$$

而且，类似于方程(7.86)的推导，为计算 $\partial v_z/\partial z$，根据不可压缩条件 $\nabla\cdot\boldsymbol{v}=0$，我们可得

$$\frac{1}{h}\frac{\partial z_0}{\partial t}+\frac{\partial v_x}{\partial x}+\frac{\partial v_y}{\partial y}=0 \tag{7.111}$$

(此处，在一阶近似下，我们已经在等式左侧第一项中用 h 代换了 z_0。与壁面垂直的速度分量 v_x 在壁 $x=0$ 上必须为零：因此，我们将在接下来的讨论中假定整个流场内 $v_x=0$，以求解运动方程。因此，方程(7.110)和(7.111)可转化为

$$-2\Omega v_y = -g\frac{\partial z_0}{\partial x} \tag{7.112a}$$

$$\frac{\partial v_y}{\partial t} = -g\frac{\partial z_0}{\partial y} \tag{7.112b}$$

和$\frac{1}{h}$

$$\frac{\partial z_0}{\partial t} + \frac{\partial v_y}{\partial y} = 0 \tag{7.112c}$$

由方程(7.112a)可知，流体层表面的斜率在 x 方向上同时是旋转方向和瞬时速度的函数。对方程(7.112b)和(7.112c)分别关于 t 和 y 求导，然后再从中消去关于 z_0 的项，我们可得波动方程：

$$\frac{\partial^2 v_y}{\partial t^2} = gh\frac{\partial^2 v_y}{\partial y^2} = c^2\frac{\partial^2 v_y}{\partial y^2} \tag{7.113}$$

其中 $c=\sqrt{gh}$ 为波速，该速度与浅水区重力波的速度一致(方程(6.64))，且与 Ω 无关。然而，接下来将看到，在分析 z_0 随到壁距离的变化特性时，Ω 将起到关键作用(方程(7.112a))。现在，我们将速度场 v_y 与流体层厚度 z_0 分解为两个方向上传播分量的叠加：

$$v_y(x,y,t) = v_{y1}(x,y+ct) + v_{y2}(x,y-ct) \tag{7.114a}$$

和

$$z_0(x,y,t) = \delta z_{01}(x,y+ct) + \delta z_{02}(x,y-ct) + h \tag{7.114b}$$

其中 $c=\sqrt{gh}$。进一步将上述分解关系代入(7.112b)并积分，我们可得方程(7.108c)。然后将所得方程与方程(7.112a)、(7.114a)和(7.114b)联立，我们可得以下关系：

$$\frac{\partial}{\partial x}v_{y1}(x,y+ct) - \frac{\partial}{\partial x}v_{y2}(x,y-ct) = -\frac{2\Omega}{\sqrt{gh}}(v_{y1}(x,y+ct) + v_{y2}(x,y-ct)) \tag{7.115}$$

将该方程对 x 积分即可得到方程(7.108a)。

由于地球局部速度变化引起的罗斯贝波

相比于上文讨论的惯性波和开尔文波，罗斯贝波背后的机制非常不同，它依赖于地球转动时不同纬度上局部速度的变化。由于这些波的波长与整个地球的特征尺寸接近，因而也称之为**行星波**(planetary wave)。我们可通过一个在地球的中纬度区域自东向西的正弦振荡来表征这类波。罗斯贝波不仅与全球性的大气环流密切相关，与尺度数千公里范围的气旋和反气旋的交替出现也非常相关。与开尔文波一样，这类波在与洋流相关的气候变化中扮演着重要的角色(例如“厄尔尼诺”现象)。

地球旋转的局部分量为 Ω(球旋转矢量 Ω_0 在局部地表垂直方向的投影)遵循以下方程:

$$\Omega = \Omega_0 \sin\alpha \tag{7.116}$$

其中 α 为纬度(图 7.30)。假定 x 轴指向东,y 轴指向北,对方程(7.116)在 $y=0$ 附近的低阶展开可得

$$\Omega(y) = \Omega_{y=0} + \frac{\beta y}{2} \tag{7.117}$$

其中 $\beta = (2\Omega\cos\alpha)/R$,$R$ 为地球半径。地球物理学家使用的 **β 面模型**(β-plane model)同时考虑了位涡方程(7.90)中 Ω 值随纬度的变化。接下来,我们讨论在 x 方向上有或无平均流分量 V_0 时罗斯贝波的传播特性(图 7.37)。我们进一步假定:流体层厚度 h 保持不变。

注:现实中,这些假设通常并不能被满足,有时我们需要考虑厚度 h 的变化以及相应的重力波速度。我们也可能需要考虑内部波,这类波会导致密度不同的流体层(可见于海洋中)之间的界面发生形变。此处,我们忽略了这些效应,这种近似处理已能很好描述此类现象的物理本质。

首先我们假定 $V_0=0$,同时对平面 $x=0$ 内的流体质点在 y 方向(南北方向)上引入一个振荡 $\delta y(t, x=0) = A\exp(-i\sigma t)$。我们进一步假定:在平面 $x=0$ 内,当 $\delta y=0$ 时,v_x 和涡量 ω_z 都为零。接下来,我们分析该振荡在 $x\neq 0$ 区域流体内的传播特性。由方程(7.90)可知,流体质点总的涡量 $\omega_z+2\Omega$ 必须为常数;对于位移量 δy 来说,由方程(7.117)可知,2Ω 的变化量为 $\beta\delta y$,该量必须由涡量分量补偿:

$$\omega_z = \frac{\partial v_y}{\partial x} = -\beta\delta y \tag{7.118}$$

涡量分量的符号依赖于振动位移的方向。方程(7.118)表明:振荡可以在平面 $x=0$ 之外传播,但速度 v_y 依赖于距离。如果我们假定在 $x=0$ 平面内产生的平面波为 $\delta y = A e^{i(kx-\sigma t)}$,那么方程(7.118)可简化为 $k\sigma = -\beta$(取 $v_y = d(\delta y)/dt$)。于是可得:波的传播速度为 $c=\sigma/k = -\beta/k^2$,负号表示波沿 $x<0$ 方向传播。因此,在无流动条件($V_0=0$)下,**自由罗斯贝波**(free Rossby waves)为向西($x<0$)的传播的横波。

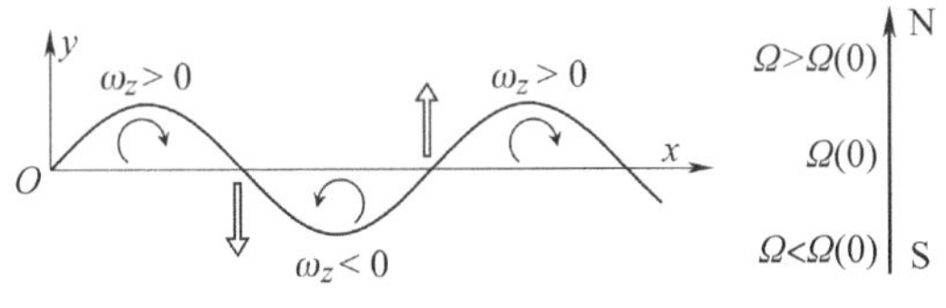

图 7.37　自东向西传播的罗斯贝波(沿 x 轴负方向)

更一般地,我们假定存在一个大尺度上的全局流动 V_0,并且同时考虑速度在 y 方向上的变化,假定它们均可使用波矢的分量 ℓ 来表征。对于厚度恒定的流体层,我们可得到以下一般的色散关系:

$$c=\frac{\sigma}{k}=V_0-\frac{\beta}{k^2+\ell^2} \tag{7.119}$$

当不存在大尺度的全局流动($V_0=0$)且$\ell=0$时，我们可再次得到上面的结果$c=-\beta/k^2$。速度c随波长的增加而增加，同时随远离赤道的方向下降。

在中纬度地区，西风速度通常很大，以致于方程(7.119)中的波速$c=0$。在这种**定常状态**(stationary regimes)下，西风经过一条很长的南北走向的山脉时发生的偏转可诱导罗斯贝波(图7.31)。向东的气流会在南北方向上出现振荡，波长可达几百公里，但速度场不随时间变化。在方程(7.119)中取$c=0$，我们可得

$$k^2=\frac{2\Omega_0\cos\alpha}{RV_0} \tag{7.120}$$

如果我们在上式中取$2\Omega_0\cos\alpha=10^{-4}\,\mathrm{s}^{-1}$，同时假定$V_0$约为10 m/s，那么波长约在5000 km量级，这与实验观测是相符的。

证明：我们将描述位涡守恒的方程(7.118)改写为以下形式：

$$\frac{\mathrm{d}\omega_z}{\mathrm{d}t}+\beta v_y=0 \tag{7.121}$$

我们假定运动可分解为两部分的叠加：x方向上速度为V_0的恒定流动，以及x和y方向上按正弦规律变化的速度扰动$\boldsymbol{v}'$，即

$$v_x=V_0+v'_{0x}\,\mathrm{e}^{\mathrm{i}(kx+\ell y-\sigma t)}$$

$$v_y=v'_{0y}\,\mathrm{e}^{\mathrm{i}(kx+\ell y-\sigma t)}$$

$$\omega_z=\omega_0+\omega'_0\mathrm{e}^{\mathrm{i}(kx+\ell y-\sigma t)}$$

进一步，我们通过流函数来表示速度扰动(类似于第6章第6.5节的情况)：

$$v'_x=-\frac{\partial\Psi}{\partial y} \quad (7.122\mathrm{a}) \qquad 和 \qquad v'_y=\frac{\partial\Psi}{\partial x} \quad (7.122\mathrm{b})$$

于是，方程(7.121)可改写为

$$\left(\frac{\partial}{\partial t}+V_0\frac{\partial}{\partial x}\right)\nabla^2\Psi+\beta\frac{\partial\Psi}{\partial x}=0 \tag{7.123}$$

该方程解的形式为$\Psi=\Psi_0\mathrm{e}^{\mathrm{i}(kx+\ell y-\sigma t)}$，将其代入方程可得

$$-(-\sigma+kV_0)(k^2+\ell^2)+k\beta=0 \tag{7.124}$$

依此，我们得到相速度方程(7.119)。

我们在上文已经指出，该模型给出的只是近似结果：没有考虑流体层厚度变化，且在赤道附近不再适用(此时罗斯贝近似失效)。在实际中，波的传播速度比此处近似预测的结果要大，尤其在赤道附近。

流体层厚度变化引起的罗斯贝波

除了 β 因子效应之外，当远离海岸线时，流体层厚度 h 的变化也会引起罗斯贝波。在这种情况下，流体层厚度的变化引起了位涡的改变（方程(7.90)），导致形成了**形貌罗斯贝波**(topographic Rossby waves)。人们在墨西哥湾观察到了这种波。

如图 7.38 所示，我们采用前文的方法，假设在 $y=0$ 处流体层厚度 $h=h_0$，且该厚度随 y 方向距离而线性变化：$h(y)=h_0-\gamma y(\gamma\ll 1)$。此外，我们假定厚度 h 与 x 无关。没有被扰动的均匀流动以速度 $\boldsymbol{V}_0$ 沿 x 方向流动。然后，我们在与平均流动垂直的方向上引入一个速度小扰动 v_y(例如在 $x=0$ 处，引入小的横向障碍物)；此处，我们关注在扰动产生的定常流动(假定扰动也是定常的)，同时假定初始涡量 $\partial v_x/\partial y=0$。

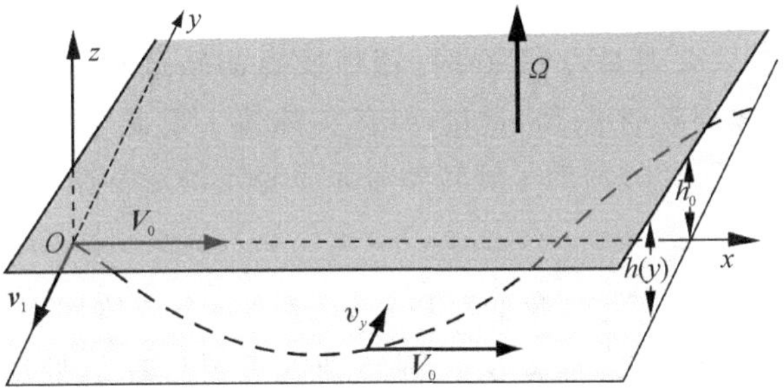

图 7.38　垂直于平均流动方向(y 方向)，流体层存在厚度梯度的流动示意图

我们来跟踪一个流体质点的轨迹。设 $t=0$ 时，流动微元从 $x=0,y=0$ 开始运动($h=h_0$)，初始速度为($\boldsymbol{V}_0,\boldsymbol{v}_1$)，其中 $\boldsymbol{v}_1$ 代表速度小扰动。在 $h=h_0$ 时 $\omega_z=0$ 的假设下，我们对该流体质点从初始时刻到任意时刻应用方程(7.90)可得

$$\frac{\partial v_y}{\partial x}=\omega_z=2\Omega\left(\frac{h}{h_0}-1\right)=-\frac{2\gamma\Omega y}{h_0} \tag{7.125}$$

一方面，如果 γ 与 Ω 符号相同，当 $V_0>0$ 时，流体质点在随平均流动沿 $x>0$ 方向运动，在远离 $y=0$ 平面的过程中，y 方向上速度分量 v_y 不断减小。速度分量 v_y 会持续减小到 0，然后变号。因此，流体质点在输运过程中会跨过 $y=0$ 平面，并在该平面两侧振荡。另一方面，如果 γ 与 Ω 方向相反(依然有 $V_0>0$)，流体质点的速度将随远离 $y=0$ 平面而不断增加，因此不会出现振荡型的运动轨迹。如果 $V_0<0$，那么所需条件相反：出现振荡的前提是乘积 $\Omega V_0\gamma>0$。

对于正弦振荡形式，我们可得波矢 k 如下：

$$k=\sqrt{\frac{2\gamma\Omega}{h_0V_0}} \tag{7.126}$$

证明：我们假定流体质点在 y 方向上的速度分量随迹线呈正弦型变化：

$$v_y = v_1 e^{-ikx} \tag{7.127a}$$

其中 k 是振荡的波矢。假定 $t=0$ 时刻，流体质点位于原点 $(x=0, y=0)$，且在 x 方向上位移满足条件 $x=V_0 t$。流体质点到平面 $y=0$ 的距离为

$$y = i\frac{v_1}{kV_0} e^{-ikx} \tag{7.127b}$$

在方程(7.127a)中用 dx/V_0 代替 dt，并关于时间积分，即可得到上式。进一步，将方程(7.127a)和方程(7.127b)代入方程(7.125)，我们可得

$$-ikv_1 e^{-ikx} = \frac{2i\gamma\Omega}{h_0}\frac{v_1}{kV_0} e^{-ikx} \tag{7.128}$$

化简上述方程我们即可得到方程(7.126)。

因此，只有当 $\Omega V_0 \gamma > 0$ 时，流体质点的轨迹在 y 方向上才可能出现周期性振荡，此时 k 有实数值。于是可知，方程(7.127)与(7.128)预测了旋转参考系下稳定的定常振荡轨迹。

注：在此整个关于流体层厚度效应的讨论中，我们考虑了流体质点速度和轨迹的周期性振荡，这些振荡在实验室参考系下都是定常的。与前文讨论的 β 效应相似，我们也可以在无平均流动的情况下，通过角频率 σ 和波矢 k 的周期性振荡来诱发该现象。

前文考虑的定常情形对应于这类波，和满足相速度 $c_\varphi = \sigma/k = -V_0$ 的流动的叠加。联立方程(7.126)，我们可得

$$\sigma = -2\gamma\Omega/(h_0 k) \tag{7.129}$$

这种情况下，σ 是随体参考系下流体质点的 y 坐标随时间振荡的角频率。对方程(7.129)求导可得群速度 $c_g = d\sigma/dk = -c_\varphi = V_0$。由于群速度必须与平均流动叠加，因此能量输运的速度为 $2V_0$。

对于 V_0 取值任意的一般情况，方程(7.129)仍然有效，只不过可能符号不同。据此我们可以确定波矢 k（它是角频率 σ 的函数），并推导得出相速度与群速度的表达式：

$$c_\varphi = \frac{\sigma}{k} = -\frac{h_0\sigma^2}{2\Omega\gamma} \tag{7.130a}$$

与

$$c_g = \frac{d\sigma}{dk} = \frac{h_0\sigma^2}{2\Omega\gamma} \tag{7.130b}$$

由上文讨论可知，我们可以通过旋动一个流体层在实验室观察到罗斯贝波，流体层在旋转轴附近要比在远处薄（例如，图 7.39(a)所示的具有锥形底部的流体层）。横跨流体层的障碍物会诱发一个横向速度分量：我们可以通过轻微地改变角速度来引入一个相对于底部的流动，并通过悬浮颗粒对随之出现的振荡实现可视化（图 7.39(b)）。

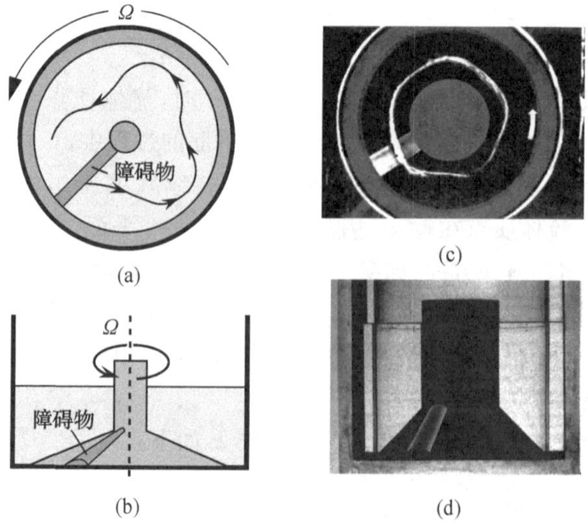

图 7.39 罗斯贝波的实验演示，旋转运动的流体层厚度沿径向不断变化。(a)和(b)分别为实验装置的俯视图和侧视图；(c)和(d)分别为实验过程的俯视图与侧视图（图片来源于 *Illustrated experiments of fluid Mechanics*, NCFMF, MIT Press）

7.6.4　壁面附近的黏性效应：埃克曼层

在前文的讨论中，我们忽略了黏性效应。接下来，我们将讨论壁面附近受黏性影响的流动，以及远离壁面处垂直于压力梯度方向的地转流之间的过渡流动状态。该过渡流动发生在一个有限厚度层内，称之为**埃克曼层**（Ekman layer）。虽然地球的自转效应只有在远离边界（地表或海洋表面）处才能观察到，但是埃克曼层引发的相关效应却在局部尺度很重要。在该过渡区域我们假设流动定常（$\partial \boldsymbol{v}/\partial t=0$）并忽略重力和离心力，于是可将方程（7.77）可简化如下：

注：埃克曼层是 S. V. 埃克曼（Swede V. Ekman）于 1903 年在博士论文中引入的，埃克曼解释了南森号北极探险船的偏移。在此之前的几年，南森（F. Nansen）观察到，他的船被冰冷的极地水缠住时，相对风向有一个 20°的偏转角。

$$(\boldsymbol{v}\cdot\nabla)\boldsymbol{v}=-\nabla\left(\frac{p}{\rho}\right)-2(\boldsymbol{\Omega}\times\boldsymbol{v})+\nu\,\nabla^2\boldsymbol{v} \tag{7.131}$$

垂直于旋转轴的壁面效应

我们首先来考虑垂直于转轴矢量 $\boldsymbol{\Omega}$ 的固壁平面（$z=0$）附近的定常流动，该流动可通过方程（7.131）描述。流动由远离平面的恒定压力梯度（$\partial p/\partial y=$常数）诱导。假定流动平行于平面（$z=0$），且在给定位置 z 处，速度分量 $v_x(z)$ 与 $v_y(z)$ 均匀分布。方程（7.131）在 z 方向的分量方程为$\partial p/\partial z=0$：压力梯度与 z 无关，因此整个流场的压力梯度为$\partial p/\partial y$。于是，方程（7.131）可转化为

$$-\frac{1}{\rho}\frac{\partial p}{\partial y}+\nu\frac{\partial^2 v_y}{\partial z^2}-2\Omega v_x=0 \tag{7.132a}$$

与

$$\nu\frac{\partial^2 v_x}{\partial z^2}+2\Omega v_y=0 \tag{7.132b}$$

我们假定远离壁面（$z=0$）处黏性效应消失，以保证在远离壁面处流场速度回到了方程（7.96）给出的地转流速度 $\boldsymbol{V}_g$；进一步计算我们可得 x 和 y 方向的速度分量 v_x 和 v_y：

$$v_x=V_g\left(1-\mathrm{e}^{-\sqrt{\frac{\Omega}{\nu}}z}\cos\sqrt{\frac{\Omega}{\nu}}z\right) \tag{7.133a}$$

与

$$v_y=V_g\,\mathrm{e}^{-\sqrt{\frac{\Omega}{\nu}}z}\sin\sqrt{\frac{\Omega}{\nu}}z \tag{7.133b}$$

在远离壁面的过程中我们发现：在$\sqrt{\nu/\Omega}$量级的距离内可得到速度呈指数变化的地转流速度。该距离表征了埃克曼层的厚度 δ_{E}；对于水来说，$\Omega=10^{-4}\ \mathrm{s}^{-1}$，$\nu=10^{-6}\ \mathrm{m}^2/\mathrm{s}$，相应的 δ_{E} 在 10 cm 量级。非常接近壁面时，v_x 与 v_y 趋近零，量级为

$$v_x\cong v_y\cong V_g\frac{z}{\delta_{\mathrm{E}}} \tag{7.134}$$

因此，流体的局部速度与压力梯度方向成 45°角。

证明：根据方程(7.96)可知，地转流速度 $\mathbf{V}_g$ 一定沿着 x 方向(与压力梯度方向垂直)，取值为

$$V_g = -\frac{1}{2\Omega\rho}\frac{\partial p}{\partial y} \tag{7.135}$$

如果我们引入复速度 $w=v_x-\mathrm{i}v_y$，由方程(7.132)可得

$$2\Omega(w-V_g)-\mathrm{i}\nu\frac{\partial^2 w}{\partial z^2}=0 \tag{7.136}$$

然后，对该方程积分可得

$$w-V_g=A\mathrm{e}^{-(1+\mathrm{i})\sqrt{\frac{\Omega}{\nu}}z} \tag{7.137a}$$

即

$$w=V_g(1-\mathrm{e}^{-(1+\mathrm{i})\sqrt{\frac{\Omega}{\nu}}z}) \tag{7.137b}$$

此处只保留了当 $z\to\infty$ 时不断趋近于 0 的指数变化项。为了确定 A，我们使用了壁面处的边界条件，即 $z=0$ 时 $w=0$；进一步分解复速度即可得到方程(7.133)。

我们注意到：地转流的速度并不是 v_x 的最大值；当余弦的参数 z/δ_E 取值为 π 量级时，v_x 约为 $1.1V_g$(此时，流动与 $\mathbf{V}_g$ 方向相同)。

注：当 $\Omega\to 0$ 时，埃克曼层的厚度趋于无穷大。在这种情况下，运动方程中的非线性项 $(\boldsymbol{v}\cdot\nabla)\boldsymbol{v}$ 主导科里奥利力效应(尤其在近壁处)，对流效应平衡黏性力。于是，我们回到了流动与压力梯度方向平行的经典边界层问题。

图 7.40 给出了 v_x 和 v_y 在参数空间中的**埃克曼螺旋**(Ekman spiral)的演化行为(v_x 和 v_y 均为 z/δ_E 的函数)，并标注出一些特殊值。这一结果与大气湍流类似，只是图中的角度值在邻近固壁处很不一样。事实上，人们也的确发现地面附近风的方向与高度较大处的风向有轻微偏转，且偏转方向在南北两个半球是相反的。

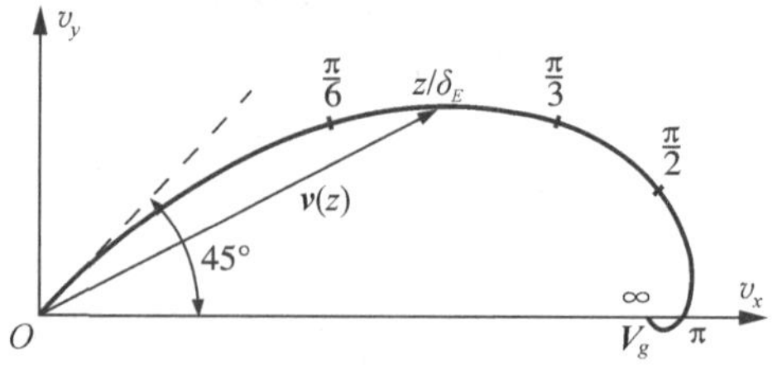

图 7.40 流动速度分量 v_x 与 v_y 随 z 变化的参数化表示。到壁面的距离越大($z/\delta_E\to\infty$)，速度方向越趋近于沿 Ox 方向的地转流速度 $\mathbf{V}_g$

表面应力引起的流动

如图 7.41 所示，海面风引起的平行于海面且沿 x 轴正方向的摩擦应力 $\boldsymbol{\tau}$ 会导致埃克曼层在海面下出现。我们假定：在足够深的位置上，速度为常数 $\mathbf{V}(V_x, V_y)$ 且无关于海面处的应力效应，因此 $\mathbf{V}$ 仅仅是一个附加常数。与前文讨论的情况类似，运动方程可改写为以下形式：

$$\nu\frac{\partial^2 v_y}{\partial z^2}-2\Omega(v_x-V_x)=0 \tag{7.138a}$$

与
$$\nu\frac{\partial^2 v_x}{\partial z^2}+2\Omega(v_y-V_y)=0 \tag{7.138b}$$

于是，我们可得速度分量为

$$v_x=V_x+\frac{\tau_x}{\rho_0\sqrt{2\nu\Omega}}\mathrm{e}^{z/\delta_\mathrm{E}}\cos\left(\frac{z}{\delta_\mathrm{E}}-\frac{\pi}{4}\right) \tag{7.139a}$$

与
$$v_y=V_y+\frac{\tau_x}{\rho_0\sqrt{2\nu\Omega}}\mathrm{e}^{z/\delta_\mathrm{E}}\sin\left(\frac{z}{\delta_\mathrm{E}}-\frac{\pi}{4}\right) \tag{7.139b}$$

上述两式与方程(7.133)式非常类似。特别地，埃克曼层的厚度 $\delta_\mathrm{E}=\sqrt{\nu/\Omega}$ 再次出现，表征了流体表面上的风在特征尺度为 δ_E 的下方流体中引起速度分量为 $\boldsymbol{v}-\boldsymbol{V}$ 的流动(该分量与深度较大处的流动无关)。在流体表面处($z=0$)，$\boldsymbol{v}-\boldsymbol{V}$ 与应力 $\boldsymbol{\tau}$ 方向(平行于风的方向)呈 45°度角，这种偏转在北半球沿顺时针方向。

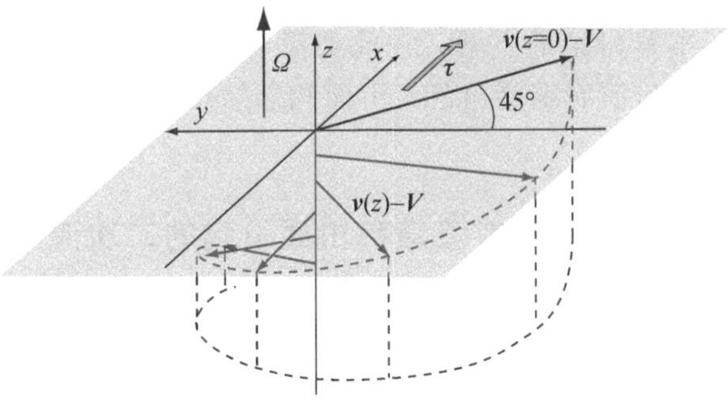

图 7.41　埃克曼表面层的结构(箭头表示速度差值 $\boldsymbol{v}-\boldsymbol{V}$，其中 $\boldsymbol{v}$ 为流场局部速度，$\boldsymbol{V}$ 为较大深度处的速度)。此图对应北半球的情形($\Omega>0$)，速度偏移位于表面应力右侧，在南半球时该方向相反

此处，我们再次发现了流动方向随流体深度变化的埃克曼螺旋(图 7.41)。为了估计由风引起的流动总流量，我们将速度关于 z 在整个下半空间积分，可得

$$Q_x=\int_{-\infty}^{0}(v_x-V_x)\,\mathrm{d}z=0 \tag{7.140a}$$

和
$$Q_y=\int_{-\infty}^{0}(v_y-V_y)\,\mathrm{d}z=-\frac{\tau_x}{2\rho_0\Omega} \tag{7.140b}$$

因此，总体的平均流动与风向正交，北半球上该偏转也是顺时针方向的(图 7.41)。

证明：如果表面 $z=0$ 处的应力 τ 沿 x 方向(τ_x，0)，那么在层流假设下，我们可得边界条件为

$$\rho_0\nu\frac{\partial v_x}{\partial z}=\tau_x \tag{7.141a}$$

和
$$\rho_0\nu\frac{\partial v_y}{\partial z}=0 \tag{7.141b}$$

与前文类似，我们引入复速度 $\omega=v_x-\mathrm{i}v_y$ 与 $W=V_x-\mathrm{i}V_y$；进一步求解运动方程，并利用方程(7.141)中的边界条件，我们可得

$$w=W+A\mathrm{e}^{(1+\mathrm{i})\sqrt{\frac{\Omega}{\nu}}z} \tag{7.142}$$

和

$$A=\frac{\tau_x(1-\mathrm{i})}{2\rho_0\sqrt{\nu\Omega}}=\frac{\tau_x\mathrm{e}^{-i\pi/4}}{\rho_0\sqrt{2\nu\Omega}} \tag{7.143}$$

我们仅保留当 $z\to-\infty$ 时以指数衰减的解，从而可得方程(7.139a 和 b)。

7.7 涡、旋转流动和二次流

二次流(secondary flow)是指叠加在主流上的流动，有时甚至可以取代主流。通常二次流的速度不高，且方向与主流不同。二次流大多与流体的旋转、流线曲率引起的离心力有关，或者关联于壁面附近的黏性效应引起的涡量层；因此，二次流确属本章讨论的主题。在此类流动中，涡量和角动量的动力学特性扮演着重要角色。下面我们给出一些二次流的例子及其起源机理。

注：不管流动横截面的几何形状如何(包括圆形截面)，或是否存在自由表面，二次流都会出现。需要注意：我们不能把这类二次流与迪恩流动失稳混淆(第11.3.3节)，后者仅在凹壁侧发生，且主流速度需要超过一定的阈值。

7.7.1 由流道曲率或流道自由面引起的二次流

如图7.42所示，弯曲流道的截面上出现了两个回流单元(迪恩回流单元)，每个单元均关于管道的曲率平面对称，在靠近对称面和通道外壁处，流动分别远离或指向对称面曲率中心。

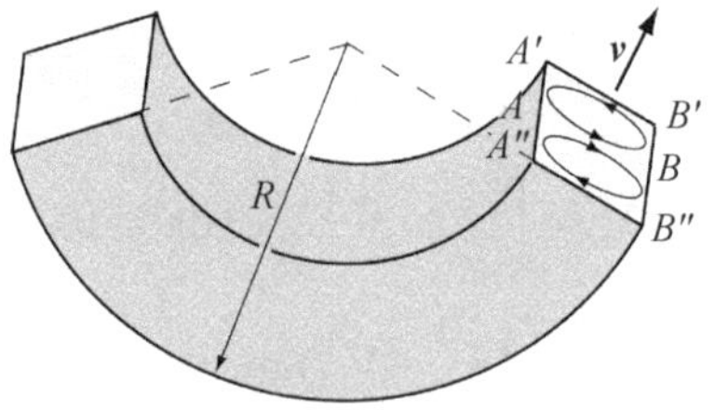

图7.42 矩形截面的弯曲流道内的二次流(迪恩回流单元)

在具有自由面的流道中(比如，蜿蜒的河流)也会出现对流单元，流动在自由面附近指向流道曲率中心的反方向，在底部时指向曲率中心(图7.43)。

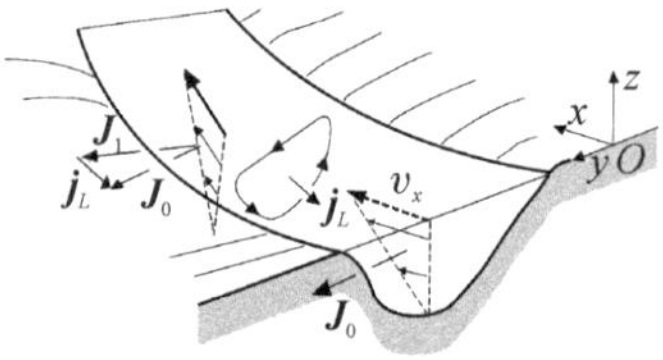

图7.43 蜿蜒的河流中速度和涡量分布示意图。流动过程中，总的角动量 $\boldsymbol{J}_0$ 是守恒的，$\boldsymbol{J}_0$ 为环流引起的角动量 $\boldsymbol{j}_L$ 和速度梯度 $\partial v_x/\partial z$ 引起的角动量 $\boldsymbol{J}_1$ 的叠加：$\boldsymbol{J}_1+\boldsymbol{j}_L=\boldsymbol{J}_0$

该机理部分解释了蜿蜒的河流两岸斜坡的非对称性；在流动横截面上，二次流倾向于侵蚀外侧河岸，而在内侧河岸造成沉积。二次流的速度既随流道曲率增加，也随主流速度增加，但即便在流速很低的情形下，二次流也总是会出现。

接下来，我们从两个角度来分析二次流的出现。首先从压力梯度角度，然后从涡量角度。由第7.1节讨论可知，我们

可以从两个不同角度来讨论同一个现象，而且不同的角度之间是互通的。

流线的曲率会导致流动中出现远离曲率中心的径向压力梯度(方程(5.53))。该梯度与方程(7.77)中的离心力具有相同的本质。在远离壁的位置上，该压力梯度平衡离心力，例如图 7.42 中的 AB 线段上，或图 7.43 中靠近通道自由面处。在侧壁附近(如图 7.42 中的线段 $A'B'$ 与 $A''B''$)，我们也可发现同样的径向压力梯度(假定流动局部平行)。然而，由于流速很小，故而方程(5.53)中的 v^2/R 项也很小，所以该梯度无法被离心力平衡。因此，该梯度会引起指向曲率中心的局部流动，从而被流动黏性力所平衡。由于流体质量守恒，流道中心(或流道表面上)必须存在一个与之相反的补偿流动；于是，我们在流道截面上观察到了如图 7.42 和 7.43 所示的环流。

注：我们在第 7.6.4 节中讨论的埃克曼层也可认为是一种二次流。远离壁面处，地转流的主流对应于压力梯度和科里奥利力间相互平衡的结果(在蜿蜒的河道中，科里奥利力的角色由离心力取代)；近壁处，由于流动完全平行，压力梯度沿流向均匀分布。这种情况下，压力梯度被黏性应力平衡：该黏性应力会引起一个沿压力梯度方向、与主流地转流方向不同的二次流。埃克曼螺旋描述了主流与二次流之间的过渡区，我们将在第 7.7.3 节中对此进一步讨论。

现在，我们通过近壁涡量层中由曲率引起的旋转涡量来讨论二次流现象。如图 7.43 所示，我们考虑一个水深为 h 的流道，并假设其宽度大于深度 h；因此，该几何特征对应于一个浅水河流。在这种情况下，涡量分量 ω_y 与平均流动垂直(平均流动沿 x 方向)。ω_y 关联于河底(此处速度为零)和自由面(此处速度最大)之间的速度梯度$\partial v_x/\partial z$。涡量 $\boldsymbol{\omega}$ 代表了流体局部旋转，因而存在相应的角动量 $\boldsymbol{J}$。河流的曲率会导致涡量 $\boldsymbol{\omega}$(还有角动量 $\boldsymbol{J}$)的产生，该涡量总是与流动垂直的，并在旋转中与流体速度保持相同夹角。主流经过弯曲区域前后，其角动量从 $\boldsymbol{J}_0$ 变化到 $\boldsymbol{J}_1$。假定总的角动量守恒，那么与平均流平行的角动量变化 $\boldsymbol{J}_0-\boldsymbol{J}_1=\boldsymbol{j}_L$ 对应了一个流动方向上出现的涡量 $\omega_x \propto j_L$。该涡量对应于主流横截面内出现的旋转二次流。对图 7.42 所示的弯曲通道内的二次流，我们可以使用相同的思路进行分析。

注：分量 ω_x 的出现与方程(7.41)中$(\boldsymbol{\omega}\cdot\nabla)\boldsymbol{v}$ 项有关，此分量主导涡量变化，并作为保障角动量守恒的必需项。正如我们假定的，相对横向尺寸来说，流体层厚度较小，从而可以忽略涡量分量 ω_z；在第 9.7.3 节中，我们将讨论一个类似的例子：两块平板间形成很薄的赫尔-肖单元；这种情况下平行于板的平均流动为势流，因而涡量为零。因此，导数$\partial v_x/\partial y$ 与 $\partial v_y/\partial x$ 必须相等。从量级上说，$(\boldsymbol{\omega}\cdot\nabla)\boldsymbol{v}$ 在 x 方向上的分量 $\omega_y\partial v_x/\partial y$ 为 $\omega_y\partial v_y/\partial x\approx\omega_y v_x/R$，其中 R 为河道曲率半径；只要流道相对于 x 方向的偏离较小，在量级上有 $v_x\partial\theta/\partial x\cong v_x/R$。因此，流场中出现了流向上的涡分量 ω_x，其时间依赖性为 $\mathrm{d}\omega_x/\mathrm{d}t=(\boldsymbol{\omega}\cdot\nabla)v_x\approx\omega_y v_x/R\approx v_x{}^2/(Rh)$，其中 h 为流体层厚度(河深)；注意，这里我们在推导中已经使用了 $\omega_y\cong\partial v_x/\partial z\approx v_x/h$。

7.7.2 瞬时运动中的二次流

在本小节中，我们讨论一种与离心力有关的二次流，这是一种不同的二次流类型。我们首先考虑一个日常生活中的例子：搅动茶杯中的水，茶叶可作为流动的标记；当我们停止搅动，茶水大约 20 s 后就能停下来。此时我们注意到：当茶水停止时，茶叶会聚集到茶杯的中心。该现象涉及到一个二重悖论！如果茶水减速并停止只是简单地因动量的黏性扩散导致，那么停下来的特征时间应该是 20 s 的 10 到 100 倍量级(取 $R^2/\nu=1600$ s，茶杯半径为 4 cm，水的黏性系数 $\nu=10^{-6}$ m^2/s)。此外，我们可能会以为作用在茶叶上的离心力比水的重力大，离心力应该迫使茶叶趋向杯沿。接下来，我们通过一个类似且具备可控性的现象——**旋升**(spin-up)——来解释上述悖论。我们将看到:茶杯底部附近产生的二次流会驱动茶叶向中心运动,而且会通过动量传递让流动减速,该减速效应比简单的黏性扩散的作用要快得多(图 7.44)。

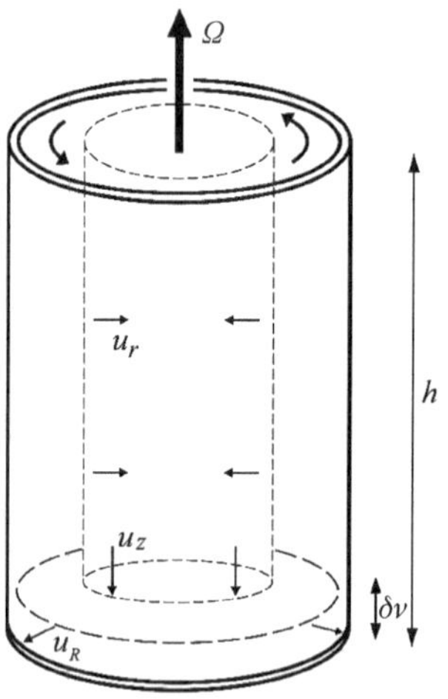

图 7.44 “旋升效应”原理图

我们现在来分析一个充满流体的圆柱型容器内的流动演化过程:容器上下底面皆为固壁,在 $t=0$ 时刻,容器绕竖直轴以角速度 Ω 开始旋转。如果圆柱无限长,那么流体中旋转的启动沿圆柱高度方向是均匀分布的:由第 1 章中讨论可知,这种情况等效于通过径向热扩散方式使圆柱体获得均匀的温度分布(第 1.2.1 节)。黏性动量扩散只在流体旋转起来后很短的时间内起重要作用,即只在容器底部壁(或顶部壁)附近流体开始转动前起作用。

旋转启动之后,由连续性可知,径向的压力梯度在旋转起来的流体层和其他部分流体中保持不变(由于最大的速度分量位于与转轴垂直的平面上,且竖直方向上的压力梯度退化为静水压,即在容器横截面上为常数)。在圆柱的中心区域,流体保持静止,径向压力梯度 $\partial p/\partial r$ 可以忽略,所以在上下两个壁面附近也同样可以忽略。因此,方程(7.77)中的离心力项 $1/2[\partial(\Omega^2 r^2)/\partial r]=\Omega^2 r$ 将无法得到补偿,该项将在容器上下底面附近诱导远离转轴的径向流动。该流动会被指向最近的水平端面的轴向流动补偿,反过来,该轴向流动又会在远离端面处诱导一个指向转轴的径向流动。这种对流运动会代替黏性扩散机制,实现流体动量和涡量更为快速的均匀化过程。

用一束平面激光沿横切方向照射圆柱体,并在容器中注入少量荧光染料,我们会观察到:外部旋转流体和内部静止流体之间存在一个竖直边界,且该边界以恒定速度向圆柱内部移动,而不再是以扩散形式铺展。

二次流效应的估算

此处,为了方便在数学上对小变化做一阶近似展开,我们考虑一个角速度从 Ω 到 $\Omega(1+\varepsilon)$ 的小的突变($\varepsilon \ll 1$),而非从 0 到 Ω 的变化。在容器底部,角速度增加的量级约为 $\Omega\varepsilon$。在距离为 R 的尺度上,黏性扩散的特征时间 τ_D 约为 R^2/ν。在不考虑任何二次流的前提下,此时间表征了角速度的改变传播到整个流体域去所需要的时间。第二个特征时间是 $t_0=1/\Omega$,即圆柱角频率的倒数。比值 t_0/τ_D 为在第7.6.1 节中定义的埃克曼数 $Ek=\nu/(R^2\Omega)$,此处其值远小于 1。

起初,只有圆柱底部与顶部壁面附近处的流体被黏性拖拽至新的旋转速度大小。涉及到的流体层厚度为 $\delta_\nu=\sqrt{\nu t_0}$，它表示时间 t_0 内黏性扩散的特征距离，等于第 7.6.4 节中讨论的埃克曼层厚度。在这种情况下，流体速度的径向和切向分量大小相当，于是有 $u_R\approx\varepsilon\Omega R$（只有相对于原始稳态条件下角速度 Ω 的速度变化是显著的）。该径向流动会局限在圆柱底部与顶部附近厚度为 δ_ν 的层内；流动沿半径指向外，因此必须有位于圆柱中心区域沿垂直方向速度为 u_z 的流动与之平衡；该垂直流自身又需要被指向轴且速度为 u_r 的径向流补偿（在 $r<R$ 的区间内，此径向流在圆柱高度 H 的很大范围内扩展开来）。对于半径近似为 R 的圆柱，由质量守恒可知

$$2\pi rHu_r\cong 2\pi\delta_\nu Ru_R\cong 2\pi\varepsilon\delta_\nu R^2\Omega \tag{7.144}$$

在上述方程中，埃克曼层的流动已经通过半径为 R 的圆柱体内流体的流动估算。接下来，我们估算达到新的稳态所需的特征时间 τ_r。首先计算中心区域的流体质点到轴距离的变化量 δr，此变化由速度变化引起。于是可知：τ_r 大约在 $\delta r/u_r$ 的量级。在中心区域，黏性可以忽略，流体质点的角动量守恒。对于一个质量为 M、到轴距离为 r 的环形区域来说，δr 必须满足：

$$Mr^2\Omega=M(r-\delta r)^2\Omega(1+\varepsilon) \tag{7.145a}$$

进一步，保留 δr 和 ε 的一阶项可得

$$\delta r=-\varepsilon r/2 \tag{7.145b}$$

从上面两个方程出发，我们可以估计构建新的流动结构所需的特征时间为

$$\tau_r\cong\frac{\delta r}{u_r}\cong\frac{\varepsilon r}{2}\frac{H\,r}{\Omega R^2\varepsilon\delta_\nu}\cong\frac{r^2}{R^2}\frac{H}{R}\frac{1}{\Omega}\sqrt{\frac{R^2\Omega}{\nu}}\cong\frac{r^2}{R^2}\frac{H}{R}t_0\sqrt{Ek^{-1}} \tag{7.146a}$$

如果圆柱不是特别长，几何系数 r^2/R^2 和 H/R 都接近 1，于是有

$$\tau_r\approx t_0\sqrt{Ek^{-1}} \tag{7.146b}$$

由于 Ek 比 1 小，因此特征时间 τ_r 远大于 t_0，且与 ε 无关。然而，τ_r 仍然比黏性扩散 τ_D 小得多（黏性扩散的量级估算为 $\tau_D\sim t_0\,Ek^{-1}$）；因此，二次流的存在可使新的旋转稳态快速达到。

7.7.3　与埃克曼层效应相关的二次流

海洋流动中，与埃克曼层效应相关的二次流包括海岸线

和赤道附近海水的**上升流**(upswelling)和**下降流**(downwelling)。这些流动通常由地球旋转流的偏离引起;地球旋转流动则由海洋面上的主流风诱导产生(第 7.6.4 节)。

海岸线附近的上升流与下降流

这类二次流在海岸线附近尤其显著。例如,在北半球(图 7.45(a)),由于科里奥利力的影响,平行于海岸的北风会引起一个垂直于且远离海岸线的流动。为了维持质量守恒,该流动会被沿海岸线且富含鱼类的上升的海水(上升流)补偿。如果风向改变,或地球旋转的局部分量改变(如在南半球),亦或海岸线取向改变,我们则可观察到与之相反的下降流现象。

赤道处的上升流

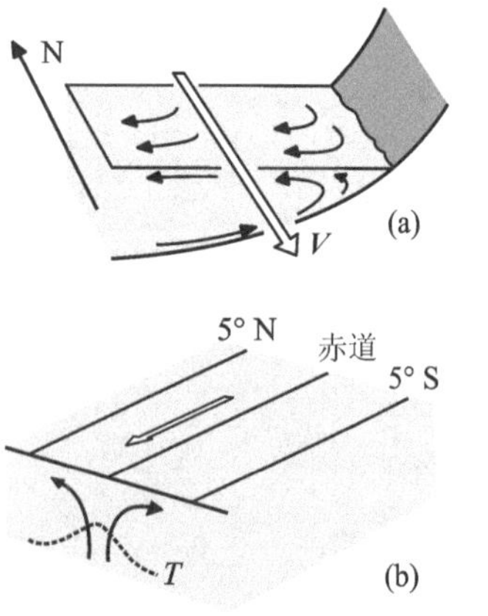

图 7.45 (a)海岸线附近与风有关的上升流效应;(b)赤道附近海洋表面风结构,以及由风引起的垂向及横向上的流动。这类深层流动同样会引起"变温层"形变(图中虚线)

沿赤道会出现另一种上升流,赤道处盛行西向信风(图 7.45(b))。在赤道两边,信风引起的应力会诱导两个方向相反的流动(由于地球旋转矢量局部分量的正负发生了改变),推动赤道附近的水远离赤道。这些流动会被从深处上升的冷水补偿。这种上升流导致的另外一个结果是"变温层"的上升(变温层是指,距海面一定深度处不同温度的海水之间的边界,该处存在很大的温度梯度)。此外,上升流也会导致海平面的显著变形(几十厘米量级)。

附录 7A 近乎理想的流体:超流氦

7A.1 概论

在转变温度 $T_\lambda = 2.1720\ \text{K}$(相应的饱和蒸汽压为 37.80 mmHg),液氦(尤其是最常见的同位素 ^4He)会发生二阶相变成进入**超流态**(superfluid state)。在该温度点上,液氦的黏性消失,因此液氦可作为一个低温下的模型理想流体。

注意:由于 ^4He 是玻色子(原子核含有偶数个核子),这种相变一定程度上类似于**玻色-爱因斯坦凝聚**(Bose-Einstein condensation):一部分流体原子处于相同的量子态。我们将看到这部分流体可以用宏观量子波函数来表达。玻色-爱因斯坦凝聚假定处理的气体是理想气体,这一点与当前情况不符,因为氦原子间的相互作用很显著(如同普通液体)。

同位素 ^3He 也有类似的相转变,只是转变温度要更低(约

10^{-3} K)。在此情形下,原子是费米子:我们借鉴超导体中的电子对方法来处理相互作用的费米子的凝聚现象(它具有类玻色子的行为)。

当数量在 10^6 量级的大量原子(Rb,Na)的德布罗意波函数重叠时,我们能观察到真实的玻色凝聚,这类玻色-爱因斯坦凝聚的流体动力学性质与超流氦非常相似。

7A.2　超流氦的两流体模型

实验测量表明,在有限温度时(低于 T_λ)我们可以考虑两种流体深度混合的共存情形:一种是无黏的超流体,另一种是普通黏性流体,该普通黏性流体可与器壁相互作用(对应流体内部的热激发、旋子和声子)。我们可以为两相流体定义速度 $\boldsymbol{v}_s$ 和 $\boldsymbol{v}_n$ 以及密度分数 ρ_s 和 ρ_n($\rho_s+\rho_n=\rho$ 为总液氦密度),其中 $\rho_s\boldsymbol{v}_s+\rho_n\boldsymbol{v}_n=\rho\boldsymbol{v}$,$\boldsymbol{v}$ 为总的流体速度。实验的构架方式决定了其中某一相的影响占据主导作用。

- 当间距为几个毫米的一叠盘片在液氦池中振荡时,它们仅能拖拽普通流体:因而我们能够测量该普通流体的相对密度,该值在 T_λ 下的 100% 的总密度和 $T<0.8$ K 下的近似零值之间变化(后者条件下,热激发被忽略)。
- 此外,只有超流体能够轻松穿过空隙极小的滤网($1\sim10^3$ nm 的孔径),而在如此小的孔隙上,常规流体的通过率可以忽略。

7A.3　无能量耗散的超流体组分存在的实验证据

超流氦液膜

在液面上,存在一层非常薄的分子层(约 10 nm)通过**范德瓦耳斯力**(van der Waals forces)爬上容器壁。在普通流体的情况下,黏性力非常大,任意形式的贴壁流动都会被阻止。对于超流氦来说,这种分子薄层称为**罗林膜**(Rollin film),它的流动速率极高,甚至可以完全流出当前容器而运动到另一容器中。

穿过极小孔的流动

超流氦可以在无压差的情况下(亦即无能量损耗)流过直径很小的孔,直至达到一个临界速度;孔径越小该速度越大。孔径为 10 μm 或更小时,在低温下该速度可达到几米每秒。

持续流

在环形多孔材料中，超流体可以形成永不停止的持续流动，与超导电流可类比。

实验证据

目前有两种方式可以测量持续流动：一是在基于陀螺效应的实验中测量相关的角动量；二是在填充了超流体且产生了持续流的圆环形多孔样品中测量**第四声波**(fourth sound)传播时产生的多普勒效应。第四声波是一种特殊的声波，仅对应于流体中的超流振荡成分，所有与常规流体成分相关的运动都被黏性完全抑制。第四声波沿环传播，根据是否沿持续流速度 V_s 方向或其反方向传播而呈现不同的传播速度。根据两个方向上声波传播速度的差别即可确定 V_s。速度 V_s 随时间以对数形式减小，正如超导电磁体中的电流一样。因此在经过初始的急剧变化后，我们会观测到电流在数天内仅减小几个百分点，这说明持续流可以无限维持(与宇宙年龄相当)。当然，这需要我们能够保持液氦的超流态！

7A.4 超流氦：一种量子流体

超流体的宏观相

我们考虑使用宏观波函数 $\sqrt{\rho_s e^{i\varphi(r)}}$ 来描述基于两流体模型中定义的超流体部分，这对所有涉及到的原子都适合。函数 $\varphi(x,y,z,t)$ 可理解为该宏观波函数的相位。无超流动时，我们会发现长程序现象(即所有点的相位相同)，正如磁系统中的磁化方向一样。超流速度 $\boldsymbol{v}_s$ 可通过相位表达式得到

$$\boldsymbol{v}_s = \frac{h}{2\pi m}\nabla\varphi \tag{7A.1}$$

其中 h 为普朗克常数，m 为氦原子质量。

环量和涡丝的量子化

上述相位 $\varphi(x,y,z,t)$ 定义为 2π 的整数倍。我们假定流体域中存在一个无穷长的一维固体或者一个奇点线：因此，$\nabla\varphi$ 绕该固体或奇点线的环量不再一定为零(第 6.2.2 节)，而是等于 2π 的整数倍($2n\pi$)。在闭合线 C 上的超流体速度 $\boldsymbol{v}_s$ 的环量 Γ 定义为

$$\Gamma=\int_C \boldsymbol{v}_s\cdot\mathrm{d}\boldsymbol{\ell}=\int_C\frac{h}{2\pi m}\nabla\varphi\cdot\mathrm{d}\boldsymbol{\ell}=\frac{nh}{m}\qquad(7A.2)$$

因此超流体速度环量是量子化的，为基本环量 $h/m=10^{-7}\ \mathrm{m^2/s}$ 的整数倍。

$n=0$ 对应于一个简单连通域内的势流氦流，波函数无任何奇点。当 $n\neq 0$ 时，液氦体积内呈多连通状态(例如，一个连续型圆柱固体中超流体绕其旋转)，或者系统中存在奇异涡线。在存在奇异涡线(涡丝)的系统中($n=1$)，涡核半径 ξ 通常在原子尺度：约为 0.2 nm；第 7.1.2 节中讨论过的涡线就是一个极好的例子。

注： 涡的动能随 n^2 增加，然而对应的环量仅随 n 增加，因而从能量上讲，所有的涡取 $n=1$ 更好。

超流氦的阿哈罗诺夫-玻姆效应及其类比

一些实验已经验证了方程(7A.1)的有效性。更一般地，氦流的量子性质为我们观察其他系统中已有的量子现象提供了可能性。

例如，**阿哈罗诺夫-玻姆效应**(Aharonov-Bohm effect)：该效应发生在带电粒子束围绕磁化区域(如图 7.4(c)中的螺线管)并分岔后所产生的量子相干。

注： 两侧电磁波的相位差对应于绕电磁圈的矢势环量。由第 7.1.3 节讨论可知：矢量势在电磁圈以外并未消失(不像磁场)，且对带电粒子有直接的影响。对于超流氦来说，速度本身就等价于矢势。

有一个现象可用来类比演示该效应：沿流体表面传播的平面波，且该流体中已经存在垂直于表面的涡。**麦克斯韦类比**(Maxwell analogy)中的流体力学等价物理量为绕涡的环流电流(图 7.4(a))。平面波会在涡的两侧经历不同的相位变化。

7A.5　涉及超流涡的实验

在超流氦内产生的旋转

在圆柱形容器中旋转的超流氦中会出现量子化的涡。如果旋度 $\nabla\times\boldsymbol{v}=0$ 在整个流体里成立，那么液氦将保持静止。然而我们发现，只要旋转超过一个很小的临界速度，液氦即会出现与常规流体类似的平均旋转，并且液面表现出预期中的抛物线形状。相应的平均速度场通过一族平均方向与转轴平行的涡线产生(图 7A.1(a))：单位面积上的涡线密度 n_s 均匀，且 $n_s h/m$ 相当于整体流动的涡量。事实上，我们也可在实验中对直径为几个毫米的圆柱容器内的涡心实现可视化观察(图 7A.1(b)和(c))。

超导类比： 如果一个超导板(第二类超导体)垂直放置在磁场 $\boldsymbol{B}$ 中，该磁场仅穿透局域磁场管，由于超导，围绕这些磁场管将产生电流，而磁场管外的磁场为零(即超导涡)。因此，在麦克斯韦类比下(7.1.3 节)，我们可将这两个系统进行类比：磁场 $\boldsymbol{B}$ 对应涡量 $\boldsymbol{\omega}$。与绕涡环量的情形一样，在这些涡中磁场 $\boldsymbol{B}$ 的通量是量子化的，量子磁通值为 $h/2e$。最近，在旋转玻色凝聚过程中观察到了类似的涡网络。

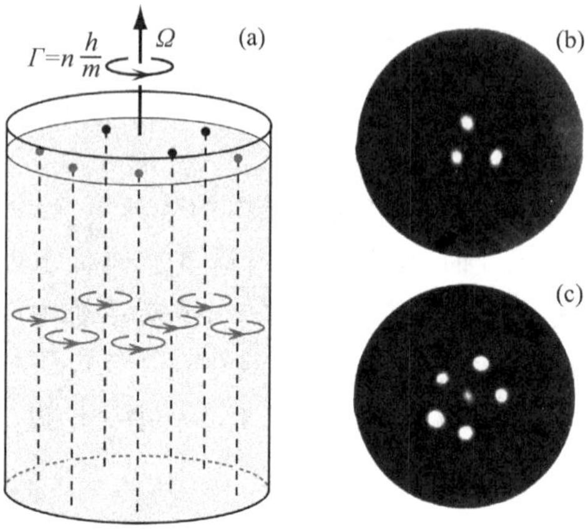

图 7A.1 (a)充满超流氦的旋转圆柱容器内的涡丝分布示意图。(b)和(c)是角速度分别为 Ω_b 与 $\Omega_c>\Omega_b$ 时超流涡的俯视图(首先将电荷囚禁在涡心,经对焦后在荧光屏上显示)(图片由 R. Packard 和 G. Williams 提供)

超流氦环量量子化的实验证据

在该实验中,超流氦在圆柱型容器中绕轴线旋转。一条磁线沿容器中轴线被拉直,同时我们采用通电线圈激励磁线诱导其发生横向振动,以实现频率为 ω_0 的机械共振(图 7A.2(a))。当液氦的旋转速度足够高时,流场中会出现一条涡线,并被限制在磁线上:我们可以观察到一个大小为 h/m 的环量 Γ,该环量会引起垂直于振动平面的马格努斯力,进而会导致角频率为 Ω 的进动(Ω 直接关联于环量 Γ)。因此,磁线共振频率被分成 $\omega_0\pm\Omega$。考虑到线性振动可以分解成两个大小相等、方向相反的环形运动,从而我们能够理解多普勒效应。环量的实验观测量结果的确具有大小为 h/m 的量级,如图 7A.2(b)所示。

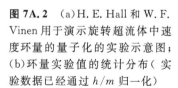

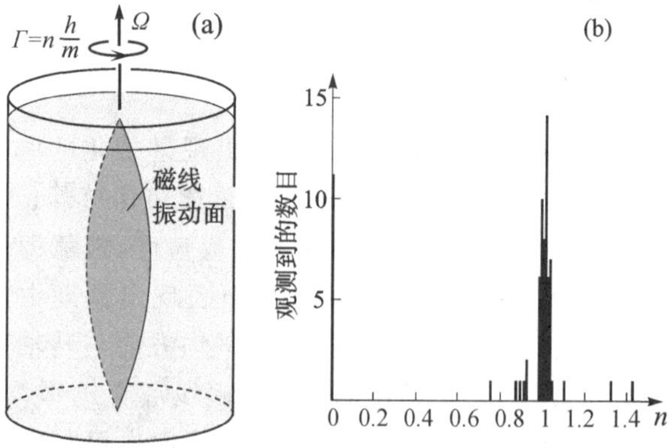

图 7A.2 (a) H. E. Hall 和 W. F. Vinen 用于演示旋转超流体中速度环量的量子化的实验示意图;(b)环量实验值的统计分布(实验数据已经通过 h/m 归一化)

超流氦中的涡环动力学

涡环动力学也可通过施加一个均匀电场并借助受限带电粒子来研究;反过来,这种方法也可以为每个涡环提供动能(即不断增加其半径)。我们甚至可以直接通过校准好的微米格子来测量涡环半径。

因此，我们可以在几个百分点的误差内直接探明涡环速度与其能量的反比关系（方程(7.69)和(7.70)）。此外，我们还可以得到符合预期的 Γ 及 h/m 值，并可进一步求得涡心半径 $\xi \simeq 0.18$ nm。

注：这些实验必须在很低的温度（$T \simeq 0.5$ K）下进行，这么做是为了避免温度较高时涡心相互作用引起的能量损失。

8 准平行流动:润滑近似理论

在很多重要的实际流动中,流线几乎是平行的(例如,镀膜和油漆过程,紧配合部件之间的润滑流动,液体射流等)。在第8.1节,我们首先介绍所谓的润滑近似方法及其在准平行流动分析中的应用,然后讨论两固体壁面之间流动的几个示例。第8.2节将采用同样的方法来处理具有自由表面的流体膜,我们将具体讨论界面浸润、动态接触角、液膜或液滴的铺展等问题。在这些问题中,界面上表面张力梯度导致的流动非常有趣,我们称之为马兰格尼效应。最后,我们将在第8.3节讨论黏性射流在表面张力作用下出现的瑞利-普拉托失稳问题。

8.1 润滑近似理论

8.1.1 准平行流动

在第4章,我们已经讨论了一维流动问题,在这种流动中只有一个方向的速度分量不为零。这种情况下,由于速度 $\boldsymbol{v}$ 的方向与其梯度的方向正交,所以纳维-斯托克斯方程中的非线性项 $(\boldsymbol{v}\cdot\nabla)\boldsymbol{v}$ 恒为零;流体运动方程会退化为一个线性方程(4.59)。在定常流动的前提下,该方程适用于雷诺数任意大小的流动(前提是不发生流动失稳)。

我们在本章将讨论流场中流线几乎平行的流动。例如,夹角非常小的两个固体壁面间的流动、薄液膜中的流动等。在这类流动中,只要雷诺数能满足一定的条件,我们即可忽略纳维-斯托克斯方程中的非线性项,通过**润滑近似**(lubrication approximation)理论来处理相关问题。

在随后的第9章中,我们将讨论具有任意几何特征的流动。在这种情况下,忽略流动方程中非线性项的条件将变得更加严格:即雷诺数需要非常小($Re\ll1$)。

准平行流动可见于诸多实际应用中,例如液膜的铺展、旋转机械的润滑等问题。利用流动与液膜表面平行这一假设,我们可分析液膜铺展过程中的动力学问题,以及旋转机械运行过程中运动表面间的作用力。

8.1.2　润滑近似理论中的假设

如图 8.1 所示,我们假设两个固体壁面上任意两点处切线的夹角均满足 $\theta \ll 1$。因此,流动方向上的特征长度远大于两壁面的间距。接下来,我们仅讨论 x-y 平面上的二维流动,所得结果可以很容易地推广到三维情况。

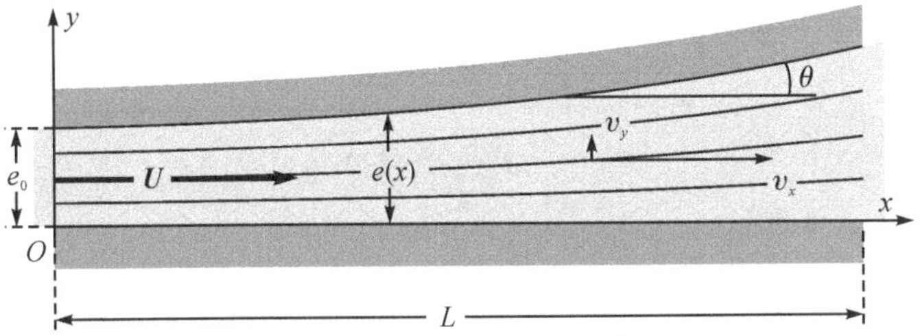

图 8.1　润滑流动几何特征示意图

我们首先给出 x-y 平面上二维流动的纳维-斯托克斯方程(4.30)的表达式。据第 4.2.2 节的讨论可知,流动由压力梯度驱动,但我们同时需考虑重力项在压强($p-\rho \boldsymbol{g}\cdot\boldsymbol{r}$)中的作用,其中 $\boldsymbol{r}$ 为流体质点的矢径。为了便于表达,我们以 ∇p 代表 $\nabla(p-\rho \boldsymbol{g}\cdot\boldsymbol{r})$。于是,方程(4.30)的分量形式可表示为

$$\frac{\partial v_x}{\partial t}+(\boldsymbol{v}\cdot\nabla)v_x=-\frac{1}{\rho}\frac{\partial p}{\partial x}+\nu\left(\frac{\partial^2 v_x}{\partial x^2}+\frac{\partial^2 v_x}{\partial y^2}\right) \tag{8.1a}$$

$$\frac{\partial v_y}{\partial t}+(\boldsymbol{v}\cdot\nabla)v_y=-\frac{1}{\rho}\frac{\partial p}{\partial y}+\nu\left(\frac{\partial^2 v_y}{\partial x^2}+\frac{\partial^2 v_y}{\partial y^2}\right) \tag{8.1b}$$

同时,我们考虑不可压缩流动的质量守恒方程,即 $\nabla\cdot\boldsymbol{v}=0$:

$$\frac{\partial v_x}{\partial x}+\frac{\partial v_y}{\partial y}=0 \tag{8.2}$$

我们首先来考虑定常流动的情况,此时可以忽略与时间相关的项 $\partial/\partial t$,然后对方程中不同项的数量级进行近似的估计以展开下一步的讨论。对于稳定且缓慢的层流流动,在实验中可观测到流体质点的运动轨迹是沿着壁面方向的(图 8.1)。因此,我们可假设壁面间流体的速度矢量与壁面($y=0$)的夹角在 θ 的数量级($\theta\ll1$),于是可得

$$v_y \approx v_x\theta \approx U\theta \tag{8.3}$$

其中 U 为流动的特征速度(比如,流动的平均速度,或者流道中心的最大速度;在我们的近似分析中,这两个速度在同一数量级)。由于我们假设壁面之间的流动具有泊肃叶型的速度

分布，因此我们可以认为 y 方向的速度发生变化的特征长度为流道的局部宽度 $e(x)$，并假设流道宽度的特征值为 e_0（也就是说，相对于流动方向的特征长度 L，厚度方向的距离 $e(x)$ 变化非常小），于是可得

$$\frac{\partial v_x}{\partial y} \approx \frac{U}{e_0} \quad (8.4a) \qquad 和 \qquad \frac{\partial v_y}{\partial y} \approx \frac{U\theta}{e_0} \quad (8.4b)$$

结合方程(8. 2)，进一步得

$$\frac{\partial v_x}{\partial x} = -\frac{\partial v_y}{\partial y} \approx \frac{U\theta}{e_0} \tag{8.5}$$

（方程(8.5)中各项的量级由其绝对值的大小来表征）。基于上述结果，我们接下来估计速度二阶导数项的量级：

$$\frac{\partial^2 v_x}{\partial x\,\partial y} \approx \frac{U\theta}{e_0^2} \quad (8.6a) \qquad \frac{\partial^2 v_x}{\partial y^2} \approx \frac{U}{e_0^2} \quad (8.6b)$$

和

$$\frac{\partial^2 v_y}{\partial y^2} \approx \frac{U\theta}{e_0^2} \tag{8.6c}$$

利用 $\partial/\partial x \approx 1/L$，我们也可对 $\partial^2 v_x/\partial x^2$ 和 $\partial^2 v_y/\partial x\partial y$ 绝对值上限的量级给出估计（由于不可压缩流动条件，这两项的取值互为相反数）：

$$\frac{\partial^2 v_x}{\partial x^2} = -\frac{\partial^2 v_y}{\partial x\partial y} \approx \frac{U\theta}{e_0 L} \tag{8.7a}$$

和

$$\frac{\partial^2 v_y}{\partial x^2} \approx \frac{U\theta}{L^2} \tag{8.7b}$$

显然，速度关于 y 的二阶导数远大于它们关于 x 的二阶导数。于是，方程(8.1a)和(8.1b)中黏性贡献的主导项是速度关于 y 的二阶导数。

接下来我们来讨论在平均流动方向上（即 x 方向），运动方程中的非线性项相对于黏性项可以忽略的条件。结合上述结果可得

$$v_x \frac{\partial v_x}{\partial x} \approx \frac{U^2\theta}{e_0} \quad (8.8a) \qquad v_y \frac{\partial v_x}{\partial y} \approx \frac{U^2\theta}{e_0} \quad (8.8b)$$

和

$$\nu \frac{\partial^2 v_x}{\partial y^2} \approx \frac{\nu U}{e_0^2} \tag{8.8c}$$

因此，如果下述条件成立：

$$\frac{U^2\theta}{e_0} \ll \nu \frac{U}{e_0^2} \quad (8.9a) \qquad Re = \frac{Ue_0}{\nu} \ll \frac{1}{\theta} \quad (8.9b)$$

非线性项即可被忽略。对于具有任意几何特征的流动，只有当 $Re \ll 1$ 时才能忽略非线性项的影响。然而，在润滑模型中角度 θ 的量级远小于 1，所以对 Re 的要求（方程(8.9b)）变得不再那么严格；因而，对于雷诺数 Re 大于 1 的情况，我们依然

可以使用线性方程来处理相关问题。极限情况（$\theta=0$）对应于平行流动，此时对于任意大小的雷诺数，非线性项的影响都可忽略。

基于方程（8.1b），我们可以估计出垂直于平均流动方向的压强梯度$\partial p/\partial y$ 的大小。基于前面的结果，我们可得

$$v_x\frac{\partial v_y}{\partial x}\approx\frac{U^2\theta}{L}\quad(8.10a)\qquad v_y\frac{\partial v_y}{\partial y}\approx\frac{U^2\theta^2}{e_0}\quad(8.10b)$$

和

$$\nu\frac{\partial^2 v_y}{\partial y^2}\approx\nu\frac{U\theta}{e_0^2}\tag{8.10c}$$

显然，相比于方程（8.8c）给出的黏性项，方程（8.10c）中的结果要小一个 θ 的量级。如果 $Re\ll 1/\theta$ 且 e_0/L 足够小，那么方程（8.10a）和（8.10b）中非线性项的影响将远小于方程（8.10c）中黏性项的影响；相比于 x 方向的黏性项，它们的影响则更小。因此，在 θ 和雷诺数均足够小的情况下，我们可以认为垂直于流动方向的压强梯度近似为零（或者更准确地说，流场中的压强退化为静水压强）。

需要注意，上述讨论中我们假设流动是未被扰动的充分发展的层流。在实际情况中，当流速超过一个临界值，即使方程（8.9b）得以满足，两平行壁面间的流动也会失稳，出现垂直于壁面方向的速度分量。于是，前文讨论所得的结果不再有效。

8.1.3　非定常效应

我们再次回到纳维-斯托克斯方程（8.1），假设流动参数变化的特征时间为 T，或者以频率 ω 做周期性的变化（角频率 ω 更适于描述周期性流动）。于是，非定常项$\partial\boldsymbol{v}/\partial t$ 与 U/T，或者 $U\omega$ 同量级。如果$|\partial\boldsymbol{v}/\partial t|\ll|\nu\nabla^2\boldsymbol{v}|$成立，那么$\partial\boldsymbol{v}/\partial t$ 的影响即可忽略，即

$$\frac{U}{T}\ll\nu\frac{U}{e_0^2}\qquad\text{或}\qquad Nt_\nu=\frac{e_0^2}{\nu T}\ll 1$$

我们在第 4.5.4 节讨论两个平面间交变流动时已经遇到过两个特征时间的比值 Nt_ν。在厚度为 e_0 的流体膜中，$Nt_\nu\ll 1$ 表示速度梯度（或涡度）扩散的特征时间 ${e_0}^2/\nu$ 远小于流动参数变化的特征时间 T；同理，对于周期性流动，${e_0}^2/\nu$ 也要远小于 $1/\omega$。需要指出的是，${e_0}^2/\nu$ 也表征了定常流动中速度剖面达到稳定所需的特征时间。如果上述条件成立，那么我们可以认为流动是准定常的，非定常项$\partial\boldsymbol{v}/\partial t$ 的影响即可忽略。

8.1.4 润滑近似中的运动方程

若流动稳定，且满足 $\theta \ll 1$ 和 $Re \ll 1/\theta$，那么在定常流动情况下，方程(8.1a)和(8.1b)可简化为

$$\frac{1}{\rho}\frac{\partial p}{\partial x}=\nu\frac{\partial^2 v_x}{\partial y^2} \quad (8.11a) \quad 和 \quad \frac{\partial p}{\partial y}=0 \quad (8.11b)$$

上述方程与平行流动的运动方程完全一样。如果流体层的厚度不为常数，那么速度 v_x 在 x 方向上将发生变化，但在该方向上的变化要比在 y 方向上的变化要慢得多，因为 y 方向上流动发生变化的特征距离为 e_0。为了计算速度分布，我们可将方程(8.11a)对 y 做积分，并将$\partial p/\partial x$ 作为常数处理(变量 x 和 y 不再耦合)。实际上，如果润滑近似的要求满足，对于平行流动，$\partial p/\partial x$ 与 y 无关；换句话说，$\partial p/\partial x$ 仅在 x 方向上发生变化，且发生变化的特征长度远大于流体层的厚度 e_0。对于速度随时间变化非常慢的非定常流动，我们可以使用同样的方法来处理。在后续的例子中，我们将看到非定常效应对流动具有显著的影响。

8.1.5 润滑近似理论应用的实例：呈小夹角的两个平面间的定常流

我们来考虑一张纸片沿光滑桌面发生平行滑动的问题。如果桌面和纸片之间存在一层空气膜，那么将会有助于滑动。然而，若纸片上有若干孔洞，那么滑动能力将会变得非常差，这是因为纸片内外侧不再存在压强差。如图 8.2 所示，纸片内外侧的压强差源于在纸片和桌面之间形成的一层楔形空气垫。

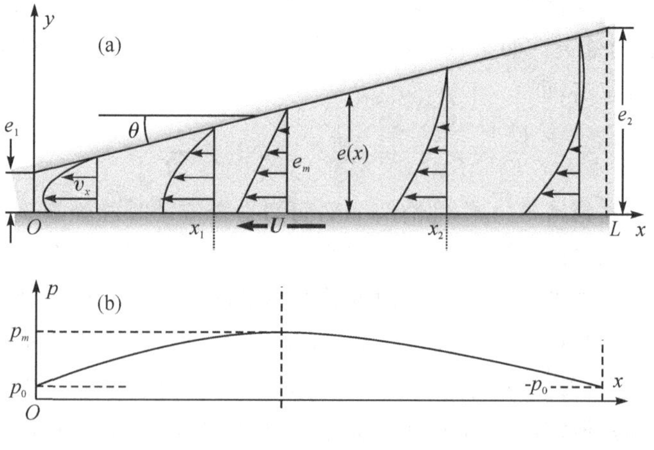

图 8.2 倾斜平板相对于固定水平板运动诱导的流动。(a)坐标系相对于倾斜平板静止时得到的速度场；(b)两板间压强沿 x 方向的分布

对于这种情况，我们假定纸片在横向 z 方向(垂直于图示平面)上无限延伸。我们计算所得的力和流量均对应于 z 方向为单位深度的情况。为了便于处理，我们改变参考系，假定

纸片的速度为零，下板面以速度$-\boldsymbol{U}$沿水平方向运动。由于下板面在其自身平面内移动因此面内任意一点与上板面间流体层的厚度是固定的。在这种情况下，我们可以得到一个定常的速度轮廓线。两板间距可表示为

$$e(x)=e_1+\theta x$$

我们假定两平板夹角$\theta=(e_2-e_1)/L$很小。在这种情况下，如果$Re\ll 1/\theta$，那么方程(8.11b)中的压强p和压强梯度$\partial p/\partial x$与y无关。

将方程(8.11a)关于变量y做积分，同时考虑到边界条件$v_x(y=0)=-U$和$v_x(y=e(x))=0$，我们可得

$$v_x(x,y)=-\frac{1}{2\eta}\frac{\mathrm{d}p}{\mathrm{d}x}y[e(x)-y]-U\frac{e(x)-y}{e(x)} \tag{8.12}$$

正如第 4.5.3 节讨论的情况，速度场是泊肃叶流动(关于y的二次项，与压强梯度相关)和库埃特流动(关于y的一次项，与水平板的运动速度$-\boldsymbol{U}$相关)的叠加。图 8.2(a)所示为两板间不同x位置处抛物型的速度廓线。

将方程(8.12)在y方向从 0 到$e(x)$积分，我们可得上板面处的压强分布。在我们定义的参考系下，由于流动是定常的，因此流量Q的分布(沿z轴方向单位深度)沿x轴方向为常数，于是可得

$$Q=\text{常数}=\int_0^{e(x)}v_x\mathrm{d}y=-\frac{1}{\eta}\frac{\mathrm{d}p}{\mathrm{d}x}\frac{e(x)^3}{12}-\frac{Ue(x)}{2} \tag{8.13}$$

如果在上式中用$-U$来替换V_0，并且用$e(x)$来替换a，即可得到方程(4.72)。若进一步通过e替代x，由方程(8.13)可得$\mathrm{d}p/\mathrm{d}x$：

$$\frac{\mathrm{d}p}{\mathrm{d}x}=\theta\frac{\mathrm{d}p}{\mathrm{d}e}=-\frac{12\eta Q}{e(x)^3}-\frac{6\eta U}{e(x)^2} \tag{8.14}$$

于是，我们可得压强取极值处(即$\mathrm{d}p/\mathrm{d}e=0$)流体膜的厚度$e_m$为

$$e_m=-2\frac{Q}{U} \tag{8.15}$$

最后，如果我们将方程(8.14)所示的压强梯度关于e做积分，并结合边界条件$p(x=0)=p_0$(气膜外界的压强为大气压强)，可得压强分布：

$$p(x)=p_0+\frac{6\eta Q}{\theta}\left[\frac{1}{e(x)^2}-\frac{1}{e_1^2}\right]+\frac{6\eta U}{\theta}\left[\frac{1}{e(x)}-\frac{1}{e_1}\right] \tag{8.16}$$

考虑平板另一端边界条件：$e=e_2$处的压强也等于大气压强

注：基于方程(8.12)，我们来讨论两板间的速度廓线。首先计算v_x关于y的导数，并用$\theta(\partial p/\partial e)$代换$\partial p/\partial x$，其中$\partial p/\partial e$可由方程(8.14)和(8.17)得到。我们感兴趣的是速度廓线上是否存在最大速度。于是，求导可得

$$\begin{aligned}\frac{\partial v_x}{\partial y}&=\frac{2y-e(x)}{2\eta}\theta\frac{\partial p}{\partial e(x)}+\frac{U}{e(x)}\\&=\frac{2U}{e(x)^2}\left[\frac{3e_1e_2(2y-e(x))}{e(x)(e_1+e_2)}\right.\\&\qquad\left.+2e(x)-3y\right]\end{aligned} \tag{8.21}$$

在下板$y=0$以及上板$y=e(x)$处，分别有

$$\frac{\partial v_x}{\partial y}=\frac{2U}{e(x)^2}\left[-\frac{3e_1e_2}{(e_1+e_2)}+2e(x)\right] \tag{8.22a}$$

$$\frac{\partial v_x}{\partial y}=\frac{2U}{e(x)^2}\left[\frac{3e_1e_2}{(e_1+e_2)}-e(x)\right] \tag{8.22b}$$

当$e(x_1)=3e_1e_2/[2(e_1+e_2)]=3e_m/4$或$e(x_2)=3e_1e_2/(e_1+e_2)=3e_m/2$时，在上板或下板处速度的导数$\partial v_x/\partial y$为零。换句话说，压强在这些地方取极大值。当距离小于x_1时，速度廓线上存在最小值。当距离大于x_2时，速度在上板附近为正值，且存在最大值。在厚度为e_m的截面上压强取得最大值，且速度随y线性变化：这一结论可通过对方程(8.21)求取$v_x(y)$的二阶导数$\partial^2v_x/\partial y^2$，并结合$\partial^2v_x/\partial y^2=(\theta/\eta)(\partial p/\partial e(x))$得到。速度廓线上曲率为零的点对应的$x$位置处，压强取得最大值；这不难理解，因为当压强梯度为零时，流动中的泊肃叶分量将消失，仅有库埃特流动存在。

p_0，同时基于方程(8.16)，我们可得流量表达式为

$$Q=-\frac{e_1 e_2}{e_1+e_2}U \tag{8.17}$$

进而有

$$e_m=2\frac{e_1 e_2}{e_1+e_2} \tag{8.18}$$

方程(8.18)表明当 $e_1 \ll e_2$ 时，$e_m \cong 2e_1$，即压强达到极值的位置非常接近于气膜厚度为 e_1 的一端。由方程(8.17)可知，Q 和 U 的符号相反，这意味着流体平均流动的方向与下板的运动方向相同。由于流量 Q 是流速 U 的函数，方程(8.16)可进一步改写为

$$p(x)=p_0+\frac{6\eta U}{\theta}\frac{[e_2-e(x)][e(x)-e_1]}{e(x)^2(e_1+e_2)} \tag{8.19}$$

由于 $e(x)$ 的取值介于 e_1 和 e_2 之间，因此压强差 $p(x)-p_0$ 和 U/θ 符号相同。图 8.2(b)给出了流动的压强分布。

流动导致了附加压力的产生，通过对压强积分我们可得作用于下板面的法向力 F_N：

$$\begin{aligned} F_N &= -\int_0^L (p-p_0)\,\mathrm{d}x = -\frac{1}{\theta}\int_{e_1}^{e_2}(p-p_0)\,\mathrm{d}e \\ &= -\frac{6\eta U}{\theta^2}\left[\log\frac{e_2}{e_1}-\frac{2(e_2-e_1)}{e_2+e_1}\right] \end{aligned} \tag{8.20}$$

我们也可求得流体作用在下板面的切向摩擦力：

$$\begin{aligned} F_T &= \int_0^L \eta\frac{\partial v_x}{\partial y}\mathrm{d}x = \frac{1}{\theta}\int_{e_1}^{e_2}\left[\frac{2y-e(x)}{2}\frac{\mathrm{d}p}{\mathrm{d}x}+\frac{\eta U}{e(x)}\right]\mathrm{d}e \\ &= \frac{2\eta U}{\theta}\left[2\log\frac{e_2}{e_1}-\frac{3(e_2-e_1)}{(e_2+e_1)}\right] \end{aligned} \tag{8.23}$$

当 $e_2/e_1=10$ 时，方程(8.20)中的 $\eta U/\theta^2$ 因子对应的系数为 -4，方程(8.23)中的 $\eta U/\theta$ 因子对应的系数为 4.3。

通常情况下，θ、e_1 和 e_2 的相对影响不易辨别，因为当 $\theta \to 0$ 和 $e_2 \to e_1$ 时，F_T 和 F_N 中分子和分母都趋近于零。对于 e_2 远大于 e_1 的情况，F_T 和 F_N 的取值分别如下：

$$F_N \simeq -\left(\log\frac{e_2}{e_1}-2\right)\frac{6\eta U}{\theta^2} \tag{8.24a}$$

$$F_T \simeq \left(4\log\frac{e_2}{e_1}-6\right)\frac{\eta U}{\theta} \tag{8.24b}$$

其中 $\theta=(e_2-e_1)/L \simeq e_2/L$（对于给定角度 θ，e_2/e_1 的取值对 F_T 和 F_N 的影响很小）。当 θ 的取值非常小时，F_N 的值会很大，但切向摩擦力 F_T 会小一个量级：这是润滑近似模型的一个基本结论。

注：由于入口和出口处的压差为零，因此作用在两板间流体上的合力一定为零。必然地，作用于上板面上的力在 x 和 y 方向的分量分别为 $-F_T$ 和 $-F_N$，它们也可通过对上板面处的压强和速度积分得到。然而，由于压力和切向力分别垂直和平行于下板面，因此对于 y 和 x 方向分别有倾角 θ 的情况，必须将它们投影到坐标轴上来分别得到 $-F_T$ 和 $-F_N$。

由方程(8.24a)和(8.24b)可知，若 $e_2/e_1 \gg 1$（那么 $\theta \approx e_2/L$），F_T 和 F_N 将近似正比于 $1/\theta$ 和 $1/\theta^2$。如果 $e_2/e_1 \to 1$，结合方程(8.20)和(8.23)，我们可得：当 $e_2=e_1$ 时 $F_N=0$（两板平行的情况）。

当 $e_2 \gg e_1$ 时，$p(x)$ 在 $e(x) \approx 2e_1$ 处取得最大值。一般情况下在润滑流动中，压强的最大值出现在流体厚度较小的区域：此时我们可以得到问题的近似解。例如，两个半径都为 R 的小球彼此靠近，且最小间距为 $e_1(t)$。两球间的作用力可通过球冠处的压强分布来估计，球冠底面半径为 $\sqrt{Re_1(t)}$，且两球的局部间隔在 e_1 和 $2e_1$ 之间（下文将讨论类似问题）。

上述结论在很多实际应用中非常重要:轴在直径稍大的轴承内旋转时可承受很大的法向力,同时保证切向摩擦力很小(比如旋转机械的轴承、车轮轴等)。在一些需要承受很大法向力的情况下,比较小横截面积的局部区域的固体部件可能会发生变形。这种情况下,我们需考虑**弹性流体力**(elasto-hydrodynamic forces)来处理相关问题。

润滑力还可能带来一些不良效果:假设我们行走在有浮油的地面上,法向力虽可支撑我们的体重,但切向力却不足以维持我们身体的平衡。另外一个类似的例子是汽车在光滑的路面失控而发生的滑行(常称作"**漂移**"(aquaplaning)现象):轮胎和地面之间很薄的水膜可支撑汽车的重量,但切向摩擦力过小,不足以阻止汽车发生滑行。

8.1.6　任意厚度流体膜的流动

我们在这一节将从更一般的角度出发讨论两个固体壁面间流体薄膜的流动现象,包括壁面间距变化、两壁面间存在任意方向的相对运动等情况。

雷诺方程

如图 8.3 所示,我们考虑沿 x 方向的薄膜流动。相对于流动方向的特征长度,我们仍旧假设液膜的厚度非常小,从而也可以认为流动是准平行的。同时,我们假定下壁面位于 $y=0$ 处且保持固定;上壁面位于 $h(x,t)$处,且沿 x 和 y 方向的速度分量分别为$U(x,t)$和$V(x,t)$。同时认为流动方向的压强梯度$\partial p/\partial x$在膜的厚度方向上为常数,但在膜的流动方向(x 方向)变化缓慢。由第 8.1.2 节讨论可知,如果考虑重力分量 g_x 对流动的作用,我们需用$(\partial p/\partial x-\rho g_x)$代替压强梯度$\partial p/\partial x$。在本节的讨论中,我们假设上壁面为固体,且不限于上壁面为平面的情况。

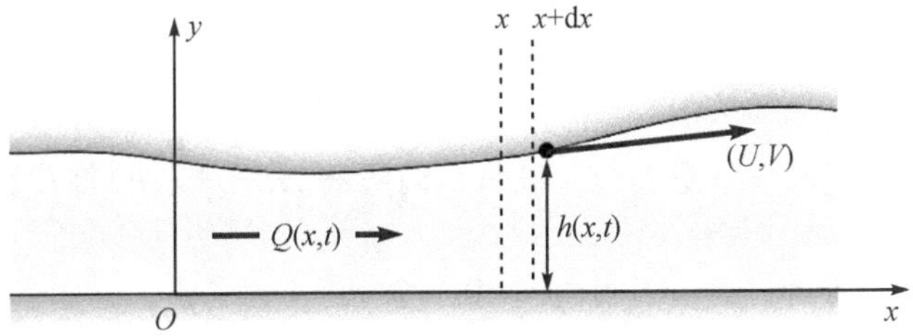

图 8.3　平板和固体上壁面间流体薄膜的准一维流动,平板和固壁的间距 $h(x,t)$同时为位置 x 和时间 t 的函数

由前文讨论可知,薄膜内的局部流动为泊肃叶流动和库埃特流动的叠加。这种流动可以通过两个固体壁面(固体壁面限制了流体薄膜的上下表面)的相对运动诱导,也可以通过

一定的压强梯度驱动。

接下来，我们将改写方程(8.13)，将流量 $Q(x,t)$(沿 z 方向为单位长度)表示为压强梯度$\partial p/\partial x$ 和上壁面在 x 方向速度分量 $U(x,t)$的函数：

$$Q(x,t)=-\frac{h^3}{12\eta}\frac{\partial p}{\partial x}+\frac{Uh}{2} \tag{8.25}$$

不同于方程(8.13)所示的情况，此处 Q 同时是 x 和 t 的函数。以下我们来考虑区间$(x,x+\mathrm{d}x)$上流体薄膜的质量守恒：单位时间内流体薄膜内流体体积的变化量$(\partial h/\partial t)\mathrm{d}x$ 为流进和流出该区域的流量之差 $Q(x)-Q(x+\mathrm{d}x)=-(\partial Q/\partial x)\mathrm{d}x$。于是，通过对方程(8.25)关于 x 求导数，我们可得

$$\frac{\partial h}{\partial t}=\frac{1}{12\eta}\frac{\partial}{\partial x}\left[h^3\frac{\partial p}{\partial x}\right]-\frac{1}{2}\left(h\frac{\partial U}{\partial x}+U\frac{\partial h}{\partial x}\right) \tag{8.26}$$

该方程(8.26)适用于在 z 方向具有平移不变性的二维流动，称之为**雷诺方程**(Reynolds' equation)。在实际情况中，我们经常选择给定薄膜两端的压强。

注：第 8.1.5 节中讨论的问题(夹角为 θ 的两平板间的流动)可以认为是雷诺方程(8.26)的特殊情况：$\partial h/\partial t=-U\partial h/\partial x$，$h(x)=e(x)$，$\partial e/\partial t=-U\partial e/\partial x$。在上一节，我们将参考系建立在流道的上壁面上，流动是定常的；然而在本节，参考系固定于下板，$\partial h/\partial t$ 的取值非零(上板的速度为$+U$)。因此，对于第 8.1.5 节中讨论的问题，方程(8.26)可简化为

$$\frac{\partial}{\partial x}\left[h^3\frac{\partial p}{\partial x}\right]=-6\eta U\frac{\partial h}{\partial x} \tag{8.31}$$

若将方程(8.14)两边同时乘以 $e(x)^3$ 并关于 x 求导，我们可得到同样的方程(在第 8.1.5 节建立的参考系下，Q 为常数；但对于本节讨论的问题，Q 会发生变化)。

此外，我们注意到：薄膜上表面(即流道上壁面)局部速度的垂直分量 V 和水平分量 U 可以通过以下几何关系与导数 $\partial h/\partial t$ 关联：

$$\frac{\partial h}{\partial t}=V-U\frac{\partial h}{\partial x} \tag{8.27}$$

如果上壁面的局部并非水平，那么它的水平位移将会导致薄膜局部厚度的变化。该变化将会叠加到由于上壁面垂直速度分量 V 导致的变化中。方程(8.27)表明，如果上壁面在其自身平面中移动，那么 h 保持不变(即 $V/U=\partial h/\partial x$)。

对于平行于下壁面但厚度 $h(x,z,t)$在 x 和 z 方向上都变化的二维薄膜，我们需用以下的方程来代替方程(8.25)：

$$\boldsymbol{Q}_{//}(x,z,t)=-\frac{h^3}{12\eta}\nabla_{//}p+\frac{\boldsymbol{U}_{//}h}{2} \tag{8.28}$$

其中 $\boldsymbol{U}_{//}$是上壁面速度 $\boldsymbol{U}$ 在 $z-x$ 平面上的投影，投影所得速度在 z 和 x 方向上分别为 W 和 U。$\boldsymbol{Q}_{//}$的分量 Q_z 和 Q_x 分别代表垂直于 z 和 x 方向的单位横截面上的流量。符号$\nabla_{//}$代表平行于 $z-x$ 平面内的梯度。三维情况的质量守恒方程可表示为：$\partial h/\partial t+\nabla\cdot\boldsymbol{Q}_{//}=0$，因此我们可将方程(8.26)推广到更一般的情况：

$$\begin{aligned}\nabla\cdot[h^3\nabla_{//}p]&=h^3\nabla^2p+3h^2(\nabla_{//}h)\cdot(\nabla_{//}p)\\&=6\eta\left(h\ \nabla_{//}\cdot\boldsymbol{U}_{//}+\boldsymbol{U}_{//}\cdot(\nabla_{//}h)+2\frac{\partial h}{\partial t}\right)\end{aligned} \tag{8.29}$$

类似地，方程(8.27)可改写为

$$\frac{\partial h}{\partial t}=V-\boldsymbol{U}_{//}\cdot\nabla_{//}h \tag{8.30}$$

雷诺方程的应用:黏性流体中球形颗粒的沉降

如图 8.4 所示,我们考虑一个半径为 a 的刚性球在黏性流体中向水平壁面的沉降过程,定义 $h_0(t)$为小球和壁面之间的最小距离(沿着系统的轴线)。考虑到系统的旋转轴对称特性(压强仅为 r 和 t 的函数)和边界条件 $\boldsymbol{U}_{//}=0$,于是方程(8.29)可简化为

$$\frac{1}{r}\frac{\partial}{\partial r}\left[rh^3\frac{\partial p}{\partial r}\right]=12\eta\frac{\partial h}{\partial t} \tag{8.32}$$

其中

$$\frac{\partial h}{\partial t}=\frac{\mathrm{d}h_0(t)}{\mathrm{d}t}$$

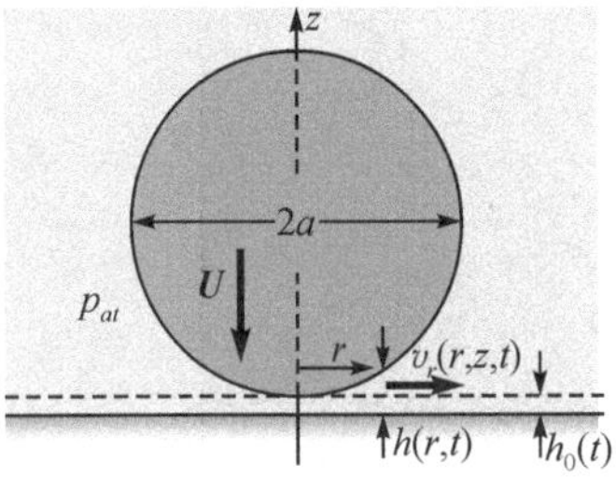

图 8.4　球形颗粒在黏性流体中向无限大平板沉降的示意图

上式所示的条件意味着球面上所有点的垂直速度均为$\partial h/\partial t$。通过在球面上对压强积分,我们可得球体所受的合力 $\boldsymbol{F}$:

$$F=\int_0^{r_M}2\pi r[p_0-p(r)]\mathrm{d}r=\int_{h_0}^{h_M}2\pi a[p_0-p(h)]\mathrm{d}h$$

进一步可得

$$F=-\frac{6\pi\eta a^2}{h_0}\frac{\mathrm{d}h_0}{\mathrm{d}t} \tag{8.33}$$

上述结果需要满足的条件是球体和壁面间流体的厚度 h_M 远大于 h_0。

证明:为求得 $p(h)$,我们首先对方程(8.32)两边乘以 r,然后将其关于 r 积分可得

$$rh^3\frac{\partial p}{\partial r}=6\eta r^2\frac{\partial h}{\partial t} \tag{8.34}$$

由于当 $r=0$ 时所有导数值不发散,所以上述结果中的积分常数为零。为计算压强分布,我们利用近似的几何条件,将 h 表达成变量 r 的函数:

$$h(r,t)=h_0(t)+\frac{r^2}{2a} \tag{8.35}$$

此时有 $\mathrm{d}h=r\mathrm{d}r/a$ 及 $\mathrm{d}p/\mathrm{d}r=(r/a)\mathrm{d}p/\mathrm{d}h$,进一步可得

$$\mathrm{d}p=-3\eta a\frac{\mathrm{d}h_0}{\mathrm{d}t}\mathrm{d}\left[\frac{1}{h^2}\right]\qquad 和 \qquad p(h)=p_0-\frac{3\eta a}{h^2}\frac{\mathrm{d}h_0}{\mathrm{d}t} \tag{8.36}$$

当 h 增大时,压强会逐渐减小到大气压 p_0。

对于半径为 a，在自身重量作用下自由下落的小球，我们考虑小球的重力、阿基米德浮力以及下落过程中受到的黏性阻力(方程(8.33))的平衡关系，于是可得

$$\frac{\mathrm{d}(\log h_0)}{\mathrm{d}t}=-\frac{2\pi}{9}\frac{a(\rho_s-\rho_f)g}{\eta} \tag{8.37}$$

其中 ρ_s 和 ρ_f 分别为小球和流体的密度，求解上述方程可得

$$h_0(t)=h_0(0)\mathrm{e}^{-t/\tau} \tag{8.38}$$

其中 $\tau=9\eta/[2\pi a(\rho_s-\rho_f)g]$。理论上，小球需要经历无限长的时间才能触底，因为小球的运动速度是不断减小的！然而，在实际情况下，当球体和平板之间的距离减小到壁面粗糙度的量级时，即便流体还能够从两者之间的微小空隙继续排出，粗糙度的存在也会导致小球和壁面接触。

注：若将小球替换为底面平行于平面的圆柱，我们发现：对于给定的速度，受力随 $1/h^3$ 变化，而非 $1/h$。这是因为黏性力在圆柱底部的分布更加均匀，而不是仅仅局限于厚度最小的区域。

此外，如果我们希望小球以固定速度 $V_z=\mathrm{d}h/\mathrm{d}t$ 沉降，由方程(8.33)可知，在这种情况下，当最小厚度 h_0 接近于零时，力 F 随 h_0 以 $1/h_0$ 的量级发散，同时，方程(8.33)还表明压强随 h_0 发散的量级为 $1/h_0^2$，这可能会导致小球表面发生局部变形。

8.1.7 两个半径相近的偏心圆柱之间的流动

流体润滑的一个重要工业应用是物体在填充有润滑液的紧部件内的运动，比如活塞在气缸内的运动，轴在滑动轴承内的运动等。

此处我们感兴趣的是润滑油在转轴和轴承之间的微小间隙内的流动以及由此产生的作用力。系统的示意图如图 8.5 所示，转轴和轴承的半径接近，分别为 R 和 $R+\delta R$ ($\delta R/R=\varepsilon\ll 1$)。它们的轴线彼此平行，且间距为 $a=\lambda\delta R$ ($\lambda\leqslant 1$)。假设转轴以角速度 Ω 旋转，且在轴线 z 方向截面上流动保持不变。我们选择在极坐标系下处理该问题，坐标原点固定于轴承的中心 O，极角 $\theta=0$ 沿着线段 $\boldsymbol{OO'}$ 的方向(在该方向上转轴和轴承之间的夹缝 $e(\theta)$ 取得最小值 e_0)；α 为线段 $\boldsymbol{OO'}$ 与竖直方向的夹角。转轴和轴承之间的距离 $e(\theta)$ 可以通过以下方程描述：

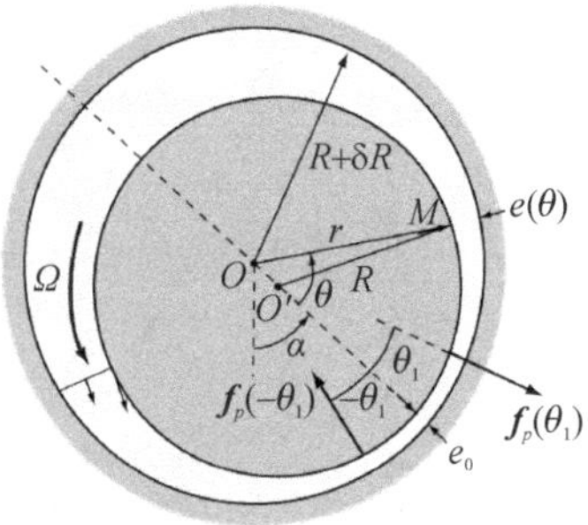

图 8.5 转轴在轴承内运动的横截面示意图，z 轴方向与图示的横截面垂直。O 和 O' 点分别对应于转轴和轴承的中轴线

$$e(\theta)=\delta R-a\cos\theta=\varepsilon R(1-\lambda\cos\theta) \tag{8.39}$$

证明： 我们定义坐标原点 O 与转轴表面上任意一点 M 的距离为 $r=|\boldsymbol{OM}|$，且线段 $\boldsymbol{OM}$ 和 $\boldsymbol{OO'}$ 之间的夹角为 θ，于是可知，在一阶近似下，r 满足如下关系式：

$$r = R + a\cos\theta = R + \lambda\delta R\cos\theta$$

如果我们进一步使用 εR 来替代 δR，并从 $R+\delta R$ 中减掉 r，即可得到方程(8.39)。

对于给定的极角 θ 附近的区域，我们可认为流动与间距为 $e(\theta)$ 的两个平行平板之间的流动相同；在这种情况下，两板之一的运动速度为 ΩR（对应转轴）。但这种类比关系抹除了曲率的效应，比如离心力导致的压强梯度。实际上，对于我们考虑的转轴和轴承系统，离心力与流动方向始终垂直，因而并不影响流动。于是，应用雷诺方程(8.26)可得

$$\frac{1}{R^2}\frac{\partial}{\partial\theta}\left[e(\theta)^3\frac{\partial p}{\partial\theta}\right] = 6\eta\Omega\frac{\partial e(\theta)}{\partial\theta} \tag{8.40}$$

则

$$\frac{\partial p}{\partial\theta} = 6\eta\Omega R^2\frac{1}{e(\theta)^2} + \frac{C}{e(\theta)^3} \tag{8.41}$$

其中 C 为积分常数。为了从方程(8.26)得到方程(8.41)，我们仅需使用 $(1/R)\partial/\partial\theta$ 来替换导数 $\partial/\partial x$ 即可。转轴表面切线方向的长度微元 $\mathrm{d}s$ 对应于角度的变化 $\mathrm{d}\theta$，可用 $R\mathrm{d}\theta$ 表示（基于假设 $\delta R \ll R$）。此种情况下，$\mathrm{d}s$ 承担两平板问题中 $\mathrm{d}x$ 的角色。如果我们取 $\lambda=0.9$，并结合方程(8.39)对方程(8.41)进行数值积分，可得压强随 θ 的变化关系（图 8.6）。由于方程(8.41)中存在 $1/e^3$ 项，所以压强的最小值和最大值都出现在 $x=0$ 附近。在实际情况下，我们可在低压区观察到空化气泡（参见第 8.3.2 节）。

注：图 8.6 中曲线的特征由方程(8.38)和方程(8.41)决定。由于 $e(\theta)$ 和 $\partial p/\partial\theta$ 的变化关于 $\theta=0$ 对称，因此，积分所得压强 $p(\theta)-p(0)$ 的变化是反对称的。此外，积分结果需满足 $p(\pi)=p(-\pi)$，因为 $\theta=\pi$ 和 $\theta=-\pi$ 对应相同的物理位置（即与最小间距完全相反的位置）。若 $p(\theta)-p(0)$ 不为常数，那么它至少具有两个不同符号的极值，且关于 $\theta=0$ 对称，所以常数 C 与 Ω 的符号相反（方程 8.41）。在 $\theta=0$ 附近，方程(8.41)中的 $1/e^3$ 项起主导作用，导数 $\partial p/\partial\theta(0)$ 与 Ω 的符号相反（在图 8.6 所示情形下小于零）。$1/e^3$ 项的存在意味着：如果最小厚度 $e(0)$ 相对于最大厚度 $e(\pi)$ 越小，那么压强最大值的绝对值也会更大，且离 $\theta=0$ 更近。

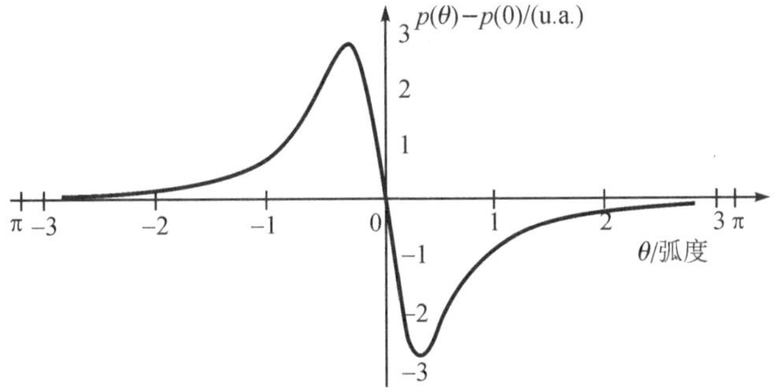

图 8.6　转轴和轴承间的压强随 θ 的变化情况（对应于图 8.5）

正如第 8.1.5 节中两个平板间的流动情况，相比于法向压力而言，我们也可假设转轴和轴承之间的切向黏性摩擦力可以忽略不计。接下来，我们来分析这些力如何支撑轮轴或旋转机械转子的重量。为此，我们首先来看内部圆柱（即转轴）表面 θ_1 和 $-\theta_1$ 处单位面积上的压力 $\boldsymbol{f}_p=\mathrm{d}\boldsymbol{F}_p/\mathrm{d}S$（参见图

8.5)。由于压强在两个圆柱面上的积分所得的合力均为零，因此我们可以忽略平均压强 $p(0)$ 的影响，并假设 $p(\theta_1)=-p(-\theta_1)$。在 θ_1 和 $-\theta_1$ 方向单位面积上的压力在竖直方向的分量之和 $f_{zp}(\pm\theta_1)$ 为

$$\begin{aligned} & f_{zp}(\theta_1)+f_{zp}(-\theta_1) \\ &= -p(\theta_1)\cos(\alpha+\theta_1)+p(-\theta_1)\cos(\alpha-\theta_1) \\ &= 2p(\theta_1)\sin\alpha\sin\theta_1 \end{aligned} \tag{8.42}$$

显然，当 $\boldsymbol{OO'}$ 与垂直方向的夹角 α 为 $\pi/2$ 时（此刻 $\boldsymbol{OO'}$ 指向水平方向），压力的合力在垂直方向取得最大值。于是，轴向单位长度上的受力 $F_{p\pi/2}$ 可由以下积分得到

$$\begin{aligned} F_{p\pi/2} &= -\int_{-\theta}^{\theta}\sin(\theta)p(\theta)R\,\mathrm{d}\theta \\ &= \frac{6\eta A\Omega R}{\varepsilon^2\lambda} \end{aligned} \tag{8.43}$$

注： 方程(8.43)的形式与直觉相反。我们可能会认为在重力的作用下，最小间距的位置会出现在过轴承中心 O 点竖直方向的最低点，即 OO' 处于 $\alpha=0$ 的位置。其实不然，因为 θ 点处压强的贡献会被 $-\theta$ 点处的贡献所抵消；具体地说，由于法向压力 $p(\theta)$ 和 $p(-\theta)$ 的大小相等、方向相反，所以它们竖直分量的合力为零。相反，如果 $\alpha=\pi/2$，当我们用 $-\theta$ 代替 θ 时，虽然法向压力的符号会发生变化，但它们竖直分量的符号也随之变化。这种情况下，法向压力对承载力的贡献同号，可叠加。在实际情况下，角度 α 会根据承载重量的不同在 0 到 $\pi/2$ 之间变化。

其中，积分常数 A 的值取决于 λ。由上式可知，轴承的承载力随 $1/\varepsilon^2$ 变化：当 ε 非常小时，承载力将非常显著。

我们现在来估算 $\theta=\pi/2$ 方向上的黏性摩擦力 $F_{\nu\pi/2}$。在最小厚度区域，单位面积上的黏性摩擦力 $F_{\nu\pi/2}$ 的量级为 $\eta\Omega R/[(1-\lambda)\varepsilon R]$。如果该力的作用长度的量级为 R，可得

$$F_{\nu\pi/2}\approx\frac{\eta\Omega R}{(1-\lambda)\varepsilon} \tag{8.44}$$

由上式可知，黏性摩擦力的量级为 $1/\varepsilon$，它比轴承受到的法向力（量级为 $1/\varepsilon^2$）小一个 ε 的数量级；这与我们在前文的假设一致。

8.1.8 润滑和表面粗糙度

我们在前文给出的例子，特别是转轴与轴承系统，都表明固体表面之间的距离应该尽可能的小。在讨论中，我们假定固体壁面是完全光滑的；然而，实际中的表面都具有一定的粗糙度。如果两个粗糙的表面发生接触，将出现固体与固体之间的摩擦力，这将阻碍运动。另一个例子是悬浮在流体中且间距非常小的颗粒之间的相互作用。根据第 8.1.5 节的讨论可知，当颗粒非常接近壁面时，黏性力随之增加；当颗粒和壁面距离足够小时，我们需要考虑表面粗糙度的影响。如图 8.7 所示，两个绝对光滑的颗粒相向运动时，它们最终的轨迹与初始轨迹在同一条线上（图 8.7(a)）；这是因为在小雷诺数情况下，斯托克斯方程的解具有时间可逆不变性（详见第 9.2.3 节）。但是，如果颗粒表面粗糙，这种可逆性将不再出现（图

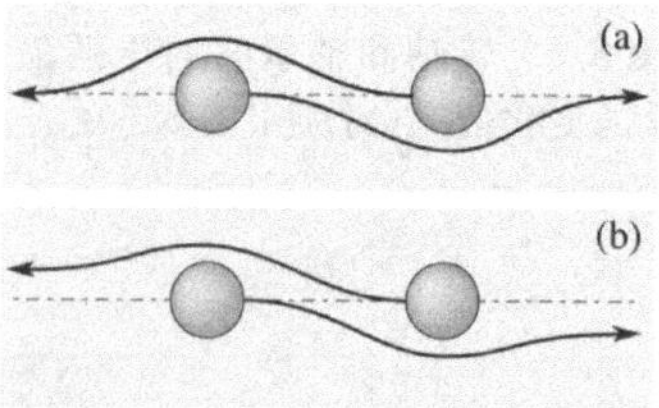

图 8.7 两个小球的相对运动。(a)理想情况下小球的运动轨迹；(b)实际情况下，考虑小球表面粗糙度的运动轨迹。此时，两个小球的运动轨迹会偏离最初的直线（这种效果可类比于静电排斥）

8.7(b))。大量涉及到润滑、摩擦和磨损的问题跟物体表面的不均匀程度密切相关。

8.2　具有自由表面的液膜流动:浸润动力学

在描述具有自由表面的液膜流动时,我们也可忽略运动方程中惯性力和非线性项的影响。在这类流动中,速度也几乎与液膜表面平行。具有自由面的液膜不仅多见于自然界,而且在很多重要的工业应用中也会遇到,比如涂层、油漆、材料表面清洁等过程,在一些换热设备中也会涉及到液膜的流动。这类流动情形类似于润滑过程,但自由面的存在会影响边界条件,表面张力也会导致产生附加作用力。我们在第1.4节中已经讨论了相关问题,并得到了这类现象的一些静态特征;我们也借助杨-杜普雷方程(1.62)引入了扩展系数和静态接触角等概念。

我们在本节将关注具有自由表面的液体薄膜在表面张力、重力和黏性力作用下产生的流动。在所有的问题中,我们将广泛应用润滑近似理论。

接下来,我们将首先讨论不受表面张力影响的液膜流动的简单情况。例如,液膜沿竖直放置的平滑等温壁面下落过程。随后,在完全浸润的情况下,我们将分析界面的动态接触角与固-液-气三相接触线移动速度的关系;此外,我们将利用所得结论来预测小液滴的铺展行为,并且与大液滴在重力驱动下的铺展行为进行比较。最后,我们将探讨由温度或溶液浓度梯度导致的表面张力梯度诱导的流动,即**马兰戈尼效应**(Marangoni effect)。

8.2.1　忽略表面张力效应的液体薄膜动力学

对于具有平坦表面或者是表面曲率非常小的液膜,表面张力的影响可以忽略,这是因为气-液界面两侧拉普拉斯压强差为零或者非常小。接下来,我们将讨论表面张力在整个表面上保持不变的液膜流动问题,这种情况下不会出现马兰戈尼效应。

具有自由表面的液膜流动具有以下特征。首先,如果不考虑表面张力,那么界面上的压强为外界大气压强。与其他准平行流一样,垂直于界面的压强梯度(也垂直于流速)将退化为存在静水压强的情况。考虑到液膜的厚度很小,我们可以认为液膜内部所有区域的压强都接近大气压强。于是,平行于液膜方向(即流动速度方向)的压强梯度的量级一般远小

注: 在此处关于可逆性的讨论中,我们假设速度场在每个时刻都处于定常状态,速度场的平衡结构对应于同时刻小球间的距离;我们在第8.1.3节已经讨论了一个类似的问题,即润滑流动的平稳性。当距离为 d 的两个小球以相对速度 U 彼此靠近时,建立速度廓线所需时间的量级为 d^2/ν:该时间必须小于颗粒运动的特征时间 d/U。于是,雷诺数 Ud/ν 必须很小。在相反的情况下,小球运动的动力学特性会依赖于其历史行为。在颗粒具有很大加速度的情况下会出现这种效应(具体称之为**巴塞特力**(Basset forces)),我们在此不作详细讨论。

注：当外界空气速度较大时，该结论将不再适用，比如河面或湖面存在大风的情况。

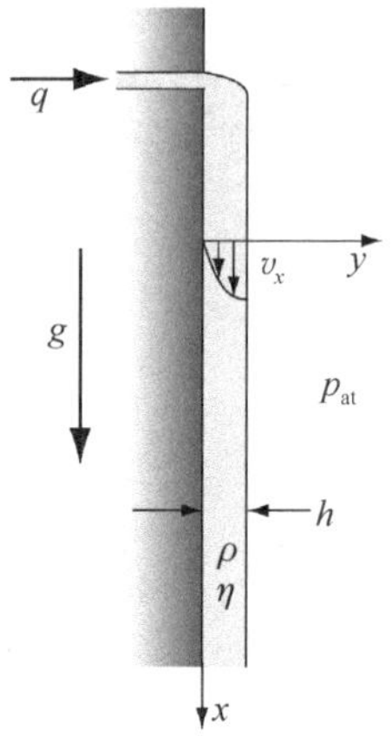

图 8.8 从水平狭缝注入黏性流体使其沿竖直壁面向下流动

注：当速度足够大，这类流动会发生失稳，从而引起液膜厚度的变化，并在液面产生局部的曲率（即变形）。在这种情况下，我们需要考虑表面张力以及平行于表面的压强梯度的影响。

对于与竖直方向呈 θ 倾角的液膜流动，处理问题的方法类似。我们只需在方程（8.45a）中用 $-\rho g\cos\theta$ 来代替 $-\rho g$，并在方程（8.45b）中增加一项 $-\rho g\sin\theta$ 即可。由于添加的最后一项为常数，所以尽管沿着 y 方向的静水压梯度不再等于零，但 $\partial p/\partial x$ 仍旧为零。若我们用 $g\cos\theta$ 代替 g，方程（8.46a）和（8.46b）依然适用。

于我们前面讨论的两个固体壁面之间流动的情况。通常情况下，该压强梯度为零（特别是对于厚度均匀的液膜），且流动的驱动力来源于重力在平行于膜表面方向的分量 $g_{//}$。在斯托克斯方程中（以及纳维-斯托克斯方程中），流动的驱动力为压强梯度和重力之和 $\nabla p - \rho\boldsymbol{g}$，而并非仅有 ∇p。

如果液膜外部区域的空气静止（或具有适中的速度），我们可以认为液膜表面处应力为零（参见第 4.3.2 节），因此垂直于液膜表面方向上的速度梯度亦为零。所以，速度在界面处取得最大值，这与固体壁面附近速度为零的情况完全不同。

例子：黏性液膜以恒定的流量沿竖直壁面向下流动

如图 8.8 所示，我们通过向水平狭缝内注入黏性流体，形成一个沿竖直壁面向下流动的薄液膜（密度为 ρ，动力黏度系数为 η）。狭缝内的流量 q 为常数（z 方向取单位宽度）。接下来，我们讨论在液膜厚度均匀的区域内厚度 h 对流量 q 的依赖关系。假设流动在 z 方向保持不变，且该方向速度分量为零，于是纳维-斯托克斯方程可简化为

$$\frac{1}{\rho}\frac{\partial p}{\partial x} - \rho g = \eta\frac{\partial^2 v_x}{\partial y^2} \tag{8.45a}$$

和

$$\frac{\partial p}{\partial y} = 0 \tag{8.45b}$$

由于液膜外部压强恒定，又因为压强在液膜表面及其所有水平截面上都是连续的，所以整个液膜中的压强都等于外界大气压强，即 $p = p_{at}$。于是，平行于流动方向的压强梯度也等于零（即 $\partial p/\partial x = 0$）。所以，流动的驱动力仅有重力起作用。结合边界条件 $v_x(y=0) = 0$ 和 $\partial v_x/\partial y(y=h) = 0$，我们通过积分可得

$$v_x = \frac{\rho g}{2\eta}y(2h - y) \tag{8.46a}$$

和

$$q = \int_0^h v_x\,\mathrm{d}y = \frac{\rho g h^3}{3\eta} \tag{8.46b}$$

由上式可知：液膜的厚度 h 与流量 q 的关系服从 $h \sim q^{1/3}$ 的标度律。

8.2.2　动态接触角

完全浸润的情况：坦纳定律

不同于前面讨论的例子，在涉及到气-液界面（或液-液界

面)与固体壁面的接触线的问题中,表面张力会起到关键的作用。此处,我们的兴趣点在于从流体力学的角度讨论接触角的变化与固-液-气接触线运动速度 V 的关系,这种情况下的接触角为**动态接触角**(dynamic contact angle)。由于此处我们考虑的是完全浸润的情况,所以初始扩展参数 $S=\gamma_{sg}-\gamma_{sl}-\gamma$(由方程(1.59)定义)取正值。我们使用 γ 来表示表面张力系数 γ_{lg}。当接触线发生运动时,接触角将从速度 $V=0$ 时对应的 $\theta_s=0$(静态接触角)变化为有限值 $\theta(V)$。需要说明的是,在完全浸润的情况下,在接触线的上游总会存在一层亚微米厚的前驱膜。因此,动态接触角 $\theta(V)$ 实际上是气-液弯月面与固-液壁面接触区在宏观尺度上的**表观接触角**(apparent contact angle)(图 8.9)。

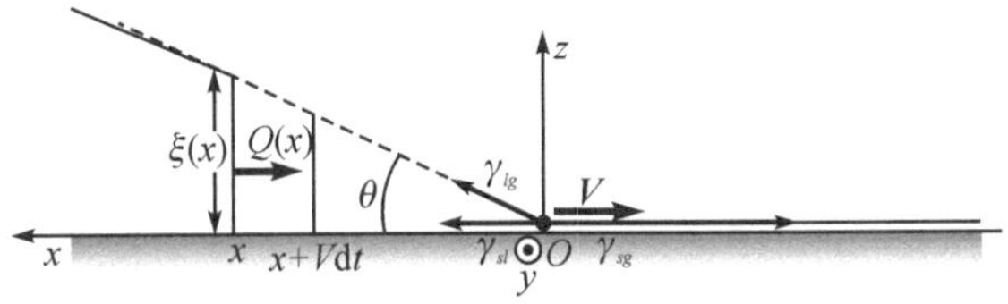

图 8.9　接触线在固体壁面上运动的示意图,弯月面上游存在前驱膜

接下来,我们首先假设问题是二维的,然后来分析接触线上的受力平衡。按照第 1 章中证明杨-杜普雷方程(1.62)的方法,我们会得到一个沿水平方向单位长度上的合力:$F_r(\theta)=\gamma_{sg}-\gamma_{sl}-\gamma\cos\theta$。然而,基于这一方程,当速度为零时,即使 $\theta=0$,静态平衡条件 $F_r=0$ 也不满足。单位长度上的合力等于铺展系数 $S(>0)$,我们假设这个合力的作用是产生前驱膜,而且当速度 V 不为零时,该合力的贡献也不发生改变。因此,导致液膜宏观厚度区域(图 8.9 中 O 点左侧)运动的有效合力为:$F_r(\theta)-S=\gamma(1-\cos\theta)$,对应的功率(单位时间内做的功)$\mathrm{d}E_{ts}/\mathrm{d}t$ 为

$$\frac{\mathrm{d}E_{ts}}{\mathrm{d}t}=\gamma(1-\cos\theta)V \qquad (8.47)$$

这部分能量由毛细力提供,会在液膜运动过程中被流体的黏性耗散掉。我们注意到,当 $\theta=0$ 时,$\mathrm{d}E_{ts}/\mathrm{d}t$ 为零;这种情况对应于几乎静止不动的界面,所有的能量都将在残余的液膜中耗散掉。

如图 8.9 所示,现在我们来分析宏观区域内(O 点左侧)距离接触线长度为 x、厚度为 $\xi(x)$处液膜的流动情况。假设我们研究的区域充分靠近接触线,由于液膜在竖直方向上的厚度非常小,因此重力效应可以忽略。我们同时假定表观接触角足够小,液膜内处处都可使用润滑近似理论。定义 $Q(x)$为液膜横截面上的流量(在垂直于图 8.9 所在平面的方向取单位

长度)，于是，点 x 处的纵截面和接触线之间的液体体积在时间段$[t,t+\mathrm{d}t]$内的变化量为 $Q(x)\mathrm{d}t$(即为同样的时间间隔内注入的液体体积)。此外，我们还假设界面以速度 V 移动时不发生变形：因此，液体体积的变化也必须与 x 处厚度为 $\xi(x)$ 的液膜的体积变化 $\xi(x)(V\mathrm{d}t)$ 相等，于是可得

$$Q(x)=V\xi(x) \tag{8.48}$$

因此，x 处截面上由 $V_m(x)=Q(x)/\xi(x)$ 定义的平均速度为常数，且为 V。在润滑近似理论中，界面 $z=\xi(x)$ 上的切应力 $\eta\partial v_x/\partial z$ 为零(自由表面边界条件)：即 $v_x(z=0)=0$。于是我们得到一个抛物线型的速度廓线：$v_x(z)=A(x)[\xi(x)-z/2]z$。从 0 到 $\xi(x)$ 对速度 v_x 关于 z 做积分可求得 $Q(x)$，进一步可得

$$v_x(x,z)=3\frac{Q(x)}{\xi^3(x)}\left[\xi(x)-\frac{z}{2}\right]z \tag{8.49}$$

注意到界面上的速度 $v_x(x,\xi)$ 为 $3Q(x)/[2\xi(x)]$，大于平均速度 $V_m(x)=V$，且不依赖于 x。

注：此处使用的方法是基于对驱动力和耗散效应的近似估计，因此所得结果也是近似的。实际上，平坦界面意味着界面两侧的压强差为零；因此，液膜内的压强为常数。这与方程(8.49)预测的速度廓线矛盾，因该速度剖面需有压强梯度 $\partial p/\partial x=-3\rho\eta Q/\xi^3$ 来维持。因此，固-液-气三相接触线附近的界面需呈现出不同的曲率半径，才能够保证拉普拉斯压差与压强梯度 $\partial p/\partial x$ 平衡。

接下来，我们令功率 $\mathrm{d}E_{ts}/\mathrm{d}t$(方程(8.47))与上述速度廓线(方程(8.49))对应的黏性耗散的总功率相等。由方程(5.26)可知，单位体积流体的耗散功率为 $\eta(\partial v_x/\partial z)^2$。首先将该表达式从 0 到 $\xi(x)$ 关于 z 积分，然后再关于 x 做积分，最终可得总耗散功率 $\mathrm{d}E_\eta/\mathrm{d}t$(横向取单位长度)。在界面曲率可以忽略的假设下，近似有 $\xi(x)=\theta x$；进一步假设黏性耗散最大程度上发生在非常接近接触线的区域(这种处理方式产生的误差将非常小)。结合方程(8.48)和(8.49)，可得到黏性耗散功率量级的绝对值：

$$\begin{aligned}\frac{\mathrm{d}E_\eta}{\mathrm{d}t}&=\int 3\eta\frac{Q^2(x)}{\xi^3(x)}\mathrm{d}x=3\eta V^2\int\frac{1}{\xi(x)}\mathrm{d}x\\&=3\eta\frac{V^2}{\theta}\int_{x_m}^{x_M}\frac{1}{x}\mathrm{d}x\end{aligned} \tag{8.50}$$

由于上式中包含对 $1/x$ 的积分，当 x 趋近于零和无穷大时，该积分均对数发散；因此需要引入 x 的上下限。我们可假设上限 x_M 对应于液滴在 $x-z$ 平面内尺寸的量级，但是依然需要解决一个更棘手的问题：在非常靠近接触线的区域，黏性耗散的功率是发散的。该问题目前仍是分子尺度上数值模拟的一个主要研究热点，至今没有确切的解决方案。在本节的模型中，我们令 x_m 为可调参数，于是可得

$$\frac{\mathrm{d}E_{ts}}{\mathrm{d}t}=\gamma(1-\cos\theta)V=\frac{\mathrm{d}E_\eta}{\mathrm{d}t}=3\eta\frac{V^2}{\theta}\log\left(\frac{x_M}{x_m}\right) \tag{8.51}$$

当接触角非常小时，根据近似关系$(1-\cos\theta)\approx\theta^2/2$，我们最终

得到以下**坦纳方程**(Tanner's equation)：

$$\theta^3 = 6\frac{\eta V}{\gamma}\log\left(\frac{x_M}{x_m}\right) = 6\, Ca \log\left(\frac{x_M}{x_m}\right) \tag{8.52}$$

其中，无量纲的**毛细数**(Capillary number)定义为 $Ca = \eta V/\gamma$，用以表征黏性效应和表面张力效应的相对重要性。如果液面的速度梯度和曲率半径梯度具有相同的特征长度 L，那么黏性和表面张力导致的压差的量级(分别为 $\eta V/L$ 和 γ/L)的比值在 Ca 量级(实际上，即使二者涉及的特征长度不同，它们的比值仍然是 Ca 量级，但我们需要引入一个几何校正因子)。毛细数也可理解为一个表征流动的速度 V 与一个表征流体的速度 γ/η(对于水，γ/η 的量级为 10^2 m/s)之比。该结果不涉及扩展系数 S，仅假设多余的能量(对应的 S 为正)在残余液膜中耗散，且不影响宏观弯月面的运动。

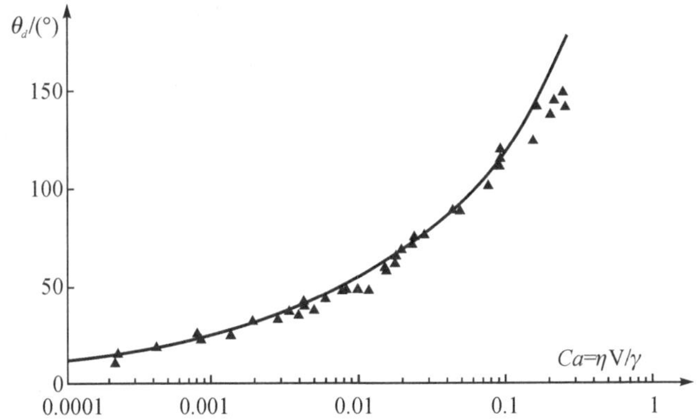

图 8.10　在完全浸润的条件下，毛细管中硅油-空气表面的接触角随 Ca 的变化关系。实验数据(▲)由 M. Fermigier 和 P. Jenffer 提供。曲线对应于坦纳定律(方程(8.52))，其中 $\varepsilon = x_m/x_M = 10^{-4}$

图 8.10 所示为坦纳定律的实验验证：通过光学测量方法观察硅油-空气弯月面在毛细管内的运动；图中离散点为实验数据，曲线为方程(8.52)的预测结果，但方程(8.52)中的几何因子取值为 9，而非更完整的模型中预测的 6。当比值 $\varepsilon = x_m/x_M = 10^{-4}$ 时，预测曲线与实验结果的吻合程度最高。所得实验数据即便当接触角 θ_d 非常大(100°量级)时，也非常接近理论预测。对应的 x_m 的数量级为 100 nm。

注：我们将宏观液膜、前驱膜以及前驱膜中的耗散机制关联起来进行小尺度分析，得到的 x_m 与实验所得(见图 8.10)量级相同。在该模型中，我们不能再认为接触区存在一个很小的锐角接触角 θ，当液膜的厚度小于 a/θ 时(a 为单个原子尺度的长度)，过渡区域就会开始出现。于是，相应的 x_m 在 a/θ^2 的量级，这也解释了为什么 x_m 的取值大于原子尺度距离，且符合实验结果 x_m/x_M。

部分浸润条件下的接触角

当接触角接近 $\theta = 0°$时，我们可使用一个类似的方法来处理部分浸润的情况。这种情况下得到的方程将更加偏离坦纳定律的结论；因此，我们通常使用一个更加经验性的方法(可认为是对坦纳定律的进一步推广)。此外，其他考虑到分子吸附过程的理论模型也相继被提出。

在第 1.4.3 节，我们将提到精确定义静态接触角所遇到的一个困难：当接触线的移动速度很小时，对于不同的运动方向

(向前或向后),静态接触角的取值实际上是不同的。

8.2.3 平坦表面上液滴的铺展

小液滴在完全浸润情况下的铺展

本节我们来讨论完全浸润的条件下,一个非挥发性液滴在固体表面铺展时固-液接触区的半径随时间的变化特征。与推导坦纳定律时所做的假设一样,我们认为液滴的动力学行为来源于接触线上毛细力所做的功与黏性耗散保持的平衡关系。此外,我们还假定只需考虑接触线附近区域内(即:离接触线的距离相对于曲率半径较小的区域)的黏性耗散就足以解决问题。在后续的讨论中,我们将进一步阐明这一假设的有效性。于是,我们可将用于求解二维直线接触线问题的方程直接应用于此处的三维问题,也就是认为接触线在局部是直线。更准确地说,只要弯月面的曲率半径相比于液滴的厚度足够大,这些假设就依然有效。

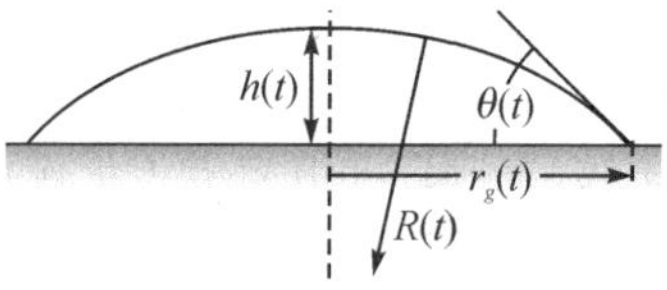

图 8.11 毛细力作用下液滴的铺展

我们使用 Ω 来代表液滴的体积,并假设在铺展过程中液滴始终保持球冠形状,球冠的高度为 $h(t)$、半径为 $R(t)$,接触区的半径为 $r_g(t)$(图 8.11)。于是可得

$$\Omega = (\pi/4) r_g^3 \theta \tag{8.53}$$

证明:如图 8.11 所示,球冠参数满足几何关系 $(2R-h)h=r_g^2$。球冠的体积可通过对 $\pi r^2 \mathrm{d}z = \pi(2R-z)z\mathrm{d}z$ 关于 z 从 0 到 $h(t)$ 积分得到(r 为任意高度 z 处液滴水平横截面的半径,取 z 值从球冠顶端向下为正),于是可得

$$\Omega = \pi\left(Rh^2 - \frac{h^3}{3}\right) \approx \pi R(t) h^2(t) = \frac{\pi}{2} r_g^2(t) h(t) \tag{8.54}$$

在接触角 θ 远小于 1 的假设下,我们进一步利用几何关系 $h(t)=r_g(t)\tan(\theta/2)$,即可得到方程(8.53)。

结合方程(8.52)和(8.53),并使用 $\mathrm{d}r_g/\mathrm{d}t$ 来替代铺展速度 V,我们可得

$$\frac{\mathrm{d}r_g}{\mathrm{d}t} = \frac{\gamma}{\eta} \frac{1}{6\log\left(\dfrac{x_M}{x_m}\right)} \left[\frac{4\Omega}{\pi r_g^3}\right]^3 \tag{8.55}$$

进而有

$$[r_g(t)]^{10} = \frac{5}{3} \frac{\gamma}{\eta \log\left(\dfrac{x_M}{x_m}\right)} \left[\frac{4\Omega}{\pi}\right]^3 t \tag{8.56}$$

上式给出了一个非常缓慢的铺展过程:固-液接触半径与时间的变化关系为 $r_g \sim t^{1/10}$。方程(8.53)表明 $r_g^3(t)$与 $\theta(t)$的乘积为常数,因此 $\theta(t)$随时间减小的速率为 $\theta(t) \sim t^{-3/10}$。结合方程(8.54)和(8.56),我们可以很容易地确定指数变化关系的数值系数。需要指出的是,此处得到的结果只是近似的,因为我们假设了液滴是一个球冠,因此界面上的曲率处处相同,这并不是球冠的真实情况。此外,我们还假设了紧靠自由面下方的压强保持不变,这与液滴铺展本身相矛盾:由于黏性的存在,铺展过程中形成的流动会诱导压强梯度(我们在前文推导坦纳定律时已经讨论过这一概念)。该问题精确解的形式非常复杂,给出的 $r_g(t)$对其他物理参数的依赖关系是相似的,但数值系数会有所不同。

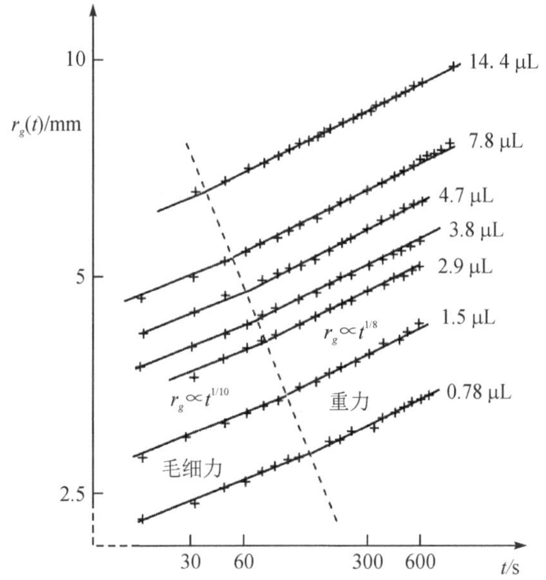

图 8.12　对数坐标系下,不同体积的硅油在亲水玻璃上的扩展半径 $r_g(t)$随时间变化关系。硅油的动力黏性系数和表面张力分别为 $\eta=0.02$ Pa•s 和 $\gamma=20$ mN/m。虚线表示重力和毛细力驱动液滴铺展的分界线,虚线左侧和右侧的直线对应的标度率的指数分别为 1/10 和 1/8(数据由 A. M. Cazabat 和 M. Cohen Stuart 提供)

图 8.12 给出了光滑亲水玻璃表面上一系列具有不同体积的硅油液滴的半径随时间的变化关系。$r_g(t)$随 $t^{1/10}$ 的变化关系仅在铺展开始之后的短时间内能被观察到(虚线左侧);这种情况下,r_g 很小,毛细力占主导地位。随着铺展时间的增加,重力会开始起支配作用,这种情况对应于半径较大的液滴的铺展过程。我们已经在第 1.4.4 节中指出:液滴的半径 r_g 和毛细长度的相对大小决定了毛细力和重力的相对重要性。

大液滴在重力驱动下的铺展

在大液滴的铺展过程中,重力是决定其几何形状和动力学行为的主导因素。如图 8.13 所示,液滴的中心区域是平坦的,液-气界面的曲率效应主要集中在边缘处。我们首先来比较单位时间内黏性在液滴中心区域和接触线附近的能量耗散，两者之比如下：

$$\left[\frac{\mathrm{d}E_{\eta cr}}{\mathrm{d}t}\right/\left[\frac{\mathrm{d}E_{\eta cl}}{\mathrm{d}t}\right]\approx\left[\frac{r_g\theta}{4h}\right]\Big/\left[\log\left(\frac{x_M}{x_m}\right)\right] \tag{8.57}$$

上式包含一个对数形式的系数，该比值的量级为液滴的半径 r_g 与中心平坦区域和接触线之间过渡区域的宽度（$\approx h/\theta$）之比。因此，当液滴半径 r_g 大于 h/θ 时，平坦区域中的耗散由黏性效应主导；相比之下，对于前文讨论的小液滴，接触线附近的黏性耗散占主导。

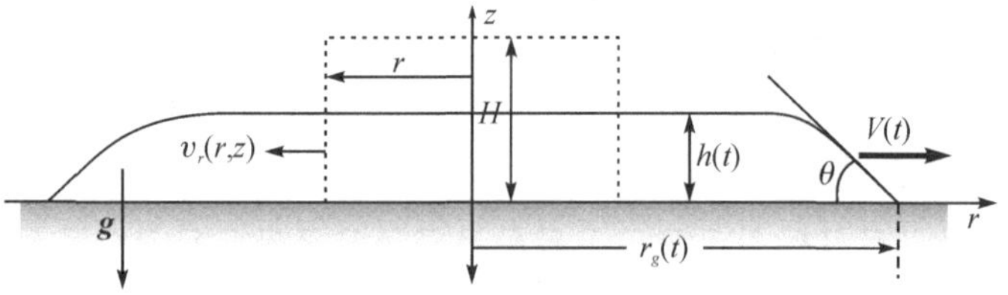

图 8.13 大液滴在重力驱动下的铺展

证明：我们假设在液滴的中心区域，每个时刻的厚度 $h(t)$ 与轴向距离 r 无关。现在我们来分析半径为 r 的圆柱体中包含液体的质量守恒，其中圆柱轴线与液滴轴线重合，圆柱体的高 H 为常数且总大于液滴的厚度（$H>h(t)$）。单位时间内穿过圆柱体壁面的体积流量 $Q(r)$ 与其内部液体体积变化率相反，于是可得

$$Q(r)=2\pi rhV_m(r)=-\pi r^2\frac{\mathrm{d}h}{\mathrm{d}t} \tag{8.58a}$$

或

$$\frac{1}{h}\frac{\mathrm{d}h}{\mathrm{d}t}=-2\frac{V_m(r)}{r}=\text{常数} \tag{8.58b}$$

其中 $V_m(r)$ 为液滴厚度为 h 处径向速度 $v_r(r,z)$ 的平均值。此外，由方程(8.48)可知，平均速度 $V_m(r_g)$ 与液滴边缘处的铺展速度 $V(r_g)=\mathrm{d}r_g/\mathrm{d}t$ 相等。结合方程(8.58b)，将这一结果应用于半径 r 和 r_g，有

$$V_m(r)=V_m(r_g)\frac{r}{r_g}=\frac{\mathrm{d}r_g}{\mathrm{d}t}\frac{r}{r_g} \tag{8.59}$$

如方程(8.49)所示，在液滴的厚度范围内，$v_r(r,z)$ 呈半抛物线形状，且在界面处取得最大值 $3V_m(r)/2$。于是可知，在液滴中心平坦区域（半径约为 r_g）内，单位时间内黏性耗散 $\mathrm{d}E_{\eta cr}/\mathrm{d}t$ 的绝对值满足下式：

$$\begin{aligned}\frac{\mathrm{d}E_{\eta cr}}{\mathrm{d}t}&=\eta\int_0^{r_g}2\pi r\,\mathrm{d}r\int_0^{h(r)}\left(\frac{\partial v_r}{\partial z}\right)^2\mathrm{d}z=\frac{3}{2}\pi\eta V^2\frac{r_g^2}{h}\\&=\frac{3}{2}\pi\eta\left(\frac{\mathrm{d}r_g}{\mathrm{d}t}\right)^2\frac{r_g^2}{h}\end{aligned} \tag{8.60a}$$

若将方程(8.51)应用在周长为 $2\pi r_g$ 的接触线上,我们会发现单位时间内接触线附近的黏性能量耗散 $\mathrm{d}E_{\eta cl}/\mathrm{d}t$ 为

$$\frac{\mathrm{d}E_{\eta cl}}{\mathrm{d}t}=6\pi\eta r_g\frac{V^2}{\theta}\log\left(\frac{x_M}{x_m}\right)\tag{8.60b}$$

通过比较方程(8.60a)和(8.60b),可得方程(8.57)。

我们现在来推导当重力起主导作用时液滴的铺展方程。与前文的情况一样,我们考虑非挥发性液滴,以避免蒸发导致表面张力变化引起的马兰格尼效应(详见第 8.2.4 节讨论)。

假设铺展过程中液滴厚度在每个时刻都能保持均匀(图 8.13)。由于黏性导致的能量耗散在每个时刻都与液滴势能 $(\mathrm{d}/\mathrm{d}t)[(\pi/2)\rho g r_g^2 h^2]$ 的变化相对应。此外,液滴的体积 $\Omega=\pi r_g^2 h$ 守恒。于是,通过方程(8.60a)估计黏性耗散,可得如下能量平衡关系:

$$\frac{\mathrm{d}}{\mathrm{d}t}\left(\frac{\pi}{2}\rho g r_g^2 h^2\right)=-\frac{3}{2}\eta\pi\left(\frac{\mathrm{d}r_g}{\mathrm{d}t}\right)^2\frac{r_g^2}{h}\tag{8.61}$$

若将 h 替换为体积 Ω 和半径 r_g 的函数,可得

$$r_g^7\frac{\mathrm{d}r_g}{\mathrm{d}t}=\frac{2\Omega^3}{3\pi^3}\frac{\rho g}{\eta}\tag{8.62}$$

进一步有

$$r_g(t)=\left(\frac{\Omega}{\pi}\right)^{\frac{3}{8}}\left(\frac{16}{3}\frac{\rho g t}{\eta}\right)^{\frac{1}{8}}\tag{8.63}$$

因此,我们的预测说明液滴铺展半径随时间的变化关系为 $t^{1/8}$,而非前文得到的 $t^{1/10}$(假设 $t=0$ 时刻固-液接触半径等于零)。如图 8.12 所示,对于液滴长时间的铺展行为,该结果与实验数据一致。

液滴半径 r_g 随 $t^{1/8}$ 和 $t^{1/10}$ 的变化规律代表了完全浸润情况下液滴铺展的两种极限情况。服从其他变化规律的铺展行为也可见诸于实验,例如在旋转平面($r_g\sim t^{1/4}$)和粗糙表面上液滴的铺展。我们可将这些理论模型应用于具有更复杂的几何和物理性质的液滴铺展系统,这对表面装潢和保护涂层具有非常重要的实用价值。另一个非常重要的实际问题是液膜在流动过程中出现的界面失稳现象,这通常由接触线的显著变形或液膜的厚度变化引起,该问题我们在此处不做讨论。

注: 如果假设,同一时刻液膜厚度 $h(r,t)$ 会随着 r 发生变化(即不再为常数),但是不同时刻的界面廓线具有自相似性;此时,我们依然可使用同样的方法来推导 $r_g(t)$,且会得到更加精确的系数。更准确地说,自由面廓线满足 $h(r,t)=h(0,t)f(r/r_g(t))$,其中 $r_g^2(t)h(0,t)$ 不随时间变化以保证液滴体积守恒,并且当 $x>1$ 时,$f(x)=0$。

8.2.4　表面张力梯度诱导的流动:马兰戈尼效应

马兰戈尼效应的原理

温度或溶质浓度(比如,表面张力受溶质浓度影响的溶

液)的变化会产生表面张力梯度,从而导致表面应力并最终诱导流动发生,由这种机制产生的流动称之为**马兰戈尼效应**(Marangoni effect)。若流动是由温度梯度导致的,该机制也称之为**热毛细效应**(thermo-capillary effect)。

图 8.14 在液膜局部表面添加少量表面活性剂引起的变形

如图 8.14 所示,若将一块肥皂与一层水膜在局部区域接触,我们会看到接触区域的水膜被"排空"的现象。这是因为表面张力在接触区域减小,导致局部的表面张力不再平衡。因此,会发生从接触区域向周围表面张力没有变化的区域的流动(若水膜界面处存在小颗粒,比如灰尘,即可实现这种流动的可视化)。

这种流动还可以通过改变气-液或液-液界面的局部温度 T 来实现。由第 1.4.1 节的讨论可知,表面张力系数依赖于温度;对于中等温度变化,依赖关系具有如下线性形式:

$$\gamma(T)=\gamma(T_0)\left[1-b(T-T_0)\right] \tag{8.64}$$

图 8.15 所示为平行于气-液界面的温度梯度在界面上诱导的切应力。在宽度为 δx 的条状区域内,表面张力不再平衡,合力指向低温的区域。若温度梯度为 $\mathrm{d}T/\mathrm{d}x$,那么表面张力梯度可表示为

$$\frac{\mathrm{d}\gamma}{\mathrm{d}x}=\frac{\mathrm{d}\gamma}{\mathrm{d}T}\frac{\mathrm{d}T}{\mathrm{d}x}=-b\gamma(T_0)\left(\frac{\mathrm{d}T}{\mathrm{d}x}\right) \tag{8.65}$$

于是,表面张力梯度在微元 $L\delta x$ 上产生的应力 $\sigma_{xy}^{(\gamma)}$ 为

$$\sigma_{xy}^{(\gamma)}=\frac{F_2-F_1}{L\delta x}=\frac{(\gamma_2-\gamma_1)L}{L\delta x}=\frac{\mathrm{d}\gamma}{\mathrm{d}x}=-b\gamma(T_0)\left(\frac{\mathrm{d}T}{\mathrm{d}x}\right) \tag{8.66}$$

应力沿 x 方向。$\sigma_{xy}^{(\gamma)}$)表达式中的负号表明合力指向温度较低的一侧(流动的产生正是源于此合力)。

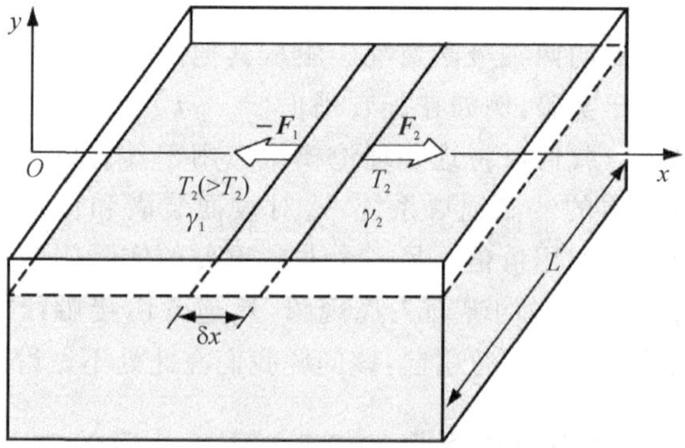

图 8.15 水平方向的温度梯度在气-液界面诱导的应力

水平液膜内由温度梯度引起的流动

一方面,表面张力梯度在界面上引起的应力 $\sigma_{xy}^{(\gamma)}$ 会诱导速

度为 $v_x(y)$ 的流动；另一方面，该流动又会在界面处引起大小为 $\sigma_{xy}^{(\eta)}=-\eta(\partial v_x/\partial y)$ 的黏性摩擦力。在气-液自由界面上，切向应力的合力应等于零：应力 $\sigma_{xy}^{(\gamma)}$ 和 $\sigma_{xy}^{(\eta)}$ 彼此平衡。于是可得

$$\sigma_{xy}^{(\gamma)}+\sigma_{xy}^{(\eta)}=-b\gamma(T_0)\left(\frac{\mathrm{d}T}{\mathrm{d}x}\right)-\eta\left(\frac{\partial v_x}{\partial y}\right)_{\text{界面}}=0 \quad (8.67)$$

如图 8.16 所示，我们计算下端为固体壁面的液膜的速度剖面。液膜的平均厚度为 a，取下壁面的坐标为 $y=0$，且液膜在 z 方向上为无限大。与前面的处理方式一样，我们假设流动是一维的，且唯一的非零分量为 $v_x(y)$。

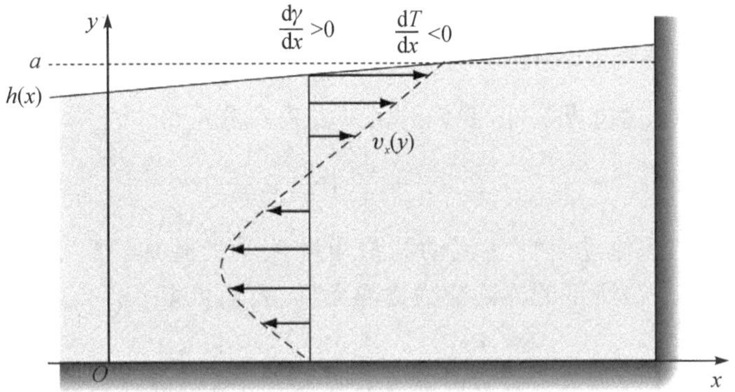

图 8.16　在水平方向温度梯度作用下，有限厚度的液膜内的速度廓线。由于马兰戈尼效应的存在，液膜会内出现回流。抛物型速度分布引起的压强梯度会导致自由面发生变形

压强梯度在 y 方向上满足 $(\partial p/\partial y)=-\rho g$。我们假设流动开始之前自由面完全水平，并且流体的密度不随温度变化，在整个膜厚 h 范围内是均匀的。于是，液膜内压强满足以下方程：

$$p=p_{\text{atm}}+\rho g(a-y) \quad (8.68)$$

于是，压强与 x 无关，且 x 方向的运动方程退化为

$$\eta\frac{\partial^2 v_x}{\partial y^2}=0 \quad (8.69)$$

由上式可知，速度 v_x 随 y 呈线性变化，如同简单剪切流动。结合方程(8.67)，可得

$$v_x(y)=-\frac{b\gamma(T_0)}{\eta}\left(\frac{\mathrm{d}T}{\mathrm{d}x}\right)y \quad (8.70)$$

在实际情况下，液膜在 x 方向的长度有限。因此，流体会向流动指向的一侧堆积，并最终导致液膜厚度 $h(x)$ 出现梯度。$\mathrm{d}h/\mathrm{d}x$ 为自由界面的斜率，远小于 1($\mathrm{d}h/\mathrm{d}x\ll 1$)，因此流动仍旧保持准一维，且垂直方向的压强梯度仍为 $-\rho g$。于是，界面倾斜的唯一效应是引起了一个沿水平方向的压强梯度 $\rho g(\mathrm{d}h/\mathrm{d}x)$。在稳态条件下，该压强梯度会在液膜的下部引起一个反方向流动来补偿自由界面附近的剪切流动，以保证净流量为零。于是，自由界面的轮廓线满足以下方程：

$$h^2(x)-h^2(x_0)=-\frac{3b\gamma(T_0)}{\rho g}\left(\frac{\mathrm{d}T}{\mathrm{d}x}\right)(x-x_0) \qquad (8.71)$$

上述描述的流动现象可以很容易地观察到：比如，如果我们将热烙铁的尖端靠近水面，在尖端正对的水平面上可以观察到一个小水窝。

证明：在稳态条件下，运动方程如下：

$$\eta\frac{\partial^2 v_x}{\partial y^2}=\rho g\frac{\mathrm{d}h}{\mathrm{d}x}$$

流动的边界条件为

$$\int_0^{h(x)} v_x(y)\mathrm{d}y=0 \qquad 和 \qquad v_x(0)=0$$

结合上述边界条件，我们对运动方程积分可得

$$v_x=\frac{\rho g}{\eta}\frac{\mathrm{d}h}{\mathrm{d}x}\left(\frac{y^2}{2}-\frac{yh}{3}\right) \qquad (8.72)$$

因此，该流动是剪切流动和泊肃叶流动的叠加。再次利用方程(8.67)所示的界面应力边界条件，我们可得 $\mathrm{d}h/\mathrm{d}x$ 如下：

$$h\frac{\mathrm{d}h}{\mathrm{d}x}=-\frac{3}{2}\frac{b\gamma(T_0)}{\rho g}\left(\frac{\mathrm{d}T}{\mathrm{d}x}\right) \qquad (8.73)$$

显然，方程(8.71)可通过对方程(8.73)积分得到。

由温差导致的表面张力梯度是很多流动失稳的原因，其中最有名的是**贝纳尔-马兰戈尼失稳**(Bénard-Marangoni instability)：这种失稳现象可在从底部加热的具有自由界面的水平液膜中观察到，失稳发生后，液膜中会出现六边形的对流单元。我们将在第 11.3.1 节中对该现象进行详细的讨论。此外，如果我们将一个平板竖直浸入液体，并在板的顶端加热，那么会观察到液膜沿板面上升的现象。最后，如果我们将液滴置于具有温度梯度的板或者细线上，液滴将会发生运动。

在工业领域，由温差引起表面张力梯度进而导致的流动具有重要的应用价值。例如，在均匀冷却的过程中可以制备出纯度非常高的单晶体，但是如果存在由温度梯度导致的流动，晶体内部就会出现缺陷。沸腾过程中表面张力梯度导致的气泡运动会极大地影响壁面的传热效率。

化学组分变化引起的马兰戈尼效应

我们也可利用添加表面活性剂的方法来引起表面张力的变化，我们在第 1.4.1 节中提到的两亲分子就是一个例子，当它们存在于界面时可以显著地降低表面张力。当这种分子在

气-液或者液-液界面存在浓度梯度的时候就会引起表面张力梯度，从而导致马兰戈尼流动的产生。

这种情况的一个著名例子便是**"酒之泪"**(tears of wine)或称**"酒腿"**(wine legs)。若一个酒杯中盛有酒精度足够高的酒，就会发生这种现象。通过转动酒杯在液面上方的杯壁上形成一个液膜，随后我们就会看到液膜顺着酒杯内壁上升：首先液膜顶部会产生凸起，经过一段时间后出现向下滑落的液滴。

这种现象的出现是由于水和酒精的混合物(即酒)的表面张力会随着酒精浓度的降低而升高。酒精从液膜中蒸发会导致液膜自由界面的表面张力增加，而液膜下端的表面张力不变，表面张力的这种差导致了液膜的爬升。而在凸起的地方，蒸发速度较小，当表面张力梯度产生的力不足以与重力平衡时，液滴就会滑落，形成所谓的"酒之泪"或称"酒腿"(图8.17)。

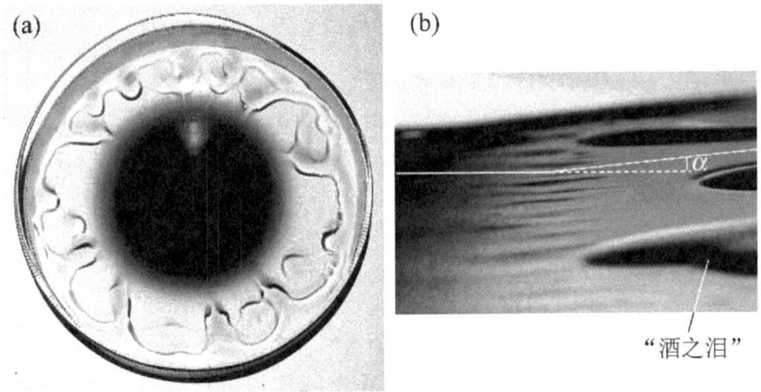

图 8.17(彩)　(a)俯视图：由马兰戈尼效应引起的酒沿着杯壁上升的现象，以及酒精浓度较低的液体沿杯壁下滑形成的"酒之泪"或"酒腿"；(b)该现象的近距离侧视图：将一个与水平方向呈 α 倾角的板从水和酒精的混合物中拉出，在板上会出现类似"酒腿"或者"酒之泪"的液膜。间距较窄的横向波纹对应于另一种不同的流动失稳形式(图片由麻省理工学院的 J. Bush 和 P. Hosoi 提供)

在本节初始，我们介绍了将少量肥皂添加于一个水平水膜局部自由界面的例子。由于添加肥皂的部位表面张力大大降低，因此该处的液体会被拉向周边其他位置，从而导致该处出现了一种类似**"脱水"**(dessicate)的现象。这种现象在干燥易碎品和非常昂贵的物品中具有重要的应用价值，比如在微电子领域使用该方法清洗和干燥硅片(具体步骤包括吹入酒精蒸汽或其他类似的化合物)。

8.3　圆柱形射流

至此为止，我们在本章介绍的所有流动都发生于存在一个或多个壁面的情况。对于稳态流动，由重力或者压强梯度产生的力会被壁面附近的黏性应力平衡。

如图 8.18 所示，我们关注的流动情况不同于开口自由射流。在此处考虑的射流中，我们认为气-液界面上($r=a(z)$)，黏性切应力 σ'_{zr} 可忽略不计。这意味着靠近界面处，速度梯度

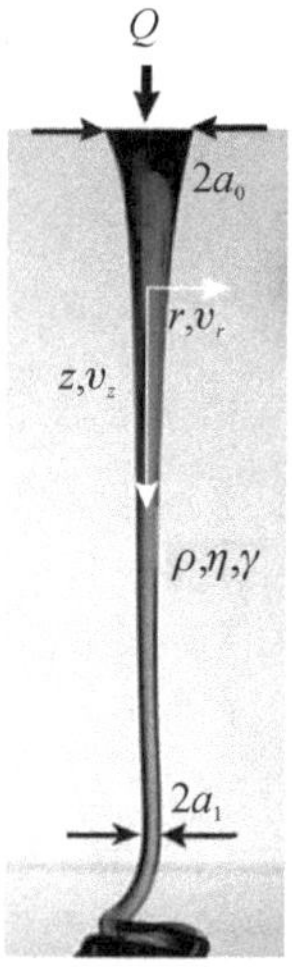

图 8.18 黏性流体从一个小孔向下流出并形成射流，最终落在底部的平板上形成卷绕结构。此处我们不讨论卷绕，只关注射流的直线部分(图片由 N. Ribe 提供)

v_z 在半径方向的梯度也可忽略(见 4.3.2 节方程(4.37))。在黏性应力分量 σ'_{zr} 为零的假设下，我们可认为速度分量 v_z 不依赖于 r；若 σ'_{zr} 不可忽略，则会导致 v_z 沿径向发生变化。

虽然射流的横截面积随着距离的变化很慢，且流动是准平行的，我们还是需要全部修正润滑近似假设，因为这一假设的基础是黏性剪切力与压力梯度(或者重力)相平衡。

此外，与 σ'_{xr} 相关的其他黏性项也需要被重新考虑，即黏性切应力张量的对角线分量；当射流速度在 x 方向变化时，这些对角线的分量会抵抗射流的拉伸。对于此处讨论的情况，我们需要考虑的应力分量包括 $\sigma'_{zz}=2\eta\partial v_z/\partial z$ 和 $\sigma'_{rr}=2\eta\partial v_r/\partial r$(见第 4 章附录 4A.2)。

8.3.1 稳定流动状态

运动方程

在一维模型中，射流的横截面积 $A(z)=\pi a^2(z)$ 与流速 $v_z(z)$ 满足以下运动方程(证明见下文)：

$$\rho g A(z)=\rho A(z)\left[v_z(z)\frac{\partial v_z(z)}{\partial z}\right]+\pi\gamma\frac{\partial a(z)}{\partial z}-3\eta\frac{\partial}{\partial z}\left[A(z)\frac{\partial v_z(z)}{\partial z}\right] \tag{8.74}$$

上式中重力项由以下三项平衡：

- 惯性项，代表流体质点沿着运动轨迹的加速度；
- 拉普拉斯压强在 z 方向的变化；
- 射流在 z 方向伸长导致横截面积减小和速度变化过程中产生的黏性应力。

证明：考虑到射流在 $r=0$ 时速度 v_r 有限大，且速度 v_z 及其梯度 $\partial v_z/\partial z$ 不依赖于 r，我们会在柱坐标系下将不可压缩条件 $\nabla\cdot\boldsymbol{v}=0$(见第 4 章，附录 4A.2)积分得到

$$v_r=-\frac{r}{2}\frac{\partial v_z}{\partial z} \tag{8.75}$$

进一步有

$$\sigma'_{rr}=2\eta\frac{\partial v_r}{\partial r}=-\eta\frac{\partial v_z}{\partial z}=-\frac{\sigma'_{zz}}{2} \tag{8.76}$$

为了确保射流在横向处于受力平衡状态，$(p-\sigma'_{rr})$ 不依赖于 r 这一条件需要得到满足。方程(8.76)表明 σ'_{rr} 不依赖于 r，这意味着压强 p 也必须与 r 无关。另一方面，如果 p 为界面处流体侧的压强，那么我们可得以下条件：

$$p-\sigma'_{rr}=p_{at}+\frac{\gamma}{a(z)} \quad \text{即} \quad p=p_{at}+\frac{\gamma}{a(z)}-\eta\frac{\partial v_z}{\partial z} \tag{8.77}$$

此外,我们假设流动是稳态的,那么射流中流体的流量 Q 为

$$Q=\pi a^2(z)v_z(z)=A(z)v_z(z) \tag{8.78}$$

为了保证质量守恒,流量 Q 必须是关于 z 和 t 的常值函数,其中 $A(z)$是坐标 z 处射流的横截面面积。考虑到位于截面 z 和 $z+\delta z$ 之间的动量守恒,方程(5.10)可表示为以下形式:

$$\rho gA\delta z=\left[\rho Qv_z(z)+(p(z)-p_{at})A(z)-\sigma'_{zz}A(z)\right]_z^{z+\delta z} \tag{8.79}$$

结合方程(8.75)、(8.77)和(8.78),可将方程(8.79)转化为方程(8.74)所示的形式。

首先,我们假设拉普拉斯压强的变化可以忽略不计。接下来,我们主要讨论两个极限情况下的流动规律,即惯性力主导和黏性力主导的情况。

惯性力主导区

当惯性力为主导因素时,方程(8.74)退化为如下形式:

$$g=v_z\frac{\partial v_z}{\partial z}$$

将上式关于 z 做积分,可得

$$v_z^2(z)-v_{z0}^2=2gz \tag{8.80}$$

方程(8.80)给出的是自由落体运动中速度随距离的变化关系。该结果是合理的,因为流动中唯一的阻力(摩擦力)来自黏性,而此处忽略了黏性的影响。当 $v_z(z)\gg v_{z0}$ 时,速度随着距离的平方根线性增加($v_z(z)=\sqrt{2gz}$)。

黏性力占主导区

当黏性力为主导因素时,方程(8.74)可简化为

$$\rho gA(z)=-3\eta\frac{\partial}{\partial z}\left[A(z)\frac{\partial v_z(z)}{\partial z}\right] \tag{8.81}$$

由上式可知,流速和横截面积是坐标位置 z 的函数:

$$v_z(z)=\frac{g}{6\nu}(z-z_i)^2 \tag{8.82a}$$

$$A(x)=\frac{6\nu Q}{g}(z-z_i)^{-2} \tag{8.82b}$$

于是,可通过 $z=0$ 时的速度值 v_{z0} 来确定 z_i(此处 $z_i<0$)。当 $v_z\gg v_{z0}$ 时,速度随距离的变化关系满足 $v_z=gz^2/6\nu$。

注：对于开口直径为 d 的喷管的射流，这种自相似的解只有在离喷管口下游较远的地方成立。此时射流的截面面积 $A(z)$ 相比于初值 $\pi d^2/4$ 较小。结合方程(8.82a)，可得

$z-z_i \gg \sqrt{(24/\pi)(\nu Q/(d^2 g))}$

证明：在这种情况下，重力被射流拉伸所产生的黏性力平衡。假设此处与前文讨论的情况一样：速度 v_z 以幂指数的形式依赖于 z；或者更准确地说，v_z 以幂指数的形式依赖于$(z-z_i)$，其中 z_i 是任意参考点以满足 $v_z=C_\eta(z-z_i)^\alpha$；于是有 $A=(Q/C_\eta)(z-z_i)^{-\alpha}$。进一步，将这一关系代入方程(8.81)可得$(z-z_i)^{2-\alpha}=3\nu\eta C_\eta/g$。当 $\alpha=2$ 时，$C_\eta=g/6\nu$，并得到方程(8.82a)和(8.82b)。

从黏性区到惯性区的过渡

进一步分析表明：黏性力在流动的启动阶段起主导作用，以维持一个比较小的速度。随后，惯性力会开始起作用。

在黏性区，我们有 $v_z \gg v_{z0}(z\gg z_i)$；方程(8.74)中的惯性项和黏性项随着距离 z 的变化关系可通过方程(8.82a)和(8.82b)估计，于是可得

$$\rho A\left(v_z\frac{\partial v_z}{\partial z}\right)\simeq\frac{\rho Qgz}{3\nu} \tag{8.83a}$$

$$-3\eta\frac{\partial}{\partial z}\left[A\frac{\partial v_z}{\partial z}\right]\simeq\frac{6\eta Q}{z^2} \tag{8.83b}$$

惯性项与黏性项之比的量级为 $gz^3/(18\nu^2)$；因此，惯性项随着距离的增加而增加，黏性项则随着距离的增加而减小(由于 $A(x)$减小)。从黏性区到惯性区的过渡(比值的量级为 1)所对应的距离 z_c 为

$$z_c\cong\left(\frac{18\nu^2}{g}\right)^{1/3} \tag{8.84a}$$

注：如果我们在方程(8.82a)中令 $z=z_c$，且假设 $v_z\gg v_{z0}$，两边再同时乘以 z_c^2，即可得到方程(8.84b)。

由此可得

$$v_z(z_c)z_c\cong 3\nu \tag{8.84b}$$

若要黏性主导区域扩展到整个射流，需满足 $z_c\geqslant L$。对于极限的情况 $z_c=L$，我们有 $v_L L\cong 3\nu$。此时，以射流长度为特征长度的雷诺数 $Re_L=v_L L/\nu$ 的量级最多可为 1。

注：这一条件比润滑近似的要求严格得多；对于壁面存在的流动，只需满足 $v_L a_0/\nu<1/\theta\approx L/a_0$ 即可，该条件等价于 $Re_L<(L/a_0)^2$，其中$(L/a_0)^2\gg 1$。这一结果表明在没有壁面的流动中，黏性项的取值很小。射流条件下，黏性项仅来源于射流拉伸变形，由此导致的轴向和横向的速度梯度远小于壁面存在时形成的剪切效应。

在实际情况下，即使对于横截面半径随着距离缓慢变化的射流(准平行流动)，只有从方程(8.84)出发且使用黏性很大的流体来满足 $z_c\geqslant L$ 时，黏性才会是主导效应。

当射流的流体为水($\nu\approx 10^{-6}\ \mathrm{m^2/s}$)时，可得 $z_c\approx 0.12$ mm。因此，在实验中很难观察到这种现象。若要 z_c 达到 0.1 m 的量级，我们需要使用动力黏性系数为 $2.5\times10^{-2}\ \mathrm{m^2/s}$ 的流体，约为水的 25000 倍。

8.3.2　毛细效应和射流中的瑞利-普拉托失稳

在前文的讨论中，我们忽略了射流气液界面上的表面张力。事实上，只有对于黏性非常大的流体来说，我们在上一节中讨论的流动才能保持稳定。对于黏性较小的液体，比如水，表面张力的作用会导致流动失稳，射流会断开形成一系列单个液滴。图 8.19 所示为圆柱形射流水柱随着运动距离的增加演化为液滴的过程。

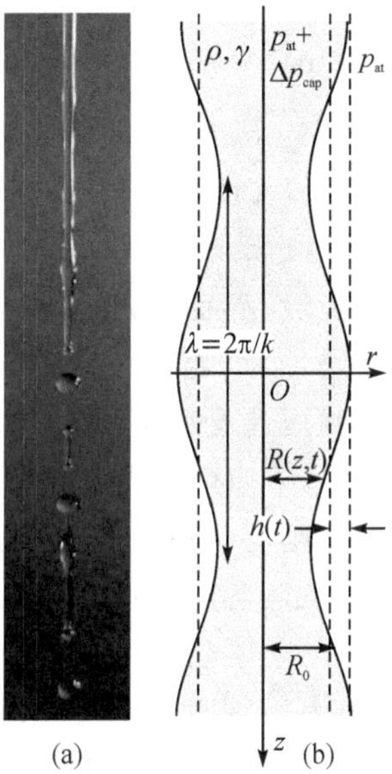

图 8.19（彩）　圆柱状射流的瑞利-普拉托失稳现象。(a)实验观察到的失稳现象，失稳发生后，射流断裂为一系列小液滴（图片由麻省理工学院的 J. Aristoff 和 J. Bush 提供）；(b)瑞利-普拉托失稳现象示意图

为了理解这种被称作**瑞利-普拉托失稳**（Rayleigh-Plateau instability）产生的原因，我们来计算初始圆柱形射流外表面变形所导致的拉普拉斯压强的变化。变形发生之前，射流内部与外界大气压强差满足 $p_{cap}^0=\gamma/R_0$。如图 8.19(b)所示，我们假设射流始终保持轴对称形状，且半径 $R(z)$ 在轴线 z 方向呈正弦变化：

$$R(z,t)=R_0+h(t)\cos kz \tag{8.85}$$

此处，我们假设射流中的速度廓线是均匀的，且在相应的移动参考系中研究射流外形的变化（假设重力因素不影响失稳）。此外，我们还可以假设 $h(t)\ll R_0$，且气-液界面变化程度非常小（$\mathrm{d}R/\mathrm{d}z\ll 1$）。由于界面变形导致的拉普拉斯压强差 $\Delta p_{cap}(z,t)=p_{cap}(z,t)-p_{cap}^0$ 可表示为

$$\Delta p_{cap}(z,t)=\gamma h(t)\left(k^2-\frac{1}{R_0^2}\right)\cos kz \tag{8.86}$$

证明：气-液界面压强差 $\Delta p_{cap}(z)$ 可以通过杨-拉普拉斯方程

(1.58)来计算，方程中的两个主曲率半径 R_1 和 R_2 分别在与射流轴线方向垂直的平面以及轴线所在平面。于是可得：

$$p_{\text{cap}}(z,t)=\gamma\left(\frac{1}{R_1}+\frac{1}{R_2}\right)=\gamma\left(-\frac{\partial^2 R(z,t)}{\partial z^2}+\frac{1}{R(z,t)}\right)$$
$$=\gamma\left(k^2 h(t)\cos kz+\frac{1}{R_0+h(t)\cos kz}\right) \tag{8.87}$$

如果我们将上式中最后一项关于 h/R_0 展开，并将 p_{cap}^0 代入该方程，即可得到方程(8.86)。

当 $k^2-1/R_0{}^2<0$ 时，在 $R(z)>R_0(\cos kz>0)$ 的区域，Δp_{cap} 为负；反之，当 $R(z)<R_0(\cos kz<0)$ 时，Δp_{cap} 为正。在未变形的射流中，压强恒定为 $p_{\text{at}}+\gamma/R_0$。因此，在界面变形导致射流半径变小的区域，界面的压强差会上升；反之，当界面变形导致射流半径增加时，界面压强会下降。从半径减小到半径增大区域的这种压差会引起流动，并且该流动会进一步加剧失稳。当 $|k|\ll 1/R_0$ 时，压强变化幅度的绝对值最大；当 k 趋近于 $1/R_0$ 时，压强变化幅度的绝对值则下降到最小。

观察方程(8.86)可知，当界面在 z 方向变化变缓慢时(k 减小，波长增加)，拉普拉斯压强差 Δp_{cap} 却会更加显著，这个结果看似是矛盾的，因为毛细效应通常只会随着界面曲率的增加而加强。然而，在此处讨论的流动中，与射流轴线位于一个平面内的曲率起到的是稳定界面的作用(方程(8.86)中的 k^2 项)，与射流轴线垂直的平面内的曲率才是促进界面失稳的因素(方程(8.86)中的 $-1/R_0^2$ 项)。因此，当方程(8.86)的第一项几乎消失时($k\to 0$)，导致失稳的压强差取得最大值。

另一方面，增长率 σ 随 k 的变化函数不仅依赖于 Δp_{cap}，而且还取决于最大半径和最小半径截面之间的半个波长范围内流体的流动时间。随着 k 的增加，波长会减小，进一步会导致 σ 的增加。在惯性驱动的流动中，通过结合两个依赖因素，我们可以近似估计出 σ(推导见下文)：

$$\sigma^2 \propto k^2 R_0^2(1-k^2 R_0^2) \tag{8.88}$$

显然，增长率仅在 $k<1/R_0$(不稳定情况)时为正，并且当 $k=1/(R_0\sqrt{2})\approx 0.7/R_0$ 时取得最大值。该值非常接近实验结果，相应的波长为射流周长的 1.4 倍。

上述结果适用于具有一系列波长的流动失稳问题，最大增长率对应的波长是主导模态。此外，需要注意：我们在此处讨论的简单模型中没有考虑黏性和平均流速的影响。

方程(8.88)的证明:瑞利-普拉托失稳常见于黏度较小的流体中,这种情况下的流动通常是惯性力主导的,因此可以忽略黏性的影响。于是,流动加速度$\partial v_z/\partial t$ 正比于 z 方向的压强梯度。如果我们假设压强梯度在射流的截面上均匀分布,且等于拉普拉斯压强梯度,那么截面上的流速也是均匀的,于是可得 $\rho\partial v_z/\partial t \approx -\partial \Delta p_{\text{cap}}/\partial z$。通过方程(8.86)估算 Δp_{cap},进一步可知相应的流量 $Q(z,t)$满足以下方程:

$$\frac{\partial Q(z,t)}{\partial t} \approx -\frac{\pi R_0^2}{\rho}\frac{\partial \Delta p_{\text{cap}}(z)}{\partial z} = \frac{\pi\gamma h(t) R_0^2}{\rho} k\left(k^2 - \frac{1}{R_0^2}\right)\sin kz \tag{8.89}$$

由于流量守恒,因此给定点 z 处的局部流量满足下式:

$$2\pi R_0 \cos kz \frac{\mathrm{d}h(t)}{\mathrm{d}t} = -\frac{\partial Q}{\partial z} \tag{8.90}$$

上式左侧的项表示射流横截面积随时间的变化(假设 $h \ll R_0$)。对方程(8.89)关于 z 求导,同时对方程(8.90)关于 t 求导,令两者相等,且在方程两边同时除以 $2\pi R_0 h(t)\cos kz$,我们最终可得

$$\frac{1}{h(t)}\frac{\mathrm{d}^2 h(t)}{\mathrm{d}t^2} \approx \frac{\gamma}{2\rho R_0^3} k^2 R_0^2 (1 - k^2 R_0^2) \tag{8.91a}$$

进一步,如果假设 $h(t)$以指数形式 $\mathrm{e}^{\sigma t}$ 随着时间增加,可得下式:

$$\sigma^2 \approx \frac{\gamma}{2\rho R_0^3} k^2 R_0^2 (1 - k^2 R_0^2) \tag{8.91b}$$

显然,指数增长率 σ 与方程(8.88)一致。如果进一步考虑压强和径向速度梯度,我们会得到一个类似的结果:方程(8.91)中的因子 $k^2 R_0^2/2$ 会被一个函数 $f(kR_0)$替代,相对应的最大增长率对应于 $k=0.697/R_0$,这一结果与近似分析得到的值非常接近。

注:对于黏性非常大的流体,我们依然可以观察到瑞利-普拉托失稳,因为与界面的变形有关的拉普拉斯压强差(方程(8.86))是一样的。但是,方程(8.88)不再成立,因为这种情况下失稳来源于毛细力和黏性力的平衡。

注:瑞利-普拉托失稳也可见于一些非常软的固体,比如凝胶。所有的固体都具有一定的表面能,但由于弹性的存在,固体表面张力通常可以忽略,这一点不同于液体的情况。固体表面能和弹性能之比可以通过一个长度 $h=\gamma/E$ 来表征,其中 γ 为表面能,E 为**杨氏模量**(Young's modulus)(应变 F/S 和变形 $\Delta L/L$ 之比)。对于铁,该特征长度 h 为 3×10^{-13} m,因此铁的表面张力几乎没有影响。但对凝胶而言,杨氏模量只有几帕(铁的大约为 2×10^{11} Pa),因此它的特征长度 h 在毫米量级。在这种情况下,表面张力已经足以引起瑞利-普拉托失稳现象发生(但弹性力存在会阻止材料破碎成小液滴状的颗粒)。

9 低雷诺数流动

低雷诺数下的流动不同于惯性力主导的流动，而是由流场的黏性力主导。由于非线性对流项$(\boldsymbol{v}\cdot\nabla)\boldsymbol{v}$可以忽略，因此描述这类流动的斯托克斯方程是线性的。对于平行流动（第4章），不论速度大小，对流项均为零。第8章讨论了黏性力始终起主导作用的准平行流动。这种情况下，由于流动的几何特征的影响，黏性力效应在雷诺数 Re 较大时仍然占据主导。在本章中，我们将讨论任意几何特征下的低雷诺数流动①；由于雷诺数很小，因此惯性项的影响也很小。

在第9.1节，我们首先给出了几个低雷诺数流动的例子。第9.2节将着重讨论低雷诺数流动的一般性质（如可逆性、可叠加性和最小耗散性），这些性质均来源于斯托克斯方程的线性形式。同时，这些性质是低雷诺数流动求解简单的根本原因，也是低雷诺数流动区别于高雷诺数流动的主要特征。流体绕流微小物体（或者微小物体在静止流体中运动）的问题在实际中具有重要应用，我们将在第9.3节就这一问题展开讨论。绕圆球的流动问题（斯托克斯问题）非常重要，尽管该问题的求解略显复杂（第9.4节）。在第9.5节，我们将考虑在雷诺数 Re 量级为1的情况下准确描述远离物体处流场所需的修正控制方程。最后，我们将考虑颗粒群在流体中的运动问题（悬浮液，见第9.6节），以及流体绕流一系列固定颗粒的问题（多孔介质中的流动，见第9.7节）。

9.1 低雷诺数流动

9.1.1 雷诺数的物理意义

在第2.3.1节，我们引入了雷诺数的定义：

① 在中文文献中，“低雷诺数流动”也称“小雷诺数流动”；相应地，也有“高雷诺数流动”和“大雷诺数流动”这样的同义术语。——译者注

$$Re = \frac{\rho UL}{\eta} = \frac{UL}{\nu} \tag{9.1}$$

其中 U 和 L 分别是流动的特征速度和特征长度，ρ、η 和 ν 分别是流体的密度、动力黏性系数和运动黏度系数。雷诺数有以下几重物理释义：

- **两个特征时间的比值** τ_ν/τ_c：其中 $\tau_\nu = L^2/\nu$ 是动量通过黏性扩散输运距离 L 所需的时间；$\tau_c = L/U$ 是动量通过对流传输距离 L 所需的时间。
- **纳维-斯托克斯方程中惯性项和黏性项的比值：**

$$\rho \frac{\partial \boldsymbol{v}}{\partial t} + \rho(\boldsymbol{v} \cdot \nabla)\boldsymbol{v} = -\nabla p + \rho \boldsymbol{f} + \eta \nabla^2 \boldsymbol{v} \tag{9.2}$$

- **单位体积流体的惯性力（ρU^2）和黏性摩擦力（$\eta U/L$）的比值。**

注：在该方程中，如果各速度分量的量级相同，且不同方向上的流动也具有相同的特征长度（有别于平行或者准平行流动），那么惯性项 $\rho(\boldsymbol{v}\cdot\nabla)\boldsymbol{v}$ 和黏性项 $\eta \nabla^2 \boldsymbol{v}$ 的量级分别为 $\rho U^2/L$ 和 $\eta U/L^2$，两者之比即为雷诺数 Re。

9.1.2　低雷诺数流动的例子

低雷诺数（$Re \ll 1$）流动有时也称为蠕变流，这类流动中，黏性效应占主导而惯性效应可以忽略不计。由于雷诺数是三个不同物理量的组合，因此低雷诺数流动可以有多种不同的物理起源。

运动物体的尺寸非常小或流道的尺寸非常小

（这种情况下，雷诺数 Re 取值较小是因为流动的特征长度 L 较小）：

- **细菌的运动**（特征长度为几微米）：对于长度为 3 μm，以 10 μm/s 的速度在水中运动的细菌而言（水的密度为 $\rho = 10^3\ \mathrm{kg/m^3}$，动力黏性系数为 $\eta \approx 10^{-3}\ \mathrm{Pa \cdot s}$），计算可得雷诺数 $Re \approx 3 \times 10^{-5}$（我们将在第 9.3.3 节讨论这一问题）。
- **多孔介质和裂隙介质中的流动**（第 9.7 节）：这种情况下，流道的特征长度在几微米的量级或者更小。
- **微流体**：微加工和微电子技术的发展允许人们刻蚀出开口越来越小（几微米或者更小）的微流道互连网络，也可制备出用于分析少量流体的装置，或者是制备小剂量高附加值药物组分的装置。在这些装置中，流体的混合和分离十分重要，且所涉及的流动具有典型的低雷诺数特性。

注：对于高流速和大孔径材料的实际情况，$Re \ll 1$ 这一条件往往不能得到满足。

黏性非常大的流体并且(或者)具有很低的流动速度

- **地幔的缓慢运动**($Re \approx 10^{-20}$):在大于 100 km 深度的地球内部,地幔可以看作密度为 $\rho \approx 2.1 \times 10^3$ kg/m^3、动力黏性系数为 $\eta \approx 10^{21}$ Pa·s 的牛顿流体。地幔的运动速度为 $U \approx 0.05$ m/y(1.5×10^{-9} m/s)、厚度为 2900 km,于是我们可得雷诺数 Re 的量级为 10^{-20}。
- **冰川的运动**($Re \approx 10^{-17} \sim 10^{-15}$):图 9.1 所示为使用岩石带(福布斯带,Forbes' band)标识的冰川前缘的运动,岩石带的变形源于冰川边缘和冰川中心之间的速度差异。从外观上来看,岩石带的轮廓并非抛物线型(不同于第 4.5.3 节讨论的泊肃叶流动),这是因为冰不能被当作牛顿流体处理。此外,冰层的厚度往往比冰层的宽度小很多,因此速度剖面的几何形状非常复杂。
- **黏性非常大的流体的流动**:例如焦油、牙膏、涂料和蜂蜜等。一些重油在常温下的黏性可以达到水黏性的几百万倍。

注:假设冰川的特征长度和冰川运动的特征速度分别为 $L \approx 1000$ m 和 $U \approx 0.3$ m/y(10^{-8} m/s)。冰的动力黏性系数 η 的取值范围为 $10^{13} \sim 10^{15}$(Pa·s),密度为 $\rho = 10^3$ kg/m^3,从而可得 $Re \approx 10^{-17} \sim 10^{-15}$。

图 9.1(彩) 冰海冰川(Mer de Glace)的福布斯带的外观(可以从背面看到勃朗峰顶)。冰川带的形状以及下游变形幅度的增加(从左往右)表征了冰川流动速度的横向轮廓线。观察可知,流速在边缘附近明显变小。冰川带之间的间距对应于全年的总位移量。这些条纹组成了向下游运动的"冰塔"(断裂带在冰川高处),同时也代表了固体和灰尘颗粒侵入冰中的深度,这取决于积雪的覆盖量(图片由 J. F. Hagenmuller/lumieresdaltitude.com 提供)

9.1.3 一些重要特征

运动物体的停止距离

对于初速度为 U 的运动物体,如果突然取消作用在物体上的推力(与物体所受到的阻力 F_T 方向相反),那么物体在停止前会在惯性的作用下继续前行一段距离;我们引入**停止距离**(stopping distance)d_s 来表征运动物体的这种惯性效应。在低雷诺数流动中,停止距离满足 $d_s/L \approx (\rho_S/\rho) Re$;然而,当雷诺数较高时，$d_s/L \approx \rho_S/\rho$（其中 L 为物体的特征长度，ρ_S 为物体的密度，ρ 和 η 分别是流体的密度和动力黏性系数）。因此，如果雷诺数 $Re \ll 1$，那么停止距离的值也非常小。因而，当长度只有几微米的细菌停止前行驱动时，它的速度会在几微秒的量级内减小为零，停止距离的量级仅为 10^{-11} m（用于估计该值的相关参数取值源于第 9.1.2 节低雷诺数流动例子中的细菌运动参数）！相比之下，对于关闭发动机后的船只而言，它们能够自行漂移的距离可达到船自身长度的数量级。

证明：在高雷诺数下，截面积 $S=L^2$ 的运动物体在运动过程中受到的阻力 F_T（量级为 $\rho U^2 L^2$）可通过流体的动量通量（ρU^2）对截面（L^2）积分得到。对于湍流（第 12 章），我们可以得到同样量级的阻力 F_T。对于质量为 $m=\rho_S L^3$ 的运动物体，其动能的量级为 $E_k \approx \rho_S U^2 L^3$。停止距离可通过阻力 F_T 做功使得动能 E_k 减小为零得到，即 $F_T d_s \approx E_k$，于是可得 $d_s/L \approx \rho_S/\rho$。

在低雷诺数流动中，阻力几乎全部来自于流体的黏性，阻力 $F_T \approx \eta UL$（第 9.2.4 节）。停止距离 d_s 满足 $F_T d_s \approx E_k$，于是可得 $d_s/L=(\rho_S/\rho)Re$。进一步可知：相应的**停止时间**的量级为 d_s/U；当雷诺数分别满足 $Re \ll 1$ 和 $Re \gg 1$ 时，停止时间分别为 $(\rho_S/\rho)\tau_d$ 和 $(\rho_S/\rho)\tau_c$。此处，我们重现了黏性扩散和对流的特征时间（第 9.1.1 节），但各有一个附加系数 (ρ_S/ρ)。

低雷诺数下的混合

与层流流动类似，低雷诺数流动的流线随时间演化缓慢；湍流中由速度脉动导致的混合在低雷诺数流动中不存在。溶液中待混合的不同成分，从一条流线到另一条流线的传递只能通过分子的横向扩散发生。对于具有任意几何特征的简单流动来说，只有当佩克莱数 $Pe=UL/D_m$（见第 2.3.2 节中的定义）小于 1 时，这种混合才会有效地发生。一般而言，$D_m \ll \nu$（对于水和简单的溶质离子：$\nu \approx 10^{-6}$ m^2/s，$D_m \approx 10^{-9}$ m^2/s），因此这个条件比低雷诺数（$Re \ll 1$）更加严格。对于给定的溶质以及运动黏性系数为 ν 的溶剂，存在关系式 $D_m \propto \nu^{-1}$（该式仅适用于简单流体）；因而，对于分子量很大的溶质分子以及很黏稠的溶剂，D_m/ν 的值很小。对于黏性流体和分子量很大的溶质分子而言，只有在极低的速度下，分子扩散造成的混合才会变得显著。

注：讨论一个具体的例子：考虑在各个方向上均具有特征长度 L 和特征速度 U 的流动，且雷诺数 $Re=UL/\nu \ll 1$；我们假定流场局部存在一定量的、分子扩散系数为 D_m 的示踪粒子（比如染料、化合物等），且初始时刻分布在同一条流线上。我们希望这些示踪粒子和流场其他部分的流体充分混合：流线间的横向扩散所需的时间为 $\tau_D \approx L^2/D_m$。为了保证这种横向扩散能在示踪粒子沿流线的运动时间（$\tau_c \approx L/U$）内发生，需满足 $\tau_D < \tau_c$，于是有 $Pe<1$。

第 9.2.3 节将讨论**拉格朗日混合**（Lagrangian mixing）的

策略，也称为**混沌混合**(chaotic mixing)。在拉格朗日混合中，我们可通过精心设计流层间相对运动的空间布局来减小每个流层的厚度，从而增加分子扩散的效率。在第10.8.3节中，我们将讨论一个类似问题：**泰勒弥散**(Taylor dispersion)，这种现象发生在平行流中，但并不要求低雷诺数的条件。

9.2 低雷诺数流动的运动方程

9.2.1 斯托克斯方程

我们曾在第9.1.1节中指出，低雷诺数流动($Re\ll1$)的基本特征是，相比于黏性项 $\eta\nabla^2\boldsymbol{v}$，纳维-斯托克斯方程(9.2)中的惯性项 $\rho(\boldsymbol{v}\cdot\nabla)\boldsymbol{v}$ 可以忽略。

除了雷诺数 Re，另外一个关键的无量纲数是非定常项 $\rho(\partial\boldsymbol{v}/\partial t)$和黏性项的比值：

$$Nt_\nu=\frac{|\rho\partial\boldsymbol{v}/\partial t|}{|\eta\nabla^2\boldsymbol{v}|}=\frac{\rho L^2}{\eta T}=\frac{L^2}{\nu T}\qquad(9.3)$$

其中 T 是速度变化的特征时间。

注：在第4.5.4节和第8.1.3节讨论两平板之间的振荡流动时，我们已经遇到了该比值(在当时情况下，特征时间 T 为流体的振荡周期)。

注：从纳维-斯托克斯方程出发推导得到方程(9.4)时，我们做了不可压缩流动的假设。在高雷诺数情况下，由第3.3.2节讨论可知，只有当 $U\ll c$ 时，上述假设才成立，其中音速 $c=1/(\chi\rho)^{1/2}$，流体的压缩性 $\chi=-(1/V)(\partial V/\partial p)$。第9.2.4节我们将看到，在低雷诺数情况下，由于流动产生的压强差 δp 的量级为 $\eta U/L$(并非 $Re\gg1$ 情况下的 ρU^2)，因而相应的体积变化量 $\delta V/V$(已取绝对值)的量级为 $\chi\eta U/L$，进一步可得 $\chi\rho U^2/Re=(U^2/c^2)/Re$。因此，低雷诺数流动的不可压缩条件变为 $U\ll c\sqrt{Re}$。这个条件非常严格，在雷诺数非常低的情况下很难满足，比如前文提到的地幔流动。

低雷诺数这一限制意味着对流动是否定常不再做假设，也就是对 Nt_ν 的取值不再做要求。然而，对于本章的大部分内容，我们的讨论仍旧只限定在流动速度剖面是准静态的情形，且满足 $Nt_\nu\ll1$。这意味着：在时间 T 内，速度的变化通过黏性扩散传播的距离远大于流动的特征长度 L。这种情况下，运动方程中的非定常项 $\rho\partial\boldsymbol{v}/\partial t$ 的影响可忽略不计。由上述假设可知，纳维-斯托克斯方程会退化为以下形式：

$$\nabla p-\rho\boldsymbol{f}=\nabla(p-p_0)=\eta\nabla^2\boldsymbol{v}\qquad(9.4)$$

多数情况下，作用在单位质量流体上的外力 $\boldsymbol{f}$ 可表示为某个势函数的导数形式：$\boldsymbol{f}=(1/\rho)(\nabla p_0)$。当 $\boldsymbol{f}$ 对应于重力加速度 $\boldsymbol{g}$ 时，∇p_0 代表静水压力梯度。

如果流动中没有能量交换，我们通常不需要考虑体积力的影响。这种情况下，$\nabla p_0=\rho\boldsymbol{g}h$ 已经隐含地包括在变量 p 中。于是，方程(9.4)可表示为以下形式，通常称之为**斯托克斯方程**(Stokes equation)：

$$\nabla p=\eta\nabla^2\boldsymbol{v}\qquad(9.5)$$

9.2.2 斯托克斯方程的等价形式

引入作用于流体微团表面上的应力张量 σ_{ij}，斯托克斯方程(9.5)可表示为更一般的形式。从方程(4.7)出发：

$$\sigma_{ij}=\sigma_{ij}'-p\delta_{ij}$$

其中 σ_{ij}' 是黏性应力张量，于是有 $\partial\sigma_{ij}'/\partial x_j=\eta\nabla^2 \boldsymbol{v}_i$。因而，方程(9.5)可改写为

$$\frac{\partial\sigma_{ij}}{\partial x_j}=0 \quad \text{（第一形式）} \tag{9.6}$$

这个方程也适用于非牛顿流体。由第 7.1 节讨论可知：我们可使用涡量场 $\boldsymbol{\omega}=\nabla\times\boldsymbol{v}$ 替代速度场 $\boldsymbol{v}$，来描述此类流动。在低雷诺数流动中，结合不可压条件 $\nabla\cdot\boldsymbol{v}=0$ 和矢量恒等式：

$$\nabla\times(\nabla\times\boldsymbol{A})=\nabla(\nabla\cdot\boldsymbol{A})-\nabla^2\boldsymbol{A} \tag{9.7}$$

（上式对于任意矢量 $\boldsymbol{A}$ 均成立），方程(9.5)可改写为

$$\nabla p=-\eta(\nabla\times\boldsymbol{\omega}) \quad \text{（第二形式）} \tag{9.8}$$

显然，方程(9.8)表明：

$$\nabla^2 p=0 \tag{9.9}$$

进一步，对方程(9.8)两侧求旋度，可知：左侧项为零。结合矢量恒等式(9.7)和 $\nabla\cdot(\nabla\times\boldsymbol{\omega})=0$，可得

$$\nabla^2\boldsymbol{\omega}=0 \quad \text{（第三形式）} \tag{9.10}$$

方程(9.10)是第 7 章中推导所得涡量场演化方程((7.41)和(7.42))在低雷诺数定常流动情况下的特殊形式。黏性扩散引起的涡量输运可通过 $\eta\nabla^2\boldsymbol{\omega}$ 来表示；因而，方程(9.10)的物理意义为：在低雷诺数定常流动中，不存在涡量的黏性扩散，这是由于速度梯度效应已被平衡。

注：我们注意到：第 4 章和第 8 章中讨论的平行流动、准平行且准定常流动的运动方程是斯托克斯方程的特殊形式。在这类流动中，仅有一个方向的速度分量非零，其他方向的运动方程退化为静水压平衡关系。在第 4 章和第 8 章中，运动方程中惯性项为零的原因源于流动的几何特征，而非雷诺数 Re 的大小。

9.2.3　斯托克斯方程解的若干性质

唯一性(uniqueness)

对于低雷诺数流动来说，在给定边界条件（无穷远或者有限距离处的边界条件，或者固体壁面边界）的情况下，斯托克斯方程具有唯一解。这一本质特征源于方程线性特性。然而，对于雷诺数较高的实际流动问题，纳维-斯托克斯方程存在无限多个解，且所有解均随时间演化。非线性对流项和涡量的存在是造成多解及其随时间演化的根源。

证明：假设存在两个速度场 $\boldsymbol{v}(\boldsymbol{r})$ 和 $\boldsymbol{v}'(\boldsymbol{r})$，都是斯托克斯方程的解，并且它们均在壁面和无穷远处满足同样的边界条件。那么，速度分量的导数在流场中应处处满足：

$$\frac{\partial v_i}{\partial x_j}=\frac{\partial v'_i}{\partial x_j} \tag{9.11}$$

于是，我们可通过将上式关于 x_j 积分得到 $v_i=v'_i$。为证明方程(9.11)对任意的 i 和 j 都成立，我们可建立如下关系：

$$\iiint \left(\frac{\partial v_i}{\partial x_j} - \frac{\partial v'_i}{\partial x_j}\right)^2 \mathrm{d}V = 0 \tag{9.12}$$

对所有的 i 和 j 进行求和，并在流场中进行体积分。于是可得

$$\iiint \left(\frac{\partial v_i}{\partial x_j} - \frac{\partial v'_i}{\partial x_j}\right)^2 \mathrm{d}V = \iiint \frac{\partial}{\partial x_j}\left[(v_i - v'_i)\left(\frac{\partial v_i}{\partial x_j} - \frac{\partial v'_i}{\partial x_j}\right)\right]\mathrm{d}V - \iiint (v_i - v'_i)(\nabla^2 v_i - \nabla^2 v'_i)\mathrm{d}V$$

方程右侧第一项可转化为面积分；考虑到壁面处 $v_i = v'_i$，因此该项积分为零。利用斯托克斯方程，右端项可改写为

$$\frac{1}{\eta}\iiint (v_i - v'_i)\left(\frac{\partial p}{\partial x_i} - \frac{\partial p'}{\partial x_i}\right)\mathrm{d}V = \frac{1}{\eta}\iiint \frac{\partial}{\partial x_i}[(v_i - v'_i)(p - p')]\mathrm{d}V - \frac{1}{\eta}\iiint (p - p')\frac{\partial}{\partial x_i}(v_i - v'_i)\mathrm{d}V$$

上述方程右侧的第一项亦可转化为面积分；同理，由于在壁面上 $v_i = v'_i$ 仍旧成立，因此这一项积分也为零。此外，考虑到不可压缩条件 $\nabla \cdot \boldsymbol{v} = \nabla \cdot \boldsymbol{v}' = 0$，故而第二项积分也为零。因此，方程(9.12)成立则意味着速度场具有唯一性。

可逆性(reversibility)

可逆性是斯托克斯方程线性特性的直接后果。假设已知的速度场 $\boldsymbol{v}(x, y, z)$ 是斯托克斯方程的解，对应的压力场为 $p(x, y, z)$。如果我们改变压强梯度的正负号，那么 $-\boldsymbol{v}(x, y, z)$ 也将是斯托克斯方程的解，且壁面处的边界条件也处处满足。这个变换过程等价于同时在方程的左右两项添加了负号，且边界条件也做了正确的变换，因此方程(9.5)依然成立。上文已经证明了斯托克斯方程解的唯一性，这确保了我们讨论的是相同的速度场。另外需要说明的是，如果流动的驱动力是静水压强梯度，那么重力加速度 $\boldsymbol{g}$ 也需要做反向处理。

可逆性的实验证据

图 9.2 所示的图片序列展示了一个可证明斯托克斯方程解的可逆性的经典实验。实验装置由两个同心圆柱面组成，且两个圆柱面之间填充有黏性非常大的流体。初始时刻，在流体的局部注入一个含有染料颗粒的液滴，其大小与两圆柱面的间距量级相同。然后缓慢地旋转内圆柱面：靠近内圆柱面的染料颗粒“完全地”跟随柱面运动；然而，靠近外柱面的染

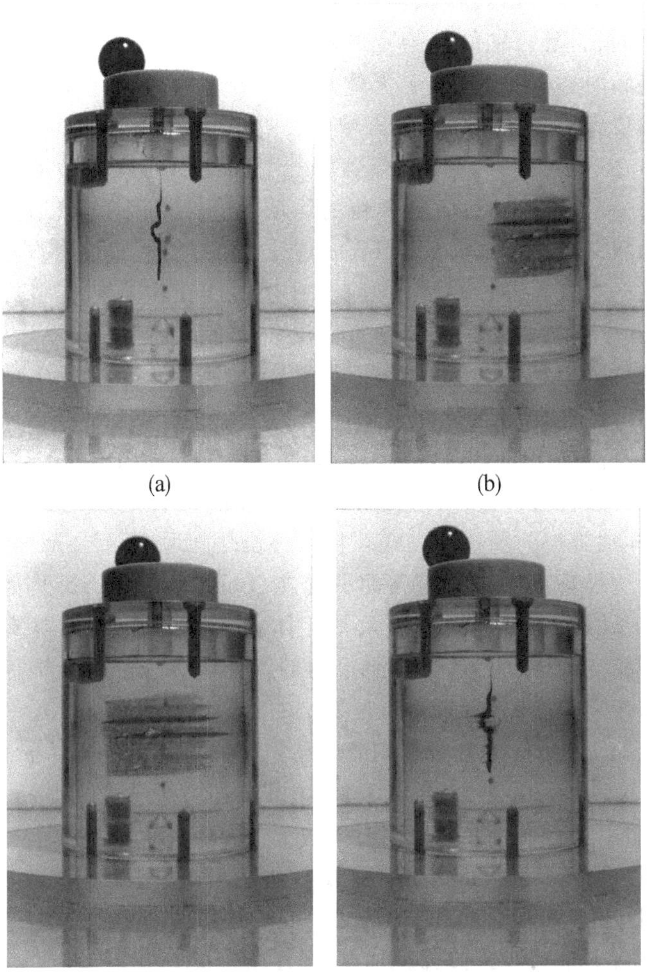

(a)　(b)　(c)　(d)

图 9.2　低雷诺数下流动的可逆性实验。(a)初始状态;(b)沿顺时针方向旋转内圆柱面一圈;(c)旋转一又四分之一圈之后;(d)沿着逆时针旋转同样的圈数使得内圆柱面回到初始位置(实验图片来源于本书作者)

料颗粒几乎保持不动。随着圆柱面的转动,染料颗粒将沿两圆筒之间圆环的周向铺展;如果持续多转几圈,染料就会变得几乎不可见。如果我们停止旋转并以非常低的速度反向转动,那么壁面附近的流速以及流体运动产生的力,都将随之反向。根据可逆性原理,染料颗粒的速度也会随之发生反向,并沿着之前的轨迹反向运动。当圆柱面反向和正向旋转的角度相等时,每个染料颗粒都又回到了初始位置,液滴的形状也和最初时刻接近!在这个过程中,只有染料颗粒的扩散是不可逆的,该效应会导致染料颗粒发生轻微的铺展。如果我们使用的不是黏性很大的液体,或者旋转速度很大,那么非线性项 $(\boldsymbol{v}\cdot\nabla)\boldsymbol{v}$ 则不能忽略。这种情况下,可能会出现因漩涡的速度梯度效应而导致的混合,且染料颗粒弥散到流体的过程也是不可逆的。

混沌和拉格朗日混合　然而,实际中的确存在前述可逆

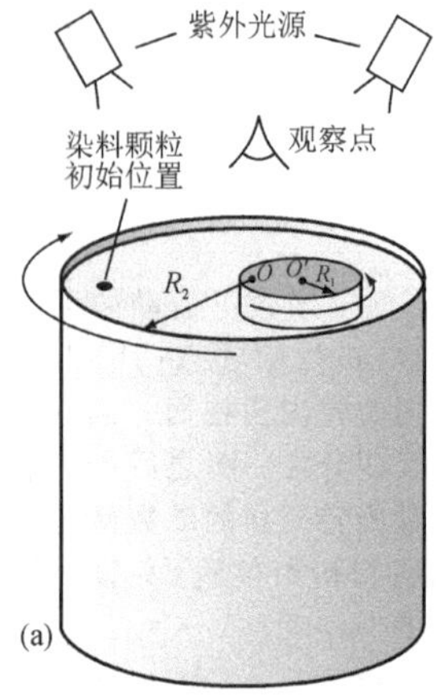

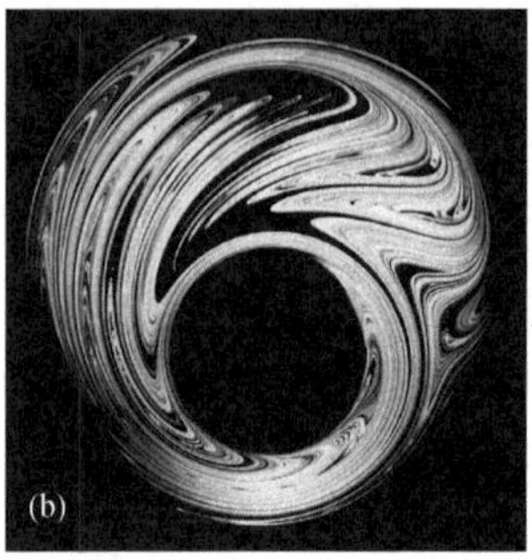

图 9.3(彩) 混沌弥散实验。两个非同轴的圆柱面(轴间距 OO' 和外圆柱面半径 R_2 之间的几何关系为 $OO'=0.3R_2$)间充满流体，初始时刻，在流体局部注入一个含有染料颗粒的液滴；然后，两个圆柱面以不同的角度沿正向和反向交替旋转。(a)实验装置示意图；(b)交替旋转十个周期后染料的分布情况。在每个周期内，外圆柱面先转动角度 $\theta_0=270°$，然后内圆柱面再反向旋转 $-3\theta_0$ (图片由美国西北大学的 J. M. Ottino 提供)

性不再适用的低雷诺数流动。在前述实验中，如果两个圆柱面非同轴，且分别按照给定的不同角度在相反的方向上做交替旋转时，初始时刻位于流体局部的染料颗粒会以多层的形式铺展到横截面的大部分区域(图 9.3)。

在这种类型的流动中，当从一个圆柱面的旋转运动切换到另一个圆柱面时，染料颗粒的运动轨迹会出现角点(通常称之为**双曲点**，hyperbolic point)。在这些角点处，轨迹对颗粒位置的微小变化非常敏感。因此，在经过一定次数的交替旋转后，两个初始位置非常接近的颗粒会沿不同的轨迹运动，且最终的位置会相差很远。这种情况下，即使在整个过程中精确控制两圆柱面的交替旋转运动，流动的可逆性也不存在。即便瞬时流动仍旧可逆，最小误差也会被放大并阻碍染料颗粒回到初始位置。这种现象与同轴圆柱面旋转运动的结果相反，同轴旋转的圆柱间染料颗粒的迹线是圆形，不存在双曲点。

这种现象被称为**拉格朗日混沌**(Lagrangian chaos)，如此命名是因为在实空间坐标系中流体质点的运动轨迹，具有类似于相空间中动力系统混沌行为的特性(在相空间中，坐标变量与普通空间的坐标不同，是系统的状态参数)。

即使在 $Re<1$ 且 $Pe>1$ 的情况下，这种流动也会使混合变得容易得多。利用类似于第 9.1.3 节中的分析方法，我们可知图 9.3 所示的流体层横向扩散所需时间的量级为 e^2/D_m，其中 e 是流体层间的距离；该时间量级远小于在整个流场尺度 L 上的扩散时间 L^2/D_m。这种混合形式通常称之为混沌混合。

接下来，我们讨论流动的可逆性带来的一些结果。

绕流轴对称物体的流场的对称性 如图 9.4 所示，我们考虑流场中一个有限大小、关于 $x=0$ 平面对称的三维静止物体。流动速度为 U，沿 x 方向，且来流与物体足够远。当远离物体处的流速 $\boldsymbol{U}$ 与 $x=0$ 平面垂直时，物体上游和下游的流线是对称的。这种情况是对应于雷诺数 $Re=0.16$ 时的圆柱绕流，如第 2 章图 2.9(a)所示。

图 9.4 绕流具有对称面的物体的流线在物体上游和下游会呈现出对称性(此处，对称平面为 $x=0$)。这种对称性可以通过将远离物体处的流速 $\boldsymbol{U}$ 改变为 $-\boldsymbol{U}$ 来验证

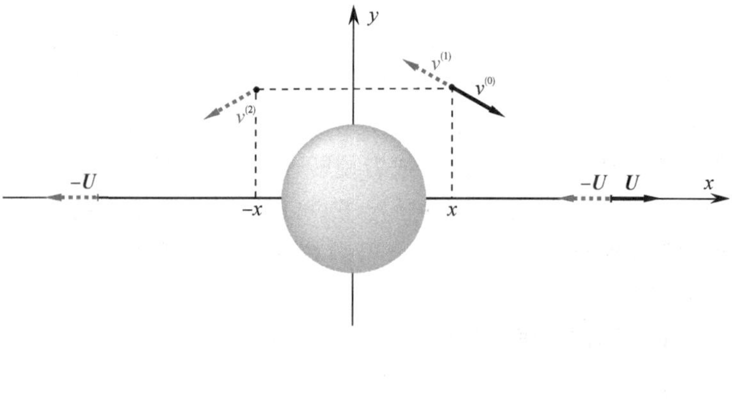

证明：首先我们做两个变换，它们都可使远离物体处的速度 $\boldsymbol{U}$ 的方向发生反转。变换之前的速度场记为 $\boldsymbol{v}^{(0)}(x,y,z)$，由低雷诺数流动的唯一性可知，变换之后的流动是相同的（图 9.4）。首先逆转流动的方向所得速度场处处满足 $\boldsymbol{v}^{(1)}(x,y,z)=-\boldsymbol{v}^{(0)}(x,y,z)$（可逆性）；并且在远离物体的地方，$\boldsymbol{U}$ 改变为 $-\boldsymbol{U}$。接下来，重新考虑初始速度场 $\boldsymbol{v}^{(0)}$，并对其关于平面 $x=0$ 做对称变换。这种情况下，无穷远处的流速也会发生反转（$\boldsymbol{U}\to-\boldsymbol{U}$），而且对称变换后得到的物体还是其自身（因为物体关于 $x=0$ 平面对称）。

由于在无穷远处对应于同样的速度，并且物体表面处边界条件相同，因此经过变换后的两个流场一定是完全相同的。经过第一个变换（直接反转流动方向）后，速度场的分量 $\boldsymbol{v}^{(1)}$ 为

$$v_x^{(1)}(x,y,z)=-v_x^{(0)}(x,y,z)$$
$$v_{y,z}^{(1)}(x,y,z)=-v_{y,z}^{(0)}(x,y,z)$$

经过第二个变换（关于平面 $x=0$ 做对称变换）后，所得流场的速度分量为

$$v_x^{(2)}(x,y,z)=v_x^{(0)}(-x,y,z)$$
$$v_{y,z}^{(2)}(x,y,z)=v_{y,z}^{(0)}(-x,y,z)$$

由于两个速度场 $\boldsymbol{v}^{(1)}$ 和 $\boldsymbol{v}^{(2)}$ 必须完全相同，从而可得：

$$v_x^{(0)}(-x,y,z)=v_x^{(0)}(x,y,z)$$
$$v_{y,z}^{(0)}(-x,y,z)=-v_{y,z}^{(0)}(x,y,z)$$

上式表明流场的流线关于 $x=0$ 平面是对称的。该结果是一个对低雷诺数流动非常敏感的测试。例如，对于圆柱绕流（第 2.4.2 节），当雷诺数 Re 取值增加到 1 的量级时，圆柱上下游的流场将不再对称。当 $Re=5$ 时，下游将出现回流区（图 2.9(b)）；进一步，当 $Re\simeq 60$ 时，流动不再稳定，圆柱下游会出现交替脱落的涡街。

如果流场中的物体不存在对称平面，那么即便在低雷诺数下，物体上下游的流场也不会对称。然而，如果反转流动方向，流体依然会沿着同样的流线反向流动。这源于低雷诺数下流动的可逆性，和物体是否具有对称性无关。

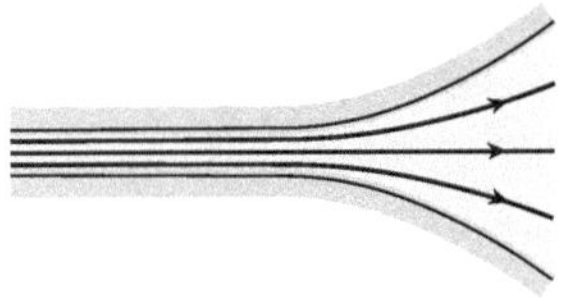

(a)

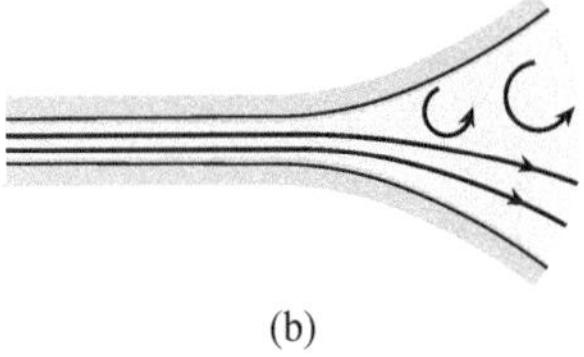

(b)

图 9.5　(a)漏斗流道内的低雷诺数流动的速度场示意图：由于流动是可逆的，因此无论是对着开口端吹气或者吸气，流线始终相同；(b)对于高雷诺数流动，漏斗喇叭口部位的一侧壁面处可能会出现回流（射流不再具有轴对称特性）

在接下来的示例中，我们会看到：随着雷诺数的增加，上述结论不再成立。试想一个对着漏斗吹气或者吸气所造成的流动。当雷诺数较低时，流线在漏斗喇叭口的部分呈径向发散（图 9.5(a)）。无论是吹气或者吸气，流线的径向发散基本上相同，改变的仅是流动方向。实际上，真实的实验现象并非如

此，因为雷诺数较大，流动的可逆性不再成立：比如，我们可以通过从漏斗窄的一侧吹气来熄灭蜡烛，但从来不会有人这么对着漏斗吸气来熄灭蜡烛。实际情况是，吹气的时候漏斗喇叭口处会发生流动**边界层分离**（boundary layer separation），因此仅会在漏斗截面很小的区域内形成空气射流（图 9.5(b)）。我们将在第 10.5.4 节中详细讨论该现象。在吸气的情况下，流动会分布在漏斗的整个横截面上；因此在相同的压差下，截面上的最大速度要比吹气的情况小很多。

刚性壁面附近下落的小球 我们考虑一个在重力的作用下（同时考虑阿基米德浮力），在竖直壁面附近的液体中下落的圆球，下落初速度为零。由流动的可逆性可知：小球的沉降速度 $\boldsymbol{U}$ 始终沿着竖直方向。同理，当一个圆柱在自身重力作用下在黏性流体中垂直沉降时，那么它的位置取向始终与最初的方向保持平行（第 9.3.2 节）。此外，两个距离很近、大小相同的小球在流体中做沉降运动时，彼此间也不会发生相对运动（第 9.4.3 节）。

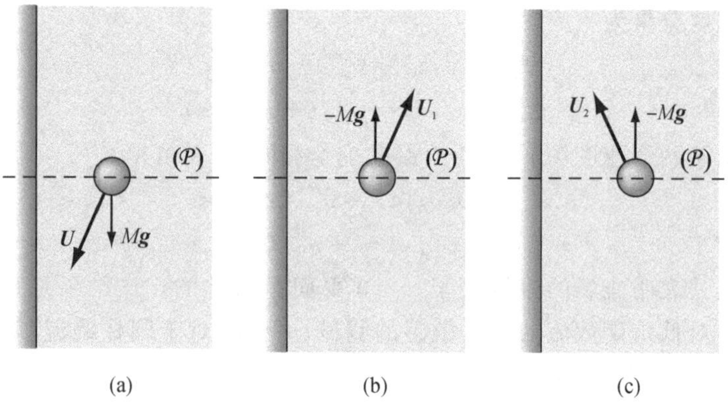

图 9.6 （a）黏性流体中，竖直壁面附近下落的小球；（b）逆转时间后得到的运动；（c）对图（a）中的运动做镜面对称后得到的运动

证明：我们假设速度与竖直方向呈一个夹角，小球向着壁面的运动（图 9.6(a)）。可以想象，小球的重力会被作用于其表面的流动阻力平衡。首先可将流场中各点的速度 $\boldsymbol{v}(\boldsymbol{r})$ 反向（即 $\boldsymbol{v}'(\boldsymbol{r})=-\boldsymbol{v}(\boldsymbol{r})$），这意味着重力加速度 $\boldsymbol{g}$ 的方向也被反向。由于固壁处的边界条件，小球的运动速度 $\boldsymbol{U}$ 也会发生反向，即 $\boldsymbol{U}_1=-\boldsymbol{U}$（图 9.6(b)）。因为作用在球体上的应力分量也会处处反向，与反向之后的重力 $-M\boldsymbol{g}$ 互相平衡，因此反向之后的流动仍然满足流体的运动方程。我们重新回到最初的流动情况（图 9.6(a)），并将流场关于平面$(\mathcal{P})$做对称变换，平面$(\mathcal{P})$过球心且垂直于竖直壁面（图 9.6(c)）。这种情况下，如果重力加速度也反向的话，那么会产生一个速度 $\boldsymbol{U}_2$。此时流体的速

度场和最初流体速度场关于平面($\mathcal{P}$)对称:对称面内的速度分量保持不变,只有垂直方向的速度分量方向发生了对调。两种变换所得的速度场对应于同一物体在相同加速度下的运动,因此运动速度必须相同,即$\boldsymbol{U}_1=\boldsymbol{U}_2$。这意味着速度$\boldsymbol{U}$的方向必须沿垂直方向。需要注意的是:只有当雷诺数趋近于零时,该结果才准确成立;对于有限取值的雷诺数(即便非常低),流动的可逆性及其带来的一些结果也会被非线性对流项的累积效应破坏。

流量变化时流线的不变性($Re\ll 1$)

流量变化时流线的不变性是斯托克斯方程线性特性的另外一个结果。如果$\boldsymbol{v}$是斯托克斯方程的解,只要将外力和壁面处的流体速度改变λ倍,那么$\lambda\boldsymbol{v}$(λ为实数)也是斯托克斯方程的解。新的解相当于把初始解$\boldsymbol{v}(x,y,z,t)$乘以因子λ(前文讨论的可逆性是$\lambda=-1$的特殊情况),这种情况下,流场的流量会发生变化。由于流场中各点的速度方向保持不变,所以流线(其方向与速度相切)的形状也保持不变,仅仅是速度的大小发生了变化。因此,对于边界静止的流动,当雷诺数非常小的时候,任意速度下的速度廓线均相同。

斯托克斯方程解的叠加性

叠加性同样是斯托克斯方程线性特性的结果。如果$\boldsymbol{v}_1(x,y,z,t)$和$\boldsymbol{v}_2(x,y,z,t)$是斯托克斯方程的两个解,那么在压强梯度满足$\nabla p=\lambda_1\nabla p_1+\lambda_2\nabla p_2$的条件下,$\lambda_1\boldsymbol{v}_1+\lambda_2\boldsymbol{v}_2$也是斯托克斯方程的解。壁面处的速度分量是两个解分别乘以系数λ_1和λ_2之后的线性组合。由于在给定的边界条件下速度场是唯一的,所以在实际实验中观测到结果为$\lambda_1\boldsymbol{v}_1+\lambda_2\boldsymbol{v}_2$。因此,在具有相同几何特征的流道中,我们可将不同流动的速度场进行线性叠加,前提是同时使用相同的系数对壁面处的边界条件进行线性叠加。

实际上,在处理库埃特流动和泊肃叶流动时(第 4.5.3 节),我们已经使用了线性方程的解的叠加原理。

最小能量耗散原理

在给定壁面和无穷远处边界条件的情况下,服从斯托克斯方程$\nabla p=\eta\nabla^2\boldsymbol{v}$的流动对应的能量耗散率$\varepsilon$取极小值。方程(5.26)给出了$\varepsilon$的表达式:

$$\varepsilon = \iiint \sigma'_{ij} \frac{\partial v_i}{\partial x_j} \mathrm{d}V = \frac{\eta}{2} \iiint \left(\frac{\partial v_i}{\partial x_j} + \frac{\partial v_j}{\partial x_i} \right)^2 \mathrm{d}V = 2\eta \iiint e_{ij}^2 \mathrm{d}V \tag{9.13}$$

（此处，按照求和约定对所有哑指标求和，i 和 j 均为哑指标）。

证明：记 e_{ij} 为速度场 $\boldsymbol{v}$ 的应变率张量，且 $\boldsymbol{v}$ 是斯托克斯方程的解。同时，假设 e'_{ij} 是速度场 $\boldsymbol{v}'$ 的应变率张量。$\boldsymbol{v}'$ 满足和 $\boldsymbol{v}$ 同样的边界条件以及不可压缩条件 $\nabla \cdot \boldsymbol{v}' = 0$，但 $\boldsymbol{v}'$ 不是斯托克斯方程的解。于是，可做如下运算：

$$2\eta \iiint e'^{2}_{ij} \mathrm{d}V = 2\eta \iiint e_{ij}^2 \mathrm{d}V + 2\eta \iiint (e'_{ij} - e_{ij})^2 \mathrm{d}V + 4\eta \iiint (e'_{ij} - e_{ij}) e_{ij} \mathrm{d}V \tag{9.14}$$

接下来，我们来证明上述方程中最右侧的积分项为零，该项可改写如下：

$$\begin{aligned} \iiint (e'_{ij} - e_{ij}) e_{ij} \mathrm{d}V &= \frac{1}{4} \iiint \left(\frac{\partial v'_i}{\partial x_j} - \frac{\partial v_i}{\partial x_j} \right) \frac{\partial v_i}{\partial x_j} \mathrm{d}V + \\ &\quad \frac{1}{4} \iiint \left(\frac{\partial v'_i}{\partial x_j} - \frac{\partial v_i}{\partial x_j} \right) \frac{\partial v_j}{\partial x_i} \mathrm{d}V \\ &= \frac{1}{4} (I_1 + I_2) \end{aligned}$$

（此处，仍使用哑指标求和法则进行运算；哑指标的符号可以置换）。对于第一个积分可得

$$\begin{aligned} I_1 &= \iiint \left(\frac{\partial v'_i}{\partial x_j} - \frac{\partial v_i}{\partial x_j} \right) \frac{\partial v_i}{\partial x_j} \mathrm{d}V \\ &= \iiint \frac{\partial}{\partial x_j} \left[(v'_i - v_i) \frac{\partial v_i}{\partial x_j} \right] \mathrm{d}V - \iiint (v'_i - v_i) \frac{\partial^2 v_i}{\partial x_j^2} \mathrm{d}V \end{aligned}$$

方程右侧的第一项可变换为面积分，积分在壁面处等于零。第二个积分项可通过斯托克斯方程改写为

$$\begin{aligned} \iiint (v'_i - v_i) \frac{\partial^2 v_i}{\partial x_j^2} \mathrm{d}V &= \frac{1}{\eta} \iiint (v'_i - v_i) \frac{\partial p}{\partial x_i} \mathrm{d}V \\ &= \frac{1}{\eta} \iiint \frac{\partial}{\partial x_i} [p (v'_i - v_i)] \mathrm{d}V - \\ &\quad \frac{1}{\eta} \iiint p \frac{\partial (v'_i - v_i)}{\partial x_i} \mathrm{d}V \end{aligned}$$

此处，所得方程右侧第一项同样可变换为面积分。由于假定两个流场在壁面处相等，因此该项积分为零。由不可压缩条件 $\nabla \cdot \boldsymbol{v} = 0 = \nabla \cdot \boldsymbol{v}'$ 可知第二项积分也为零。

接下来计算积分项 I_2 可改写如下：

$$I_2=\iiint\left(\frac{\partial v'_i}{\partial x_j}-\frac{\partial v_i}{\partial x_j}\right)\frac{\partial v_j}{\partial x_i}\mathrm{d}V$$
$$=\iiint\frac{\partial}{\partial x_j}\left[(v'_i-v_i)\frac{\partial v_j}{\partial x_i}\right]\mathrm{d}V-\iiint(v'_i-v_i)\frac{\partial^2 v_j}{\partial x_i\partial x_j}\mathrm{d}V$$

同理,所得方程右端的第一项也可以变换为面积分;由于速度在壁面处相等,因此该项为零。由不可压缩条件$\nabla\cdot\boldsymbol{v}=0$可知,第二项也为零。

综上可证得$\iiint(e'_{ij}-e_{ij})e_{ij}\mathrm{d}V$取值为零。由于方程(9.14)右端第二项为正,因此关联于e'_{ij}的能量耗散率确实超过了满足斯托克斯方程的速度场对应的能量耗散率。

注:只有在比较流场同一位置、具有同样边界条件的两个不同流动状态时,最小能量耗散原理才适用。然而,这并不意味着如果边界能够自由运动,对应的结果就是满足能量最小化的构型。例如,当一个小圆杆在一个纵向流的驻点自由旋转时,与能量耗散最小化不同的是,能量总是趋于最大程度地被消耗。

上述证明的能量耗散最小化特性只在低雷诺数的情况下才适用。对于高雷诺数流动,纳维-斯托克斯方程的湍流解对应的能量耗散远大于相同边界条件下的层流解。

9.2.4　低雷诺数流动的量纲分析

对于特征速度为U、特征尺度为L且几何特征给定的流动,当$Re\ll1$时,其速度场和压强场满足如下方程:

$$\boldsymbol{v}(x,y,z)=U\boldsymbol{F}\left(\frac{x}{L},\frac{y}{L},\frac{z}{L}\right)\tag{9.15a}$$

$$p(x,y,z)-p_0(x,y,z)=\frac{\eta U}{L}G\left(\frac{x}{L},\frac{y}{L},\frac{z}{L}\right)\tag{9.15b}$$

其中$\boldsymbol{F}$和G分别是无量纲的矢量和标量函数,它们仅依赖于流动的几何特征。因此,如果两个流动的速度和压强分布具有相同的几何特征但具体取值不同时,基于上述方程组,一个流动的特征速度和黏性可以通过另一个流动推断得到。由于解具有唯一性,所得到的流动也是唯一可能存在的流动。

注:该结果将整个速度场$\boldsymbol{v}(x,y,z)$的比例性质(第 9.2.3 节)扩展到了特征速度U。

证明:由第 4.2.4 节讨论可知,如果对每个变量都除以一个合适的特征量,那么纳维-斯托克斯方程(9.2)可改写为无量纲形式。此处,我们采用相同的方式进行方程的无量纲化,但是使用如下无量纲变量(不同于第 4.2.4 节),这组特征量可以更好地体现黏性的关键作用:

$$\boldsymbol{r}'=\frac{\boldsymbol{r}}{L},\quad \boldsymbol{v}'=\frac{\boldsymbol{v}}{U},\quad t'=\frac{t\nu}{L^2},\quad p'=\frac{(p-p_0)L}{\eta U}\tag{9.16}$$

其中U和L分别为流动的特征速度和特征长度,p_0是流体静止时的静水压强。特征时间 $\tau_\nu=L^2/\nu$ 表示动量通过黏性扩散传递距离为特征长度 L 时所需的时间（而非对流的特征时间 L/U），$\eta U/L$ 是量级为 U/L 的速度梯度引起的黏性应力（而非压强 ρU^2）。于是，纳维-斯托克斯方程可改写为以下无量纲形式：

$$\frac{\partial \boldsymbol{v}'}{\partial t'}+Re(\boldsymbol{v}'\cdot\nabla')\boldsymbol{v}'=-\nabla'p'+\nabla'^2\boldsymbol{v}' \tag{9.17a}$$

根据第 9.2.1 节讨论可知：与时间尺度 τ_ν 相比，如果流动在时间 t 内变化缓慢（$t'\gg1$），那么非定常项可以忽略。这种情况下，运动方程的解可表示为如下形式：

$$\boldsymbol{v}'(x,y,z)=\boldsymbol{F}\left(\frac{x}{L},\frac{y}{L},\frac{z}{L},Re\right) \tag{9.17b}$$

$$p'(x,y,z)=G\left(\frac{x}{L},\frac{y}{L},\frac{z}{L},Re\right) \tag{9.17c}$$

其中 $\boldsymbol{F}$ 和 G 分别为无量纲的矢量和标量函数。当 $Re\ll1$，方程(9.17a)左侧的惯性项可以被认为近似为零。因此，对于定常或者准定常流动，可得以下无量纲形式的斯托克斯方程：

$$\nabla'p'=\nabla'^2\boldsymbol{v}' \tag{9.18a}$$

此时，方程的解不再与雷诺数 Re 相关：

$$\boldsymbol{v}'(x,y,z)=\boldsymbol{F}\left(\frac{x}{L},\frac{y}{L},\frac{z}{L}\right) \tag{9.18b}$$

$$p'(x,y,z)=G\left(\frac{x}{L},\frac{y}{L},\frac{z}{L}\right) \tag{9.18c}$$

从上述两式出发，我们可推导得到方程(9.15)。需要指出：当 $Re\to0$ 时，惯性项可以被忽略，因为这种情况下方程中并没有出现奇点。上述结果也表明，当 $Re\ll1$ 时，速度正比于 U 且趋近于零。此处的分析不同于第 4.2.4 节中对高雷诺数流动采用的归一化方法。在高雷诺数情况下，当 $Re\to\infty$ 时，尽管黏性项的系数为 $1/Re$，但惯性项仍旧不为零，因为速度梯度本身也是发散的。

因此，我们可以对壁面受力或者运动物体的受力进行类似的估计。黏性应力的分量形式为 $\eta(\partial v_i/\partial x_j)$；因此，它们在归一化坐标系 x/L、y/L、z/L 下是正比于 $\eta U/L$ 的无量纲函数。全局黏性阻力可通过将应力在整个壁面上积分得到，计算可得到一个附加系数 L^2 和一个常矢量 $\boldsymbol{A}$ 相乘的形式。于是我们可得以下有量纲方程：

$$\text{黏性阻力}\approx\boldsymbol{A}(\eta U/L)L^2\approx\boldsymbol{A}(\eta UL) \tag{9.19a}$$

采用同样的方法，我们可以估计压强和静水压强之差，即 $p-p_0$（方程(9.15b)）。将该项在整个壁面上积分，附加系数 L^2 会再次出现。因此，作用在壁面上的合力 $\boldsymbol{F}$ 具有与方程(9.19a)相似的形式：

$$\boldsymbol{F}=-\boldsymbol{B}\eta UL \tag{9.19b}$$

其中 $\boldsymbol{B}$ 是一个仅与流动方向和壁面几何形状相关的矢量。负号表示合力 $\boldsymbol{F}$ 的方向与流动方向相反。

注：通常，我们使用 $(1/2)\rho U^2 S$ 来无量纲化该合力：$(1/2)\rho U^2$ 是动压（第 5.3.2 节定义）的量级，$S\approx L^2$ 是壁面的特征面积。对于低雷诺数流动，我们可得**阻力系数**(coefficient of friction)为

$$C_d\approx\frac{|F|}{\frac{1}{2}\rho U^2 L^2}\approx\frac{\eta}{\rho UL}\approx\frac{1}{Re} \tag{9.20}$$

阻力系数与 $1/Re$ 成正比是低雷诺数流动的一个重要特征。在第 4.5 节关于层流流动的讨论中，我们已经观察到了这种性质。在层流中，由于流动是平行的，因此对流对动量的横向传递没有贡献。然而，我们注意到，这种与雷诺数成反比的关系仅仅是对 C_d 定义方式的一种反映。实际上，这种定义方式仅对惯性力占主导的高雷诺数流动才有物理意义；因为在高雷诺数流动中，C_d 的值会随 Re 变化。对于纯粹黏性阻力主导的低雷诺数流动，如此定义阻力系数并不十分合适。

9.3 作用在运动物体上的力和力矩

由前文讨论可知，斯托克斯方程线性特性的一个结果是作用在固体壁面上的力与流动的特征速度成正比。接下来，我们就这一性质作出具体定义（第 9.3.1 节），并将其应用到两种不同几何形状的物体上（第 9.3.2 节）：杆和螺旋形物体。

9.3.1 物体运动速度和受力方程的线性化

物体在任一给定时刻的运动状态均可分解为速度为 $\boldsymbol{U}(t)$ 的平动和角速度为 $\boldsymbol{\Omega}(t)$ 的转动的叠加（图 9.7）。物体上任意一点的速度可表示为

$$\boldsymbol{v}=\boldsymbol{U}+\boldsymbol{\Omega}\times\boldsymbol{r} \tag{9.21}$$

其中 $\boldsymbol{r}$ 为相对于坐标原点的矢径（坐标原点的变化等价于改变速度 $\boldsymbol{U}$）。

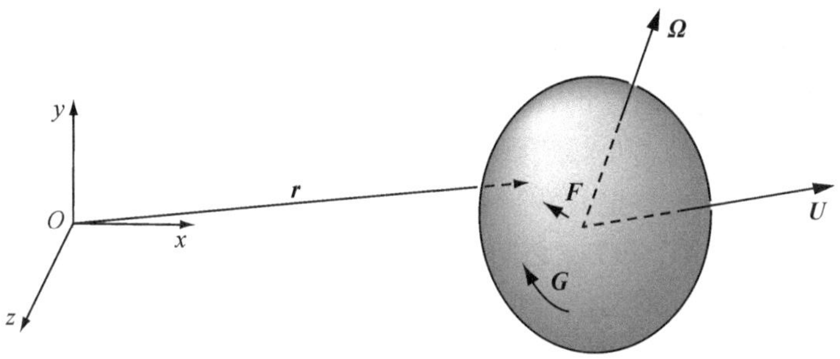

图 9.7　作用在物体上的力和力矩的示意图。物体在黏性流体中以速度 $\boldsymbol{U}$ 做平动、以角速度 $\boldsymbol{\Omega}$ 做转动运动

我们定义 F_i 和 G_i 分别是作用在物体上的力和力矩的分量（力矩的计算以坐标原点 O 为参考点）。这些分量是对作用在物体壁面上的黏性应力和压力积分所得的结果。因此，它们满足如下方程：

$$F_i=-\eta(A_{ij}U_j+B_{ij}\Omega_j) \tag{9.22}$$

$$G_i=-\eta(C_{ij}U_j+D_{ij}\Omega_j) \tag{9.23}$$

其中系数 A_{ij} 将力和平动（D_{ij} 将力矩和转动）联系起来。相比之下，B_{ij} 和 C_{ij} 代表交叉效应，即转动过程中产生的力的分量，以及平动过程中产生的力矩的分量。因此，在黏性流体中

沿自身轴线旋转的螺旋形物体会受到一个与轴线平行的力。我们将在第 9.3.2 节对这种**“开瓶器”效应**(corkscrew effect)作进一步讨论。该力的产生源于流场中缺乏一个垂直于旋转轴的对称面。

方程(9.22)和(9.23)可看作是满足斯托克斯方程(及其对应的压强场)的两个速度场的线性叠加(壁面处的速度边界条件应做同样的叠加),线性叠加时,两个方程应使用同样的系数。此外,我们注意到:A_{ij} 具有长度的量纲,B_{ij} 和 C_{ij} 具有面积的量纲,D_{ij} 具有体积的量纲。

以 A_{ij}、B_{ij}、C_{ij} 和 D_{ij} 为分量的张量均有对称性,而且这种性质与物体的几何形状无关。这些系数的对称性源于应力张量 σ_{ij} 的对称性,具体可表示为

$$A_{ij}=A_{ji} \tag{9.24a}$$

$$D_{ij}=D_{ji} \tag{9.24b}$$

$$B_{ij}=B_{ji} \tag{9.24c}$$

作用在旋转颗粒上的力和作用在平动颗粒上的力矩是互易的,因而张量分量 B_{ij} 和 C_{ji} 是等价的。

我们可以进一步将关联 F_i 和 U_j 的对称系数矩阵 A_{ij} 做对角化处理。不论物体的几何形状如何,在笛卡儿坐标系下,力的分量和速度分量之间均存在以下的比例关系:

$$F_i=-\eta\lambda_i U_i \tag{9.25}$$

(此处方程中的下标不遵循求和约定,上式是分量方程,不对哑指标求和)。数量积 $\boldsymbol{F}\cdot\boldsymbol{U}$ 代表黏性耗散造成的能量损失。无论 $\boldsymbol{U}$ 如何取值,该项必须为负:这意味着每个特征值 λ_i 均需为正。从几何角度讲,$\boldsymbol{F}\cdot\boldsymbol{U}<0$($\boldsymbol{F}\cdot\boldsymbol{U}$ 通常不等于零)意味着力和运动方向的夹角必须始终为钝角。

对于具有特定对称性的物体(平面对称或者轴对称),系数 A_{ij}、B_{ij}、C_{ij} 和 D_{ij} 之间会有一些附加关系;接下来,我们将通过三个不同的例子对其加以讨论。

9.3.2 物体的对称性对力和力矩的影响

具有一个对称平面的物体

记平面 $x_1=0$ 为物体的对称面,系数 A_{ij} 具有如下性质:

$$A_{12}=A_{21}=A_{13}=A_{31}=0 \tag{9.26}$$

物理上,这意味着垂直于对称面的运动对应的力也垂直于该对称平面。相比之下,具有水平对称面的物体在自身重力的作用下在黏性流体中下落时,水平方向的速度分量为零。此外,系数 B_{ij} 和 C_{ij} 满足:

$$C_{11}=C_{22}=C_{33}=C_{32}=C_{23}=0 \tag{9.27}$$

$$B_{11}=B_{22}=B_{33}=B_{32}=B_{23}=0 \tag{9.28}$$

这表明：只有垂直于物体旋转轴的平面不是物体本身的对称面时，流场中才有“开瓶器”效应（流体对物体的作用力平行于物体的旋转轴 x_1）。最后，系数 D_{ij} 满足：

$$D_{12}=D_{21}=D_{13}=D_{31}=0 \tag{9.29}$$

证明：建立坐标系时，我们将两个坐标轴（x_2 和 x_3）置于对称平面 $x_1=0$ 内。因此，系数 A_{ij} 在对称变换 $x_1 \to -x_1$ 下保持不变。同样的变换之后，可得 $F'_1=-F_1$ 和 $U_1=-U_1$；然而，其他分量保持不变。方程(9.22)中关于 F_1 和 F'_1 的分量方程可表示为

$$F_1=-\eta(A_{11}U_1+A_{12}U_2+A_{13}U_3)$$

$$F'_1=-\eta(A_{11}(-U_1)+A_{12}U_2+A_{13}U_3)$$

由于上述两式取值互为相反数：$F'_1=-F_1$，于是可得 $A_{12}=A_{13}=0$。

使用同样的方法考查 $\boldsymbol{F}$ 的其他分量，可得 A_{21} 和 A_{31} 也为零。对于与力矩 G_j 相关的系数 C_{ij} 来讲，所得结果则完全不同。实际上，$\boldsymbol{G}$ 是一个与旋转速度具有同样对称性的伪矢量。因此，在与其垂直的平面内做反射运算，$\boldsymbol{G}$ 的符号并不会发生变化；然而，如果在与其矢量方向平行的平面内做反射运算，那么它的取值将改变符号。因而，当 x_1 变换为 $-x_1$ 时，G_1、G_2 和 G_3 分别改变为 $-G_1$、$-G_2$ 和 $-G_3$。通过类似的分析，我们可以得到方程(9.27)和(9.28)。对于将力矩 $\boldsymbol{G}$ 和角速度 $\boldsymbol{\Omega}$ 联系起来的张量 D_{ij} 来说，可以得到：$A_{ij}=0$ 的指标对应的张量分量 D_{ij} 也等于零，因为这两个赝矢量（力矩 $\boldsymbol{G}$ 和角速度 $\boldsymbol{\Omega}$）具有同样的对称性。

具有三个互相垂直的对称平面的物体

当物体具有三个相互垂直的对称平面时（例如椭球体、平行六面体，或者具有同样对称性的任何物体），从方程(9.27)和(9.28)出发可知：无论在何种坐标系下，张量分量 C_{ij} 和 B_{ij} 的所有分量均为零。平移运动和旋转运动不再耦合，只有非零的力矩可以使物体发生旋转运动（力矩值非零的前提是所选取的旋转轴要通过三个对称面的交点）。

同理，由方程(9.26)可知：在垂直于物体三个对称平面的坐标系内，张量 A_{ij} 只有对角线上的三个分量不为零。

(i)圆形截面的杆件在黏性流体中的沉降

这类物体除了三个相互垂直的对称轴之外，还存在一个旋转轴(假定旋转轴平行于 z 方向)。在黏性流体沉降时，杆件不但不会发生旋转，而且它的运动仅由平行和垂直于旋转轴的两个方向的黏性摩擦系数决定(例如，$A_{zz}=\lambda_{\parallel}$，以及 $A_{xx}=A_{yy}=\lambda_{\perp}$)。如果两个系数的比值已知，那么我们可根据杆件自身的倾角来确定杆件沉降运动方向相对于竖直方向的角度。

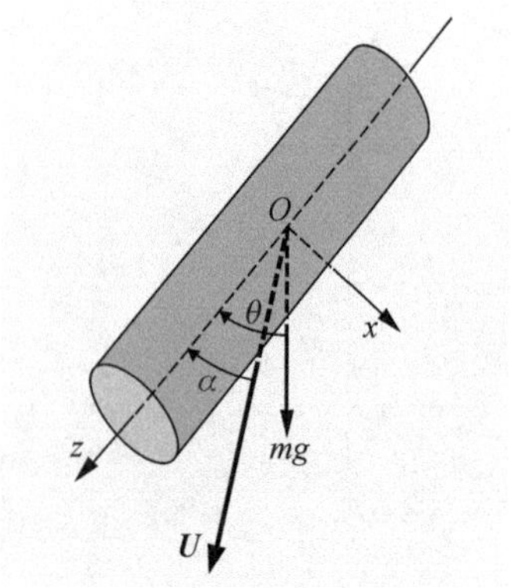

图 9.8 圆柱形杆件在黏性流体中倾斜沉降的示意图

证明：如图 9.8 所示，我们考虑一个具有圆形截面的均匀长杆，对称中心在 O 点。同时，设定 z 轴沿杆件轴线方向，x 轴与 z 轴垂直且位于杆件的垂直对称面内。如果杆件的密度分布均匀，重力作用在对称中心，那么系统中不存在可以引起杆件旋转的非零力矩。于是在该坐标系下有

$$F_z=-\eta\lambda_{\parallel}U_z,\quad F_x=-\eta\lambda_{\perp}U_x,\quad F_y=-\eta\lambda_{\perp}U_y \tag{9.30}$$

后续章节(第 9.4.3 节)的分析将表明：当杆非常细长时，$\lambda_{\perp}=2\lambda_{\parallel}$(方程 9.71a 和 b)；即平行于杆件长度方向上的阻力是垂直方向上阻力的一半。进一步，定义杆件的运动方向和其自身轴线方向的夹角为 α，以及杆件的轴线方向和竖直方向的夹角为 θ。当杆件匀速运动时有

$$F_z=-mg\cos\theta=-\eta\lambda_{\parallel}U_z \tag{9.31a}$$

$$F_x=-mg\sin\theta=-\eta\lambda_{\perp}U_x=-2\eta\lambda_{\parallel}U_x \tag{9.31b}$$

其中 m 为考虑阿基米德浮力效应之后杆件的等效质量。于是可得

$$\tan\alpha=U_x/U_z=(\tan\theta)/2$$

进一步分析可知，杆件运动的方向偏离竖直方向的角度($\theta-\alpha$)满足如下方程：

$$\tan(\theta-\alpha)=\frac{(\tan\theta-\tan\alpha)}{1+\tan\theta\tan\alpha}=\frac{\tan\theta}{(2+\tan^2\theta)} \tag{9.32}$$

当 $\alpha=0$ 和 $\alpha=\pi/2$ 时，杆垂直下落。这种情况对应于对作用在杆件上的力(杆件的重力)垂直于物体对称平面的情况。最大夹角($\theta-\alpha$)发生在 $\tan\theta=\sqrt{2}$ 时，因而有 $\tan(\theta-\alpha)=1/(2\sqrt{2})$，对应于$(\theta-\alpha)\approx19.5°$。

(ii)立方体或者圆球的情况

当物体为立方体时，平行于立方体表面且穿过对称中心的平面是相互正交的对称平面；在对应的坐标系下，A_{ij} 为对角张量。由于三个对称平面是等价的，因此三个相应的特征

值彼此相等，从而有

$$[\boldsymbol{A}]=\lambda[\boldsymbol{I}]$$

其中$[\boldsymbol{I}]$是单位矩阵。对于纯粹的平动而言，黏性摩擦力在任意可能的速度方向上均与速度方向共线，因而方程(9.19b)可改写为

$$\boldsymbol{F}=-\eta CL\boldsymbol{U} \tag{9.33}$$

其中 L 为物体的特征长度，C 为常数。力 $\boldsymbol{F}$ 作用在物体的对称中心上。该结果同样适用于半径为 $R(=L)$ 的圆球，相应的系数 $C=6\pi$(第 9.4.2 节将具体讨论)。此外，由于力作用在物体的对称中心，因此不会导致旋转运动。因而，对于具有球对称性的物体(例如，立方体或者正四面体)，在低雷诺数下，在黏性流体中的沉降总是沿着竖直方向的，与物体最初相对于竖直方向的形态无关(此处要注意：物体必须具有均匀的密度分布)。我们将在第 9.4.3 节对这种情况下的黏性阻力的估计做进一步讨论。

在纯旋转情况下，对于给定力矩和旋转角速度矢量之间关系的情况，张量 D_{ij} 正比于单位张量 $\boldsymbol{I}$ 的分量(旋转轴必须通过物体的对称中心)。于是可得

$$G=-\eta L^3 D\Omega \tag{9.34}$$

对于半径 $R=L$ 的球体，我们将得到 $D=8\pi$(见第 9.4.3 节)。

无对称平面的物体的平动和旋转耦合运动

在这种情况下，一些在前文证明为零的系数将发挥重要的作用。例如，如图 9.9 所示，我们考虑一个关于 z 轴螺旋对称的物体的运动。这种情况下，$x-y$ 平面不再是对称面，因此系数 B_{zz} 和 C_{zz} 不再为零。螺旋杆以角速度 Ω_z 做旋转运动时，在 z 方向会产生一个大小为 $B_{zz}\Omega_z$ 的推进力，该力平行于其旋转轴，指向取决于螺旋运动的方向是左旋还是右旋。单位长度的螺旋体上，系数 B_{zz} 取值为

$$B_{zz}=2\pi\lambda_{\parallel} R^2/\Lambda \tag{9.35}$$

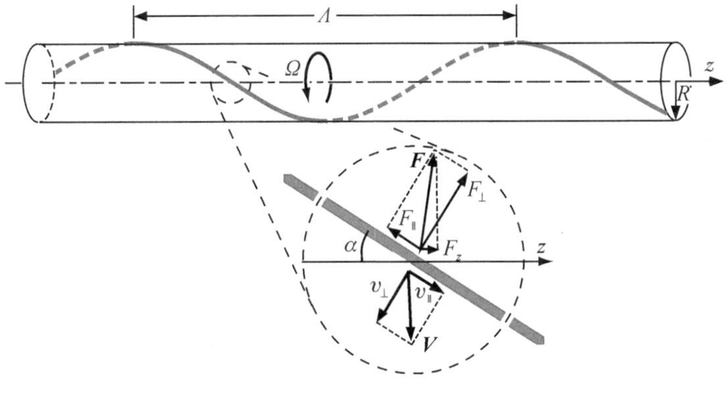

图 9.9　黏性流体中螺旋体运动的示意图

证明:我们可以通过分析作用在螺旋杆的一个长度线元上的局部受力来证明上述结果。假设所取线元类似于绕轴线以方位速度(ΩR)旋转的一小段直杆,其中 R 为螺旋体的半径。我们假设螺旋体的螺距 Λ 大于其半径 R。这种情况下,线元与 z 轴间存在一个很小的夹角 $\alpha=2\pi R/\Lambda$。相应地,平行和垂直于线元的速度分量分别为 $v_{\parallel}\approx\Omega\alpha R=2\pi\Omega R^2/\Lambda$ 和 $v_{\perp}=\Omega R$,记它们在各自方向上诱导的分力分别为 $F_{\parallel}$ 和 $F_{\perp}$。进而可得到单位长度上的分力为

$$F_{\parallel}=-\eta\lambda_{\parallel}v_{\parallel}=-2\pi\eta\lambda_{\parallel}\Omega R^2/\Lambda$$

$$F_{\perp}=-\eta\lambda_{\perp}v_{\perp}=-2\lambda_{\parallel}\eta\Omega R$$

这些力又可分解为一个与 z 轴平行的分量以及一个与旋转半径垂直的分量。

如图 9.9 插图所示,$F_{\parallel}$ 和 $F_{\perp}$ 在 z 轴上投影所得的分量方向相反。通过计算投影到 z 轴上力的大小(此处需要强调的是,$\alpha=2\pi R/\Lambda$ 取值较小),可得单位长度螺旋杆上的非零合力为

$$F_z=|\alpha F_{\perp}-F_{\parallel}|=2\pi\eta\lambda_{\parallel}\Omega R^2/\Lambda$$

如果螺旋体的旋转方向或者螺距的方向发生变化,那么力 F_z 会发生反向。在每个螺距间隔上,F_z 是相同的。因此,沿着 z 轴方向,螺旋体会受到一个宏观的推力,该力与物体的旋转角速度以及流体黏性的大小成正比。因此,我们得到了方程(9.35)中耦合系数 B_{zz} 的形式:它是旋转角速度 Ω 和螺旋体单位长度上受到的驱动力耦合的结果。

与螺旋体半径方向正交的力 $F_{\parallel}$ 和 $F_{\perp}$ 的分量方向会随着螺旋体连续变化。这种情况下,它们的合力为零,但是会诱导一个阻力矩:

$$G_z=(F_{\perp}\cos\alpha+F_{\parallel}\sin\alpha)R\approx-2\eta\lambda_{\parallel}\Omega R^2$$

由于施力作用点与旋转轴的距离为 R,因此角速度和阻力矩之间耦合系数 $D_{zz}=2\lambda_{\parallel}R^2$。

9.3.3 低雷诺数下的推进

螺旋推进

基于前文建立的模型,我们可以解释某些细菌的运动:**大肠杆菌**(Escherichia coli)通过自身一端关节上的分子马达来旋转其尾部(鞭毛)来实现推进运动。这种推进方式与船体上

用螺旋桨推动船只运动的原理完全不同。后者对应于高雷诺数流动，推动力来源于螺旋桨叶片周围流体的速度环量。速度环量诱导了垂直于螺旋桨运动速度方向的马格努斯力，类似于飞机机翼的升力(第 7.5.2 节)，最终会诱导产生一个与旋转速度平方成正比的推进力。然而，在低雷诺数下，由于不存在升力，因此经典的螺旋桨推进的效率会非常低。

扇贝定理

低雷诺数下推进的一个重要性质是**扇贝定理**(scallop theorem)。我们假设存在一种双壳软体动物模型，且尺度足够小，可保证在运动过程中雷诺数 $Re<1$，这种动物通过抽吸或者喷射液体来交替张开或者关闭其外壳。这种通过改变固体壁面运动方向的诱导的流动是可逆的；因此，该模型仅会经历一系列向前或者向后、幅度相等的往返运动，整体上并不会导致模型的单向运动。

注：现实中的推进行为不同于此处假设的模型。对于海水中发生的推进行为，雷诺数可达到几千的量级；这种情况下，惯性效应起主导作用，且流动不具有可逆性。更准确地说，扇贝可通过缓慢打开壳体并迅速关闭它来实现游动。这种情况下，扇贝在关闭阶段产生的向后的射流(即动量)并不能被向前的动量平衡，因而会产生推进力。

由前文讨论可知，产生的力与壳的运动速度成正比。记 $e(t)$ 为扇贝壳的最大张开距离，瞬时推进力规律可表示为：$F(e)=k(e)(\mathrm{d}e/\mathrm{d}t)$。如果扇贝在张开过程中距离从 e_1 变化到 e_2，那么产生的总冲量为 $\Delta P=\int_{e_1}^{e_2}k(e)\mathrm{d}e$。因此，扇贝打开和关闭阶段对运动的贡献是相反的，且贡献值不取决于张开或关闭阶段的速度(前提是满足 $Re\ll 1$)。更一般地来说，低雷诺数下微生物的推进不能由一系列幅度相同的交替运动叠加而成。

一些避免可逆性的方法

我们再次回到由身体和鞭毛组成的细菌和其他微生物的推进问题。不同于前文提到的大肠杆菌，我们假定鞭毛的运动发生在一个平面内。如果我们在鞭毛上诱导一个驻波，且节点之一位于鞭毛和菌体相连的地方，那么平均推进力为零：这是因为一系列对称的变形在两个方向上交替产生。然而，对于行波而言，合力将不再为零(这一结论已经通过"磁性球轴承对鞭毛施加交替变化的力"的实验得到了验证)。

注：在这种情况下，物体并非只经历被动运动；物体可对流体施加作用力，但是物体不同部位的运动会有限制，例如长度必须保持不变。在图 9.2 所示的实验中，如果我们使用一根柔性细丝来代替染料，流动的可逆性也会被破坏；在流动的不同阶段，细丝可能被拉伸或折叠。

对鞭毛驱动来说，不可逆性还可通过其机械性能，特别是弹性来诱导。假定我们可通过在弹性鞭毛一端施加正弦运动来激发推进力(该模型可以简易地模拟某些微生物的推进行为)。鞭毛上每个微元的动力学行为不仅受到微元相对流体运动产生流动阻力的影响，更受到其自身变形导致的弹性力的影响。这种情况下，在鞭毛前后运动的过程中，特定位置处的几何形状以及受力会有不同。因此，会有非零的驱动力出现。

接下来，我们不再讨论鞭毛的运动，而考虑一个关节式物体。由扇贝定理可知，如果只有一个自由度的运动(只有一个关节，比如贝壳的打开和关闭)，那么不会有推进力产生。对于存在两个关节的情况(例如，一个由三部分铰接而成的杆件)，已经证明可以产生推进力：在这种情况下，对于以一定合理顺序发生的一系列单个关节的运动，在不需要施加精确反向运动的情况下，驱动力就可迫使物体回到初始运动状态。对于三个球体串联起来的情况，只要通过适当调节其相对位置，也可实现这样的行为。因此，通过研究物体本身的变形，我们也可对某些特定类型微生物的推进过程进行建模分析。

9.4 小球在黏性流体中的匀速运动

9.4.1 运动小球周围的速度场

如 9.10(a)所示，在球坐标系(r,θ,φ)下，我们来考虑一个半径为 R 的小球在流体中的运动问题；小球速度恒定为 $\boldsymbol{U}$，无穷远处流场速度为零，且极轴 z 轴$(\theta=0)$指向小球的运动方向。由于系统相对于 z 轴具有旋转对称性，因此速度场也是轴对称的：速度分量 v_φ 为零，且 v_r 和 v_θ 不依赖于 φ。通过下文详细的计算，我们可得 v_r 和 v_θ 的表达式为

$$v_r = U\cos\theta\left(\frac{3R}{2r}-\frac{R^3}{2r^3}\right) \tag{9.36a}$$

$$v_\theta = -U\sin\theta\left(\frac{3R}{4r}+\frac{R^3}{4r^3}\right) \tag{9.36b}$$

显然，v_r 和 v_θ 在无穷远处为零，且在小球表面处$(r=R)$的速度分量与小球速度相等(这正是边界条件要求的)。需要注意：上述速度分量的解仅适用于雷诺数小于 1 的情况，且要求小球以恒定速度 U 运动。

上述结果最显著的特征是，流体速度随着到小球中心距离 r 以 $1/r$ 的形式缓慢减小。如果将上述低雷诺数下的结果与第 6.2.4 节中的势流结果对比，会发现势流中小球附近处的流动速度以 $1/r^3$ 的形式更快地衰减。

流体离开球体后，动量只能依赖摩擦力通过黏性扩散传递，这种传递方式往往效率很低，因此速度扰动的衰减也很缓慢。速度随 $1/r$ 衰减的物理意义可作以下简单的理解：假设远离小球的位置流速随着离小球的距离 r 以 $r^{-\alpha}$ 的形式减小，经

黏性扩散传递的动量通量可通过速度分量的梯度来表征，因此其变化规律为 $r^{-\alpha-1}$。在半径为 r 的球体表面对该动量通量做积分，所得结果随 r 的变化关系为 $r^{-\alpha+1}$；该积分对应于球体表面的总摩擦力，必须为常数，且与 r 无关。因此，需要满足 $\alpha=1$；相应地，我们可知速度场随 $1/r$ 发生变化。

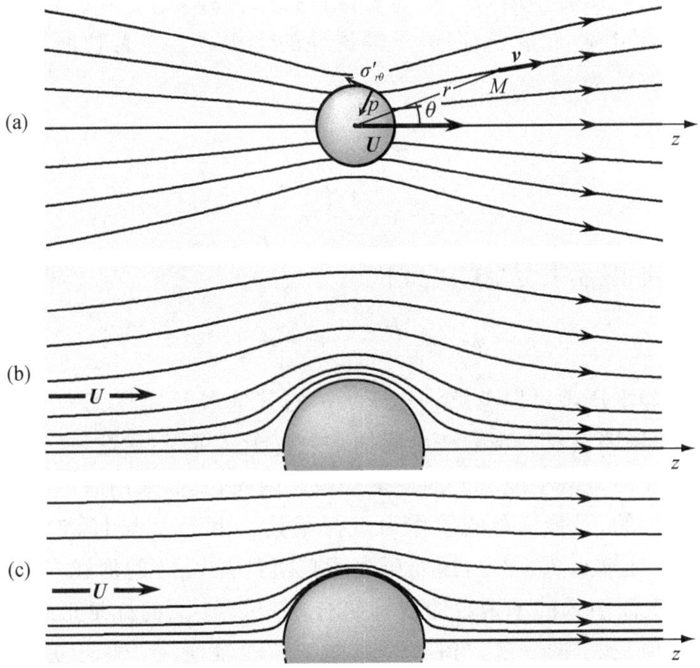

图 9.10　(a)在静止流体中以恒定速度 $\boldsymbol{U}$ 运动的球体周围的流线。图中也给出了作用在球表上任一点的法向和切向应力分量。(b)当 $Re\ll1$ 时，无穷远处速度恒定为 $\boldsymbol{U}$ 的黏性流体绕小球流动的流线。(c)理想流体绕小球的势流流动(第 6.2.4 节)

接下来，我们考虑一个无穷远处流速为 $\boldsymbol{U}$ 的流场中的静止球体。这种情况下，绕流球体的流场 $\boldsymbol{V}$ 可以通过从速度 $\boldsymbol{U}$ 中减去方程(9.36)所示的速度分量得到

$$V_r = U\cos\theta - v_r = U\cos\theta\left(1-\frac{3R}{2r}+\frac{R^3}{2r^3}\right) \quad (9.37\text{a})$$

$$V_\theta = -U\sin\theta - v_\theta = -U\sin\theta\left(1-\frac{3R}{4r}-\frac{R^3}{4r^3}\right) \quad (9.37\text{b})$$

在这个参考系下，小球处于静止状态；远离小球处的流线回到初始均匀状态的过程要比势流的情况慢得多(图 9.10(b)和(c))。

以下，我们将逐步详细推导方程(9.36(a)和(b))给出的速度分量表达式。首先对球体周围的压强分布进行假设，给出一个试探函数；然后将该压强分布用于计算满足边界条件的速度场，并通过边界条件确定试探函数中包含的任意常数的取值。由于我们已经在前文证明了速度场的解具有唯一性，因而得到的解必然是正确的。

压强场的计算

压强场满足拉普拉斯方程(9.9)$\nabla^2 p=0$,因而 $p(\boldsymbol{r})$为调和函数。因此,我们可在球坐标系(r,θ,φ)下将 $p(\boldsymbol{r})$展开为 $1/r$ 的函数,具体形式为 $1/r$ 对坐标变量逐阶求导的线性组合。线性组合中的每一项都是拉普拉斯方程$\nabla^2 f=0$ 的解,对应于点电荷、偶极子、四极子等诱导的多极场。拉普拉斯方程解的首项为

$$\phi_0 \propto \frac{A}{r}$$

$$\phi_1 \propto \nabla\left[\frac{1}{r}\right]=-\frac{\boldsymbol{r}}{r^3}$$

于是可得$[\boldsymbol{\phi}_2]$,分量形式如下:

$$\phi_{2ij} \propto \left(\frac{\delta_{ij}}{r^3}-3\frac{x_i x_j}{r^5}\right)$$

假设静水压项可以忽略,且压力 p 的其他展开项在无穷远处等于零(即仅仅表现为一个附加常数);于是可知:函数 $p(\boldsymbol{r})$不包含任何常数项或者 r 的正幂次项。因此,我们采用满足问题对称性的、且最简单的项作为试探函数。由于 p 与 U 和 η 成正比(见第 9.2.4 节),因而压强场必须具备 $\phi\eta U$ 的形式,其中 ϕ 是上面引入的基函数的线性组合。唯一与 p 的标量形式相容的项是 ϕ_1 的分量,与 U 平行,即$(\partial/\partial z)(1/r)=-(\cos\theta)/r^2$(速度 U 方向上,形如$(\sin\theta\cos\varphi)/r^2$ 和$(\sin\theta\sin\varphi)/r^2$ 的项不具有关于 z 轴的对称特性)。此外,ϕ_0 项表示沿径向压强梯度,因此,流场中并不存在点源。于是,我们可得

$$p=C\eta U\frac{\cos\theta}{r^2}=-C\eta\boldsymbol{U}\cdot\nabla\left(\frac{1}{r}\right)=-C\eta\nabla\cdot\left(\frac{\boldsymbol{U}}{r}\right) \tag{9.38}$$

由上式可知,作用在球体上的力与速度和流体黏性成正比。现在,我们来进一步研究是否存在一个与该压强分布相对应的速度场,且该速度场同样服从斯托克斯方程以及球面处的边界条件。如果不存在相应的速度场,我们则需在展开式中增加 $p(\boldsymbol{r})$的高阶项(这种情况适用于比球形物体形状更复杂的物体)。

对应于压强分布的涡量场

从斯托克斯方程(9.8)出发,并结合方程(9.38),可得

$$\begin{aligned}-C\eta\nabla\{\nabla\cdot(\boldsymbol{U}/r)\}&=-C\eta\nabla\times\{\nabla\times(\boldsymbol{U}/r)\}-C\eta\nabla^2(\boldsymbol{U}/r)\\&=-\eta\nabla\times\boldsymbol{\omega}\end{aligned} \tag{9.39}$$

然而，考虑到

$$\nabla^2 \cdot \left(\frac{\boldsymbol{U}}{r}\right)=\boldsymbol{U} \cdot \nabla^2\left(\frac{1}{r}\right)=0 \tag{9.40}$$

于是可得

$$\boldsymbol{\omega}=C\nabla\times\left(\frac{\boldsymbol{U}}{r}\right)+\nabla g(\boldsymbol{r}) \tag{9.41}$$

通过对方程(9.41)两侧求散度可知，$g(\boldsymbol{r})$是拉普拉斯方程的解。然而，由于 $v_\varphi=0$ 且速度 $\boldsymbol{v}$ 与 φ 无关，于是仅有分量 ω_φ 非零。因此，未知函数 $g(\boldsymbol{r})$需具有 $\alpha\varphi+\beta$ 的形式，其中 α 和 β 为常数。与速度 $\boldsymbol{v}$ 类似，$\boldsymbol{\omega}$ 也无关于 φ，因此常数 α 为零。此外，由于 g 仅出现在梯度项中，我们不妨取 $\beta=0$，于是有函数 $g=0$。结合矢量恒等式$\nabla\times(m\boldsymbol{A})=m(\nabla\times\boldsymbol{A})+(\nabla m)\times\boldsymbol{A}$，可得

$$\boldsymbol{\omega}=C\,\nabla\times\left(\frac{\boldsymbol{U}}{r}\right)=-C\boldsymbol{U}\times\nabla\left(\frac{1}{r}\right) \tag{9.42}$$

即有

$$\omega_\varphi=CU\frac{\sin\theta}{r^2} \tag{9.43}$$

从涡量场估算流函数 Ψ

我们引入斯托克斯流函数 Ψ(第 3.4.3 节)：

$$v_r=\frac{1}{r^2\sin\theta}\frac{\partial\Psi}{\partial\theta} \tag{9.44}$$

$$v_\theta=-\frac{1}{r\sin\theta}\frac{\partial\Psi}{\partial r} \tag{9.45}$$

进而可以得到

$$\omega_\varphi=\frac{1}{r}\left(\frac{\partial(rv_\theta)}{\partial r}-\frac{\partial v_r}{\partial\theta}\right)=-\frac{1}{r\sin\theta}\frac{\partial^2\Psi}{\partial r^2}-\frac{1}{r^3}\frac{\partial}{\partial\theta}\left(\frac{1}{\sin\theta}\frac{\partial\Psi}{\partial\theta}\right) \tag{9.46}$$

将方程(9.46)代入方程(9.43)可得

$$-\frac{1}{r\sin\theta}\frac{\partial^2\Psi}{\partial r^2}-\frac{1}{r^3}\frac{\partial}{\partial\theta}\left(\frac{1}{\sin\theta}\frac{\partial\Psi}{\partial\theta}\right)=CU\frac{\sin\theta}{r^2} \tag{9.47}$$

考虑到 z 轴必须在一条流线上，因此我们可以假设流函数形如 $\Psi=U\sin^2\theta f(r)$，并进行变量分离。分离出与 $\sin\theta$ 相关的项之后，方程(9.47)可改写为

$$-\frac{1}{r}\frac{\partial^2 f}{\partial r^2}+\frac{2f}{r^3}=\frac{CU}{r^2} \tag{9.48}$$

上述方程对应的齐次解可表示为 L'/r 和$(M'r^2)$的形式，其中 L'和 M'为任意积分常数。方程(9.48)的一个特解为 $CUr/2$。于是，可令 $L=L'/U$ 和 $M=M'/U$，最终可得

$$\Psi = U\sin^2\theta\left(\frac{L}{r} + Mr^2 + \frac{Cr}{2}\right) \tag{9.49}$$

速度场的计算

从方程(9.44)和(9.45)出发可得速度场的分量如下：

$$v_r = U\cos\theta\left(\frac{C}{r} + \frac{2L}{r^3} + 2M\right) \tag{9.50a}$$

$$v_\theta = -U\sin\theta\left(\frac{C}{2r} - \frac{L}{r^3} + 2M\right) \tag{9.50b}$$

通过以下边界条件，我们可进一步确定出上述表达式中的待定常数：

(1)当 $r \to \infty$ 时，$\boldsymbol{v} \to 0$，因而 $M=0$；

(2)当 $r \to R$ 时，须满足 $v_r\big|_{\theta=0} = U$ 和 $v_\theta\big|_{\theta=\pi/2} = -U$。

最终可得：$C = 3R/2$ 和 $L = -R^3/4$。

于是，我们得到了方程(9.36)所示的速度分量；进一步可得以下压力场和涡量场的表达式($\boldsymbol{n}$ 为沿着径向方向 $\boldsymbol{OM}$ 的单位矢量)：

$$p = \frac{3}{2}\eta UR\,\frac{\cos\theta}{r^2} = \frac{3}{2}\eta R\,\frac{\boldsymbol{U}\cdot\boldsymbol{n}}{r^2} \tag{9.51}$$

$$\omega_\varphi = \frac{3}{2}UR\,\frac{\sin\theta}{r^2} = \frac{3}{2}R\,\frac{(\boldsymbol{U}\times\boldsymbol{n})_\varphi}{r^2} \tag{9.52}$$

9.4.2 作用在运动小球上的力：阻力系数

流体域无穷大的情况

利用上文推导的结果，我们可得作用在半径为 R 的小球上的阻力 $\boldsymbol{F}$ 为

$$\boldsymbol{F} = -6\pi\eta R\boldsymbol{U} \tag{9.53}$$

其中 $\boldsymbol{U}$ 为小球的运动速度，η 为流体的动力黏性系数。实验观测表明：雷诺数取值增加到 1 的量级时，方程(9.53)的预测与实验结果仍旧吻合很好(即便上述推导是严格建立在 $Re \ll 1$ 的前提下)。方程(9.53)所示的关系即为著名的**斯托克斯定律**(Stokes law)，并且阻力 $\boldsymbol{F}$ 与第 9.2.4 节给出的形式一致(方程(9.19b))。

证明：小球表面由于压强导致的正应力的形式如下：

$$\sigma_{rr} = \left[-p + 2\eta\left(\frac{\partial v_r}{\partial r}\right)\right]_{r=R} = \frac{3}{2}\,\frac{\eta U\cos\theta}{R} \tag{9.54a}$$

需要强调的是，速度梯度的贡献在小球的表面等于零。这种效

应导致正应力在 z 轴方向取最大值。此外，由于黏性的存在，会存在一个沿着小球表面切线方向的切应力(第 4 章附录 4A.2)：

$$\sigma_{r\theta}=\eta\left[\left(\frac{1}{r}\right)\frac{\partial v_r}{\partial\theta}+\frac{\partial v_\theta}{\partial r}-\frac{v_\theta}{r}\right]_{r=R}=\frac{3}{2}\frac{\eta U\sin\theta}{R} \tag{9.54b}$$

观察可知：当 $\theta=90°$时(即与 z 轴垂直的方向)，$\sigma_{r\theta}$ 取得最大值。应力张量的其他分量等于零；因此，球体表面任意点处单位面积上的合力形式如下：

$$\frac{\mathrm{d}\boldsymbol{F}}{\mathrm{d}S}=[\boldsymbol{\sigma}]\cdot\boldsymbol{n}=\sigma_{rr}\boldsymbol{e}_r+\sigma_{r\theta}\boldsymbol{e}_\theta$$

即

$$\frac{\mathrm{d}\boldsymbol{F}}{\mathrm{d}S}=-\frac{3}{2}\frac{\eta U\cos\theta}{R}\boldsymbol{e}_r+\frac{3}{2}\frac{\eta U\sin\theta}{R}\boldsymbol{e}_\theta=-\frac{3}{2}\frac{\eta\boldsymbol{U}}{R} \tag{9.55}$$

由于径向和垂直于径向的速度分量分别为($U\cos\theta$)和($-U\sin\theta$)，因此单位面积上的力 $\mathrm{d}\boldsymbol{F}/\mathrm{d}S$ 的方向恰好与 $\boldsymbol{U}$ 的方向相反，且与 θ 和 φ 无关。总阻力可以通过 $\mathrm{d}\boldsymbol{F}/\mathrm{d}S$ 与小球表面积 $4\pi R^2$ 相乘得到。

为了考虑重力的影响，我们可在压强 p 中增加静水压强 $-\rho_f gz$ 的贡献。通过在小球表面做积分可知，重力的效果其实就是阿基米德浮力($-\rho_f V_{\text{sphere}}g$)。

应用：低雷诺数下黏性流体中小球最终沉降速度的确定

我们考虑一个半径为 R、密度为 ρ_s 的小球，在密度为 ρ_f 以及动力黏性系数为 η 的无穷大流体域中的沉降问题。这种情况下，小球的最终沉降速度取决于斯托克斯阻力与球体自身重力的平衡，其中阿基米德浮力会对结果有所修正。最终沉降速度可表示为

$$V_{\text{terminal}}=\frac{2}{9}\frac{(\rho_s-\rho_f)gR^2}{\eta} \tag{9.56}$$

上面得到的小球最终沉降速度与流体黏性之间的关系已被应用于一些黏度计：对于已标定小球，可根据沉降已知的距离所需的时间来确定速度 V_{terminal}。在实际情况中，这种类型的黏度计令小球在比其直径略大的竖直管道中运动。由下文讨论可知：使用这种类型的黏度计时，需要对摩擦阻力进行修正。在使用之前，装置需首先使用黏性已知的液体进行标定。

阻力系数可以根据斯托克斯力计算得到，结合方程(9.20)可知

举例：考虑一个直径为 1 mm、密度为 $\rho_s=2.5\times10^3$ kg/m^3 的玻璃小球在甘油中沉降的情况。甘油的密度 $\rho_f=10^3$ kg/m^3，动力黏性系数 $\eta=1$ Pa·s。计算可得最终速度为 $V_{\text{terminal}}\approx10^{-3}$ m/s。这种情况对应的雷诺数为 $Re=10^{-3}$，$Re\ll1$ 得以很好的满足。

注：我们注意到，相比于通过量纲分析得到依赖关系的计算过程，准确地求解低雷诺数下流体对小球的作用力非常复杂(该问题具有对称性，最初看似十分简单，实则不然)。在流体力学中，通过建立系统无量纲参数间的关系、寻求能够反映物理机制的近似解的重要性往往被低估，比如方程(9.19b)式的推导过程。关系式中准确的数值系数与流动的几何特性相关，往往只能通过数值计算或者开展一系列的实验得到。

$$C_d = \frac{F}{(\pi R^2)\ \frac{1}{2}\rho U^2}$$

进而可得

$$C_d = \frac{24}{Re} \tag{9.57}$$

其中雷诺数的定义为 $Re=(2UR/\nu)$。阻力系数随 $1/Re$ 变化，与第 9.2.4 节中从量纲分析出发得到的结果一致；同时，也与第 4.5.3 节讨论泊肃叶流动时得到的结果一致。

壁面效应

小球沉降过程中，如果存在与其运动方向平行或者垂直的平面或者圆柱形壁面，那么黏性摩擦效应会被加强。在这些情况下，物体受到的斯托克斯阻力效应会被加强。

例如，小球在比其半径大 10 倍的圆柱形壁面内沉降时，相比于在无限大流体域中的情况，阻力会增加 20%。阻力的增加主要源于管壁的影响；此外，小球沉降排开流体的逆流也会造成阻力的增加，但影响较小。逆流效应的大小由小球在垂直于其运动方向的投影面积和管道截面积之比决定，该比值与小球和管道半径之比的“平方”成正比；然而，管壁造成的阻力增加效应直接正比于半径之比，而非其“平方”。

图 9.11 所示为小球在圆柱形管道中沿管道的轴线运动时诱导的流场的流线分布，参考坐标系分别固定在小球上(图 9.11(a))和管道上(图 9.11(b))。观察图 9.11(b)，我们可清楚地看到，由于管壁附近的向上的逆流(反向流动，与小球以及靠

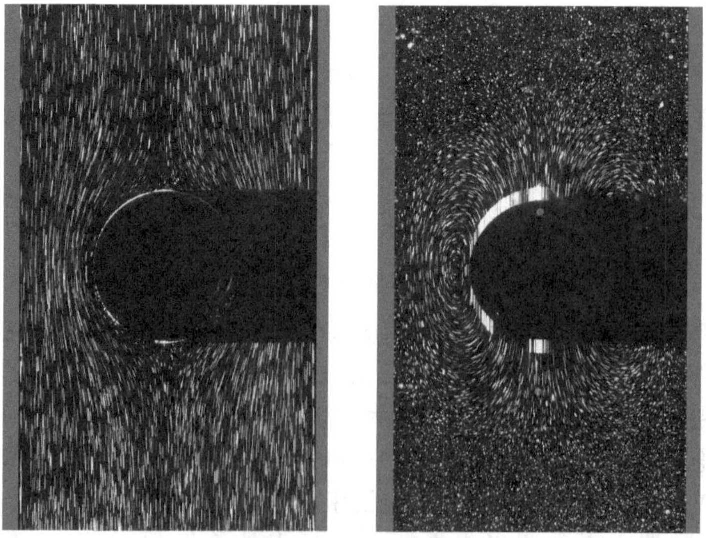

(a)　(b)

图 9.11　小球在充满甘油的竖直圆柱形管道中的沉降实验。管道直径 163 mm，是小球直径的两倍。雷诺数 $Re=0.1$。通过面光源照亮甘油中的镁颗粒来实现流场的可视化(光源位于图左侧，因而球体右侧区域会产生阴影)。(a)观测的视角相当于将相机固定在运动的小球上；(b)相机相对于管道的位置固定。在曝光时间内，球体的移动距离相对于直径很小(图片由 M. Coutanceau 提供)

近小球的流体的运动方向相反)引起的回流。这两种情况下，流线相对于小球的水平方向直径所在的平面对称。然而，当雷诺数较高时，流线的分布并非如此。

对于小球的运动方向垂直于平板的情况，小球非常靠近平板时所受到的阻力已在第 8.1.6 节的方程(8.33)中给出。这种情况下，方程(9.53)给出的阻力需乘以因子 R/h，其中 h 是球面与平板之间的最小距离，于是可得

$$\boldsymbol{F} = -6\pi\eta R\boldsymbol{U}(R/h)$$

特别需要注意的是，由于低雷诺数流动的可逆性，当小球靠近或者远离壁面时，该方程均适用。

注：我们可将适用于 $h \gg R$ 的方程(9.53)和适用于 $h \ll R$ 的表达式组合起来，得到一个统一的表达式：

$$\boldsymbol{F} = -6\pi\eta R\left(1+\frac{R}{h}\right)\boldsymbol{U}$$

上述方程在两个极限情况($R/h \gg 1$ 和 $R/h \ll 1$)下"先验"地成立；当 R/h 取中间值时，该方程给出的预测值与精确解(通过级数展开求解)相比误差在 6.5%以内。

9.4.3 斯托克斯近似在其他实验中的推广应用

斯托克斯问题可推广到具有其他几何形状的物体的情况，例如壁面附近的小球、旋转的小球、多球体的组合以及椭球体等(第 9.3.2 节中处理的圆柱形杆可视为一种极限情况)；或者更一般地说，可推广到固体小球被液体替代的情况。接下来，我们讨论一些这样的问题。

旋转的小球

一般情况下，物体的瞬时运动可分解为一个平动和一个转动的组合。除了小球的平动，我们接下来讨论小球绕自身轴线做旋转运动时诱导的流动(图 9.12)，无穷远处流场静止。这种情况下，计算可得速度场在方位角方向的分量为

$$v_\varphi(r,\theta) = \Omega R^3 \sin\theta / r^2 \tag{9.58}$$

与小球旋转方向相反的力产生的力矩(沿 z 轴方向)：

$$\boldsymbol{G} = -8\pi\eta R^3 \boldsymbol{\Omega} \tag{9.59}$$

该方程的形式与我们在第 9.3.2 节通过量纲分析得到的结果(方程(9.34))一致。

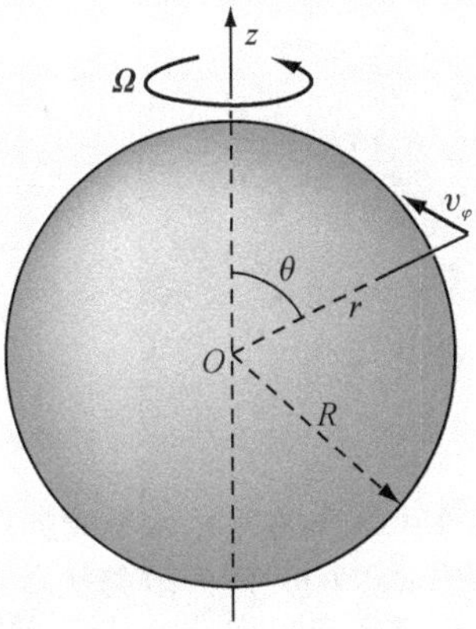

图 9.12　小球在黏性流体中旋转诱导的速度场

证明：由问题的对称性可知，速度的唯一非零分量为 v_φ，且仅与 r 和极角 θ 有关，同时有 $v_\varphi|_{r=R} = \Omega R\sin\theta$。此外，对称性的存在还要求压强与 φ 无关。在球坐标系下，沿 φ 方向的运动方程(第 4 章附录 4A.3)如下：

$$\eta\left(\frac{1}{r}\frac{\partial^2(rv_\varphi)}{\partial r^2} + \frac{1}{r^2}\frac{\partial^2 v_\varphi}{\partial\theta^2} + \frac{\cot\theta}{r^2}\frac{\partial v_\varphi}{\partial\theta} - \frac{v_\varphi}{r^2\sin^2\theta}\right) = 0$$

引入展开式 $v_\varphi(r,\theta) = f(r)g(\theta)$，由球面处的边界条件可得 $g(\theta) = \sin\theta$。于是，上述方程可简化为

$$\frac{\partial^2 f}{\partial r^2}+\frac{2}{r}\frac{\partial f}{\partial r}-\frac{2f(r)}{r^2}=0$$

通过寻求形如 $f\propto r^{\alpha}$ 的解，可得 $\alpha=1$ 或 $\alpha=-2$，但只有当 $\alpha=-2$ 时才能满足无穷远处速度为零的边界条件。进一步，只需选取一个乘数因子来满足球面处的边界条件，即可得到方程(9.58)。基于 $v_{\varphi}(r,\theta)$，我们可得到作用在球面上(即 $r=R$ 时)的唯一一个非零应力分量：

$$\sigma_{\varphi r}=\eta\left(\frac{\partial v_{\varphi}}{\partial r}-\frac{v_{\varphi}}{r}\right)=-3\eta\Omega\sin\theta$$

将 $\sigma_{\varphi r}$ 乘以距离 $R\sin\theta$，并在整个球面上积分，即可得到总阻力矩。最终可得方程(9.59)。

两小球间的相互作用

我们现在来考虑两个大小相同的小球在无限大的流体域中沉降的情况：两球彼此接近，一个小球运动诱导的速度场会影响到另一个小球的运动。沉降速度可以通过将一个小球的沉降速度与另一个小球运动所带来的影响叠加得到。由低雷诺数流动的可逆性(第 9.2.3 节)可知，两个小球的最终速度必须相同。在沉降的过程中，两球心连线不会发生旋转(无论其初始方向如何)，且球心的间距保持不变。两球表现出的总体运动类似于一个回转体，对称平面与轴线垂直。如图 9.13 所示为沉降速度 V_s 的倒数(采用无限大流域中单个小球的沉降速度 V_{s0} 做归一化处理)随 $d/2R$ 的变化关系，图示分别给出了球心连线是垂直或水平的两种情况。

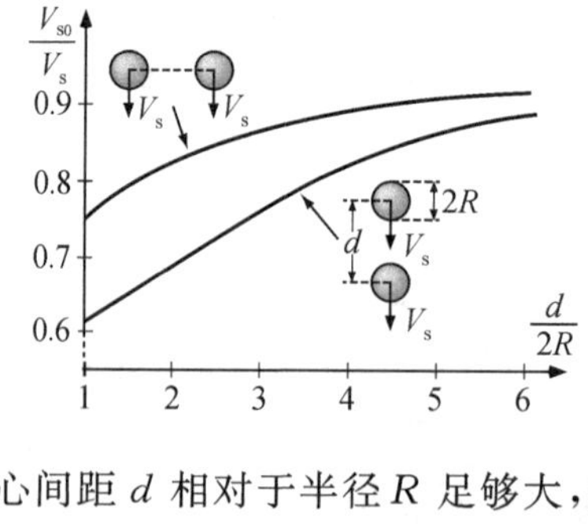

图 9.13 具有一定水平或竖直间距的两个相同小球在黏性流体中的沉降速度 V_s；V_{s0} 是流场中只有单个小球时的沉降速度

假设两球心间距 d 相对于半径 R 足够大，这种情况下，我们可在两球互相影响的速度场中忽略 $1/d^3$ 项的影响(方程(9.36))。当球心连线处于竖直方向时，每个球会对另一个球诱导一个量级为 $(3/2)V_sR/d$ 的速度分量 v_i，v_i 与沉降速度 V_s 的方向平行。考虑 v_i 的影响后，小球相对流体的运动速度小于 V_{s0}。但是两个小球的最终运动速度必须与单个小球的

最终运动速度 V_{s0} 相等，以确保小球所受的重力和黏性阻力达到平衡。于是可得

$$V_{s0} = V_s - v_i \approx V_s\left(1 - \frac{3}{2}\frac{R}{d}\right) \tag{9.60}$$

进而有

$$\frac{V_{s0}}{V_s} = \left(1 - \frac{3}{2}\frac{R}{d}\right) \tag{9.61}$$

当两球连接线沿水平方向时有

$$\frac{V_{s0}}{V_s} = \left(1 - \frac{3}{4}\frac{R}{d}\right) \tag{9.62}$$

需要指出：上述等式仅在两球体之间的距离足够大时才有效。图 9.13 中所示的 V_{s0}/V_s 与 $d/2R$ 的关系曲线是通过准确计算得到的。

液滴在与其不互溶的液体中的运动

我们考虑一个黏性为 η_i 的球形液滴，其中心固定在另外一种与之不互溶、黏性为 $\eta_e = \lambda\eta_i$ 的运动流体中，无穷远处的速度为 $\boldsymbol{U}$(图 9.14 所示)。通过方程(9.50)(取 $M=1/2$ 以便估计无限远处的速度值)的一般形式，我们可以确定液滴外部流体的速度场。对于液滴内部的流场，通过与前文类似的运算，可得以下形式的速度场：

$$v_r = U\cos\theta(A + Br^2) \tag{9.63a}$$

$$v_\theta = -U\sin\theta(A + 2Br^2) \tag{9.63b}$$

其中 A 和 B 是常数，需根据液滴表面边界条件(速度和剪切应力连续性)来确定。我们注意到，液滴内外两个速度场对 r 的依赖关系非常不同。因此可理解如下：一方面，液滴内部速度分布不同于方程(9.36(a)和(b))中给出的结果；另一方面，边界条件也不相同。液滴内部速度场的表达式中不会出现诸如 l/r^n $(n>0)$ 的项，因为液滴中心处的速度必须为有限大。

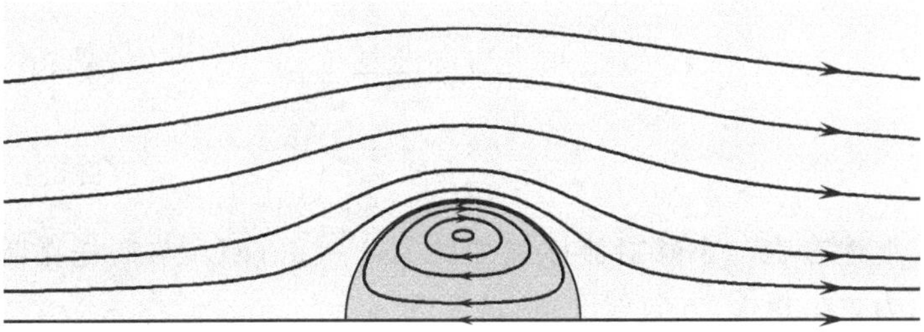

图 9.14　液滴内外流场的示意图，外部流动是在无穷远处为速度为 $\boldsymbol{U}$ 的均匀流(与图 9.10(b)所示的流动类似)

对于液滴内外两个流动，我们分别得到

• 液滴外部的速度场：

$$v_r = U\cos\theta\left[1 - \frac{3+2\lambda}{2(1+\lambda)}\frac{R}{r} + \frac{1}{2(1+\lambda)}\frac{R^3}{r^3}\right] \tag{9.64a}$$

$$v_\theta = -U\sin\theta\left[1 - \frac{3+2\lambda}{4(1+\lambda)}\frac{R}{r} - \frac{1}{4(1+\lambda)}\frac{R^3}{r^3}\right] \tag{9.64b}$$

• 液滴内部的速度场：

$$v_r = -U\cos\theta\,\frac{\lambda}{2(1+\lambda)}\left[1-\left(\frac{r}{R}\right)^2\right] \tag{9.65a}$$

$$v_\theta = U\sin\theta\,\frac{\lambda}{2(1+\lambda)}\left[1-2\left(\frac{r}{R}\right)^2\right] \tag{9.65b}$$

进一步可得作用在球形液滴上的斯托克斯阻力如下：

$$\boldsymbol{F} = 2\pi\eta_e R\boldsymbol{U}\,\frac{3+2\lambda}{1+\lambda} \tag{9.66}$$

对于在静止的流体中以速度 $\boldsymbol{U}$ 运动的小球，我们需在方程(9.66)的右侧添加负号。一方面，当 λ 趋近于零时(内部流体的黏度为无限大)，方程(9.66)会退化为斯托克斯方程(9.53)；另一方面，当 λ 的值趋于无穷大的时候，对应于气泡在黏性流体中运动的情况，此时可得

$$\boldsymbol{F} = 4\pi\eta_e R\boldsymbol{U} \tag{9.67}$$

由于两种情况下的边界条件不同，数值系数也有不同：分别为 6π 和 4π。在实际实验中，如果在液滴与外部流体的界面上添加表面活性剂，那么表面活性剂分子会镶嵌在界面上使液体小球更具刚性；这种情况下，数值系数的取值会在 6π 和 4π 之间。现实生活中，水中升起的气泡(即便含有少量杂质)往往属于这种情况。

作用在任意形状物体上的摩擦力——斯托克斯子的概念

对于小球在静止流体中的运动，当距离 $L \gg R$ 时，我们可以忽略方程(9.36a 和 b)所示的速度场中含有 $1/r$ 高阶项的影响，于是可得

$$v_r = \frac{3}{2}UR\,\frac{\cos\theta}{r} \tag{9.68a}$$

$$v_\theta = -\frac{3}{2}UR\,\frac{\sin\theta}{2r} \tag{9.68b}$$

将上述方程与小球对流体施加的力 $F = 6\pi\eta RU$(与斯托克斯阻力大小相等、方向相反)联立可得

$$v_r = \frac{F}{4\pi\eta}\,\frac{\cos\theta}{r} \tag{9.69a}$$

$$v_\theta = -\frac{F}{4\pi\eta}\,\frac{\sin\theta}{2r} \tag{9.69b}$$

通过方程(9.51)，我们也可以将远距离处($L \gg R$)的压强 p 表示为 F 的函数：

$$p = \frac{F}{4\pi} \frac{\cos\theta}{r^2} \tag{9.70}$$

可以证明：当物体在三个维度的尺寸有限，距离 r 远大于 R(R 表示三个纬度上的最大尺寸)，且参考系中 $\theta=0$ 的方向对应于 $\boldsymbol{F}$ 的方向，那么方程(9.69a 和 b)和与方程(9.70)适用于具有任意形状的物体。即便物体不具有球对称性或者是 $\boldsymbol{F}$ 与物体的运动速度 $\boldsymbol{U}$ 不平行，上述方程仍然有效。

令人些许惊讶的是：物体作用在流体上的力决定了远距离处的流速，而非物体的运动速度。事实上，物体的运动速度决定了界面处的边界条件，该效应只在近距离处起作用，当距离比较远时，作用不再显著。相比之下，物体作用在流体上的力 $\boldsymbol{F}$ 会在单位时间内产生动量。为了确保流场的定常特性，$\boldsymbol{F}$ 的贡献必须通过远离物体处向外输运的动量通量来补偿：因此，$\boldsymbol{F}$ 必须与该动量通过某个封闭物体的面(比如，一个球面)的总量相等。当积分球面半径远大于 R 时，总的动量通量必须与球面半径无关。在斯托克斯流动状态下，动量的传递仅通过黏性扩散来实现(我们将进一步发现：只有当 $r/R \ll 1/Re$ 时，这种情况才适用)：局部的动量通量由速度分量的梯度来决定，如果速度随着 $1/r$ 变化的话，那么动量通量随着 $1/r^2$ 变化。于是，对穿过半径为 r 的球面的动量通量的积分可通过表面积 $4\pi r^2$ 和 $1/r^2$ 相乘得到；容易理解：该结果为常数(对于速度是 r 的其他形式的函数的情况，这一结论不再适用)。因此，局部动量的扩散通量 $\boldsymbol{F}$ 决定了远距离处的速度场，而非靠近物体的流场。

实际上，如果力 $\boldsymbol{F}$ 施加在单个点，所得速度场将是一样的。这种情况下，方程(9.69a 和 b)将在相对 $\boldsymbol{F}$ 的作用点的所有距离处有效：这样的速度场和压力场称之为**斯托克斯子**(Stokeslet)。实际上，通过使用与粒子中心重合的一系列斯托克斯子，我们可以很好地建模分析由大量粒子运动诱发的速度场，除了靠近粒子的区域：基于这种方法的模拟技术称之为**斯托克斯动力学**(Stokesian dynamics)。

作用在形状任意的物体上的摩擦力

这一问题已在第 9.3.2 节有所提及。对于不同几何形状的物体，我们可以通过不同的系数把力的分量与相应的速度分量联系起来。

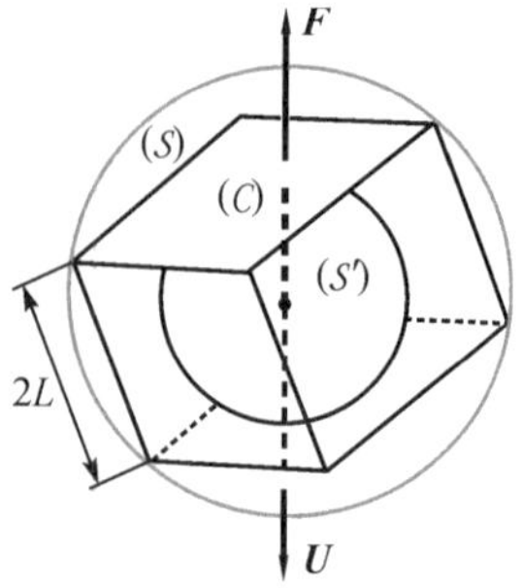

图 9.15 近似计算以速度 $\boldsymbol{U}$ 运动的立方体，所受阻力 $\boldsymbol{F}$ 的几何示意图

根据能量最小耗散定理（第 9.2.3 节），我们可以估计作用于棱长为 $2L$、运动速度为 $\boldsymbol{U}$ 的立方体的斯托克斯阻力（图 9.15）。首先需要注意：根据前文（第 9.3.2 节，示例(ii)）可知，作用在立方体上的力 $\boldsymbol{F}$ 与立方体相对于速度 $\boldsymbol{U}$ 的取向无关，且 $\boldsymbol{F}$ 总是与 $\boldsymbol{U}$ 平行但方向相反。我们考虑一个与立方体$(\mathcal{C})$相外接的球体$(\mathcal{S})$，其半径为$\sqrt{3}L$。接下来，我们使用一个通过叠加得到的速度场 $\boldsymbol{v}_s(\boldsymbol{r})$来替代立方体$(\mathcal{C})$周围的真实速度场$\boldsymbol{v}_c(\boldsymbol{r})$；$\boldsymbol{v}_s(\boldsymbol{r})$由外接球$(\mathcal{S}$，假定为固体小球)周围的速度场和在$(\mathcal{S})$和$(\mathcal{C})$之间的均匀速度场 $\boldsymbol{U}$ 叠加所得。其中速度场 $\boldsymbol{U}$ 满足$(\mathcal{S})$和$(\mathcal{C})$上的边界条件，且这个解对应的能量耗散要高于真实解的情况。将斯托克斯定律应用于绕球体流动的流场中，可得能量耗散的上限，即

$$-\boldsymbol{F}\cdot\boldsymbol{U}<6\pi\eta\sqrt{3}LU^2$$

其中 F 和 U 分别为力和速度的大小，而 $-\boldsymbol{F}\cdot\boldsymbol{U}$ 是绕立方体$(\mathcal{C})$流动的真实的能量耗散率。不等式的右端项代表半径为$\sqrt{3}L$ 的小球引起的耗散功率。由于流速是均匀的，因而球体$(\mathcal{S})$和立方体$(\mathcal{C})$之间的能量耗散率为零。类似地，我们同时考虑一个立方体$(\mathcal{C})$内半径为 L 的内切球面$(\mathcal{S}')$内的能量耗散率。相较于$(\mathcal{S}')$和$(\mathcal{C}')$之间充满速度为 $\boldsymbol{U}$ 的均匀流动或是$(\mathcal{C})$表面围绕某一未知流型等情况，单由球面$(\mathcal{S}')$引发的能量耗散率更低，因此它对应耗散率的下限，即 $6\pi\eta LU^2$。结合这两个不等式，我们可知作用在立方体上的力 $\boldsymbol{F}$ 的范围为

$$6\pi\eta L\,|U|<|F|<6\pi\eta\sqrt{3}L\,|U|$$

需要指出的是，所得上下限与真实解非常接近。一般而言，对于最大尺寸量级为 $L_{\max}$ 的有限大物体而言，作用在该物体上的力非常接近作用在直径为 $L_{\max}$ 的球体上的力。

长圆柱形物体上的作用力

经过详细的计算可得：半径为 R、长度为 L 的杆受到的作用力在与重力平行($F_{\parallel}$)和垂直($F_{\perp}$)方向分量分别为

$$F_{\parallel}\simeq-\frac{2\pi\eta LU}{\log\left(\dfrac{L}{R}\right)-\dfrac{3}{2}+\log 2}\tag{9.71a}$$

$$F_{\perp}\simeq-\frac{4\pi\eta LU}{\log\left(\dfrac{L}{R}\right)-\dfrac{1}{2}+\log 2}\tag{9.71b}$$

这两个力的比值非常接近于 2：这一结果可用于计算圆杆沉降过程中偏离竖直方向的夹角，以及螺旋体旋转所产生的力（第 9.3.2 节）。与具有其他几何形状的物体类似，这两个力

注： 基于上述讨论的球形物体的情况，我们可以估算聚合物大分子的沉降速度的数量级。聚合物分子在溶液中具有球形或胶束形的结构。虽然这些分子并非密排，我们仍然可定义一个与斯托克斯方程兼容的**流体动力学半径**(hydrodynamic radius) R_h。R_h 通常与物体的外接球的半径处于同一量级。实际实验中，可以通过光散射技术确定 R_h。

的值也非常接近于半径为 $L/2$ 的外接球体的受力。这是低雷诺数下流体动力长程作用的又一个例子：运动物体自身的形状对远离物体处的速度场以及作用力的影响非常微弱。

9.5 低雷诺数情况下斯托克斯方程的局限性

9.5.1 奥森方程

本章初始，在推导斯托克斯方程的过程中，我们假设：相对于运动方程中的黏性项，惯性项 $(\boldsymbol{v}\cdot\nabla)\boldsymbol{v}$ 和非定常项 $\partial\boldsymbol{v}/\partial t$ 的影响可以忽略。接下来，我们首先以圆球绕流为例，说明在距离小球足够远的地方，该假设将不再成立。这种情况下，斯托克斯方程不再适用，需用**奥森方程**（Oseen's equation）替代。

远离小球处流体的动能

在离小球较远的地方（$r\gg R$），速度场（方程（9.36a 和 b））可以近似地表示为

$$v_r \approx \frac{3}{2}\frac{R}{r}U\cos\theta \tag{9.72a}$$

$$v_\theta \approx -\frac{3}{4}\frac{R}{r}U\sin\theta \tag{9.72b}$$

推导可得单位体积流体动能 e_k 的下限为

$$e_k=(1/2)\rho v^2(r) > (9/32)\rho U^2(R^2/r^2)$$

因此，介于半径为 r 和 $r+\mathrm{d}r$ 的球面之间的动能变化量 $\mathrm{d}E_k$ 满足：

$$\mathrm{d}E_k=e_k\,4\pi r^2\mathrm{d}r > (9\pi/8)\rho U^2R^2\mathrm{d}r \tag{9.73}$$

如果我们在整个物理空间做积分，得到的动能会是无限大，这说明斯托克斯方程在离球体很远距离的地方不再适用。

远离小球处的对流和加速效应——奥森方程

假设小球（$\mathcal{S}$）在无穷远处静止的黏性流体中以速度 $\boldsymbol{U}$ 运动，雷诺数 $Re=(2\rho UR/\eta)\ll 1$。当 $L\gg R$ 时，我们来估计纳维-斯托克斯方程中各项的数量级。在距离 L 处，速度的数量级为 $v\approx U(R/L)$（方程（9.72a 和 b））。在观察者位置固定、与小球（$\mathcal{S}$）的距离为 L 的参考系下，即便小球（$\mathcal{S}$）的速度是恒定的，小球（$\mathcal{S}$）运动引起的速度场也并非是定常的：由方程（9.36a 和 b）给定的速度场实际上取决于观察者与小球（$\mathcal{S}$）的距离，由于小球的运动，该距离是变化的。于是有：

$$\frac{\partial \boldsymbol{v}}{\partial t}=-(\boldsymbol{U}\cdot\nabla)\boldsymbol{v}$$

进一步估计可知

$$\rho\left|\frac{\partial \boldsymbol{v}}{\partial t}\right|\approx\rho U\left|\frac{\partial \boldsymbol{v}}{\partial r}\right|\approx\rho U\left(U\frac{R}{L}\right)\frac{1}{L}=\rho\frac{U^2R}{L^2}$$

证明：在 t 和 $t+\mathrm{d}t$ 时刻，小球球心的位置分别记为 O 和 O'。相对于 $r\gg R$，如果我们定义 t 时刻半径矢量为 $\boldsymbol{r}=\boldsymbol{OM}$，那么在 $t+\mathrm{d}t$ 时刻的半径矢量为 $\boldsymbol{O'M}=\boldsymbol{O'O}+\boldsymbol{r}=-\boldsymbol{U}\mathrm{d}t+\boldsymbol{r}$。于是，在定点 M 处，从 t 到 $t+\mathrm{d}t$ 时刻，速度的变化量为 $\boldsymbol{v}(\boldsymbol{r}-\boldsymbol{U}\mathrm{d}t)-\boldsymbol{v}(\boldsymbol{r})=-(\boldsymbol{U}\cdot\nabla)\boldsymbol{v}\mathrm{d}t$。进一步，使用该变化量来代表$\partial\boldsymbol{v}/\partial t\mathrm{d}t$，即可得到所需的量级。

显然，非定常项 $\rho\partial\boldsymbol{v}/\partial t$ 随 $1/L^2$ 衰减，然而黏性应力的量级随 $1/L^3$ 变化：

$$\eta\left|\nabla^2\boldsymbol{v}\right|\approx\eta\left(U\frac{R}{L}\right)\frac{1}{L^2}\approx\eta\frac{UR}{L^3}$$

这两项之比在 $\rho UL/\eta$ 量级，且随距离的增加而增加。因此，在距离小球 L 的地方，我们有

$$\frac{L}{R}\approx\frac{1}{Re}\quad 或\quad L\approx\frac{\nu}{U}$$

于是可得 $\rho UL/\eta\approx1$，且准定常流动的假设不再有效。另一方面，对于无穷远处静止的流体，对流项$(\boldsymbol{v}\cdot\nabla)\boldsymbol{v}$ 满足：

$$\left|\rho(\boldsymbol{v}\cdot\nabla)\boldsymbol{v}\right|\approx\rho\frac{U^2R^2}{L^3}\ll\eta\left|\nabla^2\boldsymbol{v}\right|\approx\eta\frac{UR}{L^3}$$

因此，该项随 $1/L^3$ 变化；当 $Re\ll1$ 时，其影响仍可忽略不计。

接下来，我们考虑一个无穷远处流体速度恒定为 $\boldsymbol{U}$ 的流场，其中置有一个静止小球。不同于上文讨论的情况，在该问题中，无论观察者所处位置如何，非定常项$\partial\boldsymbol{v}/\partial t$ 始终为零。在足够大的距离处，流体速度 $\boldsymbol{v}$ 的大小趋近于 $\boldsymbol{U}$，对流项$(\boldsymbol{v}\cdot\nabla)\boldsymbol{v}$ 非常接近于$(\boldsymbol{U}\cdot\nabla)\boldsymbol{v}$。因此，相对于黏性耗散项，量级为 $\rho U^2R/L^3$ 的对流项即便在距离很远的地方也不能被忽略。

注：对于远离球体处的流动，奥森方程可给出比斯托克斯方程更好的描述；然而在球体附近，奥森方程不再正确，因为它对非线性项和加速度项的估计不再正确。在距离为 $R\ll L\ll R/Re$ 的过渡区域，需使用更复杂的方法（渐近展开）将两种类型的解联系起来。$\boldsymbol{F}$ 的实际值介于斯托克斯方程（方程(9.53)）和方程(9.75)的预测值之间，近似满足：

$$F\simeq-6\pi\eta RU\sqrt{1+\frac{3}{16}Re}+O(Re^2)$$

因此，在无限大体积的流场中，在离物体足够近的区域，由于速度场只是轻微地衰减，相应的误差也可能变大，因此斯托克斯方程仅是近似地成立。在远离球体处，我们需用**奥森方程**（Oseen's equation）来替代斯托克斯方程作一阶近似：

$$\rho(\boldsymbol{U}\cdot\nabla)\boldsymbol{v}=-\nabla p+\eta\nabla^2\boldsymbol{v}\tag{9.74a}$$

回到前文讨论的第一种情况：球体以恒定速度在无穷远处静止流体中运动；我们仅需要将上述得到的随时间变化的项 $\rho\partial \boldsymbol{v}/\partial t=-(\boldsymbol{U}\cdot\nabla)\boldsymbol{v}$ 添加到斯托克斯方程中，即可得到

$$\rho(-\boldsymbol{U}\cdot\nabla)\boldsymbol{v}=-\nabla p+\eta\nabla^2\boldsymbol{v} \tag{9.74b}$$

通过上述方程，可得修正之后的阻力 $\boldsymbol{F}$ 的表达式：

$$\boldsymbol{F}=-6\pi\eta R\boldsymbol{U}\left(1+\frac{3}{16}Re\right)+O(Re^2) \tag{9.75}$$

其中 $Re=2RU/\nu$。

不同于斯托克斯流动，此处所得速度场相对于垂直于流动方向的小球直径所在的平面并不对称。图 9.16 给出了小球在无穷远处静止的流体内运动诱导的流场的流线。流线在小球后端比在其前端更加靠近彼此（涡量在下游更加集中）。事实上，在长度尺度 $L\approx R/Re$ 上，由小球运动在局部产生的涡量并不能很快地在上下游区域扩散至均匀分布，这些涡量会被优先拖拽到小球的后方。在第 10.7 节，我们将看到在高雷诺数或大距离的情况下（$L\gg R/Re$），上下游流场的不对称性表现为速度梯度产生的范围仅局限于物体下游狭窄的尾迹区内（但这仅是对于流线型物体而言成立，这类物体的尾迹区内仍保持为层流）。

注： 对于形状任意且三个维度上尺寸均有限大的物体，在远离物体处，前文的分析结果仍然有效。在远离物体的大距离处，速度场的主导项仍然具备 $1/r$ 的量级，且前文的近似假设仍然适用。

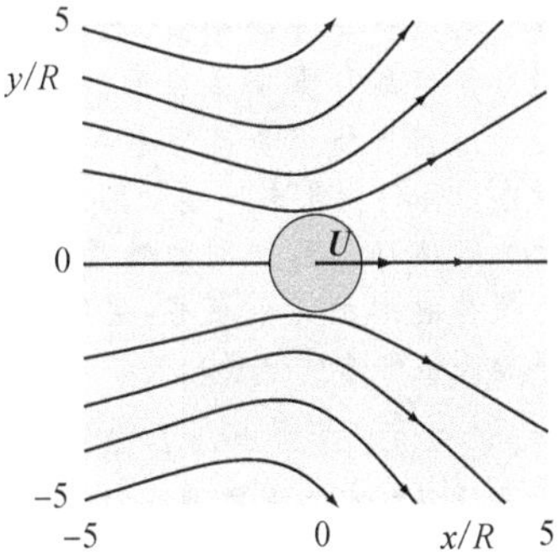

图 9.16 以恒定速度绕圆球的非对称流动（$Re=0.5$）。图示流场通过求解奥森方程得到；选取的参考系中，无穷远处流体处于静止状态。流场的构型可对比于图 9.10(a)（雷诺数远小于 1）所示的流场（图示由 IUSTI 的 E. Guazzelli 提供）

9.5.2 均匀流动中流体作用在无限长圆柱体上的力（$Re\ll 1$）

假定半径为 R 的无限长圆柱体位于速度恒定为 $\boldsymbol{U}$ 的流场中，圆柱的轴线和速度场 $\boldsymbol{U}$ 的方向相垂直。这个问题的关键是**斯托克斯悖论**（Stokes paradox）：同时满足圆柱表面边界条件和无限远处边界条件的斯托克斯方程的解不存在。针对这个数学结果的物理解释之一为：在仅由黏性控制的二维流动中，速度场和压力场的衰减速度比圆球绕流的情况要缓慢很多。通过类似于第 9.4.1 节的分析方法，我们可得速度随 $\log(r)$ 变化，压强随 $1/r$ 变化（圆球绕流情况下，它们分别随 $1/r$ 和 $1/r^2$ 变化）。对流场动能的计算（第 9.5.1 节）结果表明，介于半径为 r 和 $r+\mathrm{d}r$ 的圆柱面之间的动能随 r 的增加而增加：这类流场因此不能进行斯托克斯近似处理；由上文讨论可知，这种近似处理仅在距离物体较近处有效。

于是可知，虽然奥森方程在圆柱体附近无效（如同圆球绕流的情况），但它仍可给出单位长度圆柱受到的阻力的一阶近似：

注：假定速度 $v(r)$ 是 r 的函数，且当 $r \gg R$ 时，$v(r)$ 具有 $Uf(r)$ 的形式（R 为圆柱半径）。于是，黏性应力（以及压强）随 $\eta U \mathrm{d}f/\mathrm{d}r$ 降低。这种情况下，动量通量必须通过在半径为 r、单位长度的圆柱面（不再是球面）上积分得到：乘积 $(2\pi r)\eta U \mathrm{d}f/\mathrm{d}r$ 与单位长度上的力 $\boldsymbol{F}$ 成比例，且不依赖于 r。因此，$r\mathrm{d}f/\mathrm{d}r$ 须为常数，由此可得 $f(r) \propto \log r$、$p(r) \propto 1/r$ 以及 $F \propto \eta U$。基于 $f(r)$ 的变化特性，我们可得：介于半径为 r 和 $r+\mathrm{d}r$ 的两个圆柱面之间，单位长度上流体的动能形式为 $U^2 r \log^2 r$，且随着 r 的增加而增加。

注：在离圆柱体足够远的位置处（$R^2/r^2 \ll 1$），速度场中随 $\log(r)$ 的变化项起主导作用。类似于圆球绕流的情况，更准确的计算需要利用渐进展开的形式，在圆柱附近使用斯托克斯方程的解，而在远处需要使用奥森方程的解。对在流体静止状态下运动圆柱体的求解将可得到相同的结果（阻力项需要添加一个负号，且需要添加圆柱的速度分量）。

注：在第 9.5.1 节中，ν/U 表示斯托克斯方程中非定常项和对流项不可忽略时对应的距离。

$$
\begin{aligned}
\boldsymbol{F} &= \frac{4\pi\eta U}{(1/2)-\gamma-\log(Re/8)} \\
&\cong \frac{4\pi\eta U}{2-\log Re}
\end{aligned}
\tag{9.76}
$$

其中雷诺数的定义为 $Re=2UR/\nu$，$\gamma \cong 0.577$ 为欧拉常数。

在满足 $Ur/\nu \ll 1$ 的小距离内，流动仍然服从斯托克斯方程。当满足圆柱边壁零速度边界条件且单位长度上圆柱的受力由方程(9.76)给出时，可得到以下形式的流函数：

$$
\Psi = \frac{U}{2(2-\log Re)}\left(2r\log\frac{r}{R} - r + \frac{R^2}{r}\right)\sin\varphi
$$

其中 $Re=2UR/\nu$。于是，圆柱附近流场沿径向和法向的速度分量分别为

$$
\begin{aligned}
v_r &= \frac{1}{r}\frac{\partial\Psi}{\partial\varphi} \\
&= \frac{U}{2(2-\log Re)}\left(2\log\frac{r}{R} - 1 + \frac{R^2}{r^2}\right)\cos\varphi
\end{aligned}
\tag{9.77a}
$$

$$
\begin{aligned}
v_\varphi &= -\frac{\partial\Psi}{\partial r} \\
&= -\frac{U}{2(2-\log Re)}\left(2\log\frac{r}{R} + 1 - \frac{R^2}{r^2}\right)\sin\varphi
\end{aligned}
\tag{9.77b}
$$

有趣的是，对比方程(9.76)和方程(9.71b)可知：无限长圆柱与长度有限为 L 的圆柱上，单位长度的受力是相似的。但是，对于无限长圆柱体，因子 L/R 被替换为 $1/Re$，即：L 被替换为 ν/U。这表明 ν/U 意味着一个最大距离，超过该最大距离后，沿圆柱长度的不同部分彼此不再相互影响。

9.6 悬浮液动力学

在本章最后的第 9.6 和 9.7 节中，我们讨论悬浮液和多孔介质中的低雷诺数流动。首先，这类流动与本章前文讨论的内容截然不同，我们要处理的流动中无序地分布着大量的固体颗粒。在悬浮液中，这些颗粒可自由运动；然而在多孔介质中，颗粒的位置是固定的。此外，我们的讨论将重点关注流动的平均规律，并不针对绕单个粒子周围的速度场展开分析。这些问题在一定的程度上与多孔介质中高浓度悬浮液的流动规律相关。

对颗粒悬浮问题的研究具有重要的实用价值，涵盖了诸如颗粒沉降、悬浮液流动（黏土、钻井液、水泥，以及意大利面等可挤压食品）以及**流化床**（fluidized bed）的运行等问题；流化床是指从装置底部向上注入射流从而使得固体颗粒处于分散的悬浮状态，这种方法在工业中应用广泛。

悬浮液的性质紧密依赖于悬浮颗粒的尺度 L。对于非常小的布朗颗粒（第 1.3.1 节），热运动的影响非常显著。对于大颗粒而言，流体动力占主导地位。这两种机制的相对重要性可以通过佩克莱数 Pe 来衡量（方程（2.16））：

$$Pe = UL/D$$

其中 U 为流速，D 是颗粒的布朗扩散系数。此处，佩克莱数定义为球形颗粒在其半径 R 的尺度上的扩散时间与同量级距离 R 上的对流时间之比。根据第 1 章讨论可知，颗粒布朗运动的扩散系数 D 满足方程（1.48）：

$$D = \frac{k_B T}{6\pi\eta R}$$

其中 R 为颗粒的半径，η 为流体的动力黏性系数。颗粒在距离 R 上的布朗扩散特征时间为 $\tau_D \approx R^2/D$。对于特征速度为 $U \approx \dot{\gamma} R$ 的运动颗粒，对流的特征时间为 $\tau_C \approx R/U \approx 1/\dot{\gamma}$（其中 $\dot{\gamma}$ 为流动剪切率）。因此，佩克莱数满足以下关系：

$$Pe = \frac{\tau_D}{\tau_C} = \frac{6\pi\eta\dot{\gamma}R^3}{k_B T} \tag{9.78}$$

我们“先验地”认为：从 $Pe \leqslant 1$ 的布朗运动行为到 $Pe \gg 1$ 的非布朗运动行为的转化依赖于流场的剪切率 $\dot{\gamma}$。然而，由于因子 R^3 的指数较大，所以颗粒的大小基本上决定了两种运动类型之间的过渡区域。在实际中，普遍认为布朗运动和非布朗运动的过渡对应的颗粒尺寸量级为 1 μm。

证明：我们考虑环境温度下水中的悬浮颗粒。极限值 $Pe \approx 1$ 对应剪切率为 $\dot{\gamma} \approx 1\ s^{-1}$ 的流场中直径为 1 μm 量级的颗粒。环境温度下，在剪切率为 1 s^{-1} 的流动中，直径为 1 μm 的颗粒对应的布朗扩散系数为 $D \approx 1\ \mu m^2/s$，相应的扩散特征时间为 $\tau_D \approx R^2/D \approx 1$ s，佩克莱数的量级为 1。这种巧合的参数组合或许可以帮助我们记住两种运动行为的转化点。若以微米和秒作为物理量的基本单位，归纳可知数量级：

$$2R \approx D \approx \dot{\gamma} \approx \tau_D \approx Pe \approx 1 \tag{9.79}$$

注：在讨论小物体的流体力学行为时还有一个必须要考虑的因素：颗粒之间的**范德瓦耳斯力**（van der Waals force）；或者当颗粒带有电荷且液体中有极性分子时对应的静电力。当颗粒彼此之间非常接近时（<100 nm），颗粒之间的相互作用将起主导作用（这通常对应胶体的情况）。

9.6.1 悬浮液流变性质

稀释的悬浮液会表现出均匀牛顿流体的性质，黏性系数 η 大于纯流体的黏性系数 η_0。1905 年，爱因斯坦在他关于布朗运动理论的著名论文中推导了悬浮液黏性应满足的方程：

$$\eta=\eta_0(1+2.5C) \tag{9.80}$$

其中 $C(\ll 1)$ 是悬浮液中颗粒占据的体积分数（即颗粒占据的体积与悬浮液总体积之比）。这个结果非常简单且具有普适性，与颗粒是否为布朗运动无关，也与流动类型无关。该结论的唯一假设是颗粒之间没有动力相互作用：这种情况下，我们只需考虑单个粒子对流体的扰动，然后将所有粒子引起的扰动叠加即可。这种叠加意味着悬浮颗粒对黏性的整体贡献与体积分数 C 成比例。完整的证明需要计算由于颗粒存在引起的悬浮液能量耗散的增加，该证明过程比较复杂。

方程(9.80)的定性证明

如图 9.17 所示，想象在悬浮液中随机画一条直线 L，并考虑沿该直线的动量输运。动量输运过程在两颗粒之间的流体区域 DE 中是扩散型的，但是会几乎瞬间地在 EF 段（固体颗粒内部）传递，这种现象可有效地加速动量传递。总的来说，由于颗粒的通过，线条 L 的长度似乎被缩短了。根据下面的体视学定理可知，沿着悬浮液中随机给出的线段，被固体颗粒占据的长度百分比与颗粒的体积分数 C 相等。于是，就平均值来说，线段 DE 和 DF 的长度之比为

$$\frac{DE}{DF}=1-\frac{EF}{DF}=1-C$$

沿着 DF 连线，以两种不同的方式给出动量扩散特征时间 τ_D 的表达式，我们可得

$$\tau_D=\frac{DF^2}{\eta/\rho}=\frac{DE^2}{\eta_0/\rho}=\frac{[DF(1-C)]^2}{\eta_0/\rho}$$

第一个表达式中涉及到悬浮颗粒和液体的总体黏性；在第二个表达式中仅包含流体的黏性系数，因为流体中的扩散仅在距离 DE 上发生。将浓度 C 一阶展开，可得 $\eta_0=\eta(1+2C)$，该式与准确解吻合。

体积分数 C 增加至几个百分数时，方程(9.80)的预测结果也是正确的。此时，颗粒间的平均距离为其半径的 5～10 倍。这种情况下，尽管颗粒导致流体动力学扰动衰减缓慢（该扰动正比于颗粒半径和与相邻颗粒间距的比值），我们仍可合

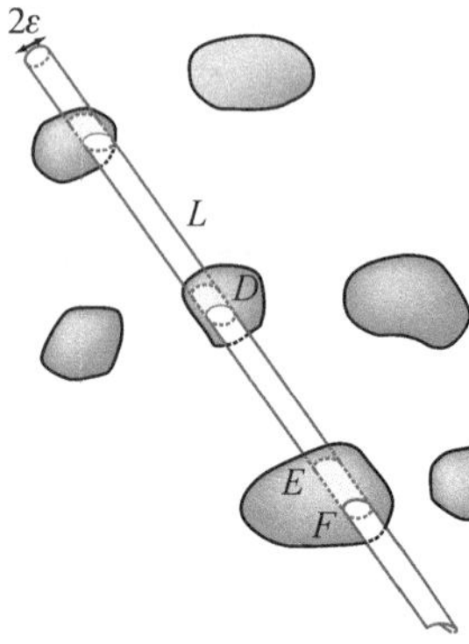

图 9.17 颗粒悬浮以及估算黏性系数方法的示意图

粒子浓度与在悬浮液中随机选取的线段上截取的分数之间的关系：在颗粒非均匀分布的悬浮液中，随机选取一条直线 L（如图 9.17）：可想象为我们在悬浮液中构造了一个半径为 ε 的无穷小的圆柱体（ε 远小于颗粒的所有特征尺寸）。圆柱的体积分数，与位于颗粒内部的线段 L 的长度分数相等：在计算体积比的过程中，相同的因子 $\pi\varepsilon^2$ 在分子和分母中同时出现。如果长度 L 远大于单个颗粒的尺寸，且颗粒在悬浮液中均匀分布，同时考虑到圆柱体随机穿过悬浮液，那么圆柱内固体的体积分数和整个系统中的平均体积分数相等。

理地忽略相邻颗粒对单个颗粒运动的影响。如果进一步增加浓度，前文近似解中忽略的项会大于黏性的一阶校正项。我们必须考虑颗粒间的流体动力学作用。在一阶近似下，只需考虑颗粒对之间相互作用的贡献；然后在悬浮液中将所有颗粒对的贡献求和，所得悬浮液的黏性中包含与体积分数 C 的平方成正比的项：

$$\eta_0 = (1 + 2.5C + kC^2) \tag{9.81}$$

然而，尽管做了上述简化，该方程的推导过程仍然相当复杂(部分原因在于颗粒对速度的扰动衰减缓慢)。此外，C^2 项的系数 k 依赖于悬浮液的流动特性以及颗粒的布朗运动性质(k 的值介于 5.2 和 7.6 之间)：这些变化反映了流动对颗粒空间排列的影响(团簇的形成、椭圆体颗粒的排列取向等)。因此，由于颗粒链临时形成，同样的悬浮液在经历拉伸流动和剪切流动时表现出的黏性并不相等。因此悬浮液的黏性取决于流动性质和速度，同时也可能是时间的函数(第 4.4.3 节)。

9.6.2　悬浮液中颗粒的沉积

稀释悬浮液中颗粒的沉积

由第 9.4.3 节讨论可知，一个颗粒运动诱导的流场会对另一个颗粒运动造成影响，并且这种相互作用会增加两个小球的沉降速度。然而，对于含有大量颗粒的悬浮液，由于每个颗粒周围都有反向流速度 $\boldsymbol{v}_c$，因而这种效应并不会表现出来(图 9.18(a))。这种反向流动在图 9.11(b)所示的流场中可见：它们确保了不可压缩流动中垂直于颗粒运动方向的任意横截面上的流量守恒。

在稀释悬浮液中，体积分数为 C 的颗粒的沉降速度 V_s 小于孤立单一粒的沉降速度 V_{s0}。对于颗粒向着一个无限远的平面沉降的理想几何模型来说，我们可得

$$V_s(C) = V_{s0}(1 - 6.5C) \tag{9.82}$$

该方程式是关于浓度 C 的一阶近似，并且考虑了颗粒对之间的相互作用。通过更加复杂的计算，我们可估计浓度 C 的二阶近似；这种情况下，我们需要对粒子的相对分布提出假设，这种分布在实际中往往是未知的。此外，由于衰减速度量级为 $1/r$ 的长程效应(速度随距离的衰减很缓慢)，我们的计算不能再局限于颗粒附近由于长程力引起的相互作用。

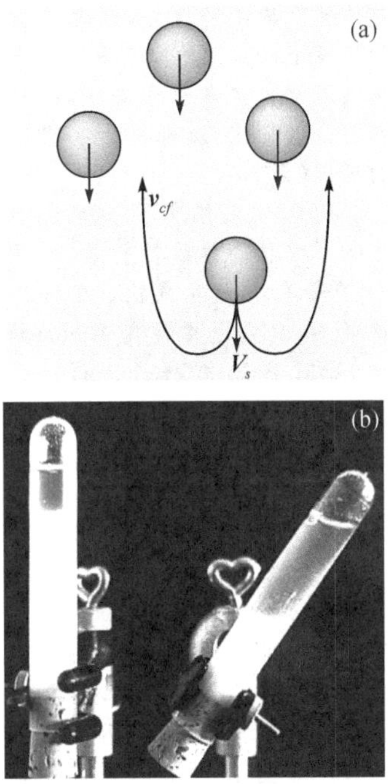

图 9.18　(a)竖直管中悬浮颗粒沉降时出现的局部逆流效应；(b)悬浮颗粒在与竖直方向存在一个夹角的斜管中沉降时出现的波义考特效应。两个管子中悬浮液的浓度相同，且两管被同时翻转至图示的角度(图片由 L. Petit 提供)

浓度非均匀性的影响——波义考特效应

当悬浮液中同一水平面上颗粒的浓度分布不均匀时会导

致悬浮液平均浓度产生一个水平梯度。如第 4.5.5 节所示，这种梯度会引起回流运动：局部速度的垂直分量会加快或减慢沉降过程。壁面几何形状（例如球形）也可能造成这种运动的发生。

源于类似机制的还有**波义考特效应**（Boycott effect），该效应是 A. E. Boycott 观察红细胞在偏离竖直方向放置的管道中沉降时最先发现的；在管道倾斜的情况下，红细胞的沉降比在竖直管中发生的更快（图 9.18(b)）。在竖直管中，沉降速度可由方程(9.82)估计，且该沉降速度会由于逆流的存在而减慢。在倾斜管中，与管轴线垂直的重力加速度分量会导致颗粒朝横截面的下部发生横向偏离。于是，管中同一水平面上会存在浓度梯度，进一步会引起水平方向的密度梯度，并最终导致回流发生。该回流在颗粒物聚集处方向向下：拖拽颗粒运动，会显著加速沉降的过程。

高浓度悬浮液中的沉降

注：除了整体平动外，这种流动的浓度上限非常类似于多孔介质中的流动。在多孔介质中，所有颗粒位置固定，流动发生在它们的周围（第 9.7.3 节）。

此外，在高浓度下，相比于方程(9.82)预测的线性关系，速度 V_s 随着 C 的变化更快。在这种情况下，我们通常使用 Richardson-Zaki 经验方程 $V_s(C)=V_{s0}(1-C)^n(n\approx5.5)$，该方程在低雷诺数且 $C\leqslant0.5$ 的情况下才成立。

在高浓度情况下，颗粒之间的相互作用增加，当浓度 C 接近于极限值 C_m 时，颗粒之间的相对运动可以忽略不计。C_m 表示在自身重力作用下沉降的颗粒形成的致密堆积所能达到的极限浓度。

在一层尺寸接近的颗粒沉降的过程中，在浓度分布曲线上经常可以观察到浓度的突变（图 9.19）。实验结果表明，当浓度足够高时（$C>20\%$），浓度分布中会出现一个陡峭的拖尾。由于临近颗粒的减慢效应不显著，浓度分布拖尾处的颗粒比悬浮液中沉降距离更深的颗粒的移动速度要快；因此，即便可能存在由于粒径分散导致单个粒子的速度发生显著变化

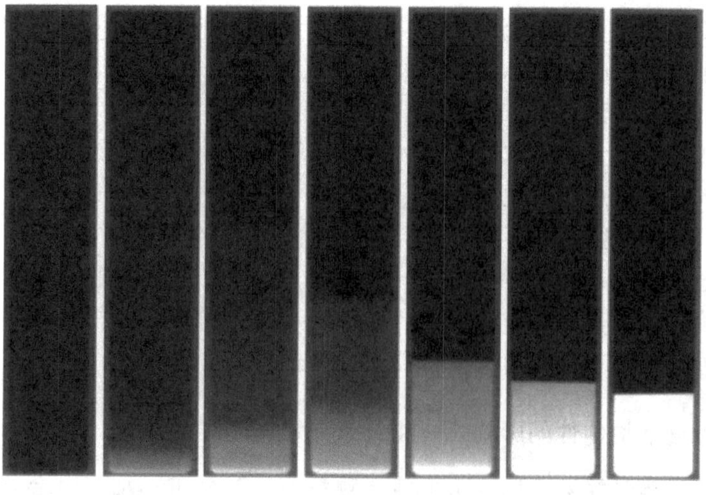

图 9.19 通过 X 射线扫描仪观察悬浮颗粒的沉降过程，图中时间自左向右增加。灰度等级对应于颗粒浓度，最亮的区域对应浓度的最大值（图片由 F. Auzerais 提供）

的情况，它们仍旧可以赶上溶液中的堆积物。在图 9.19 中各图片的下半部分，存在一个向上移动的前缘抵抗颗粒的运动：这一前缘对应于容器底部形成的静止堆积物的上边缘。由于流量 $CV_s(C)$ 随 C 非单调变化，因此流场的中间位置处会出现一些锋(fronts)：这种特征对应于激波的形成，有点类似于繁忙高速公路上的交通堵塞。

注：颗粒的流量 $CV_s(C)$ 从零（对应 $C=0$）开始增加，在某个中间浓度值时达到最大值，然后在对应的静态堆积物处，浓度再次减小为零。这种变化导致浓度 C 出现不连续的变化（换句话说，不可能存在连续变化的浓度，因为低浓度层的颗粒会赶上在其下方的、沉降速度更慢的高浓度颗粒层）。

9.7　多孔介质中的流动

9.7.1　几个实例

多孔介质是指内部存在空腔或者孔隙的固体材料，通常指具有互相连通的网络状结构或者互相隔离的空洞。图 9.20 给出了两种这类材料分别在扫描电子显微镜和光学显微镜下的观测结果。在多数实际情况下，孔的尺寸很小，内部的流动也足够缓慢，因此低雷诺数条件一般是满足的。按照多孔介质内流体的相分布特性，存在三种类型的流动问题。

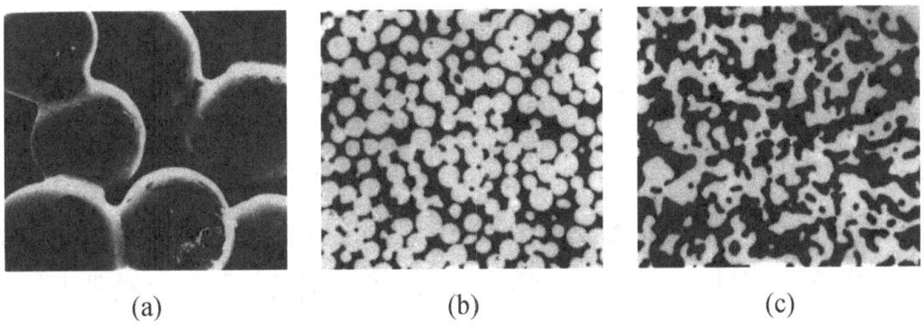

图 9.20　(a)青铜粉末被烧结到 700℃时的扫描电子显微镜图像（放大倍数为 500）；(b)相同的青铜粉末的横截面图片（放大倍数为 100）：其中黑色的区域代表颗粒间的空隙；(c)不太规则的钴粉样品的横截面图像：颗粒间的空隙仍由黑色区域表征，空隙的分布更加不均匀（图片由 J. P. Jernot 提供）。在较大尺度上，可假设这类材料的孔隙率均匀分布，其值可以通过估计截面上孔的面积分数得到（第 9.7.2 节）

第一类情况是介质中充满单一相的流体且孔隙饱和（即被完全填充）时的流动，比如土壤中充满水并达到完全饱和的情况。

在第二类问题中，两种或多种不相溶的流体在多孔介质的空隙中共存。因此，不同流体之间将会有大量的界面存在。每个界面对应于一个弯月面：为了表征不同流体各自内部的流动，我们需要考虑毛细效应（第 1.4 节）。这类流动在很多情况下都会遇到，比如含水的部分饱和土壤（另一相是高湿度的空气）或者页岩石中水和油的混合物；我们将在第 9.7.6 节对这类流动作简要讨论。

最后，在过滤问题中，无论是在滤网界面还是在溶液中，固体颗粒的输运都非常重要。固体颗粒的存在通常会对流动产生影响，并导致多孔介质内的流动特性具有时间依赖性（过滤设备中滤网的堵塞等）。

9.7.2 多孔介质的表征参数

注：为了说明 ϕ_S 和 ϕ 相等，我们考虑材料内一个给定的横截面 S，并将其沿垂直 z 轴方向移动一定的距离 Δz：于是可知，S 扫过的体积为 $S\Delta z$，其中孔占据的体积为 $\phi S\Delta z$。此外，我们还可通过在 z 方向上对每个截面上孔的面积分数积分来求得孔的体积，每个横截面上孔的面积为 $\phi_S S$。进一步，令积分的结果 $\phi_S S\Delta z$ 与 $\phi S\Delta z$ 相等，即可得到 $\phi=\phi_S$。第二个方程的推导过程与上述方法相同：只需将悬浮液中的颗粒浓度与颗粒在随机选取的线段上占据的长度分数联系起来即可证明（第 9.6.1 节图 9.17）。

孔隙率

孔隙率的定义由下式给出：

$$\phi=\frac{\text{孔的体积}}{\text{总体积}}=1-C \tag{9.83}$$

其中 C 是第 1.1.1 节中定义的填充率。进一步证明可知：在各向同性的均质介质中，ϕ 与材料截面上孔的面积分数 ϕ_S 相等，也与穿过多孔介质的任意线段位于孔内的长度分数 ϕ_L 相等。

注：$S_{\mathcal{V}}$ 还可以通过在介质的横截面上，统计单位长度直线段与多孔壁交点的数目确定。回顾图 9.17 可知：圆柱体穿过颗粒的总面积等于总截取片段数目 n 乘以圆柱截面的面积，然后再乘以一个系数 F。该系数代表斜截面相对于柱体轴的斜率所产生的影响。表面 (nSF) 与体积 (SL) 的比值为 Fn/L。对于各向同性介质，可以证明 $F=2$；在这种情况下，比表面积 $S_{\mathcal{V}}$ 是随机选取的单位长度的线段穿过孔隙的次数的两倍。

比表面积

比表面积（specific area）$S_{\mathcal{V}}$ 定义为单位体积多孔介质内孔的表面积，其量纲为长度的倒数。

对于几何形状简单的孔（即孔的壁面几乎光滑），$S_{\mathcal{V}}$ 的量级可通过孔的局部尺寸的倒数来估计。例如，对于一个长度为 L、直径为 d 的圆柱体，可得

$$S_{\mathcal{V}}=\frac{(\pi d)L}{(\pi d^2/4)L}=\frac{4}{d} \tag{9.84}$$

一般而言，如果某种分子可逐渐吸附在预先抽真空的多孔介质中的孔壁上，那么首个分子层的吸附情况可通过观测压强的变化来检测。若 V 为多孔介质的体积，V_a 为被吸附分子的总体积，a 为分子尺寸，于是可知

$$S_{\mathcal{V}}=\frac{V_a}{(V\cdot a)} \tag{9.85}$$

注：传统上，孔隙率和比表面积等参数可通过在第 1.3.2 节中定义的特征单元体积(REV)上做平均得到。对于非常均匀的材料，该体积的尺寸必须至少达到孔径的 10 倍；对于非均匀介质或者特征尺度分布非常宽的结构，特征单元体积元的尺度要大得多，有时候甚至无法定义。

比表面积是用于吸附和催化过程的多孔介质的一个基本参数。这些过程紧密地依赖于多孔介质中可用于化学或者物理化学反应的有效材料面积。如果颗粒本身也是多孔的，那么我们必须同时考虑颗粒内孔隙率（对吸附效应有很大的贡献）和颗粒间孔隙率（很大程度上决定了材料的总体孔隙率）。

在许多实际应用中，我们通常用 $S_{\mathcal{V}}$ 除以密度来表征材料的比表面积，从而给出单位质量多孔介质内孔的总表面积。对于活性炭或催化剂，该比值可高达 $10^6\ \mathrm{m^2/kg}$ 的量级；对于尺寸在微米量级的颗粒物，该比值在 $1000\ \mathrm{m^2/kg}$ 的量级。

迂曲度

除了比表面积和孔隙率之外，多孔介质的输运特性（流体流动或电流传输）还涉及到其他几何特征。介质的拓扑结构

（一个孔和其他孔连通的数量）、孔隙空间路径的复杂性、孔的特征尺寸以及与它们连接的通道的特征尺寸等，都具有显著的影响。此外，我们还必须考虑**"悬挂臂"**（dangling arm，位于流场中的死角），这种情况在高度各向异性、含有少量孔的介质中尤其重要。为了考虑这些因素的影响，我们可参照在绝缘性多孔介质中充满导电率为 σ_f 的导电液后确定有效导电率的方法来引入一个新的参数 T，称之为**迂曲度**（tortuosity）：

$$T = \phi \frac{\sigma_f}{\sigma_p} \tag{9.86}$$

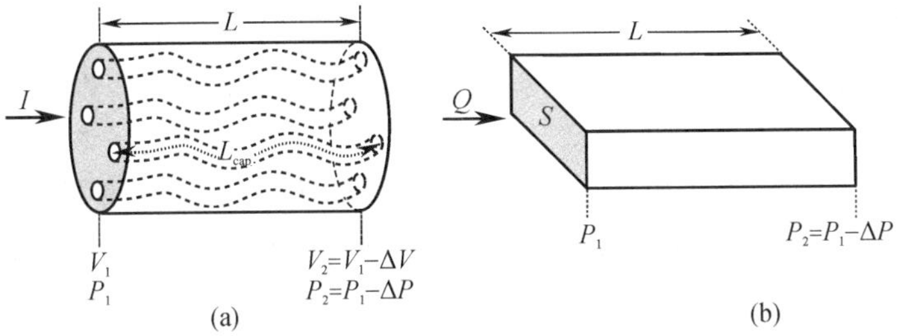

图 9.21　(a)网状波形毛细管多孔介质的几何模型。在该模型中，我们可通过施加电势差 ΔV 和测量通过多孔介质的电流 I 以获得电导率的方法来定义多孔介质的迂曲度。(b)流体流过多孔介质时所涉及的参数

为了进一步理解迂曲度的实际意义，我们可通过一个波形毛细管系统来对多孔介质建模（图 9.21(a)）。在这种情况下可得

$$T = \left(\frac{L_{cap}}{L}\right)^2 \tag{9.87}$$

其中 L_{cap} 为毛细管的总弧长度，L 为样品的长度。对于波形毛细管，L_{cap} 大于 L，因此迂曲度大于 1；相比之下，如果所有的毛细管均为直线状，那么 $T=1$。从理论角度来说，T 代表由介质中障碍物所引发的电场散射的强度。

证明：我们来计算被某种导电液体饱和的多孔介质的有效导电率 σ_p。定义 ΔV 是多孔介质中面积为 S 的两横截面之间的电势差（图 9.21(a)），I 是通过两个横截面的电流。于是可得

$$\Delta V = (1/\sigma_p)(L/S)I \tag{9.88}$$

类似的，对于每个单独的毛细管，可以得到

$$\Delta V = (1/\sigma_f)(L_{cap}/S_{cap})I_{cap} \tag{9.89}$$

其中 L_{cap} 为毛细管的平均长度。考虑到 $I = NI_{cap}$ 和 $\phi = (NS_{cap}L_{cap})/(SL)$，其中 N 为截面积 S 内包含的毛细管的数目；因此，上述两个方程之比满足以下关系：

$$\frac{\sigma_p}{\sigma_f} = \frac{L}{L_{cap}} \frac{I}{I_{cap}} \frac{S_{cap}}{S} = \left(\frac{L}{L_{cap}}\right)^2 \phi \tag{9.90}$$

基于方程(9.86)给出的定义，我们可通过方程(9.87)确定迂曲度。在第 9.7.4 节，我们将利用该模型来计算多孔介质中的

压强差 ΔP 引起的流量 Q。

9.7.3 饱和多孔介质中的流动:达西定律

一维低速流动

在饱和多孔介质中,所有的孔都被某种流体完全填充,此处假设为不可压缩牛顿流体。如果流动足够缓慢,基于孔径和局部流速的雷诺数会远小于1;于是可知:在定常条件下,压力梯度正比于孔内的流速(将泊肃叶定律应用于单个孔内的流动即可)。这个比例关系在每个孔中都适用;并且,即便把流速和压力梯度在远大于孔尺度的体积上做平均后,该比例关系仍旧适用。对于长度为 L、截面积为 S 的多孔介质(图9.21(b)),当压强梯度作用于长度方向时,流量 Q 满足如下**达西定律**(Darcy's law):

$$Q=\frac{K}{\eta}S\,\frac{\Delta P}{L} \tag{9.91}$$

其中常比例系数 K 为**渗透率**(permeability),是多孔介质的一个基本特征参数。由下文第9.7.4节的讨论可知,渗透率的量纲为面积,且该面积与介质中单孔的横截面积量级相同。渗透率的常用单位是 Darcy($\simeq 1\ \mu m^2$),适用于表征天然多孔介质渗透率的量级(表9.1)。

表 9.1 一些常见多孔介质渗透率的典型值

多孔介质	渗透率/Darcy
土壤	0.3～15
砖	0.005～0.2
石灰岩	0.002～0.05
砂岩	0.0005～5
香烟	1000
玻璃纤维	20～50
沙粒	20～200
二氧化硅粉	0.01～0.05

达西定律的三维推广

对于考虑重力影响的三维问题,方程(9.91)可推广到各向同性介质中:

$$\boldsymbol{v}_s=\frac{Q\boldsymbol{n}_u}{S}=-\frac{K}{\eta}(\nabla p-\rho\boldsymbol{g}) \tag{9.92}$$

其中 $\boldsymbol{n}_u$ 为单位向量。在垂直于轴线 i 方向的单位面积内,速度 $\boldsymbol{v}_s$ 的每个分量 v_{si} 对应的流量为 Q_i。速度 $\boldsymbol{v}_s$ 为**达西速度**(Darcy velocity,也被称为**表观速度**或者**过滤速度**)。

注:孔中真实的平均速度为 $\boldsymbol{v}_p$,通常称为**间隙速度**(interstitial velocity)。由于介质总体积中只有一部分可用于输送流体,所以 $\boldsymbol{v}_p$ 可能远大于 $\boldsymbol{v}_s$。对于一簇总孔隙度为 ϕ 的平行毛细管,$\boldsymbol{v}_p$ 满足 $\boldsymbol{v}_p=\boldsymbol{v}_s/\phi$。实际上,垂直于毛细管轴线的单位横截面上的平均流速一方面等于 $\boldsymbol{v}_s$,另一方面等于 $\boldsymbol{v}_p$ 乘以空隙占据横截面的分数,该面积分数等价于第9.7.2节中引入的 ϕ。对于均匀但各向异性的多孔介质,如层状材料,方程(9.92)中的标量 K 需由一个张量来替代。

如果 K 和 η 都是常数,那么从方程(9.92)出发可得

$$\nabla\times\boldsymbol{v}_s=0 \tag{9.93}$$

其中

$$\boldsymbol{v}_s=-\nabla\Phi$$

$$\Phi=\frac{K}{\eta}(p+\rho g z)$$

对于不可压缩流动,速度场 $\boldsymbol{v}_s$ 满足 $\nabla\cdot\boldsymbol{v}_s=0$,于是有

$$\nabla^2\Phi=0 \tag{9.94}$$

因此,类似于理想流体的流动问题,表观速度场 $\boldsymbol{v}_s$ 可从关于速度势函数 Φ 的拉普拉斯方程导出。然而,由于孔的尺寸非常小,对于多孔介质中的黏性流动来说,黏性的影响将非常大,因此流动行为完全不同于理想流体。那么如何理解这种与势流类似的描述呢?这个佯谬源于 $\boldsymbol{v}_s$ 并非真实的孔内速度,而是对远大于孔尺寸的体积内的流速做平均后得到的"宏观速度";于是,在小长度尺度上作用显著的黏性效应被平均运算抹去了。

多孔透水堤中的流动

作为一个应用实例,我们现在来分析渗透率为 K、长度为 L 的多孔透水堤中的流动。如图 9.22 所示,水堤两侧的水位分别为 y_0 和 y_1。我们考虑一个定常的问题,这种情况下,介质内的水位 $y_s(x)$ 不随时间变化,并且每个横截面上($x=$常数,z 方向取单位长度)的流量 Q 与 x 无关。如果多孔介质中自由面的斜率足够小(**福希海默近似**,Forcheimer's approximation),水位和距离之间的关系可由以下方程给出:

$$\frac{y_0^2-y_s^2(x)}{y_0^2-y_1^2}=\frac{x}{L} \tag{9.95}$$

方程(9.95)给出的是一个抛物型轮廓,类似于从容器中流出的射流(尽管涉及到的力完全不同)。流量 Q 满足下式:

$$Q=Kg\,\frac{y_0^2-y_1^2}{2L\nu} \tag{9.96}$$

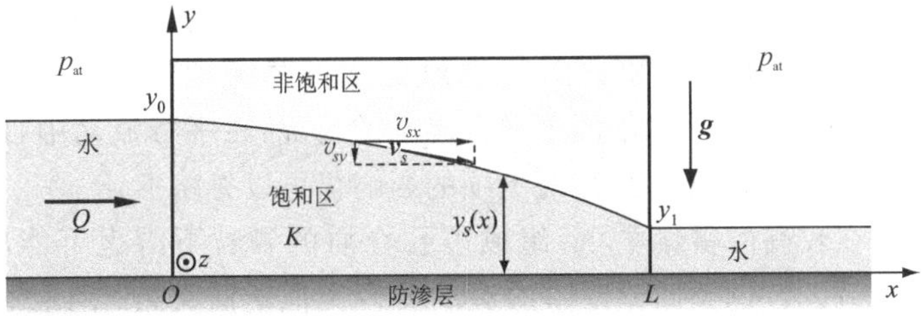

图 9.22　透水堤两侧不同水位($y=y_0,y_1$)间的流动,透水堤位于平面 $x=0$ 和 $x=L$ 之间,假设流动是二维的

证明:多孔介质中没有被水饱和的部分仍旧充满空气;如果忽略表面张力的影响,自由面 $y_s(x)$ 以下部分的水压仍为大气压力 p_{at}。考虑位于 x 和 $x+\mathrm{d}x$ 表面上两点间的压力平衡关系:$p(x,y_s(x))=p(x+\delta x,y_s(x+\delta x))$,进一步展开可得

$$\frac{\partial p}{\partial x}\delta x+\frac{\partial p}{\partial y}\delta y_s=0 \tag{9.97}$$

如果$\partial y_s(x)/\partial x$ 足够小,我们可以认为表面速度 $\boldsymbol{v}_s$ 的分量 v_{sy} 远小于分量 v_{sx},那么沿着 y 方向的压力梯度$\partial p/\partial y$ 将退化到

静水压强 $-\rho g$（这些假设与研究准并行流时做出的假设相似）。基于方程(9.97)，可得水平方向的压强梯度为

$$\frac{\partial p}{\partial x}=-\frac{\mathrm{d}y_s(x)}{\mathrm{d}x}\frac{\partial p}{\partial y}=\rho g\frac{\mathrm{d}y_s(x)}{\mathrm{d}x} \tag{9.98}$$

进一步应用达西定律（方程(9.92)），可得流速的水平分量为 $v_{sx}(x)=-(K/\eta)\partial p/\partial x$；显然 $\partial p/\partial x$ 和 $v_{sx}(x)$ 均与 y 无关。于是，可得流量 $Q=v_{sx}(x)y_s(x)$：

$$Q=-\rho g\frac{K}{\eta}y_s(x)\frac{\mathrm{d}y_s(x)}{\mathrm{d}x}=-\frac{Kg}{\nu}y_s(x)\frac{\mathrm{d}y_s(x)}{\mathrm{d}x} \tag{9.99}$$

显然，流量不随 x 分别变化。接下来，对方程(9.99)从 0 到 L 以及从 0 到 x 做积分即可得到方程(9.96)和剖面形状 $y_s(x)$。联立两个结果，即可得到方程(9.95)。

多孔介质中的非线性流动状态

方程(9.92)式只适用于低速流动，这种情况下雷诺数 Re 远小于 1（以孔径为特征长度）。对于较高的流速（Re 取值在 1 到 10 之间），压强和流速不再呈线性关系，可使用以下幂律来表征：

$$|\nabla p|\propto v^n \tag{9.100}$$

其中 n 的取值在 2 的量级。这种依赖关系体现了运动方程中的非线性对流项带来的影响。在这种情况下，孔隙中仍旧不会有湍流发生：即使流动处于层流状态。然而，从一个孔到另一个孔，速度大小和方向的剧烈变化可显著地影响对流项 $(\boldsymbol{v}\cdot\nabla)\boldsymbol{v}$。这是一种不同于平行流动的情况：在平行流动中，即使雷诺数显著地大于 1，对流项的影响仍可以忽略不计。

在较高的雷诺数下，组成多孔介质的颗粒下游也可能出现回流区。这类回流区中的流动特性类似于前文第 2.4.2 和 2.4.3 节讨论的圆柱或圆球绕流中流场随雷诺数的变化特性。

多孔介质的二维模型：赫尔-肖单元

如图 9.23 所示的**赫尔-肖单元**（Hele-Shaw cell），由两个距离很近的平行板组成，板间夹有一个尺寸为 L 的障碍物（垫片），厚度 a 与两板间距相等且 $a\ll L$。该系统可用于表征理想流体绕障碍物流动时所得的二维势流速度场：相应的圆柱绕流实例已在第 6 章中给出（图 6.5）。

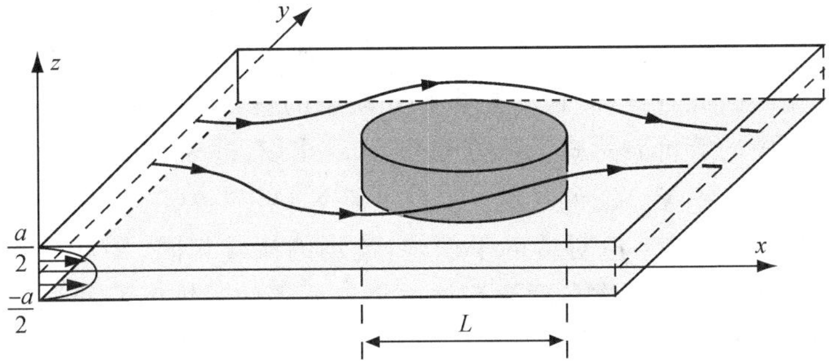

图 9.23　图 9.23 赫尔-肖单元的几何示意图。障碍物的尺寸 L 远大于两板间距 a

对于多孔介质中的流动，这个模型起初看来似乎是矛盾的；因为两板间距很小，流动特征将受到黏性摩擦力的重要影响。实际上，这种情况恰好类似于多孔介质中的情况，从速度势函数求解所得到的是两板间的平均速度场，而非**局部速度**(local velocity)。

在两板间，流动几乎处处平行于 $x-y$ 平面，因此有 $v_z \approx 0$。该结果可基于质量守恒方程来解释，即：$\partial v_x/\partial x+\partial v_y/\partial y+\partial v_z/\partial z=0$。由于 z 方向的尺寸(大小为 a 的数量级)相对于 x 或 y 方向的尺寸(大小为 L 的数量级)非常小，于是速度分量 v_z 的数量级可估计为

$$v_z \approx (a/L)v_x \ll v_x \tag{9.101}$$

由于在与板垂直方向和平行方向的长度尺度存在巨大差异，于是可得以下不等关系：

$$\frac{\partial^2 v_x}{\partial x^2} \approx \frac{\partial^2 v_x}{\partial y^2} \ll \frac{\partial^2 v_x}{\partial z^2} \tag{9.102}$$

若将 v_x 替换为 v_y 上述方程仍旧成立。此外，由于流动雷诺数较低，因此惯性项 $\rho|(\boldsymbol{v}\cdot\nabla)\boldsymbol{v}|$ 相对于黏性扩散项 $|\eta\nabla^2\boldsymbol{v}|$ 可以忽略不计。结合方程(9.101)和(9.102)，纳维-斯托克斯方程可简化为

$$\eta\frac{\partial^2 \boldsymbol{v}_{\parallel}}{\partial z^2}=-\nabla_{\parallel}p \tag{9.103}$$

其中 $p=p(x,y)$。下标$_{\parallel}$表示该方程适用于 $x-y$ 平面中矢量的分量(速度或压力梯度)。进一步，我们可进行以下分离变量运算：

$$\boldsymbol{v}_{\parallel}(x,y,z)=\boldsymbol{v}_{\parallel}(x,y,0)f(z) \tag{9.104}$$

从方程(9.102)得知，相对于 $f(z)$ 对 z 的依赖性，$\boldsymbol{v}_{\parallel}$ 对 x 和 y 的依赖性非常弱。从方程(9.103)和(9.104)出发可得 $f(z)=(1-4z^2/a^2)$。最终可得两板之间的速度场服从：

$$\boldsymbol{v}_{\parallel}(x,y,0)=-(a^2/2\eta)\nabla_{\parallel}p \tag{9.105}$$

$$v_z(x,y,0)=0 \tag{9.106}$$

由上式可知，速度 $\boldsymbol{v}$ 的方向处处与压强梯度∇p 平行；并且，即便速度 $\boldsymbol{v}$ 的大小高度依赖于 z，但其方向不在流体膜厚度方向变化。因此方程(9.105)是多孔介质中的达西定律在赫尔-肖单元中的等价表达式。从方程(9.105)出发，进一步可得

$$\nabla_{\|}\times[\boldsymbol{v}_{\|}(x,y,0)]=\nabla_{\|}\times(\nabla p)=0 \qquad (9.107)$$

因此，在不同 z 值对应的平面内，流场的流线相同，并且与相同几何形状障碍物在理想流体中绕流所得的二维势流的流线相同。在障碍物(垫片)附近，流场需满足零速度边界条件，但其影响仅限于与 a 同量级的距离内。

从实验角度讲，赫尔-肖单元可以用作一个**多孔介质模型**(model porous medium)。因此，我们可通过赫尔-肖单元来模拟上述多孔透水堤中的流动；这种情况下，赫尔-肖单元中的两板在竖直方向，位于水位不同的水体之间。与方程(9.95)的预测一样，赫尔-肖单元中流体的自由面呈抛物状。我们还可以通过改变两板的距离 a 来模拟渗透率的空间变化。

9.7.4 多孔介质渗透率的简单模型

波状毛细管系统的渗透率

对于孔隙之间连通良好、且孔隙截面相对均匀的简单多孔介质，通常可将其模化为一个波状毛细管系统，单管孔径为 d(图 9.21(a))。在第 9.7.2 节，该模型已被应用于估算多孔介质的导电率。由下文证明可知，这种毛细管系统的等效渗透率为

$$K=\frac{\phi d^2}{32}\frac{1}{T} \qquad (9.108)$$

由上式可知，对于给定的孔隙率，渗透率随通道直径的平方变化：因此，在给定的流量下，随着毛细管孔径的减小，即便所有空隙体积之和不变，压力的降低会也迅速加快。这种情况与同种多孔介质(其中饱和填充导电率为 σ_f 的电解液)的导电率 σ_p 对应的情况完全不同。对于导电率，在圆柱形流道内，其比值 σ_p/σ_f 与孔隙率 ϕ 成正比，且与 d 无关。

证明：对单个毛细管而言，其流量 δQ 与压降 Δp 的关系由泊肃叶方程(4.78)给出：

$$\delta Q=\frac{\pi}{128\eta}\frac{\Delta P}{L_{\text{cap}}}d^4 \qquad (9.109)$$

记 N 为垂直于流动方向的平面 S 中的毛细管总数，K 为该方向上流动的渗透率。于是，在截面 S 上，单位面积上的流量为

$$Q = N\delta Q = N\frac{\pi d^4}{128\eta}\frac{\Delta P}{L_{cap}} \tag{9.110}$$

对比方程(9.91)的达西定律可知，流量 Q 也满足 $Q/S=(K/\eta)(\Delta P/L)$ 的形式。结合孔隙率的表达式 $\phi = N(\pi d^2/4)L_{cap}/(SL)$，我们最终可得方程(9.108)。

对于该模型以及在上一节中讨论的模型而言，无论毛细管是直的还是波状的，它们的走向均平行于一个特定的方向，这其实意味着我们假设了多孔介质是高度各向异性的。但是，通过假设多孔介质由三组相互垂直的毛细管组成，我们也可简单估算各向同性多孔介质的渗透率。这种情况下，对于沿其中一组毛细管方向的压强梯度，只有该特定方向才会有流动发生，因此有效渗透率降低到原来的 1/3，于是有

$$K = \frac{\phi d^2}{96}\frac{1}{T} \tag{9.111}$$

康采尼-卡曼方程

方程(9.111)涉及到孔径 d。实际情况下，即使可以获得待分析的材料的横截面信息，孔径 d 仍旧难以明确地被定义。**康采尼-卡曼方程**(Kozeny-Carman equation)将多孔介质的渗透率 K 与实验测量的物理参数联系了起来；此处的物理参数指材料的孔隙率和比表面积。对于孔隙形状简单且连接良好的多孔介质，我们可借助该近似关系，使用比表面积 $S_{\mathcal{V}}$ 来估算孔径。对于图 9.21(a)所示的波状毛细管系统，渗透率 K 满足以下关系：

$$K = \frac{1}{6}\frac{\phi^3}{S_{\mathcal{V}}^2 T} \tag{9.112}$$

当多孔材料被模型化为在三个方向上相互垂直的毛细管系统时，方程中常出现系数 1/6。康采尼-卡曼方程有一个有趣的特点：对于堆积颗粒或者压缩粉末，$6T$ 可通过一个实验确定的常数替代，该常数的值在 5 的量级。然而，该结果只适用于具有简单几何形状的颗粒或者堆积物，并且要求孔径尺寸无太大变化。

证明：一套毛细管的比表面积 $S_{\mathcal{V}}$(定义为单位体积多孔介质中孔壁的面积)为

$$S_{\mathcal{V}} = \frac{N(\pi d)L_{cap}}{SL} \tag{9.113}$$

其中 N 是多孔介质横截面 S 上毛细管的数量。材料的孔隙度

可表示为

$$\phi=\frac{N(\pi d^2/4)L_{\mathrm{cap}}}{SL} \tag{9.114}$$

于是，我们从上述两个方程可知：比表面积是孔隙率的函数：

$$S_{\mathcal{V}}=\frac{4}{d}\phi \tag{9.115a}$$

并且有

$$d=\frac{4\phi}{S_{\mathcal{V}}} \tag{9.115b}$$

进一步，将方程(9.115)中的 d 代入方程(9.111)，我们即可得到方程(9.112)。

此外，我们可通过 $S'_{\mathcal{V}}=S_{\mathcal{V}}/(1-\phi)$ 来代替方程(9.112)中的 $S_{\mathcal{V}}$，$S'_{\mathcal{V}}$ 表示单位体积固体材料中的孔壁面积。当我们处理具有简单形状的同种颗粒物时，第二个表达式具有特别有意义；这种情况下，$S'_{\mathcal{V}}$ 代表单个颗粒的表面积和体积之比。对于直径为 D 的球形颗粒物组成的多孔材料：$S'_{\mathcal{V}}=6/D$，于是我们可得所谓的**厄贡准则式**(Ergun equation)：

$$K=\frac{\phi^3 D^2}{180(1-\phi)^2} \tag{9.116}$$

示例：对于直径 $D=100\ \mu m$ 以及孔隙率为 0.4(对应的填充率为 60%)的球形颗粒堆积形成的多孔材料，计算可得 $K\approx 10^{-11}\ m^2$。

9.7.5 多孔介质的导电率和渗透率之间的关系

此处，我们采用一种不同的方法来估算多孔介质的渗透率，该方法更适用于大尺度以及孔隙尺寸和流道更复杂的介质。在这种方法中，我们将尝试建立多孔介质的渗透率，及其被导电液完全充满时的导电率之间的关系。虽然不同于渗透率和材料结构的关联关系，但是电导率也的确与穿过材料的流道结构和孔隙有关。

具有两个长度尺度的多孔介质模型

我们考虑一个颗粒系统形成的多孔介质，颗粒特征尺寸为 a(流道长度的数量级也为 a)，颗粒表面间的特征距离为 d(表征流道的最小直径，如图 9.24 所示)。这种方法与前文讨论过的毛细管模型有一些共同点(实际上要更简单一些，因为它不明确涉及迂曲度)；然而，模型中需要引入两个特征长度 a 和 d 来代替假设存在的长毛细管。

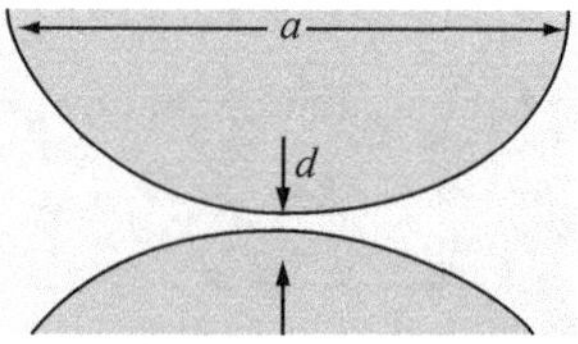

图 9.24 一种多孔介质的结构示意图。颗粒的直径为 a，颗粒间的最小间隙为 d。尽管该示意图仅为二维情形，我们可以想象图示平面为通过两个颗粒的横截面，并且在图示平面的上下侧另有一对颗粒形成流道的其他两个边界

接下来，我们估算多孔介质的渗透率、导电率 σ_p 和饱和多孔介质的电解液的导电率 σ_f 之间的关系。此处，我们不再使用参数 σ_p 和 σ_f，而是引入一个材料的结构因子 F(大于或者等于 1)

作为 σ_p 和 σ_f 的比值：

$$F=\sigma_f/\sigma_p \tag{9.117}$$

由下文证明可知：a 和 d 与 F 和渗透率 K 的关系分别为

$$d\approx\sqrt{\frac{\sigma_f}{\sigma_p}}\sqrt{K}=\sqrt{FK} \tag{9.118a}$$

$$a\approx\frac{\sigma_f}{\sigma_p}\sqrt{K}=F\sqrt{K} \tag{9.118b}$$

注：需要指出的是，在目前的讨论中，达西定律被应用于边长为 a 的立方体上，该立方体可视为表征单元体积，基于此体积，我们可定义宏观变量 K 和 F。（即使在这样的近似下，对于非常不均匀的多孔介质来说还是难以被证明。）在后续的讨论中，我们将看到此处所得方程适用于天然岩石材料。这表明方程(9.118)和(9.119)中的标度律可以用来预测渗透率和电导率对介质特征长度的依赖程度。此处，我们不试图去确定数值系数的准确值。

证明：我们首先通过图 9.24 所示的几何关系来估算 F。将横截面 $S\approx a^2$ 以及 $S_{cap}\approx d^2$ 分别代入方程(9.88)和(9.89)，并取 $I=I_{cap}$ 和 $L=L_{cap}=a$，可得

$$F=\frac{\sigma_f}{\sigma_p}\approx\frac{a^2}{d^2} \tag{9.119a}$$

此外，从方程(9.109)出发并再次取 $L_{cap}\approx a$，我们可得单流道内流量的量级为 $\delta Q\approx(1/\eta)(\Delta P/a)d^4$。应用方程(9.91)的达西定律，以及 $S=a^2$ 和 $Q=\delta Q$，可得

$$K\approx\frac{d^4}{a^2} \tag{9.119b}$$

联立上述两个方程，即可得到方程(9.118a 和 b)。

我们现在来探讨方程(9.118a 和 b)的两种不同用法。第一种用法：通过辅助的物理测量，我们可以确定流道开口的特征尺寸 d_c；第二种用法：对于颗粒组成的多孔材料，颗粒的最小尺寸 a 已知，但是具有不同的堆积分数，那么孔隙率可以通过改变对材料的烧结程度得到。

流道中的"导电率-渗透率-尺寸"关系的应用

注：此处的分析思路，以及基于流道临界尺寸 d_c 的概念已被用于其他输运问题研究，例如各向异性材料中的电力输送，或裂隙介质中的水力输运。这类分析中的一个基本概念是，对于某种介质来说，如果某个参数从一点到另一点发生了显著的变化（比如，由电阻变化很大的单个元件组成的导电网络的电阻），介质的总体传导特性受到"良导体的元件"的影响很小，因为这些良导体仅起到局部短路的作用。同理，对于由不良导体元件组成网络来说，不良导体对网络的整体传导特性

这种方法最早由 Katz 和 Thompson 提出，他们采用了一种类似于**压汞法**(mercury porosimetry)的技术来确定流道尺寸的特征值 d。我们将在第 9.7.6 节中对该技术展开更详细的讨论。测量得到的特征直径 d_c 可代入方程(9.118a)：介质中给定路径的导电率（或导水率）由最小的孔隙确定（这些位置处的电势降（或压强）最大）。相比之下，多个平行流道的整体导电率（或导水率）取决于流体最容易通过的流道，这些流道中具有最大电流（或流速）。因此，输运特性由流体"最容易"通过的流道上的"最窄"部位控制。在下文讨论中，我们将看到孔隙率测量正是要确定流道最窄部分的尺寸。

因此，我们期望得到 $d_c^{\,2}\approx FK$（方程(9.118a)的平方）。

的贡献也很小，因为输运过程通常会被传导性能更好的元件短路。因此，正是材料中数量足够多的中等阻值的元件组成的通过材料的连续路径，确定了整个系统的输运特性。

值得注意的是，即使渗透率在很大范围内变化（$1\sim10^8$），孔隙率和矿物组成不同的材料都服从该方程。由这些测量结果出发，我们可得以下定量关系（数值系数之差在2以内）：

$$K=\frac{\sigma_p}{\sigma_f}\frac{d_c^2}{226} \tag{9.120}$$

颗粒的“导电率-渗透率-尺寸”关系的应用

方程(9.118b)的应用领域更为有限，可用于预测经历了长地质周期而被压实的沉积岩石、或者经过烧结但颗粒尺寸没有显著变化的颗粒物质的性质。实验发现：对于直径（几百微米量级）的相同玻璃珠经过不同时间段高温烧结形成的多孔介质来说，随着烧结程度的提高，流道尺寸 d 降低，但长度 a 保持恒定。这个实验结果也与不同直径的玻璃珠形成的介质进行了比较。这些测量结果表明渗透率 K 是颗粒尺寸 a 和结构因子 F 的平方函数：

$$K=14.1a^2\left(\frac{\sigma_p}{\sigma_f}\right)^2=14.1\frac{a^2}{F^2} \tag{9.121}$$

这一关系具有方程(9.118b)做平方运算之后的形式。然而，该结果仅适用于中等烧结程度的材料，对应的孔隙率为 $\phi\geqslant 10\%$。对于较低的孔隙率，以及烧结后不再具渗透性的材料，悬臂（未连接的孔）的存在会改变该模型的有效性。

9.7.6 互不相溶的流体在多孔介质中的流动

两种或者多种不相溶的流体（液体或气体）同时在同一多孔介质中的流动可见于在含油岩石以及非饱和土壤的水文环境。在强化石油（油水混合物）开采，以及上文提到的压汞法的实验中会涉及到这样的流动。这种情况下，我们除了要考虑每相流体由于自身流动导致的黏性压降之外，还必须考虑两相流体界面处的曲率造成的毛细压差。这两种效应的相对重要性可通过无量纲**毛细数**(capillary number) $Ca=\eta v/\gamma$ 来衡量，该数表征了流体黏性效应和毛细效应之比（定义见第8.2.2节）。

我们首先将讨论处理此类流动的经典分析方法，即相对渗透率模型。该方法适用于黏性压强梯度发挥主要作用且多孔材料中两相流体的分布相对均匀的情况。在具体分析时，我们将继续使用表征流体分布和运动的宏观参数（通过对表征单元体积做平均来定义），以及达西定律。然后，我们将讨论几个与毛细力相关的问题，以及几个毛细力起主导作用的实例。在这种情况下，我们可观察到两种完全不同的现象：如果初始位于多孔介质中某处的流体是被另外一种比其浸润性更好的流体排开，那么我们会观察到**吸吮过程**（imbition process）；反之，则会观察到**驱排过程**（drainage process）。

多孔介质的相对渗透率

如图 9.25 所示，我们考虑水流注入一个被油充满的圆柱形样品中的流动。首个重要的参数是多孔材料的水**饱和度**（saturation）S_w，定义为被水充满的孔的体积分数。类似地，我们可定义油的饱和度 S_o（如果所有的孔都完全饱和，且无其他流体存在，那么 $S_o+S_w=1$）。参数 S_w 和 S_o，以及水和油各自的局部流速 $\boldsymbol{v}_{sw}$ 和 $\boldsymbol{v}_{so}$ 都是定义在表征单元体上的平均值，随着初始阶段的水注入和后续运动，它们的值会变化。在介质的中间区域某处，水和油两相流体的分布是连续的。相比之下，在样品两端位置，水和油中仅有一相是连续的。

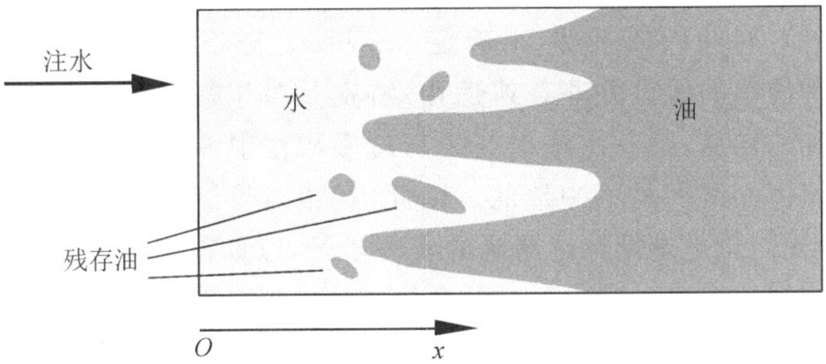

图 9.25　多孔介质中水驱油过程的示意图

在离注射面给定的距离 x 处，我们定义平均相对渗透率 k_{rw} 和 k_{ro}：

$$\frac{Q_w}{A}\boldsymbol{n}_w=\boldsymbol{v}_{sw}=-K\,\frac{k_{rw}}{\eta_w}(\nabla p_w-\rho_w\boldsymbol{g}) \tag{9.122a}$$

$$\frac{Q_o}{A}\boldsymbol{n}_o=\boldsymbol{v}_{so}=-K\,\frac{k_{ro}}{\eta_o}(\nabla p_o-\rho_o\boldsymbol{g}) \tag{9.122b}$$

其中 K 为平均达西渗透率，可在单相流动情况下测量。Q_w 和 Q_o 分别为水和油的流量，A 为样品的横截面积，$\boldsymbol{n}_w$ 和 $\boldsymbol{n}_o$ 为单位向量，η_w、ρ_w、η_o 和 ρ_o 分别代表水和油各自的动力黏性系数和密度。这种描述方法尝试以最简单的方式推广达西定律：仅通过引入两个数值因子 k_{rw} 和 k_{ro} 来表征两相流体的存在。由于油水界面处毛细效应会导致压差，因此水和油中的压强 p_w 和 p_o 可能不同。方程(9.122a 和 b)考虑了由于静水压强梯度导致的压强变化，它们在油和水中也是不同的。这些方程式隐含了在表征单元体积尺度上水和油是均匀分布的这一假设，且系数 S_w、Q_w 和 Q_o 也均是定义在表征单元体积上的平均值。然而，在各向异性多孔介质中，或者存在由于两种流体黏性不同而造成流动失稳的情况下，这种假设难以成立。

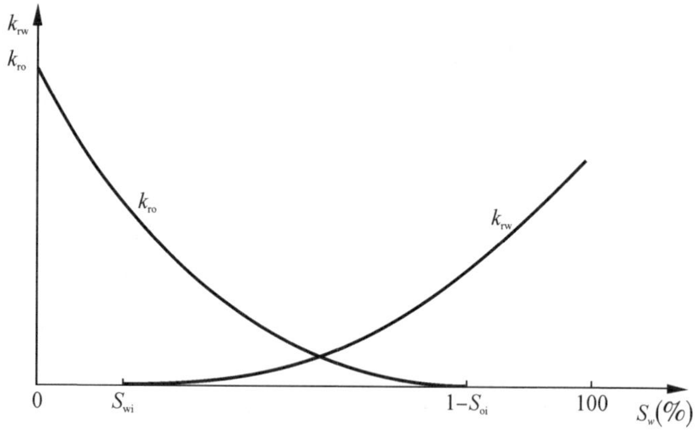

图 9.26 水和油的相对渗透率 k_{rw} 和 k_{wo} 随孔隙中水的相对饱和度 S_w 的变化关系。水和油中的残余饱和度分别为 S_{wi} 和 S_{oi}

在石油工业中，通常假设 k_{rw} 和 k_{ro} 是 S_w 的函数，且不依赖于之前的流动历史。在实验中，我们可通过测量注射过程中从样品中流出的水和油的量随时间的变化，以及样品两端压差对时间的依赖性，来确定 k_{rw} 和 k_{ro} 随 S_w 的变化关系。这种简单的假设并非普遍适用，特别是对于初始被单相流体饱和的样品，第一次注射与经历过多次注射一种或者几种其他流体的结果是不一致的。因此，在相对渗透率的常规测量中，我们总是遵循特定精确的实验步骤，以期得到不同材料间可比较的结果。

图 9.26 所示为 k_{rw} 和 k_{ro} 随饱和度 S_w 变化的典型函数关系。观察可知：$k_{rw}=0$ 对应一个有限大且非零的饱和度 S_{wi}；这意味着在饱和度比较低的情况下，水膜或液滴仍然存在，只是不再形成穿过样品的连续路径，因此在较小压强梯度的作用下它们不再发生运动(束缚水饱和度)。类似地，材料中也存在一个让油相形成连续路径的最小饱和度 $1-S_{oi}$，从而使油可在压强梯度下发生流动。尽管相对渗透率的概念具有经验性，但它能够很好地描述多孔介质中一种流体被另外一种流体排开时入侵界面的轮廓。这种入侵界面多可见于被水部分饱和的多孔材料，比如在土壤学和农艺学中。

润湿效应对多孔介质中两相流动的影响

接下来，我们考虑毛细数 Ca 足够小、毛细效应非常显著或者完全起主导作用的情况。假设初始时刻多孔介质完全被某种流体饱和(或完全是空的)，然后我们将另一种流体注入其中。由前文讨论可知，我们将观察到两种类型的流动：驱排过程和吸吮过程。

驱排过程的一个示例：孔隙率测定 驱排过程是指已存

在于多孔介质中流体被另外一种浸润性更差的流体排开的现象。**压汞法**(mercury porosimetry)是基于驱排过程表征多孔材料中孔隙尺寸的一种技术。在这种方法中,我们将非湿润性的汞压入多孔介质中,初始时刻介质中无流体存在。为了克服毛细力以渗透到一个直径为 d 的圆柱形孔中,我们需要施加一个超压 Δp,它随 d 的变化关系为

注: 压汞法是驱排过程的一种特殊情况,其中非润湿流体是汞,润湿流体为真空。因此,毛细压差与汞的压强相等。

$$\Delta p = \frac{4\ \gamma\cos\theta}{d} \tag{9.123}$$

其中 θ 为接触角,γ 为汞的表面张力系数。如果弯月面为球冠形,且与壁面的接触角为 θ,那么曲率半径为 $R = d/(2\cos\theta)$,且 Δp 可由杨-拉普拉斯方程(1.55)给出。

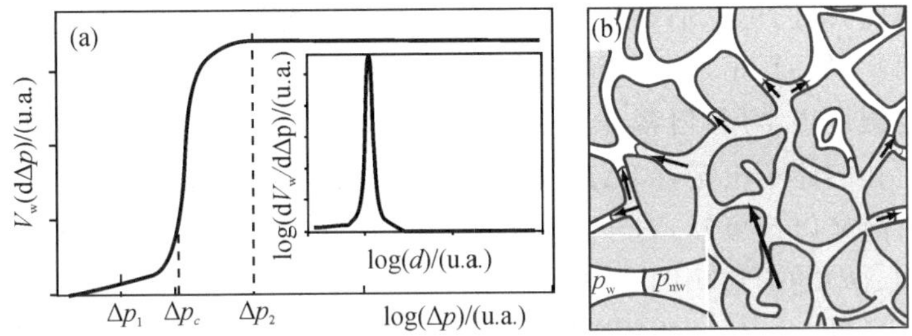

图 9.27　(a)孔隙率的测量方法:被汞侵入的孔隙体积 V_w 随注射压强 Δp 的变化曲线。插图:由 $V_w(\Delta p)$ 的导数给出的孔径 d 的分布。(b)孔隙率法测量过程的示意图:非润湿的汞(浅灰色区域)浸入初始为真空的(白色区域)的多孔介质。插图:流道内弯月面的放大图

实际实验中,我们的测量对象是注入样品中的汞的体积随施加的压强的变化(图 9.27(a)):在保持非常低的注入速度的前提下,黏性力的影响可以忽略不计,只有毛细力对测量产生影响。

图 9.27(b)在几个空隙大小的尺度上,示意性地给出了非润湿相(汞,用 nw 表示)入浸润湿相(真空,用 w 表示)时两相流体的分布,以及对应的弯月面。在给定的压强 Δp 下,只有那些和介质注入表面相连通的空隙才能被汞入侵;并且,由方程(9.123)可知,连通路径和孔隙的直径均应大于 $d(\Delta p)$:也就是说,只有通道和孔隙的直径大于 $d(\Delta p)$时,弯月面界面才能通过。类似地,对于介质中被小通道包围的一个大孔隙,其能被浸入的条件是压力大到可以进入小通道(而后才能进入大孔隙中)。最后,在任何时刻,流动前端界面的前进都经由最近且直径最大的孔。

当压强 Δp 较小为 Δp_1 时,非浸润流体仅能入侵进口表面附近的最大孔,弯月面会停在它遇到的第一个狭窄通道处。这种情况下,入侵体积 V_w 较小(图 9.27(a),$\Delta p \approx \Delta p_1$)。随着 Δp 的进一步增加,入侵越来越深入。当 Δp 达到其临界值 Δp_c 时,会形成第一条完全穿过多孔介质的临界流道。在物理上,$d_c(\Delta p_c)$是通过多孔介质的最简单流道中最窄处的尺寸:因此,该流道决定了非浸润流体穿过整个介质所需施加的临

注: 我们可通过测量样品入口和出口之间的导电率来检测通道是否疏通,当电导率非零时,通道被疏通。因此,可以利用方程(9.120)中的 d_c 来估算渗透率。

界压强 Δp_c。对于没有和注射入口界面连通的孔隙，即使尺寸 $d>d_c$，流体也不会浸入其内部，因此被流体入侵的孔隙的体积分数比较小。

如果 Δp 进一步增加，临界流道周围的入侵现象会加剧，进而出现其他的路径：当几乎每个孔都可被流体入侵时，V_w 会在达到饱和之前快速增加，对应于图 9.27(a)中 $\Delta p\approx\Delta p_2$ 的情形。

在孔隙率测量原理的基本解释中，我们认为在给定的压强 Δp 下，被流体入侵的体积代表了尺寸大于 $d(\Delta p)$的孔的总体积，$d(\Delta p)$由方程(9.123)给出。然后，我们对曲线关于 Δp 求导，再次通过方程(9.123)将入侵压强转化为孔隙直径：如此，我们可以估计孔隙体积关于直径的分布(图 9.27(a)插图)。然而，由前文对流体入侵物理机制的讨论可知，虽然这些假设很常用，但都非常近似。首先，体积 V_w 在很大程度上由孔的体积决定，$d(\Delta p)$只是对入口通道直径的估计。其次，由前文讨论可知：对于给定的压强 Δp，很大一部分直径大于 $d(\Delta p)$的通道仍旧为空腔。

以上讨论的非浸润流体在多孔介质内非常缓慢的入侵过程，是**渗流现象**(percolation)的一个特例。渗流的概念最早由与过滤器相关的研究引入：过滤器由互相连通的、开口通道组成，在使用过程中，通道会被逐渐且随机地堵塞。在这种情况下，渗滤阈值对应于渗透率减小为零的时刻。相比之下，压汞法对应的是在压强 Δp 增加的过程中，多孔介质被逐渐疏通的情形，该过程中存在一个压强阀值 Δp_c，对应的情形是汞穿过整个多孔介质材料，整个样品的导电率不再为零。

渗流过程隶属于一类临界现象，它们大多可通过介质的某种性质(比如此处的导电率或渗透率)随到阈值的距离(比如此处的 $\Delta p-\Delta p_c$)的普遍变化规律来表征。

除了压汞法之外，还存在很多发生在多孔介质中的驱排过程。例如，在数百万年前，石油填充早期岩层形成油田时就通过驱排过程替代了已填充岩层的海水。此外，在某些特定情况下，已有的储油岩层会优先被油润湿：这种情况下通过注水实现采油的方法即属于驱排过程。由于这种情况下被排出的流体(水或油)是不可压缩的，因此在驱排过程的最后阶段可能仍旧存在残油。

吸吮过程 吸吮是与驱排相反的过程：能够有效浸润孔隙表面的流体，可以自发地排开最初填充在介质内但浸润性较弱的流体。例如，水可以很容易地渗入到最初填充有空气(非浸润流体)且容易被水浸润的多孔介质中。相比之下，被水饱和的多孔介质在重力的作用下通过空气渗入排开水的过程是驱排过程。

从储油岩层开采石油时通常使用水(注入,或来自更深处)将石油排出。如果水对岩石的浸润性优于石油(通常均是这种情形),就会发生吸吮过程。

在吸吮过程中,最小尺寸的孔隙总是最先被浸湿性的流体入侵(与驱排过程相反):毛细效应使得浸润性流体的入侵过程在最狭窄的流道中最为强烈。

我们经常会在多孔介质的孔隙壁上发现浸润流体的连续流体膜,这种膜的存在会导致浸润流体的渗入远早于入侵流体的平均界面,这种现象在吸吮过程中非常重要。相比之下,当流体间的界面通过后,非润湿性流体仍会以一些残留液滴的形式留下来。

驱排和吸吮过程在土壤科学中具有非常重要的地位。然而,对于小尺寸颗粒来说(如黏土),大部分水与土壤颗粒之间都存在化学键合现象。

10 耦合输运：层流边界层

实际流动中往往存在扩散、对流以及化学反应等多种过程的耦合，然而这些过程所涉及的长度尺度却并不相同，这种长度尺度间的差异可用于衡量不同过程的相对重要性。在雷诺数较大的层流流动中，固体壁面附近形成的边界层是这类耦合过程的典型代表：在远离壁面处，此类流动中的黏性效应可以忽略，流场速度廓线与理想流体的流动相同。外部流动与静止壁面的零速度之间的过渡层称之为边界层，且雷诺数越大边界层越薄。因此，本章讨论的内容可认为是对理想流体势流流动研究的一个补充。

在第 10.1 节，我们先给出本章前言，然后通过比较扩散（黏性）和对流效应来讨论边界层的结构，同时引入垂直和平行于固体壁面的流动所对应的不同长度尺度（第 10.2 节）。边界层流动的自相似特性将在随后的第 10.3 和 10.4 节讨论。在第 10.5 节，我们将分析流动方向的压力梯度对边界层的影响及其可能出现的边界层分离现象。在第 10.6 节，我们将讨论边界层分离现象在空气动力学中的重要应用。第 10.7 节将讨论绕流物体下游的层流尾迹流动，这种流动可认为是固壁缺失时边界层的演化。固体壁面附近的温度或浓度梯度也会导致温度或浓度边界层的形成，它们均与速度边界层耦合；这类问题常见于热能工程和化学工程中，我们将在第 10.8 节以化学电极附近的离子浓度分析为例对其加以讨论。最后，第 10.9 节将讨论两个极限情况下的燃烧问题：扩散火焰和预混火焰；这种情况下，除了扩散和对流效应之外，我们还需考虑燃烧中的化学反应以及相应的热效应。

10.1 前言

在绕流固体的层流流动中，当雷诺数较大时（$Re=UL/\nu\gg1$），我们仅需在固体壁面附近一个薄层内考虑运动方程(4.30)中的黏性项，该薄层区域称之为**边界层**（boundary layer）。

如图 10.1(a)所示，固体壁面附近产生的涡量被流动输运到固体下游的尾迹区内。我们在第 10.7 节将看到：在尾迹区内，速度梯度也仅出现在整个流场的一小部分区域内。因此，黏性效应仅在壁面附近的边界层和固体下游的尾迹区内是显著的；于是可知：通过理想流体假设求得的流场几乎适用于所有流动区域，这也“后验地”说明了研究理想流体(第 6 章)的必要性。所以，边界层的概念为流体力学中的两个重要领域建立了联系：理想流体的势流运动和实际应用中感兴趣的黏性流体在有限雷诺数下的流动。

(a)

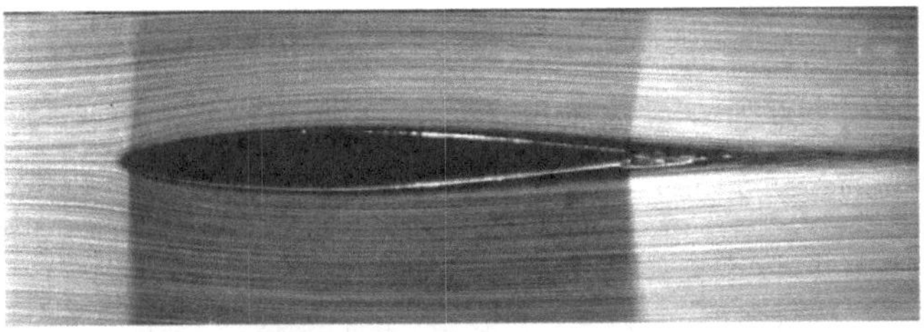

(b)

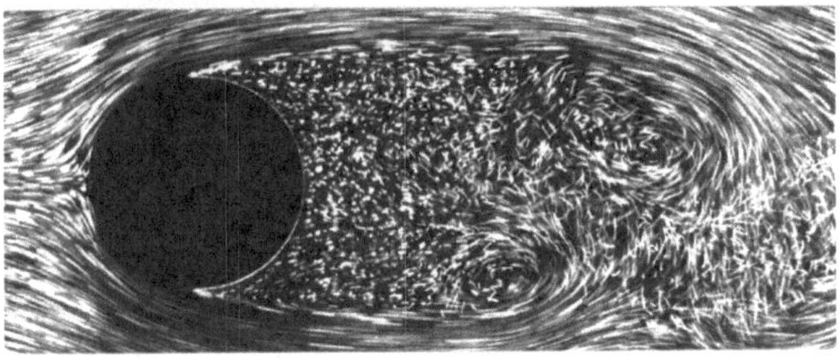

图 10.1　(a)零攻角下，机翼绕流的边界层与层流尾迹的横截面；(b)非流线型物体表面的边界层分离，以及物体下游出现的一个较大的尾迹区。图示表明：流场中尾迹区的大小与物体横向尺寸的数量级相同(图片由 ONERA 的 H. Werlé 提供)

边界层的概念由德国科学家普朗特(Ludwig Prandtl)于 1905 年提出，将这个概念应用于分析实际流动时，需要特别注意以下两点：

- 当物体上游来流和/或边界层内流动为湍流时，对流机制将是动量输运的主导方式，而并非通常见于层流边界层中的扩散机制。在**湍流边界层**(turbulent boundary layer)中，速度廓线会发生明显改变。
- 对于非流线型物体，边界层仅存在于物体壁面的一部分，并且在物体下游会出现与其宽度相当的**湍流尾迹流**(turbulent wake)，这与如图 10.1(b)中所示的**边界层分离**(boundary layer separation)现象相关。这种情况下，下游流动与理想流体的流动几乎不再具有相似之处，能量耗散和绕流物体的阻力也会显著增加。

注：本章我们仅讨论层流边界层，其中速度随时间的变化很慢。湍流边界层的情况将在第 12.5.5 节讨论。

10.2 顺流平板边界层的结构

如图 10.2(a)所示，我们考虑速度为 U 的均匀层流流动，方向平行于半无限大平板，平板前缘平行于 z 轴、垂直于图所在平面。如果流动速度足够高，平板对其前缘上游流动的影响将不明显；这是因为速度梯度在被流动输运到下游之前，并没有足够的时间从板的边缘向上游扩散可观的距离。因此，在平板前缘附近，速度梯度和涡量仅限于非常靠近平板表面的区域。正如我们在第 2.1.2 节中讨论的平板在平行于自身方向运动所诱导的流动一样，y 方向的速度梯度会随时间衰减；初始时刻分布在壁面附近的涡量会通过黏性发生扩散，扩散距离的量级为 $\delta \approx \sqrt{\nu t}$，其中 ν 是流体的运动黏性系数。

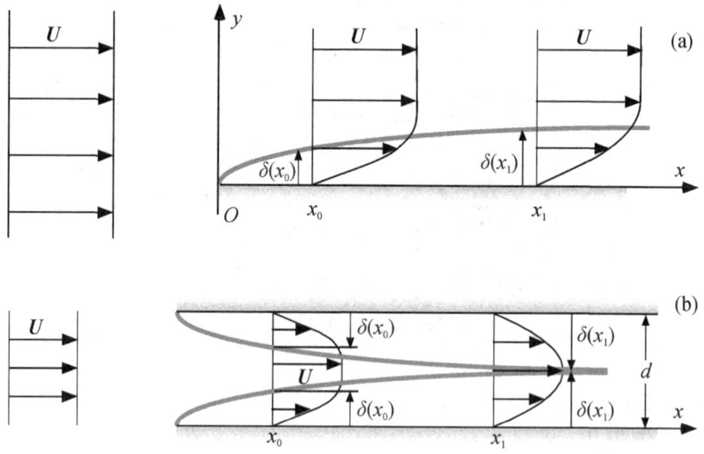

图 10.2 (a)速度为 U 的均匀流动顺流平板形成的边界层的增长情况，平板前缘 O 垂直于图所在的平面；(b)两个半无限大平行板间流动的入口长度效应。经过一段距离 x_1 后，我们会观察到泊肃叶流动。注意：两幅图中 y 方向的比例相对于 x 方向的比例被夸大

然而，不同于第 2 章中讨论的情形，此处讨论的流体沿着平行于板的方向向前流动，速度与外部流动速度 U 的数量级相当。在运动流体的参考系中，从平板前缘向下游流动距离 x_0 所需时间的数量级为 $t \approx x_0/U$。将其代入 $\delta \approx \sqrt{\nu t}$，我们可知，距离平板前缘 x_0 处，速度梯度的影响局限在图 10.2(a)平板壁面附近的距离 $\delta(x_0)$内：

$$\delta(x_0) \approx \sqrt{\frac{\nu x_0}{U}} \tag{10.1a}$$

因此，$\delta(x_0)$表征了边界层的厚度，在该厚度内会发生远离壁面处的理想流体流动和非常靠近壁面流动之间的转化。靠近壁面的流动由流体的黏性和壁面的无滑移条件决定。因此，我们可得如下关系：

$$\frac{\delta(x_0)}{x_0} \approx \sqrt{\frac{\nu}{Ux_0}} \approx \frac{1}{\sqrt{Re_{x_0}}} \ll 1 \tag{10.1b}$$

其中 Re_{x_0} 为局部雷诺数，相应的长度尺度为到平板前缘的距离 x_0。当 Re_{x_0} 趋于无穷大时，边界层的最大厚度与平板的特征长度相比会变得非常小。这个结果解释了为什么在雷诺数持续增大时，边界层外的黏性流体在非湍流区域的流动特征越来越接近理想流体：因为黏性效应显著区域的厚度趋近于零。

注：虽然边界层特别薄，但这并不是说它的效果可以忽略不计。相反，根据第 5.3.1 节得到的结果可知，厚度无限小的薄层上速度的有限变化引起的能量耗散本身也是无限的，这种现象称之为**奇异扰动**（singular perturbation），可用于描述 $\delta=0$ 的极限。

我们将在第 10.4.4 节中看到边界层的上边缘并不是一条流线，且层内的流量随 $\sqrt{x_0}$ 线性增加。此外，当 Re_{x_0} 超过一定值，边界层内的流动将发生失稳并转捩为湍流。相比于层流，湍流对流引起的动量输运会导致 δ 随 x_0 增加的速度更快，上面的估计将不再成立。

另外，流道的**入口长度效应**（entry length effect）与边界层密切相关，该效应减缓了流道入口下游建立稳定速度廓线的过程。图 10.2(b)示意性地描述了两个间距为 d、垂直于图示平面的半无限大平板间流动的入口长度效应。在距离两板前缘较小的距离处 x_0，板间速度分布几乎是均匀的，大小与上游来流速度 U 相等；具有这种速度廓线的流动称之为**活塞流**（plug flow）。同样地，流速在向壁面零速度边界条件的转化过程会出现一个很薄的局部厚度为 $\delta(x_0)$ 的边界层。继续向下游，厚度 $\delta(x)$ 会逐渐增加，两个边界层最终在距离管道入口距离为 x_1 处相遇，于是可得：

$$\frac{x_1}{d}\approx\frac{Ud}{\nu}\approx Re_d$$

其中雷诺数 Re_d 对应的特征速度和长度分别为均匀来流速度 U 和两板间距 d。长度 x_1 是两板间建立稳定的抛物线型速度分布（参见第 4.5.3 节）所需的距离，并且该距离随 Re_d 的增加而增加（$Re_d=1000$ 时为间距 d 的 1000 倍）。对于圆管内的流动，我们可定性地观察到类似的结果。

注：可通过在方程(10.1a)中令 $\delta(x_1)\approx d/2$ 来估计 x_1 的取值。

10.3　边界层的流动方程——普朗特理论

10.3.1　均匀流顺流平板的流动方程

如图 10.3 所示，我们考虑 $x-y$ 平面内位于 $y=0$ 处的平板附近的二维定常流动，假定外部势流 $\boldsymbol{U}(x)$ 平行于平板，并且沿 x 轴正方向。此外需要说明：只要壁面的曲率半径相对于边界层厚度 δ 足够大，那么我们以下关于平板的推导结果依然是成立的。

如图 10.3 所示，在给定点 M 处，x 方向上特征长度的量级为该点到平板前缘的距离 x_0，垂直于流动方向的特征长度为该处边界层的厚度 $\delta(x_0)$，由方程(10.1a 和 b)可知，$\delta(x_0)$远小于 x_0。在接下来的讨论中，我们的分析都将基于这两个"差别很大"的长度尺度，它们分别平行和垂直于平板壁面。在上述假设下，x 方向的运动方程可简化为

$$v_x \frac{\partial v_x}{\partial x} + v_y \frac{\partial v_x}{\partial y} = U(x) \frac{\partial U(x)}{\partial x} + \nu \frac{\partial^2 v_x}{\partial y^2} \tag{10.2}$$

同时，压力关系为

$$\partial p / \partial y = 0 \tag{10.3}$$

$$p(x) + \rho U^2(x)/2 = 常数 \tag{10.4}$$

方程(10.3)类似于平行流动(或者更确切地说：准平行流动)中垂直于流线方向不存在压力梯度的情况。由第 9 章讨论可知，压力可相对于静水压力 $p_0 = \rho \boldsymbol{g} \cdot \boldsymbol{r}$ 进行校正，因此可认为 p 隐含地表示压差 $p - p_0$。

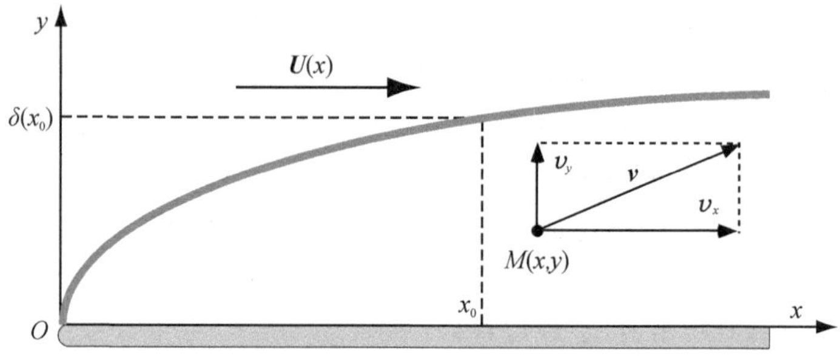

图 10.3 半无限大平板表面上形成的边界层的示意图；边界层外部为速度为 $U(x)$的平行流动，$\delta(x_0)$为平板前缘到下游点 x_0 处边界层厚度的数量级

证明：对于二维不可压缩流动，质量守恒方程如下：

$$\frac{\partial v_x}{\partial x} + \frac{\partial v_y}{\partial y} = 0 \tag{10.5}$$

其中 v_x 和 v_y 分别为 x 和 y 方向的速度分量。由于 $\delta(x_0) \approx x_0 / \sqrt{Re_{x_0}} \ll x_0$，因此由方程(10.5)可知垂直于壁面的速度分量比平行于壁面的分量小一个数量级：

$$v_y \approx v_x \frac{\delta(x_0)}{x_0} \approx \frac{v_x}{\sqrt{Re_{x_0}}} \ll v_x \tag{10.6}$$

进一步估计扩散项有

$$\frac{\partial^2 v_x}{\partial y^2} \approx \frac{v_x}{\delta^2(x_0)} \gg \frac{v_x}{x_0^2} \approx \frac{\partial^2 v_x}{\partial x^2} \tag{10.7a}$$

和

$$\frac{\partial^2 v_y}{\partial y^2} \approx \frac{v_y}{\delta^2(x_0)} \gg \frac{v_y}{x_0^2} \approx \frac{\partial^2 v_y}{\partial x^2} \tag{10.7b}$$

结合上述估计所得的大小关系，纳维-斯托克斯方程可简化为如下形式：

$$v_x \frac{\partial v_x}{\partial x} + v_y \frac{\partial v_x}{\partial y} = -\frac{1}{\rho} \frac{\partial p}{\partial x} + \nu \frac{\partial^2 v_x}{\partial y^2} \tag{10.8a}$$

和 $$v_x\frac{\partial v_y}{\partial x}+v_y\frac{\partial v_y}{\partial y}=-\frac{1}{\rho}\frac{\partial p}{\partial y}+\nu\frac{\partial^2 v_y}{\partial y^2}\tag{10.8b}$$

需要注意:方程(10.8a)中保留了对流项 $v_y\partial v_x/\partial y$,因为它与 $v_x\partial v_x/\partial x$ 量级相同:

$$v_y\frac{\partial v_x}{\partial y}\approx v_x\frac{\delta(x_0)}{x_0}\frac{v_x}{\delta(x_0)}=\frac{v_x^2}{x_0}\approx v_x\frac{\partial v_x}{\partial x}$$

v_x 的取值较小时,垂直于壁面方向(长度尺度非常小)、取值较大的速度梯度 $\partial v_x/\partial y$ 会补偿两者的乘积。同样地,方程(10.8b)中 $v_y\partial v_y/\partial y$ 和 $v_x\partial v_y/\partial x$ 两项的数量级也相同。比较可知:从方程(10.8a)到(10.8b),只需将压力梯度项 $\partial p/\partial x$ 由 $\partial p/\partial y$ 替代,同时将其他三项中的速度 v_y 由 v_x 替代即可。由于 v_y 相对于 v_x 很小,所以方程(10.8b)中与速度相关的三项都比方程(10.8a)中的相应项小一个数量级。因此,相比于 x 方向的压力变化(方程(10.8a)中的压力梯度项),y 方向的压力变化对速度廓线的影响可以忽略。于是方程(10.8b)可简化为 $\partial p/\partial y=0$,即为方程(10.3)。因此压力 p 仅是 x 的函数:

$$p=p(x)\tag{10.9}$$

在边界层之外,黏性效应可以忽略不计,伯努利方程(10.4)可以像在理想流体中一样应用,将其关于 x 求导可得

$$\frac{\partial p}{\partial x}+\rho U(x)\frac{\partial U(x)}{\partial x}=0\tag{10.10}$$

联立方程(10.8)和(10.10),即可得方程(10.2)。

注: 在边界层的上边缘处,即到壁面的距离为 $\delta(x_0)$ 处,动量的对流项 $v_x(\partial v_x/\partial x)$ 和扩散项 $\nu(\partial^2 v_x/\partial y^2)$ 的数量级相当。的确,在 $y\approx\delta(x_0)$ 处,扩散项 $\nu(\partial^2 v_x/\partial y^2)$ 的量级为

$$\nu\frac{\partial^2 v_x}{\partial y^2}\approx\nu\frac{U(x_0)}{\delta^2(x_0)}\approx\nu\frac{U(x_0)Re_{x_0}}{x_0^2}\approx\frac{U^2(x_0)}{x_0}$$

对流项 $v_x(\partial v_x/\partial x)$ 的量级也为 $(U^2(x_0)/x_0)$。

10.3.2 边界层内的涡量输运

描述牛顿流体涡量输运的通用方程(7.41)如下:

$$\frac{\partial\boldsymbol{\omega}}{\partial t}+(\boldsymbol{v}\cdot\nabla)\boldsymbol{\omega}=(\boldsymbol{\omega}\cdot\nabla)\boldsymbol{v}+\nu\nabla^2\boldsymbol{\omega}\tag{10.11}$$

对于二维流动,涡量只有 z 方向的非零分量 ω_z,因此 $(\boldsymbol{\omega}\cdot\nabla)\boldsymbol{v}$ 项为零;同时,考虑到流动定常,可得

$$v_x\frac{\partial\omega_z}{\partial x}+v_y\frac{\partial\omega_z}{\partial y}=\nu\frac{\partial^2\omega_z}{\partial y^2}\tag{10.12}$$

上述方程表达了涡量的对流和扩散输运之间的平衡关系。进一步分析可知:在二维流动中,涡管的拉伸并不会引起 ω_z 的变化,这一点我们已经在第 7 章学习涡动力学时讨论过。

10.3.3 边界层内速度廓线的自相似特性

通过上文讨论,我们已经知道平行于壁面的长度尺度 x_0

和垂直于壁面方向的长度尺度 $\delta(x_0)$ 相差很大；同样地，两个方向的速度 $v_x(\approx U)$ 和 $v_y(\approx U/\sqrt{Re})$ 也相差很大。此外，流场中并不存在一个特定的普适特征长度。因此，我们接下来使用这两个相差很大的局部长度尺度来开展讨论：

- 距离 x_0，流场中一点到平板前缘的距离在流动方向的投影；
- x_0 处边界层的厚度 $\delta(x_0)\approx\sqrt{\dfrac{\nu x_0}{U}}\approx\dfrac{x_0}{\sqrt{Re_{x_0}}}$，沿 y 方向，垂直于壁面。

于是，纳维-斯托克斯方程可通过上述长度尺度及其对应的特征速度改写为无量纲形式；两个方向的特征速度分别为

- U，平行于平板壁面，沿 x 轴方向；
- $\dfrac{U}{\sqrt{Re_{x_0}}}$，垂直于平板壁面，沿 y 轴方向(参见方程(10.6))。

进一步，我们定义以下无量纲参数：

$$x'=\frac{x}{x_0} \tag{10.13a}$$

$$y'=\frac{y}{\delta(x_0)}=\frac{y\sqrt{Re_{x_0}}}{x_0} \tag{10.13b}$$

$$v'_x=\frac{v_x}{U} \tag{10.13c}$$

和

$$v'_y=\frac{v_y\sqrt{Re_{x_0}}}{U} \tag{10.13d}$$

注：方程(10.15)的右侧代表动量的黏性扩散，数学上，它与对流项的作用一样重要，这也是真实的物理情况。然而，对于通过**单一长度尺度**得到的无量纲的纳维-斯托克斯方程(参见第 4.2.4 节)，当雷诺数趋于无穷大时，情况并非如此；那种情况下的纳维-斯托克斯方程将退化为用于描述理想流体运动的欧拉方程(4.31)。通过在垂直和平行于壁面方向使用**两个不同的长度尺度**，我们即可合理地考虑(速度梯度很大的)边界层内的黏性效应。

考虑到边界层外速度 $U(x)$ 与 x 无关：$\partial U(x)/\partial x=0$，因此由方程(10.10)可知 $\partial p/\partial x=0$。于是方程(10.5)和(10.2)的无量纲形式分别为

$$\frac{\partial v'_x}{\partial x'}+\frac{\partial v'_y}{\partial y'}=0 \tag{10.14}$$

和

$$v'_x\frac{\partial v'_x}{\partial x'}+v'_y\frac{\partial v'_x}{\partial y'}=\frac{\partial^2 v'_x}{\partial y'^2} \tag{10.15}$$

此外，需要说明：当边界层外部速度恒定时，方程(10.14)和(10.15)的解并不分别单独依赖于 x' 和 y'，而是依赖于一个无量纲变量 θ，形式如下：

$$\theta=\frac{y'}{\sqrt{x'}}=\frac{y}{\sqrt{\nu x/U}} \tag{10.16}$$

相应的速度分量分别为

$$\frac{v_x}{U}=f\left(\frac{y}{\sqrt{\nu x/U}}\right)=f(\theta) \tag{10.17}$$

和
$$\frac{v_y}{U}=\sqrt{\frac{\nu}{Ux}}h\left(\frac{y}{\sqrt{\nu x/U}}\right)=\sqrt{\frac{\nu}{Ux}}h(\theta) \tag{10.18}$$

注：这种流场的速度廓线具有**自相似**（self-similar）特性：在尺度因子 $\sqrt{\nu x/U}$ 内，对于距离平板前缘的任何距离 x，速度分量 v_x 对到平板壁面距离 y 的依赖性保持不变。

证明： 我们假定方程(10.14)和(10.15)的解的形式分别为

$$v'_x=f(x',y') \tag{10.19}$$

和
$$v'_y=g(x',y') \tag{10.20}$$

于是可得

$$v_x=Uf\left(\frac{x}{x_0},\frac{y}{\delta(x_0)}\right) \tag{10.21}$$

和
$$v_y=\sqrt{\frac{\nu U}{x_0}}g\left(\frac{x}{x_0},\frac{y}{\delta(x_0)}\right) \tag{10.22}$$

或者
$$v_y=\sqrt{\frac{\nu U}{x}}h\left(\frac{x}{x_0},\frac{y}{\delta(x_0)}\right) \tag{10.23}$$

其中 $h=g\sqrt{x/x_0}$。我们已经知道，速度分量 v_x 和 v_y 分布依赖于 x/x_0 和 $y/\delta(x_0)$；然而，函数 f 和 h 并不独立地随这两个参数变化。由于平行于平板方向的长度尺度 x_0 是随意的，所以问题的解并不关联于 x_0 的选择。因此，我们选取 $\theta=y'/\sqrt{x'}$ 为自变量参数，这是不包含 x_0 的最简单的数学组合形式。

自相似的概念以及我们在此处使用的分析方法通常适用于各种不同的情况。在第 2.1.2 节，我们已经讨论了一个速度廓线自相似的例子：平板水平运动所诱导的流动；在该例中，速度分布仅依赖于无量纲参数 $y/\sqrt{\nu t}$，与到平板壁面的距离 y 和经历时间 t 有关。这个非定常问题中的时间变量 t 可类比于定常边界层流动中流场内一点到平板前缘的距离 x。在第 10.7 节，我们还将讨论一个类似的例子：绕流物体下游的层流尾迹区内横向速度廓线的相似性。在射流、速度不同的两个相邻流体的混合层内，我们也可观察到速度廓线的自相似特征，且在层流和湍流区域都存在。

注：只要外部流动的速度廓线 $U(x)$ 不具有特征长度尺度，边界层内的速度廓线就具有自相似特性；上文讨论的平板边界层流动即是一个典型的例子。其他的例子包括形如 $U(x)=Cx^m$ 的流动，例如我们在第 6.6.2(iv) 节讨论过的两个平板夹角附近的流动。在第 10.5.2 节，我们将讨论外部流动中存在压力梯度的情况下，形如 $U(x)=Cx^m$ 的流动对边界层内速度廓线的影响。

10.4　边界层内的速度廓线

10.4.1　布拉休斯方程

我们接下来推导速度为 U 的均匀来流中，平行于流动方向放置的平板上形成的边界层内速度场满足的微分方程。为此，我们从方程(10.16)和(10.17)出发将 x 方向速度分量

$v_x(x,y)$改写为无量纲组合变量θ和速度的大小U的函数：

$$v_x(x,y)=Uf(\theta) \quad 其中 \quad \theta=\frac{y}{\sqrt{\nu x/U}}$$

方程(10.2)和(10.5)在边界层内成立，我们将上述表达式代入其中，最终可得**布拉休斯方程**(Blasius equation)：

$$f''(\theta)=-\frac{1}{2}f'(\theta)\int_0^\theta f(\xi)\mathrm{d}\xi \tag{10.24}$$

证明：为了将变量y表示为x和θ的函数，由方程(10.5)所示的不可压缩条件可得

$$\frac{\partial v_x}{\partial x}=-\frac{\partial v_y}{\partial y}=Uf'(\theta)\frac{\partial\theta}{\partial x}=-Uf'(\theta)\frac{\theta}{2x} \tag{10.25}$$

进一步有

$$\frac{\partial v_y}{\partial\theta}=\frac{\partial v_y}{\partial y}\frac{\partial y}{\partial\theta}=\frac{\partial v_y}{\partial y}\sqrt{\frac{\nu x}{U}} \tag{10.26}$$

联立上述两个方程可得

$$\frac{\partial v_y}{\partial\theta}=\sqrt{\frac{\nu U}{x}}\theta\frac{f'(\theta)}{2} \tag{10.27}$$

假定x为常数，将上式关于θ积分(积分变量为ξ，取值范围从0到θ)可得

$$v_y=\sqrt{\frac{\nu U}{x}}\left(\frac{1}{2}\theta f(\theta)-\frac{1}{2}\int f(\xi)\mathrm{d}\xi\right) \tag{10.28}$$

接下来，我们通过边界条件来确定积分常数(括号内关于ξ的积分项)。将v_y使用方程(10.28)代替，我们可得到方程(10.2)中各项分别为

$$U\frac{\partial U}{\partial x}=0 \tag{10.29}$$

$$v_x\frac{\partial v_x}{\partial x}=\frac{U^2}{x}\left(-\theta f(\theta)\frac{f'(\theta)}{2}\right) \tag{10.30}$$

$$v_y\frac{\partial v_x}{\partial y}=\frac{U^2}{x}f'(\theta)\left(\frac{1}{2}\theta f(\theta)-\frac{1}{2}\int f(\xi)\mathrm{d}\xi\right) \tag{10.31}$$

$$\nu\frac{\partial^2 v_x}{\partial y^2}=\frac{U^2}{x}f''(\theta) \tag{10.32}$$

将上述各项代回方程(10.2)，并消去因子U^2/x，最终可得

$$f''(\theta)=-\frac{1}{2}f'(\theta)\int f(\xi)\mathrm{d}\xi \tag{10.33}$$

上述方程中不含变量x，再次证实了解的自相似特性(θ是唯一的变量)。方程(10.28)和(10.33)中的积分可通过壁面和无穷远处的边界条件来确定：

$$\frac{v_x(y=0)}{U}=f(\theta=0)=0 \tag{10.34a}$$

$$\frac{v_y(y=0)}{\sqrt{\nu U/x}}=\frac{v_y(\theta=0)}{\sqrt{\nu U/x}}=0 \tag{10.34b}$$

和

$$\lim_{y\to\infty}\frac{v_x}{U}=\lim_{\theta\to\infty}f(\theta)=1 \tag{10.34c}$$

方程(10.34b)可用于确定 v_y 表达式中的积分限,因此方程(10.28)可改写如下:

$$v_y=\sqrt{\frac{\nu U}{x}}\left(\frac{1}{2}\theta f(\theta)-\frac{1}{2}\int_0^\theta f(\xi)\mathrm{d}\xi\right) \tag{10.35}$$

同样地,方程(10.34a 和 b)也可用于确定方程(10.33)中的积分限。因此,方程(10.33)可最终转化为(10.24)所示的形式。

10.4.2　速度廓线:布拉休斯方程的解

图 10.4 所示为无量纲的流向速度分量 $f=v_x/U$ 随到壁面的无量纲距离 $\theta=y/\sqrt{v_x/U}$ 的变化关系,图中曲线来源于对方程(10.24)的数值积分。在距离壁面较近处,速度随距离呈线性变化,斜率为 $\mathrm{d}f/\mathrm{d}\theta(0)=0.332\cong1/3$。在 $\theta=3$ 和 $\theta=5$ 之间,曲线上存在一个从线性变化(靠近壁面处)到指数变化(大距离处)的转变($\theta=5$ 时,$v_x/U=0.99$)。于是可知:在远离壁面的过程中,边界层速度场迅速向外部流动扩展;这个结果也再次证实了边界层概念的重要性。其实,图中速度廓线的变化行为并不难从布拉休斯方程(10.24)推断得到(见下文对该方程的分析)。相比之下,湍流边界层内流场向外部流动发展的过程会更慢一些(具体讨论见第 12.5.5 节)。

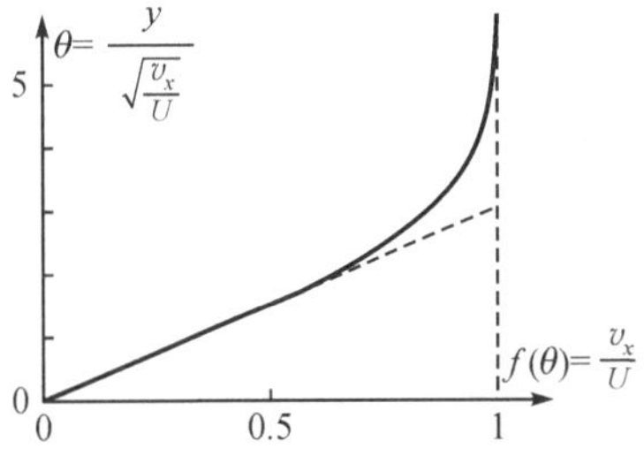

图 10.4　平行于平板方向的无量纲速度分量随无量纲距离 $\theta=\sqrt{v_x/U}$ 的变化曲线

证明:方程(10.24)关于 θ 的导数如下式所示:

$$f'''(\theta)=-\frac{1}{2}\left(f'(\theta)f(\theta)+f''(\theta)\int_0^\theta f(\xi)\mathrm{d}\xi\right) \tag{10.36}$$

当 $\theta=0$ 时,$f(0)=0$(方程(10.34a));同时,根据方程(10.24)可知 $f''(0)=0$,根据方程(10.36)可知 $f'''(0)=0$。因此,当 θ 取值较小时,平行于平板方向的速度分量 v_x 随到平板壁面距离 θ 的变化规律非常接近线性关系,于是我们有如下展开式:

$$\frac{v_x(\theta)}{U}=f(\theta)\approx\theta f'(0)+b\theta^4+O(\theta^5) \tag{10.37}$$

将上述展开式代入方程(10.36)并按照 θ 的阶数建立等量关

系，可得

$$b=-\frac{1}{48}f'^2(0) \tag{10.38}$$

进一步分析可得到以下两点：

- 由于 $f''(\theta)<0$，所以 $f(\theta)$ 廓线的凹度指向流动的上游（图 10.4）；
- 即使 θ 的取值增加到 2，$b\theta^3$ 项相对于线性变化的修正的量级仅为 $f'(0)/6\cong 0.055$。

在相反的极限中（即 θ 取值较大时），$f(\theta)$ 将接近于 1（方程 (10.34c)）且积分 $\int_0^\theta f(\xi)\mathrm{d}\xi$ 的量级趋近于 θ。于是布拉休斯方程(10.24)可简化如下：

$$f''(\theta)\approx -\frac{1}{2}\theta f'(\theta) \tag{10.39}$$

将上式对 θ 进行一次积分，可得 $f'(\theta)$ 的量级为 $K\mathrm{e}^{-\theta^2/4}$。因此，$f(\theta)$ 会以指数规律接近于其渐进值 1。一旦 θ 的取值增长到 4 或 5，$f'(\theta)$ 仅有千分之几的量级。综上可知，结合两个极限($\theta\to 0$ 和 $\theta\to\infty$)，我们可以预测 $f(\theta)$ 会从线性依赖以突变的方式向其渐近值靠近，该结果已在图 10.4 中清楚地展示。接下来，我们基于方程(10.37)所示的近似展开式，来确定 $f(\theta)$ 的廓线在原点处的斜率 $f'(0)$ 的数量级。该展开式表明 $f(\theta)$ 的变化规律初始非常接近线性形式，然后会出现一个突然圆化（图 10.4 的轮廓上的弯曲段）；圆化之后，$f(\theta)$ 会在某个值 θ_m 处接近其最大值，θ_m 的取值可通过对方程(10.37)关于 θ 求导得到

$$\theta_m=(12/f'(0))^{1/3} \tag{10.40}$$

该最大值对应的 $f(\theta)$ 应该接近于 1：该渐进值会以指数增长的方式很快达到。在一阶近似下，我们有

$$f(\theta_m)=\theta_m f'(0)-\frac{1}{48}f'^2(0)\theta_m^4\approx 1$$

进一步，将方程(10.40)代入上述方程，可得

$$f'(0)\approx 0.29 \quad \text{和} \quad \theta_m\approx 3.44$$

此处对 $f'(0)$ 取值的估计与上文提到的准确值 $f'(0)=0.332$ 数量级相同。

10.4.3 均匀流动中平板上的摩擦力

在沿 x 方向的流动中，壁面法线与 y 轴平行的平板上的摩擦力为

$$F_{\text{total}}=\frac{4}{3}\rho U^2 L\sqrt{\frac{1}{Re_L}} \tag{10.41}$$

其中 L 为平板在 x 方向的长度，横向取单位长度。我们进一步引入阻力系数 C_d，定义为平板单位面积上的摩擦力除以流动动压 $1/2\rho U^2$ 和平板与流体接触面积 $2L$① 之积：

$$C_d=\frac{F_{\text{total}}}{\rho U^2 L}=\frac{1.33}{\sqrt{Re_L}} \tag{10.42}$$

注：显然，阻力系数 C_d 随着 $1/\sqrt{Re_L}$ 呈线性变化；相比于小雷诺数流动中（动量输运的主要方式为黏性扩散）阻力系数随 $1/Re$ 线性变化的情况要慢一些（方程(9.20)）。实际上，边界层内动量的黏性扩散仅限于靠近壁面处很小的区域内，然而却会被较大的速度梯度强化（相比之下，边界层中的速度梯度要大于小雷诺数流动中的速度梯度）。另外，此处 C_d 的变化要比湍流情况下快很多（第 12.5.4 节）；在湍流中，对流是动量输运的主要方式，阻力与速度的平方成正比，故而 C_d 基本不再关联于雷诺数（方程(12.74)）。

证明：距离平板前缘 x 处，单位面积上的摩擦力为应力分量 σ'_{xy}：

$$\sigma'_{xy}=\eta\left[\frac{\partial v_x}{\partial y}\right]_{y=0}=\eta U f'(0)\frac{\partial\theta}{\partial y}=\eta U f'(0)\sqrt{\frac{U}{\nu x}} \tag{10.43}$$

引入具有压力量纲的项 ρU^2，上式可改写如下：

$$\sigma'_{xy}=\rho U^2 f'(0)\sqrt{\frac{\nu}{Ux}} \tag{10.44}$$

为了得到流体作用在平板上的合力，我们需要将 σ'_{xy} 关于 x 沿平板积分：

$$F_{\text{total}}=2\rho U^2 f'(0)\sqrt{\frac{\nu}{U}}\int_0^L\frac{\mathrm{d}x}{\sqrt{x}}=4\rho U^2 f'(0)\sqrt{\frac{\nu L}{U}} \tag{10.45}$$

其中 L 为平板长度，系数 2 源于我们要考虑平板两侧的摩擦力。进一步，引入以板长 L 为特征长度的雷诺数 $Re_L=UL/\nu$，并取 $f'(0)\approx 1/3$，即可得方程(10.41)。

10.4.4　边界层的厚度

由上文讨论可知，速度为 U 的均匀来流顺流平板边界层的厚度为 $\sqrt{\nu x/U}$。为了更准确地估计边界层内的比例常数，我们可选择 $f(\theta)=v_x(y)/U$ 取给定值时所对应的纵坐标 y 值为边界层的厚度 δ。比如，$\delta_{0.99}$（对应 $v_x/U=0.99$）具有如下形式：

$$\delta_{0.99}=5\sqrt{\frac{\nu x}{U}} \tag{10.46}$$

由于 f 的取值是任意的，因此我们引入两个基于一定物理效应（影响）、更加普适的边界层厚度。这些厚度通常仅与 $\delta_{0.99}$

① 平板两侧均与流体接触，故面积为 $2L$。——译者注

相差一个比例常数。

(i)位移厚度 δ^*

基于外部势流流线的位移 δ^* 定义的边界层厚度已经被人们普遍接受，称之为**位移厚度**(displacement thickness)，它在流动方向上随着到平板前缘的距离而变化。为了计算 δ^*，我们来计算在平板上游高度为 D(D 须远大于 δ^*)、宽为单位长度(图 10.5 所在平面的垂直方向)的流管内的流量：

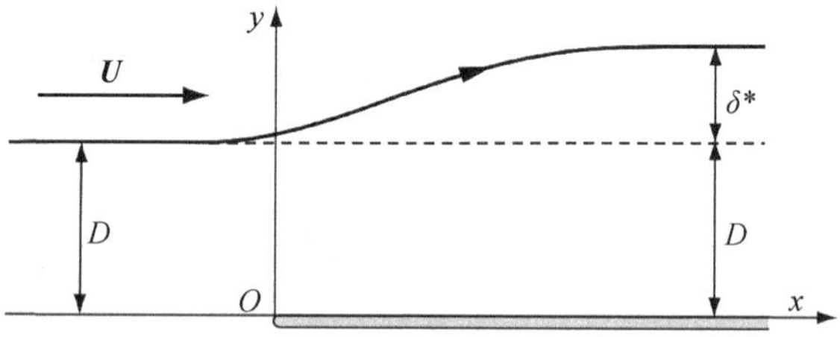

图 10.5 通过边界层外部流线的位移 δ^*，估计平板边界层厚度的示意图(注意：图中垂直方向比例被有意放大以清晰地表现边界层厚度)

$$\int_0^D U\mathrm{d}y = \int_0^{D+\delta^*} v_x\mathrm{d}y = \int_0^{D+\delta^*}(v_x - U)\mathrm{d}y + \int_0^{D+\delta^*} U\mathrm{d}y \tag{10.47}$$

若 D 足够大，那么当 $y>D+\delta^*$ 时，我们可认为速度差 v_x-U 为零，于是可得

$$\int_0^{D+\delta^*}(v_x - U)\mathrm{d}y = \int_0^{\infty}(v_x - U)\mathrm{d}y \tag{10.48}$$

对于均匀流动，U 不随 y 变化，方程(10.47)可简化如下：

$$UD - U(D+\delta^*) = \int_0^{\infty}(v_x - U)\mathrm{d}y \tag{10.49}$$

进一步有

$$\delta^*(x) = \int_0^{\infty}\left(1 - \frac{v_x(x,y)}{U}\right)\mathrm{d}y \tag{10.50}$$

最终，通过数值积分可得

$$\delta^* = 1.73\sqrt{\frac{\nu x}{U}} \tag{10.51}$$

(ii)动量厚度 δ^{**}

类似于估计流线位移的思路，我们也可根据流道内动量(或动能)的变化来定义边界层的**动量厚度**(momentum thickness)。流管内动量流量的变化有如下关系：

$$\delta^{**} = \frac{\text{平板上游的动量通量} - \text{到前缘距离 } x \text{ 处的动量通量}}{\rho U^2} \tag{10.52a}$$

类似可得

$$\delta^{**} = \int_0^{\infty}\frac{v_x(U - v_x)}{U^2}\mathrm{d}y \tag{10.52b}$$

若外部为均匀流动,通过数值积分可得

$$\delta^{**}(x)=0.66\sqrt{\frac{\nu x}{U}} \tag{10.53}$$

注意:乘积 $\rho U^2\delta^{**}$ 为平板上从前缘到 x 处单侧壁面上的摩擦力(即方程(10.41)中 $L=x$ 时取值的一半)。

10.4.5　层流边界层的稳定性:向湍流的转化

到目前为止,本章定义的雷诺数都以流动方向上的距离为特征长度尺度,包括 $Re_{x_0}=Ux_0/\nu$ 和 $Re_L=UL/\nu$,其中 x_0 和 L 分别为边界层内某点到平板前缘的距离和流动方向的总长度;只有当 $Re_{x_0}\gg 1$ 和 $Re_L\gg 1$ 成立时,边界层的厚度 δ 相对于 x_0 和 L 才足够小。层流边界层的稳定性也取决于一个局部雷诺数的取值。这种情况下,我们通常选择边界层的厚度为该雷诺数中的特征长度尺度。这一点类似于圆管内流的情况:决定管内流动状态(层流或湍流)的雷诺数中的特征长度为管径,而非管长。所以,衡量边界层稳定性的雷诺数定义为

$$Re_{\delta_{0.99}}=\frac{U\delta_{0.99}}{\nu}\propto\sqrt{\frac{Ux}{\nu}} \tag{10.54}$$

该无量纲数与距离平板前缘的长度 x 的平方根成正比。因此,即使流动速度较大时,失稳也仅发生在距平板前缘一定的距离 x 之外。层流边界层的失稳首先表现为 $x-y$ 平面内速度的二维规则振荡,随后会发展为三维速度脉动。当脉动的振幅超过一定阈值时,边界层内会出现湍流区域。在更高的速度下,整个边界层内都会表现出局部瞬时速度的快速脉动。

注: 我们将在第 12.5.5 节讨论**湍流边界层**(turbulent boundary layers)的这些特征。这种情况下,在远离壁面处,动量输运的主要方式不再是黏性扩散,而是基于速度大小的湍流脉动。

10.5　流动方向存在压力梯度的层流边界层:边界层分离

10.5.1　问题的简化物理方法

我们考虑速度 $U(x)$ 随到平板前缘距离 x 的增加而减小的外部势流流动,比如扩张管道内的流动。流动方向的压力变化满足伯努利方程(10.4),因此这种情况下边界层外的压力 $p(x)$ 随 x 的增加而上升,即

$$\frac{\partial p}{\partial x}=-\rho U\frac{\partial U}{\partial x}>0 \tag{10.55}$$

此外,由于垂直于壁面方向上压力变化为零(方程(10.3)),边界层内流动方向的压力梯度恒定。因此,在靠近壁面的低速区域,流体微元的动力学行为取决于两种相反的效应:一方

面，大于零的压力梯度$\partial p/\partial x$ 会减慢微元的运动；另一方面，来自速度较大区域的黏性动量扩散趋向于加速微元运动。若速度梯度$\partial U/\partial x$ 足够大，壁面附近则会出现回流现象，称之为**边界层分离**(boundary layer separation)(图 10.1(b)、10.6 和 10.7)。在相反情况下，压力梯度$\partial p/\partial x$ 则为负，壁面附近的流体会被加速，边界层会变薄且趋于稳定。

10.5.2 形如 $U(x)=Cx^m$ 的流场中边界层内速度廓线的自相似特性

由第 6.6.2(iv)节讨论可知，两个夹角为 $\pi/(m+1)$的半平面附近的流动可通过速度复势 $f(z)=Cz^{m+1}$ 来描述。对于沿平面 $\varphi=0$ 的流动，速度场退化到仅有径向分量(参见方程(6.95))：

$$v_r=C(m+1)\boldsymbol{r}^m$$

其中半径矢量 $\boldsymbol{r}$ 为平面 $\varphi=0$ 上一点到夹角顶点的距离 x。因此，我们可通过在边界层外假定形如 $U(x)=Cx^m$ 的速度场，来分析夹角为锐角的平面附近的流动边界层。接下来，我们首先推导边界层内流场遵循的微分方程，推导过程可类比于前文针对外部均匀流动所得到的布拉休斯方程。

福克纳-斯坎方程

采用与均匀流情况相似的推导方法(见第 10.4.1 节)，我们引入无量纲变量 x/x_0 和 $y/\sqrt{\nu U(x_0)/x_0}$ 的组合变量：

$$\theta=y\sqrt{\frac{U(x)}{\nu x}}=y\sqrt{\frac{Cx^{m-1}}{\nu}} \tag{10.56}$$

显然，该变量并不依赖于到夹角顶点的距离 x_0。进一步，将方程(10.2)中各项表达为与 θ 相关的形式，可得到平行于平板的速度分量与边界层外部流动速度之比 $v_x(x,y)/U(x)$满足如下微分方程：

$$m(1-f^2(\theta))+f''(\theta)=-\frac{m+1}{2}f'(\theta)\int_0^\theta f(\xi)\mathrm{d}\xi \tag{10.57}$$

上式称之为**福克纳-斯坎方程**(Falkner-Skan equation)。与我们预计的结果一致：当 $m=0$ 时，该方程退化为布拉休斯方程(10.24)。

边界层内的速度廓线

通过数值求解福克纳-斯坎方程，我们可得边界层内的速度分布，如图 10.6 所示。当指数 m 为正且取值逐步增大时，边界层会相应地越来越薄。当 m 减小时，边界层厚度逐渐增加，且当 m 减小到一个负的临界值 $m_c=-0.0905$ 时，壁面附近的速度梯度将消失。若 m 的取值继续减小，壁面附近则会出现回流，即我们在第 10.5.1 节提到的边界层分离现象。回流出现时对应的临界角 α_c 取值为

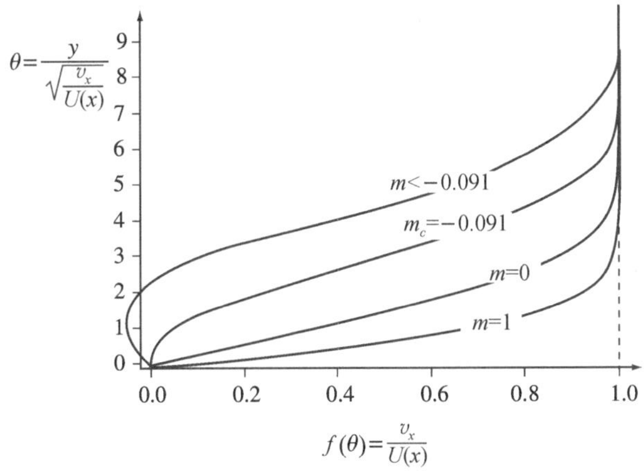

图 10.6　外部流动形式为 $U(x)=Cx^m$ 时边界层内的速度廓线。其中 $v_x(x,y)$ 为平行于壁面的速度分量；$m=0$ 所对应的解如图 10.4 所示

$$\alpha_c=\frac{\pi}{m_c+1}=198^\circ$$

此时，顶点前后平板壁面附近的流动速度的夹角为 $198^\circ-180^\circ=18^\circ$。图 10.7 所示为该夹角超过 18°时所观察到的流场。

图 10.7　水平来流中倾斜放置的平板上边界层的分离现象。图中所示的平板倾斜角大于 20°，略大于边界层分离的极限值 18°(图片由法国 ONERA 提供)

当 $m<0$，且 $|m|$ 的取值越大时，$f(\theta)$ 趋近于其渐进值 1 的速度越慢。对于极限情况 $m=-1$ 时，速度分布不再具有渐近极限；这在物理上对应于从两个平板夹角顶点处出发的扩散流动($U\propto 1/x$)，此时边界层不再出现。对于 $m>0$ 的情况，边界层要比均匀流($U=$常数)时更薄；当 $m=1$ 时，流动对应于滞止点附近的流动(参见图 6.20(b))，这种情况下，边界层的厚度为常数，不随远离入射点的距离变化(图 10.8(a))。

人们可能会提出这样的问题：为什么图 10.8(a) 中滞止点附近的流动发散区域没有观察到回流现象？这是由于平板的上游垂直来流中没有固体壁面；故而流场中，流体的动能易被反向的压力梯度抵消的低速区域并不存在。然而，如果我们引入垂直于平板的第二个固体壁面(图 10.8(b))，在两板形成的夹角附近就会形成回流区域。

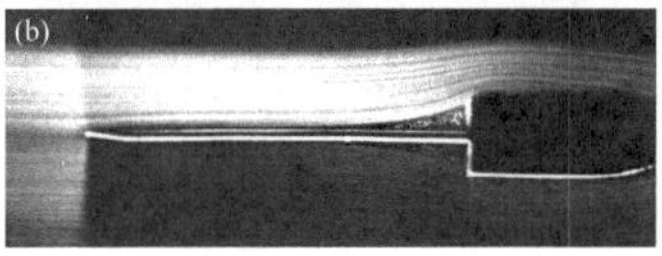

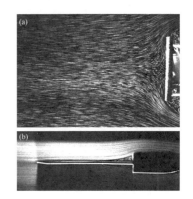

图 10.8　来流垂直于平板时平板滞止点附近的流动。(a)流场中没有固体壁面，没有边界层的形成；(b)如果在流场中插入一个固体壁面，则壁面两侧会形成边界层，边界层的分离则会导致两个回流涡区域的形成(图片由 H. Werlé，ONERA 提供)

边界层分离的简化计算

我们再来考虑福克纳-斯坎方程(10.57)：

$$m(1-f^2(\theta))+f''(\theta)=-\frac{m+1}{2}f'(\theta)\int_0^\theta f(\xi)\mathrm{d}\xi \tag{10.58}$$

当 $\theta=0$：

$$f(0)=0 \tag{10.59}$$

于是可得 $m+f''(0)=0$

因此，当 θ 取值较小时：

$$f(\theta)=\theta f'(0)-\frac{m}{2}\theta^2+O(\theta^3) \tag{10.60}$$

当 θ 取较大值时：

$$f(\theta)\rightarrow 1 \tag{10.61}$$

于是可得 $\int_0^\theta f(\xi)\mathrm{d}\xi \rightarrow \theta$

因此，方程(10.58)有如下极限形式：

$$f''(\theta)=-\frac{m+1}{2}\theta f'(\theta) \tag{10.62}$$

将上式关于 θ 积分一次可得

$$f'(\theta)\approx C\mathrm{e}^{-\frac{(m+1)\theta^2}{4}} \tag{10.63}$$

分析上式可知，相比于 $m>0(\partial U/\partial x>0)$ 的情况，当 $m<0$ $(\partial U/\partial x<0)$ 时，$f'(\theta)$ 趋近于 0 的速度更慢。这与 $m<0$ 时边界层厚度较大的结果一致(参见图 10.6)。这种关系依然可以从 $\theta\rightarrow\infty$(方程(10.63))和 θ 较小时(方程(10.60)) $f(\theta)$ 的性质来分析：

- 当 $m>0$ 时，$f''(0)$ 为负；因此速度廓线的曲率指向图 10.6 的左侧，且廓线上没有拐点。如果我们希望速度廓线比 $U=$常数 时所对应的廓线更快地趋于渐近值，那么 $f'(\theta)$ 必须比后一种情况对应的值大。
- 若 $m<0$，$f'(0)$ 取值会更小；这种情况下，速度廓线在点 O 附近的曲率指向左侧。当 $|m|$ 足够大时，我们可在壁面附近观察到流动方向的反转($f'(0)<0$)。

我们现在来估计当 $f'(0)=0$ 时，m 的临界值 m_c。这种情况下，当 θ 取值较小时，根据方程(10.60)可得

$$f(\theta)=-m_c\frac{\theta^2}{2}+O(\theta^3)$$

此外，当 θ 在个位数的量级时，$f(\theta)$ 必须达到其极限值 1。在前面的表达式中，当 $\theta=5$ 时，有 $f=1$，我们可得到 m_c 的数量级为 $m_c=-1/12\cong-0.083$(准确值为 -0.0905)。

10.5.3 厚度恒定的边界层

我们以下来讨论几种边界层厚度保持恒定的流动。首先，考虑借助指向壁面的速度分量引起涡量扩散来抵消边界

层厚度增长的情况。

指向滞止点的流动

由图 10.8(a)中的示例可知,指向滞止点的流动具有指向壁面的速度分量。在理想情况下,对于原点($x=0$,$y=0$)为滞止点的二维流动,边界层外部流动的流函数为 $\Psi=kxy$,相应的速度分量为 $v_x=kx$ 和 $v_y=-ky$。于是,我们可知边界层的厚度 $\delta(x)$为

$$\delta(x)\approx\sqrt{\frac{\nu x}{v_x(x)}}\approx\sqrt{\frac{\nu}{k}} \tag{10.64}$$

显然,δ 与到滞止点的距离无关。这是因为指向壁面的对流输运效应和远离壁面的扩散输运效应互相抵消,达到了平衡,使得边界层厚度保持恒定。

存在壁面吸附的流动

如图 10.9 所示,我们考虑一个与布拉休斯问题相关的情况:平板壁面的法向存在非零的速度分量(吸附速度):$v_y=-V$,且与 x 无关。这种技术多用于抑制汽车和机翼表面的边界层分离(参考第 10.6 节)。我们假定运动方程存在一个解,边界层的厚度和速度分布都与 x 无关。此时,v_x 和 v_y 仅依赖于 y;此外,由不可压缩条件可知垂直于壁面的速度分量 v_y 满足$\partial v_y/\partial y=0$。于是整个流场内 $v_y=$常数$=-V$。定常状态下,$\partial\omega_z/\partial x$ 为零,所以涡量输运方程(10.12)可简化如下:

$$-V\frac{\partial\omega_z}{\partial y}=\nu\frac{\partial^2\omega_z}{\partial y^2} \tag{10.65}$$

方程两边对 y 积分一次可得

$$-V(\omega_z-\omega_0)=\nu\frac{\mathrm{d}\omega_z}{\mathrm{d}y} \tag{10.66}$$

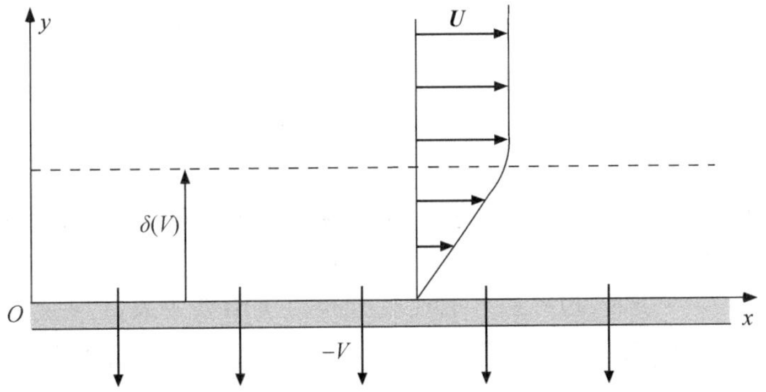

图 10.9　有抽吸的多孔平板表面的边界层,$-V$ 垂直于壁面

其中 ω_0 为远离壁面处的涡量值($\mathrm{d}\omega_z/\mathrm{d}y\approx0$);若边界层

外为均匀流动，ω_0 为零。再次积分并考虑边界条件：远离壁面时 $v_x=U$，在壁面 $y=0$ 处 $v_x=0$；我们最终可得

$$v_x=U(1-e^{-\frac{Vy}{\nu}}) \quad 和 \quad \omega_z=\frac{\partial v_x}{\partial y}=\frac{UV}{\nu}e^{-\frac{Vy}{\nu}}$$

进一步计算可知边界层厚度恒定为 $\delta(V)=\nu/V$，这与我们之前的假设一致。这个结果说明：在边界层的上边缘，涡量的对流（量级为 $V\omega_z/\delta$）和扩散（量级为 $\nu\omega_z/\delta^2$）彼此平衡（参看方程(10.65)）。

平均平移速度为零的周期性流动

此类流动的例子我们已经在第 4.5.4 节中讨论过，即振荡平板表面的流动，振荡局限于平板所在平面内。平板运动的影响在距离 $\delta_\omega=\sqrt{\nu/\omega}$ 上呈指数衰减，其中 ω 为振荡的角频率（注意勿与涡量混淆）。δ_ω 可理解为：速度变化在平板振荡周期 $2\pi/\omega$ 内扩散距离的数量级。此外，极谱测量中使用的均匀旋转圆盘上形成的边界层也属这类情况，我们将在第 10.8.2 节讨论。

10.5.4 不具有自相似特性的流动：边界层分离

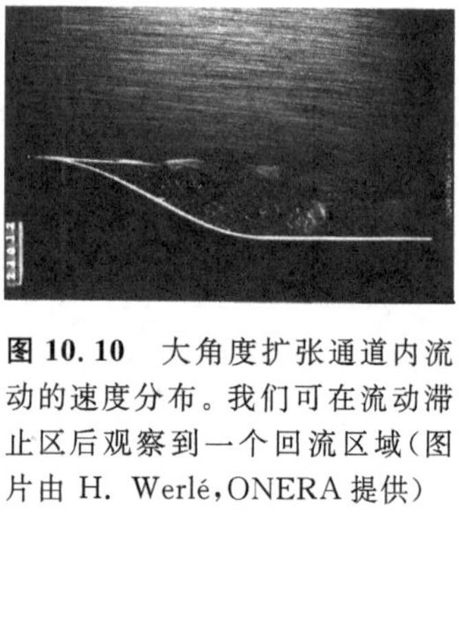

图 10.10 大角度扩张通道内流动的速度分布。我们可在流动滞止区后观察到一个回流区域（图片由 H. Werlé，ONERA 提供）

对于上文讨论的形如 $U=Cx^m$ 的自相似流动，当指数 m 超过临界值 m_c 时，流动方向在整个壁面上都会反转。然而，在很多实际流动中，当速度在流动方向降低时，边界层仅会在某一定点处开始发生分离，该点称之为**分离点**（separation point），在分离点下游会出现回流区。这种情况多见于流体绕流不具有空气动力学形状的物体（图 10.1(b)），或扩张流道内的流动（图 10.10）。对于形如 $U(x)=U_0-\alpha x$ 的流动，流场中存在一个自然的特征长度尺度 U_0/α。这个长度尺度决定了分离点到负速度梯度出现处距离，且该距离不依赖于雷诺数 Re。

证明：一般来说，边界层内满足方程(10.14)和(10.15)的速度分布满足以下关系式：

$$\frac{v_x(x,y)}{U(x)}=f\left(\frac{x}{L},\frac{y}{\delta_L}\right) \tag{10.67}$$

其中 x 和 y 分别是与壁面平行和垂直的坐标，L 是平行于壁面的流动的特征长度尺度，δ_L 是相应的边界层厚度。当 δ_L 相比于 L 较小时，边界层外的速度分布与雷诺数无关（边界层对外部流动的影响可以忽略）。确定分离点位置的条件 $[\partial v_x/\partial y]_{y=0}=0$ 可表达为

$$f'(x/L,0)=0 \tag{10.68}$$

因此,分离点的位置可由 x/L 的取值决定。如果雷诺数足够大,边界层在上游已经充分形成,那么 x/L 的取值与雷诺数无关。

10.5.5　边界层分离的后果

流场中出现回流的区域一般是很不稳定的。失稳进一步加剧所对应的雷诺数的最小值仅有几十的量级。在分离点之后,流场中会出现一个宽度较大的湍流区,其中会有显著的能量耗散发生。流动阻力会大幅增加,这种现象常见于流体绕流不具有**空气动力学形状**(aerodynamic profile)的物体,如图 10.1(b)所示。相比之下,对于流线型物体,边界层不会发生分离,流动阻力非常小,并且形成的尾迹区也非常窄(参见图 10.1(a))。

注:我们应该注意区分边界层分离出现的湍流与边界层本身从层流转化到湍流的情况。边界层分离形成的湍流区中通常有显著的能量耗散,边界层从层流转化到湍流也会导致能量耗散的增加,但分离点会一定程度的向下游移动。在一些情况下,我们甚至能观察到,层流边界层在分离以后会重新附着在壁面从而形成湍流边界层,这一点我们将在第 12.5.5 和 12.5.6 节中详细讨论。

10.6　边界层理论在空气动力学中的应用

层流和湍流边界层的概念在陆地和航空交通工具所涉及的空气动力学问题中非常重要。在这些交通工具的运行过程中,纵然也有其他的重要因素,但是通过对边界层的控制来改善其运行和能耗指标具有重要的经济价值。这个问题超出了本节讨论的范围,此处我们仅在二维长物体的近似下讨论机翼的工作原理。相比之下,汽车三个维度上的尺度数量级相同,这种情况下三维效应将会至关重要。

10.6.1　机翼上边界层的控制

边界层分离现象

飞机机翼的升力已在第 6.6.3 和第 7.5.2 节讨论过;准确地说:升力即为围绕机翼的速度环量诱导的马格努斯力。为了维持平衡,升力 F_L 必须与飞机的重力平衡。由方程(7.75a)可知,乘积 U^2C_z 必须为常数,其中 C_z 为升力系数。方程(6.106)表明,当攻角 α 比较小,C_z 随其线性增加,因而 $U^2\alpha$ 也必须为常数。于是,为了降低飞机降落或起飞所需的滑行距离,则必须降低其飞行速度,同时增加攻角 α。

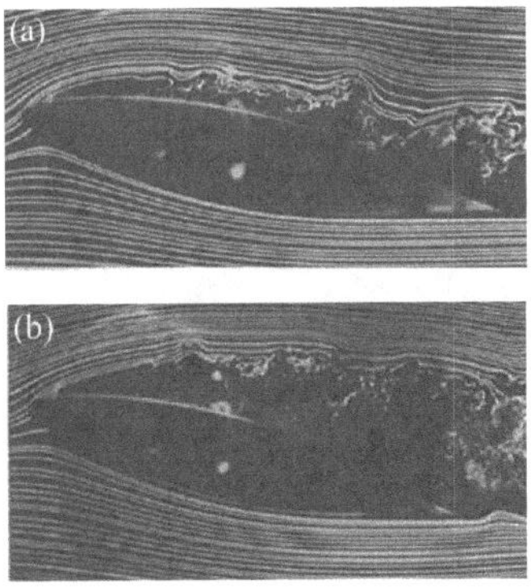

图 10.11　不同攻角下,飞机机翼周围流动的可视化。(a)攻角小于边界层分离所需的角度,边界层没有分离;(b)攻角大于边界层分离所需的角度,边界层发生分离(图片来源于书籍 *Illustrated experiments in fluid medchanics*, NCFMF, MIT Press)

当 α 取值适中时,流线沿着机翼的轮廓(图 10.11(a)),边界层不发生分离。如果 α 持续增加超过临界角度 α_c,我们则会在机翼上表面处观察到边界层的分离现象,以及一个长的湍流尾迹区(图 10.11(b))。在边界层分离的情况下,机翼上表面的压力会增加,升力会迅速减小,阻力增大,如图 10.12 所示:当升力不足以平衡飞机的重量时,飞机会出现**失速**(stall);此时必须减小攻角,使升力增加,保证飞机重新平稳飞行。

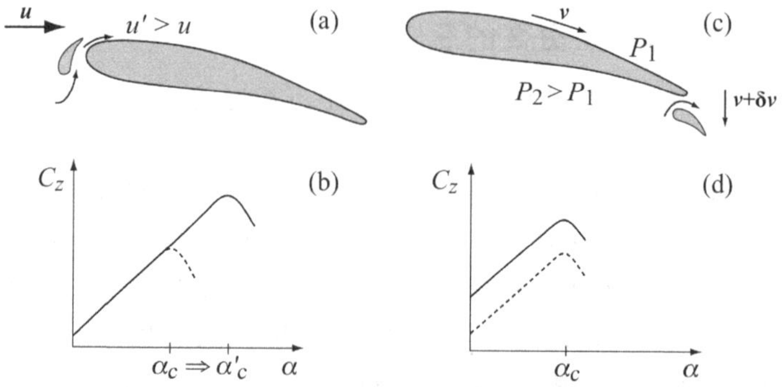

图 10.12 (a)机翼的前缘襟翼;(b)有(实线)和无(点划线)前缘襟翼的情况下,升力系数 C_z 随攻角 α 的变化关系;(c)对于给定的速度和攻角,机翼的后缘襟翼会显著提高绕流机翼的速度环量;(d)有(实线)和无(点画线)后缘襟翼情况下,升力系数 C_z 随攻角 α 的变化关系

飞机机翼边界层分离的控制

飞机起飞和着陆期间以低速飞行时,为了避免失速发生,必须增加 α 以获得足够大的升力。目前通常采用的两种互补策略是:

- 利用**前缘襟翼**(leading-edge wing flaps)来增加临界攻角 α_c。
- 在给定的攻角 α 下,利用**后缘襟翼**(trailing-edge wing flaps)来增加升力系数 C_z。

前缘襟翼 如图 10.12(a)所示,利用前缘襟翼可以实现攻角临界值 α_c 的增加,这种效应可见于图 10.1(b)所示的升力系数 C_z 随 α 的变化关系中。由于襟翼的存在,机翼下方空气的入射来流方向与机翼上表面相切;这种情况下,由于壁面附近的流速增加,机翼顶部的边界层得以“重新生成”。在大攻角情况下,逆压梯度效应也会因此减小,故而攻角的临界值 α_c 相应地增加。

后缘襟翼 如图 10.12(c)所示,对于给定的流速,当机翼的后缘襟翼伸展时,绕机翼截面的环量会增加;因此,曲线 $C_z(\alpha)$ 的位置会向上平移(图 10.12(d))。在大型客机的机翼上,襟翼身上还连接有下一级襟翼(空客 A340 和波音 747 的机翼上,最多连续存在三级襟翼)。因此,我们常会看到几级襟翼逐级延伸,最后的一级襟翼几乎与机翼垂直。这种结构会极大地增加机翼的阻力,因而它们专门用于起飞和着陆,以保证飞行速度较低时机翼仍旧能够维持足够的升力。后缘襟

翼的原理来源于以下两种不同效果的组合:

- 襟翼与机翼主要部分之间存在着间隙,这种结构可诱导从机翼下表面到上表面的流动,使边界层得以"重新生成"(类似于前文提到的前缘襟翼的作用)。这种情况下,即便攻角较大,襟翼处也不会发生边界层分离。
- 襟翼在机翼后部和尾迹流中导致显著的速度偏差 δv,从而引起环量和相应的升力都大幅度增加。

用于控制边界层分离的其他方法

截至目前,人们已经提出了很多可用于延迟边界层分离的方法;其中一些是前文中讨论的方法的变种。比如,不采用前缘襟翼,而直接在前缘区域改变机翼本身的形状以获得较好的效果。再比如,使用垂直于机翼表面且相对于平均来流具有一定倾角的小叶片,来生成平行于流动方向的涡;这些涡会将少量高速运动的空气带向机翼壁面。这种**涡发生器**(vortexgenerator)已在实际中被用于延迟边界层的分离,但同时会导致阻力的增加。

10.6.2　公路车辆和火车的空气动力学

汽车空气动力学的独有特点

在实际应用中,人们通常希望将汽车的阻力最小化。阻力主要与车上游和下游区域之间的压差有关。与飞机不同:车辆行驶的过程中,摩擦力并不占主导地位。此外,车辆运行过程中也无需升力平衡车身的重量。相反,车辆的升力方向必须向下,以确保轮胎和道路之间有良好的接触来提高车辆的操控性;但升力也不能太大,以避免轮胎的摩擦和磨损。

阻力 F_D 取决于系数 C_x。对于早期的车型,C_x 大于 0.5;对于较新的车型,C_x 一般小于 0.3。由于 C_x 的值对燃油的利用率有显著影响,因此减小 C_x 是汽车制造商考虑的主要因素之一。此外,还需考虑车辆的舒适性,但舒适性的解决办法往往与减小 C_x 的意愿相悖。

注:这里系数 C_x 的定义为 $C_x = |F_D|/(\rho U^2 A/2)$。其中 A 是车辆在垂直于速度 $\boldsymbol{U}$ 方向的投影面积。该定义类比于阻力系数 C_D(方程(9.20))所给出的定义,我们在此处使用 A 来代替特征长度的平方。

图 10.13 给出了车辆各部分对阻力的相对贡献。读图可知:车辆后部的贡献比重大,附加部位(例如车轮、侧视镜和门把手)的贡献也不能忽视。车辆的阻力是摩擦力(黏性或湍流应力)和压力共同作用的结果;通常来说,压力对阻力的贡献最大。

与飞机机翼相比,汽车宽度和高度与其长度量级相当。因此,汽车周围的空气流动具有明显的三维特性,这一点会强烈影响作用在车辆上的气动力。

接下来，我们主要讨论车辆尾部对阻力的影响。据图10.13所示，车辆尾部对阻力的贡献大约占总阻力的3/4。车辆尾部也是边界层发生分离的部位，这会导致回流和涡流的形成，这两种流动都会造成能量的耗散。

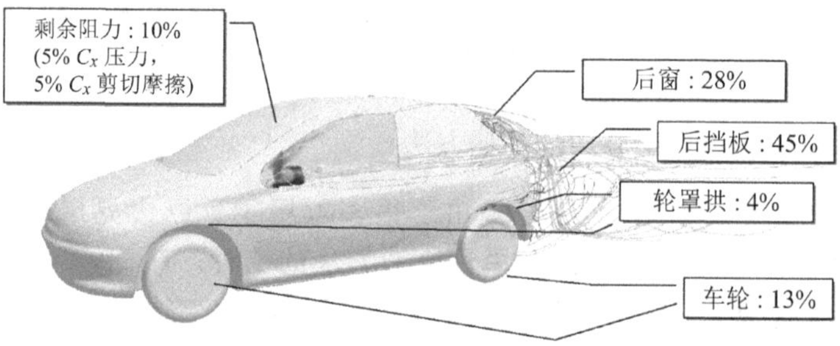

图 10.13 汽车不同部位对阻力的贡献（图片由 J-L. Aider，PSA Peugeot-Citroën 提供）

机动车尾部的流场——Ahmed 物体

为了研究车辆周围流场的结构，气动工程师们引入了一个简单的标准模型：**Ahmed 物体**（Ahmed body，图 10.14）。这种物体的引入便于工程师们通过实验或者数值模拟，比较真实合理地再现车辆尾部的流动结构；同时，这种处理方式也便于有效地调整一些参数，比如后窗的倾角 φ 等。这种物体尾部的速度场是两种流动结构的结合：

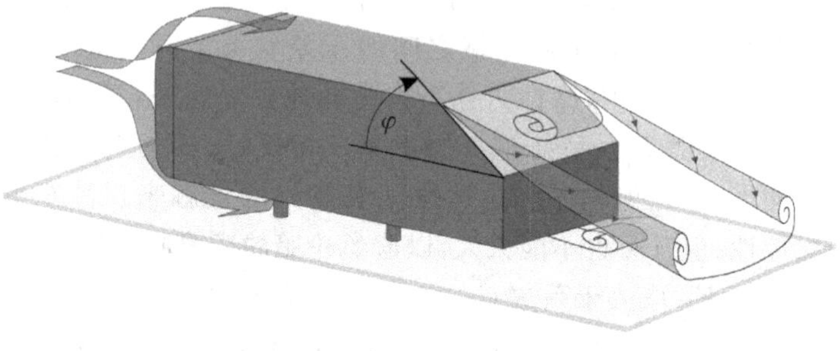

图 10.14 三维、非流线型物体（Ahmed 物体）周围流动的示意图。该流动可用于简易地描述机动车辆周围的流动。导致下游能量耗散的流动结构包括车辆后窗处垂直于主流的回流、车身底部处的回流，以及车顶的两个后角处产生的纵向涡流（图片由 A. Brunn 等人提供）

- **一对反向旋转的轴向涡**：轴向涡在模型轮廓的两个侧边处生成，轴向平行于平均速度；这种流动结构会让我们联想到飞机翼尖处产生的涡流（图 7.27(c)），或者绕球流动中球体下游产生的涡流（图 2.11）。图 10.15 给出了 Ahmed 物体尾部流动的数值模拟结果（其中 $\varphi=25°$）。流动中的大尺度涡表明流场具有明显的**三维特征**。
- **轴线垂直于物体对称平面的回流**：这种流动通常位于车辆尾部的中心位置，类似于二维物体（倾斜的坡或后台阶）尾部的流动，强烈依赖于倾角 φ。

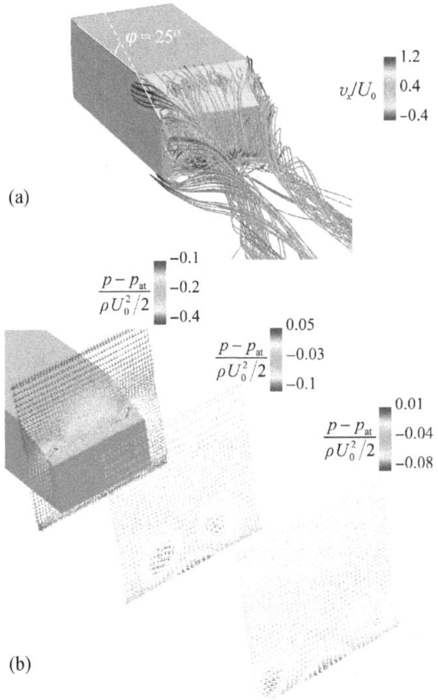

图 10.15(彩)　Ahmed 物体尾部流动的大涡模拟结果(见第 12.3.4 节),其平均流速 $U_0=40$ m/s,倾角 $\varphi=25°$(流动从左到右)。由模拟结果可知,流场中存在两个纵向涡。(a)流线:线条的颜色表征了平均流动方向上的归一化速度 v_x/U_0 的大小;(b)归一化的压差 $(p-p_{at})/(\rho U_0{}^2/2)$ 的分布(由颜色表征大小),其中 p_{at} 为大气压;速度场由矢量表示。读图可知:两个轴向涡流位于低压区域(图(b)中的蓝色区域),它们对阻力有重要贡献(图片由 M. Minguez、R. Pasquetti 和 E. Serre 提供)

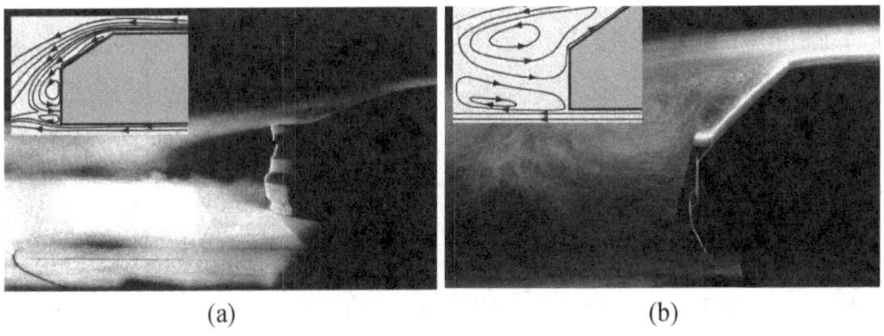

图 10.16　风洞中车辆尾迹流动的可视化。(a)车辆具有斜背式车顶(图片由 Renault Laguna 提供);(b)车辆后窗更为倾斜,为掀背式汽车设计(图片由 Citroën AX, PSA Peugeot-Citroën 提供)。两图中车辆均处于静止状态,气流方向自右向左。利用片光源,我们可在车身的垂向对称面内观察到回流,两图中回流的宽度具有明显差异。两图中左上角的插图为:两个相应的 Ahmed 物体对称平面内的回流结构,其中(a)$\varphi=25°$;(b)$\varphi=35°$。读图可知:图(b)中的回流区域较大,这是因为边界层在紧随物体边缘的部位就发生了分离

图 10.16 所示为真实车辆和 Ahmed 物体的尾部流动(竖直对称面)的**风洞**(wind tunnel)实验和数值模拟的结果,目的是讨论倾角 φ 对流动的影响。

- 对于后窗倾斜角度 φ 比较小的情况(图 10.16(a)),后窗处不存在回流区域或非常小,此时边界层保持附着或者仅发生了轻微的分离。然而,在紧随垂直于后底座下方存在强烈的回流区域,并且该回流区域的下方还存在一个更小的、方向相反的回流。
- 对于倾角 φ 比较大的情况,边界层在后窗顶部附近就会发生分离,流场中会出现一个大的回流区域。这个回流也会覆盖车尾后的一部分区域;同样地,在其下部也存在一个更小的回流区域。

上述两种流动状态之间的过渡发生在 $\varphi=25°$左右。该值

注:在图 10.16(a)所示的车辆中,后窗和后基座连接处的车身轮廓线略有上升。于是,在此产生的高压区域会引起一个力,该力具有向下(使黏附力增加)和向前(使阻力减小)的分量。但需注意:该处轮廓线上升的高度不能太大,以免在下游产生新的湍流区而引起阻力的增加。

与最大阻力对应的极限角度($\varphi \approx 18°$)在同一个量级。如果角度 φ 继续增大,边界层会在两个平面的夹角上游处发生分离(见第 10.5.2 节讨论)。

注:在减少阻力的同时,我们须避免车辆在高速行驶时可能产生的负升力变小甚至消失的情况,该力对安全驾驶至关重要。另外,一些知名品牌的赛车在速度较低时其操控能力比较差,但当车速较高时,赛车的操控能力会变得非常好,这正是负升力增加的结果。

基于角度 φ 取值的不同,两种回流(纵向和横向)会以不同的方式导致阻力增加。比如,当 φ 取值较小时(图 10.16(a)),横向回流对阻力的贡献较小,轴向涡对流动的影响会被剧烈放大。总的来说,阻力对角度 φ 的依赖不是单调的(我们通常会在 $\varphi = 30°$ 附近观察到较高的阻力值);一般情况下,当 $\varphi < 10°$ 或 $\varphi > 35°$(掀背式设计)时,阻力的大小在可接受的范围内。

10.6.3 其他陆上车辆的空气动力学

高速列车的阻力

注:边界层会在列车顶部连续地发展到列车尾部,且在车身高度上没有回流发生;因此,TGV 后部的流场是强烈湍动的。与汽车尾部的情况类似,列车尾部也会生成两个纵向涡。

半挂拖车的空气动力学:在没有特殊预防措施的情况下,卡车和半挂拖车后面的间隙会出现明显的湍流区域,从而导致额外的阻力。这一点可通过在卡车和拖车顶部之间放置挡板来消除回流区域。这种情况下,车顶会形成连续的气动廓线,从而减小了车体形状对流动的扰动,最终降低阻力。

对于汽车而言,车顶或侧面的摩擦力与车身前后的压力相比较小。然而,对于卡车或者高速列车(在法国称为“TGV”),这个结论将不再成立。相比于汽车,高速列车前后压力导致的阻力仅占总阻力的 10%,而总阻力的 30%来源于列车侧面和上面的湍流边界层引起的摩擦力。列车的转向架(40%～50%)和受电弓(10%～20%)也会显著地影响阻力,它们都会导致在车顶上形成显著的湍流。此外,列车车厢之间的空隙中形成的回流运动也会引起显著的能量耗散。

此外,对于列车的空气动力学特性设计来说还存在一个限制:必须保证列车在向前和向后两个方向都可高效运行,即列车的前部和后部必须具有相同的几何形状!

10.6.4 阻力和升力的主动控制与被动控制

注:通过机翼后缘襟翼控制飞机的升力是开环主动控制(open-loop control)的典型示例:飞行员可根据飞机的速度以及到机场的距离或多或少地打开襟翼。闭环反应控制(closed-loop control)是当前的研究目标,尚无主要的工业应用。例如,我们可通过在 Ahmed 车身顶部后缘放置由传感器控制的电动涡发生器,以期降低阻力。

由前文讨论可知,我们可通过优化卡车顶部、改善后视镜或者门把手的形状来大幅降低阻力。这种方式对车身的改造是永久性的,并且机车在运行过程中不需要提供额外的能量,因此称之为**被动控制**(passive control)。

在**主动控制**(active control)的情况下,根据车辆运行过程中实时的流动结构及其所处的环境,可直接对流动进行干预。驾驶员可根据车辆仪表板上的指示以及车辆周围的环境来施加干预措施,这种方式属于**开环控制**(open-loop control)。此外,干预措施也可通过与传感器连接来对计算机直接施加,即为**闭环控制**(closed-loop control),也称**无功控制**(reactive control)。

通过在车身壁面附近抽吸低速运动的空气可实现对边界层分离行为的主动控制；也可在壁面施加切向射流来加速流动以控制边界层的分离。这种情况下，可以避免由于外部流动速度降低而诱导的逆压梯度，该逆压梯度可能会导致流速较慢的流动发生方向的逆转。即便在入射角比较大的情况下，这种方法也可有效推迟边界层的分离。然而，抽吸和注入气流需要额外的能量；因此，只有当有边界层分离发生的风险时才会考虑抽吸。

注：事实上，这种方法在实际中很少使用，只曾在航海有过应用：由 Malavard 和 Cousteau 开发的风力双体船“Moulin à Vent”的**转筒风帆**（turbosail）上曾使用过这种方法，转筒风帆是一个非常厚的垂直放置的机翼。与普通帆一样，转筒风帆也是通过相对于风速的方向来定向；同时，它可通过位于即将发生流动分离区域中的狭缝来吸入空气以防止边界层的分离。通过这种方法，可以在“帆”周围产生大的速度环量，进而诱导较大的水平升力。

主动控制还有一个可能的应用前景：降低圆柱绕流下游的贝纳尔-冯卡门涡街相关的阻力（第 11.1.2 节），其中圆柱的轴线方向与流动方向垂直。涡街的产生可通过改变圆柱绕自身轴线的转动方向来控制。阻力的变化则取决于圆柱旋转频率与涡生成频率的比值：当该比值较大时，圆柱（或其他物体）下游的流动阻力和涡街长度都会减小。

10.7　尾迹流和层流射流

10.7.1　尾迹流的运动方程

定性特征

图 10.17 所示为流场中静止物体下游的尾迹流动，物体上游是速度为 $\boldsymbol{U}$ 的均匀流动；我们假定物体在各个方向的特征尺度均为 a，且流动为定常层流状态；这意味着雷诺数 $Re=Ua/\nu$ 很小（对小球而言，Re 不超过几十的量级），尾迹区内不会出现流动失稳。高雷诺数下的尾迹流将在第 12.4 节讨论。此外需要注意：由第 9.5.1 节讨论可知，即便在 $Re \ll 1$ 的情况下，在距离物体足够远的距离 L 处（$L \gg a/Re$），对流项的影响依旧是主导。

以下我们来分析流场中物体下游（与物体特征尺寸相比）足够远处，平均流动速度 $\boldsymbol{U}$ 被扰动的范围。在上文的假设下，我们可知：

- 物体的具体形状不再相关；
- 奥森方程(9.74a)仍旧适用；
- 奥森方程中的对流项起主导作用。

此处，我们采用类似于第 10.2 节中使用的方法（图 10.2）展开分析。由于壁面处存在无滑移边界条件；因此，与 U 相比，流场速度会在局部区域内减小（图 10.17）。速度（以及与之关联的涡量)的减小最初仅发生在与物体长度尺度量级相当的距离上。流体到达物体下游 L 处所需的时间大约为 $\Delta t \approx L/U$。在此时间间隔内,涡量(同理,速度梯度)在垂直于流动方向的扩散距离的量级为

$$e \approx \sqrt{\nu \Delta t} \approx \sqrt{\frac{\nu L}{U}} \tag{10.69}$$

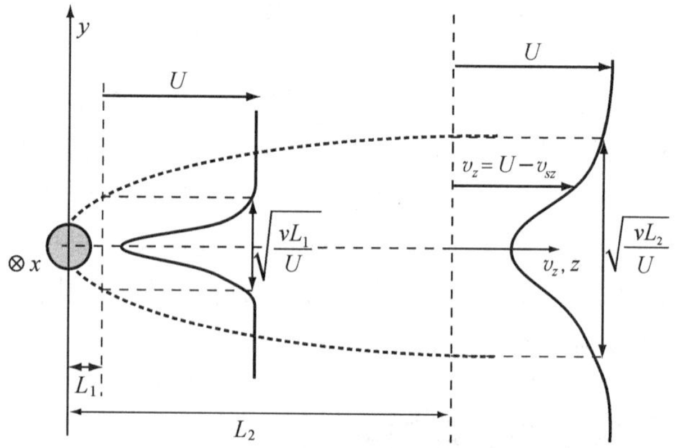

图 10.17 无穷远处速度为 $\boldsymbol{U}$ 的流场中物体下游的尾迹流。图中曲线所示为到物体的距离为 L_1 和 L_2 处的横向速度 v_z 的剖面廓线

于是可知:速度梯度和涡量仅集中在厚度为 e 的**尾迹区**(wake)内,并且 e 随 $\sqrt{L}$ 线性增加(图 10.17);显然,e 增加的速度比距离 L 的增加慢很多。回顾本章初始讨论的情况可知,这种流动是动量以对流的方式在特定方向上输运的典型例子,垂直于流动方向的动量输运仅有黏性扩散。

若以物体的位置为参考,尾迹区的厚度 e 和距离 L 会张成如下夹角:

$$\alpha \approx \frac{e}{L} \approx \sqrt{\frac{\nu}{UL}} = \sqrt{\frac{\nu}{Ua}}\sqrt{\frac{a}{L}} = \frac{1}{\sqrt{Re_a}}\sqrt{\frac{a}{L}} \tag{10.70}$$

其中雷诺数 Re_a 中的特征长度是物体的特征尺度 a。因此,即使雷诺数不是很大,当距离 L 服从以下关系时,角度 α 也会变得很小:

$$\frac{L}{a} \gg \frac{1}{Re_a} \tag{10.71}$$

综上讨论可知,速度梯度和涡量会被限定在一个狭窄的流场空间中。与平板附近的边界层相比,这种流动中沿流场轴线的速度并不为零,只是被减小了一定的量 $\boldsymbol{v}_s = \boldsymbol{U} - \boldsymbol{v}$;显然,在远离物体的过程中,$\boldsymbol{v}_s$ 会逐步减小。

尾迹流的运动方程

在上文假设的前提下,运动方程在 z 方向上的分量形式如下:

$$U\frac{\partial v_{sz}}{\partial z}=\nu\left(\frac{\partial^2 v_{sz}}{\partial x^2}+\frac{\partial^2 v_{sz}}{\partial y^2}\right) \tag{10.72}$$

该方程与二维热扩散方程(1.17)的形式类似(其中时间变量替换为 z/U)。

证明:方程(10.71)也是第 9.5.1 节中讨论的奥森方程(9.74),其成立需满足的一个条件。方程(10.72)可通过 $\boldsymbol{v}_s=\boldsymbol{U}-\boldsymbol{v}$ 重新改写如下:

$$-\rho(\boldsymbol{U}\cdot\nabla)\boldsymbol{v}_s=-\nabla p-\eta\nabla^2\boldsymbol{v}_s \tag{10.73}$$

在证明的过程中,我们使用 $\boldsymbol{v}_s$ 而非 $\boldsymbol{v}$,这是因为 $\boldsymbol{v}_s$ 在距离 L 比较大时为零,而此时 $\boldsymbol{v}$ 接近未被扰动的速度 $\boldsymbol{U}$。考虑到沿 x、y 方向的长度尺度 e 与 z 方向上 L 之间的巨大差异,我们可知不同坐标方向的速度分量之间关系为

$$v_{sx}\approx v_{sy}\approx v_{sz}e/L\ll v_{sz} \tag{10.74}$$

通过比较方程(10.73)在 x、y 和 z 方向的分量可知:平衡$\partial p/\partial x$ 和$\partial p/\partial y$ 的项比平衡$\partial p/\partial z$ 的项都小一个 e/L 的量级。因此,在尾迹区内外,垂直于平均流动方向上的压力变化可以忽略。此外,如果重力也可忽略,只要离物体足够远,尾迹区外(此物流体速度一般很小)的压力也是均匀的。因此,我们也可忽略外部流动方向上压力的变化。结合上述两个结果,我们可以假设尾迹区内部的压力是均匀的,这与层流边界层的情况一样。

另外,结合以下关系:

$$\frac{\partial^2 v_{sz}}{\partial z^2}\approx\frac{e^2}{L^2}\frac{\partial^2 v_{sz}}{\partial y^2}\ll\frac{\partial^2 v_{sz}}{\partial x^2},\frac{\partial^2 v_{sz}}{\partial y^2} \tag{10.75}$$

我们即可从方程(10.73)z 方向的分量出发得到方程(10.72)。

有限大物体下游的尾迹流动

求解方程(10.72),我们可得

$$v_{sz}=U-v_z=\frac{QU}{4\pi\nu z}e^{-\frac{Ur^2}{4\nu z}} \tag{10.76}$$

其中

$$Q=\iint v_{sz}\,dx\,dy \tag{10.77}$$

$$r^2=(x^2+y^2)$$

Q 可理解为尾迹流相对于外部均匀流动在流量上的亏空,以下将证明 Q 与距离 z 无关。因此,在流动的轴线方向上速度的亏空 v_{sz} 随 $1/z$ 衰减。此外,进一步分析可知:流量 Q 与作

用在物体上的阻力相关(第 10.7.2 节)。

证明:以下方程(10.78)是方程(10.72)的轴对称解,它在无穷远处满足条件 $v_{sz}=0$:

$$v_{sz}=\frac{CU}{\pi\nu z}e^{\frac{-U(x^2+y^2)}{4\nu z}}=\frac{CU}{\pi\nu z}e^{\frac{-Ur^2}{4\nu z}} \tag{10.78}$$

其中 C 为积分常数。因此,尾迹区的流量可计算如下:

$$Q(z)=\int 2\pi r\, v_{sz}(z,r)\mathrm{d}r \approx 4C\int_0^{\infty} e^{-\theta^2}\mathrm{d}(\theta^2)$$

其中有 $\theta^2=Ur^2/(4\nu z)$,于是可得

$$Q(z)=4C$$

显然,流量 Q 不依赖于 z。将方程(10.78)中的常数 C 利用 Q 替换即可得到方程(10.76)。

注:如果我们考虑一个以速度 $\boldsymbol{U}$ 运动的参考系,那么流体在无穷远处是静止的,物体则以速度 $-\boldsymbol{U}$ 运动。这种情况下,尾迹区内的速度为 $-v_{sz}$,流量 Q 是尾迹区内流体流量的相反数。这个流动会被整个空间上沿物体运动方向的流动所抵消。

方程(10.76)表明:在遵循方程 $Ur^2/4\nu z=$常数的抛物面上,速度亏空 v_{sz} 与其在 z 轴上的最大值 $QU/4\pi\nu z$ 的比值为常数。

注:在相对于无穷远处流体静止的参考系下,这些抛物面也是流场的流管。由方程(10.76)可知,半径为 $r_0(z)$ 的横截面上的流量 $Q(r_0(z))$ 的亏损满足下式:

$$\begin{aligned}&\int_0^{r_0(z)} 2\pi v_{sz} r\mathrm{d}r\\ &=\int_0^{r_0(z)}\frac{QU}{2\nu z}e^{-\frac{Ur^2}{4\nu z}}r\mathrm{d}r\\ &=\int_0^{r_0(z)}Qe^{-\frac{Ur^2}{4\nu z}}\mathrm{d}\left(\frac{Ur^2}{4\nu z}\right)\\ &=Q\left(1-e^{-\frac{Ur_0^2(z)}{4\nu z}}\right)\end{aligned}$$

因此,流量在抛物面上与 z 无关($r_0{}^2(z)/z=$常数)。

无限长圆柱体下游的尾迹流

在 x 方向上无限长的圆柱体下游的二维流动中,研究表明:尾迹区的宽随$\sqrt{z}$线性变化,其中 z 为到圆柱的距离。在奥森方程中忽略与 z 相关的导数项,进一步积分可得速度亏损为

$$v_{sz}=U-v_z=Q\sqrt{\frac{U}{4\pi\nu z}}e^{-\frac{Uy^2}{4\nu z}} \tag{10.79}$$

其中 Q 为尾迹区内流体的流量(x 方向取单位长度上)。跟前文讨论的情况一致,Q 仍然与 z 无关。然而,速度 v_{sz} 的最大值随距离以更慢的速率 $1/\sqrt{L}$ 减小,而非 $1/L$。

10.7.2 物体所受的阻力与尾迹区内速度的关系

在前文第 10.7.1 节的讨论中,尾迹区内流体的流量 Q 是未知的。进一步分析可知:对于位于速度为 $\boldsymbol{U}$ 的均匀流中的物体(图 10.18)而言,Q 与阻力 $\boldsymbol{F}$ 的关系如下:

$$\boldsymbol{F}=\iint \rho\boldsymbol{U}(U-v_z)\mathrm{d}x\mathrm{d}y=\rho\boldsymbol{U}Q \tag{10.80}$$

然而,需要注意:该方程仅对于具有球对称的物体和正多面体适用。这种情况下,阻力 $\boldsymbol{F}$ 平行于 $\boldsymbol{U}$。

对于球体而言,在雷诺数 $Re=UR/\nu\ll 1$ 的情况下,$\boldsymbol{F}=6\pi\eta R\boldsymbol{U}$。于是我们可得

$$Q = 6\pi\nu R \tag{10.81}$$

出乎意料的是:尾迹区内流量 Q 的亏损不依赖于速度 U。U 的增加会导致 v_{sz} 的增加,但这个增量效应会被尾迹区宽度 e 的减小抵消。

于是,由方程(10.76)可知:当 $Re \ll 1$ 时,圆球下游尾迹区内的速度亏损 v_{sz} 满足下式:

$$v_{sz} = U - v_z = \frac{3RU}{2z} \mathrm{e}^{-\frac{U(x^2+y^2)}{4\nu z}} \tag{10.82}$$

其中 z 为球心到下游的距离。

注:方程(10.81)成立的前提是 $Re \ll 1$,使用奥森方程与这个前提并不矛盾。然而,方程(10.82)仅在 $z/R \gg 1/Re$ 时成立。

在无穷远处静止的流体中,速度为 $\boldsymbol{U}$ 的圆球运动问题,等价于物体静止而流体速度为 $-\boldsymbol{U}$ 的情况。对于圆球运动,方程(10.82)描述的是由于球运动导致的流体速度在 z 方向分量 v_z 的大小。此外,阻力方向与速度 $\boldsymbol{U}$ 相反。

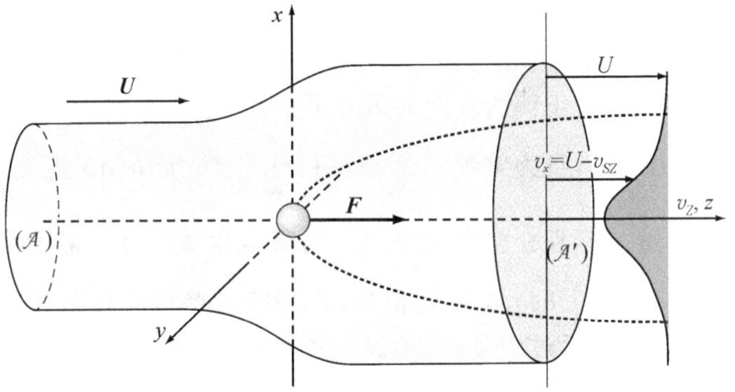

图 10.18　通过尾迹区内流体的流量估算流体作用在轴对称物体上阻力的示意图。远离物体处流场速度均匀为 $\boldsymbol{U}$

方程(10.80)的证明:如图 10.18 所示,我们考虑圆球在均匀流场中的情况,球下游的速度亏损 v_{sz} 满足方程(10.76)。由该方程可知,v_{sz} 在离轴距离为 $r=\sqrt{x^2+y^2}$ 时,取值最大,达到 $\sqrt{\nu z/U}$ 的量级;随后,v_{sz} 随 r 的增加以指数形式衰减。在尾迹区之外(例如物体上游),$\boldsymbol{v}_s$ 与平均速度 U 的比值随 $1/L^2$ 减小(而非在尾迹区内的 $1/L$)。远离物体处,流场可近似为径向流动,速度大小的量级为 Q/L^2,方向朝外(类似于图 9.16 所示的流场);这个流动补偿了尾迹区中的流量 Q。在图 10.18 中,截面$\mathcal{A}$和$\mathcal{A}'$分别位于圆球的上游和下游,由流量守恒可知:

$$\iint_{(\mathcal{A})} v_z(x,y)\,\mathrm{d}x\,\mathrm{d}y = AU = \iint_{(\mathcal{A}')} v_z(x,y)\,\mathrm{d}x\,\mathrm{d}y \tag{10.83}$$

实际上,如果横截面$\mathcal{A}$位于球上游足够远处,那么径向流量(随着 $1/L^2$ 减小)在截面$\mathcal{A}$上积分,相对于尾迹区内流动的贡献可以忽略(尾迹区中的速度亏损随 $1/L$ 减小)。同样地,鉴于流动的定常特性,截面$\mathcal{A}$和$\mathcal{A}'$之间的流管中的动量守恒方程

(5.13)会退化为

$$\iint_{(\mathcal{S})}\rho v_z v_j n_j \mathrm{d}S=\iint_{(\mathcal{S})}\sigma_{zj}n_j \mathrm{d}S+(-F_z) \quad (10.84)$$

其中$\mathcal{S}$是体积$\mathcal{V}$的包络面。唯一出现的体积力是与阻力相反的力$(-F_z)$，该力必须施加在物体上以维持系统的平衡。此外，在方程(10.84)的右侧第一项中，σ_{zj}包含了与黏性力和压力相关的分量。在尾迹区域之外，我们可以忽略黏性力的影响。在表面$\mathcal{A}'$上，只有σ'_{xy}非零，但它对积分没有贡献，于是可得

$$\iint_{(\mathcal{S})}\sigma'_{zj}n_j \mathrm{d}S=0$$

同时，压力的贡献$\iint(-p)n_z \mathrm{d}S$也为零。在尾迹区之外，我们可使用伯努利方程式：

$$p+\rho U^2/2=\text{常数}$$

于是可知，U和p均为常数。在尾迹区内，流线几乎是平行的。因此，垂直于流线方向的压力不会发生变化，所以尾迹区内外压力相同，且为常数。于是，积分$\iint_{(\mathcal{S})}(-p)n_z \mathrm{d}S$退化为$-p\iint_{(\mathcal{S})}n_z \mathrm{d}S$，且在整个包络面上的积分为零。接下来，我们来考虑方程(10.84)左边的积分：由于流管壁面的贡献为零，因此该积分可通过横截面$\mathcal{A}$和$\mathcal{A}'$之间的动量通量差得到

$$\iint_{(\mathcal{A})}\rho v_z^2 \mathrm{d}S-\iint_{(\mathcal{A})}\rho v_z^2 \mathrm{d}S=\iint_{(\mathcal{A}')}\rho v_z^2 \mathrm{d}S-\rho A U^2$$

其中A是横截面$\mathcal{A}$的面积。对方程(10.83)两侧乘以ρU以得到$\rho A U^2$项，并将其代入上述方程；于是，方程(10.84)可转化为以下形式：

$$\rho\iint_{(\mathcal{A}')}v_z(U-v_z)\mathrm{d}x\mathrm{d}y=F_z \quad (10.85)$$

当离物体足够远时，该方程可简化为方程(10.80)；因而有$U-v_z \ll U$，即有$v_z \approx U$。

通过上文我们注意到，方程(10.85)意味着积分$\rho\iint_{(\mathcal{A}')}v_z(U-v_z)\mathrm{d}x\mathrm{d}y$为常数，也就是说，如果$v_z \simeq U$，那么$Q=\rho\iint_{(\mathcal{A}')}(U-v_z)\mathrm{d}x\mathrm{d}y$也与横截面$\mathcal{A}'$的选取无关。显然，恒定的流量$Q$和方程(10.85)本身均是动量守恒和质量守恒相综合的结果。

尾迹区内，阻力与流量之间的关系具有一般性的物理意义，且不局限于层流问题。在具有流线型物体的下游，尾迹区

的宽度很小,其中的流量也相应地较小(速度亏损 $U-v_z$ 在 U 的数量级)。因此,由方程(10.80)可知,这种情况下阻力很小。相反,如果物体不具有流线型形状,那么边界层会发生分离,流动也随之变得很不稳定且迅速散开;这会导致额外的能量耗散,且通常与物体下游出现的湍流相关(图 10.1(b))。这种情况下,阻力会极大的增加。

10.7.3　二维层流射流

层流射流对应于将一种黏性流体注入同种但处于静止状态的流体中($U=0$)的情况。此处,我们定义 x 为射流的方向,y 为射流的宽度方向,且假定射流在 z 方向上结构不变。与前文讨论的边界层和尾迹流的情况类似,速度梯度也仅限于射流区域,射流的宽度 e 通过横向的黏性扩散逐渐增加,因此厚度随时间的变化关系为 $e\approx\sqrt{\nu t}$,其中 t 为流体质点传播的时间(因此,e 也是距离 x 的函数)。类似于黏性尾迹流的情况,在整个射流截面上对 y 做积分(z 方向取单位长度)可知 $\rho\iint v_x^2\,\mathrm{d}y$ 与 x 无关(对应于方程(10.85)的左侧项中 $U=0$ 的情况)。于是,我们有 $v_x{}^2(x)e(x)\approx M/\rho\approx$ 常数(其中,M 是沿 z 轴单位长度上的总的动量通量,ρ 为密度);显然,速度 v_x 随距离 x 的增加而减小。更准确地,宽度 e 的变化可通过以下微分形式描述:

$$\frac{\partial(e^2)}{\partial t}\approx\nu\approx\frac{\partial(e^2)}{\partial x}v_x\approx\frac{\partial(e^2)}{\partial x}\sqrt{\frac{M}{e\rho}}\tag{10.86}$$

由于 ν 是常数,对上式关于 x 积分可得

$$e(x)\approx x^{2/3}\nu^{2/3}\left(\frac{\rho}{M}\right)^{1/3}\tag{10.87}$$

$$v_x(x)\approx x^{-1/3}\nu^{-1/3}\left(\frac{M}{\rho}\right)^{2/3}\tag{10.88}$$

正如预期,上述变化关系中的指数与尾迹流的情况不同,此处 $e(x)/x$ 随 $x^{-1/3}$ 变化,而尾迹流中 $e(x)/x$ 随 $x^{-1/2}$ 变化(方程 10.70))。因此,在远距离处,涡量的显著局域化分布仍然成立。

进一步的详细计算表明,速度 $v_x(x,y)$ 的廓线具有以下自相似形式:

$$v_x(x,\xi)\approx x^{-1/3}\nu^{-1/3}\left(\frac{3M}{32\rho}\right)^{2/3}\frac{1}{\cosh^2\xi}\tag{10.89a}$$

$$\xi\approx\frac{y}{x^{2/3}}\left(\frac{M}{48\rho\nu^2}\right)^{1/3}\tag{10.89b}$$

通过上述两式计算可得:$v_x(x)=v_x(x,\xi=0)$;当 $\xi=1$ 时,$e(x)=y(x)$。于是,我们可得方程(10.87)和(10.88)所示的

依赖关系。对于三维射流，计算动量通量时必须沿 y 和 z 方向做积分；积分结果亦为常数，并可给出 $v_x \propto e(x)^{-1}$ 的依赖关系。采用与方程(10.86)类似的方法，我们可得$\partial e/\partial x=$常数。这种情况下，由于比值 e/x 在远距离处并不趋近于零，因而本章讨论的边界层方法不再适用。

10.8 热量和质量边界层

边界层的概念不仅在表征大雷诺数下固体壁面附近的流动状态、估计物体的受力中非常有效，而且在计算物体与周围流体间的传热传质时也十分重要。传热传质过程往往受到物体周围流体流动的影响。比如：我们会“本能地”向一个热壁面吹气来加速其冷却；航天工程中，太空飞行器重返地球进入大气层时，火箭前端鼻锥处很薄的边界层内的热交换问题极其重要，其中的热量就来源于物体（火箭）壁面附近的空气流动本身。**热量边界层**(thermal boundary layer)的概念与前文讨论的流动边界层紧密相关；它是流场引起的**纵向**(即流动方向)**热对流**(longitudinal heat convection)和扩散引起的**横向热传导**(transverse heat conduction)共同作用的结果。然而，由于热量边界层和流动边界层是共存的，因此热量边界层的结构会极大地受到流动边界层的影响；更准确地说，热量边界层结构取决于动量扩散与热扩散的相对有效性，可通过普朗特数 $Pr=\nu/\kappa$ 来表征(定义见第 2.3.2 节)。此外，通过讨论平板电极上的电化学反应，我们将给出**质量边界层**(mass boundary layer)的概念和示例，质量边界层的结构可通过施密特数 $Sc=\nu/D$ 来表征。

注：热量和质量边界层在传热传质领域中非常实用：比如，如果热量(或质量)边界层比流动边界层薄，那么我们可通过测量传热(或传质)特性来确定壁附近的速度梯度。

10.8.1 热量边界层

此处，我们再次考虑具有图 10.2 所示几何特征的流场，假定平板壁面温度为 T_0，远离平板区域的流体温度均匀为 T_1。温度与速度的廓线稳定后，流体温度明显有别于 T_1 的区域仅局限在壁面附近的薄层里，即为热量边界层。为了研究这个边界层的结构，除了纳维-斯托克斯方程(给出流动边界层内的布拉休斯速度廓线)之外，我们还需要考虑一个描述热量输运的方程。该方程的推导思想类似于流体的运动方程：在随体参考系下，流体质点温度变化 $\mathrm{d}T/\mathrm{d}t$ 满足热传导方程(1.17)。结合方程(3.2)，我们可得

$$\frac{\mathrm{d}T}{\mathrm{d}t}=\frac{\partial T}{\partial t}+(\boldsymbol{v}\cdot\nabla)T=\kappa\,\nabla^2 T \qquad (10.90\mathrm{a})$$

与流动边界层的情况类似，温度在流动方向上的空间导数比

其在垂直壁面方向的空间导数小一个数量级。因此，相比于 $\kappa(\partial^2 T/\partial y^2)$，我们可以忽略 $\kappa(\partial^2 T/\partial x^2)$，于是上述方程可简化为

$$\frac{\mathrm{d}T}{\mathrm{d}t}=\frac{\partial T}{\partial t}+v_x\frac{\partial T}{\partial x}+v_y\frac{\partial T}{\partial y}=\kappa\frac{\partial^2 T}{\partial y^2} \qquad (10.90\text{b})$$

类似于纳维-斯托克斯方程中的动量对流项，上式中 $v_x\partial T/\partial x$ 和 $v_y\partial T/\partial y$ 两项代表热对流。温度须满足下列边界条件：

$$T(x,y=0)=T_0(x>0)$$
$$T(x,y)=T_1(y\text{ 较大时})$$

方程(10.90a 和 b)暗含了下面假设：

- 方程中没有热源项；高速或速度梯度很大的流动中，壁面附近会有热量生成(如前文提及的火箭返回大气层)。此外，燃烧的情况将在第 10.9 节讨论。
- 流体温度变化引起的密度变化，以及与之相关的阿基米德浮力效应也一并忽略。
- 最后，流体的黏性不随温度变化。

在上述假设下，如果给定速度场，原则上即可求解传热问题；由于温度场和速度场不耦合，因此传热不会反向影响流动。以下，我们来讨论不同普朗特数 $Pr=\nu/\kappa$ 下热量边界层的结构。

普朗特数 *Pr* 远大于 1 的情况

普朗特数 Pr 远大于 1 的情况对应于绝热或高黏性流体的边界层问题。这种情况下，垂直于壁面方向的热扩散远不及动量扩散有效；热量边界层沿流动方向增长正是由这个相对无效的热扩散决定的。热量边界层的上边沿处，热对流和热扩散通量的量级相当(我们在第 10.3.1 节讨论流动边界层时已经讨论了类似的结果)。

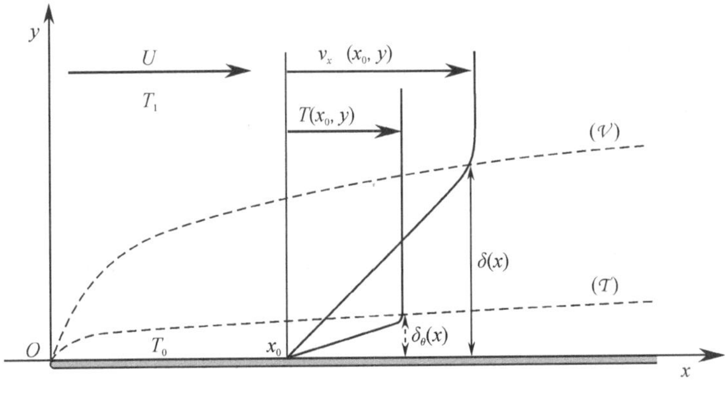

图 10.19　普朗特数远大于 1 时的热量边界层和流动边界层的示意图

因此，当 Pr 远大于 1 时，热量边界层的厚度为 $\delta_\theta(x)$，一定小于流动边界层厚度 $\delta(x)$（图 10.19）。于是，我们可以假定，在热量边界层的厚度内速度随 y 线性变化，即

$$v_x \simeq U \frac{y}{\delta(x)} \tag{10.91}$$

其中 $\delta(x)=\sqrt{\nu x/U}$ 为流动边界层厚度。

在上文的假设下，进一步分析可知：δ_θ/δ 不依赖于 x：

$$\left(\frac{\delta_\theta}{\delta}\right)^3 \approx \frac{\kappa}{\nu} \tag{10.92a}$$

即

$$\frac{\delta_\theta}{\delta} \approx \left(\frac{\kappa}{\nu}\right)^{1/3} = \left(\frac{1}{Pr}\right)^{1/3} \ll 1 \tag{10.92b}$$

联立方程(10.1a)和(10.92b)，我们可得到 $\delta_\theta \approx (\kappa\nu^{1/2})^{1/3}\sqrt{x/U}$；因此，$\delta_\theta$ 随流动方向上距离 x 的变化关系是 δ_θ 约为$\sqrt{x}$。

方程(10.92b)的证明：热量边界层厚度 $\delta_\theta(x)$ 的量级为 $\sqrt{\kappa t_\theta(x)}$，其中 $t_\theta(x)$ 为热量边界层外缘（$y=\delta_\theta$）处的流体传输距离 x 所需的时间。由方程(10.91)可知，相应的速度为 $v_x(y=\delta_\theta)\simeq U(\delta_\theta/\delta)$。在 δ_θ/δ 不随 x 变化的假设下，边界层边外缘处的速度 $v_x(y=\delta_\theta)$ 也不依赖于 x，于是可得

$$t_\theta \approx \frac{x}{U}\frac{\delta(x)}{\delta_\theta(x)} \tag{10.93a}$$

和

$$\delta_\theta(x) \approx \sqrt{\kappa\, t_\theta(x)} \approx \sqrt{\kappa \frac{x}{U}\frac{\delta(x)}{\delta_\theta(x)}} \tag{10.93b}$$

进一步，在方程(10.93b)中逐项除以方程(10.1a)，即可得到方程(10.92b)；这也“后验地”说明了 δ_θ/δ 与 x 无关的假设是合理的。

与方程(10.2)描述的情况类似，在热量边界层边缘处（$y=\delta_\theta$），热输运方程(10.90b)中对流项 $v_x\partial T/\partial x$、$v_y\partial T/\partial y$ 与扩散项 $\kappa\partial^2 T/\partial y^2$ 量级相同。类比于流动边界层，我们可知：在热量边界层内（$y<\delta_\theta$），热扩散占主导；在热量边界层外（$y>\delta_\theta$），热对流占主导。

证明：利用方程(10.91)，质量守恒方程(10.5)可改写为

$$\frac{\partial v_y}{\partial y} = -\frac{\partial v_x}{\partial x} \approx U\frac{y}{\delta^2(x)}\frac{\mathrm{d}\delta}{\mathrm{d}x}$$

积分可得

$$v_y \approx U \frac{y^2}{\delta^2} \frac{\mathrm{d}\delta}{\mathrm{d}x} \tag{10.94}$$

在热量边界层的上边缘处 $y=\delta_\theta(x)$处，我们可通过类似于第 10.3.1 节使用的方法来估计方程(10.90b)中各项的量级；此外，我们引入归一化变量 $\theta(y)=(T-T_0)/(T_1-T_0)$来代替温度(注意：此处 θ 与第 10.4.1 节的定义不同)。考虑到$\partial\theta/\partial y \approx \theta(\delta_\theta)/\delta_\theta(x)$；并且在热量边界层上缘 $y=\delta_\theta(x)$处温度 $T(\delta_\theta)=T_1$，因而 $\theta(\delta_\theta)\approx 1$；进一步结合方程(10.94)可得

$$v_y \frac{\partial\theta}{\partial y} \approx U \frac{\delta_\theta^2}{\delta^2} \frac{\mathrm{d}\delta}{\mathrm{d}x} \frac{\theta(\delta_\theta)}{\delta_\theta(x)} \approx U \frac{\delta_\theta}{\delta^2} \frac{\mathrm{d}\delta}{\mathrm{d}x} \tag{10.95a}$$

同理可得，在 $y=\delta_\theta(x)$处，对流项 $v_x(\partial\theta/\partial x)$和扩散项 $\kappa(\partial^2\theta/\partial y^2)$的量级分别为

$$v_x \frac{\partial\theta}{\partial x} \approx U \frac{\delta_\theta}{\delta} \frac{\theta}{\delta_\theta} \frac{\mathrm{d}\delta_\theta}{\mathrm{d}x} \approx \frac{U}{\delta} \frac{\mathrm{d}\delta_\theta}{\mathrm{d}x} \tag{10.95b}$$

和

$$\kappa \frac{\partial^2\theta}{\partial y^2} \approx \kappa \frac{\theta(\delta_\theta)}{\delta_\theta^2} \approx \frac{\kappa}{\delta_\theta^2} \tag{10.95c}$$

在上式中，我们使用了近似等量关系$\partial\theta/\partial x \approx \partial\theta/\partial y(\mathrm{d}\delta_\theta/\mathrm{d}x) \approx \theta/\delta_\theta(\mathrm{d}\delta_\theta/\mathrm{d}x)$，这是因为我们假定：当 θ 发生显著变化时，y 方向和 x 方向的距离之比可近似为 $\mathrm{d}\delta_\theta/\mathrm{d}x$。方程(10.95a 和 b)中的两个对流项量级相同，这是因为 δ_θ/δ 不依赖距离 x，因而 $\mathrm{d}\delta_\theta/\mathrm{d}x \approx (\delta_\theta/\delta)\mathrm{d}\delta/\mathrm{d}x$。进一步，我们将方程(10.92b)中 δ_θ 和 δ 之间的关系代入方程(10.95a 和 c)消去 δ_θ，最终可知在 $y=\delta_\theta(x)$处，

$$v_y \frac{\partial\theta}{\partial y} \approx U\left(\frac{\kappa}{\nu}\right)^{1/3} \frac{1}{\delta} \frac{\mathrm{d}\delta}{\mathrm{d}x} \approx U\left(\frac{\kappa}{\nu}\right)^{1/3} \frac{1}{x}$$

和

$$\kappa \frac{\partial^2\theta}{\partial y^2} \approx \frac{\kappa}{\delta^2}\left(\frac{\nu}{\kappa}\right)^{2/3} \approx \frac{U}{x} \frac{\kappa}{\nu}\left(\frac{\nu}{\kappa}\right)^{2/3}$$

显然，上述两项量级相同。

基于上文的结论，物体与流体间的热流量可通过下式估计：

$$Q \propto k\ \Delta T Re^{1/2}\ Pr^{1/3} \tag{10.96}$$

其中，$\Delta T = T_0 - T_1$，$Re = UL/\nu$，L 为流动方向上的平板长度。

方程(10.96)的证明：上文讨论中已经指出：在热量边界层内，热交换的主要形式是扩散。因此，在流动速度 U 的方向上，通过长度 $\mathrm{d}x$(z 方向为单位长度)面元的热通量 $\mathrm{d}Q$ 为

$$dQ = k\,\frac{T_0 - T_1}{\delta_\theta}dx = k\,(T_0 - T_1)\,\frac{Pr^{1/3}}{\delta}dx \qquad (10.97)$$

其中，流体中的热扩散由导热系数 k 表征(定义见第 1.2.1 节)。对方程(10.97)在板的整个长度 L 上积分，并引入 $\Delta T = T_0 - T_1$，我们即可得到总的热通量，即方程(10.96)。

方程(10.96)表明：热通量是普朗特数 Pr 和雷诺数 Re 的函数；通常情况下，我们会引入无量纲的**努塞特数**(Nusselt number) $Nu = Q/(k\Delta T)$ 代换 Q。努塞特数 Nu 表征了流场中的实际热通量 Q，与相同情形下(包括几何结构、温度)不存在对流时热通量的比值，于是可得

$$Nu = CRe^{1/2}\,Pr^{1/3} \qquad (10.98)$$

方程(10.98)正是工程师们解决传热问题时需要从数据表格中获取的表达式。对于两块平行热板间的流动，比例系数 C 约为 0.34。式中 Re 与 Pr 上的指数 1/2 和 1/3 反映了普朗特数远大于 1 时的传热特征。

普朗特数 *Pr* 远小于 1 的情况

普朗特数 Pr 远小于 1 的情况仅可见于液态金属(比如，汞的 Pr 约为 0.01)。在这个极限下，运动边界层相比于热量边界层薄很多；因此，我们可认为在整个热量边界层内，流场速度均匀为 U。这种情况下，如果我们使用热扩散系数 κ 代替黏性系数 ν，同时在热量边界层内使用 $v_x = U$，然后进行与第 10.2 节类似的分析；于是，对于 $Pr \ll 1$ 情形，可得

$$\delta_\theta(x) \approx \sqrt{\frac{\kappa x}{U}} \quad 和 \quad \frac{\delta(x)}{\delta_\theta(x)} \approx \sqrt{\frac{\nu}{\kappa}} \qquad (10.99)$$

通过类似于推导方程(10.98)的方法，我们也可得到 $Nu \approx Re^{1/2}\,Pr^{1/2}$。显然，$Nu$ 与速度仍保留 $Re^{1/2}$ 标度关系，但流动与热量边界层厚度相对大小的互换使得普朗特数的指数从 1/3 变为 1/2。

普朗特数 *Pr* 量级为 1 的情况

在物理上，普朗特数 Pr 接近 1 的情况对应于气体边界层问题，这种情况下，热扩散系数和动量扩散系数的量级相同。此时，热量边界层和运动边界层的增长速度相同；并且，两种边界层厚度量级也相同(在方程(10.99)中取 $Pr=1$ 即可得到该结果)。

固体和运动流体间传热的应用实例：热线风速仪

在第 3.5.3 节中，我们介绍了热线风速仪的工作原理：通

过气流冷却电加热的导线来测量流动速度。导线的温度由焦耳热与强制对流和热扩散导致的冷却之间的平衡关系确定。测量系统中,只有与导线垂直的速度分量 U_n 会对导线冷却起到显著作用。实验表明,表征导线和流体之间热交换的努塞特数遵循下列关系式:

$$Nu = 0.57Pr^{1/3}Re^{1/2} + 0.42Pr^{1/5} \qquad (10.100)$$

当 Pr 与 Re 都很大时,方程右边可近似地只保留第一项,这种情况与壁面附近层流边界层的情况相同。热线风速仪通常用于湍流测速中,因此这个结果起初可能让人吃惊;由于风速仪导线的直径通常比流动涡的尺寸小得多,故而流动会表现出层流特性。此外,测速导线为圆柱形,且圆柱面上存在速度滞止点;因此流动结构也有别于平壁上的情况,这一点由上式右侧第二项描述,它与雷诺数无关。

注: 努塞特数 Nu 正比于电热功率 $P=RI^2$,以及导线与远处流体的温度差 T_w-T_0。导线温度 T_w 可由其电阻测定,电阻和温度的关系为 $R=R_0(1+a(T_w-T_0))$,其中 R_0 为 T_0 温度下导线的电阻。实验标定发现:导线电阻 R 与流速 U_n 遵循以下关系式:

$$\frac{RI^2}{R-R_0} = A + BU_n^{0.5} \qquad (10.101)$$

由于 $R-R_0 \propto T-T_0$,且 $Re \propto U_n$;因此,上式与方程(10.100)中努塞特数变化给出的结果是一致的。

10.8.2　浓度边界层和极谱法

嵌于壁面的电极引起的浓度边界层

当固体壁面发生化学反应时,会吸附或析出流体混合物的某一组分,此时壁面附近会出现浓度边界层(又称质量边界层)。置于流场中的电极导致的电化学反应是这种情况的典型示例。这种现象可通过极谱法很好地显示。在极谱法中,我们可通过流场中一个可控的电化学氧化-还原反应来测量固体壁面附近的速度梯度。

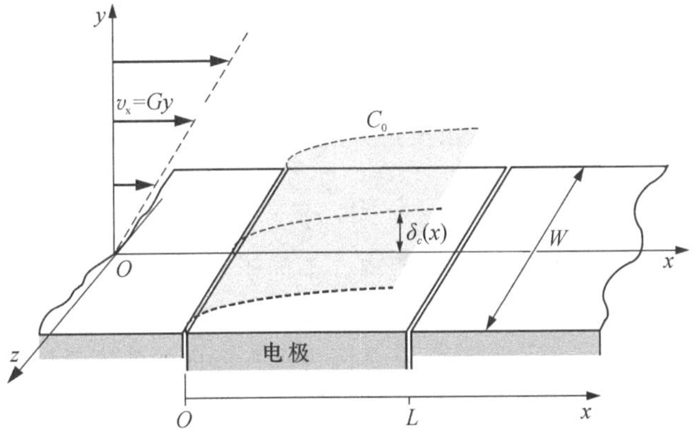

图 10.20　电极附近形成的浓度边界层(虚线)示意图,电极附近会发生氧化-还原反应

如图 10.20 所示,我们在需要测量速度梯度的固体壁面处嵌入一个电极(流动方向长为 L,宽为 W),并向电极通电来诱导化学反应;同时假定初始时刻溶液中只含有二价铁离子 Fe^{2+}(通常以 $Fe(CN)_6^{4-}$ 的形式存在),浓度为 C_0;电极通电后,Fe^{2+} 会被氧化为三价铁离子 Fe^{3+}。因此,电极通电后,氧化反应会降低电极壁面附近二价铁离子 Fe^{2+} 的浓度 C_w,进而

注: 亚铁氰化物和铁氰化物的反应是低电阻溶液(如氯化钾溶液)中浓度边界层的一个例子,在该反应溶液中,由于溶液中电流的影响,铁氰化物基本上会消除寄生电势差。

相对初始浓度 C_0 形成浓度梯度；反过来，该浓度梯度会导致向壁面的离子扩散，通量为 $J=-D_m(\partial C/\partial y)$，其中 D_m 为离子的分子扩散系数；同时，来自电极上游的离子对流也会对该浓度梯度有所补偿。当电流密度增加时（提高极化电势），离子的浓度梯度也会随之增加，直到壁附近的离子浓度 C_w 减小到零。此时，所有通过扩散和对流输运到电极的二价铁离子都已经被氧化，进一步增加电势差来提高电流只会触发其他的氧化还原反应。边界条件等价于热量边界层和流动边界层中恒温或壁面零速度的情况：与这两种边界层类似，浓度边界层厚度 δ_c 处（上缘处），离子的对流和扩散通量的量级相当。

在大多数情况下，分子扩散系数 D_m 远小于运动黏性系数 ν。因此，这类问题与普朗特数远大于 1 时的热量边界层问题非常类似。第 2.3.2 节中引入的施密特数 $Sc=\nu/D_m$（表 2.1）在此处扮演普朗特数 Pr 的角色；对于多数液体来说，施密特数的量级为 1000。因此，物质交换的动力学特性类似于第 10.8.1 节中讨论的热量边界层（$Pr\gg1$）情况；故而浓度边界层的厚度 δ_c 远小于流动边界层的厚度，且 δ_c 的形式与方程(10.92b)等价：

$$\frac{\delta_c(x)}{\delta(x)}\approx\left(\frac{D_m}{\nu}\right)^{1/3}\approx\left(\frac{1}{Sc}\right)^{1/3}\ll 1 \tag{10.102}$$

与热量边界层不同的是，此处讨论的浓度边界层实验中，电极仅在流动方向覆盖一小部分的固体壁面（在第 10.8.1 节，平板在整个长度上都被加热）。流动边界层从电极上游很远处开始发展，在电极处时，边界层已经充分发展；因此，我们假定流动边界层的厚度，以及壁面处的速度梯度 $G=\partial v_x/\partial y$ 在整个电极长度区域上均保持为常数。

以下我们将看到，浓度边界层厚度 δ_c 满足下式：

$$\delta_c(x)\approx\left(\frac{D_m x}{G}\right)^{1/3} \tag{10.103}$$

其中 x 是到电极上游端的距离。不同于热量边界层厚度与距离 x 之间的 $x^{1/2}$ 关系（第 10.8.1 节），浓度边界层的厚度随 x 的关系是 $\delta_c(x)$ 约为 $x^{1/3}$；这是因为垂直壁面的速度梯度 G 在整个电极区域保持为常数，不随距离 x 变化。此外，当 $\delta_c(x)$ 满足以下条件时：

$$\frac{\delta_c(x)}{x}\approx\left(\frac{D_m}{Gx^2}\right)^{1/3}\ll 1$$

浓度边界层也可在不存在流动边界层的定型流动中观察到。

证明：我们假定坐标原点 $x=0$ 位于电极上游端，边界层外来

流中离子的初始浓度为 C_0。类似于热输运方程(10.90a)，离子浓度输运方程的通用形式为

$$\frac{\mathrm{d}C}{\mathrm{d}t}=\frac{\partial C}{\partial t}+(\boldsymbol{v}\cdot\nabla)C=D_{\mathrm{m}}\nabla^2 C \qquad (10.104\mathrm{a})$$

在定常流动条件下，通过边界层中常用的近似处理，方程(10.104a)可简化为

$$v_x\frac{\partial C}{\partial x}+v_y\frac{\partial C}{\partial y}=D_{\mathrm{m}}\frac{\partial^2 C}{\partial y^2} \qquad (10.104\mathrm{b})$$

与第 10.8.1 节类似，在浓度边界层厚度 δ_c(上缘)处，离子浓度的对流和扩散通量量级相当。一方面，由于速度梯度在电极表面附近保持不变，因此电极表面处流动平行于壁面，速度为 $v_y=0, v_x=Gy$，进而可知第二个对流项 $v_y(\partial C/\partial y)$ 也为零。另一方面，在浓度边界层外缘 $y=\delta_c(x)$ 处，速度 $v_x=G\delta_c(x)$。因此，方程(10.104b)左侧第一个对流项的量级为

$$v_x\frac{\partial C}{\partial x}\approx v_x\frac{\partial C}{\partial y}\frac{\partial\delta_c(x)}{\partial x}\approx G\delta_c(x)\frac{C_0}{\delta_c(x)}\frac{\partial\delta_c(x)}{\partial x}$$

$$\approx GC_0\frac{\partial\delta_c(x)}{\partial x} \qquad (10.105)$$

与方程(10.95b)一样，我们也可以近似地认为 $\partial C/\partial x\approx\partial C/\partial y(\mathrm{d}\delta_c(x)/\mathrm{d}x)\approx(C_0/\delta_c(x))(\mathrm{d}\delta_c(x)/\mathrm{d}x)$。离子浓度在 y 方向上变化的特征长度为边界层厚度 δ_c，因此扩散项 $D_{\mathrm{m}}(\partial^2 C/\partial y^2)$ 量级为 $D_{\mathrm{m}}C_0/\delta_c^2$。扩散项和对流项的量级在 δ_c 处应该相等，于是我们可得

$$\delta_c^2\frac{\partial\delta_c(x)}{\partial x}\approx\frac{D_{\mathrm{m}}}{G}$$

上式中，我们省略了系数 C_0；进一步对其关于 x 积分即可得到方程(10.103)。

接下来，我们将详细讨论如何通过浓度边界层内的质量输运来测量固壁附近的横向速度梯度 G。

通过极谱法测量壁面附近的流动速度

在实际实验中，探针电极和参考电极(相对于溶液，选取一个电势固定不变的点)之间的电势差通常保持为常数。如图 10.21 所示为不同电势差 ΔV 下的电流 I。该电流是电极和流向电极并与之接触的离子之间电荷输运的结果。

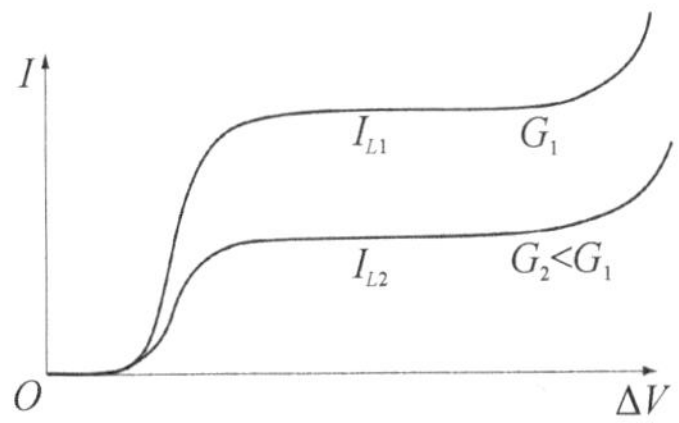

图 10.21　氧化-还原反应中，电极中的电流随其与参考电极之间电势差 ΔV 的变化曲线。两条曲线对应不同的壁面速度梯度。电位差取决于被反应消耗掉的离子，约为几百毫伏的量级。电流强度同时也与电极面积相关，一般在不足 1 毫安到几毫安之间变化

图 10.21 所示的**极谱曲线**(polarogram)$I=f(\Delta V)$表明：实验需要一个最小的电势差来诱导氧化反应 $Fe^{2+}\rightarrow Fe^{3+}+e^-$(或者确切地说：$Fe(CN)_6^{4-}\rightarrow Fe(CN)_6^{3-}+e^-$)。当电势差

ΔV 大于最小值之后，电流会随 ΔV 不断增加，同时壁面附近的离子浓度 C_w 不断减小。当浓度 C_w 降为零时，电流强度 I 达到极限，此时所有经由扩散进入边界层的 Fe^{2+} 全部被氧化。若继续增加电势差 ΔV，电流又开始增加，可能的原因有两个：其他的氧化-还原反应发生；溶剂出现电解。极限电流值与壁附近速度梯度满足下式：

$$I_L \propto G^{1/3} \tag{10.106}$$

因此，通过测量极限电流 I_L，我们可以估计速度梯度 G。虽然 I_L 随 $G^{1/3}$ 的依赖关系较为复杂，但测量结果的复现性好，对流场的扰动也小；因此，极谱法是测量壁面速度梯度的可靠手段。

证明：离子的运动是以下三个机制共同作用的结果：

(i) 在电场的驱动下迁移(可通过电势 ϕ 确定)；

(ii) 浓度梯度引起的分子扩散，浓度的变化由电极上发生的氧化-还原反应引起；

(iii) 电极附近的对流。

因此，亚铁离子 Fe^{2+} 的通量 $\boldsymbol{J}$(单位面积、单位时间内的摩尔数)可表示为

$$\boldsymbol{J} = \frac{\beta F}{RT} D_{\mathrm{m}} C\, \nabla\phi - D_{\mathrm{m}} \nabla C + C\boldsymbol{v} \tag{10.107}$$

其中 D_{m} 为离子的分子扩散系数；β 为离子的电子数目，对于 Fe^{2+}，$\beta=1$；F 为法拉第常数($F=\mathcal{N}_A e=96500\ \mathrm{C/mol}$)。

在电极壁面($y=0$)处，C 和 $\boldsymbol{v}$ 均为零，通量中只有分子扩散项不为零。当壁面处离子的浓度 $C_w=0$ 时，该扩散通量为 $J=-D_{\mathrm{m}}\partial C/\partial y \approx D_{\mathrm{m}} C_0/\delta_c$，于是可得电流密度为

$$j(x) \approx \beta F D_{\mathrm{m}} \frac{C_0}{\delta_c} \tag{10.108}$$

注：如果电化学反应的速度足够快，那么探针电极可用于非定常流动瞬态变化的测量(比如，流动失稳或湍流状态下的速度梯度)。通过测定电流 I 来估计壁面速度梯度对于定常流动来说很直观；但是，在非定常流动的情况下，不同物理量之间的转换函数会变得更加复杂。

因此，单位宽度电极上的总电流为

$$I = -\beta F D_{\mathrm{m}} C_0 \int_0^L \frac{\mathrm{d}x}{\delta_c(x)} \tag{10.109}$$

进一步，将 δ_c 代入方程(10.103)可得

$$I \propto \beta F C_0 D_{\mathrm{m}}^{2/3} G^{1/3} L^{2/3} \tag{10.110}$$

其中 L 为流动方向上的电极长度。于是，我们得到了方程(10.106)所示的关系式 $I \propto G^{1/3}$。

旋转圆盘电极上的质量边界层和速度边界层

旋转圆盘附近的速度场 上文讨论的速度梯度测量方法

通常可采用**旋转圆盘电极**(rotating-disk electrodes)来实现：如图 10.22 所示，圆形电极位于旋转盘上表面靠近转轴处，圆盘以恒定的角速度 Ω_0 在电解质溶液中旋转。旋转的圆盘表现出离心泵的行为：首先流体沿轴向被吸向圆盘，然后沿径向向外喷射。该系统有一个很实用的特点：速度边界层在整个转盘表面上为常数 $\delta=\sqrt{\nu/\Omega_0}$。此外，轴向速度 v_z 与 r 和 φ 无关，量级约为 $-\Omega_0{}^{3/2}\nu^{-1/2}z^2$（于是这种电极被称为**均匀可触电极**）。径向与切向速度与当地位置的半径 r 成正比。

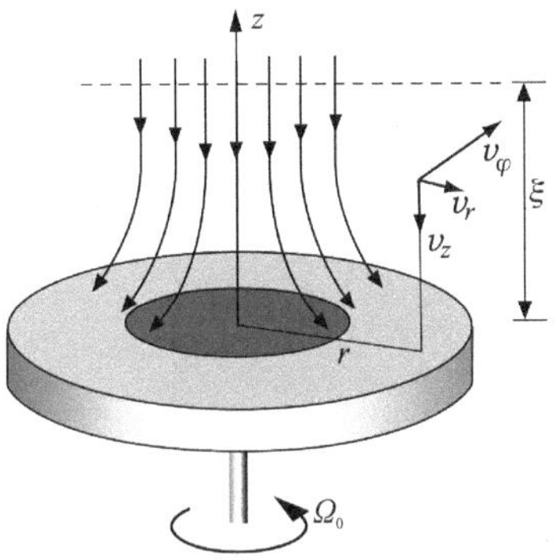

图 10.22　旋转圆盘电极示意图

证明： 如图 10.22 所示，我们采用柱坐标系来分析旋转圆盘附近的流动，圆盘转轴与 z 轴重合。假设流动定常，且重力可以忽略，那么边界层外部压强恒定；进而由边界层内外压强分布满足连续条件可知，流场内压强处处相等，这一点与前文讨论的流动类似。在此处的分析中，我们始终以固定一个为参考系，电极在该参考系下做旋转运动，因此不需要考虑科里奥利力。

在电极壁面($z=0$)处，流场速度是严格呈辐射状的，即 $v_\varphi(r,0)=\Omega_0 r, v_r(r,0)=0, v_z(r,0)=0$；当高度 z 大于几倍的边界层厚度 δ 以后，速度 v_r 与 v_φ 减小为零。在边界层内，径向流动取决于离心力和径向黏性力的平衡。为了描述这个平衡关系，我们考虑一个流体微圆柱，高度为 δ(z 方向)，底面面积为 $r\mathrm{d}r\mathrm{d}\varphi$。为简化分析，我们假定圆柱高度大于边界层厚度 δ 的部分($z\geqslant\delta$)，速度 v_r 与 v_φ 为零；因此，我们仅需考虑圆盘壁面处的黏性力：$\tau_0\approx\eta[\partial v_r/\partial z]_{z=0}$。进一步，建立径向力学平衡，并消去 $r\mathrm{d}r\mathrm{d}\varphi$ 可得

$$(\rho\Omega_0^2 r)\delta\approx\eta\left[\frac{\partial v_r}{\partial z}\right]_{z=0} \tag{10.111a}$$

积分可知壁面附近：
$$v_r\approx\frac{\Omega_0^2}{\nu}rz\delta \tag{10.111b}$$

速度 v_z 可通过不可压缩条件给出：

$$\frac{1}{r}\frac{\partial}{\partial r}(rv_r)+\frac{\partial v_z}{\partial z}=0$$

于是，壁面附近：
$$v_z\approx-\frac{\Omega_0^2}{\nu}z^2\delta \tag{10.112}$$

为了估算边界层厚度，我们再次考虑一个特定距离 δ，该距离对应于横向动量对流（速度为 v_z）与黏性扩散在平行于圆盘面的分量 $\rho\boldsymbol{v}_{\parallel}$（包括分量 ρv_r 与 ρv_φ）之间达到平衡所要求的位置。这个过程可类比于第 10.5.3 节中抽吸边界层的情况。于是可知，投影速度 $\boldsymbol{v}_{\parallel}$ 必须满足：

$$\nu \frac{\partial \boldsymbol{v}_{\parallel}}{\partial z} \approx \nu \frac{\boldsymbol{v}_{\parallel}}{\delta} \approx -v_z(\delta)\boldsymbol{v}_{\parallel}$$

即
$$\delta \approx \frac{\nu}{|v_z(\delta)|}$$

在方程(10.112)中令 $z=\delta$，即可得到

$$\delta = \sqrt{\nu/\Omega_0} \tag{10.113}$$

显然，在整个圆盘表面上，速度边界层的厚度 δ 为常数。将方程(10.113)中 δ 的表达式代入方程(10.111b)即可得到

$$v_r \approx \Omega_0^{3/2}\nu^{-1/2} rz \tag{10.114}$$

当 $z \approx \delta$ 时，v_r 的量级与切向速度 $v_\varphi \approx \Omega_0 r$ 相等，于是有

$$v_z = -\alpha_0 z^2 = -\Omega_0^{3/2}\nu^{-1/2} z^2 \tag{10.115a}$$

其中
$$\alpha_0 = \Omega_0^{3/2}\nu^{-1/2} \tag{10.115b}$$

因此，圆盘表面处速度 v_z 为常数。完整的解析求解可给出类似的 z 的二阶依赖关系：

$$v_z = -c\Omega_0^{3/2}\nu^{-1/2} z^2 \tag{10.116a}$$

其中
$$c = 0.51 \tag{10.116b}$$

注意：方程(10.114)和(10.115)仅在边界层内适用。边界层外，当 z 增加时，v_z 趋近常数，v_r 和 v_φ 趋于零。

旋转圆盘电极附近的质量输运

如图 10.22 所示，旋转圆盘的中心位置处存在一个半径为 R、上表面与圆盘表面平齐的电极；并且，相对于圆盘半径，电极半径 R 较小(因此不用考虑边缘效应)。同样地，我们假定圆盘转速 Ω_0 为常数，且速度和溶液浓度分布都是定常的。此外，与讨论速度边界层的情况类似，我们假定浓度 C 只是 z 的函数。因此，浓度的输运方程为

$$v_z(z)\frac{\mathrm{d}C}{\mathrm{d}z} = D_\mathrm{m}\frac{\mathrm{d}^2 C}{\mathrm{d}z^2} \tag{10.117}$$

相应的边界条件为：当 $z \to \infty$ 时，$C=C_0$；当 $z=0$ 时，$C=0$。与本节讨论的其他情形类似，浓度边界层厚度可定义为距离 δ_c，并且在距离壁面 δ_c 处，对流项和扩散项的量级相当。进一步分析可知浓度边界层厚度的量级为

$$\delta_c \approx \left(\frac{D_\mathrm{m}}{\alpha_0}\right)^{1/3} \approx D_\mathrm{m}^{1/3}\nu^{1/6}\Omega_0^{-1/2} \tag{10.118a}$$

因此
$$\frac{\delta_c}{\delta} \approx \left(\frac{D_\mathrm{m}}{\nu}\right)^{1/3} \propto Sc^{-1/3} \tag{10.118b}$$

跟极谱法类似，浓度边界层厚度与速度边界层厚度的比值随 $Sc^{-1/3}$ 变化。离子输运导致的总电流 I 为

$$I \approx \beta F(\pi R^2) D_m^{2/3} \nu^{-1/6} \Omega_0^{1/2} C_0 \tag{10.119}$$

除了比例系数 0.62 之外，上述结果与**列维奇方程**(Levich equation，以俄罗斯近代物理化学家列维奇命名)一致。已知流体黏性的情况下，方程(10.119)可用来测定离子的扩散系数 D_m。

证明：由于 r 和 φ 既不出现在控制方程中，也不出现在边界条件中，所以我们假定浓度 C 与速度一样也不依赖于 r。于是，在 $z=\delta_c$ 处，我们可通过方程(10.115a)来估计方程(10.117)两侧项的量级：

$$v_z \frac{\partial C}{\partial z} \approx \alpha_0 \delta_c^2 \frac{C_0}{\delta_c} \approx \alpha_0 \delta_c C_0 \tag{10.120a}$$

和

$$D_m \frac{d^2 C}{dz^2} \approx D_m \frac{C_0}{\delta_c^2} \tag{10.120b}$$

上述两式量级相同，可建立等式；进一步代入 α_0，我们即可得到方程(10.118a 和 b)。

在电极表面($z=0$)处，类比于极谱法的例子，电流密度 j 完全来源于扩散，于是有

$$j = \beta F D_m \frac{\partial C}{\partial z}\bigg|_{z=0} \approx \beta F D_m \frac{C_0}{\delta_c} \tag{10.121}$$

进一步，将方程(10.118a)所示的 δ_c 代入上式，并乘以电极面积 πR^2，我们即可得到方程(10.119)。

前文讨论的结果对应于壁面处电化学反应即时发生的极限情况。一般情况下，我们需要考虑化学反应的时间常数，以及不同反应物到达壁面的时间。这种情况一般对应于化学反应较慢的腐蚀过程。

10.8.3　泰勒弥散

在前文讨论的热量边界层和极谱法例子中，我们考虑了流动方向上标量(热量或质量)的对流输运，及其在流动垂直方向的扩散输运。这种情况下，相对流动的宏观尺度来说，速度和浓度的变化仅局限在很薄的边界层内。

在**泰勒弥散**(Taylor dispersion)中，依然存在流动方向的对流和横向的扩散输运，但输运会扩展到整个流场，不再有边界层形成。泰勒弥散的一般过程对应于在直径较小的圆管内流中注入少量染色剂的铺展现象。图 10.23 为该过程的二维示意图：图中所示流道由间距为 a 的两块平行平板组成，板间

流动满足抛物型泊肃叶速度廓线；初始时刻，我们在管道入口处注入少量染色剂(分布为一个窄带)。图中黑点代表被流动携带的染色剂分子；同时，流场中也存在布朗运动导致的扩散。佩克莱数 $Pe=aU/D_{\mathrm{m}}$(第 2.3.2 节，方程(2.16))是描述泰勒弥散的关键参数，表征了对流与扩散的相对重要性，其中 U 为流动的平均速度，a 为管道尺寸。

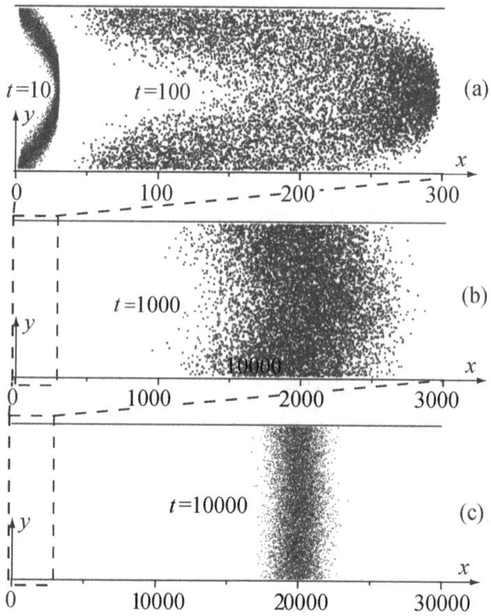

图 10.23 平行平板间的泊肃叶流动中，初始为窄条分布的染色剂粒子发生的铺展过程，图中给出四个时刻的结果($t=10$、100、1000、10000 倍时间步长)。从上往下，x 方向上的尺度标值均被压缩了 10 倍(图中数据来自本书作者的蒙特卡罗模拟)

管道中流体静止时，在平行和垂直管壁的方向都只有分子扩散。经过时间 t 之后，x 方向上的铺展距离为

$$\Delta x \approx \sqrt{D_{\mathrm{m}} t} \tag{10.122}$$

如果管道中有流动发生，那么在较短的时间内，染色剂的窄带会跟随局部的流动并发生变形，以速度廓线为抛物线型来展示(图中 10.23(a)中 $t=10$ 时的情形)；染色剂的速度也的确随到管壁的距离变化。这种情况下，染色剂在 x 方向上的铺展距离为

$$\Delta x \approx Ut \tag{10.123}$$

其中 U 为流动的平均速度。

注：对于两平行板间的流动，我们需要对平均速度乘以因子3/2，以得到板间流动的最大速度。此外，在非常短时间 t 内，分子扩散在流动方向上起主导作用；由方程(10.122)和(10.123)可知，这种情况下 $\sqrt{D_{\mathrm{m}} t} > Ut$；等价地，我们有 $t < D_{\mathrm{m}}/U^2$。

经过较长时间 t 后，染色剂分子会在两板间铺展开来(图 10.23(a)和(b)中的 $t=100$ 和 $t=1000$)。当时间满足 $t \gg \tau_D$ 时，分子在 y 方向的分布几乎是均匀的，其中 τ_D 为扩散距离为 a 时所需的时间，即

$$\tau_D = \frac{a^2}{D_{\mathrm{m}}} \tag{10.124}$$

该结果对应于图 10.23(c)所示的情形，对应的时间 $t=10000$。

此外，实验和数值模拟都发现：y 方向的平均浓度随 x 的

变化非常接近高斯分布，分布宽度 Δx 与时间的平方根成比例，即

$$\Delta x \approx \sqrt{D_{\text{Taylor}} t} \tag{10.125}$$

因此，在速度 U 导致的平均位移之上，还叠加着一个**宏观扩散铺展**（macroscopically diffusive spreading），该铺展可通过泰勒弥散系数 D_{Taylor} 表征。假定时间 $t=t_D$ 时，流场中会发生从对流铺展到扩散铺展的转化，因此方程(10.123)和(10.125)同时成立，于是泰勒弥散系数 D_{Taylor} 可估计如下：

$$\Delta x \approx \sqrt{D_{\text{Taylor}} \frac{a^2}{D_{\text{m}}}} \approx U \frac{a^2}{D_{\text{m}}} \quad 和 \quad D_{\text{Taylor}} \approx \frac{a^2 U^2}{D_{\text{m}}} \tag{10.126}$$

注：让人有些惊讶的是，泰勒弥散随扩散系数 D_{m} 的增加而下降（Ua 为常数的情况下），这与单纯分子扩散相反。事实上，当横向的分子扩散加剧时，染色剂的浓度在 y 方向更快地趋于均匀化，因此 y 方向速度变化引起的铺展会被减弱。

对于两块平行板的情况，阿里斯（Aris）补充了泰勒的计算，最终得到

$$D_{\text{Taylor}} = D_{\text{m}} + \frac{a^2 U^2}{210\ D_{\text{m}}} \tag{10.127a}$$

或

$$\frac{D_{\text{Taylor}}}{D_{\text{m}}} = 1 + \frac{Pe^2}{210} \tag{10.127b}$$

对于直径为 d 的圆柱型毛细管，我们相应地有

$$D_{\text{Taylor}} = D_{\text{m}} + \frac{d^2 U^2}{192\ D_{\text{m}}} \tag{10.128a}$$

或

$$\frac{D_{\text{Taylor}}}{D_{\text{m}}} = 1 + \frac{Pe^2}{192} \tag{10.128b}$$

其中 $Pe = dU/D_{\text{m}}$。当 $Pe \ll 1$ 时，分子扩散占主导，上式会退化到分子扩散系数 D_{m}。

在微流动实验中，通过小尺度管道组成的管网来实现反应物的混合与运动时，泰勒弥散效应非常重要。在实际应用中，也可使用泰勒弥散现象来测定分子扩散系数 D_{m}。

证明：对于图 10.23 所示的流动几何结构，对流扩散方程(10.104a)可改写为

$$\frac{\partial C}{\partial t} + U_0 \left(1 - \frac{4y^2}{a^2}\right) \frac{\partial C}{\partial x} = D_{\text{m}} \frac{\partial^2 C}{\partial y^2} \tag{10.129}$$

其中 $v_x(y) = U_0(1-4y^2/a^2)$ 为位于 $y=\pm a/2$ 处的两块平行平板间泊肃叶流动的速度廓线，$U_0 = 3U/2$ 为板间最大速度。考虑到流动在 x 方向的特征长度大于板间距离 a，浓度在 x 方向的变化较慢，因此浓度在 x 方向的二阶导数项 $\partial^2 C/\partial x^2$ 可以忽略。在以流体平均速度运动的参考系下（此处，平均速度为 $2U_0/3$），通过坐标变换可得

$$x_1 = x - 2U_0 t/3 \quad 和 \quad t_1 = t$$

相应地，导数项$\partial C/\partial t$ 可表示为

$$\left(\frac{\partial C}{\partial t}\right)_x = \left(\frac{\partial C}{\partial t}\right)_{x_1} - \frac{2U_0}{3}\left(\frac{\partial C}{\partial x_1}\right)_t \tag{10.130}$$

在此参考系下，浓度廓线不随时间变化，即$(\partial C/\partial t)_{x1}=0$。当观察者以流体的速度跟随流体运动时，并不能观察到静止观察者看到的浓度分布。此外，染色剂在流动方向上对流通量的变化，必须与横向的扩散输运平衡，于是方程(10.129)可改写为

$$U_0\left(\frac{1}{3}-\frac{4y^2}{a^2}\right)\frac{\partial C}{\partial x_1} = D_m \frac{\partial^2 C}{\partial y^2} \tag{10.131}$$

此外，由于横向上的浓度均匀化，且运动参考系下浓度随 x_1 的变化很缓慢，因此$(\partial C/\partial x_1)_t$ 必定不依赖 y。对方程(10.131)从 0 到 y 积分，同时考虑到浓度 C 关于 y 是偶函数，于是可得

$$C(x_1,y) = C(x_1,0) + \frac{a^2 U_0}{3\,D_m}\frac{\partial C}{\partial x_1}\left(\frac{y^2}{2}-\frac{y^4}{a^2}\right) \tag{10.132}$$

流动方向上，染色剂通过截面 $x_1=$常数 的对流输运通量 J 可计算如下：

$$aJ = 2\int_0^{a/2} C(x_1,y)U_0\left(\frac{1}{3}-\frac{4\,y^2}{a^2}\right)\mathrm{d}y \tag{10.133}$$

积分常数 $C(x_1,0)$是任意选取的，这是因为在方程(10.133)中，它与一个为零的积分相乘。进一步，如果我们通过方程(10.132)代换上式中的 $C(x_1,y)$，同时取 $U_0=3U/2$，最终可得

$$J = -\frac{a^2U^2}{210\,D_m}\frac{\partial C}{\partial x_1} \tag{10.134}$$

正如预期的那样，上式与扩散通量 $J=-D_{\text{Taylor}}(\partial C/\partial x_1)_t$ 相对应，其中系数 D_{Taylor} 即方程(10.127a)包含 U^2 项。若要进行更严格完整的推导，我们需要考虑方程(10.127a 和 b)中的附加项 D_m。

10.9 火焰

注：这一节我们将采用简化的化学反应形式，也就是假设一个单一的全局反应，它会造成所有热量的产生和全部成分的消失。实际上，氢气-空气混合物的这种相对“简单”的实际情况，就已经涉及到 8 种化学物质间的十几种可逆反应；而对于最为常见的空气和煤气混合物，我们必须考虑 220 种化学物之间的 1800 个反应。因此，即使是一些简单的情况，对火焰问题的分析也已经足够困难！

对火焰的研究同时涉及到流体力学、分子输运理论和化学动力学。火焰并不直接涉及到本章前文讨论过的边界层；但与之类似的是，火焰中也同时存在对流、热扩散和质量输运过程，且各个过程都有各自的特征时间常数。此外，火焰还涉及到燃烧化学反应，这些反应通常仅发生在一个薄层内，并且

也拥有自己的特征时间常数。最后需要指出的是,在本节内,纳维-斯托克斯方程中必须考虑由于热膨胀引起的密度变化以及各种化学物质的生成。

在本节的讨论中,我们并不会就复杂的火焰及燃烧问题展开全面讨论,而只是为读者提供一些实例。也就是说,我们希望通过文献中的一些具体例子来讲解火焰及燃烧现象与典型输运过程之间的联系。

10.9.1 火焰、混合及化学反应

扩散型及预混型火焰

流场中的易燃气体(比如天然气)和氧化性气体(一般指空气中的氧气)之间可以产生剧烈放热的化学反应,形成火焰。其实,只有当反应物的混合条件得当时,相应的混合区域中才会产生火焰。更准确地说,混合区域的几何结构和具体的混合机制决定了火焰的类型。

在本生灯中,若两种组分的混合条件不同,那么火焰的类型就会不同。如图 10.24(a)所示,本生灯主体为一个垂直管道,可燃性的天然气经由水平管道注入主体;灯的侧面有一个开口,大小可以通过旋转一个金属套圈来调节,一定量的空气可由此口进入。

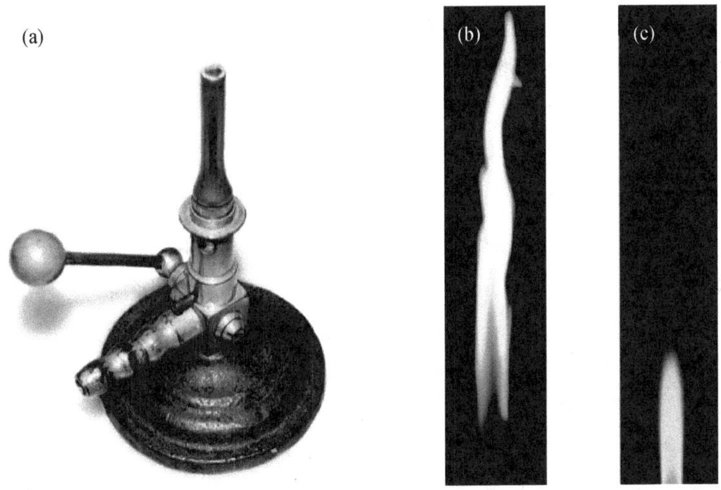

图 10.24(彩) (a)本生灯(图片来自悉尼动力博物馆);(b)扩散型火焰(套圈旋紧);(c)预混型火焰(套圈旋开)(图(b)和(c)摘自 A. J. Fijalkowski 的文献)

如果套圈旋紧,那么纯净的燃气从灯口逸出,此时,外界空气充当氧化剂的角色:如果逸出的流体处于层流状态,那么二者的混合过程由分子扩散主导,火焰自然出现在混合区域内。换句话说,我们在燃气和氧气的混合界面处得到了一种**非预混的扩散型火焰**(non-premixed diffusion flame)。在这种情况

下，燃烧往往不充分，这会导致火焰中存在煤烟颗粒，并且这些颗粒会在高温下发光，这解释了图 10.24(b)中火焰上方的明亮区域。我们将在第 10.9.2 节中详细讨论这种火焰。

如果套圈大开，那么从侧面开口进入的空气将和管道内的燃气提前混合，二者在温度足够高的情况下会发生反应(发生区域多为灯口处)。在第 10.9.3 节中我们将了解到，对于这种所谓的**预混型火焰**(premixed flame)，发生反应的薄层会将上游新进的燃气与先前进入并已经点燃的燃气隔开。如图 10.24(c)所示，这种火焰无论是形状还是颜色都与扩散型火焰截然不同。预混型火焰的反应更加彻底，灯内混合物的组分配比更有利于充分燃烧，因此我们看不到任何煤烟颗粒残留。图中蓝色部分对应于火焰温度最高的区域。

特征反应时间和达姆科勒数

一定组分的燃气及氧气混合并不是生成火焰的唯一条件。二者反应的速率不仅取决于单位质量内的相对配比，而且与反应的动力学机制相关。在当前的简化条件假设下，反应的动力学机制可由特征时间 τ_R 描述，τ_R 遵循阿伦尼乌斯定律，随温度快速变化：

$$\tau_R(T)=\tau_0 e^{E/RT} \tag{10.135}$$

其中 E 为燃烧反应的活化能，τ_0 为气体的弹性碰撞时间。与很多化学工程中的反应不同，上式中的反应时间随温度快速变化的规律是火焰最为重要的本质特性。在火焰内最高温度($T_B\approx 2000$ K)的邻域内，我们有

$$\tau_R(T_B)=\tau_0 e^{E/RT_B}=\tau_0 e^{\beta} \tag{10.136}$$

其中

$$\beta=E/RT_B \tag{10.137}$$

β 的数量级通常为 10，而 τ_R 的量级为几倍的 10^{-4} s。

为了估计特征时间对燃烧过程带来的影响，我们引入**达姆科勒数**(Damköhler number) $Da=\tau_A/\tau_R$，即两个特征时间的比值，其中 τ_A 代表反应物充分混合所用的时间。对于扩散型和预混型火焰，τ_A 分别代表扩散和对流的特征时间。Da 数较大时，燃烧快速进行，且发生在一个薄层内。该薄层会将两种火焰分隔开来，一种是氧气与燃气混合的扩散型火焰，一种是外界新鲜空气与已点燃气体混合的预混型火焰。较小的(或等于零的) Da 数对应的则是"冻结"型的化学反应，此时各组分由扩散或对流驱使而被动地混合。

在接下来的分析中，我们假设 Da 数很大(也就是反应时间间隔较短)。这一假设符合现实中预混型及扩散型火焰的情况，前者对应的例子有汽车、火箭的发动机以及燃气轮机的

火焰温度 T_B 的估算：我们假设一个简化的反应关系式 $F\rightarrow B+Q$，其中 F 代表未燃烧的待反应物(燃气和氧气)，B 代表燃烧产物(即二氧化碳和水蒸气等)，Q 代表反应释放的热能。在绝热的假设下，我们认为给定体积内的燃烧所释放出的热量仅用来加热这一确定体积内的气体，即 $Q=C_P(T_B-T_F)$，其中 T_F 代表气体未燃烧前的温度。一般来说，火焰不会自发产生，局部温度的升高需要借助外部力量(火柴、火星等)，反应在温度升高后才会启动，并且通过释放热能实现自我维持。

内部燃烧(预混型火焰),后者对应的例子有野火或者火把的燃烧(扩散型火焰)。

层流及湍流火焰

本生灯的火焰是一种理想的层流状态,这在实际情况中并不多见,并且流动状态会严重地影响火焰的具体结构。在湍流状态下,层流分子扩散被湍流脉动输运所取代(第 12.2.3 节),且后者更为高效。绝大多数情况下的火焰都是湍流状态的,比如汽车发动机气缸内的燃烧中,湍流火焰发挥着重要的作用。

注:在湍流状态下,气体的速度脉动、混合物组分的变化、以及温度脉动所引起的体积变化三者间存在强烈的耦合,因此我们只能对具体问题作近似处理。除此之外,速度脉动还会造成火焰表面变形(所谓的"起皱的火焰")。

在接下来的内容中,我们的讨论仅限于层流流动和简单的几何结构;唯有如此,我们才有可能在简化条件下定义燃烧过程的特征时间。

10.9.2 层流扩散型火焰

除了侧孔闭合状态下的本生灯之外,蜡烛是另一个扩散型火焰的例子。其中,灯芯处通过高温裂解产生待反应气体,随后在热对流作用下上升,并在此过程中与空气中的氧气混合,此时分子扩散是混合的主导因素。扩散型火焰同样存在于喷枪和可燃液滴等众多工程应用中。对于扩散型火焰,Da 数等于 τ_d/τ_R,其中 $\tau_d=l^2/D_m$ 是宽度为 l 的火焰上新鲜气体的特征扩散时间。

简例:伯克-舒曼模型(Burke-Schumann model)

该模型虽然包含多个简化程度较高的假设,但却能够较好地给出层流扩散型火焰行为的一种物理近似。首先假设流动沿水平方向(即 $v_y=v_z=0$),在 z 方向上无变化且处于稳态。如图 10.25 所示,燃气经由一条与纸面垂直的狭缝注入。沿 y 轴及 z 轴方向取单位长度,质量流量 $q_m=\rho v_x$ 不沿轴向产生变化,且两种流体的质量流量相等。同时,我们忽略流体黏性,且假设流体的分子扩散系数 D_m 与热扩散系数 κ 相等。

注:扩散型火焰也可存在于其他形式的几何结构中,比如其可能出现在一种氧化气体和一种可燃气体反向入射形成的界面上。

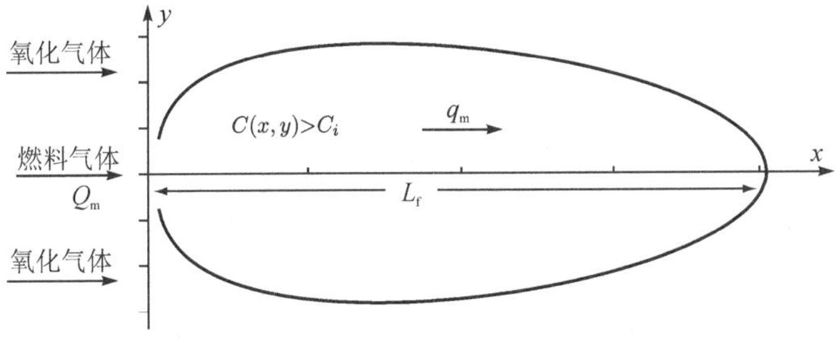

图 10.25 扩散型火焰的伯克-舒曼模型。实线轮廓来源于方程(10.139)的计算

这种情况下，横向上的分子（及热量）扩散和流动方向上的对流互相耦合，从数学上来讲，这个问题可类比于第10.7.1和10.7.2节中层流尾迹流中的动量输运。

当不发生化学反应时（即 $\tau_R=\infty$），燃气经横向扩散进入氧气，设下游位置 x 距离注射点（$x=0$）足够远，那么浓度场满足（证明见下文）：

$$C(x,y)=Q_{\mathrm{m}}\sqrt{\frac{1}{4\pi\rho\, q_{\mathrm{m}} D_{\mathrm{m}}\, x}}\,\mathrm{e}^{\frac{-q_{\mathrm{m}} y^2}{4\rho D_{\mathrm{m}} x}} \qquad (10.138)$$

Q_{m} 为燃气经由狭缝的质量流量（z 方向取单位长度）。随着 x 的增大，y 方向上的浓度廓线 $C(x,y)$ 首先会变宽，达到峰值点 $C(x,0)$ 之后以 $1/\sqrt{x}$ 的形式减小。

证明： 由于流动是平行时（$v_y=0$），由质量守恒方程（3.25）与和定常条件可知 $\rho v_x=q_{\mathrm{m}}$ 与 x 无关。需要注意：速度 v_x（以及密度）可随温度而改变。考虑到当前问题与层流尾迹流中动量输运的相似性，我们借用方程（10.72），同时忽略其中与 z 有关的导数项，并用 D_{m} 替代 ν，然后给方程两边同乘以密度 ρ，即可得到浓度 $C(x,y)$ 的空间分布特性：

$$\rho v_x\frac{\partial C}{\partial x}=q_{\mathrm{m}}\frac{\partial C}{\partial x}=\rho D_{\mathrm{m}}\frac{\partial^2 C}{\partial y^2}$$

通过将 ρD_{m} 替换为 $\rho\kappa=k/C_p$，我们可以得到描述温度变化的方程。假设 ρD_{m} 等于常数，且流动的发展距离 x 已经足够大，起始位置处狭缝厚度相对于尾迹的宽度可以忽略不计。于是，基于平面层流尾迹流方程的解（方程（10.79）），我们可得

$$C(x,y)=\left(\int_{-\infty}^{\infty}C(x,y)\,\mathrm{d}y\right)\sqrt{\frac{q_{\mathrm{m}}}{4\pi\rho\, D_{\mathrm{m}} x}}\,\mathrm{e}^{\frac{-q_{m} y^2}{4\rho D_{\mathrm{m}} x}}$$

方程（10.138）可由上式推导得到，这是因为质量流量 $Q_{\mathrm{m}}=\int_{-\infty}^{\infty}\rho C v_x\,\mathrm{d}y=q_{\mathrm{m}}\int_{-\infty}^{\infty}C\,\mathrm{d}y$ 与 q_{m} 一样，应与 x 无关；因此上式右侧第一个因子中浓度沿 y 方向的积分可以被替换为 $Q_{\mathrm{m}}/q_{\mathrm{m}}$。

注： 在 Da 数很大的假设下，可以避免引入化学反应项。

如果反应时间远小于对流时间（即 $Da\gg1$），那么反应将发生在一个薄层内，该薄层同时也被认为是火焰的形状。假设反应发生的位置 $y_i(x)$ 所对应的浓度 $C(x,y)$ 的值为 C_i（该浓度可能对应理想配比混合物），方程（10.138）所描述的浓度

廓线在 $y=0$ 到 y_i 之间均成立。在方程(10.138)中,令 $y=y_i$ 和 $C=C_i$,再将方程两侧做平方运算后取对数,我们即可得到火焰的形状廓线 $y_i(x)$:

$$y_i^2=\frac{2\rho D_{\mathrm{m}}x}{q_{\mathrm{m}}}\left[\log\frac{Q_{\mathrm{m}}^2}{4\pi\rho C_i^2 q_{\mathrm{m}}D_{\mathrm{m}}}-\log x\right] \tag{10.139}$$

当 $y_i=0$ 时(即处于 x 轴上),浓度值 C_i 对应的 x 值即为火焰的长度 L_{f},超过这一 x 值后,方程(10.139)无法再给出实数值。于是可知

$$L_{\mathrm{f}}=\frac{Q_{\mathrm{m}}^2}{4\pi\rho q_{\mathrm{m}}D_{\mathrm{m}}C_i^2} \tag{10.140}$$

比值 $Q_{\mathrm{m}}/q_{\mathrm{m}}$ 是一个独立于 x 的常数,代表了 $C_i=1$ 时纯燃气经过狭缝 h_0 被注入流场时所形成的厚度。因此,火焰长度与燃气的流量成正比,与分子扩散系数 D_{m}(或此处的乘积 ρD_{m})成反比。方程(10.140)还有另一种写法:如果 v_0 和 ρ_0 分别代表狭缝中流体的速度和密度,那么 $q_{\mathrm{m}}=\rho v_0$ 且 $Q_{\mathrm{m}}=\rho v_0 h_0$,于是可知

$$L_{\mathrm{f}}\approx\frac{v_0 h_0^2}{4\pi D_m^0 C_i^2} \tag{10.141a}$$

或者

$$\frac{L_{\mathrm{f}}}{h_0}\approx\frac{Pe_0}{4\pi C_i^2} \tag{10.141b}$$

其中 $Pe_0=v_0h_0/D_{\mathrm{m}}^0$ 为注射狭缝处的佩克莱数。

更为一般的情况

伯克-舒曼模型并没有考虑由对流引起的热流体浮升,然而后者在实际情况中往往扮演重要角色。为了考虑这一影响,我们可以引入流动的**弗劳德数**(Frounde number) $Fr_0=\rho v_0{}^2/(\Delta\rho g d)$ ($\Delta\rho$ 为密度变化的量级),由此可以将方程(10.141b)转化为如下更为一般性的标度律:

$$\frac{L_{\mathrm{f}}}{h_0}\propto f\left(\frac{\rho v_0^2}{\Delta\rho g d}\right)\frac{v_0 h_0}{D_{\mathrm{m}}^0}=f(Fr_0)\frac{v_0 h_0}{D_{\mathrm{m}}^0} \tag{10.142}$$

对于圆管内的流动,上式中的 h_0 可由直径 d_0 代替。以上规律仅对较慢的流动成立,也就是 τ_R 相比于其他特征时间尺度可以忽略的情况;快速流动的情况则要复杂许多。

10.9.3　预混合型火焰

爆燃火焰与爆炸

我们首先讨论一个预混型火焰的基础模型。为简化起

见，我们假设新鲜的混合气体被注射进一条两端开放的管道，然后我们在管道的另一端点燃气体，随着燃烧沿与气体注射相反的方向推进，燃烧生成的火焰将刚刚注入的鲜冷气体与已经点燃的灼热气体分隔开来，直到管中的新鲜气体全部燃烧。这种薄的、能够隔离两方气体的焰锋是 Da 值较大的结果（这一条件在上文中已经被用于定义火焰的表面轮廓）。

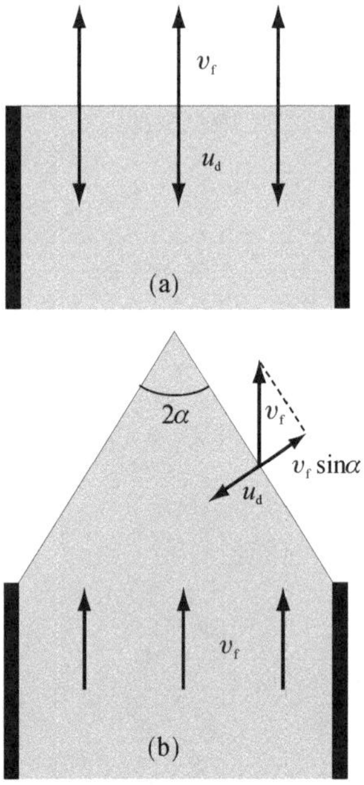

图 10.26 预混型火焰。(a)当爆燃火焰的推进速度 u_d 与新鲜气体的注入速度 v_f 相当时，火焰轮廓是平的；(b)当 $|v_f|>u_d$ 时，火焰呈锥形，锥角的一半是比值 $|v_f|/u_d$ 的函数

注：对于本生灯来说，如果有 $|v_f|<u_d$，那么火焰会被“内吞”，从而对管体造成较大伤害。为避免此类事故，我们一般会将点燃火焰的装置安放在灯内新鲜气体混合物刚刚出来的位置。

火焰的推进分两种情形。一是爆燃火焰，速度 u_d 的量级是 1 m/s，火焰内部的压力可认为是常数，这是我们接下来要讨论的情况。相比之下，爆燃火焰经常可转化至所谓的**爆炸状态**（detonation regime 或 explosive regime），此时火焰速度可以达到声速量级。本书主要研究不可压缩气体，因此爆燃火焰在此不作讨论。

实际操作中，混合气体以有限流量被注入管状烧灯，当焰锋处注射速度 v_f 与火焰推进速度 u_d 大小相等方向相反时，二者抵消，我们可在管口处获得平整的稳定火焰(图 10.26(a))。

当 $|v_f|>u_d$ 时，焰锋为圆锥形(图 10.24(c)、10.26(b)和 10.28)；这种情况下，u_d 与速度分量 $v_f\sin\alpha$ 大小相等(α 为锥角大小的一半)，而后者与锋面垂直，因此焰锋形状是稳定的。α 可通过以下关系式估计：

$$u_d=|v_f|\sin\alpha \tag{10.143}$$

显然，气体速度越大，焰锋的锥角越小。

一维火焰的推进规律

我们现在来考虑一个静止坐标系下的平面火焰，并且假设流动、浓度及温度等变量的分布均已稳定。设 x/δ_κ 为原点到焰锋的无量纲距离，图 10.27 所示为上述提及的变量随 x/d_κ 的变化规律。

在两个(上游和下游)极限值 0 和 1 之间，归一化温度 θ 和燃料气体的相对浓度 C_B 都是持续增加的。

注：这里采用归一化温度：

$$\theta=(T-T_F)/(T_B-T_F) \tag{10.144}$$

与 C_B 一样，温度 θ 在“新鲜气体—燃烧废气”的过渡区内由 0 增加到 1。为简化起见，我们假设图 10.27 中 θ 和 C_B 随 x 的变化相同(这一点将在随后证明)。因此，新鲜气体的浓度 $C_F=1-C_B$。也就是说，随着 x 的增加，它会从 1 降低到 0。

出人意料的是，燃烧反应发生的区域极窄，该区域内有少量(但足够)的反应物，且温度较高，对应于图 10.28 所示的发光最强的区域。如图 10.27 所示，虽然上游存在更多反应物，但当地温度不足以支持反应发生。由燃烧引起的升温效应会通过“最近邻域”机制(即热扩散)向上游的新鲜气体区域蔓延，直至突破温度阈值发生燃烧。因此，焰锋将逐步朝着距离最近的新鲜气体的方向演进。反应区域内已燃烧的气体的扩散同样会促进升温效应的蔓延。

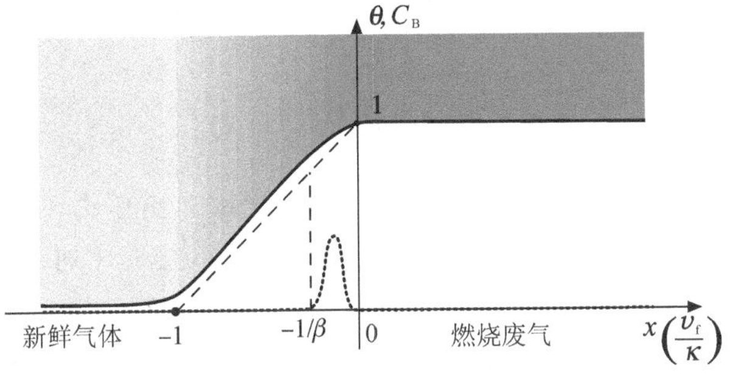

图 10.27 在相对于一维焰锋静止的参考下，归一化温度和相对浓度（实线）以及反应效率（虚线）随到焰锋的水平距离的变化。反应区域的厚度小于温度及浓度产生变化所对应的厚度。反应效率采用任意单位。水平坐标变量对应时均流动方向上某一点到焰锋的无量纲距离，即 $x/\delta_\kappa \approx x/\delta_{D_m} \approx xv_f/\kappa$（方程(10.146)）

图 10.28(彩) 由激光片光照亮的预混型火焰的可视化。白亮色区域对应新鲜气体混合物（蓝绿色）和已燃烧气体（红色）二者间的边界。新鲜气体中已经被播撒了具备反光性的氧化锆小颗粒，当它们到达焰锋时即可反光，因此可用来显示流线（图片来自 J. Quinard 和 G. Searby，IRPHE）

注：图 10.28 中所显示的锥形火焰焰锋两侧流线方向并不一致，燃烧前后速度的改变正是因为这个原因。这种情况下，与焰锋垂直的速度分量的变化规律由方程(10.145a 和 b)给出，切向速度分量保持不变。

一维火焰中的特征距离

我们采用与焰锋相对静止的参考系，这种情况下流动是定常的；同时假定相关变量（温度 T、密度 ρ 和平均速度 v）只与 x 相关。下标 F 和 B 分别表示新鲜气体和燃烧气体，分别对应焰锋的上游和下游区域。此外，我们假定压力为常数。

质量守恒方程形式如下：

$$\rho_F v_F = \rho_B v_B \qquad (10.145a)$$

其中

$$\frac{\rho_B}{\rho_F} = \frac{n_F}{n_B}\frac{T_F}{T_B} \qquad (10.145b)$$

上式仅适用于理想气体，且 n_F/n_B 表示化学反应中初始及终了分子数之比。因此，在从新鲜气体区域到已燃烧气体区域的转化过程中，气体的密度下降，速度上升。

已燃烧气体的温度及相对浓度随距离 x 的变化十分相似，这是因为气体的热扩散系数 κ 和分子扩散系数 D_m 非常接近（参见第 1.3.2 和 2.3.2 节）。二者变化所跨越区域厚度的量级为

$$\delta_\kappa \approx \delta_D \approx \frac{\kappa}{v_f} \approx \frac{D_m}{v_f} \qquad (10.146)$$

其中 v_f 是焰锋内部气体混合物的特征速度。

证明： 在与焰锋相对静止的参考系下，流动和传热也是定常的，归一化温度 θ 仅与 x 有关。因此，我们可将方程(10.90a)描述的热平衡方程式转化为

$$\rho C_p v_x \frac{d\theta}{dx} = \kappa \frac{d^2\theta}{dx^2} + Q_R \qquad (10.147a)$$

于是有

$$v_x \frac{d\theta}{dx} = \kappa \frac{d^2\theta}{dx^2} + \frac{Q_R}{\rho C_p} \qquad (10.147b)$$

其中 C_p 为单位质量比热容，Q_R 为单位时间内单位体积产生

的热量，v_x 为当地速度（由 x 决定）。相对浓度 C_B 满足以下关系式：

$$v_x \frac{dC_B}{dx} = D_m \frac{d^2 C_B}{dx^2} + Q_B \quad (10.148)$$

其中 Q_B 代表来自燃烧反应的气体产生率。当压力不是太高时，我们假设混合气体的 D_m 和 κ 大小接近（刘易斯数 $Le = D_m/\kappa$ 量级为 1）。此外，从火焰下游到上游，C_B 和 θ 均逐渐从 0 增加到 1；Q_R 和 Q_B 随 x 的变化相似，这是因为热量和已燃烧气体总是同时产生的。因此，C_B 和 θ 的变化可由边界条件相似的同种类型的方程描述，方程的求解结果自然也相似。

在狭窄的反应区域之外，Q_R 和 Q_B 接近为零。此时，方程(10.147b)和(10.148)中的对流及扩散项相等，因此可得 $v_f\theta/\delta_\kappa \approx \kappa\theta/\delta_\kappa^2$，其中 v_f 取与 $\theta \approx 0.5$ 时曲线拐点处所对应的速度的量级；于是，我们可以通过方程(10.146)来估计相关变量的量级。

另外一个重要的特征尺度是燃烧反应发生区域的厚度 δ_R，它遵循以下表达式：

$$\delta_R \approx \frac{\delta_\kappa}{\beta} \approx \frac{\delta_D}{\beta} \quad (10.149)$$

其中 β 由方程(10.137)定义，它决定了反应的动力学特性。上文给出的 $\beta \approx 10$ 表明 δ_R 比 δ_D 和 δ_κ 都要小。

证明：假定方程(10.148)中描述燃烧气体产生率的项与反应特征时间 $\tau_R(T)$ 成反比，但与可供燃烧的新鲜气体的相对浓度$(1-C_B)$成正比；于是，结合方程(10.136)可得

$$Q_B \propto (1 - C_B)e^{-\beta T_B/T} \approx (1 - C_B)e^{-\beta/\theta} \quad (10.150)$$

假定 $T_0 \ll T_B$，结合方程(10.144)可知 $\theta \approx T/T_B$。因此，方程(10.150)的后半部分表明：必须同时拥有足量的新鲜气体注入和足够高的温度才能引起燃烧反应，这一结论我们在前文已经讨论过。如前文所述，作为 x 的函数，$(1-C_B)$基本上与$(1-\theta)$成正比，所以它比指数项 $e^{-\beta/\theta}$ 的变化要慢得多。因此，反应区域的厚度 δ_R 以指数形式变化，指数因子大小为 $1/e$，对应的 θ 的变化量为 $1/\beta$。在 δ_κ 的取值范围内，θ 的变化约为 1，由此可得到反应区域宽度 δ_R 的估算方程(10.149)。在反应区域内，扩散项相对于对流项其主导作用，因此方程(10.147b)

和(10.148)简化为**反应-扩散**(reaction-diffusion)之间的平衡关系；然而，在反应区的部分区域内反应是可以忽略的，依然是对流和扩散之间互相平衡。

预混型火焰的传播速度

由上文讨论可知，预混型火焰可通过不断影响邻域来实现推进：如果某处发生燃烧反应，它会将充满新鲜气体的邻域层加热至燃点 T_B。在反应特征时间 τ_R 内(方程(10.136))，被加热的流体层的厚度为 $e=\sqrt{\kappa\tau_R}$。因此，燃烧的推进速度 u_d 的量级为

$$u_d \approx e/\tau_R \approx \sqrt{\kappa/\tau_R} \tag{10.151}$$

量级分析：对于甲烷和空气混合物，当 $T_B \approx 2200$ K 且 $\tau_R \approx 3\times10^{-4}$ s 时，如果 $\kappa=5\times10^{-5}$ m^2/s，我们可以得到 $u_d \approx 0.4$ m/s 和 $e \approx 0.12$ mm。对于氢气和空气的混合物而言，时间常数 τ_R 可能要短一些(当 $T_B \approx 2400$ K 时 $\tau_R \approx 8\times10^{-6}$ s)，因此有 $u_d \approx 3$ m/s 以及 $e \approx 0.02$ mm。

10.9.4 平面预混型火焰的失稳特性

前文图 10.26(b)和 10.27 所示的失稳现象源于流线的偏折，即气流方向与预混型火焰的焰锋间存在一个夹角。我们考虑一个初始时刻稳定的平面焰锋，然后引入一个正弦小扰动，如图 10.29 所示。一部分焰锋通过变形趋向已燃烧气体一侧，穿过它的流线会随之聚拢(因此速度也会增大)；同理，在趋向新鲜气体一侧的焰锋中，速度会变小。

注：如图 10.27 所示，速度的法向分量在穿过焰锋时会产生变化(方程(10.145a))，但切向分量保持不变；在上下游远离焰锋的位置，速度则会恢复为常数。

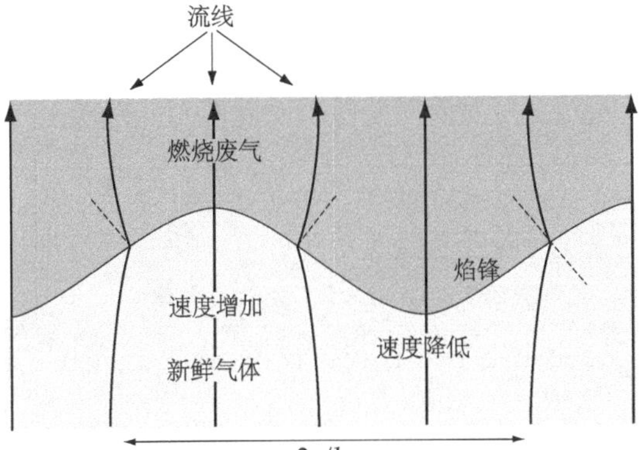

图 10.29 朗道-达里厄失稳(Landau-Darrieus instability)示意图：由于流线偏折，平面火焰横向轮廓受到的调制效应得以放大

因此，在图 10.29 中速度升高的区域内，混合气体速度 v_f 的绝对值将小于与焰锋方向相反的速度 u_d，因此焰锋会失去稳定性，变形也会随之放大。然而，对于速度减小的区域，变形虽然是反向的，但变形强度同样呈放大趋势。

我们有时也能观察到静止混合物中火焰推进的不稳定性，如图 10.30 所示。

注：这种失稳现象可被重力效应抑制(比如垂直火焰，以及焰锋两侧趋于稳定的密度差的情况)。重力效应对长波变形很敏感，扩散则会阻止短波变形的发展。因此我们会看到，这种情况下，只有中等波长对应的变形会进一步发展。

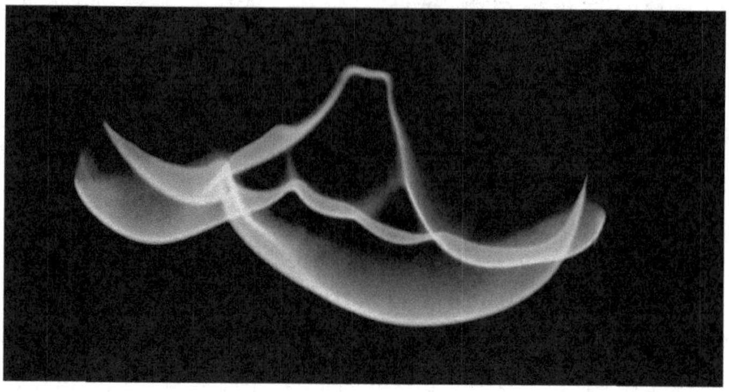

图 10.30(彩) 预混型火焰(甲烷-空气):焰锋从上到下自由推进,该过程中会产生朗道-达里厄失稳。燃烧发生在直径为 14 cm 的管道中,无声波共振发生(图片来源于 J. Quinard、G. Searby、B. Denel 和 J. Graña-Otero,IRPHE)

流动失稳

11

流体力学中的流动失稳是科学领域中众多失稳现象(比如凝聚态物理中的相变、固体力学中的屈曲等)的一部分。失稳通常对应着当系统的控制参数(比如热对流现象中的温差)超过一定阈值时出现的分岔现象,一般意味着系统对称性的破缺,这一点可通过系统的序参数来描述。对于最简单的失稳现象,当控制参数超过其阈值时,系统扰动的振幅会以连续且可逆的方式增加。其他的失稳现象中可能会出现迟滞效应,或系统对称性完全破缺的特性。本章初始,我们首先以一个力学系统为例,介绍朗道提出的失稳分析方法(第 11.1 节),然后将该方法用于圆柱绕流的失稳分析(已在第 2.4.2 节中做了定性讨论)。我们随后将在第 11.2 节分析由竖直方向温度梯度引起的瑞利-贝纳尔对流失稳,失稳的阈值温差由驱动流动的密度梯度效应和抑制流动的扩散效应之间的平衡决定。第 11.3 节将讨论瑞利-贝纳尔失稳现象与离心力(泰勒-库埃特失稳)或表面张力梯度(贝纳尔-马兰戈尼失稳)引起的封闭空间失稳现象的异同点;此外,我们还将通过贝纳尔-马兰戈尼失稳引入亚临界失稳的概念。最后,第 11.4 节主要讨论一个开流失稳的例子:不同速度的平行流动中的开尔文-亥姆霍兹失稳,并讨论不同速度廓线对失稳的影响,最后简要分析库埃特流动和泊肃叶流动的失稳特性。

11.1 分析失稳现象的通用方法:朗道模型

当流动发生失稳(即流动从一种状态转化到另一种状态时),通过流动的宏观参数来表征流动状态的转化并确定速度场是一种简单且有效的方法。比如,若失稳具有时间和空间上的周期性,我们可使用流动速度的傅里叶分量来表征。这种模型最早由苏联物理学家朗道(L. Landau)提出,主要用于描述热力学平衡系统中阈值(临界点)附近的相变问题。

注:**朗道模型**(Landau model)最初是为了解释二阶相变问题而提出的。随后人们假设流动问题中的局部互相作用可通过**平均场近似**(mean field approximation)方法消除,并将朗道模型应用于流动失稳现象的分析,本章将要讨论的几种流动失稳现象即采用这种思路。这种假设与简单的范德瓦耳斯模型等价,但不适用于实际流体临界点附近的流动状态转化的描述,因为此时流体中存在强烈的热波动。

在物理学中，对临界阈值点邻域的研究为理解阈值两侧系统的不同状态提供丰富的信息。为了表征临界点附近的物理系统状态，我们可将**序参数**(order parameter，表征系统状态转化的变量)关于**控制参数**(control parameter)的函数进行级数展开，控制参数用于度量系统状态到临界点的距离。比如，在气液状态转化的系统(范德瓦耳斯模型)中，控制参数是温度与临界值 T_c 的相对偏差 $\varepsilon=(T-T_c)/T_c$；序参数是液体和气体的密度差，且该差值仅在温度低于 T_c 时不为零($T=T_c$ 时液体和气体可共存)。下面以圆柱绕流为例，将该方法扩展到非平衡系统中的流体流动状态转化的分析。在此之前，我们首先将介绍一个可类比的力学失稳实验，用以说明朗道模型的本质特征。

11.1.1 一个力学失稳的简单实验模型

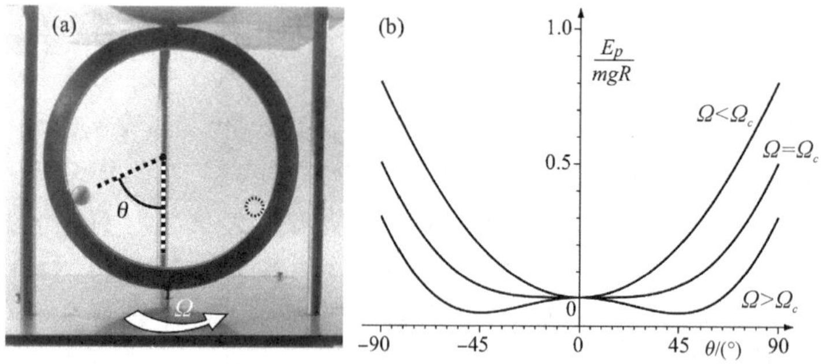

图 11.1 (a)绕竖直轴旋转的圆环中自由小球失稳的实验模型(图片由 C. Rousselin 提供)；(b)重力和离心力作用下，小球归一化势能 E_p/mgR 在三种圆环旋转速度 Ω 下随位置角度 θ 的变化曲线，$\Omega/\Omega_c=0.6$(上侧曲线)，$\Omega/\Omega_c=1$(中间曲线)，$\Omega/\Omega_c=1.2$(下侧曲线)，其中 Ω_c 为圆环的临界旋转速度 $(g/R)^{1/2}$。不同的旋转速度 Ω 下，可观察到一个单一的稳定平衡位置，或两个稳定平衡位置和一个不稳定平衡位置

如图 11.1(a)所示，我们考虑一个质量为 m 的固体自由小球(或称滚珠)在一个圆环内侧无摩擦滚动的情况，圆环半径为 R，绕垂直轴以角速度 Ω 旋转。滚珠的平衡位置会随角速度 Ω 的变化而不同(平衡位置可通过相对于垂直方向的夹角 θ 表征)。若以圆环为参考系，滚珠处于平衡位置时的总能量即为其自身的势能，为重力项和离心力项贡献之和：

$$E_p=mgR(1-\cos\theta)-\frac{m\Omega^2R^2}{2}\sin^2\theta \tag{11.1}$$

图 11.1(b)所示为三种不同的角速度下由 mgR 归一化之后的势能 E_p 随夹角 θ 的变化曲线。滚珠的平衡位置对应于势能变化曲线的极值点。由于 $F_t=-\mathrm{d}E_p/\mathrm{d}\theta$，故而在极值点处有 $F_t=0$。当 $\Omega\leqslant\Omega_c$ 时，滚珠只有唯一一个稳定平衡位置；当 $\Omega>\Omega_c$ 时，滚珠存在两个稳定平衡和一个非稳定平衡位置，其中阈值角速度为

注：势能 E_p 等于小球从零角度移动到 θ 的过程中作用在小球上的力在圆环切线方向的分量所做的功。力在圆环径向分量由圆环壁的支撑力平衡。对于给定的位置角度 θ，重力和离心力在圆环切线方向的分量分别为 $-g\sin\theta$ 和 $m\Omega^2R\sin\theta\cos\theta$，于是可得

$$F_t=-mg\sin\theta+m\Omega^2R\sin\theta\cos\theta \tag{11.2}$$

我们约定：当 $\theta=0$ 时，系统的总能量为零。在此约定之下，方程(11.1)可计算如下积分得到

$$E_p=-\int_0^\theta F_t(\theta)R\,\mathrm{d}\theta$$

$$\Omega_c = \sqrt{g/R} \tag{11.3}$$

注：$\theta=0$ 始终是方程 $F_t=0$ 的一个解。F_t 为零所对应的其他解则须满足 $\cos\theta=g/(\Omega^2R)$；只有当 $g/(\Omega^2R)\leqslant 1$ 时，该条件才能给出物理上有意义的 θ 值；如此，我们也可证明方程(11.3)给出的阈值。

根据 Ω 的不同取值，我们有以下结果：

- 当 $\Omega\leqslant\Omega_c$ 时，势能函数 $E_p(\theta)$ 在 $\theta=0$ 处取唯一的极小值，对应于一个稳定的平衡位置。
- 当 $\Omega>\Omega_c$ 时，$E_p(\theta)$ 在 $\theta=0$ 处取得极大值，故而对应于一个不稳定的平衡位置；同时存在两个对称的稳定平衡位置位于 $\pm\theta_e$，其中 $\cos\theta_e=g/(\Omega^2R)$，当 $\Omega=\Omega_c$ 时，这两个稳定平衡位置将重合于 $\theta=0$ 处。

在朗道模型的典型描述中，稳定的平衡位置对应的角度 θ 随角速度 Ω 的变化曲线称之为系统的**分叉图**(bifurcation diagram)，示意图见图 11.2。在该力学系统状态的转化中，平衡位置对应的角度 θ 为系统的序参数，角速度 Ω 为控制参数。当角速度大于 Ω_c 时，系统将“选择”$+\theta$ 或 $-\theta$ 两者之一为解(即分叉图上任意一个分支)。这种“选择”伴随着整个系统(圆环＋滚珠)对称性的降低，称之为**对称破缺**(symmetry breaking)：一旦滚珠离开 $\theta=0$ 的位置，系统就会失去相对于垂直轴的对称性。

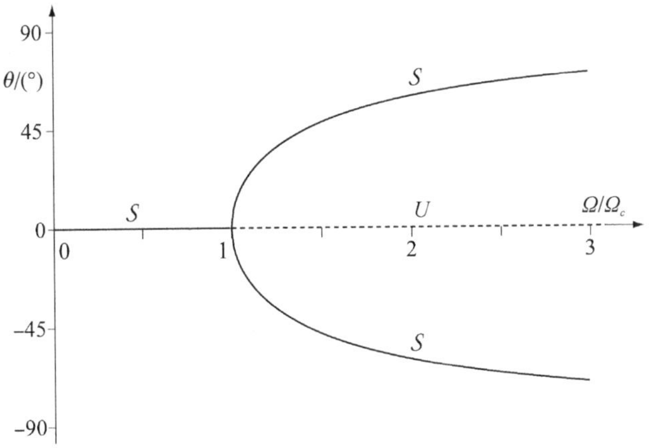

图 11.2 力学失稳实验中小球平衡位置角度 θ 随圆环旋转角速度 Ω 的变化规律。Ω_c 是失稳阈值，曲线分支 S 对应稳定平衡位置，分支 U 对应不稳定平衡位置。

在 $\Omega\to\Omega_c$ 的极限中，对于较小的 θ 取值，我们可将势能的变化以**朗道展开**(Landau expansion)的形式表示为变量 $\Omega-\Omega_c$ 的函数：

$$E_p = mR^2\left[-\theta^2\Omega_c(\Omega-\Omega_c)+\theta^4\left(\frac{\Omega_c^2}{8}\right)\right] \tag{11.4}$$

当 Ω 大于阈值 Ω_c 时，系统的解具有如下简单形式：

$$\theta(\varepsilon) = \pm 2\varepsilon^\beta \tag{11.5a}$$

其中

$$\varepsilon = (\Omega-\Omega_c)/\Omega_c \tag{11.5b}$$

指数 $\beta=1/2$ 称为临界指数，表征了 Ω 大于阈值时角度 θ(序参数)随角速度 Ω(控制参数)的增长情况。

注：该力学失稳问题与相变现象还存在另外一个类似之处：在阈值 Ω_c 附近，当小球经历了一个偏离平衡的位置之后，再次返回平衡的速度非常慢。这一点可在势能随 θ 的变化曲线上看到：靠近平衡位置时，曲线变得非常平缓。同样的行为可在液体的临界点附近出现。此时，我们可观察到物性参数(比如密度)波动的发散，这种现象称为**临界慢化**(critical slowing down)。

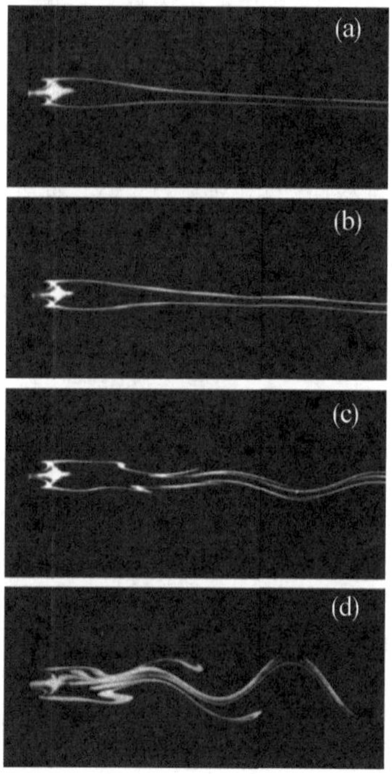

图 11.3 圆柱绕流系统在不同雷诺数差值 $Re-Re_c$ 下的流动状态，其中 Re_c 为涡结构出现的临界雷诺数。(a) $Re-Re_c=-0.4$，无涡结构出现；(b) $Re-Re_c=0.3$，轻微波纹；(c) $Re-Re_c=1$，振荡被放大；(d) $Re-Re_c=5.2$，圆柱下游出现交替涡脱落。(图片由 C. Mathis 和 M. Provansal 提供)

11.1.2 圆柱绕流中分离涡出现的阈值附近的流动

对圆柱绕流下游交替产生的涡流(参见第 2.4.2 节)的分析是朗道模型在流体力学中应用的第一个例子。我们选取控制参数为如下比值：

$$\varepsilon=\frac{Re-Re_c}{Re_c} \tag{11.5}$$

该参数表征了雷诺数 Re 与其临界值 Re_c 之间的相对偏差，Re_c 对应于稳定流动状态和出现周期性涡脱落的流态之间的转化。由涡脱落引起的横向速度振荡的幅度 A_y 可作为系统流动状态转化的序参数。当 $Re>Re_c$ 时，A_y 不再为零，在高速区域可用激光测速仪测量(参见第 3.5.3 节)。

我们首先来分析圆柱下游的流动状态演化，考虑 Re 略微大于阈值 Re_c 的情况；从 2.4.2 节讨论可知，当 $Re>Re_c$ 时，圆柱下游会出现周期性的涡脱落，且流动速度也会呈现周期性变化。图 11.3 中各图所示为 Re 接近 Re_c 时的可视化流场。只要横向速度振荡的幅值 A_y 足够小，就能保证前文进行的线性分析成立，我们有以下结果：

$$A_y=0\ (\varepsilon<0) \tag{11.6}$$

和
$$(A_y)^2\propto\varepsilon=\frac{Re-Re_c}{Re_c}(\varepsilon>0) \tag{11.7}$$

A_y^2 的变化趋势如图 11.4(a)所示，与我们在第 11.1.1 节讨论的力学系统的行为相似。圆柱下游出现第一个涡时，流动会“选择”到出现涡的一侧，于是导致了系统对称性的破缺。

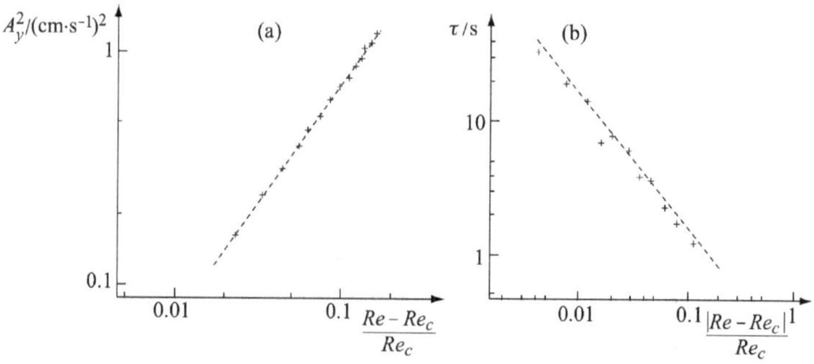

图 11.4 (a)直径为 6 mm 的圆柱下游的卡门涡街引起的速度振荡的稳态振幅 A_y 的平方随雷诺数的相对偏差 $\varepsilon=(Re-Re_c)/Re_c$ 的变化特性。虚线对应于比例关系 $A_y^2\propto(Re-Re_c)$。(b)阈值 Re_c 之下，扰动弛豫的特征时间 $\tau=1/\sigma_m$ 随相对偏差的绝对值的变化特性。虚线对应于比例关系 $\tau\propto(Re-Re_c)^{-1}$ (图中数据由 C. Mathis 和 M. Provansal 提供)

11.1.3 朗道模型中失稳的时间演化分析

在本小节中，我们应用朗道模型来逐步分析圆柱绕流中的涡脱落现象。假定流动系统中存在一组失稳模态叠加于层流(当 $Re<Re_c$ 时，层流稳定)之上，以指标 k 来表征。对于给定的模态 k，其振幅 $A_k(t)$ 的变化形式为 $e^{\sigma_k t}$，其中 $\sigma_k=\sigma_{kr}+i\sigma_{ki}$ 为模

态增长的复指数。虚部 σ_{ki} 表征模态的振荡频率，实部则表示增长率（$\sigma_{kr}>0$）或衰减率（$\sigma_{kr}<0$），于是我们有

- 若 $Re<Re_c$，所有模态（即每个扰动）都呈指数衰减（σ_{kr} 对于所有的 k 取值都为负）；
- 若 $Re=Re_c$，除了**临界稳定**（marginally stable）的模态 m 具有 $\sigma_{mr}=0$ 之外，σ_{kr} 对其余所有模态都为负；
- 若 $Re>Re_c$，σ_{kr} 对于大多数模态依然为负，但同时存在一系列模态具有 $\sigma_{kr}>0$。最大增长 σ_{mr} 为**占优模态**（dominant mode），一般使用下标 m 表示；以下讨论中使用 σ_m 代替 σ_{mr}，该参数可用于描述涡脱落的发展过程。

我们现在来考虑横向速度的振幅的时间平均值 $|A|^2=\langle|A(t)|^2\rangle$ 的演化特性。求取平均值的时间段与振荡的周期 $T\approx 2\pi/\sigma_i$ 相比必须足够长，但相比于增长或衰减的时间常数 $\tau\approx 1/\sigma_m$ 则必须足够短。这两个条件限定了朗道方程的使用范围，并且只有在 $\sigma_i\gg\sigma_m$ 时两个条件才能同时满足（σ_i 为复频率 σ 的虚部）；这些条件在涡脱落的阈值附近满足，此时 σ_m 为零。在这种极限下，速度呈指数增长 $A_y(t)\propto e^{\sigma_m t}$。于是，振幅大小的平方为以下方程的解

$$\Phi(A)=2\sigma_m\,|A|^2 \tag{11.8}$$

通过方程(11.8)可以预测扰动的振幅随时间的变化规律 $A(t)$，但是该方程并不适用于长时间预测，因为振幅必须有界。为了确保这种有界特性，朗道对方程(11.8)进行了修改，引入方程右侧的幂律展开作为一个附加项，于是有

$$\frac{\mathrm{d}}{\mathrm{d}t}\,|A(t)|^2=-\Phi(A) \tag{11.9a}$$

其中
$$-\Phi(A)=2\sigma_m|A|^2-2b|A|^4 \tag{11.9b}$$

由于三阶项包含平均值为零的周期因子，因此并不出现；下一个非零项为四阶，并且振幅必须为负（$b>0$），以避免长时解出现发散。

我们于是得到

$$\frac{\mathrm{d}}{\mathrm{d}t}|A|^2=2\sigma_m|A|^2-2b|A|^4 \tag{11.10}$$

方程(11.10)可用于描述振幅的时间演化，经过转化后形式如下：

$$\frac{\mathrm{d}|A|}{\mathrm{d}t}=\sigma_m|A|-b|A|^3 \tag{11.11}$$

该方程适用于描述一个由流动失稳导致的稳定流动，比如11.2节将要讨论的瑞利-贝纳尔稳定性问题。

注： 在更完整的分析中，对振幅 $A_y(Re)$ 的变化的分析建立方程(11.6)和(11.7)时，我们不应局限于圆柱下游的一个点，而需要考虑振幅完整的空间分布随时间的变化（全局模态）。然而，振幅的空间分布形式随 $Re-Re_c$ 的变化而变化，这一点在简单朗道模型中并没有被考虑，于是我们需要使用金兹堡-朗道模型，该模型考虑了有序参数的空间变化。

注： 势函数这种形式与小球力学失稳例子中总能量展开式（方程(11.4)）的形式相同。只不过力学失稳一例中的有序参数 θ 对应于此处的变量 A；并且，由于我们只关心小球的平衡位置，故而省略了 θ 随时间的变化。

对于诱导的周期性流动失稳的分析，比如涡脱落，我们需要引入一个更一般的复振幅 $|A|(t)e^{i\varphi}$ 和一个复数 $\sigma=\sigma_m+i\sigma_i$；于是方程(11.11)转化为

$$\frac{dA}{dt}=\sigma A-b|A|^2A=(\sigma_m+i\sigma_i)A-b|A|^2A \tag{11.12}$$

通过将方程(11.11)转化为上述形式，我们可以得到一个新的关于振幅的相位随时间的演化方程：

$$\frac{d\varphi}{dt}=\sigma_i \tag{11.13}$$

此处，$\sigma_i=\omega$ 代表涡生成的角频率。

这种情况下，方程(11.12)可用于描述圆柱绕流下游生成涡的不同特征：

- 振幅恒定的解的振幅大小为 $|A_{eq}|=\sqrt{\sigma_m/b}$。将 σ_m 关于雷诺数进行幂级数展开后可得：$\sigma_m=k'(Re-Re_c)+O(Re-Re_c)^2$，其中 k' 为正，且等于问题中特征时间常数的倒数。于是，振荡的稳态振幅满足方程(11.11)，最终可得

$$|A_{eq}|=\sqrt{\frac{\sigma_m}{b}}\propto\sqrt{Re-Re_c} \tag{11.14}$$

注：若在图 11.2 中将 θ 由 $|A_{eq}|$ 代替，Ω 由 Re 代替，我们可根据上述结果得到流场中出现涡结构的分叉图。图中曲线的第二个分支代表了圆柱两侧出现初始涡结构的概率(流动的对称性初始破缺)。

有序参数的振幅 $|A_{eq}|$ 随控制参数 ε 的变化特性与图 11.2 所示分叉图相同。图 11.4(a)所示为激光测速仪对圆柱绕流下游流场测量的数据，结果表明：当 $Re>Re_c$ 时，振幅的平方 $|A_{eq}|^2$ 的确与 $Re-Re_c$ 成正比(拟合直线在对数坐标系斜率为 1)；同时有当 $Re<Re_c$ 时，$|A_{eq}|^2$ 为零。

- 时间常数 $1/\sigma_m$ 表征了失稳问题的动力学特性，满足以下关系：

$$\frac{|A|}{d|A|/dt}=\frac{1}{\sigma_m}\propto\frac{Re_c}{Re-Re_c} \tag{11.15}$$

注：利用朗道方程，我们可以描述雷诺数略低于扰动阈值时的先兆效应：这种情况下，流动中的小扰动已经足以诱导速度振荡，但振荡会随时间呈指数衰减。

当 $Re>Re_c$ 时，$1/\sigma_m$ 描述失稳的增长率；当 $Re<Re_c$ 时，$1/\sigma_m$ 取值为负，表征可能存在于某个瞬态涡的生成过程中扰动衰减的阻尼。图 11.4(b)中的数据表明，当 $Re<Re_c$ 时，特征时间确实正比于 $|Re_c-Re|^{-1}$。

上述关于时间常数 $1/\sigma_m$ 的预测与流体绕流物体的实验测量结果一致。如图 11.5 所示为控制参数 ε 取不同负值时，横向速度振荡的时间序列信号。这些振荡来源于上游的绕流物体对流动的扰动，对应于圆柱绕流下游尾迹区内的涡脱落过程。这些涡会持续一段时间，且在 ε 趋近于零的过程中，速

度的振荡也随之增强。此外，速度振荡的频率与 $Re > Re_c$ 时的自然振荡频率（σ_i）接近；当 $Re = Re_c$ 时，σ_i 的行为并非单一。

实验观测表明：振荡指数弛豫的特征时间常数随 $|Re_c - Re|^{-1}$ 线性变化（图 11.4(b)），这与方程(11.15)的预测一致。

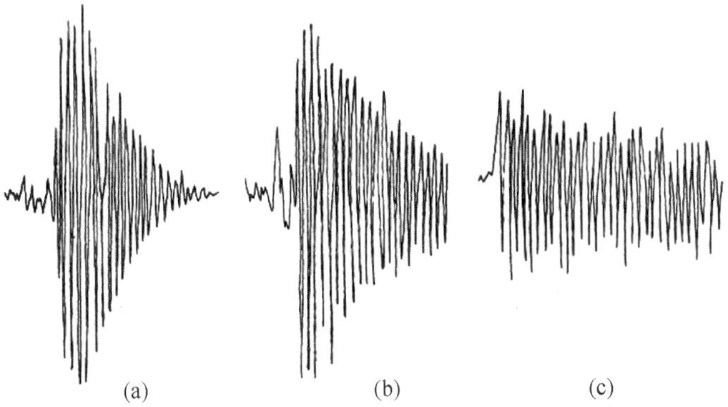

图 11.5　阈值雷诺数 Re_c 之下，不同 Re 数下振荡速度的振幅随时间的变化特性。观测可知，速度振荡的频率对 ε 的取值并不敏感，但当流动雷诺数 Re 接近阈值 $Re_c = 47$ 时，振荡的弛豫时间 t 变得相当长。三条曲线分别对应不同的 $\varepsilon = (Re_c - Re)/Re_c$ 取值：(a)0.2；(b)0.057；(c)0.027（图中数据由 C. Mathis 和 M. Provansal 提供）

当 $Re = Re_c$ 时，弛豫时间常数 t 的发散行为称之为**临界慢化**，这种情况也可见于二阶相变，这一点我们已经在前文提及。更准确地讲，实验中所得的 τ 的变化可表示为黏性扩散时间 d^2/ν 的函数：

$$\tau = \frac{1}{\sigma_m} \simeq 5\,\frac{d^2}{\nu\,|Re - Re_c|} \tag{11.16}$$

其中 d 为绕流物体的直径，ν 为流体的运动黏性系数。从 τ 随 Re 的变化关系得到的临界雷诺数与从 $|A_{eq}|$ 随 Re 的变化关系给出的结果是一致的。

11.2　瑞利-贝纳尔失稳

本节我们来讨论瑞利-贝纳尔流动失稳问题，这种失稳现象是由流体温度的空间变化引起密度变化和再诱导的浮力所导致的。该现象可见于两个水平板间具有竖直方向温度梯度的流体中。流体中温度场和速度场之间的强烈耦合是这种**热对流现象**(thermal convection phenomena)的本质特征之一。

注：该失稳现象的命名与两位科学家有关。第一位是法国物理学家 Henri Bénard，他研究发现，当我们从下方加热一层液体，并且当温度高于某个阈值时，液体层中会出现周期性的对流结构。另一位科学家是 Lord Rayleigh，他从热膨胀的角度解释了该现象。实际上，Bénard 观察到的具有自由面的液膜的失稳现象主要来源于表面张力梯度（详见 11.3.1 节关于贝纳尔-马兰戈尼效应的讨论）。

在下边的讨论中，我们首先从速度场和控制方程出发确定流体层失稳的条件；然后通过朗道模型来分析这种失稳现象，这与我们在 11.1.3 节中分析圆柱绕流下游的涡生成现象的思路相同。

11.2.1　对流换热方程

流体的温度和速度之间的耦合体现在两个控制方程的联

注：在 4.5.5 节，我们讨论了水平方向温度梯度导致的热对流及其引起的阿基米德浮力。在那种情况下，流动的产生并不存在一个阈值温度（流动速度随温度梯度线性增加），因此并不作为流动失稳处理。

系上，这两个方程即热量输运方程和纳维-斯托克斯方程。在热量输运方程中，对流项对应于流体流动引起的温度变化；纳维-斯托克斯方程中，包含密度随温度变化的项对应于流体流动的驱动力。

我们假定流体的流动速度为 $\boldsymbol{v}$ 且流场中不存在内热源，由第 10.8.1 节讨论可知（方程（10.90a）），热量输运方程形式如下：

$$\frac{\mathrm{d}T}{\mathrm{d}t}=\frac{\partial T}{\partial t}+(\boldsymbol{v}\cdot\nabla)T=\kappa\,\nabla^2 T \tag{11.17}$$

事实上，上式仅仅是在第 1 章中得到的热量输运方程（1.17）对一个运动的流体质点的应用。$\mathrm{d}T/\mathrm{d}t$ 表示流体质点沿轨迹的温度变化，对应于流场的拉格朗日导数；我们可针对流体质点的不同参数（速度、温度、示踪颗粒的浓度等）建立拉格朗日导数。导数 $\partial T/\partial t$ 表示流场空间中一个固定点的温度随时间的变化。对流项 $(\boldsymbol{v}\cdot\nabla)T$ 描述了由于流体流动导致的热量输运。

关于热量输运的对流-扩散方程（11.17）出现的流场速度 $\boldsymbol{v}$，这通常代表一种强制流动导致的**强制对流**（forced convection）。本节讨论一种相反的情况：**自然对流**（free convection），此时流动的驱动力是温度的空间变化，比如加热器上方的热空气循环。

该问题涉及的第二个方程是纳维-斯托克斯方程（方程（4.30）），对两边同时除以密度 ρ，方程可改写为

$$\frac{\partial\boldsymbol{v}}{\partial t}+(\boldsymbol{v}\cdot\nabla)\boldsymbol{v}=-\frac{1}{\rho}\nabla p+\nu\,\nabla^2\boldsymbol{v}+\boldsymbol{g} \tag{11.18}$$

流体速度与温度的空间变化之间的耦合来源于流体密度 ρ 随温度 T 的变化，这种变化会影响纳维-斯托克斯方程中的 $-(1/\rho)\nabla p$ 项。

11.2.2 竖直方向存在温度梯度的流体层的稳定性

我们考虑两个固定水平板之间的流体层，两平板的温度不同。由于流体的密度会随着温度的升高而降低，因此，如果下板温度低于上板温度，那么流体中形成的密度梯度是稳定的（较重的流体保留在底部）。如果这种情况发生在某些城市上空，即当热空气层位于较冷的空气层之上时，大气中会出现所谓的**温度逆增**（temperature inversion），这种情况不利于空气中污染物的有效去除（图 11.6），并且会导致上层大气中产生一层烟雾。这种烟雾会吸收太阳辐射并削弱低层大气的加热，从而进一步加剧该过程。

图 11.6(彩)　美国洛杉矶市城区中心出现的温度逆增层以及由此形成的“烟雾”积累(图片由 M. Luethi 提供)

相反,若下板的温度高于上板,流体从下方被加热;此时,密度较小的流体质点位于密度较大的流体质点之下,系统是不稳定的。然而,这并不同于水平密度梯度导致的流动(参见第 4.5.5 节),在当前情况下,只有当两板之间的温差大于一定的**失稳阈值**(instability threshold)时,才会出现流动。这种现象即为本节要讨论的**瑞利-贝纳尔失稳**(Rayleigh-Bénard instability)。

注:本节我们假设流体密度随着温度增加而单调减小。然而,实际情况并非总是如此,比如液态水的最大密度出现在 4℃。这种密度的异常变化可以解释这样一个事实:在冰冻的湖泊和河流面下,首先存在一层温度在 0℃ 的液态水与冰保持热平衡;然后向下更深处存在一层密度更大的温度为 4℃ 的液态水。这种分层结构是稳定的,它的存在使得海洋生物得以存活。

11.2.3　瑞利-贝纳尔失稳:实验结果

我们首先来描述瑞利-贝纳尔失稳的实验结果,实验示意图如图 11.7 所示。上板温度为 T_1,位于 $y=a$ 处;下板温度为 T_2,位于 $y=0$ 处,并且 $T_2>T_1$。

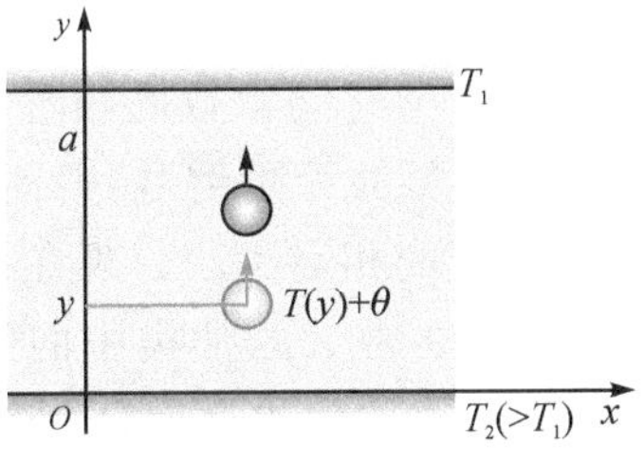

图 11.7　瑞利-贝纳尔失稳现象开始阶段的示意图。流体质点(阴影小球)的温度扰动 θ 促使其向上对流运动。一旦流体质点开始移动(黑色小球),那么它与周围流体的温度差会随着位移的增加而上升;如果该质点与周围流体的热交换较小,那么温度差异越大,初始的温度扰动效应也会加剧

- 只要温差 $\Delta T=T_2-T_1$ 低于一个临界值 ΔT_c,流体中的热交换方式即严格为扩散(如同从上方加热流体的情况)。
- 当 $\Delta T>\Delta T_c$ 时,流体开始运动:两板间会出现平行且反向旋转的卷状对流运动(图 11.8)。它们的直径与两板间距相当。卷状流动的速度随温差 $\Delta T-\Delta T_c$ 连续且可

逆地变化。

- 若温差 ΔT 与 ΔT_c 相比足够大，我们可进一步观察到对应于非定常现象的阈值，这可通过热电偶测量流场温度随时间的变化得到。测量结果表明温度的波动与速度的波动互相耦合。目前，人们已经基于系统的数学特性对不同阶段的失稳进行了深入的研究，失稳的发展将最终导致湍流的出现。

接下来我们将讨论估计阈值 ΔT_c 的几种方法，以帮助我们熟悉处理这类问题的各种方法。

11.2.4 瑞利-贝纳尔失稳的机理及其对应的数量级

失稳机理的定性分析

我们基于图 11.7 所示的物理过程来理解失稳的机理。

- 假定流体质点相对于流场的平衡温度 $T(y)$ 的初始温度波动为 θ。
- 由于阿基米德浮力的作用，该质点会沿竖直方向运动；若 θ 为正，运动方向向上。
- 该质点在向上运动的过程中，周围流体的温度会持续降低；若质点不能快速冷却，那么它与周围流体的密度差会越来越大，故而浮力也会随着质点的上升而增加。因此，该效应加剧了初始温度扰动，也加强了对流。

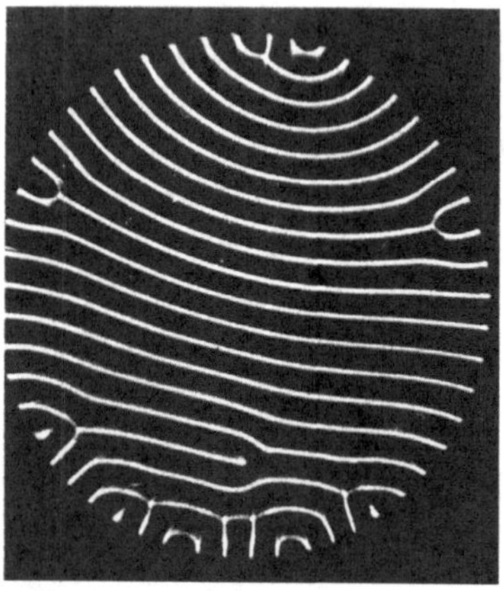

图 11.8 两个温度不同的平板间的圆形油层中形成的卷状对流结构（俯视图）。光聚焦处形成的白线对应于流体上升时的分隔相邻卷状区域。卷状结构网络的缺陷和分支来自油层的圆形边界；这些卷状结构总是倾向于与侧壁形成直角连接（图片由来自 CEA Saclay 的 V. Croquette、P. Legal 和 A. Pocheau 提供）

该问题中的稳定性因素是热传导和流体的黏性，导热会减小温度扰动使得温度场逐渐均匀，黏性则会导致速度扰动的衰减。若这两种稳定性效应相对较弱，上述正反馈循环则可保证对流失稳得以自身维持。因此，失稳是否发生取决于问题中热交换和动量交换的时间常数的相对大小。我们在第 2.3.2 节中引入了一个重要的无量纲数：普朗特数 $Pr=\nu/\kappa$，它表征了动量和温度扩散的相对大小。现在我们来定性讨论 $Pr\gg1$ 的情况，比如黏性非常大的油类中的失稳现象。这种情况下，给定距离上动量的黏性扩散时间比热扩散要短得多（动量扩散和热量扩散的时间常数分别随 $1/\nu$ 和 $1/\kappa$ 变化）。因此，流体速度是一个**快速**变量，可快速调节由密度变化引起的垂直方向力的变化；相比之下，温度则是一个**慢速**变量。于是可知，偏离静平衡位置的流体质点的热平衡情况决定了竖直方向上的作用力，故而也决定了失稳的发展。对于 $Pr\ll1$ 的相反情况（比如水银），这个结论不再成立。然而，理论和实验都表明失稳的阈值保持不变。

失稳的物理准则($Pr\ll 1$ 的情况)

液体层的稳定性由**瑞利数**(Rayleigh number)Ra 的取值决定:

$$Ra=\frac{\alpha\Delta Tga^3}{\nu\kappa} \tag{11.19a}$$

其中 ΔT 为两板温差,系数 α 表征了流体密度随温度变化的快慢,具体关系式如下:

$$\rho=\rho_0(1-\alpha(T-T_0)) \tag{11.19b}$$

其中 T_0 为参考温度,ρ_0 为参考温度对应的密度。为了触发对流失稳,Ra 必须大于其临界值 Ra_c。对于两个刚性水平板间的流体,Ra_c 的实验值为 1708。显然,临界温差 ΔT_c 随两板间距 a 的变化非常快:若 a 减半,ΔT_c 则会增加 8 倍。

数量级:若使用硅油进行实验,相关参数为 $\nu\approx 10^{-4}\ \mathrm{m^2/s}$,$\kappa=10^{-7}\ \mathrm{m^2/s}$,$\alpha=10^3\ \mathrm{K^{-1}}$,$a=10^{-2}\ \mathrm{m}$,我们可得 $\Delta T_c\approx 1.7\ \mathrm{K}$。

证明:考虑一个半径为 r_0 的液体小球的运动。假设小球由于扰动获得速度 v(方向向上时为正),那么该速度扰动在随后的时间内是衰减还是继续被放大呢?由于运动发生在垂直方向,小球所到达区域的温度与其初始值不同。此时,如果 $Pr\gg 1$,那么小球不能立即与周围液体达到热平衡;然而,相比之下,速度则会很快达到它的平衡值。现在我们来估算小球相对于周围流体的温差 δT。热弛豫的特征时间常数 τ_Q 满足下式:

$$\tau_Q=A{r_0}^2/\kappa \tag{11.20}$$

其中 A 为几何常数。在时间间隔 τ_Q 内,小球移动的距离为 $\delta y=v\tau_Q$,于是可知小球与周围流体温度差和密度差分别为

$$\delta T=\frac{\partial T}{\partial y}\delta y=Av\frac{r_0^2}{\kappa}\frac{\Delta T}{a} \tag{11.21}$$

和

$$\delta\rho=-\rho_0\alpha\delta T=-A\rho_0\alpha v\frac{r_0^2}{\kappa}\frac{\Delta T}{a} \tag{11.22}$$

其中 α 的定义见方程(11.19b)。因此,作用在小球上的驱动力(阿基米德浮力)为

$$F_m=-\frac{4}{3}\pi r_0^3\delta\rho g=\frac{4}{3}\pi A\rho_0\alpha g v\frac{r_0^5}{\kappa}\frac{\Delta T}{a} \tag{11.23}$$

如果该驱动力大于斯托克斯黏性力 $F_{\mathrm{visc}}=6\pi\eta r_0 v$(第 9 章方程(9.53)),那么小球的速度 v 会随时间逐渐增加。因此,失稳的判断准则为

$$F_m>F_{\mathrm{visc}} \tag{11.24a}$$

即

$$\frac{4}{3}\pi A\rho_0\alpha g v\frac{r_0^5}{\kappa}\frac{\Delta T}{a}>6\pi\eta r_0 v \tag{11.24b}$$

扰动的空间幅度越大,越容易失稳。若小球半径取最大值 $r_0=a/2$,并结合关系式 $\nu=\eta/\rho_0$,我们最终可得失稳的判断

注:由于推导所用的方程是线性的,因此小球的速度 v 并没有出现在失稳的判据中。如果要确定完全发展的对流的稳态振幅,则必须考虑额外的非线性效应项。如果用液体柱代替液体球来考虑流动失稳产生的卷状对流结构的对称性,我们只需简单地去除方程(11.22)和(11.23)中的因子 a。实际上,作用在圆柱上的力只取决于其直径的对数(见第 9.5.2 节讨论)。除了几何因子之外,最终的结果(方程(11.24))保持不变。

条件如下：

$$Ra=\frac{\alpha \Delta T g a^3}{\nu\kappa}>\frac{72}{A}=Ra_c$$

因此，我们得到了失稳的实验条件（方程(11.19a)）。因为简化模型中没有考虑壁面的刚度，所以 Ra_c 的具体取值不同。

11.2.5 瑞利-贝纳尔失稳问题的二维解

失稳阈值的近似计算

在实验中，当两板温差大于失稳阈值时，我们会观察到截面近似为圆形的平行卷状对流结构：相对于直接毗连的邻居，每个对流卷中的流体都在做反向的旋转运动。在以下计算中，我们结合实验观测假定液体层在两个水平方向上（x 和 z 轴）都无限延伸，速度场与 z 轴无关且 $v_z=0$。近似地，我们认为对流速度在竖直方向的分量 v_y 为周期函数，具体形式如下：

$$v_y(x,t)=v_{y0}(t)\cos kx \tag{11.25}$$

考虑到卷状对流结构的截面近似为圆形，半径量级为 a，于是波数可取值为 $k=\pi/a$。方程(11.25)所示的解的形式对应于**模态分析**(analysis in term of modes)，在这种方法中我们的目标是求解波向量 k 对应的解的傅里叶分量。在瑞利-贝纳尔失稳问题中，速度的振幅 $v_{y0}(t)$ 为序参数，与第 11.1.1 节力学失稳问题中的角度 θ 角色相同。需要注意：方程(11.25)仅仅是一个近似速度场，并不满足 $y=\pm a/2$ 处的边界条件；但是该方程满足不可压缩条件，可为估计临界瑞利数提供一个合理的近似。因此，竖直方向的动量和热量的输运方程（方程(11.18)和(11.17)）可分别改写如下：

注：此处我们并未考虑方程(11.18)水平方向速度 v_x 的分量方程；如果我们希望比方程(11.25)更接近真实地描述对流卷状结构的速度场，则需要同时考虑 v_y 随 y 的变化以满足不可压缩条件。

$$\frac{\partial v_y}{\partial t}+v_y\frac{\partial v_y}{\partial y}=\nu\left(\frac{\partial^2 v_y}{\partial x^2}+\frac{\partial^2 v_y}{\partial y^2}\right)-\frac{1}{\rho}\frac{\partial p}{\partial y}-g \tag{11.26a}$$

$$\frac{\partial T}{\partial t}+v_y\frac{\partial T}{\partial y}=\kappa\left(\frac{\partial^2 T}{\partial x^2}+\frac{\partial^2 T}{\partial y^2}\right) \tag{11.26b}$$

接下来，我们假定系统中两板的温差接近失稳阈值，并且可以使用**布辛涅斯克近似**(Boussinesq approximation)：这意味着除了密度之外，我们可以忽略流体的其他参数随温度的变化。此外，我们还假定相比于失稳之前的温度廓线，温度的改变量 θ 较小，并且对流速度分量 v_x 和 v_y 也较小；如此，我们可以忽略输运方程中的二阶项。于是，方程(11.26a 和 b)可简化为以下形式：

$$\frac{\partial v_y}{\partial t}=\nu\left(\frac{\partial^2 v_y}{\partial x^2}+\frac{\partial^2 v_y}{\partial y^2}\right)+\alpha g\theta \tag{11.27a}$$

和

$$\frac{\partial\theta}{\partial t}=\kappa\left(\frac{\partial^2\theta}{\partial x^2}+\frac{\partial^2\theta}{\partial y^2}\right)+v_y\frac{\Delta T}{a} \tag{11.27b}$$

方程(11.27a 和 b)互相对称，它们都包含一个抑制失稳发生的扩散项和一个时间依赖项。变量 v_y 和 θ 之间的耦合项 $v_y(\Delta T/a)$ 和 $\alpha g\theta$ 是对流运动的驱动力。

注：在方程(11.27a 和 b)中，我们只考虑了关于 v 和 θ 的一阶项，二阶项已全部略去；能量方程中依然存在一个有关热量输运的对流项，而纳维-斯托克斯方程中的对流项(均为二阶)则全被略去。

证明：如果我们将耦合方程组(11.26a 和 b)关于扰动进行最低阶展开，可得 $v_y=0$ 且温度随 y 线性变化。这个解对应于系统的瑞利数低于临界值时无对流发生的状态。此时，热输运的方式为纯扩散，速度、压力和温度满足以下方程：

$$v_y=0 \quad (11.28\text{a}) \qquad p_0=\text{常数}-\rho_0 g y \quad (11.28\text{b})$$

和

$$T_0=T_2+\frac{(T_1-T_2)y}{a}=T_2-\frac{\Delta T}{a}y \tag{11.28c}$$

如果我们将方程关于扰动展开到下一阶，系统的解显示会有对流出现。如果系统控制参数无限靠近失稳阈值，那么相对于距阈值的距离，速度也是一阶无穷小的。因此，速度、压力和密度场可表示为以下形式：

$$T(x,y,t)=T_0(y)+\theta(x,t) \tag{11.29a}$$

$$p(x,y,t)=p_0(y)+\delta p(x,t) \tag{11.29b}$$

和

$$\rho(x,y,t)=\rho_0(y)+\delta\rho(x,t) \tag{11.29c}$$

我们将方程(11.26a)中的 p 和 ρ 使用(11.29b 和 c)代换，且化简之后只保留关于 v_y、$\delta\rho$ 和 δp 的一阶项。结合系统扩散状态下的结果(方程(11.28a—c))，我们得到

$$\frac{\partial v_y}{\partial t}=\nu\left(\frac{\partial^2 v_y}{\partial x^2}+\frac{\partial^2 v_y}{\partial y^2}\right)+\frac{\delta\rho}{\rho_0^2}\frac{\partial p_0}{\partial y}-\frac{1}{\rho_0}\frac{\partial(\delta p)}{\partial y} \tag{11.30}$$

联立方程(11.19b)、(11.28b)和(11.29b 和 c)求解，我们最终得到

$$\frac{\delta\rho}{\rho_0^2}\frac{\partial p_0}{\partial y}=\alpha g\theta \tag{11.31}$$

若将该值代入方程(11.30)，并进一步假定 δp 仅为 x 和 t 的函数，该方程可退化到(11.27a)。同样地，若将方程(11.28c)和(11.29a)代入(11.26b)，我们即可得到(11.27b)。

接下来，我们仅仅从方程(11.27a 和 b)的解 $v_y(x,t)$ 出发来确定问题的稳定性条件。$v_y(x,t)$ 的形式已定义于方程(11.25)，其振幅 v_{y0} 随时间的变化形式如下：

$$v_{y0}=v_0 e^{\sigma t} \tag{11.32}$$

此处 σ 为实数，量纲为时间的倒数。上式中的指数依赖关系意味着：当 $\Delta T>\Delta T_c$ 时，无限小的速度扰动将随时间的增加按指数增长，此时有 $\sigma>0$；若 $\Delta T<\Delta T_c$，速度扰动将呈指数衰减，对应地有 $\sigma<0$；$\sigma=0$ 对应于失稳的阈值 $\Delta T=\Delta T_c$。这种变化规律在第 11.1.3 节讨论朗道模型在圆柱绕流中的应用时已有提及，只不过当时 σ 为复数。于是，我们可知阈值温差 ΔT_c 满足如下关系：

注：方程(11.33b)取值 $\pi^4\approx 97$，该值远远小于两个刚性平板间流体层失稳所得的实验值 $Ra_c=1708$。该差异并不足为奇，因为我们在计算的过程中使用了近似假设。此处我们的目标仅仅是得到 Ra 数正确的量纲形式。

$$\frac{\Delta T_c}{a}=|\nabla T|_c=\frac{\nu\kappa k^4}{\alpha g} \tag{11.33a}$$

进一步可得
$$Ra_c=\frac{\alpha\Delta T_c g a^3}{\nu\kappa}=\pi^4 \tag{11.33b}$$

其中 $k=\pi/a$，瑞利数 Ra 的定义可见方程(11.19a)。

在临界瑞利数 Ra_c 的邻域内，方程(11.32)中定义的增长率 σ 满足下式：

$$\sigma=\left(\frac{Ra-Ra_c}{Ra_c}\right)\left(\frac{\nu\kappa}{\nu+\kappa}\right)k^2 \tag{11.34}$$

当 $Ra\rightarrow Ra_c$ 时，速度和温度扰动的增长会变得无限小。这种现象称之为**临界慢化**(critical slowing)，我们已经在前文讨论图 11.4(b)时提到。在瑞利数跨越临界值的过程中，增长率 σ 的取值会发生从负到正连续性的转变，这个过程称之为**稳定性交换原理**(stability exchange principle)。当 $Ra<Ra_c$ 时，系统处于热量扩散主导的**热力学状态**(thermodynamic state)；当 $Ra>Ra_c$ 时，系统中开始出现**动态对流**(dynamic convection)。稳定性交换表征了系统从热力学状态到动态对流状态的连续转化。

注：一般情况下，液体的热导性能较差，普朗特数 $Pr=\nu/\kappa$ 通常远大于 1。由方程(11.34)可知增长率(或衰减率)的量级约为 κk^2，因此失稳由热传导控制。当 $Ra=0$ 时，波数接近于 $k\approx 1/a$ 的扰动热弛豫时间常数为 $\tau_Q=a^2/\kappa$。这也佐证了上述假设的有效性：当 Pr 远大于 1 时，卷状对流结构的衰减由流体导热决定。这种情况下，具有更快响应特性的速度变量则从属于温度场的演变。另一方面，当 Pr 远小于 1 时，对流运动的衰减则取决于速度波动的黏性扩散效应。

证明：方程(11.25)和(11.32)给出的速度变化与系统温度有关，并且温度具有类似的变化特性：

$$T(x,y,t)=T_0(y)+\theta(x,t)=T_0(y)+\theta_0\cos(kx)e^{\sigma t} \tag{11.35}$$

因为垂直速度和温度的极值与上升或下降的液柱相位相同，所以关于 v_y 和 T 的方程中都包含因子 $\cos(kx)$。若将 v_y 和 T 的表达式代入运动方程(11.27a 和 b)，并分解出 $\cos(kx)e^{\sigma t}$，我们可得

$$\sigma v_0=-\nu k^2 v_0+\alpha g\theta_0 \tag{11.36}$$

和
$$\sigma\theta_0=-\kappa k^2\theta_0+v_0(\Delta T/a) \tag{11.37}$$

上式中 $\alpha g\theta_0$ 项表征了水平方向温度的周期性变化导致的阿基米德液体浮力的变化。这两个方程都是关于 v_0 和 θ_0 的齐次

方程，其兼容性条件为

$$(\nu k^2+\sigma)(\kappa k^2+\sigma)-\alpha g(\Delta T/a)=0 \quad (11.38)$$

在上式中令 $\sigma=0$ 即可得到方程(11.33a)，若进一步取 $k=\pi a$，可得方程(11.33b)。

如果我们假设 σ 较小，并略去方程(11.38)中的二阶项 σ^2；这种情况下，失稳的增长率 σ 可表达为关于温差 $\Delta T-\Delta T_c$ 的线性方程。进一步，我们可通过方程(11.33a)引入 ΔT_c，并借助等式 $(Ra-Ra_c)/Ra_c=(\Delta T-\Delta T_c)/\Delta T_c$，我们即可得到方程(11.34)。

稳定区域随波长的变化

如果我们同时考虑 x 方向和 y 方向的速度分量，可求解控制方程得到系统的二维线性完整解，并进一步得到**稳定性图**(stability diagram)，如图11.9所示。黑色实线(C)将整个平面分为稳定区域(S)和非稳定区域(U)。在稳定区域内，系统在定常条件下对线性扰动是稳定的；在非稳定区域内，系统是线性不稳定的，即对于振幅任意小的扰动都不稳定。曲线的最小值位于 $\lambda_c\approx 2a$ 处(满足上下水平板面处的无滑移边界条件)，该值与前文简化计算中的假设一致。

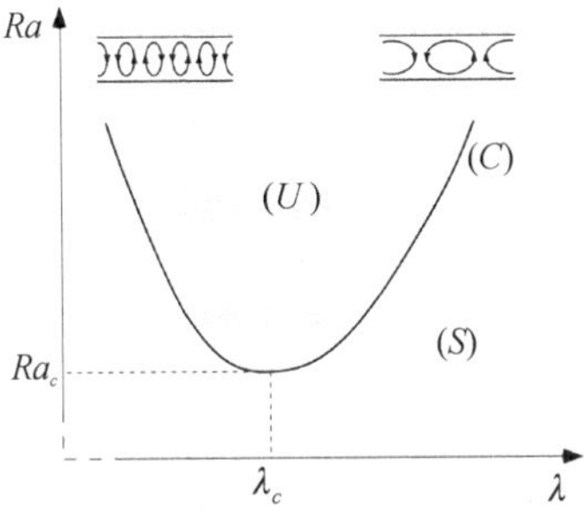

图11.9 瑞利-贝纳尔失稳的稳定性图，图中分别以周期性卷状对流结构的波长 $\lambda=2\pi/k$ 和瑞利数 Ra 为横纵坐标。临界稳定曲线(C)将相空间分为非稳定区域(U)和稳定区域(S)(即对于无穷小扰动稳定的区域)。临界波长 λ_c 附近的波长对应的卷状对流结构也在图中示意性地给出

失稳振幅随到阈值距离的变化

我们在上文通过线性分析给出了失稳阈值 Ra_c 及其邻域内问题的解的本质。然而，线性分析并不能预测 $Ra>Ra_c$ 时流动的长期演化特性，即速度振幅的空间变化。方程(11.32)给出的指数依赖关系在长时演化预测中会导致振幅发散，这不符合物理情形。事实上，问题中基础流动的非线性变化将最终限制速度振幅的增长。从理论分析可最终预测速度分量的振幅有如下限制：

$$v_i^2=\frac{1}{\gamma_i}\frac{\Delta T-\Delta T_c}{\Delta T} \quad (11.39)$$

其中 γ_i 与方程(11.9b)中的常数 b 成正比。该结果与瑞利-贝纳尔对流问题的激光多普勒测速仪的实验结果一致。测量结果表明：当 $\Delta T>\Delta T_c$ 时，速度 v_x 的长时间演化结果随 $\Delta T-\Delta T_c$ 连续增长：

$$v_x\propto[\Delta T-\Delta T_c]^\beta \quad (11.40)$$

其中指数 $\beta=1/2$(参见图11.11(a))。

注：由图11.9中所示可知，当波长偏离其临界值 λ_c 时，临界瑞利数将增大。一方面，对于沿 x 方向宽度较窄的卷状对流结构，同一结构内的反向流动导致的黏性效应会延迟对流的发生，并且从一个卷状结构到下一个热对流的过程往往更倾向于使温度场均匀化。另一方面，对于波长较大的情况，对流输运通常不再有效，水平板处的黏性摩擦效应会导致显著的能量耗散。

证明：我们在图11.10中示意性地描述了非线性效应的物理根源。热对流降低了流体层中心区域的温差，因此最大的温度

变化出现在了平板壁附近的热量边界层内。该边界层内的速度 v_y 很小，热交换的主要方式为热传导。

流体层中心区域较低的温度梯度$(\nabla T)_0$会导致基于该梯度的局部瑞利数降低，速度也会降低。更定量地，我们假设温度梯度形式如下：

$$(\nabla T)_0 \approx (1-\gamma_i v_i^2)\nabla T \tag{11.41}$$

其中∇T 为作用于系统的平均梯度 $\Delta T/a$；另外考虑到$+v_i$ 和$-v_i$ 对梯度的减小量相同，因此上式中出现了速度的二次项 v_i^2。若以中心区域的温度梯度的数量级$(\nabla T)_0$作为阈值温度梯度 $\Delta T_c/a$，我们即可得到方程(11.39)。

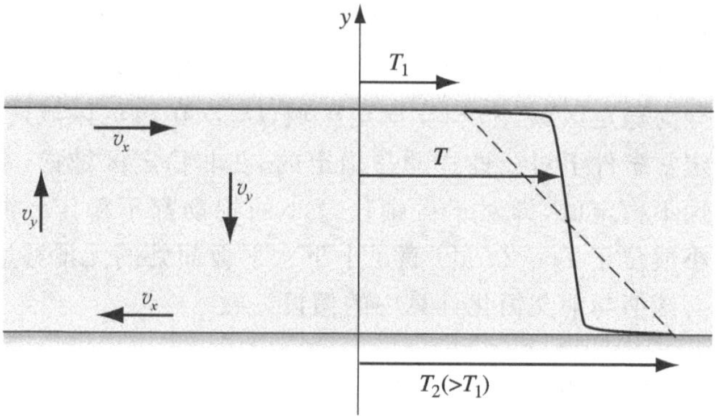

图 11.10 两水平板间流体的温度分布。假定流体中存在热对流，水平和垂直方向的速度分量分别为 v_x 和 v_y，且速度足够大，平板壁面附近形成热边界层

在失稳阈值之上，我们经常使用努塞特数 Nu（可参见 10.8.1 节）来表征失稳的发展情况，其定义为

$$Nu = \frac{\text{测量所得热通量}}{\text{无对流时的导热通量}} \tag{11.42}$$

分母中的项可通过加热系统中的上板来确定；这种情况下，流体中的密度分层是稳定的，热量输运的方式仅有导热（忽略辐射换热）。因此，由方程(11.42)的定义可知

$$Nu = 1 \quad (\Delta T \leqslant \Delta T_c) \tag{11.43a}$$

另外，在对流存在的情况下，实验测量表明两板间的热流量与努塞特数 Nu 有如下变化规律：

$$Nu - 1 \propto (\Delta T - \Delta T_c) \quad (\Delta T \geqslant \Delta T_c) \tag{11.43b}$$

物理解释：两平板间的每个水平面上，在垂直方向热通量都是相同的：在中心区域，热量输运由对流主导，且热通量对应于乘积 θv_y 在 $z-x$ 平面内的均值。由于 v_y 和 θ 都随$(\Delta T-\Delta T_c)^{1/2}$ 变化（方程(11.40)），因此努塞特数 Nu 随$(\Delta T-\Delta T_c)$变化。我们注意到，在 $v_y>0$ 的区域流动向上输运热流体($\theta>0$)；另一方面，当 $v_y<0$ 时流动向下输运冷流体($\theta<0$)。这两种情况下，乘积 θv_y 均为正，因此两个贡献会叠加在一起。

11.2.6　朗道模型在瑞利-贝纳尔对流中的应用

方程(11.39)和(11.40)中所示的速度分量与$(\Delta T-\Delta T_c)^{1/2}$之间的关系表明，瑞利-贝纳尔失稳问题的全局演化行为可通过朗道模型(参见第 11.1 节)描述。由于系统失稳产生的对流是定常的，因此流动可用方程(11.11)描述。我们可选取瑞利数 Ra(或温差 ΔT)作为系统的控制参数，对流单元中速度分量绝对值的最大值 $|v_i^{\max}|$ 作为序参数 $|A|$。

注：在瑞利-贝纳尔问题中，我们也发现了与旋转圆环中的实心小球类似的系统对称破缺现象，具体来讲就是系统中卷状对流结构的函数 $\cos(kx+\varphi)$ 中相位 φ 的选择。对于给定位置的对流结构，存在两个可能的旋转方向满足从一个对流单元到下一个的旋转方向反转(φ 到 $\varphi+\pi$)，这两个解对应于力学系统中圆环旋转角速度大于阈值时小球的两个对称的平衡位置。

于是，我们希望得到 $|v_x|$ 和 $|v_y|$ 随 Ra(或 ΔT)的函数变化关系与图 11.2 和 11.4(a)所示的结果相类似。图 11.11 所示的实验数据表明：当 $\Delta T>\Delta T_c$ 时，速度分量 v_x 的绝对值的最大值 $|v_x^{\max}|$ 的确随 $\sqrt{\Delta T-\Delta T_c}$ 变化；当 $\Delta T<\Delta T_c$ 时，$|v_x^{\max}|$ 为零。图 11.2 中曲线的第二个分支对应于将整个卷状对流单元系统整体平移一个单元之后的结果，这相当于反转每个对流单元的旋转方向，因为它们在方向上是交替的。

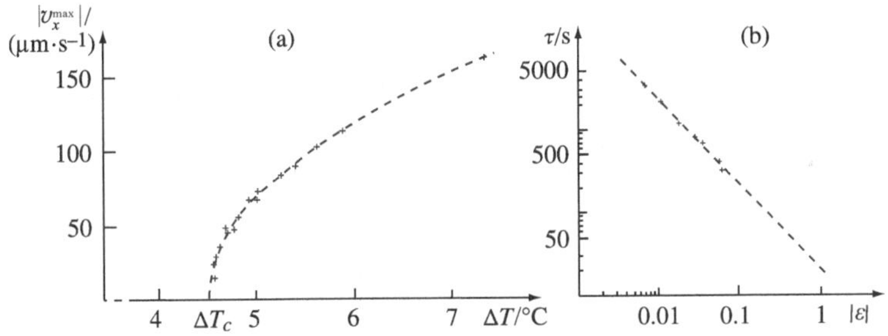

图 11.11　(a)卷状对流单元中最大水平速度分量 $v_x^{\max}$ 随温差 ΔT 的变化特性，虚线对应于 $v_x^{\max}$ 随 $\sqrt{\Delta T-\Delta T_c}$ 的变化；(b)卷状对流单元的弛豫时间常数 τ 随 $\varepsilon=(Ra-Ra_c)/Ra_c$ 的变化，虚线(对数坐标下)对应于 $\tau\propto\varepsilon^{-1}$(图中数据由 J. E. Wesfreid、M. Dubois 和 P. Bergé 提供)

朗道模型可正确描述瑞利-贝纳尔失稳问题的另外一个证据来源于 $|v_x^{\max}|$ 的演化行为：当系统经历一个 ΔT ($>\Delta T_c$)的突变之后，$|v_x^{\max}|$ 会发生弛豫变化并趋向于一个新的值，这正是方程(11.14)所描述的情况。实验测量表明，弛豫变化的特征时间常数随 $Ra-Ra_c$ 的倒数呈线性变化(图 11.11(b))，这与方程(11.15)所述一致。

注：若使用瑞利-贝纳尔失稳问题的完整模型，我们可以确定给定温差下完整的速度和温度场。原则上，我们可以从这些结果出发确定朗道模型中的相关系数。

11.2.7　对流阈值之上向湍流的演化

当两板温差与热对流阈值 ΔT_c 相比足够大时，我们会观察到对流呈湍流状态，速度场具有随机的时间和空间分量。然而，这并不意味着宏观卷状流动结构将消失。在瑞利-贝纳尔对流以及下文将要讨论的其他流动失稳现象中，存在多种关于从初始的稳态失稳到**弱湍流**(weak turbulence)转化的情形。实际观察到的情形取决于实验参数(流动空间的几何形状和大小,以及普朗特数等)。

对于“封闭小空间”的对流失稳,即对流中仅有少量卷状对流单元,我们首先可能观察到一种**双频情形**(two frequency scenario)。为了得到相应的频率,我们可在对流单元的不同位置布置传感器来记录温度随时间的变化,并进行谱分析。这种情况下,若温差相对于线性阈值 ΔT_c 进一步增加,系统将存在一个新的阈值 ΔT_{c1};当 $\Delta T_{c1}>\Delta T_c$ 时,我们会观察到第一个不稳定频率 f_1,它可能对应于卷状对流单元的一个周期性的变化。若温差进一步增加,系统中存在第二个阈值 ΔT_{c2};当 $\Delta T>\Delta T_{c2}$ 时,我们可观察到第二个频率 f_2(f_2 并不与 f_1 成比例关系)。最后,我们会观察到系统存在第三个阈值 $\Delta T_{c3}>\Delta T_{c2}$;当温差大于 ΔT_{c3} 时,流动变得不可预测,我们不再能检测到第三个频率,这对应于一种向弱湍流的转化。在典型的描述中,湍流的发生来源于无限种不同频率的组合,不同于此处讨论的弱湍流转化。

第二种情形称之为**分频**(frequency division),可见于封闭小空间的不同实验条件下。这种情况下随着温差增大,系统中首先会出现第一个不稳定频率 f_1,然后是第二个 $f_2=f_1/2$,再然后是第三个 $f_3=f_2/2$,等等。这些**周期倍增**(period doubling)的频率所对应的失稳阈值会越来越接近,并最终收敛到一个值 Re_t,此时我们会观察到一个向**完全湍流**(full turbulence)的转化。

“封闭大空间”的情形则大不相同,当温差 ΔT 相比于线性阈值 ΔT_c 足够大时,我们可观察到**湍流喷发**(turbulent puffs)现象。

注: 这种**间歇性湍流**(intermittent turbulent)描述与湍流的亚临界过渡机制具有相似之处,这一点我们将在 11.4.3 节讨论。在泰勒-库埃特失稳现象中也会遇到这种情况(详见 11.3.2 节)。

11.3 封闭空间的其他流动失稳现象

不同于我们在 2.4.2 节中讨论的贝纳尔-冯卡门失稳现象,**封闭空间的流动失稳**(closed box instabilities)发生在有限大小的空间,不存在平均流动,比如上一节讨论的瑞利-贝纳尔失稳现象。

11.3.1 贝纳尔-马兰戈尼热毛细失稳现象

注: 对于两个水平板限定的体积一定的流体层内,只可能发生瑞利-贝纳尔失稳现象。

如果我们从底面加热上表面为自由面的一个流体薄层时,会观察到所谓的贝纳尔-马兰戈尼失稳现象。它是由自由面上的表面张力梯度效应引起的(参见 8.2.4 节),这种效应会叠加在由密度梯度所导致的瑞利-贝纳尔失稳之上。

当温差超过某一临界值时，流体层的底面和自由面之间会出现六边形的流动单元(参见图 3.17)。流体从六边形的中心上升，沿着边缘向下流动(图 11.12)。六边形的大小与流体层厚度的数量级相同。

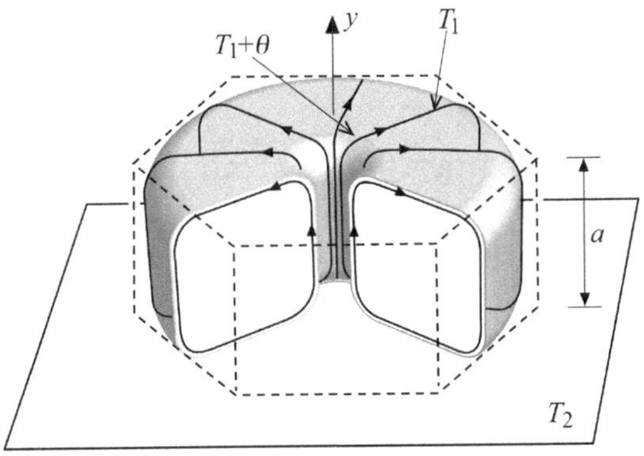

图 11.12　贝纳尔-马兰戈尼失稳中对流单元内的流动示意图(参见图 3.17 中俯视角度的流动可视化)

以下我们来定性地讨论贝纳尔-马兰戈尼失稳现象的机理。假定初始时刻流体自由面上某点 A 处的温度略微增加了 θ，那么 A 处的表面张力会降低。由于冷区域的表面张力较大，所以 A 处的流体会沿径向快速散开。由于流量守恒，六角形单元底部温度较高的流体会上升，这种额外的热能补充会进一步加剧初始时刻的温度扰动。因此，失稳的驱动力是流体自由面上不同区域的温差导致的表面张力差异。与瑞利-贝纳尔失稳的情况一样，稳定性因素也取决于导热和流体的黏性，导热会使温度分布均匀化，而黏性则会减缓流体质点的运动；它们也决定了流动单元的大小(与流体层的厚度量级相当)。

贝纳尔-马兰戈尼失稳的阈值

控制贝纳尔-马兰戈尼失稳问题的无量纲数是**马兰戈尼数**(Marangoni number)Ma，具体形式如下：

$$Ma=\frac{b\gamma\Delta Ta}{\eta\kappa} \tag{11.44}$$

其中 $b=-(1/\gamma)(\partial\gamma/\partial T)$ 为表面张力系数 γ 关于温度 T 的相对变化率(参见方程(1.54))，a 为流体层的厚度(表面张力梯度驱动的流动可参见第 8.2.4 节)

证明：我们假设水平方向上速度和温度变化的特征长度尺度与垂直方向的特征长度尺度(流体层的厚度 a)相同，这意味着对流单元的横截面大致为正方形，如图 11.12 所示。

此处的计算原理与用于瑞利-贝纳尔失稳分析的原理非常

相似。唯一的区别是马兰戈尼效应导致驱动力(方程(8.66))作用于流体的自由表面上。接下来,我们对流体微元施加一个扰动速度 v_c,并分析该扰动速度是否会随着时间衰减。在前文的例子中,我们通过比较半径 r_0 量级为 $a/2$ 的流体微元上的作用力来求取失稳准则,此处,我们考虑同样大小的流体微元,且该微元的一个面与流体自由面重合。如 11.2.4 节所述,我们进一步估计微元与周围流体之间的温差,可得方程(11.21)的等价形式为

$$\delta T \simeq A\boldsymbol{v}_c \frac{a^2}{\kappa} \frac{\Delta T}{a} \tag{11.45}$$

作用在流体微元上的驱动力 F_m 关联于表面张力对温度的导数 $\mathrm{d}\gamma/\mathrm{d}T$ 的绝对值,具体形式如下:

$$F_m \simeq \frac{a}{2}\left|\frac{\mathrm{d}\gamma}{\mathrm{d}T}\right|\delta T \simeq \boldsymbol{v}_c \frac{a^3}{\kappa}\left|\frac{\mathrm{d}\gamma}{\mathrm{d}T}\right|\frac{\Delta T}{a} \tag{11.46}$$

推导上式的过程中,我们假定微元与流体自由面重合的面为正方形,且有两条边垂直于对流速度 v_c;同时假定这两边之间的温差的量级为 δT,且驱动力 F_m 为作用于这两边的表面张力之差。与瑞利-贝纳尔失稳的情况一样,黏性阻力的数量级为

$$F_{\text{visc}} \approx \eta v_c a$$

因此,失稳的条件可表示为

$$F_m > F_{\text{visc}} \quad 即 \quad \boldsymbol{v}_c \frac{a^3}{\kappa}\left|\frac{\mathrm{d}\gamma}{\mathrm{d}T}\right|\frac{\Delta T}{a} > \eta \boldsymbol{v}_c a \tag{11.47}$$

比值 F_m/F_{visc} 即为 Ma 数(方程(11.44))。因此,该无量纲数的取值决定了失稳发生与否。

我们计算瑞利数 Ra 与马兰戈尼数 Ma 之比可得

$$\frac{Ra}{Ma} = \frac{\alpha\rho g a^2}{|\mathrm{d}\gamma/\mathrm{d}T|} = \frac{|\delta\rho| g a^2}{|\delta\gamma|} \tag{11.48}$$

其中 $|\delta\rho|$ 和 $|\delta\gamma|$ 分别是相同的温度变化量 δT 引起的密度变化量和表面张力变化量的绝对值。该比值表征了具有自由面的水平流体层中温度变化引起的阿基米德浮力和表面张力的相对影响。故而可知比值 Ra/Ma 等价于第 1 章引入的邦德数(参见方程 1.64)。若温差一定,Ra/Ma 与 a^2 成正比;因此,流体层厚度较小时表面张力起主要作用,对于较厚的流体层,重力效应占优。

注:在失重的环境下,阿基米德浮力效应将消失,只有马兰戈尼效应仍然存在。因此,可以考虑在零重力环境下进行大尺寸单晶体的生长实验。这种情况下,不存在(重力引起的)扰乱晶体规则生长的对流运动。对于非常大的晶体或通常环境下非常难以生长的晶体(例如,蛋白质晶体),目前已经有实验条件让它们在宇宙飞船环境中生长;这种情况下,马兰戈尼效应起主导作用。

除了 Ra 数和 Ma 数定义的差别之外,瑞利-贝纳尔和贝纳尔-马兰戈尼失稳之间还存在一个差别。在瑞利-贝纳尔失稳中,流体上升到顶部和下降到底部的流动是对称的(第

11.2.6 节)。在贝纳尔-马兰戈尼失稳问题中,顶部和底部的流动之间没有这种对称性:失稳发生后形成了六边形流动单元(参见图 11.12),流体从六角形的中心上升并向四周散开,然后沿着边缘向下流动;相比于瑞利-贝纳尔失稳,这种流动结构不能通过简单的平移转换为流体沿六角形的边缘上升而从中心下降的形式。

失稳阈值之上的系统行为

上面刚刚提到的非对称性可见于图 11.13(a)所示的稳定性图中。该图显示了六边形中心处速度的竖直分量 v_y 随 Ma 的变化。当温差从 $\Delta T=0$(对应 $Ma=0$)增加时,热量输运首先来源于没有流动的**导热模式**(thermal conduction)。当系统的马兰戈尼数 Ma 达到临界阈值 Ma_{c1} 时,热量输运的方式会突然转换到**热对流模式**(thermal convection),与之对应的速度 v_y 取值有限且随 Ma 的增加而增加。相反地,若我们从某一数值 $Ma>Ma_{c1}$ 逐渐降低马兰戈尼数,可观察到只有当马兰戈尼数降低到某一数值 $Ma_{c2}<Ma_{c1}$ 时,六角形的流动单元才完全消失。若 Ma 取值在 Ma_{c2} 和 Ma_{c1} 之间,我们可通过对静止的流体层施加扰动来诱导从导热模式向热对流模拟的转化;Ma 越接近临界值 Ma_{c1},触发转变所需的扰动的振幅就越小。

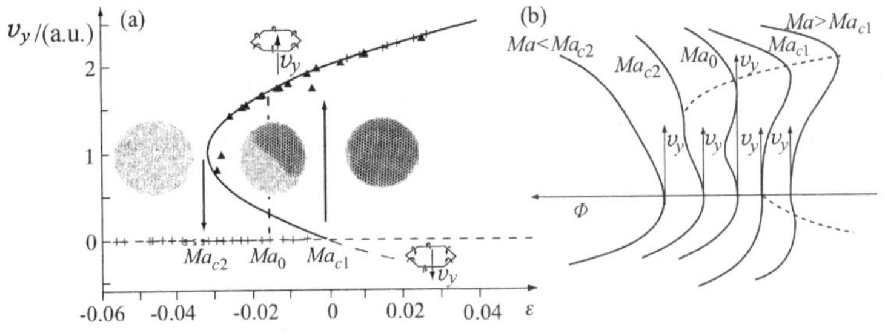

图 11.13　(a)从下方加热一薄层液体导致的贝纳尔-马兰戈尼失稳中的对流速度 v_y 随归一化 Ma 数 $\varepsilon=(Ma-Ma_{c1})/Ma_{c1}$ 的变化特性(数据来源于 H. Swinney 等人)。相比于力学失稳(图 11.2(a))和瑞利-贝纳尔失稳,临界稳定性曲线不再关于 $v_y=0$ 轴对称。图中部的三个插图分别是在稳定区域(左)、非稳定区域(右)和 $Ma=Ma_0$(中)观察到的典型实验结果。+代表从一个小值增加 Ma 数所得的数据,▲代表从较高的值 $Ma>Ma_{c1}$ 降低 Ma 数所得的数据。(b)不同失稳状态对应的 Ma 数下的自由能曲线 $\Phi(v_y)$。需要注意的是所有曲线均相对于彼此进行了水平移动,且曲线上的极小值也都做了"夸张性"的加大以提高可读性(所有的 v_y 轴均应对于 $\Phi=0$)。两条虚线代表曲线 $\Phi(v_y)$上 v_y 非零时对应的极小值的演化特性

朗道模型的扩展及其在贝纳尔-马兰戈尼失稳中的应用

为了描述贝纳尔-马兰戈尼失稳中稳定性相图的非对称性,我们需要在方程(11.9b)中添加关于 v_y 的奇数幂项(对应于自由能)来修改朗道模型。原方程中的 A 由 v_y 代替,由上文讨论可知 v_y 和 v_y 的取值并不等价,于是我们采用如下形式:

$$\Phi(v_y)=2k'(Ma_c-Ma)v_y^2+cv_y^3+2bv_y^4 \quad (11.49)$$

图 11.13(b)所示即为上式中 $\Phi(v_y)$随 v_y 的变化曲线。当 $Ma<Ma_{c2}$ 时,$\Phi(v_y)$在 $v_y=0$ 处取得唯一的最小值,此时

系统中没有六角形的流动单元出现，热量输运为导热模式。当 $Ma_{c2}<Ma<Ma_{c1}$ 时，$\Phi(v_y)$ 具有两个极小值，一个在 $v_y=0$ 处，另一个在 v_y 为有限值处（当 $Ma=Ma_{c2}$ 时，该极小值位于曲线的拐点处）。在这种情况下，系统的历史状态以及经历的扰动将使我们观察到稳定状态，并且还是六边形的对流单元。此外，我们可以通过施加振幅足够大的扰动来克服能量曲线上的中间最大值，以实现系统从一个状态到另一个状态（通常为对流状态）的转化。另一方面，存在一个取值 Ma_0 使得系统中两种状态共存（如图 11.13(a) 中部的中心插图所示），这是因为这种情况下能量曲线上的两个极小值取值相同。最后，对于 $Ma>Ma_{c1}$ 的情况，系统在 $v_y=0$ 处存在一个能量的极大值（非稳定平衡位置）。这种情况下，我们通常观察到的是流体从流动单元中心上升的情形（右侧插图），相反方向的流动对应于一个较浅的能量极小值（图 11.13(a) 中右下侧较低的虚线分支），通常难以观察到。

注：此处观察到的迟滞特性可类比于一阶热力学相变现象，比如液态和气态之间的相变。在具有光滑内壁的容器中加热一定量充分脱气的水，水确实可以在远高于正常沸点温度下保持液态；这种情况下，引入几个气泡即可触发沸腾，例如使用多孔径。这种**延迟沸腾**（delayed boiling）现象等价于图 11.13(a) 中所示的迟滞现象。同样地，液相和气相可以在一定温度下共存，该温度仅仅是外部压力的单值函数（这种情况下的压力可通过"麦克斯韦结构"确定），这对应于贝纳尔-马兰戈尼失稳中 $Ma=Ma_0$ 时稳定和不稳定状态共存的现象。

如果一种失稳现象具有贝纳尔-马兰戈尼失稳的特征（迟滞现象，可通过扰动触发失稳，两种状态可能共存等），那么它称之为**亚临界失稳**（subcritical instability）。诸如瑞利-贝纳尔失稳，或导致涡街发射失稳（参见第 2.4.2 节），则称之为**超临界失稳**（supercritical instability）。

11.3.2 泰勒-库埃特失稳现象

我们已经在第 4.5.6 节讨论了两个同心圆面之间的库埃特流动。当旋转速度较低时，我们可观察到定常的纯切向流动，速度廓线由方程(4.110)给出。如果内柱面固定，外柱面旋转，我们会观察到：当旋转速度低于某一定值时流动是稳定的；当流速达到该值时，流动会在没有任何特征结构出现的情况下转变为湍流。1901 年，Maurice Couette 在他的博士论文中研究了这个问题。另一方面，若保持外柱面固定但内柱面旋转，当旋转角速度 Ω 大于某一临界值 Ω_c 时，我们会在流动中观察到环形的卷状流动结构；环形卷状结构的平面是水平的，其横截面的直径与两个圆柱面之间的距离 a 相等，如图 11.14 所示。这种流动结构最早由 G. I. Taylor 于 1923 年描述：卷状流动结构可方便地通过在流场中添加反光扁平状示踪粒子来观察（参见 3.5.1 节）。由第 10.8.2 节讨论可知，我们可以通过在壁面布置的速度梯度探针来定量地研究这些环形卷状流动结构；也可通过激光多普勒测速仪或 PIV 技术进行定量测量（参见 3.5.4 节）。最终的速度场来源于未受扰动的切向流和环形平流运动的叠加。

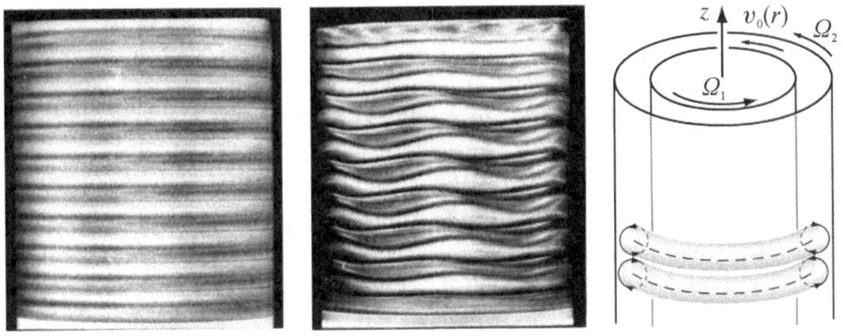

(a) (b) (c)

图 11.14 泰勒-库埃特失稳中的卷状流动结构(通过流体中悬浮的反射颗粒实现可视化)。(a)泰勒数 Ta 略高于阈值 Ta_c 的流动情况;(b)泰勒数 Ta 进一步增加并高于阈值 Ta_c 时观察到的波动的卷状流动结构(图片由 D. Andereck 和 H. Swinney 提供);(c)两个同心圆柱面以不同的角速度 Ω_1 和 Ω_2 旋转时,两柱面间的流体中出现的泰勒-库埃特失稳流动结构的示意图

泰勒-库埃特失稳与瑞利-贝纳尔失稳具有紧密的对应关系。由于靠近轴线的流体具有较大角动量,故而离心力场存在径向梯度,该梯度对应于瑞利-贝纳尔失稳中由不稳定的密度分层引起的阿基米德浮力效应。泰勒-库埃特失稳中流体的黏性(驱动流体微元从其初始位置移位开始运动并与周围流体达到速度平衡)则对应于瑞利-贝纳尔失稳中的热传导。

通过考虑与瑞利-贝纳尔失稳中类似的受力平衡关系,我们进一步可得与瑞利数 Ra 类似的无量纲准则数 Ta(见下文证明),用以描述泰勒-库埃特的失稳特性:

$$Ta=\frac{\Omega^2 a^3 R}{\nu^2} \tag{11.50}$$

该无量纲数称之为**泰勒数**(Taylor number),其中 a 为两个圆柱面之间的径向距离,且平均半径 $R \gg a$;Ω 是内圆柱面的旋转角速度。表 11.1 给出了三种失稳现象中特征参数的对应关系,其中不包括几何结构参数。

注:泰勒数 Ta 中出现了运动黏性系数 ν 的平方。我们估算速度扰动在黏性摩擦的作用下与周围流体达到平衡时所需的时间常数 τ_ν(在瑞利-贝纳尔失稳中对应于热平衡所需的时间常数)时,ν 第一次出现;计算平衡驱动力所需的黏性摩擦力时,ν 再一次出现。因此,泰勒数中的分母 ν^2 取代了瑞利数中的乘积 $\nu\kappa$。

表 11.1 瑞利-贝纳尔、泰勒-库埃特和贝纳尔-马兰戈尼三种失稳现象的特征参数比较

	瑞利-贝纳尔失稳	泰勒-库埃特失稳	贝纳尔-马兰戈尼失稳
黏性阻尼力	$F_{\text{visc}}=\eta v_c a$	$F_{\text{visc}}=\eta v_c a$	$F_{\text{visc}}=\eta v_c a$
驱动力	$F_{浮力}$ $\rho_0\alpha g\frac{a^5}{\kappa}\frac{\Delta T}{a}v_c$	$F_{离心力}$ $\rho_0 a^2\frac{\Omega^2 R}{a}\frac{a^5}{\nu}v_c$	$F_{表面张力}$ $\frac{a^3}{\kappa}\frac{d\gamma}{dT}\frac{\Delta T}{a}v_c$
扰动相对于周围流体的弛豫时间常数	a^2/κ	a^2/ν	a^2/κ
失稳的特征参数	$Ra=\frac{\alpha\Delta T g a^3}{\nu\kappa}$	$Ta=\frac{\Omega^2 R a^3}{\nu^2}$	$Ma=-\frac{(d\gamma/dT)\Delta T a}{\eta\kappa}$
失稳的临界值	$Ra_c=1708$ $k_c=3.11/a$	$Ta_c=1712$ $k_c=3.11/a$	$Ma_c=80$

证明：类似于瑞利-贝纳尔失稳的分析方法，我们对流动中一个半径为 r_0、密度为 ρ 的流体小球施加一个径向的、垂直于切向平均流动的扰动速度 v_c。因此，在特征时间 τ_ν 内小球受黏性阻力的作用损失的动量为 $p=mv_c$，其中 $m=(4\pi/3)r_0^3$ 为质量。考虑到作用在小球上的黏性力为 $F_{\text{visc}}=6\pi\eta r_0 v_c$，于是我们有如下受力平衡关系：

$$\frac{4}{3}\pi\rho r_0^3\frac{\mathrm{d}v_c}{\mathrm{d}t}=-6\pi\eta r_0 v_c$$

进一步可得

$$\frac{1}{\tau_\nu}=\frac{1}{v_c}\frac{\mathrm{d}v_c}{\mathrm{d}t}=A\frac{\nu}{r_0^2}$$

其中 A 为几何数值系数。上述关于黏性阻尼时间 τ_ν 的表达式等价于方程(11.20)中的热扩散时间。在时间 τ_ν 内，小球移动的距离为 $\delta r\approx v_c\tau_\nu$。驱动力 F_m 的数量级为离心力 $m\Omega^2(r)r$ 在距离 δr 上的变化量。旋转角速度 $\Omega(r)$ 在内圆柱上为 Ω，在外圆柱上降低为零($r=R+a$)。于是，F_m 的数量级可估计如下：

$$F_m=\frac{4}{3}\pi\rho r_0^3\frac{\partial}{\partial r}(\Omega^2(r))\delta r\approx Br_0^3\rho\frac{\Omega^2R}{a}v_c\tau_\nu$$

$$=\frac{B}{A}\frac{\rho}{\nu}v_c\Omega^2\frac{r_0^5R}{a}$$

其中 B 为几何常数。因此，我们得到与方程(11.24a 和 b)等价的失稳条件：

$$F_m>F_{\text{visc}}$$

即
$$\frac{B}{A}\frac{\rho}{\nu}v_c\Omega^2\frac{r_0^5R}{a}>6\pi\rho\nu r_0 v_c$$

与瑞利-贝纳尔失稳的情况一样，扰动幅度(上限为 $r_0\approx a/2$)越大越容易失稳。如果我们略去几何系数，驱动力和黏性力之比 F_m/F_{visc} 即为泰勒数 Ta(方程(11.50))。

与瑞利-贝纳尔失稳的情况一致，最小泰勒数的失稳模态对应临界波数 k_c，其量级为 $k_c=\pi/a$。在瑞利-贝纳尔和泰勒-库埃特两种失稳现象中，卷状流动结构的直径都与固体壁面之间的距离相当。泰勒-库埃特失稳在(Ta,λ)平面的稳定性曲线也与瑞利-贝纳尔失稳在(Ra,λ)平面的稳定性曲线非常相近(参见图 11.9)。

注：当**迪恩数**(Dean number)超过某一阈值 Dn_c 时，才会出现迪恩失稳现象。Dn 数表示离心力和黏性力的比值，定义为

$$Dn=(U_mD_h/\nu)\sqrt{D_h/R_c}$$

其中 U_m 为截面的平均流动速度，R_c 为通道的曲率半径，D_h 为表征液压孔径的长度。图 11.15(b)给出了 Dn 数增加时流动失稳的演化特性。

在横截面为正方形的流道中，迪恩失稳发生后，在流道凹壁和流动对称面附近会额外出现两个旋转方向相反的小对流单元，叠加于图 7.42 所示的二次流之上。

11.3.3 其他离心流动失稳现象

泰勒-库埃特失稳是旋转流动或弯曲流道流动中由离心力效应导致的一类广泛的流动失稳中的一种。例如，**高德勒失稳**(Görtler instability)可见于沿弯曲凹壁(流动平行于曲率平

面)发展的边界层中;这种情况下,流场具有类似于布拉休斯类型的速度廓线(参见第 10.4.2 节),而非泰勒-库埃特失稳中的库埃特速度廓线。当流动速度超过某个阈值时,流场中会出现轴线平行于平均流动的卷状对流结构。

在弯曲流道中(如图 11.15(a)所示的横截面为矩形的弯曲通道),我们可在充分发展的泊肃叶流动中观察到**迪恩失稳**(Dean instability)现象。在任意流动速度下,我们首先会出现在流道横截面的两端观察到两个回流单元,这对应于迪恩二次流(参见 7.7.1 节);此外,不同展弦比的横截面内的二次流可参见图 7.42。迪恩失稳的对流单元位于两个二次流结构之间,靠近凹壁,初始时刻较小(图 11.15(a));与二次流相比,只有当流动速度高于一定的阈值时,这些新对流单元才会出现。

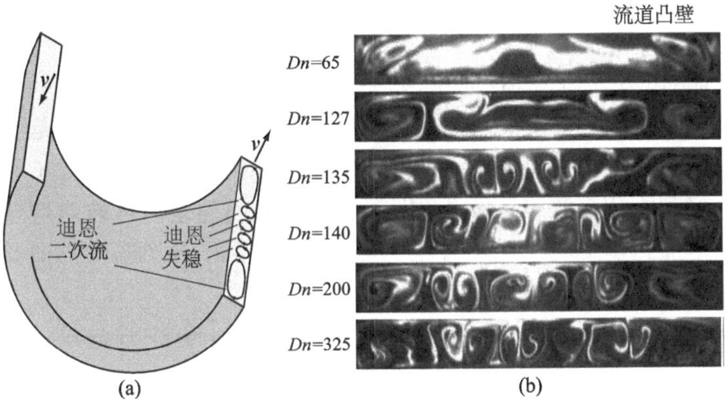

图 11.15　(a)截面为细长矩形的弯曲管道中的二次流动和迪恩失稳现象的示意图。(b)通过在测量平面上游注入荧光染色剂(染色剂注入截面与测量截面之间的夹角为 180°),并利用 LIF 技术(第 3.5.2 节)观察到的六个不同 Dn 数下的流动状态(图片由 H. Fellouah、C. Castellain、A. Ould El Moctar 和 H. Peerhossaini 提供)

11.4　无界流动中的失稳现象

本节首先详细讨论一种剪切流的失稳现象:**开尔文-亥姆霍兹失稳**(Kelvin-Helmholtz instability),其失稳阈值与黏性效应无关;在分析的过程中,我们将回顾理想流体、涡量和波等一系列概念。然后,我们讨论速度廓线形状对失稳的影响。最后讨论泊肃叶流动和库埃特流动的失稳问题,用以说明层流向湍流转化的机制的丰富性和复杂性。

注:我们在本章前文讨论的封闭空间的流动失稳(瑞利-贝纳尔、贝纳尔-马兰戈尼、泰勒-库埃特)也称之为**绝对失稳**(absolute instability)。这种类型的失稳中,当系统的控制参数超过阈值时,流动会发生失稳,但并不传播。在无界流动中(比如射流),我们有可能会遇到**对流失稳**(convective instability,请勿与前文讨论的**热对流失稳**(thermal convection instability)混淆);这种情况下,流动中的扰动在一个有限区域内发展(当扰动在失稳阈值之下时,扰动衰减);与此同时,扰动会在平均流动的"携带"下向下游传播。

11.4.1　开尔文-亥姆霍兹失稳现象

平行于水面的风可吹起波浪,在 7 级风(蒲福风级)的作用下,波浪可进一步发展为破碎波。这种现象是由开尔文-亥姆霍兹流动失稳引起的。我们也可在图 11.16a 所示的实验中观察到这种失稳现象:初始时刻处于水平放置的平行六面体单元中含有上下两层互不相容的液体;如果我们将单元倾斜一段时间后再恢复水平位置,两种流体的界面附近会发生剪切流动，且界面会呈现出波纹状结构。这种现象也可出现在大尺度系统中，比如大气环境中的云层（参见图 11.16(b)）。

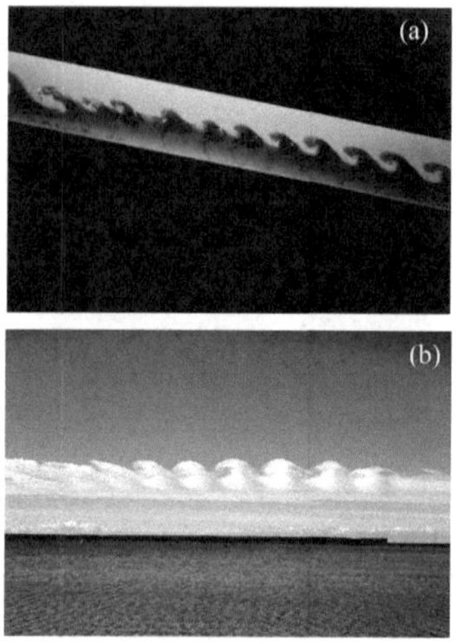

图 11.16(彩) (a)两种互不混溶的液体界面的失稳现象；图中所示的失稳单元从水平位置向右下倾斜了一定角度（图片由 O. Pouliquen 提供）。(b)澳大利亚新南威尔士州杰维斯湾上方的云层中出现的开尔文-亥姆霍兹失稳现象（图片由 G. Goloy 提供）

在接下来的讨论中我们将忽略黏性的影响。该假设合理的前提是黏性边界层的厚度与将被放大的扰动相比较小；雷诺数远大于 1 的高速流动即为这种情况。

开尔文-亥姆霍兹失稳的物理机制

我们假定剪切流引起的速度梯度位于两种流体之间的界面附近（参见图 11.17 的左侧速度廓线）。界面的变形将减小凸面处的流线间距，因此流速 v 上升，故而伯努利方程(11.58)中的 $\rho v^2/2$ 项将增加；另一方面，界面的另一侧（凹面）流线间距变大，流速 v 和 $\rho v^2/2$ 项都将下降。界面两侧的动压 $\rho v^2/2$ 之间差异会进一步加剧变形。

证明：由方程(11.58)可知，如果界面保持不动，那么会有一个倾向于加大变形的压差出现。本节讨论的情况下，界面是自由的，在不考虑表面张力的情况下，界面两侧压力相同；于是伯努利方程(11.58)中的动压项 $\rho v^2/2$ 之间的差值将被对应于流体加速度的 $\partial\Phi/\partial t$ 项补偿。因此，只有位移与加速度方向相同的界面变形模态才会被放大。

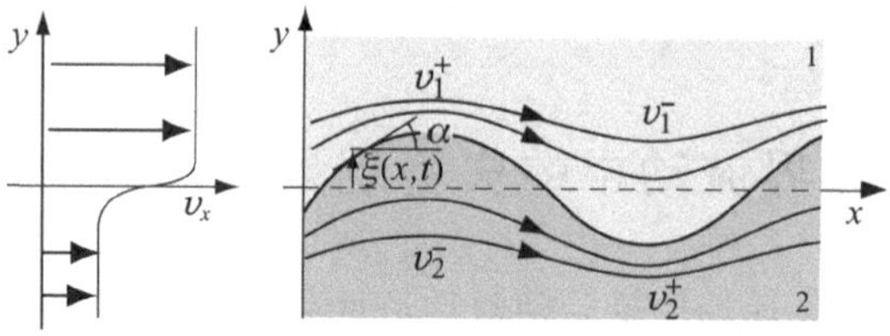

图 11.17 在 x 正方向上以不同速度流动的两种流体界面的变形

线性失稳模型

如图 11.18 所示，考虑两种流体(1)和(2)在 x 方向上的叠加平行流动，速度分别为 U_1 和 U_2。该流动可分解为速度为 $(U_1+U_2)/2$ 的整体平移流动和相对于水平面($y=0$)的反对称流动的叠加，反对称流动的速度为 $\pm U/2$，其中 $U=U_1-U_2$。由 7.4.2 节讨论可知，这种情况等价于假定在 $y=0$ 处存在一个无穷小的涡量层。

注：在高雷诺数下，两个速度不同的液体射流界面上也可观察到这种平行的涡结构，界面处也可能发生湍流。这类**混合层**(mixing layer)是代表**湍流相干结构**(turbulent coherent structure)的一个例子（详见第 12.7.2 节讨论）。

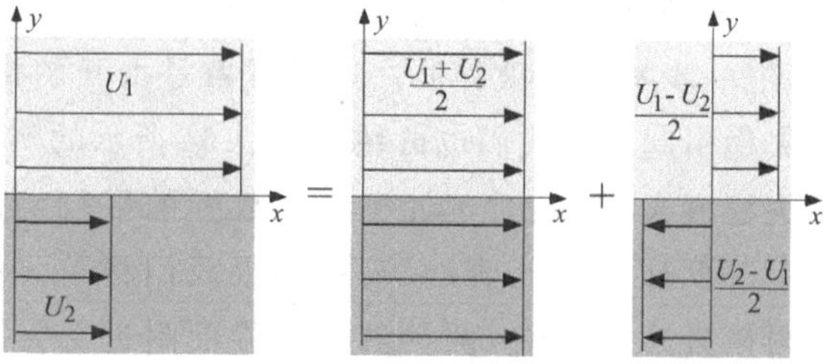

图 11.18 两种互相接触的流体以不同的速度彼此平行流动。该流动的速度场可分解为一个整体平移流动和平均速度为零的相向流动的叠加

同时，我们假定最初的失稳对应于一个二维扰动，该扰动可由偏离基准面 $y=0$ 的高度 $\xi(x,t)$ 来表征(参见图 11.17，这个假定也是处理二维流动失稳问题的一般性方法)。若参考系以整体平移流动的速度向前运动，那么两种流体中的速度场可表示为以下形式：

$$\boldsymbol{v}_1=\nabla\left[\frac{Ux}{2}+\Phi_1(x,y,t)\right] \tag{11.51a}$$

$$\boldsymbol{v}_2=\nabla\left[-\frac{Ux}{2}+\Phi_2(x,y,t)\right] \tag{11.51b}$$

上述两式中括号内的第一项为未扰动流动的速度势；第二项为界面变形 $\xi(x,t)$ 引起的扰动速度的势函数。如果相对于波长扰动的振幅 $\xi(x,t)$ 较小，那么我们可以进行线性近似；这意味着界面的切线与 x 轴的夹角 α 较小，于是可得以下关系：

$$\alpha\approx\tan\alpha=\frac{\partial\xi}{\partial x}\ll 1 \tag{11.52}$$

注：指数项 $B_1\mathrm{e}^{-ky}$ 和 $B_2\mathrm{e}^{ky}$ 是拉普拉斯方程解的结构所需要的，我们在第 6.4.1 节讨论表面波时曾使用过相同的方法。此外，我们还需要将 x 方向的正弦变化与沿 y 轴方向特征衰减长度为波长的指数变化相关联。“－”和“＋”符号分别用以确保具有物理意义的解在上下两个半平面内衰减。与瑞利-贝纳尔失稳问题一样，指数项 $\mathrm{e}^{\sigma t}$ 代表模态随时间呈指数变化。σ 也可存在非零的虚部：对于振幅恒定的表面波，这是唯一的非零分量。

我们进一步假定，相比于基态流动速度 $\pm U/2$，扰动速度也较小。为了求解表征扰动的耦合的变量 ξ、Φ_1 和 Φ_2，我们采用如下形式的解(见下文进一步解释)：

$$\frac{\xi}{A}=\frac{\Phi_1}{B_1\mathrm{e}^{-ky}}=\frac{\Phi_2}{B_2\mathrm{e}^{ky}}=\mathrm{e}^{\mathrm{i}kx+\sigma t} \tag{11.53}$$

最后，我们可通过运动方程和边界条件来确定这些参数之间的关系。

Φ_1、Φ_2 和扰动 $\xi(x,t)$ 之间的第一个关系来自 $y=0$ 处**界面法向速度**(normal to the interface)的边界条件：

$$v_{1y}=\frac{\partial\Phi_1}{\partial y}=\frac{\partial\xi}{\partial t}+\frac{U}{2}\frac{\partial\xi}{\partial x} \tag{11.54a}$$

和

$$v_{2y}=\frac{\partial\Phi_2}{\partial y}=\frac{\partial\xi}{\partial t}-\frac{U}{2}\frac{\partial\xi}{\partial x} \tag{11.54b}$$

将方程(11.53)代入上述两式并消去指数项 $\mathrm{e}^{\mathrm{i}kx+\sigma t}$，我们可得

$$kB_1+\left(\sigma+\mathrm{i}k\frac{U}{2}\right)A=0 \tag{11.55a}$$

和

$$kB_2-\left(\sigma-\mathrm{i}k\frac{U}{2}\right)A=0 \tag{11.55b}$$

注：方程 11.56(b)右侧为界面位移 $\xi(x,t)$ 的拉格朗日导数，可以通过追踪位于界面附近的一个流体质点得到。另外需要注意的是，虽然 $\cos\alpha\cong 1$ 的近似会给 α 引入一个二阶误差，但方程(11.54a 和 b)中的其他项都是关于 α 的一阶项，因此该近似是合理的。

证明： 界面处的法向速度分量$[v_{1\perp}]$和$[v_{2\perp}]$必须连续，且等于界面速度的分量$(\partial\xi/\partial t)\cos\alpha$(因为我们考虑的是理想流体，因此切向分量有可能不同)。计算两种流体速度的法向分量，并将两种流体的速度投影到界面的法线方向上，同时假设 $\cos\alpha=1$，于是前面的方程转化为如下形式：

$$v_{iy}-v_{ix}\alpha=\frac{\partial\xi}{\partial t}\quad(i=1,2)\tag{11.56a}$$

于是可得
$$v_{iy}\cong\frac{\partial\xi}{\partial t}+v_{ix}\frac{\partial\xi}{\partial x}\ (i=1,2)\tag{11.56b}$$

通过将 $v_{1x}=U/2$ 代入方程(11.56a 和 b)，并在关于速度场 $\boldsymbol{v}_1$ 和 $\boldsymbol{v}_2$ 的方程(11.51a 和 b)中仅保留一阶项，我们最终可得方程(11.54a 和 b)。

忽略两种流体界面张力和密度差的情况

接下来的分析中，我们暂时先忽略两种液体之间表面张力和密度差异的影响。这种情况下，界面两侧的压力相等，于是可知：当 $y=\xi$ 时，

$$p_1(x,y,t)=p_2(x,y,t)\tag{11.57}$$

此外，根据伯努利方程(5.36)可知，两侧流体都满足如下关系式(假定流体密度 $\rho_1=\rho_2=\rho$)：

$$p_i+\rho\frac{\partial\Phi_i}{\partial t}+\rho gy+\frac{1}{2}\rho v_i^2=\text{常数}\quad(i=1,2)\tag{11.58}$$

于是可得

$$\left(\frac{\partial\Phi_1}{\partial t}\right)_{y=0}+\frac{U}{2}\left(\frac{\partial\Phi_1}{\partial x}\right)_{y=0}=\left(\frac{\partial\Phi_2}{\partial t}\right)_{y=0}-\frac{U}{2}\left(\frac{\partial\Phi_2}{\partial x}\right)_{y=0}\tag{11.59}$$

证明：在方程(11.58)中取 $y=\xi$，并将($i=1$)和($i=2$)两式相减；这种情况下，方程中的密度相关项 ρgy 和压力项 p_i 都会抵消。相减所得的方程中包括 v_i^2 的项可通过方程(11.51a 和 b)来代换；如果我们进一步令相对于扰动 Φ_i 的一阶表达式(因此也随着 $e^{ikx+\sigma t}$ 变化)相等，即可得到方程(11.59)。该方程中的条件 $y=\xi$ 已经被 $y=0$ 替代，这是因为界面无穷小的位移 ξ 上变化的影响都是二阶的。对方程(11.58)做减法运算消除了压力 p 和界面位移 ξ 与 $e^{ikx+\sigma t}$ 成比例的可能性。方程(11.59)表达了该问题的动力学平衡关系(它起着运动方程的作用)，而方程(11.54a 和 b)仅表达了运动条件。

我们最终可得增长率 σ 与波数 k 的关系如下：

$$\sigma=\pm k\frac{U}{2}\tag{11.60}$$

该式对应于一个波的色散关系，它表明扰动中总是存在一个

不稳定模态(增长率为正)。方程(11.60)也说明:如果表面张力和重力的效应缺失,波长较短的模态增长较快。

证明: 将方程(11.53)代入(11.59),消去指数项 $e^{ikx+\sigma t}$,并取 $y=0$,我们可得

$$\left(\sigma+\mathrm{i}k\frac{U}{2}\right)B_1-\left(\sigma-\mathrm{i}k\frac{U}{2}\right)B_2=0 \qquad (11.61)$$

方程(11.55a 和 b)与(11.61)组成了具有未知系数 A、B_1 和 B_2 的齐次线性方程组,因此只有当方程组系数矩阵的行列式为零时,这些方程才会兼容,于是可得

$$k\left(\sigma+\mathrm{i}k\frac{U}{2}\right)\left(\sigma+\mathrm{i}k\frac{U}{2}\right)+k\left(\sigma-\mathrm{i}k\frac{U}{2}\right)\left(\sigma-\mathrm{i}k\frac{U}{2}\right)=0 \qquad (11.62)$$

进一步化简得到方程(11.60):

$$\sigma^2=\left(k\frac{U}{2}\right)^2 \qquad (11.63)$$

基于量纲一致原则,增长率可由波数 k 和速度 U 的组合获得。

界面张力和密度差的效应

表面张力和重力分别会抑制小波长扰动和大波长扰动的增长(若较重的流体位于较轻流体下方)。为了考虑这两种效应,前文的计算需要做以下两点改变。

- 界面压力边界条件(方程(11.57))改变如下:

$$(p_1)_{y=\xi}=(p_2)_{y=\xi}+\gamma\frac{\partial^2\xi}{\partial x^2}=(p_2)_{y=\xi}-\gamma k^2\xi \qquad (11.64)$$

- 在伯努利方程中,我们需要考虑静水压 $\rho_i g\xi(i=1,2)$,其中 $\rho_1\neq\rho_2$。

类似地,我们可通过考虑组成线性齐次方程组的三个方程的兼容性来得到问题的失稳条件:

$$\frac{U^2\rho_1\rho_2}{(\rho_1+\rho_2)^2}>c_0^2=\frac{g}{k}\frac{\rho_2-\rho_1}{\rho_2+\rho_1}+\frac{\gamma k}{\rho_2+\rho_1} \qquad (11.65)$$

其中 c_0 为流体静止时($U=0$)表面波的速度。显然,密度差 $\rho_1-\rho_2$(右边第一项)和表面张力 γ 均为稳定性效应。c_0 的最小值 $c_{0_{\min}}$ 以及临界波数 k_c 分别满足以下关系:

$$c_{0_{\min}}^2=\sqrt{\frac{4\gamma g(\rho_2-\rho_1)}{(\rho_1+\rho_2)^2}} \qquad (11.66a)$$

和
$$k_c = \sqrt{\frac{g(\rho_2 - \rho_1)}{\gamma}} \tag{11.66b}$$
我们注意到 k_c 是毛细长度的倒数(参见第 1.4.4 节定义)。

失稳阈值 $U\sqrt{\rho_1\rho_2}/(\rho_1+\rho_2)$ 随波数 k 的变化曲线如图 11.19 所示。该曲线给出了开尔文-亥姆霍兹线性失稳的极限,类比于图 11.9 所示的瑞利-贝纳尔线性失稳曲线。曲线上的最小值(失稳所需要的最小速度)对应一个**临界波数**(critical wave number)k_c;重力和表面张力效应在该点处量级相当。在曲线的内部区域(U),给定波数的扰动会被加强。曲线外部区域(S),外部扰动诱导的重力波和表面张力波会受到黏性效应的阻尼作用,一旦激发停止,波的振幅会随时间增长按指数衰减。

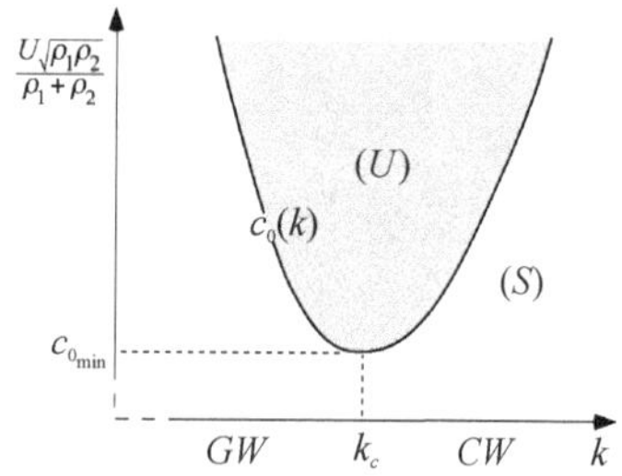

图 11.19 开尔文-亥姆霍兹失稳现象的稳定性图。图中曲线为临界稳定性曲线,曲线上表面波的速度 $c_0(k)$ 由方程 11.65 右侧给出。(U)代表非稳定区域,(S)代表稳定区域;GW 和 CW 分别代表重力和表面张力占主导地位的区域

实验测量:该曲线可以通过一个在充水管道进行的实验来确定;沿着平行于水的自由面方向以一定的速度吹入空气,并利用位于通道一端的可移动平板“强制驱动”一个频率可调的局部表面振荡,并记录波数。对于每个驱动频率,我们可以通过测量出现失稳所需的最小风速;该最小值对应于波幅随距激励点的距离而增加的速度。如此,我们即可确定图 11.19 所示的临界稳定性曲线的等效曲线(其中,波数 k 由驱动频率取代)。

开尔文-亥姆霍兹非线性失稳

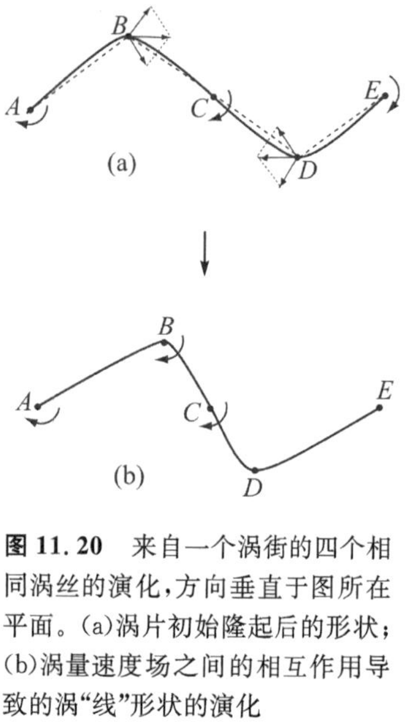

图 11.20 来自一个涡街的四个相同涡丝的演化,方向垂直于图所在平面。(a)涡片初始隆起后的形状;(b)涡量速度场之间的相互作用导致的涡“线”形状的演化

上文开展的线性分析并不适用于大振幅扰动的情况;对于大幅振动,基于单波矢量模态指数增长的描述并不充分。为了理解大幅扰动失稳的后续演变,我们可使用一种速度不连续的离散方法来表示平行涡线系统(该方法曾在第 7.4.2 节中使用)。这类方法常用于数值计算,最早的关于开尔文-亥姆霍兹失稳的非线性演化计算可追溯到 20 世纪 30 年代!作为示例,我们考虑四条平行涡线的行为,即图 11.20(a)中的 A、B、C 和 D;这些涡线是一片线性涡旋(涡核垂直于图所在平面)的一部分,轮廓在 B 处有一个凸起。为了研究该凸起形状的演变,我们需要考虑对称放置于 A 和 C 处的涡对 B 处涡的影响。

由于边界形状的改变,这些涡流诱导的流场存在水平方向的速度分量,这会导致 B 处的涡向 C 处的涡靠近;类似地,D 处的涡也会更接近于 C 处。因此,涡量会在 C 附近增加,而

A 附近涡量会下降。由于涡流引起的附加流动，界面会变得更陡峭，形如图 11.20(b)所示(称之为 **N 型波**(type-N wave)，命名源于对字母 N 不对称形式的参考)。最终，界面可能会像海浪一样破裂。

11.4.2　速度廓线对无界流动失稳的影响

上文讨论的开尔文-亥姆霍兹失稳中，基态剪切流的速度廓线上存在一个拐点；若不考虑重力、黏性和表面张力的效应，可以证明这种流动总是不稳定的。我们在接下来的讨论中将看到：若忽略黏性效应，速度廓线上不存在拐点的流动是稳定的；这种情况可见于泊肃叶型流动，或边界层内的流动。

然而，对于黏性流体流动，即使速度廓线上不存在拐点，流动也可能是不稳定的。我们在前文的讨论中看到，黏性往往是抑制失稳的稳定性效应，所以这种说法看似是矛盾的。其实不然，这种情况一般对应于高雷诺数流动，这种情况下，黏性引起的动量输运反而是失稳的驱动力。

证明：考虑一个沿 x 方向的二维平行流动，准确的速度分布 $v_x(y)$ 未知，但我们假定速度廓线曲率 $\mathrm{d}^2v_x/\mathrm{d}y^2$ 的符号不随 y 改变(图 11.21(a)所示的速度廓线的曲率为负)。于是，涡量 $\omega_z=-\mathrm{d}v_x/\mathrm{d}y$ 随坐标 y 单调变化(图 11.21(b))。

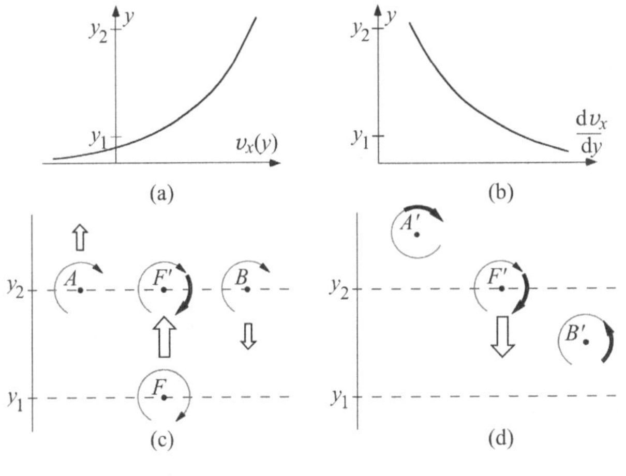

图 11.21　理想流体平行流中速度扰动的演变，其中流动速度 $v_x(y)$ 关于垂直于流动方向距离 y 的变化曲线不存在拐点。(a)速度扩线 $v_x(y)$；(b)速度梯度 $\mathrm{d}v_x/\mathrm{d}y$ 随 y 的变化曲线；(c)流场中一个流体微元从 F 到 F' 的位移所导致的扰动；(d)流体微元 A 和 B 移动到新的位置 A' 和 B' 所诱导的速度场。在图(c)和(d)中，细线箭头表示流场的局部涡量，粗线箭头表示移动流体微元和流场局部涡度场之间的差异

如图 11.21(c)所示，一个流体微元从点 F 运动到点 F'，经过一小段距离 y_2-y_1。如果我们忽略黏性效应，那么涡量只会被流体携带，而不存在扩散(参见第 7.3.1 节)。因此，我们假设流体微元到达 F' 点时，其涡量仍保持为初始值。相对于平衡态的廓线，流体微元看起来像一个小涡(图中的粗线箭头)，其有效涡量与 F 和 F' 处涡量 ω_z(细线箭头)之差成正比。

依次地，这个小涡也会作用于 F' 附近的流体微元 A 和 B，使得 A 和 B 向点 A' 和 B' 运动（方向相反）。在这个过程中，微元 A 和 B 也始终保持它们的初始涡量（参见图 11.21(d)）。因此，它们都会与周围的流体失去平衡，这个过程就相当于 A' 和 B' 处出现了两个相反的涡（它们的有效涡量在图中也以粗线箭头表示）。这些涡量在 F' 处引起的速度方向倾向于将我们最初考虑的流体微元推回到 F 点处。

因此，在理想流体的极限下，没有拐点的速度分布相对于无限小的扰动是稳定的；这种情况下，仅有对流效应会影响涡量。当流动中存在涡量的黏性扩散时，该结论不再成立。

11.4.3 泊肃叶流动和库埃特流动中的亚临界失稳

开尔文-亥姆霍兹失稳表现出了超临界失稳的特性（至少对于流体层厚度比较大的情况是这样的），并且失稳的发展没有出现迟滞效应，而泊肃叶和库埃特型的一类剪切流动的失稳特性并非如此。它们具有和贝纳尔-马兰戈尼失稳（参见第 11.3.1 节）一样的亚临界失稳特性；当扰动的幅度足够大时，可以触发从线性阈值之下的稳定状态向失稳状态的突然转变。在这类流动中，失稳的流动结构出现后可能随流动向下游传播，即**对流失稳**（convective regime）；也可能停留在失稳发生的区域，即**绝对失稳**（absolute regime）。

圆管泊肃叶流动

我们在 2.4.1 节讨论了雷诺关于圆管中层流向湍流转化的研究工作；雷诺于 1883 年首次发现了这个转化现象，然而至今我们依然对这个问题知之甚少。对于流动中无穷小的扰动，人们已经证明它们失稳所对应的临界雷诺数是无穷大；这也更清楚地表明这类流动的失稳具有亚临界特性。因此，流动中需存在振幅有限大小的扰动才能触发失稳导致流动向湍流转化。类似于雷诺实验的测量结果表明：当 $1500<Re<1750$ 时，我们可在距离圆管入口约 20 倍直径处的流场中观察到局部的扰动，称之为**湍流喷发**（turbulent puffs），它们与泊肃叶流动共存且随着距离快速衰减（当 Re 不大于 1750 时）。在 $Re=1750$ 和 $Re=2200$（典型值）之间，流动中会出现长度恒定的**湍流塞**（turbulent plugs，雷诺也已在他的实验中观察到），它们以与平均流动相同量级的速度向下游传播。当雷诺数进一步增加时，这些湍流塞将最终充满整个流场。根据实验条件（振动、入口处条件、管壁粗糙度等）的不同，层流向湍流的

自发转化所对应的临界雷诺数可以从几千到约 10^5 不等。现今,我们已经可以通过引入可控的扰动,利用 PIV 技术对这些失稳结构进行详细的研究。

平板泊肃叶流动

对于两个平行板间的泊肃叶流动,存在一个明确定义的阈值($Re_c = 5900$),对应于流场中出现一个无穷小振幅的扰动的情况;我们可通过线性稳定性分析来预测这种扰动的演化特性,故而该阈值称之为**线性阈值**(linear threshold)。然而,**有限振幅**(finite amplitude)的扰动同样有可能被放大,此时失稳对应的雷诺数(量级约为 1000)远小于上面的阈值。在实际实验中,整个流场向充分发展湍流转化的方式类似于圆管中的情况。

平板库埃特流动

平板库埃特流动也表现出亚临界失稳特性。流动中存在一个非线性阈值 $Re_{NL} \approx 1500$,用以表征振幅较大的扰动被放大所需的最小速度($Re = \Delta Uh/\nu$,其中 h 为两板间距,ΔU 是两板之间的相对速度)。当从较高值逐渐接近该阈值时,我们可观察到产生稳定的湍流结构所需的扰动振幅是连续增加的,同时也需要保证能让这些扰动发展的最小空间范围。在较高的雷诺数下,可在整个流场观察到湍流。上述性质已经在绝对速度相同但运动方向相反的两个平行板之间的流动中观察到了;这种情况下,两板中间平面上的流动速度为零,便于观察扰动的演化特性。

注: 这些结果可类比于一阶相变现象(例如,临界点以下从液态到气态的转化)。这种情况下,除了扰动幅度之外,从一种状态到另一种状态的转变取决于从稳定状态发展的不稳定相(湍流)的成核的临界半径。这可与图 11.13 中关于贝纳尔-马兰戈尼失稳的分析联系起来。

12 湍流

本书最后一章将介绍流体力中最具挑战性的内容:湍流。我们在前几章中已经接触到了一些有关湍流的例子:在第 2 章,我们发现雷诺数达到几百时,圆柱绕流下游的流动就会呈现湍流状态;在第 7 章,我们学习了涡的物理特性,它们是湍流的重要特征之一;我们在第 10 章了解到,正是由于边界层分离,绕流物体的下游区域才会产生湍流尾迹流;第 11 章对流动失稳的讨论则为本章拉开了序幕。

第 12.1 节将简要回顾湍流研究的历史;然后我们将在第 12.2 节推导湍流控制方程组,并将瞬时速度场分解为时均和脉动两部分,这一分解方式也将被应用于涡量、压强和能量等其他物理变量。我们将看到,脉动并非无足轻重,它们通过不同脉动之间关联的方式在动能、动量、内能及溶质的湍流输运中发挥关键作用。第 12.3 节将介绍动量的湍流输运与时均速度梯度之间的几种经验关系。第 12.4 节则着眼于这些关系在几种自由流动(射流、尾迹流和混合层)中的应用。

第 12.5 节主要讨论受固体壁面限制的湍流。我们将看到,黏性只在紧邻壁面的区域内(即黏性底层)对动量输运产生作用,随着与壁面距离的增大,涡量将增强,流动则进入由涡主导的惯性区域。

有别于第 12.5 节,我们在第 12.6 节引入科尔莫戈罗夫理论来研究均匀湍流,并建立脉动速度、脉动涡量与对应涡尺寸间的函数关系,进而研究三维流动中能量从时均流和较大尺度脉动向黏性效应显著的小尺度脉动转移的机理。基于此,我们将推导湍流输运的标度律,并进一步研究第 7 章中讨论过的涡拉伸对涡量的增大效应。

最后,我们将在第 12.7 节中讨论无法容纳涡拉伸机制的平面湍流以及大尺度的湍流拟序结构。

12.1 湍流研究的长期历史

湍流是流体力学研究中的重要篇章，自上古时代起就开始得到关注，先贤们对其不吝描述：或精准到位，或栩栩如生。赫拉克利特(Heraclitus)的名言“人不能两次踏进同一条河流”正反映了湍流非稳态且不可预知的特性。卢克莱修(Lucretius)在其《物性论》(*De natura rerum*)一书中写到，海面“静谧与汹涌交替发生”，并将伊壁鸠鲁(Epicurus)针对原子运动轨迹的“偏斜”学说拓展至宏观层面，诠释了事物发展的不可预测性，这与湍流的演化特性不谋而合。

注：我们在上一章刚刚讨论过**对于初始条件的敏感性**问题，并已了解到失稳将导致流动的不可预测性。

另一方面，湍流运动会形成容易辨识的几何结构，例如列奥纳多·达·芬奇(Leonardo da Vinci)所描绘的丝状涡结构，这与**拟序结构**(coherent structure)的概念遥相呼应。我们实际上已经接触过拟序结构，比如在第2.4.2节讨论过的冯卡门涡街，以及在第11.4.1节所述的两个不同速度的流动交界处的混合层结构。达·芬奇第一个给出了有关湍流输运的描述，我们在这里引用尤里埃尔·弗里希(Uriel Frisch)的精彩转述：

“水之湍动生于斯，壮于斯，而休于斯。”

在第12.6节我们将了解到上述描述对应于湍流中的**能量级串**(energy cascade)，即**科尔莫戈罗夫级串**(Kolgomorov's cascade)。在此框架下，能量沿着尺度减小的方向经大涡一级一级传递至更小的涡。我们在第7.3.2节学习兰金涡时就已用到过这一概念。另外，我们也已在第2.4.1节了解到，早在19世纪80年代，雷诺就研究了从层流到湍流的转捩。

虽然如何理解和预测湍流的工作早在19世纪末就已广泛开展，但直至今日仍未得到完全解决；因此，对湍流这一历史性问题的研究仍需继续。

12.2 基本方程组

12.2.1 湍流的统计学描述

湍流主要表现为流动速度的随机脉动。因此，湍流的研究方法可仿照气体分子的统计动力学方法来建立。相比于得到所有位置 $\boldsymbol{x}$ 在所有瞬时 t 的速度，我们更关心某一严格甄选的点集内出现某一速度的概率。实际上，即便得到某点速度的矩(期望或均方差)或是相邻时空点脉动速度的相关性，完全确定这样的概率分布也是不可能的。

描述湍流的变量（速度、压强、温度和物质浓度等）可分解为时均量以及与湍流相关、且时均值为零的脉动量。这一过程被称为**雷诺分解**（Reynolds decomposition），以速度为例可知

$$v_i = \bar{v}_i + v'_i \quad 其中 \quad \overline{v'_i} = 0 \tag{12.1}$$

我们现在来研究时均速度的变化规律以及脉动速度分量间的相关特性。严格来讲，对于初始及边界条件确定的流动来说，为了得到其平均速度，我们需要引入一个大数 N 来规范一系列事件，并将事件的**系综平均**（ensemble average）结果作为最终的有效均值：

$$\bar{v}_i(\boldsymbol{x},t) = \lim_{N\to\infty} \frac{1}{N} \sum_{1}^{N} v_i^{\alpha}(\boldsymbol{x},t) \tag{12.2}$$

其中 α 取 $1\sim N$ 之间的整数，用于表征具体的事件。这种处理方式仅适用于非定常流动和平均速度 $\bar{v}_i(\boldsymbol{x},t)$ 的时序分析（比如在栅格湍流中）。实际上，这种方法较适用于复现性较好、演化时间（即脉动速度归零的弛豫时间）不太长的流动。

对于定常流动来说，系综平均是不必要的。在定常流动中，速度、压强等量随时间脉动，但它们的统计特征（分布和期望等）保持不变。由此，我们可以认为湍流的**各态遍历**（ergodicity）假设成立：如果时间足够长，那么流动将经历所有状态，并且每个状态的经历时间与其出现概率成比例。基于上述条件，我们定义给定空间点 $\boldsymbol{x}$ 的时均速度 $\bar{v}_i$ 为

$$\bar{v}_i(\boldsymbol{x}) = \lim_{T\to\infty} \frac{1}{T} \int_{t_0}^{t_0+T} v_i(\boldsymbol{x},t)\,\mathrm{d}t \tag{12.3}$$

为了保证时均的有效性，时均周期 T 必须大于速度脉动的最大特征周期 τ。

如果流动并非严格定常而是随某一外部参数缓慢演化，我们仍可通过选定一个起始时刻来应用方程(12.3)。此时，时均周期 T 必须要小于全局流动的特征演化时间 T_1。结合以上两个选取 T 的条件，我们可知当脉动最大特征周期 τ 远小于 T_1 时，即流动近似定常，各态遍历假设成立。

除了速度分量以及压强、温度等标量的时均值外，我们还可以运用这些变量的高阶矩（或变量乘积的平均值）来研究其时变或位变特性。得益于相关统计模型的发展，这种基于两个或多个定点上速度时序测量的**时空关联**（space and time correlation）方法已经成为湍流实验研究的重要手段之一。

注：早期的测量仪器有热线和激光多普勒测速仪（第 3.5.3 节），新近的激光诱导荧光粒子（第 3.5.2 节）或粒子图像测速（第 3.5.4 节）等技术同样能够发掘重要的湍流结构新信息。

12.2.2 时均值的导数

若采用系综平均，那么对方程(12.2)进行空间及时间求

导后再调换求和及微分的顺序，我们可得

$$\frac{\partial \bar{v}_i}{\partial x_j}=\overline{\frac{\partial v_i}{\partial x_j}} \tag{12.4}$$

以及

$$\frac{\partial \bar{v}_i}{\partial t}=\overline{\frac{\partial v_i}{\partial t}} \tag{12.5}$$

若采用时间平均，那么对方程(12.3)进行空间求导的结果与方程(12.4)相同，但是只有当上述"τ 远小于 T_1"的条件成立时，对方程(12.3)关于时间求导的结果才与方程(12.5)相同。

证明：基于雷诺分解，我们可做如下运算：

$$\begin{aligned}\overline{\frac{\partial v_i}{\partial t}} &= \overline{\lim_{\delta t\to 0}\left(\frac{v_i(t_0+\delta t)-v_i(t_0)}{\delta t}\right)} \\ &= \lim_{\delta t\to 0}\left(\frac{\bar{v}_i(t_0+\delta t)-\bar{v}_i(t_0)}{\delta t}+\frac{\overline{v'_i(t_0+\delta t)}-\overline{v'_i(t_0)}}{\delta t}\right)\end{aligned} \tag{12.6}$$

一方面，当时均周期 T 远大于 τ 时，第二个等号右侧后两项有关脉动速度的时均值可以消去。另一方面，假设 T 相比于全局演化周期 T_1 来说足够小，我们就可以认为第一个等号成立。取 $\mathrm{d}t=T$，即可得到速度导数的具体值。

12.2.3 湍流控制方程组

雷诺方程

由于流体质点进行湍流运动的最小特征长度远大于分子的平均自由程(这一点会在随后证明)，因此纳维-斯托克斯方程仍然适用于瞬时速度 v_i 的计算。此外，我们依然假设研究对象为不可压缩流体。

时均速度满足的运动方程(即雷诺方程)如下：

$$\frac{\partial \bar{v}_i}{\partial t}+\bar{v}_j\frac{\partial \bar{v}_i}{\partial x_j}+\overline{v'_j\frac{\partial v'_i}{\partial x_j}}=-\frac{1}{\rho}\frac{\partial \bar{p}}{\partial x_i}+\nu\frac{\partial^2 \bar{v}_i}{\partial x_j^2}+f_i \tag{12.7}$$

除了多出的一项 $\overline{v'_j\partial v'_i/\partial x_j}$，雷诺方程就是纳维-斯托克斯方程中 p 和 v_i 被其时均值 $\bar{p}$ 和 $\bar{v}_i$ 换掉以后的结果。

注：方程中，若某一项出现两次 j，那么意味着对 j 的遍历求和，j 称为求和哑标。

证明：将方程(12.1)所示的雷诺分解代入纳维-斯托克斯方程，两边同除以密度 ρ，我们可得

$$\frac{\partial}{\partial t}(\bar{v}_i+v'_i)+(\bar{v}_j+v'_j)\frac{\partial}{\partial x_j}(\bar{v}_i+v'_i)$$
$$=-\frac{1}{\rho}\frac{\partial}{\partial x_i}(\bar{p}+p')+\nu\frac{\partial^2}{\partial x_j^2}(\bar{v}_i+v'_i)+f_i \quad (12.8)$$

上式采用了针对哑标 j 的爱因斯坦求和约定。然后，我们对方程(12.8)作时间平均：若某一项中的 p' 或 v'_i 等脉动量仅出现一次，那么此项在时均后将被消去，只有交叉乘积项 $\overline{v'_j\partial v'_i/\partial x_j}$ 以及仅包含变量时均量的项得以保留，最终得到方程(12.7)。

本章仅考虑不可压缩湍流，流动的不可压缩条件 $\nabla\cdot\boldsymbol{v}=0$ 同时适用于时均场和脉动场，可分别表达如下：

$$\frac{\partial}{\partial x_j}(\bar{v}_j)=0 \quad (12.9)$$

和
$$\frac{\partial}{\partial x_j}(v'_j)=0 \quad (12.10)$$

其中方程(12.10)对于所有时间点成立。

和常规的纳维-斯托克斯方程一样，方程(12.7)可以转化为动量守恒的形式：

$$\rho\frac{\partial\bar{v}_i}{\partial t}=\frac{\partial}{\partial x_j}(\overline{\sigma_{ij}}-\rho\,\bar{v}_i\bar{v}_j-\rho\overline{v'_iv'_j})+\rho f_i \quad (12.11a)$$

其中

$$\bar{\sigma}_{ij}=-\bar{p}\delta_{ij}+\rho\nu\left(\frac{\partial\bar{v}_i}{\partial x_j}+\frac{\partial\bar{v}_j}{\partial x_i}\right) \quad (12.11b)$$

方程(12.11)的证明：首先，我们将方程(12.7)两边同乘以 ρ，然后利用方程(12.10)对交叉乘积项进行变形：

$$\overline{v'_j\frac{\partial}{\partial x_j}v'_i}=\frac{\partial}{\partial x_j}\overline{v'_iv'_j}-\overline{v'_i\frac{\partial}{\partial x_j}v'_j}=\frac{\partial}{\partial x_j}\overline{v'_iv'_j}$$

并进一步对 $\bar{v}_j\partial\bar{v}_i/\partial x_j$ 做同样变形。

方程(12.11a)中存在一项：

$$\tau_{ij}=-\rho\,\overline{v'_iv'_j} \quad (12.11c)$$

此项即**雷诺应力张量**(Reynolds stress tensor)。对于第 5.2.2 节介绍的动量通量 $\Pi_{ij}=\rho v_iv_j+p\delta_{ij}-\sigma'_{ij}$(方程(5.11))，其时均值为

$$\overline{\Pi_{ij}}=-\overline{\sigma_{ij}}+\rho\bar{v}_i\bar{v}_j+\rho\overline{v'_iv'_j}=-\overline{\sigma'_{ij}}+\rho\,\bar{v}_i\bar{v}_j+\rho\overline{v'_iv'_j}+\bar{p}\delta_{ij} \quad (12.12)$$

将方程(5.6)和(5.11)中的 $\bar{v}_i$ 和 $\bar{p}$ 用其时均值替换，我们得到的结果与方程(12.11a)和(12.12)的形式大致相同，不同的是后两者多出了一项对湍流输运起到核心作用的雷诺应力张量项。

雷诺应力张量的意义

雷诺应力 $\tau_{ij}=-\rho\overline{v'_i v'_j}$ 表征了脉动速度分量之间的相关性，描述了湍流速度脉动导致的动量输运，τ_{ij} 也称之为**湍流应力张量**(turbulent stress tensor)，且为对称张量。因此，它拥有三个对角分量 τ_{ii} 和三个非对角分量 $\tau_{i\neq j}$。非对角分量具有十分独特的作用：在圆管内流动或平板间流动中，它们保证了流向动量分量向壁面的输运(见第 12.5.2 节)，这与第 4 章中所提到的黏性应力张量非对角分量的作用机制类似。

热能及物质的湍流输运

至此，我们已经推导得到了湍流时均速度的控制方程组，时均速度直接关系到动量输运。通过同样的流程，我们可以描述热能的湍流输运问题。脉动速度对热能的输运机制与第 1.3.2 节讨论过的气体动理学模型存在一些相似的地方。在温度梯度不为零的环境下，热能的输运与大量气体分子无规则热运动导致的自身的绝热位移有关。此处，上述“热振荡”效应将被湍流场中的速度脉动代替。

若流场中无热源，热量输运方程如下：

$$\frac{\partial T}{\partial t}+v_j\frac{\partial T}{\partial x_j}=\kappa\frac{\partial^2 T}{\partial x_j^2} \tag{12.13}$$

其中 v_j 为流体的瞬时速度，$\kappa=k/(\rho C_p)$ 是流体的热扩散系数(C_p 是单位质量比热容，ρ 是密度，k 是热传导系数)。与速度一样，湍流场中往往存在温度 T 的脉动，所以我们同样可以对其进行雷诺分解：$T=\overline{T}+T'$。与分析速度时的结果类似，平均量 $\overline{T}$ 的时空一阶导数等于 T 的时空一阶导数的平均量。代入速度的雷诺分解 $v_i=\bar{v}_i+v'_i$，然后对热输运方程作时均运算，我们最终得到了与雷诺方程形式相同的时均温度方程：

$$\frac{\partial \overline{T}}{\partial t}=-\frac{\partial}{\partial x_j}(\bar{v}_j\overline{T}+\overline{v'_j T'})+\kappa\frac{\partial^2\overline{T}}{\partial x_j^2} \tag{12.14}$$

时均项 $\overline{v'_j T'}$ 与雷诺张量的作用类似，它代表了由速度脉动诱发的温度脉动所造成的全局性热输运。由方程(12.14)出发，我们可推导出湍流场中热通量 $\boldsymbol{Q}_T$ 表达式为

$$Q_{Tj}=-k\frac{\partial\overline{T}}{\partial x_j}+\rho C_p\bar{v}_j\overline{T}+\rho C_p\overline{v'_j T'} \tag{12.15}$$

现在我们假设输运的对象不再是热量,而是某种溶质(比如离子、染料、放射性示踪剂或某种化学物质),且定义溶质的浓度为 C,即单位体积的流体溶剂所含有的溶质质量。经与上述同样的推导过程,我们可以得到无源条件下(比如,无化学反应)单位时间内通过单位面积的溶质质量(即质量流量)$\boldsymbol{Q}_m$ 的表达式:

$$Q_{mj}=-D_{\mathrm{m}}\frac{\partial\bar{C}}{\partial x_j}+\bar{v}_j\bar{C}+\overline{v'_jC'} \tag{12.16}$$

D_{m} 为相关溶质的分子扩散系数:对于湍流而言,分子扩散项 Q_{mj} 的贡献甚微,起作用的主要是湍流扩散。往咖啡里加奶油以后需要搅拌是想都不用想的动作,这就是湍流的作用!

例子:我们想象有一杯电离溶液,上述方程中的各项会通过不同的机制对质量流量 $\boldsymbol{Q}_m$ 产生贡献,现在我们来比较一下各项的量级大小。电离溶液分子扩散系数 D_{m} 的典型值为 $10^{-9}\ \mathrm{m^2/s}$。假设某一平均浓度为 $\bar{C}$,特征长度为 0.1 m 的容器,其内存在量级为 $10^{-1}C$ 的浓度变化。我们现在通过搅动一个大汤勺来制造速度脉动量级为 10^{-2} m/s、浓度脉动量级为 $10^{-1}\bar{C}$ 的湍流。那么,通过湍流脉动和分子扩散所产生的质量输运项的量级分别为 $\overline{v'C'}\approx10^{-3}\ \bar{C}$ m/s 和 $D_{\mathrm{m}}\partial\bar{C}/\partial x_j\approx10^{-7}\ \bar{C}$ m/s。显然,湍流扩散的效率远高于分子扩散。

无论是针对热量输运还是质量输运,我们定义湍流扩散及分子扩散两项的比值为**湍流佩克莱数**(turbulent Péclet number)Pe_t,定义与第 2.3.2 节中给出的相同。上述例子中 $Pe_t\approx10^4$。

12.2.4 湍流中的能量平衡

湍流的总动能是时均动能和湍动动能两部分之和。如果我们对总动能 $(\bar{v}_i+v'_i)^2$ 进行时均运算,由于展开后的交叉项 $\overline{\bar{v}_iv'_i}$ 的时均结果为零,于是可得 $\overline{v_i^2}=\bar{v}_i^2+\overline{v'^2_i}$。因此,我们可以分别写出时均动能及湍动能方程来研究内部的能量转移。

无重力作用下的时均动能

我们首先来推导时均动能方程。第一步,令纳维-斯托克斯方程的体积力 f_i 为零,然后方程两侧同乘以时均速度 $\bar{v}_i$ 并取时均;第二步,对瞬时速度做雷诺分解(方程(12.1)),并对方程两侧同除以密度 ρ,使各项成为单位质量能量。由于仅出现一次脉动量的项在时均之后为零,于是我们最终得到

$$\frac{\partial}{\partial t}\left(\frac{\bar{v}_i^2}{2}\right)+\bar{v}_i\bar{v}_j\frac{\partial\bar{v}_i}{\partial x_j}=-\bar{v}_i\frac{\partial\bar{p}}{\partial x_i}-\bar{v}_i\overline{v'_j\frac{\partial v'_i}{\partial x_j}}+\nu\bar{v}_i\frac{\partial^2\bar{v}_i}{\partial x_j^2} \tag{12.17}$$

结合不可压缩性条件(方程(12.9)和(12.10)),上述方程可转化为如下形式:

$$\frac{\partial}{\partial t}\left(\frac{\bar{v}_i^2}{2}\right)+\bar{v}_j\frac{\partial}{\partial x_j}\left(\frac{\bar{v}_i^2}{2}\right)=\frac{\partial}{\partial x_j}\left(-\bar{v}_i\overline{v'_iv'_j}-\frac{\bar{p}\bar{v}_j}{\rho}+\nu\bar{v}_i\frac{\partial\bar{v}_i}{\partial x_j}\right)-\nu\left(\frac{\partial\bar{v}_i}{\partial x_j}\right)^2+\overline{v'_iv'_j}\frac{\partial\bar{v}_i}{\partial x_j} \tag{12.18}$$

等号左侧:

- $\partial/\partial t\,(\bar{v}_i^2/2)$代表时均动能随时间的变化率，对于非稳态流动此项不为零。
- $\bar{v}_j\partial/\partial x_j\,(\bar{v}_i^2)$代表由于时均动能的空间梯度造成的对流。合并前两项可以得到基于时均速度（而非瞬时速度）动能的拉格朗日随体导数。

方程等号右侧包含以下三部分，它们的机理各不相同：

- 前三项包含于同一括号中，代表了不同原因（湍流脉动、压强和黏性）所造成的能量通量的散度。在控制体内对其积分，结果即为对应的应力所做的功。
- 由第 5.3.1 节可知，第二项$-\nu(\partial\bar{v}_i/\partial x_j)^2$ 为黏性耗散造成的时均动能损失（将方程(5.26)中的 v_i 置换为 $\bar{v}_i$ 可充分理解这一点）。
- 最后一项 $\overline{v'_iv'_j}\partial\bar{v}_i/\partial x_j$ 代表时均流和脉动流之间的能量转移，它同时包含时均速度梯度以及对应动量湍流输运的雷诺应力张量 $\tau_{ij}=-\rho\ \overline{v'_iv'_j}$。

无重力作用下的湍动能

湍动能方程的推导过程与时均动能方程（方程(12.17)和(12.18)）相同，唯一区别在于纳维-斯托克斯方程在做哑标求和及时均运算之前需要乘以 v'_i 而非 $\bar{v}_i$。在归置同类项之后，我们可得

$$\frac{\partial}{\partial t}\overline{\left(\frac{v'^2_i}{2}\right)}+\bar{v}_j\frac{\partial}{\partial x_j}\overline{\left(\frac{v'^2_i}{2}\right)}=\frac{\partial}{\partial x_j}\left(-\frac{\overline{v'^2_iv'_j}}{2}-\frac{\overline{p'v'_j}}{\rho}+\nu\overline{v'_i\frac{\partial v'_i}{\partial x_j}}\right)-\nu\overline{\left(\frac{\partial v'_i}{\partial x_j}\right)^2}-\overline{v'_iv'_j}\frac{\partial\bar{v}_i}{\partial x_j}\qquad(12.19)$$

此方程与方程(12.18)形式相同，区别在于用脉动量替代了时均量。

对于等号左侧：

- 第一项$\partial(\overline{v'^2_i}/2)/\partial t$ 表征了湍动能的非定常性。
- 第二项 $\bar{v}_j\partial(\overline{v'^2_i}/2)/\partial x_j$ 的意义与方程(12.18)中的对应项相似，但它表征的是时均流动对于湍动能（而非时均动能）的对流输运。我们可以同样将其与第一项合并而得到一项基于时均对流的拉格朗日随体导数。

对于方程右侧：

- 前三项均以散度形式出现，它们经过体积分之后表示脉动压强及黏性应力等对脉动流所做的功。这几种应力均属于脉动量但作用却不为零，这是因为它们均与脉动速

注：我们随后会了解到，除了靠近壁面的区域（第 12.6.1 节），与涡（尤其是小涡）相关的速度梯度一般远大于与时均流动相关的速度梯度。因此，方程(12.19)中湍动能的黏性耗散项远大于对应的时均动能黏性耗散项$-\nu\overline{(\partial v'_i/\partial x_j)^2}$。我们来比较一下方程(12.18)中最后两项的相对大小：将前一项$-\nu(\partial\bar{v}_i/\partial x_j)^2$ 中的$-\nu(\partial\bar{v}_i/\partial x_j)$部分（与时均流相关的黏性应力）换成 $\overline{v'_iv'_j}$（脉动应力）即可变成后一项。所以说，除了靠近壁面的区域，脉动应力造成的时均动能损失远大于黏性应力。

度相乘(而不再是单独的脉动量)。

- 同样的,由第 5.3.1 节可知,第二项$-\nu\overline{(\partial v'_i/\partial x_j)^2}$代表黏性耗散所造成的湍动能损失,将方程(5.26)中的 v_i 置换为 v'_i 即可得到此项。
- 最后一项 $\overline{v'_i v'_j}\partial\bar{v}_i/\partial x_j$ 也在方程(12.18)的时均动能方程右侧出现,但符号相反,证实了此项在时均流及脉动流之间充当着转移能量的角色。

12.2.5 湍流中的涡量输运

湍流脉动下的涡量收支平衡

与处理速度与压强场一样,我们将涡量 $\boldsymbol{\omega}=\nabla\times\boldsymbol{v}$ 进行雷诺分解 $\boldsymbol{\omega}=\bar{\boldsymbol{\omega}}+\boldsymbol{\omega}'$。脉动量 ω'_i 实际上是不同脉动速度梯度间的组合结果,它一般远大于时均量 $\bar{\omega}_i$(见第 12.6.1 节)。

因此,我们更关注脉动涡量 ω'_i 的方程。或者说,由于其时均值为零,我们更关注有关 $\omega'^2_i/2$ 的方程(i 为求和哑标),即所谓的**拟涡**(enstrophy)。从涡量方程(7.42)出发,采用与能量及动量同样的处理方式,我们即可得到关于脉动拟涡 $\omega'^2/2=\sum_i\omega'^2_i/2$ 的方程。如果仅保留支配项,我们可得以下方程:

$$\frac{\partial}{\partial t}\left(\frac{\overline{\omega'^2}}{2}\right)+\bar{v}_j\frac{\partial}{\partial x_j}\left(\frac{\overline{\omega'^2}}{2}\right)=\overline{\omega'_i\omega'_j\frac{\partial v'_i}{\partial x_j}}-\nu\overline{\left(\frac{\partial\omega'_i}{\partial x_j}\right)^2} \tag{12.20a}$$

证明:在方程(7.42)两边同时乘以 ω'_i 再做时均,然后进行雷诺分解,并忽略包含时均涡量 $\bar{\omega}_i$ 的项,我们可得

$$\overline{\omega'_j v_j\frac{\partial\omega_i}{\partial x_j}}=\bar{v}_j\frac{\partial}{\partial x_j}\left(\frac{\overline{\omega'^2_i}}{2}\right)+\overline{v'_j\frac{\partial}{\partial x_j}\left(\frac{\omega'^2_i}{2}\right)}+\overline{\omega'_j v'_j}\frac{\partial\bar{\omega}_i}{\partial x_j}$$

其中

$$\overline{v'_j\frac{\partial}{\partial x_j}\left(\frac{\omega'^2_i}{2}\right)}=\frac{\partial}{\partial x_j}\left(\overline{v'_j\frac{\omega'^2_i}{2}}\right)$$

$$-\overline{\omega'_i\omega_j\frac{\partial v_i}{\partial x_j}}=-\overline{\omega'_i\omega'_j}\frac{\partial\bar{v}_i}{\partial x_j}-\overline{\omega'_i\omega'_j\frac{\partial v'_i}{\partial x_j}}$$

$$\overline{\nu\omega'_i\frac{\partial^2\omega_i}{\partial x_j^2}}=\overline{\nu\omega'_i\frac{\partial^2\omega'_i}{\partial x_j^2}}=\nu\overline{\frac{\partial}{\partial x_j}\left(\omega'_i\frac{\partial\omega'_i}{\partial x_j}\right)}-\nu\overline{\left(\frac{\partial\omega'_i}{\partial x_j}\right)^2}$$

$$=\frac{\nu}{2}\frac{\partial^2\overline{\omega'^2_i}}{\partial x_j^2}-\nu\overline{\left(\frac{\partial\omega'_i}{\partial x_j}\right)^2}$$

像 $\overline{\omega'_i\omega'_j}\partial\bar{v}_i/\partial x_j$ 这样的项包含了时均量的梯度,与

$\overline{\omega'_i\omega'_j\partial v'_i/\partial x_j}$ 等项相比则可以忽略。基于以上消项原则，方程(12.20a)最终仅剩两项。对于近似定常及均匀流动，该方程等号左侧可略去，因此可得：

$$\overline{\omega'_i\omega'_j(\partial v'_i/\partial x_j)}=\nu\ \overline{(\partial\omega'_i/\partial x_j)^2} \tag{12.20b}$$

正如方程(12.19)中描述的动能收支平衡，方程(12.20a和b)描述了涡量的收支平衡(以及角动量收支平衡)。$-\nu\ \overline{(\partial\omega'_i/\partial x_j)^2}$ 表征由于黏性扩散所造成的涡量耗散。另一项 $\overline{\omega'_i\omega'_j(\partial v'_i/\partial x_j)}$ 源于方程(7.42)中的 $\omega_j\partial v_i/\partial x_j$ 项，它代表由速度脉动诱发的涡管拉伸所引起的脉动涡量变化。为了补偿黏性扩散所造成的损失，此项必须为正，即从平均角度来讲，涡管受到的拉伸多于压缩。因此，较大的涡管会被持续不断地拉伸为截面较小的涡管，直至涡量的损失与增长之间达到平衡。

注：第 7.3.2 节曾讨论了有关涡拉伸和涡的黏性耗散间平衡的一个类似问题，当时我们通过清空容器来制造涡。

这一平衡关系仅适用于三维流动。对于一个纯粹的平面流动，涡量方向永远垂直于流动平面，不存在涡拉伸项。我们将在第 12.7.3 节了解到，这一问题将会极大地影响平面流动中的湍流特性。

在湍流实验中，如果我们令轴线重合的平行薄圆盘朝相反方向运动，即可得到清晰的涡拉伸效果。其中，围绕某一涡核的涡丝会时隐时现，但是这些涡在产生后不久便会失稳然后消失。通过数值模拟也可以得到类似的涡丝。

无黏条件下涡量在有限时间内的耗散

若不考虑流体的黏性，那么由涡拉伸导致的涡量增大则会在有限时间段内耗散。如果我们从方程(12.20a)出发并略去黏性项，从量纲上看，等式右侧大小为 ω^3。涡量应遵循以下关系：

$$\frac{1}{2}\frac{d\omega^2}{dt}=A\omega^3$$

其中 A 是量级为 1 的常数。该方程解的形式如下：

$$\frac{1}{\omega_0}-\frac{1}{\omega}=At$$

其中 ω_0 为初始时刻 $t=0$ 所对应的涡量。因此有

$$\omega=\frac{\omega_0}{1-A\omega t}=\frac{\omega_0 t_0}{t_0-t} \tag{12.21a}$$

其中

$$t_0=\frac{1}{A\omega_0} \tag{12.21b}$$

在该模型中，涡量 ω 在经历时间 t_0 之后完全耗散，t_0 称之

为**溃散时间**(catastrophe time),它与**初始涡包**(vortex packet)自身翻转的特征时间的量级相同。有限时段内黏性对涡量发散的抑制效应仍然是一个没有定论的问题。

12.3 雷诺应力张量的经验公式及其在自由流动中的应用

12.3.1 雷诺方程的封闭

对于包含方程(12.7)和(12.9)的方程组来说,未知量的数量大于方程数量:除了三个速度分量 $\bar{v}_i$ 和一个压强 $\bar{p}$,我们还有 τ_{ij} 的 6 个分量需要求解(它们以脉动速度分量互相关的形式存在)。有人通过给方程(12.7)两端乘以 v'_i 然后做时均来得到有关 τ_{ij} 的表达式,但却产生了包含 3 个脉动量的高阶矩!如果在此基础上再进行一次同样操作,那么将出现四阶矩!所以从上述途径构建一个方程数量等同于未知量的**封闭**系统并不可行。这个封闭性问题是由运动方程中的非线性项 $(\boldsymbol{v}\cdot\nabla)\boldsymbol{v}$ 造成的,该项是湍流研究中的一个根本性难题。

因此,我们需要建立 τ_{ij} 与时均速度分量间的某种函数关系来近似地解决这一封闭性问题,从而求解时均运动方程。这类函数关系的主要缺陷在于它们并非基于严格的理论推导:它们通常不包含具有明确定义的物性参数,而是需要一些随具体流动而定的可调参数。虽然这些方程最初是以建立湍流理论模型为目的发展起来的,但它们也能够有效解决实际中的湍流问题!

基于上述思路,我们希望在全局时空点上建立各统计变量间的关系,这些统计变量本质上通常是经由时均运算得到的一阶或二阶矩,而非瞬时量的求导结果。具体来讲,我们希望建立的是二阶矩雷诺应力张量和一阶矩时均速度梯度间的关系。

12.3.2 湍流涡黏度

基于上述思路,我们引入另一种关于湍流的"黏性"ν_t,它与流体自身的黏性一样,也会造成流动内部的摩阻和动量输运。类比于黏性应力张量的写法,我们在雷诺应力张量的表达式 $\tau_{ij}=-\rho\overline{v'_i v'_j}$ 中纳入**湍流黏度**(turbulent viscousity)ν_t:

注:这一概念由布辛涅斯克(Boussinesq)于 1875 年在其论文"水运动理论"(Essai surlathéorle deseaux courantes)中提出。

$$\tau_{ij}=\rho\nu_t\left(\frac{\partial\bar{v}_i}{\partial x_j}+\frac{\partial\bar{v}_j}{\partial x_i}\right) \tag{12.22}$$

湍流黏度也称**涡黏度**(eddy viscosity);然而,这个概念缺乏物理依据，因为它主要取决于流动属性以及具体的测量位置，而与流体性质无关。故而，建立 τ_{ij} 与流动之间关系的问题转化成为确定 ν_t 与流动之间关系的问题。

目前已经存在一些有关涡黏度的模型。接下来介绍的第一种模型涉及到混合长度的概念；另一种 k -ε 模型常用于数值模拟，它主要通过湍动能总量以及能量耗散量来计算 ν_t。

12.3.3　混合长度

普朗特在 1903 年提出混合长度理论来估算涡黏度 ν_t，这一理论源于气体分子运动论的启发，其中混合长度的概念类比于分子平均自由程，湍流的脉动速度分量与分子热运动速度（见第 1.3 节）的角色相同。

如图 12.1 所示，我们令时均速度梯度 $\partial\bar{v}_x/\partial y$ 为正，假设流体质点初始位置为 $y=y_0$，并在脉动速度 $v'_y>0$ 的作用下运动至 $y=y_0+\Delta y$ 平面，运动过程中水平速度始终为 $\bar{v}_x(y_0)$。由于 $y=y_0+\Delta y$ 平面的水平速度 $\bar{v}_x(y_0+\Delta y)$ 较大，因此该流体质点的运动掺混会造成一个负的速度脉动：

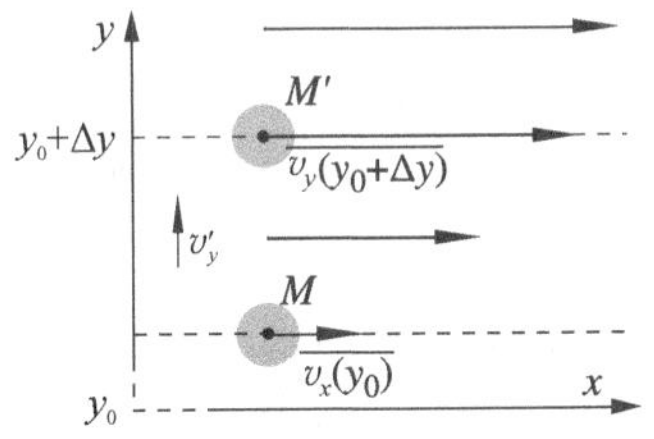

图 12.1　湍流中的动量输运示意图。假设时均流动沿 x 轴方向，时均速度仅沿 y 轴变化

$$v'_x \approx \bar{v}_x(y_0)-\bar{v}_x(y_0+\Delta y)=-\Delta y\,\frac{\partial\bar{v}_x}{\partial y}$$

进一步可知，速度变化产生对应的动量输运：$\rho v'_x v'_y \approx -\rho\Delta y v'_y\left(\frac{\partial\bar{v}_x}{\partial y}\right)<0$。当流体质点从平面 $y_0+\Delta y$ 向下运动到 y_0 平面时，原式中的 Δy 由 $-\Delta y$ 代替，这时 $v'_y<0$，对动量的瞬时改变量 $\rho v'_x v'_y$ 仍然为负。因此，v'_x 和 v'_y 的正负相关性取决于 v'_y 以及时均速度的空间变化情况：当 $\partial\bar{v}_x/\partial y>0$ 以及时均流动方向唯一时，有 $\rho\overline{v'_x v'_y}<0$。

对上述动量输运表达式做全体轨迹及速度的平均，我们可得到雷诺应力张量分量的表达式：

$$\tau_{xy}=-\rho\,\overline{v'_x v'_y}=\rho\,\frac{\partial\bar{v}_x}{\partial y}\overline{\Delta y v'_y} \tag{12.23a}$$

因此有

$$\nu_t=\overline{\Delta y v'_y} \tag{12.23b}$$

在混合长度理论中，ν_t 被表达为

$$\nu_t = u^* \ell \tag{12.24a}$$

其中ℓ称为**混合长度**(mixing length)。基于方程(12.23b)以及上述讨论，混合长度可认为是流体质点速度与其初始位置的速度产生差别之前所经过的平均距离。其中，特征速度 u^* 与横向脉动速度的幅度$\sqrt{\overline{v'^2_y}}$处于同一量级。

混合长度大小

ℓ和 u^* 的值随着实际流动情况的不同而变化。在第 12.4 节中我们将了解到，在射流和湍流尾迹流中，混合长度位于与主流方向垂直的方向上，与流动的平均宽度近似相等且保持不变。对于这类流动，通常可用时均速度 $\bar{v}_x(y)$的横向梯度来表示 u^*：

$$u^* = \ell \left| \partial \bar{v}_x / \partial y \right| \tag{12.24b}$$

但对于壁面流动(如槽道流或者湍流平板边界层流动)，尤其是当混合长度ℓ是流场中唯一的特征长度时，流场中某一空间点处ℓ的值通常被认为与该点到壁面的距离成正比，在第12.5节中我们将基于这一点来推导时均速度与到壁面距离的对数关系，并且该结果已得到了实验验证。然而这一理论与实验符合本质上是维度约束的结果，因为到壁面的距离 y 是此类流动中唯一的特征长度。

对于拟平行流动，冯·卡门通过速度廓线曲率给出了更一般的定义：$\ell = -k \left| \partial \bar{v}_x / \partial y \right| / \left| \partial^2 \bar{v}_x / \partial y^2 \right|$。

上述定义并非适用于所有流动。当流场中存在多个特征长度或是特征时间时，混合长度理论通常不再适用；这是混合长度理论的主要问题之一。

混合长度理论与气体分子运动论间的差异

前文提到，混合长度概念与第 1.3.2 及第 2.2.1 节提到的分子运动的平均自由程相似，而 u^* 在计算动量输运中起到的作用也与分子运动论中的热运动速度类似。从微观上计算分子黏性时，需要考虑分子的无规则热运动和平均自由程之间存在的**尺度分离**(scale separation)；然而湍流运动中不存在这样的尺度分离，最大尺寸的脉动与时均流动的尺度相当。这一差异是将分子运动理论思想完全应用于湍流研究的一大障碍。

12.3.4　其他实用的湍流模型

目前已有很多湍流模型被提出，它们主要被用于数值模拟领域。

当前计算能力的提升允许我们通过对纳维-斯托克斯方程积分来模拟湍流。然而，此类**直接数值模拟**(direct numerical simulations, DNS)通常需要高性能计算机和极长的运算时间。因此，未来数年 DNS 或许还将仅限于简单流型和雷诺数适中的流动的计算。

为了处理大多数实际流动，我们需要发展其他方法。DNS 方法的一大障碍在于最大尺度流动和其小涡运动间存在极大的尺寸差异。随着雷诺数的增大，最小涡的尺寸将持续减小(见第 12.6.1 节)，尺寸差异也会进一步扩大。因此，为了同时模拟最小尺度流动和全局流动，模拟的网格点和步进长度将随着雷诺数 *Re* 的增大而激增。

需要说明的是，时均流仅与最大涡进行能量和动量的交换，时均流动的流型也仅能影响到最大涡。于是，**大涡模拟**(large eddy simulation, LES)方法应运而生。此方法仅直接模拟最大及中等尺度涡，小尺度涡的动量及能量交换则通过与涡黏度类似的模型来描述。

12.4　自由湍流：射流和尾迹流

通常，采用涡黏度模型可以很好地模拟包括射流、混合层流和钝体扰流尾迹流在内的自由湍流。接下来，我们将采用同步对比的方式介绍射流和尾迹流，这两种流动可以通过第 3.5.2 节中介绍的激光诱导荧光(laser induced fluorescence, LIF)技术进行流动可视化，如图 12.2 所示。

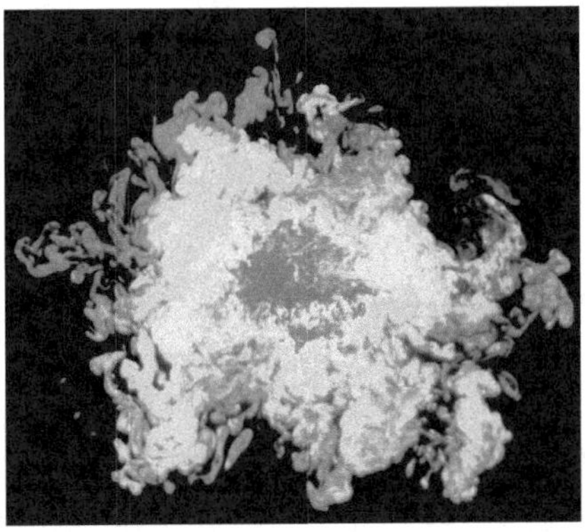

图 12.2(彩)　湍流射流的横截面，光照平面与射流主轴垂直，射流从外部进入同种静止流体。射流中添加了荧光染色剂，静止流体保持纯净。颜色显示染色剂浓度，由蓝到红浓度值逐渐增大

12.4.1 平面湍流射流和尾迹流的基本属性

运动方程

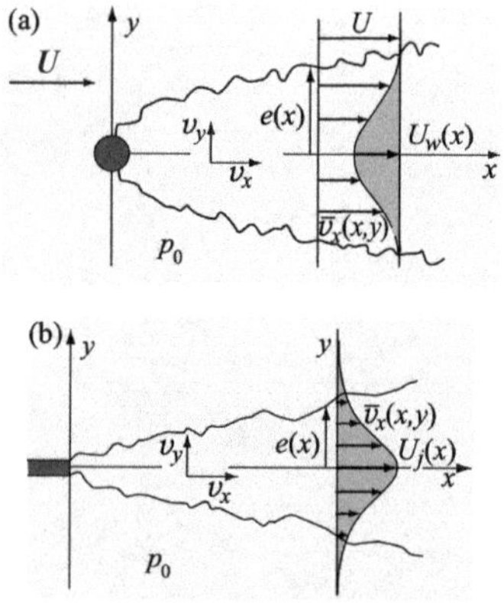

图 12.3 两种流动的速度廓线：(a)无限长圆柱下游尾迹流；(b)从单一狭缝流出的射流，狭缝沿 z 方向无限伸展

我们首先来分析速度为 $\boldsymbol{U}$ 的均匀势流中经圆柱扰流而成的尾迹流(图 12.3(a))和从狭缝流出并进入静止流体的射流(图 12.3(b))。由于圆柱和狭缝在 z 方向上无限发展，两种流动均可简化为平面流动；此外，我们假定流动已经沿 x 轴向下游充分发展，因此圆柱及狭缝的具体形态对流动的影响可忽略不计。两种流动对速度为 $\boldsymbol{U}$ 的外部势流(对射流来说$\boldsymbol{U}=0$)在横向(y 方向)上的影响范围有限：我们假设尾迹流(或射流)的半宽 $e(x)$ 远小于同一位置处流动在 x 方向上的发展距离。另外，这两种流动不受边壁限制，因此运动方程中的黏性项 $\eta\partial^2\bar{v}_i/\partial x_j^2$ 可在整个流动范围内忽略。

在尾迹流中，**速度损失**(velocity deficit)$U-\bar{v}_x$ 相对于 U 来说很小。此外，守恒律(方程(12.9))及条件 $e(x)\ll x$ 表明：水平时均速度 $\bar{v}_x(x,y)$ 远小于 $U-\bar{v}_x$(对于射流来讲则是远小于 $\bar{v}_x$)。对这两种流动来说，外部势流区域的速度和压强 p_0 均为常值。

基于第 12.2.1 节所述条件，假设时均流动定常且在 z 方向具有平移不变性；同时，我们忽略体积力和黏性项，于是动量输运方程(方程(12.11))可简化如下：

$$\bar{v}_x\frac{\partial\bar{v}_x}{\partial x}+\bar{v}_y\frac{\partial\bar{v}_x}{\partial y}=-\frac{1}{\rho}\frac{\partial\bar{p}}{\partial x}-\frac{\partial}{\partial y}(\overline{v'_xv'_y})-\frac{\partial}{\partial x}(\overline{v'^2_x})\tag{12.25a}$$

以及

$$\bar{v}_x\frac{\partial\bar{v}_y}{\partial x}+\bar{v}_y\frac{\partial\bar{v}_y}{\partial y}=-\frac{1}{\rho}\frac{\partial\bar{p}}{\partial y}-\frac{\partial}{\partial x}(\overline{v'_xv'_y})-\frac{\partial}{\partial y}(\overline{v'^2_y})\tag{12.25b}$$

对于尾迹流，方程(12.25a)可简化为

$$U\frac{\partial\bar{v}_x}{\partial x}=-\frac{\partial}{\partial y}(\overline{v'_xv'_y})\tag{12.26a}$$

对于射流可简化为

$$\frac{\partial}{\partial x}(\bar{v}_x^2)+\frac{\partial}{\partial y}(\bar{v}_x\bar{v}_y)=-\frac{\partial}{\partial y}(\overline{v'_xv'_y})\tag{12.26b}$$

方程(12.26a)与二维层流射流方程(方程(10.72))十分相似，只不过用雷诺应力张量$-\rho\overline{v'_xv'_y}$ 替代了层流方程中的黏性应力 $\eta\partial v_x/\partial y$。

注：上述方程反映了时均流的流向及横向之间的动量通量的平衡，后者由速度脉动及横向时均流动共同引起。

证明： 我们可依据以下几个不等条件对方程(12.25a 和 b)进行简化。

- 连续方程(方程(12.9))对于尾迹流可以转化为 $\partial(U-\bar{v}_x)/\partial x=\partial\bar{v}_y/\partial y$，因此可估算横向时均速度的量级：$\bar{v}_y\approx(U-\bar{v}_x)e(x)/x\ll Ue(x)/x$。对于射流，从方程(12.9)出发则有 $\bar{v}_y\approx\bar{v}_x e(x)/x\ll\bar{v}_x$。
- 由于速度损失 $\bar{v}_x-U\ll U$，因此对于尾迹流有 $\bar{v}_x\partial\bar{v}_x/\partial x\cong U\partial\bar{v}_x/\partial x$。与层流尾迹流一样，此项为支配项，但它的对应项 $\bar{v}_y\partial\bar{v}_x/\partial y$ 在方程(12.26a)中可以忽略。射流的情况则完全相反：方程(12.25b)左侧两项应该全部保留，因为二者之和等于方程(12.26b)左侧两项(对左侧第二项展开并采用连续性方程即可证明)。
- 与准平行层流流动相同，方程(12.25b)左侧的项均可忽略。
- 与速度分量不同的是，雷诺应力张量各个分量的量级相同。然而由于 $e(x)\ll x$，因此它们对 x 的导数相比于对 y 的导数 $\partial(\overline{v'_x v'_y})/\partial y$ 和 $\partial(\overline{v'^2_y})/\partial y$ 可以忽略。综合以上条件，方程(12.25b)可简化为

$$-(1/\rho)\partial\bar{p}/\partial y-\partial(\overline{v'^2_y})/\partial y=0 \qquad (12.27a)$$

进一步在尾迹流或射流内部积分，我们可得

$$\bar{p}(x,y)=p_0-\rho\ \overline{v'^2_y}(x,y) \qquad (12.27b)$$

由方程(12.27b)出发，我们可得压强在 x 方向的梯度为 $(1/\rho)\partial p/\partial x=-\partial\overline{v'^2_y}/\partial x$，这一项在方程(12.25a)中是可忽略的，因为它比 $\partial(\overline{v'_x v'_y})/\partial y$ 小一个数量级。由此，我们得到了方程(12.26a 和 b)。

注： 还有一些湍流仍存在横向压强梯度，这并不会对主流时均流产生影响，但可将流动本身与平行或准平行层流流动区分开来，因为对后者来说，横向梯度通常可以忽略。

动量及流量的守恒律

我们将方程(12.26a 和 b)关于横向坐标 y 进行无限积分(实际操作中积分区域只需涵盖湍流范围即可)。

- **对于尾迹流**，将方程(12.26a)除以 U 可得

$$\int_{-\infty}^{+\infty}-\frac{\partial\bar{v}_x(x,y)}{\partial x}\mathrm{d}y=\frac{1}{U}\int_{-\infty}^{+\infty}\frac{\partial}{\partial y}(\overline{v'_x v'_y})\,\mathrm{d}y=0$$

(其中 $\overline{v'_x v'_y}$ 在外部势流区域为零)。于是，该方程可变形为

$$\frac{\partial Q(x)}{\partial x}=0 \qquad (12.28a)$$

其中

$$Q(x)=\int_{-\infty}^{\infty}[U-\bar{v}_x(y)]\mathrm{d}y \tag{12.28b}$$

因此，与 $U-\bar{v}_x$ 相关的流量 $Q(x)=\int_{-\infty}^{\infty}[U-\bar{v}_x(y)]\mathrm{d}y$ 沿尾迹流动方向保持恒定。从绝对数量上看，$Q(x)$ 等同于以速度 $\boldsymbol{U}$ 匀速运动的参照系下的流量，注意 z 方向上取单位长度。

注：实际上，$Q(x)$ 仅为近似守恒，它是动量守恒的推导结果。从有关层流尾迹流的推导结果方程(10.85)来看，沿 x 方向守恒的实际上是 $\rho\int_{-\infty}^{\infty}\bar{v}_x(U-\bar{v}_x)\mathrm{d}y$。这一结果仅可在 $U-\bar{v}_x \ll \bar{U}_x$ 时简化为 $\rho UQ(x)=$ 常数。

与第 10 章中处理层流尾迹流的方式相似(方程(10.80))，我们可通过动量守恒建立上下游流动间的联系，即流量 $Q(x)$ 的恒定值 Q 与单位长度圆柱所受的阻力 F_{D} 间的关系：

$$F_{\mathrm{D}}=\rho UQ \tag{12.29}$$

- **对于射流**，我们对方程(12.26b)积分可得

$$\rho\int_{-\infty}^{+\infty}\frac{\partial}{\partial x}(\bar{v}_x^2)\,\mathrm{d}y=-\rho\int_{-\infty}^{+\infty}\frac{\partial}{\partial y}(\bar{v}_x\bar{v}_y)\,\mathrm{d}y-\rho\int_{-\infty}^{+\infty}\frac{\partial}{\partial y}(\overline{v'_x v'_y})\,\mathrm{d}y=0$$

等号右侧两项积分均为零，这是因为时均及脉动速度在射流与外部势流的交界处均为零。因此我们有

$$\frac{\partial\phi_j(x)}{\partial x}=0 \tag{12.30a}$$

其中

$$\phi_j(x)=\int_{-\infty}^{+\infty}\rho\,\bar{v}_x^2(x,y)\mathrm{d}y \tag{12.30b}$$

综上，射流所涵盖的横向范围内的动量通量值 ϕ_j 与 x 无关，由于速度均值 $\bar{v}_x$ 随 x 的增大而减小，因此该结果要求流量 $Q(x)=\int_{-\infty}^{+\infty}\bar{v}_x(x,y)\mathrm{d}y$ 随 x 的增大而增加。也就是说，随着向下游的发展，射流将“吸收”越来越多的周边流体。

湍流尾迹流及射流的宽度随发展距离的变化

我们假设尾迹流和射流的特征速度 $U_w(x)$ 和 $U_j(x)$ 在 $y=0$ 的轴线上分别为 $U-\bar{v}_x(x,0)$ 和 $\bar{v}_x(x,0)$。进一步将它们代入积分式(方程(12.28b)和(12.30b))，可得

$$U_w(x)e(x)\approx 常数 \tag{12.31a}$$

和

$$U_j^2(x)e(x)\approx 常数 \tag{12.31b}$$

注：尾迹流的流量 Q_w 和射流内的动量通量 ϕ_j 分别满足

$$Q_w=\int_{-\infty}^{+\infty}(U-\bar{v}_x(x,y))\mathrm{d}y=U_w(x)e(x)\int_{-\infty}^{+\infty}f(\xi)\mathrm{d}\xi=常数$$

和

$$\phi_j=\int_{-\infty}^{+\infty}\rho\bar{v}_x^2(x,y)\mathrm{d}y=\rho U_j^2(x)e(x)\int_{-\infty}^{+\infty}f^2(\xi)\mathrm{d}\xi=常数$$

进一步，如果自相似的假设成立，那么方程(12.31a 和 b)严格成立。

假设 $\overline{v'_x v'_y}$ 在两种流动中分别为 $U_w{}^2$ 和 U_j^2，然后我们来估计方程(12.26a 和 b)中各项的大小。此外，我们还假设时均速度和雷诺张量沿 x 和 y 方向变化的有效特征尺度分别为 x 和 $e(x)$。因此最终分别可得：

$$\frac{UU_w(x)}{x} \approx \frac{U_w^2(x)}{e(x)} \tag{12.32a}$$

和

$$\frac{U_j^2(x)}{x} \approx \frac{U_j^2(x)}{e(x)} \tag{12.32b}$$

结合方程(12.31a 和 b)与(12.32a 和 b)，我们分别得到

对于**尾迹流**有

$$e(x) \propto \sqrt{x} \tag{12.33a}$$

和

$$U_w(x) \propto \frac{1}{\sqrt{x}} \tag{12.33b}$$

对于**射流**有

$$e(x) \propto x \tag{12.34a}$$

和

$$U_j(x) \propto \frac{1}{\sqrt{x}} \tag{12.34b}$$

此外，从方程组(12.33a 和 b)与(12.34a 和 b)还可得到：尾迹流的雷诺数 $Re_w = U_w(x)e(x)/\nu$ 与 x 无关，而射流的雷诺数 $Re_j = U_j(x)e(x)/\nu$ 随 x 增大而增大。我们还注意到，湍流尾迹流中 $e(x)$和 $U_w(x)$的变化与其层流情况相同，而射流在层流和湍流情况下的对应结果则不同(对于层流射流，有 $e(x) \propto x^{2/3}$ 和 $U_j(x) \propto x^{-1/3}$)。

12.4.2　平面射流及尾迹流的自相似速度场

自相似射流和尾迹流的运动方程

在第 10.3.3 和 10.7 节中，我们曾基于自相似假设对边界层和层流尾迹流的运动方程组进行了改写。接下来，我们采用相同的方法来定量分析射流及尾迹流速度场。

首先，我们分别通过 U_w 和 U_j 将尾迹流的速度损失 $U-\bar{v}_x$ 和射流时均速度 $\bar{v}_x$ 归一化，并规定它们仅依赖于归一化的横向距离 $\xi = y/e(x)$，而不再将其写成由 y 和 x 共同决定的形式，于是可得

$$U - \bar{v}_x(x, y) = U_w(x) f(\xi) \tag{12.35a}$$

和

$$\bar{v}_x(x, y) = U_j(x) f(\xi) \tag{12.35b}$$

其中，U_w 和 U_j 是 $x=0$ 处的特征速度，因此有 $f(0)=1$。

同样的条件下，我们对雷诺应力张量的横向分量 $\overline{v'_x v'_y}$ 通过 U_w 和 U_j 进行归一化可得到以下表达式：

$$\overline{v'_x v'_y}(x, y) = U_w^2(x) g(\xi) \tag{12.36a}$$

和

$$\overline{v'_x v'_y}(x, y) = U_j^2(x) g(\xi) \tag{12.36b}$$

注：横向速度分量可通过不可压缩条件(方程(12.9))和定义式(方程(12.25b))得到：

$$\bar{v}_y = \frac{1}{2}\frac{\mathrm{d}e(x)}{\mathrm{d}x}U_j(x)\left[2\xi f(\xi) - \int_0^{\xi} f(u)\mathrm{d}u\right] \tag{12.39}$$

该速度分量同样拥有自相似形式。

- 对于**湍流尾迹流**来说，方程(12.26a)可改写为

$$U\frac{\mathrm{d}e(x)}{\mathrm{d}x}[f+\xi f']=U_w(x)g'=\frac{K}{e(x)}g' \quad (12.37)$$

其中 f' 和 g' 是关于变量 x 的导数，$K=Q_w/\left(\int_{-\infty}^{+\infty}f(\xi)\,\mathrm{d}\xi\right)$ 为常数。当 x 和 ξ 相互独立，且 $e(x)\mathrm{d}e(x)/\mathrm{d}x$ 为常数时，方程(12.37)才成立。由此，我们可以重新得到方程(12.33a 和 b)。

注：$e(x)$和$\sqrt{x}$间的比例系数不定。如果该系数发生变化，那么某一给定 y 值所对应的 x 值同样会变化，方程(12.37)依然成立。

实验证明，在距离圆柱几百个圆柱直径的下游位置开始，流动即表现出自相似特性；尾迹流宽度和速度损失分别按$\sqrt{x}$和 $1/\sqrt{x}$ 的形式变化。

- 对于**湍流射流**，运动方程(12.26b)可改写为

$$\frac{\alpha}{2}\left[f'\int_0^{\xi}f(u)\,\mathrm{d}u+f^2\right]=\frac{\alpha}{2}\frac{\partial^2}{\partial\xi^2}\left[\int_0^{\xi}f(u)\,\mathrm{d}u\right]^2=g' \quad (12.38a)$$

于是可知

$$\alpha=\frac{\mathrm{d}e(x)}{\mathrm{d}x}=\text{常数} \quad (12.38b)$$

该方程与方程(12.34a)等价，与方程(12.31b)联立即可得到 $U_j(x)\propto 1/\sqrt{x}$。实验表明，从起始点开始向下游发展的距离达到射流初始半径的数十倍以后，射流即可达到自相似状态。

涡黏度模型及混合长度理论的应用

为了得到横向速度廓线的显式解，我们还需建立 $\overline{v'_x v'_y}(x,y)$ 和时均速度 $\bar{v}_x(x,y)$之间的关系。对此，我们需要使用涡黏性系数(方程(12.22))和混合长度(方程(12.24a 和 b))的概念。

基于方程(12.35)和(12.36)，我们对比 $\overline{v'_x v'_y}(x,y)$ 和 $-\nu_t\partial\bar{v}_x/\partial y$ 两项可得：对于尾迹流有 $\nu_t\propto U_w(x)e(x)$，对于射流有 $\nu_t\propto U_j(x)e(x)$。因此，尾迹流中的涡黏性系数与 x 无关，而在射流中它以$\sqrt{x}$的形式变化。此外，两种流动中的混合长度$\ell(x)$均正比于 $e(x)$。这说明，能够实现动量输运的涡的尺度正比于尾迹流和射流的局部宽度。

证明：对于尾迹流，我们有$-\nu_t\partial\bar{v}_x/\partial y=\nu_t(U_w(x)/e(x))f'(\xi)$和 $\overline{v'_x v'_y}(x,y)=U_w^2(x)g(\xi)$，联立两式可得 $\nu_t=U_w(x)e(x)g(\xi)/f'(\xi)$，显然，$\nu_t$ 确实随 x 变化；另一方面，方程(12.24a 和 b)给出的混合长度ℓ与 ν_t 的关系为 $\nu_t=\ell^2\left|\partial\bar{v}_x/\partial y\right|$。于是我们有$\ell^2=e^2(x)g(\xi)/f'^2(\xi)$，因此$\ell(x)\propto e(x)$。射流的推导过程同理。

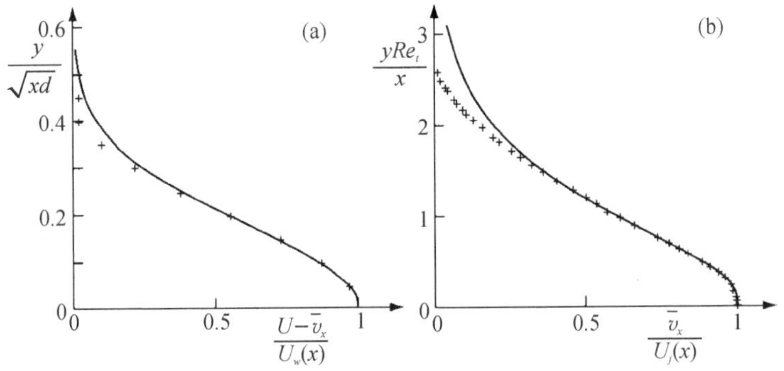

图 12.4　(a)圆柱绕流湍流尾迹流归一化速度损失$(U-\bar{v}_x)/U_w(x)$与归一化横向距离$\xi=y/\sqrt{xd}$关系的实验(+)及理论结果(方程(12.40),实线)间的比较(Townsend,1956);(b)射流归一化速度$\bar{v}_x/U_j(x)$与归一化横向距离Re_t/x关系的实验(+)及理论结果(方程(12.41),实线)间的比较(实验数据来源于 Heskestad, 1965; Pope,2000)

平面尾迹流的时均速度廓线

由上文讨论可知,涡黏度系数 ν_t 仅随 ξ 变化,与 x 无关。于是,方程(12.27)与相应的层流尾迹流方程相似,唯一的不同是将 ν 换成了 ν_t。因此,我们可类比于方程(10.79)给出湍流尾迹流中速度损失的表达式:

$$U-\bar{v}_x=Q\sqrt{\frac{U}{4\pi\nu_t x}}\,\mathrm{e}^{-\frac{Uy^2}{4\nu_t x}} \tag{12.40}$$

在距离绕流圆柱足够远的下游位置,实验结果与上述方程结果符合较好,尤其是在流动的中轴线区域附近(图 12.4(a))。

湍流尾迹流与层流尾迹流的不同之处在于两种黏度系数的差异。雷诺数较高时,涡黏度系数 ν_t 通常远大于分子黏度 ν。实验发现:$\nu_t\cong 0.017Ud$,其中 d 为圆柱直径。

注:方程(12.40)及前文中的 ν_t 表达式均表明 $e(x)\propto\sqrt{\nu_t x/U}\propto\sqrt{xd}$。正因如此,我们选择 $\xi=y/\sqrt{xd}$ 作为图 12.4(a)中的纵坐标变量。

平面射流的时均速度廓线

与尾迹流的处理方式一致,我们认为射流的涡黏度在横向上与 y 无关,因此,时均速度的流向分量遵循以下表达式:

$$\bar{v}_x(y)=\frac{U_j(x)}{\cosh^2\left(\dfrac{yRe_t}{x\sqrt{2}}\right)} \tag{12.41}$$

上式中 $Re_t=U_j(x)e(x)/\nu_t(x)$是基于涡黏度系数 ν_t,对称轴 $y=0$ 处的速度 $U_j(x)$以及射流宽度 $e(x)$定义的湍流雷诺数。由上文讨论有 $\nu_t\propto U_j(x)e(x)$,因此 Re_t 为常数,与 x 无关。

实验证明,方程(12.41)所示的结果在靠近中心线时成立,但当 $\bar{v}_x/U_j$ 小于 0.25 时开始与实测值产生较大偏差(图 12.4b)。实验结果还表明,Re_t 以及比值 $\alpha=e(x)/x$ 均与射流的流量无关。

证明: 结合涡黏度和方程(12.35b)和(12.36b),我们可得

$g(\xi)=\overline{v'_x v'_y}/U_j^2=-(\nu_t\partial\bar{v}_x/\partial y)/U_j^2=-(1/Re_t)f'(\xi)$。将该式代入方程(12.38)，即可得到有关 $f(\xi)$ 的微分方程，求解可得

$$f(\xi)=1/\cosh^2(\xi\sqrt{\alpha Re_t/2})$$

与尾迹流情况相似，至今仍然没有关于 $e(x)$ 或 a 的精准且量化的定义。$y=e(x)$ 对应于 $f(1)$，后者大小为 0.6，$\alpha=e(x)/x=1/Re_t$ 则可用来有效地估计射流宽度的量级。

12.4.3 三维轴对称湍流射流及尾迹流

对于三维轴对称流动，射流和尾迹流分别遵循动量守恒和流量守恒。而 ϕ_j 和 Q 的计算式方程(12.28b)和(12.30b)中的积分不仅沿 y 方向，同时也沿 z 方向。于是，针对平面流动的方程(12.31a 和 b)转化为

$$U_w(x)e^2(x)\approx 常数 \tag{12.42a}$$

和

$$U_j^2(x)e^2(x)\approx 常数 \tag{12.42b}$$

方程(12.36a 和 b)仍然成立，与方程(12.42a 和 b)联立求解，我们可得，对于轴对称尾迹流有

$$e(x)\propto x^{1/3} \tag{12.43a}$$

和

$$U_w(x)\propto x^{-2/3} \tag{12.43b}$$

对于**轴对称射流**有

$$e(x)\propto x \tag{12.43c}$$

和

$$U_j(x)\propto \frac{1}{x} \tag{12.43d}$$

总之，在远离壁面的近似平行湍流的流动中，通过湍流黏性(或涡黏性)以及混合长度等模型得到的速度廓线沿流动发展的结果与实验符合较好。它们不仅适用于射流和尾迹流，也适用于湍流混合层的分析。更准确地来说，在流向的任意位置 x，混合长度与流动的横向尺度成正比。

接下来我们将讨论壁面附近的流动，这种情况下黏性效应不可忽略。

12.5 固壁表面附近的流动

12.5.1 壁面湍流的定性讨论

固体壁面附近的流动在现实中不胜枚举，例如管道内流和物体邻域内的流动，因此相关的研究具有十分重要的实际

意义。这类流动在化工问题中与传质相关，在热流问题中与传热相关，在空气动力学问题中则与湍流状态下的压降和风阻相关。

接下来，我们从圆管或两个平行大平板间的湍流流动展开讨论，它们的属性与对应的层流流动相去甚远。湍流状态下圆管内流的时均速度 $\bar{v}_x$ 的廓线在中心线附近比抛物型黏性层流对应的时均速度廓线要更加平缓，而在靠近壁面处的速度梯度则要更大(图 12.5)。此外，湍流状态下管道两端的压降不再像层流流动一样与流率 Q 成正比，而与 Q^2 成正比。

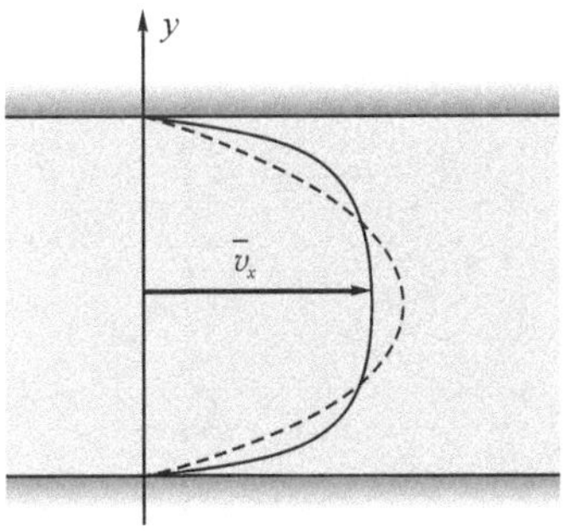

图 12.5　圆管中层流和湍流状态下的时均速度廓线(分别由虚线和实线表示)。水平速度的大小已经通过平均速度无量纲化，以方便不同工况下的比较

与第 12.4 节所述的自由湍流流动类似，壁面湍流中的动量交换也主要通过对流实现，且与雷诺应力张量关联的速度脉动紧密相关。这一点仅在壁面附近的黏性薄层中不成立。这个被称为**黏性底层**(viscous sublayer)的区域源于时均及脉动速度在壁面上的缺失，但这种缺失在自由流动中并不存在。黏性底层的厚度从壁面开始向流动中心区域发展，直至输运方式从黏性扩散转化为对流所需要的距离。除了全局流动横向尺寸之外，黏性底层厚度是流动的另一个特征长度。

最后需要说明的是，壁面湍流的时均速度廓线与局部小尺度流动结构无关。相比之下，尺度更大的全局流动中的黏性底层以及对流输运占据主导的**惯性子区**(inertial sublayer)才是速度廓线的决定性条件。这两个区域在圆管以及湍流边界层中均存在。

12.5.2　与平板壁面平行的定常湍流流动

运动方程

我们现在来考虑这样一个湍流流场，它的时均速度与 x 轴正向平行，且流动已充分发展，湍流脉动量的统计属性与 x 无关(图 12.6)。垂直方向时均速度分量 $\bar{v}_y$ 为零，流向时均速度分量以及脉动量速度的二阶矩(如 $\overline{v'^2_y}$ 和 $\overline{v'_x v'_y}$)仅是 y 的函数。于是，定常条件下的动量输运方程(12.11)可转化为

$$\frac{\partial}{\partial y}\left(\nu \frac{\partial \bar{v}_x}{\partial y} - \overline{v'_x v'_y}\right) - \frac{1}{\rho}\frac{\partial \bar{p}}{\partial x} = 0 \qquad (12.44a)$$

和

$$\frac{\partial}{\partial y}(\overline{v'^2_y}) + \frac{1}{\rho}\frac{\partial \bar{p}}{\partial y} = 0 \qquad (12.44b)$$

当速度脉动项为零时(层流)，上述方程退化为平行流的纳维-斯托克斯方程。

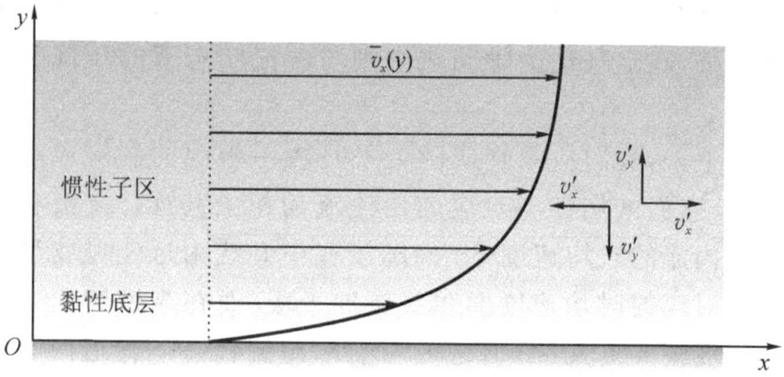

图 12.6 与壁面平行的湍流速度场

由于 $\overline{v'^2_y}$ 在壁面处为零，由方程(12.44b)出发可得 $\bar{p}=p_0-\rho\overline{v'^2_y}$，其中壁面压强 p_0 仅为 x 的函数。因为 $\overline{v'^2_y}$ 与 x 无关，于是对 $\bar{p}=p_0-\rho\overline{v'^2_y}$ 两边关于 x 求导可得 $\partial\bar{p}/\partial x=\partial\bar{p}_0/\partial x$。由于方程(12.44a)中各项仅与 y 相关，因此这两种梯度均与 x 无关。

进一步，对方程(12.44a)两边关于 y 积分，我们可得

$$\rho\nu\frac{\partial\bar{v}_x}{\partial y}-\rho\overline{v'_x v'_y}=\frac{\partial\bar{p}}{\partial x}y+\tau_0 \tag{12.45}$$

- 在紧贴壁面处，速度脉动和压力梯度均可忽略不计，于是方程(12.45)可简化为

$$\tau_0=\rho\nu\frac{\partial\bar{v}_x}{\partial y} \tag{12.46}$$

  τ_0 代表壁面应力，在速度为零的无滑条件下，τ_0 即为黏性应力。τ_0 不仅取决于流动的时均速度，还与雷诺数和壁面粗糙度有关。结合 $y=0$ 处的无滑移条件，对上式积分得

$$\bar{v}_x=\frac{\tau_0 y}{\rho\nu} \tag{12.47}$$

- 在远离壁面处，由于湍流脉动所造成的对流动量输运代替了黏性扩散(实际上这一转变早在距离壁面更近的位置就已发生)，因此方程(12.45)可转化为

$$-\rho\overline{v'_x v'_y}=\frac{\partial\bar{p}}{\partial x}y+\tau_0 \tag{12.48a}$$

  在上文引入的惯性子区中方程(12.48a)自动成立，并且 y 远小于流动的垂向尺寸 h，又考虑到压力梯度项 $\partial\bar{p}/\partial x$ 可以忽略，于是可得

$$\tau_0=-\rho\overline{v'_x v'_y} \tag{12.48b}$$

  基于上式，我们可定义**摩阻速度**(frictional velocity)u^*：

注： 在间距为 $2h$ 的两个平行平板间的湍流流动中，我们来考虑忽略压力梯度 $(\partial\bar{p}/\partial x)$ 的条件。中间平面 $y=h$ 为流动的对称面，由于动量不可能从中间平面出发仅向一个平板输运，因此中间平面处的 $\rho\overline{v'_x v'_y}$ 为零，从而可得 $\tau_0=-h(\partial\bar{p}/\partial x)$，它代表了压力梯度和壁面应力间的平衡。因此，当 y 和 h 相比很小时，方程(12.48a)中包含 $(\partial\bar{p}/\partial x)$ 的项均可忽略，这一假设同样适用于其他流动类型。

$$\tau_0 = \rho u^{*2} \tag{12.49}$$

该速度是湍流脉动的特征速度。

- 最后，我们来讨论第三个区域：**外部流动区**(external flow region)，它的 y 取值与流动的垂向尺寸相当；这种情况下，我们必须采用完整形式的方程(12.48a)对其进行描述。

基于混合长度模型的速度廓线分析

我们现在来讨论黏性底层及惯性子区中的速度廓线，以及黏性和对流这两种动量输运机制之间产生相互转化的临界位置。求解速度廓线时，我们将使用混合长度的概念，该方法已在第 12.4 节中用于讨论射流和尾迹流。

- 黏性底层中的速度廓线呈线性，即遵循方程(12.47)。
- 在惯性子区中，通过联立方程(12.49)和(12.24b)，我们可得

$$\tau_0 = \rho u^{*2} = \rho u^* \ \ell \frac{\partial \bar{v}_x}{\partial y} \tag{12.50a}$$

对于与壁面平行的均匀流动，我们可认为混合长度与距离 y 成正比，即$\ell = \kappa y$。也就是说，在 $\tau_0 = -\rho \overline{v'_x v'_y}$ 成立的垂向区域内，距离壁面一定高度处的流动结构和动量输运不受尺寸大于此垂向区域特征长度的涡的影响，也不受黏性底层的影响。于是，距离壁面的高度 y 为唯一的特征长度。这也意味着动量输运仅在量级为 y 的距离上发生。因此，方程(12.50a)可改写为

$$\frac{\partial \bar{v}_x}{\partial y} = \frac{u^*}{\kappa y} \tag{12.50b}$$

从而有

$$\bar{v}_x = \frac{u^*}{\kappa} \log y + 常数 \tag{12.51}$$

实验证明：对于大部分壁面湍流，$1/\kappa$ 值约为 2.5。κ 称之为**冯卡门常数**(von Karman constant，注意与热扩散系数 κ 区别)。

黏性底层的厚度

由方程(12.50b)可知，当 y 趋近于 0 时速度梯度会发散。在此过程中，方程(12.45)的黏性项 $\rho\nu(\partial \bar{v}_x/\partial y) \cong \rho \nu u^*/(\kappa y)$ 逐渐增大。该项在 $y \approx \nu/\kappa u^*$ 时与壁面总应力 $\tau_0 = \rho u^{*2}$ 大小相同。随着 y 的进一步减小，黏性项占据主要地位，大小仍然为 ρu^{*2}。因此，ν/u^* 代表了黏性底层的厚度，在此高度之上即为惯性子区。

壁面湍流的一般特性

- 一旦离开壁面并进入惯性层，动量输运将主要通过湍流

速度脉动进行，且输运效率要远高于黏性扩散；湍流情况下的动量通量要远大于层流动量通量。

- 在临近壁面的黏性底层中，$v'_x=v'_y=0$，动量输运仅通过黏性扩散进行。动量通量为 $\rho\nu[\partial\bar{v}_x/\partial y(0)]$，且与惯性子区中的动量通量大小相当：速度梯度$\partial\bar{v}_x/\partial y(0)$的值大于层流状态下的对应值。
- 在研究黏性底层及惯性子区时，我们并没有涉及到流动的全局尺寸。大量实验证明，全局流动不影响这两个子区，只影响更大尺寸的外部流动。
- 与层流情况相反，压强在与壁面垂直的方向不为常数，但压强梯度在流动方向仍为常数。

12.5.3 两个平行板间的湍流流动

我们现在对平行板间的流动进行进一步的定量讨论。在以下讨论中，我们不再使用混合长度理论，而是针对此类流动的特点，通过量纲分析展开讨论。

运动方程的无量纲化

由于流动关于中心平面 $y=h$ 对称，因此我们只需研究 $0\leqslant y\leqslant h$ 范围内的流动。同样由于对称性，$y=h$ 处的导数 $\partial v_x/\partial y$ 和对流通量 $\rho\ \overline{v'_x v'_y}$ 都为 0。于是，方程(12.45)可改写为

$$\tau_0+\frac{\partial\bar{p}}{\partial x}h=0 \tag{12.52a}$$

或者

$$\rho u^{*2}=-\frac{\partial\bar{p}}{\partial x}h \tag{12.52b}$$

在方程(12.45)两边同时除以 ρ，并与方程(12.52b)联立求解，我们可得

$$\nu\frac{\partial\bar{v}_x}{\partial y}-\overline{v'_x v'_y}=u^{*2}\frac{h-y}{h} \tag{12.53}$$

该流动中存在两个特征长度：平板间距 $2h$ 和黏性底层厚度 ν/u^*。若将方程(12.47)中的 t_0 用包含 u^* 的表达式替换，我们可得

$$\frac{\bar{v}_x}{u^*}=\frac{u^* y}{\nu} \tag{12.54}$$

为计算惯性子区内的速度廓线，我们引入两个无量纲数分别对应以上两个特征长度：

$$Y=\frac{y}{h} \tag{12.55a}$$

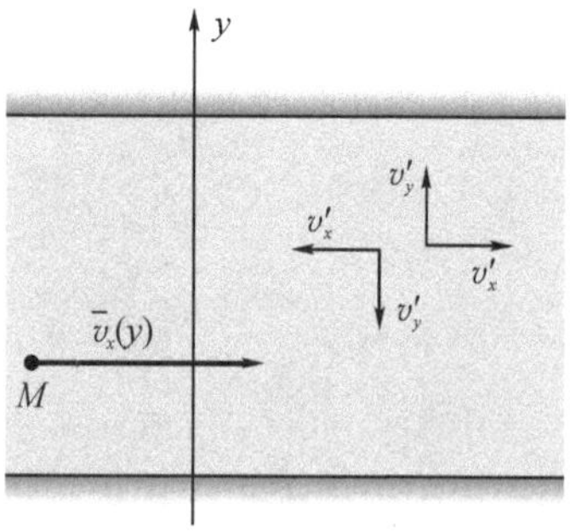

图 12.7 距离为 $2h$ 的两个平行板间的湍流流动

以及
$$y^{+}=y\frac{u^{*}}{\nu} \tag{12.55b}$$
二者的比值可定义为一种雷诺数：
$$\frac{y^{+}}{Y}=\frac{u^{*}h}{\nu}=Re^{*} \tag{12.55c}$$
使用其中哪一种无量纲特征长度取决于正在研究的流动结构处于中心位置还是近壁面位置。在壁面附近，全局流动的影响可以忽略，但黏性作用不可忽略，因此 y^{+} 更为合适。与之相反，在远离壁面的区域，黏性不再对速度廓线产生显著作用，因此 Y 更加合适。而在层流中则不用区分，因为黏性的作用贯穿整个流场。

同样地，平均速度 $\bar{v}_x$ 也可通过两种方式无量纲化。对于近壁面的流动，我们采用比值 $\bar{v}_x/u^{*}$（这一无量纲方式已在方程(12.54)中出现)；而对于中心区域的流动，我们采用无量纲速度$(\bar{v}_x-U_0)/u^{*}$（其中 U_0 是对称面 $y=h$ 处的速度）。与无量纲纳维-斯托克斯方程的解进行类比，我们假设以上两种无量纲速度可分别表示为以 Y 和 y^{+} 为自变量的函数；对于中心区域的流动，我们有
$$\bar{v}_x(Y)-U_0=u^{*}f_1(Y) \qquad \left(y\gg\frac{\nu}{u^{*}},Re^{*}\gg 1\right) \tag{12.56}$$
在靠近壁面处
$$\bar{v}_x(y^{+})=u^{*}f(y^{+}) \qquad (y\ll h,Re^{*}\gg 1) \tag{12.57}$$
此外，$f(0)=f_1(1)=0$ 成立。函数 f 和 f_1 原则上普适，因为我们已假设湍流经过长时间发展，已经完全“遗忘”其初始状态。或者更准确地说，当前位置应远离位于上游的管道进口壁面边缘，从而保证流动的入口效应已经完全消失。

惯性子区内的对数速度廓线

在惯性子区内，坐标 y 的取值由方程(12.56)和(12.57)决定，因此我们可得
$$\frac{v}{u^{*}}\ll y\ll h \quad \text{相应地有} \quad Re^{*}=\frac{u^{*}h}{\nu}\gg 1 \tag{12.58}$$
一般来说，只有当 $Re^{*}>10^{3}$ 时，满足 $30\,\nu/u^{*}<y<0.1h$ 的区域才有可能存在。在该区域中，对流动量输运占据主要地位。根据匹配渐进展开思想(matched asymptotic expansion，流体力学中常用)，若在方程(12.56)和(12.57)中代入同一 y 值，那么所得时均速度应相同。若将两方程同时关于 y 求导，那

么我们应该得到相同的函数;联立方程并乘以 y,整理可得

$$Y\frac{\partial f_1(Y)}{\partial Y}=y^+\frac{\partial f(y^+)}{\partial y^+} \tag{12.59}$$

方程左右两侧的函数 f_1 和 f 是普适的,并且分别仅是 Y 和 y^+ 的函数,因此要做到等号成立,方程两侧应该等于同一常数。令此常数为 $1/\kappa$,可得

$$f_1(Y)=\frac{1}{\kappa}\log Y+C \quad 或 \quad \bar{v}_x(y)-U_0=u^*\left(\frac{1}{\kappa}\log\frac{y}{h}+C\right) \tag{12.60a}$$

以及

$$f(y^+)=\frac{1}{\kappa}\log y^+ +C'$$

或

$$\bar{v}_x(y)=u^*\left(\frac{1}{\kappa}\log\frac{yu^*}{\nu}+C'\right) \tag{12.60b}$$

其中,κ 为已在方程(12.50b)中引入的冯卡门常数。由于方程(12.60a)和(12.60b)在过渡区域同时成立,因此联立可得

$$\frac{U_0}{u^*}=\frac{1}{\kappa}\log Re^* +C'-C \tag{12.61}$$

在压强梯度和槽道宽度已知的情况下,我们可通过上述方程来确定流动的最大速度。

圆管中湍流的速度廓线

图 12.8 给出了无量纲时均速度随无量纲距离 y^+ 的变化关系,其中符号(o)代表直径为 D 的圆管流动中的测量结果。相应的湍流边界层内的测量结果由符号(Δ)表示,具体的讨论将在第 12.5.5 节展开。

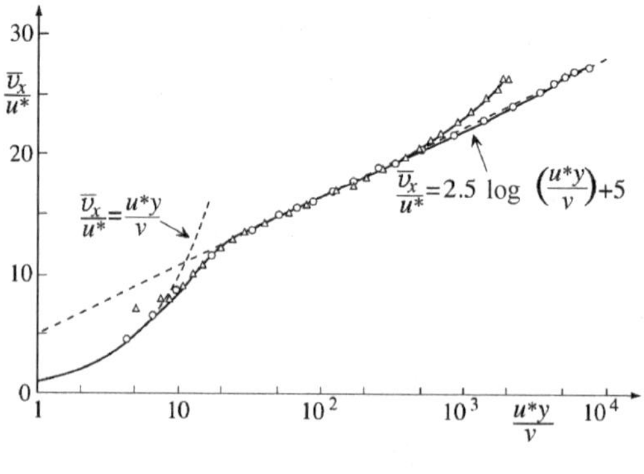

图 12.8 无量纲时均速度 $\bar{v}_x/u^*$ 随距离 $y^+=u^*y/\nu$ 的分布廓线的实验测量结果。o 代表直径为 200 mm 的圆柱管道流中的测量数据,Δ 代表均一流经平板所形成的湍流边界层中的测量结果(数据来源于 Patel,1965)

由上图可知,在 y^+ 从 25 到量级为 $0.1D$ 的范围中,速度廓线呈"线性";由于水平轴为对数坐标,因此在此范围内速度廓线看似是"对数型"。$v_x(y)/u^*$ 遵循方程(12.60b),其中 $C'\approx5.0$,$1/\kappa=2.5$(图中虚线),因此我们有

$$\frac{\bar{v}_x}{u^*}=2.5\log\frac{yu^*}{\nu}+5 \quad (12.62)$$

进一步观察图 12.8 可知，在 $y^+\leqslant 5$ 的黏性底层范围内，方程(12.54)的线性结果 $\bar{v}_x/u^*=y^+$ 与实验结果符合较好(在图中呈现曲线形式是因为水平方向取了对数坐标)；此外，在黏性底层以上和对数廓线区域之间存在过渡区域。

当 $y^+=5$ 时，有关动量输运的两项遵循以下关系式：

$$-\frac{\overline{v'_x v'_y}}{u^{*2}}\approx 0.1\frac{\partial(\bar{v}_x/u^*)}{\partial y^+} \quad (12.63)$$

因此在黏性底层内，速度脉动虽不可忽略，但黏性造成的动量输运相比对流输运来讲是支配项。当 $y^+=11$ 时，方程(12.54)及(12.60b)分别对应的曲线相交，此时两个输运项大小相当。

注：观察图可知，方程(12.54)和(12.60b)的结果相交于 $y^+=u^*y/\nu=11$；因此，我们通过联立求解两方程可得

$$\bar{v}_x/u^*=11=2.5\log 11+C'$$

由此反推可得

$$C'=11-2.5\log 11\approx 5$$

注：随着 Re^* 增大，遵循对数律的惯性子区的范围会增大。具体来说，其上边界对应高度保持 h 的量级不变，而下边界对应高度 ν/u^* 将随 Re^* 增大而减小。

湍流流动中平均速度与最大速度间的关系

为了描述流动的中心区域，我们需要在方程(12.60a)右侧添加一项 $W(y/h)$：

$$\bar{v}_x(y)-U_0=u^*\left(\frac{1}{\kappa}\log\frac{y}{h}+C+W\left(\frac{y}{h}\right)\right) \quad (12.64)$$

对于平行平板间的流动，实验证明 $W(Y)\propto\sin\alpha Y$，且有 $C+W(1)=0$ 和 $W(0)=0$。对于 $y/h<0.1$ 的区域，对数型时均速度廓线将依然是成立的。在实际分析中，我们通常将 $C=0$ 和$W=0$ 代入方程(12.64)以得到近似结果。

基于上文假设，我们将 $C'=5$ 和 $C=0$ 代入方程(12.61)和(12.60a)可得

$$\frac{\bar{v}_x(y)-U_0}{u^*}=2.5\log\frac{y}{h} \quad (12.65)$$

和

$$\frac{U_0}{u^*}=2.5\log Re^*+5 \quad (12.66)$$

进一步合并两个方程，我们得到

$$\frac{\bar{v}_x(y)}{u^*}=2.5\left[\log\frac{y}{h}+\log Re^*\right]+5 \quad (12.67)$$

在半个流场范围内对上式积分，我们可得平均速度 U_m 的表达式如下：

$$\frac{U_m}{u^*}=\frac{1}{h}\int_0^h\bar{v}_x\,dy=2.5\log Re^*+2.5 \quad (12.68a)$$

对于直径为 D 的圆管，我们可结合 $Re^*=u^*D/\nu$ 得到相似表达式：

$$\frac{U_m}{u^*}=2.5\log Re^*-0.5 \quad (12.68b)$$

将 $Re^*=10^3$ 代入方程(12.66)和(12.68a)，我们得到平板间流动的结果 $U_m/U_0=0.88$。这一结果显然大于方程(4.69)中平板间层流对应数值的 2/3。这一事实再次表明：相比层流状态的抛物型时均速度廓线，湍流的速度廓线更为平坦。此外，速度比 U_m/U_0 随 Re^* 的增大而增大，由方程(12.66)和(12.68)可知，该速度比在 $2.5\log Re^*\gg 1$ 的条件下趋近于 1，也就是说除了靠近壁面的区域，流动会呈现出平行流的特征。

12.5.4 平板间及管道内流动的压力损失和阻力系数

光滑壁面的平板间和管道内流动

从方程(12.68a)出发，我们可以确定平板间流动的平均速度和压强梯度 $\Delta p/L$ 间的关系。我们考虑一个在 x 及 z 方向均为单位长度、y 方向拓展至整个 $2h$ 宽度的流体单元，由于流动稳定，作用在其表面的压力合力 $2\Delta ph/L$ 必然与壁面切应力 $\tau_0=2\rho u^{*2}$ 平衡，因此有

$$u^*=\sqrt{\frac{\Delta ph}{\rho L}} \tag{12.69a}$$

以及

$$Re^*=\sqrt{\frac{\Delta ph^3}{\rho\nu^2 L}} \tag{12.69b}$$

由于 z 方向取单位宽度，因此平板间的流量大小为 $Q=2U_m h$。基于此，方程(12.68a)可改写为流量和压强梯度间的关系：

$$Q=2U_m h=2\sqrt{\frac{\Delta ph^3}{\rho L}}\left(2.5\log\sqrt{\frac{\Delta ph^3}{\rho\nu^2 L}}+2.5\right) \tag{12.70}$$

在上述方程中，由于对数项的变化较为缓慢，因此平板间流量 Q 基本上与压强梯度 $\Delta p/L$ 的均方根成正比。因此，湍流条件下流速随压降的变化要比层流条件下缓慢(对于层流有 $Q\propto\Delta p/L$)。

对于直径为 D 的光滑圆管，我们可通过相同思路得到 $\tau_0=(D/4)(\Delta p/L)=\rho u^{*2}$，于是可得

$$u^*=\sqrt{\frac{\Delta pD}{4\rho L}} \tag{12.71a}$$

$$Re^*=\sqrt{\frac{\Delta pD^3}{4\rho\nu^2 L}} \tag{12.71b}$$

以及

$$Q=\frac{\pi D^2}{4}\sqrt{\frac{\Delta pD}{4\rho L}}\left(2.5\log\sqrt{\frac{\Delta pD^3}{4\rho\nu^2 L}}-0.5\right) \tag{12.72}$$

我们引入管道流的阻力系数：

$$C_{\mathrm{d}}=\frac{\Delta p}{\dfrac{L}{D}\dfrac{\rho U_m^2}{2}}=\frac{8u^{*2}}{U_m^2} \tag{12.73}$$

将其代入方程(12.68b)，可得

$$\sqrt{\frac{8}{C_{\mathrm{d}}}}=2.5\log\left(\frac{u^*D}{\nu}\right)-0.5=2.5\log\left(Re_D\sqrt{C_{\mathrm{d}}}\right)-3.1 \tag{12.74}$$

其中 $Re_D=U_mD/\nu$。此关系对应于图 12.9 下方 $\varepsilon/D=0$ 的曲线族；需要指出的是，雷诺数 Re_D 变化倍数为 100 时，C_{d} 的变化倍数仅为 3。

注：基于实际应用中的习惯，我们采用以 10 为底数的对数函数，方程(12.74)可改写为

$$C_{\mathrm{d}}=\left(2.03\lg\left(\sqrt{C_{\mathrm{d}}}Re_D\right)-1.09\right)^{-2} \tag{12.75}$$

该式与商用圆截面光滑管的工程经验公式相似：

$$C_{\mathrm{d}}=\left(2\lg\left(\sqrt{C_{\mathrm{d}}}Re_D/2.51\right)\right)^{-2}=\left(2\lg\left(\sqrt{C_{\mathrm{d}}}Re_D\right)-0.8\right)^{-2} \tag{12.76}$$

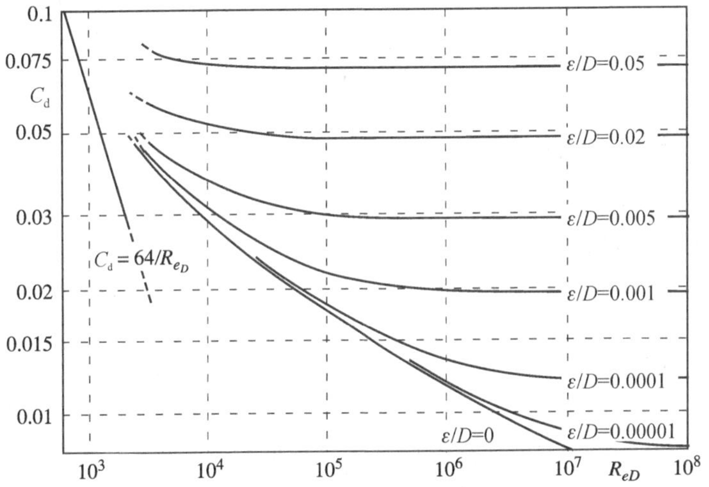

图 12.9　不同直径及壁面粗糙度的圆管中阻力系数 C_{d} 随雷诺数 $Re_D=U_mD/\nu$ 的变化关系。壁面粗糙度定义为壁面粗糙元特征高度 ε 与管径 D 之比。靠左侧的线性关系对应于层流流动。右侧最下方曲线对应于光滑管。虚线对应于层流向湍流的过渡区域

粗糙壁面内的流动

粗糙壁面内的流动是一个非常实际的问题，其中粗糙元的平均高度 ε 是一个必须考虑的变量(图 12.10)。如果 $\varepsilon\ll\nu/u^*$，粗糙元将不会改变黏性底层的结构，前文所述结论仍然成立，即**光滑壁面**(smooth wall)假设仍然有效。

如果 $\varepsilon\gg\nu/u^*$，那么 ε 将代替黏性底层厚度 ν/u^* 来决定壁面附近的流场结构，我们称这种情况为**粗糙壁面**(rough wall)。此时无量纲高度 y^+ 由 $y_\varepsilon=y/\varepsilon$ 代替；在 $y\gg\varepsilon$ 的区域，粗糙元结构将不再影响流场结构。如果 $\nu/u^*\ll\varepsilon\ll y\ll h$，那么方程(12.60b)将转化为

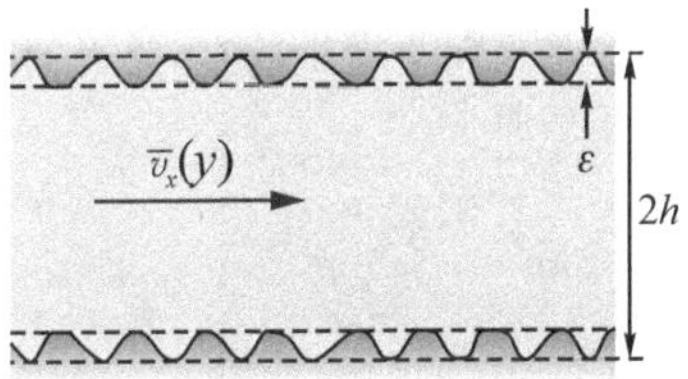

图 12.10　间距为 $2h$、表面粗糙壁面厚度为 ε 的平板间的流动

$$\bar{v}_x=\frac{u^*}{\kappa}\log\frac{y}{\varepsilon} \tag{12.77}$$

由于 $y=\varepsilon$ 时 $\bar{v}_x=0$，所以新方程没有其他附加常数。假设 $y=h$ 时方程仍成立，通过在 ε 和 h 之间对 $\bar{v}_x$ 积分，我们可得

平均速度：

$$U_m \approx \frac{u^*}{\kappa}\left(\log \frac{h}{\varepsilon} - 1\right) \tag{12.78}$$

按照从方程(12.72)到(12.76)的推导过程，我们可得平板间的流量严格正比于$\sqrt{\Delta p/L}$，且阻力系数为常数，而非与 Re_D 呈对数关系。

注：经实验测量，人们发现高雷诺数条件下粗糙壁面内流动的阻力系数 C_d 表达式与速度无关，满足下式：

$$C_d = \left(2\lg \frac{\varepsilon/D}{3.7}\right)^{-2} = \left(2\lg \frac{D}{\varepsilon} + 1.14\right)^{-2} \tag{12.79}$$

图 12.9 给出了不同 ε/D 取值条件下，圆管内流动阻力系数 C_d 随雷诺数 Re_D 的变化关系。观察可知，流动向湍流状态的转化会造成 C_d 明显升高。随着雷诺数的进一步增大，流动进入一个黏性底层厚度 ν/u^* 大于 ε 的区域，其中 C_d 的变化遵循方程(12.74)，与光滑壁面的情况相同。在雷诺数更大的条件下，$\nu/u^* \ll \varepsilon$，C_d 值稳定且大小仅取决于壁面粗糙度。C_d 与 Re_D 间的这种弱相关性说明，对于工业管道低黏性流体中的湍流流动，C_d 是评估内壁摩阻的独立参数。

12.5.5 湍流边界层

注：我们从方程(12.73)C_d 定义式出发，结合泊肃叶方程(4.78)可得到层流管道流的阻力系数：

$$C_d = \frac{64}{Re_D} \tag{12.80}$$

图 12.9 最左侧的直线即为上式所示的变化规律。尽管 C_d 的定义和数值一般由具体流型来决定，但在流体速度与所施加压力梯度成正比的黏性流动中，C_d 以 $1/Re_D$ 的形式变化。这一形式比湍流管道流或是层流边界层流动中 C_d 随 Re_D 的变化要快得多(后者变化形式为 $1/Re^{1/2}$)。

在第 12.5.3 节中，我们讨论了平板间及管道内的流动，并假设流道截面上的速度廓线在经过一定距离后达到稳定。如图 12.11 所示，我们接下来考虑速度为 $\boldsymbol{U}$(与 x 轴平行)的均匀流动中的半无限大平板表面形成的湍流边界层。我们同时假设流动在 x 方向上发展的特征长度远大于 y 方向上对应的特征长度。与第 10 章中关于层流边界层的分析方法一致，我们认为湍流边界层的外部流也是速度为 $\boldsymbol{U}$ 的均匀势流；在湍流边界层的情况下，虽然每个时刻边界层与外界势流的分界线都清晰可辨，但该分界线是随时间脉动的。为了确定边界层的厚度 $\delta(x)$，我们需要将不同时刻的瞬时速度廓线进行平均处理。

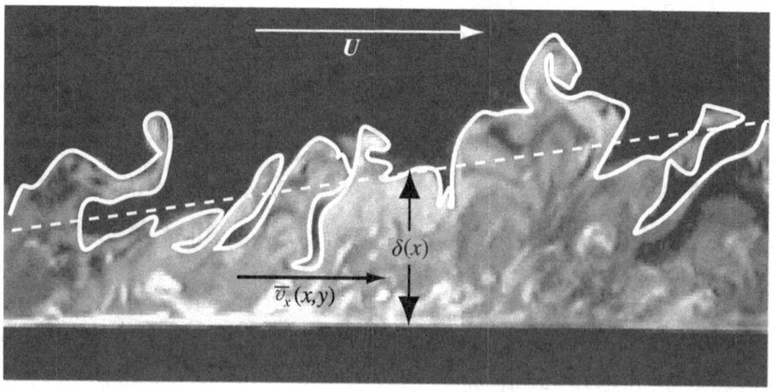

图 12.11 湍流边界层流动。图像灰度对应激光诱导荧光的浓度。激光面与底面垂直，荧光剂止于底面

边界层厚度随流动距离的变化

流体质点沿板面平行方向运动的速度的量级为 U。在此过程中，垂向脉动速度使壁面处的湍流倾向于向远离壁面方

向(y 轴正方向)发展,这种边界层的垂向增厚与层流边界层中的情况一致,是对流而非扩散的结果。在惯性子区中,我们有 $\rho u^{*2}=-\rho\overline{v'_x v'_y}$;同时,实验结果表明 $|\overline{v'_x v'_y}|\approx\overline{v'^2_y}$,因此我们可认为 v'_y 与 u^* 量级相同。通过第 10.2 节中使用的定性分析方法,我们最终可得

$$\frac{\mathrm{d}\delta(x)}{\mathrm{d}x}\approx\frac{u^*}{U} \tag{12.81a}$$

因此有

$$\delta(x)\approx\frac{u^* x}{U} \tag{12.81b}$$

其中 $x=0$ 对应于平板的上游边界。实际上,随着流动沿 x 轴向下游发展,u^* 几乎不随 x 发生变化。因此,边界层平均厚度与 x(而非$\sqrt{x}$)成正比,这与层流边界层情况一致。

光滑平板边界层的层流黏性底层

图 12.8 中的符号(Δ)对应于平板湍流边界层中速度 $\bar{v}_x/u^*$ 随 $\log(yu^*/\nu)$变化的实验结果。与前文一样,u^* 关联于壁面切应力的大小(方程(12.49))。该实验结果与圆管中的结果完全一致。因此,与圆管流动相同,平板的湍流边界层中也存在黏性底层和惯性子区,二者分别对应着线性和对数型的速度廓线。当距离壁面的距离小于边界层的厚度(对圆管流动来说,该距离小于 $0.1D$)时,两种流动中的速度廓线几乎一致。于是有

- 在黏性底层中($y\ll\nu/u^*$):

$$\bar{v}_x(y)\approx\frac{u^{*2}y}{\nu} \tag{12.82}$$

以及

$$\tau(x)=\rho u^{*2} \tag{12.83}$$

- 在惯性子区($\nu/u^*\ll y\ll\delta(x)$),以 y 为自变量的速度廓线与方程(12.60b)相同:

$$\bar{v}_x(y)=u^*\left(\frac{1}{\kappa}\log\frac{yu^*}{\nu}+C'\right) \tag{12.84}$$

其中 $1/\kappa=2.5$,$C'\cong5$。此外,以 $Y=y/\delta(x)$为自变量的廓线与方程(12.60a)相同。

光滑壁面的湍流边界层上边缘的速度廓线

在高雷诺数条件下,大约当 $y>0.15\delta(x)$时,速度廓线将偏离对数形式。这个过渡区域对应于图 12.11 中所示边界层的上边缘;由于边界层上边界大幅度的运动,因此势流和湍流在该区域内交替出现。这种情况下,方程(12.84)不再成立;因此我们参考平板间流动的处理方法(方程 12.64),也引入一

个修正项 W，且该项仅与变量 $y/\delta(x)$ 相关。当 $y \gg \nu/u^*$ 时，方程(12.84)可改写为

$$\frac{\bar{v}_x(y)}{u^*} = \frac{1}{\kappa}\log\frac{yu^*}{\nu} + C' + W\left(\frac{y}{\delta(x)}\right) \quad (12.85)$$

在($y \ll \delta$)的惯性子区内，$W(y/\delta(x))$项为零，并且它在边界层上边缘附近的变化特性与平板间流动中心位置的对应情况相似。将 $y=\delta(x)$时 $\bar{v}_x(\delta)=U$ 这一条件代入方程(12.85)，我们可得

$$\frac{U}{u^*} = \frac{1}{\kappa}\log Re_\delta^* + C'' \quad (12.86)$$

其中 $C''=C'+W(1)$，$Re_\delta^*=u^*\delta(x)/\nu$。

光滑壁面的阻力系数

我们定义阻力系数 $C_d=\rho u^{*2}/\rho U^2$，于是方程(12.86)可改写为

$$C_d = \frac{1}{((1/\kappa)\log Re_\delta^* + C'')^2} \quad (12.87)$$

因此，对于光滑壁面来说，C_d 以对数形式随 Re_δ^* 缓慢变化，实际上等同于随 $\delta(x)$ 变化。这一结果与层流中阻力系数随 $1/Re^{1/2}$ 的变化关系(方程(10.42))不同。

在前文讨论 $\delta(x)$随 x 的变化关系时，我们假设了 u^* 为常数；以上结果也“后验地”证实了这一点。结合方程(12.86)和(12.81b)，我们可得以下定量关系式：

$$\delta(x) \approx \frac{x}{(1/\kappa)\log Re_\delta^* + C''} \quad (12.88)$$

因此，$\delta(x)$与 x 基本呈线性关系；更准确地说，由于方程(12.88)中分母中的 $\log Re_\delta^*$ 与 $\log x$ 成正比，因此 δ 以 $x^{0.9}$ 的形式变化。此外，$\delta(x)/x$ 仅与外部势流速度 U 弱相关。需要注意的是，δ 仅为边界层平均厚度，实际边界始终是弯曲不规则的，且处于强烈的波动中。

粗糙壁面的湍流边界层

在流动充分发展的前提下，当粗糙元高度 ε 大于黏性底层的厚度时，壁面粗糙元将对流动产生主导性的影响。此时，速度廓线、阻力以及阻力系数 C_d 由两个特征长度 δ 和 ε 共同决定。只需将方程(12.87)和(12.88)中的 $\log Re_\delta^*$ 用 $\log(\delta/\varepsilon)$ 替代，我们即可得到粗糙壁面的湍流边界层中 C_d 和 $\delta(x)$的表达式，它们分别对应于充分发展圆管流动情况下的表达式(方程(12.79))。

层流和湍流边界层之间的比较

作为对湍流边界层特征的总结，我们来对比两种边界层的异同，主要包括以下三点：

- 如图 12.12 所示，在层流边界层中，速度首先在靠近壁面的区域呈线性增长；然后，在远离壁面的过程中，以指数形式增长到渐近值。由于横纵坐标均已无量纲化，层流及湍流的结果可以直接进行比较。对于湍流边界层来说，在黏性底层中速度廓线的斜率$\partial\bar{v}_x/\partial y$ 要大于层流边界层中的对应值，而在远离壁面的惯性层中，其对数式增长过程则要慢于层流边界层中的指数增长过程。
- 湍流边界层厚度基本上正比于边界层发展的距离 x（层流边界层的厚度正比于$\sqrt{x}$）。湍流边界层的惯性子区中，由对流导致的动量输运通量要大于层流情况下由黏性扩散导致的动量通量。因此，湍流边界层中的阻力系数 C_d 也更大。正如充分发展流动的情况，这同样解释了壁面附近湍流的时均速度廓线斜率$\partial\bar{v}_x/\partial y$ 较大的原因：黏性底层中对流输运较弱，黏性输运势必要起到补偿作用，从而使速度廓线可以光滑地过渡至惯性区域。
- 湍流及层流平板边界层中的 C_d 分别随 $\log(1/Re)$ 和 $1/\sqrt{Re}$变化，因此，前者的 C_d 随雷诺数的变化较慢，且一般来讲 C_d 值更高。此外，当雷诺数较大时，C_d 随壁面粗糙元增高而增大。

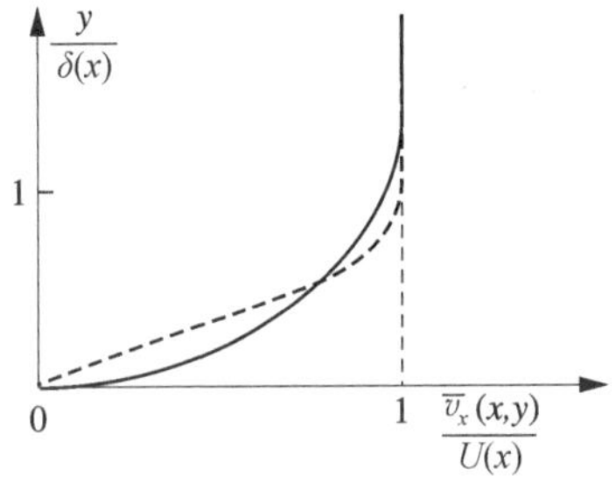

图 12.12 光滑平板表面层流（虚线）及湍流（实线）边界层中无量纲化速度廓线的比较

12.5.6 湍流边界层分离

在实际流动中，湍流边界层出现流动分离所需的逆压梯度（$\partial U/\partial x<0$）要远高于层流的情况（参见第 10.5.4 节），这是湍流边界层的另一显著特点。本质上，这还是因为湍流边界层中基于涡运动的对流动量输运效率要远高于层流边界层中纯粹通过扩散实现的动量输运。在此机制下，向壁面低速区的动量输运更加显著，逆流的发生得以延缓。

因此，我们可通过诱导流动向湍流状态的转捩来保证边界层在分离点上游位置的稳定（比如，可通过壁面的微小粗糙元来诱导转捩），从而使得最终的分离点则要比层流情况更远，下游湍流尾迹流的宽度相比层流情况（图 12.13(a)）也会大幅缩小（图 12.13(b)）。

注： 边界层向湍流的转换会引起尾迹流横向尺寸的减小。一方面，这将造成迎流面和背流面间压差（即形状阻力）的减小；另一方面，原本分离的区域不再发生分离，这将造成摩擦阻力的增大。一般而言，前者产生的效应远大于后者。如图 12.9 所示，$Re_D\approx 3000$ 时，圆管中流动的边界层将发生转捩，导致层流及湍流情况下的阻力系数 C_d 值产生差异。

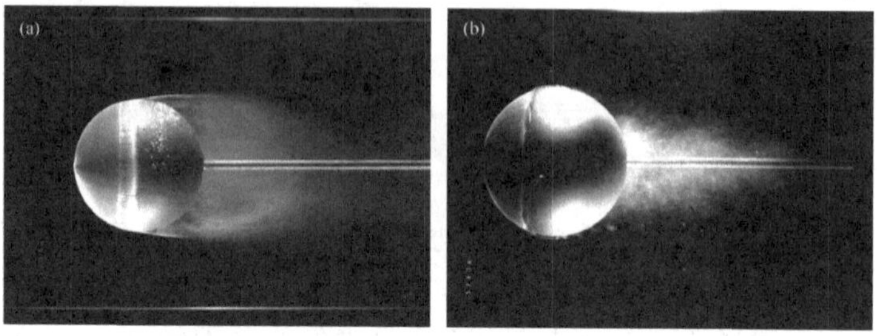

图 12.13 层流(a)及湍流(b)边界层流动分离点位置的比较。在图(b)中,球面分离点上游位置围绕了一个线圈以诱导流动向湍流的转捩,从而使对应的分离点后移(图片由 H. Werlé, ONERA 提供)

尾迹流尺寸的减小将会使尾迹流中的能量耗散大幅降低,从而总的阻力也将随之大幅减小。这一点在工程实践中已有广泛的应用。

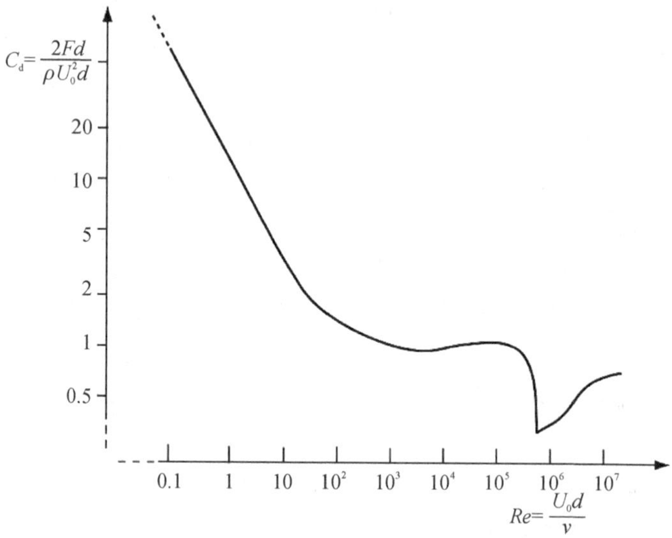

图 12.14 圆柱体表面的阻力危机。当雷诺数达到 3×10^5 时,圆柱体表面阻力会骤降两倍,这是尾迹流宽度突然减小引起的

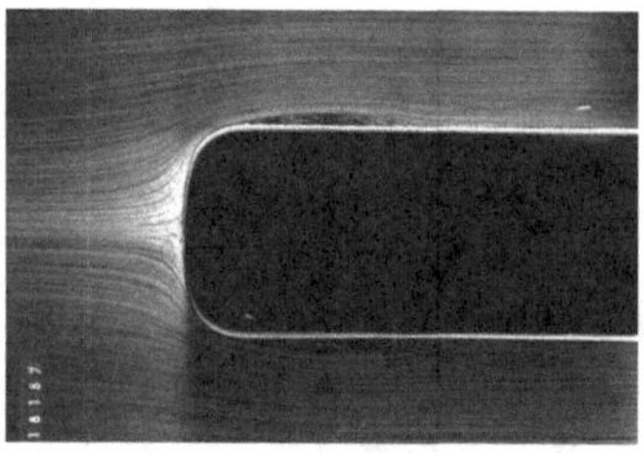

图 12.15 塌鼻型轮廓面的边界层分离以及由于转捩至湍流而导致的边界层再附着现象(图片由 ONERA 提供)

注: 与图 12.15 所示的内容相似,如果我们观察一辆行进中的卡车,车顶篷布的运动可以体现壁面边界层再附着过程。

边界层转捩中一个很重要现象就是**阻力危机**(drag crisis):当雷诺数达到数十万时,即使在光滑球体或柱体表面也可以观察到该现象;它是边界层自发地转捩至湍流状态的结果,通常表现为由尾迹尺寸减小而引起的阻力的大幅降低(图 12.14)。对于洼坑状表面(比如高尔夫球)或是粗糙表面(例如网球),转捩会提早发生。当球的运动速度超过了转捩所需的临界值时,其表面阻力会发生突降,优秀的运动员应该对这一点深有体会。

如图 12.5 所示,如果边界层在分离点下游发生向湍流的转捩,那么将会引起另一种相关的效应:**边界层再附着**(reattachment of boundary layers)。在这种情况下,由湍流脉动导致的横向动量输运足以实现壁面附近流体的再次加速,从而抑制了回流。

12.6　均匀湍流：科尔莫戈罗夫理论

多尺度的涡运动是湍流的本质特征之一。在第 12.2 节中我们已经讨论了时均流和脉动流之间能量及涡量交换的平衡方程；科尔莫戈罗夫于 1941 年提出的**科尔莫戈罗夫理论**(Kolmogorov theory)可更加精确地描述这些平衡过程，并且可以进一步讨论各级涡间能量、涡量的分布与交换。

12.6.1　均匀湍流流动中的能量级串

定性描述

图 12.16 所示为科尔莫戈罗夫理论中的**能量级串**(energy cascade)模型：注入时均流的能量首先传递至特征尺寸为ℓ的最大涡，然后传递至同一空间中尺寸次一级的涡，最终传递至最小尺寸涡并通过黏性耗散掉。

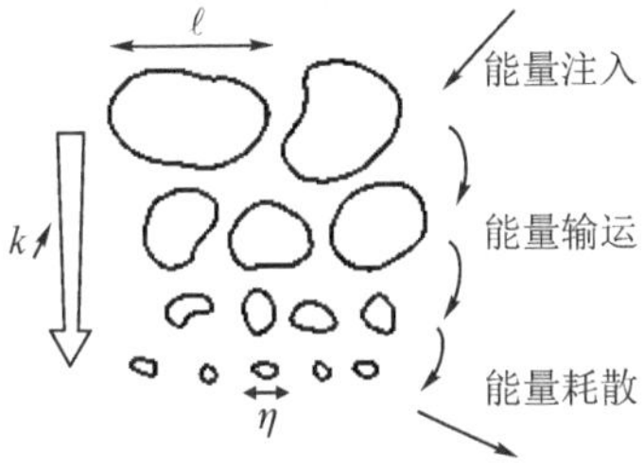

图 12.16　科尔莫戈罗夫级串理论中能量从最大至最小尺度涡的输运过程。注意：图中的“垂向”用来表征想象中的涡之间的尺度差异，而并非真实空间的垂向。也就是说，涡实际上是随机分布的，并不会基于尺寸产生分层

上述不同尺寸涡之间的能量输运与壁面湍流中的动量输运存在相似之处。均匀湍流的时均流部分相当于全局速度廓线，或是远离壁面的流动速度。黏性耗散发挥重要作用的最小涡对应靠近壁面的黏性底层。在这两个尺度的流动之间存在一个中间区域，动量或能量的输运由惯性主导，并且其特征量与黏性和全局流动均无关。

我们通过动能方程(12.19)来证明以上描述的正确性。我们首先假设时均流稳定，并且主流方向上流动演化较慢，因此包含能量流量的扩散项的取值较小。于是，湍流脉动的能量平衡关系(方程(12.19))可简化为

$$-\nu\overline{\left(\frac{\partial v'_i}{\partial x_j}\right)^2}=\overline{v'_iv'_j}\frac{\partial \bar{v}_i}{\partial x_j}\tag{12.89}$$

上式表明：对于脉动部分来说，从时均流输运而来的能量与经黏性耗散的能量达到平衡。我们进一步假设(将通过随后的方程(12.92a 和 b)得到证明)，涡的速度随其尺寸增大而增大，但涡量却随尺寸增大而减小。在此前提下，方程(12.89)中最大涡主导$-\overline{v'_iv'_j}(\partial\bar{v}_i/\partial x_j)$项，而最小涡主导$\nu\overline{(\partial v'_i/\partial x_j)^2}$项。

第 7.1.2 节所展示的兰金涡图像可以帮助我们理解上述能量输运机制，即涡管的拉伸，它在涡量方程(12.20a)中对应于$\overline{\omega'_i\omega'_j(\partial v'_i/\partial x_j)}$项。对于定常均匀流动，我们有$\overline{\mathrm{d}\omega'^2}/\mathrm{d}t=0$，因此这一项必须为正才能保证方程(12.20b)成立。回顾第 7.3.1 节可知，如果一个长为 L、底面半径为 R 的涡管受到拉伸，环绕涡管的速度环量(等同于涡量在涡管横截面上的积

分)以及涡管的体积 $V=\pi R^2 L$ 将保持不变，但涡管旋转对应的动能(量级为 $\rho V R^2 \omega'^2$)与 $1/R^2$ 或 L 成正比，因此涡管被拉伸以后其能量将提高。

上述科尔莫戈罗夫模型还有一个关键的补充假设：某一尺寸确定的涡仅从其临近尺寸级别的大涡获得能量，并将能量仅传递给其临近尺寸的小涡。我们定义 $\xi(\leqslant \ell)$ 为涡的特征尺寸，相应地，该涡的速度脉动和速度梯度的量级分别为 v'_ξ 和 $(\partial v'/\partial x)_\xi$。接下来，我们的讨论将针对尺寸为 ξ 的涡，并假设当 x 增大时 v'_ξ 增大但 $(\partial v'/\partial x)_\xi$ 减小。我们进一步假设 $(\partial v'/\partial x)_\xi \approx v'_\xi/\xi$，因此 v'_ξ 随 x 以幂律变化，则其指数必然小于 1。在湍流中，尺寸为 ξ 的涡管的拉伸仅仅源于那些更大尺寸的涡 $\xi'>\xi$ 的速度梯度 $(\partial v'/\partial x)_{\xi'}$ (更小尺寸的涡对当前涡管拉伸的效应从平均角度上会互相抵消)。在这些更大尺寸的涡中，提供最大速度梯度 $(\partial v'/\partial x)_{\xi'}$ 来产生最强影响的涡就是那些尺寸与 ξ 最为接近的涡。

注：让我们详细解释“临近尺寸级别的大涡或小涡”的含义。我们以前只是较为笼统地基于涡尺寸的对数坐标来描述高度发展湍流中涡尺寸的量级差异。现在我们可以把对数尺度 $\log\xi$ 进行均分，例如划分结果使得游标从一格移动至临近一格时，对应的涡尺寸变化两倍。这种情况下，我们就可以说，尺寸为 ξ 的涡从尺寸为 2ξ 的涡接收能量，并将能量传递给尺寸为 $\xi/2$ 的涡(倍数 2 是随机给定的)。

基于能量级串模型的尺度律和特征尺度

我们令 ε 为单位时间内由时均流动传递给最大涡的单位质量能量(ε 的量纲为 m^2/s^3)。在上述级串过程中，ε 同样等于单位时间内任意尺寸 ξ 的涡与其相邻尺寸涡之间交换的单位质量能量，前提是 ξ 足够大，以确保传递过程中由黏性引起的能量耗散可以忽略。

我们首先来看最大尺度涡：特征长度为 ℓ，对应特征速度为 v'_ℓ，特征时间为 $t_\ell \approx \ell/v'_\ell$，$t_\ell$ 为某一质点环绕涡环所经过的时间。我们假设 t_ℓ 与大涡将其初始能量(向小涡)传输所经历时间的量级一致。于是，我们可得

$$\frac{\mathrm{d}v'^2}{\mathrm{d}t} \approx -A\frac{v'^2}{(\ell/v'_\ell)} \tag{12.90a}$$

即

$$\varepsilon \approx \frac{Av'^3}{\ell} \tag{12.90b}$$

其中 A 是量级为 1 的无量纲常数。在实验上，我们可以使速度为 U 的流体穿过网格，然后通过测量其湍动能损失量随下游发展距离的变化来验证方程(12.90b)。实验结果表明，即使最大涡尺寸是变化的，上述结果也是基本成立。也就是说，方程(12.90a 和 b)同样适用于尺寸为 $\xi(\xi<\ell)$ 的涡，但 ξ 必须足够大以确保黏性效应可以忽略不计。于是有

$$\frac{\mathrm{d}v'^2_\xi}{\mathrm{d}t} \approx A\frac{v'^2_\xi v'_\xi}{\xi} \tag{12.91a}$$

即

$$\varepsilon \approx \frac{Av'^3_\xi}{\xi} \tag{12.91b}$$

我们将遵循上述方程的涡所对应的尺寸范围称为**惯性子区**(inertial subrange)。当 ξ 介于最大尺寸和最小尺寸(受黏性影响)之间时,$t_\xi \approx \xi / v'_\xi$ 是尺寸为 ξ 的涡所对应的唯一特征时间。这意味着中间尺寸的涡不受流动全局结构(对应最大涡)和黏性(对应最小涡)的影响:这一假设源于级串模型,该模型中任一给定尺寸的涡仅和与其尺寸最为接近的涡相互作用。

鉴于能量输运率 ε 对于所有尺寸的涡都是相同的,因此 ε 独立于 ξ,由方程(12.91b)可知

$v'_\xi \propto \xi^{1/3}$　(12.92a)　和　$(\partial v'/\partial x)_\xi \propto \xi^{-2/3}$　(12.92b)

上述方程再次表明:当涡尺寸 ξ 减小时,v'_ξ 减小,但梯度 $(\partial v'/\partial x)_\xi$ 增大。

由于输运的总能量必须等于耗散的总能量,因此 ε 也是单位质量流体的能量耗散率。令 η 为最小涡的特征尺寸(请与动力黏性系数 η 相区别)。具体来讲,对于尺度为 η 的涡来讲,黏性导致的能量耗散率 $\nu\,\overline{(\partial v'_i/\partial x_j)^2}$ 与 ε 相等。将此耗散率改写为 $\nu(v'_\eta/\eta)^2$ 并与方程(12.91a 和 b)联立,尺寸 η 及对应的速度 v'_η 必须保证联立两个条件都成立,同时令 $A=1$,于是我们有

$$\varepsilon = \nu\left(\frac{v'_\eta}{\eta}\right)^2 = \frac{v'^3_\eta}{\eta} \tag{12.93}$$

求解上述方程可得

$$\eta = \nu^{3/4}\varepsilon^{-1/4} \tag{12.94}$$

和

$$v'_\eta = (\nu\varepsilon)^{1/4} \tag{12.95}$$

其中 η 和 v'_η 被分别称为**科尔莫戈罗夫长度**(Kolmogorov length)和**科尔莫戈罗夫速度**(Kolmogorov velocity)。由于最小涡会通过黏性耗散以极快的速率失去能量,因此我们认为 η 就是涡尺寸的下限。从另一角度也能说明这一点。通过科尔莫戈罗夫长度及速度构建雷诺数 $Re_\eta = v'_\eta \eta/\nu$,我们可得 $Re_\eta = 1$,这说明当流动的特征尺度为 η 时,对流及黏性效应的量级相当,即流动直接和黏性耗散相关。

惯性子区中满足标度律(方程(12.92a 和 b))的涡尺寸为 ξ 可拓展到下至 η、上至 ℓ 的量级。基于能量级串理论,惯性子区的概念在尺度超过 ℓ 或小于 η(此时黏性耗散至关重要)时不再成立。我们将在第 12.6.3 节中讨论与惯性子区相关的实验结果。

在相同的涡尺寸范围内,方程(12.91b)也是成立的,因此涡尺寸为 ξ 时单位质量流体的动能 E_ξ 可表示

$$E_\xi \propto v'^2_\xi \propto (\varepsilon\xi)^{2/3} \tag{12.96}$$

因此,能量主要关联于最大尺寸涡。

此外，与尺寸为 x 的涡的涡度拟能 ω'^2_ξ（第 12.2.5 节中定义，即涡量平方值）遵循表达式：$\omega'^2_\xi \propto (v'_\xi/\xi)^2 \propto \varepsilon^{2/3}\xi^{-4/3}$。由该依赖关系可知，涡度拟能随着尺寸的减小而增大；因此涡度拟能主要集中于最小涡。

科尔莫戈罗夫级串以及脉动速度相关性

进一步分析可知，存在另一个与方程(12.96)相关的表达式其可描述各向同性均匀湍流中间隔为 $\boldsymbol{r}$ 的两点上脉动速度的相关性：

$$\langle (v_{\parallel}(\boldsymbol{x}+\boldsymbol{r})-v_{\parallel}(\boldsymbol{x}))^2\rangle_x = C\varepsilon^{2/3}r^{2/3} \qquad (12.97)$$

其中 $r=|\boldsymbol{r}|$，$v_{\parallel}$ 是 $\boldsymbol{r}$ 方向的速度分量。由于流动的均匀性，等号左侧的平均运算与控制体的具体位置无关，并且由于流动的各向同性，此运算同样与 $\boldsymbol{r}$ 的具体方向无关。容易理解：只有当间隔 r 包含于方程(12.96)成立的尺寸范围之内时方程(12.97)式才成立。

注：除了以上讨论的标度律，科尔莫戈罗夫还基于能量守恒提出了一个适用于各向同性均匀湍流的方程，其中涉及到了速度 $v_{\parallel}$ 的分量的三阶矩，此分量与位置增量 $\boldsymbol{r}$ 平行：

$$\langle (v_{\parallel}(\boldsymbol{x}+\boldsymbol{r}_{\parallel})-v_{\parallel}(\boldsymbol{x}))^3\rangle = -\frac{4}{5}\varepsilon r_{\parallel} \qquad (12.98)$$

该式称之为科尔莫戈罗夫 4/5 定律，它适用于距离 r 小于最大涡尺寸的情况，且主要用于计算 ε 的值（由上文讨论可知，ε 是科尔莫戈罗夫级串模型的核心变量）。

12.6.2 科尔莫戈罗夫定律的谱方法表达

截至目前，我们的讨论都认为湍流是不同尺寸涡叠加的结果。接下来，我们来介绍另一种经典方法，即通过傅里叶变换对流场作谱分解，从而将湍流速度场描述为不同波数的正弦波叠加。

速度空间变化的谱分解

通过对速度 v'_j 做三维**傅里叶变换**（Fourier transform），我们可对速度场进行谱分解，也就是将速度脉动转化为正弦波的叠加。具体计算式如下：

$$v'_{k,j} = \frac{1}{(2\pi)^3}\iiint v'_j(\boldsymbol{r})\mathrm{e}^{-\mathrm{i}\boldsymbol{k}\cdot\boldsymbol{r}}\mathrm{d}^3\boldsymbol{r} \qquad (12.99\mathrm{a})$$

同样地，我们也可对上式作傅里叶逆变换而得到原始的脉动速度：

$$v'_j(\boldsymbol{r}) = \iiint v'_{k,j}\mathrm{e}^{\mathrm{i}\boldsymbol{k}\cdot\boldsymbol{r}}\mathrm{d}^3\boldsymbol{k} \qquad (12.99\mathrm{b})$$

于是，流体的湍动能可以通过方程(12.99)中傅里叶变换前后的两种速度来计算。方程(12.100)所示为单位质量流体湍动能的表达式，其中 j 代表求和哑标，$\mathcal{V}$ 代表单位质量流体的体积：

$$\iiint_{\mathcal{V}} \frac{\overline{v'^2_j}}{2}\mathrm{d}^3\boldsymbol{r} = \iiint \frac{\overline{|v'_{k,j}|^2}}{2}\mathrm{d}^3\boldsymbol{k} \qquad (12.100)$$

因此，$(\overline{|v'_{k,j}|^2}/2)\mathrm{d}^3\boldsymbol{k}$ 代表在体积为 $\mathrm{d}^3\boldsymbol{k}$ 的频域内，$\boldsymbol{k}$ 邻域内的波向量所对应的单位质量流体的湍动能。在各向同性的均匀湍流中，该能量仅与 $\boldsymbol{k}$ 的模 $|\boldsymbol{k}|$ 有关而与其方向无关。于是，我们可以定义一个谱能量密度 $E(k)$，也就是说，令能量 $E(k)\mathrm{d}k$ 所对应的波向量的模的范围在 k 和 $k+\mathrm{d}k$ 之间。由于对应的频域体积为 $4\pi k^2\mathrm{d}k$，所以谱能量密度可表达为（j 仍为求和哑标）：

$$E(k)=2\pi\rho k^2\overline{|v'_{k,j}|^2} \tag{12.101}$$

傅里叶变换有一个比较大的问题：正弦波函数在物理空间内是无限的，而湍流结构是有限的。所以我们必须将不同尺度的涡考虑成波段，对应波数段 Δk 以 0 为中心分布。具体来讲，涡尺度 ξ 的量级为 $2\pi/\Delta k$。就像海森堡测不准原理一样，我们无法在真实物理空间和波向量空间内同时完美得到湍流脉动的特征，因为 Δk 越大，物理时空尺度就越小。

于是，**小波变换**(wavelet transform)这样更加精细的技术则更加适用。类似于正弦波，小波变换也需要构建一组正交基。但与正弦波不同的是，小波只在有限空间不为零，因此能够和湍流的特征尺度对应起来。

注： 方程(5.26)所示的黏性耗散的动能是基于相似的数学方法得到的。对于各向同性的均匀湍流，体积为 V 的单位质量流体因为黏性所耗散的动能计算如下：

$$\iiint_V 2\nu e_{ij}^2\mathrm{d}V=2\nu\int k^2E(k)\mathrm{d}k \tag{12.102}$$

与湍动能情况相似，该能量的大小也只与波向量的模相关；其中因子 k^2 源于对原始脉动速度的空间梯度所进行的多次傅里叶变换。

基于时变信息的谱变换

基于第 3.5.4 节介绍的 PIV 技术，我们可以得到测量平面上的瞬时速度场，进一步就可对其进行上述讨论的傅里叶变换（PIV 通常至少可以获得两个方向的速度分量）。但是，PIV 计算窗格的步进导致每个方向上的测量节点仅有百余个，窗格化的 PIV 计算区域长度范围有限，最小仅到步进长度，最大到整个测试区域的尺度。因此，当 Re 数较高时，我们就无法用 PIV 涵盖湍流的所有尺度；理想的尺度范围应该一侧大至流动的全局尺度，另一侧比科尔莫戈罗夫尺度 η 还要小。因此，通过 PIV 技术，我们无法精确验证方程(12.92a 和 b)中所示的标度律。

在实际实验中，我们可通过其他方法来确定 $E(k)$。比如，我们可以在流场中固定一点布置一个探针，用来测量一个或多个速度分量的时间序列。如果单个涡经过该探针的时间远小于其自身演化所需时间，那么我们可以从上述时间序列中推得速度的空间分布。换句话说，这需要时均流速度（与脉

注： 我们无法测量波向量 $\boldsymbol{k}$ 每个分量所对应的速度 $v'_{k_i,j}$，而只能计算与时均流 $\boldsymbol{U}$ 平行的分量 k_1 所对应的速度。此外，我们一般不全部测量速度的三个分量，最多测量两个。因此，我们一般无法确定 $\boldsymbol{k}$ 的每个分量所对应的能量 $\overline{|v'_{k,j}|^2}/2$，而只能得到

$$E_1(k_1)=\frac{\overline{|v'_{k_1,1}|^2}}{2} \tag{12.103}$$

然而，如果湍流是各向同性的，那么 $E_1(k_1)$ 和 $E(k)$ 存在以下关系：

$$E(k)=2k_1^3\frac{\mathrm{d}}{\mathrm{d}k_1}\left(\frac{1}{k_1}\frac{\mathrm{d}E_1}{\mathrm{d}k_1}\right) \tag{12.104}$$

如此，$E(k)$ 就可以表达为 $E_1(k_1)$ 的函数。在接下来的讨论中我们将看到，如果 $E(k)$ 随 k 以幂律变化，那么 $E_1(k_1)$ 也应遵从相同的幂律，且其波向量的变化范围与 $E(k)$ 大致相同。

动速度相比)很高①。上述条件对应的流动称为**泰勒冻结湍流**(Taylor's frozen turbulence)。在实际测量中,以角频率 ω 为自变量的谱速度 $v'_{\omega,j}$ 可以通过对速度时变信息进行傅里叶变换得到。基于泰勒冻结湍流假设,我们认为 $v'_{\omega,j}$ 与谱空间速度 $v'_{k_1,j}$ 一致(其中,$k_1=\omega/\bar{v}$ 是谱向量中与时均速度 $\bar{\boldsymbol{v}}$ 平行的分量)。采用高频探针(比如第 3.5.3 节中介绍的热线测速仪),我们就可以得到速度的高时间分辨率演化特征,从而可在一个较宽的特征长度范围里对涡进行分析。

注:也有研究者做过这样的实验:在流场中快速移动一个装置,来测量装置邻域内流动速度随时间的变化(实际操作中,探针可置于飞机或船艇的外部)。通过将波向量中与主流运动平行的分量替换为 ω/U,我们就可以实现从时变信息到位变信息的变化,其中 U 和 ω 分别是探针的移动速度和采集频率。对于各向同性湍流,只要知道与探针移动方向平行及垂直的速度分量的时变信息,就能通过方程(12.104)估计 $E(k)$。与探针固定的情况相似,运动探针经过一个特定湍流结构的时间必须要比此结构自身演化的时间短(这再次强调了**冻结湍流**假设)。

波向量空间的科尔莫戈罗夫相似律

我们现在来讨论波向量空间 $\boldsymbol{k}$ 中的相似律,它可用来诠释我们在第 12.6.1 节中介绍过的能量级串结构。如上文所述,我们可将各级尺度的涡综合考虑成一个波包,其波向量 $\boldsymbol{k}$ 的中心定义在零点,波包宽度为 $\Delta k\approx 2\pi/\xi$。因此,尺度为 x 的涡对应的波向量的模大小为 $1/\xi$,且波向量的模越大,对应涡的尺度越小。接下来,我们将通过量纲分析推导出由科尔莫戈罗夫提出的两条相似律:第一条针对尺寸充分小的涡(对应大的波向量),因此不受全局时均流动的影响;该定律成立时对应的波向量空间涵盖了最小尺度的涡,即黏性不可忽略的层级。第二条相似律更加具体,它的适用范围对应于谱空间中部的惯性子区,也就是黏性和时均流动均不占主导地位的区域。

科尔莫戈罗夫第一相似律

我们首先考虑尺度为 $\xi\approx 1/k\ll\ell$ 的涡。此时,单位质量流体的谱能量密度 $E(k)$ 可表示为 L^3/T^2,而且它直接由 k、ν 和 ε 决定(三者量纲分别为 $1/L$、L^2/T 和 L^2/T),与 ℓ 无关。因此,**科尔莫戈罗夫尺度**(Kolmogorov length)$\eta=\nu^{3/4}\varepsilon^{-1/4}$ 成为问题中唯一的特征长度。对于尺度为 η 的涡,其能量的黏性耗散率的量级等同于时均流尺度的能量输运率 ε。

科尔莫戈罗夫第一相似律(Kolmogorov's first similarity law)认为,如果 $k\ell\gg 1$,那么波向量 $\boldsymbol{k}$ 只会作为某个函数 f 的无量纲因子 $k\eta$ 关联于问题。因此,在 $E(k)$ 和 $\boldsymbol{k}$ 之间还应存在一个包含 ν 和 ε 的前置因子 $\varepsilon^{\alpha}\nu^{\beta}$ 来平衡等式两边的量纲;我们可以求得 $\alpha=1/4$ 和 $\beta=5/4$,于是有

$$E(k)=\nu^{5/4}\varepsilon^{1/4}f(k\eta) \tag{12.105}$$

① 如此一来,根据运动的相对性,就相当于探针在近乎静止的湍流结构中高速运动,时变信息就可以转化成位变信息。——译者注

由于尺度小于 η 的涡的能量损失皆为黏性耗散，于是我们可以预测，当 $k \gg 1/\eta$ 时，$E(k)$随 k 增大而衰减的速率高于它在更小波向量处的衰减速率，这一点也已得到了实验验证。

科尔莫戈罗夫第二相似律：惯性子区

我们现在来分析尺度为 $\xi \gg \eta$ 的涡：与第一相似律中的情况相反，此时黏性在能量损失中不再起主导作用，能量密度仅仅是 k、ℓ和 ε 的函数。沿用上文的量纲分析，我们可得

$$E(k)=\varepsilon^{2/3}\ell^{5/3}g(k\ell) \quad (k \ll 1/\eta) \tag{12.106}$$

k 应该略大于 $1/\ell$，这种情况下所涉及到的尺度将不会太受到大尺度流动的影响。

如果ℓ远大于 η，那么必然存在一个波数范围同时满足第一相似律的条件 $k\ell \gg 1$ 以及方程(12.106)的条件 $k\eta \ll 1$。这一范围被称为**惯性子区**(inertial subrange)。

在惯性子区中，$E(k)$与ℓ无关，因此由方程(12.106)出发可知 $g(k\ell) \propto (k\ell)^{-5/3}$；同时，$E(k)$也应该与 ν 无关，由方程(12.94)和(12.105)可得 $f(k\eta) \propto (k\eta)^{-5/3}$。这两个条件均指向同一结果：

$$E(k)=K_0\varepsilon^{2/3}k^{-5/3} \tag{12.107}$$

K_0 被称为**科尔莫戈罗夫常数**(Kolmogorov constant)，实验测得，K_0 约为 1.45，实验数据也表明 $E(k)$与ℓ和 ν 无关。方程(12.107)确认了上文得到的结果：湍动能集中在大涡区域，且与涡的特征尺寸正相关。

方程(12.107)即为著名的**科尔莫戈罗夫 $k^{-5/3}$ 幂次律**(Kolmogorov $k^{-5/3}$ law)，已被实验很好地证实，如图 12.17 所示。这一结果仅在惯性子区的波段范围成立，也就是涡的尺度足够大，黏性效应可以忽略，同时又足够小，使得涡结构与时均流尺度的能量注入无关。这一有效范围可以表述为：$\eta < 1/k < \ell$，也就是说$\ell \gg \eta$(实际流动中，$\ell > 10^3\eta$ 甚至 $10^4\eta$)。结合方程(12.94)，该不等关系可以表述为

$$\left(\frac{v'_\ell \ell}{\nu}\right)^{3/4}=Re_\ell^{3/4} \gg 1 \tag{12.108}$$

其中 Re_ℓ是由大涡的特征长度和速度定义的雷诺数，这些特征量通常显著小于全局流动中的对应特征量(比如，栅格湍流)。因此，Re_ℓ通常小于全局流动的雷诺数，这使得实际实验很难满足方程(12.108)的条件。

注： 方程(12.107)与前文推导出的尺度为 ξ 的涡的能量表达式方程(12.96)是一致的。考虑到尺度为 ξ 的涡对应于波向量模为 k 的湍流脉动，因此 ξ 的大小为 $1/k$，于是方程(12.96)可改写为 $E_{\xi=1/k} \propto \varepsilon^{2/3}k^{-2/3}$。如果我们在一个对数尺度跨度中考虑涡的尺寸(比如，涡仅与尺度是其两倍或一半的涡进行能量交换)，那么在波向量空间里，$E_{\xi=1/k}$ 相当于 $E(k)$在区间 $\Delta k \approx k$ 的积分。于是，基于方程(12.107)，我们可得 $E_{\xi=1/k} \propto (\varepsilon^{2/3}k^{-5/3})k$，这与方程(12.96)导出的结果一致。

12.6.3 科尔莫戈罗夫理论的实验验证

$k^{-5/3}$ 幂次律的验证

我们可通过自然界的流动来验证 $k^{-5/3}$ 幂次律。对于$\ell=100$ m，$v'_\ell=1$ m/s 和 $\nu\approx10^{-5}$ m^2/s 的大气流动，雷诺数可轻易达到 10^7。对应测量的方式选择很多，我们可以在气象塔布置固定测点，也可以在飞机机身布置运动探针，一般都可以在跨越三个数量级的条件下（涡尺度从几十厘米到几百米）验证 $E(k)$随 $k^{-5/3}$ 的变化特性，同时还可以验证湍流的各向同性性质。我们也可通过测量雷诺数高达 3×10^8 的洋流（比如海峡中的潮汐流）来证实 $k^{-5/3}$ 幂次律。此外，在法国摩丹（Modane）进行的风洞实验也证实了 $k^{-5/3}$ 幂次律。该实验精细、规整、控制度高，波向量取值范围较宽（也近似达到了三个数量级的跨度，如图 12.17 所示）。从图中我们可清楚看到波向量较大处以及较小处（对应大尺度涡）的数据突变。

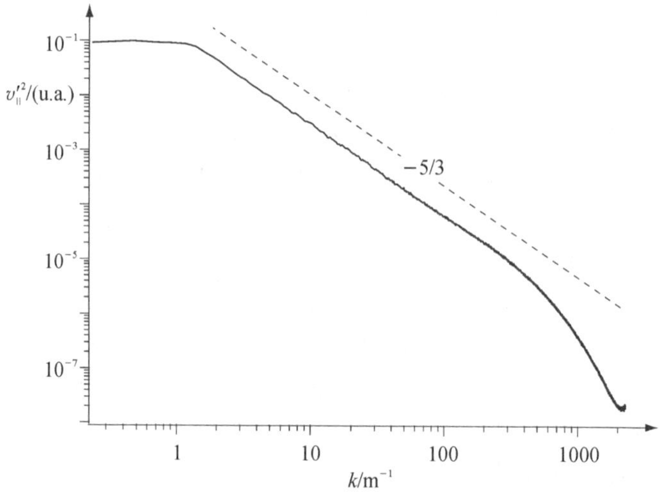

图 12.17 湍流脉动速度水平分量 $v'_{\parallel}$ 平方值的空间谱（以波向量 k 为自变量，测量数据来源于 Modane-Avrieux 的 ONERA S1 型风洞）。虚线为 $k^{-5/3}$ 变化律理论值。实验参数：时均速度 $\bar{v}_{\parallel}=20.6$ m/s，均方根速度$\sqrt{\overline{v'^2_{\parallel}}}=1.66$ m/s，风洞测试段直径 $D=24$ m，科尔莫戈罗夫长度 $\eta=0.31$ mm（$k_\eta=1/\eta=3.2\times10^3\ m^{-1}$）。空间谱是波向量 k 的函数，研究者基于脉动速度的时间序列计算得到空间谱的结果，计算之前考虑了局部时均速度变化所带来的的影响（数据来源于 Y. Gagne 和 Y. Malecot）

科尔莫戈罗夫第一相似律的验证

我们可以在实验室环境下采用热线测速仪来验证这一定律，因为热线可以实现局部精细测量。通过实验我们发现，在 $k\ell\gg1$ 的条件下，比值 $E(k)/(\varepsilon^{1/4}\nu^{5/4})$是 $k\eta$ 的函数。在实验室条件下，我们一般很难观察得到惯性子区；如前文所述，惯性子区较容易出现在大气、海洋以及大风洞中。ε 可通过间接手段测量，因为它等同于最小尺度涡的能量耗散率。目前已经证实，在 $k\ell\gg1$ 的条件下，在多种不同的雷诺数和多样的湍流生成方式情况下，实验结果均与第一相似律符合。

12.7 湍流的其他特性

至此，我们已经了解到湍流是一种不可预知的流动，并且伴随着很强的非线性效应和显著的对流输运（即湍流混合的高效性）特性。然而湍流通常表现出的特征远非这样寥寥几句可以概括。在这一节中，我们将结合本书已有知识点和几个具体例子，对湍流的其他方面特性进行简单介绍，引导读者阅读更专业的书籍和进行流动的详细分析。

12.7.1 间歇性湍流

科尔莫戈罗夫理论从全局角度很好地介绍了各向同性湍流，该理论依然是初步分析均匀湍流的关键参考。然而在真实流动中，大涡从来都不可能达到统计平衡态。由于大涡决定了能量交换的量级，所以大涡的非平衡态一定会造成 ε 随时间的变化。实际上，实验测量结果也确实表明，能量耗散率随时间的起伏很大，空间分布也不均匀。从物理角度讲，这样的波动起伏与一段特定湍流结构的运动有关，就像我们能看到的河面上的漩涡结构。这样一段段（或一缕缕）的湍流结构紧密关联于**间歇性**（intermittency）这一概念。能量耗散率 ε 的重要性促使人们开始研究脉动速度的高阶矩；此时，科尔莫戈罗夫理论不再适用。因此，我们必须同时考虑研究 ε 的时均量，及其概率分布所对应的高阶矩。

12.7.2 湍流拟序结构

我们从很多例子中获知，湍流可以大尺度的稳定结构相容，这种结构称之为**拟序结构**（coherent structure）。木星的大气中的“大红眼”是一个超高雷诺数条件下拟序结构的一个经典例子。若木星表面的大气流动特征速度为 100 m/s，氢气的运动黏性系数的数量级为 $10^{-5}\ m^2/s$，大气层厚度为 100 km，这种情况下对应的雷诺数约为 10^{12}。

我们曾在第 2 章中讨论过圆柱体下游流动中会产生一串旋转方向交替变化的涡，即冯卡门涡街，如图 2.9 所示。这种涡街在高雷诺数条件下也会出现，如图 2.10 所示。

我们曾在第 11.4.1 节中讨论了不同速度的平行流动间的开尔文-亥姆霍兹失稳现象；实际上，在这种两个平行流动的界面处也能观察到类似于涡街的拟序结构。流动失稳导致的周期性涡街中，所有涡的主轴与主流方向垂直（图 11.16），且旋转方向全部相同，这一点和冯卡门涡街不同。如果两个平行流动没有边界限制，那么涡的尺度随着特征距离的增大呈线性增长，这里的特征距离是指从流动交汇点到涡所在位置的空间距离。这种结构会在两股流体之间形成一片混合区，相应的机制被称为**混合层失稳**(mixing layer instability)。

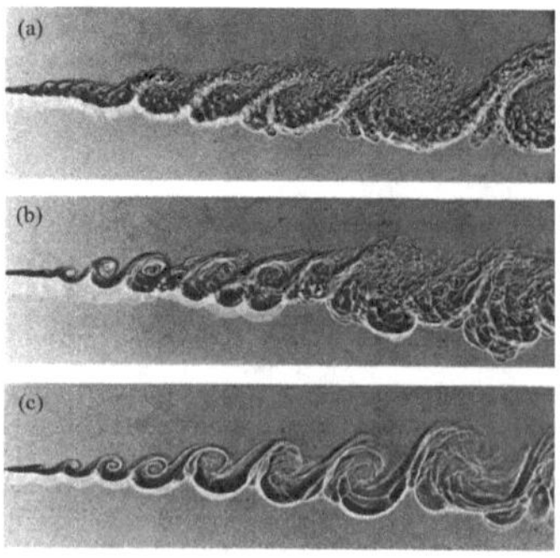

图 12.18 两种气流平行运动，但密度和速度均不相同(上层氦气比下层氮气流动更快)。二者交界处形成混合层拟序涡结构，其形态随雷诺数变化。(a) Re_a；(b) $Re_b=Re_a/2$；(c) $Re_c=Re_a/4$ (图像来源于 G. L. Brown 和 A. Roshko，1974)

美国物理学家 A. Roshko 通过实验证实，当雷诺数增大到一定值之后，上文所述的这些平面大尺度涡结构将不再随雷诺数产生变化。图 12.18 所示为不同雷诺数条件下的大涡结构。另外可以看到，当雷诺数最高时，代表小涡的精细结构是最为清晰的(图 12.18(a))。

尽管有小尺度涡结构存在，但混合仍然由大涡主导。在混合过程中，涡卷曲(形成蛋卷状)和涡拉伸同时存在，但前者包含的结构特征显然更为多样。以上特性在实际应用中很重要，尤其是对于两种产生化学反应的流体而言(比如在煤气喷灯中，见第 10.9.1 节和图 10.24(b))。

虽然当雷诺数超过一定界限并继续增大时，大尺度拟序结构不再产生变化，但大尺度结构中会开始出现小尺度三维涡结构：平面卷曲结构会分裂成小涡，但在分裂前会首先沿流向被拉伸。这一特性实际上与科尔莫戈罗夫理论符合，因为后者认为，随着雷诺数增大，耗散结构的尺度将会减小。因此，我们可以观察到尺度小于大涡的中间态惯性子区。

12.7.3 平面湍流的涡动力学

图 12.18 显示的无边界混合层湍流存在另外一个奇妙特性，就是涡在运动的过程中会发生自我演化。混合层的特征速度大小介于两个平行流动速度之间，比如在第 7.4.2 节和第 11.4.1 节讨论的流动中，特征速度为 $(U_1+U_2)/2$。流动失稳之后，涡成对出现，在逐渐远离起点并向下游运动的过程中保持转动方向一致，而且像做“跳房子”游戏一样交替前进，直到融汇成一个尺度更大的涡。

上述过程主要与大尺度结构相关，而大尺度涡本质上是平面的，因此涡结构演化可认为是一种平面湍流特性。实际上，这种涡聚积过程在平面湍流的数值模拟结果中也会出现(图 12.19)。在数值模拟中，湍流结构通过涡量分布实现可视化，并通过大量相同转向的涡的聚积实现增长，这与上述混合层的情况相同。同时，这些结构会因黏性作用而衰弱，因为在涡聚积后并没有新的能量注入。其他一些平面湍流的模拟也具有相似结果，比如说肥皂膜表面的流动。

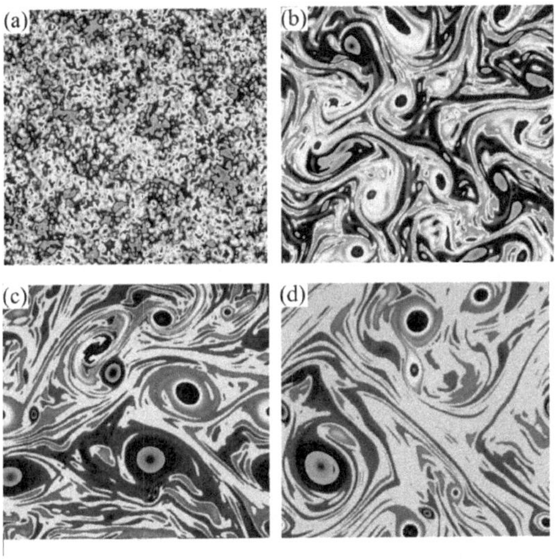

图 12.19(彩)　平面湍流中涡量分布随时间演化的数值模拟。涡量最初随机分布，在演化过程中没有外部能量注入。颜色用以标识涡量场：红色代表较高正值，蓝色代表较高负值，灰色代表较低值，而黄色代表零值。图像(a)、(b)、(c)和(d)分别对应无量纲时间$t=0$、$t=1$、$t=3$ 和 $t=5$(图像来源于 M. Farge 和 J. F. Colonna)

从全局角度看，平面湍流与三维湍流有本质的不同。三维情况下，湍流演化的必要机制是与涡的主轴方向平行的速度梯度对涡的拉伸(第 7.3.2 节)。这一机制在平面湍流里显然是缺失的，因为两个速度梯度方向始终与涡轴线垂直。因此，有人引入一个**反向级串**(inverse cascade)的概念来描述通过涡聚积产生大尺度结构的过程。这与科尔莫戈罗夫针对三维流动的级串概念不同。

平面湍流里比较重要的一类例子就是大尺度流动，比如洋流或大气流动。实际上我们在第 7.6.2 节已经了解到，科氏力能够使与旋转轴垂直的运动独立。此外，与平面垂直的流动的速度大小也会受到热力分层和大气层厚度的限制。这些效应会极大影响海洋或大气中的大尺湍流度混合过程。

通过旋转流动实验，我们可观察到湍流状态下涡的合并过程，如图 12.20 所示。旋转实验和地球大气环境相似，与外部旋转方向相同的涡占据主流。因此，此类实验有助于理解气象学中的一些重要问题。

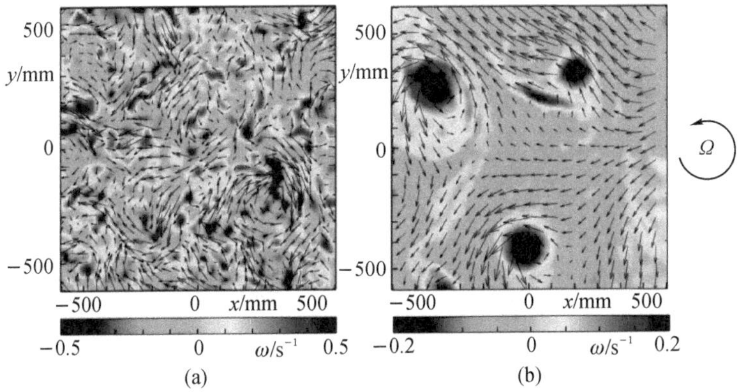

图 12.20(彩)　旋转容器内的涡量分布：容器直径为 13 m，转轴垂直于纸面，旋转周期为 30 s。(a)旋转 2 个周期以后；(b)旋转 10 个周期以后。涡量由颜色标识，速度场通过矢量箭头标识。红色涡量代表涡旋方向与外部旋转方向相同，而蓝色则代表相反(图片来源于 F. Moisy、C. Morize、M. Rabaud 和 J. Sommeria)

参考文献

全书通用文献

参考书籍

Batchelor, G. K. (2000) *An Introduction to Fluid Mechanics*. Cambridge University Press.

Faber, T. E. (1995) *Fluid Dynamics for Physicists*. Cambridge University Press.

Feynman, R. P., Leighton, R. and Sands, M. (1964) *The Feynman Lectures on Physics*. Volume 2, Chapters 40 "The flow of dry water" and 41 "The flow of wet water." Addison-Wesley.

Kundu, P. K., Cohen, L. M. and Dowling, D. R. (2011) *Fluid Mechanics*, 5th edition, Academic Press.

Lamb, H. (1993) *Hydrodynamics*. Cambridge University Press.

Landau, L. D. and Lifschitz, E. M. (1987) *Fluid Mechanics*. 2nd edition. Chapters 1 to 4. Pergamon Press.

有关流动可视化的参考书籍和多媒体文件

Guyon, E., Hulin, J-P. and Petit, L. (2011) *Ce que disent les fluides, la science desécoulements en images*, 2nd edition. Belin.

Guyon, E. and Guyon, MY. (2014). "Taking fluid mechanics to the general public" *Annual Review of Fluid Mechanics*. 46, 1-22.

Homsy, G. (2008) *Multimedia Fluid Mechanics* (*MMFM*) second edition. Cambridge University Press.

Paterson, A. R. (1983) *A First Course in Fluid Dynamics*. Cambridge University Press.

Samimy, K. S., Breuer, K. S., Leal, L. G. and Steen, P. H. (2004) *A Gallery of Fluid Motion*. Cambridge University Press.

Shapiro, A. H. (1961-1972) *National Committee for Fluid Mechanics Films* (NCFMF) and its companion book: *Illustrated Experiments in Fluid Mechanics* (IEFM, 1974). MIT Press. For internet access to all these films use Shapiro and NCFMF as search keywords.

Tritton, D. J. (1988) *Physical Fluid Dynamics*. 2nd edn. Oxford Science Publications.

Van Dyke, M. (1982) *An Album of Fluid Motion* (AFM). Parabolic Press.

流体力学发展史

Darrigol, O. (2008) *Worlds of Flows: A History of Hydrodynamics from the Bernoullis to Prandtl*. Oxford University Press.

各章参考文献

除了上述所列的通用参考文献之外，我们以下给出每章对应的文献，具体包括：

- 每章引用的期刊综述论文，以及深入讨论相应内容的流体力学教材；
- 每章某个小节讨论的内容所引用的特定文献；
- 来自 NCFMF① 的流动可视化视频。

第 1 章

本章通用文献

Adamson, W. A. and Gast, A. P. (1997) *Physical Chemistry of Surfaces*. John Wiley & Sons.

Bird, B. R., Stewart, W. E. and Lightfoot, E. N. (2006) *Transport Phenomena*. John Wiley & Sons.

Carslaw, H. S. and Jaeger, J. C. (1959) *Conduction of Heat in Solids*. Oxford University Press.

Egelstaff, P. A. (1994) *An Introduction to the Liquid State*. Oxford University Press.

Guyon, E. et al. (2010) *Matière et matériaux. De quoi est fait le monde*. Belin.

McQuarrie, D. (1976) *Statistical Mechanics*. Harper and Row.

Reif, F. (1972) *Statistical Physics*. McGraw-Hill. See bibliography of chapter 8.

本章特定文献

Barker, J. and Henderson, D. (1981) "Numerical simulations of two-dimensional phase transitions." Scientific American. 180, Nov. 130 - 138.

Charmet, J., Cloitre, M., Fermigier, M., Guyon, E.; Jenffer, P.; Limat, L.; Petit, L. (1986). "Application of forced Rayleigh scattering to hydrodynamic measurements." *IEEE Journal of Quantum Electronics*. QE-22, 1461 - 1468.

Betrencourt, C., Guyon, E. and Giraud, L. G. (1980) "Teaching physics out of a bag of marbles." *European Journal of Physics*. 1, 206 - 211.

① NCFMF，全称为 National Committee for Fluid Mechanics Films，是由麻省理工学院的 Ascher Shapiro 教授于 1961 年制作的系列流体流动视频。——译者注

Pieranski, P. (1984) "An experimental model of a classical many body problem." *American Journal of Physics*. 52, 68 - 73.

第 2 章

本章特定文献

Koplik, J., Banavar, J. and Willemsen, J. F. (1988) "Molecular dynamics of Poiseuille flow and moving contact lines." *Physical Review Letters*. 60, 1282 - 1285.

Provansal, M., Mathis, C. and Boyer, L. (1987) "Bénard-von Kármán instability: transient and forced regimes." *Journal of Fluid Mechanics*. 182, 1 - 22.

Miedzik, J., Gumowski, K., Goujon-Durand, S., Jenffer, P. and Wesfreid, J. E. (2008) "Wake behind a sphere in early transitional regimes." *Physical Review E*. 77, 055308.

Reynolds, O. (1883) "An experimental investigation on the circumstances which determine whether the motion of water shall be direct or sinuous and the law of resistance in a parallel channel." *Philosophical Transactions of the Royal Society*. 174, 935 - 982.

Rott, N. (1990) "Note on the history of the Reynolds number." *Annual Review of Fluid Mechanics*. 22, 1 - 20.

第 3 章

本章通用文献

Adrian, R. J. (1991) "Particle imaging techniques for experimental fluid mechanics." *Annual Review of Fluid Mechanics*. 23, 261 - 304. Merzkirch, W. (1979) *Flow Visualization*. Academic Press.

本章特定文献

Bartol, I. K., Kruger, K. S., Stewart, W. S. and Thomson, J. T. (2009) "Hydrodynamics of pulsed jetting in juvenile and adult brief squid Lolliguncula brevis: evidence of multiple jet 'modes' and their implications for propulsive efficiency." *Journal of Experimental Biology*. 212, 1889 - 1903.

Taylor, G. I. (1934) "The formation of emulsions in definable fields of flow." *Proceedings of the Royal Society A*. 146, 501 - 523.

本章引用的 NCFMF 流动视频

Kline, S. J. (1966) *Flow Visualization* (IEFM, p. 34).

Lumley, J. L. (1963) *Deformation of Continuous Media* (IEFM, p. 11).

第 4 章

本章通用文献

Byron Bird, R. and Hassager, O. (1987) *Dynamics of Polymeric Liquids*. John Wiley & Sons.

Coussot, P. (2005) *Rheometry of Pastes, Suspensions and Granular Materials*. John Wiley & Sons Ltd.

Larson, R. G. (1999) *The Structure and Rheology of Complex Fluids*. Oxford University Press.

Oswald, P. (2009) *Rheophysics: The Deformation and Flow of Matter*. Cambridge University Press.

本章特定文献

Allain, C., Cloitre, M. and Perrot, P. (1997) "Experimental investigation and scaling laws of die swelling in semi-dilute polymer solutions." *Journal of Non-Newtonian Fluid Mechanics*. 73, 51-66.

Berret, J-F., Porte, G. and Decruppe J-P. (1997) "Inhomogeneous shear flows of wormlike micelles." *Physical Review E*. 55, 1668-1676.

Charlaix, E., Kushnick, A. P. and Stokes, J. P. (1989) "Experimental study of the dynamic permeability of porous media." *Physical Review Letters*. 61, 1595-1598.

Cottin-Bizonne, C., Cross, B., Steinberger, A. and Charlaix, E. (2005) "Boundary slip on smooth hydrophobic surfaces." *Physical Review Letters*. 94, 056102.

Reiner, M. (1964) "The Deborah number." *Physics Today*. 17 n°1, 62.

本章引用的 NCFMF 流动视频

Markovitz, H. (1964) *Rheological Behaviour of Fluids* (IEFM, p. 18).

Trefethen, L. (1967) *Surface Tension in Fluid Mechanics* (IEFM, p. 26).

第 5 章

本章通用文献

Middleman, S. (1995) *Modeling Axisymmetric Flows: Dynamics of Films, Jets and Drops*. Academic Press.

Milne-Thomson, L. M. (1996) *Theoretical Hydrodynamics*. Dover Publications.

本章引用的 NCFMF 流动视频

Shapiro, A. H. (1962) *Pressure Fields and Fluid Acceleration* (IEFM, p. 39).

第 6 章

本章通用文献

Lighthill, M. J. (2001) *Waves in Fluids*, 2nd edition. Cambridge University Press.

Stoker, J. J. (1957) *Water Waves, The Mathematical Theory with Applications*. John Wiley & Sons.

本章特定文献

Davies, R. M. and Taylor, G. I. (1950) "The mechanics of large bubbles rising through extended liquids and through liquids in tubes." *Proceedings of the Royal Society of London A*. 200, 375 - 390.

本章引用的 NCFMF 流动视频

Bryson, A. E. (1964) *Waves in Fluids* (IEFM, p. 105).

第 7 章

本章通用文献

Childress, S. (1981) *Mechanics of Swimming and Flying*. Cambridge University Press.

Cushman-Roisin, B. (1994) *Introduction to Geophysical Fluid Dynamics*. Prentice Hall.

Greenspan, H. P. (1990) *The Theory of Rotating Fluids*. Breukelen Press.

Holton, J. R. (2004) *An Introduction to Dynamic Meteorology*, 4th edition, Academic Press.

Saffman, P. J. (1995) *Vortex Dynamics*. Cambridge University Press.

本章特定文献

Cortet, P-P., Lamriben, C. and Moisy, F. (2010) "Viscous spreading of an inertial wave beam in a rotating fluid." *Physics of Fluids*. 22 086603.

Donnelly, R. J., Glaberson, W. I. and Parks, R. (1967) *Experimental Superfluidity*. University of Chicago Press.

Donnelly, R. J. (1993) "Quantized Vortices and Turbulence in Helium II." *Annual Review of Fluid Mechanics*. 25, 327 - 371.

Godoy-Diana, R., Aider, J-L. and Wesfreid, J. E. (2008) "Transitions in the wake of a flapping foil." *Physical Review Letters E*. 77, 016308.

Guyon, E., Kojima, H., Veitz, W. and Rudnick, I. (1972) "Persistent current states in rotating superfuid He." *Journal of Low Temperature Physics*. 9, 187 - 193.

Williams, G. and Packard, R. E. (1980) "A technique for photographing vortex positions in rotating superfluid He." *Journal of Low Temperature Physics*. 39, 553 - 577.

本章引用的 NCFMF 流动视频

Shapiro, A. H. (1961) *Vorticity* (IEFM, p. 63).
Fultz, D. (1969) *Rotating Flows* (IEFM, p. 143).

第 8 章

本章通用文献

De Gennes, P. G., Brochard, F. and Quéré, Y. (2004) *Capillarity and Wetting Phenomena: Drops, Bubbles, Pearls, Waves*. Springer.

本章特定文献

Cazabat, A. M. and Cohen Stuart, M. (1986) "Dynamics of wetting: effects of surface roughness." *Journal of Physical Chemistry*. 90, 5845 - 5849.
Fermigier, M. and Jenffer, P. (1991) "An experimental investigation of the dynamic contact angle." *Journal of Colloid and Interface Science*. 146, 226 - 241.
Mora, S., Abkarian, M., Tabuteau, H. and Pomeau, Y. (2011) "Surface instability of soft solids under strain." *Soft Matter*. 7, 10612 - 10619.
Ribe, N. M. (2004) "Coiling of viscous jets." *Proceedings of the Royal Society of London A*. 460, 3223 - 3239.
Trouton, F. T. (1906) "On the coefficient of viscous traction and its relation to that of viscosity." *Proceedings of the Royal Society of London A*. 77, 426 - 440.

第 9 章

本章通用文献

Bear, J. (1989) *Dynamics of Fluids in Porous Media*. Dover Publications.
Dullien, F. A. (1992) *Porous Media; Fluid Transport and Pore Structure*. Academic Press.
Guazzelli, E. and Morris, J. F. (2012) *A Physical Introduction to Suspension Dynamics*. Cambridge University Press.
Happel, J. and Brenner, H. (1983) *Low Reynolds Number Hydrodynamics (with special applications to particulate media)*. Kluwer Academic Publishers.
Hinch, E. J. (1988) "Hydrodynamics at Low Reynolds Number: a brief and elementary introduction" in *Disorder and Mixing*. Guyon, E., Nadal, J. P. and Pomeau, Y. eds., N. A. T. O. A. S. I. E series, Kluwer Academic Publishers. 152, 43 - 55.
Moffatt, K. (1977) "Six lectures on fluid dynamics" in: *Fluid Dynamics, les Houches* 1973. Balian, R. and Peube, J. L. eds., Gordon and Breach, 149 - 234.

Scheidegger, A. E. (1979) *The Physics of Flow Through Porous Media*. University of Toronto Press.

本章特定文献

Katz, A. J. and Thompson, A. H. (1986) "Quantitative prediction of permeability in porous rocks." *Physical Review B*. 34, 8179 - 8181.

Lliboutry, L. A. (1987) *Very Slow Flows of Solids*. Ch. 7. M. Nijhoff Publishers.

Purcell, E. M. (1977) "Life at low Reynolds number." *American Journal of Physics*. 45, 3 - 11.

Tabeling, P. (2005) *Introduction to Microfluidics*. Oxford University Press.

Wong, P., Koplik, J. and Tomanic, J. P. (1984) "Conductivity and permeability of rocks." *Physical Review B*. 30, 6606 - 6614.

本章引用的 NCFMF 流动视频

Taylor, G. I. (1964) *Low Reynolds Number Flows* (IEFM, p. 47).

第 10 章

本章通用文献

Levich, V. G. (1962) *Physicochemical Hydrodynamics*. Prentice Hall.

Prandtl, L. and Tietjens, O. G. (1957) *Fundamentals of Hydro-and Aerodynamics*. Dover Publications.

Probstein, R. F. (1994) *Physicochemical Hydrodynamics, An Introduction*. 2nd edition, Wiley-Blackwell.

Schlichtling, H. and Gersten, K. (2000) *Boundary Layer Theory*. 8th edition, Springer.

本章特定文献

Comte-Bellot, G. (1976) "Hot-wire anemometry". *Annual Review of Fluid Mechanics*. 8, 209 - 231.

Freymuth, P., Bank, W. and Palmer, M. (1984) "First experimental evidence of vortex splitting." *Physics of Fluids*. 27, 1045 - 1046.

Minguez, M., Pasquetti, R. and Serre, E. (2008) "High-order large-eddy simulation of flow over the 'Ahmed body' car model." *Physics of Fluids*. 20, 095101.

Quinard, J., Searby, G., Denet, B. and Graña-Otero, J. (2011) "Self turbulent flame speed." *Flow, Turbulence and Combustion*. 89, 231 - 247.

Werle, H. (1974) *The Uses of a Hydrodynamic Wind Tunneling Space Research*. ONERA publication # 156, p. 43; ibid. publication #1303, p. 343.

本章引用的 NCFMF 流动视频

Abernathy, F. H. (1968) *Fundamentals of Boundary Layers* (IEFM, p. 75).

第 11 章

本章通用文献

Berge, P., Pomeau, Y. and Vidal, C. (1987) *Order within Chaos*. Wiley-VCH.

Charru, F. (2011) *Hydrodynamic Instabilities*. Cambridge University Press.

Lin, C. C. (1955) *The Theory of Hydrodynamic Stability*. Cambridge University Press.

Manneville, P. (2010) *Instabilities, Chaos and Turbulence: An Introduction to Nonlinear Dynamics and Complex Systems*, 2nd edition, Imperial College Press.

Mutabazi, I., Wesfreid, J. E. and Guyon, E. (2006) *Dynamics of Spatio-temporal Structures*. Springer.

本章特定文献

Andereck, C. D., Liu, S. S. and Swinney, H. L. (1986) "Flow regimes in a circular Couette system with independently rotating cylinders," *Journal of Fluid Mechanics*. 164, 155 - 183.

Fellouah, H., Castelain, C., Ould El Moktar, A. and Peerhossani, H. (2006) "A criterion for detection of the onset of Dean instability," *European Journal of Mechanics. B/Fluids*. 46, 505 - 531.

Guyon, E. and Pieranski, P. (1974) "Convective instabilities in nematic liquid crystals." *Physica*. 73, 184 - 194.

Heslot, F., Castaing, B. and Libchaber, A. (1987) "Transitions to turbulence in helium gas." *Physical Review. A* 36, 5870 - 5873.

Libchaber, A., Fauve, S. and Laroche, C. (1983) "Two-parameter study of the routes to chaos." *Physica D*. 7, 73 - 84.

Schatz, M. F., Van Hook, S. J., McCormick, W. D., Swift, J. B. and Swinney, H. L. (2008) "Onset of surface-tension-driven Bénard instability," *Physical Review Letters*. 75, 1938 - 1941.

Thorpe, S. A. (1969) "Experiments on the instability of stratified shear flows: immiscible fluids." *Journal of Fluid Mechanics*. 39, 25 - 48.

Thorpe, S. A. (1971) "Experiments on the instability of stratified shear flows: miscible fluids." *Journal of Fluid Mechanics*. 46, 299 - 319.

本章引用的 NCFMF 流动视频

Mollo-Christensen, E. L. (1972) *Flow Instabilities* (IEFM, p. 113).

第 12 章

本章通用文献

Davidson, P. A. (2004) *Turbulence: An Introduction for Scientists and Engineers*. Oxford University Press.

Frisch, U. (1996) *Turbulence: The legacy of A. N. Kolmogorov*. Cambridge University Press.

Lesieur, M. (1997) *Turbulence in Fluids*. Kluwer Academic Publishers.

Pope, S. B. (2000) *Turbulent Flows*. Cambridge University Press.

Tennekes, M. and Lumley, J. M. (1972) *A First Course in Turbulence*. Cambridge University Press.

本章特定文献

Catrakis, H. J. and Dimotakis, P. E. (1996) "Mixing in turbulent jets: scalar measures and isosurface geometry." *Journal of Fluid Mechanics*. 317, 369 - 406.

Kahlerras, H., Malecot, Y. and Gagne, Y. (1998) "Intermittency and Reynolds number," *Physics of Fluids*. 10, 910 - 921.

Moisy, F., Morize, C., Rabaud, M. and Sommeria, J. (2011) "Decay laws, anisotropy and cyclone - anticyclone asymmetry in decaying rotating turbulence." *Journal of Fluid Mechanics*. 666, 5 - 35.

本章引用的 NCFMF 流动视频

Stewart, L. W. (1966) *Turbulence* (IEFM, p. 82).

索　引

A

B

C

D

E

F

G

H

I

J

K

L

M

N

O

P

R

S

T

U

V

W

Y

彩色插图

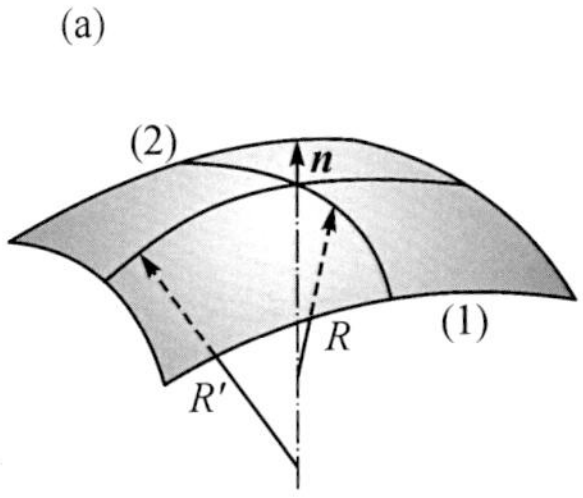

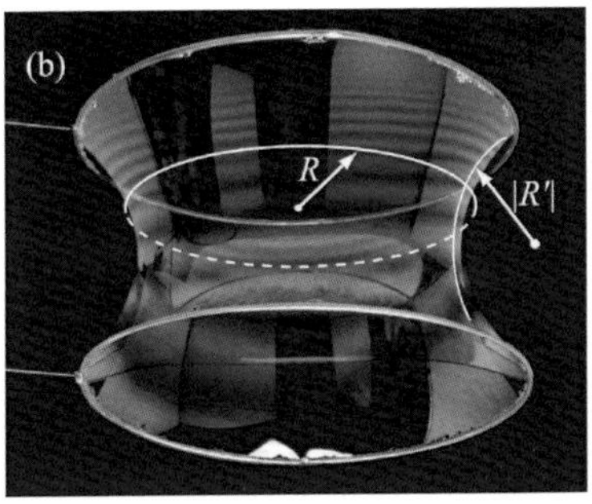

图 1.16 (a)两种流体(1)和(2)之间任意界面的几何形状,用以阐明主曲率半径 R 和 R' 的定义;(b)两个圆形环之间拉伸的肥皂膜的表面并不封闭,因此薄膜两侧的压力相等。所以,局部平均曲率 $C=(1/R)+(1/R')$ 在各点均为零。以这种方式产生的表面(一个悬链)在考虑两个环施加的边界条件的情况下,薄膜的表面区域会达到最小值(图片由 S. Schwartzenberg 拍摄,© Exploratorium,www. exploratorium. edu)

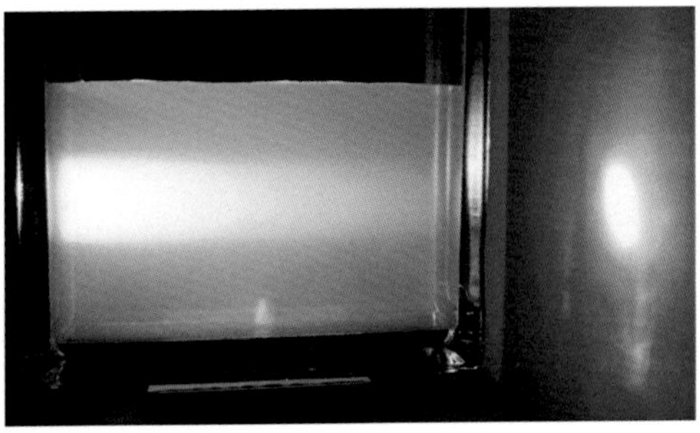

图 1.30 一束白光(自左侧)入射到装有水的透明容器上所发生的瑞利散射,水中混加了微量牛奶。我们可观察到与白光光束成直角的散射光略带蓝色,而平行传输到右侧屏幕的光呈微红色(图片由 B. Valeur 提供)

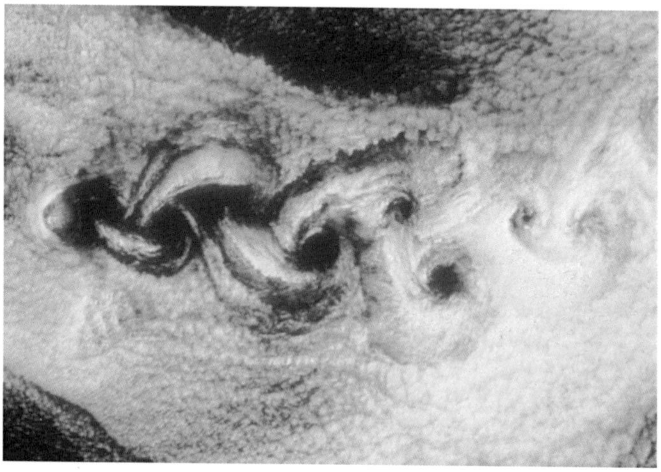

图 2.10 日本北海道北部火山岛附近云层中出现的涡街(卫星图片来源于 NASA 文件,第 STS100 卷)

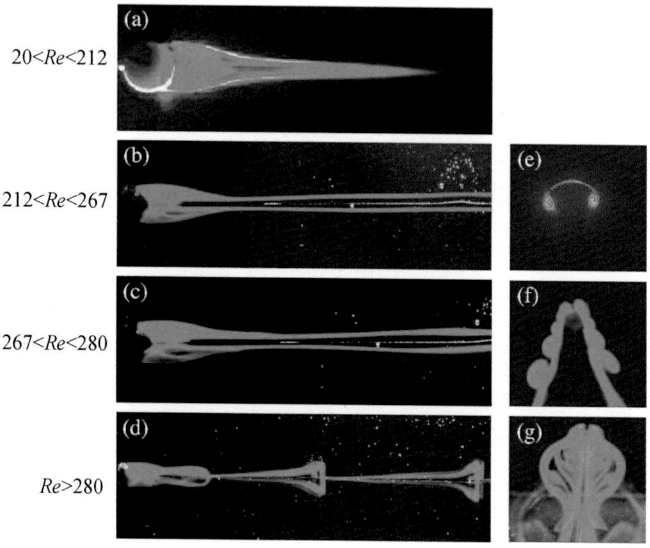

图 2.11 通过荧光染色剂实验绕球流动的可视化,其中图(a,b,c,d)为俯视图(球体位于左边),图(e,f,g)为右视图。雷诺数 Re 通过上游来流速度和球直径估计。在 Re 增加的过程中,我们依次观察到:(a)$20<Re<212$,球下游出现环形涡;(b,e)$212<Re<267$,出现两个轴线平行于主流的稳定涡;(c,f)$267<Re<280$,两个振荡涡;(d,g)$Re>280$,观察到发簪状的流动结构(图片由来自 PMMH-ESPCI 实验室的 A. Przadka 和 S. Goujon Durand 提供)

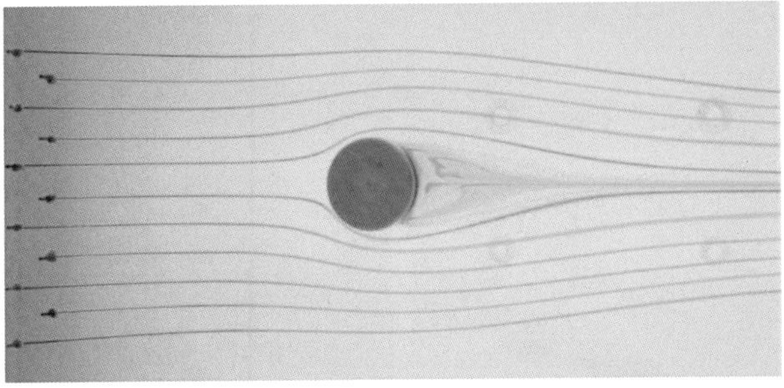

图 3.14 圆柱绕流流场的染色线(圆柱轴线垂直于图面)。流动从左到右,染色剂于圆柱上游的11个离散点处注入(图左侧)。我们可以在圆柱下游观察到回流区域(图片由巴黎第十一大学的L. Auffray 和 P. Jenffer 提供)

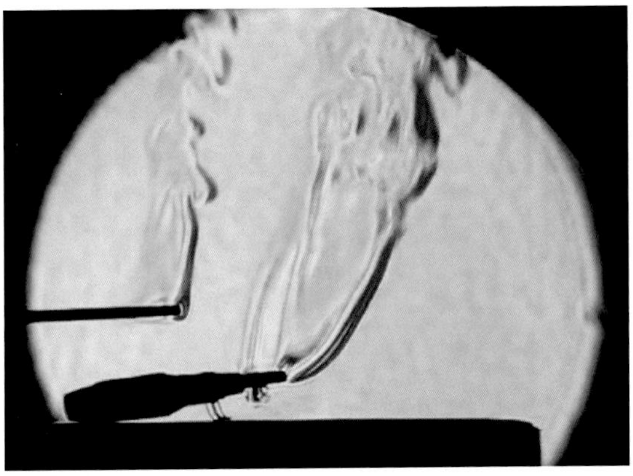

图 3.19 通过纹影法显示由丁烷火炬(下部羽流)和加热玻璃棒(上部羽流)附近的空气温度变化引起的折射率的变化(图片由 I. Smith 提供)

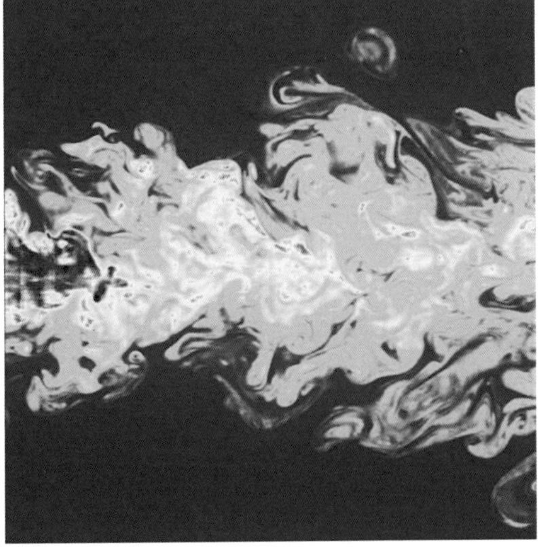

图 3.21 从左侧注入处于静止状态的相同液体的湍流射流。实验之前,先将荧光染色剂添加于射流液体中,图中片光照亮平面与射流轴线重合。图中的颜色对应于图像所在平面上染色剂的浓度分布(图片由 C. Fukushima 和 J. Westerweel 提供)

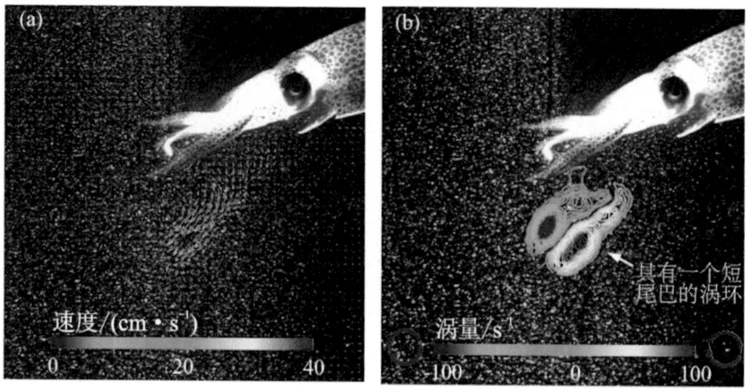

图 3.25 通过 PIV 测量鱿鱼(Lolliguncula Brevis)前进过程中发出的一系列脉冲射流产生的速度场(a)以及涡环的涡量场(b)(图片由 I. K. Bartol、P. S. Krueger、W. J. Stewart 和 J. T. Thompson 提供)

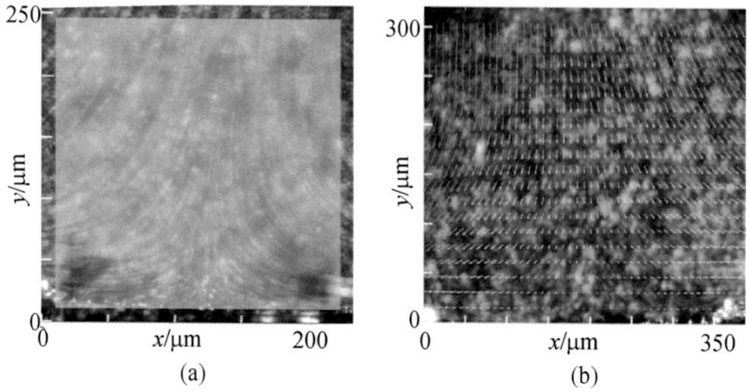

图 3.26 流向平板(图中底部)的流动,在平板底部中点处存在速度为零的滞止点。(a)基本图像:通过对流体携带的颗粒进行长时间曝光拍摄得到流线;图中颜色对应于涡量场(根据图(b)所示的速度场计算得到)。(b)通过 Micro-PIV 测量得到的速度场(与图(a)中使用的示踪颗粒相同)(图片由 LPMCN-Lyon 的 C. Pirat、G. Bolognesi 和 C. Cottin-Bizonne 提供)

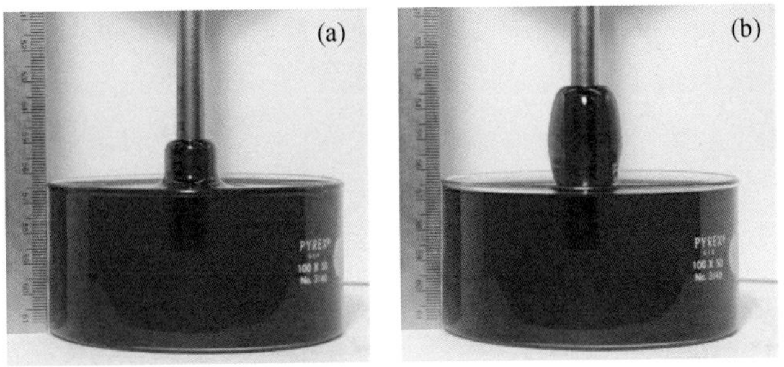

图 4.16 黏弹性流体(溶于有机溶剂的聚苯乙烯溶液)的魏森贝格效应。图中显示了两个连续时刻流体沿转轴的爬升(图片来源于 J. Bico 和 G. McKinley,MIT)

图 4.17 黏弹性流体表现出的拉伸黏度。利用此特性,我们可将图 4.16 中的黏弹性流体缠绕在一个旋转轴(图片来源于 J. Bico 和 G. McKinley,MIT)

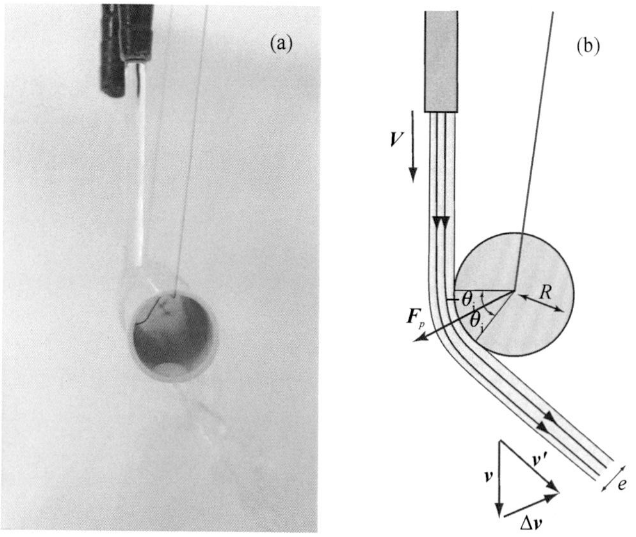

图 5.6 绕圆柱表面射流的偏转。(a)射流方向的偏转以及作用在圆柱上的吸引力;(b)射流在圆柱面上的受力示意图(图片来源于 Belin 出版社)

图 5.11 涌潮(朝右)流向 Petitcodiac 河,此现象发生在加拿大 New Brunswick 省东南部的 Fundy 海湾附近(图片来源于 C. L. Gresley)

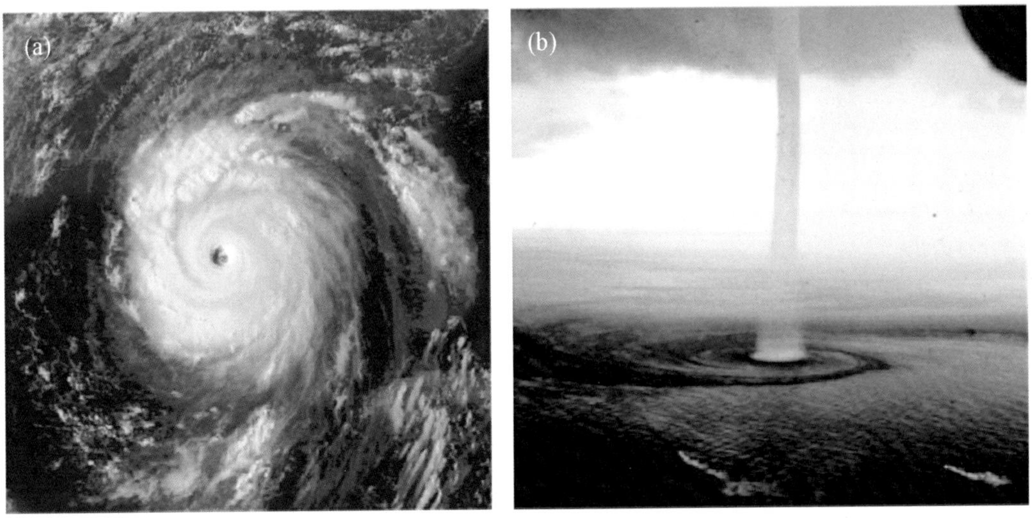

图 7.1 (a)卫星拍摄到的墨西哥湾的卡特里娜飓风，此飓风让新奥尔良变得满目疮痍(图片来自NOAA,2005 年 8 月)；(b)美国南佛罗里达岛附近海域出现的水龙卷，我们还可观察到水面上出现螺旋型二次流(图片来自V. Golden，NOAA)

图 7.17 埃特纳火山上观察到的涡环，该火山位于意大利那不勒斯市的小镇“Torre del Filosofo”。当涡环移动时，涡环阴影向外围扩散(图片由 J. Alean 记录)

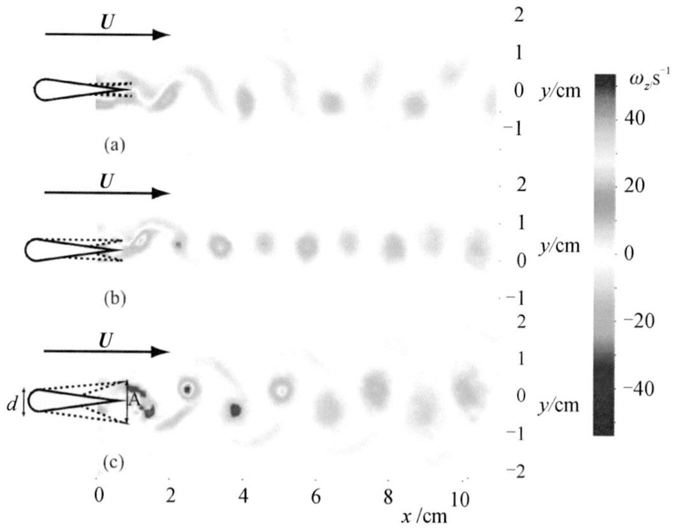

图 7.24 宽度 $d=0.5$ cm 的振动翼在流场中诱导的涡，雷诺数 $Re=255$，相对振幅分别为 $A_d=A/d$：(a)0.36；(b)0.71；(c)1.07。对应的斯特劳哈尔数分别为 $Sr_A=fA/U$：(a)0.08；(b)0.16；(c)0.24，颜色条对应局部涡量（单位为 s^{-1}）（图片来源于 R. Godoy-Diana、J. L. Aider 和 J. E. Wesfreid）

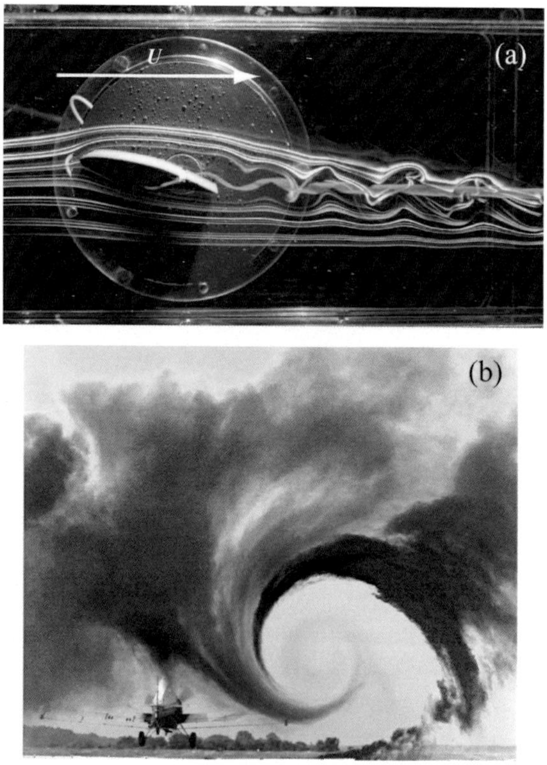

图 7.28 (a)机翼尖端出现的涡旋可视化（图片来源于 O. Cadot 和 T. Pichon，ENSTA）；(b)近地面处，喷洒农药的飞机机翼尾部的脱落涡，通过烟雾喷射实现了涡流的可视化（图片来源于 NASA 文档）

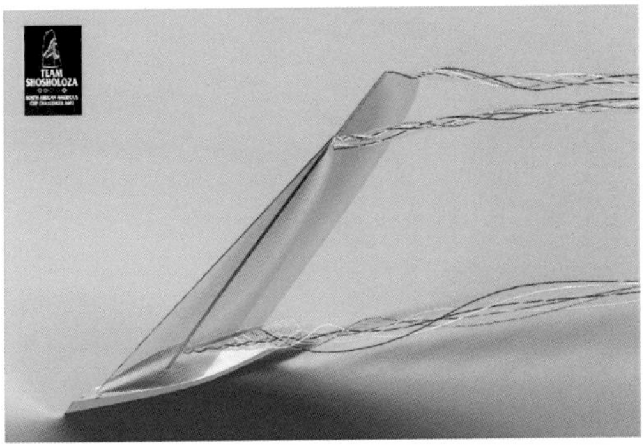

图 7.29 绕艇帆的流动可视化，该帆船为参加美洲杯帆船挑战赛而设计。涡(交缠的彩色流线)在三处产生：桅杆顶部、艇杆上端系紧处，以及毗邻主帆下部的帆桁处。图中所示帆船为逆风行驶，船的轴线与桅杆顶部的风向夹角为 22°(图片由 C. Pashias 提供，南非美洲杯帆船挑战赛)

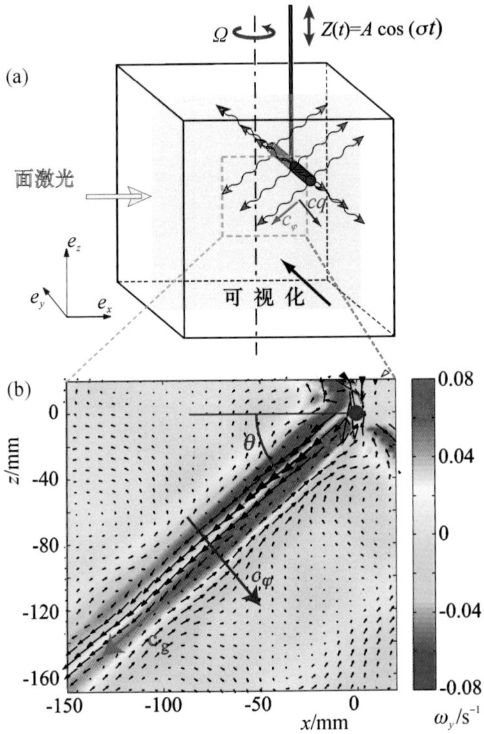

图 7.35 (a)绕竖直轴旋转流动中，通过水平圆柱体在竖直方向振荡诱导的惯性波；(b)振荡圆柱体发射出流柱的下半部分。速度场由粒子图像测速(PIV)系统获得，激光平面与固体圆柱垂直并过圆柱体几何中心点，色阶代表相速度 c_φ 方向上流体速度梯度的大小(图片由 P. P. Cortet、C. Lamriben 和 F. Moisy 提供)

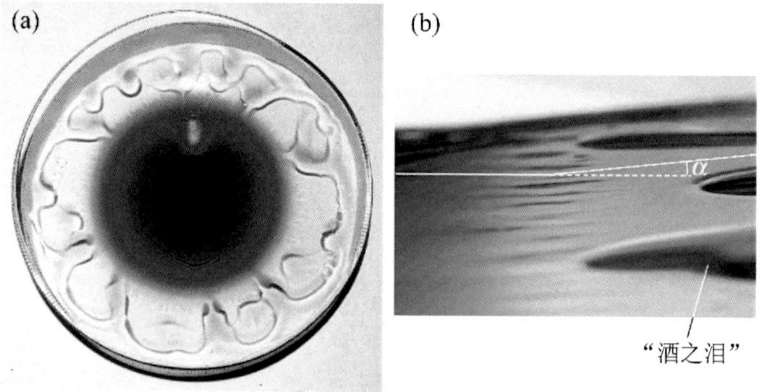

图 8.17 (a)俯视图：由马兰戈尼效应引起的酒沿着杯壁上升的现象，以及酒精浓度较低的液体沿杯壁下滑形成的“酒之泪”或“酒腿”；(b)该现象的近距离侧视图：将一个与水平方向呈 α 倾角的板从水和酒精的混合物中拉出，在板上会出现类似“酒腿”或者“酒之泪”的液膜。间距较窄的横向波纹对应于另一种不同的流动失稳形式(图片由麻省理工学院的 J. Bush 和 P. Hosoi 提供)

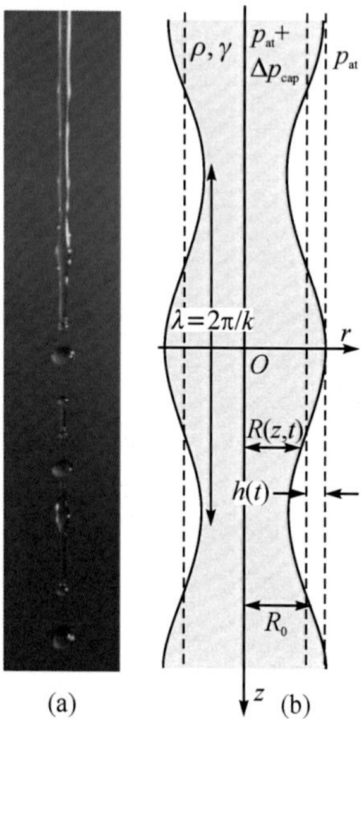

图 8.19 圆柱状射流的瑞利-普拉托失稳现象。(a)实验观察到的失稳现象，失稳发生后，射流断裂为一系列小液滴(图片由麻省理工学院的 J. Aristoff 和 J. Bush 提供)；(b)瑞利-普拉托失稳现象示意图

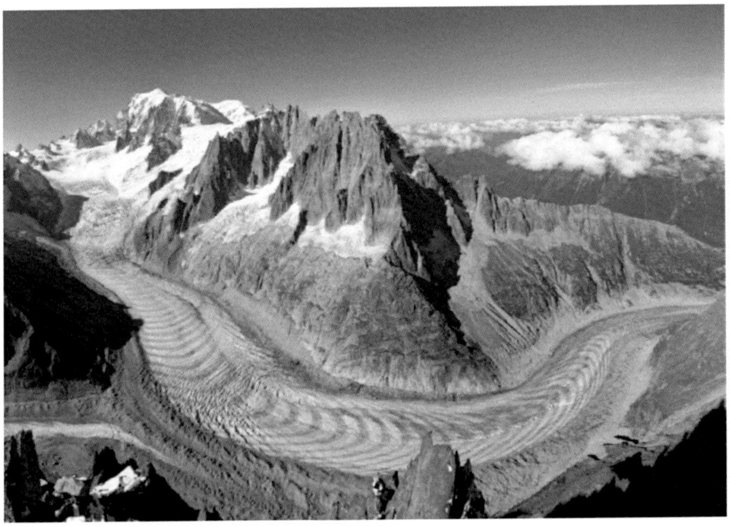

图 9.1 冰海冰川(Mer de Glace)的福布斯带的外观(可以从背面看到勃朗峰顶)。冰川带的形状以及下游变形幅度的增加(从左往右)表征了冰川流动速度的横向轮廓线。观察可知,流速在边缘附近明显变小。冰川带之间的间距对应于全年的总位移量。这些条纹组成了向下游运动的"冰塔"(断裂带在冰川高处),同时也代表了固体和灰尘颗粒侵入冰中的深度,这取决于积雪的覆盖量(图片由 J. F. Hagenmuller/lumieresdaltitude. com 提供)

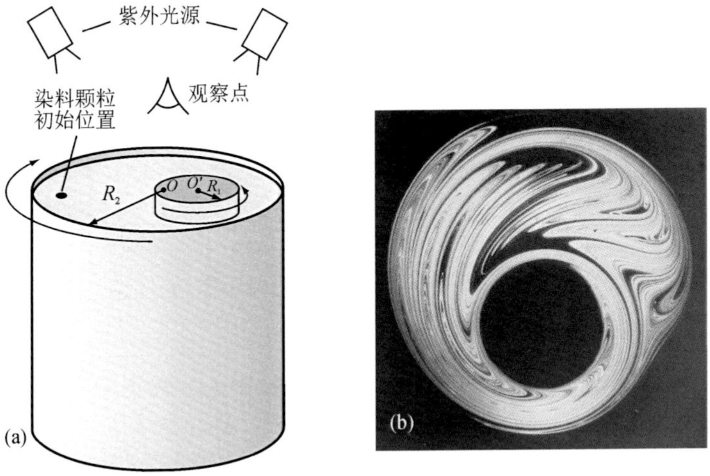

图 9.3 混沌弥散实验。两个非同轴的圆柱面(轴间距 OO' 和外圆柱面半径 R_2 之间的几何关系为 $OO'=0.3R_2$)间充满流体,初始时刻,在流体局部注入一个含有染料颗粒的液滴;然后,两个圆柱面以不同的角度沿正向和反向交替旋转。(a)实验装置示意图;(b)交替旋转十个周期后染料的分布情况。在每个周期内,外圆柱面先转动角度 $\theta_0=270°$,然后内圆柱面再反向旋转 $-3\theta_0$(图片由美国西北大学的 J. M. Ottino 提供)

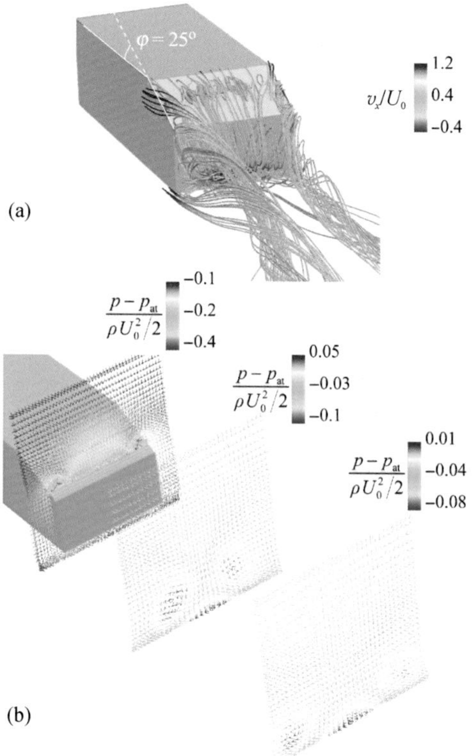

图 10.15 Ahmed 物体尾部流动的大涡模拟结果(见第 12.3.4 节),其平均流速 $U_0=40$ m/s,倾角 $\varphi=25°$(流动从左到右)。由模拟结果可知,流场中存在两个纵向涡。(a)流线:线条的颜色表征了平均流动方向上的归一化速度 v_x/U_0 的大小;(b)归一化的压差 $(p-p_{at})/(\rho U_0{}^2/2)$ 的分布(由颜色表征大小),其中 p_{at} 为大气压;速度场由矢量表示。读图可知:两个轴向涡流位于低压区域(图(b)中的蓝色区域),它们对阻力有重要贡献(图片由 M. Minguez、R. Pasquetti 和 E. Serre 提供)

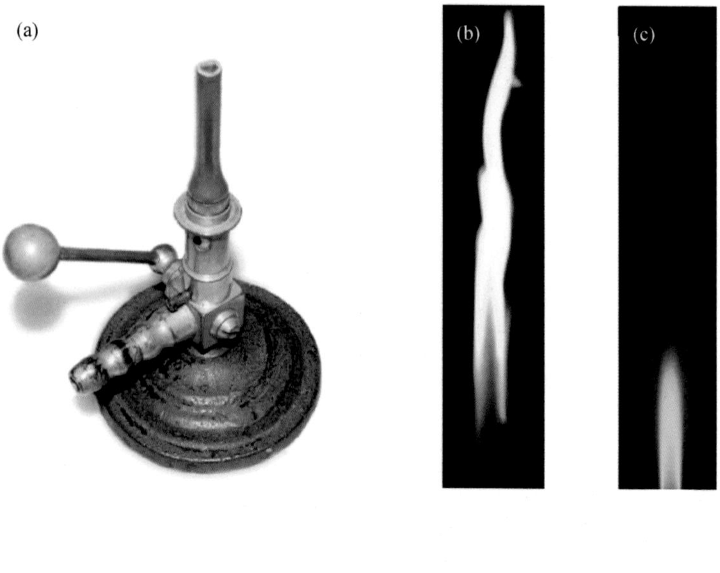

图 10.24 (a)本生灯(图片来自悉尼动力博物馆);(b)扩散型火焰(套圈旋紧);(c)预混型火焰(套圈旋开)。((b)和(c))摘自 A. J. Fijalkowski 的文献)

图 10.28 由激光片光照亮的预混型火焰的可视化。白亮色区域对应新鲜气体混合物(蓝绿色)和已燃烧气体(红色)二者间的边界。新鲜气体中已经被播撒了具备反光性的氧化铯小颗粒,当它们到达焰锋时即可反光,因此可用来显示流线(图片来自 J. Quinard 和 G. Searby,IRPHE)

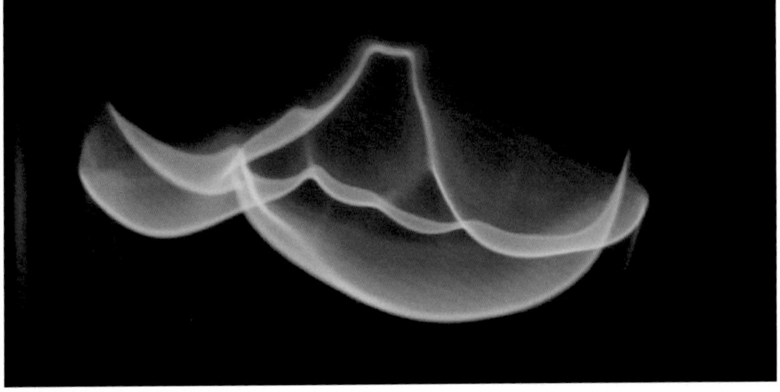

图 10.30 预混型火焰(甲烷-空气):焰锋从上到下自由推进,该过程中会产生朗道-达里厄失稳。燃烧发生在直径为 14 cm 的管道中,无声波共振发生(图片来源于 J. Quinard、G. Searby、B. Denel 和 J. Graña-Otero,IRPHE)

图 11.6 美国洛杉矶市城区中心出现的温度逆增层以及由此形成的“烟雾”积累(图片由 M. Luethi 提供)

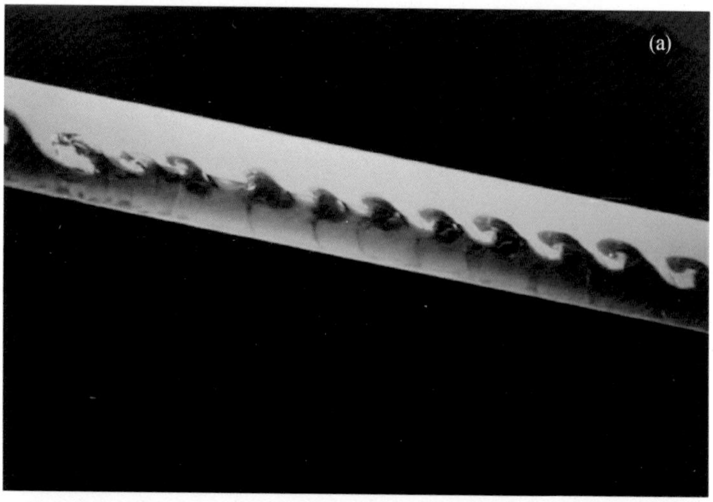

图 11.16 (a)两种互不混溶的液体界面的失稳现象；图中所示的失稳单元从水平位置向右下倾斜了一定角度(图片由 O. Pouliquen 提供)。(b)澳大利亚新南威尔士州杰维斯湾上方的云层中出现的开尔文-亥姆霍兹失稳现象(图片由 G. Goloy 提供)

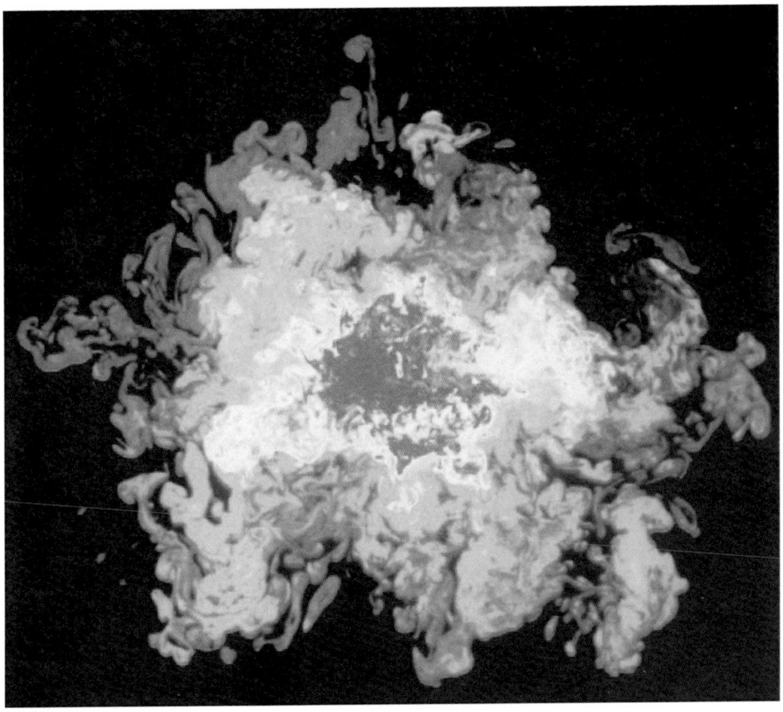

图 12.2 湍流射流的横截面，光照平面与射流主轴垂直，射流从外部进入同种静止流体。射流中添加了荧光染色剂，静止流体保持纯净。颜色显示染色剂浓度，由蓝到红浓度值逐渐增大

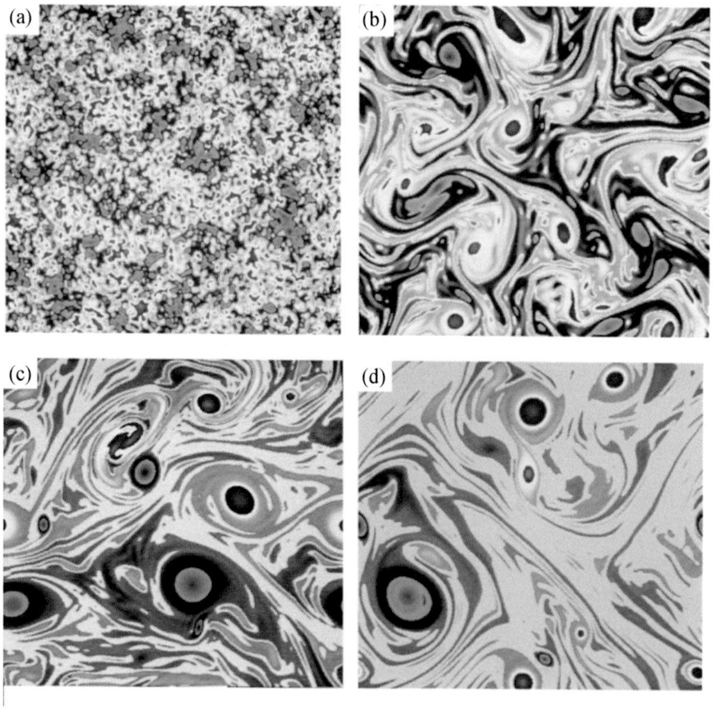

图 12.19 平面湍流中涡量分布随时间演化的数值模拟。涡量最初随机分布，在演化过程中没有外部能量注入。颜色用以标识涡量场：红色代表较高正值，蓝色代表较高负值，灰色代表较低值，而黄色代表零值。图像(a)、(b)、(c)和(d)分别对应无量纲时间 $t=0$、$t=1$、$t=3$ 和 $t=5$(图像来源于 M. Farge 和 J. F. Colonna)

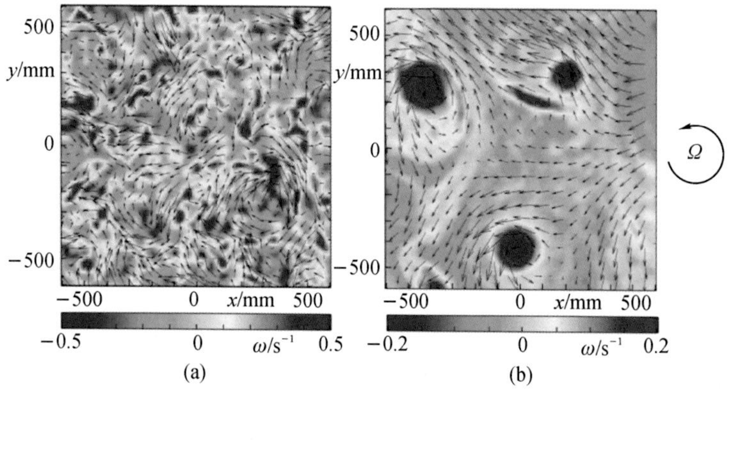

图 12.20 旋转容器内的涡量分布：容器直径为 13 m，转轴垂直于纸面，旋转周期为 30 s。(a)旋转 2 个周期以后；(b)旋转 10 个周期以后。涡量由颜色标识，速度场通过矢量箭头标识。红色涡量代表涡旋方向与外部旋转方向相同，而蓝色则代表相反(图片来源于 F. Moisy、C. Morize、M. Rabaud 和 J. Sommeria)